Uni-Taschenbücher 1062

UTB FÜR WISSEN SCHAFT

Eine Arbeitsgemeinschaft der Verlage

Wilhelm Fink Verlag München
Gustav Fischer Verlag Jena und Stuttgart
Francke Verlag Tübingen und Basel
Paul Haupt Verlag Bern · Stuttgart · Wien
Hüthig Fachverlage Heidelberg
Leske Verlag + Budrich GmbH Opladen
J. C. B. Mohr (Paul Siebeck) Tübingen
Quelle & Meyer Heidelberg · Wiesbaden
Ernst Reinhardt Verlag München und Basel
Schäffer-Poeschel Verlag · Stuttgart
Ferdinand Schöningh Verlag Paderborn · München · Wien · Zürich
Eugen Ulmer Verlag Stuttgart
Vandenhoeck & Ruprecht in Göttingen und Zürich

Volkmar Wirth

Flechtenflora

Bestimmung und ökologische Kennzeichnung der Flechten Südwestdeutschlands und angrenzender Gebiete

2., neubearbeitete und ergänzte Auflage
63 Abbildungen

Verlag Eugen Ulmer Stuttgart

Volkmar Wirth, geb. 1943, Studium der Biologie und Chemie in Freiburg. Doktorarbeit über Ökologie und Soziologie der Silikatflechten in Zentraleuropa. 1982 Habilitation im Fach Botanik mit Schwerpunkt Geobotanik in Würzburg. Seit 1975 am Staatlichen Museum für Naturkunde Stuttgart, seit 1992 stellvertretender Direktor.
Honorarprofessor an der Universität Hohenheim. Arbeiten zur Ökologie, Floristik und Systematik der Flechten. Seit 1985 Einbindung in das Forschungsprogramm „Immissionsökologisches Wirkungskataster Baden-Württemberg" der Landesanstalt für Umweltschutz. Koordinierung der Flechtenkartierung Deutschlands. 1991 Schillerpreis der Stadt Marbach/Neckar für eine herausragende Arbeit zur Landeskunde.

Die Deutsche Bibliothek – CIP-Einheitsaufnahme

Wirth, Volkmar:
Flechtenflora : Bestimmung und ökologische Kennzeichnung der Flechten Südwestdeutschlands und angrenzender Gebiete / Volkmar Wirth. – 2., neubearb. und erg. Aufl. – Stuttgart : Ulmer, 1995
(UTB für Wissenschaft : Uni-Taschenbücher ; 1062)
ISBN 3-8252-1062-6 (UTB)
ISBN 3-8001-2607-9 (Ulmer)
NE: Uni-Taschenbücher

Wollgrasweg 41, 70599 Stuttgart (Hohenheim)
Printed in Germany
Lektorat: Dr. Steffen Volk
Herstellung: Ursula Stammel
Einbandgestaltung: Alfred Krugmann, Stuttgart
Satz: Typomedia, Scharnhausen
Druck und Bindung: Friedr. Pustet, Regensburg

ISBN 3-8252-1062-6 (UTB-Bestellnummer)

Vorwort

Die erste Auflage dieser speziellen Flora hatte einen ungeahnten Erfolg. Noch keine Flechtenflora dürfte zuvor eine solche Auflagenhöhe erreicht haben. Einem fünfstelligen Benutzerkreis hat sie gedient und sicherlich manchen der Flechtenkunde bleibend nähergebracht. Die Zahl der Lichenologen hat sich in den beiden vergangen Jahrzehnten stark vermehrt und parallel dazu auch die Zahl der taxonomischen und floristischen Publikationen über Flechten. So ist der Kenntnisstand geradezu sprunghaft angestiegen und war eine grundlegende Überarbeitung der Schlüssel überfällig. Diese Überarbeitung liegt hier vor, gestützt auf die einschlägige Literatur. Neu aufgenommen wurden Angaben zur Chemie der Arten. In zahlreichen unklaren Fällen wurden die Inhaltsstoffe von der Arbeitsgruppe Prof. Dr. Ch. Leuckert in Berlin und im eigenen Hause (mit Herrn M. Heklau) überprüft oder ermittelt. Die ökologischen Beschreibungen wurden nur geringfügig verändert. Für diesen Bereich kamen kaum Anregungen und Verbesserungsvorschläge und wenige neue Erkenntnisse hinzu. Die Arealangaben wurden überprüft und gegebenenfalls korrigiert. Gegenüber der ersten Auflage wurden die flechtensoziologischen Hinweise weggelassen, um Raum für die neu hinzugekommenen Arten zu gewinnen.

Der Text dieses UTB-Taschenbuches ist nahezu unverändert in dem viel umfangreicher angelegten und reich illustrierten Werk „Die Flechten Baden-Württembergs" (2 Bände) inkorporiert. Dort können ausführliche Gattungsdiagnosen und Literaturverweise nachgeschlagen werden. Ferner sind dort auch die Namen all derer aufgeführt, denen ich für Hilfen herzlich danke. Hervorgehoben seien hier diejenigen, die Schlüssel überarbeitet haben: Frau und Herrn Dr. Czeika (verschiedene Schlüssel von Blaualgengattungen), Herr Dr. Ph. Clerc (*Usnea*), Herr Dr. H. Mayrhofer (*Rinodina*). Ferner danke ich Herrn M. Heklau für seine vielfältige Unterstützung, Herrn Dr. H. Schöller für Fundangaben.

Stuttgart, Frühjahr 1995 Volkmar Wirth

Inhaltsverzeichnis

Grundlagen und Erläuterungen

1 Einführung

1.1 Was sind Flechten?

Flechten sind keine einheitlichen Organismen, sondern bestehen aus zwei ganz verschiedenen Lebewesen, und zwar aus einem Pilz und mindestens einer Alge, die in engem Kontakt zusammenleben. Ihre Doppelnatur ist äußerlich nicht erkennbar. Oft besitzt die Flechte mit keinem der beiden sie aufbauenden Partner eine Ähnlichkeit. Über die gestaltliche Eigenständigkeit hinaus ist die Flechte durch zahlreiche spezifische Leistungen ausgezeichnet. Diese sind nur durch „Zusammenarbeit" der Partner möglich. Manche Phänomene sind nur von dieser Pflanzengruppe her bekannt.

Eine solche, aufeinander abgestimmte Lebensgemeinschaft zweier verschiedener Organismen nennt man Symbiose. Man kennt Symbiosen von verschiedensten Tier- und Pflanzengruppen, doch selten ist die Symbiose so perfektioniert worden, wie bei den Flechten.

Die Flechtensymbiose bringt Pilz und Alge erhebliche Vorteile. Der Pilz erhält die zu seiner Existenz notwendigen Kohlenhydrate von der Alge. Die Alge ist in der Umhüllung durch das Pilzgeflecht vor raschem Wasserverlust, vor intensiver Sonnenstrahlung oder vor leichtem Zugriff algenfressender Tiere geschützt. Mit Hilfe der Symbiose in der Flechte haben die beteiligten Pilze und Algen ihre ökologischen Möglichkeiten erheblich erweitert und sind in der Lage, Standorte zu besiedeln, die sie allein nicht erfolgreich einnehmen könnten.

Den Vegetationskörper der Flechten nennt man „Lager". Nach der Wuchsform des Lagers unterscheidet man Krustenflechten, Blatt- oder Laubflechten und Strauchflechten. Strauchflechten besitzen strauchige bis bärtige Formen, Blattflechten lappige, mehr flächig entwickelte Lager, Krustenflechten krustenähnliche oder schorfige, mit dem Substrat verwachsene Lager, die nicht unverletzt abgelöst werden können. Gallertflechten sind in trockenem Zustand spröde, in feuchtem aufgequollen und mehr oder weniger zäh-gallertig (Näheres siehe unten).

1.2 Zur Ökologie der Flechten

Flechten sind weltweit verbreitet. Auch in Mitteleuropa sind sie artenreich in einer recht großen Formen- und Farbenvielfalt vertreten. Wir finden sie an Baumrinde und Holz, an Felsen, Mauern, Grabsteinen und Dächern, auf dem Boden lichter Wälder, in Heiden und Mooren. Die meisten Arten leben unter recht spezifischen

Standortbedingungen. Kennt man diese Bedingungen, kann man gezielt nach den Arten suchen.

Viele Flechtenarten leben fast ausschließlich auf Rinde, andere auf Holz, weitere entweder auf Kalkgestein (z.B. Kalkstein, Dolomit) oder auf kalkfreiem Silikatgestein (z.B. Granit, Gneis, Basalt), andere bewohnen den Erdboden.

Die meisten epiphytischen, d.h. auf Baumrinde lebenden Arten kommen nicht gleichermaßen auf allen Baumarten vor, sondern zeigen eindeutige Schwerpunkte. Eine Ursache dafür ist, daß die Rinden der verschiedenen Baumarten recht unterschiedliche chemisch-physikalische Eigenschaften, v.a. unterschiedliche pH-Bedingungen aufweisen und sich die einzelnen Flechtenarten an bestimmte Bedingungen angepaßt haben. Manche kommen auf „sauren" Rinden vor (z.B. Fichte, Birke, Erle), andere auf „basenreichen" (z.B. Nußbaum, Spitzahorn, Holunder). Manche Arten sind auf glatte Rinden angewiesen und verschwinden dann, wenn die Bäume mit zunehmendem Alter eine rissige, rauhe Borke entwickeln; andere wiederum stellen sich erst auf solchen älteren Stämmen ein. Solche Beziehungen zwischen den Flechtenarten und den standörtlichen Bedingungen, also ökologische Merkmale, können wertvolle Bestimmungshilfen sein.

Ähnlich wie die einzelnen Flechtenarten jeweils mehr oder weniger an bestimmte Substrateigenschaften angepaßt sind, „bevorzugen sie" auch bestimmte Licht- und Feuchtebedingungen. Manche sind „Lichtarten", andere „Schattenarten", manche sind an kühle, luftfeuchte Standorte gebunden und finden sich mehr in Wäldern, andere ertragen auch besonnte, trockene Verhältnisse und leben an freistehenden Bäumen oder lichtoffenen Felsen. Einige vermögen an regengeschützten Überhängen oder in Borkenrissen zu leben - sie decken ihren Wasserhaushalt über den Wasserdampf der Luft -, andere sind auf häufige Durchfeuchtung des Lagers mit Wasser angewiesen. Solche ökologischen Merkmale sind bei den Beschreibungen der Arten im Hauptteil aufgeführt.

2 Einsammeln und Herbarisieren von Flechten

Das Einsammeln von Flechten ist einfach. Soweit sie sich nicht ohne weiteres vom Substrat abheben lassen (viele Erdflechten), werden sie mit dem Messer oder mit Hammer und Flachmeißel zusammen mit einem Stück Substrat entfernt. Die Flechten packt man an Ort und Stelle in Papiertüten ein und notiert Fundort, Substrat und Datum. Plastiktüten eignen sich nur für den kurzzeitigen Transport, da frisches Material bei längerer Aufbewahrung in der Plastiktüte schimmelt.

Frischmaterial läßt man trocknen; danach kann es ohne weiteren Aufwand in Herbarfalttüten („-kapseln") eingelegt werden. Sparrige Strauchflechten nehmen viel Platz weg und zerbrechen leicht. Man sollte sie, solange sie noch etwas feucht und elastisch sind, leicht pressen (gegebenenfalls vorher leicht befeuchten). In diese Herbarfalttüten legt man zur Stabilisierung und als Unterlage der Flechte einen dünnen Karton ein. Belege von Flechten auf Rinde, Gestein etc. können auch auf den Karton aufgeklebt werden; ein Aufkleben von Erdflechten vermeidet ein Zerbröseln der Proben. Niemals sollten jedoch die (Blatt- und Strauch-) Flechten selbst mit ihrer Unterseite aufgeklebt werden, da dann die Merkmale der Unterseite nicht mehr analysiert werden können.

Herbarproben sollten mit einem Etikett versehen werden, auf dem Fundort, Standort (erleichtert Bestimmung), Datum und Sammler notiert sind.

Ohne jeden Zweifel droht im Gefolge der sprunghaft angestiegenen Zahl von an Flechten Interessierten eine weitere Gefahr für diese schon reichlich gebeutelten Organismen: die der Dezimierung und Ausrottung durch Lichenologen. Beim Sammeln von Flechten sollte bedacht werden, daß viele Flechten selten und gefährdet sind. In manchen Fällen könnte das Sammeln von nur fünf bis zehn Exemplaren die Ausrottung der Art in Deutschland zur Folge haben. Ein Sammeln seltener Arten ist verantwortungslos, besonders dann, wenn die Flechte bereits aus dem Gebiet bekannt und belegt ist. Mitunter kann eine in einem bestimmten Gebiet gefährdete Art in anderen Bereichen, wo sie noch häufig ist, ohne gravierende Folgen „beschafft" werden.

Ein komplett entferntes Exemplar wächst nicht mehr nach. Die Dezimierung einer Population kann zur Gefährdung der Restpopulation führen. Eine Neuansiedlung einer Art an einem Ort, an dem sie erloschen ist, erscheint bei seltenen Laub- und Strauchflechten vielfach äußerst unwahrscheinlich. Dies gilt insbesondere für Arten, die sich mit Hilfe relativ schwerer Soredien und Isidien fortpflanzen.

3 Untersuchen und Bestimmen von Flechten

3.1 Einführung

Die meisten Laub- und Strauchflechten lassen sich ohne weiteres mit Hilfe einer Lupe, etliche ohne optische Hilfsmittel bestimmen. Maßgebend sind z.B. Form und Färbung des Lagers und der Fruchtkörper, Vorkommen von warzigen Auswüchsen (Isidien) und „mehligen" Aufbrüchen (Sorale) und anderer Organe. Für die Bestimmung von Krustenflechten ist in der Regel die Benutzung eines Mikroskopes notwendig. Zwar kann der geübte Flechtenkenner letztlich fast alle Flechten einschließlich der Krustenflechten allein über habituelle und ökologische Merkmale unterscheiden, aber **bestimmen** kann man sie allein nach äußeren Merkmalen gewöhnlich nicht, reichen doch unsere sprachlichen Möglichkeiten nicht aus, um die feinen Unterschiede in Färbung und Strukturen prägnant genug in Schlüsseln zu formulieren. Deshalb müssen meßbare und eindeutig definierbare mikroskopische Merkmale herangezogen werden, z.B. Sporenform und -größe, Bau der Fruchtkörper, Färbung von Fruchtkörperteilen usw. Zur Ermittlung solcher Merkmale sind oft Schnitte durch den Fruchtkörper nötig.

Die Anfertigung der Schnitte ist nicht schwierig. Sie wird sehr erleichtert, wenn ein Binokular bzw. eine Präparierlupe zur Verfügung steht, unter der man mit beiden Händen arbeiten kann. Zumindest bei größeren Fruchtkörpern lassen sich auch ohne Hilfe von Lupen Schnitte herstellen.

Mit der einen Hand hält man die Flechte fest, mit der anderen Hand zieht man mit einer ungebrauchten Rasierklinge parallele (vertikale) Schnitte durch den Fruchtkörper. Am besten entfernt man zunächst einen randlichen Teil, etwa ein Viertel bis ein Drittel des Fruchtkörpers und schneidet danach möglichst dünne Scheibchen, wie von einem Brot, ab. Bei manchen Flechten brechen die Fruchtkörper leicht ab und sind dann kaum noch zu manipulieren. In diesem Fall kann man den Fruchtkörper mit einer Pinzette oder einer Präpariernadel auf eine Holz- oder Pappunterlage bringen und dort festkleben. Die Schnitte können am trockenen oder (vor allem bei harten Früchten besser) am mit Wasser gequollenen Objekt durchgeführt werden. Sehr hilfreich kann es sein, wenn man das Objekt so mit einem Finger festhält, daß der Fingernagel fast senkrecht steht und als „Rückenstütze" für die Rasierklinge dienen kann. Die Schnitte lassen sich mit der (unter Umständen) angefeuchteten Ecke der Rasierklinge oder mit der Spitze einer Präpariernadel leicht vom Objekt abnehmen. Sie werden dann in einen kleinen Wassertropfen auf dem Objektträger gebracht und mit einem Deckglas bedeckt. Wenn die Schnitte nicht dünn genug sind, kann man etwas quetschen. Dazu legt man den Objektträger mit dem Deckglas nach unten auf eine Lage Fließpapier (auf glatter Unterlage) und preßt.

Eine erhebliche Bestimmungshilfe bieten Farbreaktionen der Flechtenlager mit bestimmten Chemikalien. Viele Flechten enthalten nämlich Substanzen, die mit diesen Stoffen farbige Reaktionsprodukte ergeben. Die wichtigsten Reagenzien sind Kalilauge (KOH), Calcium- oder Natriumhypochlorit ($Ca(OCl)_2$ /$NaOCl_2$) und para-Phenylendiamin ($H_2NC_6H_4NH_2$). Die Beschaffung der Reagenzien wird zunehmend schwieriger. In Frage kommen Chemikalienhandlungen, unter Umständen auch Apotheken und Drogerien. Drogerien von Handelsketten nehmen heute individuelle Bestellungen nicht an.

3.2 Diagnostisch wichtige Merkmale bei Flechten

3.2.1 Farbe des Lagers

Die Flechtenarten sind zum großen Teil weißgrau bis bläulichgrau, grünlichgrau, gelbgrünlich, seltener braun, gelb oder orange gefärbt. Obwohl die Färbung des Lagers ein wichtiges Merkmal ist, ist die Angabe der Lagerfarbe recht problematisch. Die Flechtenfarben sind häufig schwer zu beschreiben. Erst die Praxis zeigt dem Benutzer eines Schlüssels allmählich, was unter manchen Farbangaben zu verstehen ist. Hier helfen Farbfotos über die Mängel unserer Sprache hinweg. So dokumentiert ein Bild von *Parmelia caperata* oder der Bartflechte *Usnea*, was unter blaßgrünlich bis gelbgrünlich bei Flechten verstanden wird, während die bloße Farbangabe ohne Bilddokumentation immer wieder zu Mißverständnissen führt.

3.2.2 Gestalt und Organe des Lagers

Wuchsformen

Nach der Wuchsform des Lagers werden drei Haupttypen unterschieden: Krustenflechten mit rein krustigem Lager, Laubflechten mit blättrigem, ± gelapptem Lager

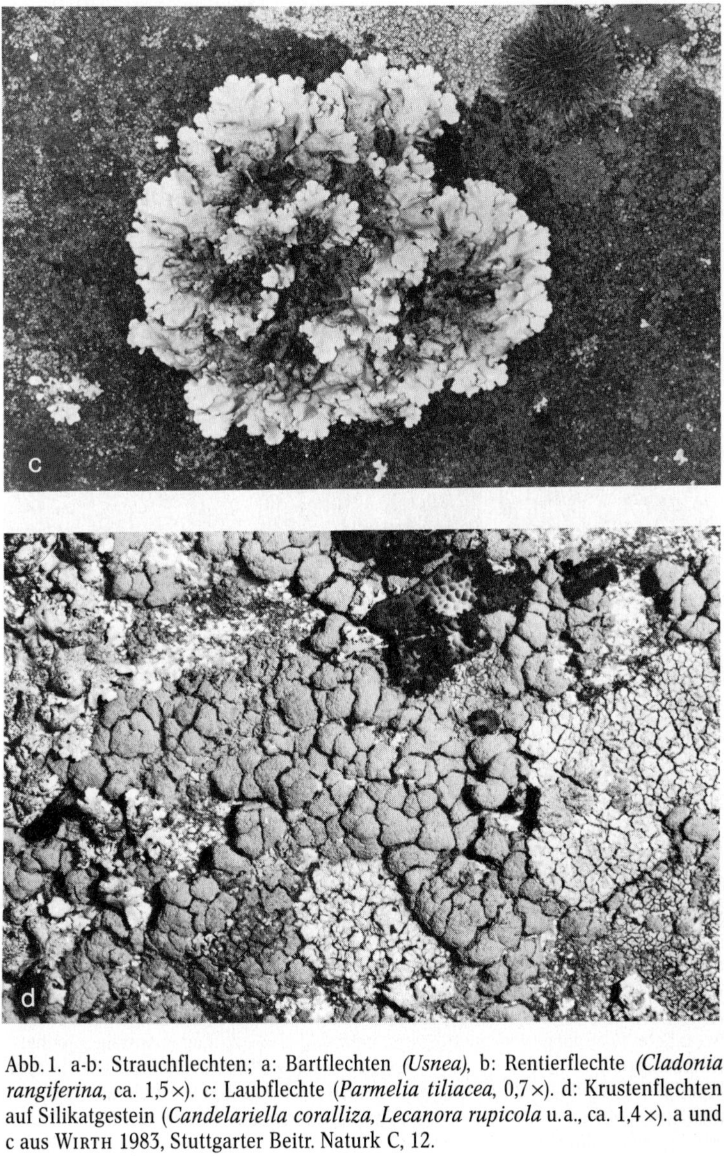

Abb. 1. a-b: Strauchflechten; a: Bartflechten *(Usnea)*, b: Rentierflechte *(Cladonia rangiferina*, ca. 1,5×). c: Laubflechte (*Parmelia tiliacea*, 0,7×). d: Krustenflechten auf Silikatgestein (*Candelariella coralliza, Lecanora rupicola* u.a., ca. 1,4×). a und c aus WIRTH 1983, Stuttgarter Beitr. Naturk C, 12.

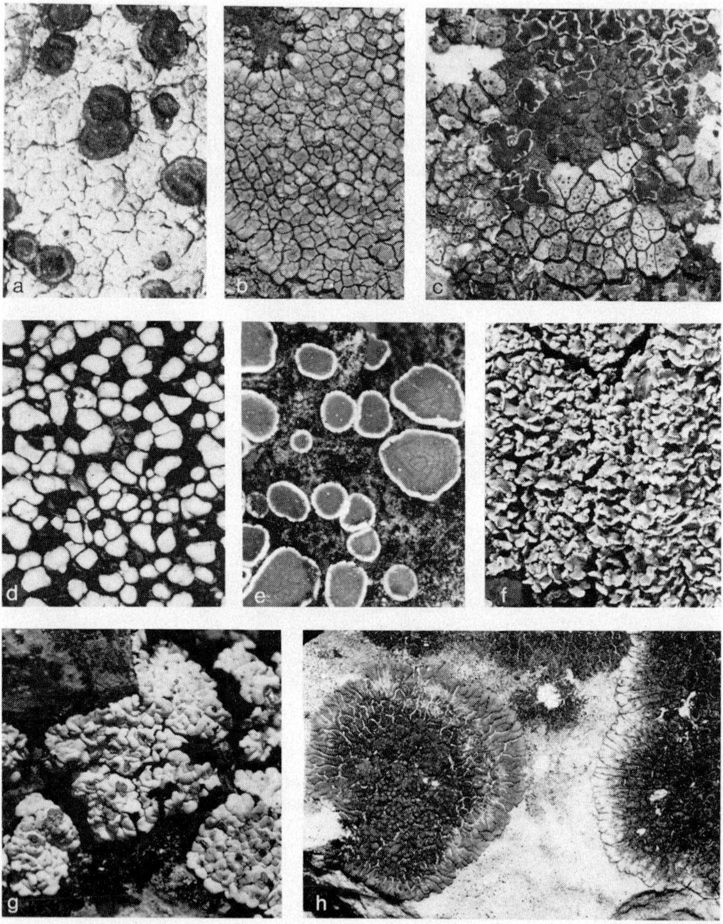

Abb. 2. Formen der Lagerausbildung bei Krustenflechten. a: Lager rissig, *Rhizocarpon lavatum* (6×). b: Lager rissig areoliert, *Pertusaria lactea* (2×). c: Lager areoliert (rissig- bis schollig-areoliert), *Placocarpus schaereri* (unten; oben weiß berandete Schuppen von *Acarospora cervina*) (2×). d: Lager warzig areoliert, *Rhizocarpon geographicum* (4×). e: Lager schuppig, *Psora decipiens* (5×). f: Lager kleinblättrig-schuppig, *Hypocenomyce scalaris* (3,5×). g: Lager schuppig, Schuppen dicht zus.schließend, zum Teil etwas effiguriert, *Toninia candida* (ca. 1,5×). h: Lager rosettig, placodioid, *Caloplaca decipiens* und (rechts) *Lobothallia radiosa* (2,2×).

und Strauchflechten mit strauchigem bis fädigem Lager. Zwischen Laubflechten und Krustenflechten vermitteln Formen mit schuppigem Lager und solche Krustenflechten, deren Rand angedeutet gelappt ist. Der Vielfalt der Formen bei den Flechten kann man mit dieser groben Einteilung nicht gerecht werden. Für eine erste Ansprache ist sie jedoch sehr nützlich. Die nähere Charakterisierung der Wuchsformen geht aus der Einleitung zum Schlüsselteil hervor. Die Gruppe der Gallertflechten ist durch die gallertige Konsistenz des Lagers (in feuchtem Zustand gallertig aufquellend) charakterisiert; sie kann verschiedene Wuchsformen umfassen.

Insbesondere bei der Organisationsstufe der Krustenflechten werden mehrere Typen der Lagerausbildung unterschieden, wobei vor allem auf den Grad der Zerteilung des Lagers und auf die Oberflächenbeschaffenheit Bezug genommen wird.

Gliederung und Oberflächenbeschaffenheit des Lagers
Die Oberfläche der Laub- und Strauchflechten ist – abgesehen vom Auftreten von Isidien und Soralen (s.u.) – glatt bis runzelig oder mitunter durch schwach erhabene Leisten gegliedert. Bei vielen Krustenflechten ist das Lager rissig oder in ± getrennte Areolen unterteilt; es kann auch aus mehr oder weniger dicht gedrängten bis zerstreuten Körnchen bestehen oder mitunter völlig mehlig aufgelöst sein. Von korallinischem Lager spricht man, wenn es aus länglichen, verzweigten „Körnern" aufgebaut ist.

Gliederung des Lagers von Krustenflechten
einförmig, firnisartig, membranartig (nicht oder kaum rissig)
rissig
rissig areoliert (Risse netzig verbunden, daher Felder entstehend, Felder flach)
areoliert (deutlich gefeldert)
warzig areoliert (Areolen gewölbt)
schuppig (Areolen verselbständigt, in der Form von anderen Areolen ± unabhängig, am Rand oft gekerbt oder gelappt, meist am Rand vom Substrat abgehoben; wenn Schuppen stärker gegliedert oder deutlich abstehend: Übergang zu „kleinblättrig")
körnig

Oberflächenbeschaffenheit des Lagers von Krustenflechten
mehlig (s.feinkörnig, „staubig"; wenn Lageroberfläche total aufgelöst, spricht man auch von „leprös")
körnig (fein- oder grobkörnig)
warzig (Lager uneben, Unebenheiten warzig gewölbt)
runzelig (Lager unregelmäßig uneben)
korallinisch (aus korallenartig verzweigten Körnchen)
glatt

Sorale und Isidien

Zu den diagnostisch wichtigsten Organen von Flechtenlagern gehören die Sorale und die Isidien. Sie dienen der vegetativen Fortpflanzung. Existenz und Form der Sorale und Isidien sind artspezifische Merkmale.

Die Isidien sind meist einfache stift- oder keulenförmige bis korallenartig verzweigte oder auch fast kugelige Auswüchse der Oberseite (siehe Abb.3), die leicht abbrechen und zu jungen Flechten auswachsen können. Sie sind gewöhnlich ähnlich wie das Lager gefärbt und sind auch anatomisch nicht grundsätzlich anders gebaut als die Thalluspartie, aus der sie hervorgegangen sind.

Bei den Soralen handelt es sich um mehlige, meist weißliche bis grünlichgraue Aufbrüche des Lagers, die aus einer Ansammlung von winzigen, ± kugeligen Fortpflanzungskörperchen, den Soredien, bestehen. Die Soredien werden im Lager gewöhnlich im Bereich der Algenschicht angelegt. Lage und Gestalt der Sorale sind artspezifisch unterschiedlich. Sie können auf der Fläche, am Rand oder an den Enden von Lappen sitzen, einen langgestreckt-linealischen oder rundlichen Umriß haben und konkav bis stark gewölbt sein oder eine fast lippenförmige Gestalt haben. Die verschiedenen Typen von Soralen sind in der Liste der Fachausdrücke berücksichtigt. Eine Übersicht verschiedener Formen gibt die nebenstehende Abbildung. Manche Flechtenarten bilden keine regelmäßig begrenzten Sorale, sondern brechen an der Oberfläche großflächig sorediös auf oder sind gänzlich aus Soredien aufgebaut.

Rhizinen, Cilien, Pseudocyphellen

Auf der Unterseite von Laubflechten finden sich Haftorgane, die der Anheftung des Lagers an das Substrat dienen. Am häufigsten sind Rhizinen (Haftfasern); sie können einfach, gabelig verzweigt oder pinsel- oder flaschenputzerartig aufgefasert sein (Abb. 51). Bei manchen Laubflechten ist die Unterseite auch von einem ± dichten Haarbesatz überzogen, bei anderen ist ein Adernetz entwickelt. Erdbewohnende Strauchflechten sitzen dem Substrat locker auf, gesteins- und rindenbewohnende sind gewöhnlich mit einer etwas verbreiterten Basis, einer Haftscheibe, festgewachsen.

Bei einigen wenigen Arten von Laub- und Strauchflechten der heimischen Flora sind die Lappenränder oder Lappenenden mit charakteristischen borstenförmigen Fortsätzen (auch Cilien, Wimpern genannt) besetzt (Abb. 17). Bedeutende diagnostische Strukturen sind auch die Pseudocyphellen. Dies sind sehr zarte punkt- oder linienartige weißliche Durchbrechungen oder Lücken in der Rinde vor allem von

---

Abb. 3. Isidien. a und b: Zylindrische Isidien auf dem gabelteiligen Lager von *Pseudevernia furfuracea* (2× bzw. 35×). c: Schuppige, aufsteigende Isidien an Rissen des Lagers von *Peltigera praetextata* (8×). d: Knopfartige Isidien von *Parmelia pastillifera* (38×). e: Spatelförmige bis keulige Isidien *(Parmelia exasperatula)*. f: Zylindrische bis korallenartig verzweigte Isidien *(P. elegantula)*. g: Zylindrische, einfache bis verzweigte Isidien *(P. glabratula)*. h: Warzenartige Papillen *(P. exasperata)* (c aus Henssen & Jahns 1974, Lichenes, Thieme).

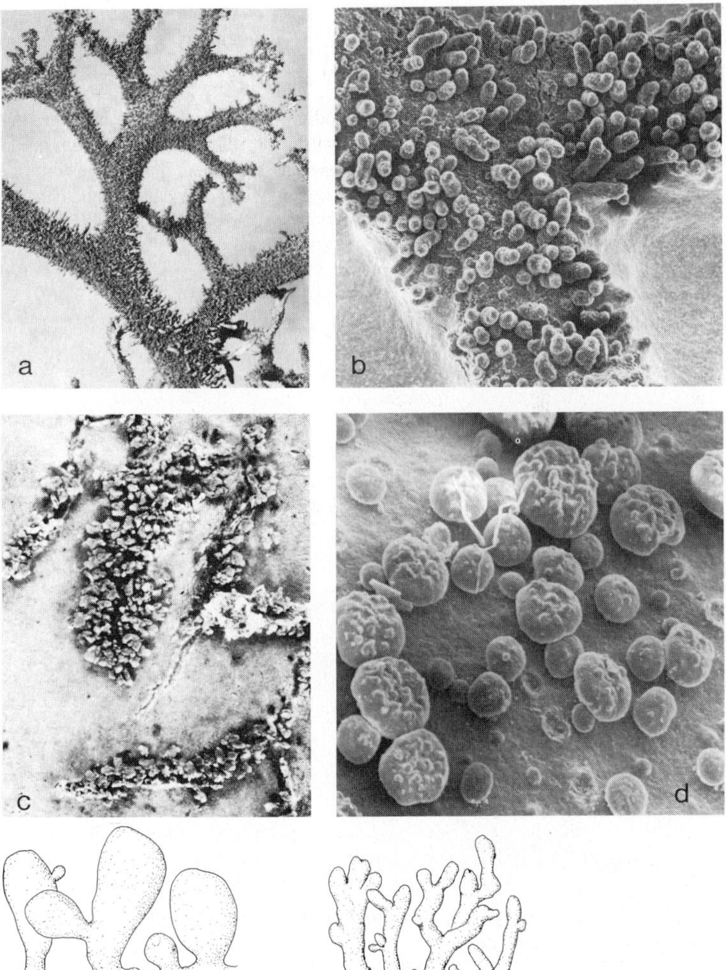
a
b
c
d
e
f
0,5 mm
g
h

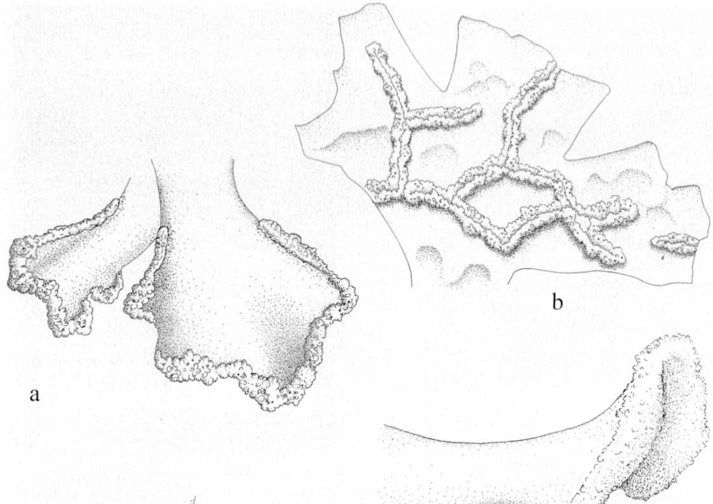

Abb. 4. Sorale, halbschematisch. a: Bortensorale. b: Spaltensorale. c: Lippensoral. d: Kugelsorale. e: Kopfsorale.

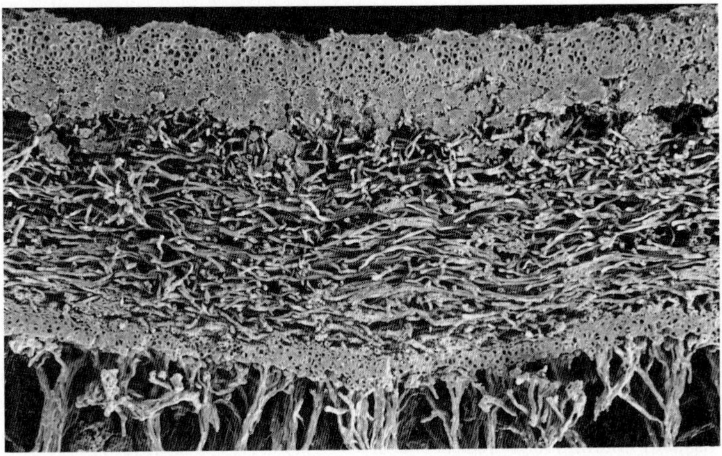

Abb. 5. Schnitt durch eine geschichtet gebaute Laubflechte *(Lobaria scrobiculata)*, REM-Aufnahme (160×). Erkennbar sind paraplektenchymatische Oberrinde, Mark mit locker angeordneten Hyphen, paraplektenchymatische Unterrinde mit dichtem Haarbesatz; die relativ kompakt strukturierte Algenschicht über dem lockeren Mark ist nicht gut gegen die Oberrinde abgesetzt.

Laub- und Strauchflechten (Abb. 17a). Mitunter sind die Linien vernetzt und sitzen auf sehr schwach erhabenen Leisten (Abb. 17f).

3.2.3 Bau des Lagers

In der Flechte umhüllt der Pilz mit einem Geflecht von fädigen Strukturen (Hyphen) in der Regel zahlreiche ein-, selten mehrzellige Algen der Partnerart. Die Algen sind gewöhnlich in einer Zone konzentriert, bei den Gallertflechten meistens über den ganzen Thallus verteilt. Den übrigen Raum in der Flechte nimmt der Pilzpartner ein, der auch durch die Anordnung der Hyphen oft die Form der Flechte bestimmt.

Nach außen hin bilden die Pilzhyphen oft eine dichte schützende, besonders strukturierte Rinde. Unter der Rinde liegt die Algenschicht, in der die Algen von Pilzhyphen umsponnen sind. Unter der Algenschicht ist ein meist relativ mächtiges Mark aus locker verflochtenen Hyphen entwickelt. Bei Krustenflechten sitzt das Lager mit dem Mark dem Substrat auf. Bei Laub- und Strauchflechten ist meist auch auf der Unterseite eine Rinde entwickelt, d.h. die Flechte ist ringsum von einer Rindenschicht umgeben. Auf der Unterseite sind oft noch besondere Haftorgane, z.B. Rhizinen, vorhanden.

Zeigt die Rinde im Schnitt eine Struktur aus mehr oder weniger rundlich-vieleckigen Zellen (Abb. 5), nennt man sie paraplektenchymatisch oder pseudoparenchymatisch (an ein Parenchym der höheren Pflanzen erinnernd). Ist sie mehr parallel strukturiert, aus langgestreckten Zellen, nennt man sie prosoplektenchymatisch (Abb. 50).

Fast alle Flechtenpilze gehören zu den Schlauchpilzen, zu denen z.B. auch die Becherlinge und Morcheln zählen. Allerdings kommen die Flechtenpilze nicht mehr freilebend vor, sondern sind völlig von der Flechtensymbiose abhängig geworden. Die Flechtenalgen gehören zum größten Teil zu den Grünalgen, zu einem kleineren Teil zu den Blaualgen oder Cyanobakterien. Jede Flechtenart ist durch einen spezifischen, nur bei ihr vorkommenden Pilz sowie meist durch eine bestimmte Algenart gekennzeichnet. Ein und dieselbe Algenart kann bei verschiedenen Flechtenarten auftreten. Eine Übersicht der häufigsten Algen vgl. S. 56 und Abb. 15.

3.2.4 Gestalt und Bau der Fruchtkörper

Allgemeines

Bei Krustenflechten sind Fruchtkörper relativ häufig. Viele heimische Laub- und Strauchflechten fruchten dagegen gewöhnlich nicht und pflanzen sich statt dessen vegetativ mit Hilfe von Soredien, Isidien oder Thallusbruchstücken fort. Umgekehrt bilden regelmäßig fruchtende Arten in der Regel keine vegetativen Fortpflanzungsorgane aus.

Die bei den Flechten auftretenden Fruchtkörper entstehen in Zusammenhang mit sexuellen Vorgängen des Flechtenpilzes. Da fast alle Flechtenpilze zu den Ascomyceten gehören, sind die Fruchtkörper sog. Ascocarpien. Liegt das sporenerzeugende Gewebe (Hymenium) offen zutage, handelt es sich um **Apothecien**, ist es in mehr oder weniger kugelige Gebilde eingeschlossen und nur durch eine Pore mit der Außenwelt verbunden, in der Regel um **Perithecien**. Apothecien sind gewöhnlich vom Lager scharf abgesetzte, im Umriß rundliche, scheiben- bis schüsselförmige oder halbkugelige Gebilde, die sehr verschieden gefärbt sein können. Bei manchen Gruppen haben die Apothecien eine elliptische bis längliche Gestalt; sie können auch verzweigt oder gestielt sein. Oft sind die Apothecien deutlich berandet (siehe Abb.). Ist der Rand wie der übrige Teil, die sog. Scheibe, gefärbt, spricht man von Eigenrand; hat er die Farbe des Lagers und enthält er, entsprechend dem Aufbau des Lagers, Algen, handelt es sich um einen Lagerrand.

Die Apothecien bestehen im wesentlichen aus dem Hymenium, dem unter dem Hymenium liegenden Hypothecium und einem das Hymenium ring- bis schüsselförmig umschließenden Geflecht. Diese das Hymenium schützende Struktur kann ähnlich wie das Lager aufgebaut sein und Algen enthalten; sie ist dann äußerlich als Lagerrand erkennbar. Apothecien mit Lagerrand werden auch als lecanorin bezeichnet. Bei Apothecien ohne Lagerrand ist diese Struktur algenfrei und nur aus Hyphen aufgebaut und wird Excipulum (proprium) genannt. Das Excipulum ist äußerlich oft als Eigenrand erkennbar; mitunter fehlt es völlig. Excipulum und Hypothecium sind farblos oder pigmentiert. Bei lecideinen Apothecien ist das Excipulum zumindest teilweise kohlig verhärtet.

Die Oberfläche des Hymeniums ist von außen als Scheibe sichtbar. Der oberste Bereich des Hymeniums, das Epihymenium, ist gewöhnlich gefärbt, mitunter auch

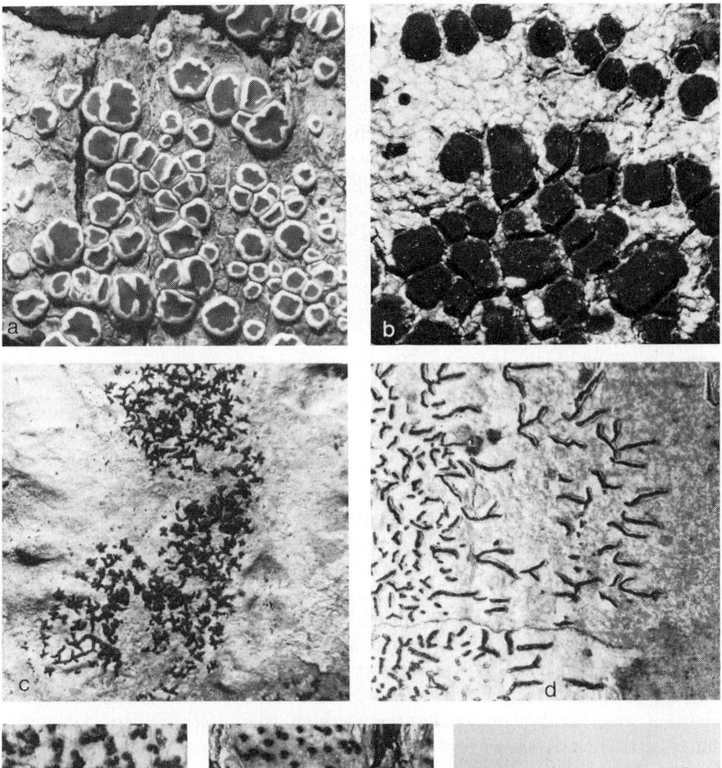

Abb. 6. Fruchtkörper. a: Lecanorine Apothecien von *Lecanora intumescens* (3×). b: Lecideine Apothecien von *Lecidea plana* (5×). c: Gestreckte, einfache bis sternförmig verästelte Apothecien von *Opegrapha atra* (2,3×). d: Strichförmig gestreckte Apothecien von *Graphis scripta* (ca. 3×). e: Fleckförmige, gelappte Apothecien von *Arthonia leucopellaea* (ca. 4×). f: Perithecien von *Pyrenula nitidella* (3×). g: Gestielte Apothecien einer coniocarpen Flechte (*Calicium salicinum*, 18×).

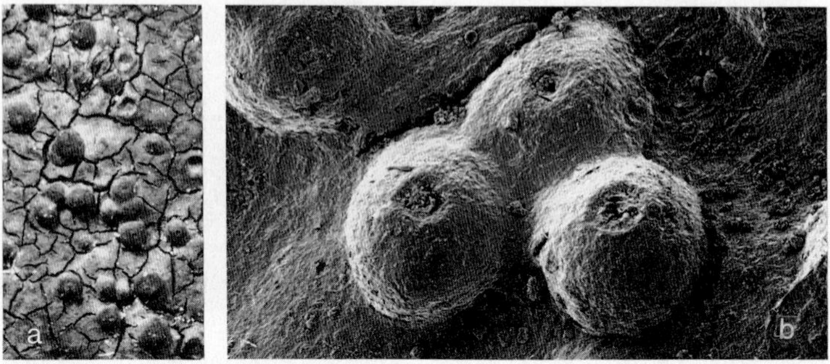

Abb. 7. Fruchtkörper: Perithecien. a: Perithecien auf rissigem Lager von *Staurothele fissa* (7×). b: Perithecien von *Pyrenula nitidella* (60×).

von kleinsten Kristallen durchsetzt. Selten ist das ganze Hymenium ± gefärbt. Es ist aus mehr oder weniger senkrecht angeordneten Hyphenfäden, den Paraphysen, aufgebaut und an diesem Aufbau im Fruchtkörperschnitt leicht zu erkennen; zwischen den Paraphysen sitzen die zylindrischen, keuligen oder bauchigen Asci, in denen die Sporen heranreifen. Die Sporen werden gewöhnlich zu acht gebildet und sind ein- oder mehrzellig, farblos oder gefärbt.

Nach Gestalt und Bau der Fruchtkörper können die Krustenflechten in Gruppen untergliedert werden, die eine erste Ansprache sehr erleichtern, z.B. pyrenocarpe Flechten (mit Perithecien), coniocarpe Flechten oder Kelchflechten (Arten mit zarten gestielten Fruchtkörpern) oder lirellocarpe Flechten (Arten mit „strichförmigen“ Fruchtkörpern).

Morphologische Merkmale

Unter den morphologischen Merkmalen der Fruchtkörper spielen für die Bestimmung die Größe, Gestalt, Farbe, Berandung und Position der Fruchtkörper auf dem Lager eine Rolle.

Größe

Bezug genommen wird auf die Breite (Durchmesser), selten (bei „stecknadelförmigen“ Fruchtkörpern) die Höhe; angegeben ist oft nur die maximale Größe (ohne völlig aus dem Rahmen fallende Werte), mitunter Minimal- und Maximalgröße.

Gestalt

Hierbei spielen Umriß der Fruchtkörper (z.B. rundlich oder länglich), Form und Oberflächenstruktur der Scheibe (konkav, flach, gewölbt, gerillt) eine Rolle.

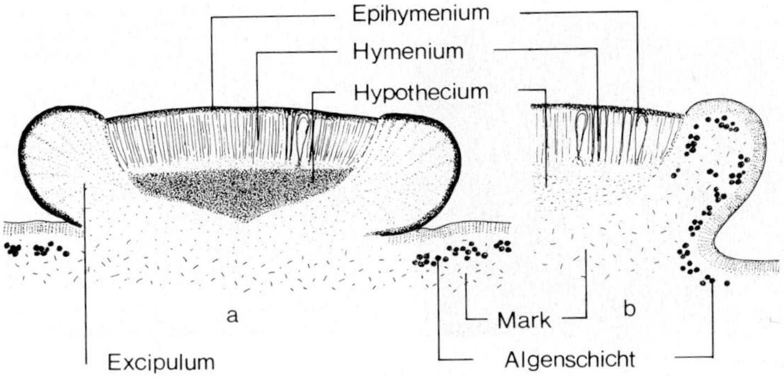

Abb. 8. a: Schnitt durch ein lecideines bzw. biatorines Apothecium (Ap. mit Eigenrand). b: Schnitt durch den Randbereich eines lecanorinen Apotheciums (Ap. mit Lagerrand).

Berandung

Als Rand wird eine äußerlich sichtbare Berandung der Apothecienscheibe bezeichnet. „Wulstig" wird ein sehr ausgeprägter Rand genannt. Oft ändern sich Wölbung der Scheibe und Ausprägung des Randes mit zunehmendem Alter des Apotheciums: Jung ist die Scheibe flach, der Rand deutlich entwickelt, im Alter wölbt sich die Scheibe zusehends und der Rand schwindet mehr und mehr. Ein Lagerrand (siehe oben) ist gewöhnlich lagerfarben, ein Eigenrand ist gewöhnlich wie die Scheibe gefärbt.

Position

Es wird unterschieden zwischen aufsitzenden, teilweise (±) eingesenkten, völlig eingesenkten (d.h. die Lageroberfläche nicht überragenden) und vertieft sitzenden Fruchtkörpern. Aufsitzende Apothecien können mit dem Lager eng verwachsen sein oder ziemlich locker, d.h. mit verengter Basis aufsitzen.

Anatomische (mikroskopische) Merkmale

Unter den mikroskopischen Merkmalen sind Färbung und Struktur von Excipulum und Hypothecium, Gestalt und Verzweigung sowie Färbung der Endzellen der Paraphysen sowie Färbung, Septierung, Form und Größe der Sporen für die Bestimmung wichtig.

Excipulum, Hypothecium, Hymenium

Die Färbungsintensität von Excipulum, Epihymenium und Hypothecium hängt von der gewählten Schnittdicke ab. Bei den Farbangaben wird in den Schlüsseln, so weit wie möglich, von Verhältnissen ausgegangen, wie sie an dünnen Handschnitten sichtbar werden. Die Struktur des Excipulums ist oft nur an wirklich dünnen Schnitten auszumachen, am besten an Mikrotomschnitten von 15–20 µm Dicke. Die

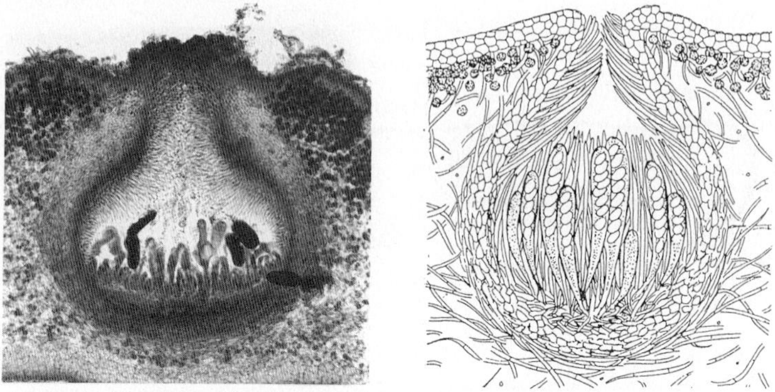

Abb. 9. Schnitt durch ein in das Lager eingesenktes Perithecium von *Endocarpon pusillum*; an der Basis der Peritheciumhöhlung stehen die Asci dicht gedrängt; der birnenförmige Fruchtkörper mündet mit einem von Periphysen ausgekleideten Kanal nach außen (100×). Schnitt durch Perithecium, halbschematisch, mit Paraphysen zwischen den Asci und Periphysen in der Mündung (links aus Henssen & Jahns 1974, rechts aus Poelt 1969; Best.schlüssel europ. Flechten).

Höhe des Hymeniums wird gemessen vom Fußpunkt der Schläuche bis zur Außenbegrenzung des Epihymeniums, also einschließlich des Epihymeniums. Die Hymenium-Höhe entspricht der Paraphysen-Höhe. Als Epihymenium wird hier der oberste gefärbte Bereich des Hymeniums bezeichnet, gleichgültig, wo die Färbung lokalisiert ist. Das Hymenium ist gewöhnlich farblos. Mitunter strahlt die Färbung des Epihymeniums tiefer ins Hymenium hinein.

Paraphysen und paraphysenähnliche Strukturen
In den Bestimmungsschlüsseln dieses Buches werden alle sterilen fädigen Gebilde innerhalb des Hymeniums praxisnah Paraphysen genannt. Nach entwicklungsgeschichtlichen Gesichtspunkten kann man jedoch mehrere Formen von paraphysenähnlichen Gebilden unterscheiden. Echte Paraphysen wachsen aus dem unter dem Hymenium liegenden Bereich nach oben und haben von Anfang an freie Enden. Paraphysoide entstehen im Gegensatz zu den echten Paraphysen weitgehend vor der Ascus-Bildung; sie sind oft besonders dünn, die Zellsepten stehen weit auseinander. Pseudoparaphysen wachsen vom oberen Teil perithecienartiger Fruchtkörper zwischen die sich entwickelnden Asci herab und verbinden sich mit der Basis des Hymeniums; sie sind gewöhnlich regelmäßig septiert, rel. dick, verzweigt und miteinander verbunden. Auf die verschiedenen „Paraphysen"-Typen wird in den Gattungsdiagnosen hingewiesen.

Die Paraphysen können an der Spitze verdickt oder unverdickt sein, können verzweigt oder mit anderen Paraphysen netzig verbunden (anastomosierend) sein. Einfach werden ganz überwiegend unverzweigte Paraphysen genannt. Die Verhältnisse sind oft schwierig zu beurteilen. Oft bringt Zugabe von Kalilauge größere

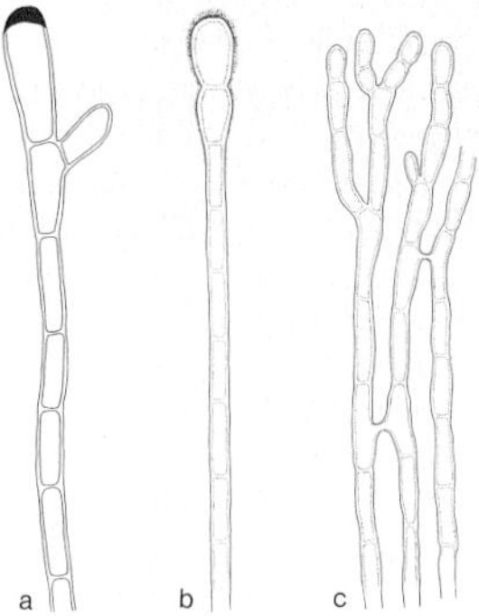

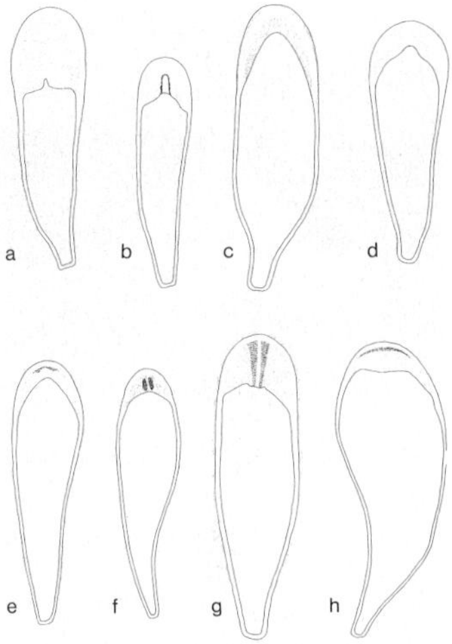

Abb. 10 (links). Paraphysen. a: verzweigte Paraphyse mit verdickter Endzelle und Pigmentkappe. b: einfache Paraphyse mit aufgelagerter Färbung der Endzellen. c: verzweigte und vernetzte (anastomosierende) Paraphysen (nach Hafellner 1984, Beih. Nova Hedwigia 79).

Abb. 11 (rechts). Ascus-Typen. a: *Bacidia*-Typ. b: *Biatora*-Typ. c: *Fuscidea*-Typ. d: *Lecanora*-Typ. e: *Lecidea*-Typ. f: *Mycobilimbia*-Typ. g: *Porpidia*-Typ. h: *Rhizocarpon*-Typ. Punktierung: in Jod-Lösung (Lugols-Lösung) nach KOH-Behandlung gefärbte Bereiche (nach Hafellner 1984, Beih. Nova Hedwigia 79).

Klarheit. Schwach verklebte Paraphysen lösen sich bei leichtem Druck auf das Deckglas voneinander, zumindest nach Zugabe von Kalilauge (Merkmal „Paraphysen leicht frei"). In seltenen Fällen fehlen oder verschleimen die Paraphysen und sind dann nur jung gut zu erkennen.

Periphysen treten bei Perithecien auf; es sind fädige Hyphen, die in den Mündungsbereich (Ostiolum) hineinragen.

Asci

Große Bedeutung hat in den letzten Jahren der Bau der Asci für die Systematik erlangt. Dies schlägt sich auch in der Diagnostik der Flechten nieder. Fissitunicate (oder bitunicate) Asci haben Wandungen, deren Schichten sich bei der Öffnung des Ascus voneinander lösen, sich also funktionell verschieden verhalten; die häufigeren non-fissitunicaten (oder unitunicaten) Asci haben Wandungen, die nicht aus funktionell sich verschieden verhaltenden Schichten aufgebaut sind. An der Spitze der Asci finden sich häufig sogenannte Apikalstrukturen, die der Öffnung der Asci

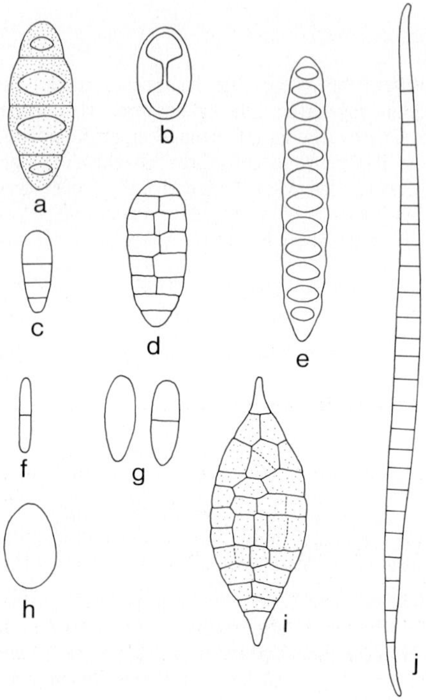

Abb. 12. Sporen. a: Gefärbte Spore mit linsenförmigen Innenräumen *(Pyrenula nitida)*. b: Polar 2zellige Spore *(Caloplaca)*. c: 4zellige Spore mit vergrößerter Endzelle *(Arthonia arthonioides)*. d: Schwach mauerförmige Spore *(Arthothelium ruanum)*. e: Parallel vielzellige Spore mit linsenförmigen Fächern *(Graphis scripta)*. f: Längliche, 2zellige Spore *(Bacidia globulosa)*. g: Schmal ellipsoide Sporen *(Mycobilimbia hypnorum)*. h: Breit ellipsoide Spore *(Lecidella carpathica)*. i: Mauerförmig vielzellige Spore mit ausgezogenen Enden *(Phlyctis agelaea)*. j: Parallel vielzellige, ± nadelförmige Spore *(Belonia incarnata)*.

dienen. Eine Analyse dieser Strukturen, die besonders nach Färbung mit Jod erkennbar sind, erleichtert die Gattungsbestimmung. Ihr Studium erfordert jedoch viel Erfahrung und genaue Beobachtung. Besondere Bedeutung hat der Tholus, der verdickte innere Teil im Ascusscheitel. Eine Ausbuchtung des Ascusinneren in den Tholus bzw. eine grubenartige Aussparung des Tholus zum Ascuslumen hin nennt man „chambre oculaire" oder Okularkammer. Innerhalb des Tholus kann man oft einen mit Jod nicht oder schwach gefärbten Bereich unterscheiden („Axialmasse"). Abb. 11 gibt Beispiele von wichtigen Ascusformen und Apikalstrukturen.

Sporen

Sehr wichtige Merkmale sind Sporengröße und -gestalt. Die Größe wird sorgfältig mit dem Okularmikrometer gemessen (Länge auf Breite). Wichtige Formen: kugelig, breit ellipsoid (weniger als doppelt so lang wie breit), ellipsoid (etwa doppelt so lang wie breit), schmal ellipsoid (mehr als doppelt so lang wie breit), länglich, spindelförmig, stäbchenförmig, nadelförmig (siehe Abb. 12).

Pyknidien

Pyknidien sind in der Regel kugelige bis birnenförmige Behälter, die gewöhnlich in das Lager eingesenkt sind und an Perithecien erinnern. In ihrem Innern werden von speziellen Hyphen Pyknosporen (= Pyknidiosporen) abgegliedert und durch eine enge Öffnung (Ostiolum) nach außen abgegeben. Die Pyknosporen sind meist einzellig und farblos. Sie fungieren als asexuelle Fortpflanzungskörper (Konidien), in anderen Fällen ist eine sexuelle Funktion, als männliche Geschlechtszellen (Spermatien) sehr wahrscheinlich. Bei einigen Arten finden sich zwei oder drei verschiedene Pyknidientypen mit verschieden großen und gestalteten Pyknosporen, die dann als Makro-, Meso- und Mikrokonidien unterschieden werden; Mikrokonidien sind stets einzellig.

Pyknidien sind meist als sehr kleine schwärzliche Punkte auf dem Lager erkennbar; in manchen Fällen sind die Pyknidien gestielt oder sitzen dem Lager als Warzen auf.

3.2.5 Der Chemismus der Flechten: Bestimmung mit Hilfe von Farbreaktionen

Viele Flechten enthalten bestimmte sekundäre Stoffwechselprodukte, sogenannte Inhaltsstoffe. Dies sind organische Verbindungen unterschiedlichster Struktur, die zu einem großen Teil nur von Flechten bekannt sind. Sie können vom versierten Flechtenkundler mittels verschiedener Verfahren, z.B. Dünnschichtchromatographie, ermittelt werden. Einige dieser Stoffe sind farbig (Pigmente). Diese Pigmente sind gewöhnlich in der Rinde der Flechtenthalli lokalisiert und für die gelbe, gelbgrünliche, braune oder rote Färbung vieler Arten verantwortlich. Die meisten Flechtenstoffe sind farblos; mit wenigen Ausnahmen sind sie im Mark (Medulla) der Flechtenlager lokalisiert.

Die Kenntnis der Inhaltsstoffe ist von erheblicher Bedeutung, zum einen für die Systematik der Flechten, zum anderen auch für die Bestimmung der Arten. Ein Teil der Flechtenstoffe reagiert mit Reagenzien, wie Kalilauge oder Natriumhypochlorit zu farbigen Verbindungen. Da ähnlich aussehende Arten oft mit recht verschiedenen Inhaltsstoffen ausgestattet sind, kann diese „Farbreaktion“ als wertvolle Zusatzinformation und einfache Bestimmungshilfe genutzt werden (Tab. S. 30).

In der Praxis wird ein **möglichst kleiner Tropfen** des Reagenz auf die zu prüfende Stelle des Flechtenlagers gegeben und die Reaktion ermittelt, die sofort oder allmählich, gewöhnlich innerhalb einer Viertelminute, eintritt. Die Reaktion von Flechtenrinde (d.h. der Oberseite der Flechte) und von Flechtenmark ist wegen der unterschiedlichen Inhaltsstoffe dieser Lagerteile oft verschieden. Da mitunter diagnostisch interessante Inhaltsstoffe im Mark liegen, ist es in diesen Fällen nötig, die Reaktion des Markes zu prüfen. Dazu muß das Mark in genügend großer Fläche durch einen fast oberflächenparallelen Schnitt entblößt werden. Jeder wird dazu seine eigene Technik entwickeln. Man kann z.B. die Rasierklinge an den Schmalseiten zwischen Daumen und Zeigefinger „klemmen“, sie durch leichten Druck der Finger in eine schwach konkave Form bringen und in sehr kleinem Winkel zur Flechtenoberfläche einschneiden. Diese Manipulation und die Beobachtung der

Reaktion ist am einfachsten unter dem Binokular durchzuführen. Zu große Reagenztropfen verlaufen leicht auf eine große Fläche. Eine Differenzierung der Reaktion zwischen Flechtenrinde und Flechtenmark kann dann erschwert sein. Bei Laubflechten führt man den Schnitt zur Prüfung der Markreaktion am besten von der Lagerunterseite her aus, weil hier eine eventuelle Reaktion der Flechtenoberrinde vermieden werden kann oder weniger stört.

Für die Durchführung der Farbreaktionen trägt man das Reagenz z.B. mit einer Pipette oder einem spitzen Glasstab auf. Oft sind die Pipetten handelsüblicher Tropffläschchen zu grob und die an der Pipette haftenden Tropfen zu groß, so daß das Reagenz auf der Flechte auf unnötig großer Fläche auseinanderläuft. Besser ist es, einen Tropfen aus der Pipette auf die Ecke einer Rasierklinge oder auf einen Zahnstocher zu bringen, überflüssige Flüssigkeit abzustreifen und dann erst aufzutragen.

Zur Prüfung der Reaktion nimmt man ein Teilstück der Flechte, das später weggeworfen wird. Man vermeide die Prüfung am Originalstück, das herbarisiert werden soll. Zum einen kann es durch Auseinanderlaufen des Tropfens verdorben werden. Zum anderen ist eines der üblichen Reagenzien giftig und färbt leicht auf die Papierhülle ab. Die Deutlichkeit der Reaktion hängt von der Konzentration der Inhaltsstoffe ab. In manchen Fällen kann nicht eindeutig entschieden werden, ob die Reaktion positiv oder negativ ist. Die Reaktion wird, wenn als Reaktion des Lagers abgefragt oder nicht anders spezifiziert, auf der Oberseite des Lagers ausgeführt.

Bei dunklen Flechtenproben (z.B. Bryorien) wird die Farbreaktion getestet, indem man auf einen Objektträger ein Stück weißes Saugpapier mit der Flechtenprobe legt. Nun werden wenige Tropfen Reagenz, z.B. P, daraufgetropft: Das Reagenz diffundiert in das weiße Papier, so daß die Farbreaktion besser zu erkennen ist als auf der dunklen Flechte. Auch wenn die Flechte die gleiche Farbe hat, wie die zu erwartende Farbe der Reaktion oder bei sehr schwacher Färbung (z.B. K+ gelblich), sollte in der beschriebenen Weise verfahren werden (Farbe wird nach Trocknen des Papiers oft deutlicher).

Ein Kontakt der Reagenzien mit der Haut und mit Materialien verschiedener Art sollte vermieden werden. Vor allem para-Phenylendiamin ist sehr gesundheitsschädlich und verursacht darüber hinaus nicht mehr entfernbare Flecken auf Kleidern, Papier, Möbeln. Kalilauge und Hypochlorit verursachen Ätzungen und Bleichungen. Selbstverständlich ist auch ein Kontakt der Reagenzien mit den Augen gefährlich. Ist es dazu gekommen, sofort die Augenregion in fließendem Wasser spülen.

Reagenzien zur Bestimmung der Flechten

Folgende Reagenzien werden benötigt: 1. Kalilauge (Abkürzung: K), 2. Calcium- oder Natriumhypochlorit (C), 3. para-Phenylendiamin (P). 4. Jod-Lösung (J). Die Reagenzien halten sich bei Unterbringung in braunen Fläschchen und unter Lichtabschluß länger.

Kalilauge: 2–4 g Kaliumhydroxid werden in 20 ccm Wasser gelöst. Die Lösung ist unbegrenzt haltbar. Eine Fehlbeurteilung der Gelb-Reaktion ist manchmal möglich, da K die Rinde durchscheinend macht und dadurch die darunterliegende gelbgrüne Algenschicht eine ± gelbgrünliche Färbung vortäuscht (Abhilfe siehe unten: weißes Saugpapier).

Calciumhypochlorit- oder Natriumhypochlorit-Lösung: Calciumhypochlorit-Lösung erhält man durch Auflösung von Chlorkalk in Wasser bis zur Sättigung. Da die Lösung höchstens einen Tag haltbar ist und zudem durch das ausgefallene Chlorkalk störende weißliche Flecken verursachen kann, greift man besser zu Natriumhyochlorit-Lösung. Sie muß aber auch von Zeit zu Zeit, am besten alle zwei Monate, erneuert werden. Gleiche Wirkung hat auch ein chlorhaltiges Reinigungsmittel für den Haushalt (z.B. Klorix, auch nur begrenzt haltbar). Klarheit über die Funktionsfähigkeit schafft ein einfacher Test mit einer Testflechte (z.B. *Hypocenomyce scalaris*). Die Reaktion mit C ist oft sehr flüchtig, daher sofort beobachten!

Bei der mitunter erforderlichen KC-Reaktion wird erst Kalilauge, dann auf die gleiche zu prüfende Stelle C gebracht. In der Regel wird dadurch eine C-Reaktion verstärkt und deutlicher; die KC-Reaktion ist aber nicht immer identisch mit der C-Reaktion. In seltenen Fällen ist eine CK-Reaktion gefragt (erst C, dann K!).

Bei der Probe mit KC ist bei gelblichen Arten folgendermaßen zu verfahren: Ein Flechtenstück auf einen Objektträger legen, und wenig K darüber tropfen. Nach einiger Zeit das K mit weißem Saugpapier aufnehmen. Anschließend auf das Papier einen Tropfen C geben und Farbbildung beobachten.

para-Phenylendiamin-Lösung: Das Reagenz ist giftig und hinterläßt Flecken auf Kleidung etc. (s. oben). In den Artbeschreibungen ist die Reaktion mit P der Vollständigkeit halber angegeben. Vermeiden Sie aber grundsätzlich die Reaktion mit P, wenn sie zur Bestimmung nicht unerläßlich ist.

Das Reagenz wird (nach Steiner) folgendermaßen hergestellt: 1 g para-Phenylendiamin, 10 g Natriumsulfit und 1 ml eines Spülmittels in 100 ml Wasser. In dieser Form ist es mehrere Monate haltbar.

Eine Alternative zum gesundheitsschädlichen para-Phenylendiamin bietet der Farbentwickler 1 (Color Developper 1) der Firma Merck; er wird zum Entwickeln von Farbfilmen in den Filmentwicklungsanstalten eingesetzt. Das Rezept lautet: 10 g Natriumsulfit, siccum (Na_2SO_3) in 100 ml aqua dest. völlig lösen + 3 g N^4,N^4-Diethyl-1,4-phenylendiaminsulfat (Farbentwickler), bis zur völligen Lösung schütteln + 1 ml eines Spülmittels. Die Lösung ist mehrere Monate haltbar. Die Reaktionen treten mit diesem Reagenz lediglich etwas später ein und die Färbung ist in der Mehrzahl der Fälle blasser (orange statt rot).

Jod-Lösung, beim Studium der Reaktionen von Hymenium und von Asci am besten in Form von Lugol's Lösung (Firma Merck): 0,5 g J, 1,5 g Kaliumjodid, 100 ml destilliertes Wasser. Beim Studium des Ascus-Baues ist eine vorhergehende Behandlung mit 10%iger Kalilauge vorteilhaft, um zuverlässigere Aussagen zu ermöglichen. Hierfür steht die Abkürzung K/J.

Verwendung von UV-Licht als Bestimmungshilfe

Manche Substanzen - entsprechend auch die diese Substanzen enthaltenden Flechtenteile - leuchten im Licht handelsüblicher UV-Lampen (z.B. Briefmarkenhandel)

Übersicht der wichtigsten Inhaltsstoffe und ihrer Reaktionen

Erläuterung: Angegebene Farbreaktion nur bei ausreichender Konzentration des Inhaltsstoffes. Vor allem bei P schwankt die Reaktion oft zwischen gelborange und rot. In Klammern: Reaktion in der Praxis (an der Flechte) oft undeutlich oder ausbleibend, jedoch am isolierten Stoff auftretend. Ohne Angabe: Reaktion an der Flechte negativ, am isolierten Stoff nicht geprüft.

Reagenz	K	C	KC	P
α-Collatolsäure	–	–	(rot)	–
Alectorialsäure	gelb	rot	rot	gelb
Alectoronsäure	–	–	(rot)	–
Angardiansäure	–	–	–	–
Aotearon	–	–	–	–
Argopsin	–	–	–	orange
Arthothelin	–	orange	orange	–
Aspicilin	–	–	–	–
Atranorin	gelb	–	–	gelb
Baeomycessäure	gelb	–	–	gelb
Barbatsäure	–	–	–	–
Barbatolsäure	gelb	–	–	gelb
Bourgeansäure	–	–	–	–
Caloploicin	–	–	–	–
Calycin	–	–	–	–
Caperatsäure	–	–	–	–
Capistraton	–	–	–	–
Chloratranorin	gelb	–	–	gelb
Confluentinsäure	–	–	–	–
Constictinsäure	gelb	–	–	orange
Coronaton	–	–		–
Cryptochlorophaeasäure	(gelb-rot)	(rot)	rot	–
Didymsäure	–	(grün)		–
Diffractasäure	–	–	–	–
Diploicin	–	–	–	–
Diploschistessäure	–	(bläul.)		–
Divaricatsäure	–	–	–	–
Epanorin	–	–	–	–
Erythrin	–	rot	rot	–
Eugenitol	–	gelb	gelb	–
Evernsäure	–	–	–	–
Fumarprotocetrarsäure	gelbbraun	–	–	rot
Gangaleoidin	–	–	–	–
Glaucophaeasäure	–	–	–	–
Glomellsäure	–	–	(rot)	–

Reagenz	K	C	KC	P
Glomellifersäure	–	–	(rot)	–
Granulosin	–	orange	orange	–
Grayansäure	–	–	–	–
Gyrophorsäure	–	rot	rot	–
Hiascinsäure	gelb-rot	rot	rot	–
Homosekikasäure	–	–	–	–
Imbricarsäure	–	–	–	–
Isousninsäure	–	–	(gelb)	–
Jackinsäure	–	–	–	–
Lecanorsäure	–	rot	rot	–
Leprarsäure	–	–	–	–
Lesdainin	–	–	–	–
Lichesterinsäure	–	–	–	–
Lichexanthon	–	–	–	–
Lobarsäure	–	–	(rot)	–
Merochlorophaeasäure	(gelb-rot)	(rot)	rot	–
2'-O-Methylmicrophyllins.	–	–	–	–
2'-O-Methylperlatolsäure	–	–	–	–
Miriquidisäure	–	–	–	–
Murolsäure	–	–	–	–
Nephrosteransäure	–	–	–	–
Norstictinsäure	gelb/rot	–	–	gelb
O-Demethyl-Planasäure	–	–	–	–
Obtusatsäure	–	–	–	–
Olivetorsäure	–	rot	rot	–
4-Oxypannars.-2-methylester	–			rotorange
Oxypannars.-6-methylester	–			rotorange
Pannarsäure	–	(grün)		–
Pannarsäure-6-methylester	–			–
Pannarin	–	–	–	orange
Parietin	rot	–	–	–
Perlatolsäure	–	–	–	–
Physodsäure	–	–	(rot)	–
Physodalsäure	gelbbraun	–	–	rot
Picrolicheninsäure	–	–	violett	–
Pinastrinsäure	–	–	–	–
Placodiolsäure	–	–	(gelb)	–
Planasäure	–	–	–	–
Porphyrilsäure	–	(grün)		–
Protocetrarsäure	gelb-braun	–	–	rot
Protolichesterinsäure	–	–	–	–
Psoromsäure	–	–	–	gelb

Reagenz	K	C	KC	P
Pulvinsäuredilacton	–	–	–	–
Rangiformsäure	–	–	–	–
Rhizocarpsäure	–	–	–	–
Rhodocladonsäure	d.rot	–	–	–
Roccellsäure	–	–	–	–
Salazinsäure	gelb/rot	–	–	gelb
Schizopeltsäure	–	–	–	–
Scrobiculin	(gelb-rot)	(rot)	rot	–
Sekikasäure	–	–	–	–
Skyrin	rot	–	–	–
Sordidon	–	gelb	gelb	–
Sphaerophorin	–	–	–	–
Squamatsäure	–	–	–	–
Stenosporsäure	–	–	–	–
Stictinsäure	gelb	–		orange
Strepsilin	–	grün	–	–
Thamnolsäure	gelb	–	–	orange
Thiophansäure	–	orange	orange	–
Thiophaninsäure	–	gelb	orange	–
Thuringion	–	–	–	–
Usninsäure	–	–	(gelb)	–
Variolarsäure	–	–	–	–
Vicanicin	–	–	–	–
Vinetorin	–	–	–	–
Vulpinsäure	–	–	–	–
Zeorin	–	–	–	–

Übersicht der wichtigsten Pigmente

Calycin	orangerot
Parietin	gelb-orange
Pulvinsäure	gelb
Pulvinsäuredilacton	gelb
Rhizocarpsäure	gelb
Rhodocladonsäure	rot
Skyrin	gelb-rot
Sordidon	gelb
Usninsäure	h.gelb
Vulpinsäure	gelb

weiß, blauweiß oder in anderen Farben auf. In der Regel ist dieses Phänomen im Mark der Flechte zu beobachten, daher ist ein Anschneiden oder Anschaben zu empfehlen. Die UV-Lampe ist im Dunkeln anzuwenden; die Augen sollten durch eine Brille geschützt sein. Die Probe sollte auf eine Unterlage gelegt werden, die selbst nicht im UV-Licht aufleuchtet. Weiße Papiere leuchten oft stark und stören bei der Beobachtung der UV-„Reaktion". Viele UV-Lampen erlauben die Beobachtung im kurzwelligem (254 nm) und langwelligen (z.B. 366 nm) UV. Im kurzwelligen Bereich erhält man gewöhnlich die deutlicheren Ergebnisse.

4 Erläuterungen zur geobotanischen Charakterisierung der Arten

Im Anschluß an die Schlüssel werden die Arten jeder Gattung in alphabetischer Reihenfolge aufgeführt. Gegebenenfalls sind hinter dem mit Autorennamen versehenen Artnamen in Klammern Synonyme aufgeführt. Die Beschreibung, die sich methodisch an OBERDORFERS pflanzensoziologische Exkursionsflora anlehnt, umfaßt in erster Linie Daten über den Standort, die Vergesellschaftung, die Vegetation, die Höhenverteilung, Verbreitung und Häufigkeit in Südwestdeutschland und Umgebung sowie über die Gesamtverbreitung in Europa. Im Anschluß an die Häufigkeitsangaben sind in Klammern Wertungen über die Gefährdung der Arten in Baden-Württemberg aufgeführt. Eine Einklammerung ökologischer Begriffe bedeutet eine Abschwächung; Beispiel: „extrem-ziemlich (mäßig) acidophytisch" bedeutet, daß die Pflanze extrem bis ziemlich acidophytisch ist, weniger ausgeprägt auch mäßig acidophytisch.

Wird auf eine Ähnlichkeit mit einer anderen Flechtenart hingewiesen, so gelten die dort aufgeführten ökologischen und soziologischen Kennzeichen weitgehend auch für die behandelte Art.

4.1 Angaben über Höhenverbreitung und Großklima

Die Angaben über die Höhenverteilung und die großklimatischen Bedingungen geben eine grobe Vorstellung der Verteilung der jeweiligen Art im Untersuchungsgebiet. Gerade diese Daten lassen sich nicht ohne weiteres auf andere Gebiete übertragen, und man muß sich stets ihres schematischen Charakters bewußt sein. Folgende Höhenstufenangaben werden gebraucht (gültig für Zentraleuropa, Höhenangaben für Südwestdeutschland und Umgebung):

kollin: Hügelland, untere Berglagen bis ca. 400 m, mit wärmeliebenden Gesellschaften, z.B. Eichen-Hainbuchen-Wäldern; Kultur empfindlicher Früchte, Weinbau.
submontan: Übergangsbereich zwischen kolliner und montaner Stufe.
montan: Bergland, etwa zwischen 500 und 1100 m. Vorherrschen von Buchen- und Buchen-Tannen-Wäldern.

hochmontan: Gebirgslagen etwa zwischen 1100 und 1600 m. Buchen-Tannen-, Tannen-Fichten-, Fichten-Wälder, Hochstauden-Bergmischwälder, Zwergstrauchheiden und Borstgrasrasen.

subalpin: Krummholzzone zwischen 1600 und 1800 m, Legföhrengebüsche, Nadelwaldvorposten.

alpin: Gebirgslagen über der Wald- und Baumgrenze, Matten, Zwergstrauchheiden, Felsfluren. Eine nivale Stufe wird hier nicht unterschieden.

dealpin: Von der alpinen Stufe bis in submontane (oder kolline) Lagen herabsteigend (in niederen Lagen als Eiszeitrelikte und durch Herabschwemmung usw. vorkommend).

Sehr große Bedeutung kommt der Angabe über die Niederschlagshöhe zu. Sie ist mit gewissen Einschränkungen auch ein Maß für die rel. Humidität, da Niederschlagskarten und Humiditätskarten bei uns recht gute Übereinstimmungen zeigen. Folgende Bezeichnungen werden zur Charakterisierung der Niederschlagshöhe verwendet:

sehr niederschlagsarm	*niederschlagsarm*	–600 mm/Jahr
ziemlich niederschlagsarm		600–750 mm
mäßig niederschlagsreich		750–1000 mm
ziemlich niederschlagsreich	*niederschlagsreich*	1000–1400 mm
sehr niederschlagsreich		1400– > 2000 mm

Als *warme* Lagen werden Gebiete bezeichnet, in denen Weinbau möglich ist, als *ziemlich warme* Gebiete solche, in denen Obstbau begünstigt ist, als *mäßig kühle* Lagen, in denen Getreidebau begünstigt ist. *Milde* Lagen sind durch rel. geringe Jahresschwankungen der Temperatur, geringe Zahl von Frosttagen und Spätfrösten ausgezeichnet.

4.2 Angaben über den Standort

4.2.1 Das Substrat

Viele Flechtenarten sind insofern ziemlich substratspezifisch, als sie weitestgehend auf Rinde oder Holz oder Silikatgestein oder Kalkgestein oder Erdboden beschränkt sind und kaum einmal auf einen anderen Substrattyp überwechseln. Eine weitere substratbezogene Spezialisierung wird durch pH-Bedingungen, Nährstoffversorgung, Wasserkapazität (Wasserspeicherkraft) und andere chemische und physikalische Eigenschaften des Substrates bedingt. Einige wenige Beispiele: Manche Rindenflechten sind auf saure und nährstoffarme Rinden beschränkt und daher überwiegend auf Nadelbäumen zu finden, andere sind auf basenreiche Borken spezialisiert, bestimmte Gesteinsflechten leben nur auf schwermetallreichen Silikatgesteinen, andere ziehen feinkörnige, rel. poröse Kalkgesteine vor. Stark vermorschtes Holz unterscheidet sich floristisch von zähem und hartem Holz.

pH-Werte

Boden- wie auch rinden- und gesteinsbewohnende Flechten zeigen jeweils pH-charakterisierbare Standortabhängigkeiten. Z.B. kommen bestimmte Flechtenarten nur auf kalkhaltigen und basenreichen Böden, andere nur auf sehr sauren vor.

Die Angaben über den schwerpunktartig besiedelten pH-Bereich der Arten stützen sich auf umfangreiche pH-Messungen mit einem tragbaren pH-Meßgerät mit Flachmembran-Elektrode (vgl. Wirth 1972); sie wurden zum großen Teil im Gelände an regenfeuchten oder mit destilliertem Wasser befeuchteten Substraten durchgeführt. Die pH-Bedingungen werden wie folgt beschrieben.

Substrat:		Pflanze:
extrem sauer	- pH 3,3	*e.acidophytisch*
sehr sauer	pH 3,4–4,0	*s.acidoph.*
ziemlich sauer	pH 4,1–4,8	*z.acidoph.*
mäßig sauer	pH 4,9–5,6	*m.acidoph.*
subneutral	pH 5,7–7,0 (-7,5)	*subneutroph.*
neutral	um pH 7	*neutroph.*
mäßig basisch	pH 7,1–8,5	*m.basiph.*
basisch	über pH 7	*basiph.*
einen weiten pH-Bereich umfassend		*euryion*

Die nicht eutrophierte und nicht wesentlich von sauren Luftverunreinigungen veränderte Rinde von Nadelbäumen und Birke ist meist sehr sauer (Stamm), die von Eiche und Schwarzerle ziemlich sauer, die von Birnbaum ziemlich (- mäßig) sauer, die von Buche, Esche, Apfelbaum, Linde mäßig sauer, die der meisten Pappeln, von Spitzahorn, Bergahorn, Ulme mäßig sauer bis subneutral, die von Schwarzholunder meist subneutral.

Die Pufferkapazität geht im großen und ganzen annähernd mit dem pH-Wert parallel: je höher der pH-Wert, um so höher die Pufferkapazität. Der Pufferkapazität kommt große Bedeutung zu, v.a. auch angesichts der weiten Verbreitung saurer Luftverschmutzungen, die die Baumrinden ansäuern. Eine rel. hohe Pufferkapazität besitzt die Borke der Esche, die oft eine Flora trägt, die für Bäume mit höheren pH-Werten als sie bei der Esche gefunden werden, typisch ist. Bei Bergahorn ist es umgekehrt. Hier geht eine rel. geringe Pufferkapazität bei einem rel. hohen pH mit einer oft eher acidophilen Flechtenflora einher.

Mineralgehalt, Nährstoffgehalt, Eutrophierung

Über Mineralgehalt und ganz besonders über den Nährstoffgehalt (im engeren Sinne, v.a. Stickstoff- und Phosphor-Verbindungen) flechtenbewohnter Substrate ist auch heute noch wenig bekannt. Vertretbar sind Aussagen über das Maß der Eutrophierung der Standorte durch tierische Düngung (z.B. an Vogelsitzplätzen), durch Staubanflug (Baumrinden, Felsen, Mauern usw.) und durch Mineraldünger (z.B. Weinbergmauern). Für die ökologische Charakterisierung der Flechten derartiger Standorte könnte man die relativ treffenden und neutralen Ausdrücke „coniophytisch“ (bei Staubimprägnierungen) und „coprophytisch“ (bei tierischer Düngung) benutzen. Hier wird ein bekannterer, aber zweifelsohne recht problematischer, sich eigentlich auf den Stickstoffgehalt beziehender Terminus gebraucht: „nitrophytisch“; hier wird er verwendet, um das Maß der Nährstoffversorgung durch Eutrophierung zu verdeutlichen.

Substrat:	Pflanze:
nicht eutrophiert	*anitrophytisch*
mäßig eutrophiert (m.nährstoffreich)	*m.nitroph.*
ziemlich eutrophiert (z.nährstoffreich)	*z.nitroph.*
sehr (stark) eutrophiert (s.nährstoffreich)	*s.nitroph.*
extrem eutrophiert (e.nährstoffreich)	*e.nitroph.*

Nicht eutrophiert sind etwa Baumrinden im Innern ausgedehnter Wälder, ziemlich eutrophiert sichtbar staubimprägnierte Rinden von Feld- und Straßenbäumen, extrem eutrophiert sehr stickstoffreiche Standorte wie sehr stark gedüngte Kuppen von Vogelsitzplätzen, die von Hundeharn imprägnierte Basis von Mauern, Flächen neben Misthaufen. Nicht eutrophierte Substrate sind im Falle von Felsstandorten naturgemäß nährstoffarm, nicht aber ohne weiteres im Falle von Rindenhabitaten, da Rinden (besonders an jungen Zweigen) Nährstoffe (z.B. Stickstoffverbindungen) in nicht geringen Mengen enthalten können. Fels- oder Mauerstandorte im Tropfwasserbereich des Blattwerks von Bäumen sind meist relativ mineralreiche Standorte, da das Tropfwasser pflanzeneigene sowie auf die Blätter gewehte Mineralstoffe enthält.

Zwischen dem Mineralgehalt der Rinden (totale Konzentration an Elektrolyten, gemessen als Asche-Gehalt) und der epiphytischen Flechtenflora bestehen enge Beziehungen. Sehr mineralarme Rinden sind artenarm und unterscheiden sich floristisch sehr stark von mineralreichen Rinden.

Mineralreich sind die Rinden z.B. von Holunder, Zitterpappel, Spitzahorn, Nußbaum, m.–z.mineralreich Esche, Buche, Eiche, mineralarm Birke, Fichte, Tanne.

Eine scharfe floristische Zäsur besteht im allgemeinen zwischen kalkhaltigen und kalkfreien *Gesteinen.* Einen floristisch differenzierenden Einfluß haben auch die Höhe des Kalkgehaltes der Kalkgesteine und die Höhe des SiO_2-Gehaltes der kalkfreien Silikatgesteine. Allerdings werden floristische Unterschiede erst bei bedeutenderen quantitativen Unterschieden in der chemischen Zusammensetzung der Gesteine deutlich, so bei Gegenüberstellung kalkarmer Gesteine (wie z.B. von Kieselkalken, Kalkschiefern) und kalkreicher Mergel oder gar reiner Kalke und Dolomite.

Sehr SiO_2-reiche Gesteine (saure Silikatgesteine, z.B. Quarzit, quarzreiche Sandsteine) tragen eine andere und ärmere Flora als SiO_2-arme (basische und ultrabasische Gesteine, z.B. Basalt, Melaphyr, Serpentinit). Als saure Silikatgesteine werden hier Gesteine mit einem Gehalt von mehr als 70% SiO_2 als groben Richtwert bezeichnet, als neutrale Silikate solche mit einem SiO_2-Gehalt etwa zwischen 65–70 und 50%, als basische solche mit einem SiO_2-Gehalt von weniger als 50%.

Mit dem in Lichenologenkreisen oft gebrauchten Ausdruck „mineralreich“ werden quarzarme, v.a. feldspatreiche (v.a. plagioklasreiche) Gesteine charakterisiert; es handelt sich um basische und neutrale Silikatgesteine.

Als Kalkgesteine (= Karbonatgesteine) werden hier Gesteine mit gleichmäßiger Verteilung des Kalkes verstanden. Kalkstein ist mehr oder weniger reiner Kalk ($CaCO_3$). Silikatgesteine (= Kieselgesteine) sind, wenn nicht anders vermerkt, kalkfrei.

Härte, Porosität von Gesteinen
Auf die Härte, Porosität und den Verwitterungszustand wird nur in stärker von der Norm abweichenden Fällen eingegangen (z.B. extrem harte Gesteine wie manche Basalte, Porphyre). Poröse Gesteine (manche Sandgesteine, manche Dolomite) schaffen durch rel. hohe Wasseraufnahme und Wasserhaltekraft (auch an der Oberfläche) günstige Feuchteverhältnisse an ihrer Oberfläche; aus anstehenden porösen Gesteinen tritt überdies oft auch Feuchtigkeit (Bergfeuchte) aus. Diese Gesteine können daher eine rel. hygrophytische Flechtenflora tragen; feuchtigkeitsbedürftige Arten steigen auf ihnen weiter in tiefe Lagen herab als auf kompakten (dichten) Gesteinen.

Vermorschung von Holzsubstraten
Der Grad der Vermorschung von entrindeten Stämmen und Stümpfen wird wie folgt angegeben:

hart, zäh(-morsch): Holz durch und durch hart, mit dem Taschenmesser nur schwer zu bearbeiten
ziemlich morsch: Oberfläche von Stümpfen und Stämmen noch intakt, aber im Innern bereits erhebliche Zersetzung. Holzstücke mit dem Messer ausbrechbar
sehr morsch: Oberfläche nicht mehr intakt bzw. s.leicht zerstörbar, Holz innen schwammig, verrottet, ausfallend

Neigung der (Fels-)Flächen: Es werden unterschieden Horizontal-, Schräg-, Steil- (= Subvertikal-), Vertikal- und Überhangflächen (= überhängende Flächen oder Flächen unter Überhängen).

Feuchtigkeit des Substrats
Arten, die bevorzugt auf Substraten wachsen, die die Feuchtigkeit lange halten bzw. rel. viel Wasser speichern können (Moosdecken, weiche, schwammige Rinden, lange taufeuchte Gesteine, poröse Gesteine [s.o.]), werden „substrathygrophytisch" genannt.

Ein bedeutender und typischer Flechtenstandort sind sickerfeuchte Felsflächen. Derartige Standorte werden sporadisch bis häufig durch herabsickerndes Wasser befeuchtet und trocknen immmer wieder aus. Im typischen Fall sind die Flächen mehr oder weniger besonnt. Das Wasser tritt aus Felsklüften oder aus der Grasnarbe am oberen Felsansatz aus und ist durch seinen Weg durch den Boden und durch erderfüllte Spalten oft relativ nährstoffreich. Das Sickerwasser tritt vor allem nach Regenfällen aus. Zur Kennzeichnung von Pflanzen derartiger Orte wird in den Artbeschreibungen der Terminus „subhydrophytisch" verwendet.

Amphibische Arten werden zeitweise überschwemmt (Bäche, Flüsse). Submers lebende Arten besiedeln fast ständig überschwemmte Stellen.

4.2.2 Klima

Die klimatischen Gegebenheiten der Flechtenstandorte werden in der Regel mit Hilfe von Angaben über Lichtgenuß, rel. Luftfeuchte, das Maß der „Beregnung" und vielfach die Temperaturverhältnisse angedeutet.

Befeuchtung durch Regen: Von erheblichem Einfluß auf die Standortwahl von Flechten ist das Maß der Benetzung der Standorte mit Regen. Viele Arten leben nur an regengeschützten Orten.

Standort:		Flechte:
sehr regengeschützt	*regengeschützt*	*s.anombrophytisch*
ziemlich regengeschützt		*anombroph.*
mäßig beregnet	*beregnet*	*m.ombroph.*
ziemlich beregnet		*z.ombroph.*
sehr (stark) beregnet		*s.ombroph.*

Als s.regengeschützte Stellen werden Standorte bezeichnet, die nicht oder nur ausnahmsweise vom Regen befeuchtet werden. Bei z.regengeschützten Orten kommt es nur gelegentlich und rel. spät zur Benetzung (bei lang anhaltenden Regenfällen, starkem Wind). Als Normalfall bei stammbewohnenden Flechten und Arten von Vertikal- und Subvertikalflächen kann ein m.beregneter Standort gelten. Als s.ombrophytisch werden hier nur Flechten häufig beregneter Flächen in niederschlagsreichen Lagen gekennzeichnet.

Luftfeuchte: Angaben über die Luftfeuchte-Verhältnisse sind nur als grobe Orientierung zu verstehen. Sie sind nur schwierig zu machen und problematisch. Folgende Abstufung wird getroffen:

Standort:	Flechte:
extrem luftfeucht	*e.hygrophytisch*
sehr luftfeucht	*s.hygroph.*
ziemlich luftfeucht	*z.hygroph.*
mäßig luftfeucht bzw. m.lufttrocken	*mesoph.*
ziemlich lufttrocken	*z.xeroph.*
sehr lufttrocken	*s.xeroph.*

Ozeanität (als klimaökologischer Begriff): Als stark ozeanisch (s.ozeanisch) werden Flechten bezeichnet, die weitgehend auf sehr hohe Niederschläge bzw. nebelreiche und sehr/extrem luftfeuchte Orte mit mildem Temperaturklima (rel. geringe Temperaturschwankungen) beschränkt sind (v.a. Hochlagen und Westabhänge der Vogesen, des Schwarzwaldes). Für ziemlich ozeanische Flechten gelten ähnliche, aber weniger ausgeprägte Bedingungen (meist hohe Niederschläge, recht mildes Klima). Überragende Bedeutung bei den die Feuchtigkeitsverhältnisse bestimmenden Faktoren kommt dem Niederschlag zu. Nebel und (weniger) hohe Luftfeuchtigkeit können die Niederschlagsmenge teilweise kompensieren.

Licht: Die Lichtbedingungen werden wie folgt charakterisiert:

Standort:	Pflanze:	
sehr lichtarm	*s.skiophytisch*	Tiefschattenpflanze
ziemlich lichtarm	*z.skioph.*	Schattenpflanze
mäßig lichtreich	*m.photoph.*	Halbschattenplanze
ziemlich lichtreich	*z.photoph.*	Licht-/Halblichtpflanze
sehr lichtreich	*s.photoph.*	Vollichtpflanze

Als *photoindifferent* werden Pflanzen mit einer bezüglich des Lichtgenusses sehr weiten ökologischen Amplitude bezeichnet.

Angaben über das bevorzugte Vorkommen der Flechtenarten in bestimmten Vegetationstypen oder Geländeformen können weitere Hinweise über die Klimabedingungen der Standorte geben. So leben Arten, die als charakteristisch für Waldgebiete bezeichnet werden, gewöhnlich an windgeschützten Orten mit rel. ausgeglichenen Feuchtebedingungen.

4.3 Angaben über Häufigkeit, Gefährdung, Toxitoleranz

Die Häufigkeitsangaben gelten für Südwestdeutschland und die unmittelbar angrenzenden Gebiete (ohne Alpen). Die Häufigkeit der Arten wird in 6 Stufen angegeben:

sehr selten	*mäßig häufig*
selten	*ziemlich häufig*
ziemlich selten	*sehr häufig*

Die meisten Flechtenarten sind selten (s.–z.selten). Wirklich häufige Arten, etwa vergleichbar mit Löwenzahn oder Brennessel bei den Blütenpflanzen, existieren nur in sehr geringer Zahl.

Viele Flechten sind in mehr oder weniger hohem Maße gefährdet bzw. vom Aussterben bedroht. Die Ursachen sind vielfältig, eine wesentliche Rolle spielt die Empfindlichkeit gegenüber Luftverunreinigungen.

Für Baden-Württemberg (gültig auch für die unmittelbare Umgebung) werden hinter den Häufigkeitsangaben in Klammern Angaben über die Gefährdung in Form der bekannten Zahlen der *Roten Listen* angefügt. Es bedeuten

0: ausgestorben oder verschollen
1: vom Aussterben bedroht
2: stark gefährdet
3: gefährdet
R: extrem selten

Es gelten dabei die Definitionen des BfN/Institut für Vegetationskunde (siehe auch Wirth 1995, Die Flechten Baden-Württembergs).
Eine Angabe in kursiv bedeutet, daß die Klassifizierung als relativ unsicher

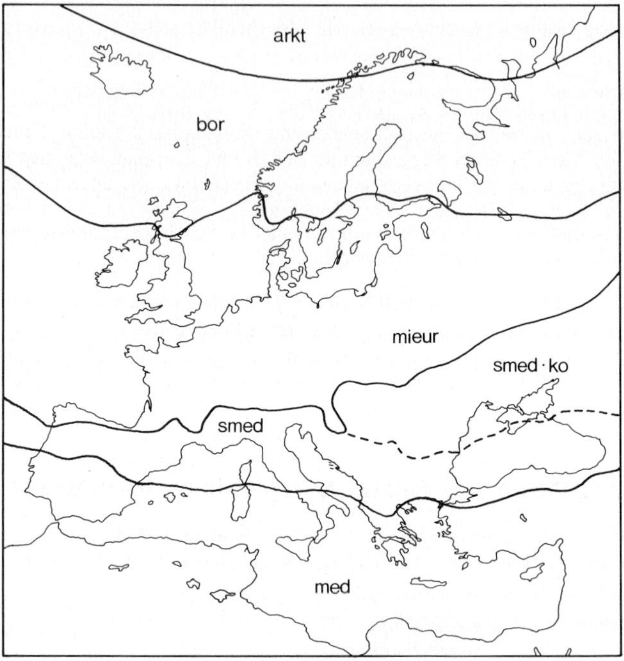

Abb. 13. Areal-Zonen. Arktische, boreale, mitteleuropäische, submediterrane und mediterrane Zone sowie submediterran(submeridional)-kontinentaler Bereich (Erläuterung ↑ Text).

angesehen werden muß. Ein Asterisk (*) hinter der Rote Liste-Bewertung bedeutet, daß die Art in der weiteren Umgebung Baden-Württembergs deutlich weniger gefährdet ist.

Bei nicht in Baden-Württemberg vorkommenden Arten werden (in der Regel nach der Naturraumangabe) folgende Zeichen verwendet: +: ausgestorben, (+++): vom Aussterben bedroht, (++): stark gefährdet, (+): gefährdet, *: extrem selten. Arten mit besonders bemerkenswerter Resistenz gegenüber (meist sauren) Luftverschmutzungen werden als *toxitolerant* bezeichnet.

4.4 Pflanzengeographische Angaben

Jede Pflanzenart besiedelt ein bestimmtes, für sie charakteristisches Gebiet. Ausdehnung und Form dieses Wohngebietes oder Areals hängen unter anderem eng mit der Ökologie der Art zusammen. So sind auf basenreiche Substrate angewiesene

Erdflechten weithin an Kalkgebiete gebunden oder feuchtigkeitsbedürftige, auf häufige Benetzung mit Regen angewiesene Flechten auf stärker humide Bereiche beschränkt.
Für die Charakterisierung der Pflanzenareale bedient man sich bestimmter geographischer Angaben, in die insbesondere die Nord-Süd-Erstreckung (Zonalität), ferner die West-Ost-Erstreckung (Kontinentalität) und die Höhenverteilung eingehen. Die Bedeutung der hier verwendeten Begriffe geht aus der folgenden Zusammenstellung hervor. Die Abgrenzung der einzelnen arealgeographischen Bereiche ist aus der Abb. zu entnehmen (in Anlehnung an Meusel, Jaeger & Weinert).

4.4.1 Florengebiete, Florenelemente (Europa)

arkt = *arktisch*: Tundrengebiet nördlich der polaren Waldgrenze. Viele der in diesem Gebiet vorkommenden Arten sind auch in der alpinen Stufe der weiter südlich gelegenen Vegetationszonen zu finden (*arkt-alp*).

bor = *boreal*: Bereich des borealen Nadelwaldgürtels. Die in diesem Bereich vorkommenden Arten finden sich größtenteils in der montanen und hochmontanen Stufe der gemäßigten (mitteleuropäischen) Zone wieder.

s'bor = *süd-boreal*: Südlicher Bereich der borealen Zone (verschmälert sich nach Osten).

mieur = *mitteleuropäisch* (oder gemäßigt): Gemäßigte Zone, Region der sommergrünen Laubwälder (z.T. mit Nadelwäldern untermischt).

s'mieur = *süd-mitteleuropäisch*: Südlicher Bereich der gemäßigten Zone.

smed = *submediterran*: Bereich der sommergrünen Trockenwälder (v.a. Flaumeichenwälder) und Steppen, nördlicher Mittelmeerraum.

med = *mediterran*: Immergrüne Hartlaubwälder und Nadelwälder, Steppen und Halbwüsten, südlicher Mittelmeerraum.

atl = *atlantisch*: Atlantiknahes Laubwaldgebiet (in Mitteleuropa östlich bis NW-Deutschland, Mittel- und Oberrhein).

subatl = *subatlantisch*: Bereich der Laubwaldgebiete West- und Mitteleuropas. Arten im küstennahen Bereich vorhanden oder fehlend, im osteuropäischen Laubwaldgebiet fehlend oder ausklingend.

subko = *subkontinental*: Osteuropäisches Laubwaldgebiet, osteuropäische boreale Nadelwälder, westlich bis Mitteleuropa. Arten in Westeuropa fehlend.

ko = *kontinental*: Steppen- und Halbwüstengebiet Osteuropas (und Asiens). Arten nur vereinzelt bis in die Trockengebiete Mitteleuropas vordringend. Kontinentale boreale Gebiete.

pralp = *praealpin*: Montane und hochmontane Bereiche im Umkreis der mittel-, ost- und südosteuropäischen Hochgebirge. Die Arten dringen oft auch in die entsprechenden Höhenstufen der Gebirge selbst vor.

zentr = *zentraleuropäisch*: Zentraleuropa. Verbreitungsschwerpunkt in Zentraleuropa, im Umkreis von Mitteleuropa mehr oder weniger deutlich ausklingend.

oz = *ozeanisch*: Im Tiefland der atlantiknahen Bereiche vorkommend, nach Osten zu im Binnenland mehr und mehr auf die Gebirge beschränkt und nur noch mit inselartigen Vorkommen (Achtung: in der ökologischen Charakterisierung der

Arten wird der Begriff ozeanisch nur im rein ökologischen Sinne gebraucht: ozeanisches Klima beanspruchend).

4.4.2 Höhenstufen

(Bedeutung im Gebiet vgl. S. 33)

mo	*montan*
h'mo	*hochmontan*
subalp	*subalpin*
alp	*alpin*

4.4.3 Arealdiagnose

Die für die einzelnen Flechtenarten in diesem Buch gemachten Arealangaben beziehen sich nur auf Europa und dienen zur Groborientierung über die Ausdehnung des Areals. Vielfach ist ein ausgedehnteres Areal möglich oder wahrscheinlich als angegeben. So kommen sicherlich manche in Mitteleuropa verbreitete Arten auch noch im montanen Bereich des submediterranen oder mediterranen Gürtels vor, auch wenn die Arealdiagnose diese Zonen nicht nennt. Vorrangig wurde die Angabe der Zonen behandelt. In manchen Fällen ist die Höhenverbreitung und die Ost-West-Erstreckung angedeutet; dabei wurde besonders die mitteleuropäische Zone berücksichtigt.

Ein Einklammern der Arealzonen-Angabe bedeutet, daß die Art in dem betreffenden Bereich nur noch vereinzelte Vorkommen besitzt. Ein Einklammern der Kontinentalitätsbezeichnung oder der Höhenstufe bedeutet, daß eine entsprechende Verbreitungstendenz vorliegt oder daß die Angabe relativ unsicher ist.

Beispiele von Arealdiagnosen:

arkt-mieur:
die Art kommt von der Arktis bis in die mitteleuropäische Zone vor.

bor-med:
Vorkommen vom borealen Nadelwaldgebiet bis ins Mittelmeergebiet.

bor-mieur·mo:
Vorkommen in der borealen und in der gemäßigten (mitteleuropäischen) Zone, hier aber bevorzugt in der montanen Stufe; im südlichen Teil des Areals daher meist deutliche Verbreitungslücken.

arkt-alp:
Vorkommen in der Arktis und in der alpinen Stufe der borealen bis mediterranen Zone. Areal stark zerrissen (disjunkt).

arkt-mieur·alp:
Vorkommen in der Arktis und in der alpinen Stufe der borealen und mitteleuropäischen Zone.

mieur·subatl-med:
Vorkommen im subatlantischen Bereich der gemäßigten Zone über das Sub-

mediterrangebiet bis in die mediterrane Zone. Dabei ist meist auch noch im Submediterran- und Mediterrangebiet eine subatlantische Tendenz gegeben.

Eine Bezeichnung, die durch Komma von der übrigen Arealdiagnose getrennt ist, bezieht sich auf das gesamte Areal. Beispiel:

mieur-med, pralp:
Vorkommen in der Umgebung der alpinen Gebirge und in niedrigeren Höhenlagen der Gebirge selbst, von der gemäßigten bis zur mediterranen Zone.

mieur·subatl-smed, oz:
Vorkommen im subatlantischen Bereich der gemäßigten Zone bis ins Submediterrangebiet, wobei nach Osten zu eine zunehmende Beschränkung auf die Gebirge zu beobachten ist.

4.4.4 Fundortangaben in Form naturräumlicher Einheiten/Landschaften

Al	Allgäu
Av	Alpenvorland (voralpines Hügel- und Moorland)
Ba	Baar
BayW	Bayerischer Wald (mit Böhmerwald)
Bit	Bitburger Land
Bo	Bodensee (Bodenseebecken und Hegau)
Do	Donau (Iller- und Donauauen)
Eif	Eifel
Erz	Erzgebirge (und Fichtelgebirge)
Fi	Fichtelgebirge
Fr	Fränkisches Keuper-Lias-Land (Steigerwald, Haßberge, Frankenhöhe)
FrJu	Fränkischer Jura
He	Hessisches Bergland, Lahntal, Taunus
HeBgl	Hessisches Bergland (mit Rhön, Vgb)
HRh	Hochrhein-Gebiet
Hu	Hunsrück
Hü	Löß- und Kalkhügelland beiderseits der Rheinebene (mit Kaiserstuhl)
Hz	Harz
Ju	Schwäbische Alb und Randen (Dogger-Malm-Gebiet)
Lahn	Lahntal
Lux	Luxemburg
Mfr	Mittelfranken
Ml	Schweizer Mittelland (Hügelland Aargau/Zürich)
Mn	Mainfränkische Platten und Tauberland (mit Windsheimer Bucht, Steigerwald-Vorland, Grabfeld)
Mos	Moseltal
MRh	Mittelrhein

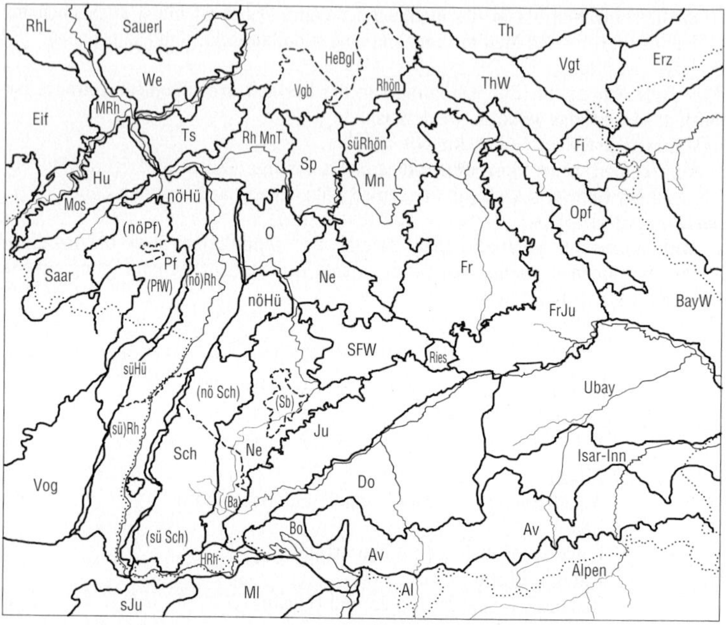

Abb. 14. Naturräumliche Gliederung von Süddeutschland und Umgebung mit Abkürzungen der behandelten Naturräume (Erläuterung ↑ Text).

Ne	Neckarland, Neckar-Gäuplatten und Albvorland (Keuper-Lias-Gebiet), mit Baar
nöHü	nördliches Hügelland
nöPf	Nordpfälzer Bergland
nöRh	nördliche Oberrheinebene
nöSch	Nordschwarzwald
O	Odenwald
Obay	Oberbayerische Hochebene (Alpenvorland)
Opf	Oberpfalz
Pf	Pfalz (mit Pfälzer Wald, Hardt, Nordpfälzer Bergland)
PfW	Pfälzer Wald
Rh	Oberrheinebene
RhL	Rheinland
Rh-Mn-T	Rhein-Main-Tiefland
Rhön	Rhön
RhSch	Rheinisches Schiefergebirge (Hu, Mos, MRh, Ts, Eif)

Ries	Ries
Saar	Saarland
Sauerl	Sauerland
Sb	Schönbuch
Sch	Schwarzwald
SFW	Schwäbisch-Fränkischer Wald
SJu	Schweizer Jura (Nordost-Teil)
Sp	Spessart
süHü	südliches Hügelland (mit Schwarzwald-Vorbergen)
süRhön	südliches Rhönvorland
süSch	Südschwarzwald
Th	Thüringer Hügelland
ThW	Thüringer Wald
Ts	Taunus
Ubay	Unterbayerisches Hügelland
Vgb	Vogelsberg
Vgt	Vogtland
Vog	Vogesen
We	Westerwald
WeBgl	Weserbergland

Kursiv gesetzte Fundortangaben bedeuten, daß die letzten dem Verfasser bekanntgewordenen Funde aus diesem Gebiet aus dem letzten Jahrhundert stammen.

5 Fachausdrücke

Hinweis: Ökologische und pflanzengeographische Begriffe werden weitgehend in den vorangehenden Kapiteln behandelt.

adventiv, Adventivpflanzen: Pflanzen, die nur unter Mithilfe des Menschen eingewandert sind; im Florengebiet nicht ursprünglich vorkommend.

Algenschicht (algal layer): bei den meisten Flechten liegen die Algen in einer ± durchgehenden Schicht nahe der Oberfläche.

amyloid: durch J (Jod) blau bis violett gefärbt.

anastomosierend (anastomosing): bei Paraphysen: netzartig verbunden.

angiocarp: Fruchtkörper, bei dem das Hymenium bis zur Reife der Asci eingeschlossen ist; *hemiangiocarp:* anfangs geschlossener Fruchtkörper, bei dem das Hymenium zunächst von einer Deckschicht bedeckt ist, die vor Vollreife der Asci aufreißt.

anisotom (anisotomic): Verzweigungsart; verzweigt in eine längere und oft dickere Hauptachse und in eine (oder mehrere) kürzere und schwächere Nebenachse.

antiklin (anticlinal): senkrecht zur Oberfläche.

apikal (apical): an der Spitze, zur Spitze zu.

Apikalapparat: Struktur an der Spitze des Ascus (Schlauches), die Funktionen bei der Entlassung der Sporen übernehmen kann, oft in Form von Verdickungen sichtbar, oft mit J (teilweise) blau gefärbt. Von systematischer Bedeutung.

Apothecium: Fruchtkörper von Schlauchpilzen (Ascomycetes) bzw. der entsprechenden Flechten, meist von scheibenförmiger, becherförmiger oder halbkugeliger Gestalt, mit gänzlich freiliegendem Hymenium (vgl. Perithecium).

areoliert (areolate): gefeldert.

aspicilioid: Ap. in den Thallus eingesenkt.

Ascus (pl. Asci) = Schlauch: meist ± zylindrische bis keulenförmige Zelle, in der die Sporen (meist 8) in den Fruchtkörpern der Ascomyceten bzw. der entsprechenden Flechten gebildet werden, sitzt im Hymenium.

aufsteigend: schräg aufwärts wachsend bzw. nach oben aufgebogenes Ende von Lappen.

Axialmasse: im Tholus befindlicher, oft mit J deutlich schwächer gefärbter Zentralbereich.

Bartflechte (beard lichen): bärtig herabhängende Flechte mit fädigen Abschnitten.

Basallager ↑ Primärthallus.

bereift (pruinose): Lager oder Apothecium mit weißlichem, hellgrauem oder bläulichem, reifartigem Belag.

biatorin: Apothecien mit nicht schwarzem Eigenrand.

bifusiform: schwach hantelförmig, mit Anschwellungen nahe an beiden Enden.

bipolar: bei Sporen: Inhalt ± zweigeteilt.

bitunicat ↑ fissitunicat.

blastidiat: mit Blastidien.

Blastidien (sing.: Blastidium): durch randliche Knospung von Lagerareolen entstehende rundliche Diasporen.

Blattflechte, Laubflechte (foliose lichen): ± lappig gegliederte, hauptsächlich in die Fläche wachsende Flechte mit vorgebildeter Unterseite.

Bortensoral (margins sorediate): den Rand eines Lappens bortenartig säumendes, ± langgestrecktes Soral.

calcicol: kalkbewohnend.

calciphytisch: auf kalkhaltigem Substrat wachsend.

Cephalodium: in Grünalgen-Flechten auftretende abgegrenzte Bezirke, die Blaualgen enthalten, entweder im Innern oder auf dem Lager sitzend.

Chemotyp: Gruppe chemisch unterschiedener Individuen von geringer taxonomischer Bedeutung.

Chemosyndrom: biogenetisch eng verwandte Gruppe von Inhaltsstoffen.

chlorococcoid: einzellige, ± kugelige (auch koloniebildende) Algen aus der Verwandtschaft der Chlorococcaceae (Grünalgen).

chondroid: knorpelartig.

Cilie ↑ Wimper.

coccoid, coccal: von annähernd kugeliger Form (bei einzelligen, auch koloniebildenden Algen).

dichotom: gabelig in 2 Äste verzweigt.

dimidiat: bei Perithecien – äußere Wand etwa bis zur Hälfte des Peritheciums herabreichend.

effiguriert (effigurate): bei Krustenflechten – Rand des Lagers angedeutet gelappt (z.B. durch verlängerte, radial ausgerichtete lappenähnliche Areolen). Lager oft rosettig.
Eigenrand (proper margin, exciple without algae): Rand des Apotheciums, der sich farblich nicht oder nur wenig von der Scheibe unterscheidet und innen keine Algen enthält.
endolithisch (endolithic): Flechtenlager im Innern des Gesteins lebend.
endophloeodisch (endophloeodic): Flechtenlager im Innern der Baumrinde lebend.
Epihymenium: oberster gefärbter Bereich des Hymeniums, durch Färbung der Paraphysenenden oder durch körnige Auflagen oder diffus gefärbt.
epilithisch (epilithic): Flechtenlager auf dem Gestein entwickelt.
epiphytisch (epiphytic): auf anderen Pflanzen, z.B. Bäumen, wachsend.
Epispor: (Außen-)Wand von Sporen, mitunter skulpturiert.
erodiert (erodet): ausgehöhlt, abgenutzt.
euryök: mit breitem Standortsbereich, unter sehr verschiedenen Standortsbedingungen vorkommend.
eutroph: nährstoffreich.
Excipulum (true exciple): die vom Lager deutlich zu unterscheidende sterile Hülle des Hymeniums (ohne Hypothecium), oft als Rand des Apotheciums zu erkennen, hier stets als *Excipulum proprium* (ohne Algen) verstanden, im Gegensatz zu *Excipulum thallinum* = Lagerrand.
Fibrille (fibril): hauptsächlich bei Bartflechten gebrauchte Bezeichnung für kurze, meist ± waagrecht abstehende Seitenäste.
fissitunicat (= bitunicat): Ascus besteht aus 2 funktionell verschiedenen Schichten. Bei Reife und Sporenentleerung reißt die starre äußere Schicht auf und die innere Schicht trennt sich und quillt heraus (nur selten zu beobachten).
Flecksoral: begrenztes fleckenartiges Soral auf der Lageroberfläche.
Fruchtkörper (fruiting body): sehr allgemeiner Ausdruck für Gebilde, die der Fortpflanzung dienende Teilchen produzieren.
Fundort (locality): topographischer Begriff, Ort eines Vorkommens (nicht mit Standort verwechseln).
Gallertflechte (gelatinous lichen): Blaualgenflechte, die beim Befeuchten aufquillt und gallertartige Konsistenz annimmt.
Gallerthülle (gelatinous layer): gelatineartige, meist dünne Hülle, bei Sporen (das Perispor) oder bei Asci die dünne Außenschicht (fuzzy coat).
Gehäuse: allgemeiner Ausdruck für die sterile ring- bis schüsselförmige oder kugelige Umhüllung des Hymeniums und gegebenenfalls Hypotheciums.
geschichtet (layered): Flechtenlager, bei denen die Algen in einer Schicht liegen.
Goniocyste (goniocyst): ± kugelige, von Hyphen umgebene Gruppe von Algenzellen, das Lager aufbauend, nicht als Diaspore dienend.
Haftfaser ↑ Rhizine.
Haustorium: Saugorgan, mit dem sich die Pilzhyphen in die Algenzellen bzw. deren Wand einbohren bzw. an die Alge dicht anschmiegen.
hemerochor: Pflanzen, die nur mit Hilfe des Menschen in das Gebiet gelangt sind.
hemiangiocarp ↑ angiocarp

hemiendolithisch (hemiendolithic): Lager teilweise im Innern des Gesteins.

Heterocyste: Zellen von Blaualgen, die sich oft durch ihren hellen Inhalt und die dicke Wandung von anderen Zellen unterscheiden; Ort der Stickstoff-Fixierung.

Hymenialalgen (hymenial algae): Algen, die innerhalb des Hymeniums von Perithecien sitzen und mit den Sporen ausgeschleudert werden, kleiner als die übrigen Algen.

Hymenialgelatine: gelatineartige Kittsubstanz im Hymenium, verklebt Paraphysen etc.

Hymenium: Schicht aus Paraphysen und Schläuchen in den Fruchtkörpern der Flechten(pilze).

Hyphen (hyphae): fädige Organe, aus denen die Pilze bzw. größtenteils auch die Flechten aufgebaut sind, bilden im Flechtenlager bzw. in den Pilzfruchtkörpern dichte Geflechte.

Hypothallus: schwammiges Geflecht auf der Unterseite mancher Laubflechten.

Hypothecium: Bereich unterhalb des Hymeniums.

inspers: (Hymenium) mit feinen Öltröpfchen besetzt.

Involucrellum: das Gehäuse eines Peritheciums unvollständig bis vollständig umgebende, oft dunkel gefärbte Hülle oder ± deckelartige, abstehende Deckschicht auf dem Scheitel eines Peritheciums.

Isidie (isidium): warziger, stiftförmiger, korallenartig verzweigter oder ± kugeliger Auswuchs aus der Lageroberfläche, dient der vegetativen Fortpflanzung.

isidiös (isidiate): mit Isidien.

isotom: bei Verzweigungen; die Äste der Verzweigung gleich stark und gleichmäßig wachsend.

Kern: Inneres eines Peritheciums.

kohlig (carbonaceous, black): verhärtetes und geschwärztes „Gewebe“.

Konidien (conidia): asexuelle Fortpflanzungskörper, z.B. in Pyknidien gebildet.

Kopfsoral (soralia capitate, terminal): kugeliges Soral am Ende eines Lappens.

korallininisch, koralloid: korallenartig, d.h. aus zylindrischen, verzweigten Abschnitten.

Krustenflechte (crustose lichen): Flechte mit einem mit dem Substrat eng verbundenen krustenartig anliegenden, zusammenhängenden, areolierten oder ± schuppigen Lager, nicht oder kaum unzerstört ablösbar.

kryptolecanorin: Apothecien ins Lager eingesenkt, vom Lager berandet, aber ohne abgesetzten Lagerrand.

Kugelsoral (soralia capitate, laminal): ± kugeliges Soral auf der Lageroberfläche.

Kurzzweig: kurzer unverzweigter Seitenzweig.

Lagerrand (thalline exciple): vom Lager gebildete und gewöhnlich ± lagerfarbene algenhaltige Berandung eines Apotheciums.

Laubflechte ↑ Blattflechte.

lecanorin: Apothecium mit Lagerrand.

lecidein: Apothecium mit schwarzem Eigenrand.

leprös (leprose): Lager gänzlich staubig aufgelöst, ohne Rinde.

lichenisiert (lichenized): eine Flechte bildend, d.h. Pilz ist mit Algen bzw. Alge mit Pilz assoziiert.

Lippensoral (soralia labriform): lippenförmig aufgebogenes Soral an der Unterseite eines Lappenendes.
Lirelle: langes schmales Apothecium.
Lobe: Lappen.
Makrokonidie: bei Arten mit mindestens zwei Konidienformen (Pyknosporenformen) der größere Konidien-Typ.
manschettenförmig (soralia perforated): bei Soral, das ringförmig ein Loch umgibt.
Mark (medulla): lockeres Hyphengeflecht unterhalb der Algenschicht.
mauerförmig, mauerartig (muriform): quer und längs geteilte Spore; schwach mauerartig: mit wenigen Zellen.
Mazaedium: staubige Masse aus Sporen und Resten von Asci und mitunter auch Paraphysen, Fruchtkörper bedeckend.
Mesokonidie: bei Arten mit mindestens drei Konidienformen (Pyknosporenformen) der mittelgroße Konidien-Typ.
micareoid: Algen klein (4–7 µm), dünnwandig, oft paarweise (bei *Micarea*).
Mikrokonidie: bei Arten mit mindestens zwei Konidienformen (Pyknosporenformen) der kleinere Konidien-Typ.
Modifikation: umweltbeeinflußte, nicht erblich bedingte Veränderung.
Nabel (umbilicus): ± zentrale, oft einzige Anheftungsstelle einer Blattflechte, auch nippelartiger Auswuchs aus der Scheibe eines Apotheciums (umbo).
Nabelflechte (umbilicate lichen): mit Nabel befestigte Blattflechte.
nadelförmig (acicular): bei Sporen: lang, schmal, an einem Ende lang zugespitzt.
netzrippig (reticulately ridged): Oberfläche durch schwach erhabene, netzartig verbundene Leisten, die schwach konkave Bereiche umschließen, gegliedert.
Okularkammer (ocular chamber): kurzer fingerartiger Fortsatz des Ascusinnenraumes in die (Innen-)Wand der Ascusspitze.
Ostiolum: porenförmige Öffnung am Scheitel von Perithecien.
Palisadenplektenchym: Geflecht, dessen Hyphen ± senkrecht zur Oberfläche angeordnet sind.
Papille: kleiner, meist ± regelmäßig rundlicher, gewölbter Auswuchs aus dem Lager, nicht scharf von Isidie getrennt.
parallel mehrzellig (septate): Spore, bei der 3 bis viele Zellen hintereinander angeordnet sind.
Paraphysen (paraphyses): fädige, unverzweigte oder verzweigte, meist senkrecht angeordnete Hyphen im Hymenium, basal festgewachsen.
Paraphysoide: vor oder während der Bildung der Asci entstehendes „Geflecht", das durch Dehnung Ähnlichkeit mit einer Ansammlung von Pseudoparaphysen bekommt, sehr schlank und vernetzt.
paraplektenchymatisch: ein ± gleichmäßig aus rundlich-vieleckigen, nicht langgestreckten Zellen aufgebautes Pilzgeflecht, dem Parenchym höherer Pflanzen ähnelnd.
Parasymbiont: in der Lichenologie: ein weiterer in der Flechtensymbiose lebender Pilzpartner, zwar auf Kosten des Photobionten lebend, aber im Gegensatz zu Parasiten nicht deutlich schädigend.

Periphysen (periphyses): bei Perithecien: in den Ostiolum-Bereich gerichtete fädige Hyphen.

Periphysoide (periphysoids): bei Perithecien: von der Ostiolum-nahen Spitze herabwachsende fädige Hyphen.

Perithecium (-ien): kugeliger bis birnenförmiger Fruchtkörper, der sich mit einem ± zentralen Porus öffnet, meist ins Lager ± stark eingesenkt.

Photobiont: der zur Photosynthese fähige Partner in der Symbiose, d.h. Blau- oder Grünalge.

Phyllocladium (-ien): schuppenartige, fingerförmige, korallenartige bis körnige Bedeckung von Strauchflechten (v.a. bei den Podetien von *Stereocaulon*).

placodioid: ± rosettig wachsende, randlich gelappte Krustenflechte (mit „strahlig" ausgerichteten, vergrößerten Randareolen).

Plektenchym: dichtes Geflecht aus Pilzhyphen.

Podetium (-ien): becher-, stift- bis strauchförmiger, meist ± aufrechter Teil eines Flechtenlagers, an dem die Apothecien entstehen (v.a. bei *Cladonia*).

Primärthallus (Basallager)(primary thallus): bei Arten (z.B. *Cladonia*) mit einem Thallus aus zwei verschiedenen Teilen der auf dem Substrat ausgebreitete, zuerst entstehende Teil.

polar 2zellig, polar diblastisch, polarilokular: 2zellige Spore mit dicker Scheidewand, die von einem dünnen, die beiden Zellen verbindendem Kanal durchzogen ist.

prosoplektenchymatisch: aus langgestreckten Zellen aufgebautes Pilzgeflecht.

protococcoid ↑ chlorococcoid.

Pseudocyphellen: zarte Durchbrechungen der Rinde in Form weißlicher Punkte oder (manchmal verzweigter) Striche oder Flecken, der Durchlüftung dienend.

pseudoparenchymatisch ↑ paraplektenchymatisch.

Pseudopodetium: Podetium-ähnliche strauchige bis stiftartige Strukturen bei *Stereocaulon.*

Pyknide, Pyknidie (pycnidium): Organ, in dem asexuelle Keime gebildet werden (Pyknosporen), meist punktartig klein und ins Lager eingesenkt, selten warzenförmig bis zylindrisch vorstehend, im Innern mit meist kugeligem oder birnförmigem Lumen.

Pyknosporen, Pyknidosporen (conidia): in Pykniden gebildete asexuelle Fortpflanzungsteilchen (Konidien).

pyrenocarp (pyrenocarpous): Flechte mit Perithecien als Fruchtkörper.

Randsoral ↑ Bortensoral.

Rhizine: aus Hyphen gebildete Faser oder Faserbüschel, einfach oder verzweigt, meist der Befestigung des Flechtenlagers dienend.

Rinde (Cortex): das Lager nach außen begrenzende Schicht aus dicht verbackenen Pilzhyphen.

Scheibe (disc): Oberfläche des Hymeniums bei Apothecien.

Scheitel (apex): der sichtbare obere Teil des Peritheciums.

Schizidium (pl. Schizidien): schuppenartig aus den obersten Schichten eines Flechtenlagers abplatzende oder sich ablösende Diaspore.

Schlauch ↑ Ascus.

Schleimhülle (gelatinous sheet, perispore): Hülle aus schleimiger bzw. gallertartiger Substanz um Sporen und Asci.
Sekundärthallus (Vertikallager) (secondary thallus): bei Arten (z.B. *Cladonia* und *Stereocaulon*) mit einem Thallus aus zwei verschiedenen Teilen der auf dem Primärlager entstehende, ± vertikal orientierte Teil.
Septum: Scheidewand.
Skleroplektenchym: Plektenchym aus sehr dickwandigen, verklebten Hyphen.
Soral (soralium): ± abgegrenztes staubig-körniges Gebilde (Lageraufbruch), das Soredien entwickelt.
Soredien (soredia): kleine, ± kugelige, der vegetativen Fortpflanzung dienende Körperchen (Diasporen), die aus einem von Hyphen umsponnenen Klümpchen von Algen bestehen.
srediös (sorediate): mit Soredien.
Spaltensoral (soralia fissural): gestrecktes, aus einem spaltenförmigen Riß der Lageroberfläche entstehendes Soral.
Sporodochien: kissenförmiges, apothecienähnliches Gebilde, das Pyknosporen bildet.
stäbchenförmig: schmal zylindrisch.
Standort: die ökologischen Gegebenheitem eines Wuchsortes (z.B. besonnter Felsblock, tiefrissige Borke, kaltluftstauende Mulde); nicht verwechseln mit Fundort.
stenök: mit eng begrenztem Standortsbereich.
strahlig: strahlenförmig (radial) angeordnet.
Strauchflechte (fruticose lichen): strauchig verzweigte bis stiftförmig einfache, aufrecht wachsende oder buschig abstehende oder bartförmig hängende, meist nur an wenigen Stellen mit dem Substrat verbundene Flechte.
Stylosporen: ungeschlechtliche sporenähnliche Fortpflanzungsteilchen, die in pyknidenähnlichen Organen gebildet werden.
Subhymenium: strukturell vom Hypothecium abweichende Schicht unmittelbar unterhalb des Hymeniums, nur selten deutlich entwickelt.
synanthrop: Pflanze, die durch den Menschen eine standörtliche oder räumliche Erweiterung ihres Vorkommens erfahren hat (z.B. kalkfelsbewohnende Arten auf Mauern).
Syndrom ↑ Chemosyndrom.
Thallinocarpien: gallenähnliche Thallusanschwellungen, in denen sich Asci entwickeln.
Thallus: Lager.
thermophytisch: wärmeliebend.
Tholus (apical dome): der verdickte innere Teil der Ascus-Wand in der Ascus-Spitze; ungenauer: deutliche Verdickung an der Spitze eines Ascus.
Torus: Ringstruktur um die Trennlamelle im Septum von *Rinodina*-Sporen, im optischen Schnitt als dunkler Punkt beiderseits des Septums nahe der Außenwand erkennbar.
tuberkulat: vorstehend warzig.
ungeschichtet (homoiomerous): Algen nicht auf eine bestimmte Schicht beschränkt bzw. konzentriert.

unitunicat: Schlauch mit einer bei Sporenreife sich nicht aufspaltenden Wandung (vgl. bitunicat).
verklebt, verleimt: bei Hyphen: Hyphen bzw. Paraphysen dicht miteinander verbacken, schwer voneinander lösbar.
Vertikallager ↑ Sekundärthallus.
Vorlager (Prothallus): algenfreier Saum am Rande des Lagers oder um Lagerareolen, oft schwärzlich gefärbt.
warzig: Lager mit warzenartigen Vorwölbungen (gröber als „Körner"); warzig areoliert: Areolen gewölbt.
Wasserkapazität: Wasserspeicherungs-Fähigkeit.
Wimper (Cilie): haar- oder borstenartiges Anhangsorgan am Rand von Lagerlappen, selten am Rand von Apothecien.
Zentralstrang (central axis): bei *Usnea:* dehnbarer, zäher zentraler Hyphenstrang in den fadenartigen Lagerabschnitten.
zerfließend (gelatinazing and disappearing): bei Paraphysen: stark verschleimend, so daß in reifen Hymenien die Paraphysen kaum oder nicht mehr sichtbar sind, vor allem bei pyrenocarpen Flechten.
Zilie (cilia) ↑ Wimper.

6 Abkürzungen und Zeichenerklärung

Um den Umfang des Buches zu reduzieren, war die Verwendung zahlreicher Zeichen und Abkürzungen unerläßlich.

6.1 Abkürzungen

µm	Mikrometer (1 µm = 0,001 mm)
±:	mehr oder weniger (more or less)
ähnl.:	ähnlich
Ap.:	Apothecien
C+/C–:	Reaktion mit Hypochlorit positiv/negativ (↑ Kapitel 3.2.5)
Ch–:	Inhaltsstoffe fehlen, keine Reaktion mit K, C, P
CK+:	Reaktion mit C und später zugegebenem K positiv (↑ Kapitel 3.2.5)
d.:	dunkel
e.:	extrem
Epihym.:	Epihymenium
Exc.:	Excipulum
Ges.:	Gesellschaft
GS:	Gesamtschlüssel. Der Schlüssel dieser Gattung berücksichtigt auch Arten anderer Gattungen. Die im Gattungsschlüssel angeführten Merkmale gelten unter Umständen auch für andere Gattungen.

h.:	hell
Hym.:	Hymenium
Hyp.:	Hypothecium
Invol.:	Involucrellum
J+/J–:	Reaktion mit Jod positiv/negativ (↑ Kapitel 3.2.5)
K+/K–:	Reaktion mit Kalilauge positiv/negativ (↑ Kapitel 3.2.5)
KC+/KC–:	Reaktion mit K und später zugegebenem C positiv/negativ (↑ Kapitel 3.2.5)
K/J+ oder K/J–:	Reaktion mit J nach vorgehender Behandlung mit K und anschließendem Auswaschen positiv/negativ (↑ Kapitel 3.2.5)
Kon.:	Konidien
m.:	mäßig
P+/P–:	Reaktion mit P positiv/negativ (↑Kapitel 3.2.5)
Paraph.:	Paraphysen und ähnliche Strukturen
Per.:	Perithecien
-ph.:	-phytisch
Pol.:	im polarisierten Licht
Pseudocyph.:	Pseudocyphellen
Pykn.:	Pyknid(i)en
Pyknosp.:	Pyknosporen
R–:	Reaktion mit den Reagenzien K, C, P negativ
s.:	sehr
S., Sn.:	Säure, Säuren
s.l.:	im weiten Sinne
soziol.:	soziologisch
Sp.:	Sporen
s.str.	im engen Sinne
SSy.:	Säure-Syndrom
tol.:	tolerant
TS:	(Teilschlüssel). Bei umfangreichen Gattungen sind die Arten mitunter auf verschiedene Teilschlüssel aufgeteilt.
UV+/UV–:	im UV-Licht aufleuchtend/nicht aufleuchtend (↑ Kapitel 3.2.5)
v.a.	vor allem
W.:	Wald, Wälder
z.:	ziemlich, ziemlich stark
zus.:	zusammen

6.2 Zeichenerklärungen

Zeichen in den Schlüsseln:

* im Anschluß an die Artmerkmale: die Art enthält (weitere) Inhaltsstoffe, die weiter oben ausgeschlüsselt sind

* (fett) hinter dem Artnamen: das Material der Art ist im Gebiet wahrschein-

lich uneinheitlich

! hinter der Alternativzahl bedeutet, daß es noch eine weitere Wahlmöglichkeit gibt;

! vor dem Artnamen: ungenügend bekannte Art

Zeichen in den geobotanischen Artbeschreibungen **↑ S. 39**

Schlüssel zum Bestimmen der Flechtengattungen und Algen

1 Aufbau und Handhabung der Schlüssel

Ein Hauptschlüssel ermöglicht die Bestimmung der wichtigsten üblicherweise nach der Wuchsform des Lagers oder der Gestalt der Fruchtkörper unterschiedenen Flechtengruppen. In einem zweiten Schritt führen, gesondert nach diesen Flechtengruppen, Gattungsschlüssel zu den Flechtengattungen. Die Artenschlüssel sind jeweils bei den entsprechenden Gattungen untergebracht, die in alphabetischer Reihenfolge behandelt werden.

Dem Hauptschlüssel für die Bestimmung der Flechten ist ein knapper Schlüssel für die Bestimmung der wichtigsten in Flechten vorkommenden Algen vorangestellt.

Die Schlüssel sind Alternativschlüssel. Es werden im Regelfall jeweils zwei Wahlmöglichkeiten gegenübergestellt, von denen die eine auf die zu bestimmende Art zutrifft, die andere nicht. Die beiden zusammengehörenden Wahlmöglichkeiten sind mit derselben Ziffer gekennzeichnet. Die zutreffende Alternative führt entweder direkt oder indirekt, über weitere Alternativpaare, zum Namen der Art.

Beispiel: Bestimmung einer braunen Blattflechte mit heller Unterseite

1	Lager gelb	2
1*	Lager braun	4
2	Lager mit Fruchtkörpern	**Flechte A**
2*	Lager ohne Fruchtkörper	3
3	Lager auf Rinde	**Flechte B**
3*	Lager auf Gestein	**Flechte C**
4	Lagerunterseite schwarz	5
4*	Lagerunterseite weißlich	**Flechte D**
5	usw.	

Die Alternative 1/1* mit der zutreffenden Wahlmöglichkeit „Lager braun“ führt zu 4. Hier führt die passende Wahlmöglichkeit „Lagerunterseite weißlich“ zu keiner weiteren Alternative mehr, sondern direkt zum Namen der zu bestimmenden Art (Flechte D). Eine gelbe Flechte mit Fruchtkörpern würde bei Alternative 2 ausschlüsseln (Flechte A).

Die Schlüssel sind so angelegt, daß die entscheidenden differenzierenden Merkmale am Anfang stehen, so daß oft ein „Schnellbestimmen“ möglich ist, das zunächst auf die Berücksichtigung aller erwähnten Merkmale verzichtet. An zweiter Stelle stehen oft charakteristische Merkmale, denen nicht unbedingt entsprechende Gegensätze bei der Alternative gegenübergestellt sein müssen.

Ziel der Gattungsschlüssel ist nicht die Ausschlüsselung sämtlicher Gattungen.

Vielfach führen diese Schlüssel im Interesse einer leichteren Artbestimmung zu Gruppen von Gattungen („GS“ = Gruppenschlüssel), deren Differenzierung nach taxonomisch relevanten Merkmalen unnötig viel Probleme bereiten würde, während bei der Ausschlüsselung auf Artebene oft keine Schwierigkeiten bestehen.

In den Bestimmungsschlüsseln sind bei den ausgeschlüsselten Arten jeweils auch die Inhaltsstoffe angegeben, in der Regel aber nur insoweit, als sie mit Hilfe der Dünnschichtchromatographie (DC) ermittelt werden können und bedeutend sind. Häufige Nebeninhaltsstoffe sind in der Regel nicht genannt (z.B. Lecanorsäure neben Gyrophorsäure); entsprechend wird mitunter das Inhaltsstoff-Syndrom genannt, damit also eine Gruppe biosynthetisch verwandter Stoffe bezeichnet. Ist der Name des Inhaltsstoffes eingeklammert, liegt er nur in geringer Konzentration vor (und ist dann oft mit DC schwer nachweisbar), ist dem Namen ein »±« vorgestellt, kann der Stoff auch fehlen.

↑ in Verbindung mit dem Artnamen bedeutet, daß die Art bei der entsprechenden Gattung ausführlicher beschrieben ist.

(18) Eine eingeklammerte Zahl hinter dem Artnamen bedeutet, daß die Art im selben Schlüssel noch an anderer Stelle ausschlüsselt (hier bei der Alternative 18).

Autorennamen hinter einem Artnamen lassen erkennen, daß die betreffende Art im Hauptteil (bei den Gattungen) nicht weiter berücksichtigt wird.

! hinter der Alternativzahl bedeutet, daß es noch eine weitere Wahlmöglichkeit gibt.

Weitere Symbole und Abkürzungen siehe Kap. 6.

2 Bestimmung der Flechtenalgen

Aufgenommen sind nur Gattungen und Gruppen, deren Kenntnis für die Bestimmung der Flechten in den folgenden Gattungsschlüsseln notwendig oder hilfreich ist. Die meisten behandelten Algen sind ohne große Schwierigkeit zu erkennen. Quetschpräparate und Schnitte durch das Flechtenlager genügen für die Identifizierung. Eine weitergehende Bestimmung wäre meist problematisch, da die Algen im Flechtenlager oft deformiert sind und erst nach Isolierung und Kultivierung ihre typische Gestalt annehmen.

1 Zellinhalt der Algen ± blaugrün, selten braungrün oder ± braun. Keine abgegrenzten Chromatophore, keine Pyrenoide erkennbar, Färbung diffus (Blaualgen) 2

1* Zellinhalt der Algen rein grün, gelbgrün, orangegrün, orange, braunorange, gelb, mit abgegrenzten Chromatophoren, mitunter mit Pyrenoiden (Grünalgen) 7

2 Zellen einzeln oder zu 2–8 paketartig zusammengelagert (Kolonien), kugelig bis ellipsoid, alle ± ähnlich gestaltet, nie zu Fäden vereinigt (Präparate quetschen!) 3

2* Zellen in Fäden vereinigt 4

3 Zellen von dünnen, angeschmiegten, farblosen, nicht oder undeutlich ge-

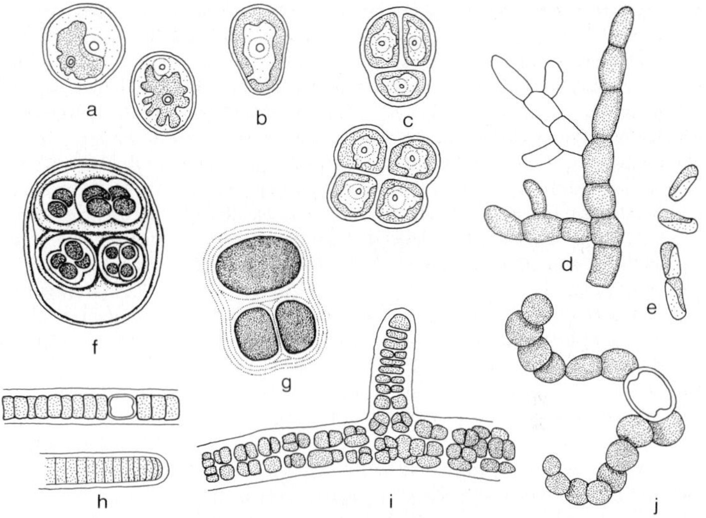

Abb. 15. Flechten-Algen. a: *Trebouxia.* b: *Myrmecia.* c: *Pleurococcus.* d: *Trentepohlia* (in vielzellig-fädiger Entwicklung). e: *Stichococcus.* f: *Gloeocapsa.* g: *Chroococcus.* h: *Scytonema.* i: *Stigonema.* j: *Nostoc* (a-d, f, g, j nach AHMADJIAN 1967, The Lichen Symbiosis, Blaisdell, und Phycologia 6).

schichteten Gallerthüllen umgeben, meist in Kolonien zu 2–4. In s.seltenen Silikatflechten *(Phylliscum)* . . . . **Chroococcus**

3* Zellen mit ± dicken, deutlich ineinandergeschachtelten, z.T. aufgeblähten Gallerthüllen. Hüllen in den oberflächennahen Teilen des Flechtenlagers oft rötlich, violett („*Gloeocapsa* s.str.") oder gelbbraun bis braun („*Xanthocapsa*") gefärbt . . . . **Gloeocapsa**

4 Fäden aus mehreren Zellreihen aufgebaut, verzweigt. Zellen meist braungrün, in Aufsicht meist ± elliptisch bis rechteckig, 9–15 × 3–11 µm. In kleinstrauchigen bis fädigen Flechten sickerfeuchter Silikatfelsen *(Ephebe, Spilonema)* . . . . **Stigonema**

4* Fäden aus einer Zellreihe aufgebaut, unverzweigt oder (unecht) verzweigt . **5**

5 Zellen gleichmäßig rundlich, um 3–7 µm breit, in unverzweigten Fäden (mit gelegentlich eingeschalteten farblosen Zellen: Heterocysten), entweder locker in gallertiger Masse liegend und dann ketten- bzw. perlschnurförmig (Gallertflechten) oder zusammengeknäuelt in Gallertkugeln (z.B. in *Sticta, Nephroma, Pannaria, Parmeliella*) . . . . **Nostoc**

5* Zellen meist nicht gleichmäßig rund, breiter als 5 µm, nicht rosenkranzartig, mitunter verzweigt (Verzweigung in der Flechte oft nicht zu beobachten . . **6**

6 Fäden spitzenwärts nicht verschmälert, Zellen oval, um 9–16 µm lang, mit vereinzelt eingeschalteten farblosen Zellen (Heterocysten). Z.B. in *Polychidium, Thermutis, Petractis* . . . . **Scytonema**

6! Fäden spitzenwärts verschmälert, Heterocysten nur basal (Merkmale schwierig zu sehen) . . . . **Calothrix** und verwandte Gattungen

6* Mit anderen Merkmalen: nicht sicher ansprechbare Algen

7 Zellinhalt orange, grünorange, orangegelb, rotbraun, im Flechtenlager öfter auch gelbgrün (bis grün). Zellen s.dickwandig, zylindrisch bis tonnenförmig, selten kugelig, zu Fäden vereinigt, aber im Flechtenlager auch in Einzelzellen oder kurze Zellreihen zerfallend. Flechtenlager beim Anritzen oft orange, goldgelb, goldbraun, braungelb. In Krustenflechten oder Arten mit haarfeinen Lagerfäden . . . . **Trentepohlia**

7* Zellinhalt rein grün bis gelbgrün. Lager beim Anritzen nicht orange, goldbraun usw. gefärbt: „rein grüne" Algen der Ordnungen Chlorococcales und Ulotrichales **8**

8 Zellen ± subzylindrisch mit abgerundeten bis leicht verjüngten Enden, einzeln oder zu kurzen Fäden vereinigt. Chloroplast wandständig. In coniocarpen Flechten . . . . **Stichococcus**

8* Zellen in der Mehrzahl kugelig, ellipsoid bis eiförmig, einzeln oder in Klumpen bzw. kleinen Paketen angeordnet, nicht in Fäden **9**

9 Zellen schmal ellipsoid bis breit spindelig, nicht selten gebogen (mit nur einer konvexen Seite), mit einem wandständigem Chloroplast, ohne Pyrenoid (z.B. in Grünalgen führenden Arten von *Peltigera, Solorina,* ferner *Dibaeis, Omphalina*) . . . . **Coccomyxa**

9* Zellen kugelig bis kurz ellipsoid **10**

10 Zellen meist paarweise angeordnet, durch eine dünne bis normal dicke Wand getrennt, 4–7 µm groß, vom Flechtenpilz in Form von Haustorien befallen . . . . **micareoide Grünalgen**

10* Mit anderen Merkmalen, wenn paarweise, dann größer (Abb. 14 a–c): **coccoide** (coccale) **Grünalgen** (z.B. **Trebouxia**, überwiegend kugelig, 1zellig, mit zentralem, ± gelapptem Chloroplast; **Myrmecia**, kugelig bis ellipsoid, 1zellig, mit wandständigem Chloroplast; **Gloeocystis**: Zellen rundlich bis eiförmig, von dicken Gallerthüllen umgeben und zu Kolonien vereinigt (in *Bryophagus*).

3 Bestimmung der Flechten: Schlüssel-Übersicht

1 Der Fruchtkörper ist ein 1–2,5 cm hoher gestielter Hutpilz mit Lamellen auf der Unterseite. Basallager grau- bis tiefgrün, schuppig oder aus kleinen Kügelchen . . . . **Omphalina**

1* Fruchtkörper ist kein Hutpilz oder Fruchtkörper fehlend **2**

2 Fruchtkörper ist ein bald vergänglicher, schmal keuliger, unverzweigter, cremefarbener bis v.a. oben leicht orange gefärbter, nicht lichenisierter ± fleischiger Pilz, –2 cm. Lager aus dicht zus.schließenden grünen, bisweilen zu einer Kruste verschleimenden Kügelchen. Sp. 8–12 × 1,2–3,5 µm. Auf Torf und sandigen Böden . . . . **Multiclavula vernalis**

2* Fruchtkörper anders, kein Pilz, oder Fruchtkörper fehlend 3

3 Flechte besteht aus einem grundständigen, auf dem Substrat ausgebreiteten, kleinblättrigen, schuppigen oder krustigen Teil und einem ± aufrechten, stiftförmigen, becherförmigen oder anders geformten, einfachen bis verzweigten Teil . . . . **I: Strauchflechten**

3* Flechte nicht in einen grundständigen, ± horizontalen und in einen vertikalen Teil differenziert 4

4 Lager bartartig hängend oder buschig abstehend oder ± aufrecht wachsend oder fädig und niederliegend, aus ± schmalen, stielrunden, kantigen oder bandartigen, meist verzweigten Abschnitten, Längenwachstum dominierend . . . . **I: Strauchflechten**

4* Lager auf dem Substrat ausgebreitet, eng anliegend bis locker aufliegend (oder randlich etwas aufsteigend), krustig, lappig bis schuppig oder s.undeutlich, nie aus zylindrischen bzw. fädigen Abschnitten, Flächenwachstum dominierend 5

5 Lager blättrig oder lappig, locker aufliegend oder anliegend, doch nicht mit der ganzen Unterseite flächenhaft mit dem Substrat verwachsen, sondern mit Haftorganen nur stellenweise angeheftet, mit vorgebildeter Unterseite, oft ± unverletzt mit dem Messer ablösbar, beiderseits oder nur oberseits berindet . . . . **II: Laubflechten**

5* Lager rein krustig bis am Rand angedeutet gelappt, mit der gesamten Unterseite flächig mit dem Substrat verwachsen *oder* schuppig und an den Schuppenrändern mitunter ± frei *oder* Lager undeutlich. Ohne typische Haftorgane wie Rhizinen, unterseits gewöhnlich unberindet, im allgemeinen nur in Bruchstücken oder einzelne Schuppen ablösbar 6

6 Lager mit Blaualgen (ohne Grünalgen), meist düster gefärbt, grau bis schwärzlich, braun, manchmal gallertig aufquellend; wenn auf Gestein, dann oft an Sickerwasserstreifen wachsend (im Schlüssel sind alle Blaualgenflechten berücksichtigt, einschließlich Strauch- und Laubflechten) . . . . **III: Blaualgenflechten**

6* Lager mit Grünalgen (Algen grün, gelbgrün, gelb, orange), höchstens vereinzelt zusätzlich mit Blaualgen in abgegrenzten Organen. Lager feucht nur s.selten gallertig aufquellend, dann grün 7

7 Flechte ohne Fruchtkörper (Auswahl häufig steril auftretender Arten, meist mit Soralen oder Isidien) . . . . **VIII: Sterile Krustenflechten**

7* Flechte mit Fruchtkörpern 8

8 Fruchtkörper zart und klein, ± kurz stecknadelförmig (mit dünnem Stiel und dickerem Köpfchen, Abb. 6g, 30), meist –1, selten –2 mm hoch *oder* sitzend bis eingesenkt, dann mit staubartiger, meist schwärzlicher Masse (Mazaedium) bedeckt. Gewöhnlich an regengeschützten Orten. Die heimischen Arten ganz überwiegend an Rinde und Holz, wenn auf Erde, Gestein und Moosen, dann Lager mehlig und gelblich, grüngelblich bis weißlich . . . . **IV: Coniocarpe Flechten**

8* Fruchtkörper anders (wenn ausnahmsweise gestielt, dann Stiel derb, weißlich bis graugrünlich, Köpfchen braun oder rosa) **9**

9 Fruchtkörper sind Perithecien und öffnen sich mit einer punktartig feinen, gewöhnlich nur unter der Lupe oder im Mikroskop sichtbaren Mündung, kugelig bis ± birnenförmig, aber gewöhnlich ± eingesenkt und daher nur der obere, ± gewölbte Scheitel zu sehen, in Aufsicht rundlich bis oval (Abb. 7, 8) . . . . **V: Pyrenocarpe Flechten**

9* Fruchtkörper sind Apothecien mit ± weit geöffneter, seltener ritzenförmiger oder anfangs auch punktförmiger Scheibe mit konkaver, flacher oder gewölbter Oberseite, berandet bis randlos (Abb. 6) **10**

10 Apothecien lang gestreckt bis kurz elliptisch oder gelappt oder sternförmig, einfach bis verzweigt . . . **VI: Fleck- oder strichfrüchtige Krustenflechten**

10* Apothecien überwiegend rundlich bis am Rand etwas wellig . . . . **VII: Scheibenfrüchtige Krustenflechten**

4 Bestimmung der Flechten: Gattungen und sterile Arten

Gattungsschlüssel I: Strauchflechten

1 Lager aus einem auf dem Substrat ausgebreiteten, kleinblättrigen, schuppigen oder krustigen Teil („Basallager", „Primärthallus") und einem ± aufrechten bis aufsteigenden, stift-, spieß- oder becherförmigen oder ± strauchig verzweigten Teil („Vertikallager", „Podetien") bestehend. Ap. gewöhnlich biatorin **2**

1* Lager nicht derartig differenziert **5**

2 Podetien (Vertikallager) innen hohl, röhrig, s.vielgestaltig. Ap. meist endständig, braun, rot, braungelblich, oft fehlend. Sp. 1zellig. An verschiedenartigen Standorten (Abb. 32–34) . . . . **Cladonia**

2* Podetien (Vertikallager) innen nicht hohl, nie becherförmig **3**

3 Podetien einfach, kurz stiftförmig, stets mit einem endständigen schildförmigen bis kugeligen, braunen bis rosafarbenen Ap., –7 mm hoch. Stiel derb, weißlich bis stellenweise grünlich, ohne abstehende Schuppen. Lager krustig bis angedeutet schuppig, ± zus.hängend, weißlich bis graugrünlich. Sp. 1–2zellig. Auf Erde, Gestein (Abb. 26) . . . . **GS Baeomyces**

3* Podetien meist verzweigt, wenn einfach, dann gewöhnlich ohne endständiges Ap. **4**

4 Basallager spangrün bis blaß grünlich, körnig bis mehlig. Podetien s.zart, –0,3 mm dick, –10 mm hoch, weißlich, mit grünlichen Körnchen bedeckt, v.a. oben verzweigt. In regengeschützten, erdigen Felsspalten oder direkt auf Silikatgestein. Stets steril . . . . **Leprocaulon microscopicum**

4 Grundständiges Lager und Podetien weißlich bis grau, mitunter mit ± versteckten schwärzlichen oder rosabraunen Warzen (Cephalodien). Podetien stellenweise mit Körnern, Schuppen oder abstehenden Blättchen bedeckt. Ap.

braun bis d.braun, oft fehlend. Sp. querseptiert 3- bis mehrzellig. Auf Gestein und Erdboden . . . . **Stereocaulon**

5 Lager orange, gelb bis grüngelb, blaß grünlich, graugrünlich **6**

5* Lager nicht mit gelbem oder blaß grünlichem Ton **19**

6 Lager gelb bis orange, K+ tiefrot **7**

6* Lager nicht K+ tiefrot, nicht orange **8**

7 Lager mit bewimperten Apothecien oder Lappen. In Mitteleuropa ausgestorben . . . . **Teloschistes chrysophthalmus**

7* Lager nicht mit bewimperten Apothecien/Lappen . . . . **Xanthoria**

8 Lager ± aufrecht (bis aufsteigend) auf dem Erdboden (oder über Moosdecken auf Felsen) **9**

8* Lager nicht auf dem Erdboden **12**

9 Lagerteile röhrig-zylindrisch, mit scharf begrenztem Hohlraum, meist verzweigt, zugespitzt oder ± stumpf, mitunter mit kleinen abstehenden Blättchen oder anliegenden Schüppchen besetzt, h.gelbgrün, gelbgrau, blaß gelblich bis blaß graugrünlich (Abb. 34) . . . . **Cladonia**

9* Lagerteile nicht röhrig, nicht mit scharf abgegrenztem Hohlraum, doch Mark mitunter recht locker strukturiert, nicht mit Schuppen oder kleinen Blättchen besetzt **10**

10 Lager aus ± stielrunden Abschnitten, meist reich strauchig verzweigt, gelbgrün bis gelblich, die Spitzen meist blauschwärzlich. Pseudocyphellen zahlreich, spindelig. Abschnitte innen mit ± lockerem Mark. Rinde knorpelig fest. Gewöhnlich in alpinen Windheiden . . . . **Alectoria ochroleuca**

10* Lager aus verflachten bis rinnig eingerollten, runzeligen bis glatten Abschnitten, spärlich verzweigt, ± aufrecht **11**

11 Mark gelb, Lager gelb, aus eingebogenen, flachgrubig-runzeligen Abschnitten . . . . **Vulpicida tubulosus**

11* Mark nicht gelb, Lager grünlichweiß bis grünlichgelb, aus verflachten bis rinnig eingerollten Abschnitten. Abb. 30 . . . . . **Cetraria cucullata/nivalis**

12 Lageräste etwa so breit wie dick, zylindrisch bis leicht abgeflacht, mitunter kantig, rundum gleich gebaut und gefärbt. Lager bartartig hängend bis buschig abstehend bzw. aufrecht, mäßig bis reich verzweigt **13**

12* Lageräste wesentlich breiter als dick, deutlich verflacht, ringsum gleich gebaut und gefärbt oder mit anders gefärbter „Unterseite", schwach bis reich verzweigt **17**

13 Lageräste innen mit einem zähen weißlichen (selten rosa gefärbten) Zentralstrang, der beim Dehnen der strang- bis fadenartigen Lagerabschnitte zwischen der ringartig zerbrechenden Rinde sichtbar wird (Abb. 61). Lager meist s.reich verzweigt, meist mit zahlreichen kurzen, ± senkrecht abstehenden Seitenzweigen, oft mit Warzen, Isidien, Soralen, h.grünlichgelb bis graugrünlich. Ap. groß, dünn, scheibenförmig, oft bewimpert, meist blaß. Sp. 1zellig . . . . . **Usnea**

13* Lageräste ohne deutlich abgegrenzten, auffallend zähen Zentralstrang. Ap. (s.)selten **14**

14 Lager intensiv gelb bis grüngelb, strauchig abstehend, reich verzweigt, Abschnitte z.schmal, allseits gleich gefärbt und gebaut, kantig-runzelig, oft ±

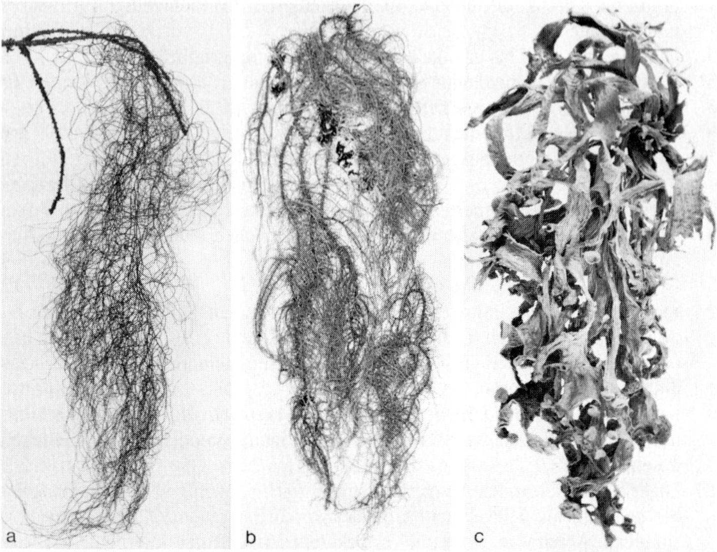

Abb. 16. Strauchflechten mit fädigen und bandartigen Lagerabschnitten. a: *Bryoria implexa* (0,5×). b: *Usnea filipendula* (0,3×). c: *Ramalina fraxinea* (0,5×).

abgeflacht, z.T. mit zylindrischen Isidien, –15 cm lang, buschig bis hängend. Ap. s.selten, Scheibe braun. Alpen, Alpenvorland, Elbsandsteingeb., Frankenw., gewöhnlich auf Koniferenrinde und Holz . . . . . **Letharia vulpina** (L.) Hue

14* Lager h.gelblich, h.gelblichgrün, graugrünlich, ohne typische Isidien . . . **15**

15 Lager auffallend kantig bis längsgrubig, mit zugespitzten Enden und zugespitzten Kurzzweigen, meist bartförmig hängend, s.schlaff, mit lockerem weißen Mark und gelegentlich querrissiger Rinde, mäßig verzweigt. Abb. 61f . . . . **Evernia divaricata**

15* Lager nicht auffallend kantig bis längsgrubig, Rinde nicht querrissig . . . **16**

16 Gewöhnlich ohne Sorale. Lager lang fädig-bärtig, hängend. Rinde aus längs verlaufenden Hyphen aufgebaut (Querschnitt) . . . . **Alectoria sarmentosa**

16* In der Regel mit Soralen. Lager hängend oder aufrecht oder buschig abstehend. Rinde aus senkrecht zur Oberfläche verlaufenden Hyphen, selten aus längs verlaufenden Hyphen (dann mit winzigen kopfigen Soralen an den Enden zurückgebogener Ästchen: *R. thrausta*) . . . . **Ramalina**

17 Lager allseits intensiv gelb bis gelbgrün gefärbt, kantig, abgeflacht, meist mit Isidien . . . . **Letharia vulpina (14)**

17* Lager nicht intensiv gelb bis gelbgrün, ohne Isidien **18**

18 Lager oberseits gelbgrünlich, blaß grünlich, blaß graugrün, berindet, unterseits überwiegend weißlich und etwas rinnig, unberindet, ± strauchig abstehend, rel. weich und schlaff. Mit körnig-mehligen Soralen auf der Oberseite und den Rändern, fast nie mit Ap. (Scheibe braun, Sp. 1zellig) . . **Evernia prunastri**

18* Lager allseits ± gleich gefärbt und gebaut, meist (h.)graugrünlich, blaß grünlich, gelbgrünlich, rel. derb bis knorpelig. Mit Soralen oder ohne Sorale, mit oder ohne Ap. (Scheibe meist bleich gelblich, blaß grünlich, beige) . . . . **Ramalina**

19 Lagerteile röhrig-zylindrisch, mit scharf begrenztem Hohlraum, verzweigt oder unverzweigt, zugespitzt oder ± stumpf endend **20**

19* Lagerteile nicht röhrig, nicht mit scharf abgegrenztem Hohlraum, doch Mark mitunter recht locker strukturiert **21**

20 Lager weiß, unverzweigt oder mit 1–2 kurzen Ästen, zugespitzt, liegend bis aufsteigend, mitunter gedunsen, glatt, ohne Schuppen oder kleine Blättchen. K+ gelb. Steril. In alpinen Lagen . . . . **Thamnolia**

20* Nicht zugleich wurmartig und weiß. Lager reich verzweigt bis einfach, zugespitzt oder ± stumpf oder mit angedeuteten Bechern endend, mit oder ohne Schuppen oder abstehende Blättchen . . . . **Cladonia**

21 Lager auf kalkreichen Gesteinen, meist braun bis schwarz, auch weißlich bereift, mit Blaualgen . . . . **GS Polychidium** (wenn grau bis (grau)braun, unterseits weißlich bis leicht bräunlich, mit verflachten, –0,3 mm breiten, am Rand körnigen Abschnitten, mit vereinzelten Rhizinen, mit Grünalgen ↑ **Phaeophyscia nigricans**)

21* Nicht auf Kalkgestein **22**

22 Lager weiß, grau, oliv, allenfalls leicht gebräunt **23**

22* Lager braun, d.braun, schwarz, grauschwarz **30**

23 Lagerabschnitte deutlich breiter als dick, bandförmig verflacht bis rinnig, ± verzweigt **24**

23* Lagerabschnitte/-zweige ± zylindrisch bis schwach abgeflacht, kaum breiter als dick **27**

24 Lager ± aufrecht auf dem Erdboden, 2–6 cm, Abschnitte deutlich rinnig, gegen die Enden auch verflacht, auf der einen Seite h.braun bis oliv, auf der anderen Seite meist heller, bräunlichweiß, olivweiß, mit zahlreichen auffallenden weißlichen Pseudocyphellen, die Ränder mit Zähnchen besetzt (Abb. 17 a, 30 d) basal rötlich . . . . **Cetraria islandica**

24* Lager weißlich bis grau, wenn graubraun, dann fein samtig (Lupe), basal nicht rötlich **25**

25 Lagerabschnitte mit vereinzelten starren weißlichen bis dunklen Wimpern oder Borsten an den Lappenenden bzw. -rändern, meist mit endständigen lippen- oder helmförmigen Soralen oder mit Ap. Meist locker aufliegend, nicht bis mäßig abstehend, nicht hängend . . . . **GS Physcia**

25* Lagerabschnitte ohne solche Wimpern, schmal bis breit bandartig, ± gabelig geteilt, an den Seiten etwas nach unten eingebogen, daher unterseits leicht rinnig. Ap. s.selten **26**

26 Lager ± dicht mit zylindrischen Isidien bedeckt, grau, unterseits an jungen

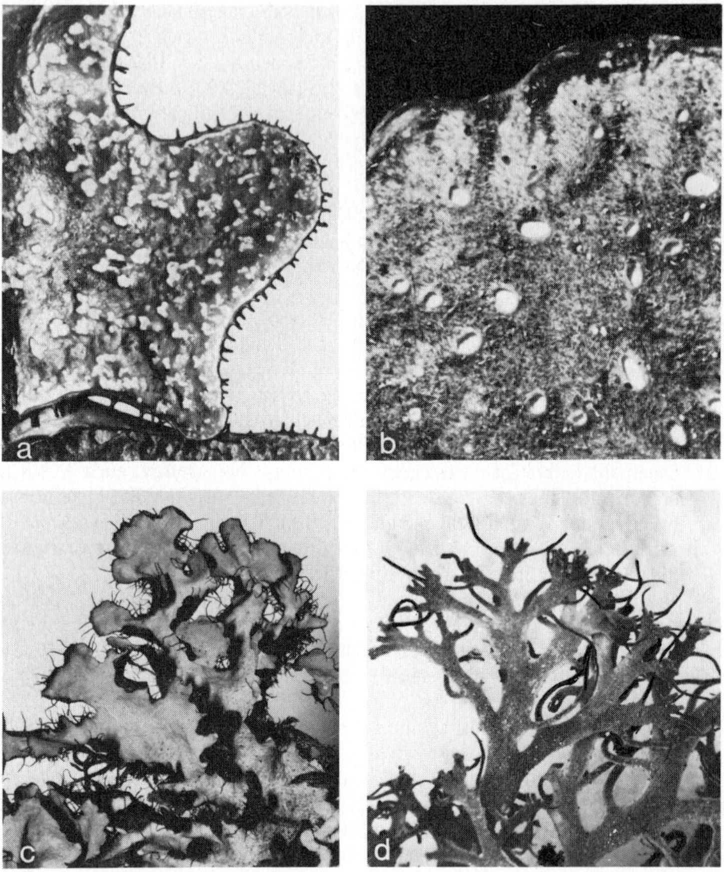

Abb. 17. Oberflächenstrukturen und Anhangsorgane. a: Stiftförmige Fortsätze am Lagerrand und fleckenförmige Pseudocyphellen auf der Oberfläche von *Cetraria islandica* (4,7×). b: Cyphellen auf der Unterseite von *Sticta fuliginosa* (8×). c: Mit Wimpern besetzte Lappen von *Parmotrema chinense* (2×). d: Borstenförmige Fortsätze an den Lappenenden von *Anaptychia ciliaris* (3,5×). e: Einfache Rhizinen auf der Unterseite von *Parmelia tiliacea* (20×). f: Strichförmige, verzweigte Pseudocyphellen auf der Oberseite von *Parmelia sulcata*.

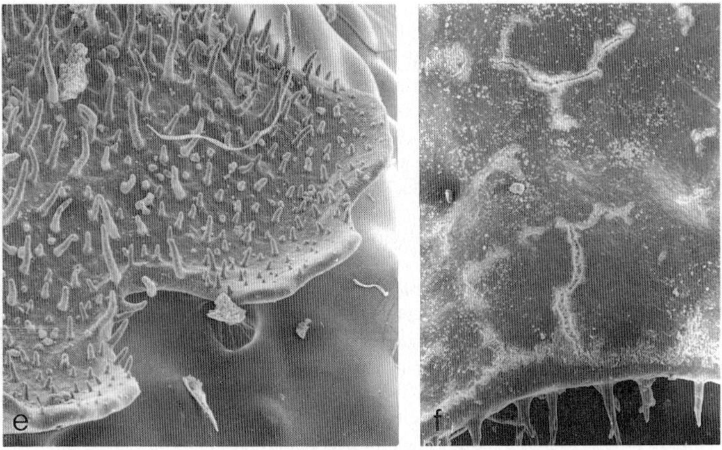

Teilen weißlich bis rosa, an älteren matt blauschwärzlich bis schwarz, gabelig verzweigt, s.variabel, bis über 10 cm lang. Lappen 1–5 mm breit . . . . **Pseudevernia furfuracea**

26* Lager ohne zylindrische Isidien, mit Soralen an den Rändern und/oder auf der Fläche, grau, oft mit leichten Unebenheiten, unterseits weißlich, meist bis 5 cm lang. Lappen 1–3 mm breit . . . . **Evernia prunastri** var. **herinii** (wenn unterseits schwarz oder braun, Abschnitte zwar abstehend, aber blättrig: GS *Cetraria*)

27 Lager fädig, ± reich verzweigt, herabhängend oder niederliegend, oft ± bartartig, weißlich, beige, grau, graubraun, oliv. Fäden gewöhnlich 0,3–1 mm dick, nicht deutlich kantig . . . . **Bryoria**

27* Lagerabschnitte nicht dünn und fädig, wenn bartartig, dann Abschnitte kantig und mit zugespitzten Kurzzweigen **28**

28 Lager schlaff hängend, locker verzweigt, kantig-längsgrubig, mit querrissiger Rinde, weißlich, habituell wie *Evernia divaricata*, auf Baumrinde . . . . **Evernia illyrica**

28* Lager aufsteigend bis aufrecht oder buschig abstehend, aus einfach stiftförmigen bis reich verzweigten Abschnitten, auf dem Erdboden, Gestein, Rinde **29**

29 Lagerabschnitte stellenweise mit groben Körnern oder mit Schuppen oder kleinen Blättchen besetzt. Lager aus aufrechten bis aufsteigenden, einfachen bis meist verzweigten, zylindrischen bis leicht abgeflachten Stiften oder „Stämmchen" („Pseudopodetien"), weißlich bis grau. Stämmchen mitunter mit filziger Oberfläche. Ap. braun, d.braun, oft fehlend. Sp. 3- bis querseptiert mehrzellig. Auf Silikatgestein und Erdboden . . . . **Stereocaulon**

29* Lagerabschnitte mit glatter, knorpeliger, oft leicht glänzender Oberfläche, berindet, nicht schuppig oder körnig. Lager buschig aufrecht bis abstehend, oft korallenartig, aus zylindrischen bis abgeflachten, mäßig bis stark verzweigten Stämmchen, h.grau bis h.bräunlich, Spitzen mitunter weißlich. Ap. s.selten, in kugeligen Anschwellungen, mit staubiger Sp.masse (Mazaedium). Sp. 1zellig, kugelig, dunkel. Auf Silikatgestein und Rinde . . . . **Sphaerophorus**

30 Lager aus s.dünnen schwarzen bis braunschwarzen, zu einem ± dichten Filzbelag übereinanderwachsenden, –20 µm dicken Fäden, die jeweils aus einem zentralen *Trentepohlia*-Faden und einer Umhüllung aus Hyphen bestehen (Mikroskop, Abb. 36). An s.schattigen Vertikalflächen und Überhängen auf Silikatgestein . . . . **GS Cystocoleus**

30* Lager nicht mit *Trentepohlia*. Wenn Lagerfäden ähnlich dünn, dann mit Blaualgen **31**

31 Mit Blaualgen. Lager kleinstrauchig (1,5 cm hoch) oder niederliegend-fädig. Lagerabschnitte meist nur –0,2 mm dick, meist an sicherfeuchten Stellen auf Gestein oder gesteinsbewohnenden Moosen, selten auf Erde . . . . **GS Polychidium**

31* Mit rein grünen Algen. Die dickeren Lageräste mindestens (0,3–)0,4 mm dick. Flechten auf Rinde, Holz, Gestein, Erdboden, Moosen **32**

32 Auf Erdboden, Rohhumus, Bodenmoosen. Lager liegend bis strauchig-aufrecht, gewöhnlich 1,5–6 cm hoch **33**

32* Auf Baumrinde, Holz, Gestein **34**

33 Lager/Mark K+ gelb, C/KC+ rot, P+ gelb. Lager aus ± zylindrischen, nur basal etwas verflachten, –1,5 mm dicken Ästen, z.reich verzweigt, d.graubraun bis grauschwarz, basal h.graubraun bis rosabraun, mit kleinen weißlichen Pseudocyphellen, –5 cm hoch. Alectorial-S., Barbatol-S. Nur in alpinen Lagen, Alpen . . . . **Alectoria nigricans**

33* Lager/Mark R– oder Mark P+ orange, K–, C–. Lager aus schwach bis deutlich verflachten oder rinnigen, seltener unregelmäßig zylindrischen, 1–10 mm breiten Abschnitten, schwach bis reich verzweigt, h.braun bis schwarzbraun, meist mit Pseudocyphellen. Lichesterin-S., Protolichesterin-S., ±Fumarprotocetrar-S. . . . . **Cetraria**

34 Lager fädig, reich verzweigt, niederliegend bis bartartig hängend, Abschnitte zylindrisch bis (v.a. an Verzweigungen etwas verflacht), meist 0,3–1 mm dick . . . . **GS Bryoria**

34* Lager nicht fädig **35**

35 Lager aus zylindrischen bis schwach abgeflachten, glatt berindeten Abschnitten, ± reich verzweigt, dichte Kissen oder korallenartige Sträucher bildend, graubraun, h.braun . . . . **Sphaerophorus (29)**

35* Lager aus verflachten bis blättrigen oder rinnigen Abschnitten **36**

36 Lager auf Silikatgestein festgewachsen, –2 cm hoch, kleine Büschel aus abgeflachten, braunschwarzen bis fast schwarzen, –1 mm breiten, spärlich verzweigten Abschnitten bestehend, fast stets mit endständigen schwarzen Ap. . . . . **Cornicularia normoerica**

36* Lager auf Rinde und Holz (wenn auf Gestein, dann locker aufsitzend), Abschnitte flach bis rinnig oder uneben, meist Ober- und ± hellere Unterseite unterscheidbar . . . . **Cetraria**

Gattungsschlüssel II: Laubflechten

1 Lager gelb, orange, rot, graugelb, gelbgrünlich **2**
1* Lager nicht so gefärbt, ohne Gelbton **16**
2 Lager gelblich bis orangerot, K+ tiefrot. Ap., wenn vorhanden, gelb bis orange(braun) **3**
2* Lager gelblichgrün, gelblichgrau, blaßgelb bis tiefgelb, K- bzw. K+ gelb . . **6**
3 Auf kalkreichen Böden, Kalkmoosen. Sp. 1zellig oder mit einer dünnen Scheidewand . . . . **Fulgensia**
3* Auf Rinde, Holz, Gestein. Sp. 2zellig, fast stets mit dicker Scheidewand, die von einem dünnen, zumindest jung sichtbaren Kanal durchzogen ist (Abb. 29) . **4**
4 Lagerunterseite flächig mit dem Substrat verwachsen, dicht anliegend, ohne Rhizinen und andere Haftorgane . . . . **Caloplaca**
4* Lagerunterseite nur an einzelnen Stellen mit dem Substrat verwachsen, mit ausdifferenzierter Unterseite, blättrig-lappig bis kleinstrauchig. Sp. meist 10–17 × 6–10 µm **5**
5 In Mitteleuropa ausgestorben. Lappen am Rand starr bewimpert, aufsteigend, ± bandartig. Lager kleinstrauchig (bis fast blättrig), nur an einer Stelle festgewachsen, kaum über 2,5 cm breit, gelborange, teils auch grau. Ap. orange, Ränder oft bewimpert . . . . **Teloschistes chrysophthalmus**
5* Teilweise häufige Arten. Lappen nicht bewimpert. Meist mit Ap. oder Soralen. Unterseite blaß . . . . **Xanthoria**
6 Lager s.klein und zart, meist nur 0,3–1,5 cm breit (aber oft zu Sammellagern zus.wachsend), stark zerschlitzt, h.gelb. Läppchen s.schmal, 0,1–0,4 mm, nur mit der Lupe deutlich erkennbar, am Rand sorediös, unterseits weißlich, mit Rhizinen. Fast stets steril (Ap. gelb, lecanorin, Sp. 8–10 × 4–6 µm) . . . . **Candelaria concolor**
6* Lager mit deutlich breiteren Lappen (wenn schmal, dann unterseits schwarz, oberseits nicht rein gelb) **7**
7 Lager kräftig gelb, auch Mark gelb, ± anliegend bis fast aufrecht. Rhizinen s.spärlich . . . . **GS Cetraria: Vulpicida**
7* Lager gelbgrün, blaß (gelb)grünlich, graugelblich, blaß gelb. Mark nicht gelb **8**
8 Lager feucht bleigrau, d.grau, düster blaugrünlich, trocken oberseits gelblichgrau bis blaß (ocker)gelblich oder blaß grüngelblich, flachgrubig, mit blaugrauen Flecksoralen. Lappen mindestens 1 cm breit, breit gerundet, unterseits beige bis h.braun, stellenweise dicht kurzhaarig. Mit Blaualgen. S.selten . . . . **Lobaria scrobiculata**
8* Lager feucht nicht bleigrau bis düster blaugrünlich verfärbend, unterseits nicht kurzhaarig-samtig, aber oft mit Rhizinen. Mit Grünalgen **9**
9 „Nabelartig" nur an einer Stelle festgewachsene, derbe Flechten auf Silikatgestein im Hochgebirge (nur selten in tiefe Lagen herabsteigend), meist h.gelblichgrün, unterseits kahl, bräunlich oder im Randbereich schwärzlich. Ap. rosa, orange bis mißfarben grünlich oder bräunlich . . . . **Lecanora TS 1 (Rhizoplaca)**

9* Lager nicht nur an einer Stelle festgewachsen **10**
10 Unterseite kahl oder mit s.spärlichen Rhizinen, weißlich bis bräunlich (wenn unterseits schwarz, randlich braun: vgl. *Parmelia*) **11**
10* Unterseite gewöhnlich mit zahlreichen, nur am Rand oft spärlichen Rhizinen oder stellenweise dicht abstehend behaart, hell gefärbt oder schwarz bis braun **15**
11 Auf Rinde und Rindenmoosen an s.luftfeuchten, kühlen Orten im Gebirge. Lappen mit Bortensoralen, unterseits blaß bis h.braun, oberseits gelb- bis graugrünlich . . . . **Cetraria**
11* Auf Gestein, Erdboden, kalkliebenden Moosen **12**
12 Auf Gestein **13**
12* Auf Erdboden, Moosen **14**
13 Lager krustig-schuppig, ± rosettig, am Rand gelappt, gewöhnlich mit ± braunen Ap. mit Lagerrand. Oberseits h.gelblichgrün, weißlichgrün, gelblich, unterseits weißlich bis leicht bräunlich, ohne Rhizinen. Auf Kalkgestein . . . . **Lecanora TS 1**
13* Lager lappig, tief geteilt, rosettig, mit großen vorstehenden halbkugeligen bis fast kugeligen hellen Soralen, ohne Ap. Lappen stark gewölbt bis fast stielrund wirkend, ± höckerig, grünlichgelb, graugelb, h.graugrünlich, unterseits leicht bräunlich, mit vereinzelten Rhizinen. Auf Silikatgestein in kühlen Lagen . . . . **Parmelia incurva**
14 Lager aus unregelmäßig angeordneten, mehrfach geteilten, aufsteigenden bis eingerollten, -4 cm langen und -1 cm breiten Lappen, unterseits blaßgelb, oberseits gelblichgrün bis olivgrün, P+ rot. Ap. fehlen. Auf dem Boden an trockenwarmen Stellen (wenn unterseits weiß, kleinblättrig ↑ *Cladonia*) . . . . **Cladonia foliacea s.l.**
14* Lager ± rosettig, zumindest am Rand lappig, dicht anliegend bzw. an den Rändern aufsteigend, oberseits h.gelblichgrün, weißlichgrün, gelblich, unterseits ± weißlich, P–, Mark P– oder P+ gelb. Gewöhnlich mit ± braunen Ap. mit Lagerrand . . . . **Lecanora TS 1**
15 Lager meist -2, selten 3 cm breit, rosettig, dicht anliegend, innen mit oft zusammenfließenden Flecksoralen, unterseits schwarz. Lappen schmal, flach, zart, K+ schwach gelblich. Mark R–. V.a. auf saurer Rinde, Holz, s.selten Gestein . . . . **Parmeliopsis ambigua**
15* Lager mit anderen Merkmalen (wenn habituell ähnlich der vorigen Art, dann Mark und Sorale K+ orange, P+ orange), unterseits hell oder braun bis schwarz . . . . **Parmelia**
16 Lager feucht gallertig aufquellend, trocken z.spröde, grau, braun bis schwarz. Mit Blaualgen. Algen nicht in einer Schicht angeordnet . . . . . **Schlüssel III**
16* Lager feucht nicht gallertig **17**
17 Flechte auf Kalkgestein, Mörtel, Beton festgewachsen **18**
17* Flechte auf anderen Substraten **19**
18 Lager ohne Rhizinen, im wesentlichen nur an einer ± zentralen Stelle (Nabel) am Gestein festgewachsen, sonst ± frei, meist wenig gegliedert und ± einblättrig oder seltener vielblättrig, ohne Sorale und Isidien

. . . . **Dermatocarpon miniatum**

18* Lager an zahlreichen Stellen mit Rhizinen festgewachsen, tief in mehr oder weniger schmale Lappen geteilt, meist mit Soralen oder Isidien **GS Physcia**

19 Lager im wesentlichen nur an einer ± zentralen flächenständigen Stelle (Nabel) an (Silikat-)Gestein festgewachsen, sonst ± frei, meist wenig gegliedert und ± einblättrig oder seltener vielblättrig (Nabelflechten) **20**

19* Lager nicht mit einem ± zentralen Nabel festgewachsen, auf Gestein, Rinde, Moosen, Erdboden **21**

20 Lageroberseite mit punktförmig kleinen, eingesenkten schwarzen Perithecien, grauweiß bis bräunlich, Unterseite ± bräunlich bis rosa, glatt bis leicht runzelig, ohne Rhizinen. Sp. farblos, 1zellig . . . . **Dermatocarpon**

20* Lager steril oder mit schwarzen scheibenförmigen Ap., weißgrau, braun, schwarzbraun, unterseits h.braun bis schwarz, mit oder ohne Rhizinen, glatt, warzig oder grubig. Sp. 1zellig bis mauerförmig, farblos oder braun. Abb. 60 . . . . **GS Umbilicaria**

21 Lagerlappen zu einem fast schildartigen Lager verschweißt, dicht anliegend, graublau, oft mit faserigem Vorlager, mit Blaualgen. Extrem selten, an hochozeanischen Standorten . . . . **Degelia**

21* Lager anders **22**

22 Lagerlappen enden in flachen bis sattelförmig eingekrümmten, unterseits freien Ap., gewöhnlich mindestens 2 mm breit, unterseits mit Adern oder behaart oder kahl. Mit Blaualgen, selten mit Grünalgen, dann Lager in feuchtem Zustand tiefgrün **23**

22* Lagerlappen ohne solche endständigen Ap. **24**

23 Ap. auf der Oberseite von meist aufsteigenden Lappen, flach oder sattelförmig. Unterseite mit derben, verzweigten und vernetzten Adern sowie mit Büscheln von Rhizinen oder zerstreuten langen einzelnen Rhizinen (Abb. 18, 47), selten einheitlich filzig, unberindet. Sp. schmal spindelig bis nadelförmig, vier- bis mehrzellig querseptiert, braun, mindestens 30 µm lang . . . . . . **Peltigera**

23* Ap. an der Unterseite der Lappen, aber oft nach oben umgebogen, nicht sattelförmig, rotbraun. Unterseite nicht mit solchen Adern, aber mitunter runzelig, kahl oder samtig behaart, beige, blaßbraun, selten bis schwarzbraun, berindet. Sp. 4zellig, spindelig, h.braun, bis 27 µm lang . . . . . **Nephroma**

24 Unterseite des Lagers orangerot. Alpine Erdflechte . . . . . **Solorina crocea**

24* Unterseite des Lagers nicht orangerot **25**

25 Ap. in deutliche grubige Vertiefungen des Lagers eingesenkt, ohne Lagerrand. Lager grau, feucht grün, mitunter nur ringförmig um die Ap. entwickelt, mit Grünalgen, zusätzlich mit Blaualgen in Teilen des Lagers. Sp. braun bis rotbraun, 2zellig, am Septum eingeschnürt . . . . **Solorina**

25* Ap. nicht in grubigen Vertiefungen **26**

26 Flechte mit über 5 mm breiten Lappen. Relativ große Flechten **27**

26* Flechte mit schmaleren Lappen **37**

27 Unterseite des Lagers mit derben, verzweigten und vernetzten, erhabenen Adern sowie einzelnen bis meist büscheligen Rhizinen, unberindet, daher oft ± filzig rauh und matt. Lager breitlappig, Ap., wenn vorhanden, an den Enden

a
b
c
d
e
f

von Lappen, flach oder sattelförmig. Lappen breit. Sp. 4–8zellig, farblos bis bräunlich. Meist auf Erde und Moosen, selten direkt auf Rinde . . **Peltigera**

27* Unterseite des Lagers ohne erhabenes Adernetz, oft jedoch runzelig, mitunter mit Aufwölbungen, die durch grabenartige Vertiefungen getrennt sind . . **28**

28 Lager unterseits kahl, ohne Rhizinen (sorgfältig untersuchen!), ohne Behaarung, glatt bis runzelig oder filzig **29**

28* Lager unterseits mit distinkten Rhizinen oder dicht abstehend behaart . . **31**

29 Lager oberseits durch weitmaschig vernetzte Leisten und dazwischen liegende, ± ovale bis längliche Vertiefungen gegliedert, h.braun, olivbraun, grünlicholiv, feucht grünlich, unterseits meist beige bis h.bräunlich, den oberseitigen Gruben entsprechen unterseits durch ± runzelige „Gräben“ getrennte Aufwölbungen. Abb. 19a . . . . **Lobaria (pulm./lin.)**

29* Lager oberseits glatt bis leicht runzelig **30**

30 Lager unterseits einheitlich filzig, schwarzbraun bis schwarz, derb, unberindet, an den Rändern aufsteigend, oberseits grau bis bräunlich oder schmutzig grünlichbraun, ohne Sorale, bodenbewohnend . . . . **Peltigera**

30* Lager unterseits nicht filzig, weißlich, beige, bräunlich, schwarzbraun, glatt bis runzelig, berindet, oberseits grau, braun, rotbraun, ohne oder mit Soralen . . . . **Nephroma**

31 Unterseite des Lagers zumindest stellenweise dicht abstehend kurzhaarig (Lupe!), blaß bis braun. Seltene Flechten s.luftfeuchter oder niederschlagsreicher Orte **32**

31* Unterseite nicht dicht kurzhaarig, aber oft mit Rhizinen **34**

32 Lagerunterseite mit zahlreichen scharf umrissenen, wie ausgestanzten Gruben, dicht kurzhaarig, beige bis mittelbraun. Oberseite graubraun bis braun. Fast nie mit Ap. (Abb. 17b, 19c) . . . . **Sticta**

32* Lagerunterseite ohne scharfrandige Gruben **33**

33 Lager mit Grünalgen, gequollen wenig verändert bis grasgrünlich, nie deutlich bleigrau bis grauschwarz, trocken weißgrau oder gelbbraun bis braun, glatt bis runzelig oder mit großen, ovalen, z.flachen Gruben und erhabenen Leisten. Ap., wenn vorhanden, flächen- oder fast randständig, braun, rotbraun, mit deutlichem Lagerrand. Sp. 2- bis mehrzellig, spindel- bis nadelförmig, farblos bis braun. Oft zusätzlich mit Blaualgen . . . . **Lobaria**

33* Lager nur mit Blaualgen *(Nostoc)*, gequollen bleigrau bis schwarzgrau, trocken h.braun, d.braun, graubraun (bis fast grau), glatt oder leicht runzelig . . . . **Nephroma**

34 Lager oliv bis braun, ohne graue Bereiche **35**

Abb. 18. *Peltigera*-Arten. a und b: *P. leucophlebia*; Lagerunterseite mit vernetzten Adern und büscheligen Rhizinen bzw. Lappenoberseite mit punktförmigen Cephalodien (1/0,8×). c: *P. polydactylon*, mit sattelförmigen Apothecien an aufsteigenden Lappen (1×). d: *P. venosa*, Oberseite und geaderte Unterseite (0,9×). e: *P. praetextata*, mit aufgebogener Lagerunterseite mit auffasernden Rhizinen (0,8×). f: *P. horizontalis*, Lagerunterseite mit netzig verbundenen, breiten, flachen Adern und büscheligen Rhizinen (1,3×).

Abb. 19. a: *Lobaria pulmonaria* (ca. 0,5×). b: *Nephroma resupinatum* (1,2×). c: *Sticta sylvatica* (1×). d: *Pannaria conoplea* (2,4×). e: *P. pezizoides* (4,3×). f: *Parmeliella triptophylla* (8,5×).

34* Lager anders gefärbt, meist grauweiß bis grau, aber mitunter an den Rändern braun überlaufen, auch düster grün (GS *Parmelia*) **36**

35 Lager mit aufsteigenden, an den Rändern welligen, mit Bortensoralen besetzten Lappen, oliv bis braun, unterseits blaß bräunlich, ± glänzend, mit spärlichen Rhizinen. Lager/Mark R– . . . . **Cetraria chlorophylla**

35* Lager mit flächenständigen Isidien oder Warzen oder ganz ohne Isidien, unterseits hell bis schwarz. Rhizinen spärlich bis zahlreich. Mark C+ rot oder C– . . . . **GS Parmelia**

36 Lager mit zerstreuten feinen weißen Punkten, grau, s.leicht blaustichig grau, breitlappig, mit abgerundeten, aufsteigenden Rändern, an denen Bortensorale entstehen, nie mit Flecksoralen . . . . **Cetrelia**

36* Lager mit anderen Merkmalen, wenn mit weißen Punkten, dann mit Flecksoralen . . . . **GS Parmelia**

37 Auf Kalkgestein, kalkreichen Böden, kalkliebenden Moosen. Mit Grünalgen (wenn nur mit Blaualgen, ↑ Schlüssel III) **38**

37* Auf anderen Unterlagen **39**

38 Lager am Rand angedeutet gelappt (placodioid), aber Flechte rein krustig, ohne vorgebildete Unterseite. ↑ Schlüssel VII *(Lecanora/Solenopsora)*

38* Lager blättrig, mit vorgebildeter Unterseite, tief eingeschnitten, mit schmalen Lappen, unterseits mit Rhizinen, oder aus winzigen geteilten Läppchen, grau bis braun, auch bereift, feucht unverändert bis grünlich . . . . . **GS Physcia**

39 Lager mit Blaualgen, ohne Grünalgen. Seltene Arten niederschlagsreicher Lagen (heute fast nur noch im Gebirge). Lager braun bis graubraun, angefeuchtet bleigrau bis dunkelgrau werdend, oder Lager bläulichgrau (feucht stärker blaustichig), ± anliegend, mit körnig-sorediösen Rändern oder mit rötlichen Apothecien. Nicht mit typischen oder mit s.wenigen Rhizinen . . **40**

39* Lager mit Grünalgen, feucht nicht deutlich verfärbend oder eher grünlich **41**

40 Lager unterseits paraplektenchymatisch (zellig) berindet, beige, h.- bis d.bräunlich, ohne Rhizinen, aber mitunter fein kurzhaarig, oberseits braun, braungrau, feucht d.grau, mit aufsteigenden Rändern (Ap. an Lappenenden) **Nephroma**

40* Lager unterseits unberindet (mit Mark-Hyphen befestigt), dicht anliegend oder etwas aufsteigend, kleinere (im Gebiet -3 cm große) Rosetten bildend oder unregelmäßig kleinschuppig, schmallappig, bläulichgrau, grau oder ± braun, oft mit grauem bis schwärzlichem bis blaugrünem Vorlager. Lappen flach bis konkav. Ap., wenn vorhanden, rosabraun bis schwärzlich, biatorin bis lecanorin, -2 mm . . . . **GS Pannaria**

41 Lager s.zierlich, locker angewachsen, fast kleinstrauchig, mit aufsteigenden, s.feinen, 0,05–0,3 mm breiten, braungrauen bis braunen (feucht grünlichen) Läppchen, K–. Läppchen an den Rändern mit (sorediös aufbrechenden) Isidien, unterseits blaß. Auf eutrophiertem Gestein, seltener an staubimprägnierter Rinde . . . . **Phaeophyscia nigricans**

41* Lager derber, mit anderen Merkmalen **42**

42 Lager unterseits völlig ohne deutliche Rhizinen **43**

42* Lager unterseits mit (manchmal spärlichen) Rhizinen **47**

43 Lager oberseits mit flächenständigen zylindrischen bis koralloiden Isidien.

Lappen grau, ± gegabelt, unterseits etwas konkav, an den jungen Teilen weiß bis rosa, an den älteren grau bis blauschwarz, vom Substrat gewöhnlich abstehend (Abb. 3a–b) . . . . **Pseudevernia furfuracea**

43* Lager ohne Isidien **44**

44 Lager aus h.grauen bis bräunlichgrauen bandförmigen Abschnitten, die an den Enden (Rändern) mit starren Wimpern besetzt sind, unterseits weißlich und etwas rinnig, oft mit Ap., Scheibe braunschwarz, oft bereift. Sp. 2zellig, braun . . . . **GS Physcia**

44* Lagerränder/-enden nicht mit Wimpern **45**

45 Lager K–, s.dicht (fast krustig) der Unterlage angepreßt, kaum unverletzt ablösbar, rosettig, –2 cm, unterseits blaß bis dunkel, mit spärlichen Haftstellen, oberseits bräunlichgrau bis bräunlich. Selten, auf basenreichen Substraten . . . . **GS Physcia: Hyperphyscia**

45* Lager K+ gelb, nicht s.dicht angepreßt, oft über 2 cm, unterseits (mit Ausnahme der Lappenenden) schwarz, oberseits weißgrau, h.bläulichgrau, selten leicht bräunlich. Ap. meist fehlend, braun, lecanorin. Sp. 1zellig, farblos **46**

46 Lappen hohl, schmal bis breit, oft mit Soralen, grau, blaustichig grau, stellenweise mitunter auch bräunlich getuscht . . . . **Hypogymnia**

46* Lagerlappen nicht hohl, schmal, hochgewölbt, dicht gedrängt, mitunter dachziegelig, ohne Sorale, meist h.grau (oft bräunlich überlaufen). Unterseite schwarz. Auf Silikatgestein im Gebirge . . . . . . **GS Hypogymnia: Brodoa** (wenn Alternative 46 nicht zutrifft, vgl. auch GS Parmelia: einige Arten haben mitunter s.spärliche Rhizinen)

47 Ap. vorhanden. Bestimmung nach Sp.merkmalen **48**

47* Ap. fehlend oder vorhanden. Bestimmung ohne Sp.merkmale **50**

48 Sp. braun bis graugrün, 2zellig, ellipsoid, mit meist teilweise verdickten Wänden. Ap. meist schwärzlich, mitunter bereift . . . . **GS Physcia**

48* Sp. anders, farblos (wenn gefärbt, 4zellig, vgl. Blaualgenflechten) **49**

49 Sp. 2zellig, ellipsoid bis spindelig. Ap. ± braun, aufsitzend. Lager klein- und schmallappig, braun, feucht h.braun bis tiefgrün (mit Blaualgen) . . . . **Massalongia**

49* Sp. 1zellig: Bestimme weiter bei 51

50 Rhizinen rechtwinklig auffasernd, flaschenputzerartig, schwarz (Abb. 51a, stets *mehrere*, nicht nur ganz junge Rhizinen ansehen, da manchmal die Fasern an der Rhizine festgeklebt sind), Unterseite schwarz, nur Rand mitunter hell. Lager meist bräunlich, aber oft ± bereift. (Sp. braun, 2zellig) . . . . **GS Physcia: Physconia**

50* Rhizinen meist einfach oder wiederholt gegabelt, nie flaschenputzerartig . **51**

51 Lager glänzend braun bis glänzend schwarzbraun, unbereift (nur abnormal bereift). (Sp. 1zellig) **52**

51* Lager nicht glänzend braun/schwarzbraun **54**

52 Lagerlappen langgestreckt und etwas rinnig, an den Rändern mit ± keuligen bis kugeligen Warzen mit Pyknidien, unterseits mit spärlichen Rhizinen. Auf Silikatgestein in höheren Gebirgslagen . . . . **Cetraria**

52* Lagerlappen nicht rinnig, nicht mit solchen Warzen an den Rändern . . . **53**

53 Lager unterseits mit spärlichen Rhizinen, blaß bräunlich bis fast weißlich, fast polsterförmig und dicht mit Ap. bedeckt oder mit lockeren, aufsteigenden, an den Rändern körnig-sorediösen Lappen. Mark und Lager R–. Auf Rinde und Holz . . . . **Cetraria (sep./chloroph.)**

53* Lager anders, unterseits mit zahlreichen bis spärlichen Rhizinen, hell bis schwarz, nicht polsterförmig. Lager/Mark R- oder R+. Auf Rinde, Holz, Gestein . . . . **GS Parmelia**

54 Mark (gegebenenfalls Sorale) des Lagers C+ orange bis rot . . . **GS Parmelia**

54* Mark des Lagers nicht C+ orange bis rot **55**

55 Lager braun, mitunter auch (teilweise) bereift **56**

55* Lager meist weißlich, grau, graugrün, grün, ohne deutlichen Braunton, nur gelegentlich an den Rändern etwas gebräunt **62**

56 Oberseite meist fleckig bis zus.hängend (wenigstens an den Lappenenden) bereift. Unterseite weißlich (nur gegen die Mitte leicht bräunlich). Lappen an den Rändern, später auch auf der Fläche sorediös bis isidiös, Rinde und Mark R–. Ap. selten (Sp. 2zellig, braun). Lager derb . . . . **Physconia grisea**

56* Oberseite unbereift **57**

57 Mit flächenständigen Isidien und Warzen **58**

57* Ohne oder nur mit randständigen Isidien **59**

58 Lappen über 0,5 mm breit. Isidien und Warzen nur flächenständig . **Parmelia**

58* Lappen 0,3–0,5 mm breit, meist strahlig-rosettig angeordnet, braungrau bis schwarzbraun. Isidien auch randständig, im Zentrum des Lagers s.dichtstehend. Ch–. Auf kalkhaltigen oder staubimprägnierten Gesteinen . . . . **↑ Phaeophyscia sciastra**

59 Lappen von (manchmal isidiös wirkenden) Randsoralen gesäumt, aufsteigend, locker angeordnet, flach bis konkav, an den Rändern oft verbogen, 2–10 mm breit, oliv, olivbraun bis braun, unterseits blaß braun, runzelig, ± glänzend, mit spärlichen Rhizinen. Lager/Mark R–. Ap. s.selten . . **Cetraria chlorophylla**

59* Lappen ohne Randsorale. Sorale, wenn vorhanden, flächenständig **60**

60 Ohne Sorale, oft mit Ap. . . . . **Parmelia**
(wenn an Meeresküsten, Lager angedrückt, ± rosettig, Lappen langgestreckt, braun, unbereift, feucht olivgrün, Ap. schwarzbraun, mit gekerbtem Lagerrand, Sp. 2zellig, braun: **Anaptychia runcinata** (With.) Laundon)

60* Mit Soralen **61**

61 Lager braungrau bis braun, Mark KC–. Rhizinen ganz schwarz oder mit weißen Spitzen, dichtstehend, mitunter an den Lappenrändern hervorragend. Lappen meist verlängert, -1 mm breit, rosettig bis unregelmäßig wachsend, anliegend, matt, mit weißlichen bis oft grünlich- bis d.grauen rundlichen, flachen bis gewölbten Soralen, unterseits schwarz, nur am Rand hell. Lager K–, selten mit gelblichem Mark und hier K+ violett . . . . **Phaeophyscia orbicularis**

61* Lager olivbraun, d.braun bis schwarzbraun, unterseits schwarz bis schwarzbraun, am Rand auch braun. Mark KC+ rot oder KC–. Rhizinen schwarz bis braunschwarz, zerstreut. Lappen -1,5 mm breit, anliegend, an den Enden mitunter etwas glänzend. Sorale anfangs braungrau oder grau bis schwärzlich (mitunter auch isidiös), später (bzw. abgeschabt) weißlich . . . . . . **Parmelia**

62 Lager mit flächenständigen Isidien **63**
62* Lager ohne flächenständige Isidien **65**
63 Unterseite schwarz, am Rand ± braun . . . . **Parmelia**
(wenn Lappen unter 0,6 mm breit, Isidien auch randständig, vgl. *Phaeophyscia sciastra*)
63* Unterseite weißlich bis blaß bräunlich, Lager meist bis 3 cm breit, rosettig, anliegend, im Innern dicht mit Isidien bedeckt **64**
64 Lager weiß bis grauweiß, P– oder leicht gelblich, Isidien oft sorediös werdend, das Lagerinnere dann ± zus.hängend sorediös. Lappen bis 0,8 mm. Extrem seltene westlich und südlich verbreitete Art auf basenreichen Substraten . . . . **Physcia clementei**
64* Lager grauweiß bis mitunter stellenweise leicht gebräunt, P+ intensiv gelb bis orange, Isidien oft abgebrochen, dann bei oberflächlicher Betrachtung auch sorediös erscheinend. Lappen 1–2,5 mm. Auf sauren Rinden . . . . **Imshaugia aleurites**
65 Lageroberseite mit strichförmigen bis netzig verbundenen Pseudocyphellen, daher mit schwachen gratartigen Erhebungen versehen. Mit Soralen oder isidiösen Soredien . . . . **Parmelia**
65* Lageroberseite ohne solche Pseudocyphellen und gratartigen Erhebungen **66**
66 Lager unterseits weißlich, weißgrau, blaß bräunlich. Ap., wenn vorhanden, braunschwarz bis schwarz, bereift oder unbereift (Sp. 2zellig, braun) **Physcia**
66* Lager unterseits d.braun bis schwarz, nur am Rand oft heller **67**
67 Lager K–, Lappen meist schmal, nicht über 2 mm breit, gequollen ± grünlich. Ap. braunschwarz bis schwarz. (Sp. 2zellig, braun). Auf basenreichen Substraten (wenn Lager rosettig, im Innern mit Flecksoralen, K+ schwach gelb, auf sauren Rinden und Holz, vgl. *Parmeliopsis hyperopta*) . . . . **GS Physcia (Phaeophyscia)**
67* Lager K+ gelb, schmal- bis breitlappig. Ap. braun **68**
68 Lager dicht angedrückt, mit schmalen, radial ausgerichteten Lappen, –2,5(3) cm, innen mit zus.fließenden Flecksoralen, weißgrau. Auf Rinde in hochmontan-subalpinen Lagen . . . . **Parmeliopsis hyperopta**
68* Lager anders, schmal- bis breitlappig . . . . **GS Parmelia**

Gattungsschlüssel III: Blaualgenflechten

1 Lager kleinstrauchig aufrecht bis fädig-niederliegend, ± verzweigt, mit ± stielrunden (zylindrischen) Abschnitten, braun bis meist (braun-, grün-)-schwarz, selten bereift, gewöhnlich auf Gestein und Gesteinsmoosen. Sp. meist 1–2zellig, selten mauerförmig . . . . **GS Polychidium**
1* Lager nicht kleinstrauchig bis fädig-niederliegend, nicht mit ± stielrunden Abschnitten (aber mitunter krustig-areoliert mit zylindrischen Auswüchsen) **2**
2 Lager blattflechtenartig, mit deutlichen Lappen (zumindest am Lagerrand), breitlappig bis kleinblättrig zerschlitzt **3**
2* Lager rein krustig oder schuppig **20**

3 Lager feucht ± gallertig gequollen, s.biegsam, trocken rel. starr, schwarz, grau, braun, mitunter weißlich bereift, unterseits meist schwärzlich, grünlich, (blau-)grau, selten z.B. gelblich, ohne typische Haftfasern, nur ausnahmsweise mit dichtem weißem Haarbesatz (*Lept. saturninum*). Lappen unberindet oder berindet. Ap. deutlich berandet. Sp. fast stets farblos 4

3* Lager feucht nicht ± gallertig aufquellend, trocken meist braun bis grau, unterseits weißlich, beige, blaßbraun bis mittelbraun, ± kahl oder dicht kurzhaarig oder mit vernetzten Adern und Haftfasern. Lappen meist beiderseits, zumindest jedoch oben deutlich zellig (paraplektenchymatisch) berindet. Algen in dicht gedrängten Gruppen (*Nostoc* und andere fädige Arten) 7

4 Lager nicht mit perlenkettenförmigen Algen (*Nostoc*). Ap. lecanorin, Scheibe anfangs oder dauernd punktförmig und perithecienartig. Seltene Arten . . . . **GS Phylliscum**

4* Lager mit locker verteilten, perlenkettenförmigen *Nostoc*-Algen. Ap. mit Lager- oder/und Eigenrand, Scheibe gewöhnlich braun bis braunrot, weit offen . . 5

5 Lager mit einer zelligen (paraplektenchymatischen) Rinde oder fast durchgehend zellig (schon in Quetschpräparaten leicht erkennbar). Sp. meist schwach mauerförmig, selten querseptiert mehrzellig . . . . . . **Leptogium**

5* Lager unberindet (doch Ap. oft paraplektenchymatisch berindet) 6

6 Sp. 1zellig. Lager krustig bis blättrig bis fast kleinstrauchig. Ap.scheibe deutlich („krugartig") vertieft sitzend. Seltene Arten . . . . **Lempholemma**

6* Sp. querseptiert mehrzellig bis schwach mauerförmig, selten 2zellig. Lager meist blättrig-lappig, oft steril. Ap.scheibe nicht deutlich vertieft. Zum Teil rel. häufige Arten . . . . **Collema**

7 Unterseite des Lagers orangerot. Alpin . . . . **Solorina crocea**

7* Unterseite des Lagers nicht orangerot 8

8 Ap. in deutlichen Vertiefungen des Lagers sitzend, dieses aber mitunter nur ringförmig um die Ap. entwickelt, grau, feucht grün, mit Grünalgen, zusätzlich mit Blaualgen in Teilen des Lagers. Sp. braun bis rotbraun, 2zellig, am Septum eingeschnürt . . . . **Solorina**

8* Ap. nicht in Vertiefungen 9

9 Ap. an Lappenenden, nicht aufsitzend, sondern die Lappen „verlängernd", unterseits frei 10

9* Ap. nicht an Lappenenden sitzend oder Ap. fehlend 11

10 Ap. auf der Oberseite von meist aufsteigenden Lappen, flach oder sattelförmig. Unterseite mit derben, verzweigten und vernetzten Adern sowie mit Büscheln von Rhizinen oder zerstreuten langen einzelnen Rhizinen, selten einheitlich filzig . . . . **Peltigera (II/23)**

10* Ap. an der Unterseite der Lappen, aber oft nach oben umgebogen, nicht sattelförmig. Unterseite nicht mit solchen Adern, kahl oder samtig behaart, beige, blaßbraun, berindet . . . . **Nephroma (II/23)**

11 Unterseite des meist großen, breitlappigen Lagers mit derben, verzweigten und vernetzten Adern sowie mit Büscheln von Rhizinen, unberindet, selten nur einheitlich filzig. Lager relativ derb . . . . **Peltigera**

11* Unterseite nicht mit solchen Adern 12

12 Lager unterseits zumindest stellenweise dicht (abstehend) kurzhaarig (Lupe), (unterseits) beige, bräunlich, graubraun, braun, selten schwarzbraun. Rel. großlappige, seltene Flechten sehr luftfeuchter Standorte, Lappen leicht ablösbar, nicht flächig festgewachsen **13**

12* Unterseite kahl und ± glatt oder höchstens einheitlich filzig-rauh oder großflächig festgewachsen **15**

13 Unterseite mit zahlreichen regelmäßig rundlichen, scharf umrissenen, wie ausgestanzten Gruben, (fast) durchgehend dicht kurzhaarig. Oberseite d.braun bis braungrau oder grau, mit Isidien oder Soralen . . . . **Sticta**

13* Unterseite ohne solche Gruben **14**

14 Lager gelblichgrau, feucht blaugrau, mit flachen Dellen (Vertiefungen), mit anfangs rundlichen blaugrauen Soralen, unterseits hellbraun, nur stellenweise dicht kurzhaarig. Lappen sehr breit, gerundet . . . . . **Lobaria scrobiculata**

14* Lager h.- bis d.braun, braungrau (bis fast grau), feucht meist d.grau bis schwärzlich . . . . **Nephroma**

15 Lager braun, feucht meist düster dunkelgrün. Unterseite weitgehend (außer den Randpartien) schwarzbraun bis schwarz, filzig, unberindet. Lager derb und starr, mit breiten, an den Rändern aufsteigenden Lappen. Ap. selten, an der Oberseite von Lappenenden. Mark weiß. In Magerrasen, Zwergstrauchheiden . . . . **Peltigera**

15* Mit anderen Merkmalen. Wenn Lager unterseits schwarzbraun bis schwarz, dann Lappen mit Unterrinde, nicht derb und nicht an solchen Standorten **16**

16 Mit Ap. **17**

16* Ohne Ap. **18**

17 Lager kleinblättrig und zerschlitzt, braun, unterseits hell, nur mit vereinzelten dunklen Rhizinen an der Basis der Lappen. Lappen am Rand ± isidiös oder knotig, 1–2 mm breit. Ap. braun, –2 mm, verengt aufsitzend, mit Eigenrand. Sp. 2(3)zellig, 11–23(32) × 4,5–7(8,5) µm . . . . **Massalongia carnosa**

17* Lager gewöhnlich rosettig, angedeutet gelappt bis tief geteilt, bläulichgrau, selten etwas braunstichig, mitunter bereift, unterseits ± weißlich oder (blau-)grau, anliegend, mit Markhyphen festgewachsen, oft mit dunklem Vorlager. Ap. rötlich bis rotbraun, mit Eigen- oder Lagerrand. Sp. 1zellig, 7–10 µm breit . . . . **GS Pannaria**

18 Lager blaugrau, ± rosettig, –3 cm, an den Rändern ± dicht mit körnigen bis schuppigen (bis korallinischen) Isidien besetzt, Randbereiche oft bereift. Flechte ausgeprägt ozeanischer Lagen . . . . **Pannaria conoplea**

18* Lager nicht blaugrau, nicht bereift **19**

19 Lappen an den Rändern ± isidiös oder knotig, 1–2 mm breit. Lager kleinblättrig und zerschlitzt, braun, unterseits hell, nur mit vereinzelten dunklen Rhizinen an der Basis der Lappen. Über Silikat-, seltener Erdmoosen . . . . **Massalongia carnosa**

19* Lappen in der Regel breiter, an den Rändern glatt oder gekerbt oder mit kleinen Blättchen besetzt, mit oder ohne Sorale. Lager braun, rotbraun, selten grau, unterseits beige bis braunschwarz, ohne Rhizinen. Auf Rinde, Moosen, Silikatgestein . . . . **Nephroma**

20 Lager mit locker verteilten, kettenförmigen *Nostoc*-Algen **5**
20* Lager nicht mit locker verteilten, kettenförmigen *Nostoc*-Algen (wenn mit *Nostoc*, dann diese in dichten Knäueln) **21**
21 Lager auf Rinde und Rindenmoosen, kleinschuppig bis angedeutet lappig, oft auf blaugrauem bis schwärzlichem Vorlager . . . . **GS Pannaria**
21* Lager nicht auf Rinde und Rindenmoosen **22**
22 Auf dem Erdboden oder Bodenmoosen, Pflanzenresten **23**
22* Auf Gestein **28**
23 Lager rein krustig, dünn, zus.hängend, h.grau, feucht schleimig-gelatinös, jedoch mit Grünalgen. Mit Perithecien, Sp. mauerförmig. Im Hochgebirge auf sauren Böden . . . . **Protothelenella sphinctr.**
23* Lager körnig bis schuppig. Fruchtkörper sind Ap., Sp. 1zellig, s.selten 2zellig **24**
24 Lager körnig bis fein korallinisch **25**
24* Lager kleinschuppig bis angedeutet blättrig **27**
25 Ap. gewölbt, unberandet, rotbraun. Lager feinkörnig bis fein korallinisch, oliv bis graubraun . . . . **GS Pannaria: Moelleropsis**
25* Ap. flach (bis konkav) oder deutlich berandet, mit körnigem Lagerrand oder ins Lager eingesenkt. Lager körnig **26**
26 Lager schwärzlich(grün). Ap. eingesenkt, rotbraun, flach bis konkav, -2 mm. Sp. 15–27 × 6,5–10 µm . . . . **Heppia**
26* Lager h.- bis d.blaugrau. Ap. sitzend bis eingesenkt, rotbraun bis braun, flach bis gewölbt, -1 mm. Sp. 11–15(20) × 6–8 µm . . **GS Pannaria: Moelleropsis**
27 Auf trockenen Kalkböden (Trockenrasen, steinige Böden). Algen: *Scytonema*, in rundlichen Gruppen (Algenzellen nicht regelmäßig kugelig). Lager gelboliv bis braun, aus zerstreuten bis gedrängten, 1–3 mm breiten Schuppen (oder körnig, dann schwärzlich). Ap. eingesenkt, rotbraun, -2 mm, einzeln oder zu wenigen, ohne Eigenrand. Sp. ohne Schleimhülle, 15–27 × 6,5–10 µm . . . . . **Heppia**
27* Nicht auf trockenen Kalkböden. Algen: *Nostoc* in dichten Knäueln (Algenzellen regelmäßig kugelig, -8 µm). Lager grau, blaugrau, braun, körnig bis kleinschuppig, Körnchen bzw. Schuppen dicht zus.schließend. Ap. meist dicht angedrückt, mit gekerbtem oder körnigem Lagerrand, meist rotbraun bis d.braun. Sp. mit Schleimhülle 25–30 × 9–12 µm. . . . . **GS Pannaria**
28 Lager schuppig, mit sorediösen, ± aufgebogenen Rändern, 5–15 mm, düster grau, olivgrau, unterseits hell, nabelartig festgewachsen. Sorale ± grau, an manchen Schuppen auch fehlend, dann Rand oft etwas herabgebogen. Algen: *Scytonema* in rundlichen Gruppen . . . . **Peltula euploca**
28* Ohne Sorale **29**
29 Lager aus einzelnen bis zu wenigen gruppierten, nabelartig angewachsenen Schuppen, gekerbt bis gelappt, schwärzlich. Ap. zumindest anfangs nur mit punktförmig enger Öffnung (per.artig), lecanorin. Sp. 1zellig. Algenzellen einzeln oder in Kolonien, nie zu Fäden vereinigt (quetschen) . . **GS Phylliscum**
29* Lager nicht aus nabelartig angewachsenen Schuppen **30**
30 Mit Ap. **31**
30* Flechte steril **34**

31 Fruchtkörper weißlich, sternförmig aufreißend, eine ± rosa bis orangefarbene Scheibe entblößend (Abb. 38a). Lager im Innern von Kalkgestein. Sp. 4zellig, spindelig, mit Schleimhülle . . . . **Petractis clausa**
31* Fruchtkörper nicht weißlich und sternförmig aufreißend. Lager nicht endolithisch 32
32 Sp. spindelig bis ellipsoid, 2–4(8)zellig, querseptiert. Ap. schwarz, mit schwarzem Eigenrand, mit ausgebreiteter, nie punktartig enger Scheibe. Auf Kalkgestein . . . . **Placynthium**
32* Sp. 1zellig. Ap. meist nicht rein schwarz, mit Eigen- oder Lagerrand 33
33 Lager aus dichtstehenden, kleinen (1,5 × 0,8 mm), gekerbten, grauen, braungrauen Schüppchen mit *Nostoc*-Algen, auf Silikatgestein. Ap. –1 mm, mit flacher bis gewölbter Scheibe . . . . **GS Pannaria**
33* Lager nicht aus dichtstehenden grauen bis braungrauen Schüppchen, meist schwärzlich, auch rot- oder grünstichig schwärzlich, mitunter bläulich bereift. Ap. anfangs oft nur punktförmig geöffnet. Nicht mit *Nostoc*-Algen. Algen 1zellig (einzeln oder in Kolonien mit ineinandergeschachtelten Gallerthüllen) oder mit kurzen Algenketten, dann aber nie perlschnurartig mit kugelrunden Zellen . . . . **GS Porocyphus**
34 Lager mit radial verlängerten Randlappen (effiguriert) oder mit grün- bis blauschwarzem (schwarzem) Vorlager. Mit *Scytonema*-artigen Algen. Auf Kalkgestein oder nassem Silikatgestein . . . . **Placynthium**
34* Ohne grün-/blauschwarzes bzw. schwarzes Vorlager, nicht effiguriert. Lager krustig, körnig bis areoliert 35
35 Mit *Scytonema*-artigen Algen. Lager unbereift oder bläulichweiß bereift, Oberfläche glatt oder mit zylindrischen bis korallinischen Auswüchsen. Meist auf Kalkgestein . . . . **Placynthium**
35* Mit kurzen Algenketten oder einzelligen Algen (einzeln oder in Kolonien mit ineinandergeschachtelten Gallerthüllen). Meist unbereift. Ohne Ap. kaum bestimmbar . . . . **GS Porocyphus**

Gattungsschlüssel IV: Coniocarpe Krustenflechten (staub- oder kelchfrüchtige Krustenflechten)

Bestimmungshinweis: Das Mazaedium entwickelt sich auf der Oberseite des Köpfchens.

1 Ap. sitzend oder s.kurz gestielt, mitunter auch ± eingesenkt, ± schwarz, mitunter bereift 2
1* Ap. deutlich gestielt 5
2 Auf Silikatgestein. Ap. schwärzlich. Sp. braun, 1–2zellig . . . **GS Cyphelium**
2* Auf Rinde, Holz 3
3 Sp. 9–15 × 3–4 µm, schmal ellipsoid bis zylindrisch, hell gefärbt (blaß grünlich bis blaß bräunlich), 1zellig oder mit 1–3 undeutlichen Septen. Lager undeutlich. Abb. 31b . . . . **Microcalicium disseminatum**
3* Sp. breiter, kugelig, eckig bis ellipsoid, d.braun, 1–2zellig 4

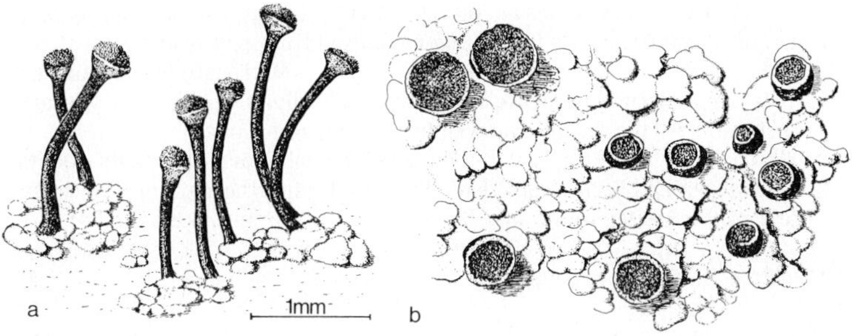

Abb. 20. Gestielte und ungestielte Fruchtkörper von coniocarpen Flechten. a: *Calicium viride.* b: *Cyphelium inquinans.*

4 Sp. 1zellig, kugelig(-eckig) bis ellipsoid, 1reihig in z.lange intakt bleibenden Schläuchen. Auf *Pertusaria*-Arten oder ohne Lager auf Nadelbäumen und Holz. Abb. 57 . . . . **Sphinctrina**
4* Sp. 2zellig, ellipsoid. Schläuche bald zerfallend . . . . **Cyphelium**
5 Auf Silikatgestein (auch bemoostem Gestein) oder Erde 6
5* In der Regel auf Rinde und Holz sowie rinden- und holzbewohnenden Flechten oder auf *Cladonia*-Schuppen 10
6 Stiele weißlich (bis leicht rosa), basal auch grünlich, meist über 0,6 mm dick, derb. Ap.köpfchen meist 0,8–2(3) mm breit, schildförmig bis kugelig, braun oder rosa, glatt, ohne Mazaedium. Lager warzig bis s.kleinschuppig oder rein krustig, nie gänzlich mehlig, K+ gelb, P+ gelb bis orange. Sp. 1–2zellig, farblos. Abb. 26 . . . . **GS Baeomyces**
6* Stiel schwarz oder gelbgrün bereift, selten hell, oft sehr schlank, bis 0,2(0,3) mm dick. Köpfchen gewöhnlich deutlich schmaler, braun bis schwarz, mitunter bereift. Lager gewöhnlich mehlig, intensiv zitronengelb bis gelbgrün, seltener weißlich. Sp. gefärbt bis farblos 7
7 Ap.stiel und Köpfchen unterseits und am Rand gelbgrün bereift (anfangs auch Mazaedium), oberseits (Mazaedium) h.braun. Sp. kugelig, hell, 1zellig. Lager gelb bis gelbgrün. Abb. 31 f . . . . **Chaenotheca furfuracea**
7* Ap. schwärzlich, Köpfchen oberseits (grün)schwarz, schwarz oder d.braun, nicht gelbgrün bereift. Sp. nicht kugelig, gefärbt. Auf weißlichem oder gelbgrünem bis gelbem, fein sorediösem Lager sitzend oder auf Algendecken 8
8 Sp. 12–16 × 4–6 µm, d.braun, 2zellig. Ap. kurz gestielt, Köpfchen –0,5(0,7) mm breit. Lager h.gelb bis grünlich, fein mehlig, auf weißlicher bis beiger Kruste parasitierend . . . . **Calicium corynellum**
8* Sp. 5–8(10) µm lang, 1- oder 2zellig. Köpfchen –0,3 mm breit 9
9 Ap. 0,6–2(2,5) mm hoch, lang gestielt, schwärzlich, Köpfchen oberseits mit (grün)schwarzem bis d.braunem Mazaedium. Stiel schwarz. Sp. hell, 5–8 ×

2–2,5(3) µm, schmal ellipsoid bis zylindrisch, 1zellig, reif 2zellig, spiralig gerippt. Auf (grün)gelber *Psilolechia lucida* und leprösen Krusten . . . . **Microcalicium arenarium**

9* Ap. –0,5 mm hoch, Köpfchen schwarz, ohne Mazaedium, Stiel hell bis schwarz. Sp. 6–10 × 3–4 µm, 1zellig. Auf weißlichen bis beigen Krusten . . . . **Chaenothecopsis exserta**

10 An Zweigen und Ästen von Erlen und Pappeln. Ap. schwarz, Köpfchen meist keulig bis ± kreiselförmig, ohne Mazaedium. Sp. 1–4zellig, braun. Abb. 57 . . . . **GS Stenocybe**

10* Nicht an Erlen- oder Pappelästen **11**

11 Sp. 1zellig **12**

11* Sp. septiert **13**

12 Ap.köpfchen auch oberseits (fast) schwarz, ohne Mazaedium, unterseits und randlich nicht bereift. Sp. schmal ellipsoid bis ellipsoid, bis 10 × 3,5 µm groß, braun, h.braun. Meist ohne Lager oder auf Fremdlager **GS Chaenothecopsis**

12* Ap.köpfchen oberseits mit braunem oder hellerem Mazaedium, nicht selten unterseits und randlich weißlich oder gelblich bereift. Sp. kugelig, seltener ellipsoid bis zylindrisch, farblos bis braun. Lager deutlich, seltener ± fehlend . . . . **GS Chaenotheca**

13 Köpfchen mit braunem Mazaedium, unterseits und am Rand gelb (grün) bereift. Sp. h.braun, mit 1–3 undeutlichen Septen, reif fast zylindrisch . . . . **Chaenotheca laevigata**

13* Köpfchen ohne braunes Mazaedium, entweder gänzlich schwarz, ohne Mazaedium, oder mit schwarzem, selten gelblich bereiftem Mazaedium, unterseits und am Rand schwarz oder braun, weißlich oder gelblich bereift **14**

14 Köpfchen mit vorquellendem schwarzem (selten leicht bereiftem) Mazaedium, unterseits und am Rand schwarz oder braun, weißlich oder gelblich bereift, meist kreisel- bis im Umriß kelchförmig. Sp. (d.)braun, 2zellig, mindestens 3,5 µm breit. Schläuche meist rel. schnell zerfallend . . . . **Calicium**

14* Köpfchen ohne vorquellendes Mazaedium, gänzlich schwärzlich. Sp. braun, h.braun. Schläuche lange intakt bleibend **15**

15 Sp. 4zellig, 20–32 × 7–10 µm. Köpfchen keulig bis im Umriß dreieckig. Auf alten Tannen . . . . **Stenocybe**

15* Sp. 2zellig **16**

16 Sp. 10–13 × 4–6 µm, 2zellig. An Pappel . . . . . **Phaeocalicium populneum**

16* Sp. bis 10 × 3 µm groß. Gewöhnlich nicht an Pappel . . . . **Chaenothecopsis**

Gattungsschlüssel V: Flechten mit Perithecien (pyrenocarpe Flechten)

1 Fruchtkörper gelb bis grüngelb **2**

1* Fruchtkörper nicht gelb bis grünlichgelb **3**

2 Fruchtkörper leuchtend gelb bis grüngelb. Sp. zu sehr vielen in den Asci, 1zellig, klein . . . . **Thelocarpon**

2* Fruchtkörper gelblich(rosa) bis rosabraun. Sp. zu 8, vielzellig, nadelförmig, sehr lang . . . . **Belonia**
3 Lager deutlich blättrig, mit größtenteils freier, vom Substrat abgehobener Unterseite, einblättrig-rundlich und nabelartig an einer Stelle festgewachsen oder vielblättrig und dicht gedrängt, an mehreren Stellen festgewachsen. Einzellager meist um 0,8–4 cm breit. Sp. 1zellig, farblos . . **Dermatocarpon**
3* Lager krustig oder schuppig, Schuppen –1 cm groß 4
4 Lager schuppig oder am Rand angedeutet gelappt, auf Erde, Moosen, Gestein. Per. schwarz. Paraph. in reifen Per. undeutlich oder fehlend 5
4* Lager rein krustig, zus.hängend bis areoliert (bis schollig) oder körnig oder undeutlich 8
5 Sp. mauerförmig-vielzellig, farblos bis braun, meist zu 2. Mit oder ohne Hymenialalgen 6
5* Sp. 1zellig bis querseptiert mehrzellig, farblos. Ohne Hym.algen 7
6 Lager in frischem Zustand blaß grünlich bis grünlichbraun (im Herbar gelb- bis graubraun), feucht leuchtend grün, s.kleinschuppig, Schuppen 0,3–1 mm, meist zus.schließend und ± aufrecht. Fruchtkörper konisch bis tonnenförmig, mit warziger Oberfläche, sitzend bis m. eingesenkt, oft zwischen den Schuppen, –0,4 mm. Ohne Hym.algen. Sp. farblos bis leicht bräunlich, 60–120(150) × 20–50 µm . . . . **Agonimia tristicula**
6* Lager braun, graubraun, olivbraun, schuppig. Schuppen 0,5–2,5(4) mm. Hym. enthält kleine kugelige bis längliche, grünliche Algenzellen. Sp. bis ca. 75 µm lang . . . . **Endocarpon**
7 Sp. 2(4)zellig . . . . **GS Placidiopsis**
7* Sp. 1zellig . . . . **Catapyrenium**
8 Sp. mauerförmig. Per. schwärzlich 9
8* Sp. 1zellig bis querseptiert vielzellig. Per. schwärzlich oder farbig 16
9 Mit kleinen kugeligen bis zylindrischen Algen im Hym. . . . . . . **Staurothele**
9* Ohne Hym.algen 10
10 Fruchtkörper stark vortretend bis sitzend, konisch bis tonnenförmig, mit warziger Oberfläche, schwarz. Lager auffallend körnig bis s.feinschuppig, blaßgrün bis bräunlichgrün, feucht deutlich grün. Sp. 60–120 × 20–50 µm, zu 1–2. Paraph. fehlend. Auf Rinde, Moosen . . . . **Agonimia tristicula (6)**
10* Fruchtkörper anders gestaltet, halbkugelig vortretend bis eingesenkt, nicht warzig 11
11 Auf Rinde. Sp. farblos bis leicht gelblich 12
11* Auf Gestein, Erde, (auch rindenbewohnenden) Moosen 14
12 Fruchtkörper enthalten mehrere perithecienartige Kammern, die sich mit Poren oder Rissen öffnen (Abb. 21 a). Mit rein grünen Algen oder nicht lichenisiert . . . . **Mycoporum**
12* Fruchtkörper sind normale Per. mit einer punktförmigen Öffnung und einem Hym. Paraph. verzweigt und verbunden 13
13 Mit *Trentepohlia*-Algen oder nicht lichenisiert. Sp. mit Schleimhülle, –27 × 17 µm (wenn ohne Schleimhülle, ohne Algen: nicht behandelte Pilze, v.a. *Mycoglaena*-Arten) . . . . **Julella**

Abb. 21. *Mycoporum elabens.* a: Schnitt durch Fruchtkörper mit mehreren Kammern. b: Ascus mit Sporen (a nach MIGULA 1929–31, Kryptogamenflora von Dtschl., b aus VEZDA 1968, Folia geobot. phytotax. 3).

13* Mit kugeligen grünen Algen. Sp. ohne Schleimhülle, 1reihig in den Schläuchen, 25–42 × 11–17 µm. Per. ohne Involucrellum . . . . **Thelenella modesta**

14 Paraph. verquellend und sich bald auflösend, in reifen Per. fehlend. Auf Kalk- und Silikatgestein, selten Erde, Moosen. Mit kugeligen grünen Algen. Sp. farblos bis bräunlich . . . . **Polyblastia**

14* Paraph. deutlich **15**

15 Sp. hell bis leicht bräunlich, deutlich mauerförmig, mindestens 18 × 10 µm. Mit Grünalgen mit dicken Gallerthüllen. Auf Moosen, Erde, Silikatgestein . . . . **GS Protothelenella**

15* Sp. braun, rotbraun, mit 1–2(4) Längssepten, bis 18(21) × 9(11) µm groß. Auf Silikatgestein. Ohne Algen oder Algen locker assoziiert . . . . **Lichenothelia**

16 Sp. 1zellig, gewöhnlich farblos. Lager mit kugeligen grünen Algen **17**

16* Sp. 2zellig bis querseptiert vielzellig **24**

17 Auf Rinde **18**

17* Auf Erde, Gestein **19**

18 Sp. ellipsoid, dickwandig, s.groß. Fruchtkörper völlig in graue bis graugrünliche Lagerwarzen eingesenkt . . . . **Pertusaria**

18* Sp. nadelförmig bis schmal spindelig, leicht gebogen, -3,5 µm breit. Per. schwärzlich bis rein schwarz . . . . **GS Leptorhaphis: Cresporhaphis**

19 Sp. über 140 µm groß. Fruchtkörper in über 1 mm breite, knollige Lagerwarzen eingesenkt . . . . **Pertusaria**

19* Sp. bis 40 µm groß. Per. schwärzlich bis rein schwarz **20**

20 Auf Erde, Moosen **21**

20* Gewöhnlich auf Gestein. Typische (zwischen den Schläuchen sitzende) Paraph. fehlend bzw. undeutlich **23**

21 Paraph. deutlich, unverzweigt. Lager trocken s.undeutlich, feucht schleimig. Sp. 15–30 × 5–12 µm. Auf nackter Erde . . . . **Thrombium epigaeum**

21* Paraph. in reifen Per. fehlend. Lager deutlich entwickelt **22**

22 Lager areoliert oder schuppig, grau bis braun . . . . **Catapyrenium**

22* Lager aus winzigen graugrünen Kügelchen von 15-40 µm Durchmesser. Sp. 19-29 × 5-8 µm . . . . **Verrucaria (bryoctona)**

23 Sp. s.schmal, mit keulig verdickten Enden, ± gewunden, 30-40 × 3-3,5 µm (Abb. 58a) (wenn fädig ↑ *S. beckhausiana*). Per. mit vorgezogener Mündung, mit dunklem Außengehäuse, -0,7 mm. Schläuche bald verschwindend. Lager undeutlich bzw. endolithisch . . . . **Sarcopyrenia gibba**

23* Sp. ellipsoid bis kugelig . . . . **Verrucaria**

24 Per. zu 2-12(50) in unregelmäßigen bis rundlichen, schwärzlichen Fruchtkörpern, durch Scheidewände getrennt. Algen oft nur lose assoziiert (oder fehlend). Auf Rinde **25**

24* Per. nicht zu mehreren in gekammerten Fruchtkörpern vereinigt, gewöhnlich einzeln, in Aufsicht meist rund, selten elliptisch **26**

25 Sp. mit 3-5 Quersepten, bald auch mit Längssepten, ± farblos, 12-18 × 4,5-8 µm. Per. zu 2-6. Paraph. gewöhnlich bald undeutlich. Grüne Algen assoziiert . . . . **Mycoporum quercus**

25* Sp. mit 1-3 Quer-, ohne Längssepten, farblos bis braun, 18-27 µm lang, etwas keulig bis pantoffelförmig (eine Zelle größer). Per. mit feinen porenartigen Mündungen, zu 2-20(50). Paraph. verzweigt. Nicht lichenisierte Pilze . . . . **Tomasiella** Massal.

26 Sp. reif kräftig gefärbt, meist braun. Mit *Trentepohlia* oder ohne Algen . . **27**

26* Sp. farblos oder nur s.leicht gefärbt **31**

27 Sp.fächer mit ± linsenförmigem Innenraum, in Aufsicht daher elliptisch bis rhombisch, Wände ungleich verdickt (s. Abb. 12a). Paraph. einfach, frei, bleibend. Sp. (2-)4(6)zellig. Mit *Trentepohlia*. Per. d.braun bis schwarz, seitlich oft von Lagergewebe bedeckt. Auf Rinde . . . . **Pyrenula**

27* Sp.fächer nicht so. Wände gleichmäßig dünn **28**

28 Auf Rinde **29**

28* Auf Gestein. Paraph. verzweigt und vernetzt. Ohne Algen oder Algen nur lose assoziiert. Per. schwarz **30**

29 Sp. 4-6(8)zellig, mit dunklen Septen, Endzellen heller. Lager weißlich, mit *Trentepohlia*. Per. -0,35 mm, d.braun bis schwarzbraun. Paraph. einfach bis spärlich verzweigt. Sp. (13)18-26 × 6,5-10(12) µm . **Eopyrenula leucoplaca**

29* Sp. 2zellig, oft eine Zelle etwas größer. Lager gewöhnlich undeutlich, ohne Algen oder Algen nur lose assoziiert. Per. schwarz. Paraph. verzweigt und vernetzt . . . . . . **Mycomicrothelia** Keissler und **Peridiothelia** D. Hawksw.

30 Auf Silikatgestein. Lager schwarz, feinrissig bis fein areoliert. Per. schwarz, abgeflacht halbkugelig vorragend, oben eingedrückt. Sp. (2-)4zellig oder selten auch mit 1-2(4) Längswänden, ± glatt, mit Schleimhülle, 13-21 × 6-11 µm . . . . **Lichenothelia (scopularia)**

30* Auf Kalkgestein. Sp. 25-36 × 12-18 µm, warzig, 2zellig, ± eiförmig. Per. eingesenkt, dann sitzend, oben stark abgeplattet. Pilz auf pyrenocarpen Flechten mit weißlichem bis graurötlichem oder endolithischem Lager . . . . **Polycoccum marmoratum** (Krempelh.) Hawksw.

31 Sp. mit rund 20 Septen, nadelförmig, mindestens 50 µm lang. Per. blaß gelblich bis blaß rosa oder bräunlich (zumindest feucht z.hell). Paraph. unverzweigt, bleibend. Lager mit *Trentepohlia*. In hohen Lagen . . . . **Belonia**

31* Sp. mit weit weniger Septen, wenn nadelförmig, dann Per. schwarz **32**

32 Per. rotbraun bis gelbbraun oder rosa **33**

32* Per. schwarz, mitunter wie bereift und ± grau **35**

33 Lager mit coccoiden Grünalgen, h.grünlich, h.gelbgrünlich, aus verlängerten, zylindrischen bis verzweigten, winzigen Körnchen, auch stellenweise sorediös. Per. hellbraun bis orangebraun, -0,4 mm, mit zelligem, 30-80 µm dickem hellem Exc., ohne Paraph. Sp. 4-5(6)zellig, 13-21 × 4,5-6 µm. Fast nur auf Holunder, Feldahorn, Ulme . . . . **Macentina stigonemoides**

33* Lager mit *Trentepohlia*, nicht aus zylindrischen bis verzweigten h.grünen Körnchen. Paraph. bleibend **34**

34 Sp. zu 8 in den Schläuchen, 4-8zellig, spindelig . . . . **Porina**

34* Sp. zu weit mehr als 8 in (mindestens 150 µm) langen Schläuchen, 4zellig, 12-18 × 5-6 µm. Per. -0,6 mm, blaß rötlich bis braun. Paraph. einfach. Lager graurosa bis (im Herbar) graugrünlich oder heller . . . **Thelopsis (rubella)**

35 Auf Gestein, Erde, Moosen **36**

35* Auf Rinde **40**

36 Sp. spindelig bis schmal spindelig (bis fast nadelförmig), mindestens 4zellig. Paraph. bleibend **37**

36* Sp. ellipsoid, 2-4zellig, wenn spindelig, dann 2zellig. Paraph. bleibend oder in reifen Per. fehlend **38**

37 Per. auf weißem, gesteinsbewohnendem Lager mit grünen Algen und zerstreuten Soralen (*Porpidia glaucophaea*), schwarz, -0,6 mm. Sp. 25-38 × 3-5 µm, meist 4-6zellig. Paraph. verzweigt. Parasymbiont. Selten: süSch, Vog . . . . **Sagediopsis barbara** (Th.Fr.) R.Sant. & Triebel [= *Gongylia nadvornikii* Servít]

37* Lager ohne Sorale, mit *Trentepohlia*. Auf Gestein, Moosen. Sp. spindelförmig, 4-8zellig. Paraph. unverzweigt oder verzweigt . . . . **GS Porina**

38 Mit kugeligen Grünalgen im Lager. Hym. J+ orange bis rot. Paraph. fehlend (aber Periphysen im Ostiolumbereich vorhanden). Per. mit oder ohne Involucrellum. Sp. 2-, seltener 4zellig, Septum meist in der Mitte . . **Thelidium** (2zellige Sp. haben gelegentlich auch die erdbewohnenden *Verrucaria bryoctona* und *Pyrenocollema* spec.)

38* Mit *Trentepohlia* oder Blaualgen. Paraph. vorhanden. Sp. 2zellig **39**

39 Sp. mit z.dicker Scheidewand, 1reihig im Schlauch (Abb. 24 a), mit (oft feinwarziger) Schleimhülle, mit abgerundeten Enden, mit 2 gleichen Zellen. Per. 0,5-1,5 mm. Schläuche zylindrisch. Paraph. spärlich verzweigt oder verbunden. Lager mit *Trentepohlia*, oft im Substrat . . **GS Arthopyrenia: Acrocordia**

39* Sp. nicht mit dicker Scheidewand, nicht 1reihig, ohne oder mit sehr dünner glatter Schleimhülle, meist mit 2 ungleichen Zellen, bei der heimischen Art -24 × 7 µm, sonst auch größer. Per. nur -0,3 mm, stets ohne Involucrellum. Hym. J-. Schläuche bauchig bis fast zylindrisch. Paraph. reich verzweigt und vernetzt. Mit Blaualgen oder *Trentepohlia* im Lager (Zellen gelblich, orange oder blaugrün, bei *P. saxicola* gelblich bis orange) **GS Arthopyrenia: Pyrenocollema**

40 Sp. zumeist gebogen oder ± spiralig, schmal spindelförmig, nadel-, wurm- oder fadenförmig, , -4 µm breit, 2- bis 4zellig. Paraph. verzweigt und netzig verbunden, ± bleibend. Per. schwarz, -0,4 mm. Ohne Algen oder Algen nur lose assoziiert . . . . **Leptorhaphis** Körber
40* Sp. gerade, spindelförmig bis ellipsoid **41**
41 Sp. 2zellig, ± ellipsoid . . . . **GS Arthopyrenia**
41* Sp. mit mindestens 4 Zellen **42**
42 Asci oben deutlich verdickt. Paraph. ± verzweigt, bleibend oder auch verquellend und kaum erkennbar. Sp. ellipsoid bis spindelig. Lager kaum erkennbar oder deutlich. Ohne Algen oder mit *Trentepohlia* . . . **GS Arthopyrenia**
42* Asci dünnwandig, auch apikal kaum dicker. Paraph. weitgehend unverzweigt, bleibend. Per. 0,2–1 mm. Sp. spindelig, 4–8zellig. Lager in der Regel deutlich entwickelt, mit *Trentepohlia* . . . . **GS Porina**

Gattungsschlüssel VI: Strich- und fleckfrüchtige Flechten

1 Sp. 1zellig, farblos. Lager mit rein grünen Algen **2**
1* Sp. 2- bis mehrzellig, farblos oder gefärbt. Lager meist mit *Trentepohlia*-Algen, beim Anritzen oft goldbraun bis orangegelb **4**
2 Auf Gestein. Lager K+ rot. Ap. gestreckt, mit ritzenförmiger Scheibe. Gehäuse schwarzbraun . . . . **Lithographa tesserata**
2* Auf Holz, selten Rinde **3**
3 Ap. schwarz, eckig bis rundlich, mit erweiterter Scheibe. Exc. und Hyp. („Gehäuse“) braunschwarz, kohlig. Sp. 5–8 × 3–4 µm . . . **Ptychographa flexella**
3* Ap. braun bis schwarz. Exc. bräunlich, Hyp. ± farblos. Sp. größer . . . . **Xylographa**
4 Sp. mauerförmig, d.h. mit Längs- und Querwänden. Auf Rinde **5**
4* Sp. 2zellig bis querseptiert mehrzellig **6**
5 Exc. stark reduziert. Sp. J–, bis 36 × 12 µm. Ap. unberandet . **Arthothelium**
5* Exc. in der Regel deutlich, schwarz. Sp. J+ violett, in der Regel größer. Ap. undeutlich bis deutlich berandet. NW-Dtschl. . . . . **Graphina** Müll.Arg.
6 Sp. 2zellig **7**
6* Sp. mit mehr als 2 Zellen **9**
7 In alpinen Lagen auf Kalkfels. Ap. eckig bis länglich, einfach, selten gegabelt, mit ritzenförmiger Scheibe. Exc. und Hyp. d.rotbraun. Sp. 15–23 × 7–12 µm, eingeschnürt, lange farblos, dann die Innenschicht graugrün bis violettschwarz, mit Schleimhülle. Asci mit K/J+ blauem Tholus. Mit coccoiden Grünalgen . . . . **Poeltinula cerebrina** (DC.) Haf.
[*Encephalographa c.* (DC.) Massal.]
7* Mit anderen Merkmalen. Wenn auf Kalkgestein, dann Ap. mit anderen Sp. und nicht mit ritzenförmiger Scheibe **8**
8 Exc. meist deutlich entwickelt, d.braun bis schwarz. Ap. schwarz, berandet bis s.undeutlich berandet. Paraph. fädig, einfach bis spärlich verzweigt und verbunden. Sp. lange farblos, reif braun. Mit *Trentepohlia* oder Algen locker assoziiert . . . . **Melaspilea**

8* Exc. reduziert, nicht schwärzlich. Ap. braun bis schwarz, nicht berandet. Paraph. spärlich bis reich netzig verzweigt. Sp. farblos, überaltert auch bräunlich. Mit *Trentepohlia*, coccoiden Grünalgen oder ohne Algen . . **Arthonia**
9 Sp.fächer in Aufsicht rundlich bis oval. Sp. spindelig, (4)6–16zellig, farblos bis braun. Ap. ± langgestreckt, einfach oder verzweigt, mit kohligem Gehäuse. Paraph. einfach. Mit *Trentepohlia* (Abb. 6d, 12e) . . . . **GS Graphis**
9* Sp.fächer ± rechteckig bis quadratisch **10**
10 Lager mit Flecksoralen, braun, mit schwarzem Vorlager. Ap. rundlich, mit punktförmiger Scheibe . . . . **Enterographa zonata**
10* Mit anderen Merkmalen **11**
11 Exc. schwarz bis braunschwarz, deutlich entwickelt, in der Regel auch unter dem Hyp. durchgehend (ein im Schnitt U-förmiges Gehäuse bildend). Ap. meist gestreckt, oft verästelt, seltener rundlich, schwarz, mit ritzenförmiger bis verbreiterter Scheibe und erhabenem Rand. Sp. 4- bis vielzellig **Opegrapha**
11* Exc. ± reduziert, nicht kohlig. Eigenrand fehlend oder schwach erhaben . **12**
12 Sp. mit maximal 4 Zellen **13**
12* Sp. zumindest teilweise 5–9zellig **14**
13 Sp. 24–36 × 2–3,5 µm. Ap. schwarz, 0,3–1,5 × 0,1–0,2 mm, einfach bis verzweigt, (fast) eingesenkt, mit weißlichem Lagerrand. Hyp. kräftig entwickelt, d.rotbraun. Lager weißlich . . . . **Schismatomma graphidioides**
13* Sp. kürzer . . . . **Arthonia (14)**
14 Ap. (fast) völlig eingesenkt, schwarz bis braunschwarz, unbereift, kurz strichförmig bis fast rundlich. Sp. 6- bis 9zellig, (20)24–30(40) × 4–5(6) µm . . . . **Enterographa (hutch.)**
14* Ap. meist nicht völlig eingesenkt, braun bis schwarz, rot, rotbraun, mitunter weiß bereift, meist rundlich bis fleckförmig bzw. kurz gelappt, seltener strichförmig bis verästelt. Sp. 4–6(7)zellig, meist kürzer . . . . **Arthonia**

Gattungsschlüssel VII: Andere Krustenflechten (v. a. scheibenfrüchtige Krustenflechten)

1 Lager am Rand mit verlängerten, radial ausgerichteten Areolen, daher angedeutet gelappt, oder Lager schuppig **2**
1* Lager bis zum Rand rein krustig, nicht angedeutet gelappt oder schuppig **49**
2 Lager rein gelb, zitronengelb, orange, h.rot, rostrot **3**
2* Lager nicht rein gelb, orange, rot **9**
3 Lager K+ tiefrot. Ap. gelb bis orangerot **4**
3* Lager K– **5**
4 Sp. meist mit dicker (selten dünner), zumindest jung in der Mitte von einer dünnen Öffnung durchbrochener Scheidewand, 2- (selten 4-)zellig. Mit Ap., Soralen oder Isidien, gewöhnlich auf Gestein . . . . **Caloplaca**
4* Sp. ohne oder mit dünner, durchgehender Scheidewand, 1–2zellig, ohne Sorale, ohne Isidien. Auf Erde, Moosen . . . . **Fulgensia**
5 Auf Erde oder Moosen, schuppig oder angedeutet gelappt **6**

5* Auf Gestein, meist rosettig und effiguriert 7
6 Schuppen h.rot, weißlich berandet, auf kalkhaltigen Böden. Ap. schwarz. Sp. 1zellig, farblos . . . . **Psora decipiens**
6* Lager zitronengelb, am Rand oft etwas lappig, auf sauren Böden in alpiner Lage. Ap. schwarz. Sp. 2zellig, braun . . . . **Catolechia wahlenbergii**
7 Auf kalkhaltigem, oft staubigem oder gedüngtem Gestein. Lager h.gelb, in der ± graugelben Mitte körnig-warzig bis sorediös. Ap. selten, gelb . . . . **Candelariella medians**
7* Auf Silikatgestein, gelb oder rostrot. Fast stets mit Ap., ohne Sorale/Isidien. Ap. gelb oder rot, d.braun, schwärzlich. Sp. zu s.vielen im Ascus, klein 8
8 Ap. gelb, scheibenförmig. Lager gelb . . . . **Pleopsidium**
8* Ap. schwärzlich bis rostfarben. Lager rot, auch gelb . . . . **Acarospora (sinop., smaragd.)**
9 Lager sorediös **10**
9* Lager nicht sorediös **20**
10 Lager ± rundlich-rosettig, am Rand angedeutet gelappt (placodioid) **11**
10* Lager schuppig, nicht rundlich-rosettig **16**
11 Lager C+ rot, mit Flecksoralen, mit oder ohne braune Cephalodien **12**
11* Lager C–, stets ohne Cephalodien **13**
12 Lager rundlich-rosettig, weißlich, creme, h.beige, mit deutlichen, zus.schließenden Randlappen, mit begrenzten, oft annähernd ringartig angeordneten Flecksoralen, ohne Cephalodien oder in der Mitte mit braunen, warzig vorstehenden Cephalodien, –2 cm breit (Abb. 53 a). Ap. s.selten, braun, lecanorin. Sp. 1zellig . . . . **Placopsis gelida**
12* Lager nur jung rundlich, randlich nur sehr schwach effiguriert (ohne deutlich begrenzte Randlappen), leicht rosastichig, mit unregelmäßig angeordneten, unregelmäßig begrenzten Soralen, stets ohne Cephalodien . . . . **Trapelia placodioides**
13 Lager K+ gelb, mit deutlichen, dicht aneinanderschließenden Randlappen und ± zus.fließenden Flecksoralen, grauweiß bis leicht blaustichig h.grau. Auf kalkhaltigem Gestein, s.selten Rinde . . . . **Diploicia canescens**
13* Lager K– **14**
14 Lager mit vorgebildeter berindeter Unterseite, also eine Laubflechte, doch s.dicht der Unterlage anliegend und kaum unverletzt ablösbar, s.dünn und zart, graugrün, grau, graubraun, gegen die Mitte mit Flecksoralen, am Rand mit schmalen, glatten, deutlichen Läppchen, kaum über 1,5 cm breit, unterseits hell bis dunkel. Auf Rinde, seltener Gestein . . . . . . **Hyperphyscia adglutinata**
14* Lager ohne vorgebildete Unterseite, rein krustig, nicht als ganzes ablösbar, unterseits unberindet. Auf Gestein **15**
15 Lager braun, aber oft weißlich bereift, klein, meist kaum über 5 mm breit, aber oft in großer Zahl zus.wachsend, in der Mitte sorediös. Warme Silikatfels-Überhänge . . . . **Lecanora (TS 1) demissa**
15* Lager grauweiß, meist über 5 mm, am Rand nur schwach gelappt, in der Mitte weitgehend körnig sorediös. V.a. auf Mauern . . . . . **Caloplaca teicholyta**
16 Schuppen C+ rot, meist dachziegelig angeordnet und mit aufgebogenen, sore-

diösen Rändern, h.braun, gelb- bis graubraun, braun- bis grauoliv, 0,8–2,5 mm groß, meist am Grunde von Bäumen, selten auf Silikatgestein. Ap. selten, schwarz, bereift . . . . **Hypocenomyce scalaris**

16* Schuppen C– **17**

17 Schuppen aufsteigend und ± regelmäßig dachziegelig angeordnet, am Rand sorediös (Lippensorale), dicht stehend, grünlichbraun bis braun, unterseits blaß bräunlich, berindet. Ap. gewölbt, unberandet, braun, z.selten. Vorwiegend auf verbranntem Holz in hohen Gebirgen . . . . **Hypocenomyce**

17* Mit anderen Merkmalen; Schuppen gewöhnlich ohne Braunton, wenn ± dachziegelig, dann unterseits weißlich oder gelblich **18**

18 S.seltene Art mit braunen bis grauen, berandeten Ap. und h.graugrünlichen bis olivgrauen Schuppen mit gelappten, sorediös aufbrechenden Rändern. Sorale lippenförmig bis fast kopfig. Auf Rohhumus und Torf
. . . . **Trapeliopsis percrenata**

18* Ap. fehlend **19**

19 Schüppchen rundlich, muschel- bis nierenförmig, flach bis konkav, mit deutlich erhabenem Rand, h.grau, auch mit h.blauem Stich, auf der Fläche oft konzentrisch-wellig, 1–2 mm breit, unberindet (Schnitt), zerstreut bis gedrängt, v.a. am Rand sorediös aufbrechend, R–. Auf (oft bemooster) Rinde, selten bemoostem Fels . . . . **Normandina pulchella**

19* Schüppchen rundlich bis unregelmäßig, ganzrandig oder gekerbt, graugrün bis grünlichweiß, nicht berandet erscheinend, berindet, am Rand oder auf der Unterseite sorediös aufbrechend, auf der Fläche nicht wellig, gewöhnlich gedrängt, oft aufsteigend, P+ rot bis P–, K+ gelb bis K–, auf Rinde, Holz, Erde
. . . . **Cladonia-Lagerschuppen**

20 Lager auf Rinde, Holz **21**

20* Nicht auf Rinde, Holz **22**

21 Schuppen flächig festgewachsen, braun, olivbraun, olivgrau, graubraun, graugrün, R–, anliegend bis etwas aufsteigend, ohne deutlich differenzierte Unterseite. Ap. schwarz, lecidein . . . . **Hypocenomyce**

21* Schuppen nur basal festgewachsen, grünlichweiß, graugrünlich, gelbgrünlich, h.grau, aufsteigend, gedrängt, P+ rot, gelb oder P–, Unterseite deutlich differenziert, weißlich bis basal gelblich bis orange. Stets ohne Ap.
. . . . **Lagerschuppen von Cladonia**

22 Auf Erde, Moosen, Flechten **23**

22* Direkt auf Gestein **38**

23 Flechte ± sternförmig, nur um 1 mm breit, aus einem vertieft sitzendem schwarzbraunem Ap. bestehend, das von ± dreieckigen „Läppchen" umgeben ist. Sp. zu vielen im Ascus, 2zellig, 11–17 × 3–4 µm. Auf Löß
. . . . **Solorinella asteriscus**

23* Flechte anders **24**

24 Lager mit s.kleinen schwärzlichen Punkten (eingesenkten Per.), schuppig. Schuppen h.- bis d.braun, graubraun, oliv, weißlich, meist auf kalkhaltigen Böden oder Moosen . . . . **Schlüssel V**

24* Lager nicht mit Per. **25**

25 Ap. schwarz, aber mitunter weißlich bereift, ohne Lagerrand, mit/ohne Eigenrand **26**
25* Ap. nicht schwarz oder Ap. fehlend **28**
26 Sp. braun, 2zellig . . . . **GS Buellia**
26* Sp. farblos **27**
27 Sp. 2- bis querseptiert mehrzellig, ± spindelig . . . . **Toninia**
27* Sp. 1zellig . . . . **GS Lecidea**
28 Mit Apothecien **29**
28* Ohne Ap. (Auswahl häufig steriler Arten) **32**
29 Ap. deutlich gestielt, braun, rosabraun . . . . **Baeomyces**
29* Ap. nicht gestielt **30**
30 Ap. ohne Lagerrand, biatorin . . . . **GS Lecidea TS 1**
30* Ap. mit Lagerrand **31**
31 Auf sauren Böden in hohen Lagen. Ap. braunrot, konkav, dann flach, mit dickem, auffallend körnigem Rand, 1-6 mm. Sp. 1(2)zellig, 16-32 × 5-8 µm. Lager ocker, gold- bis grünlichbraun, kleinschuppig. Schuppen -1,5 mm, gekerbt, zu einer Kruste zus.schließend . . . . **Psoroma hypnorum**
31* Auf kalkreichen Böden. Ap. meist bräunlich bzw. bereift. Sp. 1zellig. Lager meist blaß grünlich oder ± dicht weiß bereift, schuppig bis rosettig . . . . **GS Lecanora TS 1: Squamarina**
32 Lager deutlich rosettig, am Rand gelappt, innen aus ± anliegenden, zus.schließenden Schuppen **33**
32* Lager durchgehend schuppig bis kleinblättrig, nicht rosettig und gelappt . **35**
33 Auf kalkarmen, sauren Böden, grünlichgrau, mitunter leicht braunstichig . . . . **Baeomyces placophyllus**
33* Auf kalkreichen Böden bzw. Kalkmoosen **34**
34 Lager P+ rot, ohne Ap. Schuppen braun bis blaß grünlich, unbereift . . . . **Cladonia pyxidata (pocillum)**
34* Lager P- oder Mark P+ gelb, meist mit ± braunen lecanorinen Ap. Schuppen grünlichweiß, h.gelblichgrün, auch leicht braunstichig grün, meist ± dicht weiß bereift . . . . **Lecanora TS 1**
35 Schuppen stark gewölbt, gedunsen bis fast blasenartig . . . . **Toninia**
35* Schuppen flach bis konkav **36**
36 Schuppen zumindest jung konkav, lauchgrün, ringsum weiß berandet und aufgebogen, -3(4) mm breit, meist zahlreich, auf Torf, Rohhumus, feuchten Moosdecken, auf saurem Untergrund, mitunter in Verbindung mit kleinen Hutpilzen mit Lamellen . . . . **Omphalina hudsoniana**
36* Schuppen anders **37**
37 Schuppen basal festsitzend, ± aufsteigend, blaß grünlich, grüngelblich, graugrün, ganzrandig, gekerbt oder zerschlitzt, dicht stehend, oft P+ rot oder gelb, mit differenzierter, meist weißlicher Unterseite . . . . **Cladonia**
37* Schuppen entweder ± anliegend oder P- oder anders gefärbt; vgl. z.B. *Lecidea* TS 1, *Toninia, Catapyrenium*
38 Ap. orangebraun bis rostfarben, K+ tiefrot, gewölbt, biatorin. Lager schuppig, h.grünlichgrau bis h.oliv, auf Kalkgestein . . . . **Psora testacea**

38* Ap. nicht K+ tiefrot **39**
39 Sp. klein (bis ca. 6 µm), kugelig bis länglich, 1zellig, zu s.vielen (über 50) im Ascus **40**
39* Sp. gewöhnlich zu 8 im Ascus, größer **41**
40 Lager areoliert (Areolen -0,6 mm), mit strahlig vergrößerten Randareolen, bronzefarben bis fast schwarz oder h.grau bis gelblichgrau, C+ rot, mit schwarzem Vorlager. Ap. schwarz, eingesenkt, eben oder uneben, grubig-narbig bis rillig, lecidein. Sp. kugelig. Hochalpine Flechte auf Silikatgestein, Al . . . . **Sporastatia**
40* Lager schuppig, Schuppen über 0,6 mm, meist ± braun, rotbraun, mit meist eingesenkten bis vertieft sitzenden, rotbraunen, braunen bis d.braunen (selten braunschwarzen) Ap. Sp. ellipsoid bis länglich . . . . **Acarospora**
41 Lager mit deutlichem Gelbton, gelblichgrau, grüngelblich, gelblichweiß . **42**
41* Lager ohne gelblichen Ton **43**
42 Ap. schwarz, ± eingesenkt und vom Lager berandet. Sp. ± braun, 2zellig. Lager am Rand etwas gelappt, im Innern scharf areoliert. In hohen Lagen auf Silikat . . . . **Dimelaena oreina**
42* Ap. meist braun bis rotbraun, mitunter bereift, mit Lagerrand. Sp. farblos, 1zellig . . . . **GS Lecanora TS 1**
43 Ap. ohne Lagerrand. Lager schuppig **44**
43* Ap. mit Lagerrand, oder ohne deutlichen Rand in das Lager eingesenkt. Lager meist rosettig und effiguriert (placodioid), innen areoliert bis schuppig . . **48**
44 Sp. braun, 2zellig. Ap. schwarz, lecidein. Lager grau- bis d.braun . . . . **Buellia badia**
44* Sp. farblos **45**
45 Sp. 2- bis querseptiert mehrzellig. Ap. schwarz, aber mitunter dicht weiß bereift, lecidein . . . . **Toninia**
45* Sp. 1zellig **46**
46 Auf Silikatgestein. Ap. schwarz oder heller, lecidein oder biatorin . . . . **GS Lecidea**
46* Auf Kalkgestein. Ap. schwarz, selten leicht bereift **47**
47 Schuppen weißlich, mäßig gewölbt bis fast flach. Sp. 10–18 × 3–5 µm . . . . **Toninia tumidula**
47* Schuppen ± braun, meist ± flach bis uneben. Sp. 12–16 × 5–7 µm (wenn Schuppen blasig-hochgewölbt, Sp. 10–20 × 3,5–6,5 µm, vgl. *Toninia tristis*) . . . . **Lecidea lurida**
48 Sp. 2zellig, 10–18 × 3–4 µm. Lager weiß, K–, -2,5 cm, Randlappen breit, flach, dicht aneinanderschließend. Ap. schwarz (selten braun), eingesenkt bis angedrückt, -1,5 mm . . . . **Solenopsora candicans**
48* Sp. 1zellig. Lager bräunlichgrau bis d.grau, grünlich(-weiß) oder fast weiß (± stark bereift), oft über 2,5 cm breit, rosettig oder schuppig . . . . **GS Lecanora TS 1**
49 Lager gelb, orange, orangerot, K+ sofort tiefrot. Sp. 2-, selten 4zellig, gewöhnlich mit auffallend dicker Scheidewand . . . . **Caloplaca**

49* Mit anderen Merkmalen; wenn Lager gelb bis orangerot, dann nicht K+ tiefrot **50**
50 Sp. einzellig **108**
50* Sp. mehrzellig **51**
51 Sp. mauerförmig, d.h. mit Quer- und Längswänden **52**
51* Sp. nicht mauerförmig **60**
52 Ap. soralähnlich, mit weißlichen Körnchen bedeckt, grau bis weißlich, in das weißgraue Lager eingesenkt. Lager K+ rot, auf Rinde. Sp. ellipsoid, zu 1–2 . . . . **Phlyctis (agelaea)**
52* Ap. nicht soralähnlich, nicht mit weißlichen Körnchen bedeckt **53**
53 Ap. rosa, braun, gelblich, orange. Lager mit *Trentepohlia* oder rein grünen Algen . . . . **GS Gyalecta**
53* Ap. schwärzlich, aber auch grau bereift **54**
54 Sp. bald deutlich braun bis grün gefärbt **55**
54* Sp. farblos bleibend oder (überaltert) mit leichtem Farbstich **57**
55 Ap.scheibe mit zumindest anfangs auffallend vertieft sitzender Scheibe, mit nach innen gebogenem Lagerrand und mit Eigenrand, anfangs mit verengter Öffnung, schwarz, mitunter bereift. Hyp./Exc. dunkel. Paraph. einfach. Sp. mauerförmig, zu 4–8. Lager oft z.dick, grau bis ocker, die heimischen Arten C+ rot. Auf Gestein, Erde, Moosen, Flechten . . . . **Diploschistes**
55* Ap.scheibe nicht deutlich vertieft sitzend, ohne Lagerrand oder mit angedeutetem weißlichem Lagerrand. Lager fast stets C– **56**
56 Sp. zumindest jung mit Schleimhof, oft über 28 µm lang, Zellinnenräume (Lumina) nicht gerundet. Paraph. reich verzweigt und netzig verbunden, fest verklebt. Hyp. dunkel. Ap. schwarz, ohne Lagerrand. Lager meist deutlich entwickelt, oft areoliert. Auf Gestein . . . . **Rhizocarpon**
56* Sp. ohne Schleimhof, meist nur –28 µm lang, schwach mauerartig (mit nur 1–2 Längswänden), meist mit gerundeten Zellinnenräumen. Paraph. einfach oder vereinzelt gegabelt. Auf verschiedenen Substraten . . . . **Buellia**
57 Ap. tief in –2,5 mm breite, halbkugelige Lagerwarzen eingesenkt, –1,5(2) mm, erst punktförmig, dann breiter (0,5 mm) geöffnet, mit nach innen gebogenem Rand. Scheibe schwärzlich, grau bereift. Sp. 40–140 × 11–25 µm, mit linsenförmigen bis kugeligen Zellinnenräumen. Lager h.grau, gelblichgrau, mit *Trentepohlia*, gewöhnlich auf Rinde. R– (Abb. 22) . . . **Thelotrema lepadinum**
57* Ap. nicht tief in halbkugelige Lagerwarzen eingesenkt, ohne Lagerrand. Sp. nicht mit linsenförmigen Zellinnenräumen **58**
58 Paraph. verzweigt und netzig verbunden, stark verklebt. Sp. jung mit Schleimhof. Ap. schwarz, mitunter bereift . . . . **Rhizocarpon**
58* Paraph. einfach, vereinzelt gegabelt. Seltene Arten **59**
59 Sp. 48–120 × 20–46 µm, zu 1 im Ascus, stark mauerartig vielzellig. Hyp. braun, Exc. braunschwarz. Ap. mit Eigenrand, –1 mm. Lager warzig bis fast schuppig, oliv, bräunlich, d.graubraun. Mit coccoiden Grünalgen. Auf Moosen, Pflanzenresten, Rinde . . . . **Lopadium disciforme**
59* Sp. kleiner, meist zu 4–8 im Ascus, meist schwach mauerartig. Hyp./Exc.(innen)

Abb. 22. *Thelotrema lepadinum.* Lager mit Apothecien. Die Scheibe ist krugförmig eingesenkt und anfangs mit einer sternförmig aufreißenden Schicht bedeckt (11×).

z.hell. Ap. konkav bis flach. Lager mit *Trentepohlia* oder rein grünen Algen. Auf Rinde, Gestein . . . . **GS Gyalecta**

60 Sp. deutlich gefärbt, grünlich, oliv, (d.)braun **61**

60* Sp. farblos (höchstens im Alter leicht gefärbt) **65**

61 Lager mit *Trentepohlia*-Algen, beim Anritzen bzw. Ankratzen oft orange bis goldbraun. Sp. gewöhnlich erst spät bräunlich **62**

61* Lager mit rein grünen (coccoiden) Algen. Ap. rundlich bis unregelmäßig . **63**

62 Ap. randlos, braun bis schwarz, auch bereift. Exc. reduziert, s.schmal. Paraph. netzig verbunden. Sp. 2- bis mehrzellig, erst spät braun . . . . **Arthonia**

62* Ap. berandet bis undeutlich berandet, schwarz, unbereift. Exc. gewöhnlich deutlich entwickelt, dunkel. Paraph. einfach bis spärlich gegabelt. Sp. 2zellig . . . . **Melaspilea**

63 Paraph. reich verzweigt und netzig verbunden, fest verklebt. Sp. zumindest jung mit Schleimhülle, oft über 28 µm lang, 2zellig, selten 3–5zellig. Hyp. dunkel. Lager meist deutlich entwickelt, oft areoliert. Auf Gestein . . . . **Rhizocarpon**

63* Paraph. einfach bis gegabelt. Sp. ohne Schleimhülle. Hyp. farblos bis d.braun. Auf Gestein und Rinde **64**

64 Ap. mit Lagerrand (in Zweifelsfällen: stets mit Algen im Rand). Sp. oft mit ungleich verdickter Wand, 2zellig, bei einer moosbewohnenden Art 4zellig. Hyp. farblos bis leicht bräunlich . . . . **Rinodina**

64* Ap. ohne Lagerrand (Rand ohne Algen) oder Ap. in das Lager eingesenkt. Sp. nicht mit ungleich verdickten Wänden. Hyp. meist dunkel . . . . . . **Buellia**

65 Sp. 2zellig, mit auffallend dickem Septum, das von einem zumindest jung sichtbaren Kanal durchzogen wird (polar diblastisch). Ap. gelb, orange, rot, orangebraun, K+ tiefrot, oder schwarz, mitunter bereift. Hym. oben gewöhnlich K+ rot bis rotviolett . . . . **Caloplaca**

65* Sp. anders. Septen gewöhnlich dünn **66**

66 Lager mit *Trentepohlia*-Algen, beim Anritzen bzw. Ankratzen oft orange bis goldbraun (bei Problemen beide Alternativen checken!) **67**

66* Lager nicht mit *Trentepohlia*, gewöhnlich mit rein grünen Algen **80**

67 Sp. 2zellig **68**

67* Sp. mit mehr als 2 Zellen **71**

68 Paraph. netzig verbunden. Exc. reduziert, s.dünn bis fehlend. Ap. randlos. Hym. J+ (gelb)orange, schmutzig grünblau, blau. Asci oben verdickt . . . **Arthonia**

68* Paraph. einfach bis spärlich gegabelt. Exc. deutlich entwickelt. Ap. berandet bis randlos. Hym. J- oder J+ blau **69**

69 Ap. weißlich bis orange, mit konkaver bis flacher Scheibe. Hyp. (Exc. ±) farblos. Sp. spindelförmig bis ellipsoid. Lager dünn, h.grau bis grün, filmartig bis schorfig, auf Rinde und Moosen . . . . **Dimerella**

69* Ap. dunkel. Hyp. und Exc. dunkel oder hell **70**

70 Sp. erst farblos, dann braun, Zellen mitunter ungleich groß. Ap. rundlich bis gestreckt, schwarz. Lager undeutlich. Asci J- . . . . **Melaspilea**

70* Sp. bleibend farblos, Zellen gleichgroß. Ap. rundlich, schwarz oder d.rotbraun. Asci zumindest oben J+ blau . . . . **GS Catillaria**

71 Ap. nicht schwarz **72**

71* Ap. schwarz, aber mitunter bereift **74**

72 Sp. zu 16 oder mehr im Ascus, lang spindelig bis fast fadenförmig, -5 µm breit. Ap. braunrot bis orangebraun, -0,6 mm, mit konkaver Scheibe. Asci am Scheitel unverdickt. Epihym. braun. Hyp. farblos. Auf Rinde . . . . **Pachyphiale**

72* Sp. zu 8 . . . . **73**

73 Ap. berandet, mit deutlich entwickeltem Exc., oft konkav oder Scheibe vertieft sitzend. Asci meist z.schlank, zylindrisch-keulig. Sp. lang spindelig bis ellipsoid. Ap. gelblich, rosa, rot, (d.)braun. Auf Rinde, Erde, Gestein, Pflanzenresten . . . . **GS Gyalecta**

73* Ap. randlos, Exc. reduziert. Asci breit, Wand oben stark verdickt . . **Arthonia**

74 Sp. nadelförmig, 50–80 × 1,5–2,5 µm, vielzellig, in kurze Abschnitte zerfallend. Ap. schwarz. Lager weißlich, fast ausschließlich auf Eichenrinde . . . . **GS Lecanactis: Bactrospora**

74* Sp. kürzer, nicht in kleine Teilstücke zerfallend, meist spindelförmig . . . **75**

75 Paraph. einfach oder vereinzelt gegabelt, im unteren Teil vereinzelt verbunden. Sp. 4zellig, mit Schleimhof, 12–28 × 6–9 µm. Asci dünnwandig, mit dickem Tholus, nicht fissitunicat, Wand J+ blau. Exc./Hyp. d.braun. Ap. schwarz (feucht rotbraun), oft mit gespaltenem Rand. Auf Kalkgestein . . . . . . **Sagiolechia**

75* Paraph. verzweigt und netzig verbunden. Asci dickwandig, fissitunicat . . **76**

76 Mit stark entwickeltem dunklem Gehäuse/Exc., ohne Lagerrand **77**

76* Gehäuse/Exc. reduziert, ohne oder mit Lagerrand **79**
77 Ap. fast perithecienartig, mit enger punktförmiger Scheibe. Dunkles Exc. nur seitlich entwickelt, Hyp. hell. Lager (d.)braun, mit hellen Soralen, gewöhnlich mit schwarzem Vorlager . . . . **Enterographa zonata**
77* Ap. mit weit geöffneter Scheibe. Dunkles Exc. auch unterseits entwickelt, ein becherförmiges Gehäuse bildend **78**
78 Ap. oft nicht regelmäßig rundlich, Scheibe manchmal mit Näbeln oder Rillen. Gehäuse schwarz, unterseits oft mächtig entwickelt. Auf Gestein . . . . **Opegrapha**
78* Ap. gewöhnlich regelmäßig rundlich, oft bereift, mit glatter Scheibe, meist mit Eigenrand. Gehäuse schwarzbraun. Auf Gestein und Rinde . . . . **Lecanactis**
79 Ap. mit zuletzt unauffälligem, vom Lager abgegrenztem Lagerrand, schwarz, selten bereift. Lager frisch leicht rötlich, alt (im Herbar) weißlich bis cremefarben. Sp. 4zellig, spindelförmig, 25–42 × 2,5–4 µm. Hyp. dunkel. Auf Rinde . . . . **Schismatomma pericleum**
79* Ap. ohne Lagerrand, regelmäßig bis unregelmäßig rundlich oder kurz lappig, unberandet, braun bis schwarz, mitunter dicht weiß bereift. Sp. –25 µm lang . . . . **Arthonia**
80 Ap.rand um eine anfangs enge zentrale Ap.öffnung sternartig in 4–8 dreieckige Lappen zerteilt. Scheibe konkav, rosa, rosabraun, gelblich. Ap. in Kalkgestein weitgehend bis halb eingesenkt. Sp. 4zellig. Lager undeutlich. Mit *Scytonema*-Algen (Abb. 38 a) . . . . **Petractis clausa**
80* Ap.rand nicht sternartig vom Zentrum her aufgeteilt. Nicht mit *Scytonema*, sondern mit Grünalgen **81**
81 Ap.scheibe gelb, orange, braunorange, K+ sofort tiefrot. Sp. 2zellig . . . . **Caloplaca**
81* Wenn Ap.scheibe gelb bis orange gefärbt, dann nicht sofort K+ tiefrot . . **82**
82 Ap.rand mit Algen (Schnitt), äußerlich fast stets wie das Lager gefärbt . . **83**
82* Ap.rand ohne Algen, gewöhnlich wie die Scheibe gefärbt, oder ohne Berandung **86**
83 Ap.scheibe gelb, schmutzig gelb, orange, K– bis allmählich leicht rötlich. Sp. 2zellig. Lager gelb oder grau . . . . **Candelariella**
83* Ap.scheibe nicht gelb bis orange **84**
84 Sp. mindestens 30 µm lang, spindel- bis nadelförmig, mit (1)3–7 Quersepten. Ap. rot, K+ d.rot oder blau, oder selten Ap. braun, unbereift, konkav bis m.gewölbt. Hyp. ± farblos . . . . **GS Haematomma**
84* Sp. kürzer, 2–4zellig. Ap. nicht rot **85**
85 Auf vermodertem Holz, Torf, Rohhumus, Moosen, s.selten auf saurem Silikatgestein. Ap. rosa, rosabeige, anfangs mit weißlichem Rand, 1–3 mm . . . . **Icmadophila (91)**
85* Auf Rinde, Kalkgestein, gedüngtem oder mineralreichem Silikatgestein. Ap. braun, rotbraun, rosabraun bis schwärzlich, mitunter weiß bereift, –1(1,2) mm. Lagerrand oft bald zurückweichend (wenn Lager angedeutet gelappt, weiß vgl. *Solenopsora*) . . . . **Lecania**
86 Lager aus hochgewölbten, seltener verflachten Schuppen. Ap. schwarz, mitun-

ter bereift. Sp. spindelig bis nadelförmig, 2–8zellig. Auf Erde, Moosen, Kalk-, selten Silikatgestein . . . . **Toninia**

86* Lager nicht ausgeprägt schuppig, gewöhnlich zus.hängend krustig bis areoliert **87**

87 Flechten an dünnen Ästchen und Nadeln von Koniferen **88**

87* An anderen Standorten **91**

88 Ap. hell, weißlich, beige, gelb, berandet. Exc. paraplektenchymatisch, aus kugeligen bis ellipsoiden Zellen (wenn Exc. nicht paraplektenchym. vgl. *Bacidia*) . . . . **Fellhanera**

88* Ap. d.rotbraun bis schwarz **89**

89 Ap. berandet. Ausgestorbene Arten **90**

89* Ap. bald randlos **107**

90 Ap. schwarz, -0,6 mm, Rand grauweißlich, unter der Lupe haarig-filzig, aus lockeren, auf das Lager übergehenden Hyphen aufgebaut. Hyp. d.rotbraun. Hym. J+ blau. Sp. 10–17 × 3–5 µm, (2–)4zellig. Lager h.grau . . . . **Byssoloma subdiscordans**

90* Ap. d.rotbraun bis schwarz, -0,3 mm, Rand nicht haarig-filzig. Hyp./Exc. basal farblos. Hym. J– bis gelblich. Ascoplasma J+ rot. Sp. zu 4, selten 8, 12–19 × 4,5–7 µm, bis 5x quer geteilt. Lager grau, s.dünn . . **Gyalideopsis piceicola**

91 Ap. rosa, rosabeige, orangerosa, mitunter leicht weißlich bereift, K+ orange (wie Lager), anfangs mit weißlichem Rand, später gewölbt-randlos, sitzend oder s.kurz gestielt, 1–3 mm. Lager blaßgrün, graugrünlich bis weißlich, ± körnig, auf vermodertem Holz, Torf, Rohhumus, Erde, acidophilen Moosen. Sp. 2–4zellig, 13–24 × 4–6 µm. Hyp. farblos . . . . **Icmadophila ericetorum**

91* Ap. anders gefärbt; wenn rosa, dann auf anderem Substrat, nicht K+ orange, meist kleiner **92**

92 Sp. 2zellig, nie nadelförmig bis fädig **93**

92* Sp. mehrzellig; wenn Sp. nadelförmig bis fädig, dann Septen bisweilen undeutlich **99**

93 Ap. konkav, klein, -0,4 mm, gelblich bis rosabraun. Asci oben verdickt, J+ rotbraun. Paraph. gewöhnlich einfach, Gehäuse und Hyp. hell. Hym. J–/J+ gelb (höchstens die Spitzen der Asci blau) . . . . **Absconditella** (wenn Ap. d.braun, mit dreieckigen Anhängseln, Sp. zu vielen in den Asci: ↑ *Solorinella asteriscus*, 23)

93* Ap. gewöhnlich flach bis gewölbt **94**

94 Sp. über 19 × 7 µm groß, jung mit Schleimhülle. Ap. schwarz, selten braunschwarz, zumindest anfangs berandet. Hyp. schwarz bis braun. Exc. meist deutlich entwickelt. Auf Gestein . . . . **Rhizocarpon**

94* Sp. bis 19 × 7 µm. Ap. hell bis schwarz. Hyp. hell bis dunkel. Auf verschiedenen Substraten **95**

95 Paraph. einfach bis gegabelt. Ap. zumindest jung gewöhnlich berandet, hell bis schwarz. Exc. deutlich entwickelt. Sp. ohne Schleimhülle, ellipsoid bis stäbchenförmig. Algen nicht micareoid. Hym. J+ blau . . . . **GS Catillaria**

95* Paraph. verzweigt und verbunden. Ap. berandet oder unberandet. Exc. deutlich bis fehlend **96**

96 Sp. zumindest jung mit Schleimhülle, ± ellipsoid. Ap. zumindest anfangs berandet, schwarz, selten braunschwarz. Exc. meist deutlich entwickelt. Hyp. schwarz bis braun. Hym. hoch. Auf Gestein . . . . **Rhizocarpon**

96* Sp. ohne Schleimhülle, ellipsoid bis spindelförmig oder länglich. Ap. unberandet, selten hell berandet. Exc. fehlend bis schwach entwickelt, dann aus verzweigten, paraph.ähnlichen Hyphen **97**

97 Ohne Hyp. und Exc. Hym. ohne Hymenialgelatine. Paraph. fast fehlend oder ± zahlreich, verzweigt, vernetzt und eng um die Asci geschlungen. Ap. oft jung behaart (Bino). Sp. glatt oder warzig. Kurzlebige Arten auf Moosen, Erde, Pflanzenresten . . . . **Vezdaea**

97* Mit anderen Merkmalen. Hym. mit Hymenialgelatine. Paraph. zahlreich, nicht um die Asci geschlungen. Ap. nicht behaart **98**

98 Hym. J+ blau. Ap. unberandet oder blaß berandet, hell oder dunkel (bis schwarz). Sp.fächer ± gleich groß. Exc. (fast) fehlend, selten entwickelt, aus paraphysenähnlichen Hyphen. Algen oft micareoid . . . . **GS Micarea**

98* Hym. J+ gelbbraun, orange oder J–. Ap. unberandet, schwarz. Sp. mit zwei ± ungleich großen Fächern. Exc. ± fehlend. Algen nicht micareoid . . **Arthonia**

99 Sp. s.lang, fädig, 140–180 × 6–8 µm, mit 30–40 Quersepten. Ausgestorbene Flechte mit tief „krugförmig“ eingesenkter, schwarzer, weißlich bereifter Scheibe, erst punktförmig, dann weiter geöffnet, –1 mm. Gehäuse kohlig . . . . **Conotrema urceolatum**

99* Sp. kürzer **100**

100 Lager feucht gelatinös, trocken membranartig, mit *Gloeocystis*-Algen in Kolonien und dicken farblosen Gallerthüllen, auf Moosen und Algen. Ap. erst eingesenkt und geschlossen (Hym. durch Exc. überdeckt), dann porenartig, später weit geöffnet, mit tief konkaver, gelblicher bis rosa Scheibe. Sp. 20–30 × 1,5–2 µm, 4–5zellig . . . . **GS Gyalecta: Bryophagus**

100* Lager nicht gelatinös, nicht mit *Gloeocystis*-Algen mit dicken Gallerthüllen. Ap. anfangs nicht geschlossen, Scheibe nicht tief konkav **101**

101 Hym. J+ gelb, orange bis weinrot. S.seltene Arten **102**

101* Hym. gewöhnlich J+ blau, selten J– **103**

102 Ap. randlos, blaugrau bereift, Exc. reduziert . . . . **Arthonia caesia**

102* Ap. berandet, unbereift, konkav bis flach. Exc. entwickelt . . . . **GS Gyalecta: Gyalidea**

103 Hyp. und Exc. fehlend. Hym. ohne Hymenialgelatine, J– (Asci an der Spitze J+ blau). Ap. bei starker Vergrößerung jung haarig erscheinend. Paraph. mitunter die Asci stark umwindend. Unauffällige, kurzlebige Arten . . . . . . **Vezdaea**

103* Hyp. deutlich entwickelt. Hym.gelatine vorhanden. Ap. nicht behaart. Paraph. die Asci nicht umwindend **104**

104 Sp. ellipsoid bis länglich-ellipsoid, jung mit Schleimhülle. Ap. schwarz (braunschwarz). Hyp. dunkel. Exc. anfangs deutlich entwickelt. Hym. J+ blau. Auf Gestein (wenn auf alten Bäumen, Sp. s.groß, 50–120 × 20–35 µm, mit dünnen Septen, 8–10(12)zellig, Hym. J– (ausgenommen Asci), Ap. braun, –2,5 mm, Lager mehlig, ± grünlich ↑ *Megalospora pachycarpa*) . . . . . **Rhizocarpon**

104* Sp. länglich, stäbchenförmig, (ellipsoid-)spindelförmig, nadelförmig, gerade oder gebogen, gewöhnlich ohne Schleimhülle **105**
105 Exc. (zumindest jung) kräftig entwickelt. Ap. zumindest jung berandet. Paraph. einfach bis vereinzelt verzweigt oder nur oben verzweigt **106**
105* Exc. reduziert bis (schwach) entwickelt, aus paraph.ähnlichen Hyphen. Ap. unberandet oder jung angedeutet berandet. Paraph. reich verzweigt und verbunden **107**
106 Lager und Ap. K + orange. Ap. 1–3 mm, rosa, rosabeige, orangerosa, mitunter leicht weißlich bereift, anfangs mit weißlichem Rand, später gewölbt-randlos, sitzend oder s.kurz gestielt. Lager blaßgrün, graugrünlich bis weißlich, ± körnig. Acidophytische Flechte auf vermodertem Holz, Torf, Rohhumus, Erde, acidophilen Moosen. Sp. 2–4zellig, 13–24 × 4–6 µm. Hyp. farblos . . . . **Icmadophila ericetorum**
106* Lager K–; Ap. nicht K+ orange. Wenn Ap. rosa bis orange, dann Flechte auf basenreichen Rinden oder auf Zwergsträucher-Stämmchen (Heidelbeere, Heidekraut). Exc. kräftig entwickelt, aus strahligen Hyphen oder zellig strukturiert (paraplektenchymatisch). Ap. fast weiß, beige, gelblich, rosa, braun, rotbraun, d.braun bis schwarz, gewöhnlich anfangs berandet . **GS Bacidia**
107 Sp. S-förmig bis spiralig gebogen, wenn ± gerade, dann Lager grün, körnig und Ap. d.rotbraun bis schwarz, ± glänzend. Exc. zumindest anfangs deutlich. Algen nicht micareoid . . . . **Scoliciosporum**
107* Sp. gerade bis leicht gebogen. Exc. fehlend bis ± entwickelt. Algen micareoid (4–7 µm dick) . . . . **Micarea**
108 Sp. zu s.vielen (meist über 50) in den Asci, klein **109**
108* Sp. zu 1–16 (selten –32) in den Asci, meist zu 8 . . . . **113**
109 Ap. bzw. Lagerwarzen mit Ap. mit punktförmiger Öffnung, kugelig bis eiförmig, perithecienartig, klein, h.gelb, grünlichgelb. Lager s.undeutlich . . . . **Thelocarpon**
109* Ap. mit weit offener Scheibe, selten punktförmig geöffnet, dann Lager aber deutlich und nicht gelb **110**
110 Auf Gestein **111**
110* Auf Rinde, Holz, Erde, Pflanzenresten, Harz **112**
111 Ap.scheibe meist braun, d.braun, rotbraun, ± eingesenkt bis vertieft, mit (oft undeutlich begrenztem) Lagerrand oder ins Lager eingesenkt. Lager deutlich, schuppig bis areoliert, meist ± braun. Paraph. überwiegend einfach. Exc. oft schwach entwickelt . . . . **Acarospora**
111* Ap. schwarz bis d.rotbraun, mitunter weiß bereift, rillig oder glatt, mit schwarzem Eigenrand, ohne Lagerrand. Lager undeutlich bis deutlich, nicht schuppig (wenn schuppig, dann handelt es sich um parasitiertes Fremdlager). Paraph. einfach oder reich verzweigt. Exc. dünn bis dick, außen dunkel . . . . **GS Sarcogyne**
112 Ap. mit deutlichem Lagerrand, schwärzlich, ± flach, –1,2 mm. Lager h.grau bis graubraun, ± körnig-warzig. Hyp. hell, Epihym. d.braun. Sp. 5–6,5 × 2,5–3,5 µm. Auf Rinde . . . . **Maronea constans**

112* Ap. ohne Lagerrand, mit oder ohne Eigenrand, weißlich, rosagelb, ocker, braun, rotbraun bis schwärzlich, meist bald gewölbt. Hyp. hell bis bräunlich . . . . **GS Biatorella**

113 Ap. gelb bis orangerot, orangebraun, rostfarben, rot, K+ sofort tiefrot, von Anfang an gewölbt-randlos, biatorin. Hyp. hell bis braun . . **Protoblastenia**

113* Mit anderen Merkmalen. Wenn Lager bzw. Ap. gelb bis rot, dann nicht K+ tiefrot **114**

114 Sp. s.groß, meist über 30 µm lang, breit ellipsoid bis kugelig. Ap. meist groß (über 0,5 mm) **115**

114* Sp. bis 30 µm lang, wenn länger, dann schmal **118**

115 Ap. schwarz, gewölbt, randlos, lecidein, 1–2 mm. Hym. oben blaugrün bis blauschwarz. Mark mitunter rot. Sp. zu 1–2(3) . . . . **Mycoblastus**

115* Ap. anders, mit Lagerrand bzw. in Lagerwarzen eingesenkt. Hym. oben nicht blaugrün bis blauschwarz, meist s.hoch, Paraph. reich verzweigt und verbunden **116**

116 Ap. mit breiter, meist rosabräunlicher, mitunter weißlich bereifter Scheibe und dickem Lagerrand, sitzend, meist ± flach. Sp. ± dickwandig . . **Ochrolechia**

116* Ap. anders **117**

117 Sp. ± dickwandig, in Aufsicht meist oval, zu 1–8. Ap. meist mit perithecienartig punktförmig geöffneter Scheibe, (oft zu mehreren) in Lagerwarzen eingesenkt, seltener mit weit geöffneter Scheibe und nicht in Lagerwarzen (dann meist schwärzlich), oft mit Inhaltsstoffen und entsprechenden Reaktionen . . . . **Pertusaria**

117* Sp. ± dünnwandig (Wand 1–2,5 µm), zu (4–)8, 30–60 × 20–40 µm, fast kugelig bis breit ellipsoid. Ap. tief in –1,5 mm breite Lagerwarzen eingesenkt, Scheibe schwärzlich, anfangs punktförmig, dann weiter (0,5 mm) geöffnet, Lagerrand auf der Innenseite oft auch etwas schwärzlich. Lager auf Moosen, Pflanzenresten, selten auf Rinde, uneben, weißlich, grauweiß. Ch– . . . . **Megaspora verrucosa**

118 Ap. kugelig bis fast schildförmig, auf hellen, derben Stielen, braun oder rosa, an kleine Pilzfruchtkörper erinnernd. Lager krustig bis schuppig. Abb. 26 . . . . **GS Baeomyces**

118* Ap. nicht gestielt **119**

119 Ap. gelb, zitrongelb, seltener olivgelb, meist auch Lager gelb. Hyp. farblos, Hym. oben mit ± gelber körniger Auflage **120**

119* Ap. nicht rein gelb, zitron- oder olivgelb **122**

120 Sp. 4–7 × 1–2 µm, zu 8. Lager fein mehlig-staubig, zitron- bis grüngelb. Ap. gewölbt, randlos, biatorin. Paraph. ± einfach, dünn. Gewöhnlich auf Vertikal- und Überhangflächen von Silikatgestein . . . . **Psilolechia lucida**

120* Sp. größer **121**

121 Sp. zu 8 oder 12–32, meist zylindrisch mit gerundeten Enden oder eine Wand gerade, die andere gewölbt, oft mit 2 Öltröpfchen. Ap. flach bis gewölbt, meist berandet, lecanorin, selten biatorin, gelb, olivgelb, orangegelb. Lager feinkörnig bis areoliert, selten fein serediös, dann auf Rinde. Tholus nur in der unteren Hälfte amyloid, mit dicker Axialmasse. Mit Pulvin-S.-Derivaten

. . . . **Candelariella**

121* Sp. zu 8, ellipsoid. Ap. lecanorin, blaß gelb, blaß grünlichgelb, braungelb. Lager rissig-areoliert oder sorediös. Ganzer Tholus (mit Ausnahme der dicken Axialmasse) amyloid. Ohne Pulvin-S.-Derivate, z.B. mit Zeorin, Usnin-, Rhizocarp-, Rangiform-S., Epanorin, vgl. einige wenige Arten der Gattung *Lecanora*

122 Lager mit *Trentepohlia*-Algen, beim Anritzen bzw. Ankratzen oft ± gelborange bis goldbraun (bei Problemen beide Alternativen checken!). Paraph. einfach bis v.a. oben verzweigt und netzig verbunden, Hyp. (fast) farblos. Ap. biatorin bis aspicilioid, Scheiben konkav, hell bis schwärzlich. Kalk-/Silikatgestein . . . . **Ionaspis**

122* Lager nicht mit *Trentepohlia*, gewöhnlich mit rein grünen Algen **123**

123 Ap. mit Lagerrand **124**

123* Ap. ohne Lagerrand, biatorin oder lecidein **127**

124 Ap. mit auffallend körnig-schuppigem Lagerrand, braunrot, 1–6 mm. Lager ocker, grüngrau, gold- bis olivbraun, feucht grün, grobkörnig bis kleinschuppig, in hohen Lagen auf sauren Böden und Pflanzenresten. Sp. mit warzigrippiger Oberfläche (Epispor), 22–34 × 9–12 µm, am einen Ende (oder beiden Enden) mit kurzem Anhängsel . . . . **Psoroma hypnorum (31)**

124* Mit anderen Merkmalen **125**

125 Epihym. K+ violett. Hym. über 150 µm hoch, mit stark verzweigten und stark vernetzten Paraph. Sp. dickwandig (Wand über 1,5 µm dick). Ap.scheibe schwarz bis d.braun, s.selten d.rot. Lager meist weißlich bis grau. Sehr seltene Arten auf Planzenresten, Moosen in alpinen Lagen oder auf basischem Silikatgestein . . . . **Pertusaria**

125* Epihym. nicht K+ violett. Paraph. gewöhnlich nicht stark vernetzt, Hym. niedrig bis über 150 µm hoch. Sp. rel. dünnwandig **126**

126 Ap.scheibe gewöhnlich konkav, Ap. in das Lager weitgehend eingesenkt, selten angedrückt sitzend. Hym. oben oft spangrün oder bräunlich(oliv). Gewöhnlich auf Gestein. Markhyphen meist dünnwandig . . . . **GS Aspicilia**

126* Ap.scheibe flach bis gewölbt. Ap. sitzend, selten eingesenkt. Markhyphen dickwandig . . . . **GS Lecanora**

127 Hyp. und Exc. fehlend. Hym.gallerte fehlend, Hym. J–, nur die Asci oben J+ blau. Paraph. verzweigt, s.spärlich oder die Asci umschlingend. S.kurzlebige Arten mit körnigem grünlichem Lager . . . . **Vezdaea**

127* Hyp. gut entwickelt. Hym.gallerte vorhanden. Hym. in der Regel J+ blau **128**

128 Ap. von Anfang an gewölbt-randlos (selten mit unscheinbarem zurückfliehendem Rand). Exc. bei erwachsenen Ap. fehlend oder stark reduziert, aus wenigen paraphysenähnlichen Hyphen, selten ± gut entwickelt. Paraph. verzweigt, netzig verbunden. Lager meist dünn, K–. Algen klein, 4–7 µm, oft paarweise (micareoid), oder groß 7–20 µm. Ap. oft variabel gefärbt. Oft an Felsüberhängen, kleinen Steinen, Holz, alter Rinde, Moosen . . . . **Micarea**

128* Nicht mit diesen Merkmalen. Exc. gewöhnlich deutlich entwickelt. Ap. mit oder ohne Rand, flach bis gewölbt. Algen nicht micareoid . . . **GS Lecidea**

Schlüssel VIII: Sterile Krustenflechten

Anmerkung: Normalerweise fruchtende, nur jung sterile Arten sind unberücksichtigt

Übersicht der Teilschlüssel

1 Lager mit radial verlängerten Randareolen (placodioid) bis randlich deutlich gelappt oder Lager schuppig . . . . **Schlüssel VII**
1* Lager rein krustig, nicht placodioid, nicht gelappt, nicht schuppig **2**
2 Lager mit auffallenden Pyknidien und ähnlichen konidienbildenden Strukturen . . . . **Schlüssel VIIIa**
2* Lager nicht mit auffallenden Pyknidien **3**
3 Auf Gestein . . . . **VIIIb**
3* Nicht auf Gestein **4**
4 Auf Rinde, Rindenmoosen . . . . **VIIIc**
4* Auf Erde . . . . **VIIId**

Schlüssel VIIIa: Sterile Krustenflechten mit auffallenden Pyknidien und ähnlichen konidienbildenden Organen

1 Pyknidien oder Pyknidienträger schwarz **2**
1* Pyknidien(träger) nicht schwarz **9**
2 Mit zylindrischen, wenigstens z.T. verzweigten, 50–400 µm hohen, 40–90 µm dicken Pyknidienträgern. Pykn.wand (Quetschpräp.) K–. Pyknosp. 3,5–5 × 1–1,5 µm, oft mit 2 Öltröpfchen. Lager schorfig bis feinkörnig, blaß grünlich bis d.grün. Auf Moosen, Rinde, Silikatgestein . . . . **Micarea botryoides**
2* Pyknidien(träger) unverzweigt. Auf Rinde, Holz **3**
3 Pyknidienträger zylindrisch bis konisch-zugespitzt **4**
3* Pyknidien kurz, warzig vorstehend bis eingesenkt **5**
4 Pyknidien konisch, zugespitzt, bis 150 µm hoch, Quetschpräp. K–. Pyknosp. 3,5–4,5 × 1,8–2 µm, in ± zylindrischen Gelatinepaketen vereinigt und frei werdend. Lager weißlich bis undeutlich, mit *Trentepohlia*-Algen. An basenreichen Rinden . . . . **Anisomeridium nyssaegenum**
4* Pyknidien anders, nicht konisch, 70–320 µm hoch. Quetschpräp. K+ violett. Mit rein grünen, 4–7 µm dicken Algen. Auf Holz. (Vgl. auch *M. denigrata*) . . . . **Micarea misella**
5 Pyknidien 0,2–0,6 mm breit, Quetschpräparat K+ purpur. Pyknosp. 3,5–4 × 1,5–2 µm. Lager warzig areoliert gelblich bis grau (im Herbar oft ocker), mit coccoiden Grünalgen (wenn Pykn. 0,1–0,2 mm breit: vgl. *C. griffithii*) . . . . **Cliostomum corrugatum**
5* Pyknidien gewöhnlich kleiner. Pyknosp. länger. Mit *Trentepohlia* **6**
6 Lager nicht weiß, oft braun, rosabraun . . . . **Opegrapha**
6* Lager weiß **7**
7 Pyknidien zart weiß berandet, flach bis gewölbt, –0,3 mm. Pyknosp. 4–6 × 1–2 µm. Lager P– . . . . **Arthonia byssacea**

7* Pyknidien nicht weiß berandet **8**
8 Lager KC+ rot, P–. Pyknosp. 10–16 × 0,5–0,7 µm. Arthonia-S. . . . . **Arthonia pruinata**
8* Lager KC–, P+ orange. Pyknosp. 4,5–6 × 0,7–1 µm. Psorom-S. . . . . **Arthonia cinereopruinosa**
9 Pyknidien braun, rosabraun, graubraun, s.fein dicht behaart (starke Lupe), 0,1–1,0 mm hoch, zylindrisch. Quetschpräparat K+ violett bis violettbraun . . . . **Micarea hedlundii**
9* Pyknidien nicht so gefärbt, nicht behaart, halbkugelig bis kurz zylindrisch **10**
10 Lager mit *Trentepohlia*-Algen (beim Anschaben oft ± orange bis goldgelb), grauweiß bis grau. Pyknidien halbkugelig bis kurz stiftförmig **11**
10* Lager mit rein grünen Algen, beim Abschaben nicht ± orange bis goldgelb **12**
11 Kuppen der Pyknidien C+ rot. Pyknosp. 12–17(20) × 2–3,5 µm. V.a. an Tanne, Fichte sowie (v.a. im nördl. Mitteleuropa) an Eiche, selten auf Silikatgestein . . . . **Lecanactis abietina**
11* Kuppen der Pyknidien C–. Pyknosp. 4–7 × 1–1,5 µm. V.a. an Esche, Eiche, Hainbuche in milden Lagen . . . . **Opegrapha vermicellifera**
12 An dünnen Koniferenästchen und -nadeln und an dünnen Stämmchen von Heidekrautgewächsen. Lager grünlich bis grau, mit ± vorstehenden weißlichen, 0,08–0,20 breiten Pyknidien. Pyknosp. (3,2)3,7–4,6 × 1,4–1,7 µm . . . . **Fellhanera subtilis**
12* An anderen Standorten **13**
13 Auf Kalkgestein . . . . vgl. **Bacidina arnoldiana**-Gruppe **(17*)**
13* Auf Rinde, Holz, Silikatgestein **14**
14 Auf Silikatgestein, Lager grau, weißgrau, graurosa . . . . Schlüssel **VIIIb/15**
14* Auf Rinde, Holz **15**
15 Pyknosp. 6,5–9,5 × 2,3–3 µm. Lager glatt bis schorfig-körnig, mit bis 0,3 mm breiten weißlichen, creme- bis ockerfarbenen Pyknidien, R– . . . . **Micarea adnata**
15* Pyknosp. über 20 µm lang **16**
16 Lager mit deutlich vorstehenden, 0,1–0,2 mm breiten, –0,2(0,3) mm hohen bräunlichen, im Alter oft weit geöffneten Pyknidien, R–. Pyknosp. 1- bis 4zellig, 20–43 × (0,5)0,8–1(1,2) µm, am einen Ende verschmälert (wenn Pyknosp. 6–8 × 1,8–2,6 µm, länglich, in der Mitte etwas eingeschnürt, mit 2 Tröpfchen, Lager ergossen-glatt, vgl. *Dimerella pineti*) . . . . **Fellhanera vezdae**
16* Mit ± eingesenkten, weißlichen bis grünlichen (selten rotstichig weißlichen) Pyknidien **17**
17 Lager graugrün bis grau, schorfig bis rissig areoliert, bei guter Entwicklung C+ rot. Pykn. mit weit geöffneter, eingetiefter Mündung (dadurch fast napfförmig), weißlich bis blaß grünlich. Pyknosp. mehrzellig (Septierung oft undeutlich), wellig oder stark gebogen bis S-förmig **Micarea/11**
17* Lager grün, grüngrau, auch bräunlich (v.a. im Herbar), feinkörnig (Körnchen meist um 20–50 µm), R–. Pykn. halbkugelig, aber alt auch schüsselförmig,

0,1–0,2 mm breit, weiß, rosaweiß, seltener auch bräunlich. Pyknosp. fädig, gekrümmt, 20–50 × 1–1,5 µm . . . . **Bacidina arnoldiana(-Gruppe)**

Schlüssel VIIIb: Sterile Krustenflechten auf Gestein

1 Lager zitrongelb, gelb, orange **2**
1* Lager nicht deutlich gelb oder orange **8**
2 Lager K+ rasch tiefrot . . . . **Caloplaca**
2* Lager K– (oder s.schwach rötlich) **3**
3 Lager völlig mehlig aufgelöst („leprös") . . . . **GS Lepraria**
(wenn über Moosen und Flechten vgl. auch *Arthrorhaphis*)
3* Lager nur stellenweise sorediös oder ganz ohne Sorale **4**
4 Lager C+ gelb bis orange, KC+ orange, UV+ orange, mit Soralen **5**
4* Lager C–, mit Soralen oder ohne Sorale **6**
5 Lager meist dünn, rissig bis körnig, grau, grünlichgrau bis h.gelblich, mit kleinen, meist etwas helleren, oft zus.fließenden Soralen. P+ gelb, K+ gelb. Soredien 20–40 µm. Atranorin, Arthothelin, Thuringion . . **Lecidella scabra**
5* Lager kräftig entwickelt, rissig bis warzig, h.gelb bis grau- oder grünlichgelb, mit unregelmäßigen, teilweise zus.fließenden, helleren Soralen. P+ orangerot, K+ (schwach) gelblich. Soredien über 35–90 µm. Thiophanin-S., Stictin-S. . . . . **Pertusaria flavicans**
6 Ohne Sorale. Lager gelb, tiefrissig, dick, aus dichtgedrängten zylindrischen bis korallinischen Gebilden bestehend, daher mit sehr unebener Oberfläche. An Vogelfelsen . . . . **Candelariella coralliza**
6* Mit Soralen **7**
7 Mark J+ blau. Lager gelb, aus hochgewölbten Areolen, die sorediös aufbrechen . . . . **Rhizocarpon ridescens**
7* Mark J– . . . . **GS Lecanora**
8 Lager mit Isidien oder ganz aus sehr feinen, isidienartig verlängerten Körnchen zusammengesetzt **9**
8* Lager mit Soralen oder ganz sorediös aufgelöst **16**
9 Lager auf Kalkgestein, mit Blaualgen, graubraun bis schwarzbraun, areoliert bis angedeutet schuppig, dicht von isidienartigen, ± zylindrischen bis korallinischen Strukturen besetzt, am Rand oft mit blaugrünem Vorlager . . . . **Placynthium nigrum**
9* Nicht auf Kalkgestein, mit rein grünen Algen **10**
10 Lager K+ (gelb, dann) blutrot **11**
10* Lager K– oder K+ gelb **12**
11 Lager grau bis d.grüngrau. Isidien in unregelmäßigen dicken Gruppen, teilweise sorediös aufbrechend . . . . **Aspicilia simoensis**
11* Lager grauweiß. Isidien meist einzeln, –0,2 mm dick, oben meist etwas verdickt und gebräunt, nicht sorediös . . . . **Pertusaria pseudocorallina**
12 Lager graubraun bis braun oder d.braun, Mark C+ rot (zumindest im Quetschpräparat) **13**
12* Lager weißlich bis grau oder graurosa, allenfalls Isidien mit brauner Spitze, C–

. . . . **14**

13 Lager aus s.fein korallinischen bis isidiösen Körnchen zus.gesetzt, schwarzbraun bis braun, im Schatten h.grünlichbraun, C+ rot (meist nur am angeschabten Lager oder mikroskopisch im Quetschpräparat zu sehen), Körnchen 25–150 × 25–50 µm groß. Auf sauren Substraten . . . **Placynthiella icmalea**

13* Lager areoliert bis rissig areoliert, graubraun bis braun, Areolen mit einzelnen, isidienartigen, stellenweise auch sorediös aufbrechenden Papillen oder Lager aus Areolen mit körniger, fast isidiöser Oberfläche. V.a. an Steil- und Vertikalflächen . . . . **Rimularia**

14 Lager weißlich, K+ gelb, dicht mit zylindrischen, einfachen bis verzweigten Isidien bedeckt . . . . **Pertusaria corallina**

14* Lager K– **15**

15 Lager grau, graurosa, mit zerstreuten, 0,3–0,5 mm dicken hellgrau bis h.rosa gefärbten, unverzweigten Papillen, die in der Spitze Pyknidien tragen. Pyknosp. 4,5–5 × 1–1,5 µm. Mark J–. (Gyrophor-S.) . . . . . **Koerberiella wimmeriana**

15* Lager weißgrau bis grau, mit m.–z.dicht stehenden, –0,5 mm dicken unverzweigten, selten verzweigten Isidien von gleicher Farbe, ohne oder mit Pykn. Pyknosp. 7–10(12) × 0,7–1,2 µm. Mark J+ rosa(braun). Fett-S.
. . . . **Pertusaria isidioides**

16 Mit *Trentepohlia*-Algen. Lager beim Anritzen/Ankratzen oft goldgelbe/goldbraune bis orangefarbene Spuren hinterlassend **17**

16* Nicht mit *Trentepohlia*, mit rein grünen Algen **22**

17 Auf Kalkgestein oder kalkhaltigen Gesteinen **18**

17* Auf Silikatgestein. Lager graubraun, braun, braunrot, ziegelrot oder grau, violettgrau **19**

18 Lager weißlich bis schwach braunstichig, zus.hängend bis rissig, unregelmäßig sorediös aufbrechend, C+ rot, K–, P–. Mit Erythrin, ±Lecanor-S.
. . . . **Dirina stenhammari**

18* Lager frisch rosa, im Herbar grau bis gelblich, dünn, C–: kaum bestimmbare Krustenflechten

19 Lager meist dick polsterartig (bis 5 mm dick), schwammig weich, grau, violettgrau, oft leicht rosastichig, oft mit faltiger Oberfläche. Leprar-S., Roccell-S.
. . . . **Lecanactis latebrarum**

19* Nicht dick polsterartig und schwammig. Mit anderen Inhaltsstoffen **20**

20 Lager braun, d.braun, mit begrenzten rundlichen, –0,5 mm großen grauweißen Flecksoralen, gewöhnlich mit schwarzer Vorlagerlinie. R–, UV–. Mit Confluentin-S. . . . . **Enterographa zonata**

20* Lager nicht mit kleinen rundlichen Soralen. Mark/Sorale UV+ blauweiß bis h.gelb. Nicht mit Confluentin-S. **21**

21 Lager frisch rotbraun bis fast ziegelrot, im Herbar meist gelbbraun bis braun, schorfig bis oberflächlich mehlig, stellenweise sorediös, z.dünn, KC+/C+ (flüchtig) rotorange oder selten KC–/C–; sorediöse Stellen orange bis rötlich, im Herbar grauweiß bis gelblich, UV+ h.gelb bis weiß. Gyrophor-S. oder Schizopelt-S. oder beides . . . . **Opegrapha gyrocarpa**

21* Lager kakaobraun, braun, d.braun, mit weicher, fast samtiger Oberfläche, im

Innern flächig servediös, ockergelblich, seltener bräunlich, im Herbar meist gelbbraun, gelblich, meist dicklich, KC–/C–, servediöse Stellen/Mark UV+ blauweiß. Schizopelt-S. . . . . **Lecanactis umbrina**

22 Lageroberfläche gänzlich leprös, d.h. mehlig oder aus feinen Körnchen zus.gesetzt, weißlich, h.grau, blaß grünlich, leicht gelbstichig, bläulichweiß . . . . **GS Lepraria**

22* Lageroberfläche nicht gänzlich leprös **23**

23 Lager K+ rot **24**

23* Lager K+ gelb bis K– **25**

24 Lager weißlich bis h.grau, mit unregelmäßigen weißlichen Soralen, dünn . . . . **Phlyctis argena**

24* Lager grau, olivgrau, oliv, rissig bis areoliert, mit begrenzten Soralen ↑ **Aspicilia** und **Pertusaria excludens**

25 Sorale gewölbt, z.groß, weiß, KC+ violett. Lager grau . . **Pertusaria amara**

25* Sorale KC– oder KC+ gelb, orange bis rot **26**

26 Lager oder Sorale C+ rot oder C+ (zumindest KC+) (gelb)orange **27**

26* Lager oder Sorale C– bis C+ gelblich **36**

27 Lager C+ gelborange bis orange **28**

27* Lager oder Sorale C+ rot **30**

28 Lager P+ orangerot, K+ (schwach) gelblich, kräftig entwickelt, meist ausgedehnt, rissig bis warzig, grau- oder grünlichgelb, grünlichgrau, mit unregelmäßigen, teilweise zus.fließenden, helleren Soralen. Soredien über 35–90 µm. Thiophanin-S., Stictin-S. . . . . **Pertusaria flavicans**

28* Lager P+ gelb(lich), K+ gelb **29**

29 Lager weißlich bis grauweiß, meist rosettig-rundlich, areoliert, C+ gelborange, UV+ gelb. Areolen gewölbt, mitunter mit vergrößerten Randareolen, oft auf weißlichem Vorlager. Sorale rundlich, weißlich(grau). Sordidon, Roccell-S., Atranorin . . . . **Lecanora lojkaeana**

29* Lager grau, grünlichgrau, dünn, ohne vergrößerte Randareolen, C+ orange, UV+ orange. Sorale blaß gelblich bis fast weißlich. Atranorin, Arthothelin, Thuringion . . . . **Lecidella scabra**

30 Lager graurosa bis h.(grau)braun, aus gewölbten Areolen, dazwischen mit d.rotbraunen, warzigen Cephalodien. Sorale weißlich bis bräunlich. In montanen bis alpinen Lagen . . . . **Amygdalaria panaeola**

30* Lager ohne Cephalodien **31**

31 Sorale P+ gelb, C+ (flüchtig) rot, K+ gelb. Lager graubräunlich bis braun, aus rundlichen, zerstreuten bis zus.schließenden Areolen, auf schwarzem Vorlager. Alectorial-S. . . . . **Fuscidea praeruptorum**

31* Sorale P– bis P+ undeutlich gelblich. Gyrophor- oder Lecanor-S. **32**

32 Lager mit weißlichen, abgegrenzten Soralen auf isidienartigen, stiftförmigen bis halbkugeligen Auswüchsen, Sorale auch anstelle der Auswüchse, –0,5 mm. Lager areoliert, Areolen gewölbt, selten flach, zus.schließend oder ± getrennt auf schwarzem Vorlager, (kakao)braun, rosabraun, graubraun, gelbbraun, C+ rot (Gyrophor-S.). Isidienartige Auswüchse 0,15–0,25 mm breit, –0,5 mm hoch . . . . **Rimularia gibbosa**

32* Lager ohne isidienartige Auswüchse **33**
33 Lager warzig-areoliert, Areolen auf schwarzem Vorlager, mit grünweißlichen (bis gelbweißlichen), -0,5 mm breiten Flecksoralen, grau bis grünlichgrau, K+ gelb, Sorale C+ rot. Atranorin, Gyrophor-S. . . . . **Rinodina aspersa**
33* Lager ohne schwarzes Vorlager **34**
34 Lager grünlichgrau bis grau, warzig bis grobkörnig, mit anfangs begrenzten, später zus.fließenden, schmutzig graugrünen bis düster blaugrünen Soralen. Gyrophor-S. . . . . **GS Trapelia**
34* Sorale weißlich bis blaß grünweißlich oder beige **35**
35 Lager dünn bis m.dick, weißlich bis beige, auch mitunter mit leichtem rosa Farbstich, meist relativ klein, rissig bis rissig areoliert, stellenweise sorediös aufbrechend, K–, P–. Vor allem an Steinen, schattigen Felsen. Gyrophor-S. . . . . **GS Trapelia**
35* Lager meist m.–z.dick, weißlich bis h.grau, runzelig-uneben bis rissig (rissig areoliert), ausgedehnt. Vorlager mitunter vorhanden, weißlich. Sorale flach oder gewölbt. Lecanor- oder Gyrophor-S. . . . . **GS Pertusaria**
36 Lager zumindest stellenweise rostfarben ocker bis rotbraun oder fast rot . . . . **GS Lecidea**
36* Lager nicht rostfarben **37**
37 Sorale schwärzlich bis d.grau **38**
37* Sorale heller **39**
38 Im Gebirge an licht- und windoffenen Standorten. Lager rissig areoliert bis (warzig) areoliert, Sorale schwärzlich. Mark J–, P–/P+ gelb. Miriquidi-S., ±Psorom-S. . . . . **Miriquidica nigroleprosa**
38* An mehr geschützten, oft schattigen Standorten auch in niederen Lagen. Lager rissig, Sorale grau. Mark J+ blau. Mark/Sorale P–. Confluentin-S. (wenn Stictin-S., P+ gelb, Mark J–: *P. soredizodes*) . . . . **Porpidia tuberculosa**
39 Lager oder Sorale P+ rot bis orange. Lager zus.hängend, weiß bis h.grau . **40**
39* Lager und Sorale P– bis P+ gelblich **41**
40 Sorale klein, -0,5 mm, rundlich. Lager oft z.klein, s.dünn. Stictin-S. . . . . vgl. **Porpidia soredizodes**
40* Sorale meist größer, rundlich bis unregelmäßig, auch zus.fließend. Lager gewöhnlich ausgedehnt . . . . **Pertusaria**
41 Lager K+ gelb, mit Atranorin . . . . **GS Lecanora/TS 2**
41* Lager K– (allenfalls Sorale K+ gelb) **42**
42 Mark J+ blau . . . . **GS Lecidea/TS 5**
42* Mark J– **43**
43 Lager blaß grünlich, graugrünlich, leicht gelblichgrün, auch fast grau, KC+ gelb/KC–, aus flachen bis gewölbten Areolen oder rissig areoliert, mit begrenzten Soralen oder in der Mitte bald flächig sorediös aufgelöst. Usnin-S., Zeorin . . . . **Lecanora**
43* Lager weiß bis grau, KC– **44**
44 Lager ausgedehnt, zus.hängend, ± rissig, mit großen runden Soralen, oft mit angedeutet zoniertem, grauem bis grünlichem Vorlager . . . . **Pertusaria albescens**

44* Lager ohne deutliches Vorlager oder mit schwarzem Vorlager . . . . **GS Lecidea/TS 5**

Schlüssel VIIIc: Sterile Krustenflechten auf Rinde

1 Lager sorediös **2**
1* Lager nicht sorediös **63**
2 Lager C+/KC+ (gelb)orange oder rot **3**
2* Lager C– bis C+ gelb, nicht KC+ orange oder rot (aber bei *Pertusaria amara* KC+ violett, bei *Lepraria eburnea* s.flüchtig rötlich) **17**
3 Lager meist gelblich, grüngelblich, graugelblich, gelblichgrün, ocker, C+ gelborange bis orange **4**
3* Lager C+ rosa bis rot (orangerot) **7**
4 Lager fein isidiös, Isidien mitunter stellenweise sorediös werdend . . . . **Pertusaria flavida**
4* Lager nicht isidiös **5**
5 Lager mit begrenzten Soralen, grauweiß bis blaß gelblich, graugelblich bis leicht grünlich. Sorale blaß gelblich. Arthothelin, Granulosin oder Thiophan-S., Capistraton . . . . **GS Lecidella**
5* Lageroberfläche gewöhnlich bald gänzlich sorediös **6**
6 Lager/Soredien ocker, blaß gelb bis blaß gelbgrünlich, auch blaß bräunlichgrün, mitunter mit schwärzlichem Vorlager, K–, C+ orange, UV+ (braun-)-orange, ohne auskristallisierende Nadeln. Soredien –50 µm. Isoarthothelin, Thiophan-S. . . . . **Pyrrhospora quernea**
6* Lager/Soredien blaß gelbgrünlich, blaß grünlich, selten stellenweise auch blaß ockergelb, mitunter mit weißlichem, selten bläulichem Vorlager, K+ gelblich, C+ gelborange bis orange, UV–/UV± violett, im Herbar manchmal mit feinsten auskristallisierenden Nadeln bedeckt. Soredien –50 µm. Usnin-S., Thiophan-S., Zeorin, ±Arthothelin . . . . **Lecanora expallens**
7 Lager stellenweise orange, dort K+ rot, sonst blaß grünlich, h.grau, grünlichgrau, K–, ausgedehnt, grobkörnig, mit grünlichweißen, teilweise auch orange gefärbten, erst gewölbten, dann fleckenweise zus.fließenden Soralen, P–. Soredien fein, –25 µm. Gyrophor-S., Anthrachinon . . . . **Trapeliopsis pseudogranulosa**
7* Lager nicht fleckenweise orange. K–/K+ leicht gelblich **8**
8 Lager in der Mitte durchgehend feinisidiös, h.grau, h.grünlichgrau bis weißlich. Isidien zart, bald in weiß- bis grünlichgraue Soredien aufbrechend, kugelig bis meist zylindrisch (bis koralloid), –0,1(0,2) mm dick. Ohne gut begrenzte Sorale, oft mit weißlichem Vorlager. UV+ blauweiß. Gyrophor-S. . . . . **Ochrolechia subviridis**
8* Lager ohne Isidien, deutlich sorediös **9**
9 Lager P+ gelb(orange), C+ (oft flüchtig) rot, mit Alectorial-S. **10**
9* Lager P–, ohne Alectorial-S., mit Gyrophor- oder Lecanor-S. **12**
10 Lager aus meist zerstreuten, aufsteigenden, gewölbten, oft undeutlichen Schüppchen mit Lippensoralen, weißlich . . . . **Hypocenomyce leucococca**

10* Lager nicht aus aufsteigenden Schuppen **11**

11 Lager areoliert bis undeutlich (im Substrat), gelblichgrau bis leicht ocker oder h.grau, mit diffusen gelblichen, blaß gelblichgrünen, gelblichbraunen (im Herbar oft rosa verfärbten) Soralen, K+ gelb. Soredien 20–50 µm . . . . **Hypocenomyce sorophora**

11* Lager körnig, dünn bis dick, unregelmäßig fein mehlig sorediös aufbrechend, d.graugrünlich bis d.braungrau, dünn bis dick, K–. Soredien 12–22 µm dick . . . . **Buellia pulverea**

12 Lager mit Lichexanthon, Gyrophor-S., dünn, glatt, weißlich. Sorale UV+ orange, flach bis leicht konkav, rundlich, weißlich, cremefarben bis leicht grünlich, 0,3–0,7 mm breit, Soredien –70 µm . . . . **Ochrolechia arborea**

12* Lager ohne Lichexanthon, UV–/± weiß. Sorale ± flach bis gewölbt **13**

13 Mit Lecanor-S., C+ (karmin)rote Reaktion v.a. im Mark/in den Soralen. Lager mit weißem, glänzendem, oft gezontem Vorlager, glatt bis uneben-warzig, gegen den Rand meist ohne Risse, gegen die Lagermitte rissig, silbergrau, grauweiß, grau. Sorale weißlich, gewölbt (bis halbkugelig), –1,3(1,8) mm breit, auch zus.fließend. Sehr oft mit *Pertusaria coccodes* oder *flavida* vergesellschaftet . . . . **Pertusaria hemisphaerica**

13* Mit Gyrophor-S., C+ (rosa- bis orange)rote Reaktion in den Soralen/in oder auf der Rinde. Lager ohne, seltener mit weißlichem Vorlager. Sorale flach bis gewölbt **14**

14 Sorale düster graugrün bis d.grün oder bläulichgrün, erst getrennt, –0,4 mm, später manchmal zus.fließend, mehlig bis feinkörnig. Lager grünlichgrau bis graugrün, seltener weißlich bis h.grau, zus.hängend körnig (0,08–0,25 mm), am Rand Körner oft vergrößert und verflacht, –0,4 mm. Meist auf Holz, seltener Rinde. * . . . . **Trapeliopsis flexuosa**

14* Sorale heller, weißlich, grünlichweiß, h.grau, etwas gelblich, gelblichgrün, h.grün **15**

15 Lager uneben-warzig bis knollig, z.dick, auch ± runzelig und dünn, ohne oder mit weißlichem Vorlager, mit flachen bis gewölbten Soralen. Sorale leicht gelblich, beige, grünlichweiß, graugrünlich, –2 mm, mitunter zus.fließend. Soredien oft z. grob, über 80 µm Größe erreichend. *, ±Fett-S. . . . . **Ochrolechia androgyna**

15* Lager körnig bis areoliert, selten undifferenziert dünnkrustig, ohne Vorlager. Areolen bis ca. 0,4(0,5) mm, fast kugelig bis fast flach. Sorale kleiner, aber auch zus.fließend, Soredien bis 80 µm **16**

16 Lager gewöhnlich nicht auf Moosen, sondern auf Rinde und Holz, weißlich, beige, leicht rosastichig, grau, grünlichgrau, grünlich. Sorale weißlich, beige, cremefarben, grünlich, blaß bräunlich. * . . . . **GS Trapelia**

16* Lager gewöhnlich auf bemooster Rinde, nicht auf Holz, blaß grünlichgrau, dünn, in der Mitte bald zus.hängend dicklich sorediös. Sorale gelblich, gelblichgrün, gelblichgrau. Soredien bis 40 µm. * . . . . **Biatora chrysantha**

17 Lager oder Sorale intensiv zitrongelb, gelb, orangegelb **18**

17* Lager/Sorale nicht intensiv zitrongelb bis orangegelb **21**

18 Lager und/oder Sorale K+ tiefrot . . . . **Caloplaca**

18* Lager und/oder Sorale nicht K+ sofort tiefrot **19**

19 Lager aus -1 mm großen, gekerbten, gelbgrünen, grünlichgrauen, gelbgrauen bis gelblichen Schüppchen, die sorediös aufbrechen, oder aus getrennten, ± gewölbten „Soredienhäufchen". Soredien zitrongelb bis gelb. Mit Pulvin-S., Calycin. In der Regel an freistehenden Bäumen mit nährstoffreicher Rinde . . . . **Candelariella**

19* Lager nicht aus sorediös aufbrechenden Schüppchen oder getrennten Soredienhäufchen **20**

20 Lager aus oft z.gleichmäßig verteilten, getrennten bis aneinanderschließenden, 0,07–0,15 mm dicken, berindeten h.gelben bis leicht orangegelben Körnchen, nicht sorediös. In der Regel an freistehenden Bäumen mit ± nährstoffreicher Rinde. Mit Pulvin-S., Calycin, ± Pulvin-S.-Dilacton . . . . **Candelariella xanthostigma**

20* Lager zus.hängend, ± gleichmäßig mehlig-leprös. Rhizocarp-S. oder Calycin (*Chrysothrix cand., Psilolechia lucida, Chaenotheca furf.*). Oft in Borkenrissen oder basal an regengeschützten Flächen . . . . **GS Lepraria**

21 Lager mit gänzlich sorediöser Oberfläche **22**

21* Lageroberfläche mit begrenzten, regelmäßigen oder unregelmäßigen sorediösen Bereichen, nicht gänzlich sorediös **24**

22 Lager mit weißlichem, faserigem Vorlager, blaß grünlich, gelblichgrün oder cremefarben bis (grau)weißlich. Manchmal mit roten Pykn. K+ (schwach) gelb, P– bis P+ gelblich, C–. Atranorin, Zeorin, Porphyril-S., ± Usnin-S. . . . . **Haematomma ochroleucum**

22* Lager ohne faseriges Vorlager **23**

23 Sehr seltene Flechte sehr ozeanischer Berglagen an alten Bäumen in naturnahen Wäldern. Lager gelbgrünlich bis blaß grünlich, dick pulverig, C–, KC+ gelb, K+ gelb, P– bis P+ schwach gelblich, Soredien aus stellenweise mitunter noch erkennbaren blaugrauen bis gelbgrauen Körnern aufbrechend. Usnin-S., Zeorin . . . . **Megalospora pachycarpa**

23* Verbreitete Flechten mit durchgehend gleichmäßig sorediösem (pulverigem bis mehligem) Lager; wenn gelbgrünlich bis blaß grünlich, dann nicht mit diesen Reaktionen. Usnin-S. fehlend . . . . **GS Lepraria**
(s. bald durchgehend sorediös vgl. auch *Megalaria pulverea* 48)

24 Lager mit *Trentepohlia*-Algen, beim Anritzen des Lagers oft mit orangegelber bis goldgelber/goldbrauner Spur, R– **25**

24* Lager mit rein grünen Algen, Ritzspur ± (oft undeutlich) grünlich **26**

25 Lager schmutzig lila- bis rosagrau, h.bräunlichgrau, ± rissig, mit unregelmäßig begrenzten Soralen. UV–. Fett-S. Auf rissiger Rinde alter Bäume an kaum beregneten Flanken, ... **Schismatomma decolorans**
(wenn Lager weiß, matt, mit zahlreichen, gleichmäßig verteilten, bräunlichen, -0,3 mm großen Flecken, Mark UV+ gelbgrünlich bis blaugrün, vgl. *Lecanactis amylacea*)

25* Lager d.braun, braun, mit kleinen rundlichen Soralen und schwarzem Vorlager. Confluentin-S. An glattrindigen Bäumen an s.schattigen Standorten . . . . **Enterographa zonata**

26 Lager K+ rotviolett oder K+ gelb, dann rot (bei s.schattig gewachsenen Lagern zögernd reagierend) **27**
26* Lager K- oder K+ gelb bis orange oder bräunlich **31**
27 Lager grau, stellenweise ocker bis rostfarben und nur hier K+ rotviolett reagierend, grobkörnig bis warzig, stellenweise sorediös, v.a. an Nadelbäumen, Holz, Eiche . . . . **Chaenotheca ferruginea**
27* Lager nicht stellenweise ocker bis rostfarben. K+ rote oder violette Reaktion überall erfolgend **28**
28 Lager weißlich, (h.)grau, h.graugrünlich, K+ gelb, dann rot (bei s.schattig gewachsenen Lagern zögernd reagierend), P+ gelb, dann gelborange oder orange(-rot). Norstictin-S. **29**
28* Lager grau, bleigrau, blaugrau, blauschwarz, v.a. randlich mit K+ (braun-)-violettem Pigment, P–. Auf nährstoffreichen, basenreichen Rinden **30**
29 Lager fein isidiös, bei oberflächlicher Betrachtung und kümmerlicher Entwicklung der Isidien körnig-sorediös erscheinend, aber auch (nach Abfall der Isidien) mitunter stellenweise „sorediös"-erodiert . . . **Pertusaria coccodes**
29* Lager ohne Isidien, weißgrau bis grau, zus.hängend-ungegliedert bis rissig, stellenweise unregelmäßig weißlich sorediös aufbrechend und oft großflächig sorediös, am Rande oft weißlich . . . . **Phlyctis argena**
30 Lager areoliert bis rissig areoliert, Areolen am Lagerrand oft noch getrennt und rundlich bis unregelmäßig, ± gekerbt, oft an den Rändern etwas heller und erhaben und hier warzig bis körnig-isidiös oder sorediös oder blastidiat, auch mit gänzlich körnig-sorediöser Oberfläche, mitunter bis 1,2 mm. Soredien/Körner/Blastidien oft grob und bis über 100 µm . . . . **Caloplaca chlorina**
30* Lager rissig-areoliert bis rissig-schollig, mit körnig-warziger bis schorfiger Oberfläche, blastidiat, nicht aus randlich sorediösen bis isidiösen Areolen. Areolen auch am Lagerrand nicht individualisiert, nicht gekerbt, nicht rundlich, –0,3 mm. Soredien –60 µm . . . . **Rinodina colobina**
31 Lager grau, mit ockergelben bis fast rostfarbenen Bereichen, diese K+ violett . . . . **Chaenotheca ferruginea**
31* Lager nicht mit ocker- bis rostfarbenen, K+ violetten Bereichen **32**
32 Lager KC+ violett, grau, mit meist gewölbten bis halbkugeligen, seltener fast flachen weißen, 1–2(4) mm breiten Soralen. Vorlager s.selten gezont. Picrolichenin-S., ±Protocetrar-S., ±Atranorin . . . . **Pertusaria amara**
32* Lager nicht KC+ violett **33**
33 Lager und/oder Sorale K+ gelb bis orange (rotbraun) oder P+ deutlich gelb bis rot **34**
33* Lager/Sorale K–, P– (oder P+ leicht gelblich) **49**
34 Gewöhnlich auf Holz lebend. Lager undeutlich (meist im Substratinnern), nur Sorale auffallend, C– **35**
34* Gewöhnlich auf Rinde lebend **37**
35 Sorale weißlich, gelbweißlich, grauweißlich, K± schmutzig bräunlichrot bis K–, P+ (gelb bis) rot, meist flach, –1 mm. Fumarprotocetrar-S., (Protocetrar-S.), selten Spuren von Gyrophor-S. . . . . **Pertusaria pupillaris**
35* Sorale oft dunkler. Ohne Fumarprotocetrar-S. **36**

36 Sorale braun, d.grau, graubläulich, abgeschabt weißlich, K+ gelb, P+ orange, rundlich bis elliptisch, –1 mm. Lager im Substratinnern. Stictin-SSy., ±Norstictin-S. . . . . **Xylographa vitiligo**

36* Sorale grüngrau, grau, blaugrau, grauweiß, grüngelblich, grünlichweiß, K± orange bis rotbraun, P+ gelb bis gelborange, –0,4(0,8) mm, mitunter zus.fließend. Lager oft auch auf dem Substrat entwickelt. Atranorin, Norstictin-S. . . . . **Buellia griseovirens**

37 Lager und/oder Sorale P– bis P+ gelb **38**

37* Lager und/oder Sorale P+ gelborange, orangerot bis rostrot **41**

38 Sorale P+ gelb, K+ orange bis rotbraun (aber manchmal recht undeutlich), –0,4(0,8) mm, meist flach oder etwas konkav, oft etwas vortretend, nicht selten durch einen ± ausgefransten „Lagerkragen“ gesäumt, grünlichweiß, grüngelblich, grau, grüngrau, graublau. Lager dünn, h.grau. Atranorin, Norstictin-S. . . . . **Buellia griseovirens**
(ähnl., aber mit Atranorin, Placodiol-S., K+ gelb, P± gelb: *Buellia arborea*)

38* Sorale P– (bis gelblich), K– bis K+ gelb oder braun, ohne ± ausgefransten „Lagerkragen“. Lager P–, K+ gelb **39**

39 Sorale gelb bis gelbgrün, mit Usnin-S., –2,5 mm (auch zu größeren Soralen zus.fließend), konkav bis gewöhnlich deutlich gewölbt. Lager aus getrennten bis zus.hängenden niedrigen Warzen, grau, grünlichgrau, farblich deutlich von den Soralen abgehoben. Atranorin, Plana-S. Sehr selten auf sauren Rinden in Gebirgslagen . . . . **Mycoblastus alpinus**

39* Sorale ohne deutlichen Gelbton, ohne Usnin-S., kleiner **40**

40 Sorale düster blaugrau, K+ gelblich bis braun, –0,3 mm, ± gewölbt, auf blaß grünlichen, grauen bis graubraunen, rundlichen, flachen bis etwas gewölbten, –0,2 mm großen Areolen entstehend, mitunter die Areolen völlig überdeckend. Soredien –30 µm. Atranorin, Zeorin. Auf nährstoffreichen Rinden und Moosen . . . . **Rinodina griseosoralifera**

40* Sorale frisch h.grünlichgrau bis cremefarben, im Herbar weißlich, K+ gelb, –0,8 mm, ± rund, konkav bis flach, selten gewölbt, in der Lagermitte oft zus.fließend. Lager weiß bis weißgrau, zus.hängend, glatt bis warzig. Soredien –40 µm. Atranorin u.a. . . . . ↑ **Lecanora impudens**
(wenn Lager auffallend dick, völlig körnig sorediös, Ap. braunrosa, bereift, v.a. auf *Pinus mugo* in Mooren: **L. mughosphagneti** Poelt & Vězda)

41 In den „Soralen“ sind Fruchtkörper enthalten, K+ gelb, P+ gelb, dann rot oder K+ gelb, dann rötlich, P+ orangerot. ↑ *Pertusaria trachythallina* und *P. multipuncta*

41* Sorale ohne Fruchtkörper **42**

42 Lager und/oder Sorale P+ orange, mit Thamnol-S. oder Norstictin-S. . . . **43**

42* Lager und/oder Sorale P+ gelb, dann rot oder sofort rot oder rostrot. Mit Fumarprotocetrar-S. oder Argopsin oder Pannarin, ohne Norstictin-S., ohne Thamnol-S. **44**

43 Lager teils grobkörnig, teils fein sorediös erscheinend (Lagerinneres in der Regel ganz sorediös aufgelöst), zumindest in den Randpartien warzig-höckerig(-knollig), h.grau, meist ausgedehnt. Sorale meist unregelmäßig begrenzt bis

zus.fließend, diffus, cremefarben bis h.graugrünlich, selten auch getrennt und gewölbt. Soredien 30–80 µm. Lager/Sorale K+ intensiv gelb bis orange, C+ gelb, P+ orange. Thamnol-S., ±Elatin-S., ±(Squamat-S.). Vor allem auf Nadelbäumen in montanen Lagen . . . . **Loxospora elatina**

43* Lager dünn, h.grau, auch im Substrat, meist nur Sorale auffällig. Sorale rund bis elliptisch, meist flach oder etwas konkav, oft etwas vortretend und scharf (fast krater- oder kragenartig) berandet, -0,4(0,6) mm, grünl.weiß, grüngelblich, grau, grüngrau, graublau. Soredien -40 µm. Sorale K+ orange bis rotbraun (aber manchmal recht undeutlich), C- oder C+ gelblich, P+ gelborange. Atranorin, Norstictin-S. Verbreitet . . . . **Buellia griseovirens**

44 Mit Argopsin oder Pannarin. Lager und Sorale K-, C-. Sorale blaß grünlich bis gelbgrünlich, seltener gelblich **45**

44* Mit Fumarprotocetrar-S. Lager (soweit entwickelt) und Sorale P+ gelb, dann (orange)rot, K- bis K+ gelb oder schmutzig bräunlichrot **46**

45 Mit Argopsin. Lager meist dünn, undeutlich bis dünn areoliert, mit rundlichen, -0,5 mm großen, aber auch zus.fließenden, blaß grünlichen bis gelbgrünlichen, meist flachen Soralen. Sorale P+ rostrot, UV-. In Bergwäldern v.a. basal am Stamm . . . . **Biatora epixanthoidiza**

45* Mit Pannarin, ±Zeorin. Lager aus zerstreuten, selten zus.schließenden, graubraunen bis grünlichbraunen, braunweißen, ± rundlichen, aber auch gekerbten, mitunter angedeutet schuppigen, -0,5(0,9) mm breiten Areolen. Sorale s.klein, punktförmig, manchmal bräunlich getuscht, -0,4 mm, weißlich, blaßgrünlich, grünl.gelb, auf den Areolen entstehend oder direkt auf dem Substrat. Lager/Sorale P+ orange bis rot, UV+ orange . . . . **Rinodina efflorescens**

46 Lager grünlich, graugrünlich, unregelmäßig sorediös aufbrechend und hier ± gelbgrünlich, P+ rot, K- bis schwach gelblich. Fumarprotocetrar-S., ± Usnin-S. . . . . **Lecanora conizaeoides**

46* Lager grau, weißlich oder undeutlich, Sorale weißlich, grau, grünlich, bläulich bis bräunlichgrau **47**

47 Lager auf dem Substrat entwickelt, h.grau bis grau, mit oder ohne d.braune bis braunschwarze Vorlagerlinie, uneben warzig oder etwas rissig, mit anfangs kleinen begrenzten (0,15-0,5 mm breiten), ± konkaven, später größeren und oft zus.fließenden blaß grünlichen, weißlichen, bläulich- bis bräunl.grauen Soralen, K+ gelb. Atranorin, Fumarprotocetrar-S. Lager mitunter mit unregelmäßigen apothecienähnlichen schwarzen, -0,8 mm breiten Strukturen von gallertiger Konsistenz (= *Tremella lichenicola* Diederich) . . . . **Mycoblastus fucatus**

47* Nicht-sorediöses Lager gewöhnlich undeutlich, ± im Substrat. Vorlager undeutlich oder weißlich **48**

48 Ohne Atranorin. Sorale ± konkav bis flach, rundlich bis elliptisch, einzeln, -0,7 mm, oder 2–3 zus.fließend, keine zus.hängende Kruste bildend, weißlich, leicht gelb- oder grauweißlich, K± schmutzig bräunlichrot bis K-, P+ (gelb bis) rot. Soredien 40–60(80) µm. Fumarprotocetrar-S., (Protocetrar-S.), selten (Gyrophor-S.). UV-/+ schwach blauweißlich . . . . **Pertusaria pupillaris**

48* Mit Atranorin. Sorale anfangs getrennt, später eine zus.hängende dicke sorediöse Kruste bildend, grau, bläulichgrau, gelblichgrün, weißgrau, K+ gelb, P+ rot. Soredien 40–120 µm. Atranorin, Fumarprotocetrar-S., Protocetrar-S., Zeorin . . . . **Megalaria pulverea**

49 Lager mit rundlichen schwarzen Soralen, auf Holz, grau, warzig areoliert, Mark J+ blau . . . . **Thelomma ocellatum**

49* Sorale nicht schwarz, wenn dunkel, dann Flechte nicht auf Holz. Mark J– **50**

50 Sorale bei guter Entwicklung kraterartig von einem kragenartigen, zerfransten (nach innen gebogenen) Rand umgeben, aus aufbrechenden Thalluspusteln entstehend. An basenreichen Rinden. Ch– **51**

50* Sorale anders, nicht von einem zerfransten Rand umgeben, nicht aus aufbrechenden Thalluspusteln entstehend **52**

51 Sorale graugrün bis düster blaugrau, –0,3(0,5) mm. Lager grau, bläulichgrau . . . . **Caloplaca obscurella**

51* Sorale gelblichgrün bis weißgrünlich, –0,3 mm. Lager weißlich . . . . **Caloplaca ulcerosa**

52 Lager aus s.feinen niederliegenden bis aufsteigenden, fädig-zylindrischen, ästigen Abschnitten, dadurch minutiös „strauchig", 50–400 µm dick. Abschnitte („Ästchen") 12–35 µm dick, blaß gelblich bis grüngelblich, stellenweise in blaß gelbliche Soredien zerfallend, Soredien 15–40 µm. Rindenzellen mit feinen, –1 µm hohen Papillen. Ganz überwiegend auf Holunder, Feldahorn . . . . **Macentina stigonemoides**

52* Lager nicht aus s.feinen zylindrischen, verzweigten Abschnitten. Gewöhnlich nicht auf Holunder und Feldahorn **53**

53 Lager s.undeutlich, gewöhnlich moosbewohnend, nur die bald ausgedehnten grünlichen bis gelbgrünlichen sorediösen Bereiche auffallend, nicht begrenzt. R–, Ch– . . . . **Mycobilimbia epixanthoides**

53* Lager mit anderen Merkmalen, gewöhnlich nicht nur sorediöse Bereiche erkennbar, wenn moosbewohnend, dann Sorale weißlich bis grau **54**

54 Sorediöse Bereiche grün bis gelbgrün oder bräunlich. Mit Usnin-S. oder Perlatol-S. oder Divaricat-S. An nährstoffarmen Standorten **55**

54* Sorediöse Bereiche weißlich oder blaugrau, grau, grünlichgrau. Ohne diese Stoffe. An nährstoffarmen oder eutrophierten Standorten **57**

55 Sorale mit Usnin-S., –2,5 mm (auch zu größeren Soralen zus.fließend), gelb bis gelbgrün, konkav bis gewöhnlich deutlich gewölbt. Lager oft z.ausgedehnt, aus getrennten bis zus.hängenden niedrigen Warzen, grau, grünlichgrau, farblich deutlich von den Soralen abgehoben. Atranorin, Plana-S. UV–. Sehr selten auf sauren Rinden in Gebirgslagen . . . . **Mycoblastus alpinus**

55* Sorale ohne Usnin-S., kleiner, aber auch zus.fließend, grünlich, gelbgrünlich bis blaß gelblich (wenn deutlich bräunlich vgl. auch die im Gebiet wohl ausgestorbene *Fuscidea lightfootii*). Lager meist klein, –2,5 cm, grünlich, hellgrünlich, gelblichgrün, warzig, bei guter Entwicklung mit bräunlichem Vorlager, UV+ weiß **56**

56 Mit Divaricat-S. Lager meist nur –1 cm . . . . **Fuscidea pusilla**

56* Mit Perlatol-S. Lager oft auch größer . . . . **Ropalospora viridis**

57 Mit Sphaerophorin. Sorale punktförmig, rundlich, weiß- bis grünlichgrau oder braunstichig. Lager (warzig) areoliert, grau bis bräunlich, Mark/Sorale UV+ weiß. Basal an Bäumen mit saurer Rinde in montanen Lagen . . . . **Lecidea pullata**

57* Mit anderen Stoffen **58**

58 Sorale/Soredien düster blaugrau, bleigrau, d.grau bis grau (bis grünlichgrau). An nährstoffreichen Standorten und basenreichen Rinden **59**

58* Sorale ± weißlich. Lager weißlich bis grau **60**

59 Sorale –0,3 mm, ± gewölbt, mitunter die Areolen völlig überdeckend. Lagerareolen klein, –0,2 mm, blaß grünlich, grau bis graubraun, rundlich, flach bis etwas gewölbt. Soredien –30 µm. Atranorin, Zeorin. Auf Rinde und Moosen . . . . **Rinodina griseosoralifera**

59* Sorale nicht gewölbt. Oberfläche ganz oder teilweise körnig-sorediös bis körnig-isidiös. Bei längerer Nachsuche sind gewöhnlich einzelne Ap. zu finden. Ch– . . . . **↑30**

60 Lager mit scharf begrenzten, rundlichen bis seltener elliptischen, konkaven bis flachen, seltener gewölbten, nur vereinzelt zus.fließenden Soralen . . . . . **61** (vgl. a. *Pertusaria ophthalmiza* mit soralähnl. Fruchtwarzen)

60* Lager wenigstens teilweise mit unregelmäßig begrenzten, diffus zus.fließenden Soralen, die aus kleinen Warzen aufbrechen, h.grau, grauweiß bis cremefarben, runzelig bis glatt, mitunter mit weißem Vorlager. Sorale weißlich, cremefarben, gelblichweiß, grünlichweiß. Soredien 50–90 (120) µm. Ap. s.selten. Variolar-S. (wenn mit Fett-Sn. vgl. *Pertusaria albescens*). C± gelb. Mitunter schwierig zu trennen **62**

61 Montane Art. Lager cremefarben, gelblichweiß bis grauweiß, ± glatt, Vorlager undeutlich. Sorale –1(2) mm breit, rundlich bis elliptisch, oft von einem „Rand" umgeben, weißlich, leicht gelblich, konkav bis flach, seltener gewölbt. Soredien –150 µm. Variolar-S., Lichesterin-S. Montane Art . . . . **Ochrolechia alboflavescens**

61* Verbreitet. Lager grau, oft ausgedehnt, oft mit deutlichem, (weißlich-grüngrau) gezontem Vorlager, deutlich dunkler als Sorale. Sorale –2,5(4) mm breit, rundlich, konkav bis (m.)gewölbt, berandet. Soredien grob, –200(300) µm. Steril. Fett-Sn. (stets allo-Pertusar-S.) . . . . **Pertusaria albescens** (wenn Lager höckerig-uneben, auf den Höckern mit unscharf begrenzten körnigen, z.T. zus.fließenden kleinen Soralen: var. **corallina**)

62 Lager ohne Lichesterin-S., mit teils scharf begrenzten, teils diffus zus.fließenden Soralen, selten zuletzt einheitlich sorediös. V.a. in niederen bis mittleren Lagen . . . . **Ochrolechia turneri**

62* Lager mit Lichesterin-S., dünn, bald großflächig mehlig bis körnig sorediös. V.a. montan, auf sauren Rinden . . . . **Ochrolechia microstictoides**

63 Lager mit Isidien oder Lager aus zumindest teilweise verlängerten, teilweise auch rundlichen Körnchen **64**

63* Lager ohne Isidien, nicht aus solchen Körnchen **73**

64 „Isidien" schwarz, zylindrisch . . . . **Schlüssel VIIIa/1**

64* Ohne schwarze Isidien **65**

65 Lager mit *Trentepohlia*-Algen, an abgeschabten Stellen oft goldbraun bis orangegelb (anritzen), „Isidien“ wie das Lager weißlich bis h.grau, halbkugelig bis kurz zylindrisch, mit Pykn. Flechten schattiger Standorte . . . . **Schlüssel VIIIa/11**

65* Lager mit rein grünen Algen, an abgeschabten Stellen nie goldbraun bis orangegelb. Isidien, wenn vorhanden, gewöhnlich ohne Pykn. **66**

66 Lager K+ (gelb, dann) blutrot oder K+ gelb. Lager grauweiß, h.grau, grünlichgrau. Isidien rel. zart, -0,2 mm dick, 0,5(1) mm hoch, oben mitunter leicht gebräunt . . . . **GS Pertusaria**

66* Lager K- (*Caloplaca herbidella* punktuell auch K+ rot) **67**

67 Lager aus s.kleinen korallinischen bis isidiös verlängerten Körnchen, schwarzbraun bis braun, im Schatten h.grünlichbraun, C+ rot (meist nur am angeschabten Lager oder mikroskopisch im Quetschpräparat zu sehen), Körnchen 25–150 × 25–50 µm groß. Auf sauren Substraten . . **Placynthiella icmalea**

67* Lager nicht braun **68**

68 Lager C+ orange oder C+ rot . . . . **GS Pertusaria**

68* Lager C-, K- **69**

69 Lager dünn, filmartig, blaugrün, grün, (grün)grau, glatt bis warzig, mit 0,1 mm langen, nadel- bis dornartigen, graugrünen, ± durchsichtigen Gebilden . . . . **Gyalideopsis anastomosans**

69* Lager aus teilweise verlängerten bis korallinischen isidienähnlichen Körnchen von 40–120 µm Dicke oder aus s.feinen verzweigten, fast zwergstrauchigen Abschnitten von 12–35 µm Dicke **70**

70 Lager aus s.feinen niederliegenden bis aufsteigenden, fädig-zylindrischen, ästigen Abschnitten, dadurch minutiös „strauchig“, 50–400 µm dick. Abschnitte („Ästchen“) 12–35 µm dick, blaß gelblich bis grüngelblich, stellenweise auch in blaß gelbliche Soredien zerfallend, Soredien 15–40 µm. Rindenzellen mit feinen, -1 µm hohen Papillen. Ganz überwiegend auf Holunder, Feldahorn . . . . **Macentina stigonemoides**

70* Lager körnig isidiös bis korallinisch isidiös, Körnchen 40–120 µm dick, nichtorediös aufbrechend **71**

71 Lager weißgrau, gelblichgrau, blaß grünlichgrau, dicht mit meist zylindrischen bis deutlich korallinischen Isidien bedeckt (bis grobkörnig), mitunter stellenweise mit orangegelben, K+ tiefroten Pyknidien und Isidienspitzen. In niederschlagsreichen, ozeanischen Lagen, im Gebiet vorwiegend auf Rinde von Eiche, Bergahorn . . . . **Caloplaca herbidella**

71* Lager blaß graugrünlich bis blaß grünlich, im Herbar ausbleichend und h.grau bis beige, aus rundlichen bis verlängerten und schwach korallinischen, z.T auch etwas verflachten Körnchen. Nach längerer Suche meist vereinzelte h.braune oder d.braune bis schwärzliche Ap. zu finden. V.a. auf Eiche, Esche, ... **72**

72 Lagerkörnchen/Isidien nicht gebräunt. Mitunter braune bis rosabraune Ap.initialstadien zu finden. V.a. auf Eiche, Esche, Feldahorn, Spitzahorn . . . . **Bacidia rubella**

72* Lagerkörnchen/Isidien an der Oberseite oft etwas gebräunt. Mitunter d.braune bis schwärzliche Ap.initialstadien zu finden. V.a. auf Eiche . . . . **Bacidia biatorina**

73 Lager gelb **74**
73* Lager nicht gelb **75**
74 Lager grüngelb bis zitrongelb, aus ± gewölbten, -0,5 mm breiten Areolen oder Körnern, an Bäumen mit saurer Rinde an ± regengeschützten Stellen, v.a. an Eiche, Erle . . . . **Chaenotheca chrysocephala**
74* Lager gelb bis leicht orangegelb, aus ca. 0,07–0,15 mm dicken, oft gleichmäßig angeordneten, getrennten bis aneinanderschließenden Körnchen *(C. xanthostigma)* oder aus verflachten bis gewölbten, 0,3–1 mm breiten Areolen *(C. vitellina)* . . . . ↑ **Candelariella**
75 Lager warzig-grobkörnig, grau, stellenweise orange bis rostbraun, dort K+ rot . . . . **Chaenotheca ferruginea**
75* Lager angedeutet schuppig, nicht stellenweise orange bis rostbraun **76**
76 Schuppen gewölbt bis blasig oder uneben-deformiert, stellenweise verflacht, graugrün, gelbbraun, d.braun, unterschiedlich gefärbt je nach Lichtexposition, matt bis schwach glänzend . . . . **Hypocenomyce caradocensis**
76* Schuppen konkav, flach bis gewölbt oder uneben, mit ganzem, gelappten oder gekerbtem Rand, graugrün bis d.braun, glänzend . . . **Hypocenomyce friesii** (weitere schuppige Arten vgl. *Agonimia tristicula, Lopadium disciforme*)

Schlüssel VIIId: Sterile Krustenflechten auf Erde, Rohhumus, Pflanzenresten

1 Lager zitrongelb, h.gelb **2**
1* Lager nicht zitrongelb **3**
2 Lager gänzlich fein mehlig. Regengeschützt siedelnd (überhängende Böschungen, unter Wurzelhöhlungen (*Psilolechia, Chaenotheca furf.*) . . **GS Lepraria**
2* Lager körnig bis schuppig. An beregneten Standorten . . . . **Arthrorhaphis**
3 Lager schwarzbraun bis braun, im Schatten h.grünlichbraun, warzig (C–) oder aus s.kleinen verlängerten bis korallinischen Körnchen (C+ rot, meist nur am angeschabten Lager oder mikroskopisch im Quetschpräparat zu sehen), Körnchen 25–150 × 25–50 µm groß. Auf sauren Substraten . . . . . **Placynthiella**
3* Lager anders, nicht braun **4**
4 Lager aus frisch glänzenden, d.grünen prallen Kügelchen mit *Coccomyxa*-Algen, R–, auf feuchten Moosdecken, Pflanzenresten, Torf . . . . **Omphalina umbellifera**, selten verwandte Arten
4* Lager nicht aus solchen Kügelchen **5**
5 Lager fleckenweise orange bis rostfarben, dort K+ violettrot, ausgedehnt, h.grau, h.grünlichgrau, graugrün, eine zus.hängende, körnige bis warzige Kruste bildend (Körner um 0,05–0,2 mm), stellenweise mit grünlichweißen bis h.grünlichen, konvexen, bald zus.fließenden Soralen, C+ rot, P–. Soredien 18–25 µm. Gyrophor-S. . . . . **Trapeliopsis pseudogranulosa**
5* Lager nicht fleckweise orange bis rostfarben **6**
6 Lager mit gänzlich feinkörniger bis mehliger Oberfläche oder durchgehend körnig bis mehlig **7**

6* Lager nicht gänzlich körnig oder mehlig 9
7 Lager C– bis C+ gelblich, weißlich, grau, blaugrünstichig weißlich, blaß grünlich, gewöhnlich an nicht beregneten Standorten . . . . . . **GS Lepraria**
7 Lager C+ rot, an beregneten Standorten, gewöhnlich auf Moosen 8
8 Lager mittelgrau bis blaugrau, C+ rot, P+ rot, aus 0,1–0,4 mm dicken Körnern zus.gesetzt, mit Argopsin, Gyrophor-S. Algen micareoid, um 4–7 µm dick . . . . **Micarea**
8* Lager weiß bis weißgrau, in der Mitte oft dunkler, (meist flüchtig) C+ rotorange, P+ zitrongelb, oft rundlich rosettig, aus 0,08–0,2 mm dicken Körnchen, mit Alectorial-SSy., Angardian-S. Algen größer . . . . . . **Lepraria neglecta**
9 Lager C+ orange bis rot 10
9* Lager C– bis C+ gelblich 11
10 Lager körnig bis warzig areoliert oder angedeutet schuppig, Areolen –0,5 mm. Sorale weißlich, leicht grünlich oder düster grüngrau bis blaugrau . . . . **GS Trapelia**
10* Lager z.dick, uneben, nicht körnig oder körnig-warzig, grauweiß bis h.grau. Sorale blaß gelbgrünlich bis weißlich. Meist im Hochgebirge . **GS Pertusaria**
11 Lager dünn, undeutlich, zus.hängend, schmutzig lehmfarben bis grünlichgrau, feucht etwas schleimig. Sorale blaß grünlich, bald unregelmäßig und zus.fließend . . . . **Trapeliopsis gelatinosa**
11* Lager deutlich 12
12 Lager h.grünlichbraun bis grünlich, aus kugeligen bis verlängerten oder korallinischen Körnchen, Körnchen 25–150(200) × 25–50 µm, C+ (zumindest im Quetschpräparat) rot, K– . . . . **Placynthiella icmalea**
12* Lager nicht aus solchen feinen, verlängerten bis korallinischen Körnchen, K+ gelb, C– 13
13 Lager aus gewölbten (-halbkugeligen) Areolen, weißlich bis h.grau, oft ausgedehnt an sauren Erdrainen, offenen Böschungen, P+ gelb. Atranorin, Baeomyces-S., ±Squamat-S., Barbat-S. . . . . **Dibaeis baeomyces**
13* Lager grau, graugrün, bräunlich grau, feucht h.grün, P+ orange 14
14 Lager rosettig, am Rande mit deutlichen, vergrößerten, gekerbten, –5 mm breiten Lappen, innen ± schuppig. An der Oberfläche werden ca. 0,2 mm große flache bis gewölbte Schizidien abgegliedert, die konkave Narben hinterlassen. Stictin-S. . . . . **Baeomyces placophyllus**
14* Lager ohne solche Randlappen, rein krustig bis kleinschuppig, Schüppchen –1 mm, nicht sorediös oder mit diffusen grünlichen bis weißlichen Soralen, gelegentlich mit kleinen, bis 0,2 mm breiten Blastidien (oberflächlich abplatzende Teilchen der Rinde). Stictin-S., ±Norstictin-S., ±Gyrophor-S. . . . . **Baeomyces rufus**

Die Gattungen und ihre Arten

Die Gattungen sind alphabetisch angeordnet. Die Darstellung der Gattungen und ihrer Arten gliedert sich jeweils in zwei Abschnitte: 1. Bestimmungschlüssel, 2. Ökologie und Verbreitung der Arten.

Nicht selten fehlt der Bestimmungsschlüssel, da die Arten der behandelten Gattung zur leichteren Identifizierung bei einer anderen, verwandten oder ähnlichen Gattung aufgeschlüsselt sind. In diesem Fall wird bei dem Gattungsnamen auf den entsprechenden Schlüssel hingewiesen ("Bestimmung ↑ Gattung xy"). Fehlt ein solcher Hinweis - dies ist in der Regel nur bei lediglich eine Art umfassenden Gattungen der Fall - schlüsselt die Art bei den Gattungsschlüsseln I-VIII auf den Seiten 58–118 aus.

Arten, die in den Schlüsseln mit Autorennamen versehen sind, bleiben in den Beschreibungen zur Ökologie und Verbreitung unberücksichtigt.

Absconditella Vězda

1 Sp. 4zellig, spindelig, 20–28 × 5–6 µm. Auf sandigen, humosen Böden. Ap. -0,4 mm, weißlich, blaß gelblich, blaß bräunlich, eingesenkt. Lager s.dünn, graugrün bis schwärzlich, R- . . . . **A. trivialis**

1* Sp. 2zellig. Flechte auf Torfmoos oder Gestein. Lager dünn, graugrünlich, R- **2**

2 Auf Torfmoos. Ap. 0,1–0,4 mm, weißlich bis gelblich, feucht h.rosa. Sp. 10–12 × 4–5 µm . . . . **A. sphagnorum**

2* Auf Steinen. Ap. -0,2 mm, weißlich, gelblich bis rosabraun, angedrückt. Sp. 8–15 × 3–5 µm . . . . **A. delutula**

Absconditella delutula (Nyl.) Coppins & Kilias [A. modesta (Hegetschw.) Vězda, Dimerella m. (Hegetschw.) Grumm.]
In kollinen bis montanen Lagen auf Silikatgestein, auf Steinen über basenreichem Boden, an Wegrainen, Böschungen, an schattigen, windgeschützten, substratfrischen Standorten, subneutroph.-m.acidoph., m.photoph.-z.skioph., anitroph. - zentr - selten, wohl auch übersehen; süHü, O, SFW

Absconditella sphagnorum Vězda & Poelt
In montanen und hochmontanen, niederschlagsreichen Lagen in Hochmooren auf abgestorbenen, z.T. von Blaualgen überzogenen Torfmoosen (*Sphagnum*) auf Bulten, v.a. im Spätherbst, s.-e.acidoph., s.photoph., substrathygroph. - bor-mieur - s.selten (2); süSch, Av

Absconditella trivialis (Willey ex Tuck.) Vězda
Auf sauren, sandig-humosen, feuchten Böden an offenen Stellen, oft mit Blaualgen, Pionier ephemerer Standorte - mieur - selten; *Westf, Alpen*

Acarospora Massal.

Viele Acarospora-Arten sind noch ungenügend bearbeitet, entsprechend die Artkonzepte nicht gefestigt; insbesondere die Variationsbreite ist z.Zt. nicht ausreichend bekannt; die in klassischen Schlüsseln diagnostisch bedeutende Bereifung ist zumindest teilweise modifikativ (Kalkgehalt des Substrates) stark veränderlich.

1 Lager gelb bis grünlichgelb **2**
1* Lager braun, graubraun, rotbraun, ocker, rostrot **3**
2 Lager zus.hängend, areoliert, am Rand strahlig gelappt mit vergrößerten Areolen (placodioid), meist ± rund, -4(6) cm, aber auch oft zus.wachsend, im Innern dicht mit Ap. bedeckt, mitunter steril. Ap. gelb, -1,5 mm. K- . . . . ↑ **Pleopsidium**
2* Lager aus zerstreuten bis gruppierten, ± rundlichen Areolen, nicht placodioid. Ap. d.braun bis schwarzbraun, gewöhnlich punktförmig, selten erweitert. Areolen/Schuppen glatt bis runzelig, flach, -1,5(2) mm. K+ rot ↑ **A. smaragdula**
3 Auf Kalkgestein, R-, Ch- **4**
3* Auf Silikatgestein **8**
4 Lager nur als Ap.berandung deutlich entwickelt, sonst fehlend oder undeutlich. Ap. ± rund, einzeln, zerstreut bis seltener zu 2-3 gruppiert **5**
4* Lager deutlich entwickelt, schuppig bis areoliert. Areolen mit jeweils 1 bis mehreren Ap. **6**
5 Ap. 0,2-0,4(0,5) mm, deutlich zerstreut stehend, selten zu 2-3 gruppiert, warzig vorstehend, mit konkaver Scheibe, blaß braun bis rötlichbraun, mit ± gleichfarbenem Rand, regelmäßig rund. Sp. 3-6 × 1,5-2,5 µm. Lager undeutlich, s.dünn bis fast fehlend, blaß braun bis h.grau . . . . **A. heppii**
5* Ap. deutlich größer, 0,7-2(3) mm, meist weißlich bereift, flach, erhaben berandet, rund oder gegenseitig abgeplattet . . . . ↑ A. **glaucocarpa**
6 Sp. 7-12 × 3-6 µm, zu weniger als 100 im Ascus. Ap. -1 mm. Lager meist rotbraun bis h.braun, seltener ocker, grünlichbraun, schuppig areoliert bis fast rissig areoliert, Areolen 0,5-5 mm, zus.schließend, am Lagerrand meist steril. Ap. zu 1-3(8), ± eingesenkt, rotbraun bis d.braun, dunkler als das Lager, unberandet oder mit deutlichem Lagerrand. Algenschicht ± regelmäßig zus.hängend . . . . **A. macrospora**
6* Sp. 4-8 × 1,5-3 µm, zu mehr als 100 im Schlauch. Ap. -1,5(2,5) mm, rotbraun, Schuppen 0,5-5 mm. Wohl nicht eindeutig trennbare Sippen (*A. glaucocarpa* s.l.) **7**
7 Ap. unbereift, zu 1-4, meist spärlich, eingesenkt. Schuppen h.- bis d.kastanienbraun, braunrot, graubraun, oft (teilweise) weißlich bereift, mit weißem Rand,

± flach, gewöhnlich zus.schließend. Algenschicht ± geschlossen oder in Gruppen aufgelöst und mit s.unebener Oberfläche . . . . **A. cervina**

7* Ap. ± weiß bereift oder unbereift, meist einzeln, ± eingesenkt, zuletzt vorragend, oft den größten Teil der Schuppe einnehmend, meist zahlreich. Lager s.variabel. Schuppen oliv-, grau-, h.braun, olivgrau, unbereift, seltener bereift, am Rand oft hell, mitunter angedeutet gelappt, meist gewölbt oder uneben, zerstreut bis zus.schließend, auch überlappend bis dachziegelig. Algenschicht gewöhnlich in Gruppen aufgelöst oder mit s.unebener Oberfläche . . . . **A. glaucocarpa**

8 Lager rostrot bis rostbraun, areoliert, Randareolen oft deutlich vergrößert und dann Lager strahlig-rosettig (placodioid), Ap. punktartig, dunkel, ± eingesenkt, meist zu 2–6 pro Areole. Sp. 3–3,5 × 1,2–1,6 µm. R–, Ch– . . . . **A. sinopica** (vgl. a. rostbraune Formen von *A. smaragdula* var. *lesdainii* (Harm.) H.Magn.: Ap. meist größer, Lager nicht strahlig-rosettig mit vergrößerten Randareolen, rostbraun bis ocker)

8* Lager nicht rostrot bis rostbraun **9**

9 Lager oder Ap. K+ rot (Kristalle), C–. Norstictin-S. **10**

9* Lager und Ap. K–, C– oder C+/KC+ rot **11**

10 Lager h.graubraun bis h.rotbraun, areoliert bis fast schuppig, Areolen größtenteils von Ap. eingenommen, rundlich bis eckig, –1 mm. Ap. K+ rot, einzeln, selten zu 2–5, flach oder konkav, hell berandet, –0,4 mm. Sp. 4–6 × 1,5–2 µm. * . . . . **A. paupera**

10* Lager gelblichbraun, h.braun, beige, selten rotbraun oder rostfarben oder grünlichgelb, schuppig, K+ rot oder K–. Schuppen zerstreut oder in kleinen Gruppen, rundlich bis unregelmäßig und gekerbt, oft mit unebener Oberfläche, meist 0,5–2 mm, nur zum geringen Teil von Ap. eingenommen. Ap. meist zu 3–7, braunschwarz, punktartig, selten mit ausgebreiteter Scheibe (meist –0,8 mm). Sp. 3–5 × 1–1,5(2) µm. * . . . . **A. smaragdula**

11 Lager KC+ rot. Gyrophor-S. **12**

11* Lager KC– **16**

12 Lager bereift **13**

12* Lager unbereift **14**

13 Ap. 0,3–1,8 mm, Scheibe braun bis schwarzbraun, sehr uneben bis genabelt. Mit vergrößerten Randareolen, daher Lager angedeutet gelappt. Areolen 0,4–2,2 mm, gewölbt, braun, oft bereift. Sp. 3–5 × 1,5–2 µm. *. Auf kalkhaltigen oder neutralen/basischen Silikatgesteinen – mieur; MRh . . **A. bullata** Anzi

13* Ap. –0,4 mm, oft nur punktartig, vertieft, ohne erkennbaren Rand, Scheibe nicht auffallend uneben. Lager schuppig bis areoliert, d.braun bis schwarzbraun, Schuppen 0,5–3 mm, meist in einem Lager sehr unterschiedlich groß, braun, gewöhnlich weißlich bereift. Randareolen oft steril, vergrößert oder nicht, mitunter angedeutet gelappt. Sp. 3–5 × 1,5–2 µm. * . . . **A. umbilicata** auct. (Gegenüber gelegentlich bereiften Formen von *A. fuscata* Ap. kleiner. Artkonzept z.Zt. unklar. Die im Gebiet gefundenen Formen gehören wohl nicht zu *A. umbilicata* Bagl.)

14 Ap.scheibe gewöhnlich glatt oder s.leicht rauh, nicht runzelig, nicht genabelt,

Ap. –1 mm, vertieft bis gleich hoch wie die Lageroberfläche, meist eckig oder unregelmäßig, oft dunkler als das Lager, rotbraun bis schwarzbraun. Lager schuppig bis (im Innern) areoliert, h.- bis d.braun, rotbraun, meist ± glänzend, konkav, flach oder uneben, 0,5–1,5(3) mm. Sp. 4–6 × 1–1,5 µm. Hym. 70–120 µm. * . . . . **A. fuscata**

14* Ap.scheibe runzelig uneben oder mit Näbeln. Hym. 80–100 µm. S.seltene Arten **15**

15 Ap. –0,3 (0,8) mm, meist zu 3–6, d.braun, deutlich berandet, ± kreisrund, vertieft, Scheibe oft mit einem Nabel. Schuppen blaß gelbbraun, aus flachen, gruppenweise zus.stehenden bis zerstreuten, 0,4–1,4 mm breiten, unterseits ± blassen Schuppen. * . . . . **! A. gallica**

15* Ap. –1,4 mm, d.rotbraun, zuletzt hervortretend bis aufsitzend, mit erhabenem Lagerrand und runzeliger bis mehrfach genabelter Scheibe, oft dichtstehend. Lager schuppig, Schuppen oft angedeutet gelappt, glänzend, h.- bis d.braun, gewölbt bis uneben, 0,5–3 mm. Sp. 4–6 × 1,5–2 µm. * . . . . . . **A. peliscypha**

16 Sp. 9–13 × 5–6 µm, nur zu ca. 16–64 im Schlauch. Areolen oliv- bis d.braun, unterseits blaß, meist zerstreut und rundlich, ± gewölbt, 0,5–1(1,5) mm. Ap. einzeln, –0,6(1) mm, rund, schwarzbraun . . . . **A. oligospora**

16* Sp. deutlich kleiner, zu mehr als 64 im Schlauch **17**

17 Lager bereift **18**

17* Lager unbereift **19**

18 Lager ± dicht bereift, unter dem Reif h.braun bis h.rotbraun, schuppig areoliert, Schuppen flach bis gewölbt, rundlich bis eckig, 0,5–2 mm. Ap. ± vertieft, gewöhnlich ohne abgesetzten Lagerrand, meist schwarzbraun, 0,2–0,5 mm. Sp. 4–7 × 1,5–2 µm. Paraph. um 1,5 µm dick. Hym. 90–130 µm . . **A. versicolor**

18* Lager schwach bis dicht bereift, Bereifung meist recht unterschiedlich in einem Lager und nur bei Kalkeinfluß vorhanden. Ap. oft mit erhabenem Lagerrand . . . . **↑ A. nitrophila (31)**

19 Ap. –1,5(2) mm, rotbraun bis braunschwarz, deutlich (meist erhaben) berandet, zu 1(2–3) pro Schuppe, zuletzt oft deutlich hervortretend und ± sitzend, rundlich bis verzerrt. Schuppen zerstreut bis zus.schließend, m.- bis d.braun, rundlich, flach bis gewölbt. Hym. niedrig, –75 µm hoch, Paraphysen –3,5 µm (oben –5 µm) dick. Sp. 3–6 × 1,5–2,5 µm . . . . **A. badiofusca**

19* Ap. selten über 0,8 mm. Hym. höher. Paraph. –2 µm **20**

20 Ap. gewöhnlich mit warzig-rauher Scheibe, rotbraun, dünn berandet, –0,8(1,4) mm. Hym. (120)140–170 µm. Schuppen 1–5 mm, gelbbraun, h.- bis d.braun, matt, meist uneben, unterseits ± blaß, meist zerstreut bis in kleinen Gruppen, oft angedeutet gelappt. Sp. 3,5–5,5 × 1,5–2 µm . . . . . **A. scabrida**

20* Ap.scheibe gewöhnlich nicht warzig-rauh **21**

21 Lager aus einzelnen, ± rundlichen, –2 mm großen, schwach gewölbten Areolen oder zus.schließend warzig areoliert, gelbbraun, h.braun, beige, oft mit unebener Oberfläche, meist 0,5–2 mm, Unterseite ± schwärzlich. Hym. (60)125–140(250 µm). Ap. meist zu 3–7, punktartig oder seltener mit ausgebreiteter Scheibe (bis 0,8 mm), unberandet oder berandet. Paraph. 1–1,5 µm dick. Sp. 2,5–5 × 1–1,5(2) µm. Norstictin-S. . . . . **A. smaragdula**

21* Mit anderen Merkmalen (Ap. meist nicht punktförmig. Hym. selten über 120 µm, Ausnahme: *A. pyrenopsoides*). Ohne Norstictin-S. **22**
22 Lager nur als Ap.berandung deutlich entwickelt, sonst fehlend oder undeutlich. Ap. ± rund, einzeln, zerstreut bis seltener zu 2-3 gruppiert, 0,2-0,4(0,5) mm. Paraph. -1 µm. Auf kalkhaltigen oder basischen Silikaten . . . ↑ **A. heppii (5)**
22* Lager deutlich entwickelt, schuppig bis areoliert. Areolen mit jeweils 1 bis mehreren Ap. Paraph. dicker. Flechte nicht auf kalkhaltige oder basische Silikate beschränkt **23**
23 Ap. oft unregelmäßig geformt, eckig oder verlängert, selten rund. Scheibe eingesenkt, Rand kaum erhaben oder undeutlich. Hym. um 60–80 µm (selten bis 100 µm). Sp. 3–5 × (1,5)2–2,5 µm. *A. impressula* s.l. **24**
23* Ap. in der Regel ± rundlich **26**
24 Lager rissig-areoliert. Areolen meist eckig, dicht aneinanderschließend, d.braun bis schwarzbraun, unterseits dunkel, 0,4–1,5 mm, z.T. ohne Ap. Ap. 1–5/Areole, vertieft, -0,4 mm, konkav bis flach, rundlich bis eckig. Paraph. 1,5–2 µm . . . . **A. impressula**
24* Lager keine durchgehend rissig areolierte Kruste bildend. Schuppen einzeln bis meist nur zu wenigen gruppiert zwischen/in anderen Flechten, gewölbt, rotbraun bis graubraun, glänzend, -1,8 mm. Ap. 0,1–1,5 mm, unregelmäßig geformt, oft verlängert, von ähnlicher Farbe wie Lager. Oft parasitisch **25**
25 Schuppen rotbraun, Ap. zu 2–5 pro Schuppe. Mark durch Kristalle körnig. Z.B. auf *Aspicilia*-Arten . . . . **A. hospitans**
25* Schuppen rotbraun bis graubraun. Ap. zu 2–10/Schuppe. Mark ohne Kristalle . . . . **A. insolata**
26 Lager s.blaß braun bis blaß gelblich, s.dünn, rissig areoliert, Areolen flach bis leicht konkav, -0,8 mm. Ap. zu 1-2, rotbraun, eingesenkt. Sp. 3–6 × 1–2 µm . . . . **A. tongletii**
26* Lager deutlich dunkler **27**
27 Lager rissig-areoliert. Areolen eckig, dicht aneinanderschließend, flach, d.braun bis schwarzbraun, unterseits dunkel, 0,4–0,7(1,0) mm, z.T. ohne Ap. Ap. 1–5/Areole, -0,4 mm, konkav bis flach . . . . ↑ **A. impressula (24)**
27* Lager anders **28**
28 Parasitisch. Ap. meist zu 2 bis 10 pro Schuppe **29**
28* Nicht parasitisch **30**
29 Sp. 3–5 × 2–3 µm. Schuppen gewölbt, glänzend, rotbraun, graubraun . . . . **A. insolata (25)**
29* Sp. 3–6 × 1,5–2 µm. Schuppen stark gewölbt, d.braun bis schwarzbraun . . . . **A. pyrenopsoides (31)**
30 Ap. 0,1–0,5 mm, ohne Rand, konkav (vertieft), zu 1–3, rotbraun bis d.braun. Areolen rotbraun, d.rotbraun, 0,2–1,4 mm, zerstreut oder zu mehreren gruppiert, rundlich bis eckig. Sp. 3–5 × 1,5–2 µm. Hym. 60–100 µm . . . . **A. veronensis**
30* Ap. meist zumindest teilweise mit erhabenem Rand. Areolen angedeutet schuppig. Sp. 3–6 × 1,5–2 µm **31**
31 Schuppen meist d.braun, 0,4–2,5 mm, meist gewölbt (auch h.braun bis braun,

eben bis uneben, -4 mm, fast schuppig, oft gekerbt-gelappt: v. *praeruptorum*), Ap. -1,2 mm, oft mit etwas rauher Scheibe. Hym. 70–130 µm. Paraph. 1,5–2(2,5) µm, oben -5(6) µm. S.formenreich . . . . **A. nitrophila**

31* Schuppen d.braun bis schwarzbraun, stark gewölbt. Ap. -0,7 mm, eingesenkt, ähnlich gefärbt wie Lager. Hym. 70–150 µm. Paraph. 1,3–1,7 µm, oben -3 µm . . . . **! A. pyrenopsoides**

Acarospora badiofusca (Nyl.) Th.Fr.
In hochmontanen und alpinen Lagen (selten tiefer, wie v.a. in trocken-warmen, kontinentalen Lagen: dealpin) auf basischem oder kalkhaltigem oder kalkstaub-imprägniertem Silikatgestein und entkalktem Kalkgestein, an z.regengeschützten bis beregneten Flächen, auch an m.gedüngten Vogelsitzplätzen, subneutroph.-neutroph., z.–s.photoph., m.nitroph. – arkt-alp(pralp) – s.selten (1); Vog, Ju

Acarospora cervina Massal.
Bis in die montane Stufe auf Kalkgestein an besonnten Orten, ähnl. *Placocarpus schaer.* (↑) – mieur(subko)-med – selten (3); Ju, FrJu, SJu, *O*+, Ne, Mn, Th

Acarospora fuscata (Nyl.) Th. Fr
Euryöke Art, bis in die alpine Stufe, v.a. auf saurem, kalkfreiem Silikatgestein, v.a. an Schräg- und Horizontalflächen, Schwerpunkt an besonnten, voll beregneten Orten auf ± hartem Gestein, auch als Apophyt in Kalkgebieten nicht selten auf Mauerkronen, Grabsteinen etc. aus kalkfreiem Naturstein, (subneutroph.-) m.–z.acidoph. – bor-med(mo) – z.(–m.) häufig

Acarospora gallica H.Magn.
Ähnl. *A. umbilicata* (↑), *Lecidella carp.* (↑) – mieur-med – *O (Heidelberg),* Th

Acarospora glaucocarpa (Ach.) Körber
Z.euryöke Art, bis in die alpine Stufe auf kalkarmem bis v.a. kalkreichem Gestein, auf niedrigen Blöcken, Steinen, auf Kuppen, Steil- und Überhangflächen von Felsen, selten auch auf Mauern, auch an nährstoffreichen Stellen (Staub, Vogeldüngung), an m.–s.lichtreichen, beregneten bis z.regengeschützten Standorten, basiph., (a-)m.nitroph. – bor-med(mo) – z.selten; SJu, Ju, FrJu und Al z.selten, sonst (s.)selten (Mn, Ne, Hü, süRh, *Vog, Eif,* He, Th)

Acarospora heppii (Naegeli ex Hepp) Naegeli ex Körber
Bis in die montane Stufe auf kalkreichem bis kalkarmem Gestein (z.B. schwach kalkhaltigem Silikatgestein, mergeligem oder sandigem Karbonatgestein, kalkhaltigem Kunststein), v.a. an auf dem Boden liegenden Steinen an Wegrändern, Böschungen, in aufgelassenen Kiesgruben, Geröllhalden, subneutroph.–basiph., (z.skioph.-)m.–z.photoph. – bor-smed(?-med) – z.selten, übersehen; SJu, Ju, FrJu, süHü-HRh, Ne, Mn, He, Th, süRh, O, Eif, *Ml*

Acarospora hospitans H.Magn. [A. impressula Th.Fr. v. hospitans (H.Magn.) Clauz. & Roux]
Ähnl. *A. insolata* (↑) – bor-med-mo – selten; süSch, *Al*

Acarospora impressula Th.Fr. [A. atrata Hue]
Bis in die hochmontane Stufe auf kalkfreiem, oft schwermetall-, zumindest eisenreichem Silikatgestein an besonnten Flächen, z.acidoph., z.–s.photoph., ombroph., anitroph. – s'bor-mieur – selten; süSch, *O*, Eif

Acarospora insolata H.Magn.
V.a. in montanen und alpinen, z.niederschlagsreichen Gebieten auf kalkfreiem, mineralreichem oder leicht kalkhaltigem Silikatgestein und oberflächlich entkalktem Kalkgestein, meist auf besonnten Flächen parasitisch auf Krustenflechten, v.a. *Aspicilia*-Arten und *Rhizocarpon geogr.*, oft auch auf eisenreichem Gestein, (subneutroph.–)m.(–z.)acidoph., z.–s.photoph., a-/m.nitroph. – (bor-)mieur-smed – selten; süSch, Vog, Rhön, Al

Acarospora macrospora (Hepp.) Massal. ex Bagl. [incl. ssp. murorum (Massal.) Clauz. & Roux, A. murorum Massal.]
Bis zur alpinen Stufe auf meist kalkreichem Gestein vorwiegend an steilen Schräg- und Vertikalflächen sowie Überhängen von Felsen an zerklüfteten oder erdverkrusteten Stellen, an regengeschützten Orten auch an zeitweise feuchten Klüften, an m.–z.(s.)lichtreichen Standorten, basiph., z.xeroph., m.nitroph. – bor-med – SJu, Ju, FrJu, Th, Al, sonst s.selten: Ne, Eif

Acarospora nitrophila H.Magn.
var. **nitrophila**
Bis in die alpine Stufe auf Silikatgestein, v.a. auf basischem bis neutralem bzw. staubimprägniertem bzw. leicht eutrophiertem Silikatgestein, Pionier auf harten magmatischen Silikaten, oft synanthrop auf Mauerkronen, Grabsteinen, alten Dachziegeln, v.a. an beregneten, lichtreichen Standorten, oft an Horizontal-/ Schrägflächen, subneutroph., z.–s.photoph., m.–z.nitroph. – arkt-med – m.häufig; natürliche Vorkommen s.selten
var. **praeruptorum** (H.Magn.) Clauz. & Roux [A. praeruptorum H.Magn.]
An z.regengeschützten Vertikal- und Überhangflächen auf kristallinem, magmatischem oder metamorphem, mineralreichem Silikatgestein, z.acidoph.–subneutroph., m.–z.photoph. – mieur-med – selten; z.B. Sch, Mos, Eif, *O*

Acarospora oligospora (Nyl.) Arnold
In kollinen und submontanen, meist z.warmen Lagen auf basischem oder leicht kalkstaubimprägniertem Silikatgestein, oft auf Sandstein, auf Mauerkronen, auf Steinen über basenreichen Böden, oft an eutrophierten Stellen und dann auch auf saurem Silikatgestein, subneutroph.–neutroph., z.–s.photoph., m.nitroph. – mieur-smed – selten *(2)*; Pf, *Ne, Bo, Vgb, Fr, FrJu, Westf, Al*

Acarospora paupera H. Magn. [A. tongletii var. p. (H. Magn.) Clauz. & Roux]
Ähnl. *Lecidella carp.* (>), v.a. synanthrop auf Sandstein – Ne, Ju, *Fr, FrJu*, Th

Acarospora peliscypha Th.Fr.
In alpinen, selten hochmontanen, niederschlagsreichen Lagen an wind- und strahlungsexponierten Silikatfelsen, besonders im Bereich von Vogelsitzplätzen, m.–z. acidoph., s.photoph., m.(–z.)nitroph. – arkt-alp – s.selten (R); süSch, Hz

Acarospora pyrenopsoides H.Magn.
Auf Silikatgestein an Steilflächen und Überhängen an ± lichtreichem Standort - s.selten (R); süSch

Acarospora scabrida Hedl. ex H.Magn.
In montanen Lagen auf meist verwittertem, zerklüftetem, staubimprägniertem Silikatgestein, z.B. an Vertikalflächen und Überhängen - bor-mieur - s.selten (1); süSch

Acarospora sinopica (Wahlenb.) Körber
Bis zur alpinen Stufe auf kalkfreiem, schwermetallreichem, zumindest FeS_2-reichem Silikatgestein, besonders in (ehemaligen) Erzbaugebieten, auch auf Erzschlacken und Abraum, oft auf rostfarben bis schwarz (MnO) oxidiertem Substrat, an Horizontal- bis (in niederschlagsreichen Lagen) Überhangflächen, an besonnten Stellen v.a. an oft taufeuchten bodennahen Flächen, Lager mit hohen Schwermetallgehalten, edaphisch stenök, sonst z.euryök, z.–s.acidoph., m.–s.photoph., anitroph. - arkt-smed·mo - selten (3); süSch, Vog, BayW, *Ts*, Sauerl, Erz, Hz

Acarospora smaragdula (Wahlenb.) Massal. [A. undata Clauz., Roux & Wirth]
Bis in die alpine Stufe auf kalkhaltigem oder basischem bis neutralem oder ± eutrophiertem Silikatgestein, die Hauptform vorwiegend in hohen Lagen in Ritzen von Felswänden mineralreicher Gesteine (v.a. Vertikalflächen) und an Vogelsitzplätzen, var. *lesdainii* f. *subochracea* H.Magn. und andere Formen auf schwermetallreichem, kalkfreiem Gestein (ähnl. *A. sinopica* ↑). Hauptform subneutroph.–m.acidoph., m.–z.(s.)photoph. - arkt-mieur·mo/alp-med·mo/alp - s.selten (1); Vog, süSch, *Ne*, *Ju*, BayW, *Ts*, Hz

Acarospora tongletii Hue [A. rehmii H.Magn., A. variegata H.Magn.]
Ähnl. *Lecidella carp.* (↑), *A. oligospora* (↑), v.a. synanthrop auf Sandstein, besonders Mauerkronen - mieur - selten (3); Eif, *Fr*, *O*

Acarospora umbilicata auct.
In kollin-submontanen, warmen bis z.warmen, meist z.niederschlagsarmen Lagen auf kalkhaltigem bzw. kalkimprägniertem oder basischem Silikatgestein, in erster Linie auf Sandstein, oft synanthrop auf Mauern, an besonnten, oft staubimprägnierten Standorten, subneutroph., thermoph., m.(–z.)nitroph. - mieur(subatl?)-med - selten (3); Rh, Hü, Ne, Ju, Sch, O, Mn, Sp, Pf, Eif

Acarospora veronensis Massal.
Bis in alpine Lagen auf saurem bis basischem, bisweilen auch kalkhaltigem Silikatgestein (und oberflächlich entkalktem Kalkgestein), oft an etwas eutrophierten Stellen, so an Mauern, auf Vogelfelsen, am Boden liegenden Steinen (z.B. an Wegen), auch auf Kunststein (Dachziegel), Pionier auf hartem Fels, subneutroph.–m.acidoph., z.–s.photoph., (a-)m.nitroph. - bor-med - z.selten; z.B. Sch, Vog, O, Eif, He, Th

Acarospora versicolor Bagl. & Carestia
Auf mineralreichen Silikatgesteinen, ähnl. *A. umbilicata* (↑) - mieur-med - selten; süSch, süRh-HRh, O, Pf, Mos, Eif

Acrocordia Massal.

(Bestimmung ↑ Arthopyrenia)

Acrocordia cavata (Ach.) R.Harris
Ähnl. *A. gemmata* (↑), mehr an rel. glatten Rinden, hauptsächlich an Esche, ähnl. *Anisomeridium nyss.* (↑) - mieur(·atl)-med - s.selten; süRh, HRh, Ju

Acrocordia conoidea (Fr.) Körber [Arthopyrenia c. (Fr.) Zahlbr.]
V.a. in submontanen und montanen Lagen auf Karbonatgesteinen (v.a. Kalkstein, Dolomit), meist auf rel. glattem, unverwittertem, kompaktem oder fein porösem Fels an m.beregneten bis z.regengeschützten, oft leicht feuchten, beschatteten steilen Schräg- und Vertikalflächen, an m.warmen bis z.kühlen, luftfeuchten, windgeschützten Standorten in Wäldern, Tälern, an schattigen Hängen, basiph., m.photoph.–z.skioph., anitroph. - mieur-med - selten; Ju, SJu, FrJu, Al, sonst s.selten (HRh-süSch, Bo, Bit, Th)

Acrocordia gemmata (Ach.) Massal. [A. alba (Schrader) B. de Lesd., Arthopyrenia a. (Schrader) Zahlbr., A. gemmata (Ach.) Massal., A. sphaeroides (Wallr.) Zahlbr.]
Bis in die montane Stufe, v.a. in (z.)wintermilden Lagen, auf subneutraler–m.(z.)saurer, rissiger, auch leicht morscher Borke von Laubbäumen (Mittelstamm), v.a. an Eiche, Esche in Eichen-Hainbuchen- und Eschen-W. an m.lichtreichen, milden, windgeschützten Standorten, oft in Auen und an Talhängen, z.B. mit *Bacidia rubella, Normandina, Arthonia cinn.*, z.hygroph., (z.)m.photoph.–z.skioph., anitroph. - s'bor(subatl)-med - z.selten (3); v.a. süSch, süRh, Bo, Ju, selten Ne, O, *nöRh, Rh-Mn-T, Ts*, Eif-Bit-Mos, Th

Acrocordia salweyi (Leighton ex Nyl.) A.L.Sm. [Arthopyrenia s. (Leighton ex Nyl.) Zahlbr.]
Auf Kalkgestein an schattigen Standorten, oft auf porösem Substrat (Tuff, Mörtel) - mieur·subatl-med - s.selten (R); Ne (Jagst)

Adelolecia Hertel & Haf.

(Bestimmung ↑ Lecidea TS 4)

Adelolecia pilati (Hepp) Hertel & Haf. [Lecidea pilati (Hepp) Körber]
In hochmontanen und alpinen, s.niederschlagsreichen Lagen auf kalkfreiem, meist oberflächlich mürbem, verwittertem, glimmer- und z.eisenreichem Silikatgestein an z.regengeschützen bis m.beregneten Vertikal- und Überhangflächen an m.–z.lichtreichen Standorten, selten auf beregneten Schrägflächen, z.acidoph., anitroph. - arkt-h'mo/alp - s.selten (3); süSch, BayW

Agonimia Zahlbr.

Agonimia tristicula (Nyl.) Zahlbr.
Vorwiegend in kollinen bis montanen, klimatisch milden, oft ozeanischen Lagen auf der Rinde und auf Moosen an alten Baumstämmen, auf Moosen über Felsen, gewöhnlich an halbschattigen Standorten in lichten Wäldern, bachbegleitenden Beständen, in erster Linie auf subneutralen (bis m.sauren), oft etwas vermorschenden Borken, z.B. an Esche, Eiche, subneutroph.(-m.acidoph.), leicht substrathygroph., m.-z. photoph., z.hygroph., anitroph. - bor-med, subatl - (z.)selten, leicht zu übersehen, da oft steril; Sch, Ne, Ju, SJu

Alectoria Ach.

1 Lager grauschwarz bis d.braun, basal rosagrau bis h.graubraun, strauchig-aufrecht, Äste bis 1,5 mm dick, stielrund, basal etwas abgeflacht. Mark K+ gelb, C+ rot, P+ gelb. Alectorial-S., Barbatol-S. - arkt-alp - Alpen, Sudeten . . . . **A. nigricans** (Ach.) Nyl.

1* Lager blaßgelb bis h.gelbgrün. Usnin-S. 2

2 Lager ohne Pseudocyphellen, zierlich, mit kleinen punktförmigen Soralen an der Spitze kurzer, oft zurückgebogener Seitenzweige. (Usnin-S.) . . . . **↑ Ramalina thrausta**

2* Lager mit strichförmigen Pseudocyphellen, recht derb. Mark K–, P–, C–. Usnin-S. 3

3 Lager fast ausschließlich an Bäumen, ± lang hängend, –30 cm, isotom-dichotom verzweigt. Hauptäste verflacht und längsstreifig. Sorale selten, vortretend. Ap. selten, Scheibe ocker, braun bis fast schwarz. Mark KC– oder KC+ rosa, UV+ bläulichweiß. ± Alectoron-S., Squamat-S. * . . . . **A. sarmentosa**

3* Lager auf Erde, Moosen, aufrecht-strauchig bis niederliegend, –10(12) cm, ± anisotom-dichotom verzweigt. Hauptäste nicht deutlich verflacht. Astspitzen oft grauschwärzlich. Mark KC–, UV–, CK+ gelb. Diffracta-S. * . . **A. ochroleuca**

Alectoria ochroleuca (Hoffm.) Massal.
In windoffenen alpinen und subalpinen Lagen auf sauren Böden an relativ früh schneefreien Stellen, an Standorten mit stark wechselnden Feuchtebedingungen, selten unter die Waldgrenze herabsteigend, dann an lichtreichen, aber schattigen Flächen von Silikatfelsen oder auf Moosen zwischen Blöcken, m.–e.acidoph., s.ombroph., anitroph. - arkt-mieur-alp - s.selten; Vog (Rotenbachkopf), Rhön*, BayW (Arber), Erz, Hz; Alpen stellenweise häufig

Alectoria sarmentosa (Ach.) Ach.
In hochmontanen, seltener montanen, s.niederschlags- und nebelreichen ozeanischen Lagen v.a. an Zweigen von Nadel- und Laubbäumen in naturnahen Buchen-Tannen- und Tannen-Fichten-W., v.a. an älteren Tannen, Buchen, (seltener) Fichten, an s.–e.luftfeuchten, kühl-ozeanischen Standorten, empfindlich gegenüber forstwirt-

schaftl. Nutzung, m.–z.(s.)acidoph., (z.skioph.–)m.–z.photoph., anitroph. – bor-smed·mo(-med·mo) – selten (2); süSch (über 900 m), nöSch (s.selten), Vog, Al, ThW+

Amandinea Choisy ex Scheideg. & Mayrhofer

(Bestimmung ↑ Buellia)

Amandinea punctata (Hoffm.) Coppins & Scheideg. [Buellia p. (Hoffm.) Massal., B. punctiformis (Hoffm.) Massal., B. myriocarpa (DC.) De Not.]
Bis in hochmontane (subalpine) Lagen; z.substratvag, am Stamm von Laub- und Nadelbäumen, auf zähmorschem Holz (Zäune, Pfosten usw.), selten auf Silikatgestein, gewöhnlich auf z.–m.sauren, ± eutrophierten Rinden, auch an z.regengeschützten Stellen, Bäume mit primär subneutraler Borke meidend bzw. nur bei sekundärer Ansäuerung (durch Immissionen) besiedelnd, gewöhnlich an freistehenden Bäumen, an Waldrändern, in Siedlungen, m.–s.acidoph., m.–z.(s.)photoph., a- bis z.nitroph., z.toxitol. – (arkt-)bor-med – häufig bis s.häufig durch das ganze Gebiet, im Süden (v.a. in Kalkgebieten) seltener

Amygdalaria Norman

(Bestimmung ↑ Lecidea TS 5/TS 6)

Amygdalaria panaeola (Ach.) Hertel & Brodo [Lecidea p. (Ach.) Ach.]
In hochmontanen bis alpinen, selten montanen Lagen auf meist neutralem bis basischem Silikatgestein (mineralreiche Gneise, Schiefer, Basalt etc.) an niederschlagsreichen, lange schneebedeckten, kühlen, z.lichtreichen, meist absonnigen Standorten, z.B. in Blockhalden, Blockmeeren, Einzelblöcken in Magerrasen, subneutroph.–m.acidoph., m.–z.photoph., anitroph. – arkt-mieur·h'mo/alp – (s.)selten, durch Entsteinung (2); süSch, Vog, He (Meißner, Rhön, je 1×), BayW

Amygdalaria pelobotryon (Wahlenb.) Norman [Aspicilia p. (Wahlenb.) Th.Fr.]
Z.ähnl. *A. panaeola* – arkt-bor(-mieur·h'mo) – s.selten; Rhön (1×)

Anaptychia Körber

(Bestimmung ↑ Physcia)

Anaptychia ciliaris (L.) Körber ex Massal.
Bis in die hochmontane Stufe, in niederen Lagen durch starken Rückgang nur noch stellenweise, v.a. an alten freistehenden Laubbäumen auf rissiger, mineralreicher, auch (kalk)staubimprägnierter Borke, auf Moose übergehend, meist an Straßen- und Feldbäumen (v.a. Esche, Linde, Ahorn), bisweilen auch in lichten Bergwäldern, s.selten auf Gestein, optimal heute an m.–z.niederschlagsreichen, z.windoffenen

Orten, subneutroph., mesoph., (a-)m.(-z.)nitroph. (doch gegen Ammonium-Eintrag empfindlich) - s'bor-med·mo - selten (3); in nicht reduzierten Exemplaren fast nur noch in SJu, Ju, süSch, Av, Al, ferner SFW, Bo, Ne; Mn, Rhön, Eif, O und süRh fast +; früher im gesamten Gebiet, z.B. in Th, häufig

Anema Nyl. ex Forss.

(Bestimmung ↑ Phylliscum)

Anema decipiens (Massal.) Forss.
Auf Kalkgestein, selten kalkhaltigem Silikatgestein, an besonnten, zeitweise sickerfeuchten Felsen, ähnl. *Thyrea* (↑) - (s'bor-)mieur-med - selten; SJu, Ju, FrJu, Ne, süHü, Th

Anema tumidulum Henssen ined. [A. moedlingense auct.]
Auf kalkhaltigen oder basischen Silikatgesteinen (z.B. Basalt, Grünstein), selten kalkigen Sedimentgesteinen, auf sporadisch sickerfeuchten Flächen an warmen Standorten, ähnl. *Peltula* (↑) - mieur-med? - s.selten (1) ; süSch (1×), Ju (1×), Lahn (1×)

Anisomeridium (Müll.Arg.) Choisy

(Bestimmung ↑ Arthopyrenia)

Anisomeridium biforme (Borrer) R.Harris [Arthopyrenia biformis (Borrer) Massal.]
In kollinen und submontanen, wintermilden, z.ozeanischen Lagen an glatter bis rissiger Rinde, v.a. am Stamm älterer Laubbäume in lichten Wäldern (z.B. Eichen-Hainbuchen-W.), m.acidoph., m.photoph., z.-s.hygroph., anitroph. - mieur·atl-smed - s.selten (+++); Eif

Anisomeridium nyssaegenum (Ellis & Everh.) R.Harris [Thelidium juistense Erichsen]
In kollinen und submontanen, z.wintermilden Lagen an luftfeuchten Standorten in Auenwäldern, bachbegleitenden Eschenbeständen, Eichen-Hainbuchen-W. auf subneutraler Rinde vor allem von Esche, ähnl. *Acrocordia gemm.* (↑), *Arthonia cinn.* (↑), aber meist mehr basal am Stamm auf rissiger Borke, (z.skioph.-)m.(-z.)photoph., hygroph., anitroph. - mieur·subatl-med - z. selten (-m.häufig), übersehen; z.B. Rh, O, Sch, Ne, SFW, Eif

Arthonia Ach.

1	Lager auf Gestein	**2**
1*	Lager auf Rinde, selten Holz	**6**

2 Auf kalkreichem Gestein. Lager mit rein grünen Algen, undeutlich bis schorfig-warzig, grau bis bräunlich. Ap. schwarz, fast eingesenkt bis angedrückt, rundlich bis unregelmäßig eckig, flach bis gewölbt, -0,5 mm. Epihym. rotbraun, Hyp. ± d.rotbraun, auch olivstichig. Sp. 2zellig, 11–18 × 4–7 µm, am Septum eingeschnürt, Zellen ungleich. Lager R– . . . . **A. lapidicola**

2* Auf Silikatgestein. Lager mit *Trentepohlia*-Algen (beim Anritzen goldbraun bis orange) 3

3 Hyp. braunschwarz, Epihym. braunschwärzlich bis kohlig. Ap. schwarz, unbereift. Lager C–, KC–, K–/± gelblich, P–, Ch– 4

3* Hyp. hell. Ap. bereift, flach, Lager gelblichweiß, C+/KC+ rot, K–/± gelblich, P– 5

4 Sp. 2zellig, 10–16(19) × 4–6 µm, farblos, zuletzt blaß bräunlich, warzig. Ap. rundlich bis kurz elliptisch, flach, ± berandet, -0,35 mm, mit deutlich entwickeltem Exc. Hym. blaß braun. Lager s.dünn, gelblich bis bräunlich . . . . **Melaspilea granitophila**

4* Sp. (3–)4zellig, ± keilförmig (Zellen ungleich groß), 12–16 × 4–6 µm. Ap. rundlich bis seltener elliptisch, fast flach bis gewölbt, -0,8(1) × 0,5 mm. Lager rosa, im Herbar weißlich, gelblichweiß bis blaß grünlich, dünn bis dick, weich, schorfig bis mehlig . . . . **A. arthonioides**

5 Lager aus zerstreuten, nicht zus.hängenden Körnchen. Ap. oft selten, h.blau bereift, rundlich bis gelappt, -0,6 mm. Sp. meist 4zellig, 12–18 × 6–7 µm . . . . **A. insulata**

5* Lager zus.hängend, m.–z.dick, s.uneben, höckerig, am Rande fast etwas gelappt, matt, oft fein rauh, blaß rosa, im Herbar bräunlichgrau, meist stellenweise sorediös. Ap. s.selten, dicht grauweiß bereift, unregelmäßig eckig bis gebuchtet, -0,8 mm. Sp. 4-6zellig, 14–20 × 5–7 µm. Pykn. zahlreich, 0,1-0,2 mm breit, eingesenkt bis warzenförmig, Pyknosp. 15–25 × 1 µm. Lecanor-S. . . . . **A. endlicheri**

6 Sp. 2zellig. Ap. d.braun, braunschwarz, schwarz, manchmal bereift 7

6* Sp. mindestens 3zellig 15

7 Ap. länglich, linear bis geschlängelt, einfach oder verästelt, -1 mm lang, 0,2 mm breit, schwärzlich. Hym. und Sp. oft schlecht entwickelt (rel. ephemere Flechte), Epihym. olivgrün, olivbraun, schwarzbraun, Hyp. farblos. Sp. meist (10)12–14(15) × 3–5 µm. Lager sehr dünn, mit *Trentepohlia* . . . **A. dispersa**
(Sp. 15–18 × 5–7 µm, Epihym. h.braun oder oliv, seitlich eine d.braune exc.ähnliche Zone entwickelt, atl: **A. excipienda** (Nyl.) Leighton)

7* Ap. rundlich bis fleckförmig 8

8 Hym. K+ rot, purpur oder violett 9

8* Hym. nicht mit dieser Reaktion 12

9 Ap. schwarz, rund, selten elliptisch, -0,8 mm, flach. Lager ohne Algen (Algen allenfalls sehr vereinzelt vorhanden), weißlich, K+ gelblich, ohne Vorlager. Epihym. schwarzbraun, Hym. ± gelblich, durch K vorübergehend violett, Hyp. grünlichgelb oder braun. Sp. 11,5–15 × 3,5–5 µm, eiförmig, Fächer oft etwas ungleich. Pyknosp. 11–16 × 0,7 µm, stark gekrümmt . . . . **A. galactites**

9* Ap. zumindest feucht nicht schwarz, sondern mit rötlichem Ton. Lager mit *Trentepohlia*-Algen **10**

10 Sp. 7–10 × 3–4 µm, farblos, Zellen oft etwas ungleich groß. Ap. rotschwarz bis schwärzlich, feucht tief rotbraun, angepreßt, meist kaum gewölbt, meist rundlich, -1(1,5) mm. Hym. meist bräunlich bis orangebraun, K+ undeutlich purpur (Pigment löst sich nicht in K). Hyp. rötlich. Lager unterrindig und undeutlich oder dünn, grünlich bis oliv (nie orange), oft glatt, R- . . . . . . **A. spadicea**

10* Sp. größer, farblos, im Alter oft braun und warzig **11**

11 Ap. eingesenkt (oft nicht über das Lager ragend), unregelmäßig rundlich bis meist kurz gelappt, länglich verzerrt, fleck- bis fast sternförmig (verästelt), ± flach, rotbraun bis braunschwarz, -0,5 mm. Sp. 12–18 × 5–7 µm, Zellen leicht oder deutlich ungleich, mit warziger Oberfläche, im Alter oft braun. Hyp. rotbraun bis schwarzbraun, K- oder K+ oliv oder rot. Epihym. fast farblos, gelblich, auch rotbraun. Hym. ± farblos und K- bzw. K+ olivgrün oder Hym. bräunlich und K+ violettrot. Lager s.dünn, gelblichweiß bis grauoliv oder bräunlich, R-. Pykn. selten, Pyknosp. 3,5–4 × 0,7 µm . . . . **A. didyma**

11* Ap. sitzend, meist rundlich, gewölbt, rotbraun bis d.braun bis fast schwarz (dann feucht ± braunrot), seltener rotorange, -0,8 mm. Sp. 10–17 × 4–7 µm, Zellen meist gleich groß, mit feinwarziger Oberfläche, im Alter manchmal braun. Hyp. ± braunrot. Epihym. kaum entwickelt, Hym. rötlichgelb bis bräunlich, K+ purpur. Lager meist ocker bis orange (K+ rot), seltener gelblich bis gelblichgrau. Pykn. häufig, Pyknosp. 4–6 × 1 µm. ?Anthrachinon . **A. vinosa**

12 Lager mit *Trentepohlia*-Algen. Ap. rotbraun bis braunschwarz, rundlich bis angedeutet gebuchtet, fleckförmig, ± flach, meist nicht über das Lager ragend. Sp. 12–18 × 5–7 µm . . . . **A. didyma (11)**

12* Lager mit rein grünen (protococcoiden) Algen, Sp. schmäler, mit ungleich großen Fächern. Ap. schwarz, rund. R- **13**

13 Paraph.enden nicht oder leicht gefärbt, aufrecht (nicht umbiegend). Hyp. braunschwarz. Hym. meist gelbgrün. Ap. ± flach, -0,7 mm. Sp. 9–15 × 3–5 µm. Lager s.dünn, grauweißlich . . . . **A. patellulata**

13* Paraph.enden mit brauner Wandung und auf die Hym.oberfläche umbiegend. Paraph. s.dünn. Hyp. gelbbraun bis braunrot. Ap. abgeflacht bis halbkugelig, -0,4 mm. Lager graugrün bis olivgrün **14**

14 Ap. sitzend bis angedrückt, flach bis gewölbt, im Umriß rundlich bis unregelmäßig, -0,4 mm. Paraph.enden mit brauner Kappe, Sp. (9)11–16 × (2,7)3,5–5 (6) µm. Hyp. farblos bis gelbbraun. Lager glatt bis körnig . . . . **A. apatetica**

14* Ap. basal verengt sitzend, gewölbt, ± randlos, -0,25 mm. Paraph.enden ohne braune Kappe, Epihym. grünlichbraun oder rötlichbraun. Sp. 8–12 × 2,3–3,8 µm. Hym. blaß oliv oder farblos. Hyp. braunrot, K-/K+ d.olivbraun. Lager körnig . . . . **A. muscigena**

15 Ap. (meist nur der Rand der Scheibe) rot oder zimtbraun bis purpurbraun. (Epi-)Hym. K+ purpur, purpurviolett, rot. Mit *Trentepohlia*-Algen **16**

15* Ap. d.braun, braunschwarz, schwarz, manchmal weißlich bereift. Hym. K- oder K+ oliv **18**

16 Sp. 3zellig, 8–12 × 3–5 µm. Ap. rostrot, angefeuchtet kräftig rotorange, rundlich bis länglich, flach, angedrückt bis fast eingesenkt, -0,8 mm, oft zus.fließend. Hym. gelborange bis rot, K+ purpur bis violett . . . . **A. helvola**

16* Sp. 4-6(7)zellig. Ap. zahlreich, rundlich, gestreckt bis sternförmig verästelt, Epihym. ± rotbraun, K+ rot bis purpur. Lager weißlich bis ocker. Anthrachinone **17**

17 Ap. zimtbraun bis d.purpurbraun, unbereift, -0,8(1,0) × 0,2 mm, gestreckt, mit zugespitzten Enden, oft verzweigt bis sternförmig (dann größer). Hym. -45 µm, farblos bis blaß gelbrötlich. Epihym. K+ purpur bis rot. Hyp. blaß gelbrötlich. Sp. 12-17(19) × 4-6(7) µm, 4-5(6)zellig, oft schlecht entwickelt . . **A. elegans**

17* Ap. braunrot, randlich leuchtend zinnoberrot bereift, in der Mitte meist weißlich bereift, -1(1,5) × 0,7 mm, vieleckig, gelappt, seltener gestreckt. Hym. 60-70 µm. Epihym. K+ rot bis violett. Hym. und Hyp. farblos bis braunrot. Sp. (15)18-28 × 5-9 µm, 5-6(7)zellig . . . . **A. cinnabarina**

18 Ap. bereift, unter dem Reif schwärzlich bzw. braun **19**

18* Ap. unbereift. Lager R-, höchstens K+ leicht gelblich **26**

19 Lager mit rein grünen (protococcoiden) Algen, weißlich bis graugrünlich, körnig-schorfig bis mehlig, Herbarbelege mit feinsten Kristallnadeln durchsetzt. Ap. z.selten, bläulichgrau bereift, ± rundlich, aufsitzend, ± flach, -0,6 mm. Epihym. und Hyp. d.rotbraun. Sp. 4zellig, an den Septen eingeschnürt, 15-20 × 4-6 µm. ?Zeorin . . . . **A. caesia**

19* Lager mit *Trentepohlia*-Algen, weißlich, grau- bis gelblichweiß, nicht körnig-leprös **20**

20 Hyp. braunschwarz. Lager K-/± gelblich, C-, KC-, P- **21**

20* Hyp. farblos oder hell gefärbt **23**

21 Ap. berandet, flach, dicht weiß bereift, ± eingesenkt bis dicht angedrückt sitzend. Sp. 4zellig, 14-27 × 2-3 µm. Unbekannte Inhaltsstoffe . . . . **↑ Lecanactis amylacea**
(wenn Sp. länger, Lager mit weißen Pykniden, vgl. *L. abietina*)

21* Ap. unberandet **22**

22 Ap. schwarz, dicht weiß bereift, rundlich bis elliptisch, gewölbt, -1 mm, oft fehlend. Sp. 4-6zellig, 13-23 × 5-8 µm, die eine Endzelle meist deutlich größer. Pykn. zahlreich, schwärzlich, meist weiß berandet, -0,3 mm. Pyknosp. 5-6 × 1-2 µm, oft mit angedeutet zweiteiligem Inhalt. Lager weiß, deutlich entwickelt, zus.hängend . . . . **A. byssacea**

22* Ap. d.braun bis schwarz, schwach bereift (dann ± grau) bis unbereift, unregelmäßig rundlich bis gelappt, oft mit weißlich-spinnwebigem Rand, oft uneben, -2 mm, stets vorhanden. Sp. 4-5zellig, (9)12-17(19) × (3)4-4,5(5) µm, oberes Sp.fach nicht vergrößert. Ohne Pykn. Lager weißlich, cremefarben, spinnwebig bis schorfig oder undeutlich. Unbekannter Stoff . . . . **A. leucopellaea**

23 Lager rissig, kräftig entwickelt, grau- bis gelblichweiß, K-, C+/KC+ rot, P-. Ap. braun, dicht bläulichweiß bereift, zahlreich, ± gedrängt, rundlich, eckig oder gelappt, -0,6 mm. Epihym. rotbraun. Sp. 4-6zellig, obere Zelle nicht vergrößert, 13-24 × 4,5-7 µm. Pykn. selten, blaß bis rotbraun, Pyknosp. 10-16 × 0,5-0,7 µm (Arthonia-S.) . . . . **A. pruinata**

23* Lager C-/KC-, K- oder K+ gelb/rot. Noch ungenügend geklärte Gruppe . **24**

24 Epihym. blauschwarz (d.olivbraun), K+ grünlich. Sp. 9–18 × 2–3 µm, meist 4–5zellig, oberste Zelle nicht vergrößert. Ap. oft spärlich, schwärzlich, mitunter d.grau bereift, länglich bis reich sternförmig verästelt, flach, eingesenkt, -2 mm. Lager P-, K-/± gelblich. Pykn. häufig, schwärzlich, oft weiß bereift, etwas vorragend. Pyknosp. 5–6 × 1–2 µm . . . . **A. medusula**

24* Epihym. bräunlich, rotbraun bis d.braun, K+ oliv bis olivbraun. Sp. über 4 µm breit, im Alter bräunlich und feinwarzig, oberste Zelle vergrößert. Ap. zahlreich, ± eingesenkt bis angedrückt sitzend **25**

25 Ap. bald stark gewölbt, rund, elliptisch bis gelappt, nicht zus.fließend, schwärzlich, dicht blaugrau bereift, -0,8(1) mm. Sp. 3–4(5)zellig, 12–18 × 4–7 µm. Lager gut entwickelt, grauweiß, P+ gelborange, K-/K± gelblich, mit zahlreichen schwarzen Pykn., Pyknosp. 4,5–6 × 0,7–1 µm. Psorom-S. **A. cinereopruinosa**

25! Ap. flach bis m.gewölbt, gedrängt, meist eckig und zu sternartigen bis unregelmäßigen Gruppen zus.fließend, rotbraun bis schwärzlich, grauweiß bereift, -0,7 mm. Sp. 4–5zellig, 16–24 × 5–7 µm. Hym. 40–50 µm. Lager gut entwickelt, grauweiß, P- bis P+ stellenweise gelb, K- oder K+ gelb bis rot (unbekannte Substanz, ±Norstictin-S.). Ohne Pykn. . . . . **A. zwackhii**

25* Ap. flach bis m.gewölbt, rundlich, eckig bis länglich oder gelappt, zu unregelmäßigen bis sternförmigen Gruppen zus.fließend, braunschwarz, weißlich bereift, dadurch meist ± kakaofarben, -1 mm. Sp. 4–5zellig, 15–22 × 6–8(9) µm, ± keilförmig. Hym. 50–65 µm. Lager P-, K-/± gelblich, ohne Pykn.
. . . . **A. fuliginosa**

26 Hyp. braunschwarz. Sp. 4–5zellig **27**

26* Hyp. ± hell **30**

27 Sp. 25–42 × 2,5–4 µm, oft gebogen . . . . ↑ **Schismatomma pericleum**

27* Sp. deutlich kürzer **28**

28 Sp. (3-)4zellig, ± keilförmig (obere Zelle vergrößert), 12–16 × 4–6 µm. Ap. rundlich, *Lecidea*-artig, selten elliptisch, fast flach bis gewölbt, -1 mm. Lager gewöhnlich undeutlich. Auf Rinde übergehende Gesteinsflechte
. . . . **A. arthonioides (4)**

28* Sp. endzelle nicht deutlich vergrößert, Sp. 4–5zellig **29**

29 Ap. rund, sitzend, *Lecidea*-artig, flach bis m.gewölbt, schwarz, 0,2–0,5 mm. Paraph.enden leicht verdickt, in Gallerte, mit deutlichen braunen Kappen. Hyp. farblos bis rotbraun. Sp. (11)13–16(18) × 3–5 µm, 4(5)zellig. Lager dünn, häutig, h.gelblich bis weißlich . . . . **A. mediella**

29* Ap. unregelmäßig rundlich bis gelappt, braun bis braunschwarz, flach bis uneben, oft über 0,5 mm. Paraph.enden nicht verdickt, oft frei, ohne deutliche Kappen. Sp. (9)12–17(19) × (3)4–4,5(5) µm, 4–5zellig . . **A. leucopellaea (22)**

30 Sp. 4–5(6)zellig, 18–22(26) × 6–8(9) µm, oberste Zelle meist deutlich vergrößert. Ap. d.rotbraun bis schwärzlich, gewöhnlich verästelt (mit Seitenästen) bis sternförmig, selten länglich-linear, eingesenkt, ± flach, -2 mm. Epihym. d.rotbraun, K+ grünlich, Hyp. ± hell. Lager weißlich bis ockergelblich, zus.hängend, oft mit braunem Vorlager. Mit Flechtenstoff Laufmittel A: 2–3. S.seltene ozeanische Flechte . . . . **A. stellaris**

30* Oberste Sp.zelle nicht auffallend vergrößert. Ap. schwarz, flach bis m.gewölbt, gewöhnlich nicht mehrfach verästelt. Epihym. schwarz bis d.braun oder grünlich 31

31 Lager unterrindig, kaum sichtbar, ohne Algen. Ap. rundlich, elliptisch bis länglich-strichförmig, selten verzweigt, oft mit scheinbarem Rand aus Baumrindengewebe, -0,8 (1,4) × 0,4 mm, im Schnitt 40–60 µm hoch. Hym. 25–50 µm, J+ blau. Sp. 4-(selten -6)zellig, 13–23(26) × 4–7(8) µm. Hym. und Sp. oft schlecht entwickelt. Ch– . . . . **A. punctiformis**

31* Lager oberrindig, deutlich sichtbar, dünn, häutig, meist weißlich bis grünlich, selten ockergelb, mit *Trentepohlia*-Algen 32

32 Sp. 6–7zellig, 13–20 × 4–6 µm. Ap. -1(1,5) mm, oft dicht gedrängt und zus.fließend, fleckenartig, rundlich bis unregelmäßig, oft runzelig uneben. Hym. J+ orange. Epihym. schwärzlich. Lager stark runzelig, etwas glänzend . . . . **A. reniformis**

32* Sp. 4-, selten bis 5zellig, 15–20 × 4,5–6 µm, mitunter leicht keilförmig. Ap. -1,5 mm, meist gelappt oder verästelt oder unregelmäßig eckig, seltener rundlich bis länglich, braun bis schwarz, eingesenkt, ± flach. Hym. farblos oder leicht bräunlich, J+ blau, Epihym. bräunlich oder grünlich, K+ grünlich. Lager z.variabel . . . . **A. radiata**

Arthonia apatetica (Massal.) Th.Fr. [?A. exilis auct., Allarthonia e. auct.]
V.a. bis zur (hoch)montanen Stufe auf rissiger Rinde von Laubbäumen, z.B. Eiche, in Eichen-Hainbuchen-W. – (s'bor-)mieur-smed – süRh-süHü, z.Zt. ungenügend bekannt

Arthonia arthonioides (Ach.) A.L.Sm. [A.xylophila V. Wirth & P. James, A. aspersa Leighton]
Bis in montane Lagen an strahlungs- und windgeschützten Überhangflächen auf Silikatgestein, bevorzugt Sandstein, gelegentlich auch auf Rinde von Tanne (und Holz) in alten naturnahen Wäldern, an kühl-ozeanischen, s.luftfeuchten bzw. niederschlagsreichen Orten, gern in Blockmeeren, z.acidoph., anombroph., (m.photoph.–) z.skioph., anitroph. – mieur-(sub)atl(-med-subatl) – s.selten (R); nöSch, O, ThW, Lux

Arthonia byssacea (Weigel) Almq.
In kollinen und submontanen Lagen in Laubwäldern, besonders Auenwäldern, frischen Eichen-Hainbuchen-W., fast nur an älteren Eichen auf tiefrissiger Borke an regengeschützten Stellen im unteren Stammbereich in artenarmen Beständen, z.acidoph., z.skioph., (z.–)s.hygroph., anombroph., anitroph. – mieur(zentr)(-smed) – z.selten (3); v.a. süRh, Ne, Do, ferner süHü-HRh, SJu, Bo, Ju, sonst selten oder verschwunden

Arthonia caesia (Flotow) Arnold [Allarthonia c. (Flotow) Zahlbr.]
In kollinen und submontanen Lagen auf Laubbäumen, besonders Hainbuche, m.acidoph. – mieur – s.selten (?, oder nur selten fruchtend und übersehen oder mit *Lepraria*-Arten verwechselt); *O*, HRh

Arthonia cinereopruinosa Schaerer
In kollinen bis (hoch)montanen Lagen in wintermilden Gebieten an Laub- und

Nadelbäumen, besonders auf mineralarmen Borken, wie Eiche, Fichte und Tanne, im Innern von Wäldern (z.B. Eichen-Hainbuchen-W.), an z.-s.schattigen, z.luftfeuchten, z.regengeschützten Standorten, z.acidoph., anitroph. - s'bor-mieur - s.selten (0); süHü-HRh (um Lörrach), süRh (Freiburg). Es ist fraglich, ob die unter diesem Namen vom Gebiet angegebenen Nachweise tatsächlich zu dieser vielfach falsch verstandenen Art gehören

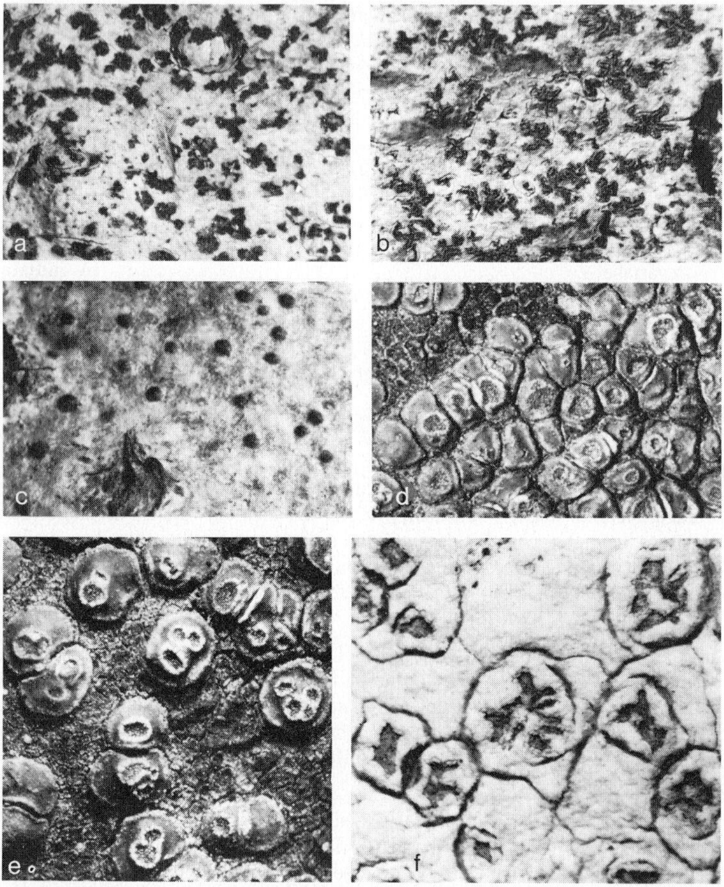

Abb. 23. *Arthonia, Arthopyrenia, Aspicilia.* a: *Arthonia radiata* (6×). b: *Arthonia cinnabarina* (7×). c: *Arthopyrenia punctiformis* (6×). d und e: *Aspicilia contorta* (8×). f: *Aspicilia calcarea* (11,5×).

Arthonia cinnabarina (DC.) Wallr. [A. tumidula (Ach.) Ach., A. gregaria (Weigel) Körber]
In kollinen und submontanen, warmen bis m.kühlen Lagen in frischen Eichen-Hainbuchen-W. und in Eschen-Auenwäldern (Pruno-Fraxinetum, Carici-Fraxinetum), oft in bachbegleitenden Eschenbeständen, auch in Linden-Ahorn-W., bevorzugt auf weicher, basenreicher Rinde, v.a. an Esche, selten an anderen Laubbäumen und Tanne, an m.lichtreichen bis z.lichtarmen, z.-s.luftfeuchten Standorten, m.acidoph.-subneutroph., ombroph., anitroph., durch Veralgung d. Stämme und Staubanflug in vielen Gebieten zurückgehend - mieur·subatl-smed(-med) - selten (2); v.a. Ne, süRh-HRh, Bo, Do, SFW, Tallagen von Ju und Sch (bis 650 m), Av, Al ferner *nöRh, O, Sp, Rh-Mn-T, Eif,* SJu

Arthonia didyma Körber
Bis in die (hoch)montane Stufe auf meist glattrindigen Laub- und Nadelbäumen (Buche, Hainbuche, Tanne u.a.) im Innern von naturnahen Wäldern, m.-z.acidoph., z.skioph., z.hygroph., m.-z. ombroph., anitroph. - s'bor-smed(-med) - z.selten, wohl oft übersehen; Sch (bis 1350 m), süHü-HRh, süRh, SJu, ferner selten Ju, Ne, O, Rhön, Th, Al

Arthonia dispersa (Schrader) Nyl.
Bis in die montane Stufe auf glatter Rinde von Laub-, selten Nadelbäumen, v.a. an jungen Stämmen und Ästen, bei rissig werdender Borke bald verschwindend, am häufigsten wohl auf Esche, konkurrenzschwacher Pionier, auch an z.windoffenen Standorten, subneutroph.-z.acidoph., m.-z. photoph., m.-z.hygroph., ombroph., anitroph. - bor-med - z.selten; z.B. Ne, Hü, Sch, O, Ju, Rh, Mos

Arthonia elegans (Ach.) Almq.
In wintermilden, kollinen und submontanen Lagen an glatter Rinde von Laubbäumen (v.a. Esche, Hainbuche) und von Tanne im Innern von Wäldern, v.a. Eschenbeständen (z.B. Carici-Fraxinetum) und frischen Tannen-Buchen-W., an z.lichtarmen bis m.lichtreichen, s.luftfeuchten, geschützten Standorten, m.acidoph., anitroph. - mieur(atl)-med - s.selten (0); *süSch (Haslach), nöSch (Baden-B.), SJu, Ml, Bo (Konstanz), SFW, FrJu, O (Heidelberg), Sp?, Rh-Mn-T,* Eif

Arthonia endlicheri (Garov.) Oxner [A. lobata (Flörke) Massal.]
In kollinen, z.warmen, wintermilden Lagen an regengeschützten Überhängen und Vertikalflächen von Silikatfelsen (z.B. in Blockmeeren), im Gebiet ähnl. *A. insulata* (↑), doch wohl auch an wärmeren Standorten, oft an hartem Gestein - s'mieur(subatl)·med - s.selten (0); süSch (Wieladingen, *Kinzigtal*), *O (Heidelberg), MRh-Ts (Lorch), Eif*

Arthonia fuliginosa (Turner & Borrer) Flotow
Vorwiegend in montanen, niederschlagsreichen, ozeanisch getönten Lagen im Innern lichter Tannen-Fichten- und Tannen-Buchen-W. auf Tanne und Fichte an m.lichtreichen, s.luftfeuchten, milden bis kühlen Standorten, alte naturnahe Bestände bevorzugend, in niederen Lagen ausgestorben, z.acidoph., z.ombroph., anitroph. - mieur·subatl-med(subatl), oz - s.selten (0); *Ne (Trillfingen,* wohl +), *Fr* +, Al, *Ml*

Arthonia galactites (DC.) Duf.
In sommerwarmen und z.wintermilden, kollinen Lagen in lichten Wäldern, besonders Auenwäldern, und an ± frei stehenden Laubbäumen, bevorzugt auf glatter Rinde, am häufigsten auf Pappel, subneutroph., m.–z.photoph., z.xeroph., anitroph. – s'mieur(atl)-med – s.selten, vielleicht auch übersehen (0); süRh, *nöRh (um Karlsruhe)*

Arthonia helvola (Nyl.) Nyl.
In der kollinen und submontanen Stufe auf glatter bis flachrissiger Rinde von Laub- und Nadelbäumen in Wäldern, z.B. Erlen-Eschen-W., in wintermilden Lagen, vermutlich z.acidoph., (z.–)s.hygroph., anitroph. – s'bor-mieur – s.selten (0); *O (Heidelberg), Ml (Frauental bei Zug)*

Arthonia insulata (B. de Lesd.) Redinger
In kollinen, wintermilden Lagen an regengeschützten Überhängen, an Felsen und Blöcken aus Silikatgestein, an mild- bis kühl-ozeanischen, s.luftfeuchten, z.–s.lichtarmen Standorten, z.B. in Blockmeeren, z.acidoph., anombroph., anitroph. – s'mieur· atl-smed – s.selten (0); *O (Heidelberg)*

Arthonia lapidicola (Taylor) Branth & Rostrup [Allarthonia l. (Taylor) Zahlbr.]
Bis in die alpine Stufe v.a. auf kalkreichen Gesteinen, aber auch auf kalkimprägniertem Silikatgestein, häufig auf am Boden liegenden Steinchen, seltener auf Blöcken, Felsen, auch Ziegeln, Mauern, basiph.–subneutroph., ombroph., z.xeroph., z.photoph., euryöker, aber konkurrenzschwacher Pionier – bor-smed – z.selten; vermutlich verbreitet, aber oft übersehen, v.a. Rh, Hü, Ne, ferner z.B. SJu, Ju, Mn, Rhön, Eif

Arthonia leucopellaea (Ach.) Almq.
In montanen und v.a. hochmontanen, niederschlagsreichen, z.ozeanischen Lagen an s.luftfeuchten, kühlen (bis kalten), z.(–s.)lichtarmen Standorten v.a. auf Tanne und Fichte, selten z.B. auf Buche oder Birke, gern in Hochtälern, Mulden, z.(–s.)acidoph., z.anombroph., anitroph. – s'bor(atl)-zentr·mo – selten (3); Sch, Vog, Al, ferner BayW

Arthonia mediella Nyl.
In montanen und hochmontanen Lagen in naturnahen Tannen-Buchen- und Tannen-Fichten-W. auf Tanne und Fichte, seltener auf Laubbäumen oder auf Holz, an z.schattigen, kühlen bis kalten, s.luftfeuchten Standorten, z.–s.acidoph., anitroph. – bor-mieur·mo – selten; süSch, *Fr* (wohl +), Th

Arthonia medusula (Pers.) Nyl.
In kollinen, z.warmen bis warmen, wintermilden Lagen auf alten Eichen, selten anderen Laubbäumen, v.a. in Flußauen (Stellario-Carpinetum, Querco-Ulmetum), wohl ähnlich *A. pruinata* (↑) – zentr-smed – s.selten +; *MRh (Lorchhausen), Rh-Mn-T, SJu (Liestal)*

Arthonia muscigena Th.Fr. [A. leucodontis (Döbb. & Poelt) Coppins, Bryostigma l. Döbb. & Poelt]
In kollinen bis montanen Lagen an meist glatter, subneutraler Rinde von freistehenden Laubbäumen (z.B. Esche, Nußbaum, Spitzahorn), an Ästen von Holunder,

auch über Moosen, auch in lichten Wäldern, subneutroph., z.photoph., anitroph. - mieur-smed - z.selten ?; z.B. süRh, süHü-HRh, Ne, Ju, SJu, Sch, Al

Arthonia patellulata Nyl. [Allarthonia p. (Nyl.) Zahlbr.]
Bis in die montane Stufe auf glatter Rinde von Laubbäumen, fast nur auf *Populus tremula*, subneutrophytischer Pionier - bor-mieur(-med) - s.selten, wohl auch übersehen; *nöRh, Fr,* Al

Arthonia pruinata (Pers.) A.L.Sm. [A. impolita (Hoffm.) Borrer]
In kollinen, wintermilden Lagen in Laubwäldern, fast nur an älteren Eichen auf tiefrissiger Borke, ähnl. *Lecanactis amyl.* (↑) - mieur·atl-med - s.selten (0); süHü, *nöRh, Rh-Mn-T+, MRh-Ts,* ?Eif

Arthonia punctiformis Ach.
Bis in die hochmontane Stufe auf glatter Rinde von Laubbäumen, s.selten auf Nadelbäumen, v.a. auf dünneren Zweigen und jungen Stämmen, bei rissig werdender Borke verschwindend, konkurrenz-schwache Pionierflechte, v.a. auf Esche, meist an m.-z.lichtreichen Standorten, subneutroph.-z.acidoph., ombroph., anitroph. - s'bor-med - z.selten (3); v.a. Sch, Vog, in trocken-warmen Gebieten fast fehlend

Arthonia radiata (Pers.) Ach.
Bis zur Waldgrenze auf glatter bis leicht rissiger Rinde (bzw. glatten Stegen) von Laubbäumen und Tanne, bevorzugt auf Esche, Hainbuche, Buche, *Sorbus*, v.a. auf jungen Stämmen und auf Ästen, im Innern schattiger Wälder wie auf freistehenden Bäumen, in klimatischer Hinsicht euryöke Art, Schwerpunkt auf subneutralen und m.sauren Rinden an z.(-s.)luftfeuchten Standorten, subneutroph.-z.acidoph., z.(s.)skioph.-z.photoph., m.-z.ombroph., a-(m.)nitroph., auch noch in z.epiphytenarmen Gegenden - (s')bor-med - m.häufig; im Gebiet verbreitet, doch in stark luftverunreinigten Gegenden fehlend

Arthonia reniformis (Pers.) Nyl.
Bis in submontane Lagen auf glattrindigen Laubbäumen, v.a. am Stamm von Hainbuche, seltener Buche, Hasel usw., ähnl. *Strigula glabra* (↑) - mieur(zentr)-med - s.selten *(0)*, vielleicht übersehen; süSch, O, Fr

Arthonia spadicea Leighton
In der kollinen und submontanen, seltener in der montanen Stufe, auf Rinde am Stamm und v.a. an der Stammbasis von Laub- und Nadelbäumen, oft auf etwas vermorschender, bei Regen durchfeuchteter Borke basal an Eichen, im Innern von Wäldern, z.B. Eichen-Hainbuchen-W., m.-z.acidoph., z.-s.hygroph., z.anombroph., z.skioph., anitroph., z.toxitol. - s'bor-smed·mo - z.selten; z.B. süRh, Hü, HRh, Sch (Tieflagen), Ne, SFW, SJu, Ju, Av, O, *Rh-Mn-T,* Ts, Th

Arthonia stellaris Krempelh.
In kollinen und submontanen, selten montanen Lagen in wintermilden, ozeanisch getönten Gebieten auf glattrindigen Stämmen von Laubbäumen und Tanne in Wäldern (z.B. Tannen-Buchen-W.) an s.luftfeuchten, m.lichtreichen, mild- (bis kühl-)-

ozeanischen Standorten, m.–z.acidoph., anitroph. – mieur(atl)-smed(atl), oz – s.selten (0); *Sch (Baden-Baden, Haslach)*

Arthonia vinosa Leighton [A. lurida auct.]
V.a. in der montanen Stufe an Laub- und Nadelbäumen, auf (oft auch etwas vermorschender) Borke und auf Holz entrindeter Bäume, hauptsächlich auf Fichte, Tanne und Eiche, besonders am Mittelstamm und an der Stammbasis alter Bäume in geschlossenen, naturnahen Wäldern, z.–s.acidoph., z.–s.skioph., z.–s.hygroph., m.–z.anombroph., anitroph. – s'bor-smed(-med) – selten; v.a. Sch, Vog, Sp, Al, ferner SFW, Ne, nöRh, Rh-Mn-T, Mn, Fr, Ju, O, Ts, He, ThW, Eif

Arthonia zwackhii Sandst.
In kollinen, wintermilden Lagen im Innern von frischen Wäldern, z.B. Eichen-Hainbuchen-W., auf glatter, m.–z.basenreicher Rinde von Laubbäumen, v.a. Hainbuche, Esche; m.acidoph. – mieur·atl-smed(atl) – s.selten (0); *nöRh (Karlsruhe)*

Arthopyrenia Massal.

(Schlüssel incl. Acrocordia, Anisomeridium, Strigula)

1 Auf Lehmboden. Per. eingesenkt, h.gelblich bis bräunlich. Sp. 4zellig, 14–28 × 4–9 µm. Lager dünn, mit protococcoiden Algen . . **Strigula sychnogonoides**
1! An Kalkgestein 2
1* An Rinde oder auf Moosen 3
2 Sp. 12–19 × 6–9 µm, 2zellig, mit Schleimhülle, 1reihig in zylindrischen Schläuchen (Abb. 24a). Paraph. steif, bleibend. Per. 0,6–0,8 mm, halbkugelig vorstehend, Invol. seitlich abstehend. Lager undeutlich bis meist schorfig-rissig, rosagrau, grau, grünlichgrau, bräunlich
. . . . **Acrocordia conoidea**
(wenn Per. 0,7–1,5 mm, Sp. 20–35 × 10–15 µm, Invol. nicht seitlich abstehend: **Acrocordia salweyi**)
2* Sp. 18–24 × 4–5 µm, 2- bis undeutlich 4zellig, ohne Schleimhülle, ± 2reihig in keuligen Schläuchen. Paraph. verschleimend. Per. -0,2 mm. Lager weißlich, rosagrau, rötlichbraun, dünn. SJu, FrJu
. . . . **Pyrenocollema saxicola** (Massal.) Coppins
3 Sp. mit (3)5–7 Quersepten. Auf Rinde oder Moosen 4
3* Sp. mit höchstens 3 Quersepten. Auf Rinde 6
4 Paraph. meist unverzweigt, deutlich. Schläuche ± zylindrisch. Sp. 1- oder ± 2reihig in den Schläuchen. Mit *Trentepohlia*-Algen. Makrokon. 6–8zellig . . 5
4* Paraph. reich verzweigt oder bald verschleimend und kaum erkennbar. Schläuche bauchig. Sp. ± 2reihig bis unregelmäßig in den Schläuchen. Ohne oder mit zufällig assoziierten Algen. Lager undeutlich, selten dunkel. Sp. 12–23(26) x 4–8 µm, 4–6(8)zellig. Per. -0,2 mm. Hym. (Asci) J+ rotbraun. Zu *A. grisea* ?
. . . . **A. personii**
5 Sp. 20–27 × 3–5 µm, mit 6–7 Septen. Per. meist elliptisch bis länglich, -0,6 mm.

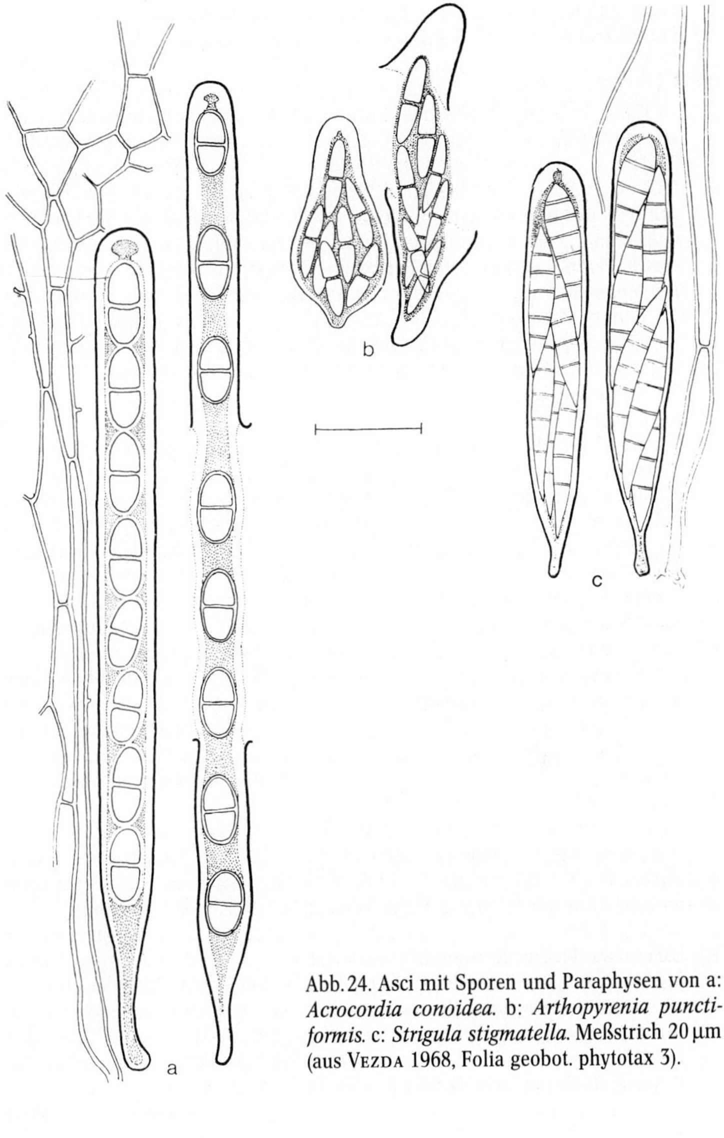

Abb. 24. Asci mit Sporen und Paraphysen von a: *Acrocordia conoidea.* b: *Arthopyrenia punctiformis.* c: *Strigula stigmatella.* Meßstrich 20 μm (aus VEZDA 1968, Folia geobot. phytotax 3).

Lager s.dünn, weißlich. Oft mit Makrokon. in Pykn. von ähnl. Größe wie die Per. Makrokon. 20–30 × 3–4,5 µm, an den Enden abgerundet. Auf Rinde . . . . **Strigula glabra**

5* Sp. 25–35 × 5–8 µm, mit (5)6–7(9) Septen, spindelförmig. Per. rundlich, -0,45 mm, meist m.gewölbt, halb eingesenkt, anfangs mit dünner grauer Lagerschicht bedeckt, später schwarz. Lager dünn, grau. Pykn. -0,1 mm. Makrokon. 20–30 × 4–6 µm. Auf Moosen und Rinde . . . . **Strigula stigmatella**

6 Sp. mit ± dicker, feinwarziger Schleimhülle (nur bei starker Vergrößerung deutlich) und dickem Septum, 2zellig, 15–27(30) × 8–13 µm, am Septum nicht eingeschnürt, mit abgerundeten Enden, 1reihig (Abb. 24a). Schläuche zylindrisch, Paraph. steif aufrecht. Per. meist 0,5–1 mm, halbkugelig vorragend bis fast eingesenkt. Lager weißlich bis undeutlich (wenn Sp. 11–16 × 5,5–9 µm, Per. 0,3–0,6 mm: *Acrocordia cavata*) . . . . **Acrocordia gemmata**

6* Sp. ohne feinwarzige Schleimhülle, mit dünnen Septen, 1- bis ± 2reihig oder unregelmäßig. Schläuche subzylindrisch bis bauchig. Per. -0,5 mm 7

7 Sp. mindestens 25 µm lang 8

7* Sp. kürzer 9

8 Sp. 30–47 × 7–10 µm, 2zellig, im Alter durch 2 weitere angedeutete Septen oft 4zellig, am Septum oft eingeschnürt, leicht zugespitzt, zu (4, 6) 8 in leicht keuligen Schläuchen, (1–)2reihig. Paraph. steif, verzweigt. Per. -0,5 mm. Nicht lichenisiert . . . . **Anisomeridium macrocarpum** (Körber) V.Wirth

8* Sp. 25–40 × 8–13 µm, 2zellig, im Alter oft 4zellig und gebräunt, an den Enden abgerundet, ohne Schleimhülle, ± 2reihig bis ungeordnet in bauchig-keuligen Schläuchen. Per. -0,3(0,4) mm. Par. reich verzweigt. Lager undeutlich, wohl nicht lichenisiert . . . . **A. antecellens**

9 Lager undeutlich oder weißlich bis grünlich, mit zugespitzten, konischen schwarzen, -0,2 mm hohen, 0,1–0,15 mm dicken Pykn. mit in größeren Paketen austretenden, in gelatineartige Substanz eingebetteten Pyknosp. (einzeln 3,5–4,5 × 1,8–2 µm). Per. selten, -0,25 mm, ± eingesenkt bis sitzend. Sp. 2(4)zellig, 12–23 × 3–5 µm, Zellen stark ungleich, die eine bis zu doppelt so lang wie die andere . . . . **Anisomeridium nyssaegenum**

9* Lager ohne konische Pykn. 10

10 Lager gewöhnlich mit 0,1 mm großen schwarzen Pykn. Makrokon. 13–20 × 3–6 µm, 4zellig, mit abgerundeten Enden, ± zylindrisch. Paraph. meist unverzweigt. Per. 0,3–0,5 mm. Sp. 15–21 × 4–6,5 µm, 4zellig, an den Septen nicht eingeschnürt, spindelförmig. Lager weißlich bis undeutlich, unterrindig . . . . **Strigula affinis**

10* Lager ohne 4zellige Kon. Paraph. verzweigt 11

11 Sp. schief in einer Reihe bis fast 2reihig, mit einem zentralen oder etwas zu einem Ende verlagerten Septum, oft noch mit zwei weiteren angedeuteten (Pseudo-)Septen, mit oft etwas zugespitzten Enden, 10–16 × 4–7 µm. Schläuche fast zylindrisch. Per. 0,2–0,4(0,5) mm. Lager dünn, grauweiß. Pykn. punktartig, Pyknosp. 1–1,5 µm, kugelig oder 2,5–4 × 1,8–2,7 µm . . . . **Anisomeridium biforme**

11* Sp. ± 2reihig bis unregelmäßig in den Schläuchen, mit echten Septen. Schläuche subzylindrisch, keulig bis bauchig **12**

12 Auf dem Lager von *Graphis scripta*, ca. –5 mm große graue Flecken bildend. Per. zahlreich, ca. 0,1 mm. Sp. 13–19 × 3–5 µm, 2zellig, einige alte bis 4zellig, Zellen meist ungleich . . . . **A. microspila** Körber [syn. *Stigmidium microspilum* (Körber) D.Hawksw.]

12* Nicht auf *Graphis scripta* **13**

13 Sp. bald 4zellig. Hym. J–. Wohl nicht lichenisiert **14**

13* Sp. 2zellig, nur einige alte Sp. 4zellig (Vorsicht: Öltropfen können 4-Zelligkeit vortäuschen, besonders bei *A. punctiformis*). Hym. J– **16**

14 Per. meist elliptisch, –0,4(0,5) × 0,2 mm. Wand braun, K+ grünlich. Sp. 15–22 × 5–7 µm (mit deutlicher, –2 µm dicker Schleimhülle), keulig, an den Septen ± eingeschnürt. Schläuche subzylindr.-keulig. V.a. an *Prunus* . . . . . **A. cerasi**

14* Per. rundlich, –0,3 mm. Wand nicht K+ grün. Kaum an *Prunus* **15**

15 Lager grau- bis braunschwarz. Sp. 14–20 × 4,5–6 µm, mit deutlicher Schleimhülle. Per. meist matt. Schläuche keulig . . . . **A. rhyponta**

15* Lager ± fehlend oder durch einen hellen Fleck angedeutet. Sp. 15–22 × 5–7 µm. Meist an Birke. Nahe mit *A. punctiformis* verwandt . . . . **A. grisea**

16 Sp. mit mindestens 2 µm dicker Schleimhülle (in K). Per.gehäusewand in K grünlich. Wohl nicht lichenisiert, aber mitunter einzelne Algen assoziiert . **17**

16* Sp. ohne Schleimhülle oder Hülle –1,5 µm dick (in K) **18**

17 Per. jung mitunter z.T. weißlich (durch überlagertes Periderm der Baumrinde), später schwarz, –0,4 mm. Sp. 15–22 × 5–8 µm, oft in der Mitte der Zellen etwas eingedellt („tailliert"). Paraph. oft mit s.deutlichen, ölig glänzenden, länglichen Inhaltskörpern (bei *A. lapponina* seltener und weniger deutlich), –1,5 µm dick. Lager h.graue bis gelbliche Flecken bildend . . . . **A. cinereopruinosa**

17* Per. alle schwarz, –0,5(0,6) mm. Sp. 2zellig (im Alter auch 4zellig) 13–24 × 5,5–9 µm, die Zellen gewöhnlich ungleich groß, in der Mitte der Zellen nicht „tailliert" (oder höchstens bei 1 Zelle angedeutet). Paraph. 1,5–2 µm dick. Lager undeutlich . . . . **A. lapponina**

18 Lager grau- bis braunschwarz. Sp. 2zellig, (14)18–23 × 5–6 µm. Per. –0,25 mm, oft etwas glänzend. Schläuche bauchig-sackförmig. Hym. J– (die dunkellagerige *A. persoonii* J+ rotbraun). „*A. laburni* Arnold" . . . . **A. punctiformis**

18* Lager ± fehlend oder durch einen hellen (selten dunkleren) Fleck angedeutet **19**

19 Paraph. fehlend oder sehr bald verschleimend. Per. –0,3 mm, schwarz, Per.wand in K bräunlich. Schläuche 33–45 × 14–20 µm. Sp. (12–)14–17(21) × 4–4,5 µm, ohne Schleimhülle, am Septum eingeschnürt, jede Zelle mit 2 Öltropfen, eine oder beide Zellen oft mit medianer Taillierung. Lager undeutlich bis durch meist lichte Flecke angedeutet. Gewöhnlich lichenisiert, mit *Trentepohlia*. V.a. auf Hasel. Im Gebiet derzeit ungenügend bekannt, ökol. ähnl. *A. punctif.*, z.B. Sch . . . . **A. salicis** Massal.

19* Paraph. vorhanden **20**

20 Sp.zellen in der Mitte „tailliert", 15–22 × 5–7 µm, 2zellig, höchstens einige alte 4zellig, mit deutlicher, um 2 µm dicker Schleimhülle. Per. wand in K grünlich.

Paraph. meist z.deutlich. Junge Per. gewöhnlich h.grau erscheinend. Schläuche keulig. Lager h.grau bis gelblichweiß . . . . **A. cinereopruinosa (17)**

20* Sp. in der Mitte der Zellen gewöhnlich nicht „tailliert", 2zellig, alt auch 4zellig. Schleimhülle dünn (1,5 µm). Per.wand in K bräunlich. Per. schwarz. Lager undeutlich bis durch meist lichte Flecke angedeutet **21**

21 Per. 0,25–0,5 mm (oft rel. gedrängt). Sp. 17–26 × 4–7 µm, am Septum ± eingeschnürt. Zellen oft ungleich. Schläuche 60–90 × 16–25 µm, keulig . . . . **A. fraxini**

21* Per. -0,25 mm. Sp. 15–22 × 4–5 µm, 2zellig (mit gleichgroßen Zellen), durch Öltropfen oft 4Zelligkeit vortäuschend, leicht am Septum eingeschnürt. Schleimhülle bis 1 µm dick. Schläuche 40–55 × 15–22 µm, bauchig-sackförmig . . . . **A. punctiformis**

Arthopyrenia antecellens (Nyl.) Arnold
Bis in hochmontane Lagen, besonders in wintermilden Gebieten, auf glatter, dünner Rinde von Laub-, selten Nadelbäumen, z.B. *Corylus*, basenreiche Rinden meidend, m.–z.acidoph., m.–z.photoph., anitroph. – mieur – selten; Eif, SJu, Vog, PfW, O

Arthopyrenia cerasi (Schrader) Massal.
Bis in die montane Stufe auf glatter, dünner Rinde mit geringer Wasserkapazität, v.a. an jungen Ästen, fast nur an *Prunus* (meist Kirschbaum), selten an Hasel, konkurrenzschwache Pionierflechte, m.–z. acidoph. – mieur-med – z.selten (?) durch das ganze Gebiet, doch Angaben meist alt

Arthopyrenia cinereopruinosa (Schaerer) Massal. [A. pinicola (Hepp) Massal.]
Bis in die montane Stufe an glatter und flachrissiger Rinde von Laubbäumen, besonders auf Pappel (v.a. Zitterpappel) und Esche, seltener z.B. auf Eiche, meist an jungen Stämmen oder an Ästen in Wäldern, besonders Eschen-W. etc. (Alno-Padion) in Tälern und Flußauen, v.a. in ungestörten alten Waldungen, m.(z.)acidoph.–subneutroph., m.photoph., z.–s.hygroph., anitroph. – mieur-subatl-med – z.selten (2); Sch, süRh, nöRh, Ne, Ju, SJu, Bo, O, Rh-Mn-T, Eif, Al

Arthopyrenia fraxini Massal.
Ähnl. *A. punctiformis*, auf glatter Rinde von Bäumen, besonders auf *Fraxinus* – s'bor-med – z.Zt. ungenügend bekannt, Rh, Sch

Arthopyrenia grisea (Schleicher ex Schaerer) Körber
An dünnen, glatten Rinden mit geringer Wasserkapazität, ganz überwiegend an Birke, fakultativ lichenisiert, z.(s.)acidoph. – mieur – unbestätigte Angaben von Bo, Al, Rh-Mn-T

Arthopyrenia lapponina Anzi [A. fallax (Nyl.) Arnold]
Bis in hochmontane Lagen auf glatten, dünnen Rinden mit geringer Wasserkapazität, auf Ästen und jungen Stämmen von Laubbäumen und Sträuchern (z.B. Hasel, Eiche, Esche, Weißdorn, *Sorbus*), selten auf Nadelbäumen, z.B. *Pinus*-Zweigen, in Wäldern wie an freistehenden Bäumen, konkurrenzschwache Pionierflechte, fakultativ lichenisiert, z.–m.acidoph.(subneutroph.) – bor-smed – zerstr, (?); Sch, Vog, süHü-HRh, süRh, Ne, O, RhSch, SJu, Al

Arthopyrenia persoonii auct. [zu A. grisea ?, A. pluriseptata auct.]
Wohl z. ähnl. *A. punctiformis* (↑), aber kühlere Lagen meidend, an glattrindigen Laubbäumen - mieur-med - z.B. süSch

Arthopyrenia punctiformis (Pers.) Massal.
Bis in die hochmontane Stufe an glatten, dünnen Rinden, an fast allen Arten von Laubbäumen und Sträuchern, vorwiegend an jungen Ästen von Esche, *Sorbus*, Eiche, Hasel, in Wäldern und in freier Lage (dann meist an luftfeuchten Orten), konkurrenzschwacher Pionier, z.acidoph.-subneutroph., z.photoph., klimat. z.euryök, bei Veralgung der Äste (Eutrophierung v.a. in intensiv ackerbaulich genutzten Gebieten, Ballungsräumen) verschwindend - bor-med - z.selten(-m.häufig); durch das ganze Gebiet verbreitet, selten in trocken-warmen Gebieten

Arthopyrenia rhyponta (Ach.) Massal.
Auf subneutralen und m.sauren, glatten Rinden von Laubbäumen, besonders an Ästen von Pappeln, daneben z.B. an Hainbuche, Eiche, Ahorn, Nußbaum - bor-med - selten (?); süRh-süHü, O, nöRh, SJu, Al, nur Einzelfunde

Arthothelium Massal.

1 Sp. 26-36 × 12-15 µm, mit 5-7 Quersepten; die meisten Querzellen mit mindestens 1 Längsseptum. Hym. durchweg rotbraun. Ap. -2 mm, schwarz bis d.braun, rundlich, eckig bis gelappt. Lager gut entwickelt, weißlich, blaß grünlich . . . . **A. spectabile**

1* Sp. 15-26 × 7-11 µm, mit 5-8 Quersepten; (2)3-7 Querzellen mit mindestens 1 Längsseptum. Hym. rotbraun, Epihym. d.braun. Ap. unregelmäßig begrenzt, fleckförmig, -2 mm, nicht erhaben. Lager oliv, olivbraun bis gelblich oliv oder selten weißlich(grau) . . . . **A. ruanum**

Arthothelium ruanum (Massal.) Körber
[A. ruanideum (Nyl.) Arnold, A. dispersum auct.]
Bis in submontane Lagen auf glatter bis flachrissiger Rinde von Laubbäumen, v.a. im unteren und mittleren Stammbereich von Hainbuche, Hasel, Esche, in frischen Laubwäldern und Gebüschen an luftfeuchten, z.lichtarmen Standorten, besonders in Eichen-Hainbuchen- und Eschen-W. (Pruno-Fraxinetum), m.acidoph., z.ombroph., anitroph., m.-z.toxitol. - mieur·subatl-med·mo - z.selten-m.häufig (3); in SW-Dtschl. in entsprechenden Höhenlagen zerstr., in W-Dtschl. heute wohl deutlich seltener

Arthothelium spectabile Flotow ex Massal.
In wintermilden kollinen, selten submontanen Lagen auf glatter bis flachrissiger Rinde von Laubbäumen (bevorzugt Hainbuche, Esche) in Auenwäldern und bachbegleitenden Eschen-Beständen (v.a. in frischen Eichen-Hainbuchen-, Erlen-Eschen-W.), an luftfeuchten, z.lichtarmen Standorten, besonders in größeren, wenig gestörten Wäldern, m.acidoph., z.ombroph., anitroph. - mieur·subatl-smed - s.selten (1); süRh, süHü-HRh, SJu, *nöRh, O, Av*

Arthrorhaphis Th.Fr.

1 Lager zitrongelb bis gelbgrün, mit Rhizocarp-S. Sp. 8–12zellig 2
1* Lager graugrünlich, auf *Baeomyces*-Sippen mit Stictin-S., ±Norstictin-S., dunkler als das Wirtslager und dieses verändernd. Ap. anfangs oft kreiselförmig vorstehend, zuerst mit tief eingesenkter, später verflachter Scheibe, meist bleibend dick berandet, -0,5 mm, ± sitzend. Epihym. bräunlich. Hym. inspers. Sp. 8- bis 16zellig, 20–70 × 2,5–3,5 µm . . . . **A. grisea**
2 Lager wenigstens teilweise aus kompakten Areolen 3
2* Lager weitgehend sorediös 4
3 Im Hochgebirge, meist über schwach Ca-beeinflußtem Substrat. Lager mit deutlich abgesetztem weißem bis schwach gelblichem Mark mit zahlreichen CaOxalat-Kristallen (in Aceton unlöslich), aus zerstreuten bis zus.schließenden, meist gewölbten Areolen, die mitunter auch kraterförmig aufbrechen (wenn Areolen am Rand verlängert, vgl. *Catolechia*). Ap. oft fehlend, Epihym. schwarzbraun bis blaugrün. Sp. (20)25–45(60) × 3–4,5 µm, übereinander (mehrstöckig) im Schlauch. * . . . . **A. alpina**
3* Weit verbreitet, auf saurem Substrat. Lager ohne weißes, Ca-Oxalat-reiches Mark (wenn Kristalle vorhanden, dann Aceton-löslich). Areolen flach bis hochgewölbt und dann innen oft hohl, vgl. rel. seltene, nicht-sorediöse Formen von **A. citrinella (4)**
4 Im Hochgebirge über Ca-beeinflußtem Substrat. Areolen kraterförmig aufbrechend oder Lager ganz aus Soredien auf weißlicher Ca-Oxalat-Unterlage (Kristalle in Aceton unlöslich) . . . . **A. alpina (3)**
4* Weit verbreitet auf sauren Substraten. Lager aus sorediös aufbrechenden Areolen oder gänzlich sorediös, nicht auf weißlicher Ca-Oxalat-Unterlage, ohne Kristalle oder Kristalle in Aceton löslich, oft anfangs auf *Baeomyces* parasitierend, später verselbständigt. Ap. bald flach, berandet bis unberandet, -1 mm. Sp. 8–12zellig, (45)55–80(100) × 2,5–3,5 µm, nebeneinander im Schlauch. * . . . . **A. citrinella**

Arthrorhaphis alpina (Schaerer) R.Sant. [Bacidia flavovirescens v. alpina (Schaerer) A.L.Sm.]
In hochmontan-alpinen Lagen, selten tiefer, an offenen Stellen auf frischen, schwach kalkhaltigen Böden – arkt-mieur-alp – s.selten; *Fr, Opf, Obay,* Al

Arthrorhaphis citrinella (Ach.) Poelt [Bacidia flavovirescens (Dickson) Anzi]
Von der submontanen bis in die alpine Stufe auf nackter Erde, auf erdbewohnenden Moosen, bemoostem Silikatgestein, z.B. an Weganrissen, in Blockmeeren, an schattigen Felsen, oft auf oder mit *Baeomyces rufus* (besonders über Erde), meist an kühl-luftfeuchten bzw. substratfrischen Standorten, in niederschlagsreichen Lagen oft in lückigen Magerrasen auf sauer-humosen, sandig-steinigen Lehmböden (Nardion), auch an z.lange schneebedeckten Orten, z.–e.acidoph., z.hygroph., substrathygroph., z.skioph.–s.photoph., anitroph. – arkt-mieur – z.selten (3); Sch, Vog, BayW, RhSch, ThW, Erz, Hz, sonst selten: Pf, O, He (Rhön, Meissner), Bo, *Fr, Al*

Arthrorhaphis grisea Th.Fr. [Lahmia fueistingii Körber, Gongylia viridis A.L.Sm.]
In montan-hochmontanen Lagen auf *Baeomyces rufus* (↑) und (s.selten) *placoph.* - bor-mieur·mo - selten; süSch, *O,* Fr, BayW, ThW

Arthrosporum Massal.

(Bestimmung ↑ Bacidia)

Arthrosporum populorum Massal. [A. accline (Flotow ex Massal.) Massal., Bacidia acclinis (Flotow ex Massal.) Zahlbr., B. populorum (Massal.) Trevisan]
Bis in die montane Stufe an licht oder frei stehenden Laubbäumen, bevorzugt auf basenreichen Rinden, v.a. Pappel, Nußbaum, Esche, Weide, subneutroph. (-m.acidoph.), z.(-s.)photoph., a-/m.nitroph. - s'bor-med·mo - selten *(2)*; z.B. süHü, *nöHü, nöRh, Rh-Mn-T, SJu, Ju, FrJu, Mfr, Ne,* süSch, *Ml,* Th

Aspicilia Massal.

(Lecanora sect. Aspicilia, Schlüssel incl. Bellemerea, Eiglera, Hymenelia, Lobothallia, Megaspora u.a.)

1 Auf Pflanzenresten, Moosen, Rinde, Holz 2
1* Auf Gestein 3
2 Sp. 18–30 × 20–25 µm. Lager schollig areoliert, graugrünlich, meist weiß bereift; gelegentlich auf staubimprägniertes Holz, Wurzeln oder die Stammbasis übergehende Lager von *A. contorta* [syn. *A. lundensis* (Fr.) Uloth], vgl. 9
2* Sp. 30–60 × 16–42 µm. Lager warzig-uneben, weißlich bis h.grau. Ap. in Warzen eingesenkt, ± konkav, schwärzlich, bisweilen bereift, mit ganzem Lagerrand, oft mit angedeutetem dünnem, schwärzlichem Eigenrand, -1(1,5) mm. Ch- . . . . **Megaspora verrucosa**
3 Lager rundlich, rosettig, am Rand deutlich schmallappig (placodioid), braun- bis weißgrau, gegen die Mitte rissig-areoliert und oft d.grau. Randlappen dicht anliegend, zus.schließend, ± bereift. K- bis K+ rot. Ap. -1,5 mm, d.braun bis schwärzlich, zahlreich. Epihym. braun. Sp. 11–15 × 6–8 µm. Auf Kalkgestein, selten mineralreichem, eutrophiertem Silikatgestein. Norstictin-S., ±(Atranorin), selten Stictin-S. oder Ch- . . . . **Lobothallia radiosa**
3* Lager am Rand nicht gelappt, nie K+ rot 4
4 Lager an kalkreichem Gestein, Mörtel, Beton 5
4* Lager an kalkfreiem oder s.schwach kalkhaltigem Silikatgestein 10
5 Lager mit d.braunen bis schwärzlichen Soralen auf der Unterseite von zerstreuten bis dichtstehenden aufgebogenen Schuppen, grau, oliv, bräunlich, weiß bereift. Ap. selten, eingesenkt, braun, bereift. Ch- . . . . **A. moenium**
5* Lager ohne Sorale, mit Ap. 6
6 Hym. oben blau(-grün) gefärbt, Ch-. S.seltene Gebirgsarten 7

6* Hym. oben nicht blau 8

7 Lager bläulich bis graublau, feucht intensiver gefärbt, einförmig, ± endolithisch, die Oberfläche oft wie fein gehämmert. Hym. weitgehend blau. Sp. 6–15 × 5–11 µm, selten voll entwickelt. Ap. schwarz bis d.blaugrau, unbereift, bald randlos, oft in kleine Lagerbuckel eingesenkt, s.klein (0,2–0,4 mm). Schläuche ohne amyloiden Tholus . . . . **Hymenelia coerulea** (wenn Lager h.grau, Ap.oft unregelmäßig verbogen: **H. homalomorpha** (Nyl.) Poelt, Alpen)

7* Lager blaß ocker, graugelblich bis dunkel, nicht bläulich, s.dünn, rissig. Epihym. blau(grün). Sp. ellipsoid, 12–18 × 7–10 µm. Ap. schwarz, rundlich, -0,4 mm, konkav, dann flach. Schläuche mit amyloidem Tholus . . . . **Eiglera flavida**

8 Ap. braunrosa bis gelblichrosa, oval oder verlängert oder mit unregelmäßigem Umriß, konkav, -0,5 mm, (ins Substrat) eingesenkt, durch einen Riss vom Lager getrennt. Epihym. farblos bis blaß braun. Lager einförmig krustig, ± endolithisch, grauweißlich. Sp. ellipsoid bis kugelig, 10–24 × 7–17 µm (wenn Lager deutlich, an feuchtem Gestein, vgl. *H. lacustris*, 16). Ch- . . . . **Hymenelia prevostii**

8* Ap. schwarz, aber bisweilen weißlich bereift. Epihym. d.grün. Sp. breitellipsoid bis fast kugelig, 20–30 × 15–25 µm, zu (2-)4(6) im Ascus. Schwierige Gruppe, manche Formen sind nicht zuverlässig zuzuordnen (*Pachyospora*-Gruppe). R–, Aspicilin (Abb. 23 d–f) 9

9 Lager kreideweiß, Oberfläche oft kreidig-mehlig, selten grauweiß oder leicht ocker, rissig oder rissig areoliert (am Lagerrand ± radialrissig), nicht warzig- oder schollig-areoliert, oft mit grauem bis d.grünlichem Vorlager. Ap. schwarz, nicht oder leicht bereift, ± eingesenkt, mit leicht erhabenem Lagerrand, oft von s.unregelmäßiger (fast gelappter) Form, zus.fließend, -1 mm. * . **A. calcarea**

9* Lager schollig bis areoliert, grau bis oliv, oft ± weißlich bereift, gewöhnlich nicht mit kreidig-mehliger Oberfläche. Vorlager undeutlich. Ap. meist rundlich, eingesenkt bis mit deutlich erhabenem, oft radial gestreiftem Lagerrand, zu meist 1–3 pro Areole. S.variable Art. *; ssp. *hoffmanniana*: Lager grau bis braungrau, rissig areoliert, Areolen ± zus.schließend und eckig, meist 1 Ap. pro Areole; ssp. *contorta*: Areolen v.a. an der Lagerperipherie zerstreut stehend und dort ± konvex, rundlich, mit abgerundeten Kanten, weiß bis grau, meist 1–3 Ap./Areole . . . . **A. contorta** s.l. (**A. coronata** (Massal.) B. de Lesd. unterscheidet sich durch endolithisches oder halbendolithisches, gelbgraues bis grauweißes, ungegliedertes, nur in der Nachbarschaft der Ap. rissig-areoliertes Lager; Ap. -0,4 mm, oft verformt, Scheibe stets stark bereift: z.B. Ju, Hü)

10 Lager mit Soredien oder Isidien oder ± halbkugeligen bis kurz zylindrischen Papillen, oft steril 11

10* Lager ohne derartige Strukturen 15

11 Lager(mark) bzw. Sorale K+ rot, mit Soredien oder isidienartigen, papillenförmigen bis koralloiden Auswüchsen. Norstictin-S. Im Gebiet mehrere, schwierig ansprechbare, teils ungeklärte Sippen, unter anderen die beiden folgenden

. . . . **12**

11* Lager K– **13**

12 Lager mittelgrau, d.grau bis grünlichgrau, rissig areoliert, kräftig entwickelt, mit vereinzelten groben, koralloiden, z.T. sorediös aufbrechenden Isidiengruppen. Stictin-S. oder/und Norstictin-S. . . . . **A. simoensis**

12* Lager h.- bis d.grau, rissig areoliert, warzig oder glatt, dünn, mit weißlichen Flecksoralen, *; z.B. süSch . . . . **A. grisea**

13 Lager graurosa bis grau, rissig areoliert bis areoliert, mit regelmäßig verteilten, kurz zylindrischen, 0,3–0,5 mm dicken, weißlichen bis h.rosa Isidien. Isidien einzeln pro Areole, an der Spitze mit eingesenkten Pykn., nach dem Abbrechen konkave Narben hinterlassend. Vorlager dunkel, ± deutlich. C–, KC–. Pyknosp. 3,5–5 × 1–1,5 µm. Ap. s.selten, h.- bis d.rotbraun. (Gyrophor-S.) . . . . **Koerberiella wimmeriana**

13! Lager gelbbraun, braungrau bis d.braun, Mark C+/KC+ rot, rissig- oder warzig-areoliert, Areolen vereinzelt oder überwiegend mit kurz zylindrischen isidienartigen Auswüchsen. Auswüchse ohne Pyknidien, oft sorediös aufbrechend. Vorlager schwarz. Gyrophor-S. **14**

13* Lager grau, mit Soralen . . . . **(nicht behandelt)**

14 Lager areoliert, m.dick, Areolen meist gewölbt, zus.schließend bis zerstreut auf schwarzem Vorlager, z.T. mit isidienartigen, zylindrischen, -0,25 mm dicken, -0,5 mm hohen Auswüchsen oder mit weißlichen (z.T. auf den Auswüchsen entstehenden) Soralen. Auswüchse/Sorale bei fruchtenden Exemplaren spärlich bis fehlend. Ap. -1,2 mm, Scheibe schwarz, rillig.* ↑ **Rimularia gibbosa**

14* Lager rissig areoliert, dünn, Areolen flach, mit kleinen, halbkugeligen bis kurz zylindrischen, -0,1(0,15) mm dicken, -0,2 mm hohen Auswüchsen und um 0,1 mm großen Soralen. Ap. s.selten. * . . . . ↑ **Rimularia intercedens**

15 Ap. rosa, rosagelblich, fleischfarben, h.braun(rot), beige. Ch– **16**

15* Ap. schwärzlich, d.braunrot bis d.braun, mitunter weißlich bis bläulich bereift **17**

16 Auf gelegentlich überschwemmten oder überrieselten Flächen. Lager zus.hängend bis feinrissig, mit glatter Oberfläche, weißlich, blaß gelblich, gelbrötlich, ocker. Ap. konkav, bleibend eingesenkt, in der Regel randlos erscheinend, -0,5 mm, oft gehäuft. Hym. 85–100 µm. Sp. 13–24 × 6–11 µm . . . . **Hymenelia lacustris**

16* Auf ± trockenem Gestein. Lager s.dünn, schmutzig gelblich bis h.ocker, oft undeutlich. Ap. zuerst stark konkav und eingesenkt, später verflachend und etwas hervortretend, -0,3 mm. Hym. 70–85 µm. Sp. 10–15 x 6–8 µm . . . . **Hymenelia ceracea**

17 Mark J+ violett. Mit schwarzem Vorlager. Alpin **18**

17* Mark J–. Epihym. oliv bis giftgrün, selten bräunlich **20**

18 Ap. (auch feucht) schwarz. Lager weißlich, graugelblich, im Herbar auch ockerfarben, warzig- oder rissig-areoliert, dicklich, K+ gelb, dann rot. Epihym. grünschwarz, blauschwarz, oliv. Sp. 11–20 × 7–11 µm, Wand J–. Norstictin-S. - arkt-alp - z.B. Al . . . . **A. myrinii** (Fr.) Stein

18* Ap. d.rotbraun bis schwarz, feucht aufgehellt, ± rotbraun, eingesenkt bis später ± vortretend. Sp.wand (Epispor) J+ blau. Epihym. braun **19**

19 Lager K+ gelb, dann rot, warzig areoliert (bis rissig areoliert), grau bis weißlich, auch etwas rotstichig, Areolen zus.hängend bis oft zerstreut. Ap. flach, -1,5 mm. Sp. 8-15(23) × 6-8(13) µm. Norstictin-S. . . . . . . **Bellemerea alpina** (wenn anstelle von Ap. kraterförmige, blaugraue bis schwärzliche Sorale: **Bellemerea subsorediza** (Lynge) R.Sant.)

19* Lager K-, rissig areoliert bis warzig, zus.hängend oder mit zerstreuten Areolen, grau (wenn rostfarben: *B. diamartha* (Ach.) Haf. & Roux), Vorlager oft undeutlich. Ap. -1 mm, aber oft punktförmig. Sp. 7-18(24) × 5-10 µm . . . . **Bellemerea cinereorufescens**

20 Lager(mark) K+ blutrot. Norstictin-S. **21**

20* Lager(mark) K-, K+ gelb, selten ± schmutzig rotbraun **22**

21 Lager rissig areoliert (bis fast rissig), grau, bräunlichgrau, h.grau, auf schwärzlichem Vorlager. Ap. konkav, dann flach, glatt, mit dickem, bleibendem Lagerrand, schwarz, -1,5 mm. Sp. 12-22(25) × 6-13 µm. Hym. -115 µm. Pyknosp. 11-22 × 1 µm. * . . . . **A. cinerea**

21* Lager rissig areoliert, d.grau, bräunlichgrau. Ap. -0,8(1,5) mm, eingesenkt, mit runzeliger, runder bis eckiger Scheibe, schwarz. Hym. ca. 150 µm. Sp. 20-25 × 12-15 µm. Pyknosp. 15-28 × 1 µm. * . . . . **A. epiglypta**

22 Hym. oben kohlig schwarz, Hyp. d.braun. Lager warzig (bis rissig) areoliert, kakaobraun, graubraun bis d.braun, im Schatten auch braunbeige, matt. Areolen ± zus.schließend bis zerstreut, auf schwarzem Vorlager, oft (besonders wenn steril) sorediös aufbrechend, meist -0,4 mm, Mark C+/KC+ rot. Ap.(warzen) -1,4 mm, Scheibe schwarz, anfangs ± punktförmig, dann verbreitert, höckerig bis rillig, wulstig berandet. Sp. 15-25(30) × 9-12,5(14) µm. Gyrophor-S. . . . . **Rimularia gibbosa**

22* Hym. oben nicht kohlig. Hyp. hell **23**

23 Sp. annähernd kugelig, 20-30 × 15-25 µm. Ap. oft bereift . **A. contorta (10)**

23* Sp. ellipsoid bis breit ellipsoid. Ap. unbereift **24**

24 Sp. 7-10(14) × 3,5-5(6) µm. Epihym. grünblau bis oliv(braun). Ap. -0,4 mm, schwarz, eingesenkt, flach, ohne erhabenen Lagerrand. Lager dünn, areoliert, rotbraun bis braun, leicht glänzend, Mark P+ rot, K-, C-. Areolen flach bis konkav, auf oft gut entwickeltem schwarzem Vorlager, -0,4(0,8) mm. Schläuche breitkeulig. Paraph. reich verzweigt, anastomosierend, oben nicht verdickt und an den Septen nicht eingeschnürt. Tholus K/J+ blau. Argopsin . . . . **Clauzadeana macula**

24* Sp. größer, mindestens 6 µm breit. Ap. über 0,4 mm breit. Paraph. oben verdickt, oft an den Septen eingeschnürt. Ohne Argopsin **25**

25 Paraph. in K locker. Schläuche oben unverdickt, zylindrisch. Sp. ellipsoid, 11-17 × 6-7 µm. Epihym. smaragdgrün. Ap. -0,8 mm. Mark K+ gelb bis bräunlich, P-, KC+ rot, C± rötlich . . . . ↑ **Schaereria fuscocinerea**

25* Paraph. verklebt, verzweigt und anastomosierend. Sp. gewöhnlich breit ellipsoid. Mark nicht KC/C+ rot **26**

26 Mark P+ orange, K+ meist gelb. Lager meist d.olivgrau bis d.grau, dünn bis s.dünn, undeutlich bis deutlich rissig, selten rissig areoliert, mit glatter Oberfläche. Ap. zahlreich, dichtstehend, flach bis leicht konkav, mit ± deutlichem Eigenrand, -0,4 mm. Sp. 13–17(23) × 9–13 µm. Stictin-S., ±Norstictin-S. . . . . **A. laevata**

26* Mark P–, K– oder nach längerer Zeit schmutzig rotbraun **27**

27 Sp. (9)11–14 × 7–9 µm, oft schlecht entwickelt. Epihym. (gelblich)oliv. Ap. -1 mm, braunschwarz bis schwarz, ± flach, deutlich berandet, dichtstehend. Lager z.dick, rissig areoliert, asch- bis bleigrau, oft mit braunem bis braunviolettem Stich. Areolen ± uneben, die meisten fertil, 0,5–2 mm . . **A. recedens**

27* Sp. größer. Z.T. schwierig ansprechbare, z.T. ungenügend definierte, großlagerige Arten, hier nur ein Teil der vielen beschriebenen Sippen berücksichtigt. Ap. schwarz, eingesenkt **28**

28 Lagerschnitte (Mikroskop!) in K nach vorhergehender Behandlung mit Salzsäure und Auswaschen mit Wasser mit rostrotem Kristallniederschlag. Lager h.grau, gelblichgrau bis bläulichgrau, warzig areoliert (Areolenränder „abgleitend"), mit dunklem Vorlager. Mark (Schnitt) durch ± dichte Einlagerung von Körnern undurchsichtig. Ap. einzeln in den Areolen, -0,8 mm, mit Lagerrand (Exc. undeutlich, -25 µm). Sp. 20–26 × 12–14(18) µm. Hym. 120–150 (185) µm . . . . **A. gibbosa**
(**A. cupreogrisea** Th.Fr. unterscheidet sich durch eckige, unebene, z.dunkle Areolen)

28* Lagerschnitte in K nach HCl-Behandlung nicht mit rostroten Kristallen, Mark ohne Körner, Schnitte durchsichtig (oder durch Lufteinschlüsse ± undurchsichtig). Meist ohne dunkles Vorlager. Areolen meist um 0,4–1,2 mm **29**

29 Sp. 14–19 × 8–12 µm. Pyknosp. 7–8 µm lang. Lager d.grau, auch mit grünl. oder bräunl. Farbstich, unregelmäßig rissig-areoliert, dünn (Areolen -1 mm breit). Ap. -0,7 (1,0) mm, mit deutlichem schwarzem Eigenrand (Exc. 35–100 µm), oft dichtstehend und beträchtlich in der Größe variierend. Hym. 85–100 (120) µm . . . . **A. obscurata**

29* Sp. breiter und meist länger. Ap. ohne schwarzen Eigenrand **30**

30 An zeitweise überschwemmten Stellen (Bäche). Lager h.grau, grau, grünlichgrau, rissig bis rissig areoliert, Oberfläche meist glatt und z.eben, K–. Ap. oft spärlich. Sp. zu 8, 22–27(35) × 14–18 µm. Hym. (110)150–180(200) µm. Pyknosp. 12–15 µm lang. Ähnl. *A. caesiocinerea*. Rindenzellen regelmäßiger in senkrechten Reihen angeordnet . . . . **A. aquatica***

30* An trockenen, selten an überschwemmten Stellen. Lager rissig- bis warzig-areoliert, d.- bis h.grau, oft leicht blaustichig, grauweiß, auch braun. Areolen zus.schließend, s.unregelmäßig in Form und Größe, oft uneben, K–, Mark K– oder später oft bräunlich. Ap. meist zahlreich. Exc. undeutlich. Sp. oft schlecht entwickelt, meist zu 6, (14)20–30(35) × 12–16(22) µm. Hym. (80)120–150 (200) µm. Pyknosp. 6,5–9 (12) µm. S.formenreich. Aspicilin . . . . **A. caesiocinerea** s.l.
(Es sind zahlreiche Arten aus der Verwandschaft von *A. caesiocinerea* beschrieben worden, die z.Zt. kaum zuverlässig bestimmbar sind.)

Aspicilia aquatica Körber [Lecanora a. (Körber) Hepp]
Ähnl. *Hymenelia lacustris* (↑), aber kaum unterhalb der montanen Stufe - (arkt-)-bor-med·alp - selten; Sch, Eif, ThW

Aspicilia caesiocinerea (Nyl. ex Malbr.) Arnold s.l. [Lecanora c. Nyl.]
Formenreiche euryöke Art, v.a. in submontan-montanen, selten hochmontanen Lagen an beregneten Flächen auf Silikatgestein, vorwiegend an z.-s.lichtreichen, m.(s.)gedüngten Horizontal- und Schrägflächen, z.B. auf der Kuppe von Vogelsitzplätzen, an gelegentlich überschwemmten Blöcken in der obersten amphibischen Zone an Bächen, an ± sickerfeuchten sowie trockenen (nicht sekundär befeuchteten) Flächen, z.B. auf Blockschutthalden an besonnten Hängen, auch als Pionier, kalte Orte meidend, (subneutroph.)m.-z.acidoph., m.-s.photoph., (a-)m.-s.nitroph. - bor-med·mo - m.häufig-z.selten; v.a. Sch, Vog, RhSch, Pf, ThW, in Kalkgebieten fehlend oder synanthrop

Aspicilia calcarea (L.) Mudd [Lecanora c. (L.) Sommerf., Pachyospora c. (L.) Massal.]
Bis in die alpine Stufe auf kalkreichen bis z.kalkarmen Gesteinen (auch kalkimprägniertem Sandstein) an z.-s.lichtoffenen, nach Regen z.schnell abtrocknenden Horizontal- und Schrägflächen, an Steinen in Trockenrasen, vereinzelt auch an Natursteinmauern, extrem trocken-warme Stellen meidend, basiph., z.xeroph., a-/m. nitroph. - s'bor-med - z.selten; SJu, Ju und FrJu m.häufig, ferner z.B. Th, Mn, Ne, süHü, Rh, Saar, Bit

Aspicilia cinerea (L.) Körber [Lecanora c. (L.) Sommerf.]
Bis in die subalpine Stufe v.a. auf kalkfreiem, hartem, kristallinem Gestein auf beregneten, oft ± besonnten Flächen, oft auf Blöcken in Schutthalden, in Wiesen, an Trockenmauern, v.a. an m.nährstoffreichen Stellen, m.-z.acidoph., z.xeroph., z.-s.photoph. - bor-med·mo - z.selten; v.a. Sch, Vog, ferner z.B. O, Pf, RhSch, He, ThW, Erz, Al, synanthrop auch vereinzelt in Kalkgebieten (Grabsteine usw.)

Aspicilia contorta (Hoffm.) Krempelh. [Lecanora c. (Hoffm.) Steiner, Pachyospora c. (Hoffm.) Massal.]
ssp. **contorta**
Vorwiegend von der kollinen bis zur montanen Stufe auf Kalkgestein, seltener auf kalkarmem bzw. kalkimprägniertem Silikatgestein (oft Sandstein), v.a. als Pionier auf Steinen und niedrigen Blöcken, in Steinhaufen, auf Schotter, oft an anthropogenen Standorten (Mauern usw.) und dabei auch auf Kunststein, wie z.B. Waschbeton, übergehend, sonst v.a. in Trockenrasen, meist an staubimprägnierten, morgens oft taufeuchten, sonst rel. trockenwarmen, beregneten Standorten, basiph.-neutroph., m.nitroph. - (s'bor)mieur-med - z.seltenm.häufig; v.a. Kalkgebiete
ssp. **hoffmanniana** Ekman & Fröberg [A. hoffmannii auct., Lecanora h. auct.]
Ähnl. ssp. *contorta* (↑), aber häufiger auf kalkarmem, kalkimprägniertem oder basischem Silikatgestein - s'bor-med - selten; durch das ganze Gebiet, v.a. an anthropogenen Standorten

Aspicilia epiglypta (Norrlin ex Nyl.) Hue
Auf mineralreichem bzw. basischem Silikatgestein an lichtreichen Standorten - (s'bor-)mieur - s.selten; Rhön

Aspicilia gibbosa (Ach.) Körber [Lecanora g. (Ach.) Nyl.]
Bis in montane Lagen an besonnten Silikatblöcken und -felsen, ähnl. *Lasallia* (↑), *Parmelia conspersa* (↑), mitunter synanthrop auf Mauerkronen (v.a. Sandgesteine) - mieur - z. selten; z.B. Sch

Aspicilia grisea Arnold
In montan-hochmontanen Lagen auf Silikatgestein, v.a. an bodennahen, oft taufeuchten Felsflächen oder an Steinen - s'bor-mieur - selten; Sch, Vog

Aspicilia laevata (Ach.) Arnold [Lecanora l. (Ach.) Nyl., A. sylvatica Arnold]
In sub- bis hochmontanen Lagen auf Silikatgestein an schattigen, luftfeuchten Standorten, meist in Wäldern und Tälern, gern an Bächen und an zeitweise feuchten Felsen, m.-z.acidoph., substrathygroph., z.skioph.-m.photoph. - bor-med-mo - z.selten; Sch, Vog, O, He, Th, ThW, Eif, Al

Aspicilia moenium (Vainio) Thor & Timdal [A. excavata Thor & Timdal]
In kollinen und submontanen, niederschlagsarmen bis m.niederschlagsreichen Lagen in der Regel synanthrop auf anthropogenen Substraten, vor allem Betonwänden, Zement, in erster Linie auf Vertikalflächen an z.-s.lichtreichen Standorten, ähnl. z.B. *Caloplaca teicholyta* - (s')bor-mieur - selten; Ne

Aspicilia obscurata (Fr.) Arnold [Lecanora o. (Fr.) Nyl.]
In montanen, niederschlagsreichen Lagen auf Silikatgestein, an offen bis m.offen liegenden Blöcken und Felsen - bor-mieur - selten; Sch

Aspicilia recedens (Taylor) Arnold [A. bohemica Körber]
In submontanen und montanen, niederschlagsreichen Lagen auf Silikatgestein, ähnl. *Lasallia* (↑) - bor-mieur - selten (2); süSch, HRh, nöSch, Vog, O, Sp

Aspicilia simoensis Räsänen
Vorwiegend in montanen, niederschlagsreichen Lagen auf Silikatgestein an besonnten Standorten, ähnl. *Umbilicaria deusta* (↑) und *Lasallia* (↑) - mieur-smed(-med) - selten (3); süSch, Ju, He, Alpen

Bacidia De Not.

Bemerkungen: Soweit im Schlüssel nicht anders angegeben, Lager R- (in den meisten Fällen dann vermutlich auch Ch-)

Übersicht der Teilschlüssel

Auf Gestein . . . . **TS 1**
Auf Moosen, Flechten, Erdboden . . . . **TS 2**
Auf Rinde, Holz . . . . **TS 3**

Bacidia TS 1: Gesteinsbewohnende Arten

1 Sp. spiralig gewunden bis stark gekrümmt. Ap. schwarzbraun bis schwarz, gewölbt-randlos . . . . ↑ **Scoliciosporum umbrinum**

1* Sp. gerade oder nur schwach gekrümmt 2

2 Sp. nadelförmig, lang zugespitzt, meist ± undeutlich septiert 3

2* Sp. spindelig bis ± stabförmig 6

3 Hyp. rot- bis d.braun. Ap. ± flach 4

3* Hyp. farblos bis gelbbräunlich 5

4 Epihym. gelblich bis farblos. Sp. 22–45(55) × 1–2 µm, 2–4(8)zellig. Ap. h.grau bis graubraun oder d.rotbraun, ±flach –0,8 (1,0) mm, mit gleichfarbenem oder hellerem Rand, angefeuchtet zuerst der Rand, dann die Scheibe dunkler. Lager s.feinkörnig (Körnchen 20–40 µm), oft rissig, grünlich, grüngrau, v.a. im Herbar auch beige, ocker, auf Kalkgestein. Häufig mit 0,2 mm großen weißen, rosaweißlichen bis (v.a. im Herbar) beigen bis rosabräunlichen, halbkugeligen bis schüsselförmigen Pyknidien mit 1zelligen, 30–50 × 1–1,5 µm langen Pyknosp. . . . . **Bacidina arnoldiana**

4* Epihym. oliv, blaugrün oder fast farblos. Ap. graubraun, d.grau, schwarzbraun, rotschwarz bis schwarz, flach, berandet, zuletzt auch gewölbt-randlos, –0,6 mm. Sp. 17–40 × 1,5–2 µm, 4(8)zellig. Hyp. rotbraun bis gelbbraun. Lager dünn, feinkörnig (Körnchen 20–60(90) µm), grünlich, h.grau, ocker, braun. Exc. außen blaugrün, violett, olivbraun. Pykn. ähnl. *B. arnoldiana*, aber selten vorhanden, Pyknosp. 20–35 × 1 µm, gekrümmt bis verbogen . . . . . **Bacidina egenula**

5 Meist auf zeitweise überschwemmtem Silikatgestein. Ap. –0,6(0,8) mm, rosa, blaß bräunlichrot bis bräunlich, selten schwärzlich, angedrückt, flach, bleibend berandet. Lager grau- bis weißgrün, meist schorfig bis feinwarzig-uneben, rissig, oft mit hellem Vorlager. Sp. 20–45 × 1,5–2,5 µm, 4–8zellig. Exc. violettbraun bis blaß. Hyp. ± farblos, selten oben h.braun . . . . **Bacidina inundata**

5* An anderen Standorten. Lager grünlich, graugrün, körnig. Ap. –0,2 mm, s.zahlreich, rosa, blaß graubraun, rotbraun bis d.braun, mit hellerem Rand, flach bis m.gewölbt. Epihym. blaß, bei dunkel gefärbten Ap. oben bräunlich (und dann K+ purpur). Hyp. schwach entwickelt, farblos. Exc. farblos. Sp. 1–4zellig, 20–30(38) × 1,3–1,7 µm . . . . **Bacidina chloroticula**

6 Hyp. rot- bis d.braun 7

6* Hyp. farblos, gelbbraun 8

7 Sp. 11–16(20) × 3–5 µm, 2–4zellig. Ap. schwarz, flach und berandet, dann gewölbt-randlos, –0,8 mm. Epihym. grün bis oliv. Exc. und Hyp. d.rotbraun. Lager rissig, körnig bis undeutlich, grau- bis bläulichgrün oder bräunlich, auf Kalk- und mineralreichem Silikatgestein. Pykn. 0,1–0,3 mm, schwarz, sitzend, Pyknosp. 3–5 × 1–1,5 µm . . . . **B. trachona**

7* Sp. 18–40 × (4)5–8 µm, 4–8zellig. Ap. rotbraun, d.braun, braunschwarz bis selten schwarz. Hyp. oft nur im oberen Teil gelb- bis rotbraun. Lager körnig, warzig, schorfig, weißlich bis blaß grünlich, meist nur von Moosen auf Gestein übergehend . . . . **Mycobilimbia sabuletorum**

8 Ap. schwarz, halbkugelig, randlos. Exc. stark reduziert . . . . ↑ **Micarea**

8* Ap. zumindest jung nicht schwarz. Exc. deutlich entwickelt 9
9 Ap. von Anfang an gewölbt und randlos. Lager/Ap.schnitt C+ rot. Mit blassen Pykn. . . . . ↑ **Micarea peliocarpa**
9* Ap. zumindest jung berandet 10
10 Hyp. im oberen Teil rel. dunkel gefärbt, darunter hell. Sp. 4–8(10)zellig, 18–40 × 4–8 µm . . . . **Mycobilimbia sabuletorum (7)**
10* Hyp. farblos bis blaß gelblich. Sp. 4(6)zellig, bis 28 × 6 µm 11
11 Ap. -0,4 mm, orange, rosa, ockerbraun bis d.rotbraun, bisweilen Rand dunkler, flach bis gewölbt, mit verschwindendem Rand. Sp. stäbchenförmig/schmal spindelig, (2–)4(6)zellig, (11)13–25(28) × 2,5–3 µm. Lager weißlich, grünlich bis kupferfarben, feinkörnig-warzig bis schorfig. Pyknosp. 10–19 × 0,8–1,2 µm, stark gekrümmt . . . . **Lecania cuprea**
(ähnlich **B. subfuscula** (Nyl.) Th.Fr.: Ap. blaß bis schwärzlich, bald gewölbt. Pyknosp. 30–55 × 1–1,5 µm, ± gebogen)
11* Ap. -1 mm, rosa- bis d.braun, flach, bald gewölbt. Sp. spindelförmig, 4zellig, 12–19 × 4–5 µm. Lager grau bis bläulichgrün, feucht intensiv grün, ± rissig areoliert, stellenweise sorediös aufbrechend, meist steril. Pyknop. 16–22 × 6 µm . . . . **B. fuscoviridis**

Bacidia TS 2: Arten auf Moosen, Flechten, Erdboden

(nur s.selten auf Rinden-Moose übergehende Sippen ↑ TS 3)

1 Lager leuchtend zitron- bis grünlichgelb . . . . ↑ **Arthrorhaphis**
1* Lager nicht leuchtend gelb 2
2 Sp. nadel- bis lang stäbchenförmig, -3,5(4) µm breit (Abb. 25a–i) 3
2* Sp. spindel- bis fingerförmig, nicht lang zugespitzt, über 3,5 µm breit (Abb. 25j–n) 8
3 Auf Rindenmoosen vgl. *B. rubella, B. rosella* (TS 3)
3* Auf Erdboden, Bodenmoosen, Pflanzenresten, Felsmoosen, Flechten 4
4 Ap. schwarz, flach, berandet, zuletzt gewölbt-randlos, -1,4 mm. Epihym. bläulich- bis grünschwarz, schmutzig smaragd, selten oliv. Sp. 25–45 × 2–3,5 µm, (4)6–12zellig. Lager grauweißlich bis blaß grüngrau, warzig bis kleinkörnig . . . . **B. bagliettoana**
(wenn parasitisch auf *Baeomyces* über sauren Böden und Silikatfels, Lager graugrün, Sp. 20–70 × 2,5–3,5 µm vgl. **Arthrorhaphis grisea**)
4* Ap. blaß rosa, orange, graubraun, braun oder braunrot, -0,7 mm, meist bleibend flach 5
5 Hyp. zumindest im oberen Teil gelbbraun. Lager undeutlich bis körnig-warzig, h.grau, ohne Pykn. Ap. braunrot bis d.braun, oft verschiedenfarbig, meist bleibend flach, -0,7 mm. Epihym. blaß bis bräunlich. Sp. 30–50(60) × 2–3 µm, (4)6–8zellig . . . . **B. herbarum**
5* Hyp. farblos. Sp. kürzer oder schmäler. Lager oft mit eingesenkten weißen Pykn., Pyknosp. gebogen 6
6 Sp. um 1,3–1,8 µm dick 7

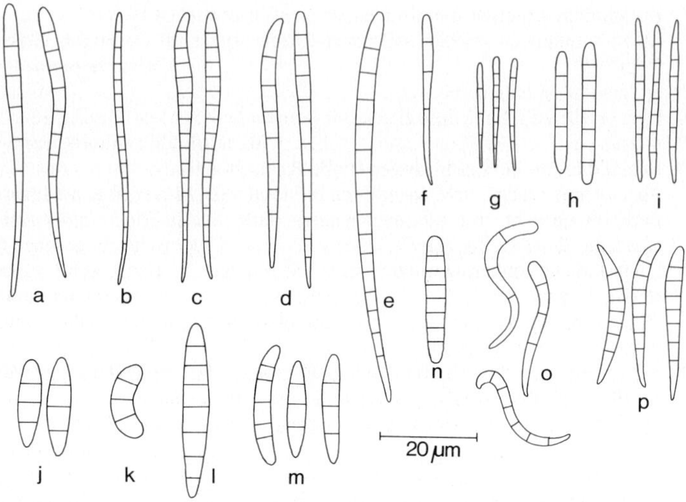

Abb. 25. Sporen von *Bacidia*, *Micarea*, *Scoliciosporum* u.a. a-g: *Bacidia*-Arten mit nadelförmigen Sporen, h-i: mit stäbchenförmigen Sporen, j-l: mit ± spindelförmigen Sporen, m-n: *Micarea*, o-p: *Scoliciosporum*. a: *B. rubella*. b: *B. arceutina*. c: *B. biatorina*. d: *B. polychroa*. e: *B. rosella*. f: *B. friesiana*. g: *B. beckhausii*. h: *B. subincompta*. i: *B. bagliettoana*. j: *Mycobilimbia sphaeroides*. k: *Arthrosporum populorum*. l: *Mycobilimbia sabuletorum*. m: *Micarea lignaria*. n: *M. cinerea*. o: *S. umbrinum*. p: *S. chlorococcum*.

6* Sp. 15–26 × 2,5–3,5 µm, 4(–8)zellig. Ap. -0,7 mm, gelbrot, rotbraun, d.braun, flach, dünn berandet, im Alter auch gewölbt-randlos. Epihym. farblos bis (bei dunkleren Ap.) braunviolett. Lager weißlich bis grünweiß, warzig bis körnig, Körner 40–200 µm. Pyknosp. 30–55 × 1–1,5 µm . . . . . . **B. subfuscula (11)**

7 Ap. -0,2 mm, oft gehäuft, rosa, blaß graubraun, rotbraun bis d.braun, mit hellerem Rand, Sp. undeutlich 1–4zellig, 20–30(38) µm lang. Pyknosp. 30–43 × 0,5–1 µm. Lager grün, graugrün, schorfig-körnig . . . **Bacidina chloroticula**

7* Ap. -0,7 mm, weißlich, orange, rosaorange. Sp. undeutlich 4–8zellig, (20) 25–48 µm. Pyknosp. 21–40 × 1 µm. Lager blaß grün bis (v.a. im Herbar) bräunlich, s.feinkörnig, Körnchen um 20–40 µm dick . . . **Bacidina delicata**

8 Hym. zumindest oben blaugrün, graublau, grünlich, oliv. Ap. braunschwarz bis schwarz, bald oder von Anfang an gewölbt-randlos **9**

8* Hym. farblos oder oben braun, rotbraun. Ap. hell bis braunschwarz, zumindest jung mit deutlich entwickeltem Exc., flach und berandet bis rasch randlos und gewölbt. Paraph. überwiegend einfach bis oben gegabelt **11**

9 Hyp. farblos bis leicht grünlich oder schwach bräunlich. Ap. von Anfang an gewölbt-randlos. Exc. reduziert, aus paraph.ähnlichen Hyphen. Paraph. reich verzweigt und anastomosierend, stark verklebt. Auf sauren Substraten . . . . ↑ **Micarea**

9* Hyp. braun, rotbraun, purpurbraun, schwarzbraun **10**

10 Sp. 30–45 × (5)6–7(9) µm, (4)6–10zellig. Hym. über 60 µm hoch, Epihym. smaragd- bis schwärzlichgrün oder oliv. Ap. schwarzbraun bis schwarz, bald gewölbt, mit dünnem, bald verschwindendem Rand, –0,7 mm, Exc. in jüngeren Ap. deutlich entwickelt. Paraph. überwiegend einfach. Hyp. oben rot- bis (d.)braun. Lager mehlig, körnig, warzig . . . . **Mycobilimbia accedens**

10* Sp. 12–21 × 4–5,5 µm, 4(–6)zellig. Hym. bis 45 µm hoch, weitgehend blaugrün bis graublau (selten purpurn). Ap. schwarz, gewölbt-randlos, –0,4 mm. Auf sauren Substraten. Exc. reduziert. Paraph. verzweigt und verbunden. Hyp. purpur- bis schwarzbraun . . . . ↑ **Micarea melaena**

11 Sp. 13–26 × 2,5–3,5 µm, 4(–8)zellig, schmal spindel- bis stäbchenförmig. Ap. –0,7 mm, gelbrot, rotbraun, d.braun, flach, dünn berandet, im Alter auch gewölbt-randlos. Pyknosp. 30–55 × 1–1,5 µm . . **B. subfuscula** (Nyl.) Th. Fr.

11* Sp. mindestens 4 µm dick *(Mycobilimbia)* **12**

12 Exc., Hyp. und Epihym. farblos oder leicht gelblich. Exc. deutlich entwickelt, knorpelig **13**

12* Ap. im Schnitt nicht durchgehend farblos **14**

13 Lager grün, graugrün, feinkörnig bis fast mehlig-sorediös, Körnchen 25–70 µm. Ap. rasch halbkugelig, dann ± kugelig, gelb- bis fleischrötlich, beige, gelbbraun (alt auch braun), s. rasch unberandet, –0,8 (1,1) mm. Sp. überwiegend 2-, spärlich 4zellig, 10–17 × 3,5–5 µm, breit spindelförmig bis ellipsoid. Zeorin . . . . **Mycobilimbia sphaeroides**

13* Lager grau, weißlich, blaß grünlich, körnig-warzig. Ap. anfangs flach-kreiselförmig, mit z.dickem Rand, später gewölbt-randlos bis fast kugelig, weißlich, gelb- bis fleischrötlich, –1,2 mm. Sp. 12–22 × 4–7 µm, (2–)4(6)zellig, spindelförmig. Nahe mit *M. fusca* verwandt . . . . . . **Mycobilimbia carneoalbida**

14 Lager grau, gelblich- oder grünlichgrau, großflächig gelbgrünlich bis gelblich sorediös aufbrechend, fast stets auf Rindenmoosen, K–, C–, P–, fast stets steril. Ap. 0,3–0,8(1,3) mm, gelb- bis rotbraun bis braunschwarz, meist spärlich und zerstreut, gewölbt, mit dünnem Rand, Sp. 4zellig, 13–28 × 4–6(7) µm. Epihym. bräunlich, Hyp. hellbraun . . . . **Mycobilimbia epixanthoides**

14* Mit anderen Merkmalen. Lager weißlich, grau bis graugrün, meist ± warzig bis feinkörnig, nicht gelblich bis grüngelblich sorediös aufbrechend. Ap. meist reichlich **15**

15 Ap. zuerst konkav bis flach, mit dickem, vorstehendem, oft glänzendem Rand, verengt sitzend (kreiselförmig), später gewölbt-randlos, d.braunrot, d.braun, braunschwarz, 0,5–1,2 mm. Sp. (2–)4zellig, 15–27 × (4,7)5–7,5(8) µm. Hyp. blaß bis oben rötlichbraun. Hym. oben blaß bräunlich, auch oliv. Paraph. –2 µm dick. Exc. und Hyp. knorpelig. Lager feinkörnig bis runzelig; v.a. basal an Bäumen in höheren Lagen . . . . **Mycobilimbia fusca**

15* Ap. meist rasch gewölbt-randlos. Hyp. meist oben rotbraun. Epihym. blaßbraun bis braunrot oder olivbraun. Paraph. 2–3 µm dick (*M. sabuletorum* s.l.) . . **16**

16 Ap. (gelbbräunlich), zimtbraun, d.braun bis schwarz, oft etwas glänzend, s.schnell gewölbt-randlos, -0,7 mm, relativ dicht stehend. Epihym. blaßbraun bis braunrot, Hyp. braunrötlich bis fast farblos. Sp. (2–)4(6)zellig, 16–30 × 5–6 µm . . . . **Mycobilimbia microcarpa**

16* Ap. schmutzig rosabraun, braun bis schwärzlich, meist s.rasch gewölbt-randlos, jung aber auch flach und schwach erhaben berandet, –1 mm, mitunter leicht bereift. Epihym. farblos, gelbbraun, braun, olivbraun. Hyp. im oberen Teil gelb- bis rotbraun, darunter heller. Sp. (4)6–8(12)zellig, 18–40 × (4)5–8 µm. Lager warzig-uneben bis körnig oder schorfig . . . . **Mycobilimbia sabuletorum**

Bacidia TS 3: Rindenbewohnende Arten

1 Lager mit auffallenden weißen bis bräunlichen oder halbkugeligen Pyknidien **2**

1* Lager im allgemeinen ohne solche auffallenden Pykn. **6**

2 Gewöhnlich auf dünnen Ästchen von Nadelbäumen und Zwergstrauchstämmchen (z.B. *Vaccinium*). Sp. ellipsoid, (2–)4zellig, 10–16 × 2,5–4 µm. Mit weißlichen, oft vorragenden, -0,2 mm breiten Pykn. Ap. weißlich, blaß (rosa)gelblich bis blaß bräunlich (im Herbar orange), -0,5 mm, anfangs flach und dünn weißlich berandet, später gewölbt-randlos. Lager graugrünlich . . . . **Fellhanera subtilis**

2* Gewöhnlich nicht an dünnen Ästen von Nadelbäumen und Zwergsträuchern **3**

3 Lager, wenn gut entwickelt, Pykn. und Hym. C+ rot, Pykn. ± eingesenkt, mit blasser bis h.grünlicher, breiter, meist napfförmig vertiefter Mündungsregion. Hyp. ± farblos. Pyknosp. über 20 µm lang . ↑ **Micarea peliocarpa/cinerea**

3* Lager und Hym. C–. Hyp. dunkel **4**

4 Pykn. weiß bis leicht rötlich oder v.a. im Herbar leicht bräunlich, ± eingesenkt, 0,1–0,2 mm. Pyknosp. meist über 20 µm lang, fädig, gebogen. Lager grün, grüngrau, v.a. im Herbar auch beige bis ocker, s.feinkörnig, oft rel. dick. Ap. graubraun bis seltener rotbraun, -0,8 mm, ± flach, mit oft etwas hellerem Rand, angefeuchtet erst der Rand, dann die Scheibe dunkler. Hyp. d.braun. Sp. nadelförmig, undeutlich septiert, 22–35 × 1,2–1,7 µm **Bacidina arnoldiana** (wenn Hyp. farblos, Ap. weißlich, beige, orange: *Bacidina delicata*)

4* Pykn. braun, violett-braun, schwarz, vorstehend. Hyp. d.braun bis rotbraun **5**

5 Pykn. violett-braun bis braunschwarz, um die oft offene Mündung heller, -0,2 mm, halbkugelig oder vertikal verlängert. Pyknosp. 23–36 × 1 µm, kaum gebogen, 1–4zellig. Sp. 29–35 × 3–4 µm, an einem Ende zugespitzt, 4–8zellig. Ap. rosabraun bis graubraun, mit rel. dickem, gleichfarbenem Rand, -0,4 mm. Epihym. und Hyp. rotbraun. Exc. paraplektenchym. Paraph. verzweigt und anastomosierend. Lager grün bis graugrün, mit rel. glatter Oberfläche, nicht körnig . . . . **Fellhanera vezdae**

5* Pykn. schwarz, 0,1–0,3 mm. Pyknosp. 3–5 × 1–1,5 µm. Ap. schwarz, -0,8 mm. Sp.

11–16(20) × 3–5 µm, 2–4zellig. Epihym. grün bis oliv. Exc. und Hyp. d.rotbraun. Paraph. überwiegend einfach. Selten auf Rinde . . . . **B. trachona**

6 Sp. stark gekrümmt, S-förmig oder bohnenförmig (Abb. 25k, o) **7**

6* Sp. gerade bis leicht gebogen **9**

7 Sp. bohnenförmig, mit abgerundeten Enden, zu 8–16, 4(–6)zellig, 10–18 × 4–5 µm. Ap. schwarz, flach, mit dünnem bleibendem Rand, ähnl. einer kleinen *Lecidella elaeochroma*, –0,7 mm. Epihym. olivbraun, bläulichgrün bis violett. Hyp. farblos bis leicht rötlichbraun . . . . **Arthrosporum populorum**

7* Sp. stark gebogen, wurmförmig bis spiralig, zumindest an einem Ende spitz zulaufend, zu 8, 4–8zellig, über 18 µm lang **8**

8 Epihym. und Exc. rotbraun bis rötlich. Paraph. einfach. Hyp. farblos bis blaß rotbraun. Ap. schwarz, –0,5 mm, flach bis m.gewölbt, mit dünnem, zuletzt verschwindendem Rand, Sp. 20–43 × 2–3,5 µm, 4–6(8)zellig, nadelförmig bis zumindest teilweise wurmförmig. Lager weißlich bis undeutlich . . . . **B. hegetschweileri**

8* Epihym. blaugrün, oliv, olivbraun, selten braun. Paraph. verzweigt und anastomosierend. Ap. braun, rotbraun, braunschwarz, –0,6(0,8) mm, gewölbt-randlos . . . . ↑ **Scoliciosporum**

9 Sp. nadelförmig, gewöhnlich an einem Ende lang zugespitzt (Abb. 25 a-g), fadenförmig oder lang stäbchenförmig, nicht über 4 µm dick **10**

9* Sp. spindelförmig bis dick fingerförmig, Enden nicht lang zugespitzt (Abb 25. h, j-n, p), höchstens 40 µm lang **30**

10 Hyp. braun, d.rotbraun **11**

10* Hyp. farblos, gelblich oder blaß (rot)bräunlich **14**

11 Epihym. grün, grünschwärzlich bis oliv, selten blaß, K–. Hyp. zumindest oben d.(rot)braun, K– oder K+ purpur. Sp. meist 6–8zellig, 24–38(40) × 2,5–3,5 µm, stäbchenförmig. Ap. schwarz, flach, später gewölbt, mit dünnem, zuletzt verschwindendem Rand, –0,7(0,9). Lager feinkörnig bis fast isidiös, Körnchen um 40–100 µm, frisch gewöhnlich graugrün, im Herbar ausgebleicht (weißlich) . . . . **B. subincompta**

11* Epihym. gelbbraun, braun, rotbraun **12**

12 Sp. 15–30 × 2–3 µm, stäbchenförmig, (oft undeutlich) 4-, selten 6zellig. Epihym., oft teilweise auch Hym., schmutzig rötlich. Hyp. und Exc. (d.)rotbraun, K+ purpur. Ap. flach, zuletzt gewölbt, mit dünnem, oft bleibendem Rand, d.purpurbraun bis schwarz, –0,8 mm. Lager körnig-mehlig, grauweiß bis -grün . . . . **B. incompta**

12* Sp. länger, nadelförmig, an einem Ende lang zugespitzt, oder fädig. Hyp. nicht K+ purpur. Ap. nicht schwarz **13**

13 Lager aus dichtstehenden, s.feinen Körnchen, oft z.dick, grünlich (bis graugrün), oft mit weißlichen Pykn. Ap. braungrau bis rotbraun. Hyp. d.rotbraun bis d.braun. Sp. 22–45(55) × 1–1,7 µm. . . . . . . **Bacidina arnoldiana (TS 1/4)**

13* Lager undeutlich bis dünn schorfig-flachwarzig, ohne Pykn. Ap. h.braun bis schwarzbraun. Hyp. h.braun, gelbbraun. Sp. 30–60 × 1,2–2(2,5) µm . . . . ↑ **B. arceutina (19)**

14 Ap. scheibe d.braun, d.rotbraun, braunschwarz, schwarz, grauschwarz, bleigrau **15**
14* Ap. nicht so gefärbt, gewöhnlich heller **23**
15 Epihym. d.grünlich bis d.oliv oder blaugrün bis spangrün **16**
15* Epihym. farblos, gelblich, braun, rotbraun, violett **19**
16 Sp. nadelförmig, 30–45(60) × 2–3 µm. Ap. -0,6(0,8) mm, bläulich- bis bleigrau, mißfarben braun bis bläulichschwarz, oft an einem Ap. verschieden, feucht Scheibe heller als Rand, flach, berandet, dann gewölbt-randlos. Epihym. oliv, bläulichgrün bis blauschwarz, Hyp. farblos. Lager dünn, körnig-warzig bis undeutlich . . . . **B. friesiana**
16* Sp. stäbchenförmig, bis 30(38) µm **17**
17 Epihym. blaugrün, spangrün, K-, oft mit kleinen blauen Kristallen. Ap. lange flach, dünn berandet, zuletzt auch gewölbt-randlos, schwarz, -0,7(1) mm. Sp. 18–30(38) × 1,5–2,5 µm, dünn stäbchenförmig, 4–8zellig. Paraph. einfach bis oben vereinzelt gegabelt, oben -4 µm dick. Exc. d.purpurbraun, K+ deutlich purpurn . . . . **B. circumspecta**
17* Hym. oben oliv, grünlich, d.grün, schwarzbraun, K+ violett. Ap. bald gewölbt-randlos, grau bis schwarz **18**
18 Sp. 17–26(29) × 1,5–2,5 µm, 4(–8)zellig, dünn stäbchenförmig, mitunter leicht gekrümmt. Paraph. einfach bis spärlich verzweigt. Exc. dünn, paraplektenchymatisch. Ap. blauschwarz, schwarz, (durch Bereifung auch) grau, 0,5–1,2(1,5) mm. Lager dünn . . . . **B. beckhausii**
18* Sp. 10–17(19) × 2,5–3(3,5) µm, 4(5)zellig, schmal-spindelig, oft gekrümmt. Paraph. verzweigt und anastomosierend. Exc. bald stark reduziert. Ap. schwarz, braun- bis grauschwarz, -0,4(0,5) mm . . . . **Micarea nitschkeana**
19 Sp. s.schmal, 30–60 × 1,3–2(2,5) µm. Ap. -0,6(0,7) mm, mittel-, rot-, d.braun, braunschwarz, flach bis meist m.gewölbt und (oft dunkler) berandet, später oft hochgewölbt-randlos. Epihym. farblos, gelbbraun, schmutzig braun bis selten oliv, Hyp. blaß gelblich bis blaß bräunlich. Alle gefärbten Teile des Ap. K–/+ olivbraun. Lager dünn, schorfig-flachwarzig . . . . **B. arceutina**
19* Sp. breiter, (2)2,5–3,5(4) µm. Ap. größer werdend **20**
20 Lager auffallend feinkörnig bis isidiös bis korallinisch (Körnchen 50–100 µm, rundlich bis in Isidien verlängert, ähnl. wie bei *B. rubella*, aber oft etwas gebräunt), in der Regel gut entwickelt, gelbgrünlich, (blau)grünlich, grünlichgrau, oft leicht gebräunt. Ap. meist s.spärlich, oft auffallend verengt sitzend, jung oft napfförmig, dann flach, berandet, zuletzt auch gewölbt, Scheibe d.(rot)braun bis schwarz, glänzend, Rand oft deutlich heller. Epihym. braun, lilabraun, violettgrau, rotbraun, purpurschwarz, selten oliv, oft (nicht immer!) die gefärbten Teile K+ purpurviolett. Sp. (42)60–75(88) × 2,5–3,5(4) µm. ±Atranorin . . . . **B. biatorina**
20* Lager nicht feinkörnig bis isidiös, sondern flachwarzig, glatt oder rissig. S.seltene Arten. Sp. 8–16zellig, Hym. 65–100 µm **21**
21 Epihym. blaß bis (braun)gelblich, Exc. und Hyp. oben blaß braun, gelb oder rötlichgelb, alle stärker gefärbten Teile des Ap. K+ (purpur)violett. Paraph. oben bis 5 µm verdickt. Sp. 45–75 × 2,5–4 µm. Ap. braun, rotbraun, selten

schwärzlichbraun (feucht zunächst der Rand dunkel und Scheibe rel. hell, dann auch diese dunkel), anfangs flach, dünn berandet, später gewölbt-randlos, -1,5 mm. Lager weißlich- bis grünlichgrau, flachwarzig bis fast krustig-schuppig . . . . **B. polychroa**

21* Epihym. meist kräftiger gefärbt. Paraph. oben wenig (2 µm) verdickt. Unsicher geschieden **22**

22 Ap. schwarz, purpurschwarz, seltener d.braun, flach, berandet, später gewölbt-randlos, angedrückt sitzend. Epihym. graubraun, braunrot, schwarzbraun, blauschwarz, d.olivviolett, K- oder K+ purpurn. Hyp. farblos, gelblich, gegen das Exc. oft braun bis rotbraun. Sp. 35-80 × 2,5-4 µm. Lager rissig bis schorfig, grau- bis grünweißlich . . . . **B. laurocerasi**

22* Ap. kastanienbraun, d.braun bis schwärzlich, anfangs napfförmig, dann lange flach mit meist bleibendem Rand, schließlich gewölbt, jung verengt und dadurch etwas erhöht sitzend. Epihym. blauviolett, lilagrau, purpurbraun, (wie Exc.) K+ purpurn. Sp. (42)50-92 × 2-3,5(4) µm. Lager aus zerstreuten, verflachten Wärzchen, gelblich- bis grünweiß . . . . **B. subacerina**

23 Sp. bis 2 µm dick, selten über 50 µm lang (außer *B. arceutina*), bis 8zellig. Ap. meist nur -0,6 mm breit. Hym. - 65 µm hoch **24**

23* Sp. 2,5-3,5(4) µm dick, zumindest teilweise über 50 µm lang. Ap. in der Regel über 0,5 mm breit. Hym. über 65 µm hoch **28**

24 Ap. h.braun bis d.braun, -0,6(0,8) mm, flach, berandet, später oft gewölbt, flach bis meist m.gewölbt und (oft dunkler) berandet, später oft hochgewölbt-randlos. Sp. s.schmal, 30-60 × 1,3-2(2,5) µm. Epihym. farblos, gelbbraun, schmutzig braun bis selten oliv, Hyp. blaß gelblich bis blaß bräunlich. Alle gefärbten Teile des Ap. K-/+ olivbraun. Lager dünn, schorfig-flachwarzig . . . . **B. arceutina**

24* Ap. weißlich, gelblich, orange, h.rotbraun, ziegelrot, -0,6 mm. 8zellig . . . **25**

25 Ap. -0,2 mm, oft gehäuft und zus.fließend, s.zahlreich, rosa, blaß graubraun, rotbraun bis d.braun, mit hellerem Rand, flach bis m.gewölbt. Epihym. blaß, bei dunkel gefärbten Ap. oben bräunlich (und dann K+ purpur). Hyp. schwach entwickelt, farblos. Exc. farblos. Sp. undeutlich 1-4zellig, 20-30(38) × 1,3-1,7 µm. Lager grünlich, graugrün, schorfig-körnig, oft rel. dick, mit eingesenkten weißlichen Pykn., Pyknosp. 35-45 × 1 µm, mit undeutlichen Septen, den Sp. s.ähnlich . . . . **Bacidina chloroticula**

25* Ap. 0,2-0,6 mm breit **26**

26 Lager aus feinen Körnchen (20-40(50) µm), grünlich bis (v.a. im Herbar) bräunlich. Ap. flach, berandet, weißlich, beige, orange, rosagelb. Exc., Hyp. und Epihym. farblos. Sp. undeutlich 4-8zellig, (20)25-48 × 1-1,5(2) µm. Pyknosp. 21-40 × 1 µm . . . . **Bacidina delicata**

26* Lager weißlich, grau bis graugrün, dünn bis uneben-warzig, nicht aus diskreten Körnchen. Sp. 4(-8)zellig **27**

27 Sp. 20-35(45) × 1-2 µm, oft gekrümmt. Ap. weißlich, beige bis h.gelbrötlich, feucht fast farblos, zahlreich, s.bald gewölbt-randlos, -0,5 mm. Hyp./Exc. farblos. Hym. 35-50 µm, farblos oder oben gelbbraun. Lager warzig bis mehlig . . . . **Bacidina phacodes**

27* Sp. 34–54 × 1,5–2 µm. Ap. blaß gelbrötlich, blaß rotbraun, selten bis ziegelrot, lange flach, berandet. Exc. ± farblos, Hyp. oben blaß (orange)braun. Hym. 45–60 µm. *B. phacodes* s.nahestehend . . . . **B. assulata***

28 Hym. oben mit körniger Auflage. Ap. rosa bis hell fleischfarben (bis im Herbar beige), manchmal leicht bereift, angedrückt sitzend, lange flach, mit dickem hellerem Rand, schließlich gewölbt-randlos, –1,5 mm. Lager feinkörnig bis mehlig, h.grau(grün). Sp. 60–85(100) × 3–4(5) . . . . **B. rosella**

28* Hym. ohne körnige Auflage. Ap. nicht rosa, –1,5 mm **29**

29 Lager flachwarzig bis fast krustig-schuppig, weißlich- bis grünlichgrau. Ap. braun, rotbraun, selten schwärzlichbraun (feucht zunächst der Rand dunkel und Scheibe rel. hell, dann auch diese dunkel), anfangs flach, dünn berandet, später gewölbt-randlos. Epihym. blaß bis (braun)gelblich, Exc. und Hyp. oben blaß braun, gelb oder rötlichgelb, alle stärker gefärbten Teile des Ap. K+ (purpur)violett. Sp. 45–75 × 2,5–4 µm . . . . **B. polychroa** (s.ähnl. ist **B. fraxinea**: Ap. braun bis braunrot, K–Reaktion und Bau der Ap.(schnitte) wie bei *B. rubella*, Sp. 40–85(109) × 2,5–3,5 µm)

29* Lager körnig-isidiös bis fein korallinisch, grau- bis gelbgrünlich, bläulichgrün, im Herbar ausblassend, Körnchen meist verlängert, 60–120 µm. Ap. gelbrot, ziegelrot bis braunrot, verengt sitzend, anfangs napfförmig, dick berandet, dann flach, zuletzt auch gewölbt-randlos, mitunter mit bereiftem Rand. Exc., Epihym. und Hyp. farblos bis gelblich (blaß orange). Kein Bereich K+ violett. Sp. 45–75(84) × 2,5–3,5 µm . . . . **Bacidia rubella**

30 Hyp. d.rotbraun bis schwarzbraun **31**

30* Hyp. deutlich heller **34**

31 Sp. länglich bis spindelig, mindestens 4 µm dick. Flechten nur basal an Bäumen und an morschem Holz **32**

31* Sp. stäbchenförmig, 2–3,5 µm breit. Ap. zumindest anfangs flach und berandet, –0,9 mm, schwarz, selten d.purpurbraun. Hyp. zumindest oben d.rotbraun **33**

32 Sp. 12–22 × 4–5,5 µm, (2–)4(6)zellig. Epihym. meist blaugrün. Ap. gewölbt-randlos, schwarz, –0,4 mm . . . . **↑ Micarea melaena**

32* Sp. 18–40 × 5–8 µm, 4–8(10) zellig. Epihym. braun bis oliv. Ap. jung berandet, braun, rotbraun bis (fast) schwarz. Hyp. oben rotbraun . . . . **↑ Mycobilimbia sabuletorum (TS 2/16)**

33 Epihym. grün, grünschwärzlich bis oliv, selten blaß. Sp. 24–38(40) × 2,5–3,5 µm, meist 6–8zellig. Lager feinkörnig bis fast isidiös, Körnchen um 40–100 µm, frisch gewöhnlich graugrün, im Herbar ausgebleicht (weißlich) . . . . **B. subincompta (11)**

33* Epihym., oft teilweise auch Hym., schmutzig rötlich. Sp. 15–30 × 2–3 µm, (oft undeutlich) 4-, selten 6–8zellig. Lager körnig-mehlig, grauweiß bis -grün . . . . **B. incompta (12)**

34 Sp. s.schmal, –3 µm. Epihym. oder oberer Teil des Hym. blaugrün, oliv, grün. Lager dünn, undeutlich bis warzig, grau bis blaß grünlich. Sp. 10–17(19) × 2,5–3(3,5) µm, 4(5)zellig, schmal-spindelig, oft gekrümmt. Paraph. verzweigt und anastomosierend. Exc. bald stark reduziert. Ap. schwarz, braun- bis grauschwarz, –0,4 (0,5) mm . . . . **Micarea nitschkeana**

34* Sp. breiter **35**

35 Lager, Ap. und Hym. C+ rot. Sp. 4- bis 8zellig. Paraph. stark verzweigt und anastomosierend. Ap. (oft in einem Lager) verschieden gefärbt, h.grau, bleigrau, violettgrau, gelbgrau, rosabraun bis fast schwarz, uhrglasförmig gewölbt. Lager mit geglätteter Oberfläche, zus.hängend und uneben bis aus rundlichen, gewölbten Areolen zus.gesetzt . . . . ↑ **Micarea peliocarpa/cinerea**

35* Lager, Ap. und Hym. C–. **36**

36 Lager grau bis grünlich, grobkörnig-warzig, P+ rot, auf morschem Holz, s.selten auf saurer Rinde. Ap. durchweg rein schwarz, randlos, s.rasch gewölbt. Sp. 16–34(38) × 4–6(7) µm, 4–8zellig . . . . ↑ **Micarea lignaria**

36* Lager R–. Gewöhnlich auf Rinde. Ap. (zumindest ein Teil) nicht rein schwarz (ausgenommen mitunter *B. auerswaldii*: Ap. längere Zeit deutlich berandet) **37**

37 Ap. -0,3 mm, rotbraun, braunrot, braunschwarz, rasch gewölbt-randlos, oft glänzend. Lager graugrün bis d.grün, unregelmäßig körnig. Sp. 20–40 × 4–5 µm, gewöhnlich 8zellig, meist gegen das eine Ende allmählich verschmälert, mitunter gebogen. Epihym. braun bis rotbraun, aber auch oliv bis grün. Paraph. verzweigt, anastomosierend. Exc. aus verzweigten Hyphen, bald reduziert. Auf sauren Substraten . . . . **Scoliciosporum chlorococcum**

37* Ap. gewöhnlich 0,3–0,8(1,2) mm, oft zumindest jung berandet. Exc. deutlich. Auf basenreicher Rinde. Hyp. farblos oder oben braun **38**

38 Hyp. oben braun. Sp. 4–8zellig, 18–40 × 5–8 µm. Ap. schmutzig braun, rosabraun, braun, braunschwarz. Selten basal an Stämmen . . . . ↑ **Mycobilimbia sabuletorum**

38* Hyp. im oberen Bereich farblos bis leicht gelblichbraun. Sp. bis 26(28) µm, bis 4-, selten 6zellig **39**

39 Ap. braun bis schwarz oder bleigrau. Rotbraune Teile von Exc. und Epihym. meist K+ (stärker) purpur **40**

39* Ap. hell gefärbt, weißlich, gelblich, rosa, rosabraun, h.braun. Exc., Hyp. und Epihym. farblos oder leicht gelblich **41**

40 Ap. d.braun bis schwarz, anfangs konkav, dick berandet, zuletzt flach bis m.gewölbt und ± randlos, purpurschwarz bis schwarz, -0,8(1,2) mm. Lager feinkörnig-isidiös-korallinisch. Sp. 20–26(36) × 4–5(6) µm, länglich-spindelförmig. Epihym. olivbraun. Flechte s.ähnlich *B. biatorina* (↑), aber durch die Sp. unterschieden. *Rh-Mn-T* . . . . ! **B. auerswaldii** (Hepp ex Stizenb.) Mig.

40* Ap. s.variabel gefärbt, bleigrau, blaugrau, graubraun, braun, schwärzlich, mitunter am selben Ap. verschieden, in Schattenformen oder jung oft auch weißlich, flach bis gewölbt, mit hellerem Rand bis randlos, –0,5(0,8) mm. Sp. 13–24(28) × 4–5(6) µm, 4(–6)zellig, gerade oder leicht gekrümmt. Epihym. braun, rotbraun, violettbraun (meist K+ intensiver purpur), blaß grünlich, graugrün, blaugrün (K + intensiver grün) oder farblos. Hym. 50–65 µm. Paraph. einfach oder gegabelt, oben –5 µm dick. Lager dünn, ± glatt, blaß graugrün . . . . **B. naegelii**

(Verwechslungsgefahr mit ↑ *Lecania fuscella*, dort Paraph. oben kaum verdickt)

41 Ap. weißlich, einzelne oft grau, -0,5(0,8) mm. Flechte an Ästen und Stämmen, kaum über Moosen oder in Moos-Ges. Hym. bis 50–60(65) µm. Vgl. Schattenformen oder junge Thalli von *B. naegelii* (39) mit blassem Epihym.

41* Ap. weißlich, gelb- bis fleischrötlich, alt z.T. auch braun, in der Regel über 0,5 mm breit. Flechte meist an alten oder an bemoosten Stämmen oder an der Stammbasis. Hym. 60–80 µm. S.seltene Arten **42**

42 Lager grün, graugrün, feinkörnig bis fast mehlig-sorediös, Körnchen 25–70 µm. Ap. rasch halbkugelig, dann ± kugelig, gelb- bis fleischrötlich, beige, gelbbraun, braun (höchstens alt braun), s. rasch unberandet, -0,8(1,2) mm. Sp. überwiegend 2-, spärlich 4zellig, 10–17 × 3,5–5 µm, breit spindelförmig bis ellipsoid . . . . **Mycobilimbia sphaeroides**

42* Lager grau, weißlich, blaß grünlich, körnig-warzig. Ap. weißlich, beige, gelb- bis fleischrötlich, anfangs flach-kreiselförmig, mit z.dickem Rand, später gewölbt-randlos bis fast kugelig, -1,2 mm. Sp. 12–22 × 4–7 µm, (2-)4(6)zellig, spindelförmig. Nahe mit *M. fusca* verwandt . . **Mycobilimbia carneoalbida**

Bacidia arceutina (Ach.) Arnold
Bis in montane Lagen auf subneutraler bis m.saurer Laubholzrinde, v.a. an Esche, Weide, Ahorn, Pappel, an luftfeuchten Standorten, besonders in bachbegleitenden Gehölzen, z.-m.photoph., a-/m.nitroph., schwach toxitol. - mieur·subatl-med - selten (3); Ne, Mn, SFW, O, Rh, Sch, HRh, SJu, Bo, Al, Eif, Ts

Bacidia assulata (Körber) Vězda [B. intermedia (Stizenb.) Arnold]
Bis in montane Lagen v.a. auf Laubbäumen, bevorzugt auf rel. basenreicher Rinde, besonders auf Esche, Holunder, Buche, subneutroph.-m.(z.)acidoph., z.hygroph., oft mit anderen Bacidien *(B. subacerina, B. arceutina)* - mieur-med - selten (2); süHü, süSch, *Ne, Ju,* O, Saar, *Rh-M-T,* ThW

Bacidia bagliettoana (Massal. & De Not.) Jatta [B. muscorum (Sw.) Mudd]
V.a. bis in montane Lagen auf Moosen und Pflanzenresten über kalkhaltigem Boden und in Spalten von Kalkfelsen, in Lücken von Trockenrasen auf flachgründigen, steinigen Böden, auf kalkhaltigen Dünen, an Kiesgruben, auch auf Mauern, fast nie direkt auf Erde, gewöhnlich an lichtreichen Standorten, basiph., xeroph.-mesoph. - bor-med·mo - z.selten (3); v.a. Ju, SJu, FrJu, sonst selten (z.B. He, Th, Mn, Rh, Ne, Hü, Mos, Eif, Saar)

Bacidia beckhausii Körber [B. minuscula (Anzi) Vězda]
Von der sub- bis in die hochmontane Stufe an Laubbäumen mit meist z.basenreicher Borke, v.a. an Bergahorn, Esche, alten Buchen, meist an m.beregneten Stellen am Stamm, z.B. in Borkenrissen, Schwerpunkt in niederschlagsreichen Lagen in luftfeuchten Wäldern, subneutroph.-m.acidoph., m.photoph.-z.skioph., a-(m.)nitroph. - bor-med·mo - (z.)selten (3); Sch, Vog, süHü, Ne, Ju, SFW, O, Sp, *Rh-Mn-T,* Eif, ThW, Erz, Al

Bacidia biatorina (Körber) Vainio
Konzentriert in montanen, niederschlagsreichen Lagen in feuchten Bergwäldern,

z.B. auf Eiche, Buche, Tanne, besonders in Buchen-Tannen-W., m.acidoph., s.hygroph., m.photoph., anitroph. - mieur·subatl - selten (2); Sch, Sb, O, SFW

Bacidia circumspecta (Nyl. ex Vainio) Malme [B. quercicola (Nyl.) Vainio]
In kollinen bis montanen Lagen auf älteren Laubbäumen im Innern von lichten Wäldern, selten im Freiland, m.acidoph.-subneutroph., von ähnl. Ökologie wie *B. subincompta* und *B. rubella* (†) - s'bor-smed·mo - selten *(1)*; süHü, süSch, SJu, Ne, O, Eif, We, Th, ThW

Bacidia fraxinea Lönnr. [B. fallax (Körber) Lettau]
S.ähnl. *B. rubella* (†), aber mehr auf sommerwarme, kontinentalere Gebiete beschränkt - mieur-smed, (subko) - s.selten (1); SFW, *Fr, Th*

Bacidia friesiana (Hepp) Körber
Bis in montane Lagen auf subneutraler Laubbaumrinde an m.-z.lichtreichen, oft eutrophierten Standorten, besonders auf Holunder, Ulme, Ahorn, Esche, v.a. basal an freistehenden Bäumen, subneutroph.-neutroph., m.-z.nitroph. - (s'bor-)mieur·subatl-smed - selten (1); Sch, HRh, *Bo, O, Ju, Ne, Rh-Mn-T, Ts, Ml*

Bacidia fuscoviridis (Anzi) Lettau
In klimatisch milden bis warmen Gegenden, bis in montane Lagen auf Karbonatgesteinen, besonders Kalkstein, an nährstoffreichen, oft eutrophierten, z.lichtarmen-m.lichtreichen und z.luftfeuchten Standorten, v.a. an beregneten, mitunter auch zeitweise tropfwasserfeuchten Steilflächen, häufig auch synanthrop (alte Natursteinmauern), basiph., m.-z.ombroph. - mieur-smed - z.selten; verbreitet, v.a. Ju, SJu, Ne, Rh-Mn-T, Ts, Eif, Hü, Th, sonst selten

Bacidia globulosa (Flörke) Haf. & V.Wirth [Catillaria g. (Flörke) Th.Fr.]
Bis in die hochmontane Stufe auf flach- bis tiefrissiger Borke von Laub-, selten Nadelbäumen in lichten Wäldern, an Waldrändern, auch auf Holz, in niederen Lagen v.a. am Stamm von Eiche, m.-z.acidoph., z.-s.anombroph., z.hygroph., (z.skioph.-) m.(z.)photoph., a-/m.nitroph. - bor-med(mo) - in SW-Dtschl. m.häufig, im W und N seltener und z.T. stark zurückgehend

Bacidia hegetschweileri (Hepp) Vainio
In montanen Lagen auf m.saurer Rinde von Laubbäumen - bor-mieur·mo - s.selten (0); süSch, *O*, ThW, *He, Mfr*

Bacidia herbarum (Stizenb.) Arnold
Bis in die montane Stufe auf absterbenden Moosen und Resten von höheren Pflanzen v.a. über kalkreichen Böden, auf subneutraler, mineralreicher Rinde (z.B. Espe) - bor-mieur - s.selten; *Fr (Sugenheim)*, Th, Saar, *Al*

Bacidia incompta (Borrer ex Hooker) Anzi
Bis in die montane Stufe auf Laubbäumen, besonders auf subneutraler Rinde (Spitz- und Feld-Ahorn, Pappel, Ulme) an m.-z.lichtreichen Standorten - bor-smed - selten (1); Rh, Bo, Ju, *SFW, Ts*

Bacidia laurocerasi (Delise ex Duby) Zahlbr. [B. endoleuca auct., B. atrogrisea (Delise ex Hepp) Körber]

Bis in die montane Stufe auf Laubbaumrinde, v.a. auf Esche, Weide, Buche, Hainbuche, in luftfeuchten Wäldern, z.B. Eichen-Hainbuchen-W., m.acidoph., m.photoph., anitroph. - mieur·subatl-med - s.selten (0); süRh, süHü, HRh, Sch, *O, Bo, Ju,* Al, *Ml*

Bacidia naegelii (Hepp) Zahlbr.
Bis in die montane Stufe auf Laubbäumen (selten Nadelb.), v.a. auf subneutraler bis schwach saurer, mineralreicher Rinde (z.B. Holunder, Pappel, Nußbaum, Esche, Ahorn, Eiche), am Stamm wie auch auf Ästchen, an (m.–)z.lichtreichen Standorten, subneutroph.–m.(z.)acidoph. - s'bor-med - z.selten (3), z.B. Hü, Ne, SFW, Ju, SJu, Rh, HRh, Sch, O, Sp, Saar, *Ts,* Eif, He, Th, außerhalb S-Deutschlands verschwindend

Bacidia polychroa (Th.Fr.) Körber [B. fuscorubella (Ach.) Bausch, B. acerina (Ach.) Arnold]
In kollinen und submontanen, selten montanen Lagen, gern in Laubwäldern in feuchten Tälern, z.B. in Eschen-Bergahorn-W., auf subneutraler, oft weicher, wasserspeichernder Rinde (z.B. Esche, Ahorn, Ulme, Holunder), an klimatisch milden, luftfeuchten Standorten, m.photoph., z.–s.hygroph. - mieur·subatl-smed(-med) - selten (1); süSch, HRh, Ju, *FrJu, Bo, O, Rh-Mn-T*

Bacidia rosella (Pers.) De Not.
In kollinen und submontanen (selten milden montanen) Lagen auf Laubbäumen, besonders auf glatter und flachrissiger Rinde am Stamm und Stammgrund, v.a. auf Buche, Hainbuche, Eiche, Feldahorn, in frischen Eichen-Hainbuchen- und Buchen-Tannen-Wäldern, m.acidoph.–subneutroph., m.photoph.–z.skioph., z.ombroph., z.–s.hygroph., anitroph. - mieur·subatl-med·mo - selten (2); Mn, Ne, ?Sp, Ts, *MRh, Rh-Mn-T, He,* ThW, *nöHü, O, Ju, FrJu, SFW, Mfr,* süSch, *Vog*

Bacidia rubella (Hoffm.) Massal. [B. luteola „(Ach.) Mudd"]
Bis in die montane Stufe in lichten Wäldern und an freistehenden Laubbäumen auf mineralreicher, subneutraler, oft rissiger bis etwas schwammiger oder morscher Borke, auch auf Moose übergehend, in niederen Lagen besonders in Eichen-Hainbuchen-W., v.a. an Feldahorn, Esche, alter Eiche, in Obstgärten an Apfelbaum und an Nußbaum, in höheren (meist milden) Lagen besonders an Esche und Bergahorn, subneutroph.(–m.acidoph.), m.–s. hygroph., m.–z.photoph., a-/m.nitroph., m.toxitol., oft mit *Acrocordia gemm., Opegrapha varia, Aleurodiscus* - s'bor-med(mo) - z.selten(–m.häufig) (3), durch das ganze Gebiet, bis in z.luftverschmutzte Gebiete, hier aber steril, v.a. Ju, SJu, Hü, Ne, im Nordwesten u. Norden des Gebietes (RhSch, HeBgl) selten bis verschwindend

Bacidia subacerina Vainio
V.a. in montanen Lagen, selten tiefer, gern in feuchten Bergwäldern in niederschlagsreichen Gebieten, z.B. in Buchen-Tannen(-Fichten)-W., auf Nadel- und Laubbaumrinde, m.–z.acidoph., m.photoph.(–z.skioph.), (z.–)s.hygroph., anitroph. - s'bor-mieur·subatl - selten (1); süSch selten, *Ju, Ne, Do, Al,* ThW

Bacidia subincompta (Nyl.) Arnold [B. affinis (Stizenb.) Vainio]
Bis in hochmontane Lagen auf Laubbaumrinde, vorwiegend an älteren Eichen und

Eschen, z.ähnl. *B. rubella* (↑) und *Opegrapha varia* (↑), aber auf freistehenden Bäumen selten, m.photoph.-z.skioph. - bor-med(mo) - z.selten (3), im SW zerstreut, z.B. Sch, Bo, Ju, SFW, Mn, Ne, O, *Ts*, in intensiv landwirtschaftlich genutzten Gebieten ± fehlend

Bacidia trachona (Ach.) Lettau [B. coprodes (Körber) Lettau]
Bis in hochmontane Lagen an schattigen, luftfeuchten, geschützten Orten in Schluchten, Wäldern, an Nordhängen, an (oft feuchten) Felsen aus Kalkgestein und kalkhaltigem oder basischem Silikatgestein, zumeist an Steil- bis Überhangflächen, selten auch an alten Mauern, gelegentlich auf Rinde übergehend - bor-med - selten; Ju, SJu, Al, Mos, Eif

Bacidina Vězda

(Bestimmung ↑ Bacidia)

Bacidina arnoldiana (Körber) V.Wirth & Vězda [Bacidia a. Körber]
V.a. in kollinen und submontanen Lagen, aber auch bis in die montane Stufe an m.lichtreichen bis z.lichtarmen, m.-z.luftfeuchten, auch substratfeuchten Standorten auf Kalkgestein (v.a. an Steilflächen), an der Basis (bis Mittelstamm) von Laub- und Nadelbäumen, besonders in Auen-W., Eichen-Hainbuchen-W., substratvag, z.acidoph.-basiph., toxitol. - mieur-med - z.selten-m.häufig, in kollinen und submontanen Lagen verbreitet und sich ausbreitend

Bacidina chloroticula (Nyl.) Vězda & Poelt [Bacidia ch. (Nyl.) A.L.Sm.]
In kollinen und submontanen Lagen auf Hirnschnitten von Holzpfählen, auf Pflanzenresten, Beton, Steinen etc., meist in Bodennähe an länger taufeuchten oder schattig bleibenden Stellen, sehr substratvag, m.acidoph.-basiph., m.photoph.-z. photoph., (substrathygroph.) - (s'bor-)mieur - übersehen, Lux

Bacidina delicata (Larbal. ex Leighton) V.Wirth & Vězda [Bacidia d. (Leighton) Coppins]
In kollinen bis montanen Lagen, s.substratvag, auf subneutraler, oft ± eutrophierter Rinde von Laubbäumen (Apfel, Weide, *Sambucus* etc.), z.B. in Obstbaumbeständen, auch auf Pflanzenresten, Moosen, auf kalkhaltigen Gesteinen, Ziegeln, Beton, z.ähnl. *B. chlorot.* (↑) - mieur-smed - steril vermutlich nicht selten; z.B. Ne

Bacidina egenula (Nyl.) Vězda [Bacidia e. (Nyl.) Arnold]
Auf Silikatgestein, meistens kleinen Steinen an lange taufeuchten oder schattigen Standorten, an schattigen Backsteinmauern - mieur - ungenügend beachtet, wohl *O*, Sch

Bacidina inundata (Fr.) Vězda [Bacidia i. (Fr.) Körber]
Bis über die Waldgrenze, in niederen Lagen selten und z.T. auch verschwunden (Verschmutzung), v.a. in klaren, kühlen Gebirgsbächen an häufig überschwemmten oder langzeitig feuchten Blöcken bzw. Felsen, gewöhnlich auf kalkfreiem Silikatgestein, doch auch auf kalkhaltigem Gestein und langzeitig feuchtem Holz (Bretter

im/am Wasser, Holzbrunnen), selten auch an nicht sekundär befeuchteten, s.luft- oder lange taufeuchten Stellen, subneutroph., z.skioph.–m.(z.)photoph., a-(m.)nitroph., substratvag - bor-med·mo - selten (3); süSch, Vog, Eif, nöSch, selten in Sp, O, *Bo*, Al, Ts, ThW, He

Bacidina phacodes (Körber) Vĕzda [Bacidia ph. Körber, B. albescens (Stizenb.) Bausch]
V.a. in submontanen und montanen Lagen auf Laubbaumrinde, auch auf Nadelbäumen, auf Moosen über Rinde und Silikatgestein, s.selten direkt auf Gestein, ferner auf Holz (morschen Stümpfen), ökol. weit ausgreifend, subneutroph.–z.acidoph., m.photoph., anitroph. - s'bor-mieur(subatl)-med - selten *(3)*; süSch, Ju, *SFW*, O, Sp, Ts, Eif, *Al*

Bactrospora Massal.

(Bestimmung ↑ Lecanactis)

Bactrospora dryina (Ach.) Massal. [Lecanactis dryophila Lettau]
In kollinen und submontanen, wintermilden Lagen am Stamm alter Eichen an regengeschützten Flanken, ähnl. *Arthonia pruin.* (↑), meist in flächigen artenarmen Beständen - mieur-med, subatl - selten (2); süRh, süHü-HRh(-süSch), Bo, Ju, Ne, O, Sp, *Rh-Mn-T+*, Ts, *Eif*

Baeomyces Pers.: Fr.

(Schlüssel incl. Dibaeis)

1 Ap. rosa, von Anfang an fast kugelig, 1–4 mm breit, Stiel –5 mm hoch, weißlich, seltener blaß rosa. Lager krustig, aus gewölbten bis fast kugeligen Areolen, weißlich bis h.grau, oft ausgedehnt und steril, K+ gelb, P+ gelb, C–. Atranorin, Baeomyces-S., ±Squamat-S., Barbat-S. . . **Dibaeis baeomyces** *(= B. roseus)*

1* Ap. h.braun, rosabraun, rotbraun, m.gewölbt, Stiel oft mit Lagerkörnern/-schüppchen bedeckt, Lager grau, graugrün, bräunlich grau, feucht h.grün, P+ orange, K+ gelb, C– **2**

2 Lager rosettig, am Rande mit deutlichen, vergrößerten, gekerbten, –5 mm breiten Lappen, innen ± schuppig. An der Oberfläche werden ca. 0,2 mm große flache bis gewölbte Schizidien (oberflächlich abplatzende Teilchen der Rinde) abgegliedert, die konkave Narben hinterlassen. Ap. selten, rotbraun, –4 mm hoch, 5 mm breit. Stictin-S. **B. placophyllus**

2* Lager ohne solche Randlappen, rein krustig bis kleinschuppig, Schüppchen –1 mm, nicht sorediös oder mit diffusen grünlichen bis weißlichen Soralen, gelegentlich mit kleinen, bis 0,2 mm breiten Schizidien. Ap. braunrosa bis rotbraun, sitzend bis deutlich gestielt, –5 mm hoch, 2 mm breit. Stictin-S., ±Norstictin-S., ±Gyrophor-S. . . . . **B. rufus**
(wenn Ap. ± rosarot, K+ gelb, dann rot: var. **callianthus** (Lettau) Lettau)

Abb. 26. *Baeomyces rufus*, Fruchtkörper (7 ×).

Baeomyces placophyllus Ach.
Bis in hochmontane (anderenorts auch alpine) Lagen, besonders in niederschlagsreichen oder wintermilden Gebieten, auf sandig-lehmigen, torfigen oder steinigen Böden, v.a. an verdichteten Wegrändern, in Heidemooren, in erdgefüllten Spalten auf kluftreichem Silikatfels und über Moosen, auch an sickerfeuchten Stellen, meist an z.–s.lichtreichen, nährstoffarmen bis m.nährstoffreichen Standorten, m.–s.acidoph., ± substrathygroph. - arkt-mieur(subatl) - s.selten (3); nöSch, O, Vog, Pf, Hu, Ts, *Sp*, Eif, Th, Erz

Baeomyces rufus (Hudson) Rebent.
Bis etwa zur Waldgrenze auf sauren, meist frischen, sandigen bis reinen Lehmböden, meist an wenig verdichteten Wegböschungen, seltener in Lücken von Magerrasen, ferner auf Silikatgestein, an erdimprägnierten Steinen, schattig-feuchten Felsflächen (Erstbesiedler) oder lange feucht bleibenden Blöcken in Erdbodennähe, häufig im Waldesinnern, meist an z.lichtarmen bis m.lichtreichen Standorten, in niederschlagsreichen Lagen auch an strahlungsexponierten Stellen, m.–s.acidoph. z. skioph.–z.photoph., substrathygroph. - bor-smed(-med·mo) - z.häufig, Kalkgebiete (s.)selten

Bellemerea Haf. & Roux

(Bestimmung ↑ Aspicilia)

Bellemerea alpina (Sommerf.) Clauz. & Roux [Aspicilia a. (Sommerf.) Arnold, Lecanora a. Sommerf.]
In alpinen niederschlagsreichen Lagen auf ± kalkfreiem Silikatgestein auf niedrigen Blöcken, auf Steinen und an Fußflächen von Felsen an lange feucht bleibenden, lange schneebedeckten, für alpine Verhältnisse windgeschützten, kalten Stellen, besonders in Blockmeeren, Schutthalden an schattigen Hängen, in Mooren, neben Bächen, m.–z.acidoph., (substrathygroph.), m.–z.photoph., anitroph. - arkt-alp - Alpen (z.B. Al), Hz

Bellemerea cinereorufescens (Ach.) Clauz. & Roux [Aspicilia c. (Ach.) Massal., Lecanora c. (Ach.) Hepp]
Ähnl. *B. alpina*, oft an noch stärker schattig-feuchten Stellen, auch auf schwermetallreichem Gestein – arkt-alp – s.selten (R); süSch (Feldberg), ThW, Erz, BayW, Alpen

Belonia Körber ex. Nyl.

1 Auf nackter Erde und Erdmoosen. Lager schmutzig grün bis grau, dünn, ± gelatinös, mit *Trebouxia*. Per. halb eingesenkt, beige, blaß gelblich bis blaß rötlich, -0,5 mm. Sp. 80–170 × 3–4,5 µm . . . . **B. incarnata**
1* Auf Silikatgestein. Lager frisch rötlich(braun), im Herbar blaß gelblich bis ocker, mit *Trentepohlia*. Per. in -0,7 mm breiten, halbkugeligen bis fast kugeligen Lagerwarzen, rotbraun, gelbrosa bis gelbbräunlich. Sp. 50–110 × 3–5(6) µm . . . . **B. russula**

Belonia incarnata Th.Fr. & Graewe ex Th.Fr.
Gewöhnlich über der Waldgrenze auf frischen, humosen, feinerdereichen, ± nährstoffreichen, oft durchfeuchteten (Schmelzwasser, hohe Niederschläge) Böden in Lücken von Rasen- und Zwergstrauch-Ges., an windexponierten Standorten, sekundär an betretenen Wegrändern, direkt auf Erde oder abgestorbene Bodenmoose überziehend, z.–s.acidoph., m.–s.photoph., substrathygroph. – s'bor-mieur·alp – s.selten (1); süSch (Feldberg), Sauerl, Alpen

Belonia russula Körber ex Nyl.
In hochmontanen bis alpinen, niederschlagsreichen Lagen v.a. auf kristallinen, leicht kalkhaltigen oder basischen Silikatgesteinen an schattigen, sporadisch sikkerfeuchten Felsen, oft an Vertikalflächen und leichten Überhängen, oft entlang von Spalten, subneutroph.(–m.basiph.), z.skioph., z.–s.hygroph., anitroph., z.B. mit *Porina lectissima, Opegrapha gyrocarpa* – bor-mieur·h'mo – s.selten (R); süSch, Vog

Biatora Fr.

(vgl. auch Schlüssel Lecidea TS 1)

1 Lager aus s.kleinen, z.T. körnigen, z.T. am Rand gespaltenen Schüppchen (40×), P+ rot, Schnitte auch C+ rot. Sorale, wenn vorhanden, weit verstreut, meist P–, C+ rot. Argopsin, Gyrophor-S. . . . . **B. fallax**
1* Lager nicht aus solchen Schüppchen 2
2 Lager sorediös, oft steril 3
2* Lager nicht sorediös, höchstens vollständig feinkörnig, R– 6
3 Sorediöse Bereiche gelblichgrün bis gelblich, C+ rot oder P+ rot, K– 4
3* Sorediöse Bereiche gelblich, gelblichgrün, graugrün, R– 5
4 Sorale P+ rot, C–, meist rundlich, begrenzt, ± flach, -0,5 mm breit, später auch

zus.fließend und weite Teile des Lagers bedeckend. Lager dünn, auf Rinde. Ap. ähnl. *B. helvola*, braun bis h.rotbraun, bald gewölbt. Argopsin . . . . **B. epixanthoidiza**

4* Sorale C+ rosarot, P–, meist unregelmäßig, diffus, dick und meist gewölbt, bald zus.fließend. Lager grünlichgrau, dünn zus.hängend bis körnig, oft auf Moosen. Soredien um 40–80 µm. Ap. -0,8(1) mm, bald gewölbt und randlos, blaß rosabraun, h.braun, rotbraun, Epihym. farblos bis bräunlich. Sp. 10–16 × 4–6 µm, 1-2zellig. Gyrophor-S. . . . . **B. chrysantha**

5 Lager grünlichgrau, s.dünn, mit körnigen, begrenzten, bald zus.fließenden Soralen, schließlich weitestgehend sorediös, sorediöse Bereiche blaß gelblich bis blaß grünlich. Soredien um 40–70 µm. Ch–. Ap. s.selten, rosa, rosabraun, braun, d.braun. Sp. 4zellig, 15–18,5 × 4–6 µm . . . . **Mycobilimbia epixanthoides**

5* Lager grünlichgrau, deutlich entwickelt, feinkörnig bis weitgehend sorediös aufgelöst, sorediöse Bereiche grünlich, graugrün, Soredien 30–70 µm. Ap. (rosa)-gelblich bis orange, fleischfarben rosabraun bis (v.a. im Herbar) ocker, alt auch rötlichbraun, rasch stark gewölbt, -0,9(1,1) mm, oft geknäuelt. Sp. 2zellig, selten 4zellig, 10–17 × 4–5 µm, mit deutlichem Epispor. Paraph. 3–4 µm, stark verklebt . . . . **Mycobilimbia sphaeroides**

6 Sp. vorwiegend 1zellig, vereinzelt 2zellig 7

6* Sp. 2-4zellig *(Mycobilimbia)* . . . . **Bacidia TS 2**

7 Ap. s.klein, -0,3 mm, weißlichrosa, rosagelb, m. bis zuletzt hochgewölbt, anfangs zart berandet, dann randlos. Sp. 7–13 × (2)2,5–3 µm. Hyp., Epihym., Exc. farblos. Hym. 35–50 µm. Paraph. oben z.T. verdickt. Lager weißlich, s.dünn. Ob im Gebiet? . . . . **B. albohyalina** (Nyl.) Bagl. & Car. [*Lecidea a.* (Nyl.) Th.Fr.]

7* Ap. größer, Sp. breiter. Epihym. farblos, Hyp. blaß (gelblich) 8

8 Auf Moosen, Pflanzenresten, morschem Holz, selten auf Rinde. Ap. C–, -1 mm, oft verengt sitzend, meist h.braun bis braun, m.–s.gewölbt. Sp. (10,5)12,5–20 × 4–6 µm. Lager warzig bis körnig, grau- bis grünlichweiß. Hym. ca. 80 µm. Ch– . . . . **B. vernalis**

8* Auf Rinde. Ap. im Schnitt flüchtig C+ orangerosa, -0,6(0,7) mm, angedrückt, gewöhnlich m.gewölbt, h.braun, gelbbraun, rosabraun, braun, bisweilen zus.-fließend. Sp. (9,5)11–18 × (3)3,5–4,5 µm, mitunter zweizellig. Lager flachwarzig-areoliert, h.grau bis graugrünlich. Epihym. ± farblos. Hyphen des Exc. und Paraph. von feinen, etwas körnigen goldgelben Linien umgeben (Ölimmersion). Gyrophor-S. . . . . **B. helvola**

Biatora chrysantha (Zahlbr.) Printzen [Lecidea gyrophorica Tønsberg, Biatora epixanthoidiza auct., non (Nyl.) Räsänen]
An ähnlichen Standorten wie *B. helvola* (↑), aber vorwiegend auf rindenbewohnenden, seltener gesteinsbewohnenden Moosen – bor·atl-mieur·mo – z.selten (3); Sch, Vog, *Ju*

Biatora epixanthoidiza (Nyl.) Räsänen [Lecidea e. Nyl., Lecidea efflorescens (Hedl.) Erichsen]
In niederschlagsreichen hochmontanen und montanen, selten submontanen Lagen am Stamm (v.a. gegen die Basis) von Laub- und Nadelbäumen, ähnl. *B. helvola* (↑), selten auf Moose übergehend - bor-mieur·h'mo - selten (3); Sch, SJu, Vog, O, Ne, ThW

Biatora fallax Hepp
In montanen, niederschlagsreichen Lagen in alten, naturnahen Tannen-Fichten- und Tannen-Buchen-W., an der Basis alter Stämme von Tanne, Fichte und Buche, auf Moose übergehend, an m.lichtreichen(-z.lichtarmen), s.luftfeuchten, kühlen Orten, m.-z.acidoph., anitroph., ombroph. - mieur·subatl-smed·mo - s.selten (0); *SFW+*, Sch, Vog, Erz, Alpen

Biatora helvola Körber ex Hellbom [Lecidea h. (Körber ex Hellbom) Hedl.]
In niederschlagsreichen, hochmontanen, seltener montanen Lagen auf glatter und flachrissiger, ±saurer Rinde von Laub- und Nadelbäumen in Wäldern (v.a. Buchen-Tannen-W., Aceri-Fagetum, Tannen-Fichten-W.) und an Waldrändern, in Lawinenbahnen, bevorzugt am Stammgrund von Buche, Eberesche, Tanne, Fichte, an kühl-luftfeuchten Standorten, oft mit *B. epixanthoidiza*, z.lange Schneebedeckung tolerierend, (subneutroph.)m.-z.acidoph, z.skioph.-m.photoph., s.hygroph., anitroph.-bor-mieur·h'mo, subko - z.selten (2); Sch, Vog, Al, ThW, Erz

Biatora ocelliformis (Nyl.) Arnold [Lecidea atroviridis (Arnold) Th.Fr.]
In montanen und hochmontanen Lagen auf der Rinde von Laub- und Nadelbäumen in Wäldern und bachbegleitenden Beständen, z.B. an Tanne, Buche, Eberesche, Weide, Fichte, (subneutroph.)m.-z.acidoph., z.skioph.-m.photoph., s.hygroph., anitroph. - (s)bor-mieur·mo(-smed·mo), subko - s.selten; Vog, ? süSch, *FrJu*, Alpen

Biatora vernalis (L.) Fr. [Lecidea v. (L.) Ach.]
In humiden, hochmontanen, selten montanen Lagen auf bodenbewohnenden Moosen, Rohhumus, auf bemoosten Baumstämmen und an der Stammbasis, gewöhnlich an absonnigen, m.lichtreichen Standorten (v.a. in Wäldern), m.-z.acidoph., anitroph. - bor-mieur·mo-smed·mo, subatl - s.selten; Vog, *Sauerl*, ?Alpen

Biatorella De Not.

(Schlüssel incl. Biatoridium, Sarcosagium, Sarea, Strangospora)
Hinweis: Alle geschlüsselten Arten R–.

1 Auf Erde, über Moosen, absterbenden Pflanzen, selten an faulendem Holz. Lager dünn, oft wenig entwickelt, weißlichgrau bis grünlich. Sp. länglich, 5-8 × 2-3,5 µm **2**

1* An Baumrinde, Holz oder Harz. Sp. kugelig 3
2 Ap. -0,3(0,5) mm, h.fleischrötlich bis rosabraun, flach bis konkav, mit weißlichem, anfangs deutlich vortretendem Rand, sitzend, feucht s.hell und durchscheinend, Exc. kräftig entwickelt . . . . **Sarcosagium campestre**
2* Ap. -1(2) mm, braungelb, gelbrötlich, mennigrot, auch braun, von Anfang an gewölbt-randlos, eingesenkt bis angedrückt, ohne Exc. . . **B. hemisphaerica**
3 Auf älterem Harz von Nadelbäumen. Ap. flach bis konkav, berandet. Sp. 2–3 µm. Nicht lichenisiert 4
3* Auf Holz und Rinde. Sp. 1,7–4 µm, Ap. -0,5 mm 5
4 Ap. rotbraun bis gelbrot, -1,5 mm. Hym. 85–100 µm hoch . . . **Sarea resinae**
4* Ap. schwarz bis schwarzbraun, -0,8 mm. Hym. 50–60 µm . . **Sarea difformis**
5 Ap. d.rotbraun bis schwarz 6
5* Ap. heller, gelbbraun, rosabraun, gelblich, weißlich 8
6 Exc. kräftig entwickelt, 35–45 µm dick, ± braun, K+ bräunlich. Ap. flach und undeutlich berandet, später m. gewölbt, schwarzbraun bis schwarz. Sp. 2–3 µm. Lager undeutlich, weißlich. Epihym. oliv, h.braun, rotbraun. Pykn. rotbraun bis schwarz, durch die Pyknosp. oft wie bereift. Pyknosp. 1,5–2 µm, eiförmig bis kugelig . . . . **Strangospora deplanata**
6* Exc. in der Regel dünn, K–. Ap. von Anfang an gewölbt-randlos. Sp. 3–3,5 µm. Lager ± graubraun, körnig bis warzig-kleinschollig oder undeutlich 7
7 Hym. oben gelb- bis rotbraun. Ap. d.rotbraun bis schwarzbraun. Lager undeutlich bis körnig oder warzig-kleinschollig. Hym. -65 µm. Pyknosp. 3–4 × 1 µm . . . . **Strangospora pinicola**
7* Hym. oben olivgrün, smaragd bis violett. Ap. schwarz bis braunschwarz. Lager undeutlich bis körnig. Hym. -110 µm. Pyknosp. 2,5–3,5 × 1–1,7 µm . . . . **Strangospora moriformis**
8 Lager h.grünlichgelb bis grün, körnig bis körnig-schorfig, feucht grün. Ap. gelblich bis rosabraun, rötlichgelb, feucht durchscheinend, anfangs dünn weißlich (nicht erhaben) berandet und flach, jung außen oft mit Thalluskörnchen, bald m.gewölbt, -0,5 mm. Paraph.enden deutl. verdickt. Sp. 3–3,5 µm . . . . **Biatoridium monasteriense**
8* Lager undeutlich, oft im Substrat. Sp. 3–4,5 µm 9
9 Ap. orange, ocker- bis zimtfarben, orange bereift, gewölbt, -0,5 mm. Hym. oben mit körniger Auflage und dort K+ purpur. Paraph.enden verdickt . . . . **Strangospora ochrophora**
9* Ap. s.blaß gelblich, feucht farblos, randlos, m.gewölbt, angedrückt, -0,4 mm. Epihym. farblos, K–. Paraph.enden unverdickt . . . **Biatoridium delitescens**

Biatorella hemisphaerica Anzi [B. fossarum p.p.]
Bis in die alpine Stufe auf kalkreicher Erde und calciph. Moosen, auf steinigen, flachgründigen Böden und in erdgefüllten Felsspalten an meist m.lichtreichen Standorten, subneutroph.-m.basiph., substrathygroph. – bor-smed – s.selten (0); *Ju, Bo, Al*

Biatoridium Lahm

(Bestimmung ↑ Biatorella)

Biatoridium delitescens (Arnold) Haf. [Biatorella d. Arnold]
Auf subneutraler Rinde, hauptsächlich von *Populus*, an lichtreichen, luftfeuchten Standorten in Tälern, ähnl. *Lecania cyrtella*, z.photoph., a-(m.)nitroph. - mieur - s.selten, ? auch übersehen (1); Ne, *FrJu, Al*

Biatoridium monasteriense Lahm [Biatorella monasteriensis (Lahm) Lahm]
V.a. in kollinen und submontanen, wintermilden Lagen · auf meist subneutraler Laubbaumrinde in lichten Wäldern und in offener Lage, bevorzugt auf Holunder, Feldahorn, Ulme, Esche, auch auf Moose übergehend, subneutroph., a-/m.nitroph., z.toxitol. - mieur·subatl - z.selten, auch übersehen; HRh, süHü, süSch, Ju, Ne, O

Brodoa Goward

(Bestimmung ↑ Hypogymnia)

Brodoa intestiniformis (Vill.) Goward [Hypogymnia i. (Vill.) Räsänen, Parmelia i. (Vill.) Ach., P. encausta (Sm.) Nyl.]
In hochmontanen bis alpinen Lagen auf meist saurem Silikatgestein, v.a. an niedrigen Felsen, Blöcken, an m.(–z.) lange schneebedeckten Standorten, z.ähnl. *Parmelia stygia* (↑), hygrisch anspruchsvoller als die meisten *Umbilicaria*-Arten und oft an vor langer direkter Einstrahlung geschützten Standorten, m.–z.acidoph., z. photoph., a-/m.nitroph. - arkt-h'mo/alp - selten (3); süSch, nöSch, Vog, *Vgb, Ts*, ThW, Erz, Fi, BayW, Hz

Bryophagus Nitschke ex Arnold

(Bestimmung ↑ Gyalecta)

Bryophagus gloeocapsa Nitschke ex Arnold [Gloeolecta bryophaga (Körber ex Arnold) Vězda, Gyalecta g. (Arnold) Zahlbr.]
Besonders in montanen und hochmontanen, niederschlagsreichen Lagen über Lebermoosen auf frischen sandigen Lehmböden, auf Torf- und Sandböden, an offenen Weganrissen und Erdrainen, auch direkt auf Erde, oft auch über Lebermoosen an Silikatgestein, z.B. in Blockmeeren, meist an kühl-feuchten, schattigen Standorten, m.–s.acidoph. - bor-mieur·mo - selten; Sch, Vog, *Ts*, Rhön, O, Fr, Erz, BayW

Bryoria Brodo & D.Hawksw.

(Schlüssel incl. Pseudephebe)

1 Lager(mark) KC+ rot, C+ rot/C– (Reaktion oft s.rasch vergänglich; nach K nicht zuviel C zugeben!), K+ gelb oder K–. Mit (oft undeutlichen und spärlichen) Pseudocyph. Mit Alectorial-S. und ± Barbatol-S. oder Gyrophor-S. 2

1* Lager KC–, C–. Nicht mit Alectorial-S., Barbatol-S., Gyrophor-S. 4

2 Lager P– (nur Sorale meist P+ rot), K– oder K+ gelblich. Lager braun bis braunschwarz, ähnl. variabel wie *B. fuscescens,* mitunter mit Kurzzweigen und verdrehten Ästen. Äste z.zerbrechlich. Pseudocyph. meist deutlich, spindelförmig, weißlich bis bräunlich, oft um die Ästchen verdreht. Verzweigung dichotom-isotom, Verzweigungswinkel ziemlich stumpf. Mit Gyrophor-S., ±Fumarprotocetrar-S., ±Atranorin („ B. vrangiana") . . . . **B. implexa**

2* Lager P+ intensiv gelb, K+ bleibend intensiv gelb, Sorale P+ orangerot. Pseudocyph. meist spärlich und undeutlich. Alectorial-S., in Soralen Fumarprotocetrar-S. 3

3 Mit ± senkrecht abstehenden starren („dornigen"), basal etwas eingeschnürten Kurzzweigen. Basale Lagerabschnitte meist schwärzlich. Lager sonst blaßbraun, blaß olivbraun, blaß graugrünlich, selten dunkler braun, oft mit rosa oder violettem Farbstich, im unteren Teil isotom-dichotom verzweigt, spitzenwärts mehr anisotom-dichotom (Abb. 27). Verzweigungswinkel stumpf (zumindest gegen die Basis). Mark P+ goldgelb, dann orangerot. Barbatol-S., ±Atranorin.* . . . . **B. nadvornikiana**

3* Ohne solche Kurzzweige. Basale Lagerabschnitte nicht dunkler. Lager h.grau bis h.braun, beige, selten dunkler braun, im Herbar mit gelblichem bis rosa Farbton. Verzweigungen spitzwinklig, isotom bis anisotom-dichotom. Hauptfäden meist zart, –0,5 mm, seltener dicker und uneben und grubig *(„B. setacea")*. Pseudocyph. vorhanden, spindelig, oft undeutlich. Mark P+ intensiv gelb, Sorale orangerot. ±Barbatol-S., ±Atranorin.* . . . . **B. capillaris**

4 Lager auf Gestein, Felsmoosen, niederliegend-kriechend, buschig abstehend bis aufrecht 5

4* Lager auf Rinde, Rindenmoosen und Holz, hängend, ± kriechend oder buschig abstehend bzw. aufrecht 10

5 Lager strauchig-aufrecht bzw. buschig vom Substrat abstehend, braun bis schwarzbraun, ± glänzend, –5 cm hoch, ohne Sorale, mit zahlreichen kurzen (5 mm langen) Zweigen 6

5* Lager niederliegend, dicht bis locker anliegend 7

6 Lagerabschnitte fädig, stielrund, glatt, gewöhnlich 0,2–0,5 mm dick, im gesamten basalen Bereich (nicht nur die Anheftungsstelle) schwärzlich, sonst braun, nicht auffallend starr. Mark P+ rot . . . . **B. bicolor (11)**

6* Lagerabschnitte nicht fädig (Hauptstämmchen bis ca. 1 mm dick), rund bis abgeflacht, glatt bis grubig, starr und brüchig, mit lockerem Mark. Basale Teile nicht dunkler. Lager einheitlich braun bis schwarzbraun, Zweige oft mit kurzen dornigen Fortsätzen. Mark P– . . . . ↑ **Cetraria aculeata/mur.**

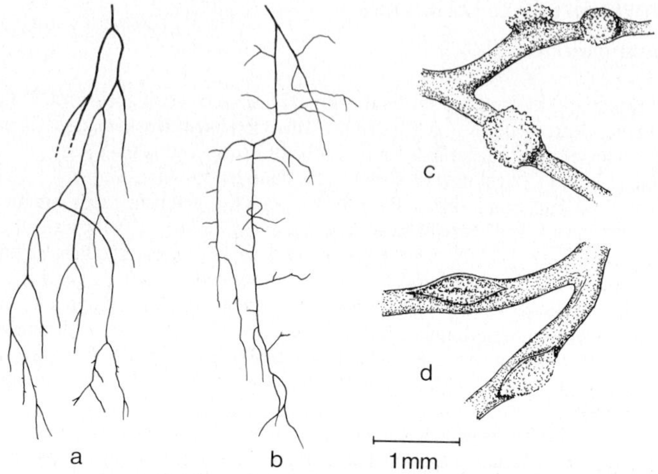

Abb. 27. Verzweigungsformen und Soraltypen bei *Bryoria*. a: Isotom-dichotome Verzweigung. b: Anisotom-dichotome Verzweigung. c: Tuberkulates Soral. d: Spaltenförmiges (fissurates) Soral.

7 Lager dicht verzweigt, an das Gestein ± angedrückte „Matten" bildend, oft mit Kurzzweigen, meist z.starr, -2,5 (selten -5) cm im Durchmesser, d.- bis schwarzbraun. Abstand zwischen den Verzweigungen kurz (bis 3 mm). Ohne Sorale. Mark R-. Ch-. Alpine Arten (Abb. 28) **8**

7* Lager locker verzweigt, locker anliegend oder Enden aufsteigend, ohne oder mit s.wenigen Kurzzweigen, h.braun bis fast schwarz, meist über 4 cm lang. Lagerabschnitte rel. weich und glatt, verlängert, Verzweigungsabstand meist über 3 mm. Gewöhnlich ± isotom-dichotom verzweigt. Bisweilen mit Soralen. Mark P- oder P+ rot. Fast stets Fumarprotocetrar-S. (wenn mit Psorom-S., Mark P+ gelb vgl. *B. implexa*) **9**

8 Lagerfäden oft auffallend verflacht und mit knotigen Verdickungen, mit zahlreichen Kurzzweigen. Verzweigungsabstand s.kurz (0,2-0,5 mm). Lager s.dicht anliegend, oft regelmäßig rundlich. Ap. nicht selten
. . . . **Pseudephebe minuscula**

8* Lagerfäden regelmäßig rund und glatt. Verzweigungsabstand lang (1-3 mm). Lager nur am Rande ± dicht, sonst locker anliegend. Ap. s.selten
. . . . **Pseudephebe pubescens**
(Achtung: wenn an sporadisch sickerfeuchten Flächen, schwarz, grünlichschwarz, mit Blaualgen, vgl. *Ephebe lanata, Spilonema*)

9 Hauptfäden 0,5-2 mm dick, oft zus.gedrückt. Lager meist d.braun bis fast

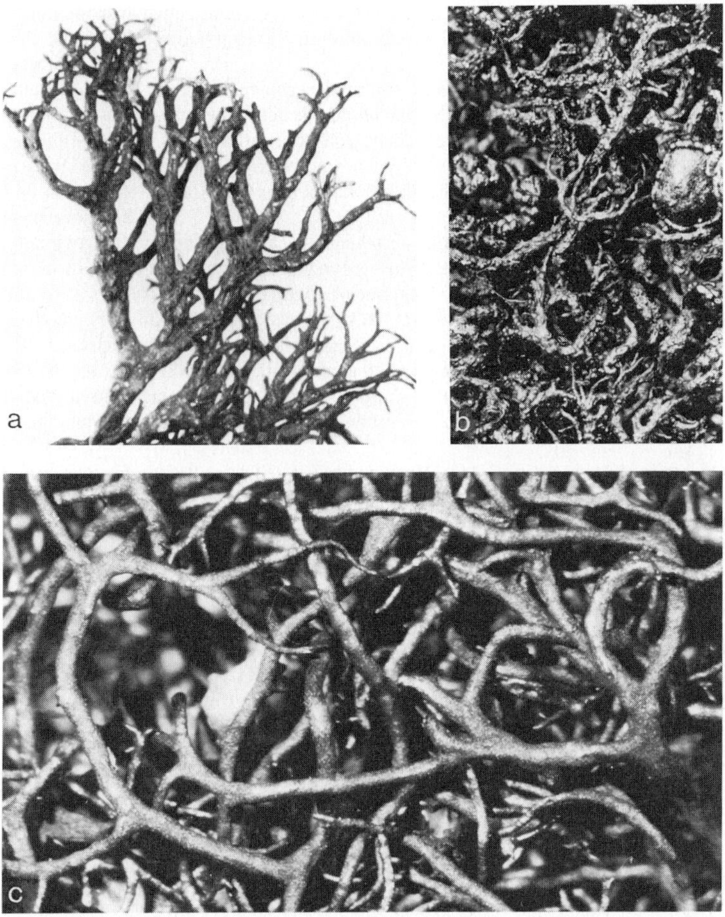

Abb. 28. *Pseudephebe.* a und b: *P. minuscula* (14×/7,5×). c: *P. pubescens* (12×).

schwarz, gewöhnlich glänzend, spärlich verzweigt. Sorale selten, warzig (tuberkulat) vortretend, P+ rot (Fumarprotocetrar-S.). Lager und Mark meist P–. Alpin . . . . **B. chalybeiformis**

9* Hauptfäden bis 0,5 (0,7) mm dick, stielrund, gegen die Basis und an den Achseln ± zus.gedrückt. Lager meist h.- bis d.braun (selten schwarzbraun), basale Teile oft heller. Sorale häufig, warzig vortretend (tuberkulat), seltener spaltenförmig (bei der *B. chalybeiformis* ähnelnden var. *positiva* Thallus d.braun, Sorale spärlich bis fehlend). Lager P+ (langsam) rot oder P–, Sorale P+ rot, selten P–. Fumarprotocetrar-S. . . . . **B. fuscescens**

10 Lager kurz strauchig, buschig abstehend bis aufrecht, braun, im gesamten basalen Bereich schwärzlich, dicht verzweigt, mit zahlreichen ± rechtwinklig abgehenden Kurzzweigen, –3,5 cm hoch. Seltene ozeanische Arten **11**

10* Lager lang bartförmig bis locker fädig, hängend (nur juvenil kurz buschig abstehend), selten niederliegend, weißgrau bis braunschwarz, höchstens die Anheftungsstelle und einzelne Stellen an den Ästen geschwärzt **12**

11 Lager mit kleinen unauffälligen Soralen, die dornig-isidiös auswachsen, Mark P–. Kurzzweige oft s.zahlreich, ± dornenähnlich. Hauptstämmchen –1 mm dick. Ch– . . . . **B. smithii**

11* Lager ohne derartige Sorale. Mark zumindest teilweise P+ rot. Hauptstämmchen –0,6 mm. Fumarprotocetrar-S. . . . . **B. bicolor**

12 Mark K+ deutlich gelb oder rot **13**

12* Mark K–, C–, KC–. Verzweigungen isotom-dichotom mit oft stumpfem Winkel **14**

13 Lager/Mark K+ gelb vgl. *B. capillaris/nadvornikiana*; C/KC-Reaktion sorgfältig prüfen, oft rasch vergänglich

13* Mark K+ rot. Mit Norstictin-S. vgl. (im Gebiet noch nicht festgestellte chem. Rasse) *B. implexa*

14 Lager und Mark P+ intensiv schwefelgelb. Mit Psorom-S. Mit (manchmal spärlichen) schmal spindeligen bis linearen, flachen bis leicht konkaven, weißlichen bis bräunlichen Pseudocyph., die oft um den Faden „verdreht“ sind. Lager s.blaß bräunlich bis braun, beige, auch fast weißlich. Oft mit geschwärzten Stellen, an denen die Fäden leicht abbrechen. Mit kleinen tuberkulaten, selten spaltenförmigen Soralen (Sorale oft fehlend). Mark K– . . . . **B. implexa**

14* Lager P– oder P+ rot bis orange, ohne Psorom-S. (ausgenommen Ap.) . . . **15**

15 Mit (manchmal spärlichen) schmal spindeligen bis linearen, flachen bis leicht konkaven, weißlichen bis bräunlichen Pseudocyph., die oft um den Faden „verdreht“ sind. Lager oft s.blaß bräunlich, beige, fast weißlich, auch braun bis d.braun oder grünlichbraun, P+ rot. Fäden –0,4(0,5) mm, oft mit geschwärzten Stellen, an denen die Fäden leicht abbrechen. Mit kleinen tuberkulaten, selten spaltenförmigen Soralen (Sorale selten). Ap. z.selten, 1–5 mm. Psorom-S. in Ap.; ±Atranorin, Fumarprotocetrar-S., ±Protocetrar-S. im Lager oder nur in Soralen . . . . **B. implexa**

15* Gewöhnlich ohne, selten mit unauffälligen Pseudocyph. Ap. selten. Mit oder ohne Fumarprotocetrar-S. **16**

16 Sorale und Ap. gelblich, im Gebiet fehlend. Lager mittel- bis olivbraun, meist glänzend. Hauptfäden meist über 0,5 mm, oft 1–4 mm dick, geschwollen und kantig-grubig, P–. Mark der Hauptfäden locker. Vulpin-S. (nur in Soralen und Ap.). Ohne Fumarprotocetrar-S. S.seltene boreale Art. . . . . **B. fremontii**

16* Sorale und Ap. nicht gelblich. Ohne Vulpin-S., mit Fumarprotocetrar-S. Hauptfäden gewöhnlich –0,6(0,8) mm dick, Pseudocyph. fehlend (Vorsicht: junge spaltenförmige Sorale sehen pseudocyph.artig aus) **17**

17 Lager h.grau, grau, graugrün, auch s.blaß bräunlich, basale Teile oft etwas dunkler (bräunlich), gewöhnlich ohne geschwärzte Bruchstellen. Lager, Mark, Sorale P+ rasch rot. Sorale stets tuberkulat, oft dornig, z.häufig. *. Schwierig von *B. fuscescens* zu trennen, fraglich, ob sicher im Gebiet
. . . . **B. subcana** (Nyl. ex Stizenb.) Brodo & Hawksw.

17* Lager h.braun bis d.braun(schwarz), basale Teile nicht dunkler (oft heller) als übrige Teile. Sorale meist vorhanden, weißlich bis leicht bräunlich, tuberkulat, einige spaltenförmige fast stets vorhanden (aus einem Längsspalt entstehend und bald elliptisch und konkav werdend). Senkrecht abstehenden Kurzzweige fehlend oder selten. Ap. s.selten, bräunlich. Gelegentlich mit geschwärzten Bruchstellen. Lager P+ (langsam) rot, selten auch P–, Sorale P+ rot. Hauptfäden –0,5 mm. * . . . . **B. fuscescens s.l.**
(var. *positiva* ist durch spärlichere Verzweigung, oft rel. dicke Fäden, fehlende oder spärliche Sorale, (auch basal) d.braune Lager charakterisiert)

Bryoria bicolor (Ehrh.) Brodo & D.Hawksw. [Alectoria b. (Ehrh.) Nyl.]
In der hochmontanen und montanen Stufe, konzentriert in s.niederschlagsreichen, ozeanischen Lagen, v.a. an alten bemoosten Stämmen von Laub- und Nadelbäumen in naturnahen Buchen-Tannen(-Fichten)-, Bergahorn-Buchen-W. und in alten Buchen-Beständen, oft auch (besonders in tiefen Lagen) auf bemoostem Silikatfels, an kühl-ozeanischen, s.–e.luftfeuchten, m.–z.lichtreichen Standorten, oft neben Bächen, empfindlich gegen forstliche Eingriffe, m.–z.acidoph., anitroph. – s'bor·subatl-mieur·subatl (smed· mo), oz – selten (1); süSch, nöSch, Vog, s.selten: PfW, Saar, Hu, *Rhön, Vgb,* Ts, *Eif,* ThW, Al

Bryoria capillaris (Ach.) Brodo & D.Hawksw. [Alectoria c. (Ach.) Crombie, A. cana (Ach.) Leighton, A. setacea Ach., A. implexa auct.]
In montanen und hochmontanen, niederschlagsreichen Lagen in Wäldern, in entsprechend humiden Lagen auch an freistehenden Bäumen (in kräftigeren, als *B. setacea* bezeichneten Formen), meist an Nadelbäumen, z.ähnl. *Usnea fulvoreagens* (↑), doch auch an z.lichtarmen Orten, m.–z.acidoph., m.–z.photoph., s.hygroph., s.ombroph., anitroph. – bor-med·mo – z.selten (3); Sch, Vog, Al, sonst (s.)selten (SFW, Ju, Ne, Do, Av), *O+, Ts,* ThW

Bryoria chalybeiformis auct. [Alectoria ch. auct., Bryocaulon ch. auct.]
In subalpinen und alpinen Lagen an s.windexponierten, lichtoffenen, voll beregneten Silikatfelsen, auch auf Pflanzenreste am Boden übergehend, oft an etwas gedüngten Standorten (mit *Candelariella cor., Ramalina cap.* ↑), auch ähnl. *Pseude-*

phebe p. ↑, acidoph., m.-z.nitroph. - arkt-alp - s.selten (1); süSch (1×), Vog (Hohneck)

Bryoria fremontii (Tuck.) Brodo & D.Hawksw. [Alectoria f. Tuck.]
In montanen, niederschlagsreichen Lagen. Usneion-Art - bor(-mieur) - s.selten (1), bislang nur einmal in Dtschl. gefunden; nöSch (Freudenstadt), an Bergahorn an einer Straße

Bryoria fuscescens (Gyelnik) Brodo & D.Hawksw. [Alectoria f. Gyelnik]
Bevorzugt in montanen und hochmontanen, niederschlagsreichen Gebieten, aber vereinzelt bis in die kolline Stufe, auf Bäumen, Holz (z.B. Zäunen), seltener Silikatgestein, hygrophytische, sonst z.euryöke Art, ökol. Amplitude von *Pseudevernia f.* (↑) und *Usnea filip.* (↑) umfassend; var. *positiva* (Gyelnik) Brodo & D.Hawksw. [Alectoria p. (Gyelnik) Mot.] v.a. an z.lichtreichen, rel. windoffenen Orten (freistehende Bäume, Straßen), oft auf Silikatfels, an Holzzäunen, mehr an m.nährstoffreichen Stellen; bor-med·mo - z.selten (3); v.a. Sch, Vog, Al, sonst z.selten bis selten, in trocken-warmen Gebieten fast fehlend, in letzter Zeit wieder etwas zunehmend

Bryoria implexa (Hoffm.) Brodo & D.Hawksw. [Alectoria i. (Hoffm.) Nyl., B. osteola (Gyelnik) Brodo & D.Hawksw., incl. B. vrangiana (Gyelnik) Brodo & D.Hawksw. (mit Gyrophor-S.), incl. B. pseudofuscescens (Gyelnik) Brodo & Hawksw. (mit Norstictin-S.)]
Ähnl. *Evernia div.* (↑), z.ähnl. *B. capillaris* (↑), in kühlen bis kalten Nadelwäldern - (s')bor-mieur·mo(-smed·mo), subko - s.selten (1); nöSch, *süSch* (*Schramberg, Dunningen*), Ju, Do

Bryoria nadvornikiana (Gyelnik) Brodo & D.Hawksw. [Alectoria n. Gyelnik]
In montanen und hochmontanen, niederschlagsreichen Lagen im Innern v.a. von Buchen-Tannen- und Tannen-Fichten-W. an s.luftfeuchtem, nebelreichem Standort, an Nadel-, seltener Laubbäumen, meist an Zweigen, m–z.(s.)acidoph., anitroph. - bor-mieur·mo - selten (2); Sch (über 600 m), wohl auch Vog, Al

Bryoria smithii (Du Rietz) Brodo & D.Hawksw. [Alectoria s. Du Rietz]
Ähnl. *B. bicolor* (↑), aber fast nur auf Rinde und hygrisch noch anspruchsvoller, an s.ozeanischen Orten, v.a. an Tanne, Fichte, Buche, Ahorn, besonders an Ästen - mieur·atl/subatl·pralp, oz - s.selten (0); süSch (Gersbach), BayW, bayer. Av/ Alpen

Buellia De Not

(Schlüssel incl. Catolechia, Epilichen u.a.)
Bestimmungshinweis: Sporenornamente sind nur mit Ölimmersion erkennbar

1 Auf anderen Flechten lebend 2
1* Nicht auf anderen Flechten lebend 12
2 Eigenes Lager gut entwickelt, braun, grau oder ± gelblich. Apikalapparat J+

intensiv blau 3

2* Ohne eigenes Lager. Parasymbionten auf Krustenflechten, Fremdlager nicht braun. Ap. bleibend berandet, ± flach. Apikalapparat J- 8

3 Sp. überwiegend sichelig gebogen, 2-4zellig. Lager jung auf Krusten-, seltener Laubflechten auf Silikatgestein lebend, körnig bis dickwarzig, hellgelb, gelb, gelbweiß, C+ orange, P-, K-/+ gelblich, UV+ orange. Arthothelin, arkt-alp . . . . **B. concinna** Th.Fr.

3* Sp. ± gerade, 2zellig 4

4 Lager grünlichgelb bis gelb, auf *Baeomyces* über Erdboden, warzig bis fast schuppig-areoliert. Ap. meist bald hochgewölbt und randlos, oft zus.fließend. Epihym. olivbraun bis braun, K-. Sp. 11-18 × 6-10 µm, ohne Schleimhülle. Paraph. stark netzig verzweigt. Lager P+ gelborange, K-, C-. Pulvin-S.-Derivate . . . . **Epilichen scabrosus**

4* Lager braun bis grau, nicht auf *Baeomyces*, auf Silikatgestein 5

5 Inselartig auf gelblichen *Pertusaria*-Arten. Sp. 18-23 × 9-11 µm. Lager warzig areoliert, braun . . . . † **Rhizocarpon epispilum**

5* Nicht inselartig auf gelblichen Krustenflechten. Sp. kleiner 6

6 Lager angedeutet schuppig (Schuppen meist zus.schließend), braun, anfangs auf braunen und grüngelben *Parmelia*-Arten oder auf Krustenflechten lebend. Ap. sitzend, oft gedrängt, flach bis m.gewölbt, bleibend berandet, -0,8 mm. Sp. 10-16 × 6-8(9) µm. Ch- . . . . **Buellia badia**

6* Lager rein krustig, areoliert, weißgrau bis braungrau, oft inselartig, auf oder zumindest neben den braungrauen Lagern von *Schaereria fuscocin.* wachsend. Ap. eingesenkt (kryptolecanorin) bis sitzend, -0,8(1) mm. Sp. bis 12 × 6,5 µm, länglich, am Septum eingeschnürt 7

7 Sp.oberfläche gestreift. Sp.wand meist unter 1,5 µm. Sp. 8,1-9,3-11,7 × 4,7-5,4-6,4 µm. Ap. gewöhnl. bleibend eingesenkt. Hyp. farblos bis mittelbraun, Epihym. oliv- bis schwarzgrün, selten braunoliv. Lager h.- bis d.grau oder graubraun, glänzend. Gyrophor-S., ±Stictin-SSy. . . . . **B. uberior**

7* Sp.oberfläche ohne Ornament. Sp.wand um 1,5 µm dick. Sp. 9,4-10,0-11,2 × 5,3-5,7-6,0 µm. Ap. eingesenkt bis aufsitzend und deutlich lecidein. Hyp. mittel- bis d.braun, Epihym. olivbraun, selten oliv- bis schwarzgrün. Lager weißgrau, Areolen flach bis gewölbt, matt. Miriquidi-S. . . . **B. miriquidica**

8 Auf den gesteinsbewohnenden Krustenflechten *Porpidia glaucophaea* oder *Diploschistes scruposus*. Sp. 2zellig. Asci nicht J+ blau (*Karschia*) 9

8* Auf *Pertusaria, Ochrolechia* oder *Baeomyces*. Sp. 2-4zellig, 9-15 µm lang. Asci oben von Gallertkappen bedeckt, die sich mit J intensiv blau färben (*Dactylospora*) 10

9 Auf *Porpidia glaucophaea* (†). Ap. -0,5 mm. Sp. 15-20 × 7-9,5 µm, z. lange farblos. Epihym. und Hyp. h.braun bis braun . . **Karschia santessonii** Haf.

9* Auf *Diploschistes scruposus* (†). Ap. -0,6 mm. Sp. 11-17(19) × 6-8(9) µm. Epihym. und Hyp. braun . . . **Karschia talcophila** (Ach. ex Flotow) Körber

10 Sp. (2-)4zellig, 3,5-5 µm breit. Hyp. und Epihym. rotbraun, K-. Ap. -1 mm. Auf rindenbewohnenden *Pertusaria*- und *Ochrolechia*-Arten . . . . **Dactylospora parasitica** (Flörke) Zopf

10* Sp. 2zellig, 4,5–7 µm breit. Hyp. h.- bis gelbbraun. Ap. -0,8 mm **11**
11 Auf gesteinsbewohnenden gelbweißlichen bis gelblichen Krusten (*Pertusaria*, v.a. *amarescens, flavicans,* meist C+ orange, UV+ gelblich bis orange). Epihym. braun, K- . . . . **Dactylospora saxatilis** (Schaerer) Haf.
11* Auf erd- und gesteinsbewohnender *Baeomyces rufus*. Epihym. rotbraun, K+ purpurne Lösung ergebend . . . . . **Dactylospora athallina** (Müll.Arg.) Haf.
12 Flechte auf Erde, Moosen, Pflanzenresten **13**
12* Flechte auf Rinde, Holz, Gestein **21**
13 Lager ± zitrongelb, ockergelb. Sp. 2zellig **14**
13* Lager weißlich bis grau. Sp. 2- oder 4zellig **16**
14 Lager ocker, (ocker)gelb, K± gelblich, C+ orange, warzig bis schuppig, Schuppen rundlich bis länglich, meist stark gewölbt, mit schwarzen Rhizinensträngen, UV+ gelb bis orange. Ap. –1 (1,8) mm, flach bis m.gewölbt, mit zurückfliehendem Rand. Sp. 17–22 × 7–8,5 µm. Arthothelin, Granulosin, (Dichlornorlichexanthon), (Thiophan-S.) . . . . **Buellia thiopoliza**
14* Lager zitrongelb, C–, mit Pulvinsäure-Derivaten, UV + orange **15**
15 Ap. –2 mm, flach, schmal berandet, später gewölbt-randlos, zwischen den Schuppen. Lager deutlich schuppig, Schuppen am Rand oft verlängert, dick, faltig bis wellig, unterseits schwarz, mit Rhizinensträngen, –3 mm breit. Sp. 12–18 × 7–10 µm. Epihym. d.olivgrün bis schwarz. Rhizocarp-S. u.a. . . . . **Catolechia wahlenbergii**
15* Ap. -0,6(0,8) mm, meist bald hochgewölbt-randlos, auf den Areolen. Lager körnig, warzig areoliert bis angedeutet schuppig, dünn, ohne verlängerte Randschuppen, parasitisch auf *Baeomyces*. Epihym. braun bis olivbraun . . . . **Epilichen scabrosus (4)**
16 Sp. 4zellig, 23–34 × 9–13 µm. Lager weiß, UV+ orange, KC+ orange. Ap. meist unbereift. Capistraton. Auf Moosen über kalkhaltigen Gesteinen; arkt-alp; Al . . . . **B. geophila** (Flörke ex Sommerf.) Lynge
16* Sp. 2zellig **17**
17 Lager braun, gelegentlich auf Gesteinsmoosen . . . . **B. badia (6)**
17* Lager weiß bis grau **18**
18 Sp. zu 4 im Schlauch, 10–17 × 5–8 µm, mit fast glatter (s.schwach feinwarziger) Oberfläche, grau bis graubraun. Ap. –0,8 mm., flach bis s.gewölbt, jung auch bereift. Lager am Rand gelappt, kreideweiß, bis ca. 4 cm breit, K+ gelb/K–, P+ orange/P–. Atranorin, ±Norstictin-S. Auf kalkhaltigen Böden, Gips . . . . **B. asterella**
18* Sp. zu 8, überweigend über 17 µm lang. Lager nicht oder nur andeutungsweise gelappt **19**
19 Lager K–, auf Gips und kalkhaltigen dürren Böden, warzig-schollig, bis ca. 1,5 cm breit. Ap. –1,2 mm, flach, lange bereift. Sp. 14–26 × 6–12 µm, schon jung deutlich warzig, alt grobwarzig. Ch– . . . . **B. epigaea**
19* Lager K+ gelb, auf Moosen und Pflanzenresten im Hochgebirge. Ap. bis 1,5 mm, bald gewölbt-randlos, unbereift **20**
20 Sp. 18–24 × 8–10 µm. Lager dicklich, stark uneben-papillös. Capistraton, (Atranorin) – arkt-alp . . . . **B. papillata** (Sommerf.) Tuck.

20* Sp. 22–32 × 9–13 µm. Lager körnig-warzig. C+ gelb, P–/P+ gelblich. Atranorin, unbekannte Stoffe . . . . **B. insignis**
21 Lager sorediös **22**
21* Lager nicht sorediös **25**
22 Lager rosettig, am Rande mit deutlich strahlig verlängerten, angepreßten, zus.schließenden Lappen (placodioid), innen mit (zus.fließenden) Flecksoralen, bläulich grauweiß, K+ gelb. Auf Gestein und Rinde. Atranorin, Diploicin, Xanthon . . . . **Diploicia canescens**
22* Lager nicht placodioid. In der Regel auf Rinde, Holz **23**
23 Lager KC+ rot, C+ rosa, K–, P+ gelb, mehlig-körnig, graugrün bis d.braungrau. Ap. -0,4(0,5) mm, flach bis leicht gewölbt. Sp. 12–14(17) × 6–7(8) µm. Alectorial-S. . . . . **B. pulverea** Coppins & P.James
23* Lager KC– bis + gelb(lich), C–, mit Flecksoralen, dünn, oft im Substrat und dann nur Sorale auffallend **24**
24 Sorale graugrünlich, grünlich, blaugrau, gelblich ± rund bis unregelmäßig, -0,3 (0,4) mm, K + gelb bis (bräunl.)rot, P+ gelb/gelborange, Ap. selten, -1,2 mm, lange flach bis m.gewölbt, berandet, aufsitzend. Sp. 15–28 × 7–13 µm, schwach mauerartig geteilt. Lager ± glatt oder aus dünnen Areolen, mitunter undeutlich, h.grau. Atranorin, Norstictin-S. . . . . **B. griseovirens**
24* Sorale weißlich, bläulich, grünlich, manchmal bräunlich, oft von einem angedeuteten Lagerkragen umgeben, flach bis konkav, rund bis (auf Holz) elliptisch oder länglich, -0,4 mm, K–/+ gelblich, P–. Ap. s.selten. Lager weißlich, aus dünnen Areolen oder meist undeutlich. Atranorin, Placodiol-S. . . . . **B. arborea** Coppins & Tønsberg
25 Sp. 2zellig **26**
25* Sp. 4zellig bis mauerartig geteilt **43**
26 Lager auf Rinde oder Holz. Epihym. braun **27**
26* Lager auf Gestein **31**
27 Sp. selten über 16 µm lang und 8 µm breit. Ap. -0,4(0,5) mm. Lager R–, Ch–. Hym. stets ohne Öltropfen **28**
27* Sp. überwiegend länger und breiter. Ap. meist größer. Lager K–, K+ gelb oder rot. Hym. ohne oder mit Öltropfen **29**
28 Sp. 7–10(11) × 2,5–4(4,5) µm. Hym. 45–60 µm. Ap. flach bis ± gewölbt, bald ± randlos, meist -0,3 mm. Lager undeutlich . . . . **B. schaereri**
28* Sp. 11–16 × 5–8 µm, selten etwas größer, oft leicht gebogen. Hym. 60–70 µm. Ap. anfangs flach, berandet, dann m. gewölbt, -0,5(0,6) mm. Lager undeutlich bis deutlich, glatt, rissig oder körnig-warzig, grau bis düster graugrün . . . . **Amandinea punctata**
29 Lager h.grau, R–, deutl. entwickelt, glatt oder runzelig, zus.hängend bis rissig. Ap. -0,8 mm, lange flach und ± berandet. Hym. 80–90 µm, ohne Öltröpfchen. Exc. seitlich ± 60 µm dick. Sp. 16–22 × 7–10 µm. Placodiol-S. u.a. . **B. poeltii**
29* Lager weißlich bis grau, K+ gelb oder gelb bis rot (bei dünnen Lagern Reaktion oft undeutl.), oft mit schwarzem Vorlager. Ap. -1,5 mm, aber oft deutlich kleiner. Hym. 60–90 µm. Sp. (14)17–25(30) × 6–10 µm, oft scheinbar 4zellig **30**
30 Hym. ohne Öltröpfchen. Lager dünn, geglättet bis kräftig, warzig areoliert bis

rissig areoliert, K+ gelb, dann rot, P+ gelborange, C–. Ap. flach bis gewölbt, berandet, (0,4–)0,6–1,5 mm. Atranorin, Norstictin-S. . . . . **B. erubescens**

30* Hym. mit zahlreichen Öltröpfchen. Lager meist dünn, auch fast fehlend, glatt bis rissig areoliert, weißlich bis gelblichgrau, K+ gelb, P+ gelblich, C–. Ap. meist flach und berandet, (0,3)0,5–1,3 mm. Atranorin, unbekannte Stoffe . . . . **B. disciformis**

31 Lager auf Kalkgestein, K–. Ap. schwarz bis braunschwarz, feucht oft braunstichig. Sp. mit inneren oder ohne Wandverdickungen. Bestimme weiter bei Rinodina 38

31* Auf Silikatgestein **32**

32 Lager grünlichgelb, graugelb, blaßgelb **33**

32* Lager ohne Gelbton **36**

33 Lager areoliert, mit verlängerten Randareolen, gelblich bis gelblichweiß, im Gebiet C–, P+ gelb bis rot (Fumarprotocetrar-S.), auch P–, C+ rot. Ap. eingesenkt, vom Lager berandet. Sp. 9–13(15) × 5–8 µm . . . . **Dimelaena oreina**

33* Lager ohne verlängerte Randareolen **34**

34 Schläuche mit dicker, J+ blauer Gallertkappe. Ap. –0,5(0,7) mm, auf gelblicher Flechte . . . . **↑ Dactylospora saxatilis (11)**

34* Schläuche ohne dicke Gallertkappe. Mit eigenem Lager. Mit Xanthonen (Arthothelin), UV+ orange, C+ orange **35**

35 Ap. bald aufsitzend, mit bleibendem Eigenrand. Sp. meist sichelförmig gebogen, selten gerade, auch 3–4zellig, 13,5–18 × 7–8,5 µm. Lager körnig bis dickwarzig, jung auf anderen Flechten. Alpen . . . . **B. concinna (3)**

35* Ap. ins Lager eingesenkt, vom Lager berandet (kryptolecanorin), Exc. gewöhnl. s.schwach entwickelt. Sp. gerade, 2zellig, 13–15 × 6,5–8,5 µm, mit sehr fein runzeliger Oberfläche. Epihym. oliv, braun, Subhym. meist grün, Hyp. d.braun. Lager rissig-areoliert. Pyknosp. 4,5–5,5 µm (wenn Pyknosp. 6–9 µm lang, Lager aus isolierten Areolen, auf Hochgebirgsgraten: **B. jugorum** (Arnold) Arnold) . . . . **B. ocellata**

36 Ap. ins Lager eingesenkt **37**

36* Ap. sitzend **41**

37 Mark C+ rot, K+ gelbrot oder K–. Lager mit Gyrophor-S., ±Stictin-S. Ap. ins Lager eingesenkt (kryptolecanorin bis zeorin). Sp. 8–12 × 4,5–6,5 µm . . . . **B. uberior (7)**

37* Mark C–, ohne Gyrophor-S. **38**

38 Lager K+ gelb, dann (gelb)rot (Kristalle im Mark) **39**

38* Lager K– oder K+ gelb **40**

39 Ap. –0,4(0,7) mm, kryptolecanorin (von kragenartigen Lagerareolen umgeben) oder mit schmalem Eigenrand. Sp. 12–18 × 6–10,5 µm, am Septum schwach eingeschnürt, s.fein warzig (Ölimmersion). Lager rissig-areoliert bis areoliert, braun, braungrau bis grau oder weißlich, meist nur –1(2) cm breit, Areolen flach bis m.gewölbt. Mark J+ blau/J–. Norstictin-S., selten auch/oder Stictin-S. . . . . **B. aethalea**

39* Ap. –1(1,5) mm, oft mit unregelmäßigem Umriß, mit oder ohne dünnem Rand, Scheibe eingesenkt bis sitzend, nicht von kragenartigen Areolen umfaßt, mit dünnem Eigenrand. Sp. 9–15 × 5,5–7 µm, mit glatter oder fein runzeliger Oberfläche. Lager (rissig-)areoliert, h.grau bis weißlich, Areolen auffallend flach, dünn bis dick. Mark J+ blau. Atranorin, Norstictin-S., ±Stictin-S. S.selten, v.a. westeuropäische Meeresküsten . . . . **B. spuria**

40 Lager K–, rissig-areoliert bis areoliert, Areolen flach bis m.gewölbt, braun, braungrau bis grau oder weißlich, ohne Atranorin . . . . . **B. aethalea (39)**

40* Lager K+ h.gelb, rissig bis flach areoliert, weiß, grauweiß, mit Atranorin, 2'-O-Methylperlatol-S. und Confluentin-S., Ap. deutlich schmal berandet, vollständig eingesenkt, -0,35 mm. Sp. 9,5–13 × 5–7 µm, mit flachrunzeliger Oberfläche. Mark J–. mieur-med . . . . **B. stellulata** (Taylor) Mudd

41 Lager R–, Mark J–, Ch–, rindenbewohnend, aber gelegentlich auf Silikatgestein, v.a. Sandstein, übergehend, graugrün bis grau. Sp. 11–16 × 5–8 µm . . . . ↑ **Amandinea punctata (28)**

41* Lager weißlich bis undeutlich, mit Inhaltsstoffen, zumindest Mark K+ gelb, orange, rot, wenn Lager undeutlich, Exc. K+ orangefarbene Lösung. Mark J+ blau **42**

42 Sp. 12–16 × 7–8,5 µm. Lager fehlend bis deutl. entwickelt, rissig, grau, K+ gelb. Ap. mit wulstigem, lange bleibendem Eigenrand, flach bis m.gewölbt, -1,2 (1,5) mm. Atranorin . . . . **B. leptocline**

42* Sp. schmäler, 9–15 × 4,5–6,5 µm. Lager körnig bis rissig, K+ intensiv gelb bis orange (rot). Ap. bleibend schmal berandet, flach bis gewölbt, -0,6(1) mm. Atranorin, Stictin-S., ± Norstictin-S. Flechte oft an *Lecidella carpathica* erinnernd . . . . **B. spuria (39)**

43 Auf Rinde **44**

43* Auf Gestein. Völlig ungenügend bekannte Artengruppe **45**

44 Sp. 2-, s.selten 4zellig. Hym. mit Öltröpfchen. Ap. unbereift, sitzend . . . . ↑ **B. disciformis (30)**

44* Sp. 4zellig bis reif gewöhnlich schwach mauerartig geteilt, 13–23 × 6,5–11 µm. Ap. meist weißlich bereift, daher weißlich bis bläulich erscheinend, ohne oder vor allem jung mit (mitunter gekerbtem) Lagerrand, -1,2 mm. Lager grauweiß, grau, zus.hängend bis rissig oder warzig areoliert, mit glatter oder rauher Oberfläche, Ch– . . . . **B. alboatra**

45 Lager in der Jugend parasitisch auf *Caloplaca* spec. und *Xanthoria elegans* und deren Lager umwandelnd, undeutlich bis weiß, areoliert bis warzig areoliert. Ap. ± bereift, dick berandet, schließlich gewölbt-randlos. Sp. 16–26 × 6–11 µm . . . . **B. nivalis** (Bagl. & Car.) Hertel [*B. margaritacea* („Sommerf.") Lynge]

45* Lager nicht parasitisch **46**

46 Sp. 4zellig, s.selten mit einzelnen Längswänden (oder parallel -6zellig), 14–22(25) × 6–10 µm, gerade bis oft gekrümmt. Lager auf Kalkgestein, weiß. Ap. bereift, -1,5 mm . . . . **! B. epipolia s.l.** (**B. epipolia** s.str.: Ap. ± sitzend, Lager meist dünn, rissig bis rissig areoliert bis am Rand oft zus.hängend, mit rauher Oberfläche, nicht warzig areoliert, K–; **B. venusta**: Ap. stets mit hellem, ganzem Rand, ± eingesenkt. Lager kreidig, dick, Ap. in warzige Areolen eingesenkt, deutl. begrenzt. Mark K– bis oft (stellenweise) K+ rot)

46* Sp. 4zellig bis gewöhnlich z.T. (reif) mit einzelnen Längswänden **47**
47 Lager gewöhnlich auf basischem oder leicht kalkhaltigem Silikatgestein, Dachziegel, meist dünn, rissig, am Rand oft „ausdünnend", weiß bis weißgrau. Mark meist K+ gelb bis stellenweise rot, J+ blau oder J–. Ap.scheibe unbereift bis schwach bereift, flach, eingesenkt bis angedrückt, oft mit „Lagerrand". Sp. 4zellig bis mauerförmig, 15–20(25) × 7–11 µm . . . . ! **B. porphyrica**
47* Lager gewöhnlich auf Kalkgestein und Mörtel, grauweiß, grau, zus.hängend bis rissig oder warzig areoliert, mit glatter bis rauher Oberfläche. Mark K–, J–. Ap. ohne oder vor allem jung mit (mitunter crenuliertem) Lagerrand, –1,2 mm, fast stets weißlich bereift. Sp. 13–23 × 6,5–11 µm . . . . **B. alboatra**

Buellia aethalea (Ach.) Th.Fr. [B. aethaleoides (Nyl.) Oliv., B. sororioides Erichsen, incl. B. sororia Th.Fr.]
V.a. in sub- bis hochmontanen Lagen auf kalkfreiem, meist hartem kristallinem Gestein an z.–s.lichtreichen Standorten, Pionierflechte, in Schutt- und Blockhalden oder häufig auf Grabsteinen (v.a. aus Granit) und Dachziegeln, oft an m.eutrophierten Stellen, m.–z.acidoph., xeroph., z.–s.photoph., a-/m.nitroph. – (s')bor-mieur-med – z.selten; süSch u. Vog zerstreut, RhSch, Eif, Pf, He, ThW, sonst meist synanthrop

Buellia alboatra (Hoffm.) Th.Fr. [Diplotomma alboatrum (Hoffm.) Flotow, ?B. pharcidia (Ach.) Malme]
In kollinen und submontanen (bis montanen), meist z.niederschlagsarmen Lagen an tiefrissiger, staubimprägnierter Borke am Mittelstamm und an der Stammbasis alter, freistehender Laubbäume, v.a. Linde, Eiche, vorwiegend an wenig befahrenen Landstraßen und Wegen in Kalkgebieten, besonders an z.regengeschützten Stellen, dieselbe (?) Sippe ferner an Kalkgestein (Vertikalflächen), an Mauern, basiph.–m.acidoph., z.photoph., xeroph., z.nitroph. – mieur-med – selten, rindenbewohnende Formen stark zurückgehend (2); Ne, Ju, SJu, FrJu, Bo, süHü-HRh, *nöHü, Rh-Mn-T,* RhSch, Th

Buellia asterella Poelt & Sulzer
In kollinen bis montanen, meist z.niederschlagsarmen Lagen auf trockenen, steinigen bis sandigen, kalkhaltigen Böden, oft in lückigen Trockenrasen über sandigem Dolomit, Kalkstein, auch Gips, ferner über Schotter in Flußauen, Kiesgruben, auf dünner Erdauflage zwischen Felsen, gewöhnlich an besonnten, ± trockenwarmen Standorten, subneutroph.(–m.basiph.), s.xeroph., s.photoph., thermoph., anitroph. – mieur – s.selten (0); *Ne (Ludwigsburg+),* Ju (Pfronstetten), *FrJu,* Eif (Iversheim), He

Buellia badia (Fr.) Massal.
V.a. in montanen und submontanen Lagen auf kalkfreiem Silikatgestein an besonnten, meist z.warmen, windgeschützten Standorten, meist über Moosen (besonders *Grimmia* spec., *Rhacomitrium heterostichum*) und direkt auf Gestein, gelegentlich über Flechten, meist an etwas mit Nährstoffen angereicherten, z.B. sporadisch sickerfeuchten oder leicht staubimprägnierten Stellen, m.–z.acidoph.,

z.–s.photoph., m.nitroph. – (s')bor-med·mo – selten (3); süSch z.selten, nöSch, Vog, Pf, O, Sp, RhSch, He

Buellia disciformis (Fr.) Mudd
Bis in hochmontane Lagen auf meist glatter, m.saurer, nicht eutrophierter Rinde von Laubbäumen (v.a. Hainbuche, Buche, selten z.B. Eiche), selten Tanne, gewöhnlich im Innern von frischen Eichen-Hainbuchen- und Buchen-Tannen-W., ähnl. *Graphis scripta, Pertusaria leiopl.* (↑), m.(z.)acidoph., z.hygroph., z.skioph.–m.(z.)photoph. – bor-med·mo – z.selten (3); durch Eutrophierung der Rinden in niederen Lagen zurückgehend

Buellia epigaea (Pers.) Tuck.
Ähnl. *B. asterella* (↑), aber Schwerpunkt auf Gips bzw. Gipsböden und oft auf Moose übergehend, meist mit *Fulgensia bract.* – mieur-med – He, Hz-Vorland, *Westf*

Buellia epipolia (Ach.) Mong. [Diplotomma epipolium (Ach.) Arnold]
V.a. bis zur (hoch)montanen Stufe auf Karbonatgestein, gern an Steinen und niedrigen Blöcken in Trockenrasen, auch an Mauern und auf kalkimprägniertem Silikatgestein (z.B. Sandstein), an m.–s.lichtreichen, trocken-warmen Standorten, basiph., xeroph., m.(–z.)nitroph. – bor-med – z.selten; Ju, Mn u. Ne m.häufig bis z.selten, ferner z.B. süHü, O, Eif, Pf

Buellia erubescens Arnold [B. zahlbruckneri J.Steiner]
In hochmontanen, selten tieferen Lagen auf hartem, zähem Holz, an entrindeten Stümpfen, an Zäunen usw., gelegentlich auch auf saurer Rinde v.a. von Nadelbäumen, ähnl. *Xylographa parall.* (↑) – bor-med·h'mo – selten; süSch, süHü-HRh, *SJu, Av,* Al

Buellia griseovirens (Turner & Borrer ex Sm.) Almb. [B. betulina (Hepp) Th.Fr.]
Bis in die hochmontane Stufe, auf glatter bis flachrissiger Rinde von Laubbäumen und Tanne, in niederen Lagen besonders auf Hainbuche in frischen Eichen-Hainbuchen-W. und Esche, in höheren Lagen v.a. auf Buche und Bergahorn in Buchen-Tannen- und Bergahorn-Buchen-W., gern in feuchten Tälern, auch synanthrop auf Holz (besonders auf Rundholz-Zäunen), auch in luftverunreinigte Gebiete vordringend, m.acidoph., m.photoph.–z.skioph., z.–s.hygroph., anitroph. – s'bor-mieur·sub-atl-med – m.häufig, sich ausbreitend

Buellia insignis (Naeg. ex Hepp) Th.Fr.
Von der hochmontanen bis in die alpine Stufe auf Moosen und Pflanzenresten (abgestorbene Basis von *Carex*-Horsten, Steinbrech-Polster) über meist kalkhaltigen Steinschuttböden, über dünner Erdauflage auf Felsen, selten auf Rinde übergehend, m.acidoph.–m.basiph. – arkt-alp – Al, möglicherweise auch süSch

Buellia leptocline (Flotow) Massal.
In der hochmontanen, selten montanen Stufe an niederschlagsreichen, kühlen, z.lichtreichen, m.–z. exponierten Standorten an beregneten Vertikalflächen von Silikatfelsen, z.acidoph., anitroph. – bor-mieur·h'mo/alp – s.selten (2); süSch, Vog, ?Bo, ?Eif

Buellia miriquidica Scheideg.
In montanen und hochmontanen Lagen auf meist hartem Silikatgestein parasitisch auf *Schaereria fuscocin.* (↑) an lichtreichen Standorten, m.–z.acidoph., z.–s.photoph., anitroph. - bor-mieur - s.selten (1); süSch

Buellia ocellata (Flotow) Körber [B.verruculosa auct.]
In montanen und submontanen Lagen auf saurem und basischem Silikatgestein, z.B. auf Blöcken von Blockschutthalden und auf frischen, wenig angewitterten Felsflächen, Pionierflechte, an Schräg und beregneten Vertikalflächen an z.–s.lichtreichen, oft z.warmen Standorten, m.–z.acidoph., a-/m.nitroph. - mieur-med - selten; Sch, Vog, Mos, *SFW, Ne*, Al, ThW

Buellia poeltii Schauer
In montanen und hochmontanen, niederschlagsreichen, ozeanischen Lagen in feuchten Bergwäldern auf der Rinde von Laub-, seltener Nadelbäumen, im Gebiet v.a. an Bergahorn, m.–z.acidoph., s.hygroph., m.photoph.–z.skioph., anitroph. - mieur(pralp?) - s.selten (2); süSch (Feldberg), ferner Nordalpen

Buellia porphyrica (Arnold) Mong. [?B. chlorophaea (Hepp ex Leighton) Lettau, Diplotomma chlorophaeum (Hepp ex Leighton) Szat.]
Bis in montane Lagen auf basischem (z.B.Basalt) und neutralem oder kalkhaltigem oder kalkimprägniertem Silikatgestein sowie auf Ziegeln, oft an Vertikalflächen, subneutroph.–neutroph., m.–z. photoph. - selten; Sch, Bo, RhSch, He, Th etc.

Buellia schaereri De Not.
Besonders in submontanen bis subalpinen Lagen auf der Rinde und zähmorschem Holz von Nadelbäumen, selten auf saurer Rinde von Laubbäumen (v.a. Eiche), meist in lichten Wäldern und an freistehenden Bäumen, an Holzzäunen und Pfosten, oft an z.regengeschützten Baumflanken oder an nach Regen schnell trocknenden Substraten, z.–s. acidoph., m.–z.photoph., m.ombroph.–z.anombroph., a-/m.nitroph. - bor-mieur(-smed·mo) - selten(–z.selten); z.B. Sch, Vog, süHü-HRh, SJu, Al, Th

Buellia spuria (Schaerer) Anzi [B. lactea (Massal.) Körber, B. italica Massal.]
In kollinen Lagen auf Silikatgestein an lichtreichen Standorten, im Gebiet auf anthropogenen Substraten (Mauerkronen aus Sandstein), ähnl. *Lecidella carp.* (↑) - mieur·subatl-med - s.selten (1), wohl aber auch übersehen; Ne

Buellia thiopoliza (Nyl.) Boistel
In hochmontanen, s.niederschlagsreichen Lagen auf Moosen (v.a. *Grimmia* spec., *Rhacomitrium heterost.*) über mineralreichem Silikatgestein an ± besonnten, gelegentlich sickerfeuchten, z.nährstoffreichen, erdverkrusteten Flächen, z.B. mit *Tonia squalida*, m.acidoph.(–subneutroph.) - mieur·pralp-smed·pralp/alp - s.selten (1); süSch, Vog

Buellia uberior Anzi
In montanen und hochmontanen Lagen auf ± hartem Silikatgestein, meist parasitisch auf *Schaereria fuscocin.*, ähnl. *B. miriquidica* (↑) - bor-med·mo - s.selten (2); süSch

Buellia venusta (Körber) Lettau [B. suevica Bertsch, Diplotomma venustum Körber]
V.a. in kollinen bis montanen, meist niederschlagsarmen bis m.niederschlagsreichen Lagen auf Karbonatgestein, meist an m.-z.eutrophierten Kuppen und Schrägflächen von niedrigen Felsen an besonnten Standorten, z.B. im Bereich von Trokken- und Halbtrockenrasen, basiph., xeroph., s.photoph. - mieur-med(mo) - z.selten; v.a. Ju, SJu, FrJu, Mn, Th, selten Ne, süHü, Eif

Byssoloma Trevisan

Byssoloma subdiscordans (Nyl.) P.James [B. rotuliforme (Müll.Arg.) R.Sant., B. tricholomum auct.]
In montanen, meist z.niederschlagsreichen Lagen an dünnen Ästchen von Fichte, seltener Tanne, in ± reinen Nadelwaldungen, auch Fichtenforsten, oft auch an jungen Bäumen, an s.luftfeuchten, kühlen, z.T. auch spätfrostgefährdeten Standorten, hinsichtlich der Feuchtebedingungen ozeanisch, z.acidoph., m.photoph., anitroph. - mieur·subatl-med, oz - s.selten (0); *süSch (Schramberg), Ju (Schörzingen, Ehingen), Ne (Trillfingen), Do-Av* (mehrfach)

Calicium Pers.

Bestimmungshinweis: Die Ap.höhe wird gemessen einschließlich Stiel. Sp.maße beziehen sich auf reife Sporen. Unreife Sporen sind oft kleiner. Ornamentierung nur bei hoher Vergrößerung (Ölimmersion) deutlich erkennbar; eine Behandlung mit K erleichtert das Studium der Struktur.

1 Auf Silikatgestein. Lager h.gelb bis grünlich, fein mehlig, auf weißlicher bis beiger Kruste parasitierend *(Haematomma ochr.)*. Ap. kurz gestielt bis fast sitzend, Köpfchen -0,7 (1,5) mm breit. Sp. d.braun, 12–16 × 4–6 µm. R–, Rhizocarp-S. . . . . **C. corynellum**
(wenn Ap. gestielt, Sp. 6,5–8 × 2,3–3 µm, spiralig gerippt: . . . . **Microcalicium arenarium**)
1* Auf Rinde und Holz 2
2 Ap. sitzend 3
2* Ap. deutlich gestielt 4
3 Ap. gelb bis grünlichgelb bereift. Sp. 5,5–6,5 µm dick . . . **C. adspersum (5)**
3* Ap. nicht gelb bereift. Sp. 3–4 µm dick . . . . **Microcalicium disseminatum**
4 Ap.köpfchen gelb(-grünlich) bereift (Reif enthält Vulpin-S.). Ap. -1 mm hoch 5
4* Ap.köpfchen nicht gelb(-grünlich) bereift 6
5 Lager meist deutlich entwickelt, warzig bis fast schuppig-schorfig, grau bis

gelblichgrau, K+ rot, P+ gelb, dann rot. Ap. oft nur kurz gestielt, auch fast sitzend. Köpfchen breit, -0,8(1,1) mm, am Rand und auf dem Mazaedium („Scheibe") gelblich bereift. Sp. 13-16 × 5,5-6,5 µm, deutlich ornamentiert (spiralig angeordnete Rippen). Norstictin-S. . . . . **C. adspersum**

5* Lager undeutlich (meist im Substrat). Ap. deutlich gestielt, Köpfchen unterseits und am Rand gelblich bereift, -0,4 mm breit. Mazaedium gewöhnlich unbereift (schwarz). Sp. 10-11,5 × 5-6 µm, unregelmäßig ornamentiert, in halbreifem Zustand spiralig gerippt . . . . **C. trabinellum**

6 Köpfchen unterseits und am Rand braun, oberseits (Mazaedium) und Stiel (zumindest im unteren Teil) schwarz **7**

6* Köpfchen unterseits weißlich bereift oder schwarz **8**

7 Lager meist deutlich entwickelt, warzig bis körnig, gelbgrün bis grün. Ap. -3(4) mm hoch. Sp. 11-13,5 × 6-7 µm, unregelmäßig ornamentiert (Risse). Asci schmalkeulig. Rhizocarp-S., Epanorin . . . . **C. viride**

7* Lager dünn, h.grau (meist im Substrat), K- oder K+ gelb, dann ± rot. Ap. -2 mm hoch. Sp. 8-11 × 4-5 µm, mit regelmäßiger Ornamentierung in Form von spiralig angeordneten Leisten. Asci zylindrisch. ± Norstictin-S. **C. salicinum**

8 Stiel und Exc. (Schnitt) J+ d.blau. Köpfchen unterseits und am Rand weißlich bereift oder unbereift, ähnl. *C. glaucellum*, -0,6 mm breit. Stiel schwarz bis rotbraun-schwarz. Ap. -1,3 mm hoch. Sp. 9-13 × 4,5-7,5 µm. Lager feinkörnig, bläulichgrün, auch gelblichgrün bis weißlich, Ch- . . . . **C. lenticulare**

8* Stiel und Exc. J- **9**

9 Ap.köpfchen unterseits oder/und am Rand weißlich bereift **10**

9* Ap.köpfchen nicht bereift **12**

10 Reife Asci keulig. Ap. schwach weiß bereift. Sp. 8-11 × 3,5-5 µm, am Septum eingeschnürt, nicht einreihig im Ascus. Lager grau bis grünlichgrau, oft mit Pyknidien, K+ d.gelblich, P+ blaß gelb, C-. Diffracta-S. . . . **C. parvum (13)**

10* Reife Asci zylindrisch. Ap. meist deutlich bereift, -1 mm hoch. Halbreife Sp. mit regelmäßigem Spiralmuster oder feinstreifig, einreihig im Ascus. Verhältnis Höhe des Ap. zu Durchmesser des Stiels (Mitte) = 4-8:1 . . . . **11**

11 Lager deutlich, warzig, grau, K+ gelbrot, P+ gelb. Reife Sp. am Septum deutlich eingeschnürt, 9-11 × 4-5 µm, etwa 2,2mal so lang wie breit, mit regelmäßigem Spiralmuster. Ap.köpfchen -0,6 mm breit . . . . **C. quercinum**

11* Lager undeutlich, im Substratinnern. Reife Sp. am Septum schwach eingeschnürt, unregelmäßig ornamentiert, 9-13 × 5-6,5 µm, ca. 2,0mal so lang wie breit. Köpfchen -0,35 mm breit. Unbek.Stoff . . . . **C. glaucellum**

12 Reife Asci keulig, Sp. nicht einreihig angeordnet. Lager meist deutlich . . **13**

12* Reife Asci zylindrisch, Sp. einreihig. Lager fehlend bzw. undeutlich. Ap.stiele und Köpfchenrand undeutlich **14**

13 Lager grau bis grünlichgrau, warzig bis undeutlich, oft mit schwarzen punktförmigen Pykn. Sp. 8-11 × 3,5-5 µm. Ap. -0,8 mm hoch. Verhältnis Ap.höhe zu Stieldicke (Mitte) = 6-8 : 1. Pyknosp. 2-3 × 1-1,5 µm. Diffracta-S. - s'bormieur . . . . **C. parvum** Tibell

13* Lager grün, warzig bis körnig, Pykn. z.selten. Sp. (11)12-13,5 × (5)6-7 µm. Ap. 1,1-1,9 mm hoch, Verhältnis Ap.höhe zu Stieldicke = 9-16 : 1 . **C. viride (7)**

14 Ap. schwarz bis braunschwarz, -0,9 mm hoch, Verhältnis Ap.höhe zu Stieldicke (Mitte) = 6–11 : 1. Sp. 11,5–15 × 5–7 µm, 2,0–2,4mal so lang wie breit, feinwarzig, wie punktiert. Ch- . . . . **C. abietinum**

14* Ap. schwarz, -1,3 mm hoch. Verhältnis Ap.höhe zu Stieldicke = 10–14 : 1. Sp. 11–13,5 × 6–7,5 µm, ca. 1,7–1,9mal so lang wie breit, grob und unregelmäßig areoliert - bor-mieur·h'mo . . . . **C. denigratum** (Vainio) Tibell

Calicium abietinum Pers. [C. curtum Turner & Borrer ex Sm.]
Bis in die montane Stufe auf zähmorschem Holz von Nadel-, seltener Laubbäumen, auf entrindeten Stämmen und Stümpfen (Flanken) sowie an alten Zaunpfosten und ähnlichem Material, an m.–z.lichtreichen Standorten, kalte Lagen meidend, z.–s.acidoph., z.–s.hygroph., anitroph. - (s'bor-)mieur-med·mo - selten–s.selten, gefährdet; Saar, Mos, *Ts-Lahn*, He

Calicium adspersum Pers. [C. lenticulare auct.]
In kollinen und submontanen, meist z.sommerwarmen, niederschlagsarmen bis m.niederschlagsreichen Lagen am Stamm mittelalter und alter Laubbäume mit tiefrissiger, harter Borke, stark bevorzugt auf Eiche (v.a. *Qu. robur*), gewöhnlich in lichten Eichen-Hainbuchen-W. und an Waldrändern, an kaum beregneten Stammflächen bzw. in Borkenrissen an windgeschützten, m.lichtreichen Standorten, z.acidoph., z.–s.hygroph., anitroph., durch Eutrophierung (Grünalgenkonkurrenz) sowie forstliche Maßnahmen zurückgehend - mieur(-med·mo) - z.selten–selten (3); v.a. Fr, Mn, Sp, selten O, Ne (nördliche Gebiete), Hü, Pf, Saar, *nöRh*+?, Rh-Mn-T, RhSch, He, ThW

Calicium corynellum (Ach.) Ach. [C. paroicum Ach., C. chlorinum auct.]
In submontanen und montanen, meist z.niederschlagsreichen, ozeanischen Lagen an nicht beregneten Überhangflächen von (oft harten) Silikatfelsen an (z.–)s.luftfeuchten, m.(–z.)lichtreichen Standorten, meist in m.kühlen, nebelreichen Tälern, parasitisch auf Krustenflechten, v.a. *Haematomma ochr.*, m.–z.acidoph., anombroph., m.thermoph., anitroph. - s'bor-med·mo, oz - s.selten (R); süSch, *O* (Heidelb.), PfW, *Ts, ? Vgb, Sp*

Calicium glaucellum Ach.
Bis in die hochmontane Stufe an nicht beregneten Stammflächen älterer Laub- und Nadelbäume, auf z.–s.saurer Borke (meist in Borkenrissen von Eiche und an Nadelbaumrinde), auch auf ± hartem, zähmorschem bis z.morschem Holz von entrindeten Baumstämmen, an den Flanken von Stümpfen, an Holzzäunen usw., in niederen Lagen meist an alten Eichen in luftfeuchten Tälern und Wäldern (Eichen-Hainbuchen- und Eichen-Buchen-W.), in höheren Lagen auch an z.windoffenen Standorten, z.–s.acidoph., z.skioph.–z.photoph., anombroph.–z.anombroph., anitroph. - bor-med·mo - z.selten (3); v.a. in den Gebirgen, in der kollinen Stufe s.selten bis fehlend und durch Eutrophierung der Standorte zurückgehend

Calicium lenticulare Ach. [C. subquercinum Asah., C. amylocaule Lettau, C. schaereri auct.]
In montanen und hochmontanen, niederschlagsreichen Lagen auf z.morschem,

vermoderndem Holz von entrindeten Stümpfen und Stämmen (meist basal) v.a. von Nadelbäumen, selten auf Nadelbaumrinde, an meist z.schattigen, s.luftfeuchten, regengeschützten Kleinstandorten, z.–s.acidoph., m.substrathygroph., anitroph. – bor-mieur(mo) – selten (1); süSch, ThW, *O*+, Ju, *SJu*

Calicium quercinum Pers.
Z.ähnl. *C. adspersum* (†), *Chaenotheca phaeoc.* (†) – (s'bor-)mieur(-med·mo) – s.selten (0); *nöRh, Ts, Ju*

Calicium salicinum Pers. [C. sphaerocephalum auct.]
Bis in die montane, selten hochmontane Stufe, ähnl. *C. glaucellum* (†), in höheren Lagen v.a. auf hartem, zähmorschem Holz von Laub- und Nadelbäumen – bor-med·mo – z.selten(–m.häufig) (3); häufigste Art der Gattung, durch das ganze Gebiet, v.a. Sch, Vog, PfW, RhSch, Sp, Ne (Nordost), s.selten in trocken-warmen kollinen Lagen

Calicium trabinellum (Ach.) Ach.
In hochmontanen, selten montanen, niederschlagsreichen Lagen auf zähmorschem (seltener z.vermoderndem) Holz, an entrindeten Nadelbaumstämmen und -stümpfen sowie an Zaunpfosten, Brettern von Scheunen, seltener an der Rinde von Nadelbäumen, in Fichten- und Fichten-Tannen-W. sowie an freistehenden, z.windoffenen Stämmen, an m.beregneten bis regengeschützten, kühlen bis kalten Standorten, z.–s.acidoph., z.photoindiff., z.hygroph., anitroph. – bor-mieur·h'mo – selten (3); süSch, nöSch, Al, *SFW, Ju, O, PfW,* ThW

Calicium viride Pers. [C. hyperellum (Ach.) Ach.]
In hochmontanen, seltener montanen, niederschlagsreichen Lagen (nur ausnahmsweise tiefer), am Stamm von Nadel-, selten Laubbäumen mit saurer Rinde (dickborkige Eichen), bevorzugt auf Tanne und Fichte, auch auf Holz, an regengeschützten Flanken, an kühlen bis kalten, s.luftfeuchten, nebelreichen Standorten meist im Innern von Fichten-, Fichten-Tannen- und Tannen-Buchen-W. und an Waldrändern, z.–s.acidoph., anombroph., z.photoindiff., anitroph. – bor-mieur·mo-med·mo, subko – selten; Sch, Vog, BayW, Al, sonst (s.)selten (Ju, Ne, Bo, *Rh-Mn-T,* Bit, RhSch, ThW, Erz)

Caloplaca Th.Fr.

Ein großer Teil der *Caloplaca*-Arten ist wegen ihrer Armut an diagnostisch leicht fasslichen Merkmalen noch ungenügend bekannt. Dies betrifft in erster Linie die Arten mit rein krustigem Lager auf Gestein. Manche im Gebiet vorkommenden Sippen sind z.Zt. nicht sicher bestimmbar und hier nicht aufgeführt.

Übersicht der Teilschlüssel

Teilschlüssel 1: Auf Erd- und Gesteinsmoosen, Pflanzenresten, Erde
Teilschlüssel 2: Auf Rinde und Holz
Teilschlüssel 3: Auf Gestein

Caloplaca TS 1: Auf Erd- und Gesteinsmoosen, Pflanzenresten, Erde

1 Lager krustig (bis feinschuppig), zitron- bis goldgelb, bald in gleichfarbige Sorale aufbrechend, später einheitlich körnig-servediös bis servediös-isidiös. Ap. s.selten, goldgelb bis orange, verengt aufsitzend. V.a. in Felsspalten kalkhaltiger Gesteine. Alpin – Al . . . . . . **C. epiphyta** Lynge [*C. bryochrysion* Poelt]
1* Lager nicht servediös 2
2 Sp. mit sehr dünnem (1–2 µm) Septum, schmal ellipsoid bis spindelig. Lager ± gelb, K+ rot 3
2* Sp. mit dickerem Septum. Lager K– 4
3 Lager gelappt bis areoliert, wie die Ap. orangegelb. Sp. 12–20 × 4–6 µm, am Septum nicht eingeschnürt. In Kalkfelsspalten, alpin – Al . . . . **C. aurea** (Schaerer) Zahlbr.
3* Flechte mit anderen Merkmalen . . . . vgl. **Fulgensia**
4 Ap.rand weißgrau bis schwärzlich, deutlich anders gefärbt als die Scheibe, K–. Lager weißlich, grau, selten grau- bis blauschwarz (wenn Lager blaß braun, Ap.scheiben zinnoberrot bis braunrot, vgl. *C. congrediens*) 5
4* Ap.rand nicht weißgrau bis schwärzlich, farblich von der Scheibe rel. wenig verschieden, K+ rot 7
5 Ap. rostrot, jung mit dickem, oft teilweise lagerfarbenem Rand . . . . vgl. **C. ammiospila**
5* Ap. h.gelb, orange, orangerot, rotbraun, auch schmutzig oliv, bleibend flach und erhaben berandet, –1,5 mm. Sp. 10–16 × 6–8,5 µm (*C. cerina*) 6
6 Scheibe ± bereift (oft schwach), unter dem Reif h.gelb, grünl.gelb, schmutzig oliv bis olivschwärzlich, selten orangegelb. Lager weißlich bis grau, selten grau- oder blauschwarz . . . . **C. cerina** var. **chloroleuca**
6* Scheibe nicht bereift oder orange bereift, orange bis rot(braun). Lager grau, grau-bis blauschwarz . . . . **C. cerina** var. **muscorum**
7 Ap. rostrot, rostbraun, braunorange, im Alter auch schwärzl.rot bis schmutzig olivschwarz 8
7* Ap. h.gelb, gelb- bis rotorange, im Alter auch olivschwarz, flach, mit dünnem Rand 9
8 Ap. von Anfang an gewölbt und unberandet, –0,8 mm. Sp. 12–22 × 6–12 µm. Lager körnig bis uneben häutig, grauweiß bis d.grau . . . . **C. sinapisperma** (wenn Sp. nur zu 4 im Ascus, 24–34 × 12–16 µm, Alpen: **C. tetraspora** (Nyl.) Oliv.)
8* Ap. lange flach bis leicht gewölbt, berandet, erst im Alter öfter randlos, meist gedrängt, –1,5 mm. Rand oft heller als Scheibe, oft teilweise lagerfarben, zuletzt verschwindend. Sp. 13–17,5 × 6,5–8 µm. Lager weißgrau, dünn, uneben bis körnig . . . . **C. ammiospila**
9 Ap. gelborange, –0,7 mm. Sp. 10,5–13 × 3,5–8 µm. Lager weißlich, auf abgestorbenen Steinbrechpolstern in der alpinen Stufe – alp – Al . . . . **C. saxifragarum** Poelt

9* Ap. h.gelb, gelborange bis olivschwarz, -0,7(1) mm. Sp. 11–16 × 6–9 µm. Lager grau, dünn . . . . **C. tiroliensis**

Caloplaca TS 2: Auf Rinde und Holz

1 Lager mit Soralen oder ganz sorediös aufgelöst oder dicht mit Isidien bedeckt **2**

1* Lager ohne Soredien und Isidien **9**

2 Lager ± körnig oder areoliert und dann ± dicht mit kurz warzigen bis zylindrischen, einfachen bis verzweigten (korallinischen) Isidien bedeckt (Isidien meist 40–120(150) µm dick), grauweiß bis grünlichgrau, K-, auch stellenweise gelblichgrau bis ocker und K+ rot. Lager habituell an ausgebleichte *Bacidia rubella* erinnernd. Ap.scheibe rostrot, flach, mit deutlichem, ± gleichfarbenem, oft wellig verbogenem Rand, -0,8(1,4) mm, oft spärlich. Sp. 10–15 × 6–8,5 µm . . . . **Caloplaca herbidella**
(Ähnlich ist **C. furfuracea** H.Magn., auf Holz, Lager d.grau, d.graugrün, schorfig-körnig bis feinisidiös, Alpen)

2* Lager sorediös **3**

3 Lager und Sorale grauweiß, grau, grünlichgrau, grünlich bis schwärzlichgrau, K- **4**

3* Lager oder Sorale gelb, ockergelb, orange, zumindest Sorale K+ rot **6**

4 Lager areoliert, an den Areolenrändern sorediös aufbrechend, ohne rundliche Sorale, grünlichgrau, grau, blaugrau, vgl. *C. chlorina* (13). Unklar geschieden davon **C. virescens** (Sm.) Coppins: Lagerareolen körnig-uneben, meist bald flächig sorediös. Ap. s.zerstreut und meist nur wenige vorhanden, -0,8(1) mm, h.orange, mit körnigem, später ± verschwindendem Lagerrand. Sp. 11–13 × 4–5 µm, Septum 1–3 µm, -1/4 der Sp.länge erreichend. An der ± eutrophierten Basis von Laubbäumen, v.a. Esche und Bergahorn, z.B. Sch, Ju

4* Lager mit ± rundlichen, scharf begrenzten, konkaven („kraterförmigen") graugrünen oder weißl. Soralen, grauweiß bis grau. Ap. z.selten, wenn vorhanden, dann meist spärlich entwickelt **5**

5 Lager weißlich, dünn, firnisartig ergossen. Sorale zerstreut, blaß gelbgrün bis grünl.weiß (nicht blaugrau), aus niedrigen Thalluspusteln hervorbrechend, -0,3 mm. Ap. -0,5 mm, bald flach bis konvex, orange oder orangerot, ähnl. *C. holocarpa*, K+ rot, Eigenrand bald gleichhoch wie die Scheibe, später verschwindend, (Lagerrand nur bei jungen hervorbrechenden Ap. sichtbar.). Sp. 8–12 × 4–6 µm. Hym. 55–60 µm. An Laubbaumrinde, ökol. ähnl. *C. cerina* . . . . **C. ulcerosa** Coppins & P.James

5* Lager h.- bis d.grau, feucht grün. Sorale blaß bis bläulichgrau, rundlich, oft kraterförmig oder mit vorragenden, unregelmäßigen, helleren Rändern, aus aufreißenden winzigen Bläschen entstehend, -0,3 mm, bei älteren Lagern oft erodiert-randlos und zus.fließend. Ap. rötlichbraun, braun, schwärzl.braun, anfangs mit Lagerrand, bald randlos, -0,8 mm, K-. Sp. 10–13 × 5–7 µm . . . . **C. obscurella**

6 Lager weitgehend sorediös, Soredien um 30–50 µm dick. Ap. gelborange, mit dünnem Lagerrand . . . . **C. citrina**
6* Lager mit begrenzten Soralen **7**
7 Lager undeutlich, unterrindig, K–, Sorale ocker, orangebraun bis goldgelb, K+ violettrot, gewöhnlich nicht zusammenfließend, aus der Baumrinde vorbrechend, flach bis selten gewölbt. Soredien 17–25 µm. Meist auf alten Eichen. Steril. Parietin, Fallacinal . . . . **C. lucifuga**
7* Lager ± deutlich entwickelt, h.gelb, gelbgrau, gelbgrün, orange. Ap. oft fehlend **8**
8 Lager dünn, blaß gelb bis grau, ± unterrindig, K– (bis schwach rötlich), flachwarzig bis fleckweise zus.hängend, mit glatter Oberfläche, mit gut begrenzten (später auch zus.fließenden), rundlichen bis länglichen, am Rand der Areolen hervorbrechenden, gold- bis grüngelben, K+ violettroten Soralen (Soredien ca. 25–50 µm). Ap. s.selten, goldgelb bis d.orange. Sp. 10–20 × 7–10 µm. Parietin, Emodin, Fragilin . . . . **C. chrysophthalma***
8* Lager gelb bis orange, aus kleinen Areolen oder Schüppchen, die am Rande oder ± unregelmäßig sorediös aufbrechen, oder ganz körnig, K+ violettrot. Sp. 10–16 × 5–7 µm. Parietin, Emodin . . . . **C. citrina**
9 Ap. mit deutlich entwickeltem, lange bleibendem weißlichem, grauem bis fast schwarzem Lagerrand **10**
9* Ap.rand gelb, orange, orangerot, K+ rot **14**
10 Ap. –0,5 mm, gelblich, dann braun bis schwärzlich, dicht gedrängt und gehäuft, mit später verschwindendem weißlichem Lagerrand. Lager gelblichweiß bis grau, K+ gelb. Sp. 9–12(14) × 4,5–6(7) µm. S.selten . . . . **C. assigena**
10* Ap. gewöhnlich größer, mit lange oder dauernd erhabenem, h.grauem bis schwärzlichem Lagerrand. Lager h.- bis d.grau, auch fast schwärzlich oder blaustichig, K–. Scheibe meist flach, jung etwas konkav. Sp. 10–15 × 5–8 µm, mit dicker Scheidewand (1/4 bis 1/2 der Sp.länge) **11**
11 Scheibe ± bereift, h.gelb, oft olivstichig, selten orangegelb. Auf Moosen, s.selten auf morsche Rinde und Holz übergehend. Lager meist weißgrau bis grau . . . . **C. cerina** var. **chloroleuca**
11* Scheibe nicht bereift, nicht olivstichig **12**
12 Scheibe braunrot, konkav bis flach. Lager d.grau bis blaugrau, ± warzig areoliert bis fast körnig. Ap. –1 mm, gedrängt. Sp. 11–14 × 5–8 µm. S.seltene mediterrane Art . . . . **C. haematites**
12* Scheibe gelb, orange, rotorange, rotbraun. Lager h.- bis d.grau, grauschwarz, grüngrau **13**
13 Lager dünn, glatt bis warzig, h.-bis d.grau oder grauschwarz, auch blaustichig, selten undeutlich. Scheibe gelb, orange, orangerot. Ap. –1,5(2) mm . . . . **C. cerina** var. **cerina**
13* Lager rel. dick, rissig areoliert bis schollig, an den Areolenrändern oft etwas erhöht und dort warzig bis sorediös aufbrechend, bleigrau, grünlichgrau, bläulichgrau, schwarzgrau, feucht meist grünlich. Scheibe (gelb)orange, braunorange, ocker. Ap. meist –1 mm, oft z. spärlich . . . . **C. chlorina**
(ähnlich **C. isidiigera** Vězda: Lagerareolen mit uneben körniger Oberfläche

durch zahlreiche dichtstehende s.kleine Isidien, dadurch rauh erscheinend, bläulichgrau)

14 Lager gelb, grüngelb, (gelb)weißlich, K+ violettrot, zus.hängend, glatt bis warzig, oft ausgedehnt, oft mit grauem Vorlager. Ap. meist 1–2 mm, orange, mit orangem Rand und gelegentlich (jung) erkennbarem zusätzlichem dünnem, blaß gelblichem Lagerrand. Hym. unten und Hyp. auffallend trüb durch zahlreiche Öltröpfchen. Sp. 15–18 × 6–10 µm, Septum 1/3–1/2 der Sp.länge. S.selten . . . . **C. flavorubescens**
(wenn Lager klein, –1,5 cm, aus 0,5–2 mm großen Läppchen, s.dicht mit Ap. bedeckt, Ap. –0,5 mm, Flechte einheitlich gelb bis gelborange gefärbt: **C. lobulata**)

14* Lager nicht gelb bis grüngelb, K– (Vorsicht vor falscher Beurteilung: Ap-.anlagen reagieren K+ rot). Wenn Ap. über 1 mm, dann Hym. unten/Hyp. nicht auffallend trüb durch Öltröpfchen **15**

15 Ap.rand gelb **16**

15* Ap.rand orange, braunorange, orangebraun, rostrot **18**

16 Sp.septum s.dünn, –1(1,5) µm, Sp. 8–12(14) × 3–6,5 µm. Ap. –0,6(0,8) mm, eingesenkt bis angedrückt sitzend, flach bis leicht gewölbt, h.orange, jung ± eingesenkt und mitunter am Rand außen weißlich, später ± sitzend, zahlreich, gedrängt. Lager weißlich bis grau, dünn bis undeutlich, im Herbar durch feinste Kristalle wächsern bereift. Auf subneutraler Borke an älteren Stämmen. S. selten . . . . **C. luteoalba**

16* Sp.septum deutlich dicker, 1/4 bis 1/2 der Sp.länge. Ap. –0,3(0,5) mm, gelb bis orangegelb, flach, meist s.zahlreich und oft dicht gedrängt, mit meist etwas hellerem, nur anfangs wenig erhabenem, später gleichhohem Rand. Lager klein, undeutlich, weißlich bis h.grau **17**

17 Sp. zu (8)12–16 im Schlauch, (8,5)10–13 × 5–7 µm. Septum 3–5 µm. Exc.rinde selten deutlich abgesetzt, dann –12 µm . . . . **C. cerinella**

17* Sp. zu 8 im Schlauch, 9–13 × 5–7 µm. Septum 3–4 µm, immer vollständig geschlossen. Exc.rinde deutlich abgesetzt, 15–25 µm dick. Ähnl. *C. cerinella* . . . . **C. cerinelloides**

18 Ap. 0,8–1,5 mm, rostrot bis rotbraun, oft dichtstehend, lange flach, rundlich bis meist wellig im Umriß, deutlich und oft unregelmäßig berandet. Sp. 12–17(20) × 6–9(11) µm, Septum meist 5–6 µm. Paraph.enden wenig verdickt, –3,5 µm. Lager h.grau, glatt bis warzig, dünn bis undeutlich . . . . **C. ferruginea**

18* Ap. kleiner, rundlich **19**

19 Ap. rostrot, rotbraun, –0,6 mm, meist zerstreut. Sp. 11–14 × 6–7 µm, Septum –4,5 µm. Paraph.enden keulig angeschwollen, –3,5 µm. Exc. schwach J+ blau. Lager klein, meist undeutlich, oft an Zweigen. Selten . . . . . **C. hungarica**

19* Ap. orange, orangebraun, –0,5(0,7) mm, mit orangefarbenem, oft etwas glänzendem Rand (außen mitunter mit angedeutetem grauem Lagerrand), flach bis gewölbt und zuletzt randlos, zahlreich, dichtstehend. Sp. 10–16 × 5–8 µm, Septum 2,5–5 µm, 1/4–1/2 der Sp.länge. Par.enden verdickt, 4–5 µm. Hym. 60–75 µm. Lager s.dünn oder undeutlich, ± grau, selten schwärzlich. Häufig . . . . **! C. holocarpa**

Caloplaca TS 3: Auf Gestein

1 Ap. schwarz, mitunter bereift, dann weißlich bis h.bläulich. Lager weiß, grau, schwärzlich. Lager und Ap. K- oder leicht violettstichig. Epihym. K+ violett oder K- **2**

1* Ap. gelb, orange, rostrot, braun (oder fehlend), K+ intensiv (violett)rot . . . **5**

2 Lager ± im Gestein (endolithisch), undeutlich. Ap. flach bis m.gewölbt, ohne Lagerrand, ohne oder mit dünnem Eigenrand, ins Gestein eingesenkt oder seltener ± aufsitzend, bereift oder unbereift. Epihym. K+ violett. Sp. 11–21 × 6–11 µm, Septum dünn, -3 µm . . . . **C. alociza**

2* Lager nicht endolithisch, meist deutlich entwickelt. Ap. nicht ins Gestein eingesenkt **3**

3 Hym. oben mit einer dünnen Auflage von goldgelben bis orangebraunen Körnchen (Kristallen), K+ rot. Ap. schwärzlichbraun bis schwarz, mitunter ockerfarben „bereift", feucht meist braun, ± flach, meist mit schwarzem Eigenrand, aufsitzend bis eingesenkt, -0,4 mm. Sp. 8,5–15,5 × 5–8 µm. Lager zus.hängend bis areoliert, grau, bräunlich, schwarzbraun . . . . **C. conversa**

3* Hym. ohne körnige Auflage, Epihym. gewöhnlich K+ rötlich, dann violett. Ap. weißlich bis blaugrau bereift oder unbereift **4**

4 Ap. in das Lager eingesenkt bis halbeingesenkt, mit oft z. undeutlichem Lagerrand, -0,6(0,9) mm. Lager weißgrau bis grau, mitunter blaustichig, z.dick, eben, rissig-areoliert (Risse zwischen den Areolen eng, Oberfläche ± glatt), deutlich abgegrenzt, meist rundlich, oft mit dunklem Vorlagersaum, an *Aspicilia* erinnernd. Sp. 9–15 × 5–8 µm . . . . **C. chalybaea**

4* Ap. meist ± sitzend, schwarz (–schwarzbraun), flach bis gewölbt, mit deutlichem hellem Lagerrand, -1(1,2) mm. Lager h.grau bis schwärzlich oder ± bräunlich, einförmig krustig bis areoliert, Oberfläche nicht geglättet. Sp. (12)14–18(20) × 6–10 µm . . . . **C. variabilis**

5 Auf anderen Flechten lebend **6**

5* Nicht auf anderen Flechten lebend **11**

6 Auf Silikatflechten. Ohne deutliches eigenes Lager **7**

6* Auf Kalkflechten (*C. dolomiticola*-Gruppe) **9**

7 Auf gelben Krustenflechten *(Candelariella vitellina/coralliza)* an besonnten Standorten. Ap.scheibe zinnober- bis d.rot oder bräunlichrot, meist flach, Ap.rand lecanorin, h.- bis schwärzlichbraun, Ap. -1(1,3) mm, einzeln oder in Gruppen. Sp. 10–12(13) × 6–6,5 µm . . . . **C. grimmiae**
(Auf demselben Wirt **C. vitellinaria** Szat.: Ap. orange, Rand von gleicher Farbe oder etwas heller; im Gebiet nicht nachgewiesen)

7* Auf anderen Krustenflechten. Ap. -0,5 mm, rostrot bis rostbraun, Rand ± gleichfarben, allenfalls etwas heller oder dunkler als die Scheibe. In alpinen Lagen **8**

8 Auf grauer Kruste mit schwärzlichen Soralen *(Miriquidica nigroleprosa)* in alpinen Lagen. Ap. von Anfang an gewölbt und randlos, -0,4 mm. Sp. 9,5–12 × 7–8 µm. arkt-alp – Alpen, BayW, Riesengeb. . . . . **C. magni-filii** Poelt

8* Auf Krusten- und Laubflechten, v.a. *Dimelaena oreina, Lecanora muralis,*

Rhizoplaca, Umbilicaria etc. Ap. -0,5 mm, mit bleibendem Rand. Sp. 9–13 × 6,5–7,5 µm. Alpen . . . . **C. epithallina** Lynge

9 Auf endolithischen *Verrucaria*-Arten. Lager dünn oder fehlend. Ap. -0,6 mm, orange, berandet **10**

9* Auf verschiedenen epilithischen Krustenflechten, z.B. *Acarospora*. Lager orangegelb, deutlich entwickelt, dicklich, grobwarzig(-körnig) bis kleinschollig oder minutiös gekerbt-gelappt. Areolen zerstreut oder gruppiert, dem Wirtslager dicht aufliegend. Ap. -1,5(2) mm. Sp. 11–14 × 6–7 µm. Aspekt von *Candelariella vitellina* . . . . **C. inconnexa***

10 Lager undeutlich (endolithisch), „auf" *Bagliettoa parmigera* und Verwandten. Ap. meist eine rundliche Fläche von bis zu 0,6 cm Durchmesser bedeckend. Sp. 7–15 × 6–8 µm . . . . **C. oasis**

10* Lager ockergelb, ± kreisrund, meist -1,5 cm, aus dünnen, am Rand undeutlich strahlig-rosettig angeordneten, verlängerten Areolen oder undeutlichen Läppchen, auf *Verrucaria calciseda*. Ap. orange bis orangerot. Sp. 9–15 × 5–8 µm . . . . **C. polycarpa**

11 Lager gelb, orange, rot, braungelb, K+ violettrot **25**

11* Lager nicht so gefärbt, deutlich entwickelt oder fehlend, K- oder K+ leicht violett verfärbt, selten fleckweise K+ schwach violettrot (!: die K-Reaktion von gelben bis roten Ap.anlagen führt oft zur Verfärbung der angrenzenden Lagerpartien!) **12**

12 Auf Kalkgestein und kalkhaltigen anthropogenen Substraten (Beton, Mörtel usw.) **13**

12* Auf Silikatgestein **16**

13 Lager s.deutlich entwickelt **14**

13* Lager undeutlich oder s.dünn **15**

14 Lager rosettig-rundlich, am Rand mitunter angedeutet gelappt, mit Ausnahme der Randbereiche schorfig-körnig bis flächig sorediös, weißlich bis h.grau. Ap. selten, rostrot bis rot, mit oft welligem Eigenrand, häufig zusätzlich mit Lagerrand, -1 mm. Wenn fruchtend, dann Lager (fast) nicht gelappt. Nur auf oberflächlich entkalkten Kalkgesteinen, Dolomit oder anthropogenen Substraten . . . . **C. teicholyta**

14* Lager dick, rissig(-areoliert), deutlich begrenzt, aber nicht angedeutet gelappt, nicht schorfig-körnig bis sorediös, weiß. Ap. rot, zahlreich und gedrängt, deutlich berandet, außen oft noch mit weißen Lagerrandresten, -0,5 mm. Sp. 16–18 × 4–6 µm . . . . **C. erythrocarpa**

15 Sp. mit dünnem, bis 2 (2,5) µm dickem Septum (1/8 der Sp.länge), (13) 15–20(22) × 6–9 µm. Ap. gelb bis rostrot, zerstreut stehend, mit gleichfarbenem oder etwas hellerem, meist z.dickem, zuletzt verschwindendem Rand, -0,6 mm. Lager undeutlich, meist als weißlicher Fleck. V.a. auf Kalkstein . . **C. lactea**

15* Sp. mit dickerem, (2,5)3,5–5 µm dickem Septum (mindestens 1/4 der Sp.länge), (9)10–16 × 5–9 µm. Ap. orangegelb, orange, orangebraun, dichtstehend, mit verschwindendem Rand, 0,3–0,5 mm. Hym. 60–75 µm. Lager undeutlich oder dünn, grau. Besonders häufig auf anthropogenen Substraten **C. holocarpa***

16 Lager weißlich bis h.grau, mit Ausnahme der (± berindeten) Randpartien

flächig sorediös bis körnig-schorfig, ± rosettig, meist am Rand angedeutet gelappt. Soredien 60–150 µm. Ap. selten, rostrot bis rot, anfangs konkav, dann flach, berandet, mit oder ohne Lagerrand, -1 mm. Fast nur an anthropogenen Substraten . . . . **C. teicholyta**

16* Flechte mit anderen Merkmalen, im Zentrum in der Regel nicht flächig weißlich sorediös bis schorfig-körnig **17**

17 Rand der Ap. deutlich anders gefärbt als Scheibe, nicht gelb, orange, rot . **18**

17* Rand der Ap. meist z.ähnlich wie die Scheibe gefärbt, gelb, orange, rostrot, olivgelb **21**

18 Lager blaß braun bis ausgebleicht, klein, areoliert bis fast schuppig. Ap. d.zinnoberrot bis bräunlichrot, mit braunem bis schwärzlich braunem Lagerrand, lange eingesenkt. Sp. 11,5–14,5 × 4,5–6,5 µm . . . . . . **C. congrediens**

18* Lager/Ap.rand nicht braun. Noch ungenügend bearbeitete Artengruppe . . **19**

19 Lager durchgehend mit körniger Oberfläche, grau, d.grau, schorfig bis rissig-areoliert. Scheibe rostrot, mit deutlichem, oft hellerem Eigenrand, oft mit außen aufgelagertem h.grauem bis grauem Lagerrand. Ap. –1,5 mm. Ökol. wie *C. teicholyta* . . . . **! C. albolutescens**

19* Mit anderen Merkmalen. Ap. mit Lagerrand **20**

20 Scheibe braunorange, d.rot, d.rostrot bis schwärzlich rot. Ap. –0,8 (1) mm, mit bleibendem, erhabenem, ± lagerfarbenem Rand, flach, oft spärlich. Lager d.grau bis grauschwärzlich oder d.grünlichgrau, rissig-areoliert, z.dünn, oft rundlich, mitunter am Rand angedeutet gezont, mit schwärzlichem Vorlager. Areolen unregelmäßig eckig, gegen den Lagerrand oft länglich und ± radial ausgerichtet. Paraph. oben kaum verdickt. Sp. 11–15 × 6–8 µm, Septum 3–6 µm . . . . **C. aractina**
(vielleicht zu dieser Art: Scheibe d.rostrot bis schwärzlich. Ap. –0,4 mm, zerstreut, aufsitzend, flach, mit schwärzlichem Rand. Lager d.grau bis blaugrau, areoliert bis rissig. Exc. schmutzig grün. Sp. 10–14 × 5–7 µm, Septum um 4–6 µm. Paraph. oben kaum verdickt . . . . **! C. festivella** (Nyl.) Kieffer)

20* Scheibe (gelb)orange, braunorange, ocker. Ohne schwärzliches Vorlager. Ap. meist –1 mm, oft z. spärlich. Lager grünlichgrau, grau, bläulichgrau, schwarzgrau, feucht meist grünlich, rel. dick, areoliert, Areolen warzig uneben, an den Rändern oft etwas erhöht und zunächst dort sorediös bis körnig-warzig bzw. blastidiat. Paraph. oben bis 5 µm verdickt. Sp. 10–18 × 5,5–9 µm. Septum meist um 4–5 µm dick . . . . **! C. chlorina**
(wenn Lager nicht körnig oder sorediös oder blastidiat, grau, graubraun, schwarzbraun, vgl. *C. conversa* (3))

21 Lager nicht erkennbar oder s.dünn und undeutlich **22**

21* Lager deutlich entwickelt. Paraph.enden nur wenig verdickt (2–3(3,5) µm) **23**

22 Ap. gelborange, orange, orangebraun, -0,5 (0,7) mm, mit orangefarbenem, oft etwas glänzendem Rand (selten (jung) außen mit angedeutetem grauem Lagerrand), flach bis bald m.gewölbt und zuletzt randlos, zahlreich, dichtstehend. Sp. 10–16 × 5–8 µm, Septum 2,5–5 µm, 1/4–1/2 der Sp.länge. Paraph.enden oben bis 4–5 µm verdickt. Hym. 60–75 µm. Lager s.dünn, ± grau, oder undeutlich. Gewöhnlich auf synanthropen und kalkhaltigen Substraten, häufig auf Beton

. . . . ! **C. holocarpa***

22* Ap. orange, d.orange, orangerot, schmutzig orange, orangebraun, auch mit olivem Farbstich, flach, mit bleibendem, orange bis orangerot gefärbtem Rand, -0,5(0,7) mm, mit verengter Basis sitzend, meist z.zerstreut oder in kleinen Gruppen. Sp. 11–15(18) × 3,5–5,5 µm, Septum 1,5–3,5 µm dick. Paraph.enden allmählich bis 2–3 µm verdickt. Hyp. ohne Öltröpfchen. Lager h.grau, dünn bis undeutlich (wenn Sp. 12–15 × 4,5–6,5 µm, Septum 2,5–6 µm, Ap. rand verschwindend, Exc.rinde J+ leicht blau: ! **C. caesiorufella** (Nyl.) Zahlbr. (*C. leptocheila* H.Magn.)) . . . . ! **C. arenaria**

23 Sp. 13–17 × 5,5–7, Septum 2–3,5 µm dick, ca. 1/5 der Sp.länge. Ap. h.- bis d.orange, orangebraun, bleibend berandet, -0,5(0,7) mm. Lager h.grau bis grau, rissig-areoliert bis areoliert, oft ausgedehnt (vermutlich Wirtslager) . . . . **C. subpallida***

23* Sp.septum dicker, 1/3–1/2 der Sp.länge **24**

24 Ap. rostrot, rotbraun, mit deutlichem, bleibendem braunrotem Rand, -1,0 mm. Lager d.grau bis grau, zus.hängend-uneben bis rissig-areoliert. Sp. 12–17(21) × 6–8(10) µm, Septum um 5–6 µm . . . . **C. crenularia**

24* Ap. orange, braunorange, mit hellerem, leuchtend orangefarbenem dickem, glattem, konvexem, vorstehendem, bleibendem Rand, -0,5(0,7) mm, basal eingeschnürt, oft dichtstehend. Paraph.enden wenig verdickt. Lager bleigrau bis schwarz, rissig bis rissig areoliert, mit schwarzem, mitunter faserigem Vorlager, fleckweise K+ violett. Sp. 12–17 × 8–10 µm, Septum 5–7 µm . **C. atroflava***

25 Lager am Rand deutlich gelappt (placodioid) **26**

25* Lager am Rand nicht gelappt **38**

26 Lageroberfläche gänzlich mehlig-körnig bis körnig, unberindet, Körnchen meist ca. 0,15–0,2 mm dick. Lager bei guter Entwicklung ± rundlich und am Rand deutlich begrenzt, undeutlich effiguriert, leuchtend gelb, dünn bis dicklich. Mark weißlich. Ap. fehlend . . . . **C. xantholyta**

26* Lager mit anderen Merkmalen, deutlich berindet, meist rundlich-rosettig und mit deutlichen, schmalen Randlappen (placodioid) **27**

27 Mit Soralen oder ± kugeligen Isidien. Ap. selten **28**

27* Ohne Sorale oder Isidien, meist mit Ap.; Ap. vor allem im mittleren Teil des Lagers **32**

28 Lager ohne Sorale, in der Mitte mit zahlreichen dichtstehenden, am Grunde verengten, -0,1 mm dicken, kugeligen Isidien, meist -1,5 cm breit, gelb bis gelborange. Randlappen s.schmal, zus.schließend . . . . **C. granulosa** (Achtung: Bei *C. decipiens* ist mitunter die Soralentwicklung gehemmt, stattdessen bilden sich knollige Warzen, Lager meist über 1,5 cm groß)

28* Lager mit Soralen **29**

29 Lager in der Mitte sorediös aufgelöst und zitron- bis h.gelb, am Rand mit schmalen (bis 0,5 mm breiten) strahlig angeordneten Läppchen, ↑ *C. cirrochroa* (31)

29* Lager mit kleinen begrenzten Soralen, meist -2 cm breit **30**

30 Lager mit Lippen- bis Kopfsoralen an den Enden kleiner, s.kurzer Läppchen (im Innen- und Mittelbereich, kaum im Außenbereich), im Innern nicht absterbend, h.gelb bis orangegelb, ± bereift, -2(3) cm. Sorale wie das Lager gefärbt. Randlappen gewöhnlich dicht zus.schließend, gegen die Enden fächerig verzweigt, mitunter leicht bereift . . . . **C. decipiens**

30* Lager mit kleinen (flachen bis konkaven) Flecksoralen am inneren Ende der schmalen, strahlig ausgerichteten Läppchen, ca. -1,6(2,5, selten mehr) cm, innen oft abgestorben und daher ± ringförmig. Randlappen oft gegabelt, dicht zus.schließend bis getrennt **31**

31 Lager gelb bis gelborange. Flecksorale (zitron)gelb, deutlich heller als das Lager, gewöhnlich deutlich begrenzt und rundlich bis radial verlängert. Randlappen bis 3 mm lang und 0,5 mm breit, vorne oft etwas verbreitert, ± bereift . . . . **C. cirrochroa**

31* Lager rotorange bis mennigrot, Flecksorale orange bis rot. Randlappen klein, vorne nicht verbreitert, gewöhnlich nicht bereift . . . . **C. proteus**

32 Sp. mit nach außen bauchig vorspringender Scheidewand, ± zitronenförmig bis fast vierkantig (Abb. 29d). Lager oft groß, -5(10) cm, gelb bis orange. Lappen zus.schließend (*C. aurantia* s.l.) **33**

32* Sp. im Bereich der Scheidewand nicht bauchig aufgetrieben, ellipsoid. Lager kaum über 2,5 cm **34**

33 Lager s.dicht und flach der Unterlage angeschmiegt, -5(10) cm. Lappen s.flach, wie geplättet, meist 1,5-3 mm breit. Lager im Innern oft (zonenweise) heller gefärbt. Rinde gewöhnlich ohne Kristallschicht. Sp. 10-16 × 7-12 µm . . . . **C. aurantia s.str.**

33* Lagerlappen schmäler, -1(1,5) mm, gewölbt, deutlich voneinander abgesetzt, aber dicht zus.schließend, am Ende ± fächerig verzweigt. Lager meist -4(6) cm. Rinde meist mit einer dünnen Schicht körniger Kristalle bedeckt (Schnitt). Sp. 8-15 × 5-10 µm . . . . **C. flavescens**

34 Lager bis in die zentralen Teile in lange, schmale, stark gewölbte bis fast stielrunde, unterseits berindete, mit der Unterlage nicht völlig verwachsene Lappen (Lager mit dünnem Messer ablösbar) aufgeteilt, meist orange bis orangerot, -4 cm . . . . ↑ **Xanthoria elegans**

34* Lager mit der Unterlage flächig verwachsen, nur oberseits berindet **35**

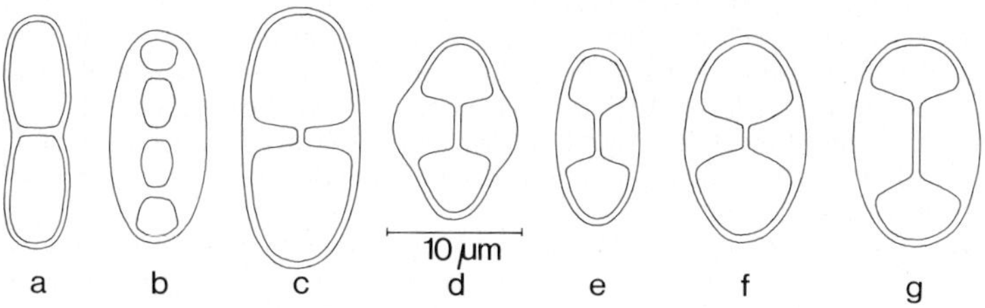

Abb. 29. *Caloplaca*- und *Fulgensia*-Sporen. a: *Fulgensia schistidii.* b: *C. ochracea.* c: *C. lactea.* d: *C. aurantia.* e: *C. saxicola.* f: *C. biatorina.* g: *C. cerina.*

35 Lagerlappen s.dünn und schmal, s.zart, 0,1–0,3 mm breit. Ap. gewöhnlich –0,3 mm. Lager parasitisch auf endolithischer *Verrucaria (calciseda)* . . . . **C. polycarpa (10)**
35* Lagerlappen kräftiger, breiter. Nicht parasitisch **36**
36 Sp. reif breit ellipsoid, 9–16 × 5–9 µm (Abb. 29f). Sp.septen maximal 1/4 der Sp.länge. Ap. s.verengt sitzend. Lager meist bräunlichrot, rotorange, mennigrot, s.selten bereift, –1,5 cm. Mark s.locker (auf Silikatgestein: var. **baumgartneri** (Zahlbr.) Poelt. Schwierig ansprechbare, seltene Art . . . . **C. biatorina**
36* Sp. länglich bis (schmal) ellipsoid **37**
37 S.seltene alpine Art an Überhängen kalkhaltiger Felsen, intensiv mennigrot, unbereift oder an den Lappenenden s.leicht bereift. Lager –1 cm, mit s.schmalen, vorne fächerig verbreiterten Läppchen, innen ± areoliert und von Ap. bedeckt. Sp. 9–14 × 3,5–7 µm, Septen 1/4 bis 1/3 der Sp.länge. Schwierig von *C. saxicola*-Formen zu trennen . . . . **C. arnoldii**
37* Häufig. Lager gelb, orange, selten mennigrot, bereift, selten unbereift, –2,5 cm, innen warzig areoliert und von Ap. bedeckt. Sp. ellipsoid, 9–12(14) × 4,5–6(7) µm (Abb. 29e), Septen mindestens 1/3 der Sp.länge erreichend. Formenreiche Art . . . . **C. saxicola**
(wenn an Meeresküsten, im Spritzwasserbereich, rosettige, oft über 1 cm große Lager, Sp. 11–16 × 5–7 µm: **C. scopularis** (Nyl.) Lettau)
38 Lager mit begrenzten Soralen oder einheitlich feinkörnig-sorediös bis feinisidiös oder einheitlich leprös, d.h. aus feinen Körnchen zus.gesetzt **39**
38* Lager nicht sorediös, nicht körnig oder „mehlig" **46**
39 Lager mit begrenzten Flecksoralen **40**
39* Lager durchgehend mit mehliger, körniger oder feinisidiöser Oberfläche . **41**
40 Auf Silikatgestein an Überhängen, aus ± unregelmäßig angeordneten, angepreßten, –1(1,5) mm langen, 0,3 mm breiten, am Rande dünner werdenden, glatten, manchmal angedeutet verzweigten Areolen, ockergelb, gelb, gelborange, braunorange, mit gelben bis gelborangen Flecksoralen. Ap. selten . . . . **C. obliterans**
40* Lager meist auf kalkreichem Gestein und Kunststein, kleinschuppig bis areoliert, meist zitrongelb bis (orange)gelb, mit zitrongelben Soralen am Rande der bis 0,8 mm großen Areolen, mitunter zuletzt auch ganz sorediös. Ap. m.häufig, Scheibe orange, Rand gelblich, ganz oder sorediös . . . . **C. citrina**
41 Lageroberfläche einheitlich leprös, aus feinen Körnchen zusammengesetzt oder zumindest mit pulveriger Oberfläche, ± weich, unberindet, nicht rissig oder areoliert. Ap. fehlend. An regengeschützten Überhängen und in Nischen . **42**
41* Lager nicht einheitlich leprös, sondern eine rissig-areolierte Kruste bildend, körnig bis feinkörnig-sorediös oder feinisidiös, nicht einheitlich pulverig. Ap. z.selten bis häufig **44**
42 Lageroberfläche sorediös aufgelöst, unter der sorediösen Oberfläche berindete Thallusteile (Körner). Soredien berindet, gewöhnlich gelb, zitrongelb. Lager gewöhnlich unregelmäßig begrenzt, nicht rosettig-rundlich, oft rissig . . . . ↑ **C. citrina**
42* Ohne berindete Thallusteile **43**

43 Lager gelb, gut entwickelt rundlich und deutlich begrenzt, auch am Rand angedeutet lappig-faltig, mit durchgehend pulvriger Oberfläche oder aus -0,2 mm dicken Körnchen. Mark weißlich . . . . **C. xantholyta**
43* Lager ocker, graugelb, h.ockergelb, aus -0,1 mm dicken Körnchen zus.gesetzt, pulvrig, unbegrenzt, gewöhnlich nicht rundlich, nicht angedeutet gelappt . . . . **C. chrysodeta**
44 Lager pulverig- bis körnig-sorediös (bis feinisidiös) (Soredien meist um 40 µm), rissig-areoliert oder kleinschuppig bis körnig, zitrongelb bis gelb, im Schatten auch grünlich. Ap. orange, mit sorediösem bis körnigem Lagerrand, -1 mm. Sp. 10–15 × 5–6 µm . . . . **C. citrina**
44* Lager nicht typisch sorediös **45**
45 Lager weißgelb bis gelb, meist bereift, mit s.unebener Oberfläche aus gewölbten bis fast kugeligen oder auch verflachten, ± verwachsenen Areolen/Körnern, dick bis s.dick. Ap. braunorange, erst konkav, dann flach, mit gelbem, oft bereiftem Eigenrand und wulstigem, bleibendem, um 0,2 mm dickem bereiftem Lagerrand, -1,5 mm. Sp. 10–15 × 6–8 µm. An Mauern . . . . **! C. ruderum**
45* Lager (orange)gelb bis ockergelb, nicht bereift, areoliert, Areolen -1 mm, dick, aus Körnern bis länglichen schmalen Wülsten von (40)50–100 µm Durchmesser, m.–z.dick. Ap. orange bis orangerot, bald m.gewölbt, mit niedergedrücktem, meist bald zurücktretendem, gewöhnlich gleichfarbigem, unbereiftem Eigenrand, der an der Außenseite oft mit Lagerkörnchen besetzt ist, -0,6(0,9) mm . . . . **C. coronata**
46 Auf Silikatgestein **47**
46* Auf kalkreichem Gestein, Mörtel, Beton **51**
47 Lager graurosa bis (gelbl.)zinnoberrot, klein, -1,5 cm, rissig areoliert, Areolen auffallend flach, glatt, am Lagerrand meist etwas vergrößert, -1,5 mm. Ap. karminrot, zuerst punktförmig, dann flach, meist eckig, undeutlich berandet, -0,4 mm. Sp. 7-11 × 4–6 µm . . . . **C. rubelliana**
47* Lager nicht graurosa bis zinnoberrot **48**
48 Septum dünn, -2(3) µm. Sp. 12–23 × 5–7,5 µm. Lager dünn, areoliert bis undeutlich, zitrongelb, gelb, gelbgrau. Areolen flach bis am Rand etwas erhöht und dort heller. Ap. -0,6(1) mm, oft zu Gruppen gedrängt. Scheibe orangegelb bis ocker, flach, mit bleibendem, ganzen gelbem Rand und oft mit außen angelagertem, niedergedrücktem, mitunter körnigem Lager„kragen“. Verhältnis zu **C. ferrarii** (Bagl.) Jatta noch unklar . . . . **! C. crenulatella**
48* Septum dicker **49**
49 Ap. gelb bis olivgelb, flach bis gewölbt, oft mit hellerem Rand, -0,5 mm. Lager h.gelb, gelb, zitrongelb, dünn, geglättet, zus.hängend bis fleckweise entwickelt. Sp. 9–15 × 4,5–7,5 µm . . . . **! C. vitellinula***
49* Ap.scheibe orange, orange- bis rostbraun **50**
50 Lager orangegelb bis gelbbraun, areoliert bis fast schollig, Areolen ± eckig, meist 0,2–0,4 mm. Ap. orange bis rotorange, mit niedergedrücktem, zuletzt undeutlichem, gleichfarbenem Eigenrand, -0,3(0,5) mm. Sp. 9–15 × 4,5–8 µm. Septum 1/4–1/2 der Sp.länge . . . . **! C. irrubescens**
50* Lager zitron-, grün- bis graugelb, ocker, blaß gelb(weißlich), schwach rissig bis

meist rissig-areoliert, Areolen flach bis konkav, oft von Schnecken abgefressen. Ap. braunorange bis rostbraun (farblich deutlich zum Lager kontrastierend, dadurch Lager ± zweifarbig), mit meist etwas hellerem, orangefarbenem Eigenrand, mitunter mit außen aufgelagertem Lagerrand, der bald s.ausdünnt und nur im Schnitt erkennbar bleibt, -1(1,3) mm. Sp. 12–19 × 7–10(11) µm. Septum 1/3–1/2 der Sp.länge . . . . **C. flavovirescens**

51 Sp. reif 4zellig, 11–19 × 5–8 µm (Abb. 29b). Lager h.gelb, h.ocker, weißgrau mit gelblichen Flecken, glatt bis feinrissig, matt, dünn. Ap. gelb- bis braunorange, mit gelbem/orangenem Eigenrand, anfangs konkav, dann flach, -0,7 mm . . . . **C. ochracea**

51* Sp. 2zellig **52**

52 Septum s.dünn. Flechte meist auf Mörtel . . . . **C. crenulatella (48)**

52* Septum dicker, 1/4–1/2 der Sp.länge **53**

53 Lager grüngelb, zitrongelb, graugelb bis blaß gelblich, oft abgefressen und stellenweise weißlich, schwach rissig bis rissig-areoliert (areoliert-schuppig), mit den Ap. „zweifarbig" wirkend. Ap. -1,5 mm, orangebraun, mit meist hellerem, orangefarbenem Eigenrand und mitunter außen aufgelagertem Lagerrand, aufsitzend. Sp. 12–19 × 7–10(11) µm. (Hyp. im Gebiet gewöhnlich nicht/kaum inspers). Nur auf oberflächlich entkalkten Kalkgesteinen . . . . **C. flavovirescens**

53* Lager meist tiefgelb bis orange, auch ockergelb, s.variabel, zusammenhängend bis rissig areoliert oder fast schuppig, mitunter auch reduziert, nicht zweifarbig wirkend. Ap. -1 mm, meist orange, Rand oft etwas heller als Scheibe, aber gewöhnlich nicht deutlich anders gefärbt, bald gewölbt und unberandet. Sp. 10–16 × 6–9(10) µm. (Hyp. nicht oder ± inspers). (*C. dolomiticola* s.l.) . . . **54**

54 Auf endolithischen *Verrucaria*-Arten lebend, klein, -1,5 cm **10**

54* Nicht auf endolithischen *Verrucaria*-Arten **55**

55 Parasitisch auf epilithischen Krustenflechten, z.B. *Acarospora*-Arten. Lager areoliert, fast kleinschuppig, mit ca. 0,5 mm großen, zerstreuten oder zu mehreren gruppierten Areolen. Ap. -1,5(2) mm . . . . **C. inconnexa (9)**

55* Gewöhnlich nicht auf anderen Flechten parasitierend. Lager rissig areoliert bis meist areoliert, dick bis dünn und verschwindend, auch körnig. Areolen 0,2–2 mm mit unebener Oberfläche, oft abgefressen. Ap. -1(1,5) mm, sitzend bis eingesenkt. S.variable Art. Ap. größe und Lagerbeschaffenheit s.unterschiedlich . . . . **! C. dolomiticola**

Caloplaca albolutescens (Nyl.) Oliv.
Ähnl. *C. teicholyta* (↑), aber hauptsächlich auf Sandstein, kaum auf Mörtel – mieur-med – selten (3); Ne, Rh, süSch, Hü

Caloplaca alociza (Massal.) Migula [? C. agardhiana (Massal.) Clauz. & Roux]
Bis über die Waldgrenze auf z.–s.kalkreichen, harten Gesteinen an ungedüngten, z.besonnten, beregneten, nach Regen schnell trocknenden Flächen, z.ähnl. *Verrucaria marm.* (↑), *Rinodina imm.* – (bor-)mieur-med – selten; SJu, Ju, FrJu, Th, Al

Caloplaca ammiospila (Wahlenb.) Oliv. [C. cinnamomea (Th.Fr.) Oliv.]
Auf Pflanzenresten, Erdmoosen, altem Holz in der alpinen Stufe - arkt-alp - Al

Caloplaca aractina (Fr.) Häyrén [C. viridirufa auct., C. fuscoatra auct.]
Auf hartem basischem (und neutralem) oder leicht kalkhaltigem Silikatgestein an trocken-warmen Orten, ähnl. *Lecanora dem.* (↑), noch stärker wärmeliebend - s'bor-med - Ob im Gebiet?

Caloplaca arenaria (Pers.) Müll.Arg. [C. lamprocheila (DC.) Flagey]
Bis über die Waldgrenze, hauptsächlich an harten, mineralreichen (bis basischen) Silikatgesteinen, an besonnten, beregneten bis m.regengeschützten Flächen, subneutroph.–m.acidoph., z.–s.photoph., a-/m.nitroph. - bor-med - selten; z.Zt. nicht genügend geklärte Art, im Gebiet v.a. synanthrop auf Grabsteinen aus schiefrigen bzw. basischen Silikatgesteinen, z.B. Sch, Do, RhSch. ferner *O, Al*

Caloplaca arnoldii (Wedd.) Zahlbr.
In alpinen und hochmontanen Lagen an Überhängen auf kalkhaltigen Gesteinen, ähnl. *C. cirrochroa* (↑) - mieur·alp - s.selten (R); süSch (Feldberg), Alpen

Caloplaca assigena (Lahm ex Arnold) DT. & Sarnth. [Blastenia a. (Lahm) Arnold]
Bis zur Waldgrenze auf meist saurer Rinde und Holz, v.a. an Ästen, Zäunen - mieur - s.selten *(0)*; süSch, *Ju, Av*

Caloplaca atroflava (Turner) Mong. var. **atroflava**
Wohl ähnl. *C. subpallida.* Z.Zt. taxonomisch noch ungenügend geklärt
var. **submersa** (Nyl.) H.Magn.
V.a. in submontanen und montanen Lagen auf hartem Silikatgestein an gelegentlich überschwemmten oder zeitweise sickerfeuchten Standorten, ähnl. *Verrucaria praeterm.* (↑) - (s'bor-)mieur·subatl-med - selten (R); süSch, Vog, O, Ts

Caloplaca aurantia (Pers.) J.Steiner [C. aurantia var. aurantia]
In kollinen bis submontanen, niederschlagsarmen, warmen Lagen, v.a. in Weinbaugebieten, auf kalkreichen bis seltener m.kalkreichen Gesteinen, v.a. an niedrigen Felsen in Trockenrasen und an Kalksteinmauern (z.B. in Weinbergen), an m.–z.nährstoffreichen (Staubanflug), ± beregneten, voll besonnten bis halbschattigen warmen Standorten, kaum auf Mörtel, Beton, basiph., s.(–z.)xeroph., z.thermoph., z.–s.photoph., m.(–z.)nitroph. - s'mieur-med - (z.)selten; v.a. Ne, Mn, ferner SJu, Ju, süHü, HRh, Rh, nöHü, Eif, He, Th, sonst s.selten

Caloplaca biatorina (Massal.) J.Steiner
Bis in alpine Lagen, doch stets an rel. trocken-warmen Standorten, an z.regengeschützten Überhängen und Vertikalflächen auf kalkhaltigem Silikatgestein und kalkreichem Gestein (v.a. Kalkstein), v.a. an nährstoffreichen Standorten, m.basiph., photoph., m.–z.nitroph. - mieur-med, pralp/alp - s.selten (R); Mos, Bo (Hohentwiel), SJu, Al

Caloplaca cerina (Ehrh. ex Hedwig) Th.Fr.
var. **cerina**
Bis zur Waldgrenze auf basen- und nährstoffreicher Borke von frei oder licht

stehenden Laubbäumen, besonders an Straßen- und Feldbäumen, meist an staubimprägnierten Stämmen, aber auch an nicht eutrophierter, subneutraler Rinde (z.B. Espe, Holunder), selten an Holz, ähnl. *Physconia dist.* (↑), *Xanthoria fallax* (↑), *Lecania cyrtella* (↑); subneutroph.(–m.acidoph.), z.photoph., (a-)m.(–z.)nitroph. – bor-med – z.selten (3); v.a. Ju, SJu, Ne, sonst z.selten-selten, z.B. RhSch, He

var. **chloroleuca** (Sm.) Th.Fr. [C. stillicidiorum (Vahl) Lynge]

Vorwiegend über der Waldgrenze, doch vereinzelt bis in die kolline Stufe (z.T. reliktisch), auf Moosen und Pflanzenresten v.a. in flachgründigen Kalkmagerrasen und an Kalkfelsen, v.a. an strahlungsexponierten, rel. trockenen Standorten, ähnl. *Megaspora verr.* (↑), selten auch auf bemoosten alten Laubbäumen, neutroph.–m.basiph., z.–s.photoph. – arkt-mieur(alp)-med·alp – selten (3); SJu, Ju, FrJu, Ries, Mn, Al, s.selten süSch, süHü, Ne, Bit, Eif, He

var. **muscorum** (Massal.) Jatta

über Moosen an Baumstämmen und Felsen v.a. in montanen Lagen

Caloplaca cerinella (Nyl.) Flagey

Bis in montane Lagen auf Laubbäumen mit basenreicher, meist nicht oder nur wenig eutrophierter Rinde, v.a. an Holunder, Feldahorn, Esche, auch an Holz, ähnl. *Lecania cyrtella* (↑) – (s'bor-)mieur-med – (z.)selten (3); Ju, SJu, süSch, süRh, O, Do

Caloplaca cerinelloides (Erichsen) Poelt

Ähnl. *C. cerinella* (↑) – s'bor-med – (z.)selten (3); z.B. süSch, Ju

Caloplaca chalybaea (Fr.) Müll.Arg.

Bis in die alpine Stufe auf harten, kalkreichen Gesteinen (v.a. Kalkstein) an beregneten, z.licht- und oft z.windoffenen Standorten, gewöhnlich an größeren Felsen, an Schräg- und Steilflächen, stärker besonnte und s.trockene Orte meidend, basiph., z.xeroph., z.(–s.)photoph., (a-)m.nitroph. – mieur-med – selten; SJu-Ju-FrJu zerstr., Ries, Al, sonst s.selten (süHü ?+, Saar, Eif)

Caloplaca chlorina (Flotow) Oliv. [C. cerina v. ch. (Flotow) Müll.Arg.]

Hauptsächlich an neutralem bis basischem, oft hartem Silikatgestein, an vermauertem saurem Silikatgestein, auch auf staubimprägnierter Rinde basal an Bäumen, ähnl. *Xanthoria fallax* (↑) – bor-med – selten; z.B. süSch, Ne, O, Rh, Pf

Caloplaca chrysodeta (Vainio ex Räsänen) Dombr. [Leproplaca ch. (Vainio ex Räs.) Laundon]

Bis in hochmontane Lagen auf kalkreichen Gesteinen an regengeschützten (aber gelegentlich leicht bergfeuchten) Überhängen und reliefreichen Vertikalflächen von Felsen an schattigen Standorten, auch auf Moose übergehend, auch in Nischen alter Mauern, basiph., m.photoph.–z.skioph., m.nitroph., an anstehenden Felsen z.B. mit *Lepraria flavescens* – bor-med – z.selten, aber verbreitet, außerhalb der Kalkgebiete (z.B. Ju, SJu) synanthrop

Caloplaca chrysophthalma Degel.

Bis in montane Lagen am Stamm alter Laubbäume, v.a. an Esche, Eiche, Ulme, an m.beregneten bis z. regengeschützten, m.–z.lichtreichen Standorten, in lichten

Bergwäldern und an freistehenden Bäumen - mieur(subatl)-smed(-med·mo) - selten *(1)*; süSch, Ju, SJu

Caloplaca cirrochroa (Ach.) Th.Fr.
Bis in die alpine Stufe, im Gebiet v.a. in submontanen und montanen Lagen, auf Karbonatgestein, selten auf kalkhaltigem Silikatgestein, an regengeschützten (aber vielfach auch s.sporadisch schwach sickerfeuchten), oft rel. warmen Überhängen und Vertikalflächen an m.–z.lichtreichen, in reduzierten Formen auch an z.lichtarmen Standorten, stärkere Düngung meidend, kaum auf anthropogenem Substrat (Mauerwerk usw.) bzw. in Siedlungen, basiph., mesoph.–z.xeroph., (a-)m.nitroph. - (s'bor-)mieur-med(mo) - selten; SJu, Ju, FrJu u. Al. zerstr., sonst selten: süHü, süSch, Bo, Ne, *nöHü-O, MRh*, Ts, Lahn, Eif, Th

Caloplaca citrina (Hoffm.) Th.Fr.
Flechte von weiter ökol. Amplitude. Bis über die Waldgrenze, v.a. auf Kalkgestein und kalkhaltigem Kunststein (v.a. Beton), seltener auf kalkbeeinflußtem Silikatgestein, auf Rinde von Laubbäumen und über Rindenmoosen, auf Holz, hauptsächlich an ± nährstoffreichen Stellen, rel. konkurrenzschwache Art, v.a. an neuen Standorten, so an Mauern, Grabeinfassungen, Grenzsteinen usw., oder an stark gedüngten Stellen (am Grunde von Mauern (Hundeharn!), neben Misthaufen), hier oft als einzige Art (oder zus. mit *Caloplaca decipiens*) überlebend (hohe NH_4^+-Toleranz), am Grunde von Steilflächen und Überhängen von Felsen (bei Eutrophierung auch auf kalkfreiem Silikat), auf Vogelsitzplätzen (Kuppen) weitgehend fehlend; auf Holz und Rinde an entsprechend eutrophierten Stellen (v.a. am Grunde der Bäume oder in Borkenrissen); basiph.–subneutroph., photoindiff., mesoph.–xeroph., z.–e. nitroph. - bor-med - (s.)häufig

Caloplaca congrediens (Nyl.) Zahlbr.
In montanen und hochmontanen Lagen auf mineralreichen (neutralen bis basischen oder leicht kalkhaltigen) oder gedüngten Silikatgesteinen an meist besonnten, relativ warmen Orten, meistens an niedrigen Felsblöcken, auch auf Moose übergehend, subneutroph., z.–s.photoph., anitroph.–m.nitroph. - mieur·subatl-med - s.selten; Vog

Caloplaca conversa (Krempelh.) Jatta
V.a. bis in montane Lagen auf Karbonatgestein und kalkhaltigem Silikatgestein an besonnten, oft sporadisch sickerfeuchten, schnell trockenfallenden Standorten, subneutroph.–basiph., xeroph., ombroph., (substrathygroph.) - mieur·mo/alp/pralp-smed·mo/alp - s.selten (R); süSch (Utzenfeld), *Lahn (Runkel)*, FrJu, Al

Caloplaca coronata (Krempelh. ex Körber) J.Steiner
Auf m.–z.(s.)gedüngtem Kalkgestein, v.a. an besonnten Flächen, auf Felskuppen, z.B. mit *Buellia venusta* (↑), basiph., z.–s.photoph. - mieur-med - z.selten; SJu, Ju, FrJu m.häufig(–z.selten), Mn, Th, ferner s.selten Ne, Bo, Eif, He

Caloplaca crenularia (With.) Laundon [C. festiva (Ach.) Zwackh]
Bis in montane Lagen auf meist mineralreichem bis ausgeprägt basischem oder leicht kalkhaltigem, nicht oder m. staubimprägniertem, oft hartem Silikatgestein,

an meist warmen, wintermilden Standorten, z.B. ähnl. *Lecidella carp.* (↑), subneutroph.–m.acidoph., (m.)z.–s.photoph. - bor-mieur·subatl-med - selten (3); v.a.RhSch, ferner Sch, Vog, Bo, O, Pf, Rh, Lahn, *Fr*

Caloplaca crenulatella (Nyl.) Oliv.
Z.Zt. im Gebiet noch wenig bekannte Flechte, vorwiegend auf anthropogenen Substraten, v.a. Mauerkronen (Mörtel, Beton) - mieur-med - z.B. Ne, Mn, Rh

Caloplaca decipiens (Arnold) Blomb. & Forss.
Bis in die alpine Stufe auf Kalkgestein an z.–s.eutrophierten Standorten, überwiegend synanthrop, v.a. auf Mauerwerk (bevorzugt Vertikalflächen) in Siedlungen, auf Mörtel, Verputz, Beton, Asbestzement, s.starke Stickstoffdüngung tolerierend (Misthaufen), an naturnahen Standorten (auf Vogelsitzplätzen, an Überhängen von Kalkfelsen) selten, optimal an lichtreichen warmen Standorten, basiph., xeroph., (m.)z.–s.photoph., z.–s.(e.)nitroph., toxitol. - (s'bor-) mieur-med(mo), (subko) - häufig, in Silikatgebieten rel. selten

Caloplaca dolomiticola (Hue) Zahlbr. [C. velana auct.]
Auf Karbonatgesteinen an lichtreichen Standorten, z.ähnl. *C. variabilis* (↑), *Lecidella stigm.* (↑) - mieur-med - m.häufig in Kalkgebieten, sonst Apophyt

Caloplaca erythrocarpa (Pers.) Zwackh [non auct., C. lallavei (Clem. ex Ach.) Flagey]
In warmen, wintermilden, (z.) niederschlagsarmen, kollinen Lagen auf Kalkgestein, v.a. auf dolomitischen Kalken, Kalkstein, Kalksandstein, z.B. auf Blöcken in Trokkenrasen, ähnl. *Aspicilia calc.* (↑), aber wärmebedürftiger - s'mieur·subatl-med - s.selten; Saar (1)

Caloplaca ferruginea (Hudson) Th.Fr.
Bis in die montane Stufe, v.a. in klimatisch milden Lagen auf meist glatter bis flachrissiger subneutraler, oft mineralreicher Rinde von licht oder frei stehenden Laubbäumen (Feldbäume, an Wegen), subneutroph., z.photoph., a-/m.nitroph. - bor·subatl-med - s.selten (0); süSch, SJu, Al, *süRh*, nöPf, *nöHü, O, Ne, Ju, Fr*

Caloplaca flavescens (Hudson) Laundon
[C. heppiana (Müll.Arg.) Zahlbr., C. aurantia var. heppiana (Müll.Arg.) Poelt]
Bis zur montanen Stufe auf Karbonatgestein an nährstoffreichen (z.B. leicht staubinkrustierten), m.–s.lichtreichen, oft rel. warmen Standorten, bei geringer Nährstoffzufuhr v.a. an z.regengeschützten bis m.beregneten Vertikalflächen und Überhängen (geringe Auswaschung), ferner an Vogelsitzplätzen, auf Kuppen und Schrägflächen niedriger Felsen, vielfach auch an anthropogenen Standorten, an Mauern (auch auf Mörtel), Grabsteinen usw., deutlich weniger wärmebedürftig als *C. aurantia*, basiph., m.–z.(s.)nitroph. - mieur-med - z.selten–m.häufig; SJu, Ju, u. FrJu z.häufig, Ne, Mn, sonst z.–s.selten (z.B. süRhön, Bo, Do, Hü, Rh, O, Pf, Saar, RhSch, Rh-Mn-T, He, Th)

Caloplaca flavorubescens (Hudson) Laundon
[C. aurantiaca (Leightf.) Th.Fr., auct. p.p.]
In montanen, niederschlagsreichen bzw. humiden Lagen auf subneutraler, meist

weicher saftreicher oder wasserspeichernder Rinde , v.a. auf Espe, subneutroph., m.–z.photoph., a-(m.)nitroph. - bor-mieur· subatl-med - s.selten; Lux, Th+

Caloplaca flavovirescens (Wulfen) DT. & Sarnth.
Bis in hochmontane Lagen auf meist m.kalkreichen bis kalkarmen Gesteinen oder oberflächlich entkalkten Karbonatgesteinen sowie auf leicht kalkimprägnierten Silikatgesteinen, v.a. auf Sandstein (Schilfsandstein) und Dolomit, im Gebiet überwiegend an Mauern (z.B. in Weinbergen), auch an Mörtel, an besonnten bis halbschattigen, beregneten Flächen, subneutroph.–m.basiph., m.–z.(s.)photoph., (a-)m.(–z.)nitroph. - bor-med - z.selten (3); v.a. Ne, SFW, Bo, ferner Av, Al, süSch, Vog, HRh, O, süRhön, Saar, RhSch, Bit, Rh-Mn-T, He, Th

Caloplaca granulosa (Müll.Arg.) Jatta
Bis in montane Lagen auf Kalkgestein, gelegentlich auch auf kalkhaltigem, meist basischem Silikatgestein, an m.beregneten bis regengeschützten, dann aber sporadisch kurzzeitig sickerfeuchten, besonnten bis halbschattigen Flächen, v.a. unter Überhängen, stets an z.–s.nährstoffreichen Stellen, basiph., m.–s.photoph. - (mieur-)-smed-med(mo) - selten; SJu, Ju, FrJu, Vog, süHü, Ne, Bo

Caloplaca grimmiae (Nyl.) Oliv. [C. consociata J.Steiner]
In montanen bis alpinen Lagen parasitisch auf *Candelariella vit.* (↑) und *Candelariella coralliza* (↑) auf mineralreichem (neutralem bis basischem oder leicht kalkhaltigem) oder gedüngtem Silikatgestein an meist besonnten, rel. warmen Orten, meist an niedrigen Blöcken, subneutroph., z.–s.photoph., m.–z.nitroph. - bor-med - s.selten (0); süSch, Pf, He, Al

Caloplaca haematites (Chaub. ex St.Amans) Zwackh
In kollinen, warmen, niederschlagsarmen Lagen auf subneutraler Rinde, im Gebiet auf Nußbaum, ähnl. *C. cerina* (↑), doch auf warme Standorte beschränkt - (s'mieur-)-smed-med - s.selten (0); *O (Heidelb.),* Th

Caloplaca herbidella (Hue) H.Magn.
In (sub)montanen bis hochmontanen, niederschlagsreichen, ozeanischen Lagen, v.a. auf Laubbäumen, auf Nadelbäumen gewöhnlich auf Ästchen (ähnl. *Pertusaria ophth.* ↑), an klimatisch milden bis kühlen, rel. nebelreichen Standorten in lichten, naturnahen Wäldern (an s.feuchten Orten auch an freistehenden Bäumen), in niederen Lagen v.a. in Eichen-Buchen-W. an Eiche (ähnl. *Parmotrema chin.* ↑), in höheren Lagen v.a. an Buche, Esche, Bergahorn (ähnl. *Normandina* ↑), auch auf Rindenmoosen, (subneutroph.–)m.(–z.)acidoph., hygroph., a-(m.)nitroph. - bor·subatl-med·mo, oz - selten (2); süSch und Vog, sonst s.selten (nöSch, Ju, Sp, Pf, Mos, Bit, Eif, Av), ferner SJu, Al

Caloplaca holocarpa (Hoffm. ex Ach.) Wade [C. pyracea (Ach.) Th.Fr.]
Flechte von weiter ökologischer Amplitude (jedoch taxonomisch wohl uneinheitlich), auf subneutralem bis basischem Substrat, so auf meist staubimprägnierter Rinde, staubimprägniertem Holz, kalkhaltigem Gestein (im Gebiet fast ausschließlich an anthropogenen Substraten: Mauern, Grabeinfassungen usw., vielfach auf Kunststein, wie Terrazzo, Waschbeton, hier ähnl. *Candelariella aur.* ↑), an licht- und

nährstoffreichen Standorten, die rindenbewohnende Form v.a. an Allee- und Feldbäumen, doch auch an nicht eutrophierter Rinde (Espe, Holunder), basiph.–subneutroph., m.–s.photoph., a-/z.nitroph. – arkt-med – häufig (epiphytisch selten)

Caloplaca hungarica H.Magn. [C. subathallina H.Magn., C. depauperata H.Magn.]
In montanen und hochmontanen, niederschlagsreichen, (z.)ozeanischen Lagen v.a. auf glattrindigen Zweigen von Laubbäumen, Sträuchern, selten Nadelbäumen, z.B. auf Weißdorn, Ohrweide, Esche, an lichtreichen Standorten, im Gebiet z.B. im Bereich von Extensivweiden, subneutroph.–m.acidoph., z.ombroph., z.hygroph., anitroph. – mieur·pralp – selten (1); süSch, Ju, Al

Caloplaca inconnexa (Nyl.) Zahlbr.
Auf Karbonatgestein, auf anderen Flechten parasitierend, ähnl. *Acarospora cerv.* (↑) – s'mieur-med – selten, z.B. Ju

Caloplaca irrubescens (Arnold) Zahlbr.
Bis in montane Lagen auf kalkhaltigem oder neutralem bis basischem Silikatgestein an besonnten bis halbschattigen, warmen Standorten, z.B. ähnl. *Lecanora demissa* (↑) – s'mieur-med – s.selten; süSch, süHü, Bo

Caloplaca lactea (Massal.) Zahlbr.
Bis in montane Lagen auf Kalkgestein, Erstbesiedler auf kleinen Steinen in Trokkenrasen und Felsfluren oder auf neuen Flächen von Kalkfelsen (ähnl. *Rinodina bisch.* ↑), an meist besonnten Standorten, selten auch auf Mauerwerk, kalkstaubimprägniertem Silikatgestein, z.konkurrenzschwach und in deckenden Flechtenbeständen verschwindend, basiph., (a-)m.nitroph. – mieur-med – z.selten; v.a. SJu, Ju, FrJu, ferner z.B. süHü, süRh, Ne, Bo, Mn, O, He, Th, Al

Caloplaca lobulata (Flörke) Hellbom [Xanthoria l. (Flörke) B. de Lesd.]
Bis in montane Lagen auf subneutralen, oft staubimprägnierten Rinden, v.a. an Spitzahorn, *Sambucus*, Pappel, oft auf Ästen, ähnl. *Xanthoria polyc.* (↑), subneutroph., z.–s.photoph., (a-)m.nitroph. – mieur-med – selten (1); Ne, *Ju, O-nöRh*

Caloplaca lucifuga Thor
Bis in montane, vorwiegend jedoch in submontanen Lagen in lichten Wäldern und an Waldrändern am Stamm alter Eichen in tiefen Borkenrissen, z.acidoph., (z.skioph.–)m.photoph., anombroph., a-/m.nitroph. – s'bor-med – selten (3); Sch, Ju, Ne, O, Mn, Bo, Do, SFW, Ts

Caloplaca luteoalba (Turner) Th.Fr.
Auf subneutraler, meist staubimprägnierter Laubbaumrinde, aber stark bevorzugt auf Ulme, selten auch auf Kalkstein (v.a. Steine) übergehend, subneutroph., z.photoph. – mieur-med – (0), angegeben von *O*

Caloplaca oasis (Massal.) Szat.
In montanen Lagen auf endolithisch lebenden *Bagliettoa*-Arten, z.B. *B. parmigera* (↑) – mieur-med – Ju

Caloplaca obliterans (Nyl.) Blomb. & Forss.
In montanen und hochmontanen, niederschlagsreichen Lagen auf meist hartem,

kristallinem, leicht kalkhaltigem Silikatgestein an z. regengeschützten, mitunter sporadisch schwach sickerfeuchten (Kluftwasser) Überhangflächen an kühlen, z.(–s.) luftfeuchten, halbschattigen bis schattigen Orten, (sub)neutroph., z.skioph.–m.photoph. – bor·mieur·mo(-med·mo) – selten (3); süSch, Vog, nöPf, Ts, *O, Al*, BayW, ThW

Caloplaca obscurella (Lahm ex Körber) Th.Fr.
In kollinen und montanen Lagen auf subneutraler bzw. entsprechend eutrophierter, meist rissiger Borke, v.a. an der Stammbasis, bis zum Mittelstamm, v.a. an Pappel, Holunder, Ulme, Esche, alten Obstbäumen, ähnl. *C. cerina* (↑), *Rinodina colobina*, – (s'bor-)mieur-med – z.selten, vielfach übersehen; v.a. in Kalkgebieten verbreitet, Ju, SJu, süSch, Ne, süRh, HRh, Bo, O, ThW

Caloplaca ochracea (Schaerer) Flagey [Xanthocarpia o. (Schaerer) Massal. & De Not.]
Bis in montane Lagen auf meist harten, kalkreichen Gesteinen (v.a. Kalkstein) auf beregneten, nicht bis m.eutrophierten Schräg- und Vertikalflächen an voll besonnten bis halbschattigen Standorten, basiph., a-/m.nitroph. – (s')mieur·subatl-med·mo – (z.)selten; SJu, Ju, FrJu; süHü und Eif s.selten

Caloplaca polycarpa (Massal.) Zahlbr. [C. tenuatula (Nyl.) Zahlbr.]
Auf Kalkgestein parasitisch v.a. auf *Verrucaria calciseda* (↑), ähnl. *Aspicilia calc.* (↑) – s'mieur-med – selten; Ju, Mn, Ne, FrJu

Caloplaca proteus Poelt
In montanen bis alpinen Lagen auf Kalkgestein, besonders Dolomit, ähnl. *C. cirrochroa* (↑) – (bor·pralp-)mieur·pralp/alp-(s)med·pralp/alp – s.selten (R); Ju, FrJu, Alpen

Caloplaca rubelliana (Ach.) Lojka
In kollinen, warmen, niederschlagsarmen Lagen auf hartem, basischem, neutralem oder leicht kalkhaltigem Silikatgestein an s.warmen, m.beregneten Steilflächen, subneutroph., thermoph., xeroph., z.–s.photoph. – s'mieur-med – s.selten, ?+; *MRh, Rh-Mn-T*

Caloplaca ruderum (Malbr.) Laundon
In kollinen und submontanen Lagen an Vertikalflächen alter Mauern, besonders basal unter dem Einfluß von Ammonium-Verbindungen (uringedüngte Flächen), v.a. auf Mörtel, basiph., m.–z.photoph., nitroph. – mieur – z.selten?; z.B. Ne, Sch, Ju, SFW

Caloplaca saxicola (Hoffm.) Nordin [C. murorum (Ach.) Th.Fr.]
Bis in alpine Lagen auf kalkreichem bis schwach kalkhaltigem Gestein v.a. an Vertikalflächen und Überhängen, meist an trockenen, ± besonnten, aber auch schattigen, luftfeuchten Standorten, selten auch an staubimprägniertem Holz, z. euryök, ähnl. *C. decipiens* (↑), doch Schwerpunkt an weniger stark eutrophierten Stellen und auch auf nährstoffarme Substrate übergehend, auch an kühlen Orten, weniger häufig als *C. decipiens* an anthropogenen Substraten, hier mehr (weil weniger konkurrenzkräftig) an kompakten, rel. harten Gesteinen als auf Mörtel,

basiph., m.–s.photoph., m.ombroph.–anombroph., m.–z.(s.)nitroph. – bor-med – z.häufig (in Gebieten ohne kalkige Gesteine synanthrop)

Caloplaca sinapisperma (Lam. & DC.) Maheu & Gillet [C. leucoraea (Ach.) Branth, Blastenia l. (Ach.) Th.Fr.]
Vorwiegend in alpinen Lagen, aber vereinzelt (reliktisch, dealpin) auch in der montanen Stufe, auf absterbenden Moosen und anderen Pflanzenresten über Kalkgestein und kalkreichen, flachgründigen oder sandigen Böden, an lichtoffenen Standorten, z.B. in Steppenheiden, subneutroph.(–m.basiph.), z.–s.photoph., a-/m.nitroph. – arkt-mieur(mo)alp(-smed·alp) – selten (3); Al, Ju, SJu, FrJu, *Do-Au,* Eif (s.selten)

Caloplaca subpallida H.Magn.
V.a. bis in montane Lagen, aber auch bis über die Waldgrenze, hauptsächlich an mineralreichen oder an leicht staubimprägnierten Silikatgesteinen, an besonnten, warmen, beregneten Flächen, oft parasitisch auf Krustenflechten, z.B. *Aspicilia*-Arten (*gibbosa*-Gruppe), ähnl. *Rhizocarpon virid.* (↑), *Parmelia pulla* (↑), subneutroph.–m.acidoph., z.–s.photoph., a-/m.nitroph. – s'bor-med – z.selten; Sch, Vog, O, nöPf, Mos, Eif, MRh-Ts, Al, *Fr*

Caloplaca teicholyta (Ach.) J.Steiner [C. arenaria auct.p.p., non (Pers.) Müll.Arg.]
V.a. in kollin-submontanen, warmen, niederschlagsarmen bis m.niederschlagsreichen Lagen an ± neutralen/subneutralen, kalkhaltigen bzw. kalkstaubimprägnierten oder ± stark eutrophierten Gesteinssubstraten an fast ausschließlich künstlichen Standorten (Mauern, Grabsteine usw.), auf vermauertem Naturstein (oft Sandstein), auf Mörtel, Beton, Ziegel, Terrazzo, s.selten an naturnahen Standorten auf anstehendem Fels (z.B. entkalkten Karbonatgesteinen), an lichtreichen, nährstoffreichen Standorten, (sub)neutroph., xeroph., z.–s.photoph., m.–z.nitroph. – mieur-med – m.–z.häufig, meist hemerochor

Caloplaca tiroliensis Zahlbr.
In alpinen Lagen auf frisch abgestorbenen Pflanzenteilen (Moose, Polsterpflanzen) über kalkhaltigem Boden in Vegetationslücken (z.B. vom Caricetum curvulae) oder über kalkhaltigem Fels (Androsacion alpinae), an lichtreichen Orten, lange Schneebedeckung tolerierend, subneutroph.–neutroph. – arkt-alp – s.selten (1); süSch (Belchen), Al

Caloplaca variabilis (Pers.) Müll.Arg.
Bis in die alpine Stufe v.a. auf kalkreichem, seltener kalkarmem Gestein, mitunter auf kalkstaubimprägniertem oder vermauertem silikatreichem Sandstein, meist an Steinen und niedrigen Felsen oder auf Felskuppen (beregnete Flächen), an z.–s. lichtreichen, meist m.–z.eutrophierten Stellen, auch an anthropogenen Standorten (Mauern, Grabeinfassungen usw.), oft auf Kunststein (z.B. Terrazzo), basiph., xeroph. – mieur-med – m.häufig; Kalkgebiete, in Silikatgebieten hemerochor

Caloplaca vitellinula auct. medieur. [non (Nyl.) H.Olivier]
Ähnl. *C. obliterans* (↑); fruchtende, nichtsorediöse Parallelart? – bor-mieur – selten; süSch, Vog, Bo, Saar, ThW

Caloplaca xantholyta (Nyl.) Jatta [Leproplaca x. (Nyl.) Harm.]
Auf zerklüftetem oder porösem, bei s.hoher Luftfeuchte auch kompaktem und glattem Kalkgestein, an luftfeuchten, nicht besonnten, substrattrockenen bis zeitweise substratfeuchten Orten, in Schluchten, an Nordhängen, in Wäldern, ähnl. *Lepraria flavesc.* (↑), Standortsamplitude auch mit *Gyalecta jen.* überlappend, basiph., m.-z.(s.)hygroph., (substrathygroph.), (z.)m.photoph.-s.skioph., m.nitroph - s'mieur-med(mo) - z.selten; SJu, Ju, FrJu, Al, MRh, süHü

Candelaria Massal.

Candelaria concolor (Dickson) B.Stein
Auf subneutraler (bis m.saurer) mineralreicher, oft staubimprägnierter Rinde von freistehenden Laubbäumen, ähnl. *Physconia dist.* u. *Parmelia acet.* (↑) - s'bor-med(mo) - z.selten (3); v.a. Ju, süHü, süRh-HRh, süSch, SJu, Ne, Bo, Av, sonst selten, in intensiv ackerbaulich genutzten Gebieten und Industriegebieten zurückgehend

Candelariella Müll.Arg.

1 Lager rosettig, am Rand mit verlängerten Läppchen, daher strahlig-lappig (placodioid), innen körnig-warzig, h.gelb, -3 cm. Ap. selten. Auf Gestein . . . . **C. medians**
1* Lager nicht rosettig, am Rand nicht gelappt **2**
2 Lager dick bis s.dick, tiefrissig areoliert, mit fast polsterigen Areolen, mit körnig unebener Oberfläche, gelb. Ap. selten. Sp. zu 12-32. V.a. auf Vogelsitzplätzen **3**
2* Lager nicht dick und tiefrissig areoliert mit körniger Oberfläche **4**
3 Auf Silikatgestein. Lager aus dicht gedrängten, zuerst halbkugeligen, dann verlängerten, zylindrischen bis korallinischen Abschnitten (Seitenansicht der aufgebrochenen Areolen). Ap. selten. Sp. 10-14 × 4,5-6 µm. Auf gedüngtem Silikatgestein . . . . **C. coralliza**
3* Auf Holz, anderenorts auch auf Moosen, Pflanzenresten, selten auf Gestein. Lager aus dicht gedrängten, -0,3 mm großen Körnchen bestehend, nicht aus verlängerten Abschnitten. Sp. 9-15 × 4,5-5,5 µm . . . . . **C. kuusamoensis**
4 Ap. fehlend. Lager sorediös aufbrechend oder durchgehend feinkörnig bis mehlig **5**
4* Ap. vorhanden **7**
5 Lager zumindest stellenweise mit verflachten, -0,5(1) mm großen, rundlichen bis gelappten, gelbgrünen bis zitrongelben Schüppchen, die zunächst unterseits und randlich sorediös aufbrechen. Lagerschüppchen schließlich weitgehend sorediös, Soredien die Schüppchen überdeckend. Oft sind Lager mit halbkugeligen Sorediehäufchen ohne jede Spur von Schüppchen zu finden (*C.* aff. *efflorescens*). Soredien um 20-40(60) µm im Durchm., meist intensiver gelb als die Schüppchen (Achtung, vgl. auch *Candelaria* mit tief geteilten Läppchen)

. . . . **C. reflexa**

5* Lager rein körnig bis feinmehlig, ohne Schüppchen oder Areolen **6**

6 Lager aus feinmehligen, meist zu dichten, unregelmäßig verteilten Häufchen (Soralen) gruppierten Soredien bestehend, gelb. Soredien um 20–40(60) µm . . . . **↑ C. reflexa (5)**

6* Lager aus gleichmäßig verteilten, zerstreuten bis selten dicht zus.schließenden ± kugeligen bis etwas abgeflachten Körnchen bestehend, gelb bis orangegelb, ohne Sorale. Körnchen um 30–110(150) µm . . . . **C. xanthostigma**

7 Lager grau, körnig bis koralloid oder angedeutet schuppig. Ap. gelb, berandet, der Rand außen mitunter mit grauer Lagerschicht. Sp. zu 8 in den Schläuchen. Auf Rinde . . . . **C. viae-lacteae**

7* Lager ± gelb oder undeutlich **8**

8 Lager mit Soralen, stellenweise mit verflachten, grüngelben bis gelben Schüppchen. Ap. h.- bis orangegelb, selten. Sp. zu 8 in den Schläuchen, 10–17 × 4,5–5,5 µm . . . . **C. reflexa (5)**

8* Lager ohne Sorale **9**

9 Sp. zu 8 in den Schläuchen **10**

9* Sp. zu 12–32 . . . . **11**

10 Ap. gewölbt und meist randlos, –0,4 mm, meist s.zerstreut stehend. Lager kaum erkennbar oder dünn, weißlich bis h.grau, auf Rinde und Holz. Sp. 11–18 × 3,5–5,5 µm . . . . **C. subdeflexa**

10* Ap. flach bis leicht gewölbt, deutlich berandet. Lager variabel, körnig oder areoliert, ± gelb, oder fast fehlend. Ap. 0,3–1,2 mm, meist zahlreich, oft gedrängt. Scheibe dottergelb, gelb, olivgelb, oliv. Sp. 10–18 × 4,5–7 µm. Auf kalkhaltigen Gesteinen, Holz, staubimprägnierter Borke an Baumstämmen . . . . **C. aurella**

11 Lager auf Rinde und Holz, einheitlich feinkörnig. Körnchen um 0,1 mm im Durchm. Ap. 0,2–0,9 mm, meist tiefgelb, spärlich. Sp. 9–12 × 4–5 µm. Paraph.enden oft kopfig verdickt . . . . **C. xanthostigma**

11* Lager auf Silikatgestein, selten Holz und Rinde, zerstreut oder dicht körnig bis areoliert, selten z.dick und mit fast polsterigen Areolen, h.gelb, gelb, seltener rötlich- oder bräunlichgelb, oft K+ leicht rötlich (doch nie tiefrot). Ap. 0,5–1,5 mm, meist lagerfarben. Sp. 9–15 × 4,5–6,5 µm. Paraph.enden meist nicht verdickt . . . . **C. vitellina**

Candelariella aurella (Hoffm.) Zahlbr. [C. heidelbergensis (Nyl.) Poelt]
Bis in alpine Lagen auf kalkreichem bis schwach kalkhaltigem Gestein, häufig auf Mörtel und kalkhaltigem Kunststein, ferner auf kalkstaubimprägniertem Holz, selten an der staubigen Stammbasis freistehender Laubbäume und auf anderen mineralreichen Substraten, an lichtreichen, oft nährstoffreichen Standorten, häufig an Mauern, Waschbetonplatten usw., gebietsweise hemerochor, basiph., xeroph., (m.)z.–s.photoph., (a-)m.–z.nitroph. – arkt-med – häufig, v.a. synanthrop

Candelariella coralliza (Nyl.) H.Magn.
Bis in die subalpine Stufe, selten höher, auf Silikatgestein an stark gedüngten

Vogelsitzplätzen an strahlungs- und oft z.windexponierten Standorten, gewöhnlich auf den Kuppen von Felsen, oft auf *Aspicilia caesiocinerea* (↑), m.–z.acidoph., ombroph., z.–s.photoph., z.–s.nitroph. - arkt-med(mo) - z.selten; Sch, Vog, Pf, RhSch, Lahn, Sp, O, HeBgl, Ries

Candelariella kuusamoensis Räsänen
In montanen bis alpinen Lagen auf Vogelsitzplätzen, v.a. auf den gedüngten Hirnschnitten von Pfählen und Holzplanken von Scheunen (v.a. Dachfirst), oft mit *Thelomma*, m.acidoph., s.photoph., ammonoph. - bor-mieur·h'mo - selten (2); SFW, Do, Obay, Alpen

Candelariella medians (Nyl.) A.L.Sm. [C. granulata (Schaerer) Zahlbr.]
Bis in die montane Stufe in meist niederschlagsarmen, rel. sommerwarmen Lagen auf Kalkgestein und kalkhaltigem Kunststein (Mörtel, Beton) an besonnten Stellen, Schwerpunkt an anthropogenen, stark eutrophierten Standorten, v.a. auf Mauerkronen und am stark eutrophierten Fuß von Mauern, auf Grabsteinen, hochresistent gegen staub- und gasförmige Immissionen und Düngung, ins Innere von Großstädten eindringend, gebietsweise hemerochor, an naturnahen Standorten selten, so auf Vogelsitzplätzen auf der Kuppe von Kalkfelsen, z.B. in lichtoffenen Trockenrasen (v.a.Ju), basiph., xeroph., ombroph., z.–s.photoph., z.–s.(e.)nitroph. - s'mieur-med(mo) - z.selten–m.häufig; v.a. Kalkgebiete, in waldreichen und Silikat-Gebieten (z.B. RhSch) selten

Candelariella reflexa (Nyl.) Lettau
[C. efflorescens auct.p.p.]
V.a. in submontanen und montanen, m.–s.niederschlagsreichen Lagen, am Stamm von Laubbäumen auf mineralreicher, subneutraler Rinde, gut entwickelt v.a. an z. stark beregneten Flanken und an schrägstehenden Stämmen, oft an Apfelbaum, Esche, Ahorn, auch auf Moose übergehend, in niederen Lagen oft stark sorediös und Schüppchen kaum entwickelt, hier auch an rel. trockenen Habitaten, oft an Pappel, subneutroph.–m.acidoph., ombroph., z.photoph., a-/m.nitroph. - mieur-med - m.häufig; v.a. Sch, Ju, SFW, Bo, RhSch

Candelariella subdeflexa (Nyl.) Lettau
Bis in die montane Stufe, vereinzelt auch höher, v.a. in niederschlagsreichen Lagen auf subneutraler Borke ± basal an freistehenden Laubbäumen, z.B. Nußbaum, Esche, Ahorn, auch an staubimprägnierten Stellen, subneutroph., z.photoph., a-/m. nitroph. - mieur-med - s.selten (0); süSch (+?), SJu, Al

Candelariella viae-lacteae Thor & V.Wirth
Bis in montane Lagen an freistehenden Laubbäumen mit subneutraler bis m.saurer, oft staubimprägnierter Borke, v.a. an Esche, subneutroph., z.photoph., m.ombroph., a-/m.nitroph. - s'mieur-med - s.selten (1); Ju (1×)

Candelariella vitellina (Hoffm.) Müll.Arg. [C. flavovirella (Nyl.) Lettau]
Bis in alpine Lagen, acidoph. Flechte mit weiter ökologischer Amplitude, auf kalkfreiem Silikatgestein, selten auf Silikatmoosen, Holz, (basal) an Stämmen von Laubbäumen, besonders an m.gedüngten Stellen, meist an niedrigen Blöcken,

Felskuppen, in Ritzen von Felsen, an Natursteinmauern, Grenz- und Grabsteinen (so hemerochor in Kalkgebieten), oft mit *Lecanora muralis* (↑), auch auf Vogelblöcken und an gelegentlich überschwemmten Blöcken in Bächen, gewöhnlich an z.–s.lichtreichen beregneten Standorten, m.–s.acidoph., ombroph.–m.anombroph., m.–s.photoph., m.–z.(s.) nitroph. - arkt-med - eine der häufigsten Silikatflechten, in felsfreien Gebieten auf anthropogenen Substraten

Candelariella xanthostigma (Ach.) Lettau
Bis in hochmontane Lagen auf Laubbäumen, selten auf Holz und auf Nadelbäumen, z.euryök, besonders auf m.sauren, m.eutrophierten Rinden am Mittelstamm freistehender Bäume und an Waldrändern,auch an Wundflüssen, oft an Obstbäumen, Linde, Ahorn, Esche, Eiche, z.toxitolerant, in flechtenärmeren Gebieten v.a. mit *Amandinea punctata* (↑), auch ähnl. *Physcia adsc.* (↑), subneutroph.–z.acidoph., (m.)z.photoph., a-/m.(z.)nitroph. - (arkt-)bor-med - häufig

Carbonea (Hertel) Hertel

(Bestimmung ↑ Schlüssel Lecidea Anhang)

Carbonea assimilis (Körber) Haf. & Hertel [Lecidea a. (Körber) Th.Fr.]
In montan-hochmontanen, (z.)ozeanischen, niederschlagsreichen Lagen auf ± neutralen bis basischen, ± kalkfreien Silikatgesteinen (mineralreiche Gneise, Schiefer, Basite) an besonnten, rel. warmen Schräg- und beregneten Vertikalflächen, parasitisch auf Krustenflechten, subneutroph.–m.acidoph., z.–s.photoph., a-/m.nitroph. - bor·atl-mieur·subatl-smed - s.selten (1); süSch, Vog, BayW, Erz, Hz

Carbonea distans (Krempelh.) Haf. & Obermayer [Lecidea distans Krempelh., Lecanora mosigiicola (Eitner) Hertel & Rambold]
In alpinen Lagen parasitisch auf dem Lager von *Orphniospora mosigii* (Körber) Hertel & Rambold, auf harten, sauren Silikatgesteinen - mieur·alp - Al

Carbonea intrusa (Th.Fr.) Rambold & Triebel [Catillaria i. (Th.Fr.) Th. Fr., Micarea i. (Th.Fr.) Coppins & Kilias]
In montanen bis hochmontanen, niederschlagsreichen, ozeanischen Lagen auf licht- und ± windoffenen metamorphen und magmat. Silikatfelsen, gewöhnl. parasitisch auf Krustenflechten lebend, ähnl. z.B. *Schaereria cinereorufa* (↑), m.–z.acidoph, s.ombroph. - bor-mieur·mo/subatl - s.selten (R); Vog, süSch

Carbonea latypizodes (Nyl.) Knoph & Rambold ined. [Lecidea l.Nyl., Lecidella lacteola (Nyl.) Hertel & Leuckert]
Ähnl. *Lecidella carpath.* (↑), wohl v.a. an erdbodennahen, leicht eutrophierten Flächen - s.selten (0); *O*

Carbonea supersparsa (Nyl.) Hertel [Lecidea s. Nyl., Nesolechia s. (Nyl.) Rehm]
In montanen bis alpinen Lagen auf silikatgesteinbewohnenden *Lecanora*-Arten, z.B. *L. polytropa* - bor-med - süSch, Rhön

Carbonea vitellinaria (Nyl.) Hertel [Lecidea v. Nyl., Nesolechia v. (Nyl.) Rehm]
V.a. in der montanen bis alpinen Stufe auf dem Lager von *Candelariella vit.* (↑) und *C. coralliza* (↑), vorwiegend an m.sauren bis subneutralen, besonnten, oft rel. warmen Standorten - arkt-med (·alp) - selten; Sch, Vog, O, Mn, Ne, Ju, Ries, He, Erz, Al

Carbonea vorticosa (Flörke) Hertel [Lecidea v. (Flörke) Körber]
In hochmontanen und alpinen, niederschlagsreichen Lagen auf mineralreichen Silikatgesteinen (z.B. Basalt, Schiefer), selten auf entkalkten Kalkgesteinen, an meist niedrigen, m.-z.exponierten Felsen und Blöcken an lichtreichen, kühlen bis kalten, m.-z.lange schneebedeckten Standorten, subneutroph.-m.acidoph., s.ombroph., anitroph. - arkt-h'mo/alp - selten (3); süSch, Vog, BayW, Erz, Al, s.selten Rhön

Catapyrenium Flotow

1 Per. zwischen den Lagerschuppen sitzend, nicht eingesenkt, mit kohligem Invol. Schuppen ± krustig zus.schließend, s.klein, -1 (1,5) mm, dünn (meist 100-200 µm dick) **2**

1* Per. in die Lagerschuppen eingesenkt, ohne Invol. **3**

2 Lagerschuppen mit schwärzlicher paraplektenchymatischer Unterrinde. Exc. braun bis schwarzbraun, ringsum von kohligem Involucr. umgeben. Sp. länglich-eiförmig bis fast keulig. 17-21 × 8-10 µm. Rhizohyphen dunkel. In alpinen Lagen . . . . **C. waltheri**

2* Lagerschuppen ohne Unterrinde und Medulla. Exc. braun bis schwarzbraun, nur im oberen Teil von kohligem Involucr. umgeben. Sp. ellipsoid, 13-17(18) × 6-7 µm. Rhizohyphen farblos. In tiefen Lagen . . . . **C. tremniacense**

3 Schuppen gänzlich weiß bereift, aber Ränder oft dunkel gesäumt, fein gekerbt bis tief gekerbt-gelappt, meist zus.schließend, ± angepreßt, 1-2(3) mm. Lager mit deutlichem dunklem Vorlager. Unterrinde schwärzlich, paraplektenchymatisch. Sp. 17-23 × 6,5-8,5 µm . . . . **C. cinereum**

3* Schuppen allenfalls stellenweise bereift **4**

4 Rhizohyphen dunkel, ein dichtes, dunkles Vorlager bildend. Asci keulig, Sp. ± zweireihig. Oberrinde dünn (30 µm) **5**

4* Rhizohyphen hell. Asci zylindrisch, Sp. einreihig **7**

5 Schuppen fein gekerbt bis tief gekerbt-gelappt, meist weißlich bereift, oft dunkel gesäumt, meist zus.schließend, ± angepreßt. Unterrinde schwärzlich, paraplektenchymatisch. Sp. 17-23 × 6,5-8,5 µm . . . . **C. cinereum**

5* Schuppen nicht tief gekerbt, nicht dunkel berandet, zu blättrig-lappigen, ± effigurierten Lagern (mit etwas verlängerten Randlappen) zus.tretend, ohne Unterrinde. S.seltene Arten **6**

6 Asci 55-65 × 13-15 µm. Sp. ellipsoid bis fast spindelförmig, im Mittel unter 17 µm lang (13-17 × 5,5-7 µm), teilweise mit angedeutet zweigeteiltem Inhalt.

Schuppen meist h.braun bis grau oder graugrünlich. Lappenenden oft fleckig grau bis violettgrau bereift . . . . **C. psoromoides**

6* Asci 75–85 × 17–20 µm. Sp. länglich-eiförmig bis keulig, im Mittel über 17 µm (17–22 × 6–8 µm), Inhalt nicht zweigeteilt. Randlappen breit abgerundet, dicklich, unbereift, oft etwas eingedellt. Thallus allenfalls auf den inneren Thallusteilen fein diffus (nicht fleckig) bereift . . . . **C. daedalum**

7 Per.wand dunkel, unter 20 µm dick. Sp. 11–15 × 5–6 µm. Schuppen 1–4 mm groß, dünn, –250 µm, dicht anliegend, h.- bis d.braun, matt, unterseits schwärzlich . . . . **C. michelii**

7* Per.wand farblos, über 20 µm dick **8**

8 Schuppen am Rand mit s.feinen farblosen Härchen besetzt . . . . **C. pilosellum (12)**

8* Schuppen am Rand nicht behaart **9**

9 Lager direkt auf Gestein wachsend, derb, lederig, braun bis d.braun oder rotbraun, matt oder meist glänzend, meist wellig verbogen. Schuppen 6–10 × 3–5 mm groß, 350–600 µm dick, Ränder gewöhnlich etwas abgehoben. Sp. 15–20 × 7,5–9 µm, oft leer und deformiert. Pykn. randlich sitzend . . . . **C. rufescens**

9* Lager auf Erde oder auf erdverkrustetem Gestein **10**

10 Schuppen s.derb, (300) 350–600 µm dick. Markhyphen mit fast ausschließlich langzylindrischen Lumina **11**

10* Schuppen dünn, 200–400 µm dick, 2–6 mm breit. Markhyphen mit zahlreichen kugeligen Lumina. Sp. 12–17 × 5,5–7,5 µm **12**

11 Sp. 14–17 × 6–8 µm. Schuppen 2–7 mm, mittel- bis meist d.(rot)braun, matt, oft mit wulstig aufgebogenem Rand . . . . **C. lachneum**

11* Sp. 15–20 × 7,5–9 µm. Schuppen meist 6–10 mm, mittel- bis d.braun bis rotbraun . . . . **C. rufescens (9)**

12 Schuppen am Rand meist etwas abgehoben, jung zart behaart, meist braun bis orangebraun, matt. Pykn. spärlich, undeutlich, am Rand der Schuppen sitzend . . . . **C. pilosellum**

12* Schuppen angedrückt, flach, gewöhnlich Ränder anliegend, unbehaart, h.- bis d.braun, matt oder leicht glänzend. Pykn. in die Schuppenfläche eingesenkt. Sp. häufig unreif . . . . **C. squamulosum**

Catapyrenium cinereum (Pers.) Körber [Dermatocarpon c. (Pers.) Th.Fr.]
V.a. in montanen bis alpinen Lagen auf ± kalkreichen, flachgründigen Steinböden an feinerdereichen, oft humosen Stellen, auf dünner Erdauflage auf kalkhaltigen Felsen, oft auf Dolomitverwitterungsböden, auf Rohhumus und Moose übergehend, z.B. in Lücken von (Halb-)Trockenrasen, in Pionier-Ges. an Felsköpfen (Alysso-Sedion), alten Steinbrüchen und auf Schotterflächen, neutroph.–(m.)basiph., photoph., xeroph. – arkt-med·alp – (s.)selten (3); v.a. FrJu; Ries, Ju, *Do, Rh-Mn-T,* He, Hz, Th; in den Alpen häufiger

Catapyrenium daedalum (Krempelh.) B.Stein [Dermatocarpon d. (Krempelh.) Th.Fr.]

In montanen bis alpinen Lagen auf kalkreichem Untergrund, ähnl. *C. cinereum* (↑) und *Physconia musc.* (↑) - arkt-mieur(alp)-(med·alp) - s.selten (1); FrJu, Ries, Al, Alpen

Catapyrenium lachneum (Ach.) R.Sant. [Dermatocarpon l. (Ach.) A.L.Sm.]
In alpinen Lagen, selten tiefer, auf flachgründigen Rohböden, Erd- oder Gesteinsmoosen, Pflanzenresten, gewöhnlich auf basenreichem Substrat (geolog. Untergrund kalkhaltige Gesteine oder SiO_2-arme Silikatgesteine); neutroph.-basiph., photoph. - arkt-mieur·alp(-med·alp) - s.selten; *Al*, Vog

Catapyrenium michelii (Massal.) R.Sant. [Dermatocarpon m. (Massal.) Zwackh]
Auf Feinerde und Lößs, ähnl. *C. squamulosum* - mieur-smed - s.selten (0); *Ne, Do*

Catapyrenium pilosellum Breuß
Ähnl. *C. squamulosum* (↑) - mieur·subatl-med - selten, übersehen (1); süHü, Do

Catapyrenium psoromoides (Borrer) R.Sant. [Dermatocarpon p. (Borrer) DT. & Sarnth.]
Vorwiegend auf Laubbäumen mit subneutraler Rinde, aber auch (so im Gebiet) über Moosen auf Kalkfelsen oder flachgründigen Kalkrohböden an lichtreichen Standorten; subneutroph.-m.basiph., z.-s.photoph. - mieur-med - s.selten (1); FrJu, Ju, SJu

Catapyrenium rufescens (Ach.) Breuß [Dermatocarpon r. (Ach.) Th.Fr.]
Bis in alpine Lagen auf Felsen aus Kalkgestein, selten kalkhaltigem Silikatgestein, bevorzugt an Steilflächen und an zerklüfteten Stellen an lichtreichen Standorten, vielfach an sporadisch etwas sickerfeuchten Flächen, auch auf erdverkrustetem Gestein, auf/mit Blaualgenflechten, selten auf Moosen oder Erde, ähnl. *Lecidea lurida* (↑), *Toninia cand., Synalissa symph.* - bor-med - z.selten; SJu-Ju-FrJu, Al, s.selten süHü, süSch, Ne, Mn, Ts, *MRh*, Lahn, *Th*

Catapyrenium squamulosum (Ach.) Breuß [Dermatocarpon hepaticum auct., non Endocarpon h. Ach.]
Bis in die montane, selten alpine Stufe auf kalkhaltiger Erde, auf nackten Lehmböden, Löß, auf Feinerdeinseln in flachgründigen Steinböden, im Bereich von Schotterflächen und Kiesgruben, auf Erdauflagen von Felsabsätzen etc., auch auf Moose und Pflanzenreste übergehend, Pionierpflanze auf offenen feinerdereichen Böden, konkurrenzschwach, in Lücken von (Halb-)Trockenrasen, Alysso-Sedion, an meist warmen, m.-s.lichtreichen Orten, subneutroph.-basiph., xeroph. - (bor-)-mieur-med - z.selten: v.a. Ne, Hü, Mn; SJu-Ju FrJu, Eif, Ts, He, Th, Al

Catapyrenium tremniacense Massal. [Dermatocarpon t. (Massal.) J.Steiner]
In kollinen und submontanen Lagen auf kalkhaltiger Feinerde in lückigen Trockenrasen und Feinerdeinseln von Schotterflächen, auf basenreichen Böden an lichtreichen, warmen Standorten - s'mieur-med - s.selten (1); Mn (Taubertal), *FrJu, Do, Av*

Catapyrenium waltheri (Krempelh.) Körber [Dermatocarpon w. (Krempelh.) Blomb. & Forss.]

In alpinen Lagen auf nackter Erde und Rohhumus über kalkreichem Untergrund - arkt-alp - s.selten; Al; Alpen zerstr.

Catillaria Massal.

(Schlüssel incl. Catinaria, Cliostomum, Megalaria, Micarea p.p.)

1 Auf Erdboden, Humus, Pflanzenresten, Moosen **2**
1* Auf Gestein, Rinde, Holz, lebenden Koniferennadeln **6**
2 Auf nacktem mineralischem, sandig-lehmigem bis lehmigem Boden. Ap. gewölbt bis halbkugelig, randlos, schwarz, -0,6 mm. Epihym. und Hyp. dunkel purpurbraun, Hym. purpurn. Exc. d.purpurn, bald reduziert. Sp. 1-2zellig, 9-15 × 3-4(4,5) µm. Paraph. im oberen Teil verzweigt. Lager sehr dünn ergossen oder warzig areoliert, blaßgrünlich. Sachsen . **Micarea melaenida** (Nyl.) Coppins
2* Auf Moosen, Pflanzenresten, Rohhumus, humosem Boden **3**
3 Hyp. hell, meist farblos. Ap. weißlich, gelblich, rosa, braun, mißfarben grau **4**
3* Hyp. rotbraun bis schwarzbraun **5**
4 Sp. 10-17 × 4-5 µm, mit deutlichem Epispor, 2- bis selten 4zellig. Ap. braunrosa, orange, rosagelblich, gelblich, beige, von Anfang an gewölbt, -0,9(1,1) mm, mitunter zus.fließend, Rand rasch verschwindend. Epihym., Hym., Hyp. und Exc. farblos bis leicht gelblich, Exc. kräftig entwickelt, paraplektenchymatisch. Paraph. kaum verzweigt, stark verklebt, 3-4 µm. Lager grünlichgrau, dicht feinkörnig bis weitgehend sorediös aufgelöst, die sorediösen Bereiche grünlich, Soredien 30-70 µm. Zeorin . . . . **Mycobilimbia sphaeroides**
4* Sp. kleiner. Ap. gewölbt. Paraph. verzweigt und vernetzt. Exc. meist stark reduziert, aus paraph.ähnl. Hyphen . . . . **↑ Micarea**
5 Ap. von Anfang an unberandet. Exc. reduziert, aus paraphysenähnl. Hyphen . . . . **↑ Micarea**
5* Ap. lange berandet, d.braun bis schwarz (dann feucht braunstichig), -0,8 (1,2) mm. Rand dünn, oft wellig. Exc. deutlich entwickelt. Hyp. rotbraun bis schwarzbraun (oft gefleckt), im oberen Teil (und im Hym.) oft mit zerstreuten blauvioletten, blaugrünen bis braunen, K+ grünen Körnchen. Epihym. rotbraun bis blaßbraun. Subhym. manchmal blaugrün. Sp. 8,5-17(19) × 3,5-6(7) µm, (1-)2zellig, selten 4zellig. Lager undeutlich oder grau bis braunstichig. Ch- . . . . **Mycobilimbia hypnorum**
(s.ähnlich, mit fast nur 1zelligen, selten 2zelligen, (8)10-15 × 3,5-6 µm großen Sp., mit d.rotbraunen bis d.braunen, selten fast schwarzen Ap. mit m.erhabenem Rand, v.a. auf Moosen über Rinde, Gestein: *M. sanguineoatra* (33). Ungenügend geklärte Artengruppe)
6 Auf Gestein **7**
6* Nicht auf Gestein **17**
7 Auf Silikatgestein. Paraph. einfach bis stark verzweigt **8**
7* Auf Kalkgestein. Paraph. einfach, nur oben gelegentlich kurz verzweigt. Lager R-, Ch- **10**

8 Paraph. oben nur wenig verdickt, häufig verzweigt und verbunden (KOH), verklebt. Exc. aus paraphysenähnlichen Hyphen. Ap. unberandet *(M. subnigrata, M. prasina, Carbonea intr.)* . . . . ↑ **Micarea**

8* Paraph. oben stark kopfig verdickt (6 µm) und dunkel gefärbt (mit scharf begrenzter d.brauner Kappe), nur oben gelegentlich kurz verzweigt. Ap. berandet. Epihym. d.braun bis (oliv)schwarz. Exc. deutlich entwickelt. R-, Ch- **9**

9 Hyp. farblos. Hym. 30-40 µm, farblos. Ap. s.klein, -0,2 mm, schwarz, feucht mit braungrauer bis d.brauner Scheibe und schwarzem Rand. Lager d.grau bis schwarz, ergossen oder warzig bis areoliert. Sp. 8,5-13,5 × 3-4 µm . . . . **C. atomarioides**

9* Hyp. h.- bis d.braun, Hym. oft v.a. im unteren Teil blaugrün. 45-60 µm. Ap. 0,2-0,5(1) mm, d.braun bis schwarz, auch feucht. Lager meist olivgrau, olivbraun, grau bis schwarz, selten hell, meist ergossen bis rissig. Sp. (8) 9,5-12,5(15) × (2,5)3-4 µm . . . . **C. chalybeia**

10 Paraph. oben nur wenig verdickt (-3 µm), schwach gefärbt. Lager undeutlich, R- **11**

10* Paraph. oben stark kopfig verdickt, -6(8) µm **12**

11 Hyp. farblos bis blaß gelblich. Ap. hell orangebraun bis rotbraun, berandet, mit anfangs vertieft sitzender, später gewölbter Scheibe, -0,4 mm. Sp. 10-18 × 4-6,5 µm, am Septum ± leicht eingeschnürt . . . . **C. minuta**

11* Hyp. und Exc. d.rotbraun(violett), K+ purpurviolett. Ap. (d.)braun bis schwarz, angefeuchtet rotbraun mit dunklem Rand, ± randlos, flach bis später stark gewölbt, -0,8 mm. Sp. 10-16(20) × 3-4,5(5) µm, länglich, 1-2zellig . **C. picila**

12 Hyp. farblos bis leicht gelblich oder leicht bräunlich **13**

12* Hyp. rotbraun bis braunviolett, (meist auch Epihym. und Exc.) K± purpurviolett. Ap. schwarz (auch feucht) **15**

13 Ap. schwarz, auch feucht nicht heller. Lager kräftig entwickelt, schollig-schuppig, oft von schwärzlichen Blaualgen überkrustet, d.braun, feucht rotbraun, berindet (im Schnitt im Bereich der Hyphenenden diffus violett). Paraph. kaum verklebt, auf Druck ± leicht frei. Pigment der Paraph.köpfe keine scharf begrenzte Kappe bildend, sondern ± diffus in die umgebende Hymenialgallerte übergehend. Epihym. und Exc. außen d.violett, selten grünl.schwarz. Hym. 50-55 µm. Sp. 8-12 × 3-5 µm . . . . **Toninia pennina**

13* Ap. rotbraun, d.braun, schwarz, feucht mit deutlich aufgehellter Scheibe, sitzend bis leicht eingesenkt, Rand undeutlich. Lager gewöhnlich undeutlich **14**

14 Paraph. verklebt, ohne scharf begrenzte braune Pigmentkappe. Pigment im Epihymenium diffus verteilt, rotbraun bis braunviolett. Ap. braun bis schwarz, ± glänzend, feucht braun mit schwarzem Rand, -0,3 mm, m. bis stark gewölbt. Hym. 50-75 µm. Sp. 9,5-13 × 4-5,5 µm . . . . **C. detractula**

14* Paraph. auf Druck ± leicht frei, oben mit scharf begrenzter brauner Pigmentkappe. Ap. rotbraun, (d.)braun bis braunschwarz, feucht gelblich bis rotbraun mit dunklerem Rand, -0,4(0,5) mm, flach bis m.(stark) gewölbt. Hym. 40-60 µm. Sp. 8-12 × 3-4 µm . . . . **C. lenticularis**

15 Exc. und Hyp. kohlig violettschwarz. Hym. schmutzig grün, selten farblos, Epihym. schwarzgrün, oft abgeschliffen. Sp. 9-13,5 × 3,5-5,5 µm. Ap. 0,3-0,5

(1,5) mm, ± glänzend. Lager undeutlich oder ergossen oder schuppig areoliert, weißlich bis ocker. Alpen . . . . **C. tristis** (Müll.Arg.) Arnold

15* Exc. und Hyp. nicht kohlig schwarz (dünne Schnitte). Hyp. (fleckig) rotbraun bis braunviolett. Epihym. olivbraun bis grünl.schwarz **16**

16 Lager undeutlich entwickelt, selten deutlich. Sp. 2–2,5 × so lang wie breit, 10,5–13,5 × 3,5–7 µm. Ap. 0,3–0,5(0,8) mm . . . . **Toninia athallina**

16* Lager meist deutlich entwickelt, rissig bis schollig-schuppig oder warzig areoliert, Areolen flach bis gewölbt oder uneben, (gelbl.)grau bis graugrün, braun, rostbraun. Ap. 0,2–0,8 mm, flach bis m.gewölbt, undeutlich berandet. Sp. 11–16,5 × 4–7 µm . . . . **Toninia philippea**

17 Ap. hell gefärbt, weißlich, gelblich, rosabraun, braun **18**

17* Ap. d.braun bis schwarz **26**

18 Meist auf dünnen Ästchen und Nadeln von Koniferen. Ap. –0,3(0,4) mm, h.rosabraun bis gelblich oder beige, flach bis gewölbt, mit dünnem weißlichen Rand. Hyp. farblos, Epihym. s.blaß. Sp. 10–15 × 3–5 µm, oft am Septum eingeschnürt. Lager schorfig-körnig bis mehlig, blaß grünlich, Ch– . **Fellhanera bouteillei**

18* Auf anderem Substrat **19**

19 Ap. z.lange deutlich erhaben berandet, lange flach **20**

19* Ap. völlig unberandet oder nicht erhaben berandet bzw. Rand sehr schnell verschwindend **22**

20 Ap. –0,3 mm, wächsern weißlich bis blaß gelborange, mit eingesenkter Scheibe. Lager ergossen, d.grün bis undeutlich. Pykn. halbkugelig, braungelblich. Sp. 10–14 × 2–3,5 µm. Alge *Trentepohlia* . . . . vgl. **Dimerella pineti**

20* Ap. gewöhnlich größer. Lager mit schwarzen Pykn., K+ gelb. Pykn.wand purpurbraun (K+ verstärkt purpurn). Mit rein grünen Algen. Sp. 8–16 × 2,5–4 µm. Atranorin **21**

21 Ap. bleigrau, rosagrau, bräunlich bis schwärzlich, –0,8 mm. Epihym. z.hell oder dunkel, dann K± violett. Pykn. –0,2 mm. Roccell-S.
. . . . **Cliostomum griffithii (30)**

21* Ap. blaßgelb bis (rosa)gelblich (im Herbar auch dunkler gelb), 0,5–1,0 mm, anfangs dick berandet, konkav bis schwach gewölbt, oft fehlend. Lager warzig bis fast schollig areoliert, weißlich, gelblichgrau, alte Herbarexemplare oft ± ocker, Pykn. 0,25–0,5 mm, vorspringend. In Ap. Usnin-S.
. . . . **Cliostomum corrugatum**

22 Ap. oft mit blassem Rand, Scheibe rosabraun bis gelbbraun, schwach gewölbt. Paraph. verzweigt, vernetzt. Sp. 9–16 × 3–5 µm. Lager blaß grünlich bis grüngrau, mit ap.ähnlichen, gewölbten, weißlichen Pyknosp.behältern. Pyknosp. 6–10 × 2–3 µm . . . . **Micarea adnata**

22* Ap. ohne helleren Rand. Ohne apothecienähnl. weißliche Pyknosp.behälter
. . . . **23**

23 Ap. braunrosa, orange, rosagelblich, gelblich, beige, 0,5–1 mm. Sp. 11–17 × 4–5 µm. Epihym., Hym., Hyp. und Exc. farblos bis leicht gelblich
. . . . **Mycobilimbia sphaeroides (4)**

23* Ap. kleiner, –0,4 mm **24**

24 Ap. weißlich, gelblich, gelbbraun, rötlichgelb, ocker. Lager R– **25**

24* Ap. anders gefärbt, aber s.variabel, blaß bis d.grau, braungrau, lilagrau, schwärzlich. Lager meist deutlich, aus grünen ± kugeligen Körnchen. Exc. reduziert, aus paraphysenähnl. Hyphen aufgebaut. Paraph. verzweigt und vernetzt. Sp. 8–14 × 2,5–4 µm . . . . ↑ **Micarea prasina**

25 Pykn. häufig, weiß, bereift, zuletzt h.gelblich, sitzend bis kurz gestielt. Pyknosp. stäbchenförmig bis ellipsoid, 3–3,5 × 0,8–1 µm. Ap. weißlich bis (alt) blaß ocker, ± bereift, halbkugelig bis fast kugelig. Epihym. blaß gelblich, mit feinsten Kriställchen durchsetzt (in K löslich). Asci (1–)2zellig (6,5)8–10(11,5) × 2,3–3 µm . . . . **C. alba**

25* Keine weißen, bereiften Pykn. vorhanden. Ap. blaß gelblich, gelbbraun bis rötlichgelb. Lager undeutlich. Exc. deutlich entwickelt. Epihym. blaß. Sp. 8–15 × 3–5 µm . . . . **C. erysiboides**

26 Ap. von Anfang an randlos **27**

26* Ap. zumindest anfangs deutlich berandet und ± flach, später auch gewölbt-randlos **28**

27 Exc. deutlich entwickelt, verquollen, wie paraplektenchymatisch. Paraph. einfach (nur oben gelegentlich kurz verzweigt), oft stark kopfig. Ap. braunschwarz bis schwarz, 0,2–0,6 mm. Epihym. grau, braun, oliv, grünschwarz, K± grünlich. Hyp. hell. Sp. 8–15 × 2–3 µm. Ch–. Oft auf Eiche . . . . . **Bacidia globulosa**

27* Exc. bei voll entwickelten Ap. reduziert, aus paraph.ähnlichen Hyphen aufgebaut. Paraph. verzweigt und vernetzt, nicht stark kopfig. Epihym. oft K+ violett. Gewöhnlich auf Holz, vgl. *Micarea (denigrata, misella, elachista)*

28 Sp. 20–30 × 10–15 µm, ellipsoid, dickwandig. Ap. –1(1,8) mm, flach, dick berandet, später gewölbt-randlos, z.ähnl. *Lecidella elaeochroma*, Scheibe rauh. Hyp. rotbraun bis grünschwärzlich. Epihym. d.grün. Hym. 120–140 µm. Lager s.dünn, mit (oft schlecht als solche identifizierbaren) *Trentepohlia*-Algen. Ch– . . . . **Megalaria grossa**

28* Sp. deutlich kleiner **29**

29 Sp. 2–3,5 µm breit, länglich **30**

29* Sp. mindestens 3,5 µm breit, ellipsoid, selten spindelig **32**

30 Paraph. oben nicht kopfig. Lager meist deutlich entwickelt, dickkörnig bis warzig, weißlich bis h.grau, K+ gelb, oft mit schwarzen, –0,2 mm breiten Pykn. (Wand K+ purpur). Ap. oft verschiedenfarbig in einem Lager, rosagrau, graubraun, braun bis schwärzlich, oft leicht bereift, wenn dunkel, dann Epihym. K± violett, anfangs konkav, später flach bis m.gewölbt, 0,4–0,8(1) mm. Pyknosp. 3,5–4 × 1,5–2 µm. Atranorin, Roccell-S. . . . . **Cliostomum griffithii**

30* Paraph. stark kopfig verdickt. Lager gewöhnlich dünn. Ch– **31**

31 Paraph. verklebt, bei Druck nicht leicht frei, ohne scharf begrenzte Pigmentkappe. Sp. 8–15 × 2–3 µm, länglich. Ap. –0,5(0,6) mm, oft auch jung kaum berandet, anfangs flach, s.bald hochgewölbt-randlos, Lager meist kaum erkennbar . . . . **Bacidia globulosa (27)**

31* Paraph. schwach verklebt, bei Druck z.leicht frei, oben mit brauner Pigmentkappe. Hyp. oben h.braun (selten d.braun), unten hell. Sp. (7)8–10 × (2)2,5–3,5(4) µm. Ap. –0,4 mm, flach, dünn berandet, zuletzt gewölbt-randlos, d.braun bis schwarz. Lager dünn, grau, graubraun . . . . . . **C. nigroclavata**

32 Hyp. braun, rotbraun, schwarzbraun, auch fleckenweise grün bis braungrün 33
32* Hyp. farblos bis blaß bräunlich 35
33 Epihym. kaum gefärbt bis gelbbraun. Lager meist krustig ergossen oder dünn warzig, selten körnig, grau, braunstichig grau. Hyp./Exc. rotbraun bis schwarzbraun, Hyp. auch grünfleckig. Algen protococcoid. Ap. rotbraun, braun, d.braun bis fast schwarz (dann angefeuchtet rotstichig), -0,8(1) mm, anfangs konkav, dann lange flach bis m.gewölbt und mit wenig erhabenem, zuletzt schwindendem, gleichfarbenem oder dunklerem, oft glänzendem Rand. Hyp. und Hym. mitunter mit zerstreuten bräunlichen bis grünlichen oder bläulichen Körnchen. Sp. 1zellig, selten 2zellig, (8)10–15 × 3,5–6 µm. Ch- . . . . **Mycobilimbia sanguineoatra**
33* Epihym. schmutzig bläulich, schwarzblau bis violettbraun, K+ grün oder violett. Hyp. hellbraun oder rotbraun. Algen *Trentepohlia* (Zellen rel. groß). Ap. schwarz bis braun, zumindest anfangs deutlich berandet 34
34 Lager dünn, nicht sorediös, K+ blaß gelblich, P–, C–. Epihym. d.purpurbraun bis schwärzlich blaugrün(-violett), K+ rotviolett. Hym. farblos oder ± rotbräunlich. Hyp. braun bis rotbraun, oben K+ rotviolett. Sp. 12–17 × 6–8 µm. Ap. flach bis leicht gewölbt . . . . **Megalaria laureri**
34* Lager mit körnigen, oft zusammenfließenden Soralen, meist größtenteils körnig sorediös aufgelöst, schließlich eine rissig areolierte sorediöse Kruste bildend, grau mit (blau)grünlichem Stich, gelblichgrün bis weißlich, K+ gelb, P+ rostrot, C–, KC± gelb. Epihym. schmutzig bläulich bis d.grün, K+ grün. Hyp. farblos bis h.braun, K– (Ap. selten). Sp. 10–19 × 4,5–6,5. Atranorin, ±Zeorin, Fumarprotocetrar-S. . . . . **Megalaria pulverea**
35 Sp. 8–16 × 2,5–4 µm. Ap. rosagrau, graubraun, braun bis schwärzlich, oft leicht bereift, wenn dunkel, dann Epihym. K± violett, anfangs konkav, später flach bis m.gewölbt, 0,4–0,8(1) mm. Lager meist deutlich entwickelt, weißgrau bis grau, K+ gelb, oft mit schwarzen Pykn. . . . . **Cliostomum griffithii (30)**
35* Sp. (9)10–15 × 4,5–7 µm, rel. dickwandig. Ap. d.rotbraun, braunschwarz, rotschwarz, schwarz, konkav, später flach bis leicht gewölbt, berandet, 0,2–0,6 mm, Rand zuletzt verschwindend. Epihym. gelblich bis braun, Hyp. leicht bräunlich. Paraph. auf Druck z.leicht frei. Lager dünn, oft feinkörnig. Ch- 36
36 Schläuche überwiegend 12–16sporig. Sp. 9–13 × 5–6 µm . . . . **Catinaria neuschildii**
36* Schläuche 8sporig . . . . **Catinaria atropurpurea**

Catillaria s.str.

Catillaria atomarioides (Müll.Arg.) Kilias
In kollinen bis montanen, selten höheren Lagen auf harten, oft mineralreichen Silikatgesteinen an m.–z.lichtreichen Standorten, z.B. in lichten Wäldern, Pionier, auch auf leicht sickerfeuchtem Fels, m.acidoph.–subneutroph. – s'bor·atl-mieur(subatl)-med – selten (R); Sch, ferner Ofr, Obay, Westf

Catillaria chalybeia (Borrer) Massal.
Bis zur Waldgrenze auf Silikatgestein, zumeist auf subneutralen und m.sauren Substraten, so an Felsen aus basischen oder leicht kalkimprägnierten Silikatgesteinen, häufig an Mauern, aber nicht auf Mörtel übergehend, auch auf Dachziegeln, auch an zeitweise überrieselten oder kurzzeitig überschwemmten Blöcken an Bächen, meist an halbschattigen Flächen, subneutroph.–m.acidoph., mesoph.–hygroph., (z.skioph.)m.–z.photoph., a-/m.–z.nitroph. – bor(atl)-mieur-med(mo) – z.selten, auf anthropogenen Substraten in den Silikatgebieten zerstreut; naturnahe Vorkommen z.B. Sch, Vog, Eif

Catillaria lenticularis (Ach.) Th.Fr.
Bis in die alpine Stufe auf Karbonatgestein, selten auf kalkhaltigem oder gedüngtem Silikatgestein, meist auf Steil- bis Überhangflächen an lichtreichen bis strahlungsgeschützten Stellen, basiph., z.skioph.–z.(s.)photoph., m.nitroph. – mieur-med – z.selten; SJu, Ju, FrJu, Hü, Ne, *HRh, Ml*, Saar, Th, Al

Catillaria nigroclavata (Nyl.) Schuler
Bis in montane Lagen v.a. auf mineral- bzw. nährstoffreicher Rinde von Laubbäumen an Ästen und Stämmen, v.a. an freistehenden Straßen-, Feld- und Gartenbäumen, toxitolerante, auch Eutrophierung mit Düngemittelstäuben vertragende Art, z.B. noch an grünalgenreichen Stellen mit *Scoliciosporum chlor.*, subneutroph.–m.acidoph., xeroph.–mesoph., photoph., m.–z.nitroph. – s'bor-med – z.selten (3); z.B. Sch, SJu, Ju, Bo, Ne, SFW, Rh, O, Sp, Bit, Th

Catillaria s.l.

Catillaria alba Coppins & Vězda
In submontanen und montanen, niederschlagsreichen Lagen auf alten entrindeten Laubbaumstümpfen an ± regengeschützten Flanken in lichten Wäldern (z.B. Eichen-Buchen-W.) – mieur-smed – s.selten (1); süSch (Säckingen)

Catillaria detractula (Nyl.) Oliv.
Auf meist kalkreichen Gesteinen bis in montane Lagen an besonnten, warmen Standorten, basiph., photoph. – s'mieur-med – selten (R); Ju

Catillaria erysiboides (Nyl.) Th.Fr.
In montan-hochmontanen Lagen auf zähmorschem Holz, z.B. an Hirnschnitten alter Baumstümpfe, ähnl. z.B. *Xylographa par.* – bor-mieur – selten *(1)*; *süSch, Vog, Ju*, Eif, ThW

Catillaria minuta (Massal.) Lettau
Bis in die montane Stufe auf kalkreichen Gesteinen, v.a. Kalkstein, meist an absonnigen Stellen an Vertikalflächen und Überhängen, meist in Tälern und Schluchten; basiph., z.skioph.–m.(z.)photoph., m.–z.hygroph., z.B. mit *C. picila* – (s')mieur-smed-mo – selten; SJu-Ju-FrJu, süHü

Catillaria picila (Massal.) Coppins [Lecidea p. (Massal.) Nyl., C. anomaloides auct.]
Bis zur Waldgrenze, selten darüber, ökol. s.ähnl. *C. minuta* und oft mit dieser vergesellschaftet – mieur-med – selten; SJu-Ju-FrJu, süHü, Al

Catinaria Vainio

(Bestimmung ↑ Catillaria)

Catinaria atropurpurea (Schaerer) Vězda & Poelt [Catillaria a. (Schaerer) Th.Fr.]
Bis in hochmontane Lagen auf Holz und Rinde besonders alter Laub-, seltener Nadelbäume, am Stamm und Stammgrund, auch an Baumstümpfen, an luftfeuchten, meist nicht besonnten Standorten, subneutroph.–m(z.)acidoph., hygroph., a(–m.)nitroph. - bor-med·mo - selten *(0)*; Sch, *Vog, Ju, Do, Av, Al,* Eif, ThW

Catinaria neuschildii (Körber) P.James [Catillaria n. (Körber) Th.Fr.]
Ähnl. *C. atropurpurea* (↑) - bor-smed - s.selten (0); süSch

Catolechia Flotow

(Bestimmung ↑ Buellia)

Catolechia wahlenbergii (Ach.) Körber [Buellia w. (Ach.) Sheard, B. pulchella (Schrader) Tuck.]
In alpinen, s.niederschlagsreichen Lagen, s.selten auf hohen Mittelgebirgsgipfeln, in feinerdereichen, humosen, feuchten Spalten von Silikatfelsen, auf dünner Erdauflage über Felsen, an kalten schattigen, aber oft lichtreichen Standorten, z.–s.acidoph., hygroph., m.photoph. - arkt-mieur·alp - s.selten (1); süSch (Feldberg), BayW*, Hz*, Al

Cecidonia Triebel & Rambold

(Bestimmung ↑ Lecidea TS 6)

Cecidonia umbonella (Nyl.) Triebel & Rambold [Lecidea u. Nyl.]
In alpinen Lagen auf Silikatgestein parasitisch auf *Lecidea lapicida* (↑), an ± exponierten Felsen - arkt-alp - s.selten (R); süSch (Belchen), Alpen

Cetraria Ach.

(Schlüssel incl. Cetrelia, Cornicularia, Platismatia, Vulpicida)

1 Lager locker auf dem Erdboden bzw. Rohhumus und Moosen aufsitzend, strauchig, ± aufrecht, ausnahmsweise auch locker auf bemoostem Silikatgestein. Abschnitte bandartig verflacht bis fast röhrig oder ± stielrundlich. Ap. gewöhnlich fehlend **2**

1* Lager auf Rinde oder Gestein, blättrig, anliegend oder aufsteigend oder kleinstrauchig-polsterig **8**

2 Lager blaß gelbgrünlich bis gelblichweiß oder kräftig gelb, 2–4(5) cm hoch, Mark R– **3**

2* Lager h.- bis d.braun **5**

3 Lager tiefgelb, mit gelbem Mark, aufsteigend, nicht rinnig. Auf windexponierten alpinen Kalkrasen. Usnin-S., Vulpin-S., Pinastrin-S. – n'mieur-mieur·alp – Al . . . . **Vulpicida tubulosus** (Schaerer) Mattson & Lai [*C. tubulosa* (Schaerer) Zopf]

3* Lager blaß gelbgrünlich, gelblichweiß, grünlichweiß, mit weißem Mark, knorpelig-starr, aufsteigend bis aufrecht. Usnin-S., Protolichesterin-S. **4**

4 Lagerabschnitte rinnig eingebogen bis röhrig, glatt, am Grunde oft violett bis rötlich. * . . . . **C. cucullata**

4* Lagerabschnitte nicht oder nur schwach rinnig, ± verflacht, aber runzelig-grubig, am Grunde gelbbraun. * . . . . **C. nivalis**

5 Lagerabschnitte zumindest teilweise ± rinnig, an breiten Lappen auch bandartig flach, an den Rändern mit stiftartigen Auswüchsen, h.- bis d.braun, an schattigen Standorten auch oliv bis teilweise bräunlichweiß, basal oft rötlich gefärbt, 2–6 cm hoch. Protolichesterin-S. **6**

5* Lagerabschnitte stielrund bis leicht abgeflacht, nie rinnig, ringsum ± gleich gebaut, –1 mm dick, mit ± dornigen Fortsätzen besetzt, glänzend braun bis schwarzbraun, –4 cm hoch. rasenbildend, stark verzweigt. Lager/Mark R–. Lichesterin-S., Protolichesterin-S. Mitunter schwierig zu trennen **7**

6 Mark R–. Lagerabschnitte s.schmal, –1 mm breit, stark rinnig bis röhrig eingerollt, d.braun bis braunschwarz. Weißliche Pseudocyph. gewöhnlich auf die Ränder der Lagerabschnitte beschränkt. * . . . . **C. ericetorum**

6* Mark P+ gelb bis orange, K–, C–. Lagerabschnitte (1)2–10(20) mm breit, meist schwach eingerollt, braun bis d.braun, im Schatten s.hell (oliv bis blaßbräunlich). „Unterseite" meist heller, oft weißlich. Pseudocyph. auf der gesamten Unterseite, weiß, elliptisch bis rundlich. Fumarprotocetrar-S., ±Protocetrar-S. * . . . . **C. islandica**

7 Lagerabschnitte meist z.uneben, unregelmäßig grubig-kantig, ± abgeflacht, –1 mm dick, locker verzweigt. Mark in alten Ästen s.locker. * . . **C. aculeata**

7* Lagerabschnitte nicht unregelmäßig grubig-kantig, gewöhnlich im Querschnitt ± rundlich, aber auch abgeflacht, –0,5 mm dick, rel. dicht verzweigt, daher (jung) oft fast polsterig. Mark solid bleibend. * . . . . **C. muricata**

8 Lager auf Gestein, braun bis schwarzbraun, ± glänzend, oft mit Ap. **9**

8* Auf Rinde, Holz, nur ausnahmsweise auf Gestein (v.a. 13) **11**

9 Lager kleinstrauchig (bis fast strauchig-polsterig), fest angewachsen, vom Substrat ± abstehend, –2 cm hoch, schwarzbraun, mit beiderseits abgeflachten, spärlich gabelig verzweigten, –1 mm breiten (gegen die Enden verbreiterten) Lagerabschnitten, ohne randständige Warzen, ohne Rhizinen. Ap. endständig, lagerfarben. Ch– . . . . **Cornicularia normoerica**

9* Lager ± anliegend, Lagerabschnitte schmal, meist um 1–1,5(2) mm breit, 5–15(20) mm lang, unregelmäßig fiederig verzweigt und übereinanderwachsend, Ränder etwas aufgebogen, dadurch leicht konkav, mit zerstreuten randständigen, keuligen bis kugeligen schwarzen „Warzen" (Pykn., Pyknosp. 4–6 ×

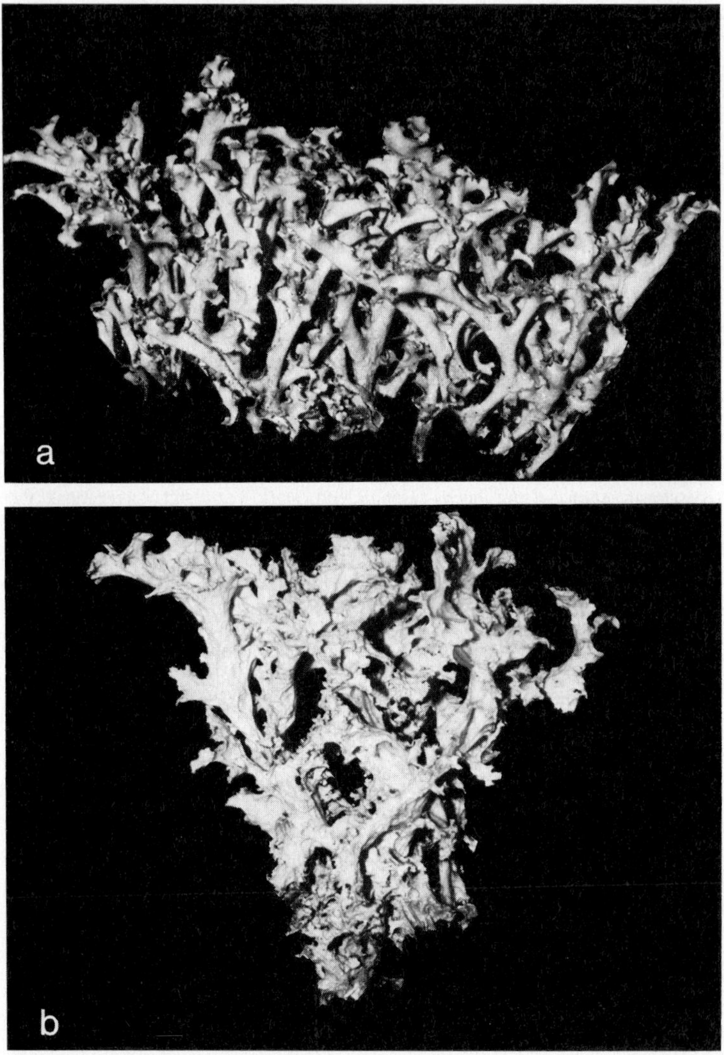

Abb. 30. *Cetraria.* a: *C. cucullata* (1,2×). b: *C. nivalis* (1,2×). c: *C. sepincola* mit *Parmelia septentrionalis* (rechts, dicht mit Ap. bedeckt) (0,9×). d: *C. islandica* (0,8×).

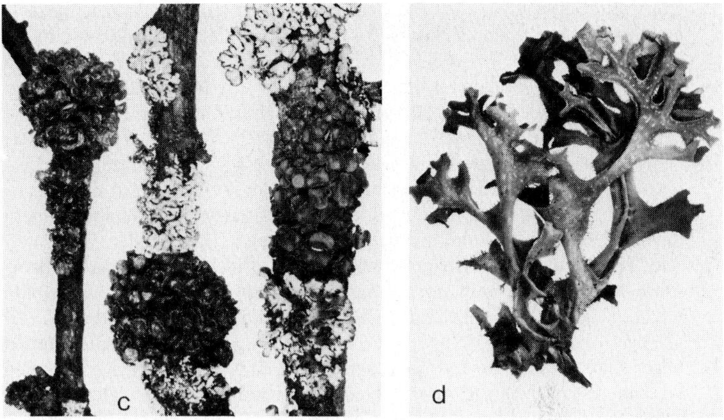

1 µm). Mit zerstreuten Rhizinen **10**

10 Unterseite h.braun. Mark K–, P–, C–, KC+ rosa/KC–. Pyknosp. ellipsoid bis spindelig. Ch– oder ± α-Collatol-S., ±Alectoron-S. . . . . **C. commixta**

10* Unterseite meist d.braun bis braunschwarz. Mark K+ gelb bis gelbrot, P+ gelb, C–, KC+ gelborange. Pyknosp. hantelförmig. Stictin-S., ±Norstictin-S. . . . . **C. hepatizon**

11 Lager oberseits braun bis düster oliv, aufsteigend. Mark R–. Protolichesterin-S. **12**

11* Lager anders gefärbt. Ap. s.selten **13**

12 Lager dicht mit braunen Ap. besetzt, ohne Isidien, dicht kleinstrauchig bis fast polsterig, rund, meist bis 2 cm breit und 1(1,5) cm hoch, braun bis d.braun, meist glänzend, unterseits nur wenig heller. Fast stets an Ästen von Birke, an Legföhre, Holz. * . . . . **C. sepincola**

12* Lager meist ohne Ap., mit randständigen Isidien bzw. isidiösen Bortensoralen, meist aus wenigen aufsteigenden unregelmäßig verbogenen, flachen bis konkaven, am Rand welligen Lappen bestehend, braunoliv bis d.braun, feucht olivgrün, unterseits h.braun bis weißlich, runzelig. * . . . . **C. chlorophylla**

13 Lager tiefgelb bis zitrongelb, Mark gelb, am Rand mit wulstigen gelben Bortensoralen, mit anliegenden, randlich aufsteigenden, –5 mm breiten Lappen. Usnin-S., Vulpin-S., Pinastrin-S. . . . . **Vulpicida pinastri**

13* Lager blaß gelbgrünlich oder grau, bläulichgrau, braungrau. Mark weiß . **14**

14 Lager gelbgrünlich bis blaß graugrünlich, unterseits weißlich bis h.braun, K–, P–. Mark R–. Usnin-S., Protolichesterin-S. Seltene montan/hochmontane Arten. Lappen –5 mm breit **15**

14* Lager grau, bläulichgrau, in exponierten Lagen auch gebräunt, unterseits braun bis schwarz, im Alter auch weiß, meist groß, Lappen 0,5–2 cm breit. Rinde K+ gelb. Atranorin **16**

15 Lager unterseits braun, ohne Pseudocyph., am Rand mit oft wulstigen Bortensoralen, derb, z.anliegend. Pyknosp. 7–11 × 0,8–1 µm. Caperat-S., (Lichesterin-S.) * . . . . **C. oakesiana**

15* Lager unterseits weißlich bis h.bräunlich, mit vereinzelten rundlichen Pseudocyph., Bortensorale oft kaum entwickelt, Lagerabschnitte an den Rändern meist deutlich aufsteigend. Pyknosp. 3–4,5 × 0,5–0,8 µm. * . . . . **C. laureri**

16 Lager oberseits ohne zerstreute weiße Punkte, glatt bis oft runzelig uneben, mitunter dunkel gefleckt, Lappen breit, oft verbogen, gewöhnlich nicht regelmäßig abgerundet, stark eingeschnitten, oft stark aufsteigend, an den Rändern mit Soralen und/oder korallinischen Isidien (dann oft kraus) oder kahl, unterseits d.braun bis schwarz oder schwarzfleckig, in feuchten Lagen auch fleckweise oder fast ganz weiß, mit nur vereinzelten Rhizinen. Mark R–. Caperat-S. *. S.variable Art, gewöhnlich mit *Pseudevernia* und *Hypog. physodes* . . . . **Platismatia glauca**

16* Lager oberseits mit feinen weißen, zerstreuten Punkten oder kurz elliptischen Flecken (Pseudocyph.), glatt, mit breiten, regelmäßig abgerundeten Lappen, stellenweise von weißen Bortensoralen wulstig gesäumt und v.a. hier aufsteigend, unterseits schwarz, mit zerstreuten Rhizinen, am Rand braun, ohne Rhizinen (*Cetrelia olivetorum* s.l.) **17**

17 Mark C–, KC– oder KC+ rosa, K–, P–. ±Perlatol-S., ±Imbricar-S. * . . . . **Cetrelia cetrarioides**

17! Mark C+/KC+ rosarot, K–, P–. Olivetor-S. * . . . . **Cetrelia olivetorum**

17* Mark C–, KC+ rosa, K–, P–. α-Collatol-S., Alectoron-S. * . . **Cetrelia chicitae**

Cetraria aculeata (Schreber) Fr. [Cornicularia a. (Schreber) Ach., C. tenuissima (L.) Zahlbr., Coelocaulon aculeatum (Schreber) Link]
In kollinen und montanen, meist niederschlagsarmen bis m.niederschlagsreichen Lagen auf Sandböden, flachgründigen, sandigen oder grusigen sauren Lehm- und Steinböden, auch auf kalkreichen Böden, in lückigen Silikat- und Kalkmagerrasen (Nardo-Callunetea, Festuco-Brometea), in Felsgrus-Ges. (Seslerio-Festucion), in Sandfluren (Corynephorion), in lichten Kiefern-W., felsreichen Eichen-W. (Luzulo-Quercetum), stets an lichtreichen, meist sommerwarmen, sonnigen Orten auf trokkenen Böden mit lückiger Vegetation, s.acidoph.–subneutroph., z.xeroph., z.–s.photoph. – bor-med·mo – selten (2); v.a. RhSch und Pf, ferner Vog, He, Th, Fr, s.selten nöRh, Rh-Mn-T, Sch, O, Sp, Ju, Ries usw.

Cetraria chlorophylla (Willd.) Vainio
V.a. in montan-hochmontanen Lagen, aber heute auch bis in niedere Lagen herab, auf saurer (auch durch Luftverunreinigungen angesäuerter) Rinde von Laub- und Nadelbäumen an z.lichtreichen bis z.lichtarmen, meist kühlen bis kalten, temperaturklimatisch oft kontinental getönten Standorten, am Stamm und an Zweigen, in hohen Lagen v.a. an Nadelbäumen, ähnl. *Hypogymnia farin.* (↑), in tiefen Lagen meist an freistehenden Laubbäumen, v.a. Eichen, Linden, z.B. ähnl. *Hypog. tubulosa* (↑) und *Pseudevernia* (↑) – bor-smed·mo(-med·mo) – z.selten; v.a. Sch, Al, O, SFW, RhSch, HeBgl

Cetraria commixta (Nyl.) Th.Fr. [C. fahlunensis sensu Vainio]
Ähnl. *C. hepatizon* (↑), aber vermutlich mehr auf kalt-feuchte, s.niederschlagsreiche Lagen beschränkt - arkt-bor-mieur·alp - s.selten (1); süSch, *nöSch, Vog*, BayW, Erz, Hz, Alpen

Cetraria cucullata (Bellardi) Ach.
Über der Waldgrenze in s.windexponierten Magerrasen und in Lücken von Zwergstrauchheiden, auf Graten und Felskanten, gewöhnlich auf versauerten Silikatböden, vereinzelt auch auf Kalkrohböden, an kalten, frühzeitig schneefreien, niederschlagsreichen, aber oft austrocknenden Standorten, reliktisch (oder durch Vogelausbreitung?) auch in Tieflagen in Vegetationslücken, m.–s.acidoph., s.anemoph., anitroph. - arkt-alp - s.selten, außerhalb der Alpen (1); süSch (Feldberg, Bernau+, Wittenschwand+), Vog, *Ju (Herbrechtingen +)*, Ries ?+, BayW, Hz, Al

Cetraria ericetorum Opiz [C. crispa (Ach.) Nyl., C. tenuifolia (Retz) R.H.Howe]
Ähnl. *C. cucullata* (↑), doch auch an weniger extrem windexponierten Stellen und öfter auch in montanen Lagen, z.B. in besonnten Kalkmagerrasen, hier ähnl. *C. aculeata* (↑) - bor-mieur·mo/alp(-smed·alp) - s.selten (1); *Ju*, SJu, süSch, Vog, ThW, Erz, Rothaargeb., Hz, Al

Cetraria hepatizon (Ach.) Vainio
In hochmontanen und alpinen (selten montanen) niederschlagsreichen Lagen auf Silikatgestein an meist z.–s.windoffenen Standorten, ähnl. *Parmelia stygia* (↑) - arkt-bor-h'mo/alp - selten (3); süSch, Vog, BayW, Erz, Hz; s.selten nöSch, Rhön, ?Ts, ThW, ferner Al

Cetraria islandica (L.) Ach. - Isländisch Moos
Von Tieflagen bis weit über die Waldgrenze auf meist z.–s.sauren, nährstoffarmen Sand- und sandigen Lehmböden, Torf- und Steinböden, aber auch auf flachgründigen kalkreichen Böden, meist an lichtreichen Standorten, wie in Silikat- und Kalkmagerrasen, Zwergstrauchheiden, lichten Kiefernwäldern, Hochmooren und Moorwäldern, aber auch an m.lichtreichen Stellen überdauernd, von z.weiter ökolog. Amplitude, in tiefen Lagen ähnl. *C. aculeata* (↑), in hohen Lagen auch an s.windexponierten Graten u.dgl. (z.B. wie *C. cucullata* ↑) sowie an z.lange schneebedeckten Orten, die Standortsamplitude aller Rentierflechten umfassend, acidoph.-euryion (auf Kalkuntergrund s.locker aufliegend), (z.)m.hygroph.–z.xeroph., anitroph. - arkt-mieur(-med·mo) - z.selten (3); Al, Sch u. Vog m.häufig, Erz, BayW, Fr, z.selten Ju, FrJu, sonst selten bis s.selten (z.B. Ts, Eif)

Cetraria laureri Krempelh. [Tuckneraria l. (Krempelh.) Randl. & Thell]
In montanen und hochmontanen Lagen an kühlen bis kalten, niederschlagsreichen, nebelreichen Standorten an Nadelbäumen, am Stamm und an Ästen, meist in Tannen- und Fichten-W., z.ähnl. *Bryoria bicolor* (↑), doch auch an ausgeprägt kaltluftstauenden Orten, z.B. ähnl. *Hypogymnia bitteri* (↑), z.acidoph., z.–m.photoph., anitroph. - mieur· pralp - s.selten (1); süSch, Al (z.selten)

Cetraria muricata (Ach.) Eckfeldt [Cornicularia m. (Ach.) Ach., Coelocaulon muricatum (Ach.) Laundon]

In montanen und hochmontanen, niederschlagsreichen Lagen in kühl-feuchten Blockmeeren und an Silikatfelsen über Moosdecken und Humus sowie in s.windoffenen, im Winter fast dauernd schneefreien lückigen Magerrasen in Mittelgebirgshochlagen (ähnl. *C. cucullata* ↑), in Norddeutschl. auch an Standorten von *C. aculeata*, m.–z.(s.)acidoph., z.–s.photoph. – arkt-bor-med·alp – selten (1); Rhön, Eif, Vgb, Ts, Sch, Vog, BayW, ThW, Erz, Hz

Cetraria nivalis (L.) Ach.
Ähnl. *C. cucullata* (↑), noch stärker auf extrem windexponierte Lokalitäten beschränkt – arkt-alp – BayW, ThW, Lüneburger Heide*, Al

Cetraria oakesiana Tuck. [Allocetraria o. (Tuck.) Randl. & Thell]
In hochmontanen, ozeanischen, s.niederschlagsreichen Lagen meist auf Nadelbäumen (Tanne, Fichte), gewöhnlich an der Stammbasis, an rel. gleichmäßig, s.–e.luftfeuchten, kühlen, z.lange schneebedeckten Standorten im Innern von Buchen-Tannen- und Tannen-Fichten-W., meist in der Nähe von Bächen und Wasserfällen, z.acidoph., m.photoph.(–z.skioph.), substrathygroph., anitroph., z.B. mit *Menegazzia, Bryoria bic.* (↑) – mieur· pralp – s.selten (1); süSch (2×), Al

(**Cetraria** s. str.)

Cetraria sepincola (Ehrh.) Ach.
In montanen bis subalpinen, meist niederschlagsreichen Lagen an zeitweise s.kalten, spätfrostgefährdeten, nebelreichen, z.wechselnd luftfeuchten Standorten auf saurer Rinde und Holz, in kaltluftstauenden Mulden, in Hoch- und Übergangsmooren, in Blockmeeren, unterhalb der Waldgrenze fast nur auf Ästchen der Moorbirke (selten auf Erle), oberhalb der Waldgrenze an Latschen mit *Parmeliopsis hyp.* (↑), z.–s.acidoph., z.–s.photoph., hygroph., s.ombroph., anitroph. – bor-mieur·mo(-smed·subalp) – selten (2); Sch, Vog, Rhön, BayW, Av; s.selten O, Sp, Ju, Hu, Eif, Sauerl, Erz

Cetrelia W.Culb. & C.Culb.

(Bestimmung ↑ Cetraria)

Cetrelia cetrarioides (Del. ex Duby) W.Culb. & C.Culb. [Parmelia c. (Del. ex Duby) Nyl.]
In montanen und hochmontanen, selten auch submontanen Lagen, v.a. in niederschlagsreichen, rel. ozeanischen Gebieten, auf der Rinde von Laubbäumen und Tanne, in niederen Lagen ähnl. *Parmotrema chinense* (↑), in höheren Lagen ähnl. *Menegazzia* und *Lobaria pulm.* (↑), m.–z.acidoph., m.–z.photoph., z.–s.hygroph., anitroph. – s'bor·subatl-med(subatl) – selten (3); Vog, Sch, Al u. SJu z.selten, sonst (s.)selten, z.T. stark zurückgehend: Ju, Ne, SFW, Bo, Do, Av, PfW, Hu, We, *Eif,* O, Sp, Ts, He, ThW, Mn

Cetrelia chicitae W.Culb. & C.Culb.
In submontanen, milden Lagen auf der Rinde von Laubbäumen in Wäldern, z.B. ähnl. *Pertusaria hymenea* - atl - s.selten (1); SFW (1×)

Cetrelia olivetorum (Nyl.) W.Culb. & C.Culb. [Parmelia o. Nyl.]
In montanen und submontanen Lagen, wohl weniger an niederschlagsreiche und ozeanische Gebiete gebunden als *C. cetrarioides* - (s.)selten (3); süSch, Ju, Do, *Bo, Ne, nöSch, O, Rh-Mn-T*

Chaenotheca (Th.Fr.) Th.Fr.

(Schlüssel incl. Sclerophora)

Bestimmungshinweise: Köpfchen kugelig bedeutet: Exc. bzw. sichtbarer Rand undeutlich; konisch = ± kreiselförmig, Rand und Exc. in der Regel gut entwickelt. Ch-Angaben beziehen sich auf das Lager. Inhaltsstoffe auch im Ap.reif.

1 Ap.köpfchen unterseits und am Rand (grünl.-)gelb bereift **2**
1* Ap.köpfchen nicht (grünl.-)gelb bereift. Sp. kugelig **12**
2 Lager intensiv gelb bis grüngelb, R– **3**
2* Lager nicht intensiv gelb bis grüngelb, Ch– **5**
3 Lager mehlig, grüngelb bis zitrongelb. Ap.köpfchen ± unberandet, kugelig, Stiel weitgehend gelb bereift. Ap. –2,7 mm hoch. Sp. kugelig, 2–3 µm. Alge *Stichococcus.* Auf Rinde, Moos, Erde, Fels. Vulpin-S., Pulvin-S., Pulvin-S.-Lacton (Abb. 31f) . . . . **Ch. furfuracea**
3* Lager nicht mehlig, Alge coccoid **4**
4 Lager olivgelb bis grüngrau, körnig. Sp. zylindrisch. Ch– (Ap.: Vulpin-S.) . . . . **Ch. laevigata (6)**
4* Lager meist intensiv gelb, grobkörnig bis warzig areoliert. Ap.köpfchen deutlich berandet, nicht kugelig, Stiel nur oben gelb bereift, sonst schwarz bis braun. Ap. –1,3(1,5) mm hoch. Sp. ellipsoid bis fast kugelig, 6–9 × 4–5 µm. Alge chlorococcoid. Auf Rinde. Vulpin-S. (Abb. 31a) . . . . . . **Ch. chrysocephala**
5 Sp. hauptsächlich ellipsoid bis zylindrisch **6**
5* Sp. hauptsächlich kugelig **7**
6 Sp. 6–15 × 3–4 µm, reif fast zylindrisch, oft gebogen, 1zellig oder mit 1–3 undeutlichen Septen, mit unregelmäßiger Oberfläche. Ap. –1,5(2,5) mm hoch. Ap.stiel grüngelb bereift. Lager olivgelb bis graugrün, körnig bis warzig, mit chlorococcoiden Algen . . . . **Ch. laevigata**
6* Sp. 5–7,5 × 2,5–3,5 µm, ellipsoid, 1zellig. Ap. –1,2 mm hoch. Ap.stiel nur oben grüngelb bereift. Lager graugrün, gewöhnl. deutlich entwickelt, körnig, mit *Stichococcus*-Algen . . . . **Ch. chlorella**
7 Lager undeutlich, im Substrat **8**
7* Lager ± deutlich. Sp. 5,6–7,2 µm. Exc. und Rand gut entwickelt. Ap. –1,3 mm hoch. Alge chlorococcoid **11**

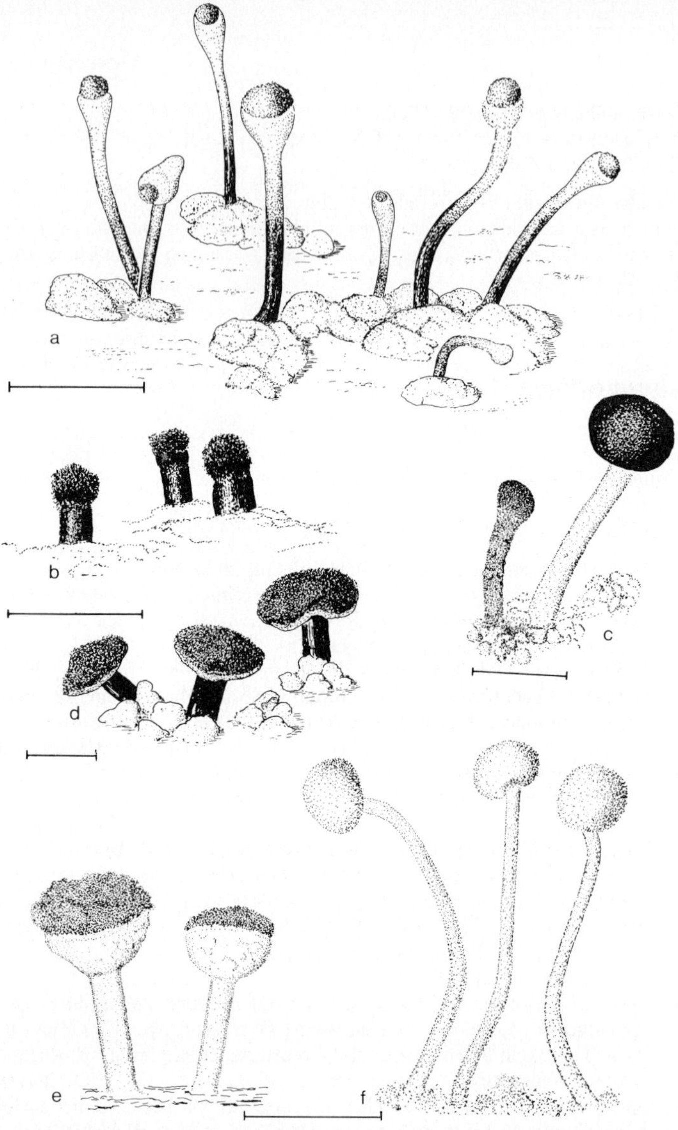

Abb. 31. Coniocarpe Flechten. Fruchtkörper mit Mazaedium. a: *Chaenotheca chrysocephala.* b: *Microcalicium disseminatum.* c: *Chaenothecopsis viridialba.* d: *Calicium adspersum.* e: *Sclerophora nivea.* f: *Chaenotheca furfuracea.* Meßstrich 0,5 mm.

8 Sp. 2,3–4 µm. Ap.köpfchen ± kugelig bis ± halbkugelig oder kreiselförmig. Alge *Trentepohlia* oder *Stichococcus* 9

8* Sp. größer. Alge *Trentepohlia* 10

9 Stiel oben oder weitgehend grüngelb bereift, sonst schwarz. Ap. 0,5–2,5 mm hoch, mit gelbgrün bereiftem, ± kugeligem Köpfchen. Alge *Stichococcus*. Exc. undeutlich entwickelt. Sp. 2,3–3,5 µm . . . . **Ch. brachypoda**

9* Stiel blaßbraun, unbereift. im Kern rötlichbraun, außen mit durchscheinender „Hülle" (rötlichbrauner Kern in gequollenem Zustand gut sichtbar). Ap. 0,5–0,8 mm, jung gelblich bereift, später unterseits mitunter leicht violett bis rotbraun. Alge *Trentepohlia*. Exc. gut entwickelt, eine Art Kragen an der Basis des Köpfchens um das Stielende bildend. Sp. 3–3,6 µm. Köpfchen ± kugelig bis kreiselförmig . . . . **Sclerophora peronella**

10 Ap.köpfchen konisch bis eiförmig, Stiel oben grüngelb bereift, im unteren Teil schwarz. Ap. 0,5–1,0 mm hoch. Sp. 5,0–7,5 µm. Exc. bzw. Rand gut entwickelt . . . . **Ch. hispidula**

10* Ap. köpfchen jung kugelig und ± sitzend, h.gelb bereift, später linsenförmig bis halbkugelig, unterseits blaßgelb bis im Alter (mitunter auch Sp.masse) weißlich bereift, Stiel h.gelb, feucht durchscheinend, im Alter weiß. Ap.-0,8 mm hoch. Sp. 7–8,5 µm. Exc. gut entwickelt (Abb. 31e) . . . . **Sclerophora nivea**

11 Lager mehlig-sorediös (Körnchen 0,04–0,12 mm Durchm.), h.grau bis bräunlich. Ap.köpfchen linsenförmig. Stiel 0,05–0,07 mm dick, meist oben und im mittleren Teil grüngelb bereift . . . . **Ch. subroscida**

11* Lager meist dicklich, schuppig bis warzig, zus.hängend, braunoliv bis olivgrau. Ap.köpfchen konisch bis linsenförmig. Stiel 0,06–0,1 mm dick, meist nur oben grüngelb bereift, auch unbereift. Ap. meist etwas derber als bei voriger . . . . **Ch. phaeocephala**

12 Lager undeutlich, im Substrat, allenfalls durch h.grauen Fleck angedeutet, meist holzbewohnend. Ap. schlank, -1,6 mm hoch 13

12* Lager deutlich 17

13 Sp. 3–4,5 µm dick. Stiel schwarz bis hell 14

13* Sp. 6–9 µm dick. Stiel blaß gelblich, weißlich, mittel- bis d.braun. *Trentepohlia*-Algen. Ap. -1,2 mm. Sp. s.hell, mit farbloser Wand 16

14 Stiel h.braun. *Trentepohlia*-Algen. Ap. -0,8 mm, Köpfchen jung blaß gelblich, im Alter unterseits rotbraun bis leicht violett. Sp. 3–3,6 µm, s.hell, mit farbloser Wand . . . . **Sclerophora peronella (9)**

14* Stiel zumindest basal schwarz. Algen coccoide Grünalgen oder *Stichococcus*. Ap. -1,6 mm 15

15 Ap.köpfchen und Stiel unbereift. Stiel glänzend schwarz. Algen chlorococcoid. Köpfchen kugelig. Ap. -1,6 mm, mitunter mit verzweigtem Stiel und mehreren Köpfchen. Sp. 3,5–4,5 µm, bräunlich . . . . **Ch. brunneola**

15* Ap.köpfchen unterseits und Sticl im oberen Teil kräftig weiß bereift, Stiel basal schwarz. Köpfchen konisch. Ap. -1,5 mm. Sp. 3–3,8 µm. Algen *Stichococcus*. Ch- . . . . **Ch. xyloxena**

(Wenn Ap.köpfchen und Stiel unbereift, Köpfchen konisch, meist rel. derb, vgl. *Ch. ferruginea* (17) mit schwach entwickeltem Lager)

16 Ap. 0,7–1,2 mm hoch. Stiel h.- bis d.braun. Junge Ap. oft mit rotviolettem Reif, alte Ap. unterseits kräftig grauweiß bereift. Mazaedium später ± braun . . . . **Sclerophora farinacea**

16* Ap. 0,4–0,8 mm hoch. Stiel weißlich bis h.gelblich. Ap. unterseits blaß gelblich bis weiß. Mazaedium h.braun, oft weiß bereift . . . **Sclerophora nivea (10)**

17 Lager weißgrau bis graugrün, oft stellenweise oder ganz gelblich-ocker bis rostfarben und hier K+ tiefrot, körnig bis warzig (Oberfläche rauh), sonst R–. Ap. unterseits/randlich und Stiel schwarz, unbereift, Mazaedium ± zimtbraun, Sp.masse K± rot (Mikroskop). Ap. rel. derb und breitköpfig, –0,5(0,8) mm breit, 1,7 mm hoch. Köpfchen konisch. Sp. 5,5–7,5 µm, reif grob rissig. Algen kugelig, chlorococcoid. Chinonoides Pigment . . . . **Ch. ferruginea**

17* Lager nicht stellenweise gelblich bis rostfarben und K+ rot. Sp. glatt oder mit wenigen schwachen Rissen **18**

18 Lager mit coccoiden Grünalgen, körnig-mehlig, grünlich, graugrün, K–, C–, P± gelb(orange) (Baeomyces-S., Squamat-S.), auf Holz, vgl. seltene Formen mit entwickeltem Lager von *Ch. brunneola* (15)

18* Algen nicht kugelig, sondern länglich bis annähernd rechteckig, oft in kurzen Ketten (*Stichococcus*) **19**

19 Sp. 2,5–3 µm, fast farblos bis blaß braun. Ap. 2,5–3,5 mm hoch, 20–50 mal so lang wie in der Stielmitte dick, Stiel oft hin und her gebogen. Stiel schwarz, zumindest oben wie Köpfchenunterseite h.grau bereift. Köpfchen grau bis h.braun, ± kugelig. Lager dünn, mehlig, graugrün bis grau. Unbekannte Stoffe . . . . **Ch. gracilenta**

19* Sp. größer, ± braun. Ap. deutlich kürzer **20**

20 Ap.köpfchen kugelig, unterseits (und auf oberen Teil des Stiels übergehend) wie leicht weißlich-bräunlich bereift, Stiel unten braunschwarz. Ap. 0,5–1,0 (1,4) mm hoch. Lager dünn, feinmehlig, hell bläulichgrün, P+ gelbrot, K–, C–. Sp. 3,5–5 µm. Unbekannte Stoffe . . . . **Ch. stemonea**

20* Ap.köpfchen linsenförmig-konisch bis schmal-konisch. Lager Ch– **21**

21 Ap. kurz, 0,6–1 mm. Stiel unten blaßbraun, oben dunkler. Köpfchen lang-konisch, unterseits dicht und rel. grob weiß bereift, Bereifung auf den oberen Teil des Stieles übergehend. Lager warzig-körnig, gelegentlich undeutlich. Sp. 4,5–5,5 µm . . . . **Ch. cinerea**

21* Ap. oft über 1 mm (bis 2 mm) lang. Stiel dunkelbraun bis schwarz, oben oft schwach weißlich bereift. Köpfchen linsenförmig bis konisch, unterseits bzw. randlich leicht weißlich bereift oder unbereift. Lager meist feinschuppig bis körnig, Schüppchen rel. glatt (bei *Ch. ferruginea* rauh), mitunter sorediös aufbrechend, variabel, mitunter wenig entwickelt. Sp. 3–5 µm **Ch. trichialis** (bei schlechter Entwicklung, z.B. Einfluß von Luftbelastung, ist die Art mitunter nicht s.einfach von *Ch. ferruginea* zu trennen; dann ist insbesondere auf Algen zu achten).

Chaenotheca brachypoda (Ach.) Tibell [Coniocybe sulphurea (Retz.) Nyl.]
Vorwiegend in submontanen und montanen, meist niederschlagsreichen Lagen auf entrindeten, oft schon s.morschen Nadelbaumstümpfen mit ± zerstörter Oberfläche,

selten auf alter Borke oder an Holz von Laubbäumen, meist im Bereich naturnaher, alter Wälder an s.luftfeuchten, ± regengeschützten Standorten, z.(–s.)acidoph., (m.photoph.)z.–s.skioph., anitroph. – (bor-)s'bor-med·mo – s.selten (2); süSch, Bo, Ne, Sp, *Rh, Rh-Mn-T, Vog, SFW*

Chaenotheca brunneola (Ach.) Müll.Arg.
V.a. in montan-hochmontanen Lagen auf morschem bis s.morschem, meist schon rel. weichem Holz alter Stümpfe und entrindeter Stämme mit noch intakter bis zerstörter Oberfläche (v.a. von Koniferen), typisch für durch schwammig-faseriges Holz charakterisierte Verrottungsstadien, gewöhnlich an z.lichtarmen, regengeschützten Standorten – bor-med·mo – selten (3); Sch, Vog, SJu-Ju-FrJu, *SFW*, O, Sp, PfW, RhSch, ThW, Al

Chaenotheca chlorella (Ach.) Müll.Arg. [Ch. carthusiae (Harm.) Lettau]
In kollinen und submontanen Lagen in den Borkenrissen am Stamm v.a. alter Eichen, selten anderer Bäume, auch an entrindeten Stämmen und Stümpfen, im Innern von Wäldern, bes. Laubwäldern in luftfeuchten (nebelreichen) Tallagen, m.acidoph., (m.photoph.–)z.skioph., z.anombroph., s.hygroph., anitroph. – bor-mieur – s.selten (1); Ju, SFW, *Rh-Mn-T, Fr, PfW (Bitsch), Ml*

Chaenotheca chrysocephala (Turner ex Ach.) Th.Fr.
Konzentriert in montanen und hochmontanen, niederschlagsreichen Lagen, ähnl. *Calicium vir.* (↑), doch von breiterer ökol. Amplitude und gelegentlich auch bis zur kollinen Stufe herab, in niederen Lagen v.a. auf saurer Laubbaumrinde (Eiche, Schwarzerle, Birke), in höheren Lagen v.a. auf Nadelbäumen – bor-med·h'mo – z.selten; v.a. Sch, Vog, RhSch, SFW, Do-Av, Al, SJu, seltener z.B. PfW, O, Sp, Ne, in trocken-warmen Gebieten weitgehend fehlend

Chaenotheca cinerea (Pers.) Tibell
In montanen Lagen in Edellaubholz-W. (Schlucht-W.) an luftfeuchten, kühlen Standorten an Laubbäumen mit subneutraler(–m.saurer) Borke (z.B. Esche, Ulme), m.photoph.–z.skioph., anitroph. – mieur – s.selten (1) – Ju, *Fr*

Chaenotheca ferruginea (Turner & Borrer) Migula [Ch. melanophaea (Ach.) Zwackh]
Bis in die hochmontane Stufe, im Gebiet v.a. in niederen, niederschlagsarmen, rel. kontinental getönten Lagen, hier bevorzugt auf Kiefer, Lärche, selten auf anderen Bäumen mit z.–s.saurer Borke (meist Eiche), v.a. in forstlich stark veränderten Wäldern an Waldrändern und Wegen, in hohen Lagen meist auf Fichte und Kiefer in kaltluftstauenden Mulden, Tälern, an z.–s.regengeschützten Stellen an der Stammbasis bis zum Mittelstamm, durch anthropogene Förderung von Kiefer und Lärche begünstigt und heute häufiger als früher, s.acidoph., z.photoindiff., a-(m.)nitroph., hygrisch anspruchsloseste Art der Gattung, mesoph.–s.hygroph. – bor-med·mo – m.häufig, auch in epiphytenarmen Gebieten

Chaenotheca furfuracea (L.) Tibell [Coniocybe f. (L.) Ach.]
Bis in montane, selten hochmontane Lagen an z.–s.lichtarmen, s.luftfeuchten, völlig regengeschützten Standorten, s.substratvag, auf Stämmen alter Bäume, meist an

der Basis in Höhlungen oder tiefen Borkenrissen, auf Wurzeln, auf morschem Holz, auf Silikatgestein (v.a. Sandstein), über Moosen, auch auf nackte Erde übergehend (überhängende Böschungen), Schwerpunkt auf z.saurem Substrat, anitroph. - bor-med·mo - z.selten(-m.häufig), doch in trocken-warmen Gebieten (s.)selten

Chaenotheca gracilenta (Ach.) Mattson & Middelborg [Cybebe g. (Ach.) Tibell, Coniocybe g. Ach.]
V.a. in der montanen Stufe auf verrottendem Holz, alten Stümpfen und vermorschender Borke in Höhlungen am Stammgrund alter Bäume, an Wurzeln, an gleichmäßig luftfeuchten, s.lichtarmen, oft etwas substratfrischen Standorten - bor-mieur-med·h'mo - (s.)selten (1); Ju, Ne, O, Vog, Al, Ml

Chaenotheca hispidula (Ach.) Zahlbr.
In kollinen und submontanen Lagen in den Borkenrissen alter Stämme von Eiche, Ulme, Esche in alten naturnahen, frischen Eichen-Hainbuchen-W. und Edellaubholz-W., in feuchten Tälern - mieur-med(mo) - s.selten (2); süH-HRh, süRh, Ju, Ne (v.a. Sb), Sp, O, *PfW, Vog, Rh-Mn-T, Ts*, Th

Chaenotheca laevigata Nádv.
In submontanen und montanen Lagen in den Borkenrissen älterer Laubbäume, v.a. Esche und Eiche, selten auf Rinde/Holz von Nadelbäumen, in luftfeuchten Wäldern, z.-m.acidoph.(-subneutroph.), (z.-)s.hygroph., anombroph., m.photoph.-z.skioph., anitroph. - bor-mieur·mo(-med) - s.selten (1); Ju, O, *süSch*

Chaenotheca phaeocephala (Turner) Th.Fr.
Besonders in submontanen, selten montanen Lagen, v.a. auf tiefrissiger Borke alter Eichenstämme in lichten Eichen-Hainbuchen-W., an Waldrändern und in parkartigen Beständen, selten an anderen Laubbäumen (v.a. Linde), s.selten an Koniferen, an absonnigen, meist m.-z.lichtreichen, z.-s.luftfeuchten, etwas kontinental getönten Orten, m.-z.acidoph., z.anombroph., anitroph. - bor-mieur(-med) - selten (3); Mn, Sp, O, Fr, Ne, SFW, Ju, FrJu, Do, Sch, *Rh, Rh-Mn-Ts*, Mos-Eif

Chaenotheca stemonea (Ach.) Müll.Arg.
Bis in montane, selten hochmontane Lagen, v.a. basal an Stämmen alter Nadelbäume, seltener Laubbäume mit saurer Borke (v.a. Eiche), tief in Borkenrissen oder in Höhlungen und Nischen an der Stammbasis, auch an entrindeten Stümpfen, meist an z.-s.lichtarmen, völlig regengeschützten Kleinstandorten im Innern von Wäldern, z.-s.acidoph., s.hygroph., anitroph. - bor-mieur - selten (2); Sch, süHü-Rh, SJu, Ju, Ne, *Bo, SFW,* O, Sp, Hu, Mos

Chaenotheca subroscida (Eitner) Zahlbr.
In montanen und hochmontanen, z.-s.niederschlagsreichen Lagen an kühlen bis kalten, m.lichtreichen bis z.(s.)lichtarmen Standorten an nicht beregneten Stellen an Stämmen älterer Nadelbäume (Fichte, Tanne) in Fichten- und Fichten-Tannen-W., z.-s.acidoph., s.hygroph., anitroph. - bor-mieur·mo - s.selten (1); süSch

Chaenotheca trichialis (Ach.) Th.Fr.
Bis in die hochmontane Stufe v.a. tief in den Rissen saurer Borke, in hohen Lagen bevorzugt auf Fichte und Tanne, in niederen Lagen auf Eiche und Esche, auch in

Höhlungen im Wurzelbereich und an Stümpfen, gewöhnlich in Wäldern, m.–s.acidoph., (z.)s.hygroph., anombroph., m.photoph.–s.skioph., anitroph. – bor-med·mo – z.selten–m.häufig (3); in trocken-warmen, forstlich stark veränderten Gebieten oder belasteten Gegenden s.selten bis fehlend bzw. zurückgehend

Chaenotheca xyloxena Nádv.
In montanen Lagen in luftfeuchten Wäldern auf zähmorschem Holz von entrindeten Baumstümpfen und Stämmen, v.a. von Koniferen, z.acidoph., z.–s.skioph., anombroph., anitroph. – bor-mieur·mo(-med·mo) – s.selten (1); Bo, Lux, *Niedersachsen*

Chaenothecopsis Vainio

(Schlüssel incl. Mycocalicium)

1 Auf weißlichen Krusten an überhängenden Silikatfelsen (v.a. *Haematomma*), Ap. -0,5 mm hoch, Köpfchen kugelig bis linsenförmig, -0,3 mm breit. Stiel hell bis schwarz. Sp. 6–8(10) × 3–4 µm, 1zellig . . . . **Ch. exserta**

1* Auf Rinde, Holz, rindenbewohnenden Krustenflechten oder *Cladonia* **2**

2 Auf Krustenflechten oder *Cladonia* **3**

2* Nicht auf anderen Flechten wachsend (oder nicht erkennbar) **8**

3 Auf Lagerschuppen rotfrüchtiger *Cladonia*-Arten. Sp. 2zellig, 6–10 × 2,3–3 µm. Ap. -0,7 mm hoch . . . . **Ch. parasitaster**

3* Auf Krustenflechten *(Arthonia, Chaenotheca, Calicium)* **4**

4 Sp. 1zellig, 5–9 × 2,5–3,5 µm, am Ende etwas zugespitzt, ornamentiert. Auf weißlicher Kruste mit *Trentepohlia*-Algen (*Arthonia byssacea*), Ap. -0,9 mm hoch, Stiel 0,05–0,08 mm dick, innen gelblich bis rötlich, K+ rot. Köpfchen kugelig bis linsenförmig, -0,35 mm breit. Auf Laubbäumen, v.a. alten Eichen (vgl. auch *Ch. pusilla*) . . . . **Ch. rubescens**

4* Sp. 2zellig. Auf Kelchflechten (*Chaenotheca, Calicium*) mit Algen der Gattungen *Trebouxia* oder *Stichococcus*. Ap. -1 mm hoch **5**

5 Stiel im Quetschpräparat mit grünlichgelbem Ton, K+ purpur (Reaktion rasch verschwindend). Auf holzbewohnender *Chaenotheca brunneola*. Ap. durchweg schwarz (selten Stiel basal braun), Köpfchen -0,4 mm breit. Sp. 5,5–9 × 2,2–3 µm, glatt – bor-med . . . . **Ch. pusiola**

5* Stiel im Quetschpräparat K– oder K+ grünlich oder bräunlich **6**

6 Sp.septum deutlich heller gefärbt als Sp.wand. Auf *Calicium*- und *Chaenotheca*-Arten und verschiedenen anderen Krustenflechten. Sp. 5–7(9) × 2–2,5(3) µm, glatt . . . . **Ch. pusilla (9)**

6* Sp.septum nicht heller gefärbt als Sp.wand **7**

7 Auf dem (grün)gelben Lager von *Chaenotheca chrysocephala*. Ap. durchweg schwarz, Köpfchen -0,4 mm breit, in der Form variierend, zuletzt linsenförmig, Sp. 6,5–9 × 2,5–3 µm. Epihym., Hyp. und Stiel im Außenbereich rötlichbraun, K+ oft grünlich . . . . **Ch. consociata**

7* Auf dem (grünlich)grauen Lager von *Chaenotheca trichialis*. Ap. durchweg schwarz oder Stiel basal auch braun, Köpfchen -0,2 mm. Sp. 5-7 × 2-2,3 µm, Hyp. grün oder braun, K- oder K+ bräunlich, Stiel im Quetschpräp. rotbraun - bor-med . . . . **Ch. epithallina** Tibell

8 Stiel weißlich, z.lang, -0,15(0,2) mm dick. Ap. 0,5-2 mm hoch, Köpfchen -0,5 mm breit, ausgewachsen ± kugelig (bis linsenförmig), rötliche Bereiche im Stiel und im Hyp. K+ grün (Quetschpräparat). Sp. 6-10 × 3-3,5 µm, 1zellig, fein ornamentiert. Auf Rinde von Nadelbäumen (Abb. 31c) . . . . **Ch. viridialba**

8* Stiel schwarz bis braun **9**

9 Sp. 1zellig, braun. Ap. schwarz **10**

9* Sp. (1-)2zellig, blaß braun, Septum viel schwächer gefärbt als Außenwand. Köpfchen ausgewachsen ± linsenförmig, -0,3 mm, schwarz. Stiel um 0,04-0,08 mm dick, gegen die Basis heller (meist grünbraun bis schwarzbraun), Quetschpräparat K-. Ap. -1 mm hoch, äußerlich ähnl. *Mycocalicium subtile*. (Fremd-)Lager durch hellen Fleck angedeutet, mit chlorococcoiden oder *Stichococcus*-Algen (oder mit *Trentepohlia*) oder ohne Algen oder auf *Calicium*- oder *Chaenotheca*-Lager. Sp. 5-7(9) × 2-2,5(3) µm, glatt . . . . **Ch. pusilla**

10 Meist auf weißlicher Kruste von *Arthonia*, v.a. *A. byssacea*, wachsend. Sp. 5-9 × 2,5-3,5 µm, am Ende etwas zugespitzt. Ap. -1 mm hoch, Stiel braun bis schwarz, 0,05-0,08 mm dick, Köpfchen kugelig bis linsenförmig, -0,35 mm breit, (Quetschpräp.) K+ rot oder K-. Auf Laubbäumen, v.a. Eiche . **Ch. rubescens**

10* Nicht auf *Arthonia* wachsend. Lager nicht mit *Trentepohlia*. Köpfchen und Stiel K-. Ap. schwarz oder Stiel etwas heller **11**

11 Sp. 5,5-8 × 2-3,5 µm, ± glatt. Köpfchen kreiselförmig-keulig, 0,3-0,7 mm breit. Stiel 0,04-0,10 mm dick. Ap. -1,2 mm, mitunter auch höher und in allen Teilen kräftiger, Größe s.variabel. Asci 45-65 µm groß. Ohne Algen
. . . . **Mycocalicium subtile**

11* Sp. 5-7(8,5) × 2,5-3,5 µm, fein ornamentiert, braun bis d.braun. Stiel 0,03-0,06 mm dick. Ap. -0,9 mm hoch. Köpfchen mehr kugelig-linsenförmig, -0,3 mm breit. Asci 25-35 µm groß. Auf Rinde (v.a. Nadelbäume) in feucht-schattigen Lagen - bor-mieur . . . . **Ch. nana** Tibell

Chaenothecopsis consociata (Nádv.) A.Schmidt [Calicium consociatum Nádv.]
In der hochmontanen Stufe parasitisch auf *Chaenotheca chrysoc.*, von engerer ökol. Amplitude als diese und auf kalte Standorte beschränkt, z.ähnl. *Calicium vir.* (↑), v.a. in Fichten-W. an nebelreichen Orten - bor-mieur·mo - s.selten (3); Sch, BayW, Alpen

Chaenothecopsis exserta (Nyl.) Tibell [Strongyleuma paroica auct.]
In klimatisch milden, kollinen und submontanen Lagen an schattigen Steilflächen von Silikatfelsen auf den Lagern von sorediösen anombrophytischen Krusten, v.a. auf *Haematomma ochrol.* (↑), ähnl. *Calicium coryn.* (↑) - mieur·subatl-med - s.selten (0); *?O*, ThW

Chaenothecopsis parasitaster (Bagl. & Car.) D.Hawksw.
In montanen und hochmontanen Lagen auf Lagerschuppen rotfrüchtiger *Cladonia*-

Arten, meist an morschem Holz, v.a. an rel. wenig beregneten Stellen (Flanken, Nischen von Stümpfen), auch an Torfwänden - s'bor-mieur - selten (2); Sch

Chaenothecopsis pusilla (Ach.) A.Schmidt [Ch. subpusilla (Vainio) Tibell, Calicium subpusillum Vainio, C. floerkei Zahlbr., Chaenothecopsis alboatra (Flörke) Nádv., Calicium alboatrum Flörke]
In sub- bis hochmontanen Lagen, z.B. am Stamm alter Nadelbäume in naturnahen und natürlichen Nadelwäldern, z.ähnl. *Ch. viridialba* (↑), auf Holz (Stümpfe, entrindete Stämme, auch Bretter) oder an alten Eichen in Eichenwäldern - bor-mieur·h'mo - s.selten (1); süSch (Feldberg), *Ju, Vgb*

Chaenothecopsis pusiola (Ach.) Vainio [Calicium pusiolum Ach.]
In kühlen Lagen auf dem Lager von *Chaenotheca brunneola* (↑) oder mit Algen assoziiert - bor-med·mo - vielleicht im Gebiet

Chaenothecopsis rubescens Vainio
Wie *Arthonia byss.* (↑), meist auf dieser parasymbiontisch, v.a. in tiefen Borkenrissen - mieur - s.selten (2); süRh, süHü-HRh-süSch, Sb, *Bo, Ml*

Chaenothecopsis viridialba (Krempelh.) A.Schmidt [Mycocalicium cinerascens (Nyl.) Vainio]
In hochmontanen, s.niederschlagsreichen Lagen in naturnahen und natürlichen, alten Nadelwäldern (v.a. Fichten-W.) auf rissiger Borke am Stamm (oft basisnah) alter Nadelbäume, fast nur an Fichte an kalten (kaltluftstauenden), s.–e.luftfeuchten, z.–s.lichtarmen Standorten, s.acidoph., anombroph., anitroph. - bor-mieur·h'mo - s.selten (1); süSch (Feldberg, Notschrei)

Chromatochlamys Trevisan

(Bestimmung ↑ Protothelenella)

Chromatochlamys muscorum (Fr.) Mayrhofer & Poelt [Microglaena m. (Fr.) Th.Fr.]
In montanen und hochmontanen, niederschlagsreichen, oft ozeanischen Lagen auf absterbenden, meist rindenbewohnenden pleurokarpen Moosen, v.a. am Stammgrund alter Laubbäume (v.a. Buche, Bergahorn) in lichten Hochstauden-Bergmisch-W. (Aceri-Fagetum), alten Buchen-Beständen, bei günstigen hygrischen Verhältnissen auch an freistehenden Bäumen, subneutroph.–m.acidoph., m.–z.photoph., substrathygroph., v.a. auf *Pterigynandrum, Leucodon, Antitrichia* - bor-smed·mo(-med·mo) - selten–s.selten (2); süSch, Vog, Ju, Ries, *FrJu*, SJu, *Ml*, Al, *O+*, *Westf*, He

Chrysothrix Mont.

(Bestimmung ↑ Lepraria)

Chrysothrix candelaris (L.) Laundon [Lepraria c. (L.) Fr.]
Bis zur Waldgrenze an völlig regengeschützten Stellen am Stamm älterer Bäume, v.a. in den Borkenrissen, am häufigsten an Eiche, in höheren Lagen an Tanne, auch an entrindeten Stämmen und Stümpfen, gewöhnlich in feuchten Tälern und in Wäldern, m.–s.acidoph., z.–s.hygroph., z.skioph.–m.(z.) photoph., anitroph. – s'bor-med – z.selten–m.häufig (3); in niederschlagsarmen, in intensiv ackerbaulich genutzten und in stärker luftverschmutzten Gebieten selten geworden

Chrysothrix chlorina (Ach.) Laundon [Lepraria ch. (Ach.) Ach. ex Sm.]
Bis in hochmontane Lagen, selten höher, v.a. in niederschlagsreichen Gebieten an völlig regengeschützten Überhängen und Nischen auf kalkfreiem Silikatgestein an meist schattigen, luftfeuchten Standorten, v.a. in Schluchten, engen Tälern und Wäldern, m.–z.acidoph., s.skioph.–m.(z.)photoph., anitroph. – bor-smed(-med·mo) – z.selten; Sch, Vog, Pf, RhSch, ThW, s.selten O, Rhön

Cladonia Hill ex Browne

(Bestimmung incl. Pycnothelia)

Hinweis: Die Cladonien sind auffällige Flechten, aber teilweise sehr variabel. Nicht selten wird selbst der fortgeschrittene Lichenologe Schwierigkeiten haben, eine Probe eindeutig zuzuordnen. In vielen Fällen ist die Kenntnis der Inhaltsstoffe sehr hilfreich, in manchen unerläßlich. Die angegebenen Reaktionen beziehen sich auf die Lageroberfläche.
Grundschuppen = Basalschuppen; Achseln = Stelle zwischen zwei oder mehr Ästen; Podetien = aufrechte Teile; pfriemlich: spitz zulaufend

Übersicht der Teilschlüssel

1 Flechte mit roten Ap. oder/und roten Pyknidien (Lupe) . . . . **TS 2**
1* Flechte mit braunen Ap. und Pyknidien oder ohne Ap. **2**
2 Podetien stellenweise dicht sorediös . . . . **TS 3**
2* Podetien nicht sorediös **3**
3 Grundständiges Lager krustig-warzig oder fehlend, ohne jede Grundschuppen und Blättchen/Schuppen an den Podetien. Flechte reich bis mäßig verzweigt, selten unverzweigt, stets ohne Becher **4**
3* Grundständiges Lager schuppig/kleinblättrig; gewöhnlich auch Podetien zumindest basal beschuppt **5**
4 Lager krustig-warzig, Wärzchen –0,5 mm, h.grau bis bräunlichgrau, K+ gelb, P–, C–. Podetien kurz, – 6(10) mm, zuerst blasenförmig, dann keulig bis zylindrisch, einfach bis spärlich ästig, mit endständigen Ap. oder Pykn. Sp. 1- bis 4zellig, 9–15 × 2–3,5 µm. Atranorin, Protolichesterin-S., Lichesterin-S., ±

Squamat-S. . . . . **Pycnothelia papillaria**
4* Grundständiges Lager fehlend. Flechte reich bis mäßig verzweigt, gewöhnlich rasig wachsend . . . . **TS 1**
5 Nur Grundschuppen vorhanden (Auswahl charakteristischer Arten) . . . **TS 4**
5* Auch Podetien vorhanden . . . . **TS 3**

Cladonia TS 1: Rentierflechten und ähnliche Strauchflechten

1 Podetien (zumindest basal) mit vereinzelten abstehenden Schuppen (Blättchen), mit zugespitzten Enden oder mit kopfigen Ap. Podetien rein röhrig oder auch lang geschlitzt und rinnig. Grundständiges kleinblättriges Lager oft vorhanden **2**
1* Podetien ganz ohne Schuppen, röhrig, aber meist in den Achseln offen. Grundständiges kleinblättriges Lager fehlend **4**
2 K- oder undeutlich gelblich oder bräunlich, P+ rot, ohne Atranorin. Podetien ohne Schuppen bis dicht schuppig, glatt berindet, in manchen Formen längs aufgeschlitzt und dann stellenweise nur rinnig, wenig bis stark verzweigt. Äste oft auch z.spitzwinklig abgehend, grauweiß bis graugrünlich bis d.braun. S.vielgestaltig. Fumarprotocetrar-S. . . . . **C. furcata** ssp. **furcata**
2* K+ gelb, P- oder P+rot, mit Atranorin **3**
3 P-. Podetien meist aufrecht und in ± dichten Rasen vorkommend, daher rentierflechtenähnl., mit oder ohne Schuppen, weißlichgrau, blaß grünlichgrau, die Enden stärker gebräunt, die Endzweige oft ± regelmäßig gabelig geteilt, Rinde gescheckt, dunklere Felder (durchscheinende Algengruppen) durch helle Linien getrennt. Rangiform-S., ±Fumarprotocetrar-S. * . . . . **C. rangiformis**
3* P+ gelborange bis rot, Podetien rel. kräftig und locker verzweigt, gewöhnlich niederliegend bis aufsteigend, spärlich beschuppt, meist braun bis oliv, an der Basis häufig rissig und mit weiß aufbrechenden Beulen. Fumarprotocetrar-S. * . . . . **C. furcata** ssp. **subrangiformis**
4 Podetien dicht strauchförmig verzweigt (eigentliche Rentierflechten), meist 3–8 (12) cm **5**
4* Podetien schwach verzweigt, oft gabelig, glatt berindet, meist 1,5–10 cm. Usnin-S. stets enthalten **12**
5 Podetien s.dicht verzweigt, mit kuppelförmigen Vorwölbungen (oft fast blumenkohlartig) (Flechte der Friedhofkränze). Verzweigung isotom, d.h. alle von einem Punkt ausgehenden Zweige ± gleichmäßig entwickelt, überwiegend zu 4 (gleichmäßig) sternförmig um die Achselöffnungen stehend, ohne deutliches Hauptstämmchen. Blaß gelblich, blaß grünlichgelb, blaß gelblichgrau, Endzweige nicht gebräunt. P–. Usnin-S., Perlatol-S. Flechte kalter Lagen (Vorsicht vor Verwechslung mit dichtästiger *C. portentosa*) . . . . **C. stellaris**
5* Podetien nicht auffallend kuppelförmig gewölbt, mit ± deutlichem Hauptstämmchen. Verzweigung anisotom, d.h. Zweige nicht gleichmäßig entwickelt (selten tendenziell isotom: *C. portentosa*). Zweige überwiegend zu 2 oder 3 um die Achselöffnungen **6**

Abb. 32. *Cladonia.* a: *C. rangiferina* (1×). b: *C. furcata* (0,5×). c: *C. gracilis* (0,6×). d: *C. crispata* (0,9×).

6 Zweige überwiegend zu 2, seltener 3 von einem Punkt abgehend (Verzweigung dichotom). Podetien rel. schlank und dünn (im Vergl. zu *C. rangiferina/arbuscula*), gelblichgrau bis graugrün (mit Usnin-S.) oder selten weißl.grau bis grau (ohne Usnin-S.), Zweigenden meist stark gebogen, gebräunt. Pykn.schleim rot (mitunter auch mit der Lupe an der Pykn.mündung erkennbar). ± Usnin-S., Fumarprotocetrar-S., (Protocetrar-S.) u.a. . . . . **C. ciliata**
(wenn K+ gelb, mit Atranorin, Rangiform-S., ±Fumarprotocetrar-S., Endzweige spreizend, aber nie zurückgebogen, Podetien grau gefleckt: *C. rangiformis* 3)

6* Zweige meist zu 3 oder 4 abgehend 7

7 Lager grauweiß bis grau, K+ gelb, ohne Usnin-S, gewöhnl. mit Atranorin,

Fumarprotocetrar-S., (Protocetrar-S). Zweigenden gebräunt 8
7* Lager mit (bisweilem nur schwachem) gelblichem Ton (weißgelb, blaß graugelb, gelbgrün), K–, mit Usnin-S., ohne Atranorin 9
8 Unterer Teil der Podetien schwarz, innen meist bis über die Podetienmitte schwarz. Pykn.schleim rot. Zweigenden m.stark gebogen. * . . . . . **C. stygia**
8* Unterer Teil der Podetien höchstens ausnahmsweise in schmalem basalem Teil schwarz, innen nicht schwarz. Pykn.schleim farblos. Zweigenden meist stark gebogen. * . . . . **C. rangiferina**
9 Endzweige allseitig sparrig ausgerichtet, dicht bis spärlich verzweigt, hauptsächlich zu 3(4) um die Achselöffnungen stehend, anisotom bis isotom, P–. Oberfläche der Podetien matt, meist nicht kompakt und dicht, sondern s.fein lockerfilzig (Lupe), feucht oft durchscheinend. Podetien sparrig verzweigt. Usnin-S., Perlatol-S. . . . . **C. portentosa**
9* Endzweige meist deutlich einseitswendig gebogen, seltener allseitig sparrig ausgerichtet, P+ rot oder P–. Oberfläche der Podetien meist kompakt und dicht, knorpelig, nicht durchscheinend, ohne Perlatol-S. 10
10 P– (s.selten P+ rot), mit Rangiform-S., Usnin-S. Podetien sparrig verzweigt, Enden wenig gebogen . . . . **C. arbuscula** ssp. **mitis**
10* P+ gelb oder P+rot, Usnin-S., ohne Rangiform-S. 11
11 P+ gelb. Psorom-S., ±Fumarprotocetrar-S., ±Protocetrar-S. * Podetien oft angedeutet kuppelförmig. S.selten . . . . **C. arbuscula** ssp. **arbuscula**
11* P+ rot (s.selten P–), ohne Psorom-S., mit Fumarprotocetrar-S., Protocetrar-S. * Podetien mit meist einseitswendigen Zweigen, seltener mehr sparrig verzweigt. Weit verbreitet . . . . **C. arbuscula** ssp. **squarrosa**
12 Podetien blaugrau, grau, grünl.grau, wiederholt gegabelt, mit zugespitzten Enden, becherlos, niederliegend bis aufsteigend, s.zerbrechlich. Achseln geschlossen. Pyknidengallerte farblos (Quetschpräp.).* . . . . **C. zopfii**
12* Podetien gelblich, graugelblich, blaß grüngelblich, Spitzen oft gebräunt . 13
13 Podetien meist langgestreckt, becherlos (dann mit ± einwärts gebogenen Enden) oder mit schmalen, gezähnten oder sprossenden Bechern, 3–10 cm, Enden stark gebräunt, Achseln geschlossen. Pykn.gallerte farblos. Barbat-S. * . . . . **C. amaurocraea**
13* Podetien ± gabelig verzweigt (selten Zweige zu 4), becherlos, 1–3(5) cm, oft dichte Rasen bzw. „igelartige" Polster bildend. Endzweige oft etwas nach außen gebogen, zugespitzt, kaum bis deutlich gebräunt, Achseln offen oder geschlossen. Pykn.gallerte rot. ±Squamat-S. * . . . . **C. uncialis**

Cladonia TS 2: Rotfrüchtige Arten

1 Grundschuppen und Podetien K+ deutlich gelb, P+ (gelb)orange, ± graugrünlich bis grau (wenn sorediös oft auch fast weiß). Thamnol-S. 2
1* Grundschuppen und Podetien K–, P–, ± gelblichgrün oder grau, sorediöse Teile auch weißlich 5
2 Grundschuppen meist groß, –1 cm, breit abgerundet, derb, mit nach oben gebogenen Rändern, am Rand und unterseits gewöhnlich mehlig-sorediös,

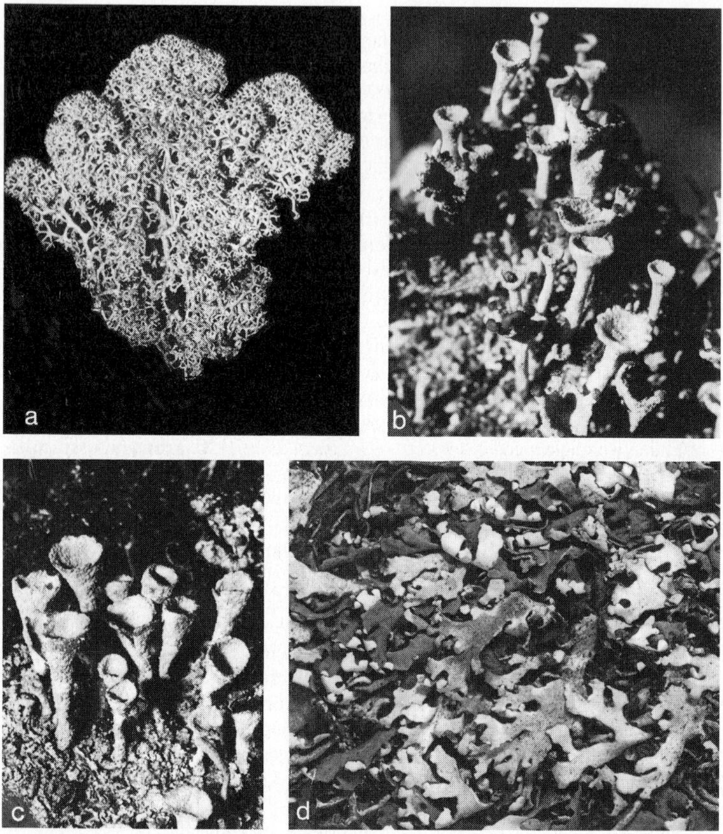

Abb. 33. *Cladonia.* a: *C. stellaris* (0,6×). b: *C. fimbriata* (ca. 1×). c: *C. deformis* (ca. 0,8×). d: *C. convoluta* (1,2×).

gegen die Basis unterseits oft orange, dichtstehend, oft überlappend, grau bis grünlichgrau. Podetien s.unterschiedlich entwickelt, fehlend oder kurz stift- bis hornförmig mit undeutlichen Bechern bis mit deutlichen, wenig vertieften Bechern mit nach außen gerichteten fingerartigen Fortsätzen, v.a. im unteren Teil berindet, oben stellenweise oder ganz mehlig sorediös. Sorediöse Teile weißlich gefärbt. * . . . . **C. digitata**

2* Grundschuppen viel kleiner, –3(4) mm, meist eingeschnitten, unterseits nicht oder spärlich sorediös **3**

3 Podetien mit meist am Rand gezähnten bis fingerartig sprossenden oder verunstalteten Bechern, aber auch teilweise einfach und becherlos, h.grau bis weißlich, größtenteils mehlig bis grobkörnig servdiös, z.T. schuppig. Grundschuppen bis um 3 mm, mitunter etwas sorediös, nicht abgerundet, sondern eingeschnitten, stahlgrau, unterseits gegen die Basis mitunter orange. * . . . . **C. polydactyla**

3* Ohne Becher, Podetien stiftförmig bis hornförmig oder oben spärlich verzweigt, berindet oder feinmehlig oder grob sorediös, 1–2(3) cm hoch **4**

4 Podetien teilweise berindet, teilweise grobkörnig (mit berindeten Körnern), auch abstehend blättrig oder ganz berindet, unverzweigt oder oben mit wenigen kurzen, ± gleichlangen Ästen, gewöhnlich mit auffallenden, kopfig vorstehenden, geknäuelten Ap. Grundschuppen oft klein und rel. wenig auffällig. K–, P–, selten K+ gelb, P+ orange. Barbat-S., ±Thamnol-S., ±Didym-S. Auf mageren Böden und Torf, s.selten auf Holz . **C. macilenta** ssp. **floerkeana**

4! Podetien fast durchgehend feinmehlig sorediös (Soredien um 40 µm), seltener körnig, basal recht oft kleinblättrig (selten Blättchen hochreichend), h.grau, in den sorediösen Teilen weißlich (bis h.grau). Ap. oft fehlend, gewöhnlich rel. klein und kaum vorstehend. Grundschuppen oft s.zahlreich. K+ gelb, P+ gelb bis orange, oder K–, P–. Meist mit Thamnol-S., oft Barbat-S., selten Didym-S., Squamat-S. . . . . **C. macilenta** ssp. **macilenta**

4* Podetien meist wenigstens mit vereinzelten sprossenden bzw. verunstalteten (oft unauffälligen) schmalen Bechern, aber jung oder reduziert entwickelt auch nur einfach und becherlos und dann schwierig von voriger zu unterscheiden, größtenteils (körnig) sorediös, oft mit untermischten Schüppchen. Grundschuppen meist s.zahlreich, dicht, bis um 3 mm, mitunter etwas sorediös, nicht abgerundet, stahlgrau. K+ gelb, P+ orange. Thamnol-S. Auf morschem Holz, basal an Bäumen, seltener auf mageren Böden und Torf . . . **C. polydactyla**

5 Podetien und Grundschuppen rein grau bis (sorediöse Teile) weißlich, stiftförmig oder oben spärlich verzweigt, Podetien KC–, ohne Usnin-S. *(C. macilenta)* **4**

5* Podetien und Grundschuppen mit gelbgrünem Ton, KC+ gelb, mit Usnin-S. **6**

6 Grundschuppen unterseits reichlich sorediös, zahlreich, dichtstehend, -3(4) mm, oft verdreht und aufgerichtet, eingeschnitten, bei oberflächlicher Betrachtung Lager oft stellenweise sorediös aufgelöst erscheinend. Podetien s.kurz, -5 mm hoch, meist gekrümmt, keulig oder verflacht, becherlos, oft wie verkümmert wirkend und spärlich. Usnin-S., Squamat-S. Meist an Torfwänden . . . . **C. incrassata**

6* Grundschuppen unterseits nicht stärker sorediös, Podetien höher, mit oder ohne Becher, nicht keulig und gekrümmt **7**

7 Podetien mit warzig-felderiger Oberfläche oder schuppig, nicht sorediös, aber mitunter stellenweise entrindet **8**

7* Podetien zumindest im oberen Teil mit sorediöser Oberfläche **12**

8 Podetien gestreckt, 2–6 cm lang, becherlos oder seltener mit s.schmalen, engen Bechern, meist dicht mit abstehenden blättrigen Schuppen überzogen, oben oft stellenweise entrindet. UV+ weiß. Usnin-S., Squamat-S. . . . **C. bellidiflora**

8* Podetien mit breiten Bechern, -2(3) cm hoch, wenn nur mit angedeuteten Bechern, dann mit entrindeten geschwärzten Bereichen und mit Didym-S. . **9**

9 Podetien schlank, mit meist rel. deutlich vom Stiel abgesetzten, oft verunstalteten Bechern, teilweise entrindet und dort meist geschwärzt, teils berindet und dicht abstehend schuppig-blättrig, oben mitunter auch teilweise körnig. Grundschuppen bis 4 mm groß, UV+ weiß. Usnin-S., Didym-S., Squamat-S. . . . . **C. metacorallifera**

9* Podetien gewöhnlich nicht mit geschwärzten entrindeten Partien. Becher breit (1 cm), ± gleichmäßig sich zum Stiel hin verschmälernd. Stiel kurz. UV–. Ohne Didym-S., Squamat-S. *C. coccifera* s.l. **10**

10 Mit Barbat-S., Usnin-S., ohne Zeorin. Podetien glatt bis areoliert (schollig) berindet (Areolen nicht oder nur leicht hervorstehend), basal leicht abstehend schuppig, oben und im Becher mit anliegenden flachen rundlichen Schollen, mitunter vom Becherrand sprossend. Grundschuppen bis 10 mm groß . . . . **C. borealis**

10* Ohne Barbat-S., mit Zeorin, Usnin-S., ±Porphyril-S. Podetien stärker abstehend beschuppt oder mit hervortretenden Schollen oder Körnern bedeckt. Schwierige Gruppe **11**

11 Podetien mit anliegenden Schollen überzogen, auch im Innern der Becher, oder v.a. im unteren Teil dicht mit abstehenden, ± nach unten zeigenden Schuppen („Blättchen") überzogen, Becher –1,5 cm breit. Grundschuppen bis 8 mm groß. * . . . . **C. coccifera**

11* Podetienoberfläche sorediös, aber bei reich fruchtenden Proben Soredien oft spärlich (am häufigsten noch im Becherinnern) und Oberfläche fast ganz berindet und teilweise von berindeten Körnern und Warzen bedeckt. Becher bis 1,5 cm breit. Lagerschuppen bis 4(6) mm. * . . . . **C. pleurota**

12 Podetien körnig sorediös (Soredien meist über 80 µm), vor allem im Becherinnern, kurz, meist –2 cm hoch, selten höher, mit breitem Becher, im unteren Teil fleckweise berindet. Herbarexemplare oft von Zeorin-Nadeln bedeckt. Zeorin, Usnin-S., ±Porphyril-S. **C. pleurota**

12* Podetien fein mehlig sorediös (Soredien um 50 µm), oft höher als 2 cm, mit wenig vom Stiel abgesetzten Bechern oder becherlos, nur ganz basal berindet (die Unterscheidung der Sippen erfolgt hier auf rein morphologischer Basis – die chemischen Merkmale gehen nicht mit den morphologischen parallel). *C. deformis* s.l. **13**

13 Podetien mit deutlichen, meist trompetenförmigen, ± regelmäßigen breiten Bechern, gelblich, grün- bis graugelblich, im Herbar nach längerer Lagerung weißlich durch feine Zeorin-Kristallnadeln (sichtbar im Stereomikroskop). Grundschuppen klein, 0,5–3 mm, auch fast fehlend. UV–. Zeorin, Usnin-S. . . . . **C. deformis**

13* Podetien gewöhnlich becherlos und spießförmig oder mit zerrissenen, aufgeschlitzten oder mit lang zulaufenden schmalen Bechern, schwefelgelb bis grüngelblich, nach längerer Lagerung im Herbar weißlich oder nicht, UV– oder UV+ weiß. Grundschuppen oft z.groß, 2–8 mm. Zeorin oder Squamat-S., Usnin-S. . . . . **C. sulphurina**

Cladonia TS 3: Arten mit braunen Apothecien oder ohne Apothecien

1 Podetien zumindest stellenweise von Soredien überzogen, d.h. stellenweise oder gänzlich deutlich mehlig bis körnig servediös **2**

1* Podetien nicht servediös **27**

2 Podetien blaßgelb, schwefelgelb, grüngelb oder graugelb (mit Usnin-S.), mehlig servediös, selten fruchtend. Ap. gelbbraun bis fleischfarben, oft fehlend (wenn Ap. fehlend und auch keine braunen punktförmigen Pykn. am Becherrand vgl. auch TS 2/12). Nur in den Alpen häufigere Arten **3**

2* Podetien weißlich, grau, graubraun, ohne Gelbton (ohne Usnin-S.). Ap. d.- bis h.braun (selten gelbbraun: *C. norvegica*) **5**

3 Podetien mit breitem, am Rand oft gezähntem oder mit kurzen Auswüchsen versehenem Becher, h.grünlichgelb bis blaß graugelblich (bis h.grau), feucht durchscheinend, im oberen Teil mehlig servediös, –2 cm. Becher pokalförmig, abrupt in den Stiel übergehend. Ap. groß. KC+ gelb. Zeorin, s.selten Barbat-S. * . . . . **C. carneola**

3* Podetien stets ohne Becher. Selten fruchtend – arkt-bor-alp – Alpen **4**

4 Podetien 3–8 cm lang und schlank, einfach oder verzweigt, zugespitzt, oben gelblich, nach unten grau bis bläulichgrau. Über Moosen, Rohhumus, z.B. in Blockmeeren. Barbat-S., ±Zeorin * . . . . **C. cyanipes** (Sommerf.) Nyl.

4* Podetien 1–3 cm, stiftförmig, gelblich, sonst ähnl. *C. macilenta*. Auf Faulholz. Barbat-S. * . . . . **C. bacilliformis** (Nyl.) Dalla Torre & Sarnth.

5 Lager P–, K– **6**

5* Lager P+ deutlich gelb, orange, rot **11**

6 Podetien bis oben hin z.dicht mit abstehenden Schuppen besetzt, zugespitzt oder mit offenen, oft gezähnten, –2 mm breiten Enden, graugrün bis grünbraun, gewöhnlich stellenweise entrindet (weiß), uneben und oft körnig, nicht typisch servediös. UV+ weiß. Squamat-S., vgl. *C. squamosa*

6* Podetien gewöhnlich nicht bis oben mit abstehenden Schuppen bedeckt, deutlich flächig servediös **7**

7 Podetien mit deutlichen, breiten bis m.breiten, innen geschlossenen oder offenen Bechern **8**

7* Podetien ganz überwiegend ohne Becher, schlank, –2 mm dick, einfach oder ästig, nach oben hin verdünnt und zugespitzt oder **vereinzelt** auch mit angedeuteten schmalen, unregelmäßigen, sprossenden, geschlossenen oder offenen Bechern **9**

8 Podetien mit breiten, innen geschlossenen Bechern (chemische Rassen von *C. pyxidata* ssp. *grayi*, die P– reagieren). Podetienstiele berindet (mindestens bis zur Hälfte), im oberen Teil oder zumindest in den Bechern servediös. Soredien mehlig oder gröber (körnig). Becher oft über 5 mm breit, meist allmählich zum Stiel hin verschmälert, ± trompetenartig (*C. pyxidata*-Gruppe) **26***

8* Podetien oben in m.breite, offene Becher verbreitert, kräftig, gedrungen, gewöhnlich unverzweigt, flächig feinmehlig servediös, h.grau bis gebräunt, Be-

Abb. 34. *Cladonia* A. a: *C. portentosa.* b: *C. arbuscula.* c: *C. ciliata.* d: *C. glauca.* e: *C. furcata.* f: *C. rangiformis.* g: *C. uncialis.* – B (gegenüberliegende Seite). a: *C. digitata.* b: *C. macilenta* ssp. *floerkeana.* c: *C. coccifera.* d: *C. macilenta* ssp. *m.* e: *C. subulata.* f: *C. humilis.* g: *C. pyxidata* s.l. h: *C. cervicornis* ssp. *verticillata.* i: *C. coniocraea.* j: *C. fimbriata.* k: *C. ramulosa.* l: *C. squamosa* (aus Hennipman 1968, De Nederlandse Cladonia's, Wetenschapp. mededel. K.N.N.V. 124).

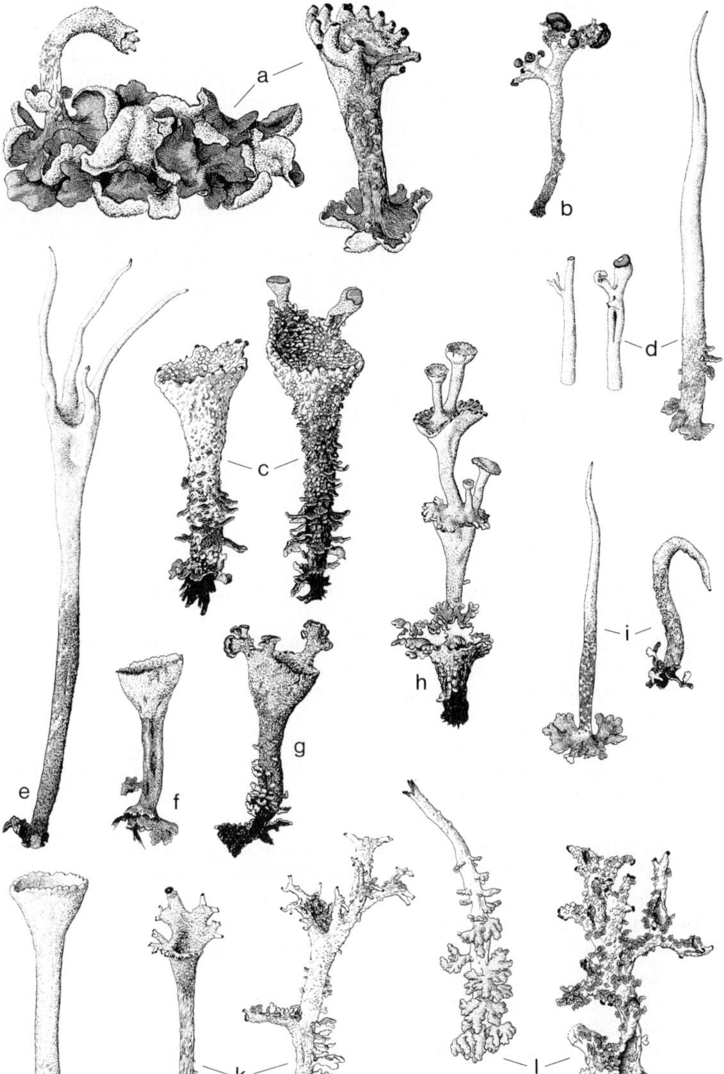
a
b
d
c
h
i
e
f
g
j
k
l

cherrand nach innen gebogen, oft unregelmäßig sprossend. UV+ weiß. Squamat-S. . . . . **C. cenotea**

9 Seltene montane Flechte auf Stümpfen und am Grunde von Bäumen. Mit Barbat-S. Podetien gänzlich mehlig-sorediös, zahlreich, -3 cm, ähnl. *C. coniocraea*, grau bis grünlichgrau, unverzweigt, selten verzweigt, pfriemlich bis zylindrisch, im fertilen Zustand gegen die Enden verbreitert (auch mit angedeutetem engem Becher), Ap. gelblich bis h.braun. Basalschuppen 2–4 mm, aufsteigend, gekerbt bis tief geteilt, an der Unterseite der Enden mitunter sorediös, oft auf der Oberseite rotfleckig (besonders angefeuchtet sichtbar). UV+ weiß . . . . **C. norvegica**

9* Verbreitete Flechten, auf Böden, selten Holz. Ap. braun bis d.braun, selten. Basalschuppen nie rotfleckig, meist unauffällig bzw. spärlich. Nicht mit Barbat-S. Podetien weitgehend entrindet und sorediös, basal berindet. Fast stets UV+ weiß/blauweiß (wenn UV– oder UV+ schwach bläulichweiß, meist mit roten Pykn. vgl. *C. macilenta* TS 2/4) **10**

10 Podetien grobkörnig bis mehlig sorediös, meist schmutzig bräunlich, grünlichbraun, pfriemlich zugespitzt oder mit stumpfen Enden oder selten mit schmalen (4 mm breiten), oft unregelmäßigen und sprossenden Bechern, –3(5) cm. Mark UV+ weiß, selten UV–. Homosekika-S., ±Fumarprotocetrar-S. Auf offenen Böden, meist an gestörten Standorten . . . . **C. rei**

10* Podetien körnig sorediös, im unteren Teil meist schuppig (selten ganz mit Schuppen bedeckt), einfach bis wenig ästig (3 Äste), weißgrau bis grau, pfriemlich zugespitzt, oft mit unauffälliger Längsfurche, s.selten mit schmalen angedeuteten Bechern, –5 cm. Squamat-S. Auf sandigen und kiesigen Böden und auf verrottenden Baumstümpfen . . . . **C. glauca**

11 Podetien ohne Becher, oder Becher s.eng und nicht dicker als Podetien . . **12**

11* Podetien wenigstens teilweise mit deutlichen Bechern **20**

12 Podetien und Lagerschuppen K+ deutl. gelb, mit Thamnol-S. **13**

12* Nicht K+ deutlich gelb, ohne Thamnol-S. **14**

13 Podetien meist größtenteils mehlig sorediös, stiftförmig, einfach bis spärlich verzweigt, nicht mit braunen Pyknidien/Ap.* . . . . . **C. macilenta (TS 2/4)**

13* Podetien meist körnig und stellenweise entrindet, teils mit kleinen abstehenden Blättchen bedeckt, meist s.dünn, unregelmäßig verzweigt, gefurcht und oft löcherig, –0,5(1) cm, oft mit braunen Pykn./Ap., zwischen s.dicht rasig stehenden, aufsteigenden, stark zerschlitzten, am Rande körnigen bzw. mehlig sorediösen Basalschuppen. * . . . . **C. parasitica**

14 Podetien fast gänzlich mehlig bis feinkörnig sorediös (Soredien aber oft stellenweise abgefallen, überwiegend 30–90 µm), nur basal berindet und schuppig. Fumarprotocetrar-S. **15**

14* Podetien nicht gänzlich mehlig bis feinkörnig sorediös, meist im unteren Drittel bis in der unteren Hälfte berindet oder Podetien mit schuppig-grobkörniger Oberfläche und teilweise entrindet. Fumarprotocetrar-S. **17**

15 Grundschuppen meist reichlich vorhanden, oft sorediös. Podetien meist 1–2,5 cm hoch, fast stets einfach, zugespitzt oder stumpf endend oder mit sehr schmalem kurzem Becher von der Dicke des Podetiums, ohne oder mit

Schuppen, h.grau(grün) bis blaßgrünlich. V.a. an Baumstümpfen und -stämmen.* . . . . **C. coniocraea**

15* Grundschuppen spärlich oder fehlend. Podetien meist 2–6(10) cm hoch, meist ästig, becherlos und an den Enden zugespitzt oder mit m.–z. schmalen, am Rande oft lang pfriemlich oder stiftartig auswachsenden, oft unvollkommenen Bechern. V.a. auf Erdboden **16**

16 UV–. P+ orangerot, Podetien meist 2,5–6(10) cm, Becher oft sprossend, ohne Schuppen oder basal auch spärlich schuppig, gewöhnlich h.grau. * . . . . **C. subulata (23)**

16* UV+ fast stets weiß (Mark). P+ gelb, dann langsam orangerot, oder gleich orangerot, Podetien –4(5) cm hoch, verzweigt, schmutzig bräunlich, graugrünlich oder grau, oben körnig sorediös, seltener mehlig, selten mit Bechern. Homosekika-S. * . . . . **C. rei**

17 Podetien in der oberen Hälfte feinmehlig sorediös, sonst glatt berindet, unverzweigt, oben zugespitzt, (grün)bräunlich, oben weißlich bis graugrünlich, –4(6) cm. Basalschuppen klein. P+ rot. Ap. fast stets fehlend. * . . . . . **C. cornuta**

17* Podetien anders, nicht in der ganzen unteren Hälfte glatt berindet, Podetien unverzweigt bis gewöhnlich z.T. verzweigt **18**

18 Podetien vom Habitus der *C. furcata* (↑), mehrfach (z.T.) dichotom verzweigt, 2–6 cm, schlank, mit zugespitzten bis stumpfen Enden, teilweise sich entrindend und isidiös bis grobkörnig-abschuppend, gegen die Spitzen grobkörnig-sorediös, stellenweise glatt berindet, grauweiß, (grünl.)grau, selten bräunlich. Achseln mitunter offen. Basalschuppen spärlich bis fehlend. UV–. * . . . . **C. scabriuscula**

18* Podetien von anderem Habitus, unverzweigt bis spärlich verzweigt **19**

19 Grundschuppen meist spärlich. Podetien ± schlank, –4(5) cm, basal berindet, darüber mehlig bis körnig sorediös (nicht schuppig-schollig), einfach bis zumindest teilweise in einem Rasen mit 1–2(3) Ästen, Mark fast stets UV+ weiß. Ap. z.selten. Homosekika-S. * . . . . **C. rei (16)**

19* Grundschuppen meist reichlich entwickelt, klein. Podetien gedrungen, –2(3) cm, nicht oder oben spärlich verzweigt, mit zugespitzten bis stumpfen Enden, schuppig-schollig, teilweise körnig, fleckweise mehr oder weniger entrindet, s.variabel und rel. schwer ansprechbar, häufig mit blaßbraunen, feucht durchscheinenden, geknäuelten Ap. Mark UV–. Ohne Homosekika-S. * . . . . **C. ramulosa**

20 Podetien teilweise mit becherlosen, stumpfen bis zugespitzten Enden . . . **21**

20* Podetien in der Regel alle mit Bechern **24**

21 Podetien schuppig-schollig, teilweise körnig, teilweise entrindet, nicht oder oben spärlich verzweigt, zugespitzt oder mit angedeuteten engen Bechern, die bei fruchtenden Exemplaren oft von den geknäuelten Ap. verdeckt sind. P+ rot, Fumarprotocetrar-S. . . . . **C. ramulosa (19)**

21* Podetien anders, körnig- bis mehlig-sorediös, nicht schuppig-schollig und teilweise entrindet **22**

22 Grundschuppen meist nicht spärlich, grünlich, mitunter sorediös. Podetien meist nur bis 3(4) cm, unverzweigt, größtenteils feinmehlig, basal und in den

Bechern berindet, oft auch unter den Ap. Becher s.schmal, unvermittelt ansetzend (pokalähnlich), kaum sprossend, oft von (mitunter knäueligen) Ap. verdeckt. P+ rot. Fumarprotocetrar-S.. V.a. auf Stümpfen und basal an Baumstämmen . . . . **C. coniocraea**: „C. ochrochlora"

22* Grundschuppen oft spärlich. Podetien meist 2,5–6(8) cm, oft ästig. Ap. z.selten, oft an den Becherrändern, darunter Podetien oft berindet. V.a. auf Erdboden **23**

23 Gewöhnlich UV+ weiß: Mit Homosekika-S., Fumarprotocetrar-S., P+ gelb, dann langsam rot oder gleich rot. Podetien –(3)5 cm hoch, selten mit unregelmäßigen, kaum sprossenden Bechern, schmutzig bräunlich, oben körnig sorediös, selten mehlig, im unteren Bereich berindet . . . . **C. rei**

23* UV–, P+ rasch rot, nur mit Fumarprotocetrar-S. Podetien –6(10) cm, becherlos und an den Enden zugespitzt oder mit m.–z.schmalen, am Rande oft lang pfriemlich oder stiftartig auswachsenden, oft unvollkommenen, –5(9) mm breiten Bechern, ohne Schuppen oder basal spärlich schuppig, gewöhnlich h.graugrün bis h.grau . . . . **C. subulata**

24 Podetien mit sehr schmalen, die Stieldicke kaum übertreffenden Bechern, meist auf Baumstämmen oder Stümpfen . . . . **C. coniocraea (22)**

24* Podetien mit rel. breiten Bechern **25**

25 Podetien fast gänzlich gleichmäßig mehlig sorediös, allenfalls ganz basal etwas berindet und bisweilen beschuppt, blaß grünlich bis grauweiß, –3 cm hoch, schlank, regelmäßig geformt, gleichmäßig gefärbt. Becher ± pokalartig, langgestielt, abrupt in den Stiel übergehend, meist –5 mm breit. Rand ganz, gezähnt oder mit kurzgestielten Ap. Soredien bis um 30(40) µm. Fumarprotocetrar-S. (wenn Podetien kurzstielig, K+ gelb, vgl. *C. humilis*) . . . . . . **C. fimbriata**

25* Podetienstiele mindestens im unteren Bereich (2–3 mm) berindet, im oberen Teil oder zumindest in den Bechern sorediös. Soredien mehlig oder gröber (körnig). Becher oft über 5 mm breit, oft mehr trompetenartig: *C. pyxidata*-Gruppe. S.schwierig. Wertung der Sippen problematisch. Ohne chemische Untersuchung nicht bestimmbar **26**

26 Soredien um 30–70 µm, Podetien mehlig sorediös, nur basal (1–2 mm) berindet, meist blaß grünlich, auch grau, die Stiele rel. dick und kurz, mit zieml. unvermittelt ansetzenden, nicht sprossenden Bechern, mitunter Becher fast stiellos erscheinend. Grundschuppen oft groß, –5 mm, meist ± gerundet. P+ kräftig rot, KC–, K+ gelb. Fumarprotocetrar-S., Atranorin . . . . . **C. humilis**

26* Soredien um 50–120(200) µm, Podetien körnig sorediös bis grobkörnig, teilweise bis fast ganz berindet, aber zumindest im Becher sorediös, graugrünlich bis oft teilweise graubräunlich bis braun (v.a. an lichtoffenen Stellen), sorediöse Teile meist blaß grünlich, Becher allmählich in den Stiel verschmälert, oft am Rand sprossend. Ap. sitzend oder gestielt. Grundschuppen meist klein, ± aufrecht. P– oder P+ rot, KC– oder KC+ rot. S.formenreich, zahlreiche Chemotypen . . . . **C. pyxidata**

Die Chemo- und Morphotypen des Formenkreises von *C. pyxidata* werden von den Autoren taxonomisch sehr unterschiedlich gewertet. Hier wird diese Art sehr breit gefaßt.

ssp. **chlorophaea** ist der mit Abstand häufigste Chemotyp, enthält nur Fumarprotocetrar-S. (P+ rot, K–, C–, KC–, UV–), die Podetien sprossen oft, sind meist blaß grünlich, grünlichgrau, selten stärker gebräunt.
Alle übrigen Chemotypen werden hier zu ssp. *grayi* zus.gefaßt; sie enthalten (neben meist vorhandener Fumarprotocetrar-S.) andere Stoffe; die Becher sind oft schmaler als bei ssp. *chlorophaea*, die Podetien häufiger gebräunt; Reaktionen P– bis P+ orangerot, C–/C+ gelb oder rot, KC– bis KC+ rot, UV+ schwach gelblich, schwach bläulich bis intensiv blauweiß. Eine morphologische Differenzierung erscheint teilweise nicht möglich, dagegen bestehen ökologische und geographische Trends.
ssp. **grayi.** Es werden innerhalb ssp. *grayi* folgende Chemosippen unterschieden:
C. cryptochlorophaea: mit Cryptochlorophaea-S. (K+ gelbrot, P+ rot, KC+ rot, C– oder C+ gelblich bis rötlich, UV+ blaß gelb). Oft reich sorediös, oft blaß grünlich.
C. grayi s.str.: mit Grayan-S. (K–, C–, KC–, P+ rot oder P–, UV+ blauweiß). Soredien meist reichlich.
C. merochlorophaea: mit Merochlorophaea-S. und 4-0-Methylcryptochlorophaea-S. (K–, P+ rot oder P–, C+ rot, KC+ rot, UV+ schwach blau). Oft nicht sorediös, sondern grobwarzig berindet.
C. novochlorophaea: mit Sekika-S. und Homosekika-S. (K–, C+ gelb, KC–, P+ rot oder P–, UV+ weiß). Oft nicht sorediös, sondern grobwarzig berindet.

27 Podetien ohne Becher **28**
27* Podetien wenigstens vereinzelt mit deutlichen Bechern **56**
28 Grundschuppen s.reichlich entwickelt und den Aspekt des Lagers beherrschend, Podetien spärlich oder klein **29**
28* Aspekt des Lagers von den Podetien beherrscht **39**
29 Auf Holz, nackter oder bemooster Rinde **30**
29* Auf Mineralböden oder Rohhumus **33**
30 Lager P–. Podetien meist 1–3 cm, in der Regel dicht mit graugrünen bis blaßgrünen, seltener bräunlichen, zerschlitzten Schuppen bedeckt, dazwischen entrindet und weißlich, selten körnig-kleinschuppig und gefeldert, mit offenen Enden, pfriemlich zugespitzt, schmal trichterig bis mit angedeuteten, undeutlich abgesetzten Bechern. Grundschuppen meist s.zahlreich und dichtstehend. S.vielgestaltig. In der Regel P–, K–, C–, Squamat-S.: var. *squamosa* . . . . **C. squamosa**
30* Lager P+ orange bis (orange)rot, C– **31**
31 Lager K–, P+ rot. Grundschuppen meist h.grünlichgrau, dichte Teppiche bis Polster bildend, aufsteigend, länglich, meist stark gekerbt-gezähnt, nicht sorediös. Podetien bis 4 mm hoch, die Grundschuppen kaum überragend, weißlich, unbeschuppt oder auch beschuppt, in der Regel mit (oft geknäuelten h.braunen) Ap., diese den Grundschuppen scheinbar aufsitzend. Fumarprotocetrar-S. . . . . **C. caespiticia**
31* Lager K+ gelb, P+ orange, mit Thamnol-S. **32**
32 Grundschuppen –5 mm, stark zerschlitzt bis fast koralloid, mit sorediösen bzw.

körnigen Rändern, aufsteigend, länglich, ausgedehnte Teppiche bildend. Podetien -5 (10) mm. *. Fast nur an Eichenstümpfen, selten basal an lebenden Eichen, selten an Kiefern . . . . **C. parasitica**

32* Grundschuppen -2(3) mm, nicht stark zerschlitzt, nicht koralloid, gewöhnlich ohne sorediöse Ränder. Podetien gewöhnlich über 5 mm hoch. *. Auf verschiedensten Substraten . . . . **C. squamosa**

33 Grundschuppen bräunlichgrün bis graugrünlich, C+ auffallend spangrün, P+ gelb, K-, -4 mm lang, gerundet oder verlängert, dichte Polster bildend. Podetien selten, mit unregelmäßigen Bechern oder unverzweigten gedunsenen Gebilden, berindet und beschuppt. Strepsilin, (Baeomyces-S., Squamat-S.) **C. strepsilis**

33* Grundschuppen nicht C+ spangrün **34**

34 Grundschuppen K- **35**

34* Grundschuppen K+ deutlich gelb, später in der Regel (nicht immer) zumindest stellenweise rot, P+ langsam orange oder rot, um 3-10 × 3-5 mm, unterseits weiß, oberseits grau, grau-, bläulichgrün **38**

35 Lager P+ orangerot (Fumarprotocetrar-S.). Grundschuppen meist h.grünlichgrau, dichte Teppiche bis Polster bildend, aufsteigend, länglich (meist 2-5 mm lang, -1,5 mm breit), ± eingeschnitten, nicht sorediös. Podetien bis 4 mm hoch, nicht selten, die Grundschuppen kaum überragend, in der Regel mit (oft geknäuelten h.braunen) Ap., diese den Grundschuppen scheinbar aufsitzend . . . . **C. caespiticia**

35* Lager P+ gelb oder P-, ohne Fumarprotocetrar-S. Auf sauren Böden . . . **36**

36 Lager P+ gelb, UV-. Grundschuppen 3-6 mm groß, -2 mm breit. Podetien -4(6) cm hoch, einfach bis wenig geteilt, grünlichgrau bis bräunlich, mit großen Ap. oder steril, oft teilweise entrindet, ± dicht mit zentral angewachsenen konkaven bis flachen Schuppen besetzt, oft längs geschlitzt oder löcherig, Pykn. häufig. Psorom-S. . . . . **C. macrophylla**

36* Lager P-, UV+ weiß **37**

37 S.selten. Mit Grayan-S. Podetien bis 1,5 cm hoch, oben verdünnt, oft verzweigt, mit offenen Achseln, basal im Alter oft geschwärzt. Grundschuppen ± aufrecht, meist -3 mm lang, schmal, graugrün, oliv, oft braunstichig, s.zerbrechlich, zerstreut bis dichtstehend . . . . **C. fragilissima**

37* Häufig. Mit Squamat-S. Podetien meist 1-3 cm, in der Regel dicht mit graugrünen bis blaßgrünen, seltener bräunlichen, zerschlitzten Schuppen bedeckt, dazwischen entrindet und weißlich, selten körnig-kleinschuppig und gefeldert, mit offenen Enden, pfriemlich zugespitzt oder schmal trichterig bis mit angedeuteten, undeutlich abgesetzten Bechern. Grundschuppen meist s.zahlreich und dichtstehend. S.vielgestaltig. In der Regel P-, K-: var. *squamosa* . . . . **C. squamosa**

38 In Kalkgebieten nicht selten. Podetien gewöhnlich fehlend (unregelmäßig geteilt bis fast becherig, ± regelmäßig berindet). Grundschuppen grau bis grünlichgrau, unterseits weißlich, 2-6 × 2-4 mm, im trockenen Zustand vorne aufsteigend, z.T. zurückgebogen und die Unterseite zeigend, meist kaum länger als breit. Farbreaktion v.a. an den Schuppenrändern deutlich, K+ langsam und oft nur fleckweise rot. Atranorin, ±Norstictin-S. . . . . **C. symphycarpa**

38! S.selten v.a. in Sandgebieten. Podetien häufig, derb, oben verdickt, glatt bis gefeldert, auch schuppig, einfach bis wenig ästig. Grundschuppen (wenn Podetien spärlich, dann dichtstehend) oben olivgrün, unterseits weißlich bis meist blaß bräunlich oder blaß rotbräunlich, aufsteigend bis aufgerichtet, verlängert, 3–15 × 1–4 mm, K+ gelb, dann rasch rot. Norstictin-S. . . . . **C. polycarpoides**

38* Auf sauren Substraten. Vom Aspekt von *C. squamosa* (37). K+ bleibend gelb. Thamnol-S. . . . . **C. squamosa** var. **subsquamosa**

39 K+ gelb, dann rasch rot . . . . **C. polycarpoides (38)**

39* Flechte nicht K+ rasch rot **40**

40 Podetienoberfläche glatt, ohne entrindete Stellen, ohne oder mit zerstreuten, aus der Rinde auswachsenden Schuppen, Rinde nicht körnig-warzig oder schuppig aufbrechend. Rinde einfarbig oder gescheckt **41**

40* Podetien nicht glatt, sondern stellenweise entrindet oder Rinde schuppig aufbrechend oder körnig-warzig oder längsfurchig-löcherig oder wie zerfressen aussehend **49**

41 Lager P–. Podetien –6 cm, ohne oder mit wenigen Schuppen **42**

41* Lager P+ gelb bis rot **44**

42 Grundschuppen zahlreich, oliv, braungrün, graugrün. Podetien –1,5 cm, einfach bis meist oben verzweigt, glatt bis runzelig berindet, aber auch aufbrechend. Mark UV+ blauweiß. Grayan-S. Auf sauren Böden. S.selten . **C. fragilissima**

42* Grundschuppen oft spärlich und bald verschwindend. Podetien in der Regel über 1,5 cm Höhe erreichend. Ohne Grayan-S. **43**

43 Podetien reich verzweigt, K+ gelb, meist aufrecht und in ± dichten Rasen vorkommend, Enden zugespitzt, geschlossen. Äste rel. stark divergierend (spreizend), oft wiederholt gabelig, daher oft nicht mit durchgehendem Hauptstämmchen, weißlichgrau, blaß grünlichgrau, die Enden stärker gebräunt, Rinde gescheckt, dunklere Areolen (durchscheinende Algengruppen) durch helle Linien getrennt. Ap. (fast) stets fehlend. Gewöhnlich auf basenreichen Böden. UV–. Atranorin, Rangiform-S. . . . . **C. rangiformis**

43* Podetien spärlich oder unregelmäßig verzweigt, K–, mit offenen, am Rand ± gezähnten Enden, mit meist deutlichem Hauptstamm und wenig divergierenden Ästen, braun bis graugrün, Rinde nicht oder schwach gescheckt. Ap. m.häufig. Grundschuppen oft bald verschwindend. Auf sauren Böden. UV+ weiß. Squamat-S., ±Barbat-S. . . . . **C. crispata**

44 Podetien ± reich dichotom verzweigt, schlank, ± aufrecht, 2–6 cm hoch, stets ohne Becher. Verbreitete und häufige, variable Flechten. Fumarprotocetrar-S. **45**

44* Podetien nur spärlich verzweigt, wenn stärker verzweigt, dann niederliegend-aufsteigend **46**

45 K+ gelb. Äste rel. stark divergierend (spreizend). Podetien oft wiederholt gabelig, daher oft nicht mit durchgehendem Hauptstämmchen, mit (s.)zerstreuten Schuppen, weißlichgrau, blaß grünlichgrau, die Enden stärker gebräunt, Rinde gescheckt. Atranorin, Rangiform-S. (rel. seltene chem. Rasse mit Fumarprotocetrar-S.) . . . . **C. rangiformis**

45* K– oder grünlich bis bräunlich, selten gelblich. Podetien ohne Schuppen bis locker schuppig, in manchen (oft reich fruchtenden) Formen stellenweise längs aufgeschlitzt und dann nur rinnig, wenig bis stark verzweigt (oft dichotom), gewöhnlich ± aufrecht, grauweiß bis graugrünlich bis d.braun. Äste meist gabelig, oft auch z.spitzwinklig abgehend. S.vielgestaltig. Ohne Rangiform-S., s.selten mit Atranorin * . . . . **C. furcata** ssp. **furcata**

46 In Kalktrockenrasen. Podetien gewöhnlich niederliegend bis aufsteigend, spärlich beschuppt, meist d.braun bis olivbraun, an der Basis häufig rissig und mit weiß aufbrechenden Beulen, locker verzweigt, mit offenen Achseln, nie mit Bechern, Äste zugespitzt, oft fast rechtwinklig abgehend. Grundschuppen gewöhnlich verschwindend. K+ gelb bis K–. Atranorin, Fumarprotocetrar-S., ±(Bourgean-S.) . . . . **C. furcata** ssp. **subrangiformis**

46* Nicht in Kalktrockenrasen. Podetien ohne aufbrechende Beulen. Wenn Podetien niederliegend, dann in kühl-feuchten, schneereichen Gebirgslagen. Achseln geschlossen. Fumarprotocetrar-S. **47**

47 Podetien dünn, meist 1–1,5 mm dick, 2,5–6(8) cm hoch, aufrecht, dichtstehend, meist mit Grundschuppen, zugespitzt, gewöhnlich zumindest vereinzelt mit angedeuteten, s.schmalen, ± gezähnten Bechern (suchen!), graugrün bis d.braun. S.variabel.* . . . . **C. gracilis (68)**
(Vorsicht vor Verwechslung mit spärlich verzweigter *C. furcata*, die nie Becher hat und in den Verzweigungsachseln oft offen ist)

47* Podetien kräftiger, 2–5 mm dick. Flechten hochmontaner bis alpiner Lagen **48**

48 Absterbende Basalteile nicht gelblich, sondern grau bis schwärzlich. Podetien niederliegend bis aufrecht, 2–12 cm lang, oft wie gedunsen, nicht oder s.spärlich schuppig, braun bis braungrau, oft glänzend, Becher rel. selten. K nicht deutlich + gelb. *. In alpinen Lagen in exponierten Rasen bis in Schneetälchen. Al . . . . . . **C. macroceras** (Delise) Havaas [*C. gracilis* v. *m.* (Delise) Flotow]

48* Absterbende Basalteile meist gelblich, nicht schwärzlich. Podetien meist ± aufrecht, 3–10(12) cm hoch, blaß grau, blaugrau, auch wie bereift, matt, scheckig, zwischen den Flecken weißlich vernetzt, mit oder ohne Schuppen, unverzweigt oder verzweigt, lang zugespitzt oder mit schmalen, am Rand sprossenden Bechern, K+ deutlich gelb. Atranorin *. An lang schneebedeckten Orten in der alpinen Stufe, in kalten Blockhalden – arkt-alp – Al . . . . **C. ecmocyna** (Gray) Leighton
(in Nordeuropa, mit kaum oder nicht weiß genetzter Rinde, ähnl. *C. gracilis*, aber wesentlich kräftiger, Becher meist z.selten, schief und sprossend, ±Atranorin*: **C. maxima** (Asah.) Ahti)

49 Ap. beige, rosabräunlich bis blaß braun, stets vorhanden, kopfig am Ende der Podetien. Podetien gelbstichig, gelblichgrau bis blaß gelbgrünlich, stiftförmig bis oben in wenige, ± auf gleicher Höhe endenden Ästen geteilt, –1(1,5) cm, mit warzig areolierter Oberfläche. KC+ h.gelb. Grundschuppen unauffällig. Barbat-S., ±Usnin-S. S.seltene Art v.a. auf Hirnschnitten von Stümpfen . **C. botrytes**

49* Ap. braun bis d.braun (nur feucht heller) oder fehlend. Podetien nicht gelbstichig (höchstens basal gelblich) **50**

50 Podetien mit offenen, ± zylindrischen bis trichterigen Enden oder mit am

Grunde offenen Bechern, in der Regel dicht mit graugrünen bis blaßgrünen, seltener bräunlichen, zerschlitzten Schuppen bedeckt, dazwischen entrindet und weißlich, selten körnig-kleinschuppig und gefeldert, pfriemlich zugespitzt, schmal trichterig bis mit angedeuteten, undeutlich abgesetzten Bechern. Grundschuppen meist s.zahlreich und dichtstehend. S. vielgestaltig.
In der Regel P–, K–: var. *squamosa* (Squamat-S.); P+ orange, K+ gelb: var. *subsquamosa* (Thamnol-S.) . . . . **C. squamosa**

50* Podetien anders (Enden und Achseln nicht offen) **51**

51 Podetien einfach oder oben verzweigt, ± berindet oder mit Schuppen auf entrindeter weißer Oberfläche, v.a. gegen die Basis geschwärzt, dünnwandig. Mit zahlreichen oliv, braungrün bis graugrün gefärbten Grundschuppen. R–, UV+ weiß. Grayan-S. . . . . ↑ **C. fragillissima**

51* Podetien längsrissig oder deutlich längsfurchig oder durchbrochen (Hyphen des Markes in Längsrichtung angeordnet, oft Längsstränge erkennbar), oft rel. dickwandig, einfach stiftförmig bis oben ästig. Rinde der Podetien gefeldert bis schollig oder ± aufgelöst. Ohne Grayan-S. **52**

52 Podetien K+ gelb, P– oder + orangerot, C–, 0,5–2 cm, oben ästig und Äste größtenteils ± auf gleicher Höhe endend („trugdoldig") und mit großen endständigen, vorragenden Ap., teilweise entrindet und deutlich längsrissig bis meist durchbrochen und zerschlitzt, stellenweise körnig bis schollig berindet, graugrün bis grau. Atranorin, ±Fumarprotocetrar-S., ±Norstictin-S.
. . . . **C. cariosa**

52* Podetien K–, einfach oder oben wenig ästig **53**

53 P+ rot, mit Fumarprotocetrar-S. Podetien grauweiß, grau, bräunlich grüngrau, meist einfach, körnig-warzig, teilweise entrindet, ± längsrissig, –1,5 cm, stets mit einem endständigen Ap. Grundschuppen klein, um 1 mm, oft mit Pykn.
. . . . **C. peziziformis**

53* P– oder P+ tiefgelb, ohne Fumarprotocetrar-S. **54**

54 P–, mit Perlatol-S. Podetien 1–4 cm hoch, 0,5–2 mm dick, weißgrau bis grau(-bräunlich), mit schollig gegliederter Rinde, Schollen zu Schuppen auswachsend und sich leicht ablösend, zwischen den Schuppen etwas körnig sorediös. Ähnelt *C. macrophylla* . . . . **C. decorticata**

54* P+ tiefgelb, mit Psorom-S. Podetien z.kräftig, grauweiß bis braunstichig grau, warzig-schollig berindet bis schuppig **55**

55 Grundschuppen meist groß, 3–6(8) mm lang, Podetien –4(6) cm hoch, 1–5 mm dick, einfach und mit großen kopfigen Ap. oder wenig geteilt und dann oft steril und pfriemlich endend, grünlichgrau bis bräunlich, oft teilweise entrindet, ± dicht mit zentral angewachsenen konkaven bis flachen Schuppen besetzt, oft längs geschlitzt oder löcherig, Pykn. häufig. UV–. *
. . . . **C. macrophylla**

55* Grundschuppen kleiner, –3 mm, Podetien –8 mm hoch, einfach oder spärlich geteilt, stets mit Ap. *. Ähnl. *C. macrophylla*, Eigenständigkeit fraglich
. . . . **C. brevis**

56 Grundschuppen flach anliegendend oder nur randlich etwas aufsteigend, dicht zus.schließend bis überlappend und ein anliegendes, z.dickes, am Rand angedeutet gelapptes, meist bräunliches bis braungrünliches Lager bildend. Podetien kurz, flach- und breitbecherig (5–10 mm breit, meist nur bis 1,5 cm hoch), schollig bis flachwarzig oder grobkörnig berindet, in den Bechern schollig-warzig. Fumarprotocetrar-S., ±Atranorin. Auf kalkreichen Böden . . . . **C. pyxidata** ssp. **pocillum**

56* Grundschuppen kein zus.hängendes Lager bildend **57**

57 Podetien im oberen Teil grobkörnig, körnig-warzig oder mit ± anliegenden (sich teilweise ablösenden) Schollen bedeckt (zumindest im Innern der Becher deutlich), –2,5(3) cm **58**

57* Podetien im oberen Teil ± glatt berindet (aber oft etwas gescheckt durch feines helleres Netz), nicht körnig, gewöhnlich nicht mit anliegenden Schollen bedeckt, aber oft mit abstehenden Schuppen **60**

58 Becher meist schmal und unregelmäßig bis nur angedeutet, am Rande sprossend oder mit gehäuften Ap. besetzt. Podetien z.T. stumpf (ohne Becher) endend, warzig-schollig oder mit Schuppen besetzt, nach oben zu fast stets stellenweise körnig, fleckweise entrindet, s.variabel, häufig mit blaßbraunen, feucht durchscheinenden, geknäuelten Ap. Grundschuppen meist reichlich entwickelt, klein: Fumarprotocetrar-S. . . . . **C. ramulosa**

58* Becher stets vorhanden, deutlich entwickelt, breit, mitunter vom Rand sprossend (*C. pyxidata* s.l.) **59**

59 Oft mit Fumarprotocetrar-S., stets mit weiterem Inhaltsstoff. Becher gewöhnlich stellenweise körnig . . . . vgl. **C. pyxidata** ssp. **grayi (26)**

59* Nur mit Fumarprotocetrar-S. Podetien von groben, anliegenden Schollen bedeckt bzw. grobwarzig berindet, stellenweise mitunter auch entrindet, an keiner Stelle körnig, grau, grüngrau, bräunlich. Ap. häufig, oft auf kurzen Stielen . . . . **C. pyxidata** ssp. **pyxidata**

60 Grundschuppen s.groß (meist über 10 mm), aspektbeherrschend, dichtrasig, K+ gelb, P+ orangerot. Fumarprotocetrar-S., Atranorin. Im Hochgebirge oder s.selten **61**

60* Mit anderen Merkmalen. Wenn Lager K+ gelb, dann Grundschuppen klein **62**

61 Nicht im Hochgebirge. Grundschuppen groß, verlängert, bis 20 × 4 mm, aspektbeherrschend, ± regelmäßig gabelig geteilt, ± aufrecht, blaugrau, bleigrau, unterseits grau bis weißlich, gegen die Basis oft schwarz. Podetien kurz, meist –1 cm, unregelmäßig gedunsen, oft mit Längsrissen, mit rel. breiten, deformierten, vom Rand (auch von der Mitte) sprossenden Bechern.* . . . . **C. subcervicornis**

61* Hochgebirgsflechte, Grundschuppen rundlich bis verlängert, –15 mm lang, 5–10 mm breit, gelappt oder eingeschnitten, konkav oder zurückgerollt, aufsteigend, graugrün, bläulich graugrün, unterseits weiß, Podetien –15 mm, mit oft schlecht entwickelten, kurzen, flachen, breiten Bechern, mitunter aus der Mitte sprossend. * . . . . **C. macrophyllodes** Nyl.

62 Podetienbecher ± regelmäßig, oft aus der Mitte sprossend **63**

62* Becher nicht aus der Mitte sprossend. Grundschuppen vorhanden oder verschwindend **65**

63 Hochgebirgsflechte, K+ gelb, P+ rot. Atranorin. Fumarprotocetrar-S. . . . . vgl. **C. ecmocyna (48)**
63* Vom Tiefland bis ins Gebirge, K–, P+ gelb oder rot. Podetien ± glatt oder flachwarzig berindet, graugrün bis braun. Grundschuppen in der Regel deutlich, groß, länglich, dichtstehend, ± aufsteigend und zurückgebogen, bei starker Entwicklung Podetien oft spärlich. P+ gelb oder rot. Ohne Atranorin. *C. cervicornis* **64**
64 P+ tiefgelb. Podetien oft schlecht entwickelt, rel. selten mehrstöckig, schlanker als bei der ökol. ähnlichen ssp. *verticillata*, Becherrand unregelmäßig gezähnt. Grundschuppen dichtstehend, bis 5 × 1 mm. Psorom-S. . . . . **C. cervicornis** ssp. **pulvinata**
64* P+ rot. Becher z.breit, regelmäßig, mit ganzem oder durch Pyknidien bzw. Ap. ± gezähntem Rand. Grundschuppen rel. spärlich und Podetien gut entwickelt und oft mehrstöckig (ssp. *verticillata*) oder Grundschuppen kräftig, dicht, –10 mm lang und dann Podetien oft schwach entwickelt (ssp. *cervicornis*). Fumarprotocetrar-S. . . . . **C. cervicornis**
65 P–. Podetien z.T. becherlos, z.T. mit s.schmalen, undeutlich abgesetzten Bechern, oft stark verzweigt, braun, oft in dichten Beständen . . . . **C. crispata** var. **cetrariiformis** (Delise) Vainio
65* P+ rot. Fumarprotocetrar-S. **66**
66 Podetien K+ gelb, meist 6–12 cm hoch, 2–4(5) mm dick, blaß grau, blaugrau, auch wie bereift, matt, scheckig, zwischen den Flecken weißlich vernetzt, mit oder ohne Schuppen, unverzweigt oder verzweigt, lang zugespitzt oder mit schmalen, am Rand sprossenden, oft unregelmäßigen Bechern, gegen die Basis oft gelblich. Grundschuppen spärlich bis fehlend. Atranorin *. An lang schneebedeckten Orten in der alpinen Stufe, in kalten Blockhalden – arkt-alp – Al . . . . **C. ecmocyna** (Gray) Leighton
(wenn in Nordeuropa, Podetien grünlichgrau, leicht bläulichgrau, oliv, gegen die Spitzen braun, basal blaß gelblich, oben 1- bis 2fach gegabelt, s.selten schuppig, Rinde kaum genetzt bzw. Netz nicht weiß. Becher z. selten, schmal, unregelmäßig bis schief, vom Rand her sprossend: . . . . . . **C. maxima**, 48)
66* Podetien K– **67**
67 Podetien an der Basis gesprenkelt-gescheckt, mit hellen (berindeten) Areolen auf ± ausgedehnten geschwärzten unberindeten Bereichen, s.vielgestaltig. Becher in der Regel vielfach (oft mehrstöckig) aus dem Rand sprossend, gezähnt, oft gespalten, zerrissen, undeutlich abgesetzt, bisweilen nur angedeutet, ± glatt, aber ± scheckig (dunklere Flecken = Algengruppen, dazwischen heller und oft s.fein filzig), Becher und basale Teile der Podetien oft schuppig. Grundschuppen oft fehlend. * . . . . **C. phyllophora**
67* Podetien an der Basis nicht auffallend gesprenkelt (Lupe), oft teils zugespitzt, graugrün bis meist braungrün bis braun, oft durch hellere Linien leicht gefeldert **68**
68 Podetien kräftig, 2–5 mm dick. Flechte hochmontaner bis alpiner Lagen . **48**
68* Podetien s.schlank und dünn, 1–2 mm dick, oft auffallend gerade, wenigstens vereinzelt mit Bechern, meist kaum verzweigt (wenn verzweigt, dann Achseln

in der Regel geschlossen), glatt, im Becherbereich kaum schuppig, (2,5)3–6(8) cm. Becher meist z.regelmäßig, meist s.schmal, –2 mm, oft durch Pykn. gezähnt, vereinzelt aus dem Rand sprossend. Grundschuppen meist bleibend. Variable Art. * . . . . **C. gracilis**

Cladonia TS 4: Häufig ohne Podetien auftretende Arten (Auswahl häufiger oder markanter Arten)

1 Schuppen C+ auffallend spangrün, derb, dicht gedrängt, oft polsterig . . . . **C. strepsilis (TS 3/33)**

1* Schuppen nicht C+ spangrün **2**

2 Lager K+ gelb, dann zumindest fleckenweise rot. Bodenbewohnend **3**

2* Lager K– oder K+ gelb **4**

3 Lager K+ gelb, stellenweise langsam rot, P+ gelb bis rot. Atranorin, Norstictin-S. Auf basenreichen Böden . . . . **C. symphycarpa (11)**

3* Lager K+ gelb, dann rasch durchweg K+ rot, Schuppen unterseits weißlich, blaß bräunlich, blaß rotbräunlich. Norstictin-S. Meist auf Sand- und Kiesböden . . . . **C. polycarpoides (TS 3/38)**

4 Auf Holz und Rinde **5**

4* Auf Erdboden, Rohhumus, bemoostem Fels **9**

5 Lager K+ gelb, Thamnol-S. **6**

5* Lager K–, Schuppen meist nur –2 mm, rasig **8**

6 Schuppen unterseits und am Rand sorediös, oft (muschelig) aufgebogen, breit abgerundet, –1 cm breit, kaum geteilt, K+ gelb, unterseits an der Basis oft gelblich. * . . . . **C. digitata (TS 2/2)**

6* Schuppen kleiner, –4(5) mm, rasig, höchstens am Rand sorediös, dann aber nicht breit abgerundet, sondern gekerbt-geteilt **7**

7 Schuppenränder stark gegliedert, körnig-koralloid, ± sorediös, Schuppen bis 5 × 1 mm. * . . . . **C. parasitica (TS 3/13)**

7* Schuppenränder eingeschnitten, aber nicht körnig-koralloid. Schuppen meist –2 × 1 mm. * . . . . **C. macilenta (TS 2/4)**

8 Lager P–, UV+ weiß, Schuppen – 2 mm, länglich, meist dichtrasig. Squamat-S. . . . . **C. squamosa (TS 3/30)**

8* Lager P+ orangerot: steril schwer ansprechbar, v.a. *C. coniocraea, pyxidata* ssp. *chlorophaea* (beide mit meist leicht grünlichen Schuppen), seltener *C. macilenta* (mit ± grauen Schuppen), *C. caespiticia*

9 Auf kalkreichen Böden, auf Moosen über Kalkfels **10**

9* In der Regel auf sauren Böden, bemoostem Silikatfels **13**

10 Schuppen dicht zus.schließend, ein verflachtes, krustig-schuppiges, oft rosettiges, am Rande effiguriertes Lager bildend. Fumarprotocetrar-S. . . . . **C. pyxidata** ssp. **pocillum (TS 3/56)**

10* Schuppen nicht dicht zus.schließend, getrennt, ± aufsteigend **11**

11 Schuppen unterseits weiß, oberseits h.grau bis (grünlich)grau, ohne randliche Fibrillen, (trocken) aufgebogen, 2,5–6 mm lang, 2,5–4 mm breit. K+ gelb, P–. Atranorin . . . . **C. symphycarpa**

11* Schuppen unterseits ± h.gelb, oberseits gelblich olivgrün, P+ rot, K–, KC+ h.gelb, wiederholt geteilt, aufsteigend, Enden zurückgerollt und die Unterseite zeigend, am Rand oft mit kleinen Büscheln kurzer Borsten (*C. foliacea* s.l.). Usnin-S. **12**

12 Schuppen s.groß, blattflechtenartig, 15–40 × 2–10 mm, mit meist s.zerstreuten (auch fehlenden) weißlichen Fibrillen am Rand, meist lockere Rasen bildend. * . . . . **C. convoluta**

12* Schuppen z.groß, 4–15 × 1–3 mm, am Rande bisweilen mit schwärzlichen Fibrillen, gedrängte Rasen bildend. Selten auf Kalkböden übergehend* . . . . **C. foliacea** s.str.

13 Schuppen P– **14**

13* Schuppen P+ gelb, orange, rot **17**

14 Schuppen mit leicht gelblichem Ton, meist grüngelblich, unterseits weiß, aber an der Basis oft gelb. Oft mit roten Pykn. Mit Usnin-S. (Rotfrüchtige Arten, TS 2) **15**

14* Schuppen nicht mit gelblichem Ton, gekerbt, dicht rasig bis fast polsterig. Pykn. braun. Ohne Usnin-S. . . . . **C. squamosa**

15 Mit Squamat-S., UV+ weiß, vgl. v.a. *C. incrassata, C. bellidiflora, C. sulphurina* (s.selten auch *C. luteoalba*)

15* Ohne Squamat-S., UV nicht weiß **16**

16 Schuppen grüngelb, mit blaßgelber, wollig-spinnwebiger (Lupe) Unterseite, im trockenen Zustand zurückgebogen. * Zeorin, ±Porphyril-S. Auf torfigen Böden, Rohhumus – arkt-alp . . . . **C. luteoalba** Wheldon & A.Wilson

16* Mit anderen Merkmalen, Unterseite der Schuppen nicht wollig-spinnwebig. * . . . . **C. coccifera**-Gruppe **(TS 2/9)**

17 Schuppen unterseits und am Rand sorediös, oft (muschelig) aufgebogen, breit abgerundet, –8(10) mm breit, kaum geteilt, derb, K+ gelb, unterseits an der Basis oft gelblich. Thamnol-S. V.a. auf Rohhumus, Torf . **C. digitata (TS 2/2)**

17* Schuppen unterseits nicht sorediös **18**

18 Schuppen unterseits weiß bis h.grau, ohne randliche Fibrillen. Ohne Usnin-S. **19**

18* Schuppen unterseits ± h.gelb, oberseits gelblich olivgrün, P+ rot, K–, KC+ h.gelb, wiederholt geteilt, aufsteigend, Enden zurückgerollt und die Unterseite zeigend, am Rand oft mit schwärzlichen Fibrillen, z.groß, 4–15 × 1–3 mm, gedrängte Rasen bildend. Usnin-S. . . . . **C. foliacea** s.str.

19 Schuppen unterseits grau bis grauviolett, Lager K+ gelb, P+ rot, polsterbildend bis dicht rasig **20**

19* Schuppen unterseits weiß, selten grau (dann K–) **21**

20 Schuppen unterseits grauviolett, 4–10 mm, oberseits graugrün, länglich, aufsteigend und zurückgebogen. Fumarprotocetrar-S., Atranorin, ±Rangiform-S. Ökol. ähnl. *C. foliacea* – atl . . . . **C. firma** (Nyl.) Nyl.

20* Schuppen unterseits weiß bis blaß grau, zumindest an der Basis grau bis geschwärzt, oberseits ± bläulichgrau bis bleigrau, dichotom geteilt, ± aufrecht, –2(3) cm lang. Atranorin, Fumarprotocetrar-S. . **C. subcervicornis (TS 3/61)**

21 Lager K+ gelb **22**

21* Lager K– **25**
22 Hochgebirgsflechte, an lange schneebedeckten, kühlen Orten. Grundschuppen rundlich bis verlängert, –15 mm lang, 5–10 mm breit, ± gelappt oder eingeschnitten, konkav oder zurückgerollt, aufsteigend, graugrün, bläulich graugrün, unten weiß. Atranorin, Fumarprotocetrar-S. . . **C. macrophyllodes** Nyl.
22* An anderen Standorten. Grundschuppen kleiner **23**
23 Auf basenreichen Böden an warmen Standorten, z.B. über SiO_2-armen Silikatgesteinen. Schuppen 2,5–6 mm lang, 2,5–4 mm breit, unterseits weiß, oberseits h.grau bis (grünlich)grau, (trocken) auffallend aufgebogen, P–/P+ gelb bis orange. Atranorin, ±Norstictin-S. . . . . **C. symphycarpa**
23* An anderen Standorten. Schuppen kleiner, –2 mm, eingekerbt. Mit Thamnol-S. **24**
24 Schuppen grau, oft relativ locker stehend . . . . **C. macilenta (TS 2/4)**
24* Schuppen grünlichgrau bis bräunlich, gekerbt, dichtrasig . . . . † **C. squamosa** ssp. **subsquamosa**
25 Basalschuppen –4(5) mm lang, nicht langgestreckt, Enden zurückgebogen, graugrün bis graubraun, unterseits weiß, aber oft auch leicht grau-, braun- bis violettstichig, etwas filzig **26**
25* Basalschuppen meist kleiner, Enden nicht umgebogen, unterseits weiß, P+ rot. Fumarprotocetrar-S. **27**
26 Lager P+ tiefgelb. Psorom-S. . . . . **C. cervicornis** ssp. **pulvinata (TS 3/64)**
26* Lager P+ rot. Fumarprotocetrar-S. . . . . **C. cervicornis (TS 3/64)**
27 Basalschuppen eine dichte, niedrige Matte bildend, unregelmäßig eingeschnitten, meist verlängert, meist mit einzelnen versteckten, scheinbar auf den Schuppen sitzenden braunen Ap. * . . . . **C. caespiticia (TS 3/31)**
27* Mit anderen Merkmalen. * Schwer bestimmbar, z.B. *C. coniocraea, C. pyxidata, C. fimbriata*

Cladonia amaurocraea (Flörke) Schaerer
In subalpinen bis alpinen, s.niederschlagsreichen Lagen auf nährstoffarmen, aber oft z.basenreichen, humosen Böden, z.B. auf frischen sandigen Lehmböden in Lücken von Zwergstrauch-Ges., über feuchtem Rohhumus und Moosen auf und zwischen Felsen und Blöcken, stets an Stellen mit z.langer Schneebedeckung, an lichtreichen, aber nie stark besonnten, oft nur m.windexponierten Standorten, die langzeitige und häufige Wasserversorgung gewährleisten, m.–e.acidoph. – arkt-bor-mieur·alp – s.selten (1); Vog, süSch (Feldberg), *Al, Ts* (*Feldberg*), BayW, ThüW, Hz

Cladonia arbuscula (Wallr.) Flotow [C. sylvatica auct., Cladina a. (Wallr.) Hale & W.Culb.]
ssp. **arbuscula**
V.a. in Zwergstrauchheiden der alpinen Stufe, ähnl. *Cetraria niv.* (†) – mieur(·alp) – selten *(0)*; *Ju*
ssp. **mitis** (Sandst.) Ruoss [C. mitis Sandst., Cladina mitis (Sandst.) Hustich]
in alpinen Lagen häufiger als ssp. *squarrosa*; in Tieflagen in S-Dtschl. selten (Rh-Mn-T, Mn, Sch, Ju, Ts, MRh, He) – arkt-mieur(-smed·mo) – (2)

ssp. **squarrosa** (Wallr.) Ruoss
Bis über die Baumgrenze, auf frischen bis trockenen, meist nährstoffarmen, sauren, humosen Sand- und Steinböden, flachgründigen sandigen Lehmböden, auf Torfböden und auf Rohhumusdecken, auf Nadelstreu, über Moosen auf und zwischen Silikatfels, besonders in montanen bis subalpinen, niederschlagsreichen Lagen, in Sandgebieten auch im Flachland verbreitet, im Gebiet v.a. in Borstgrasrasen und Zwergstrauchheiden (mit Heidelbeere), auf bemoosten Blockmeeren und felsreichen Blößen, an Waldrändern, in Moorrandwäldern, in Norddeutschland v.a. in sandigen Nadelwäldern, an z.lichtarmen bis s.(meist z.)lichtreichen Standorten. Hauptstandortsbedingungen: Gewährleistung häufiger Quellung, z.B. durch hohe Niederschläge, mäßige Konkurrenz durch höhere Pflanzen, wie z.B. durch Nährstoffarmut und extreme Flachgründigkeit. Gewöhnlich zwischen lückiger Phanerogamenvegetation, nicht an Erdanrissen, Böschungen; e.–m.acidoph.(–subneutroph.) - (arkt-)bor-mieur(-smed·mo) - (z.)selten (3); Vog, Sch, Rhön, PfW, RhSch, ThW, Erz; sonst meist selten (z.B. O, Ju, HeBgl)

Cladonia bellidiflora (Ach.) Schaerer
In subalpinen und alpinen Lagen, selten tiefer, ähnl. *C. amaurocraea*, doch an luftfeuchteren und substratfeuchteren, windgeschützten Standorten, vorwiegend zwischen Moosen und über feuchtem (Roh-)Humus zwischen Felsen sowie auf frischen, humosen Mineralböden (z.B. mit *Lecidoma*) - arkt-bor-mieur·alp - s.selten (1); Vog, süSch (Feldberg-Gebiet), Ts, BayW, Erz, Hz, Al

Cladonia borealis Stenroos
Bis in montane Lagen, oft in rel. wintermilden humiden Gebieten auf bemoosten Blöcken und Felsen sowie auf mageren sauren Böden an lichtreichen Standorten, z.B. in Blockmeeren (ähnl. *C. gracilis*) - arkt-mieur(mo) - selten (3); O, *SFW*, Sch, Westf

Cladonia botrytes (Hagen) Willd.
S.ähnl. *C. carneola* (†), oft in Ges. mit dieser - bor-mieur·h'mo (-smed·h'mo) - s.selten (0); *Ju (Ortenberg), süRhön (Thulba, +?), FrJu,* Obay

Cladonia brevis (Sandst.) Sandst.
Ähnl. *C. verticillata*, auf verdichteten Sand- und sandigen Lehmböden, wohl mehr in niederschlagsreichen Lagen - mieur·subatl - s.selten (0); süSch (Feldberg, Schramberg)

Cladonia caespiticia (Pers.) Flörke
Bis in die montane Stufe, v.a. in wintermilden Gebieten, auf humusarmen, sandigen und steinigen Lehmböden, an offenen Böschungen an Wegen, auf Feinerde zwischen Felsen, auf kalkarmen, m.–z.sauren, oft nährstoffarmen Substraten an m.–s.lichtreichen, meist besonnten, m.–z.trockenen Standorten, oft am Rande von oder in Eichen-Buchen-W., am Rande bzw. in Lücken von Heiden (z.B. Flügelginster-Heiden), besonders in Sandstein-Gebieten, über Orthogneis, Granit, (subneutroph.–) m.–z.(s.) acidoph., oft mit *C. subulata* - mieur·subatl-smed(-med·mo) - z.selten; Sch (bis ca. 900 m), Vog, Pf, RhSch, Lahn, He, ThW, Th, Erz, O, Sp, SFW, Ne (Keupergebiete), süHü, Ml

Cladonia cariosa (Ach.) Sprengel
In kollinen und submontanen, selten montanen Lagen auf basenreichen, kalkfreien bis z.kalkreichen (oberflächlich entkalkten), humusarmen bis humosen, meist durchlässigen (z.B. sandigen) Böden, z.B. zwischen Felsen, an grusigen, steinigen, feinerdereichen, m.–z.nährstoffreichen Stellen, an verdichteten Wegrändern, an alten Feuerstellen, in alten Kiesgruben und Steinbrüchen, auf Bergwerkshalden, auch auf Dolomitsand, an z.warmen, trockenen, besonnten Standorten, m.(z.)acidoph.–neutroph – arkt-smed·mo(-med·mo) – selten (2); süSch, *nöSch*, Vog, Eif, nöRh, Rh-Mn-T, Ts, HeBgl, *O, Sp, SFW,* Ju, *Al,* meist nur wenige Funde

Cladonia carneola (Fr.) Fr.
In hochmontanen, (s.)niederschlagsreichen Lagen bis zur Baumgrenze, selten in der montanen Stufe, auf z.–s.morschem, die Feuchtigkeit lange haltendem Holz, besonders auf verrottenden Stümpfen, auf Rohhumus, in lichten Nadelwäldern, in Mooren, an Rändern von Magerweiden, an m.–s.lichtreichen, kühl-feuchten bis sonnig-wechselfeuchten Standorten, z.–e.acidoph., z.substrathygroph., anitroph. – (arkt-)bor-mieur·h'mo – s.selten (2); Sch, *SFW,* ThW, Erz, Al

Cladonia cenotea (Ach.) Schaerer
V.a. in hochmontanen und montanen, niederschlagsreichen Lagen bis zur Baumgrenze, doch auch weit herabsteigend, auf z.–s.morschem Holz, besonders auf Stümpfen, seltener auf saurem, humosem Heide- und Torfboden, die ökol. Amplitude von *C. carneola* und größtenteils von *C. macilenta* umfassend, doch m.morsches Holz sowie rel. trockene Standorte meidend, e.–z.acidoph., m.–z.substrathygroph. – (arkt-)bor-smed·mo(-med·mo) – z.selten; Sch, Vog u. Al über 800 m zerstr., Av, Do, ThW, Erz, BayW, sonst (s.)selten (z.B. SW-Ju, Ts, He)

Cladonia cervicornis (Ach.) Flotow
ssp. **cervicornis**
Substratökologisch ähnl. ssp. *verticillata,* mehr in milden Lagen – bor-med, subatl – selten, z.B. RhSch, Th, ThW
ssp. **pulvinata** (Sandst.) Ahti [C. rappii auct.]
↑ ssp. *cervicornis* – mieur·atl-med – selten
ssp. **verticillata** (Hoffm.) Ahti [C. verticillata (Hoffm.) Schaerer]
In sub- bis hochmontanen Lagen, selten tiefer, auf sauren, m.nährstoffreichen sandigen Lehm-, seltener Sandböden, über grusiger Verwitterungsschicht oder Feinerde auf Silikatfelsen (auch auf leicht sickerfeuchten Flächen), auf nackter Erde an Wegrändern und -rainen, nicht auf Rohhumus, v.a. in Borstgras-, Flügelginster- und Zwergstrauch-Heiden, optimal an sonnigen, niederschlagsreichen Stellen mit oft wechselnden Feuchtebedingungen, m.–z.acidoph., z.–s.photoph. – arkt-med – z.selten–selten (3); süSch, Vog, nöPf, RhSch, ThW, Erz, sonst s.selten (nöSch, O, Sp, nöRh, Rh-Mn-T, Lahn, Rhön, *Ne, Ju, SFW, Do,* Av)

Cladonia ciliata Stirton [C. tenuis (Flörke) Harm., Cladina c. (Stirton) Trass, mit var. ciliata und var. tenuis (Flörke) Ahti]
Bis in die montane Stufe auf nährstoffarmen, aber oft basenreichen, meist trockenen Sand- und Steinböden, flachgründigen sandigen und steinigen Lehmböden, z.B.

im Bereich von Sandsteinschichten des Keupers, in s.lichten, armen Eichen-Hainbuchen- und Buchen-W. (Luzulo-Fagion) und auf sauren Magerrasen, aber auch auf kalkreichen Rohböden in Kalkmagerrasen und Kiefern-W., selten auf Torfböden; rel. anspruchslose Art in bezug auf die Feuchtebedingungen, v.a. in m.niederschlagsreichen bis z.niederschlagsarmen Lagen, z.acidoph.–neutroph. - bor·atl-mieur·subatl-med·atl - selten (2); RhSch, Sch z.selten, sonst selten bis s.selten, z.B. O, Sp, nöRh, Rh-Mn-T, Lahn, Th, Erz, nöPf, Mn, Ne, SFW, süHü, SJu, Al

Cladonia coccifera (L.) Willd. [incl. C. diversa Asperges]
In montanen bis alpinen, humiden, meist niederschlagsreichen Lagen, selten (an kühl-feuchten Orten) tiefer, v.a. auf kalkfreien, aber relativ basenreichen, m.nährstoffreichen, humosen, frischen, sandigen bis steinigen Böden, auf dünner humoser Feinerdeauflage über Silikatgestein, seltener direkt auf Gestein, vorwiegend an felsigen Abhängen, auf Steinhaufen und Blöcken in Zwergstrauchheiden und Magerrasen, oft an lange taufeuchten Orten, m.–z.acidoph., m.–z.substrathygroph. - (s')bor(subatl)-mieur(subatl)-med·mo - z.selten; Sch, Vog, Rhön, Al, sonst (s.)selten (O, Sp, SFW, RhSch, Pf, Av)

Cladonia coniocraea auct.
Weit verbreitete Flechte von weiter ökolog. Amplitude, ähnl. *C. macilenta, C. pyxidata* ssp. *grayi, C. digitata,* besonders am Grunde von Bäumen und auf morschem Holz, an sauren Erdrainen und über Moosen - bor-smed(-med) - häufig(-s.häufig), in Kalkgebieten spärlicher

Cladonia convoluta (Lam.) Anders [C. endiviifolia (Dickson) Fr.]
In kollinen, warmen, niederschlagsarmen Lagen an trockenen, warmen Standorten auf kalkreichen, (m.)flachgründigen, steinigen Böden an offenen bis m.dicht bewachsenen Stellen von Trocken- und Halbtrockenrasen (Bromion, Gentiano-Koelerietum) sowie am Rand von Kiefern-W., gegenüber *Fulgensia fulgens* meist an tiefergründigen, stärker bewachsenen Stellen, weniger warme Stellen tolerierend, aber ökolog. Amplitude stark überlappend, subneutroph.–m.basiph., xeroph. - s'mieur·subko-med - selten (2); Mn(-süRhön), Th, süHü-süRh, Ju*, Eif, Hz

Cladonia cornuta (L.) Hoffm.
In montanen bis subalpinen Lagen, selten tiefer, an meist kühlen Standorten auf durchlässigen Sand- und sandigen Lehmböden, auf Rohhumus und morschem Holz, in Zwergstrauchheiden und lichten (Nadel-)Wäldern, z.–e.acidoph. - (arkt-)bor-mieur·mo - selten (2); Sch, Al, sonst wohl s.selten (Sb, O, Sp, Ts, *Vgb, SFW,* Av, Eif, ThW)

Cladonia crispata (Ach.) Flotow
In montanen bis alpinen, niederschlagsreichen Lagen auf sauren, steinigen, sandigen und sandig-lehmigen, humosen Böden und auf Streu, besonders in lückigen Zwergstrauchheiden an m.–z.windoffenen, gewöhnlich lichtreichen Standorten, z.–e.acidoph. - arkt-mieur - selten-s.selten (1), im außeralpinen Raum stark gefährdet; Sch, Av-Do, Al, *Ju?,* Eif, *Sp?,* O?, *Fr,* ThW, Th, Hz, *BayW*

Cladonia decorticata (Flörke) Sprengel
Bis in subalpine Lagen auf sauren, sandigen, durchlässigen Böden an offenen Stellen, an Wegrainen, seltener auf Rohhumus, verrotteten Stümpfen, an gelegentlich sickerfeuchten erdverkrusteten Felsflächen, m.–s.acidoph. - bor-mieur - s.selten (0); *nöRh*

Cladonia deformis (L.) Hoffm.
V.a. in montanen Lagen bis zur Baumgrenze auf sauren, nährstoffarmen, stärker humosen, besonders sandigen Böden, auf Torf und Rohhumus, z.B. in Vegetationslücken von Zwergstrauchheiden, in lichten Nadelwäldern, seltener auf z.–s.morschem Holz, gewöhnlich an m.–s.lichtreichen Standorten mit häufig wechselnden Feuchtebedingungen, e.-z.(m.)acidoph., substrathygroph. - (arkt-)bor-mieur - selten (3); Sch und Vog zerstr. über 700 m, RhSch, ThW, Al, seltener z.B. Av-Do, PfW, SFW, Sp, Rhön, s.selten in trocken-warmen Lagen und Kalkgebieten (z.B. Rh-Mn-T)

Cladonia digitata (L.) Hoffm.
Weit verbreitet bis etwa zur Baumgrenze, v.a. auf m.–s.morschen Baumstümpfen, verrottetem Holz und auf rissiger Borke am Fuße von Bäumen (in tiefen Lagen v.a. an Kiefer), auf Rohhumus, Torfböden, über erd-, rohhumus-, holz- und felsbewohnenden Moosen, auf humusreichen bis selten humusarmen Mineralböden (z.B. an Wegböschungen, von weiter ökolog. Amplitude, auch an z.trockenen Standorten, e.–m.acidoph., m.–z.substrathygroph. - bor-med - häufig, nur in Kalkgebieten und trocken-warmen Gebieten spärlicher, mit Ausbreitungstendenz

Cladonia fimbriata (L.) Fr. [C. major (Hagen) Sandst.]
Besonders von der kollinen bis in die hochmontane Stufe auf sauren, nährstoffarmen bis m.nährstoffreichen sandigen Lehmböden, humosen Sandböden, seltener auf morschem Holz, am Grund von Bäumen, selten auf s.sauren Substraten, kaum auf Rohhumus und Torf, oft als ephemerer Pionier, wie an offenen Böschungen, Wegrändern, in Magerrasen und Zwergstrauchheiden, auf nacktem Boden in lichten Wäldern (z.B. Luzulo-Fagion), an meist lichtoffenen Standorten, subneutroph.–z.(s.)acidoph. - (arkt-)bor-med – z.häufig, in Kalkgebieten spärlicher

Cladonia foliacea (Hudson) Willd. [C. alcicornis (Leightf.) Fr.]
In kollinen und submontanen, (oft) niederschlagsarmen Lagen an besonnten Standorten, auf kalkfreien bis selten kalkreichen, nährstoffarmen, aber oft ± basenreichen Böden, besonders Sandböden und grusigen und steinigen Rohböden, an felsigen Hängen, auf Dünen, in Sandfluren, in Sedo-Scleranthetea-Ges., selten in Lücken steiniger Kalktrockenrasen, neutroph.–m.(z.)acidoph., z.xeroph – mieur·subatl-med - selten (2)*; RhSch und nöPf zerstreut, He, Th, sonst selten–s.selten (Vog, PfW, nöRh, nöHü-O, Rh-Mn-T, Sp, Mn, süRhön, Erz)

Cladonia fragillissima Östh. & P.James
Ähnl. *C. subulata* und *C. fimbriata* (↑), aber auch an beschatteten bemoosten Felsen und Torf - mieur· subatl - Eif

Cladonia furcata (Hudson) Schrader
ssp. **furcata**

Konkurrenzkräftige Flechte von s.weiter ökol. Amplitude, auf Erdboden, Streu, (bemoosten) Silikatfelsen, in niederen, felsarmen Lagen besonders an Waldrändern und in lichten Wäldern (v.a. Eichen-Buchen-W., Kiefern-W.) auf steinigen, sandigen und sandig-lehmigen Böden, selten in Kalktrockenrasen, auch an z.grasigen Stellen, in höheren Lagen besonders in Zwergstrauchheiden, an felsigen Abhängen, in moosreichen Wäldern, die ökologische Valenz etwa von *C. fimbriata, C. arbuscula, C. gracilis* u.a. umfassend, Schwerpunkt auf m.–z.sauren Substraten – bor-med – z.häufig, in Kalkgebieten selten

ssp. **subrangiformis** (Scriba ex Sandst.) Abbayes [C. subrangiformis Sandst.]
In Kalktrockenrasen, wie *C. rangiformis* und *C. symphyc.* (↑) – mieur-med – (m.häufig–)z.selten (Kalkgebiete)

Cladonia glauca Flörke
Ähnl. *C. subulata* (↑), aber auch an verrottenden Baumstümpfen (ähnl. *C. macilenta* ↑) – (s'bor-)mieur – z.selten; verbreitet, in Kalkgebieten ± fehlend, v.a. Sch, Pf, RhSch, He, Th, ThW, O, Ne (Keupergebiete), SFW

Cladonia gracilis (L.) Willd.
Konkurrenzkräftige Flechte von weiter ökol. Amplitude, von der (kollinen bis) submontanen Stufe bis über die Baumgrenze, optimal an niederschlagsreichen bzw. kühl-feuchten Standorten in moosreichen Blockansammlungen und in lückigen Zwergstrauchheiden an felsigen, nicht voll besonnten Abhängen, ähnl. wie *C. arbuscula* (↑) und *C. coccifera* vergesellsch.; e.–m.acidoph. – arkt-smed·mo – z.selten (3); Sch, Vog, RhSch, Rhön, Pf, ThW, Erz, BayW, sonst meist selten, wie O, Sp, nöRh, Rh-Mn-T, He, Av-Do, SFW

Cladonia humilis (With.) Laundon [C. conoidea Ahti, C. conistea („Delise") Asah.]
Auf subneutralen bis sauren, humosen, v.a. sandigen Böden, auf bemoostem Silikatfels, auf morschem Holz, v.a. in Wäldern, schattigen Tälern, in niederschlagsreichen Lagen auch voll lichtexponiert, substratökol. ähnl. *C. fimbriata* (↑) – mieur-med, subatl – z.B. Eif, Ts, MRh, Rh-Mn-T, He, Sch, Sb, Vog

Cladonia incrassata Flörke
In kollinen bis montanen, m.–s.niederschlagsreichen Lagen auf Torf, besonders an den Steilwänden alter Torfstiche und Gräben, s.–e.acidoph., photoph., substrathygroph., oft mit *C. deformis* – mieur·subatl(-smed) – s.selten (3); Av-Do, Rhön, Sp?, Erz

Cladonia macilenta Hoffm.
ssp. **macilenta** [C. macilenta s.str., C. bacillaris (Leighton) Arnold]
Bis etwa in die subalpine Stufe auf m.–s.morschem, meist trockenfaulem Holz besonders von alten Baumstümpfen, ferner auf sauer-humosen, durchlässigen Böden, auf oft austrocknenden Rohhumusdecken und auf Torfböden, auf humoser Erdauflage auf Silikatfelsen, selten über Moosen oder auf rissiger Borke an der Basis von Bäumen, kaum auf nacktem, humusarmem Mineralboden, meist an lichtreichen Stellen, auch an trockenen Standorten, in niederen Lagen oft an Eichenstümpfen, e.–z.(m.)acidoph. – s'bor-smed(-med) – m.häufig; Kalkgebiete selten

ssp. **floerkeana** (Fr.) V.Wirth [C. f. (Fr.) Flörke]
Gegenüber ssp. *macilenta* mehr auf humosem Sand- und auf Torfböden, selten auf morschem Holz, weniger schattentolerant, ähnl. z.B. *Cetraria acul.* – s'bor-smed – selten; z.B. nöRh, Sch, O, Sp, Pf

Cladonia macrophylla (Schaerer) Stenh. [C. alpicola (Flotow) Vainio]
In (hoch)montanen bis alpinen, niederschlagsreichen Lagen meist über Rohhumus oder flacher, sauer-humoser Feinerdeauflage auf Silikatgestein, in kühl-feuchten Blockmeeren oder an Felsen an lichtreichen Orten, e.–z.acidoph., z.photoph. – arkt-mieur(·alp) – s.selten (2); Sch, ThW, Erz, Sauerl, Hz, Al

Cladonia metacorallifera Asah.
In hochmontanen und alpinen Lagen an kalt-feuchten, lange schneebedeckten Orten, ähnl. *C. stellaris* (↑), *C. bellidiflora* (↑) – bor(atl)-mieur(·alp) – s.selten (2); süSch

Cladonia norvegica Tønsberg & Holien
In montanen und hochmontanen, niederschlagsreichen, kühlen Lagen in Fichten- und Tannen(-Buchen)-W. am Grunde von Fichten, Tannen und an Stümpfen, z.ähnl. *C. polydactyla* (↑), s.acidoph., m.photoph.–z.skioph., z.–s.hygroph. – s'bor-mieur·mo(-med·atl), subatl – selten *(R)*; nöSch

Cladonia parasitica (Hoffm.) Hoffm. [C. delicata auct.]
In submontanen und kollinen, selten montanen Lagen fast stets auf alten, m.–z.morschen Stümpfen von Eichen (selten von Fichte, Kiefer) in trockenen Eichen-Buchen- und Eichen-Hainbuchen-W., selten basal an lebenden Bäumen, z.–s.acidoph. – bor-mieur·subatl(-med·mo) – selten (3); zerstr., v.a. Sch, Ju, Ne, Obay

Cladonia peziziformis (With.) Laundon
[C. capitata (Michaux) Sprengel, C. leptophylla (Ach.) Flörke]
In kollinen und submontanen Lagen auf nährstoffarmen, m.–z.sauren Böden, z.B. sandigen Lehmböden, an sommerwarmen, z.trockenen Standorten in lichten Wäldern (Eichen-Buchen-W., Kiefern-W.), über Feinerde zwischen Silikat-Felsen, m.–z.(s.)acidoph., z.–s.photoph. – mieur·subatl – s.selten *(0)*, wohl auch übersehen; Ne, *O*, Sp, *Ml, Bo, Sch, Ju*

Cladonia phyllophora Hoffm. [C. degenerans (Flörke) Sprengel]
Bis etwa zur Baumgrenze auf humusarmen bis humosen, sauren, meist nährstoffarmen Sand- und sandigen Lehmböden, z.B. mit *C. cervicornis* var. *vertic.*, *C. subulata* oder *Cetraria isl.*, in Lücken von Zwergstrauchheiden, auch in lichten Wäldern, m.–z.acidoph. – bor-mieur – z.selten, oft übersehen *(2)*; zerstreut durch das ganze Gebiet, v.a. RhSch, He, ThW, Erz, Kalkgebiete s.selten

Cladonia pleurota (Flörke) Schaerer [C. coccifera s.l.]
In montanen bis alpinen, niederschlagsreichen Lagen, selten (an kühl-feuchten, rel. schattigen Standorten) tiefer, v.a. auf kalkfreien, oft basenreichen, m.nährstoffreichen, humosen, frischen, sandigen bis steinigen Böden, über dünner humoser Feinerdeauflage und Moosen auf Silikatfels, auch direkt auf Silikatgestein, extrem saure Substrate meidend, vorwiegend an felsigen Abhängen, auf Steinhaufen und

Blöcken in Zwergstrauchheiden und Magerrasen, in Blockansammlungen, auch auf leicht sickerfeuchten Flächen, m.–s.acidoph., m.–z.substrathygroph. – arkt-mieur(-med·alp) – z.selten; Sch, Vog, Rhön, RhSch, Pf, ThW, Al, sonst (s.)selten

Cladonia polycarpoides Nyl. [C. subcariosa auct.]
Bis in (sub)montane Lagen an rel. warmen, besonnten Standorten auf meist basenreichen, kalkarmen, sandigen und flachgründigen, steinigen, sandig-lehmigen Böden, auch über Dolomitsand, meist an felsigen Abhängen in Silikatgebieten oder in Sandfluren, z.B. ähnl. *C. cervic.*, neutroph.–m.acidoph., photoph., z.xeroph. – mieur·subatl – s.selten–selten (2); nöRh, süSch, *Ne*, Av, SJu, *Ml*

Cladonia polydactyla (Flörke) Sprengel [C. flabelliformis Vainio]
V.a. in niederschlagsreichen Lagen in Bergwäldern am Fuß von Nadelbäumen, an Stümpfen und vermorschendem Holz, auf Rohhumus und Torfböden, z.ähnl. *C. cenotea* und den Bergwaldstandorten von *C. digitata*, aber hygrisch anspruchsvoller, s.acidoph., m.photoph.–z.skioph. – mieur(subatl)(-med·mo) – selten: Sch, Vog, PfW, Eif, Ts, He, ThW, Erz, O, Sp, SFW, Al

Cladonia portentosa (Dufour) Coem. [C. impexa Harm., Cladina p. (Dufour) Follm.]
An ähnlichen Standorten wie *C. arbuscula* (↑), doch häufiger als diese auch in tieferen Lagen und mehr an milden bis z.warmen Standorten, so z.B. an besonnten Hängen mit Flügelginsterheiden, Magerweiden, an besonnten Felsbändern mit Sedo-Scleranthion-Ges., ferner in lichten Wäldern (Kiefern-W., magere Eichen- und Buchen-W.), doch auch an kühl-feuchten Stellen – mieur-(s)med, subatl – z.selten (3); z.selten in Vog, Sch, RhSch, PfW, SFW, ThW, Erz, (s.)selten z.B. O, Sp, He, Ne, Ju, Rh, *Av*

Cladonia pyxidata (L.) Hoffm.
ssp. **pyxidata**
Bis in die alpine Stufe auf kalkreichen wie auf kalkfreien, aber basenreichen (v.a. sandigen und steinigen Lehm-)Böden, auf bemoosten Kalk- und Silikatfelsen, auf Blöcken und Lesesteinhaufen, kaum auf Rohhumus, Torf oder Streu, seltener als ssp. *chlorophaea* auf Stümpfen und bemoosten Stämmen, auf trockenen wie auf frischen Substraten, klimatisch von s.weiter ökol. Amplitude, m.basiph.–m.(z.)acidoph. – arkt-med – m.–z.häufig
ssp. **chlorophaea** (Flörke ex Sommerf.) V.Wirth
[C. chlorophaea (Flörke ex Sommerf.) Sprengel]
Bis in die alpine Stufe auf gewöhnlich kalkfreien, sauren, sandigen bis lehmigen, humosen bis humusarmen Böden, oft auf nackter Erde an gestörten Stellen (z.B. Böschungen, Wegrainen, Kiesgruben), auf bemoosten Felsen, auf Stümpfen und Baumrinde, seltener auf Rohhumus und Torf, m.–s.(e.)acidoph. – arkt-med – z.häufig
ssp. **grayi** (G. Merr. ex Sandst.) V.Wirth
Auf z.–s.sauren, humosen, oft sandigen Böden, auf morschem Holz von Stümpfen, ähnl. *C. coniocraea* (↑), *C. glauca* (↑)
Cladonia grayi Merr. ex Sandst. s.str.

bor-mieur, z.B. Sch, Pf, O, SFW, Av-Do
Cladonia cryptochlorophaea Asah.
s'bor-mieur-subatl, z.B. Sch, Do
Cladonia merochlorophaea Asah.
arkt-mieur(-smed), z.B. Sch, O, SFW, Pf
Cladonia m. var. *novochlorophaea* Sipman
bor-mieur, z.B. Sch
ssp. **pocillum** (Ach.) Dahl [C. pocillum (Ach.) O.J. Rich.]
Gewöhnl. auf Moosen über Kalkgestein (Felsen, Steinhaufen) und basen-, meist kalkreichen Böden, an lichtreichen, oft besonnten Orten, ähnl. *C. symphycarpa* und *C. furcata* ssp. *subrangif.* – arkt-med – z.selten; v.a. Ju, SJu, FrJu, Ne, Mn, in Silikatgeb. ± fehlend

Cladonia ramulosa (With.) Laundon
[C. anomaea (Ach.) Ahti & P.James, C. pityrea (Flörke) Fr.]
Z.ähnl. *C. squamosa*, meist mit bzw. über Moosen an morschen Stümpfen, auf Silikatfels, am Grunde von Bäumen, auf Torf- und Heideböden und an sauren Erdrainen, z.–s.acidoph., z.photoindiff. – (s'bor-)mieur-subatl-smed-subatl(-med) – selten, wohl vielfach übersehen; z.B. Sch, Eif, SFW, O, He

Cladonia rangiferina (L.) Weber ex Wigg. [Cladina r. (L.) Nyl.] – Rentierflechte
Ähnl. *C. arbuscula*, doch hygrisch etwas anspruchsvoller, weniger an stärker windexponierte Standorte vordringend, seltener, konzentriert in humiden, kühl-feuchten Lagen, in trocken-warmen Gebieten fast fehlend – (arkt-)bor-mieur(-smed-mo) – z.selten (3); Vog, Sch, SFW, PfW, RhSch, Rhön, ThW, Erz, BayW, Al, s.selten in He, O, Sp, nöRh+, Sb, Ju, SJu, Av

Cladonia rangiformis Hoffm.
Bis in montane Lagen an warmen, besonnten Standorten auf meist trockenem, kalkigem, aber auch kalkfreiem Untergrund, aber dann gewöhnlich auf basenreichen Silikatböden (z.B. über mineralreichen Gneisen u. Schiefern), v.a. auf flachgründigen, felsigen Abhängen in Magerrasen (Bromion, Nardo-Galion), neutroph.–m.(z.)acidoph., z.–s.photoph., xeroph. – s'bor-med – z.selten; RhSch, He, Th, Mn-süRhön, nöPf, Vog, Ju, SJu, süSch, Ne, sonst meist s.selten

Cladonia rei Schaerer [C. nemoxyna (Ach.) Arnold]
Bis in montane Lagen z.B. auf sandigen, meist rel. humusarmen Heideböden, kiesig-steinigen Böden (Alluvionen), über Felsen, auf nackter Erde an Wegrändern und -böschungen, Waldrändern, in Schonungen, Kiesgruben, überwiegend an gestörten Standorten, subneutroph.–m.acidoph. – s'bor-mieur – selten, übersehen; RhSch, Ts, nöRh, O, Sp, He, Av, ferner Al, *Ml*

Cladonia scabriuscula (Delise) Nyl.
Bis in montane Lagen auf humosen, sandigen, sandig-lehmigen und steinigen Böden, zwischen Felsen, in moosreichen Blockmeeren, in lichten Wäldern und Heiden, besonders in wintermilden humiden Bereichen, an kühl-feuchten oder niederschlagsreichen Standorten, ?z.acidoph.–subneutroph. – bor-mieur-subatl – s.selten, wohl auch übersehen; süSch, *O*, Eif, Mos, Vgb

Cladonia squamosa (Scop.) Hoffm. [mit var. squamosa und subsquamosa (Nyl. & Leighton) Vainio]
Bis über die Baumgrenze, besonders in niederschlagsreichen Lagen und an kühlfeuchten, beschatteten Standorten auf ausgeprägt sauren, nährstoffarmen Substraten, v.a. an bemoosten Silikatfelsen und -blöcken (besonders auf mineralarmem und rauhem Silikatgestein), auf frischen Rohhumusdecken, an der beregneten und bemoosten Basis von Bäumen, auf morschen Baumstümpfen (in niederen Lagen v.a. Eichenholz in Luzulo-Fagion-Ges.), auf sandigem Mineralboden (z.B. Erdraine), auch an anmoorigen Stellen, in Wäldern wie an lichtoffenen, aber kaum voll besonnten Stellen (v.a. Zwergstrauchheiden mit *Vaccinium*), langzeitig trockene Standorte meidend, z.–e.acidoph., m.–e.hygroph. - arkt-med - m.häufig(-z.selten); feuchte Silikatgebiete ± häufig, besonders auf Buntsandstein (so Sch, Vog, PfW, RhSch, Sp, O, Rhön), sonst zerstr.; Kalkgebiete, trocken-warme Lagen ± selten

Cladonia stellaris (Opiz) Pouzar & Vězda
[C. alpestris auct., Cladina st. (Opiz) Brodo]
In hochmontanen bis alpinen, z.–s.niederschlagsreichen Lagen, selten tiefer, auf nährstoffarmen Böden, in kaltluftstauenden Mulden, an Orten mit s.später Vegetationsentwicklung, in lichten Moorrand-W. und in Hochmooren, in kühl-feuchten Blockmeeren, an felsreichen, schattigen Hängen, fast stets an Stellen mit langer Schneebedeckung, im Gebiet meist an z.windgeschützten Stellen, an m.–s.strahlungsexponierten Standorten, reliktisch, in den Alpen meist in lückigen Zwergstrauchheiden, z.B. *Rhododendron*-Gebüsch, s.–m.acidoph. Flechte der Friedhofkränze - (arkt-)bor-mieur·alp, subko - s.selten (1); Sch, Vog, *Do*, Rhön, BayW, ThW, Erz, Al

Cladonia strepsilis (Ach.) Grognot
Vorwiegend in submontanen und montanen, niederschlagsreichen und wintermilden Lagen, auf kalkarmen, aber oft basenreichen, sandigen, grusigen, flachgründig-steinigen und rohen Böden, auf dünner Verwitterungsschicht auf kristallinem Gestein, auch an Sickerwasserflächen, an besonnten (v.a. an niederschlagsreichen Orten) wie an kühl-feuchten Stellen, vorwiegend an felsigen Abhängen, in lückigen Heiden, in Sedo-Scleranthetea-Ges., z.T. ähnl. *C. cervicornis* ssp. *verticill*, m.–z.acidoph. - (bor·atl-)mieur·subatl-smed - selten (0)*; PfW, nöPf, RhSch, Rhön, Meißner, ThW, Hz, Vog, süSch

Cladonia stygia (Fr.) Ruoss
In montanen und hochmontanen Lagen in Hochmoor-Randwäldern und abgetorften/austrocknenden Hochmooren, selten auch auf Rohhumusdecken über Blockansammlungen, oft in kaltluftstauenden Mulden, s.–e.acidoph., z.–s.photoph., anitroph. - bor-mieur·h'mo - s.selten (2); Sch, *Do*

Cladonia subcervicornis (Vainio) Kernst.
Ähnl. *C. strepsilis* (↑) - (arkt-)bor·atl-med - s.selten; PfW (Wasigenstein)

Cladonia subulata (L.) Weber ex Wigg.
[C. cornutoradiata (Coem.) Zopf]
Bis in hochmontane (selten höhere) Lagen auf sauren, nährstoffarmen Substraten,

v.a. auf humusarmen bis z.humusreichen Sand- und sandigen Lehmböden, s.oft an offenen Böschungen an Wegen, an Wegrändern, ferner in Vegetationslücken, besonders in armen Eichen-Buchen-W., in Borstgras-Rasen und Zwergstrauch-Heiden (Calluno-Genistion), seltener auch auf morschem Holz, klimatisch von weiter ökol. Amplitude, ähnl. *C. caespiticia, C. pyxidata* ssp. *chlorophaea, Saccomorpha ulig.*, (subneutroph.)m.–z.acidoph. – bor-med – (z.)häufig, v.a. Sand- und Lehmgebiete

Cladonia sulphurina (Michaux) Fr. [C. gonecha (Ach.) Asah., C. deformis var. gonecha (Ach.) Arnold]
In montanen bis alpinen, niederschlagsreichen Lagen, v.a. auf Rohhumus, Torf und s.morschem Holz (v.a. Nadelbäumen), an kühlen bis kalten, meist absonnigen Standorten – arkt-mieur·mo – selten; Sch, Vog, BayW, Erz, Hz, Al

Cladonia symphycarpa (Flörke) Fr.
Von der Ebene bis in die alpine Stufe an besonnten, trockenen, ± sommerwarmen Standorten auf meist kalkreichen, flachgründigen, steinigen, grusigen oder sandigen Böden, auch auf Dolomitsand, an offenen bis m.dicht bewachsenen Stellen von Trocken- und Halbtrocken-, alpinen Kalkmagerrasen, Initialges. von Rohböden usw., über dünner Erdauflage auf Kalk- und Dolomitfelsen, auch auf Moose übergehend, m.basiph.–subneutroph., z.xeroph., m.–s.photoph. – arkt-med – z.selten; v.a. Ju, SJu, FrJu, Mn-süRhön, Th, selten in Ne, süHü, RhSch, He, süRh, *Av,* Al

Cladonia uncialis (L.) Weber ex Wigg.
Vorwiegend in montanen und hochmontanen Lagen, z.ähnl. *C. arbuscula* (↑), in tiefen Lagen fast nur auf s.nährstoffarmen, s.sauren Böden – arkt-mieur (-smed·alp) – z.selten (3); Sch u. Vog zerstr. (v.a. über 800 m); RhSch, Rhön, Pf, ThW z.selten; sonst (s.)selten (z.B. SFW, O, Sp, Lahn, Rh-Mn-T und Ts), ferner Al

Cladonia zopfii Vainio [C. destricta auct.]
In kollinen, z.sommerwarmen Lagen auf nährstoffarmen, sauerhumosen Sandböden, auf Dünen, in s.lichten Kiefernwäldern – bor-mieur, subatl – s.selten (0); *nöRh (Mannheim)*

Clauzadea Haf. & Bellem.

(Bestimmung ↑ Lecidea TS 3)

Clauzadea chondrodes (Massal.) Clauz. & Roux [Lecidea ch. (Massal.) Malbr., Protoblastenia ch. (Massal.) Zahlbr.]
Auf Kalkstein und Dolomit in montanen Lagen, wohl ähnl. *C. immersa* (↑), *C. metzleri* (↑) – s'mieur-med – ?selten; *SJu, Ju, FrJu, Al,* Th

Clauzadea cyclisca (Massal.) V.Wirth [Lecidea c. (Massal.) Malbr.]
Auf Kalkstein und Dolomit an lichtreichen Standorten – mieur-med – s.selten (?); *SJu, Ju, FrJu*

Clauzadea immersa (Hoffm.) Haf. & Bellem. [Lecidea i. (Hoffm.) Ach., Protoblastenia i. (Hoffm.) J.Steiner]

Bis über die Waldgrenze auf Kalkstein und Dolomit an anstehenden Felsen und größeren Blöcken, selten an Steinen, bevorzugt auf nährstoffarmen, nicht staubimprägnierten Flächen, z.euryök, v.a. an m.-z.lichtreichen, ± absonnigen Standorten, basiph., omброph., mesoph.(-z.xeroph.), anitroph. - (s'bor-)mieur-med - z.selten; SJu, Ju, FrJu, Th, Al

Clauzadea metzleri (Körber) Clauz. & Roux ex D.Hawksw. [Lecidea m. (Körber) Th.Fr., Protoblastenia m. (Körber) J.Steiner]
V.a. bis in montane Lagen auf z.kalkreichen, oft nur m.harten Kalkgesteinen (oft mergeligen Kalken), v.a. an kleinen Steinen am Erdboden oder niedrigen, oft staubimprägnierten Felsbänken, auf Schotter in aufgelassenen Kiesgruben, in Trokkenrasen, auf Geröllhalden, v.a. an lichtreichen, ± besonnten, oft recht lange taufeuchten Standorten, basiph., photoph., m.-z.xeroph. - mieur-med - z.selten; Ju, SJu, FrJu, süRh, süHü, *Rh-Mn-T,* Ne, Mn, Th, Saar, Bit

Clauzadea monticola (Schaerer) Haf. & Bellem. [Lecidea m. Schaerer, Protoblastenia m. (Schaerer) J.Steiner]
Bis in die alpine Stufe auf m.-s.kalkreichen Gesteinen (Kalkstein, Dolomit; Mergelkalke, kalkhaltige Sandsteine, Kalkschiefer), auch auf Beton, Mörtel, an kleinen Steinen wie an größeren Felsen (z.B. mit *Protoblastenia rup.*), z.euryök, an leicht feuchten wie an trockenen Flächen, an klimatisch s.unterschiedlichen, aber meist nicht besonnten Standorten, basiph., ombroph., a-/m.nitroph. - arkt-med - z.selten; v.a. Ju, SJu, FrJu, Th, Al, sonst selten (v.a. Hü, Ne, Mn, He, Rh)

Clauzadeana Roux

(Bestimmung ↑ Apicilia)

Clauzadeana macula (Taylor) Coppins & Rambold [Aspicilia morioides Blomb. ex Arnold, Lecanora m. (Blomb. ex Arnold) Blomb.]
In hochmontanen, niederschlagsreichen Lagen und darüber, selten in der montanen Stufe, auf s.hartem kristallinem Gestein meist an beregneten Vertikalflächen von Felsen, auch in lichtoffenen Blockhalden, m.-z.acidoph. - bor-mieur·h'mo/alp - selten (3); süSch, *BayW*

Cliostomum Fr.

(Bestimmung ↑ Catillaria)

Cliostomum corrugatum (Ach.: Fr.) Fr.
[C. graniforme (Hagen) Coppins, Catillaria graniformis (Hagen) Vainio, C. ehrhartiana (Ach.) Th.Fr.]
In kollinen bis submontanen, selten montanen Lagen in naturnahen, lichten Eichen- und Eichen-Hainbuchen-W., v.a. auf s.alten Eichen-Stämmen, selten an anderen

Laubbäumen, z.B. Esche, auch an Eichenholz, z.B. entrindeten Stümpfen oder (früher) alten Brettern, z.acidoph., z.skioph.–m.photoph., z.hygroph., anitroph. – s'bor-mieur(subatl)(-smed) – selten (2); süHü(-süSch), Ne (v.a.Sb), *SFW,* Ju, Bo, *Vog, nöRh, Mn-Rh-T,* O, *Sp, Fr, MRh-Ts, Lahn*

Cliostomum griffithii (Sm.) Coppins [Catillaria g. (Sm.) Malme]
Auf saurer, nicht oder m.eutrophierter Rinde von Laub- und Nadelbäumen, selten auf Holz, in lichten Wäldern und an freistehenden Bäumen – s'bor·atl-mieur·atl-med·subatl – s.selten (1); Eif, süSch, in NW- und N-Dtschl. häufiger

Collema Weber ex Wigg.

1 Auf Rinde und rindenbewohnenden Moosen **2**
1* Auf Gestein, Erde, Gesteins- und Erdmoosen **10**
2 Lager aus zerstreuten bis zus.hängenden ± kugeligen Körnern bestehend, daher ± krustig, selten angedeutet schuppig(-lappig). Ap. jung ± kugelig und perithecienartig, später mit etwas erweiterter Scheibe. Sp. in Aufsicht annähernd rechteckig (mit gerundeten Ecken) oder quadratisch-rundlich, schwach mauerförmig . . . . **C. occultatum**
2* Lager nicht körnig. Sp. nicht rechteckig oder ± rund **3**
3 Lager ± dicht mit bald verflachten und schuppenförmigen, horizontal bis aufrecht stehenden Isidien bedeckt. Lappen dünn (trocken membranartig), –15 mm breit, abgerundet, unterseits meist heller. Ap. z.selten. Sp. 26–34 × 6–6,5 µm, 4–6zellig . . . . **C. flaccidum**
3* Ohne oder mit kugeligen bis zylindrischen oder korallinischen Isidien . . . **4**
4 Lager steril, dünn, mit wenigen breiten, abgerundeten, überlappenden Lappen, mit deutlich radial angeordneten Längswülsten (Rippen) und Pusteln, meist isidiös, d.olivgrün, braunoliv, schwärzlich (wenn ohne Längswülste vgl. *C. auriforme* (35), die in Kalkgebieten selten auch auf bemooste Baumbasen übergeht) **5**
4* Lager in der Regel mit Ap. **6**
5 Lagermitte (v.a. auf den Längswülsten) dicht mit feinen zylindrischen bis verzweigten Isidien bedeckt. Lager meist 2–5 cm, dünn, ± angedrückt, ähnl. *C. nigrescens.* Ap. s.selten. Sp. 5–6zellig, 40–80 × 3–6,5 µm . . . **C. furfuraceum**
5* Ohne oder mit kugeligen Isidien. Bei älteren Lagern zwischen den Wülsten oft gelblich-braun. Normalerweise fruchtend . . . . **C. nigrescens (9)**
6 Sp. 15–30 µm lang, 2-, 4zellig oder schwach mauerförmig. Lager s.klein, –1 cm, aber oft mehrere eng benachbart, d.oliv(grün) bis braun oder schwärzlich. Ap. meist zahlreich. S.seltene Arten in warmen bis milden Lagen, v.a. auf Nußbaum und Ulme **7**
6* Sp. 50–95 µm lang, schmal, meist an einem Ende breiter. Ap. zahlreich, gedrängt. Arten s.feuchter, ozeanischer Lagen **9**
7 Sp. schwach mauerförmig, 16–30 × 8,5–17 µm, ± ellipsoid. Lager s.klein, –0,5 cm, mit 0,3–1,5 mm breiten Lappen, fast nabelartig befestigt, nicht oder

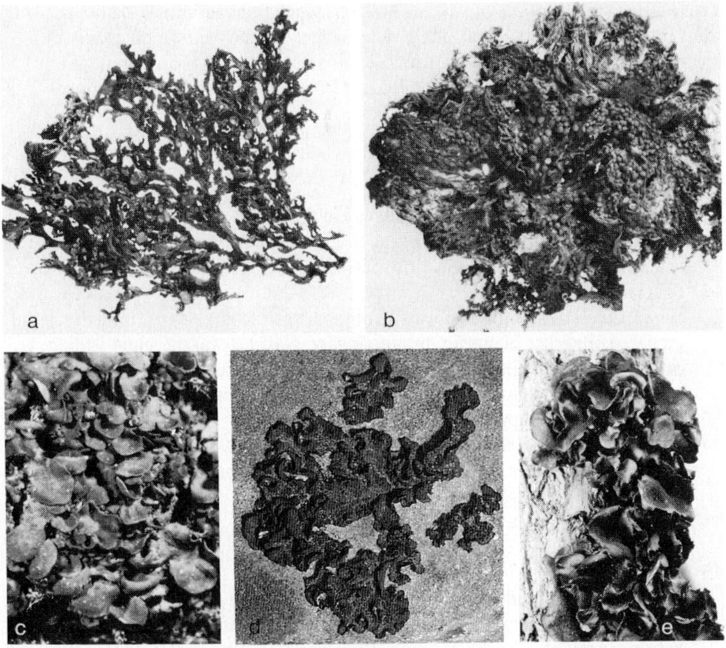

Abb. 35. *Collema* und *Leptogium*, Lager. a: *C. cristatum* (1,2×). b: *C. nigrescens* (1,2×). c: *C. crispum* (3,5×). d: *C. fuscovirens* (0,7×). e: *Leptogium saturninum* (1,9×) (e aus Henssen & Jahns 1974, Lichenes, Thieme).

schwach polsterig. Ap. zahlreich, -0,7 mm, v.a. in der Mitte des Lagers (wenn Sp. 17-27 × 6,5-8,5 µm, Lager fast polsterig, vgl. *C. ligerinum* (8)) . . . . **C. fragrans**

7* Sp. 2- oder 4zellig, bis 8,5 µm breit. Ap. 0,5-1,5 mm, das Lager dicht bedeckend. Lager fast krustig bis kurzlappig, oft fast polsterig und nabelartig festgewachsen **8**

8 Sp. 2zellig, 15-24 × 3-4,5 µm . . . . **C. conglomeratum**

8* Sp. 4zellig, 17-24 × 6,5-8,5 µm (s.selten mit 1 Längswand) . . . **C. ligerinum**

9 Lager meist undeutlich gelappt bis fast krustig, -1,5(2,5) cm, feucht stark gequollen und fast polsterförmig (10 mm hoch und Lappen -1 mm dick). Ap. 0,8-2 mm. Sp. S-förmig gebogen, seltener gerade, 10-17zellig, 4,5-5 µm breit . . . . **C. fasciculare**

9* Lager tief gelappt, meist 2-5 cm breit, mit Pusteln und ± regelmäßigen radialen, schmalen Wülsten bedeckt, mitunter mit kugeligen Isidien, dünn (feucht -0,15 mm), Lappen breit, überlappend, abgerundet, d.olivgrün bis bräunlich (bei älteren Lagern zwischen den Wülsten oft gelblich-braun). Ap. 0,6-1 mm. Sp. 6-13zellig, nadel-, seltener stabförmig, 3-4,5 µm breit . . . . . **C. nigrescens**

10 Auf Erde und Erdmoosen **11**

10* Auf Gestein und Gesteinsmoosen **21**

11 Mit Ap. **12**

11* Steril **17**

12 Sp. 2zellig, 15-24 × 6,5-8,5 µm. Lager klein, -2,5 cm, rundlich, blättrig bis fast krustig. Lappen 0,5-3 mm breit, an den Enden verdickt, angedrückt bis aufsteigend. Ap. 1-1,5 mm, zahlreich bis spärlich . . . . . **C. coccophorum**

12* Sp. mehrzellig **13**

13 Lager krustig, undifferenziert, membranartig, nicht gelappt, undeutlich begrenzt, d.olivgrün, blaugrün, braunschwarz, glatt bis warzig, ohne Isidien, 1-3 cm, oft zu Sammellagern zus.fließend. Ap. ± zahlreich, meist dichtstehend, 1-3 mm. Sp. zu 4, um 26-34 × 10-15 µm, mauerförmig . . . . . **C. limosum**

13* Lager deutlich gelappt, nicht membranartig, Sp. zu 8 . . . . . **14**

14 Lappen z.schmal, rinnig und langgestreckt. Lager tief geteilt. Exc. aus vieleckigen bis ± kugeligen Zellen. Ap. 1-3 mm. In Kalktrockenrasen auf steinigem, bemoostem Boden vgl. *C. cristatum* (34)

14* Lappen nicht schmal und langgestreckt und rinnig. Exc. nicht aus vieleckig-kugeligen Zellen **15**

15 Sp. 15-26(30) × 6,5-10,5(13) µm, 4zellig bis schwach mauerförmig. Ap.rand glatt. Lappen zylindrisch oder flach bis ± konkav, aber nicht rinnig. Lager s.variabel, meist um 1,5-4 cm, an das Substrat angedrückt oder teilweise aufsteigend und ± buschig, kaum eingeschnitten bis ± tief geteilt, ohne oder mit kugeligen Isidien, z.dick, stark quellend. Ap. 1,5-3 mm, zahlreich bis fehlend. Exc. kaum entwickelt oder dünn, aus parallelen Hyphen mit ± rechteckigen Zellen . . . . . **C. tenax**

15* Sp. um 26-34 × 10-15 µm. Ap.rand körnig, grob gekerbt oder mit kleinen Läppchen besetzt **16**

16 Sp. reif farblos, 4zellig, selten schwach mauerförmig, an den Septen eingeschnürt, Enden abgerundet. Ap.rand oft mit kleinen konkaven Läppchen . . . . . **C. crispum (25)**

16* Sp. reif blaß gelbbräunlich, meist mit 3 Quer- und 1(2) Längssepten, gewöhnlich nicht eingeschnürt, Enden zugespitzt, seltener etwas abgerundet. Lappen ± zahlreich, strahlig angeordnet, 2-4 mm breit, flach, gelegentlich leicht konkav, feucht stark geschwollen, Ränder knotig bis grob warzig (Warzen zu kleinen Läppchen auswachsend). Ap.rand gekerbt bis grobwarzig, auch mit kleinen Läppchen. FrJu . . . . . **C. bachmannianum** (Fink) Degel.

17 Ausnahmsweise auf Erde/Erdmoose übergehende Arten mit tief geteiltem Lager, entweder mit kugeligen oder keuligen Isidien und meist fein gestreifter Oberfläche oder mit z.schmalen, rinnigen Lappen **18**

17* Verbreitete und rel. häufige Arten mit anderen Merkmalen **19**

18 Lappen z.schmal, rinnig, mit ± welligen Rändern. In Kalktrockenrasen auf steinigem, bemoostem Boden vgl. *C. cristatum* (34)

18* Lager meist aus wenigen abgerundeten, 2–5(7) mm breiten Lappen, mit kugeligen bis keuligen flächenständigen Isidien. Oberfläche oft fein gestreift. An schattigen, bemoosten Stellen, vgl. *C. auriforme* (35)

19 Lager locker auf dem Boden aufliegend (gewöhnlich in größerer Zahl), mit –2 cm breiten, gerundeten Lappen, trocken membranartig, feucht d.olivgrün, olivbraun bis olivschwarz, Lappenenden nicht verdickt, ohne aufrechte Läppchen, wenig gegliedert. Im Quetschpräparat ohne Hyphen. Meist an Wegrändern, Kiesgruben, Steinbrüchen . . . . **Algengattung Nostoc**

19* Lager gewöhnlich angewachsen. Flechte (mit Hyphen) **20**

20 Lager mit schuppenförmigen Isidien, die zu kleinen rundlichen, oft muschelbis ohrförmigen konkaven Läppchen auswachsen, die oft dachziegelig stehen und die eigentlichen breit gerundeten Lagerlappen weitgehend bedecken können, feucht schwach geschwollen. Lappenenden nicht verdickt (aber oft aufgebogen) . . . . **C. crispum**

20* Lager s.variabel, undeutlich bis deutlich tief gelappt, anliegend bis aufsteigend oder ± buschig, ohne oder mit kleinen, meist aufrechten Läppchen, feucht stark geschwollen. Isidien fehlend oder ± kugelig, groß. Lappenenden verdickt . . . . **C. tenax (33)**

21 Lager s.klein, –1 cm, selten –1,5 cm, fast krustig-placodioid oder schuppig bis s.kleinpolsterig. Läppchen, wenn erkennbar, –0,3 mm breit. Auf nacktem Kalkgestein **22**

21* Lager blattflechtenartig-lappig, weit über 1,5 cm groß werdend. Lappen mindestens 1 mm breit **23**

22 Lager fast krustig-placodioid, –1(1,5) cm, mit strahligen, gewölbten bis flachen, 0,2–0,3 mm breiten, getrennten bis aneinanderschließenden Lappen, d.braun bis schwarz. Isidien s.klein, kugelig, –0,05(0,1) mm breit. Ap. unbekannt . . . . **C. parvum**
(vgl. auch *Leptogium diffractum*, unterschieden durch zellige Rinde, isidienlos)

22* Lager ± krustig, schuppig bis kleinpolsterig, –0,5 cm, nabelartig festgewachsen, rundlich bis etwas eckig, Läppchen spärlich, s.schmal (0,2 mm). Ap. spärlich. Sp. 17–26 × 8,5–12 µm, schwach mauerförmig . . . . **C. callopismum**

23 Auf langzeitig überschwemmten Silikatfels in Gebirgsbächen, äußerst selten. Lager tief geteilt, Lappen lineal, mehrfach gabelig geteilt, ± getrennt, flach bis gewölbt, 0,5–1,5 mm breit, h.olivbraun bis d.grün. Sp. 4zellig bis meist schwach mauerförmig, 20–30 × 8,5–13 µm . . . . **C. dichotomum**

23* Mit anderen Merkmalen **24**

24 Lager mit flachen bis konkaven, schuppen- bis muschelförmigen Isidien oder Läppchen bedeckt **25**

24* Lager ohne solche Isidien. Wenn Isidien vorhanden, dann kugelig, zylindrisch, korallinisch **26**

25 Lappen dünn (trocken membranartig), –15 mm breit, abgerundet, unterseits meist heller, mit zahlreichen, bald verflachten und schuppenförmigen, horizon-

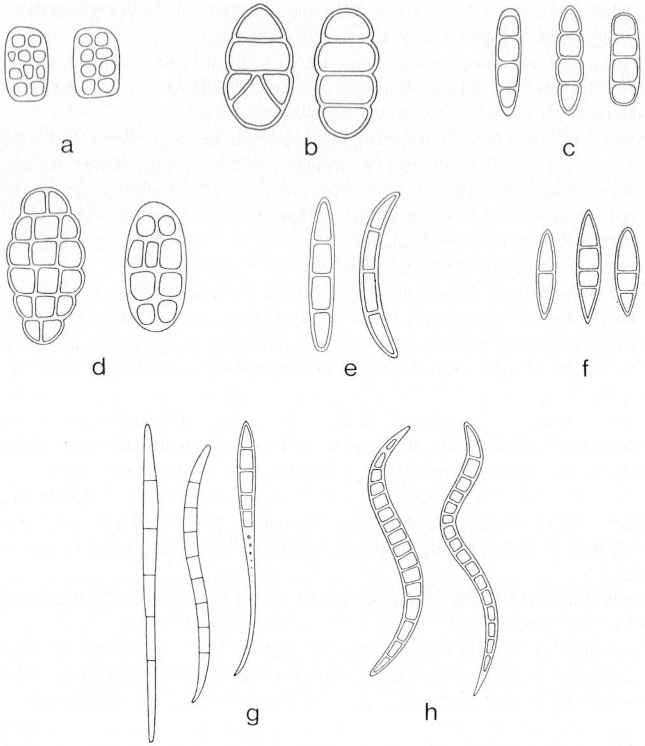

Abb. 36. *Collema*, Sporen. a: *C. occultatum.* b: *C. crispum.* c: *C. undulatum.* d: *C. limosum.* e: *C. multipartitum.* f: *C. polycarpon.* g: *C. nigrescens.* h: *C. fasciculare.* Ca. 500×. Nach Degelius 1954, Symb. Bot. Upsal. XIII, 2.

tal bis aufrecht stehenden Isidien. Sp. 22–36 × 6–7,5 µm, querseptiert 4–6zellig. Auf Silikatgestein . . . . **C. flaccidum**

25* Lappen derb, 0,5–6 mm breit, konkav, Ränder oft wellig, oft mit zahlreichen rundlichen, muschel- bis ohrförmigen Läppchen besetzt (aus ± kugeligen, bald schuppenförmigen Isidien hervorgehend), oft dachziegelig. Sp. 22–36 × 11–16 µm, 4zellig (selten schwach mauerförmig), an den Septen ± eingeschnürt, an den Enden abgerundet. Ap.rand oft mit kleinen Läppchen besetzt. Auf Mauern und kalkhaltigen Gesteinen . . . . **C. crispum**

26 Lager mit Ap. **27**

26* Lager steril **36**

27 Lappen breit gerundet, einander überlappend, mit radial verlaufenden Längswülsten und Pusteln. Lager rundlich. Ap. meist zahlreich. Sp. nadel- bis stabförmig, über 50 µm lang, 6–13zellig. S.selten auf bemoostes Silikatgestein übergehender Rindenbewohner . . . . **C. nigrescens (9)**

27* Lappen ohne radial verlaufende Längswülste auf der Oberfläche. Sp. gewöhnlich kürzer, nicht nadelförmig (wenn stabförmig, dann nur 4zellig) **28**

28 Sp. gewöhnlich 13–16 µm breit, 4-, selten 5zellig und schwach mauerförmig, an den Septen ± eingeschnürt . . . . **C. crispum (25)**

28* Sp. gewöhnlich bis 13 µm breit, 4zellig bis schwach mauerförmig **29**

29 Sp. querseptiert 4zellig **30**

29* Sp. zum Teil schwach mauerförmig **33**

30 Sp. spindelig bis lineal, stumpfendig, mitunter gebogen, (20)26–43(60) × 4,5–6,5 µm, 4zellig. Lappen reich verzweigt, oft getrennt, teilweise auch fächerförmig, gewölbt bis seltener flach, mit fein gestreifter Oberfläche, an den Enden nicht verdickt. Lager -6 cm, (oft locker) anliegend bis teils aufsteigend, s.zerbrechlich. Ap. spärlich bis z.zahlreich. Zellen im Exc. vieleckig (Schnitt) . . . . **C. multipartitum**

30* Sp. schmal- bis breit-ellipsoid, gewöhnlich über 6 µm breit. Lappen nicht mit fein gestreifter Oberfläche **31**

31 Exc. (zwischen Hym. und Lagerrand entwickelt) aus vieleckigen bis rundlichen Zellen aufgebaut. Lappen ± konkav, mit grob gewellten Rändern, wiederholt tief gabelig geteilt, strahlig, oft überlappend, mit glatter Oberfläche. Lager meist 3–6 cm, an das Substrat angedrückt. Ap. zahlreich, oft dicht gedrängt. Sp. schmal ellipsoid, 17–30 × 6,5–9 µm. Auf Gestein . . . . **C. undulatum**

31* Exc. nicht aus vieleckigen bis rundlichen Zellen aufgebaut, s.schwach entwickelt bzw. aus parallelen Hyphen (Schnitt) **32**

32 Lager gewöhnlich nur in erdgefüllten Felsspalten und an Mauern, s.variabel. Sp. 15–26(30) × (5)6,5–8,5 µm . . . . vgl. **C. tenax (33)**

32* Lager auf nacktem Kalkfels festgewachsen, rundlich, tief geteilt, 2–3(5) cm. Lappen zahlreich, radial angeordnet, verlängert, verflacht (v.a. an den Enden) bis etwas rinnig, ohne Isidien. Ap. -1 mm, zahlreich, gedrängt, das Lager weitgehend bedeckend. Sp. 18–28 × 6,5–8,5 µm . . . . **C. polycarpon**

33 Lager gewöhnlich nur in erdgefüllten Felsspalten und an Mauern, s.variabel. Lappen an den Enden verdickt, flach bis konkav, aber nicht zugleich langgestreckt und rinnig, feucht stark geschwollen. Exc. s.schwach entwickelt, nicht aus vieleckigen Zellen. Ap. -3 mm. Sp. 17–26(30) × 8,5–10,5(13) µm **C. tenax**

33* Auf nacktem Kalkgestein oder Kalkfelsmoosen. Lager tief geteilt, 2–5(8) cm. Exc. deutlich entwickelt, aus vieleckigen bis rundlichen Zellen (paraplektenchymatisch) **34**

34 Lappen schmal und rinnig, mit welligen Rändern, daher oft ± kraus, meist z.langgestreckt, ± radial angeordnet, verzweigt, an den Enden nicht verdickt. Ap. spärlich bis zahlreich, -3 mm. Sp. 18–32 × 8–13 µm . . . . **C. cristatum**

34* Lappen flach bis an den Rändern etwas aufgebogen und m.konkav, 2–5 mm breit, ± abgerundet, mit zahlreichen, oft dichtstehenden, kugeligen bis keuligen, -0,3 mm breiten Isidien. Lager meist um (2)3–6 cm groß. Ap. selten **35**

35 Lager feucht m.stark geschwollen, bis 200 µm dick, (trocken) meist schwärzlich, seltener d.oliv (unterseits oft rel. hell), nicht gestreift, an jungen Teilen oft mit kleinen pustelartigen Auswüchsen. Lappen mit aufsteigenden, oft welligen Rändern, -5 mm breit. Sp. 15-24 × 6,5-13 µm. Meist direkt auf Gestein . . . . **C. fuscovirens**

35* Lager feucht stark geschwollen, 200-500 µm dick, (trocken) d.oliv bis schwärzlich oder schwarzbraun, oft s.fein gestreift, ohne Pusteln. Lappenränder wenig bis deutlich aufsteigend, -8 mm breit. Sp. 26-36 × 8,5-13 µm. Meist zwischen und über Moosen . . . . **C. auriforme**

36 Lappen, v.a. die jüngeren Läppchen, schmal und deutlich rinnig, vielfach verzweigt, ± radial, oft getrennt, mit ± welligen Rändern, an den Enden nicht verdickt; große Lager in der Mitte absterbend. Isidien fehlend oder grob warzig bis keulig . . . . **C. cristatum (34)**

36* Läppchen nicht zugleich schmal und rinnig **37**

37 Ohne Isidien. Lappen vielteilig, lineal, 0,5-1,5 mm breit, gewöhnlich gewölbt, mit meist fein gestreifter Oberfläche, z.dick, ± angedrückt. Lager z.groß (wenn Lager mit muschelförmigen, oft dachziegelig stehenden Läppchen, vgl. *C. crispum*) . . . . **C. multipartitum (30)**

37* Mit kugeligen, keuligen oder korallinischen Isidien **38**

38 Isidien keulig bis kugelig. Lappen flach bis m.konkav durch aufgebogene Ränder, Enden abgerundet. Meist auf Kalkgestein **35**

38* Isidien korallinisch, zahlreich, oft das ganze Lager bedeckend. Lager dünnmembranartig, ± tief gelappt, mit wellig-faltigen, abgerundeten oder verlängerten Lappen. Ap. unbekannt . . . . **C. glebulentum**

Collema auriforme (With.) Coppins & Laundon [C. auriculatum Hoffm.]
Bis in hochmontane Lagen, selten höher, v.a. über Moosen auf Karbonatgestein (meist Kalkstein), selten auch kalkhaltigem Silikatgestein, bemoostem Kalkboden, bemoosten Baumstämmen, an schattigen, substratfrischen bis -feuchten Standorten, oft im Innern von Wäldern, in Tälern, basiph.-neutroph., ombroph., substrathygroph.(-subhydroph.), z.skioph.-m.photoph. - (bor·atl-)mieur(subatl)-med(mo) - z.selten; SJu-Ju-FrJu, Al m.häufig, sonst selten (z.B. süSch, süHü, Ne, Bo, *O*, Mn, süRhön, Th, Pf)

Collema callopismum Massal.
Bis in montane Lagen auf nacktem Kalkgestein, v.a. Kalkstein, an lichtreichen, meist zeitweise leicht sickerfeuchten Standorten, basiph., (m.-)z.(-s.)photoph., a-/m. nitroph. - (bor-)mieur-med - selten; SJu, Ju, FrJu, Ne, Einzelfunde in Mn, Mos, *Fr*

Collema coccophorum Tuck.
V.a. in kollinen und submontanen Lagen auf nacktem bis spärlich mit ephemeren Moosen bewachsenem, tonigem, lehmigem bis (lehmig-)sandigem, nährstoffreichem Boden in Lehmgruben, an Wegrändern usw., gewöhnlich an lichtreichen, substratfrischen oder taufeuchten Standorten, subneutroph., m.-s.photoph., substrathygroph., synanthrop, konkurrenzschwach - bor-med - selten, vielfach übersehen? (+); *Rh*, O, nöHü, Ts, Rh-Mn-T, Lahn, *SFW*, *Fr*

Collema conglomeratum Hoffm.
In kollinen (selten submontanen), meist sommerwarmen, niederschlagsarmen Lagen am Stamm von freistehenden alten Laubbäumen, bevorzugt in tiefen Rissen von subneutralen, oft leicht staubimprägnierten Borken, meist an Nußbaum und Pappel, ferner Weiden, Kastanie usw., in Obstgärten, an Straßen und Feldrändern, subneutroph.–neutroph., z.photoph., mesoph., m.nitroph. - mieur-med - s.selten (0); süHü, *süRh, SJu,* süSch?, *nöHü, Fr, süRhön*

Collema crispum (Hudson) Weber ex Wigg.
Hauptsächlich in kollinen und submontanen Lagen, aber auch wesentlich höher, im Gebiet überwiegend an anthropogenen Standorten auf subneutralen bis basischen Substraten, v.a. an erdverkrusteten oder staubigen Mauern (auf Mörtel, Kalkgestein, bei Kalkimprägnierung auch auf Silikat, in erdgefüllten Mauerspalten), an Burgruinen, seltener auf nackten, kalkhaltigen Böden (Ton, Lehm, Sand) an Wegrändern, Böschungen, Gräben, Lehmgruben oder erdverkrusteten Felsen, v.a. an schattigen, aber lichtreichen Stellen, frischen Böden oder leicht feuchten Mauern, subneutroph.–m.basiph., z.skioph.–z.photoph., substrathygroph., m.–z.nitroph. - mieur(subatl)-med - z.selten; v.a. Ne, Hü, Rh, SFW, Saar, Mos, sonst selten

Collema cristatum (L.) Weber ex Wigg. [C. multifidum (Scop.) Rabenh.]
Bis über die Waldgrenze auf nacktem, seltener bemoostem Kalkgestein, v.a. auf schwach bis m.stark sickerfeuchten, oft austrocknenden Sickerwasserflächen, gern an verwittertem Fels, selten auf anthropogenen Substraten oder auf steinigen Böden, basiph., xeroph., (substrathygroph.–)subhydroph., ombroph., m.–s.photoph., a-/m.nitroph. - bor-med - z.selten; SJu-Ju-FrJu m.häufig, Th, sonst selten (z.B. Hü, Ne, Mn, He, Bit, Eif), Silikatgebiete ± fehlend

Collema dichotomum (With.) Coppins & Laundon [C. fluviatile (Hudson) Steudel]
In montanen, niederschlagsreichen Lagen auf langzeitig überschwemmten Silikatfelsen in klaren, schnellfließenden, s.sauerstoffreichen, kühlen Gebirgsbächen, v.a. an steilen Abschnitten, m.acidoph.–subneutroph., s.hydroph., (m.–)z.photoph., anitroph. - bor-mieur-mo - s.selten (0); süSch ?+, *Vog ?+, Harz +, Riesengeb.*

Collema fasciculare (L.) Weber ex Wigg.
In montanen (–hochmontanen), niederschlagsreichen, ozeanischen Lagen auf alten Laubbäumen, gewöhnlich über Moosen, v.a. in lichten naturnahen Wäldern, ähnl. *Nephroma bellum* (↑), *Collema nigrescens* (↑) - mieur-subatl-med, oz - s.selten (1); süSch, Vog, *O*+, Al

Collema flaccidum (Ach.) Ach. [C. rupestre (Swartz) Rabenh.]
In sub- bis hochmontanen, meist niederschlagsreichen Lagen auf Silikatgestein oder Rinde, oft über Moosen, bevorzugt auf basenreichen, rel. nährstoffreichen, frischen bis leicht sickerfeuchten, gelegentlich auch spritzwasserfeuchten Substraten an meist schattigen Standorten, auf subneutralen (–m.sauren) wasserspeichernden Borken (v.a. Esche, Ahorn, alte Buchen), auf oft etwas erdverkrustetem Fels aus mineralreichem, mitunter leicht kalkhaltigem Silikatgestein, gern in humiden naturnahen Bergwäldern mit alten Bäumen, auf Felsen in engen Tälern, in Bachnähe, subneutroph., ombroph., substrathygroph.–subhydroph., z.–e.hygroph.,

z.skioph.–z.photoph. – (arkt-)bor-med – selten (3); v.a. Sch, Vog, SJu, Eif, Al, sonst selten: süHü, HRh, Bo, Ba, Ne, SFW, Ju, O, Sp, ThW, *süRhön, Ts, MRh,* Pf, Eif

Collema fragrans (Sm.) Ach. [C. microphyllum Ach.]
Ähnl. *C. conglomeratum* (↑) und z.ähnl. *C. occultatum* (↑) – mieur· subatl-med – (s.)selten (0); süHü, *süRh, nöHü-O, Rh-Mn-T, Mos, Eif-RhL, Westf, süRhön, Fr,* Al

Collema furfuraceum (Arnold) Du Rietz
Ähnl. *C. fasciculare* (↑) und *C. nigrescens* (↑), aber öfter auf nicht bemooster Borke – bor·atl-mieur·atl-med(mo), oz – s.selten (0); *Vog, PfW, nöSch,* süHü, Al

Collema fuscovirens (With.) Laundon [C. tuniforme (Ach.) Ach.]
Bis über die Waldgrenze auf nacktem Karbonatgestein, v.a. Kalkstein, vielfach auch synanthrop, auf Mauern (v.a. staubimprägnierten Mauerkronen), gelegentlich (unter Kalkeinfluß) auf Silikatgestein übergehend (am häufigsten Sandstein-Mauern), an sporadisch sickerfeuchten oder nach Regenfällen lange feucht bleibenden Flächen an m.–z.(s.)lichtreichen, auch z.lichtarmen Standorten, basiph., substrathygroph.–subhydroph. – arkt-mieur-med(mo) – z.selten; SJu, Ju und FrJu m.häufig, Ne, Mn, Th z.selten, sonst selten (z.B. Hü, Eif, Sch), in Silikatgebieten (s.)selten

Collema glebulentum (Nyl. ex Crombie) Degel.
In montanen bis alpinen, niederschlagsreichen, kühlen bis kalten Lagen auf mineralreichen, mitunter leicht kalkhaltigen Silikatgesteinen an langzeitig sickerfeuchten (nackten oder leicht erdinkrustierten) oder kurzzeitig überschwemmten Flächen an m.–s.lichtreichen Standorten, subneutroph., ombroph., subhydroph. – arkt-bor(-mieur·h'mo/subalp) – s.selten (1); süSch (Feldberg-Gebiet, Neuenweg)

Collema ligerinum (Hy) Harm.
Ähnl. *C. conglomeratum* (↑), noch stärker auf Pappel und Nußbaum beschränkt, nur in warmen kollinen Lagen – s'mieur-med – s.selten (1); süRh-süHü-süSch

Collema limosum (Ach.) Ach. [C. glaucescens Hoffm.]
In kollinen bis montanen Lagen auf nackten oder spärlich bemoosten, tonigen, lehmigen, sandig-lehmigen, kalkhaltigen Böden, an Wegrändern, Wällen, Ton- und Lehmgruben, typischer Pionier, synanthrop, m.basiph.–(sub)neutroph., z.–s.photoph., substrathygroph., nitroph. – (bor-)mieur-submed(-med) – (z.)selten (3), wohl oft übersehen; süHü, süRh, SJu, Ne, *SFW,* nöHü, Rh-Mn-T, *süRhön, Ts,* Th, *PfW,* Saar, Mos, Eif

Collema multipartitum Sm.
Bis in alpine Lagen auf (v.a. kalkreichen) Karbonatgesteinen an meist strahlungsexponierten, sickerfeuchten Standorten, v.a. im Bereich von Klüften und Vertiefungen im Fels, ähnl. *C. fuscovirens* (↑), doch stärker substrathygroph. und photoph.; basiph., subhydroph., z.–s.photoph. – mieur-smed(-med) – selten (3); SJu-Ju-FrJu, Al, sonst s.selten (süHü, *Ne,* Eif)

Collema nigrescens (Hudson) DC.
In montanen und hochmontanen, ozeanischen, niederschlagsreichen Lagen, selten tiefer, auf subneutralen, nährstoffreichen, oft leicht staubimprägnierten Borken von

erhöhter Wasserkapazität, meist über und zwischen Moosen, v.a. an Esche, Ahorn, Buche, besonders an alten Bäumen in lichten naturnahen Bergwäldern (z.B. Bergahorn-Buchen-W.), in bachbegleitenden Beständen, in s.niederschlagsreichen Gebieten auch an freistehenden Bäumen (alte Weidebuchen, Straßenbäume usw.), an oft beregneten, häufige Quellung gewährleistenden Standorten, subneutroph.(–m.acidoph.), m.–z.photoph., s.hygroph., substrathygroph., a-/m.nitroph., oft mit *Leptogium sat.*, ähnl. *Nephroma-* und *Lobaria-*Arten, doch auf nährstoffreiche Standorte beschränkt – bor·atl-mieur·subatl-med·mo, oz – selten (2); süSch, Vog, SJu, Al; sonst s.selten und fast überall wohl +; *nöSch, Bo,* Ju, *O, Ts, Vgb, Rhön,* ThW

Collema occultatum Bagl. [C. quadratum Lahm ex Körber]
In submontanen und montanen, oft niederschlagsreichen Lagen auf subneutralen, mineralreichen, aber gewöhnlich nicht eutrophierten, glatten bis flachrissigen wasserspeichernden Borken, v.a. an Pappel, Weide, Esche, Apfelbaum, meist in lichten Waldungen oder an Einzelbäumen in Tälern in Bachnähe, an s.luftfeuchten, m.lichtreichen Standorten, konkurrenzschwacher Pionier, subneutroph., (substrathygroph.), a-/m.nitroph. – bor-med – selten (2); süSch, Vog, Ju, Ne, süRh+, *O+*, *Mn, Ml,* Th

Collema parvum Degel.
Auf nacktem Kalkgestein vor allem in montanen bis alpinen Lagen, ähnl. *C. polycarpon* (↑) – bor-smed·mo – selten *(R);* SJu-Ju-FrJu

Collema polycarpon Hoffm.
Ähnl. *C. cristatum* (↑), oft bevorzugt an etwas weniger zerklüfteten Stellen, v.a. an lichtoffenen Standorten – arkt-med – z.selten; SJu-Ju-FrJu und Al m.häufig bis z.selten; sonst selten bis s.selten (süHü, Ne, Mn, Eif, Bit, Bo, Vog, süSch)

Collema tenax (Swartz) Ach. em. Degel. [C. pulposum (Bernh.) Ach.]
Bis über die Waldgrenze auf nackter oder spärlich mit Moosen und höheren Pflanzen bewachsener Erde, auf tonigen, lehmigen bis sandig-humosen, ± kalkhaltigen Böden, auf Feinerde auf steinigen Kalkrohböden und in Felsspalten, an erdimprägnierten, alten Mauern und Felsen, selten direkt auf Kalkgestein, euryök, Schwerpunkt an schattigen, substratfrischen Standorten, basiph.–subneutroph., z.skioph.–s.photoph. – arkt-med – m.häufig, in Silikatgebieten selten (synanthrop)

Collema undulatum Laurer ex Flotow [C. laureri (Körber) Leighton]
In montanen bis alpinen Lagen auf meist nackten Karbonatgesteinen, v.a. Kalkstein, an sporadisch sickerfeuchten, lichtreichen Standorten (z.B. mit *C. polycarpon*), kaum auf anthropogene Standorte übergehend, gelegentlich auf steinigen oder felsdurchsetzten Kalkböden, basiph., substrathygroph.–subhydroph., m.–s.photoph. – arkt-mieur·h'mo-med·alp – (s.)selten (R), vielleicht auch übersehen; Ju selten, SJu und Al z.selten, *Ml*

Conotrema Tuck.

Conotrema urceolatum (Ach.) Tuck.
In wintermilden kollinen (bis submontanen) Lagen an glatter Rinde von Laubbäumen (Buche, Hainbuche, junge Eiche) in luftfeuchten frischen Eichen-Hainbuchen- und Buchen-W., m.acidoph., hygroph., m.–z.ombroph., m.photoph.–z.skioph., anitroph. – zentr – s.selten (0); *nöRh (Karlsruhe, Wolfartsweier), O (Heidelberg)*

Cornicularia (Schreber) Hoffm.

(Bestimmung ↑ Cetraria)

Cornicularia normoerica (Gunn.) Du Rietz
In hochmontanen und alpinen, s.niederschlagsreichen, oft ozeanischen Lagen, selten in der montanen Stufe, meist auf hartem Silikatgestein an beregneten, z.–s.lichtreichen, z.–s.windoffenen, rasch schneefreien Standorten, auf häufige Quellung des Lagers angewiesen, m.–z.acidoph., a-/m.nitroph. – arkt-alp, subatl – s.selten (2); süSch, Vog, *Al*, BayW*, Fi*, Hz

Cyphelium Ach.

(Schlüssel incl. Microcalicium)
Alle im Schlüssel behandelten Arten haben schwarze, aber mitunter bereifte Ap.

1 Auf Silikatgestein **2**
1* Auf Rinde oder Holz **4**
2 Sp. 1zellig, 6–8(10) × 2,5–4 µm. Ohne eigenes Lager, auf dem feinmehligen weißlichen bis blaß (gelb)grünlichen Lager von *Haematomma ochroleucum*. Ap. meist sitzend, gewölbt. Köpfchen (Quetschpräparat) K+ rötlich reagierend, 0,1–0,6 mm breit . . . . **Chaenothecopsis exserta**
2* Sp. 2zellig, größer. Mit eigenem Lager **3**
3 Lager zitrongelb bis grünlich, parasitisch auf dem feinmehligen weißlichen, beigen oder blaß (gelb-) grünlichen Lager von *Haematomma ochroleucum*. Sp. 12–16 × 4–6 µm. Ap. kurz gestielt, ± kreiselförmig, –0,6 mm breit, schwarz. Rhizocarp-S. . . . . **Calicium corynellum**
3* Lager grau, warzig, von körnigen Kristallen durchsetzt, nicht parasitisch, P+ gelb, dann rot, K+ gelb. Sp. 9–14 × 5–6 µm, Oberfläche gestreift. Ap. sitzend, 0,5–0,8 mm, mit graubereiftem Rand. Norstictin-S., ±Atranorin
. . . . **C. lecideinum**
4 Lager undeutlich. Sp. hell gefärbt, leicht grünstichig, schmal ellipsoid bis zylindrisch, 1zellig oder mit 1–3 undeutlichen Septen, 9–15 × 3–4 µm (Oberfläche spiralig gerippt). Ap. sitzend oder sehr kurz gestielt, –0,5 mm breit, oberseits (Mazaedium) grünstichig schwarz, Mazaedium oft stark vortretend

. . . . **Microcalicium disseminatum**

4* Lager deutlich entwickelt (oder auf Fremdlager). Sp. reif d.braun, 2zellig, über 4 µm breit, ellipsoid **5**

5 Lager intensiv gelb bis zitrongelb (bis gelbgrünlich) **6**

5* Lager nicht deutlich gelb. Ap. sitzend **7**

6 Ap. in Lagerwarzen eingesenkt, wie vom Lager berandet, -0,8 mm, unbereift. Sp. 16–22 × 9–11 µm, glatt. Lager zitrongelb bis gelbgrün. Rhizocarp-S., Epanorin . . . . **C. tigillare**
(ähnl. ist **C. notarisii** (Tul.) Blomb. & Forss.: Sp. 2zellig bis schwach mauerförmig)

6* Ap. sitzend, -1 mm, Rand gelb bereift. Sp. 17–22 × 8–10 µm, mit unregelmäßigen Furchen. Lager intensiv gelb. Vulpin-S. Auf alten Nadelbäumen, Alpen . . . . **C. lucidum** (Th.Fr.) Th.Fr.

7 Ap. am Rand und oben (Mazaedium) gelblich bereift, sitzend oder kurz gestielt, -0,8 mm breit. Lager h.grau, gelblichgrau . . . . . . ↑ **Calicium adspersum**

7* Ap. nicht gelblich bereift **8**

8 Meist auf weißlichen bis graugrünlichen *Pertusaria*-Arten an alten Eichen. Ap. -0,7 mm, nur jung am Rand weißlich bereift. Sp. 9–15(18) × 5–8(10) µm, Oberfläche spiralrippig-furchig . . . . **C. sessile**

8* Nicht auf anderen Flechten, oft auf anderen Substraten **9**

9 Sp. fast glatt (fein gestreift), 14–19 × 8–11 µm, leicht eingeschnürt. Ap. -2(2,5) mm breit, Rand (und oft auch Scheibe) weißlich bereift, alt nackt. Lager z.dick, warzig, h.- bis d.grau. Usnin-S., Placodiol-S., ± Atranorin **C. inquinans**

9* Sp. (reif) grobwarzig, am Septum deutlich eingeschnürt, 13–17 × 8–11 µm, Ap. -0,7 mm, am Rand oft schwach weißlich bereift. Lager warzig bis fast areoliert, gelblich-, grünlich-, bräunlichgrau. Ch– . . . . **C. karelicum**

Cyphelium inquinans (Sm.) Trevisan
In hochmontanen und subalpinen, niederschlagsreichen Lagen in naturnahen Fichten-W. an alten Fichten und Tannen sowie an altem zähmorschem Holz (v.a. auf den Hirnschnitten von Holzpfählen von Weidezäunen), in N-Dtschl. (früher auch in S-Dtschl.) auch im Tiefland an alten Eichen, im Süden ähnl. *Lecanactis ab.* (↑) – bor-smed·h'mo(-med·h'mo) – s.selten (1), in N-Dtschl. etwas häufiger, aber auch zurückgehend; süSch (Feldberg), We, *Sp+, Fr+, Al*

Cyphelium karelicum (Vainio) Räsänen
In montanen und hochmontanen, s.niederschlagsreichen Lagen an kühlen (selten kalten), ozeanischen, s.–e.luftfeuchten Standorten in naturnahen alten Buchen-Tannen(-Fichten)-W., an Stämmen alter Tannen, seltener Fichten, selten an entrindeten Bäumen, z.–s.acidoph., z.–s.skioph., z.–s.anombroph., hygrisch wesentlich anspruchsvoller als *C. inquinans* – bor-mieur·mo(-med·mo), (oz) – s.selten (1); süSch, Sb, wohl auch Vog

Cyphelium lecideinum (Nyl.) Trevis.
In submontanen, milden Lagen an ± regengeschützten, absonnigen Flächen auf

Silikatgestein an luftfeuchten Orten, subneutroph.–m.acidoph., anitroph. - mieur-med, (subatl) - s.selten (1); O

Cyphelium sessile (Pers.) Trevisan
In kollinen, oft wintermilden Lagen in Eichen-Hainbuchen-W. am Stamm alter Eichen (s.selten auch an Buchen) meist parasitisch auf *Pertusaria* (*pertusa, coronata, coccodes* u.a.), z.acidoph., m.ombroph., hygroph., m.photoph.–z.skioph. - mieur·subatl-med - s.selten (1); Ne, *nöRh, Rh-Mn-T, Ts,* PfW, Eif, Mos, *Fr,* Th

Cyphelium tigillare (Ach.) Ach.
In hochmontan-subalpinen Lagen, selten tiefer, an zähmorschem Holz, entrindeten Baumstämmen, Stümpfen, Bretterzäunen, Scheunen, meist an Koniferenholz, gewöhnlich an Standorten mit z.wechselnden Feuchtebedingungen, Schwerpunkt in der Nähe der Waldgrenze, z.(–s.)acidoph., anitroph. - bor-smed·h'mo - s.selten (2); *Vog, SFW,* Ju, *Rh-Mn-T+, Ts+,* Do, Al

Cystocoleus Thwaites

(Schlüssel incl. Racodium)
Beide im Schlüssel berücksichtigte Arten aus je einem zentralen *Trentepohlia*-Faden aufgebaut, der von Pilzhyphen dicht umschlossen ist. Ch–.

1 Hyphen der Lagerfäden zum Algenfaden parallel laufend, gerade, kaum verzweigt, ± regelmäßig septiert (Abb. 37b). Lager schwarz bis braunschwarz, wattig, teppichartig, meist etwas lockerer als bei *Cystocoleus eb.*, unter dem Mikroskop dunkler . . . . **Racodium rupestre**
1* Hyphen unregelmäßig verbogen, schräg bis längs (nicht regelmäßig parallel) verlaufend, stellenweise tonnenförmig verdickt (Abb. 37a). Lager schwarz, teppichartig-filzig . . . . **Cystocoleus ebeneus**

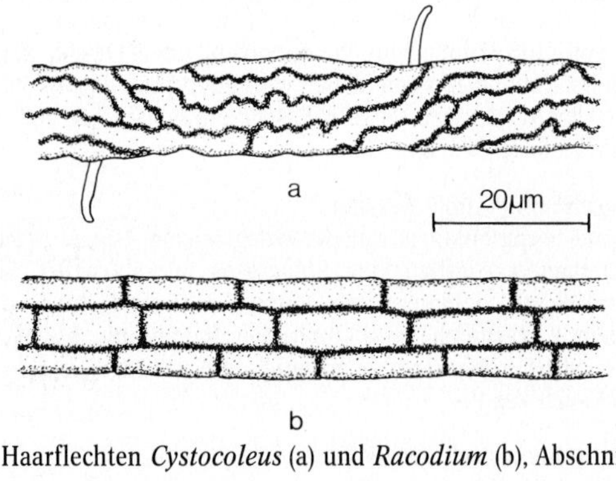

Abb. 37. Die Haarflechten *Cystocoleus* (a) und *Racodium* (b), Abschnitte der Lagerfäden.

Cystocoleus ebeneus (Dillwyn) Thwaites [Cystocoleus niger auct., Coenogonium nigrum auct.]
Bis in hochmontane Lagen, in Tieflagen selten, an regengeschützten Vertikal- und Überhangflächen von Silikatfelsen, in tiefen Lagen v.a. an porösen, bergfeuchten Substraten (Sandstein), an kühlen, s.–e.luftfeuchten (bis z.luft-, dann aber stärker substratfeuchten), windgeschützten, s.schattigen Standorten, meist an anstehenden Felsen in Wäldern, engen Tälern, an Nordhängen, seltener in Blockmeeren, Schwerpunkt in niederschlagsreichen Gebieten, m.–s.acidoph., anitroph., hygrisch weniger anspruchsvoll als *Racodium* und meist weiter herabsteigend - bor-mieur - z.selten; v.a. Sch, Vog, PfW; selten RhSch, O, Sp, SFW, MFr, ThW, Erz

Degelia Arv. & Galloway

(Bestimmung ↑ Pannaria)

Degelia plumbea (Lightf.) P.M.Jørg. & P.James [Parmeliella p. (Lightf.) Vainio]
An s.luftfeuchten, milden bis kühlen, ± schattigen Standorten auf glatter bis flachrissiger, mineralreicher Rinde mit erhöhter Wasserkapazität, auch über Moosen, im Gebiet auf Esche in Flußauen und an Talhängen, subneutroph., s.hygroph., substrathygroph., anitroph., s.ozeanisch - bor·atl-mieur·atl-med - s.selten (1); Ba (Wutach), einziger (noch?) aktueller Fund in Dtschl., ferner *Vgb (Rödchen), nöPf (Donnersb.),* Vog *(Schneeberg,* Wildenstein)

Dermatocarpon Eschw.

(↑ auch Catapyrenium)

1 Lager feucht intensiv grün, trocken h.graubraun bis braun, nicht bereift, unterseits h.- bis d.braun, glatt oder leicht aderig-runzelig, meist dicht gedrängt wachsend und vielblättrig erscheinend, nicht nur an einem Nabel, sondern mehreren Stellen angeheftet, relativ elastisch. Einzellager meist bis 15 mm, ± gewölbt. An feuchten Stellen. Sp. 10–19 × 5–8 µm . . . . **D. luridum**
1* Lager feucht nicht intensiv grün. An einem Nabel festgewachsen 2
2 Lager schuppig (bis angedeutet gelappt), Einzellager bis um 7 mm breit, oft mit aufgebogenen Rändern (± muschelig), derb, (oft glänzend) rotbraun bis braun, unterseits schwärzlich . . . . vgl. **Catapyrenium lachneum**
2* Lager blättrig 3
3 An zeitweise überschwemmten Standorten. Lager grau- bis d.braun, unbereift, unterseits d.braun bis schwarz, einblättrig, 3–12(20) mm, rundlich bis gekerbt, ± angedrückt, mit zentralem Nabel angewachsen, oft gedrängt wachsend bis überlappend. Sp. 10–18(25) × 5–8(9,5) µm . . . . **D. meiophyllizum**
3* An trockenen oder nur gelegentlich sickerfeuchten Standorten 4
4 Lager bis 10 mm breit, einblättrig, h.grau bis bräunlich, ± dünn bereift, rel.

dünn (0,2–0,4 mm). Sp. 6–7(9) × (5)6–7 µm, kugelig bis breit ellipsoid. Noch ungenügend geklärte Art. Wohl Ju . . . . **D. leptophyllum** (Ach.) Lang

4* Lager meist größer, 10–40(60) mm, meist konkav oder mit aufgebogenen Rändern, dicht weiß bereift, daher meist h.grau bis bräunlichgrau, unter dem Reif ± braun, unterseits rosa bis bräunlich, einblättrig, rundlich bis gekerbt-lappig, seltener vielblättrig, rel. starr (0,3–0,6 mm dick). Sp. 8–16 × 5–8 µm. S.variabel . . . . **D. miniatum**

(Im Hochgebirge weitere Arten an zeitweise überfluteten Stellen auf Silikatgestein, gegenüber *D.luridum* durch ± einblättrige, unterseits ± geaderte, mit einem Nabel festgeheftete Lager gekennzeichnet. **D. arnoldianum** Degel.: graubraun, feucht grün, starr, unterseits blaß braun, 0,4–0,7 mm dick. Sp. 13–15 × 4,5–6,5 µm; **D. rivulorum** (Arnold) DT. & Sarnth.: d.graubraun, feucht d.olivbraun, unterseits d.graubraun, 0,1–0,3 mm dick. Sp. 13–21 × 6,5–8,5 µm; beide Arten bor-alp/arkt-alp)

Dermatocarpon luridum (With.) Laundon [D. weberi (Ach.) Mann, D. fluviatile (Weber) Th.Fr., D. aquaticum (Weiss) Zahlbr.]
In sub- bis hochmontanen (alpinen) Lagen auf Silikatgestein an klaren Bächen in der oberen amphibischen Zone oder an langzeitig sickerfeuchten (dann meist ± schattigen) Felsen (v.a. Vertikalflächen), ähnl. *Phaeophyscia endoc.* (↑) – s'bor-mieur-smed (alp)(-med-alp) – selten (3); v.a. Sch, Vog; selten RhSch, He (z.B. Vgb, Rhön), ThW, Erz, O, Sp, *nöPf*, Al

Dermatocarpon meiophyllizum Vainio
Auf Silikatgestein an Felsen und Blöcken amphibisch an und in kühlen Bächen und Flüssen – bor-smed – s.selten; Mos, Eif

Dermatocarpon miniatum (L.) Mann
Bis in die alpine Stufe auf Kalkgestein, selten auch auf basischem (?kalkfreiem) bzw. leicht kalkhaltigem Silikatgestein, (auf Silikat fast nur an Vertikal-/Überhangflächen), an sporadisch und kurzzeitig sickerfeuchten Stellen sowie an etwas eutrophierten Flächen, z.euryök, subneutroph.–basiph., xeroph.(–mesoph.), m.–s. photoph., m.–z.nitroph., meist mit *Collema crist., Placynthium nigrum* – arkt-med – z.selten; SJu, Ju, FrJu, Al, sonst selten bis s.selten (z.B. süSch, Vog, Mn, Ne, nöPf, Saar, Hu, *Ts, MRh,* Eif, He, Th)

Dibaeis Clements

(Bestimmung ↑ Baeomyces)

Dibaeis baeomyces (L.f.) Rambold & Hertel [Baeomyces roseus Pers.]
Bis zur Waldgrenze, selten höher, auf sauren, m.nährstoffreichen, meist frischen bis wechselfrischen, verdichteten oder lockeren, sandigen und sandig-steinigen Lehmböden, v.a. in Lücken von Borstgras- und Zwergstrauchheiden (Nardo-Callunetea), an Wegrändern, an flachgründigen Stellen, besonders in Buntsandstein- und Granit-

Gebieten, m.–s.acidoph., z.–s.photoph. – (arkt-)bor(subatl)-mieur(-smed·mo) – z.selten (3); Sch, Vog, Pf, RhSch, ThW, sonst (s.)selten (z.B. Rhön, süRhön, Rh-Mn-T, O, Sp, SFW, Ju, Ne, Do, süHü), Al

Dimelaena Norman

(Bestimmung ↑ Buellia, Rinodina)

Dimelaena oreina (Ach.) Norm. [Rinodina o. (Ach.) Massal.]
In montanen und hochmontanen, außerhalb des Gebietes v.a. subalpinen und alpinen Lagen an leicht kalkhaltigem, hartem, kristallinem (oft feldspatreichem) Silikatgestein an m.beregneten bis z.regengeschützten, meist südexponierten, besonnten, rel. warmen Vertikalflächen und Überhängen (z.T. an m.gedüngten Vogelsitzplätzen), m.acidoph.–subneutroph., z.–s.photoph., m.xeroph. – arkt-alp/pralp – s.selten (R); süSch, Ulmer Münster, Fumarprotocetrar-S.-Rasse, Hz

Dimerella Trevisan

1 Ap. –0,4(0,5) mm, weißlich, v.a. im Herbar gelblich bis rosa. Sp. 9–14 × 2–3,5 µm. Lager oft steril, nur mit 0,1–0,2 mm breiten, halbkugeligen, gelbbraunen Pykn. Pyknosp. 6–7 × 1,8–2,5 µm, in der Mitte verengt . . **D. pineti**
1* Ap. 0,6–1,8 mm, gelborange bis orange, an der Basis eingeschnürt. Sp. 8–11 × 2–3,5 µm . . . . **D. lutea**

Dimerella lutea (Dickson) Trevisan [Microphiale l. (Dickson) Zahlbr.]
In montanen und hochmontanen, meist niederschlagsreichen, ozeanischen Lagen auf Borke und flächig wachsenden Moosen (z.B. *Radula*) am Stamm von älteren Laubbäumen (Buche, Spitzahorn, Eiche) in naturnahen Wäldern (z.B. Buchen-Tannen-W., Eichen-Buchen-W.), z.B. ähnl. *Lobaria pulm.* (↑) – mieur·subatl-med, (oz) – s.selten (1); süSch, ThW?+, *Bo*+, *Ju, FrJu, O*+, Sp*, *Ts*

Dimerella pineti (Schrader ex Ach.) Vězda
[D. diluta (Pers.) Trevisan, Microphiale d. (Pers.) Zahlbr.]
Bis zur hochmontanen Stufe an Laub- und Nadelbäumen, v.a. an der Stammbasis und am Mittelstamm im Bereich von Rissen, auch an morschen Stümpfen, selten auf dem Erdboden und auf Moosen, in niederen Lagen meist in Talauen neben Bächen (v.a. an Esche, Hainbuche, z.B. mit *Micarea prasina*), oft an der Basis von Lärche und Kiefer, subneutroph.–z.acidoph., z.–s.hygroph., m.substrathygroph., anitroph.–m.nitroph., m.–z.toxitol. – bor· atl-med – m.häufig

Diploicia Massal.

(Bestimmung ↑ Buellia)

Diploicia canescens (Dickson) Massal. [Buellia c. (Dickson) De Not.]
Bis in submontane Lagen in wintermilden Lagen, z.B. an warmen Talhängen an m.beregneten bis z.regengeschützten Vertikalflächen und Überhängen auf kalkhaltigen oder -imprägnierten Silikatgesteinen, im Gebiet v.a. an anthropogenen Substraten, wie an alten gemörtelten Natursteinmauern (z.B. Buntsandstein), z.B. in Burganlagen, in Weinbergen; an naturnahen Standorten meist auf kalkhaltigem oder basischem Silikatgestein, anderenorts (früher auch im Gebiet) an staubimprägnierter Borke älterer Laubbäume, subneutroph., m.–z.(s.)photoph., m.–z.nitroph. – mieur·subatl-med –selten (3); v.a. PfW, nöPf, Mos-Eif; selten bis s.selten Ts, MRh, Lahn, He, Rh-Mn-T, Sp, O, Sch, Vog, Vgt

Diploschistes Norman

Bei den behandelten Arten Sp. zu 4–8, Lager C+ rot.

1 Lager auf Erde, auf Moosen, in der Jugend parasitisch auf *Cladonia* (meist Lagerschuppen) (parasit. Lebensweise oft nicht erkennbar), meist warzig-uneben und ± zus.hängend. Lecanor-S., Diploschistes-S. Sp. zu 4, 20–35 × 8–15 µm, mit 5 Quer- und 1–2 Längssepten . . . . **D. muscorum**
1* Lager auf Gestein. Sp. 22–40 × 10–20 µm **2**
2 Auf Silikatgestein. Lager grau, in der Regel mit dem Substrat flächig verwachsen, unbereift, rissig- bis meist warzig-areoliert, K– oder K+ gelb, Lecanor-S., ± Diploschistes-S., ± Atranorin. Sp. zu (4–)8, mit (4)5–7 Quer- und (1)2–3 Längssepten . . . . **D. scruposus**
2* Auf kalkhaltigen Gesteinen. Lager weißlich bis grau, matt, bereift, flächig mit dem Substrat verwachsen oder sich plattig ablösend, undeutlich bis deutlich rissig-areoliert, K–, Lecanor-S. Sp. zu 4, mit 4–7 Quer- und 1–2 Längssepten . . . . **D. gypsaceus**

Diploschistes gypsaceus (Ach.) Zahlbr.
[D. cretaceus (Ach.) Lettau, D. ochrophanes Lettau]
V.a. in den Kalkgebirgen an Vertikal- und Überhangflächen auf Kalkgestein an schattigen bis halbschattigen, m.–z.luftfeuchten Orten, basiph., z.B. ähnl. *Acrocordia con.* – bor-med – selten; Ju, SJu, FrJu, Al

Diploschistes muscorum (Scop.) R.Sant. [D. bryophilus (Ehrh.ex Ach.) Zahlbr.]
Bis in die alpine Stufe auf Cladonien (Jugendparasit), v.a. *Cladonia pyxidata*-Gruppe, und auf boden-, selten felsbewohnenden Moosen, meist auf basenreichen Böden in Trockenrasen, aber auch in Silikatgebieten (z.B. Sch, Eif) an humiden Stellen, z.–s.photoph. m.acidoph.–m.basiph. – bor-med – vor allem Kalkgebiete (SJu-Ju-FrJu m.häufig, Mn), sonst meist z.selten (z.B. Eif, He, Th, Ne, süSch) bis selten

Diploschistes scruposus (Schreber) Norman [D. ptychochrous Lettau]
V.a. bis in montane Lagen, auf kalkfreiem (oder s.schwach kalkhaltigem) Silikatgestein an z.warmen bis kühlen Orten, besonders an niedrigen, rel.lange taufeuchten Felsen oder halbschattigen, m.beregneten Felswänden, z.ähnl. *Lasallia* (↑), doch auch an lichtärmeren Stellen, ähnl. *Pertusaria aspergilla* (↑), m.acidoph.-z.acidoph., (z.skioph.-) m.-z.(s.)photoph., a-/m.nitroph. - bor-med - z.selten; Silikatgebirge (v.a. Sch, Vog, RhSch), daneben synanthrop auch in Kalkgebiete eindringend (z.B. auf Mauern)

Dirina Fr.

(Bestimmung ↑ Lecanactis)

Dirina stenhammari (Stenham.) Poelt & Follm. [D. massiliensis Durieu & Mont. f. sorediata (Müll.Arg.) Tehler, Lecanactis st. (Stenham.) Arnold]
Bis in montane, selten hochmontane Lagen auf Kalkgestein, selten auf schwach kalkhaltigem Silikatgestein, an z.-s.regengeschützten Felsflächen an m.lichtreichen bis z.lichtarmen, (m.-)z.luftfeuchten Standorten, meist an Felsen in Wäldern, in niederschlagsreichen Lagen auch an offeneren Stellen, basiph., anombroph., (a-/)m. nitroph. - mieur-med - selten; SJu-JuFrJu, Al; s.selten süSch, O, PfW, Ne, Eif, HeBgl, Th

Eiglera Haf.

(Bestimmung ↑ Aspicilia)

Eiglera flavida (Hepp) Haf. [Aspicilia f. (Hepp) Rehm, Lecanora f. Hepp]
Bis in alpine Lagen auf meist m.kalkreichem bis kalkarmem Gestein, z.B. auf kalkhaltigen kristallinen Schiefern, Kalksandstein, Mergelkalken, v.a. auf Steinen, niedrigen Blöcken, m.basiph.-neutroph. - bor-med - selten *(0)*; *Ju*, Th, Al

Endocarpon Hedwig

1 Hym.algen länglich, 4–12 × 2–4 µm. Schuppen -6 mm lang, ± aufrecht bis fast kleinstrauchig. Sp. 35–65 × 14–30 µm. Auf Kalkgestein, arkt-alp . . . . **E. pulvinatum** Th.Fr.
1* Hym.algen ± kugelig. Schuppen deutlich blättrig-schuppig 2
2 Auf Silikatgestein. Schuppen -2,5 mm, dicht dachziegelig wachsend, ohne Rhizinen, rundlich, ± gekerbt-gelappt, (grünlich) graubraun, unterseits hell bis schwärzlich. Sp. 27–48 × 12–22 µm . . . . **E. psorodeum**
2* Auf basenreicher Erde, Moosen, Kalkstein, Mörtel 3
3 Lagerschuppen am Rand aufsteigend, einander überlappend (nicht so deutlich rasig-dachziegelig wie bei *E. psorodeum*), 2–7 × 1–3 mm, gelbbraun, braun,

d.braun, grau, olivgrau. Unterseite (mit Ausnahme des hellen Randes) schwärzlich, ohne Rhizinen. Sp. 25–50 × 14–22 µm . . . . **E. adscendens**

3* Lagerschuppen meist angedrückt, einzeln bis einander etwas überlappend, 1–4 mm, rundlich bis meist gekerbt-gelappt, h.braun, ocker, braun, seltener d.braun, Unterseite d.braun bis schwarz, mit Rhizinen. Sp. 30–60 × 14–28 µm . . . . **E. pusillum**

Endocarpon adscendens (Anzi) Müll.Arg. [E. pallidum auct.]
Über Moosen oder erverkrustetem kalkhaltigem Gestein an halbschattigen bis sonnigen Orten – s'bor-med – *MRh*, nöPf, Saar, Vog

Endocarpon psorodeum (Nyl.) Blomb. & Forss.
Auf SiO_2-armem oder leicht kalkhaltigem Silikatgestein, v.a. an beregneten Steilflächen, auch an Silikatmauern, an z.lichtreichen Standorten – bor-mieur – s.selten (R); Bo, Sch, Ne

Endocarpon pusillum Hedwig
Bis über die Waldgrenze auf kalkreicher Feinerde, v.a. auf steinigen Lehmböden in Lücken von Kalkmagerrasen, über dünner Erdauflage in Felsspalten und an erdverkrusteten Mauern (v.a. Weinberge), auf Löß, auch auf niedrigwüchsige Moose übergehend, ähnl. *Catapyrenium squam.* (↑), m.basiph., z.–s.photoph., xeroph., anitroph.–z.nitroph., – bor-med – selten (2); Mn, süRhön, Hü, Ne, Ju, Bo, Pf, MRh, Mos, Eif, *Rh-Mn-T,* He

Enterographa Fée

(Bestimmung ↑ Opegrapha)

Enterographa hutchinsiae (Leighton) Massal.
In kollinen, wintermilden Lagen auf (oft SiO_2-armen) Silikatgesteinen an z.regengeschützten Vertikalflächen/Überhängen an m.kühlen, ozeanischen, schattigen Standorten mit ± gleichmäßig hoher Luftfeuchte, auch auf glatte Rinde z.B. von Hainbuche übergehend, ähnl. *E. zonata* (↑), doch nicht an den kühleren Habitaten dieser Art – mieur·subatl-smed – s.selten (3); Eif, O, Sch, süRh, *MRh*

Enterographa zonata (Körber) Källsten [Opegrapha z. Körber, O. horistica (Leighton) B.Stein]
Bis in die (hoch)montane Stufe, in niederschlagsreichen Lagen auf kalkfreien (mitunter aber basischen), harten Silikatgesteinen auf z.–s.regengeschützten Vertikal- und Überhangflächen an z.–s.lichtarmen, s.luftfeuchten, kühlen, ozeanischen Standorten, v.a. in Schluchten, Tälern, an Nordhängen, in Wäldern, z.acidoph.–subneutroph., (z.–)s.skioph., s.hygroph., anombroph., anitroph. – (bor·atl-)s'bor· subatl-smed·subatl(-med), (oz) – Sch, Vog, BayW, ThW, (s.)selten Eif, Th, Pf, O, Bo

Eopyrenula R.Harris

(Bestimmung ↑ Pyrenula)

Eopyrenula leucoplaca (Wallr.) R.Harris [Pyrenula l. (Wallr.) Körber]
Auf rissiger, selten glatter Rinde von Laubbäumen im Innern von Wäldern, vorwiegend wohl in kollinen und submontanen Lagen, m.–z.acidoph. – s'bor-mieur – selten *(0)*; süHü-HRh, *O, nöRh, Ju*

Ephebe Fr.

(Bestimmung ↑ Polychidium)

Ephebe lanata (L.) Vainio
In montanen und hochmontanen, niederschlagsreichen Lagen auf anstehendem Silikatfels an schrägen, nährstoffreichen, sporadisch austrocknenden Sickerwasserflächen, selten an spritzwasserfeuchten Blöcken an Bächen, an meist besonnten, aber auch schattigen Standorten, im Gebiet meist im Bereich von Magerrasen (Nardion), subneutroph.–m.acidoph., subhydroph., m.–s.photoph. – bor-smed·mo – selten (2); süSch, Vog, nöPf (s.selten)

Epilichen Clem.

(Bestimmung ↑ Buellia)

Epilichen scabrosus (Ach.) Clem. [Buellia scabrosa (Ach.) Massal.]
Parasitisch auf *Baeomyces placoph.* und *rufus* (↑), doch nicht so euryök wie diese, Schwerpunkt in kühlen montanen und hochmontanen Lagen – (arkt-)bor-mieur – s.selten (0); süSch, *Vog, O, Ju, Fr,* Meißner, Al

Euopsis Nyl.

(Bestimmung ↑ Porocyphus)

Euopsis pulvinata (Schaerer) Vainio [Pyrenopsis p. (Schaerer) Th.Fr.]
Auf kalkfreien Silikatgesteinen, an kleinen, rel. lange taufeucht bleibenden Steinen oder an gelegentlich sickerfeuchten Felsflächen, meist an besonnten Orten, z.B. mit *Trapelia involuta* (↑), *Stereocaulon pil.*, z.acidoph., substrathygroph. – arkt-mieur·mo – s.selten (1); süSch (*Feldberg,* Schauinsland)

Evernia Ach.

1 Lager kurzstrauchig, kurz hängend und abstehend, ± reich verzweigt. Abschnitte bandartig verflacht, weich, (1)2–3(5) mm breit, oberseits grau- bis gelbgrün (oder bläulichgrau, ohne Usnin-S.: var. *herinii* (Duv.) Maas G.), unterseits weißlich (bis stellenweise grünlich gepunktet), schwach rinnig und

runzelig, an den Rändern mit mehlig-körnigen Soralen. Ap. s.selten. Usnin-S., Evern-S., Atranorin . . . . **E. prunastri**

1* Lager in der Regel lang fädig-bärtig, an den Enden zugespitzt. Abschnitte schmal (1–2 mm), längsgrubig oder kantig, allseits gleich gefärbt, ohne Sorale. Ap. z.selten **2**

2 Lager h.grau, K+ stark gelb. Atranorin, Divaricat-S. . . . . **E. illyrica**

2* Lager ± grüngelblich bis graugrün, K–, auffallend schlaff und mit s.brüchiger Rinde, daher vielfach querrissig und das weiße Mark zeigend. Usnin-S., Divaricat-S. . . . . **E. divaricata**
(wenn mit stark längsgrubigen, m.zugespitzten Ästen mit zylindrischen, sorediös aufbrechenden Isidien, in kontinentalen Lagen: **E. mesomorpha** Nyl.)

Evernia divaricata (L.) Ach. [Letharia d. (L.) Hue]
In montanen und hochmontanen, niederschlagsreichen Lagen auf sauren Rinden, vorwiegend an Ästen, an kalten, spätfrostgefährdeten, nebelreichen, s.–e.luftfeuchten Standorten, v.a. in Tannen-Fichten-W., ähnl. *Ramalina thrausta* (↑) - borsmed·mo, (subko) - selten (2); v.a. süSch (Osten, Südosten); süSch-Ba, nöSch, Vog, SJu, Al, sonst (1) bis (0): Ne, Ju, Av, ThW+?, *Pf*+, *Eif*+

Evernia illyrica (Zahlbr.) Zahlbr.
Im Gebiet mit und z.ähnl. *E. divaricata* (↑), doch v.a. an kühlen, nicht spätfrostgefährdeten Orten in Tannen-W. - (mieur·atl-)smed·mo-med·mo - s.selten (+++); Vog (z.B. Grand Ventron)

Evernia prunastri (L.) Ach., Eichenmoos
Bis zur Waldgrenze auf saurer Rinde von Laub- und Nadelbäumen, am Stamm und an Ästen, von z.breiter ökol. Amplitude, an voll beregneten bis z.regengeschützten, s.–m.lichtreichen, m.–s.luftfeuchten Standorten, an freistehenden Bäumen wie in Wäldern, auch an m.staubimprägnierten Stämmen (dann ähnl. *Ramalina poll.* ↑), in niederen Lagen ähnl. *Parmelia glabratula* (↑), in höheren ähnl. *Pseudevernia* (↑), m.–s.acidoph., anitroph.–m.nitroph. Ausgangsmaterial für Parfüm-Herstellung („Mousse de chêne") - bor-med - m.–z.häufig, in Ballungsgebieten selten

Farnoldia Hertel

(Bestimmung ↑ Lecidea TS 3)

Farnoldia jurana (Schaerer) Hertel [Lecidea j. Schaerer, L. petrosa Arnold, Melanolecia j. (Schaerer) Hertel]
Von der montanen bis in die alpine Stufe (Schwerpunkt im alpinen Bereich) auf reinem Kalkstein und Dolomit, seltener auf z.kalkreichen Gesteinen (Mergelkalke, Kalksandsteine), z.euryök, an ± beregneten Flächen an meist m.–s.lichtreichen Standorten, basiph., a-/m.(z.)nitroph. - arkt-mieur-med(alp) - s.selten (R); Ju, SJu, FrJu, Th, Al

Fellhanera Vězda

1 Sp. bis 16 µm lang. Pyknosp. kurz, ellipsoid bis tropfenförmig. Hyp. farblos bis blaß gefärbt. Exc. dünn 2

1* Sp. mindestens 16 µm lang. Pyknosp. mindestens 12 µm lang, fädig, gerade oder gekrümmt. Hyp. dunkel 3

2 Sp. ellipsoid, (2–)4zellig, 10–16 × 2,5–4 µm. Mit weißlichen, vorragenden, teils dornartigen, -0,2 mm breiten Pykn. Pyknosp. 3,7–4,6 × 1,4–1,7 µm, ellipsoid bis tropfenförmig. Ap. weißlich, blaß (rosa)gelblich bis blaß bräunlich (im Herbar orange), -0,5 mm, anfangs flach und dünn weißlich berandet, später gewölbt-randlos. Paraph. spärlich verzweigt und anastomosierend. Lager graugrünlich . . . . **F. subtilis**

2* Sp. 9–15 × 3–6 µm, 2zellig. Pykn. nicht vorragend. Ap. gelblich, blaß bräunlich bis blaß rosa -0,4 mm, weißlich berandet. Paraph. überwiegend kaum verzweigt. Epihym. ± farblos. Lager blaugrünlich, mehlig bis feinkörnig . . . . **F. bouteillei**

3 Pykn. halbkugelig vorstehend, zerstreut, breit geöffnet, -2mm breit, 0,3 mm hoch. Pyknosp. gerade bis gekrümmt oder gewunden, 20–43 × 0,8–1 µm, einfach bis undeutlich septiert. Sp. 30–42 × 3–4,5 µm, (4)5–7(8)zellig, dick nadelförmig bis spindelig, gerade bis gekrümmt. Ap. -0,4 mm, anfangs dick berandet, später gewölbt-randlos, rosabraun bis graubraun. Epihym. rotbraun, Hyp. d.braun. Exc. braunrot. Lager dünn, schorfig-uneben, grau, blaß grüngrau . . . . **F. vezdae**

3* Pykn. schwärzlich, punktartig (0,05 mm). Pyknosp. gekrümmt oder gewunden, 12–30 × 0,8 µm. Sp. 16–24 × 3–4 µm, 4zellig. Ap. -0,1 mm, blaß grau bis bräunlich, unberandet oder anfangs weißlich berandet, flach, später m.gewölbt und randlos. Hyp. d.braun bis violett. Lager dünn, graugrünlich, in humiden Lagen auf *Vaccinium*-Stämmchen, Fichten-Ästchen, Kieselsteinen. Schleswig-Holstein . . . . **F. myrtillicola** (Erichsen) Haf.

Fellhanera bouteillei (Desm.) Vězda [Catillaria b. (Desm.) Zahlbr.]
In kollinen bis montanen, ozeanischen oder zumindest wintermilden Lagen auf Ästchen und Nadeln von Koniferen, v.a. Tanne, selten auf der Rinde alter Laubbäume, m.–z.acidoph., z.ombroph., (z.–)s.hygroph., z.skioph.–m.photoph., anitroph. – mieur·subatl-med·mo – selten (2); süSch(-süHü), HRh, Ju, *Ne, SFW, Av,* Eif

Fellhanera subtilis (Vězda) Dieder. & Sérus. [Bacidia s. Vězda]
Bis in die subalpine Stufe, in kühl-feuchten Lagen an den Stämmchen von Heidelbeere und an Koniferenästchen, in Zwergstrauchheiden, Fichten-W., z.acidoph., m.–z.photoph., anitroph. – s'bor-mieur· subatl – selten (3); Sch, BayW, Alpen, Lux, Westf

Fellhanera vezdae (Coppins & P.James) V.Wirth [Bacidia v. Coppins & P.James]
In kollinen und submontanen Lagen am Stamm und an der Basis von Laubbäumen, selten Tanne, z.ähnl. *Dimerella pineti* (↑), aber auf stärker luftfeuchte Bereiche

beschränkt, z.B. in Bachauen, z.–m.acidoph., z.–s.skioph. – mieur-med, subatl – selten; Ne, SFW, Sch

Fulgensia Massal. & De Not.

1 Sp. reif deutlich 2zellig, 15–23 × 5–7,5 µm, am Septum ± eingeschnürt. Lager gelb- bis rotorange, nicht bis deutlich gelappt, dicht mit (1,5 mm breiten) Ap. bedeckt, über polsterbildenden Moosen auf Kalkgestein ..... **F. schistidii**
1* Sp. 1zellig, bis 16 µm lang. Lager weiß- bis orangegelb, auf Kalkerde, Moosen. Ap. orange(braun), braunrot, –1,5 mm **2**
2 Lager warzig bis schuppig, Areolen gewölbt, am Rande höchstens undeutlich vergrößert, ± bereift. Sp. 9–13 × 4–7 µm .... **F. bracteata**
2* Lager ± rosettig, mit deutlichen, konkaven bis m.gewölbten Randlappen, fast blättrig, innen ± ungegliedert, meist –2,5 cm breit. Sp. 7–16 × 4–6 µm .... **F. fulgens**

Fulgensia bracteata (Hoffm.) Räsänen
var. **bracteata**
Ähnl. *F. fulgens* (↑), jedoch gewöhnlich auf Gips und Gipsböden – mieur – s.selten (1); Mn, Ries, He (z.B. Meißner-Vorland), Hz

Fulgensia fulgens (Sw.) Elenkin [Caloplaca f. (Sw.) Körber]
In kollinen, sommerwarmen, niederschlagsarmen Lagen auf kalkreicher Feinerde, auf Moose übergehend, in Lücken von flachgründigen, meist steinigen Kalkmagerrasen, an erdverkrusteten Kalkbänken, ferner an offenen Stellen auf Löß sowie auf Gips, sekundär auch an Wegen; durch Flurbereinigung, Rebumlegungen zurückgehend (v.a. Hü), subneutroph.–m.basiph., xeroph., thermoph., s.photoph. – mieursmed, subko – selten (2); v.a. Mn-süRhön, Th, ferner süRh, Hü, Ne, Ries, Eif+, He, Hz

Fulgensia schistidii (Anzi) Poelt [Caloplaca sch. (Anzi) Zahlbr.]
(Hoch)montan bis alpin, über Moosen (v.a. *Schistidium apoc., Grimmia*) auf kalkreichem Gestein an z.–s.lichtreichen, beregneten, oft etwas zerklüfteten Steilflächen, neutroph., xeroph. – mieur-med, subalp/alp – s.selten (R); Ju, ferner Al

Fuscidea V.Wirth & Vězda

(Schlüsssel incl. Ropalospora)

1 Auf Rinde **2**
1* Auf Silikatgestein **5**
2 Lager ohne Sorale, rissig areoliert, Areolen mit ± glatter Oberfläche, grau, graubraun, oft mit d.braunem bis schwärzlichem Vorlager, Mark P+ rot, K–, C–. Ap. –1,5(1,8) mm, schwarzbraun bis fast schwarz, feucht braun, mit oft helle-

rem, oft verbogenem, deutlich vorstehendem Rand, ± flach. Sp. bohnenförmig gebogen, 8,5–12(14) × 4–6 µm, 1zellig. Fumarprotocetrar-S. . . **F. cyathoides**

2* Lager sorediös, Sorale und Mark R–, UV+ (blau-)weiß **3**

3 Soredien oft bräunlich, gewöhnlich körnig, 40–100 µm dick. Sorale anfangs rundlich, konkav-kraterförmig, dann zus.fließend, weißlich bis bräunlich. Ap. –1,2(1,5) mm, d.braun bis schwarz (feucht braunstichig), mit meist hellerem (braunem), oft verbogenem, deutlich vorstehendem Rand. Sp. in der Mitte verengt, selten schwach gekrümmt oder ellipsoid, 7,5–11 × 3–4,5 µm. Lager grau bis meist bräunlichgrau, selten grünlichgrau, feucht nicht deutlich grün, warzig uneben bis seltener areoliert, mitunter mit grauem bis braunschwarzem Vorlager, –5 cm. Divaricat-S. Habituell mitunter ähnl. *Mycoblastus fucatus*, diese Art P+ rot!) . . . . **F. lightfootii**

3* Soredien grünlich bis gelblich, 20–50 µm dick. Lager fast stets steril, meist nur –2 cm. Wenn fertil, dann Sp. anders **4**

4 Lager warzig, blaß grünlich, grüngrau, feucht gewöhnlich deutlich grün, oft mit d.braunem bis schwarzem Vorlager, meist –2 cm. Sorale in der Thallusmitte entstehend, unregelmäßig, bald zus.fließend, grünlich bis gelblich. Soredien 20–30 µm. Lager in den Randpartien fast stets aus nicht sorediösen, gewölbten Areolen. Ap. im Gebiet s.selten (Sp. 6–8zellig). Perlatol-S. . . . . **Ropalospora viridis**

4* S. ähnlich *Ropalosp. viridis*, aber Lager noch kleiner, meist 1 cm. Ap. unbekannt. Divaricat-S. . . . . **F. pusilla**

5 Lager sorediös, oft steril **6**

5* Lager nicht sorediös, mit Ap. **9**

6 Sorale blaßgelblich, weißlich oder leicht bräunlich, im Herbar oft rosa, C+ rot, KC+ rot, P+ gelb, UV–/± gelblich, –0,5 mm, rundlich, zerstreut. Lager grau bis graubraun, areoliert, Areolen rundlich bis knollig, auf schwarzem Vorlager. Ap. selten, –1(1,5) mm, braunschwarz bis schwarz, flach bis m.gewölbt, berandet. Sp. 9–12 × 3–5 µm. Alectorial-S. . . . . **F. praeruptorum**

6* Sorale weißlich, grau, graubraun, R–, UV+ weiß. Divaricat-S. **7**

7 Lager steril, aus elliptischen bis unregelmäßigen 1–4 mm großen, m.gewölbten Areolen(gruppen), die fleckartig auf ausgedehntem schwarzem Vorlager zerstreut angeordnet sind. Areolen rissig bis rissig-areoliert, weiß, cremefarben, auch s.leicht braunstichig. Sorale rund, konkav, in der Mitte der Areolen aufbrechend, meist zu 1–2, 0,2–1,5 mm breit, weißlich bis grau. * . . . . **F. maculosa**

7* Lager gewöhnlich ± zus.hängend, Vorlager nur vereinzelt zwischen den Thallusareolen sichtbar. Ap. selten bis häufig **8**

8 Ap. (meist verengt) aufsitzend, flach bis m.gewölbt, berandet, –1(1,2) mm, selten. Sp. bohnenförmig bis ellipsoid, 1zellig, selten 2zellig, 9–14 × 3–5 µm. Exc. kräftig entwickelt, außen in breitem Bereich d.braun. Sorale zerstreut bis s.spärlich, –0,7 mm, weißlich bis bald bräunlich und zus.fließend. Lager h.grau, grau, graubraun, warzig areoliert bis rissig areoliert. * . . . . **F. recensa**

8* Ap. in den Thallus ± eingesenkt, nur im Alter stärker vorragend, mit breitem, innen oft mit einem dünnen hellen Saum versehenen Rand, schwarz (feucht schwarzbraun), -0,6 mm. Exc. weitgehend blaß. Sp. breit ellipsoid, 8–10,5(11,5) × 4–6,5(7) µm. Sorale zerstreut bis s.spärlich, rundlich, konkav, ± weißlich, grau bis leicht bräunlich, -0,6 mm. Lager bräunlich grau bis graubraun, areoliert bis rissig areoliert. * . . . . **F. oculata**

9 Sp. zumindest teilweise bohnenförmig gekrümmt **10**

9* Sp. ellipsoid. Lager/Mark R- **11**

10 Mark P+ rot, K-, C-, nicht UV+ weiß. Lager rissig bis rissig areoliert, Areolen mit ± glatter Oberfläche, s.selten mit Soralen . . . . **F. cyathoides (2)**

10* Mark R-, UV+ weiß. Lager areoliert, Areolen gewölbt, uneben, auch knollig, Sorale nicht selten . . . . **F. recensa (8)**

11 Ap. nicht oder nur undeutlich (schmal, nicht erhaben) berandet. Hym. nur undeutlich vom Hyp. getrennt **12**

11* Ap. deutlich wulstig berandet **13**

12 Ap. weitgehend in das Lager eingesenkt, flach bis leicht gewölbt, oft von unregelmäßig eckigem Umriß, (d.)braun bis braunschwarz, mitunter wie leicht bereift, -1,5(2,5) mm. Lager z.dick, h.grau, grau, graubraun, rissig- bis warzig-areoliert. Mark UV+ (blau-)weiß. Sp. 7,5–10,5 × 4–7 µm, breit ellipsoid. Divaricat-S. . . . . **F. kochiana**

12* Ap. sitzend bis angedrückt, (braun)schwarz, -0,7 mm, rund, flach bis gewölbt. Lager grau, (d.)graubraun, d.braun, dünn, ± rissig bis fast ungegliedert, ± glatt, Mark UV-. Sp. 6–9,5 × 5–7 µm, breit ellipsoid bis fast kugelig. Ch- . . . . **F. lygaea** (Ach.) V.Wirth & Vězda

13 Ap. mit wulstigem, oft stark welligem, meist hellerem, (± braunem) Rand, -2 mm, aufsitzend, flach, braunschwarz bis fast schwarz, mitunter leicht bereift erscheinend, oft mehrere eng gruppiert und bis zu 3 mm breite Aggregate bildend. Lager z.dünn bis dicklich, kaum gegliedert bis rissig, grau bis graubraun. Sp. ellipsoid bis fast kugelig, (6,5)9–12(13) × 6,5–8,5(9) µm. Hym. 55–60(75) µm. Ch- (Divaricat-S. in Ap.) . . . . **F. austera**

13* Ap. kleiner, Rand gewöhnlich nicht heller, nicht stark wellig, Ap. gewöhnlich nicht gruppiert **14**

14 Lager dick, rissig bis rissig areoliert, graubraun bis leicht rosa(violett)grau, seltener grau, mit (braun-)schwarzem Vorlager. Mark UV+ (blau)weiß. Ap. braunschwarz bis schwarz, mitunter leicht bereift erscheinend, flach, deutlich berandet, -1 mm. Sp. 7–9,5 µm × 5–6,5 µm. Divaricat-S. - arkt-alp - Alpen . . . . **F. mollis** (Wahlenb.) V.Wirth & Vězda

14* Lager ohne Lupe glatt erscheinend, s.fein rissig, grau, graubraun, braun, dünn, oft mit d.braunem Vorlager. Mark UV-. Ap. rand dünn, bald verschwindend . . . . **F. lygaea (12)**

Fuscidea austera (Nyl.) P.James [Lecidea aggregatilis Grumm., L. aggregata auct.] In montanen und hochmontanen, niederschlagsreichen, ozeanischen Lagen, selten bis in die alpine Stufe, auf sauren bis neutralen, harten Silikatgesteinen an beregneten Vertikalflächen, v.a. an Felsgruppen in nebelreichen Gipfellagen und in kühl-feuchten Blockmeeren, an m.–z.lichtreichen, beschatteten Standorten, die häufige und langandauernde Feuchtigkeitszufuhr gewährleisten, m.–z.acidoph., z.ombroph., z.hygroph., anitroph. - mieur·subatl, (oz) - selten (3); Rhön, nöSch, süSch (s.selten), Vog, Fi, BayW, Hz

Fuscidea cyathoides (Ach.) V.Wirth & Vězda [Lecidea c. (Ach.) Ach., L. stiriaca (Massal.) Jatta, L. rivulosa Ach.]
Vorwiegend in montanen, niederschlagsreichen, ozeanischen, seltener sub- oder hochmontanen Lagen auf glatten, meist m.–z.sauren, nicht eutrophierten Rinden (v.a. Buche, Birke) sowie auf kalkfreien, sauren, oft harten Silikatgesteinen (v.a. an beregneten Steil- bzw. Vertikalflächen) an milden bis meist kühlen, ozeanischen, beschatteten Standorten, meist in lichten Wäldern, Tälern, m.–s.acidoph., z.ombroph., z.hygroph., m.photoph., anitroph. - s'bor·subatl-mieur·subatl-med·mo, (oz) - selten; die rindenbewohnende Form (2); Sch, Vog, RhSch, ThW, O, Erz, BayW, s.selten z.B. *SFW+*, Rhön, Meißner etc.

Fuscidea kochiana (Hepp) V.Wirth & Vězda [Lecidea k. Hepp]
Z.ähnl. *F. austera*, aber mit breiterer ökol. Amplitude und an windoffenere Standorte übergehend - s'bor·atl-mieur·subatl-med(subatl)·mo) - selten; Sch, Vog, nöPf, Ts, Rhön, ThW, Erz, BayW

Fuscidea lightfootii (Sm.) Coppins & P.James [Catillaria l. (Sm.) Oliv.]
In kollinen bis submontanen, wintermilden Lagen an milden bis m.kühlen, s.luftfeuchten, beschatteten Standorten auf meist glatter, saurer, nicht eutrophierter Rinde, z.B. an Birke, wohl oft an Ästen, z.B. mit *F. cyathoides* (↑), m.–z.(s.)acidoph., m.photoph. (–z.skioph.), (z.–)s.hygroph. - mieur·atl(subatl)-smed(-med) - s.selten (0); *O (Heidelberg)*, Lux

Fuscidea maculosa (H.Magn.) Poelt [Lecidea gothoburgensis H. Magn. f. maculosa H.Magn.]
In montanen und hochmontanen, s.niederschlagsreichen Lagen auf sauren, meist harten Silikatgesteinen an m.beregneten bis z.regengeschützten Vertikalflächen und Überhängen an kühlen bis kalten, windgeschützten, gleichmäßig s.luftfeuchten, z.–s.lichtarmen Standorten (Wälder, Schluchten, Nordhänge), z.acidoph., anitroph. – (s'bor·atl-)mieur·atl/zentr·h'mo, (oz) – s.selten (R); süSch, nöSch, Vog, BayW

Fuscidea oculata Oberhollenzer & V.Wirth [möglicherweise zu F. intercincta (Nyl.) Poelt]
Auf sauren Silikatgesteinen in montanen, s.niederschlagsreichen Lagen an lichtoffenem Standort, ähnl. *F. austera* (↑) – s.selten (R); nöSch

Fuscidea praeruptorum (Du Rietz & H.Magn.) V.Wirth & Vězda [Lecidea p. Du Rietz & H.Magn.]
In sub- bis hochmontanen, meist niederschlagsreichen Lagen auf kalkfreiem, hartem Silikatgestein an m.beregneten Vertikalflächen an kühlen, z.–s.luftfeuchten, meist absonnigen, aber meist z.lichtreichen Standorten, z.B. mit *F. cyathoides* (↑) – s'bor·subatl-med(mo), (oz) – selten; Sch, Vog, nöPf, Rhön, BayW

Fuscidea pusilla Tønsberg
Ähnl. *Ropalospora viridis* (↑), auf milde Standorte beschränkt – bor·subatl-mieur – selten?; Sch

Fuscidea recensa (Stirton) Hertel, V.Wirth & Vězda
Ähnl. *F. praeruptorum* (↑) und die gesteinsbewohnende Form von *F. cyathoides* (↑) – s'bor·atl-mieur(·atl) – s.selten; Eif, Sch, O

Gonohymenia J.Steiner

(Bestimmung ↑ Phylliscum)

Gonohymenia nigritella (Lettau) Henssen [Thyrea n. Lettau]
Bis in montane Lagen an basischen Silikatgesteinen und Kalkgestein an warmen, zeitweise sickerfeuchten Flächen, ähnl. *Thyrea confusa* (↑) – mieur(-smed) – s.selten; Lahn

Gonohymenia schleicheri (Hepp) Henssen
Bis in submontane Lagen an basischen Silikatgesteinen und Kalkgestein an warmen, zeitweise sickerfeuchten Steilflächen – s'mieur-med – s.selten (R); Ju, *Ml*

Graphis Adanson

(Schlüssel incl. Phaeographis)

1 Sp. farblos, aber überalterte, ± verschrumpelte auch leicht bräunlich. Ap. mit deutlich erhabenen Rändern, Scheibe ritzenförmig oder erweitert *(Graphis)* **2**

1* Sp. h.braun bis rotbraun, oft s.schlecht entwickelt (oft nur braune, ca. 1 µm dicke Fäden im Hym.). Ap. ränder nicht oder nur s.schwach erhaben, Scheibe erweitert, flach. Ap. eingesenkt, s.variabel, gestreckt, einfach bis verzweigt oder sternförmig, aber auch elliptisch bis fleckenförmig, manchmal weiß bereift, 0,2–4 mm lang, –0,25 mm breit. Exc. unten geschlossen. NW-Dtschl. in Wäldern, ökol. ähnl. *Pert. leioplaca*, aber nur an klimatisch s.milden, luftfeuchten Standorten *(Phaeographis)* **3**

2 Ränder der Ap. mehrfach stark längsgefurcht, kräftig. Ap. unverzweigt bis verzweigt, mit schmaler Scheibe. Sp. 32–55 × 6–12 µm, 9–13zellig. Lager grau, K+ gelb bis rot, P+ gelb (bis orange). Norstictin-S. . . . . **G. elegans**

2* Ränder der Ap. nicht oder nur im Alter gelegentlich längsgefurcht. Ap. einfach bis meist verzweigt (bis sternförmig vernetzt), vielgestaltig, kurz bis langgestreckt, nackt oder weißlich bereift, mit schmaler oder rel. breiter Scheibe, mehrere mm lang. Sp. 25–70 × 6–10 µm, 6–16zellig. Lager weiß bis grau. Ch– . . . . **G. scripta**

3 Lager R–. Sp. 16–25 × 7–9 µm, 4-6zellig. Ap. eingesenkt. Hym. 45–70 µm – mieur·atl . . . . **Phaeographis inusta** (Ach.) Müll.Arg.

3* Lager K+ rot, P+ gelb bis orange. Sp. 26–40(50) × 7–10 µm, 6–10zellig. Hym. 80–120 µm. Norstictin-S. – mieur·atl-med·subatl . . . . **Phaeographis dendritica** (Ach.) Müll.Arg.

Graphis elegans (Borrer ex Sm.) Ach.
Auf glatter Rinde von Laubbäumen, besonders *Ilex*, in s.wintermilden, ozeanisch getönten Gebieten. Im Gebiet z.isolierte, unbestätigte Vorkommen - mieur·atl-med·subatl - s.selten (0); *süSch (St.Georgen), Vog (Docelles), Lux*

Graphis scripta (L.) Ach., Schriftflechte
Bis zur Waldgrenze auf glatter Rinde von Laubbäumen (v.a. Buche, Hainbuche, Esche, Hasel), seltener an Tanne, meist im Waldesinnern, nur in s.feuchten Lagen an freistehenden Bäumen, meist an schattigen, luftfeuchten Standorten an beregneten bzw. durch Stammablaufwasser befeuchteten Flächen, (subneutroph.-)m.(z.)acidoph., z.-s.hygroph., m.photoph.-z.skioph., anitroph. - s'bor-med - m.-z.häufig (+)

Gyalecta Ach.

(Schlüssel incl. Bryophagus, Gyalidea, Gyalideopsis, Petractis, Sagiolechia)

1 Lager auf Rinde **2**
1* Lager auf Gestein oder Erde oder Erd- und Felsmoosen **5**
2 Ap. d.rotbraun bis schwarz, -0,3 mm. Lager auf dünnen Fichtenästchen, grau, s.dünn. Algen rein grün (*Cystococcus*). Sp. zu 4, selten 8, 12–19 × 4,5–7 µm, bis 5× quer und 1× längs geteilt . . . . **Gyalideopsis piceicola**
2* Ap. meist heller gefärbt, nicht auf dünnen Fichtenästchen. Mit *Trentepohlia* **3**
3 Sp. mit 3 waagrechten Septen, 15–25 × 5–8 µm. Ap. -2 mm, mit dickem, stark vortretendem, ± gekerbtem weißlichem Rand und roter bis rotbrauner, oft weißlich bereifter Scheibe. Lager weißlich . . . . **G. ulmi**
3* Sp. anders, meist schwach mauerförmig (Abb. 39a, c). Ap. -0,7 mm, Rand meist ungekerbt. Lager dünn, weißlich, grau bis blaß grünlich **4**
4 Sp. 10–18 × 6–9 µm, mit schrägen Septen und höchstens 6 Zellen (in Aufsicht). Ap. -0,4 mm, hell ocker, gelblich bis orange . . . . **G. flotowii**
4* Sp. 17–28 × 6–9 µm, mit überwiegend waagrechten Septen, mauerförmig (mit mindestens 6 Zellen), mitunter auch parallel 8–12zellig. Ap. 0,3–0,5(0,7) mm, h.gelbbraun bis d.braun, selten orange . . . . **G. truncigena**
5 Auf Erd- und Felsmoosen oder direkt auf Erde **6**
5* Auf Gestein **8**
6 Auf acidophilen Moosen oder saurem Boden. Lager feucht gallertig, tief grün, trocken häutig, mit *Gloeocystis*-Algen (rein grün). Ap. erst fast perithecienartig und ± eingesenkt, dann breit geöffnet, mit orangeroter bis gelblicher, tief konkaver Scheibe, -0,5 mm. Sp. parallel 4–5zellig, 20–30 × 1,5–2 µm . . . . **Bryophagus gloeocapsa**
6* Auf calciphilen Moosen oder kalkhaltigem Boden. Lager nicht gallertig, mit *Trentepohlia*. Sp. parallel 4zellig 7
7 Ap. -2 mm, mit dickem, weißem, gekerbtem Rand, sitzend. Sp. 15–25 × 5–8 µm . . . . **G. ulmi (3)**
7* Ap. -0,6 mm, mit konkaver gelbrötlicher bis orangebrauner Scheibe, ± einge-

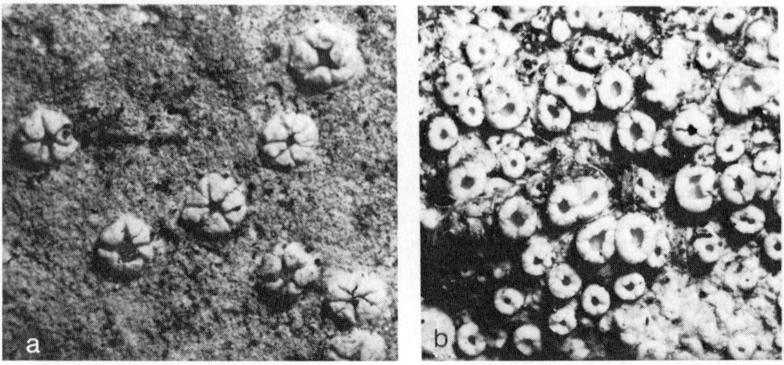

Abb. 38. a: *Petractis clausa*, mit sternförmig aufreißenden Apothecien (12×). b: *Gyalecta jenensis*, Ap. mit krugförmig eingesenkter Scheibe (7,5×).

senkt bis angedrückt, dichtstehend. Sp. parallel 4zellig, 10–16 × 4–6 µm, Septen z.T. schief. Lager h.grau bis graugelblich . . . . **G. geoica** (die alpine **G. foveolaris** (Ach.) Schaerer unterscheidet sich durch dickeres warziges Lager, größer werdende Ap. und Sp. mit waagrechten Septen)

8 Auf Silikatgestein **9**

8* Auf kalkreichem Gestein **12**

9 Sp. querseptiert, 4zellig, 12–20(24) × 5–7 µm. Ap. 0,8–1,2 mm, braunrosa bis h.bräunlich, Rand h.grau bis gelblichbraun. Lager d.grau bis olivbräunlich. Algen rein grün. Auf feuchtem Gestein . . . . **Gyalidea hyalinescens**

9* Sp. mauerförmig **10**

10 Sp. am einen Ende konisch zugespitzt bis verlängert („zitronenartig"), 18–25 × 7–10 µm, schwach mauerförmig. Ap. h.gelbbraun, ähnl. *G. jenensis*. S.selten auf kalkhaltigem Silikat . . . . **G. kukriensis**

10* Sp. nicht konisch zugespitzt **11**

11 Ap. 0,3–0,6 mm, gelb- bis schwarzbraun, tief konkav. Sp. 18–35 × 10–16 µm. Lager s.dünn, ± glatt. Algen rein grün. An zeitweise überspülten Standorten in kalten Gebirgsbächen, ähnl. *Ionaspis odora* (↑), BayW . . . . **Gyalidea fritzei** (Stein) Vězda

11* Ap. 0,4–1,2(1,5) mm, orange, orangerosa, mit dickem erhabenem, im Alter gekerbtem oder radial gestreiftem, weißlichem bis rosa Rand. Sp. 13–25 × 7–10 µm. Lager graurosa bis orangerosa, im Herbar blaß. Mit *Trentepohlia*-Algen . . . . **G. jenensis (16)**

12 Ap. schwarz bis braun. Sp. mit Schleimhülle. Epihym. d.braun **13**

12* Ap. weißlich, orange, rosa, rosabräunlich. Epihym. farblos bis blaß bräunlich **14**

13 Sp. 20–30 × 10–15 µm, mauerförmig. Lager dünn, weißlich, mit rein grünen Algen. Ap. 0,3–0,6 mm, Scheibe rötlichbraun, graubraun bis schwarz, tief konkav, Rand ungeteilt, schwach gekerbt oder in 5–10 große Zähne geteilt, braun bis schwarzbraun oder ± weißlich . . . . **Gyalidea lecideopsis**

13* Sp. 12–28 × 6–9 µm, parallel 4zellig. Lager ± endolithisch, frisch oft ± rötlich, im Herbar ausbleichend und unauffällig, mit *Trentepohlia*-Algen.Ap. 0,4–0,8(1) mm, halb eingesenkt, später aufsitzend, Scheibe schwarz, feucht rotbraun, m.konkav bis flach, später auch gewölbt, oft genabelt, Rand schwarz oder blasser, ungeteilt bis 5–10zähnig radiär gespalten, Gehäuse kohlig . . . . **Sagiolechia protuberans**

14 Ap.scheibe von 4–8 dreieckigen, einwärts gerichteten weißlichen Lagerrand-Zähnen bedeckt, daher mit ± sternförmiger Öffnung, rosa bis rosabräunlich, Ap. -0,8 mm, in das Gestein ± eingesenkt, nach Ausfallen Gruben hinterlassend. Sp. mit Schleimhülle, parallel 4zellig (selten auch längsgeteilt), 18–30 × 5–10 µm. Lager endolithisch, cremefarben bis gelblichweiß, mit Blaualgen (*Scytonema*) . . . . **Petractis clausa**

14* Ap.scheibe nicht durch einwärts gerichtete Lagerrand-Zähne bedeckt. Sp. ohne Schleimhülle. Mit *Trentepohlia* **15**

15 Sp. reif mauerförmig oder zumindest mit einzelnen senkrechten Septen. Scheibe orangerosa, orange **16**

15* Sp. reif parallel mehrzellig, länglich-spindel- bis fast nadelförmig. Ap. -0,6 mm **17**

16 Sp. 13–25 × 7–10 µm, reif stark mauerförmig geteilt, ellipsoid. Ap. 0,4–1,2 mm, sitzend, Rand weißlich bis h.orangerosa, dick, stark erhaben, im Alter radiär gekerbt. Lager weißlich, rosa, braun- bis graugelblich. Paraph. oben kaum verdickt, deutlich länger als die Schläuche (wenn Sp. am einen Ende konisch zugespitzt, vgl. *G. kukriensis*, 10) . . . . **G. jenensis**

16* Sp. 10–16 × 6–10 µm, schwach mauerförmig, breit ellipsoid bis fast kugelig. Ap. -0,3 mm breit, Rand gewöhnlich ungekerbt. Lager weißlich bis rosa. Paraph. meist oben keulig oder kopfig verdickt und kaum länger als die reifen Schläuche . . . . **G. subclausa**

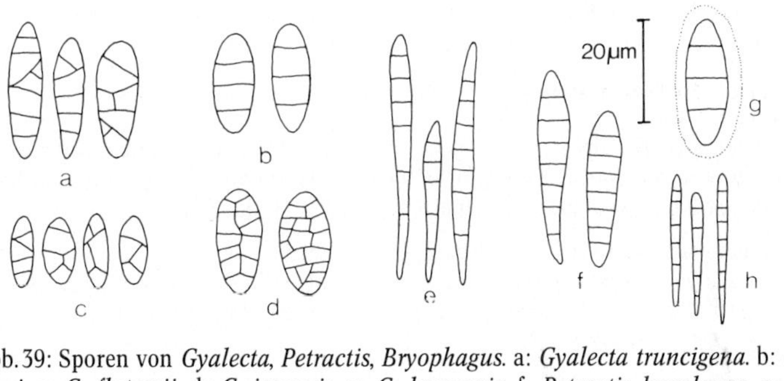

Abb. 39: Sporen von *Gyalecta*, *Petractis*, *Bryophagus*. a: *Gyalecta truncigena*. b: *G. ulmi*. c: *G. flotowii*. d: *G. jenensis*. e: *G. leucaspis*. f: *Petractis hypoleuca*. g: *P. clausa*. h = *Bryophagus gloeocapsa* (nach Vezda).

17 Ap. dicht (grau)weiß bereift (Scheibe unter dem Reif braunrosa), sitzend, Rand im Alter in 5–10 Zähne radiär geteilt. Sp. fast nadelförmig, 30–50 × 4–4,5 µm, 5–10zellig. Lager frisch rosa oder h.orange, im Herbar graugrün ausbleichend . . . . **G. leucaspis**

17* Ap. h.orange, zuerst ± halbkugelig und mit punktförmiger Öffnung, ± eingesenkt, erst im Alter sich weit öffnend, aufsitzend, mit dickem, meist ungeteiltem Lagerrand. Sp. 20–38 × 4,5–7 µm, 6–10zellig, selten auch längsgeteilt. Lager dünn, weißlich(-gelb) bis rosa . . . . **Petractis hypoleuca**

Gyalecta flotowii Körber
Ähnl. *G. ulmi* (↑), oft mit dieser zusammen, besonders in Borkenrissen – mieur-med – (s.)selten (1); süSch, Ju, Ne, *nöRh+*, *O+*, *Rh-Mn-T+*, *FrJu*

Gyalecta geoica (Wahlenb. ex Ach.) Ach.
In submontanen und montanen Lagen auf kalkreichen, steinigen Böden, über absterbenden Moosen auf kalkiger Erde, in erdgefüllten Spalten von Felsen aus Karbonatgesteinen, gewöhnlich an beschattetem Standort, subneutroph.–m.basiph., m.photoph.(–z.skioph.), anitroph. – arkt-smed·mo – s.selten (R); Ju, *FrJu, Al*

Gyalecta jenensis (Batsch) Zahlbr. [G. cupularis (Hedwig) Schaerer]
Bis in die alpine Stufe auf m.–s.kalkreichen, selten kalkarmen Gesteinen, so z.B. auch auf kalkhaltigem kristallinem Silikatgestein, gewöhnlich auf porösen, rauhen (lange feucht bleibenden oder bergfeuchten) Substraten (Sandstein, dolomitischen Gesteinen) oder auf verwittertem, spaltenreichem Gestein (besonders in der Umgebung der Risse an sporadisch sickerfeuchten Stellen), bei genügender Substratfeuchtigkeit auch an regengeschützten Überhängen, an beschatteten, rel. gleichmäßig luftfeuchten Standorten, oft am Fuß von Felsen, in Wäldern, Tälern, Schluchten, auch an alten Mauern, basiph., m.photoph.–z.(s.)skioph., z.–s.hygroph., substrathygroph.–subhydroph., a-/m.nitroph. – (arkt-)bor-med·mo – z.selten; m.häufig in Ju, SJu, FrJu, Al, sonst selten, z.B. SFW, Ne, Bo, Eif, He, Th

Gyalecta kukriensis (Räsänen) Räsänen
In montanen Lagen auf mineralreichem bzw. leicht kalkhaltigem Silikatgestein an luftfeuchten, strahlungsgeschützten Standorten – (s')bor·atl-mieur – s.selten; Eif

Gyalecta leucaspis (Krempelh. ex Massal.) Zahlbr.
In montanen (bis alpinen) Lagen, v.a. auf dolomitischen Gesteinen, seltener auf Kalkstein, sonst ähnl. *Petractis hypoleuca* (↑), Schwerpunkt wohl an noch schattigeren Stellen – mieur·pralp-med·mo/alp – s.selten (R); Ju, FrJu

Gyalecta subclausa Anzi [G. elegantula Müll.Arg.]
In montanen Lagen auf Kalkstein an ± vertikalen, absonnigen Flächen in luftfeuchten Tälern und Schluchten, basiph., m.photoph.–z.skioph., anitroph. – mieur-smed, (pralp) – selten (R); Ju

Gyalecta truncigena (Ach.) Hepp [G. abstrusa (Wallr.) Massal.]
Bis in die montane, selten hochmontane Stufe auf der Rinde von Laubbäumen,

vorwiegend in Borkenrissen von Esche, Spitz- und Feldahorn, Eiche, Nußbaum u.a., in Wäldern wie (seltener) an freistehenden Bäumen, in feuchten, schattigen Tälern, an (z.-)s.luftfeuchten, m.warmen bis kühlen, m.beregneten Standorten, subneutroph.-m.acidoph., leicht substrathygroph., a-/m.nitroph., z.B. mit *Bacidia rubella* (↑) - s'bor-med - selten (2); süSch, *nöSch*, Ju, süHü, Ne, SFW, Bo, Rh, *O, Ts, Rh-Mn-T, Vgb, Al*, SJu, *FrJu*, Th, ThW - var. **derivata** (Nyl.) Boistel [G. croatica Schuler & Zahlbr.]: mieur·subatl-med(mo), (oz) - s.selten; *süSch* (*Notschrei*), ThW

Gyalecta ulmi (Sw.) Zahlbr. [G. rubra (Hoffm.) Massal.]
In sub- bis hochmontanen Lagen auf rissiger Borke von alten Laubbäumen, besonders Eiche, Ulme, Bergahorn, an m.beregneten bis z.regengeschützten Flanken am Mittel- und Unterstamm, an kühlen, s.luftfeuchten, beschatteten Standorten in lichten Wäldern, in waldartigen Parks, heute nur noch in naturnahen Waldungen in meist niederschlagsreichen Gebieten, m.acidoph., z.skioph.–m.photoph., anitroph. - s'bor-med - s.selten (2), früher durch das ganze Gebiet zerstreut, aktuell noch (s.selten) in süSch, Ju, Ne, Bo-Ml und Al nachgewiesen, wohl auch noch SJu

Gyalidea Lettau ex Vězda

(Bestimmung ↑ Gyalecta)

Gyalidea hyalinescens (Nyl.) Vězda [Gyalecta h. Nyl., G. carnea (Arnold) Lettau]
In kollinen/submontanen, wintermilden Lagen auf kalkfreiem Silikatgestein auf oft überschwemmten Blöcken in klaren, schnellfließenden Bächen an schattigen Standorten, wohl z.ähnlich *Bacidina inundata*, m.acidoph.(–subneutroph.), m.photoph.–z.skioph., anitroph. - mieur(atl) - s.selten (0); *nöSch (Geroldsau)*

Gyalidea lecideopsis (Massal.) Lettau [Gyalecta l. Massal., G. albocrenata (Arnold) Lettau]
Von der submontanen bis in die alpine Stufe auf kalkreichem, oft die Feuchtigkeit lange haltendem porös-sandigem oder lange taufeuchtem Gestein, z.B. an Steinen an Böschungen, an feuchten Felsen, in Schluchten, in Wäldern, gewöhnlich an schattigen Standorten, basiph., substrathygroph., anitroph. - mieur-pralp-smed·mo - s.selten *(0)*; *Ju (Wental)*, süSch (Oberried), *süHü, FrJu*, ThW, *Al*

Gyalideopsis Vězda

(Bestimmung ↑ Gyalecta und Sterile Krustenflechten)

Gyalideopsis anastomosans P.James & Vězda
In kollinen und submontanen, milden Lagen (oft basal) am Stamm von Laub-, selten Nadelbäumen, z.B. Eiche, an zähmorschem Holz (v.a. Rundholzgeländer an Bachbrücken), vorwiegend in Wäldern in luftfeuchter Lage, z.acidoph., m.photoph.–z.skioph., z.hygroph., anitroph. - mieur-med, (sub-)atl - selten; Lux, Pf, O, Rh, Sch, SFW, Do

Gyalideopsis piceicola (Nyl.) Vězda & Poelt [Gyalidea p. (Nyl.) Lettau em. Vězda, Gyalecta p. (Nyl.) Arnold]
In montanen Lagen auf dünnen, meist lebenden Fichtenästchen an kühl- bis kalt-ozeanischen, s.luftfeuchten Standorten mit häufiger Nebelbildung, ähnl. *Byssoloma* (†) – s'bor-zentr – s.selten (0); *süSch (Schramberg), Av-Do (mehrfach), Ju (Plettenberg)*

Haematomma Massal.

(Schlüssel incl. Loxospora, Ophioparma)

1 Auf Silikatgestein **2**
1* Auf Rinde **3**
2 Lager nicht sorediös, gelblich(-grau, -grün), 1–2 mm dick, warzig uneben bis warzig areoliert, oft zusätzlich grob rissig, Mark K+/P+ gelborange, C–, Rinde K+ gelborange. Ap. blut- bis braunrot, angedrückt bis eingesenkt, Lagerrand später oft zurücktretend. Sp. 6–8zellig, oft gebogen und verdreht, 40–55 × 4–5 µm. Divaricat-S., Thamnol-S., ±Usnin-S. . . . . . . **Ophioparma ventosa**
2* Lager bis zum Rand einheitlich mehlig bis körnig sorediös, weißlich bis h.graugrün oder gelblich, matt, meist dünn, oft mit weißem faserigem Vorlager. Ap. blutrot, oft fehlend . . . . **H. ochroleucum (4)**
3 Ap. braunrot bis rosabräunlich, weißlich bereift, zuerst etwas konkav, dann flach, mit weißlichem, ± unregelmäßigem Lagerrand, –0,8 mm. Sp. 1–4zellig, spiralig gedreht, 30–35 × 5–6 µm. Lager weißlich bis graugrünlich. Thamnol-S. . . . . **Loxospora cismonica**
3* Lager gewöhnlich nicht fruchtend (Ap. rot), größtenteils mehlig bis feinkörnig sorediös **4**
4 Lager bis zum Rand sorediös (Soredien um 30–120 µm), weißlich bis blaß grüngrau (ohne Usnin-S.: var. *porphyrium*), gelblich, blaß grüngelb (Usnin-S.: var. *ochroleucum*), bei guter Entwicklung mit weißem, verzweigt-faserigem Vorlager, K+ (trüb) gelblich, P+ gelb. Ap. eingesenkt. Sp. 4–8zellig, 30–70 × 5–7 µm. Atranorin, Zeorin, Porphyril-S. . . . . **H. ochroleucum**
4* Lager gewöhnlich nicht bis zum Rand sorediös aufgelöst (Lupe!), zumindest in den Randpartien warzig-höckerig(-knollig), h.grau, Höcker sorediös aufbrechend (Soredien 30–80 µm), daher Lager teils grobkörnig, teils fein sorediös erscheinend (Lagerinneres in der Regel ganz sorediös aufgelöst). Sorale meist unregelmäßig begrenzt bis zus.fließend, cremefarben bis graugrünlich. Lager ohne faseriges Vorlager, K+ intensiv gelb bis orange, C+ gelb, P+ orange. Thamnol-S., ±Elatin-S., ±(Squamat-S.) . . . . **Loxospora elatina**

Haematomma ochroleucum (Necker) Laundon
V.a. in der submontanen und montanen Stufe an s.luftfeuchten, m.–s.niederschlagsreichen, z.(-s.)lichtarmen–m.lichtreichen Standorten, oft in Tälern, in Wäldern, in Bachauen, auf der Rinde von Laubbäumen und Tanne, ferner auf Silikatgestein an

regengeschützten Steilflächen bzw. Überhängen (ähnl. *Lecanora subcarnea* ↑), m.-z.acidoph., anitroph. - s'bor·atl-mieur·subatl-med, (oz) - z.selten; Sch, Vog, Pf, RhSch, Lahn, O, Ne, Sp, Vgb, Rhön, ThW, Erz, BayW
var. **ochroleucum** [H. coccineum (Dickson) Körber, H. leiphaemum (Ach.) Zopf]: im Gebiet die auf Rinde vorherrschende Form
var. **porphyrium** (Pers.) Laundon [H. porphyrium (Pers.) Zopf, H. cocc. v. p. (Pers.) Th.Fr.]: die auf Gestein vorherrschende Form

Heppia Naeg.

1 Lager gelboliv bis braun (feucht kaum verändert), schuppig bis fast schildförmig, Schuppen mit 1 bis mehreren Ap. Rinde aus periklinen Hyphen, oben ± gut, unten deutlich entwickelt und großzellig. Hym. J+ bald rötlich. Sp. 1-, selten 2zellig . . . . **H. adglutinata**

1* Lager aus schwärzlichen Körnchen, s.selten braun und s.kleinschuppig (Schuppen -1,2 mm), feucht grün. Flechte unberindet, im Schnitt Alge dominierend. Ap. flach bis vertieft, oft von Körnchen umgeben. Hym. J+ intensiv blau, nach längerer Zeit violettbraun. Sp. 1zellig . . . . **H. lutosa**

Heppia adglutinata (Krempelh.) Massal.
Bis in die hochmontane Stufe auf kalkreicher Feinerde, auf offenen Lehm- und Lößböden, auf Feinerdeinseln auf flachgründigen, steinigen Rohböden, gelegentlich in erdgefüllten Nischen alter Mauern, meist an lichtreichen, rel. warmen, trockenen Standorten, z.B. in Lücken von Trockenrasen, Felsfluren, subneutroph.-m.basiph., z.xeroph. - mieur-med - (s.)selten (2); süRh, *süHü, nöHü-O,* Ju, *FrJu, Al*

Heppia lutosa (Ach.) Nyl.
Ähnl. *H. adglutinata,* im Gebiet auf Feinerde über Dolomit - mieur-med - (s.)selten (2); Ne

Heterodermia Trevisan

(Bestimmung ↑ Physcia)

Heterodermia leucomelos (L.) Poelt [Anaptychia leucomelaena auct., H. leucomelaena (L.) Poelt]
Wärmeliebende, ozeanische Flechte, im Gebiet an der Ostgrenze der Verbreitung, an Ästchen von Tanne in wintermilden, m.-z.sommerwarmen Lagen in Tannen-Buchen-W., bereits im letzten Jahrhundert durch Sammeln und forstliche Veränderungen ausgerottet - s'mieur-med,atl - s.selten (0); *nöSch (Baden-Baden, Freudenstadt), Ml (Zürich: Oberuster)*

Heterodermia obscurata (Nyl.) Trevisan [Anaptychia o. (Nyl.) Vainio]
Ähnl. *H. speciosa* (↑), doch an temperaturklimatisch ausgeprägter ozeanischen,

wintermilden Standorten – s'mieur·atl-med·mo, oz – Angaben (*SJu, PfW: Bitsch*) unsicher; nächste Funde bayer. Alpen (+++)

Heterodermia speciosa (Wulfen) Trevisan [Anaptychia s. (Wulfen) Massal.]
In montanen und hochmontanen, meist s.niederschlagsreichen, ozeanischen Lagen auf der Rinde von Laubbäumen, oft über Moosen, auch auf bemoostem Silikatfels, gewöhnlich auf Buche und Bergahorn, in Bergahorn-Buchen-W., an freistehenden Weidebuchen, v.a. in oberen Stamm-Bereichen und an Ästen, an nebelreichen Standorten mit z.–m.wechselnden Feuchtebedingungen, ähnl. *Lobaria ampl.* (↑), *L. scrobic.* (↑) – bor·atl-mieur·subatl-med, oz – s.selten (0); süSch ?+ (letzte Funde ca. 1970), *nöSch+ (B.-Baden), Vog, Ts+, O+ (Heidelb.), ?Sp+, Bo+ (Konstanz)*; Al (Hinterstein), *Ml (Zürich: Rifferswei1)*

Hymenelia Krempelh.

(Bestimmung ↑ Aspicilia)

Hymenelia ceracea (Arnold) Choisy [Aspicilia c. Arnold, Lecanora c. (Arnold) Stizenb.]
Besonders in sub- bis hochmontanen Lagen auf Silikatgestein, v.a. an Steinen auf Wegen, an Wegrändern, auf niedrigen Blöcken und Fußflächen von Felsen an z.luftfeuchten, oft taufeuchten, meist beschatteten Stellen, Pionier, subneutroph.–m.acidoph., m.photoph.–z.skioph. – bor-smed – z.selten; Sch, Vog, süHü, Bo, *Do*, O, RhSch, Rhön, ThW, Th

Hymenelia coerulea (DC.) Massal. [Aspicilia c. (DC.) Dalla T. & Sarnth., Lecanora c. (DC.) Nyl.]
In hochmontanen und alpinen Lagen, selten tiefer, auf ± reinen, rel. harten Kalken, meist an beregneten Vertikal- und Schrägflächen an z.lichtreichen, aber oft absonnigen Standorten, basiph., anitroph. – mieur· alp/pralp-med·alp/pralp – selten; Ju?, SJu, Al

Hymenelia lacustris (With.) Choisy [Aspicilia l. (With.) Th.Fr., Lecanora l. (With.) Nyl.]
Bis in die alpine Stufe (im Gebiet v.a. montan-hochmontan) auf meist kristallinem Silikatgestein amphibisch in kühlen, klaren Bächen an häufig bzw. langzeitig überfluteten Flächen, gelegentlich auch an fast ständig feuchten, schattigen Felsen (hier auch in etwas abweichenden Formen [„*H. ochracea*"]) subneutroph., z.–s.hydroph., z.skioph.–z.photoph., meist mit *Bacidina in.* – arkt-smed·mo – selten (3); Sch, Vog, Eif, Erz, sonst s.selten (z.B. Ts)

Hymenelia ochrolemma (Vainio) Gowan & Ahti [Porpidia pseudomelinodes Schwab, P. melinodes auct., Lecidea m. auct.]
In hochmontanen bis alpinen Lagen, selten tiefer), auf meist neutralem bis basischem, auch leicht kalkhaltigem Silikatgestein, an niedrigen Felsen, Blöcken und größeren Steinen an lange tau- oder zeitweise sickerfeuchten Flächen an licht-

reichen, meist schattigen, lange schneebedeckten Standorten, subneutroph. (–m.acidoph.), m.–z.photoph., hygroph., subhydroph./substrathygroph., anitroph. – arktmieur·h'mo/alp – s.selten (R); süSch, Vog, Rhön?

Hymenelia prevostii (Duby) Krempelh. [Aspicilia p. (Duby) Anzi, Lecanora p. (Duby) Th.Fr.]
V.a. in montanen bis alpinen Lagen auf harten (oft reinen) Kalken, ähnl. *Hymenelia coer.* (↑) – bor-med·mo – selten (R); SJu, FrJu, Ju, Th, Al

Hyperphyscia Müll.Arg.

(Bestimmung ↑ Physcia)

Hyperphyscia adglutinata (Flörke) Mayrh. & Poelt [Physciopsis a. (Flörke) Choisy, Physcia a. (Flörke) Nyl., Ph. elaina auct.]
In kollinen bis submontanen, milden bis warmen Lagen auf mineralreicher, oft etwas staubimprägnierter, glatter bis flachrissiger Rinde frei bzw. licht stehender Laubbäume, v.a. Nußbaum, Pappel, in Obstgärten, an Wegen, subneutroph., z.photoph., z.thermoph. – mieur·subatl-med – selten (2); Rh, Hü, Ne, Bo, SJu, HRh, süSch, O, Saar, *Rh-Mn-T, MRh*, Eif, Th, Lux

Hypocenomyce Choisy

(Bestimmung ↑ Sterile Krustenfl., Lecidea TS 2)

1 Lager sorediös **2**
1* Lager nicht sorediös **6**
2 Lager C+ rot, schuppig bis krustig **3**
2* Lager C–, K–, schuppig, grünlichbraun bis braun, fast stets auf verbranntem Holz. Schuppen am Rand sorediös, aufsteigend und dachziegelig. Ap. gewölbt, unberandet, braun, z.selten – bor-mieur·h'mo – Alpen **5**
3 Lager K–, P–, schuppig, Schuppen meist dachziegelig stehend und aufsteigend, muschelig gewölbt, am etwas aufgebogenen Rand sorediös (Lippensoral), h.braun, ocker, grünlichgrau, –1,2(2) mm. Mark UV+ weiß. Sorale am Rand gelbbraun. Ap. z.selten, flach, berandet, schwarz, oft bereift, –1,5 mm. Sp. fast nie entwickelt. Lecanor-S. u.a. (Abb. 2f) . . . . **H. scalaris**
3* Lager K+ gelb, P+ gelb, krustig bis fast schuppig, Schuppen nicht dachziegelig. Mark UV–. Sorale blaß grünlich bis blaß gelblich oder bräunlich getuscht, im Herbar auch rötlich. Ap. selten. Alectorial-S. u.a. **4**
4 Lager areoliert oder undeutlich (im Holz lebend), mit oft zus.fließenden Soralen, gelblichgrau bis ocker, selten h.grau. Areolen –0,4 mm, oft ganz sorediös. Sp. 6–9 × 2,5–4,5 µm. Pykn. z.selten, Pyknosp. ellipsoid bis kurz stäbchenförmig, 3,5–5 × 1,5–2,5 µm. * . . . . **H. sorophora**
4* Lager areoliert bis angedeutet schuppig, Areolen mit randlich stehenden, oft

lippenförmigen (bis fast kopfigen) Soralen, getrennt, rundlich bis unregelmäßig, eingeschnitten, flach bis gewölbt, nicht auffallend muschelig aufgebogen, grauweiß bis blaß gelblichgrau oder blaß gelblichbraun, -0,4(1) mm. Ap. und Pykn. unbekannt. *. Auf saurer Rinde an m.lichtreichen Standorten - bor-mieur . . . . **H. leucococca** R.Sant.

5 Schuppen P+ rot, weißlich berandet. Junge Schuppen ± konkav. Fumarprotocetrar-S., Protocetrar-S. . . . . **H. anthracophila** (Nyl.) P.James & G.Schneider

5* Schuppen P–, mit braunem Rand. Junge Schuppen ± gewölbt. Unbekannte Stoffe . . . . **H. castaneocinerea** (Räsänen) Timdal

6 Lager rein krustig, Lager und Mark C+ rot, K+ gelb, P+ gelb. Mark UV–, areoliert, h.grau bis ocker, Areolen –1(1,5) mm. Pykn. häufig, –0,3 mm, am Rand der Areolen, Wand schmutzig grün. Pyknosp. 3–5,5 × 1,5–2,5 µm (Länge/Breite-Verhältnis 1,9–2,7:1, bei der verwandten, nordeuropäischen *H. xanthococca* 1,2- 1,7:1). Ap. selten. Alectorial-S. u.a. . . . . **H. praestabilis**

6* Lager schuppig, Schuppen anliegend oder unregelmäßig aufsteigend, nicht dachziegelig, –1(1,5) mm, C–, K–, P–. Ap. flach, berandet, schwarz. Unbekannte Stoffe 7

7 Schuppen gewölbt bis blasig oder uneben-deformiert, stellenweise verflacht, grüngrau, gelbbraun, d.braun, unterschiedlich gefärbt je nach Lichtexposition, matt bis schwach glänzend. Ap. z.selten, –0,8 mm, Scheibe manchmal uneben-rillig. Sp. 2-, selten 4zellig, 6,5–14 × 2–4 µm. * . . . . **H. caradocensis**

7* Schuppen konkav, flach bis gewölbt oder uneben, mit ganzem, gelappten oder gekerbtem Rand, graugrün bis d.braun, glänzend. Ap. meist vorhanden, –1,0 (1,4) mm, mit rillig-unebener Scheibe. Sp. 1zellig, 4,5–7,5 × 2,5–3,5 µm. * . . . . **H. friesii**

Hypocenomyce caradocensis (Leighton ex Nyl.) P.James & G.Schneider [Toninia c. (Leighton ex Nyl.) Lahm]
Vorwiegend in montanen, m.–z.niederschlagsreichen, meist milden Lagen auf Nadel-, seltener Laubbäumen (z.B. Eiche) und Holz, v.a. am Mittelstamm, in Tannen-Fichten-W., Kiefern-W., auch Forsten, sich deutlich ausbreitend (Förderung von Nadelholz und Einfluß von Immissionen), vor einigen Jahrzehnten noch s.selten, feuchtigkeitsbedürftiger als *H. scalaris*; z.–s.acidoph., m.(-z.)photoph., anitroph. – (s'bor-)mieur-smed, subatl – z.selten; Sch, SFW, Do, Av, Ne, O, Pf, Saar, RhSch, He, Erz ·

Hypocenomyce friesii (Ach.) P.James & G.Schneider
In Tannen- und Tannen-Fichten-W. in hochmontanen, kühlen, luftfeuchten Lagen, v.a. an Nadelholzrinde und an (besonders verbranntem) Holz; z.–s.acidoph., m.photoph.–z.skioph., z.–s.hygroph., anitroph. – bor-mieur·mo(-smed·mo) – selten (2); Sch, MRh, Sp, Alpen

Hypocenomyce praestabilis (Nyl.) Timdal
In montanen Lagen auf zähmorschem, hartem Holz von Nadelbäumen (Vertikalflächen entrindeter Stämme, von Holzpfosten und Brettern von Scheunen), s.selten auf

saurer Borke *(Pinus)*, an lichtoffenen und oft windoffenen Standorten, z.–s.acidoph., z.photoph., a-/m.nitroph. – s'bor-mieur – selten; Ju, Sch, HRh

Hypocenomyce scalaris (Ach. ex Lilj.) Choisy [Lecidea s. (Lilj.) Ach., Psora ostreata Hoffm.]
V.a. in der kollinen bis montanen Stufe, darüber (bis zur Baumgrenze) selten, aber wohl nur hier natürlich, auf saurer Borke von Nadelbäumen (v.a. Kiefer, Lärche), seltener Laubbäumen (v.a.Eiche), deutlich bevorzugt an der Stammbasis an m.beregneten bis z.regengeschützten, m.–z.lichtreichen Stellen, auch an zähmorschem Holz, selten an Steilflächen von Felsen, stark anthropogen gefördert und sich weiter ausbreitend, v.a. in lichten, sauren, mit Kiefern durchsetzten Eichen-Hainbuchen- und Buchen-Tannen-W. und an Rändern von Fichten- und Kiefern-Forsten, natürliche Standorte selten (Tannen-Fichten-W. in Sch, Lärchen-W. in Alpen), z.–e.acidoph., anitroph.(–m.nitroph.), toxitol. – bor-med(·mo) – m.–z.häufig, nur in Kalkgebieten seltener, gebietsweise Neophyt

Hypocenomyce sorophora (Vainio) P.James & Poelt
In montanen und hochmontanen, m.–s.niederschlagsreichen Lagen an Nadelbäumen (Rinde und Holz) in lichten Wäldern, Mooren und im Freiland, ferner an verarbeitetem Holz (Bretter von Scheunen, Pfählen), sich ausbreitend, z.–e.acidoph., m.–z.photoph., anitroph. – bor-mieur·mo, (subko) – z.selten; Sch, Ne, SFW, Ju, Do, Av, Al

Hypogymnia (Nyl.) Nyl.

(Schlüssel incl. Brodoa, Menegazzia)

Anmerkung: Alle *Hypogymnia*-Arten mit Atranorin (manchmal in geringer Menge), Physod-S.; Rinde K+ gelb, Mark KC± rot (Reaktion meist undeutlich oder ausbleibend), C–. Unterseite schwarz, Randbereiche oft braun.

1 Oberseite mit zerstreuten feinen Löchern, gewöhnlich mit hervortretenden, flächenständigen, ringförmigen Soralen. Lager rosettig, ± anliegend, h.grau, bläulichgrau, Lappen ± fiederig geteilt, hohl, zus.schließend (Ap. s.selten, Sp. zu 2–4), K+ gelb, Mark K+ gelb, P+ gelborange, C–, KC–. Atranorin, Stictin-S., Menegazzia-S. . . . . **Menegazzia terebrata**
1* Oberseite ohne Löcher 2
2 Ohne Sorale. Mark P+ orange bis rot, C–, K– 3
2* Gewöhnlich mit Soralen (jung auch ohne Sorale), selten mit Ap., Lappen innen hohl werdend. Auf Rinde, selten auf Gestein, meist h.grau bis bläulichgrau, selten gebräunt 5
3 Lappen innen hohl. Lager auf Rinde, selten Gestein . . . . . **H. physodes** (9)
3* Lappen innen nicht hohl, schmal, –2 mm breit, gewölbt bis fast stielrund, dicht zus.schließend. Ap. scheiben glänzend braun. Lager auf Gestein 4
4 Lager gegen die Mitte d.grau, an den Rändern h.grau, äußerste Lappenenden gebräunt, rosettig, nicht mit zahlreichen dicht gedrängten schmalen Läppchen.

Mark KC± rot, UV+ bläulichweiß. Lappen 1–2 mm. Atranorin, Physod-S., Protocetrar-S. – arkt-alp – Alpen . . . .
Brodoa atrofusca (Schaerer) Goward [Hyp. a (Schaerer) Räsänen]

4* Lager weißlich, h.grau, v.a. an den Rändern gewöhnlich gebräunt, rosettig bis unregelmäßig wachsend und im Innern meist mit zahlreichen schmalen (meist 0,3–1 mm breiten) anliegenden Läppchen bedeckt, groß, in der Mitte oft rel. locker angewachsen, Mark KC–, UV–. Atranorin, Fumarprotocetrar-S. . . . . **Brodoa intestiniformis**

5 Lager oberseits stellenweise flächig sorediös aufbrechend, Sorale/Mark P–, K–, C– **6**

5* Sorale nur an den Lappenenden **7**

6 Lager an den Enden kurzer Seitenlappen mit bis zu 1mm breiten Kopfsoralen, auf der Fläche der Lappen stellenweise körnig sorediös, meist leicht gebräunt und ± fettig glänzend . . . . **H. bitteri**

6* Lager ohne Sorale an den Lappenenden, nur auf der Fläche (in der Lagermitte) großflächig sorediös und stellenweise runzelig, meist nicht gebräunt. Lappen gegen die Enden verflacht, –3 mm breit. (Wenn teilweise gebräunt, fettglänzend, in kontinentalen Lagen der Alpen, BayW: **H. austerodes** (Nyl.) Räsänen) . . . . **H. farinacea**

7 Lappenenden mit Kopfsoralen, Sorale/Mark P–, K–, C– **8**

7* Lappenenden mit lippen- (bis seltener ring-)förmigen Soralen. Lager anliegend oder nur an den Enden aufsteigend. P–/P+ rot, K–, C– **9**

8 Kopfsorale an den Enden kleiner anliegender Seitenlappen, Lager weitgehend anliegend . . . . **H. bitteri (6)**

8* Kopfsorale an den Enden der Hauptlappen, groß. Lappen aufsteigend bis aufrecht, an den Seiten nach unten eingebogen, von oben daher stielrund erscheinend . . . . **H. tubulosa**

9 Mark P–. Lappen an den Seitenrändern oft breit schwarz gesäumt, meist langgestreckt, –2 mm breit, getrennt. Unterrinde an den Verzweigungen mit rundlichen Löchern. Sorale unregelmäßig ring- bis lippenförmig. Lager unregelmäßig rosettig bis „rasig" wachsend . . . . **H. vittata**

9* Mark P+ (gelb)orange. Lappen gewöhnlich nicht schwarz gesäumt, aneinanderschließend bis getrennt, 1,5–3 mm breit. Lappenenden teilweise lippenartig aufgebogen und unterseits zu Lippensoralen aufbrechend, jung noch ohne Sorale. Lager oft regelmäßig rosettig, seltener unregelmäßig bis dachziegelig. Physodal-S., ± Protocetrar-S. . . . . **H. physodes**

Hypogymnia bitteri (Lynge) Ahti [Parmelia obscurata auct.]
In hochmontanen und subalpinen Lagen auf saurer Rinde v.a. von Nadelbäumen an kalten, spätfrostgefährdeten, nebel- und lichtreichen Standorten mit m.–z.wechselnden Feuchtebedingungen, in naturnahen Fichten-W., in Moor-Rand-W., z.–s.acidoph., m.–z.photoph., anitroph. – bor-mieur·h'mo-smed·h'mo(-med·h'mo) – s.selten (1); süSch, ferner Al, BayW

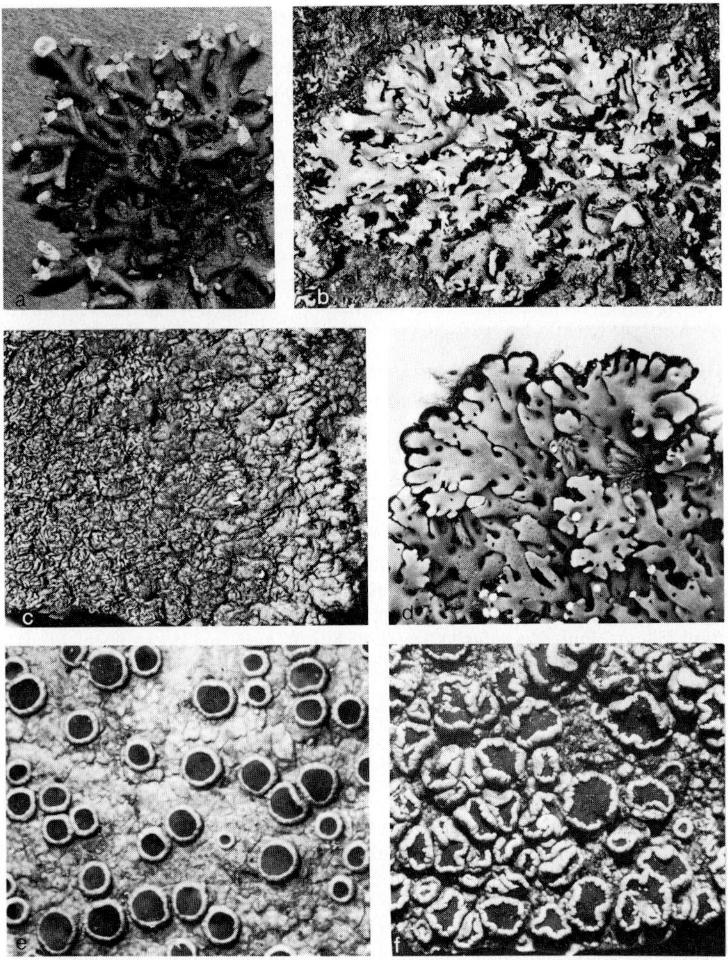

Abb. 40. *Hypogymnia, Menegazzia, Lecanora.* a: *Hypogymnia tubulosa* (1,6×). b: *H. physodes* (ca. 1×). c: *Brodoa intestiniformis* (1,6×). d: *Menegazzia terebrata* (1,8×). e: *Lecanora pulicaris* (5×). f: *L. allophana* (3,8×).

Hypogymnia farinacea Zopf [H. bitteriana (Zahlbr.) Räsänen, Parmelia b. Zahlbr.]
In montanen bis subalpinen, m.–s.niederschlagsreichen Lagen auf saurer Rinde von Laub- und Nadelbäumen, v.a. in Buchen-Tannen- und Fichten-W. an kühlen bis kalten Orten, ähnl. *Cetraria chlor.* (↑), z.–s.acidoph., anitroph. – s'bor-med·h'mo – z.selten, lokal häufig; Sch, Vog, Al, seltener RhSch, sonst selten (z.B. SFW, Av, O)

Hypogymnia physodes (L.) Nyl. [Parmelia p. (L.) Ach.]
Bis zur Baumgrenze (und darüber) auf Rinde, Holz, Silikatgestein, Moosen; euryöke acidophytische Art, bei stärkerer Eutrophierung und auf subneutralen Unterlagen ± fehlend, v.a. an beregneten, m.–z.lichtreichen Standorten, oft dominierend und in montanen Lagen mit *Pseudevernia* und *Platismatia* Massenvegetation bildend, m.–s.acidoph., mesoph.–hygroph., a-(m.)nitroph., rel. toxitolerante Laubflechte, auf Gestein ähnl. *Parmelia omph.* (↑), *P. saxatilis* (↑) – arkt-med – s.häufig; vermutlich die häufigste Laubflechte im Gebiet

Hypogymnia tubulosa (Schaerer) Havaas [Parmelia t. (Schaerer) Bitter]
Bis zur Baumgrenze auf Laub-, seltener Nadelbäumen, v.a. an lichtoffenen Standorten, so an freistehenden Bäumen, in Wäldern in den Wipfeln, am häufigsten an Ästen, z.B. mit *Parmelia exasperatula*, in den letzten Jahrzehnten in niederen Lagen zunehmend, hier besonders in Obstgärten, (subneutroph.–) m.–z.acidoph., m.–s.photoph. – bor-med – z.selten bis m.häufig, durch das ganze Gebiet, in luftreinen Regionen und in Kalkgebieten seltener

Hypogymnia vittata (Ach.) Parr. [Parmelia v. (Ach.) Nyl.]
In hochmontanen (-subalpinen), meist niederschlagsreichen Lagen auf saurer Rinde, v.a. an Nadelbäumen an kalten, nebelreichen Standorten, besonders in naturnahen Bergwäldern, ähnl. *Mycoblastus sanguinarius* (↑), auch auf Moose übergehend – bor-mieur·h'mo(-smed·h'mo), subko – selten (3); süSch, nöSch, Vog, BayW, Erz, Al

Icmadophila Trevisan

Icmadophila ericetorum (L.) Zahlbr.
In montanen bis alpinen Lagen, selten tiefer (hier aussterbend), auf s.saurem, meist feuchtigkeitsspeicherndem Substrat, auf faulem Holz (zerfallende Baumstümpfe), Torfboden, Rohhumus, basal an alten Bäumen, selten auf saurem Silikatgestein (z.B. poröser Sandstein), oft auf Moose übergehend, auf Substraten mit geringem Wasserhaltevermögen nur an schattigen, gleichmäßig luftfeuchten Stellen, meist in Nadelwäldern, Hochmooren, Blockmeeren, Zwergstrauchheiden, z.–e.acidoph., hygroph.–mesoph., substrathygroph., photoindiff., anitroph. – (arkt-)bor-mieur·mo(-smed·h'mo) – selten (2); Sch, Vog, BayW, Erz, sonst s.selten oder +, ferner Al

Immersaria Rambold & Pietschm.

(Bestimmung ↑ Lecidea TS 7)

Immersaria athroocarpa (Ach.) Rambold & Pietschm. [Lecidea a. (Ach.) Ach., Porpidia a. (Ach.) Hertel & Rambold]
V.a. in der montanen und hochmontanen Stufe auf kalkfreiem, oft mineralreichem Silikatgestein, besonders auf Blöcken und niedrigen Felsen an windgeschützten bis m.(-z.)exponierten, kühl-luftfeuchten, auch lange taufeuchten, m.–z.lange schneebedeckten Stellen, ökol. etwa zwischen *Lecidea lithophila* und *Schaereria fuscocin.* stehend – (bor·subatl-)mieur-med·mo – selten; Sch, Vog, O, Rhön, ThW, Erz

Imshaugia S.F. Meyer

(Bestimmung ↑ Parmeliopsis)

Imshaugia aleurites (Ach.) S.F.Meyer [Parmeliopsis a. (Ach.) Nyl.]
In kollinen bis subalpinen, niederschlagsarmen bis -reichen, meist winterkalten Lagen, oft an deutlich kontinental getönten, rel. sommerwarmen, lichtreichen Standorten, am Mittelstamm und an der Basis von Nadelbäumen (v.a. *Pinus*), an Holz, selten an nährstoffarmen Laubbaumrinden, nicht auf lange schneebedeckte Standorte konzentriert, aber ökol. Amplitude mit *Parmeliopsis hyperopta* überlappend, meist an Waldrändern und in lichten Wäldern, in Hochmooren, z.–s.acidoph., m.–z.photoph., mesoph.–z.xeroph., anitroph. – bor-med·mo, subko – z.selten; z.B. Sch (v.a. im Osten), Ne, Ju, SJu, SFW, Fr, FrJu, Pf, Ts, im Westen (z.B. Eif) selten

Ionaspis Th.Fr.

1 Auf ± kalkreichem Gestein 2
1* Auf feuchtem bzw. s.schattigem Silikatgestein. Ap. -0,5 mm 3
2 Ap. ± rosa, dick berandet, ± ins Gestein eingesenkt, oft durch einen dünnen Riß vom Lager getrennt, -0,5(0,7) mm. Sp. 13–22 × 7–12 µm. Hym./Epihym. ± farblos. Lager weißlich, h.ocker bis braunrosa, endolithisch bis rissig areoliert . . . . **I. epulotica**
(ähnlich ist ↑ *Hymenelia prevostii* mit coccoiden Grünalgen)
2* Ap. schwarz bis blauschwarz, ± ins Gestein eingesenkt, -0,5 mm. Sp. (10)14–20 × 8–13 µm. Exc. schwarzbraun. Hym. 180–240 µm, oben schwärzlich blaugrün. Lager undeutlich oder ± endolithisch, weißlich, gelblich, braungrau . . . . **I. melanocarpa** (Krempelh.) Arnold
(wenn Sp. kugelig bis ellipsoid, 7–14 × 6–10 µm, Exc. blaugrün bis braungrün, Hym. 100–160 µm, Lager h.grau bis rotbraun: **I. heteromorpha** (Krempelh.) Arnold)
3 Ap. schwärzlich, meist berandet. Obere Hälfte des Hym. ± grünblau, K–. Sp. kugelig oder ellipsoid, 6–10 × 5–7 µm. Lager rosa, rosagrau, oliv, im Herbar

olivbraun, gelbbraun, dünn, rissig bis rissig areoliert . . . . . **I. chrysophana**

3* Ap. rosa, orangebraun, oliv, mißfarben, ± in das Lager eingesenkt, meist ohne deutlichen Rand. Hym. oben farblos bis gelboliv (bis schwarzoliv), K+ violett. Sp. 9–12 × 5–7 µm. Lager gelbgrau, ocker, olivgrau, d.oliv, auch rosa, rissig bis rissig-areoliert . . . . **I. odora**

Ionaspis chrysophana (Körber) B.Stein [I. suaveolens (Schaerer) Stein]
In der subalpinen und alpinen Stufe auf hartem Silikatgestein an lange schneebedeckten, m.–z.lichtreichen, aber beschatteten, luft- und lange taufeuchten oder gelegentlich spritzwasserfeuchten bis zeitweise überfluteten Standorten (und dann mit *I. odora*), gern an niedrigen Felsen, m.acidoph., anitroph. – arkt-mieur·alp – s.selten (R); süSch (Feldberg), Vog (Rotenbachkopf), *Al*

Ionaspis epulotica (Ach.) Arnold
Auf Kalkgestein, v.a. Kalkstein und Dolomit, an schattigen, kühlen, luftfeuchten, oft leicht substratfeuchten Standorten in hochmontanen bis alpinen Lagen, selten tiefer – arkt-h'mo/alp – SJu, *FrJu*, Al

Ionaspis odora (Ach. ex Schaerer) B.Stein
In der subalpinen und alpinen Stufe auf hartem Silikatgestein an häufig bis beständig spritzwasserfeuchten oder langzeitig überfluteten Blöcken in kalten, klaren Bächen an schneereichen Orten, ähnl. *Thelidium aeneov.* (↑), im Gegensatz zu *I. chrysoph.* weitgehend auf amphibische Orte beschränkt – arkt-mieur·alp – s.selten (R); süSch (Feldberg-Geb.), BayW

Julella Fabre

1 An Birke, nicht lichenisiert (?). Per. –0,2 mm, rundlich bis elliptisch, von einem länglichen, schwarzen, 0,5–1 mm großen Hof umgeben. Sp. 15–21 × 6–11 µm, anfangs mit 4–6 Querwänden, später mauerförmig, farblos . . . **J. fallaciosa** (Stizenb. ex Arnold) R.Harris [*Polyblastiopsis f.* (Arnold) Zahlbr.]

1* An Laubbäumen, mit *Trentepohlia*-Algen. Per. –0,4 mm. Sp. 20–40 × 12–15 µm, zuerst wenigzellig, später mauerförmig, farblos bis leicht bräunlich. Lager häutig-schorfig, weiß bis grau . . . . **J. lactea**

Julella lactea (Massal.) Barr [Polyblastiopsis l. (Massal.) Zahlbr.]
Auf glatter bis flachrissiger Rinde von Laubbäumen, v.a. Buche, Hainbuche, Esche, oft am Grund der Stämme, selten an Nadelbäumen (z.B. Kiefer) – mieur-smed – *nöSch*, ?süHü, *Ml, FrJu*

Koerberiella B.Stein

(Bestimmung ↑ Aspicilia)

Koerberiella wimmeriana (Körber) B.Stein [Aspicilia leucophyma (Leighton) Hue, Lecanora l. Leighton]
Ähnl. *Placynthium flab.* (↑) – bor-mieur·alp – s.selten (R); Vog, süSch, Alpen

Lasallia Mérat

(Bestimmung ↑ Umbilicaria)

Lasallia pustulata (L.) Mérat [Umbilicaria p. (L.) Hoffm.]
Bis in montane, selten hochmontane Lagen auf kalkfreiem Silikatgestein, v.a. auf rauhen, m.(-z.)nährstoffreichen Flächen (Staubimprägnation, mäßige Vogeldüngung) sowie auf schnell austrocknenden Sickerwasserstreifen, oft auf besonnten Schrägflächen, ähnl. *Parmelia consp.*, aber glatte Substrate meidend und erst später in der Sukzessionsfolge auftretend, m.(-z.)acidoph., z.-s.photoph., xeroph., (subhydroph.), m.nitroph. - s'bor-med - z.selten; Sch, Vog, PfW, BayW, selten-s.selten in nöPf, RhSch, Lahn, ThW, O, Sp, Vgb, Rhön, *süRhön*, Saar

Lecanactis Körber

(Schlüssel incl. Bactrospora, Dirina, Schismatomma)

1 Lager mit ± zahlreichen lagerfarbenen, vorstehenden, halbkugeligen bis kurzzylindrischen Pykn. besetzt (bei reich fruchtenden Exempl. spärlich), grauweiß bis h.grau, R-. Pykn. C+ rot, 0,2-0,3 mm breit. Ap. 1-2 mm, oft spärlich, angedrückt bis sitzend, dicht weiß bis gelbl.weiß bereift, ± flach, mit anfangs dickem Rand. Sp. 25-46 × 3-6 µm, 4(5)zellig, Pyknosp. 12-20 × 2-3,5 µm. Lecanor-S., Schizopelt-S. . . . . **L. abietina**
(Achtung! Sterile Lager ähneln *Opegrapha vermicellifera*, aber Pyknosp. nur bis 7 × 1,5 µm, Pykn. C-)
1* Lager ohne vorstehende Pykn. 2
2 Lager gewöhnl. mit Ap. 3
2* Lager steril, stellenweise sorediös oder ganz wattig-leprös 11
3 Auf Gestein 4
3* Auf der Rinde von Bäumen, Lager R- 8
4 Lager C+ (flüchtig) rot, K-, P-. Ap.scheibe weiß bis bläulichweiß bereift, Rand gewöhnlich unbereift. Ap. sitzend 5
4* Lager C-, K-. Auf Silikatgestein 6
5 Lager dünn, undifferenziert oder teilweise rissig oder warzig areoliert, gelblich oder grüngrau, Mark J+ blau. Hym. J+ blau. Ap. rundlich, -0,8 mm. Sp. (15)19-23 × 5-7(8) µm, oft mit deutlichem Perispor, 4-6zellig, zuletzt warzig und bräunlich, angedeutet keulig, an den Septen etwas eingeschnürt . . . . **L. abscondita**
5* Lager meist in kleinen Flecken und dicklich, „weich", rötlich(braun), braungrau, im Herbar blaß orangegelblich bis grauweiß, Mark J-. Ap. eckig bis elliptisch, -1 × 0,3 mm, auch rundlich, Scheibe mitunter rillig. Sp. (3-)4(5)zellig, 12-18(23) × 3-4 µm. Lecanor-S., Erythrin . . . . **L. grumulosa**
6 Ap. mit weißlich bereifter (höchstens alt unbereifter) Scheibe, mit ganzem, oft unbereiftem Rand, meist 0,3-1(1,5) mm. Sp. 4zellig, 20-32 × 4-5 µm. Lager

rosa(-grau) bis weißgrau, im Herbar graugelblich bis weißgrau, schorfig-mehlig, weich, matt, P+ gelborange. Psorom-S., ±Schizopelt-S. . . . **L. dilleniana**

6* Ap. mit unbereifter (selten grünlich bereifter) Scheibe. Lager R- 7

7 Lager UV+ eisblau (ältere Herbarexempl. auch UV+ gelblich), kakaobraun bis gelbbraun, uneben, dicklich, im Innern oft zus.hängend sorediös und pulverig, ockergelblich (oder bräunlich), oft mit schwarzem Vorlager. Ap. selten, rundlich, aber oft unregelmäßig buchtig, schwarzbraun, mit welligem, nicht querrissigem Rand, -1,5 mm. Sp. 4zellig, leicht gebogen, 18-27(35) × 3-5 µm. Schizopelt-S. u.a. . . . . **L. umbrina**

7* Lager UV-, meist s.dünn oder undeutlich, ocker, graugrünlich, grau. Ap. schwarz (mitunter leicht grünlich bereift), mit dickem, welligem, oft klaffend querrissigem Rand, meist 0,5-1,5 mm. Sp. 4-6zellig, 17-27 × 4-7 µm, oft gebogen, mit zugespitzten Enden. Ch- . . . . **L. premnea**

8 Sp. 8-18zellig, 50-80 × 1,5-2,5 µm, schon im Schlauch s.leicht in ein- bis mehrzellige, -3 µm große Fragmente zerfallend. Ap. unbereift, (braun)schwarz, -1 mm, flach bis gewölbt, Rand s.undeutlich. Lager weiß
. . . . **Bactrospora dryina**

8* Sp. 4-9zellig, bis ca. 42 µm lang, nicht in Bruchstücke zerfallend. Ap. unbereift oder bereift 9

9 Sp. (7)8-9(10)zellig, 21-35 × 3-4,5 µm. Ap. rundlich bis meist breit elliptisch (z.T. auch länglich), mit flacher, bläulichweiß bereifter Scheibe, deutlich berandet, -1,5 × 0,7 mm. Lager gelblichweiß, m.-z.dick. Confluentin-S., 2'-O-Methylmicrophyllin-S. . . . . **L. lyncea**

9* Sp. 4zellig, selten 6zellig **10**

10 Sp. 14-27 × 2-3 µm, 4(6)zellig. Ap. -0,5 mm, ± eingesenkt bis dicht angedrückt, flach bis konkav, weiß bereift, mit deutlichem, meist unbereiftem Rand. Lager weiß, dünn. Ch+ . . . . **L. amylacea**

10* Sp. 25-42 × 2,5-4 µm, 4zellig. Ap. -0,8(1) mm, angedrückt sitzend, unbereift bis leicht bereift, oft wulstig vom Lager umgeben, rund bis länglich. Lager frisch meist rosaweißlich, im Herbar grauweiß, dünn bis stellenweise dicklich
. . . . ↑ **Schismatomma**

11 Lager C+/KC+ rot, K-, P-, auf (mitunter schwach) kalkhaltigem Gestein, weißlich, dünn bis dicklich, zus. hängend bis rissig, mit weißlichen bis leicht bräunlichen, unregelmäßigen Soralen, mitunter mit schwärzlichen Flecken (Parasit). Erythrin, ±Lecanor-S. . . . . **Dirina stenhammarii**
(bei Vorkommen auf Silikatgestein ist die Trennung von sterilen *Lecanactis*-Arten schwierig)

11* Lager R- **12**

12 Lager auf Rinde alter Bäume an kaum beregneten Flanken, schmutzig lila- bis rosagrau, h.bräunlichgrau, ± rissig, mit unregelmäßig begrenzten Soralen. UV-. Fett-S. . . . . **Schismatomma decolorans**
(wenn Lager weiß, matt, mit zahlreichen, gleichmäßig verteilten, bräunlichen, -0,3 mm großen Flecken, Mark UV+ gelbgrünlich bis blaugrün, vgl. *L. amylacea*)

12* Lager auf Silikatgestein. Mark/Sorale UV+ blauweiß **13**

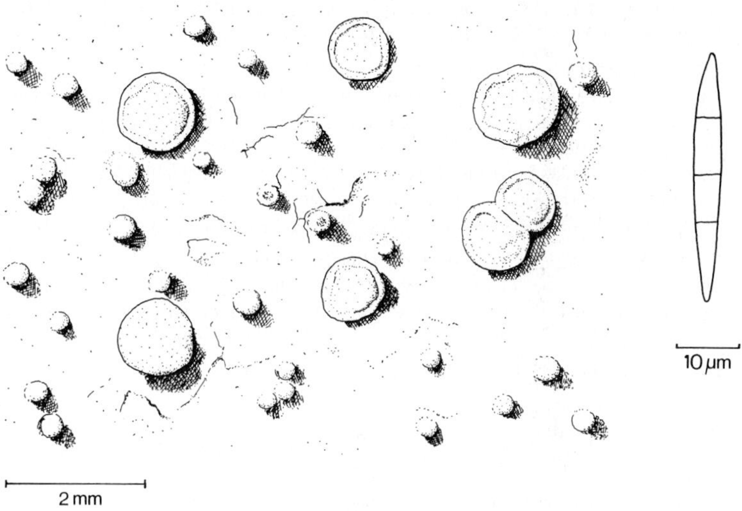

Abb. 41. *Lecanactis abietina.* Lager mit Apothecien und Pykniden, Spore.

13 Lager krustig, kakaobraun bis gelbbraun, im Innern flächig servediös oder nicht servediös, ockergelblich, seltener bräunlich. Schizopelt-S. . . . . . . **L. umbrina**

13* Lager meist dick (5 mm), polsterartig, schwammig-weich, grau, violettgrau, oft leicht rosastichig, oft mit faltiger Oberfläche. Leprar-S., Roccell-S. . . . . **L. latebrarum**

Lecanactis abietina (Ach.) Körber
In montanen und hochmontanen, niederschlagsreichen Lagen an alten Nadelbäumen an regengeschützten Flächen v.a. im unteren Stammbereich, in Fichten(-Tannen)- und Tannen-W. an kühlen bis kalten, ± gleichmäßig luftfeuchten Standorten in Tälern und (kaltluftstauenden) Mulden, selten an sauren Rinden von Laubbäumen oder an Überhängen auf saurem Silikatgestein, im atlantischen Bereich auch in niederen Lagen, z.–s.acidoph., z.–s.skioph., s.hygroph., s.anombroph., anitroph. – s'bor-smed(-med), subatl – selten; Sch, Vog, BayW, sonst s.selten (PfW, *O*, Sp, SFW, ThW), ferner Al

Lecanactis abscondita (Th.Fr.) Lojka [Opegrapha a. Th.Fr.]
Ähnl. *L. dilleniana* und (im Gebiet) *L. grumulosa* – bor-mieur – s.selten – MRh

Lecanactis amylacea (Ehrh. ex Pers.) Arnold [Opegrapha illecebrosa Duf.]
In kollinen bis submontanen, wintermilden Lagen fast nur am Stamm alter Eichen, ähnl. *Arthonia pruinata* (↑), vermutlich durch forstl. Eingriffe und Eutrophierung

fast ausgestorben – mieur-med, subatl – s.selten (1); süHü-HRh früher zerstr., süRh, Bo, Ju, Sb, Th, *Ne, nöRh, O, Mn, Sp, Rh-Mn-T, MRh*

Lecanactis dilleniana (Ach.) Körber
V.a. in montanen niederschlagsreichen bzw. nebelreichen Lagen auf meist mineralreichem bzw. basischem bis neutralem, hartem kristallinem Silikatgestein (oft Basalt) an regengeschützten Überhangflächen an dauernd schattigen, m.lichtreichen bis z.lichtarmen, ± gleichmäßig kühl-feuchten Standorten, oft in Blockmeeren, subneutroph., (z.–)s.hygroph., anombroph., anitroph. – bor-mieur·mo(-smed) – s.selten (R); He (z.B. Rhön, Meißner), süSch, Fi-Rauher Kulm, BayW

Lecanactis grumulosa (Dufour) Fr. [L. monstrosa Bagl.]
In kollinen, s.wintermilden Lagen, im Gebiet auf (leicht kalkhaltigem?) Silikatgestein, auf regengeschützten Flächen, ähnl. *Enterographa hutch.* (↑), sonst auf Kalkgestein, Mörtel – mieur·atl-med – s.selten (0); *MRh (Lorch), O (Heidelb.)*

Lecanactis latebrarum (Ach.) Arnold [Lepraria latebrarum (Ach) Ach. ex Sm., Crocynia hueana B. de Lesd.]
In submontanen bis montanen, ± milden Lagen auf völlig regengeschützten Felsflächen an/unter Überhängen auf Silikatgestein, meist in engen Tälern, Wäldern, an luftfeuchten, s.–z.lichtarmen Standorten, oft mit *Chrysothrix chlorina* – mieur-smed – selten; Sch, O, Vog, Pf, Eif, Ts, ThW, BayW

Lecanactis lyncea (Sm.) Fr. [Opegrapha l. (Sm.) Borrer]
Ähnl. *Arthonia pruin.* (↑) – mieur·atl-med(subatl) – s.selten (+++); nöRh+, *Rh-Mn-T+, Niederrhein (Bonn+)*, Lux

Lecanactis premnea (Ach.) Arnold [L. plocina auct.]
In kollinen und submontanen Lagen auf kalkfreiem bis kalkarmem Silikatgestein, v.a. auf Sandstein, auch auf Mauern, an schattigen, m.beregneten bis z.regengeschützten, mitunter leicht feuchten Vertikal- und Überhangflächen, in atlantischen Gebieten v.a. auf Rinde – mieur·subatl-med, (oz) – s.selten (R); O (Heidelb.), *Ts-MRh, nöSch, süSch (Kinzigtal), Vog*

Lecanactis umbrina Coppins & P.James [Schismatomma umbrinum (Coppins & P.James) Jørg. & Tønsberg]
In montanen Lagen an nicht beregneten Vertikalflächen und Überhängen von Silikatfelsen an kühlen, lichtarmen, s.luftfeuchten Standorten, ähnl. *Opegrapha gyr.* (↑) und *Racodium* (↑), m.–z.acidoph., z.–s.skioph., s.hygroph., anitroph. – s'bor·atl-med – Sch

Lecania Massal.

1	Auf Gestein	**2**
1*	Auf Rinde	**11**
2	Sp. (2–)4(6)zellig	**3**
2*	Sp. nur 2zellig. Schwierige Artengruppe	**6**

3 Sp. (11)14–21(28) × 2,5–3 µm, (2–)4(6)zellig. Epihym. farblos bis blaß bräunlich. Ap. biatorin (keine Algen im Rand), -0,5(0,6) mm, flach bis m.gewölbt, beige, h.braun, h.- bis d.rötlichbraun, rosa, mit bald verschwindendem Rand, angefeuchtet Randbereich dunkel. Lager areoliert bis körnig, graugrün, grünlich, blaßbraun. Hym. 45–70 µm. Mit weißlichen Pykn., Pyknosp. stark gebogen, 10–19 × 0,8–1,2 µm . . . . **L. cuprea**

3* Sp. breiter, 3,5–5 µm, 4zellig. Ap. lecanorin (mit algenhaltigem Rand), aber bisweilen ohne sichtbaren Lagerrand. Lager areoliert **4**

4 Lager dickkrustig areoliert, Areolen dicht blastidiat, d.h. winzige Sprossungen abgliedernd, dadurch unregelmäßig körnig-sorediös bzw. fast isidiös erscheinend, gelbbraun bis braungrau. Ap. –1,2 mm, rotbraun bis schwarz, meist dicht grau bereift, sitzend, flach bis m.gewölbt, mit graubraunem, blastidiatem Rand. Epihym. braun. Hym. 50–60 µm. Paraph. oben an den Septen etwas eingeschnürt. Sp. 4zellig, 19–25 × 4–4,5 µm . . . . **L. caeruleorubella**

4* Lager und Lagerrand der Ap. nicht blastidiat **5**

5 Areolen m.–s.gewölbt, mitunter fast schollig-schuppig oder knollig, grüngrau bis braungrau, braun. Ap. –1,2 mm, flach bis gewölbt, h.- bis d.braun, manchmal bereift, mit dickem, leicht gekerbtem, schließlich verschwindendem Rand. Sp. (13)16–20(22) × 3,5–4,5 µm, Hym. 45–60 µm, Paraph.enden s.stark angeschwollen, bis 8–10 µm dick. Epihym. orange- bis d.braun. Exc. außen paraplektenchym. . . . . **L. suavis**

5* Areolen flach, dünn, scharfeckig, weißlich bis h.grau, matt. Ap. –0,7 mm, flach (bis m. gewölbt), d.braun bis schwarz, stets bereift, mit dünnem bleibendem Rand. Sp. 12–16(18) × 4–5 µm. Hym. 60–80 µm, Epihym. d.braun. Exc. außen nicht paraplektenchym. . . . . **L. nylanderiana**

6 Lager ± dicht blastidiat, daher bei geringer Vergrößerung oft ± diffus sorediös erscheinend, dünn, schorfig, rissig areoliert, Areolen eckig, grünlich graubraun, grünlichgelb bis h.bräunlich, mit etwas unebener Fläche, oft steril, mitunter mit abgegrenzten Soralen. Ap. –0,4(0,7) mm, gewöhnlich ohne Rand, (jung mitunter mit dünnem blastidiatem Lagerrand), flach bis m.gewölbt, rotbraun, h.- bis d.braun. Hym. 50–70 µm, Epihym. gelblich, gelbbraun, grünlich d.braun bis schwarzbraun. Sp. 9–14 × 3–5 µm . . . . **L. erysibe**

6* Lager nicht blastidiat **7**

7 Ap. fast biatorin, nur mit wenigen Algen im Lagerrand, der äußerlich nur jung gelegentlich sichtbar ist, gewölbt bis fast kugelig, unbereift. Lager endolithisch oder s.dünn, selten deutlich, ungegliedert oder leicht areoliert, Areolen –0,5 mm **8**

7* Ap. lecanorin, mit zahlreichen Algen im äußerlich deutlichen oder undeutlichen Lagerrand, flach, m. bis seltener stark gewölbt, bereift oder unbereift. Lager deutlich entwickelt, areoliert, Areolen 0,3–2 mm breit. Sp. 9–17 × 4–6 µm **9**

8 Lager endolithisch oder feinkörnig oder aus s.kleinen (0,3 mm) Areolen. Ap. orange, rot- bis d.braun, feucht hell mit dunkler Randzone, –0,8 mm. Sp. 11–16 × 4–7 µm. Auf Kalkstein, Mörtel . . . . **L. sylvestris**

8* Lager dünn, firnisartig-glatt, fein rissig areoliert, Areolen 0,2–0,5 mm. Ap.

rosagelblich, h.- bis rotbraun, -0,6 mm. Sp. 9–16 × 3–4,5 µm. Auf Silikatgestein und kalkarmem Gestein, auf Ziegel . . . . **L. hutchinsiae**

9 Ap. gewöhnlich bald unberandet, rotbraun bis schwarz, bereift, flach bis gewölbt, -0,8 mm, oft gedrängt und deformiert, junge Ap. mitunter mit dünnem weißem Rand. Lager weißgrau bis h.grau, körnig bis areoliert, Areolen 0,3–1,5 mm breit, flach, z.glatt. Sporen 10,5–13 × 4,5–6 µm . . . **L. turicensis**

9* Ap. fast stets mit deutlichem Lagerrand, unbereift oder selten leicht bereift, gelbbraun, rotbraun bis schwarzbraun, -0,8 mm. Lager gelblichgrau, d.grau, braun, areoliert, Areolenoberfläche ± warzig **10**

10 Areolen oft scharfkantig-eckig, 0,3–2 mm breit, an den Kanten leicht aufgebogen, gelbgrau bis braungrau, mitunter mit weißlichem Vorlager. Ap. zahlreich und oft gedrängt, schwach bis m.gewölbt, berandet oder unberandet. Sp. 10–13(16) × 4–7 µm . . . . **L. rabenhorstii**

10* Areolen nicht eckig, 0,2–0,5 mm, mit knollig-warziger Oberfläche. Ap. weniger zahlreich, flach bis schwach gewölbt, mit bleibendem, rel. dickem Rand. Sp. 11–18 × 5–6(7,5) µm . . . . **L. inundata**

11 Sp. reif 4zellig **12**

11* Sp. (1–)2zellig **14**

12 Ohne Algen im gut entwickelten Exc. Paraph. oben -5 µm verdickt . . . . **Bacidia naegelii**

12* Mit Algen im Exc., Ap. -0,6 mm, anfangs flach, mit dünnem Lagerrand, bald gewölbt und ± randlos. Lager dünn, grauweiß bis (bräunlich)grau **13**

13 Sp. zu 8 im Schlauch, 12–15 × 4–5 µm, meist ± leicht gekrümmt, Ap. rötlich, später schwärzlich, unbereift, anfangs ± eingesenkt, bald sitzend, -0,6 mm. Paraph. z.locker, oben stark verdickt (3–7 µm) . . . . **L. koerberiana**

13* Sp. zu 8, seltener 16 im Schlauch, 12–23 × 4–6 µm, gerade oder leicht gekrümmt, mit auffallend stumpfen Enden. Ap. erst h.braun, rosabraun, rotgelblich, dann braun bis fast schwarz, bereift oder unbereift, sitzend, -0,6(0,8) mm. Epihym. blaß oder bräunlich bis braunviolett. Paraph. z.verleimt, oben leicht verdickt . . . . **L. fuscella**

14 Ohne Algen im Exc. . . . . **Catillaria**

14* Mit Algen im Rand. Ap. anfangs flach und mit dünnem Lagerrand, bald gewölbt und ± randlos. Lager s.dünn, grauweiß bis (bräunlich)grau **15**

15 Sp. deutlich bohnenförmig gekrümmt, 12–17 × 4–6 µm. Ap. rötlichbraun bis schwärzlich, -0,5 mm. Nahe verwandt mit folgender . . . . **L. dubitans** (Nyl.) A.L.Sm.

15* Sp. gerade oder leicht gekrümmt, 10–17 × (3)4–5 µm, gewöhnlich 2zellig, zu 8–12(16) im Schlauch. Ap. rotbräunlich, braun bis schwärzlich, -0,7 mm, feucht ± durchscheinend, zahlreich, Lagerrand glatt oder gekerbt . . . . **L. cyrtella**
(Sp. 8–12(15) × 2–3(4) µm, 1- bis (oft undeutlich) 2zellig, Ap. heller, stärker durchscheinend, an weniger nährstoffreichen Stellen als vorige, z.B. Sch, Eif . . . . ! **L. cyrtellina** (Nyl.) Sandstede

Lecania caeruleorubella (Mudd) M.Mayrhofer
Auf Vertikalflächen von beschatteten alten Mauern auf Mörtel – s'bor-mieur – selten; *FrJu*

Lecania cuprea (Massal.) v.d.Boom & Coppins [Bacidia c. (Massal.) Lettau, B. cupreorosella (Nyl. ex Stizenb.) Bausch]
Bis in die montane Stufe an z.(–s.)lichtarmen, luftfeuchten Standorten auf Kalk-, seltener mineralreichem Silikatgestein, oft an Vertikalflächen und Überhängen, z.T. auf Moose übergehend, meist in Wäldern, in Schluchten, auch auf Ziegelmauern, (subneutroph.–)basiph., m.–z.nitroph. – mieur-med – selten; SJu, FrJu, Mn, Ne, süHü, *O, MRh*, Erz

Lecania cyrtella (Ach.) Th.Fr. [L. sambucina (Körber) Arnold]
Bis in die hochmontane Stufe auf subneutraler (bis m.saurer), meist glatter Rinde (oder auf den Stegen rissiger Borke), bevorzugt auf Holunder(ästchen), ferner v.a. auf Pappel, Spitzahorn, Nußbaum, meist an freistehenden Bäumen, oft an Ästen, N-Düngung kaum tolerierend, beim Aufkommen von Grünalgen verschwindend, subneutroph., z.photoph., mesoph.–z.hygroph., anitroph., meist mit *Bacidia naeg., Lecanora samb., Caloplaca cerina, C. cerinelloides* – s'bor-med – z.selten (3), in ackerbaulich intensiv genutzten Gebieten und Industrieräumen stark zurückgehend

Lecania erysibe (Ach.) Mudd
Ähnl. *L. inundata*, häufiger auch auf mineralreichem Silikatgestein, z.B. Sandstein – s'bor-med – z.selten; Rh, Ne

Lecania fuscella (Schaerer) Massal. [L. syringea (Ach.) Th.Fr.]
Bis in die (sub)montane Stufe, vor allem am Stamm von Nußbäumen und *Populus* in sommerwarmen Lagen an lichtreichen Standorten, gegen N-Düngung vermutl. s.empfindlich – s'bor-med – selten (0); z.B. süHü, HRh, Ne, Sch, Th

Lecania hutchinsiae (Nyl.) A.L.Sm.
In milden, kollinen Lagen an luftfeuchten, strahlungsgeschützten Standorten auf Silikatgestein, v.a. Sandstein, und auf Ziegelstein von Mauern, subneutroph., m.photoph. – mieur·subatl-med – selten, sicher auch übersehen; *O*, Lux-Belgien

Lecania inundata (Hepp ex Körber) M.Mayrhofer
V.a. in niederen, seltener montanen Lagen auf Kalkgestein und kalkstaubimprägniertem Silikatgestein (z.B. Sandstein), im Gebiet v.a. synanthrop an Mauern, dabei auf Mörtel, Beton und Ziegel übergehend, an beregneten bis m.(–z.) regengeschützten Flächen, an m.–s.lichtreichen, z.–s.staubimprägnierten oder gedüngten, z.nährstoffreichen Stellen, z.B. ähnl. *Candelariella medians* (↑), *Caloplaca dec.* (↑), auch an sporadisch überschwemmten Flußuferbefestigungen, basiph.–neutroph., m.–s.photoph., z.–s.nitroph. – (s'bor-)mieur-med – m.–z.häufig, Silikat-Gebirge selten

Lecania koerberiana Lahm
S.ähnlich *L. fuscella* (↑) – mieur-smed – selten (0), z.B. *Sch, nöRh*

Lecania nylanderiana Massal.
Bis in die montane Stufe auf Vertikal- und Überhangflächen von Felsen aus Kalkgestein, seltener synanthrop an Mauern, an m.–z.lichtreichen Standorten – bor-med – selten; FrJu, Mos, Al

Lecania rabenhorstii (Hepp) Arnold
Ähnl. *L. erysibe* und *L. rabenhorstii* (†) – s'bor-mieur-subatl – selten; *Ne, HRh, Ml*

Lecania suavis (Müll.Arg.) Migula [L. nylanderiana auct.]
Bis in alpine Lagen an Steil- und Überhangflächen von Kalkfelsen (oft entlang von Rissen) sowie auf Vertikalflächen von Mauern auf Mörtel, an m.–z.(s.) lichtreichen, meist z.nährstoffreichen Standorten – bor-med – selten *(0)*; süSch, Al*, Ne, Do, FrJu, Rh-Mn-T*

Lecania sylvestris (Arnold) Arnold
Auf kalkhaltigem Gestein an Felsen, auf Mörtel (Mauern), m.–z.photoph., m.–z.nitroph. – mieur-med – FrJu

Lecania turicensis (Hepp) Müll.Arg. [L. albariella (Nyl.) Müll.Arg.]
An Vertikal- und Überhangflächen von Kalkfelsen, selten an Mauern, meist an besonnten, nährstoffreichen (oft m.–z.regengeschützten) Standorten; basiph., m.–z. nitroph. – mieur-med – selten (R); *0,* Ju, Ries, FrJu, SJu, *Ml*

Lecanora Ach.

(Schlüssel incl. Protoparmelia, Rhizoplaca, Squamarina)

Übersicht der Teilschlüssel

1 Lager placodioid, d.h. mit deutlich verlängerten Randareolen, angedeutet gelappt, oft rosettig, bisweilen fast blattflechtenartig oder deutlich schuppig . . . . **TS 1**
1* Lager einheitlich krustig (areoliert bis zus.hängend oder fast fehlend), am Rand nicht gelappt **2**
2 Ap. lange oder dauernd gänzlich eingesenkt und mit konkaver Scheibe. Paraph. stark netzig verzweigt. Markhyphen dünnwandig, Hyphenwände meist nur s.wenig verquollen, daher außen deutlich begrenzt. In der Regel auf Gestein. Lager nie gelbgrünlich . . . . **Aspicilia**
2* Ap. mit flacher bis gewölbter Scheibe, meist sitzend bis wenig eingesenkt. Paraph. nur vereinzelt verzweigt, nicht netzig. Markhyphen dickwandig, außen meist stärker verquollen und undeutlich begrenzt **3**
3 Lager auf Silikatgestein . . . . **TS 2**
3! Lager auf Kalkgestein . . . . **TS 3**
3* Lager auf Rinde, Holz, Moosen, Pflanzenresten . . . . **TS 4**

Lecanora TS 1: Arten mit schuppigem oder am Rand gelapptem Lager (Lecanora Sect. Placodium, Squamarina, Rhizoplaca)

1 Lager nur ± in der Mitte festgewachsen, deutlich blättrig, meist h.gelblichgrün, unterseits oft leicht blauschwärzlich überlaufen, Usnin-S., s.selten Psorom-S. – arkt-alp, auf Silikatgestein (Vogelblöcke). Rhizoplaca **2**
1* Nicht nur an einer Stelle festgewachsen, Lager schuppig oder krustig und rosettig und am Rand gelappt, meist anliegend **3**
2 Ap. rosa, rot, auch beige bereift. Lager auch ± beige. Placodiol- oder Pseudoplacodiol-S. * . . . . **Rhizoplaca chrysoleuca** (Sm.) Zopf [*L. rubina* („Vill.") Ach.]
2* Ap. gelbgrünlich bis (blau)schwärzlich. S.selten Placodiol-S. * . . . . **Rhizoplaca melanophthalma** (DC.) Leuck. & Poelt [*L. m.*(DC.) Ram.]
3 Lager in der Mitte mit konkaven bis flachen, mitunter isidiös werdenden Soralen, braun, doch meist stark bereift und dann graubraun bis weißgrau, meist nur bis 1 cm groß, dicht anliegend, rundlich, rosettig, meist in größeren Beständen zus.fließend, Randläppchen 0,3–0,8 mm breit. Gewöhnlich steril. Caloploicin, Vicanicin . . . . **L. demissa**
3* Lager ohne Sorale, größer (meist 1,5–10 cm), mit Ap. **4**
4 Lager C+ orange oder orangerot, P– **5**
4* Lager C– **6**
5 Auf Kalkgestein. Lager bereift, weißlich bis leicht gelblich oder gelbgrünlich (feucht gelblich), rundlich, rosettig, –2 cm breit, K–/+ gelblich, Randlappen –0,8 mm breit, flach bis leicht gewölbt. Ap. –1,5 mm, braunrosa bis schwärzlichbraun, bereift, mit kaum vorstehendem Rand, sitzend. Sp. 8–13 × 4–7 µm. Arthothelin, Dichlornorlichexanthon . . . . **L. pruinosa** (ähnl. ist **L. reuteri** Schaerer mit hochkonvexen, gedrängten, feucht ockerfarbenen Lappen, Ap. mit vorstehenden Rändern, graubraun, Lager –1 cm, Alpen)
5* Auf Silikatgestein. Lager nur angedeutet placodiod, mit verlängerten Randareolen, weißlich bis beige, K+ gelb. Atranorin, Sordidon, Roccell-S. . . . . **L. swartzii**
6 Ap. braunschwarz, eingesenkt bis angedrückt, in der Mitte des Lagers dichtstehend. Lager grauweiß, braungrau bis d.grau, bereift, an den Randlappen meist heller als in der Mitte, dicht anliegend, rosettig, K+ gelb, dann blutrot, P+ orange, auch K–/P–. Norstictin-S., ±(Atranorin) . . . . **Lobothallia radiosa** (↑ Aspicilia)
6* Ap. nicht braunschwarz. Lager weißgrün bis blaß grau- oder gelblichgrün, auch oliv- bis gelbbraun, K– oder K+ gelblich. Usnin-S. **7**
7 Auf Mauern, Ziegeln, Grabsteinen und anderen anthropogenen Substraten **11**
7* Nicht an solchen Standorten **8**
8 Lager schuppig, schollig, wenn anliegend rosettig(-strahlig), dann auf Kalkerde, Kalkmoosen. Seltene Arten. Rinde dick, regelmäßig gegen die Algenschicht

abgegrenzt, aus senkrecht verlaufenden, stark verleimten Hyphen *(Squamarina)* **9**

8* Lager regelmäßig rosettig, am Rand strahlig-lappig, nicht schuppig, auf Silikat- und Kalkgestein, weißgrün, blaß gelblichgrün, blaß graugrün bis gelblich, auch dicht weiß bereift. Rinde dünn, oft unregelmäßig gegen die Algenschicht abgegrenzt (Sect. *Placodium*) **11**

9 Ap. -1,5(selten -2) mm, meist h.braun, flach, mit weißem, zuletzt verschwindendem Rand, Lager deutlich rosettig, am Rand deutlich gelappt, im Innern areoliert-schuppig, Lappen meist z.schmal, mit aufgebogenen Rändern, weißlich bis grünlichweiß, unterseits weiß, Mark P–, K–. Sp. 9–12 × 4–5 µm. * . . . . **S. lentigera**

9* Ap. gewöhnlich größer, Lager gewöhnlich nur jung rosettig, am Rand nicht deutlich strahlig-gelappt, P+ gelb oder P–. Sp. 10–15 × 4–6 µm **10**

10 Ap. -10 mm, meist ockergelb, konkav bis flach, Rand bald undeutlich. Lager schuppig. Schuppen 2–5 mm groß, (1 mm) dick, konkav (am Rand erhaben), starr, weißlichgrün bis ockeroliv oder ocker, weiß berandet, zerstreut bis gedrängt. Mark P+ gelb. Psorom-S., Isousnin-S. * . . . . **S. gypsacea**

10* Ap. -4 mm, braun bis rotbraun, flach bis gewölbt, Rand zuletzt verschwindend. Lager schuppig, Schuppen -0,5 mm dick, gewölbt bis konkav oder unregelmäßig, grünlich bis grünweiß, weiß bereift oder reiflos, meist unregelmäßig bis dachziegelig angeordnet. Mark P- oder P+ gelb. ±Psorom-S. * . . . . **S. cartilaginea**

11 Lagerlappen stark gewölbt, geschwollen und verbogen, oft durch Querrisse gegliedert, mit lockerem bis fast hohlem Mark. Lager im Inneren eher graugrün, gegen den Rand gelblich, rel. schwach angewachsen (vgl. *L. muralis*). Ap. h.- bis mittelbraun. S.seltene Art. Placodiol-S., Zeorin, ±Isousnin-S. * . . . . **L. garovaglii**

11* Lagerlappen flach bis leicht gewölbt **12**

12 S.selten. Lappen nur am Grunde angewachsen, sonst frei (fast blättrig), lang und schmal (1–2 mm breit), blaß gelblich, gelbgrün, grauweiß, unterseits weißlich, R–. Ap. rosabraun bis braun, mit vorstehendem, oft welligem oder gekerbtem Rand, sitzend bis fast gestielt. Auf Silikatgestein. Zeorin * – bor·atl-smed(atl) – Vog, ?*nöSch* . . . . **L. achariana** A.L.Sm.

12* Häufig. Lappen bis zum Rand dicht angewachsen, höchstens an den Enden etwas abgehoben, flach, konkav, seltener gewölbt, grünweiß, gelblich, gelb- bis leicht graugrün, auf Kalk oft stark weiß bereift (var. *versicolor*), P–/K– oder + gelblich, C–. Ap. zahlreich, sitzend, lagerfarben bis d.braun. S.variabel. ±Atranorin, ±Murol-S., ±Psorom-S., Zeorin * . . . . **L. muralis**

Lecanora TS 2: Arten auf Silikatgestein

1 Parasitisch auf Krustenflechten **2**

1* Nicht parasitisch **5**

2 Lager braun, rotbraun, d.braun, schwarzbraun **3**

2* Lager anders gefärbt oder kaum vorhanden **4**

3 Lager braun bis rotbraun, areoliert, Areolen flach bis ± gewölbt, auf gelben *Rhizocarpon*-Arten oder *Aspicilia myrinii.* Ap. d.braun bis d.rotbraun, anfangs berandet, später gewölbt-randlos, -1 mm. ±Norstictin-S. *(Protoparmelia)* . **23**

3* Lager areoliert. Areolen ± rundlich, flach bis leicht konkav, (h.)braun, mit meist etwas erhabenem, hellerem, oft gekerbtem Rand, mitunter schuppig gegliedert (anfangs aus s.kleinen (um 0,2 mm großen), blaß berandeten, braunen, ± glatten Teilareolen zus.gesetzt), mitunter auch stellenweise geschwärzt, auf schwarzem „Grundlager" sitzend, 0,3–1,5(2) mm. Ap. selten, -0,6(1,0) mm, oft unregelmäßig im Umriß, d.rotbraun bis schwarzbraun, Rand beige. Hyp. farblos, J+ blau. Epihym. (rot)braun, K+ oliv. Paraph. oben verdickt, pigmentiert. Miriquidi-S. . . . . **Miriquidica intrudens**

4 Auf sorediösen, gelben, gelbgrünen bis grauen Schwermetallflechten lebend. Ap. braunrot bis rot, mit orangegrauen bis graubräunlichem, oft grob und unregelmäßig gekerbtem Lagerrand. Lager meist s.reduziert. Epihym. d.braunrot. Sp. beidendig zugespitzt, 8–11 × 4–5 µm. Usnin-S. s.l. . . . . **L. gisleriana**

4! Auf weißlichen bis grauen *Tephromela*-Arten lebend. Ap. bald gewölbt-randlos, biatorin, bleigrau, mißfarben bräunlich, oliv bis schwärzlich, bereift. Lager rissig bis areoliert, z.dick, h.gelblich bis gelblich graugrün. Epihym. oliv bis schmutzig bräunlich . . . . **L. sulphurea (13)**

4* Auf *Miriquidica nigroleprosa* (graue Flechte mit schwärzlichen Soralen) in hochmontanen und alpinen Lagen. Lager blaßgelb, areoliert, -1 cm, K+ gelb, C–, P–. Ap. 0,3–2 mm, mit schwarzer, gelblich bereifter, flacher bis gewölbter Scheibe mit Lagerrand. Epihym. grau bis d.grün. Sp. 8–14 × 5–8 µm. Isousnin-S., Zeorin – bor-alp – BayW, Alpen, Riesengebirge . . . . **L. latro** Poelt

5 Lager gelb, gelbgrünlich, blaß grün, gelblich graugrün („Usnea-Grün") . . . **6**

5* Lager anders gefärbt **18**

6 Lager sorediös, Ap. selten **7**

6* Lager nicht sorediös, mit Ap. Mit Usnin-S. **12**

7 Lager in der Mitte bald völlig sorediös aufgelöst, sonst fein rissig areoliert und glatt, selten völlig sorediös, blaß gelbgrünlich, gut entwickelt mit weißlichem bis blaugrauem Vorlager, P–, C–, KC+ gelb. Sorale nur anfangs begrenzt, am Rande der Areolen entstehend. Ap. selten, gewölbt-randlos, grauschwärzlich bis mißfarben, oft grau bereift. Sp. 8–11(16) × 3–5(7) µm. Usnin-S., Zeorin, ±Skyrin . . . . **L. orosthea**

7* Sorale begrenzt, rundlich bis unregelmäßig. Lager areoliert bis warzig areoliert. Gewöhnlich auf eisenreichem Gestein. Ap. mit Lagerrand **8**

8 Sorale weißlich, s.blaß grün oder leicht gelblich. Usnin-S., Zeorin. Lager K–, P–, C–, KC+ gelb. Ap. -0,5 mm, selten **9**

8* Sorale leuchtend gelb bis schwefelgelb. Ohne Usnin-S. **10**

9 Sorale randständig, z.T. auch auf die Oberfläche übergehend, unregelmäßig. Areolen meist m.gewölbt, blaß graugrünlich bis grau, meist zerstreut oder in kleinen Gruppen, Ap. sitzend, mißfarben grau-, h.bräunlich bis blauschwärzlich. (Atranorin)* . . . . **L. handelii**

9* Sorale auf der Oberfläche, oft leicht gelblich, meist heller als Lager, rundlich bis unregelmäßig. Areolen flach, blaß graugrünlich oder gelbgrünlich, -1 mm,

am Lagerrand oft leicht vergrößert und gekerbt. Ap. eingesenkt, flach, meist mißfarben grünschwarz. * . . . . **L. soralifera**
(wenn Areolen stark gewölbt bis wellig verbogen, -0,5 mm, in gelbliche Oberflächensorale aufbrechend, Soredien 20–30 µm dick, Flechte an regengeschützten Flächen, BayW: **L. chloroleprosa** (Vainio) H.Magn.)

10 Lager P+ rot, K–, C–, KC–. Areolen verflacht bis m.gewölbt, am Rand gekerbt, gelbgrün bis schwefelgelb (auch mit grauem Stich). Sorale randständig, später auch auf der Oberfläche, schwefelgelb. Ap. bräunlich bis braunoliv. Zeorin, Rhizocarp-S., Pannarin . . . . **L. subaurea**

10* Lager P– oder P+ gelblich. Areolen stark gewölbt. Sorale hauptsächlich auf der Oberfläche **11**

11 Sorale kraterförmig vertieft. Areolen zerstreut auf schwärzlichem Vorlager, schwefelgelb, K+ gelb . . . . **L. reagens**

11* Sorale nicht kraterförmig, meist gewölbt, mitunter zus.fließend und eine ± durchgehende sorediöse Kruste bildend. Areolen gelb bis h.gelb, K–. Vorlager selten deutlich, schwärzlich. Ap. braun, selten. Zeorin, Epanorin, Rhizocarp-S. . . . . **L. epanora**

12 Ap. bald gewölbt-randlos, biatorin, bleigrau, mißfarben bräunlich, oliv bis schwärzlich, bereift, fast eingesenkt bis später vortretend. Lager rissig bis areoliert, z.dick, h.gelblich bis gelblich graugrün, K–/K± gelb(-braun), C–, P–. Vorlager grau. Sp. 9–13(16) × 4–6 µm. Epihym. schmutzig bräunlich bis oliv. Zeorin, ±Gangaleoidin, ±α-Collatol-S., ±Atranorin. Usnin-S. . . **L. sulphurea**

12* Ap. nicht bald randlos, lecanorin. Usnin-S. **13**

13 Ap. eingesenkt bis angedrückt, meist flach, –1 (1,5) mm. Scheibe fast gleich hoch wie die Lageroberfläche, oliv bis (grün)schwarz, selten h.grünlich. Lager rissig areoliert bis areoliert, Areolen flach bis angedeutet schuppig. Vorlager schwarz. Sp. 9–14(15) × 4,5–7 µm. Zeorin * . . . . **L. intricata**

13* Ap. sitzend oder, wenn ± eingesenkt, nicht oliv bis schwarz **14**

14 Ap.rand (und Ap.mark) P+ rot (zumindest im Schnitt), wulstig, oft wellig, später zurücktretend, h.gelb bis h.schwefelgelb, Scheibe meist gelbbraun, braun, ocker oder rotbraun. Ap. groß, 1–2,5 mm, meist mit verengter Basis aufsitzend. Lager meist z.undeutlich. Rangiform-S., Protocetrar-S. * . . . . . . **L. silvae-nigrae**

14* Ap.rand P– oder P+ gelblich **15**

15 Ap. (d.)braun bis rotbraun, anfangs ± eingesenkt, dann sitzend, –2 mm. Lager bleich gelbgrün bis gelblichweiß, warzig areoliert (Areolen ± gewölbt, oft getrennt stehend; wenn Areolen zus.schließend, Ap. bleibend berandet, Sp. 9–16 × 6–10 µm. Atranorin, Zeorin, ±Epanorin *: **L. argopholis** Ach.). Sp. 9–17 × 4–7 µm. ±Stictin-S. * . . . . **L. frustulosa**

15* Ap. blaß gelblich(grün), gelbbraun, ocker, mittelbraun **16**

16 Lager dick, aus ± zerstreuten Areolen(gruppen), die manchmal blaugrau gesäumt sind. Ap. 1–4 mm, oft größer als die 1–2 mm breiten Areolen, braun. Sp. 12–18 × 4–7 µm. Nur in subalpinen und alpinen Lagen auf schwach kalkhaltigem Gestein. 5 Chemorassen. Fast stets Rangiform-S., ±Protocetrar-S., ±Psorom-S. * . . . . **L. dispersoareolata**

16* Mit anderen Merkmalen. Ap. blaß gelblich, blaß grünlich oder blaß grünlichbraun bis bräunlich, selten über 1,5 mm. Lager h.grünlich bis blaß grüngelblich oder graugrün, selten leicht bräunlich, areoliert bis körnig oder fast fehlend bzw. nur als Ap.rand erhalten **17**

17 Ap. meist -1(1,5) mm, aber vereinzelt (alpine Formen) auch deutlich größer, gelblich, grünlich, bräunlich. Sp. 9–14 × (4,5)5–6,5 µm. Variable Art. Lager gelblich, grünlich, graugrünlich, selten braunstichig, P–, K± gelb, C–. (±)Rangiform-S., ±Zeorin, ±Eulecanoral * . . . . **L. polytropa**

17* Ähnl. *L. polytropa*, aber Sp. 7–12 × 3–4 µm, Ap. -0,8(1) mm, flach bis m.gewölbt, meist blaß braun bis graubraun, mit kaum erhabenem, bald verschwindendem Rand. Lager aus zerstreuten bis zus.schließenden, rundlichen Körnern, bräunlichgrün bis grüngrau. R–. Rangiform-S., Zeorin *. Vermutlich im Gebiet . . . . **L. stenotropa** Nyl.

18 Lager braun **19**

18* Lager nicht braun **25**

19 Ap.scheibe schwarz, zuerst punktförmig, später breiter, oft stark warzig uneben. Lager mit isidienartigen, stiftförmigen bis halbkugeligen Auswüchsen, oft auch mit weißlichen, abgegrenzten Soralen auf oder anstelle der Auswüchse, (kakao-) braun, rosabraun, graubraun, gelbbraun, C+ rot (Gyrophor-S.), areoliert. Hym. oben verkohlend. Sp. 15–30 × 10–14 µm . . . . ↑ **Rimularia gibbosa**

19* Ap.scheibe nicht warzig-uneben, d.braun bis braunschwarz, oft glänzend. Epihym. braun bis olivbraun. Sp. meist bis 16 µm lang, schmal ellipsoid bis länglich. Pyknosp. stäbchenförmig bis fädig. Lager nicht sorediös (*Protoparmelia*) **20**

20 Areolen rundlich, fast schildförmig, konkav bis m.konvex, zerstreut auf schwarzem, rußig wirkendem Vorlager mit (Mikroskop) d.blauen, meist 4–6zelligen, 10–12 × 6 µm großen Thallosporen. Ap. selten, -0,5 mm, braun, rotbraun, schwarzbraun, mit dünnem, erhabenem Rand. Mark P+ orange, K+ gelb, C–. Sp. 8–12 × 3–4,5 µm. Stictin-S. . . . . **Protoparmelia nephaea**

20* Areolen nicht rundlich und ± zerstreut **21**

21 Lager am Rand mit deutlich vergrößerten (2,5 × 1,5 mm), fast schuppigen, flachen bis unebenen Areolen, rotbraun bis d.braun, oft auf dunklem Vorlager, innen (rissig-) areoliert. Ap. -2 mm, rund bis scharfkantig, flach bis m.gewölbt, schwarzbraun. Sp. 10–17 × 5,5–6 µm. Mark P+ orange, K+ gelb bis rot, C–. Norstictin-S., Rangiform-S. Alpin . . . . **Protoparmelia cupreobadia**

21* Lagerrand nicht mit deutlich vergrößerten, fast schuppigen Areolen **22**

22 Lager zumindest anfangs parasitisch, meist wenig ausgedehnt **23**

22* Lager in der Regel nicht parasitisch, oft groß, Mark KC± rötlich, K–, C–, P–. Ap. meist bleibend berandet, braunschwarz **24**

23 Auf *Aspicilia myrinii.* Lager rundliche Inseln bildend, um 1–2 cm, gelbbraun bis braun, aus gewölbten Areolen. Ap. oft fehlend, rot- bis d.braun, mit verschwindendem Rand. Sp. 9–12 × 5–7 µm. Norstictin-S. Alpen . . . . **Protoparmelia phaeonesos** Poelt

23* Auf gelben *Rhizocarpon*-Arten (Jugendparasit), braun, kupferbraun, areoliert, Areolen flach bis m.gewölbt, -1 mm, auf dunklem Vorlager. Ap. ± eingesenkt bis sitzend, d.braun bis d.rotbraun, oft glänzend, anfangs berandet, später

gewölbt-randlos, -1 mm. Sp. 8–15 × 5–7 µm. Mark K-/K+ gelb bis rot, P-/P+ gelb bis orange, C-. Norstictin-S. (im Exc.), ±Psorom-S., Rangiform-S. . . . . **Protoparmelia atriseda**
(vgl. auch *Miriquidica intrudens*, 3)

24 Sp. schmal ellipsoid bis fast zylindrisch, an den Enden abgerundet, 10–14 × 3,5–5 µm. Hym. 40–60 µm hoch. Ap. weithin fehlend oder zerstreut, selten zahlreich vorhanden, dicht angedrückt, selten über 1 mm. Lager ausgedehnt, d.braun, braun, selten graubraun, mit faltig-wulstigen Areolen. Lobar-S. . . . . **Protoparmelia picea**

24* Sp. spindelig, beidendig zugespitzt, 10–16 × 4–7(8) µm. Hym. 60–80 µm. Ap. meist zahlreich, 1–2,5 mm, angedrückt bis aufsitzend. Lager d.braun bis olivbraun, auch grau, Areolen gewölbt, glatt bis uneben. Lobar-S. u.a. Inhaltsstoffe . . . . **Protoparmelia badia**

25 Flechte sorediös. Ap. oft fehlend. Lager weiß bis h.grau, Sorale weißlich bis blaugrau. Mit Atranorin, K+ gelb (außer *L. handelii*), P- oder ± gelblich . **26**

25* Nicht sorediös. Ap. vorhanden **30**

26 Lager weißlich bis cremefarben, C+ orange, Areolen gewölbt, gegen den Rand des Lagers oft strahlig verlängert (oft auf weißlichem, ebenfalls strahlig verlängertem Vorlager), zentrale Areolen mit rundlichen, oft gewölbten, ± grauen Soralen. Lager oft rundlich. Ap. ähnl. *L. swartzii*. Sordidon, Roccell-S. * (Gruppe *Glaucomaria*) . . . . **L. lojkaeana**

26* Lager C- **27**

27 Sorale flach bis konvex, nicht flächig zus.fließend **28**

27* Sorale flächig zus.fließend. Ap.scheibe schwarz, Hym. gänzlich rotviolett . **29**

28 Sorale rundlich, konvex, d.grau, d.blaugrau, auf z.gewölbten bis knolligen Areolen. Lager weißlich, grauweiß, gelblichweiß. Ap. d.braun, schwarzbraun, selten. Nicht auf schwermetallreichem Substrat. Gangaleoidin (manchmal in Spuren), Roccell-S. * . . . . **L. pannonica**
(Sorale weißlich bis gelblichweiß. Lager grau, olivgrau, weißlich, warzig bis areoliert. Ap. wie bei *L. cenisia*, selten. Atranorin; Roccell- oder Nephrosteran-S.: **L. caesiosora** Poelt)

28* Sorale rundlich bis länglich, nicht stärker konvex, weißlich. Areolen gewölbt, h.graugrün bis grau, zerstreut bis gedrängt, Ap. grau, blaß bräunlich bis blauschwärzlich. Auf schwermetallhaltigem Substrat. * . . . **L. handelii (9)**
(vgl. ferner s.selten auftretende sorediöse Formen von ↑ *L. subcarnea, L. rupicola, L. bicincta.* Sorale auf meist rissigem bis (rissig-)areoliertem, grauweißem bis cremefarbenem Lager, Areolen meist nicht hochgewölbt. Ohne Gangaleoidin, ohne Usnin-S.)

29 Sorale in randlichen Lagerpartien meist getrennt, unregelmäßig, weißlich, gegen die Lagermitte zus.fließend und hier auch grau. Soredien (grob)körnig, 150–250 µm. Lager weißlich bis weißgrau, warzig areoliert. In hohen Lagen. α-Collatol-S., Alectoron-S.* . . . . **Tephromela pertusarioides**

29* Lager bald bis zum Rand flächig sorediös und durch die Soredien grau bis d.blaugrau, nur der warzige Rand nicht sorediös, meist mit blauschwarzem Vorlager. Soredien 50–100 µm. Protolichesterin-S., (α-Collatol-S.) *

. . . . **Tephromela grumosa**

30 Ap.scheibe schwarz, unbereift, Lager K+ gelb (selten auch rot), C–. Atranorin **31**

30* Scheibe nicht rein schwarz **34**

31 Fast das gesamte Hym. rotviolett. Lager warzig areoliert bis grob körnig, meist dicklich, uneben, weiß bis weißgrau, P–. Ap. 1–2,5 mm, flach, zuletzt m.gewölbt, Rand bleibend, oft wellig. Sp. 10–15 × 5–8 µm. α-Collatol-S. * . . . . **Tephromela atra**

31* Epihym. grün, grünschwärzlich, oliv, braun, rotbraun. Sp. meist 10–15(18) × 6–8,5 µm **32**

32 Epihym. rotbraun, braun, olivbraun, mit in K sich lösenden Körnern. Ap. -2,5 mm, mit dickem Lagerrand und an der Innenseite des Lagerrandes noch mit angedeutetem Eigenrand, schwärzlich, mitunter leicht bereift. Lager warzig areoliert, grauweiß. In hohen Lagen. ±Roccell-S., ±Gangaleoidin * **L. cenisia** (vgl. auch s.dunkelfrüchtige Exemplare von *L. campestris*)

32* Epihym. ohne Körner. In der Regel nicht in hohen Lagen. Ap. ohne angedeuteten Eigenrand **33**

33 Epihym. grün, grünschwärzlich, mißfarben d.braun. Ap. -1,5 mm, mit meist gekerbtem Lagerrand (Eigenrand fehlend oder s.dünn), schwarz. Lager warzig areoliert bis grobkörnig, grauweiß bis grau. Gangaleoidin, Skyrin, ± weitere Stoffe * . . . . **L. gangaleoides**

33* Epihym. blaß orange bis rotbraun. Ap. (braunrot-)schwarz . ↑ **L. campestris**

34 Lager R–, undeutlich oder s.dünn, gewöhnlich auf kalkhaltigem, kalkstaubimprägniertem oder eutrophiertem Gestein, an Mauern und ähnl. Epihym. ± h.braun, diffus. Scheibe graubraun, gelbbraun bis d.braun, rotbraun, bereift oder unbereift (*L. hagenii*-Gruppe), vgl. TS 3

34* Lager K+ deutlich gelb oder rot **35**

35 Lager K+ gelb, dann rot (Kristalle), P+ gelb, C–, grauweiß, beige, areoliert, Areolen in der Mitte etwas vertieft und dunkler, -2 mm. Ap. rotbraun, braun, d.braun, mit wellig verbogenem, zuletzt verschwindendem Lagerrand, oft mit Eigenrand, -1(1,4) mm. Sp. 8–14,5 × 4–6,5 µm. Norstictin-S. . . . . . **L. rubida** (wenn Ap. weißlich bereift ↑ seltene Formen von *L. subcarnea* mit Norstictin-S., im Gebiet noch nicht beobachtet)

35* Lager K+ gelb, braungelb. Mit Atranorin **36**

36 Ap.scheibe C+ orange oder P+ rot, meist bereift und deshalb weißlich, gelblichweiß, grau(blau), unter dem Reif rosabraun, h.braun, braun, grau bis schwärzlich. Lager weiß bis h.grau, beige, cremefarben, C– bis C+ orange(gelb) . . **37**

36* Ap.scheibe C–, P–/P+ gelblich. Lager C– **42**

37 Scheibe P+ orangerot, C–, braunrosa bis fleischfarben, dicht weiß bereift. Lager C–, P+ rot, grauweiß bis gelblichgrau, beige, rissig bis warzig areoliert, selten mit großen, begrenzten, mehligen Soralen (var. **soralifera** H.Magn.). Ap. leicht konkav bis m.gewölbt, mit zurücktretendem Rand, später auch stärker gewölbt, -2 mm. Epihym. ± h.braun. Sp. 9–14 × 5,5–8 µm. Protocetrar-S., Atranorin . . . . **L. subcarnea**

37* Scheibe P–, C+ intensiv gelb bis orange, KC+ orange. Lager C+ orange/gelb oder C–, P– bis P± gelb. Epihym. h.braun, mißfarben braun bis grünblau, mit dicker Auflage von dunklen Kristallen. Sp. meist 9–15 × 5,5–7 µm. Sordidon zumindest in Ap., ±Roccell-S., Atranorin (*Glaucomaria*) **38**

38 Ap. bald mit schwarzem, oft welligem Eigenrand an der Innenseite des Lagerrandes, meist angedrückt bis aufsitzend. Scheibe bald schwärzlich, aber ± bereift und bläulich. Lager rissig-areoliert, weißlich bis schwach blaugrau getönt. Lager C–, selten C+ orange. *. Alpine Art, an Vertikalflächen, Überhängen . . . . **L. bicincta**

38* Ap. nicht mit deutlichem schwarzem Eigenrand **39**

39 Lager KC–/C– (bis leicht gelblich), weiß bis grau, meist rissig areoliert, Areolen glatt bis runzelig. Ap. eingesenkt bis angedrückt, selten breit aufsitzend, flach, seltener gewölbt, rosabraun, braun, oft auch schwärzlich, ± bereift, daher weiß bis bläulich, –2 mm. * . . . . **L. rupicola** ssp. **rupicola**

39* Lager (Rinde oder Mark) KC+ orange, rissig bis warzig areoliert, weißlich, cremefarben, selten grauweiß **40**

40 Ap. eingesenkt bis angedrückt sitzend, flach bis gewölbt. Areolen flach bis leicht gewölbt, meist weißlich. Ähnl. ssp. *rupicola*. Thiophan-S. *
. . . . **L. rupicola** ssp. **subplanata**

40* Ap. deutlich vortretend, verengt sitzend, mit wulstigem oder zurücktretendem Rand, oft schließlich gewölbt, –1(2 mm). Areolen gewölbt bis blasig, oft verbogen, gegen den Rand des Lagers oft strahlig verlängert (oft auf weißlichem, ebenfalls strahlig verlängertem Vorlager). Lager oft rundlich: **L. swartzii** . **41**

41 Lager weißlich, cremefarben, leicht gelblichweiß oder gelblichgrau. Im Thallus Sordidon * . . . . ssp. **swartzii**

41* Lager gelbgrünlich. Im Thallus Arthothelin *
. . . . ssp. **nylanderi** (Räsänen) Poelt & Leuck.

42 Epihym. mißfarben braun, oliv, grünbraun, rotbraun, mit aufgelagerter Schicht von Körnern (in K löslich). Ap. schmutzig gelb, mißfarben braun, graubraun, bleigrau bis schwärzlich, oft schwach bereift, mit dickem, wulstigem, später zurücktretendem Lagerrand (Färbung der Scheibe mitunter auf die Innenseite des Lagerrandes übergehend), 1–2 mm, sitzend. Lager körnig bis warzig areoliert, weißlich bis leicht gelblich grau, P+ gelb. Roccell-S., ±Norstictin-S. *
. . . . **L. cenisia**

42* Epihym. orangebraun, rot- bis d.braun, ohne körnige Auflage, ohne eingelagerte Kristalle. Ap. (d.)rotbraun, selten fast schwarz, mit ± glattem Lagerrand **43**

43 Ap. –1,0(1,5) mm, bald gewölbt, glänzend, (d.)rotbraun, mit glattem bis körnigem Lagerrand, bisweilen mit Eigenrand an der Innenseite des Lagerrandes. Mark des Ap.randes mit Komplexen großer Kristalle. Sp. 10,5–13,5(14,5) × 5,5–7,5 µm. Lager aus kleinen weißlichen Schüppchen oder zerstreuten gewölbten Areolen oder körnig, weiß bis h.grau (oft mit gelblichem Stich), P+ gelblich. Galactinulin * . . . . **L. pseudistera**

43* Ap. meist 0,6–1,4(1,8) mm, flach bis zuletzt schwach gewölbt, d.(rot-)braun bis fast (rot)schwarz, oft zahlreich und gedrängt. Mark des Ap.randes mit vielen (selten wenigen) kleinen Kristallen, ohne große Kristallkomplexe. Sp. 11–14(16,5) × (5)6–8(9) µm. Lager körnig, runzelig bis warzig, weißgrau bis grau, oft rundlich, mitunter mit weißlichem Vorlager, P- bis P+ gelblich. ±Zeorin * . . . . **L. campestris**

Weitere Arten an Meeresküsten: **L. actophila** Wedd. mit sitzenden grünblaustichigen, schwärzlichen, feucht wie bläulich bereiften Ap., gelblichweißem bis graugrünem Lager, 8–14 × 5–6 µm großen Sporen, mit Usnin-S.; s.ähnlich **L. helicopis** (Wahlenb.) Ach., aber Ap. ohne grünblauem Stich, Lager grau, ohne Usnin-S. (beide Arten ohne Atranorin)

Lecanora TS 3: Arten auf Kalkgestein

1 Ap. schwarz, braunschwarz, (d.)rotbraun, bereift oder nicht bereift **2**

1* Ap. anders gefärbt. Epihym. h.- bis d.braun. In der Ap.rinde d.braune Kristalle. R– (selten C+ gelb). *L. dispersa*-Gruppe. Sippen schwierig abgrenzbar . . . **7**

2 Lager K+ gelb, C–, P– oder schwach gelblich, deutlich entwickelt. Ap. unbereift **3**

2* Lager R–, gewöhnlich dünn, ± endolithisch, weißlich bis bläulich **5**

3 Ap. ohne oder nur jung mit angedeutetem Lagerrand, schwarz, mit schwarzem Eigenrand, -1,5(2,5) mm. Epihym. gelbgrün bis grünschwarz. Lager gelb bis gelblich weiß, fast ungegliedert bis rissig(-areoliert), KC+ gelb. Sp. 8–14 × 4,5–7,5 µm. Usnin-S., ±Atranorin. Hochgebirgsflechte - arkt-alp - Al . . . . **L. marginata** (Schaerer) Hertel & Rambold

3* Ap. mit deutlichem Lagerrand, Epihym. deutlich anders gefärbt. Auf schwach kalkhaltigen Substraten **4**

4 Ap. d.rotbraun bis schwarzbraun, zahlreich, 0,6–1,5 mm. Epihym. rotbraun. Mark und Ap.rand dicht von farblosen Kristallen erfüllt . . . . **L. campestris (TS 2/43)**

4* Ap. schwarz, glänzend. Hym. rotviolett . . . . . **Tephromela atra (TS 2/31)**

5 Ap. mit dickem, tief gespaltenem Lagerrand . . . . **L. crenulata (7)**

5* Ap. nicht mit dickem, tief gespaltenem Lagerrand **6**

6 Epihym. blaugrau, blaugrün, mißfarben bräunlich, mit Salpetersäure purpurn. Ap. fast ohne Lagerrand, mit Eigenrand, schwarz bis braunschwarz, oft leicht bereift, flach, selten gewölbt, in Gruben des Gesteins eingesenkt bis sitzend, -0,5 mm. Lager dünn, ± endolithisch, weißlich bis bläulich. Sp. 7–12 × 4–6 µm . . . . **L. agardhiana** s.l.

6* Epihym. bräunlich. Ap. rotbraun bis schwarzbraun, mitunter bereift, meist -0,5 mm. Lager dünn, oft undeutlich, Mark des Randes ohne Kristalle, vgl. die selten auf Gestein übergehenden *L. hagenii* (TS 4/41)

7 Ap.rand s.dick, bleibend, erhaben, mehrfach (meist -8 mal) tief gespalten, weiß, Scheibe bereift, weißlich bis blaugrau (unter dem Reif braungrau bis rotbraun bis schwärzlich), Ap. -1 mm. Lager meist undeutlich, selten körnig. Hym. mit Salpetersäure (schwach) purpurn oder negativ. Meist Ch–. Sp. (9)10–12(15) × 4–6 µm . . . . **L. crenulata**

(**L. perpruinosa** Fröberg: Ap. d.rot bis fast schwarz, blauweiß bereift, Rand dünn, bereift, Paraph. dick, an den Septen eingeschnürt. Ch–. Alpin)

7* Ap. nicht mit grob gespaltenem, wulstigem Rand und zugleich mit weiß bereifter Scheibe. Ap. graubraun, ocker, olivbraun, olivgrünlich, rosagrau, braun, unbereift bis (meist nur leicht) bereift, –1(1,5) mm. Rand ganz oder körnig. Sp. 8–15 × 4–7 µm **8**

8 Lager m.–z.dick, oft rund, deutlich begrenzt, mitunter angedeutet gelappt, weißgrau bis weiß. Ap. dichtgedrängt, ± flach, gelbbraun, schmutzig h.braun, olivbraun, rosa, grau, grünlich, oft leicht bereift, mit meist ungekerbtem Rand. Hym. mit Salpetersäure meist (schwach) purpurn. 2,7-Dichlorlichexanthon . . . . **L. albescens**

8* Lager undeutlich, allenfalls einzelne Areolen vorhanden. Ap. zerstreut bis dicht stehend, flach, gelb- bis olivbraun, olivgelb, h.braun, unbereift oder selten wenig bereift. Rand ganz oder leicht gekerbt, weißlich oder blaß gelbgrünlich. Keine Salpetersäure-Reaktion des Hym. Ch– oder 2,7-Dichlorlichexanthon oder Vinetorin/Aotearon . . . . **L. dispersa** s.l. (Ap.rand gelblich, K–/+ gelb, C± gelb, meist kräftig entwickelt. Ap. sitzend, mit verengter Basis, dichtstehend, Scheibe braun bis olivbraun oder gelblich, Vinetorin, Aotearon, auf kalkarmen Gesteinen: **L. xanthostoma** Weddell ex Roux [L. conferta auct.])

Lecanora TS 4: Arten auf Rinde, Holz, Moosen, Pflanzenresten

1 Auf Pflanzenresten, Erd- und Gesteinsmoosen **2**

1* Auf Rinde und Holz **4**

2 Lager mit rundlichen bis unregelmäßigen, feinkörnigen Soralen, grauweiß, körnig-warzig, ausgedehnt, K+ gelb, C–, P–. Ap. selten. Atranorin . . . . **L. epibryon**

2* Lager ohne Sorale, C–. Ap. rotbraun bis schwarz. Über Moosen und Pflanzenresten in der alpinen Stufe, arkt-alp, Alpen **3**

3 Ap.rand und -scheibe schwarzbraun bis seltener rotbraun. Ap. stark verengt aufsitzend, im Alter von unregelmäßigem Umriß und verbogen, –2(3) mm. Lager braun bis grau, oft undeutlich, K+ gelb (bis rot), P+ orange. Sp. 15–25 × 5–7 µm, 1-, selten 2(3)zellig. Norstictin-S. Über Moosen und Pflanzenresten auf sauren Böden . . . . **Bryonora castanea** (Hepp) Poelt

3* Ap.rand und Lager weißlich, K+ gelb, C–, P–. Scheibe rotbraun, glänzend, flach bis leicht gewölbt, Rand oft über die Scheibe eingebogen. Ap. 1–2 mm. Sp. 14–18 × 8–9,5 µm. Atranorin, ±Zeorin. Über Moosen/Pflanzenresten auf kalkreichen Substraten, Al . . . . **L. epibryon**

4 Lager sorediös **5**

4* Lager nicht sorediös **9**

5 Lager graugrün, grünlich, seltener blaß grüngelblich (oder fast ocker), P + gelb, dann rot, K–, C–, s.variabel, dünn bis dick, körnig oder warzig, gewöhnlich stellenweise bis großflächig mehlig/feinkörnig sorediös aufbrechend, mitunter auch eine rissige Kruste bildend. Ap. gelblichgrau bis graugrün, grau, schmut-

zig rosagrau bis h.bräunlich (auch schwarz bei Befall mit *Lichenoconium lecanorae*), anfangs etwas konkav, dann flach, bleibend berandet, –1,2(1,5) mm, Rand mitunter sorediös, weißgrau bis meist lagerfarben. Epihym. und Rand meist mit in K löslichen feinen Kristallen bedeckt. Sp. 9–14 × 4–7 µm. Fumarprotocetrar-S., ± Usnin-S. . . . . **L. conizaeoides**

5* Lager P– oder leicht gelblich **6**

6 Lager weiß bis weißgrau, glatt bis warzig, mit begrenzten, ± runden, konkaven bis flachen Soralen, K+ gelb, C± gelblich. Ap. selten, ähnl. *L. allophana*. Atranorin u.a. (anderes Stoffspektrum als bei *L. allophana*; wenn identisch: *L. allophana* f. *sorediata* (Schaerer) Vainio) . . . . **L. impudens** (wenn Lager auffallend dick, völlig körnig sorediös, Ap. braunrosa, bereift, v.a. auf *Pinus mugo* in Mooren: **L. mughosphagneti** Poelt & Vězda)

6* Lager mit gelblichem oder grüngelblichem Ton, mit Usnin-S., ±Zeorin, meist bald flächig sorediös **7**

7 Ap. rasch gewölbt-randlos, h.gelb, beige, rosabraun, gelbgrün, oliv, braun, mißfarben, meist dicht gedrängt. Lager z.variabel, mitunter sorediös erscheinend, C+ orange oder C– . . . . ↑ **L. symmicta (10)**

7* Ap. nicht rasch gewölbt-randlos oder Flechte steril. Epihym. mit feinen farblosen bis gelben, in K löslichen Körnchen (Kristallen) durchsetzt. Sp. 10–16 × 4–7 µm **8**

8 Lager blaß graugelblich, blaß grüngelblich, seltener blaß ocker, meist mit gänzlich sorediöser Oberfläche, selten mit diskreten Soralen, C+ gelb bis orange, K+ gelb, im Herbar manchmal mit feinsten auskristallisierenden Nadeln bedeckt. Ap. selten, blaß gelblich bis bräunlich, –0,8 mm, berandet, Rand mitunter teilweise sorediös, verschwindend. Epihym. mit einer Schicht feiner gelber, in K löslicher Körnchen bedeckt. Thiophan-S., Zeorin, ±Arthothelin * . . . . **L. expallens**

8* Lager blaß gelblich, blaß gelblichgrün bis weißlich (auch ocker), körnig bis unregelmäßig warzig oder ± zus.hängend, uneben, im Herbar Oberfläche fein staubig bis wattig, mit zahlreichen feinsten nadelförmigen Kriställchen bedeckt (Binokular), dünn, C– bis C+ gelblich, K+ gelblich bis bräunlich. Ap. häufig, –0,8 mm, graugelb bis h.braun, mit dickem, weißlichem bis gelblichem, oft wie sorediös wirkendem Rand. ±Zeorin * . . . . **L. strobilina**

9 Lager bzw. Lagerrand der Ap. blaß gelblichgrün, blaß graugrünlich, h.grünlich bis gelblich. Epihym. fast farblos, gelblich, h.braun, oliv, selten rotbraun, gewöhnlich mit auf- bzw. eingelagerten Kristallen (gut sichtbar in polarisiertem Licht) (in K löslich) **10**

9* Lager nicht blaß gelblich bis gelbgrünlich **15**

10 Ap. biatorin (oder mit s.wenigen Algen im Exc.), bald stärker gewölbt, anfangs mit dünnem, ganzem, niedergedrücktem (oft hellerem) Rand, farblich s.variabel, h.gelb, gelbgrünlich, gelbbraun, oliv, mißfarben braun bis schwärzlich, 0,4–1 mm, breit sitzend. Lager blaß grüngelb bis fahlgelb oder weißlich, feinkörnig, staubig oder fast fehlend, seltener rissig bis rissig areoliert, C+ orange oder C–, K–, P–. Sp. 9–16 × 3,5–6 µm. Pyknosp. 18–25 × 0,5–1 µm. Usnin-S., Zeorin, Xanthon, ±Thiophan-S. . . . . **L. symmicta** s.l.

(Lager z.dick bis undeutlich, Ap. schwarz, braunschwarz bis olivschwarz: var. *aitema* – Ähnl. *L. symmicta*, aber Ap. meist von Anfang an randlos, grauschwärzlich, Epihym. ohne körnige Auflage, oliv- bis blaugrünlich, Lager ohne Soredien: **L. pumilionis** (Arnold) Arnold)

10* Ap. lecanorin, ± flach bis leicht gewölbt (wenn stärker gewölbt, dann s.klein). **11**

11 Lager P+ rot, K–, C–, blaß graugrünlich bis grünlich, s.variabel, durchgehend körnig oder warzig, mitunter auch eine dickliche, rissige Kruste bildend. Ap. blaßgrau bis graugrün, schmutzig rosagrau bis h.bräunlich, anfangs etwas konkav, dann flach, bleibend berandet, –1,2(1,5) mm, Rand mitunter servediös, weißgrau bis lagerfarben, selten wellig, gewöhnlich nicht stark erhaben. Fumarprotocetrar-S., ± Usnin-S. . . . . **L. conizaeoides**

11* Lager P+ gelb bis P–, C–, K– (bis K+ schwach gelblich) **12**

12 Sp. 6–10(12) × 2,5–4,5 µm. Ap. bald gewölbt, gelblich, meist bald braun, oliv, bleigrau bis schwärzlich, -0,5 mm, mit zartem, blaß gelblichem oder wie die Scheibe gefärbtem, verschwindendem Rand. Rand fast biatorin, berindet. Epihym. oft braunoliv. Pyknosp. 4–7 × 1 µm, fast gerade. Auf hohe Lagen beschränkt. Usnin-S. s.l. . . . . **L. subintricata**

12* Sp. mindestens 4 µm dick. Ap. lange ± flach und berandet (wenn gewölbt, dann Ap. braunrot). **13**

13 Ap. schwarz (-grünschwarz), flach, angedrückt, zahlreich, gedrängt, mit gelbgrünem Lagerrand. -0,7 mm. Lager undeutlich, P–. Sp. 12–18 × 4–5 µm. Isousnin-S. Auf hohe Lagen beschränkt . . . . **L. mughicola**

13* Ap. nicht schwarz **14**

14 Ap. groß, meist 0,6–1,2(1,5) mm, oft dichtstehend, flach (anfangs etwas konkav), mit erhabenem, oft welligem und zur Scheibe eingebogenem, blaß gelblichem, olivgelblichem bis gelbgrünlichem Rand. Scheibe gelblich, olivgelb, gelbbraun, mittelbraun. Lager gelblich, gelbgrünlich, grünlichgrau, meist deutlich entwickelt, körnig bis areoliert, P+ gelb. Hym. meist über 65 µm. Sp. (7)9–13 × 5–7,5 µm. Pyknosp. 12–22 × 0,5–1 µm. Usnin-S., Psorom-S. . . . . . . **L. varia**

14* Ap. kleiner, meist –0,7 mm, lange flach und deutlich berandet, rotbraun, rosabraun, gelbrot, auch d. braunrot, Rand blaß gelblich, gelbgrau, auch grau oder selten leicht bräunlich, oft etwas gekerbt. Hym. meist bis 60 µm hoch. Sp. 7–13 × 4–6(7) µm. Pyknosp. z.selten, (7)10–12 × 0,7–1,2, gebogen oder 6–8(11) × 1,5–3 µm, spindelig. Lager deutlich bis undeutlich, gelblich, blaß grünlich, auch blaß ocker, P–, K– bis K+ gelblich. (Rand bleibend, oft gekerbt: var. *sarcopis*; Rand dünn, verschwindend, Scheibe zuletzt gewölbt, Ap. oft sehr gedrängt, einander abplattend: var. *saligna*). Epihym. braun bis braunrot, auch oliv. Isousnin-S. . . . . **L. saligna**

15 Ap.rand braun bis schwarz, mitunter bald verschwindend, von gleicher Farbe oder etwas heller als die Scheibe, biatorin aussehend. Ap. –0,8 mm **16**

15* Ap. mit hellem, mitunter später zurücktretendem, ± lagerfarbenem Rand . **24**

16 Auf subneutraler Laubbaumrinde v.a. in niederen und mittleren Lagen. Ap. zahlreich, oft gedrängt und sich gegenseitig abplattend, rotbraun, braun, flach, jung konkav mit dickem Rand, dann flach, –0,4 mm. Scheibe meist glänzend,

Rand h.grau bis scheibenfarben. Epihym. braunrot, in K farblos. Exc. mit Kristallen, außen braun, Algen reichlich unter dem Hyp., ins Exc. allenfalls von unten her eindringend. Lager s.dünn, grau bis d.blaugrau, auch weißlich. Sp. 6–10 × 4–7 µm. (wenn Sp. zu mehr als 8 vgl. *L. sambuci*) . . . **L. persimilis**

16* Flechten höherer Lagen an Holz, saurer Rinde, oft an Koniferen **17**

17 Sp. breit ellipsoid, 6–10(13) × 4–7 µm, Länge : Breite = 1–1,4:1. Ap. jung teilweise hell, flach, später d.braun bis schwärzlich, gewölbt, mit gleichfarbigem oder etwas hellerem, schließlich verschwindendem Rand (z.T. mit Algen), -0,6(0,8) mm. Epihym. braun. Paraph. in K locker, oben verdickt. Hym. 35–50 µm. Lager dünn, warzig bis körnig, h.grau, K+ gelb. Auf saurer Rinde in hochmontan-alpinen Lagen, z.B. auf Alpenrose. Alpen . . . . **L. fuscescens** (Sommerf.) Nyl. (vgl. auch Lecidea TS 2)

17* Sp. ellipsoid bis schmal ellipsoid, Länge : Breite = 1,8-2:1 . . . . **18**

18 Ap. von Anfang an gewölbt, bald randlos und ohne Algen im Exc., Hym. 40–75 µm **19**

18* Ap. anfangs flach und deutlich berandet **22**

19 Ap. gelblich, h.braun, rosabraun, braun, -1 mm. Epihym. gelbbraun bis oliv, mit in K sich auflösenden gelbbräunlichen Körnchen durchsetzt. Ap. gewölbt bis stark gewölbt, s.rasch randlos und im Exc. ohne Algen (nur junge Ap. mit Lagerrand). Lager weißlich, gelblich, grünlich, in der Regel deutlich. Sp. 10–17 × 4,5–5,5 µm. Hym. 40–75 µm. Lager weißlich bis leicht gelblich. . . . . **L. symmicta (10)**

19* Ap. rotbraun, d.braun, schwarz **20**

20 Lager weißlich bis grünlich, in der Regel deutlich entwickelt. Ap. rotbraun bis schwarz. Epihym. gelbbraun bis oliv, mit in K sich auflösenden Körnchen, Sp. 10–17 × 4,5–5,5 µm, ähnl. *L. symmicta* (19) . . . . **L. symmicta** var. **aitema**

20* Lager gewöhnlich undeutlich, mit anderen Merkmalen. Schwierige Gruppe. Ap. -0,6 mm **21**

21 Epihym. (mißfarben) braun, olivgrün bis schwarzgrün oder bläulich, K+ meist grün, mit körniger Auflage. Sp. 8–14 × 3-6 µm. Hym. 40–70 µm hoch. Ap. rotbraun, schwarzbraun, fast schwarz, mitunter bereift, im Rand (Schnitt) mit schwärzlichen Körnchen. Sp. 8–14 × 3,5–6 µm, mitunter angedeutet zweizellig. Exc. innen J- . . . . **L. anopta**

21* Epihym. ohne aufgelagerte Körner, diffus rotbraun, K± olivbraun. Ap. halbkugelig gewölbt, braunschwarz bis d.rotbraun (bis fast schwarz), unbereift, mit blaßbraunem, bald verschwindendem Eigenrand. Exc. außen h.braun, innen farblos. Paraph. einfach oder spärlich verzweigt, oberste Zelle bis 4 µm verdickt, braun. Lager undeutlich oder weißlich. Sp. 8–12 × 3–4,5 µm, oft leicht graubraun getönt oder scheinbar 2zellig. Pyknosp. 14–18 × 0,5–1 µm, gebogen . . . . **Lecidea hypopta**

22 Gewöhnlich an Holz. Epihym. diffus mißfarben d.braun-blau bis grünlich, ohne aufgelagerte Körner. Ap. flach und dünn berandet bis gewölbt und randlos, rotbraun, schwarzbraun, bald schwarz, -0,5 mm. Rand ohne schwärzliche Körner, unten mit Algen. Sp. 8–14 × 3,5–4,5 µm, mitunter mit Septum. Exc. innen J+ blau . . . . **L. hypoptoides**

22* Meist an Rinde. Epihym. rotbraun, braun. Lager/Exc. K+ rote Kristalle (Mikroskop). Norstictin-S. Wahrscheinlich nicht spezifisch trennbar. *L. cadubriae* s.l. **23**

23 Lager deutlich, körnig bis schollig, weißgrau, wie Ap. rand K+ gelb, dann orange bis rot, P+ orange. Ap. -0,8 mm, anfangs zimtbraun, flach, mit erhabenem, meist deutlich hellerem Rand, später d.braun, gewölbt, biatorin. Epihym. braun, Paraph. oben kopfig, -4 µm. Sp. 7-12 × 3-4,5 µm. Pykn. häufig, schwarz, Pyknosp. 4-6 × 1-1,5 µm (↑ Lecidea TS 2/44). * . . . . . **L. cadubriae**

23* Lager dünn, grau, oder fehlend, Reaktionen (makroskop.) undeutlich. Epihym. rotbraun, h.braun bis braun. Sp. 7-12 × 3-5 µm. Ap. -0,5 mm, braunschwarz bis schwärzlich, feucht rotbraun bis rotschwarz, biatorin, flach, dünn berandet, bald gewölbt und randlos. Exc. außen bräunlich, innen hell und J+ blau. Paraph. locker. Pyknosp. 4-5 × 0,3 µm. * . **L. phaeostigma** (Körber) Almborn

24 Ap. bald gewölbt, gelblich, bald braun, oliv, grau, schwärzlich, -0,5 mm, Rand zart, weißlich bis blaß gelblich, bald verschwindend. Sp. 6-10 × 2,5-4,5 µm. Auf Holz in hohen Lagen . . . . **L. subintricata (12)**

24* Mit anderen Merkmalen **25**

25 Sp. zu (8)12-32 in den Schläuchen. Ap. 0,2-0,4(0,6) mm, anfangs konkav, rel.dick berandet, später flach bis leicht gewölbt, mit dünnem, oft leicht körnigem, meist bleibendem Rand, braun, oft s.gedrängt. Sp. 7-12 × 4-6 µm. Exc. mit zahlreichen kleinen Kristallen (in K unlöslich), außen braun. Epihym. rotbraun bis braun oder fast farblos, in K farblos. Lager meist klein, grau, dünn, R– . . . . **L. sambuci**

25* Sp. zu 8 . . . . **26**

26 Scheibe schwarz **27**

26* Scheibe nicht schwarz **29**

27 Hym. ganz rotviolett. Ap. 1-2,5 mm, flach bis leicht gewölbt, bleibend berandet, mit meist glänzender Scheibe. Lager weißlich, P–, K+ gelb, C–. Atranorin . . . . **↑ Tephromela atra**

27* Hym. farblos bis leicht bräunlich, Epihym. braun, rotbraun, olivbraun. Scheibe d.braun bis schwarz. Hym. oben zwischen Paraph. und auf Epihym. mit feinen Kristallen. Lager grau bis (gelblich-)weiß ±Roccell-S., Atranorin **28**

28 Lager, P+ rot, K+ gelb/schwach gelb, C–. Ap. 0,5-1,8 mm, mit dünnem bis dickem Rand. Rinde des Ap. 18-25 µm dick. * . . . . **L. pulicaris (37)**

28* Lager P–, K+ gelb (mitunter orangerot), C–, oft mit blauschwarzem Vorlager. Ap. 0,4-1 (1,5) mm. Rinde des Ap. 22-38 µm dick. Sp. (11)13-17,5 × (7)8-11(12) µm, mit auffallend dicker Wandung (1-1,2 µm). * . **L. circumborealis**

29 Ap.scheibe C+ intensiv gelb bis orange. Scheibe leicht bis dicht bereift, weißlich, blaß bräunlich, graugelblich, ocker, rosabraun. Lager C–, K+ gelb. Epihym. mit ± dicker Auflage von bräunlichen Kristallen. Mit Atranorin, Sordidon, (Eugenitol) **30**

29* Ap.scheibe und Lager C– **32**

30 Ap.rand und Lager P–. Lager weißlich, glatt bis warzig. Ap. gewöhnlich zahlreich, oft gedrängt, 0,5-1,2(1,5) mm. Scheibe ± ocker, weißlich bereift, dünn bis dick berandet, Rand berindet. Häufige Art. Roccell-S. * . . . **L. carpinea**

30* Ap.rand P+ intensiv gelb bis rot, jung meist dick, später ausdünnend. Ap. -2(2,5) mm. Scheibe ± bereift. Lager weiß bis h.grau. Seltene Arten **31**

31 Ap.rand P+ intensiv gelb bis orange. Ap. meist zerstreut, blaß bräunlich, rosabraun, rosa, leicht bis dicht bereift. Sp. 10–12,5 × 5,5–8 µm. Roccell-S., Psorom-S. * . . . . **L. subcarpinea**

31* Ap.rand P- bis P+ gelblich, nicht deutlich berindet (Markhyphen verlaufen bis zum Ap.rand). Scheibe h.braun bis h.rosa. Epihym. ± farblos. Ohne Psorom-S. * V.a. an Zitterpappel . . . . **L. leptyrodes** (Nyl.) Degel.

32 Scheibe oder/und Ap.rand P+ intensiv orangegelb, orange, zinnoberrot oder rot **33**

32* Scheibe und Ap.rand P- oder P± gelblich **38**

33 Scheibe und Rand P+ orange bis rot. Lager K+ gelb **34**

33* Nur Rand P+ orange bis rot **36**

34 Scheibe dicht weiß bereift, unter dem Reif rosa bis rosabraun, flach bis leicht gewölbt, angedrückt, Rand oft wellig, zuletzt verschwindend, unberindet. Ap. -1,5 mm. Lager weißlich. Sp. 9–11(14) × (5)6–8 µm. Epihym. gelblich bis bräunlich, mit Schicht feiner, ± dunkler, in K löslicher Kriställchen. Protocetrar-S., Atranorin . . . . **L. albella**

34* Scheibe unbereift, (d.)braun bis d.rotbraun, im Tiefschatten heller, flach bis leicht gewölbt. Ränder ± gekerbt. Epihym. mit aufgelagerten rel. groben Kriställchen. Ap.rand (Mark) mit Komplexen s.großer unregelmäßiger Kristalle. Lager gelblich weiß bis grau. Pannarin, Atranorin. Alpen, ozeanische Lagen **35**

35 Lagerrand unregelmäßig gekerbt. Sp. breit ellipsoid, abgerundet, (7,5)10–14,5 × (6)7–8,5(9,5) µm, Wand (0,5–1 µm). Ap. -1,5 mm. ±Placodiol-S. * . . . . **L. cinereofusca**

35* Lagerrand aus rel. wenigen ± warzigen Abschnitten gebildet, daher häufig unterbrochen. Sp. 14–20 × (8)10–12(15) µm. Wand 1–1,2 µm. Lager körnig. ±Roccell-S. * An Tanne. Nordalpen . . . . **L. insignis** Degel.

36 Ap.rand P+ (gelb)orange, s.dick, oft Scheibe nicht überragend, bleibend, oft verbogen, bereift, unberindet, ohne randliche Differenzierung (Hyphen des Markes reichen bis an die Oberfläche des Randes). Scheibe ± braun, ocker, rotbraun, v.a. jung oft leicht bereift, -2,5 mm. Epihym. mit gelblichen/h.bräunlichen, in K löslichen Kristallen. Lager meist weißlich, kräftig, ungegliedert bis rissig, K+ gelb, P+ tiefgelb bis orange. Sp. 11–18 × 5–8 µm. Psorom-S. (v.a. in Ap.), Atranorin, Zeorin, ±Norstictin-S. u.a. . . . . **L. intumescens**

36* Ap.rand/Lager P+ (orange)rot, nicht auffallend dick, berindet. Fumarprotocetrar-S. **37**

37 Ap. gelblich, oliv, graugrünlich, h.braun, mißfarben, Rand ganz oder körnig, regelmäßig oder verbogen. Lager graugrün, grün, meist uneben warzig bis körnig, K-. * . . . . **L. conizaeoides (5)**

37* Ap. braun, d.braun, schwarzbraun, -1(1,2) mm. Lager weiß, h.grau, blaß bräunlich, dünn bis dick, glatt bis körnig, K+ gelb/schwach gelb. Lagerrand meist glatt, regelmäßig. Hym. oben rot- bis orangebraun, von feinsten Kriställchen durchsetzt. Sp. (10)11–15(16) × 7–9,5(10) µm, Wand ca. 0,8–1 µm. Atranorin,

±Roccell-S. * . . . . **L. pulicaris**

38 Ap. 0,3–0,7 mm, anfangs blaßrosa, rosagrau, rosabraun, ocker, später bleigrau, braun bis mißfarben schwärzlich, oft bläulichweiß bereift, lange flach und berandet, im Alter oft randlos. Exc. unberindet. Lager zart, staubig bis spinnwebig bzw. fast schimmelartig, auch körnig, weißlich bis graugelblich oder bläulich, K–/+ schwach gelblich, P– (bis stellenweise rot) Epihym. braun bis oliv, mit in K löslichen Kristallen. Sp. 7–14(16) × 2,5–4(4,5) µm). Pyknosp. 7–14 × 1–2 µm, gekrümmt, oder 3–5 × 1 µm, gerade (Ähnl. *L. sarcopidoides*: Ap. rand anfangs heller als Lager, bleibend, Pyknosp. 3–7 × 1–1,5 µm, gerade) . . . . **L. piniperda**

38* Mit anderen Merkmalen. Färbung der Ap. im Laufe der Entwicklung nicht stark wechselnd. Exc. mit differenzierter Rinde. Lager nicht staubig bis spinnwebig bis fast schimmelartig. Sp. meist breiter **39**

39 Lager R– **40**

39* Lager K+ gelb, P– bis P+ schwach gelblich. Atranorin **44**

40 Flechte fast nur auf Zitterpappel, an *L. carpinea* erinnernd. Lager grau, oft mit weißem Vorlager. Ap. –1 mm, blaß gelblichbraun, h.braun bis braunrosa, (jung) grauweiß bereift, ± flach, bleibend berandet. Epihym. mit kleinen Kristallen. Sp. 10–16 × 6–7 µm. 2,5-Dichlorlichexanthon – bor(-mieur) – s.selten; SJu, vielleicht süSch . . . . **L. populicola** (DC.) Duby [*L. distans* (Ach.) Nyl.]

40* Mit anderen Merkmalen. Ohne weißes Vorlager **41**

41 Ap. oft weißlich bereift, (mit verengter Basis) sitzend, rosabraun, h.- bis d.braun, braungrau, zahlreich, aber selten gruppiert, 0,3–0,6(0,8) mm, flach bis konkav, mit deutlichem, weißlich bereiftem, bleibendem, oft körnigem Rand. Lager weißlich bis grau, seltener braungrau. Epihym. bräunlich. Sp. 7,5–12(15) × 4,5–6 µm. Ch– oder Ch wie *L. dispersa* . . . . . . **! L. hagenii/L. dispersa** s.l

41* Ap. unbereift, rotbraun, braun, gelbbraun, gelbrot, oft gedrängt und sich gegenseitig berührend **42**

42 Epihym. mit auf- bzw. eingelagerten kleinen Körnchen, die sich in K lösen, rotbraun, braun, oliv. Ap. blaß rotbraun, rosabraun, gelbrot, auch dunkler braunrot, meist –0,7 mm, lange flach und deutlich berandet, Rand grau bis blaß gelblich (in der Regel bei den meisten Ap. mit gelblichem Ton), selten grünlich bis bräunlich, oft etwas gekerbt. Hym. meist bis 60 µm hoch. Sp. 7–13 × 4–6(7) µm. Lager deutlich bis undeutlich. Mit reichlich Algen im Ap.rand. Isousnin-S. . . . . **L. saligna (14)**

42* Epihym. rotbraun (in K farblos), ohne solche Körnchen. Ap. rotbraun, braun, breit angedrückt sitzend, anfangs konkav und dick berandet, später flach, mit dünnem Rand. Rand h.grau bis braun. Lager dünn, weißlich bis grau. Algen gewöhnlich nur basal in den Rand eindringend **43**

43 Sp. zu 8–16–32, (6)9–12 × 4–7 µm. Ap. meist mit weißlichem bis grauem, später unregelmäßigem, zuletzt verschwindendem, berindetem Lagerrand, –0,6 mm . . . . **L. sambuci**

43* Sp. zu 8, Sp. 6–10 × 4,5–7 µm. Ap.rand meist von gleicher Farbe wie Scheibe, unberindet. Ap.-0,4 mm. Scheibe jung oft nur punktartig . . . . **L. persimilis**

44 Mark der Ap.ränder und unter Hyp. von einer Masse kleiner und kleinster

Kristalle erfüllt, dadurch grau, ohne große Kristallkomplexe. Epihym. nicht von einer Schicht feiner Kristalle bedeckt, braun (in K unverändert) bis kaum gefärbt. Nur mit Atranorin, ev. mit weiteren unbekannten Inhaltsstoffen . **45**

44* Mark der Ap.ränder und unter dem Hyp. mit großen, unregelmäßigen Kristallen. Atranorin, Gangaloidin, ±Roccell-S., ± Californin **47**

45 Sp. 9,5–13(14,5) × (5,5)6–8 µm. Ap. –0,6(1,2) mm, bald gewölbt, d.rotbraun bis fast schwarz. Rinde im unteren Teil des Gehäuses stark entwickelt (50–100 µm dick), stark gequollen, Kriställchen vom Mark bis in die Rinde hinein in Reihen ausstrahlend. * . . . . ! **L. glabrata** (Ach.) Malme

45* Sp. und Ap. zumindest teilweise größer **46**

46 Sp. (10)13–19(21) × (6)7–10(11) µm. Ap. (0,6)0,9–2(3) mm, mit dickem, erhabenem, nach innen über die Scheibe eingebogenem, meist deutlich und unregelmäßig gekerbtem, oft wellig verbogenem Rand, mit stark verengter Basis. Rinde nicht deutlich vom Ap.mark abgegrenzt, seitlich 30–40 µm dick, basal 50–75(90) µm dick, stark verquollen. Scheibe d.rotbraun, d.rotorange, flach. Epihym. farblos oder rotbraun. Lager m.–z.dick, weißlich, glatt bis uneben. * . . . . **L. allophana**

46* Sp. (11)12–15(17) × 5,5–9,5 µm. Ap. kleiner, 0,5–1,2(2,5) mm, Rand meist weniger stark wellig als bei voriger, weniger oft eingebogen. Rinde deutlich vom Ap.mark abgegrenzt, seitlich 18–20 µm dick, basal 40–85(150) µm dick. ±Triterpenoide * . . . . **L. horiza**

47 Hym. oben mit aufgelagerten braunen Körnchen, die sich in K auflösen, oft kaum gefärbt. Ap. 0,5–1,0(1,5) mm, blaß braun, gelbbraun, beige, braunorange, rotbraun, gewöhnlich nicht bereift, oft auch mißfarben durch Parasitenbefall, mit meist dickem, bleibendem, ± gekerbtem oder warzigem oder welligem Rand, rel.breit sitzend, oft dicht gedrängt. Lager weiß, grau bis gelblichgrau, zus.hängend, körnig warzig oder aus zerstreuten Areolen, deutlich begrenzt. Sp. (9)11–15 (18) × 6-9(11) µm, Wand ca. 1,2–1,4 µm dick. * . . . . **L. chlarotera** (auf *Rhododendron ferr.* in den Alpen: **L. salicicola** H.Magn.: Lager weißlich, areoliert, K+ gelb(orange), P+ gelb, Roccell-S.* Ap. –1 mm, leicht gelblich, h. orangebraun, h.rotbraun, flach, mit dünnem Lagerrand. Epihym. rotbraun, mit feinsten Körnchen bedeckt. Sp. 12–17 × 6–8 µm)

47* Epihym. (15–20 µm hoch) ohne körnige Auflage, rotbraun, in K unverändert. Ap. meist rotbraun. Lager weißlich (bis leicht gelbweißlich), oft mit schwarzem Vorlager. *L. argentata* s.l. **48**

48 Rand meist stark vortretend, bald stark und regelmäßig gekerbt, weißlich. Ap. 0,8–1,5(2) mm, s.zahlreich, mit stark verengter Basis sitzend. Lager meist rel. körnig bis grob warzig. Sp. (10)11–16(18) × (6)7–8,5(10) µm, Wand (0,8)1–1,2 µm. * . . . . **L. subrugosa**

48* Rand meist nicht stark vortretend, nicht oder nur unregelmäßig gekerbt, gewöhnlich nicht wellig verbogen (Kristallkomplexe manchmal spärlich oder bei Formen mit kleinen und zerstreuten Ap. (f. *glabrata*) fast fehlend). Ap. –0,8(1,5) mm, rel. wenig verengt aufsitzend. Lager am Rand rel. glatt, gegen die Mitte uneben. Sp. (10,5)11.5–14,5(17,5) × (5.5)6,5–8,5 µm, Wand 0,6–0,8 µm. * . . . . **L. argentata**

Lecanora agardhiana Ach.
Auf kalkreichem Gestein in submontanen bis alpinen Lagen an lichtreichen Standorten, ähnl. *Caloplaca agardhiana* (↑), *Verrucaria marm.* (↑) - s'mieur-med(mo) - selten; SJu, Ju, FrJu, Al

Lecanora albella (Pers.) Ach. [L. pallida (Schreber) Rabenh.]
Bis in montane, selten hochmontane Lagen auf meist glatter bis flachrissiger Rinde von Laubbäumen und Tanne im Inneren von Wäldern oder an entsprechend schattigen Standorten, oft in feuchten Tälern, bachbegleitenden Beständen, Auen-W., Buchen- und Buchen-Tannen-W., nicht an eutrophierter Rinde (Alleen), m.acidoph., z.–s.hygroph., m.–z.ombroph., z.skioph.–m.photoph., anitroph. - s'bor-med·mo - z.selten (3); in B.-W. zerstreut, Vog, selten Pf, RhSch, in Trockengebieten ± fehlend

Lecanora albescens (Hoffm.) Branth & Rostrup [L. galactina Ach.]
Bis über die Waldgrenze an m.–s.kalkreichen Gesteinen, staubverkrustetem Silikatgestein und Kunststein, auch auf bearbeitetem Holz, an z.-e.stark eutrophierten Stellen, Schwerpunkt auf anthropogenen Substraten (Mauern, Grabeinfassungen, Zaunpfosten usw.), besonders an Mörtel, vermauerten Steinen, staubverkrustetem Beton, Asbestzement, neben *Caloplaca citrina* und *C. decipiens* düngungstoleranteste Art (neben Misthaufen, „Urin-tolerant“), an naturnahen Standorten bevorzugt an regengeschützten bis m.beregneten Überhängen und Vertikalflächen, z.B. mit *Caloplaca cirrochroa* (↑), (neutroph.-)basiph., xeroph.–mesoph., photoindiff. - bor-med - häufig

Lecanora allophana Nyl. [mit f. sorediata Schaerer ex Vainio]
Bis in die montane, selten hochmontane Stufe auf subneutraler bis m.saurer, gewöhnlich rissiger, oft m.staubimprägnierter Rinde von frei oder licht stehenden Laubbäumen, v.a. an Esche, Spitzahorn, Ulme und Pappel, besonders an Straßen, in niederen Lagen oft an Nußbaum, z.ähnl. *Parmelia acetabulum*, subneutroph.–m.acidoph., z.xeroph.–mesoph., z.photoph., m.nitroph. - bor-med - z.selten (3); v.a. Ju, Ne, Sch, sonst meist selten

Lecanora anopta Nyl. [Lecidea a. (Nyl.) Lettau]
In der hochmontan-subalpinen Stufe auf zähmorschem Holz, v.a. an entrindeten Stämmen, ähnl. *Xylographa par.* (↑), seltener auf Koniferenrinde - bor-mieur·mo - selten; süSch, Alpen

Lecanora argentata (Ach.) Malme [L. subfuscata H.Magn.]
Bis in hochmontane Lagen auf Laubbäumen v.a. mit glatter und flachrissiger Rinde (Buche, Hainbuche, Esche) sowie auf Tanne meist in Wäldern und Gebüschen, z.B. ähnl. *Pertus. leiopl.* (↑), *P. flavida* (↑), auch *L. intumescens* (↑), aber von breiterer ökol. Amplitude, optimal an m.sauren, m.–z.lichtreichen, staubfreien Standorten, z.photoindiff., a-(m.)nitroph. - s'bor-med - m.häufig (+)

Lecanora bicincta Ram. [L. sordida var. bicincta (Ram.) Th.Fr.]
An Vertikalflächen und Überhängen von harten Silikatfelsen in alpinen, selten hochmontanen Lagen - bor-alp - s.selten (R); süSch, Alpen

Lecanora cadubriae (Massal.) Hedl. [Lecidea c. (Massal.) Nyl., vermutlich L. phaeostigma (Körber) Almb., L. obscurella (Sommerf.) Hedl.]
In hochmontanen, niederschlagsreichen, temperaturklimatisch rel. kontinental getönten Lagen auf Nadelbaumrinde (v.a. am Stamm) sowie an entrindeten Bäumen/Stümpfen, in Fichten-W. und (Alpen) Lärchen-W., an kalten, oft nebligen Standorten, z.–s.acidoph., z.skioph.–m.photoph., z.anombroph., oft deckende Bestände bildend – bor-mieur·h'mo, subko – ?süSch, BayW, Alpen – Die Angaben für *L. phaeostigma* für *O, nöRh, Fr* bedürfen der Überprüfung. Die K–Reaktion ist, entgegen den Literaturangaben, für beide Sippen identisch und beruht auf Norstictin-S.

Lecanora campestris (Schaerer) Hue
In kollin-submontanen, meist warmen und milden Lagen, selten höher, auf basischem oder staubimprägniertem oder leicht kalkhaltigem Silikatgestein, fast nur an anthropogenen Substraten, ähnl. *Lecidella carp.* (↑), aber wärmeliebender – bor-med – z.selten bis m.häufig; v.a. Ne, SFW, Hü, Fr, Rh, Pf, RhSch, HeBgl, Kalkgebiete selten

Lecanora carpinea (L.) Vainio
Bis zur Waldgrenze auf Laubbäumen und Tanne, v.a. an glatter und flachrissiger Rinde, an Ästen und v.a. jüngeren Stämmen, optimal auf m.saurem Substrat, besonders an Esche, Hainbuche, Bergahorn, *Sorbus*, Erle, Obstbäumen, auch an Holz, z.euryök, z.photoindifferent, z.xeroph.–hygroph., a-/m.(z.)nitroph. – bor-med·mo – häufig

Lecanora cenisia Ach. [incl. L. atrynea (Ach.) Nyl., L. c. f. transcendens (Nyl.) Migula]
In hochmontanen und alpinen, niederschlagsreichen, selten auch montanen Lagen, auf kalkfreiem Silikatgestein, vorwiegend an schattigen (aber oft rel. lichtreichen) Vertikalflächen und Überhängen, aber auch an offenen, dann meist z.lange schneebedeckten Standorten, oder selten an zähmorschem Holz (Bretter, Schindeln), z.B. mit *Lecanoria varia*, m.–z.acidoph., z.–s.hygroph., ombroph.–z.anombroph., z.skioph.–z.photoph., a-(-m.)nitroph. – arkt-mieur·h'mo/alp(-med·h'mo/alp) – selten; Vog, süSch, *nöSch*, Ju, Mos, Eif, Erz, BayW, Al

Lecanora chlarotera Nyl. [L. rugosella Zahlbr.]
Bis in die hochmontane Stufe, v.a. an freistehenden Laubbäumen, s.euryöke Flechte, an staubigen Straßen- und Feldbäumen (v.a. Ahorn, Esche, Linde, Pappel, Birnbaum, in Obstgärten, subneutroph.–m.acidoph., ähnl. *Lecidella el.* (↑) und *L. carpinea* (↑), aber seltener in Wäldern – bor-med – häufig

Lecanora cinereofusca H.Magn. [L. degelii Schauer & Brodo]
In hochmontanen und montanen, s.niederschlagsreichen, ozeanischen Lagen auf glatter und flachrissiger Rinde von Laubbäumen (Buche, Bergahorn), selten Tanne, an ähnl. Standorten wie *Lobaria ampl.* (↑), *Nephroma* (↑), aber nicht auf Moose übergehend – mieur·pralp -med·mo, oz – s.selten; Al, süSch?

Lecanora circumborealis Brodo & Vitik. [L. coilocarpa auct.]
In montanen und hochmontanen, niederschlagsreichen Lagen auf bearbeitetem

Holz, entrindeten Stämmen und saurer Rinde v.a. von Nadelbäumen, oft auf Zweigen (besonders von Moorkiefern, Fichten, z.B. mit *Usnea*-Arten, *Cetraria sep.*), oft an nebelreichen, kalten Orten, auf Holz. ähnl. *Lecidea turg.* (↑), *L. varia* (↑), m.–s.acidoph., z.photoindiff., anitroph. – bor-smed·h'mo(-med·h'mo), (subko) – selten *(2)*; süSch, Eif, Av, Al

Lecanora conizaeoides Nyl. ex Crombie [L. pityrea Erichsen]
Bis in die montane Stufe auf z.–e.saurer Rinde von Laub- und Nadelbäumen, vereinzelt auch auf saurem Silikatgestein, besonders an durch saure Luftverunreinigungen (SO_2) stark angesäuerten Substraten, klimatisch s.euryök, in schattigen Wäldern wie an freistehenden Bäumen, eutrophierte Rinden erst bei stärkerer Ansäuerung besiedelnd, s.toxitolerant, am weitesten in industrialisierte und urbane Räume vordringende epiphytische Flechte, s.xeroph.–z.hygroph., m.ombroph.–z. anombroph., z.photoindiff., anitroph.–m.(z.)nitroph. – (bor-)mieur-smed – z.häufig; s.häufig in luftverunreinigten Gebieten, s.selten in Reinluftgebieten
Auf *L. conizaeoides* und Algen vom *Protococcus*-Typ bildet der Pilz *Athelia arachnoidea* (Berk.) Jülich schimmelartige, weißliche, kreisrunde Flecken, in deren Bereich die befallenen Flechten und Algenüberzüge absterben. Der auffallende, über 5 cm ⌀ erreichende Pilz tritt v.a. in stadtnahen Gebieten im Herbst auf.

Lecanora crenulata Hooker
Bis in alpine Lagen auf kalkreichem Gestein, v.a. an z.regengeschützten Vertikal- und Überhangflächen, ähnl. *Caloplaca cirr.* (↑), selten auch an Mauern – (arkt-)bor-med – z.selten; Ju, SJu, FrJu, Mn, Th, sonst (s.)selten (z.B. Rh, Hü, Ne, Saar, Pf, Eif, He)

Lecanora demissa (Flotow) Zahlbr. [L. incusa (Flotow) Vainio]
Bis in montane Lagen auf leicht kalkhaltigem oder ausgeprägt basischem Silikatgestein an warmen, m.–z.besonnten, m.beregneten–z.regengeschützten, mitunter s.kurzzeitig sickerfeuchten Vertikal- und Überhangflächen, meist in Süd-Expos., subneutroph.–neutroph., z.xeroph.(–mesoph.), thermoph., m.nitroph. – mieur·subko-smed(-med) – selten; Sch, Bo, Vog, PfW, nöPf, O, Sp, Mos, MRh-Ts, Lahn, Eif, He, Vgt, s.selten Erz

Lecanora dispersa (Pers.) Sommerf. [L. umbrina auct.]
S.euryöke Art auf kalkhaltigem oder (kalk)staubimprägniertem Gestein, Natur- und Kunststein, an Felsen wie an kleinen Steinen, Mörtel, Beton, Ziegel usw., auch auf eutrophiertem Holz, ähnl. *Candelariella aurella* (↑), *Lecidella stig.* (↑), Pionier, basiph. – arkt-med – s.häufig und verbreitet

Lecanora dispersoareolata (Schaerer) Lamy
In alpinen, selten hochmontanen Lagen an leicht kalkhaltigen oder basischen Silikatgesteinen an lichtreichen Standorten, subneutroph.–m.basiph. – mieur·alp – s.selten (R); süSch (Feldberg), Alpen

Lecanora epanora (Ach.) Ach.
In sub- bis hochmontanen (alpinen), meist niederschlagsreichen Lagen meist auf ausgeprägt schwermetallreichem, metamorphem, seltener magmatischem Silikat-

gestein an m.beregneten bis z.regengeschützten Vertikal- und Überhangflächen, auch an selten und kurzzeitig sickerfeuchten Stellen, oft als Pionier an freigelegten Felsflächen, z.–s.(e.)acidoph., z.hygroph., (z.skioph.)m.–z.photoph., a-(m.)nitroph. - bor-smed - selten; süSch, O, Ts, BayW, Erz

Lecanora epibryon (Ach.) Ach. [incl. var. bryopsora Doppelb. & Poelt]
Gewöhnlich über der Waldgrenze auf Pflanzenresten, selten in montanen Lagen auf bemoosten Kalkfelsen, an lichtreichen, aber meist nicht voll besonnten Standorten, z.B. mit *Caloplaca cerina* var. *chlorolenca* (↑) - mieur·pralp - s.selten (2); Ju, FrJu, He (Meißner-Vorland), ferner Al

Lecanora expallens Ach. [L. conizaea (Ach.) Nyl., non auct.]
Bis in montane Lagen v.a. auf Laubbäumen, euryöke Flechte, an lichtarmen bis lichtreichen, wenig beregneten bis regengeschützten, meist luftfeuchten Standorten auf s.sauren bis subneutralen Substraten, ursprünglich v.a. an z.gleichmäßig luftfeuchten, schattigen Standorten, v.a. in kühl-feuchten Tälern in wintermilden Gebieten, starke Ausbreitung in den letzten Jahrzehnten, durch Einwirkung von Luftverunreinigungen gefördert, s.toxitol., z.skioph.–m.(z.)photoph., hygroph., anitroph.–m.nitroph. - s'bor·subatl-med, (oz) - häufig

Lecanora frustulosa (Dickson) Ach.
In hochmontanen bis alpinen Lagen auf leicht kalkhaltigem Silikatgestein, v.a. an zerklüfteten, m.–z.lichtreichen Vertikalflächen - arkt-alp(pralp) - s.selten (1) ; süSch (1×)

Lecanora gangaleoides Nyl.
In kollinen und submontanen, wintermilden Lagen auf kalkfreiem Silikatgestein, im Gebiet v.a. auf Sandstein (poröses Substrat mit erhöhter Wasserkapazität), meist an m.beregneten Vertikalflächen, ähnl. *Ochrolechia par.* (↑) - mieur(atl)-med·subatl - selten (R)*; PfW, Vog, nöSch, O, Bit, Eif

Lecanora garovaglii (Körber) Zahlbr.
In kollinen und submontanen Lagen an leicht kalkhaltigem oder basischem oder staubigem Silikatgestein an besonnten, warmen Standorten, meist an Horizontal- und Schrägflächen, z.ähnl. *Physcia wainioi* (↑), subneutroph.–neutroph., xeroph. - s'mieur-med - s.selten (1); Rhön, O, Mn, nöPf, MRh, Ts, Mos, Eif

Lecanora gisleriana Müll.Arg. em. J.Steiner [L. gisleri Poelt & Ullrich]
Auf schwermetallreichem Gestein auf dem Lager von *L. subaurea* (↑) - bor-mieur - s.selten (1); süSch, Hz, Erz, Alpen

Lecanora hagenii (Ach.) Ach. [zu L. dispersa s.l.?]
Auf subneutraler, mineralreicher oder entsprechend eutrophierter, staubiger Rinde von Laubbäumen, v.a. an Allee- und Feldbäumen, an nicht eutrophierten Standorten v.a. an Holunder, Pappel (z.B. mit *Lecania*-Arten), bei Bäumen mit eutrophierter, primär saurer Rinde konzentriert an der Basis, auch an Holz, gelegentlich auch auf kalkhaltigem Gestein, subneutroph.–basiph., m.–s.photoph., z.xeroph.–mesoph., (a-)m.–z.(s.)nitroph. - bor-med - (z.)häufig; in Waldgebieten spärlich

Lecanora handelii J.Steiner
Ähnl. *L. epanora* (↑) - bor-mieur(-smed) - s.selten (2); süSch, BayW, Erz

Lecanora horiza (Ach.) Lindsay
In kollinen, sommerwarmen Lagen auf m.saurer bis subneutraler bzw. entsprechend eutrophierter Rinde von Laub-, selten Nadelbäumen an lichtreichen Standorten, meist an staubimprägnierten Straßenbäumen (z.B. mit *Physconia dist.*), aber auch als Pionier an Ästen (z.B. mit *L. carpinea*) - s'mieur-med, subatl - selten; Rh, Mn

Lecanora hypoptoides (Nyl.) Nyl.
Wohl ähnl. *Lecidea turgidula* (↑) - bor-mieur· mo(-smed·mo), (subko) - selten; süSch, Eif, *Ml*

Lecanora impudens Degel. [L. allophana f. sorediata auct. p.p.]
Ähnl. *L. allophana* (↑), aber niederschlagsarme Lagen meidend, v.a. an freistehenden Eschen - mieur-med - (z.)selten (3); z.B. Ju, Sch, Bo, SFW, Ne

Lecanora intricata (Ach.) Ach.
Z.euryöke Flechte, ähnl. *Protoparm. badia* (↑), *Umbilicaria polyph.* (↑) - arkt-bor-h'mo/alp - z.selten (3); Sch, Vog, BayW, Erz, ferner selten Rhön, ThW, *Ts*, Eif, Hu, Al, sonst s.selten (z.B. O, MRh)

Lecanora intumescens (Rebent.) Rabenh.
Vorwiegend in sub- bis hochmontanen Lagen auf glatter und flachrissiger Rinde von Laubbäumen, v.a. an Buche, Eberesche, Esche, Bergahorn, subneutrale, s.mineralreiche sowie stärker saure Rinden meidend, meist im Innern von Laubwäldern (v.a. Buchen- und Buchen-Tannen-W.) oder an entsprechend schattigen Orten (z.B. bachbegleitende Baumbestände in feuchten Tälern), m.acidoph., z.skioph.–m.(z.)photoph., z.hygroph., anitroph. - bor-med·mo - z.selten (+), in kollinen Lagen selten (++)

Lecanora lojkaeana Szat.
Z.ähnl. *L. swartzii* (↑) - bor-smed - s.selten (R); süSch, *FrJu*

Lecanora mughicola Nyl.
In hochmontan-subalpinen, niederschlagsreichen Lagen auf zähmorschem, hartem Holz (bearbeitetes Holz, entrindete Stämme und Äste von Koniferen), ähnl. *Xylographa par.* (↑), oft mit *L. varia, L. pulicaris, Parmeliopsis amb.* - mieur·h'mo - selten (3); süSch, Al

Lecanora muralis (Schreber) Rabenh. [L. saxicola (Pollich) Ach., Placodium s. (Pollich) Körber]
Euryöke, subneutroph.–basiph., nitroph., s.toxitolerante Flechte auf kalkhaltigem sowie staubimprägniertem oder gedüngtem Gestein aller Art an m.–s.lichtreichen, beregneten Standorten, v.a. an Schräg- und Horizontalflächen niedriger Felsen, häufig auf Mauerkronen, Grabsteinen, Zaunpfosten, Dachziegeln usw., tief in die Städte eindringend, auch auf kalkfreiem Silikatgestein (Vogelsitzplätze, basische Silikate), sowohl an s.trockenen als auch an sporadisch überschwemmten Stellen in der obersten amphibischen Zone von Bächen, selten auch auf eutrophiertem Holz

oder an der Basis von Bäumen, xeroph.(–mesoph.), (m.)z.–s.nitroph. – arkt-med – häufig

Lecanora orosthea (Ach.) Ach. [Lecidea o. (Ach.) Ach., L. sulphurea var. o. (Ach.) Flagey]
Bis in (hoch)montane Lagen an z.–s.regengeschützten Vertikal- und Überhangflächen auf kalkfreiem Silikatgestein an z.–s.luftfeuchten, m.lichtreichen Standorten, lichtliebender und hygrisch weniger anspruchsvoll als *Psilolechia luc.*, m.–z.acidoph., (z.)m.photoph.–z.skioph., anitroph. – (s'bor-)mieurmed·mo – z.selten; Sch, Vog, Pf, RhSch, O, Sp, He, ThW, Erz, BayW

Lecanora pannonica Szat.
In kollinen und submontanen, selten montanen Lagen auf (oft mineralreichem) Silikatgestein besonders an m.beregneten Vertikalflächen an m.–z.lichtreichen Standorten, ganz überwiegend auf anthropogenen Substraten (v.a. auf Sandstein an Grabsteinen, Mauern), m.acidoph.–subneutroph., a-/m.nitroph. – mieur – (z.)selten; Ne, SFW, Ju, Sch, O, Rh, Mn, Eif etc.

Lecanora persimilis (Th.Fr.) Nyl.
Bis in montane Lagen auf subneutraler Rinde von Laubbäumen, v.a. glattrindiger Esche, Holunder, Pappel, an lichtreichen Standorten, ähnl. *L. sambuci* (↑) – subneutroph.–neutroph., m.–z.photoph., a-/m.nitroph. – s'bor-med – z.selten (3); in wenig luftverschmutzten Gebieten, v.a. Ju, Ne

Lecanora piniperda Körber [L. glaucella (Flotow) Nyl.]
Auf bearbeitetem Holz, auf Baumstümpfen, auf Rinde am Stamm und oft auch an Ästen von Nadelbäumen, seltener Laubbäumen mit mineralarmer Rinde, oft an *Pinus*, von der sub- bis in die hochmontane Stufe, z.–s.acidoph., m.–z.photoph., anitroph. – bor-mieur-med·h'mo – selten *(2)*; Ju, SJu, Sch, *Av, Al, O, Vgb, Ts, Rh-Mn-T,* Eif, Th

Lecanora polytropa (Ehrh. ex Hoffm.) Rabenh.
Euryöke Art auf gewöhnlich kalkfreiem Silikatgestein bis in alpine Lagen, ähnl. *Rhizoc. geogr.* (↑), häufiger als diese auf anthropogenen Substraten – arkt-med – m.–z.häufig; in silikatfelsreichen Gebieten häufig

Lecanora pruinosa Chaub.
In montanen Lagen an kaum beregneten Vertikal- und leichten Überhangflächen von Kalkfelsen, basiph., z.photoph., a-/m.nitroph. – mieur·alp/pralp-med – s.selten (R); Ju, ferner Alpen, *Westf*

Lecanora pseudistera Nyl. [L. riparti sensu Poelt, non Lamy]
In kollinen, warmen, niederschlagsarmen Lagen auf mineralreichem bzw. leicht kalkhaltigem Silikatgestein an südexponierten, geschützten, trocken-warmen Standorten, subneutroph., xeroph., z.B. ähnl. *Rhizoc. disp.* (↑), *Lecanora demissa* (↑) – s'mieur-med – s.selten (0); Eif, MRh-Mos, *O*

Lecanora pulicaris (Pers.) Ach. [L. pinastri (Schaerer) H.Magn., L. chlarona auct].
Bis in die subalpine Stufe auf saurer Rinde und auf zähmorschem Holz, an Nadel-

und Laubbäumen, oft auch an dünnen Zweigen, eutrophierte Orte meidend, daher kaum an staubigen Straßenbäumen, sekundär sich ausbreitend auf Laubbäume mit ursprünglich subneutraler bis m.saurer, durch Immissionen angesäuerter Rinde, z.–s.acidoph., hygroph.–mesoph., photoindiff., a-(m.)nitroph. – bor-med·mo – z.häufig; in trocken-warmen Gebieten selten

Lecanora reagens Norman
An z.regengeschützten, aber meist sporadisch kurzzeitig sickerfeuchten Überhangflächen auf leicht kalkhaltigem bzw. mineralreichem, oft hartem Silikatgestein in subalpinen und alpinen Lagen, subneutroph., m.–z.photoph. – bor-mieur·alp – s.selten (1); süSch

Lecanora rubida V.Wirth
Auf eisenreichem Gestein, ähnl. *L. soralifera* (↑) – mieur – s.selten (2); süSch, Vog, Vgb

Lecanora rupicola (L.) Zahlbr. [L. sordida (Pers.) Th.Fr., L. glaucoma (Hoffm.) Ach.]
ssp. **rupicola**
Bis in die alpine Stufe auf meist kalkfreiem, aber mineralreichem Silikatgestein an Horizontal- bis Vertikalflächen, selten Überhängen, v.a. an m.nährstoffreichen Stellen, z.B. an Vogelsitzplätzen, leicht staubimprägnierten Felsen, auch an gemauerten Steinen, Wegkreuzen usw. (in Kalkgebieten hemerochor), ähnl. *L. sulphurea*, aber von breiterer ökol. Amplitude, subneutroph.–m.(z.)acidoph., photoph. – arkt-med – z.selten (–m.häufig); durch das ganze Gebiet
ssp. **subplanata** (Nyl.) Leuck. & Poelt [L. subplanata Nyl.]
In sub- bis hochmontanen Lagen auf hartem Silikatgestein v.a. an m.beregneten Vertikalflächen an lichtreichen, oft besonnten und warmen, aber auch windoffenen Standorten, m.acidoph.–subneutroph., (a-)m.nitroph. – s'bor-med – selten; süSch, Vog, nöPf, Eif, Rhön, He, ThW

Lecanora saligna (Schrader) Zahlbr.
Bis in die subalpine Stufe;
var. **saligna** [L. effusa (Hoffm.) Ach.] v.a. auf zähem, hartem Holz, ähnl. *L. varia* (↑), oft an Hirnschnitten; var. **sarcopis** (Ach.) Hillm. [L. sarcopis (Ach.) Ach.] v.a. am Stamm freistehender Laubbäume (Straßen, Felder, Obstgärten) an leicht eutrophierten Stellen, v.a. an Pappel, Linde, Birnbaum, auch Eiche, z.euryök, z.B. ähnl. *Parmelia flav.* (↑), *Physconia perisidiosa* (↑), *Ramalina poll.* (↑), z.toxitolerant, m.–z.acidoph., photoph., xeroph.–mesoph. – bor-med·mo – m.häufig

Lecanora sambuci (Pers.) Nyl.
Bis in (hoch-)montane Lagen auf subneutraler mineralreicher Rinde (v.a. an Holunder, Pappel, glattrindigen Eschen) bzw. m.eutrophierter Rinde, ähnl. *Lecania cyrtella* (↑), gewöhnlich in kleinen, glatte Stellen besiedelnden Lagern, in luftverschmutzten Gebieten zurückgehend – (s'bor-)mieur-med – z.selten-m.häufig (3); z.B. Hü, Ne, Ju, Rh, Vog, Sch, SFW

Lecanora sarcopidioides (Massal.) A.L.Sm. [L. metaboloides Nyl.]
V.a. an der Rinde und an Holz von Nadelbäumen, z.ähnl. *L. piniperda* (†) – s'bor-mieur – selten; süHü, süSch, *O*, Th, SJu

Lecanora silvae-nigrae V.Wirth
In montanen bis alpinen Lagen an Schräg- und (beregneten) Vertikalflächen an meist besonnten, zumindest z.lichtreichen Standorten in krustenflechtenreichen Beständen, z.ähnl. *Umbilicaria cyl.* (†) – mieur·h'mo/alp-med·alp – selten (2); süSch, Vog, BayW

Lecanora soralifera (Suza) Räsänen [L. intricata var. s. Suza]
V.a. in montanen und hochmontanen Lagen auf kalkfreiem, eisenreichem Silikatgestein, bevorzugt an niedrigen Felsen, Blöcken und Steinen an lange taufeuchten oder s.niederschlagsreichen, kühl-feuchten Standorten, oft in Blockmeeren, v.a. auf Basalt, Grauwacke, Schiefer und anderen mineralreichen Gesteinen, m.–s.acidoph., (substrathygroph.), ombroph., m.–z.photoph., anitroph. – bor·atl-mieur-smed – selten (3); süSch, Vog, He (z.B. Vgb, Rhön, Meißner), Sp, Pf, RhSch, BayW, Erz, Hz

Lecanora strobilina (Sprengel) Kieffer
[L. conizaea auct., non (Ach.) Nyl. ex Crombie]
Auf saurer Rinde von Laub- und Nadelbäumen und auf Holz, v.a. auf *Pinus* in lichten Wäldern, z.–s.acidoph., anitroph. – mieur-med, subatl – *(0)*; Sch, *Ju*, Hü, *Ne*, O, *Rh*, *Eif*, *Lux*, Thü, *Ml*

Lecanora subaurea Zahlbr. [L. aurea Eitner, L. hercynica Poelt & Ullrich]
V.a. in niederschlagsreichen montanen Lagen auf schwermetallreichem kalkfreiem Silikatgestein, z.B. auf eisenreichem Basalt, vorwiegend an niedrigen Blöcken und Steinen (Taufeuchtigkeit!), seltener an anstehendem (mitunter auch sporadisch leicht sickerfeuchtem) Fels an m.–s.lichtreichen Standorten, m.–s.acidoph., ombroph., (substrathygroph.), anitroph. – bor-mieur(-med) – selten (2); süSch, Vog, He (z.B. Vgb, Rhön), BayW, Sauerl, Erz, Hz

Lecanora subcarnea (Lilj.) Ach.
Bis in montane Lagen an regengeschützten Überhängen auf kalkfreiem Silikatgestein an luftfeuchten, absonnigen, aber rel. lichtreichen Standorten, in feuchten Tälern, in Wäldern, bevorzugt an klimatisch milden, z.ozeanischen Orten, m.–z.acidoph., anombroph., m.photoph.–z.skioph., anitroph. – s'bor·subatl-mieur·subatl-med·mo – selten; v.a. Sch, Vog, Pf, RhSch, ferner O, Lahn, Rhön, ThW, Erz, Th, *Al*

Lecanora subcarpinea Szat. [L. nemoralis Makar., L. leptyrodes auct. p.p.]
V.a. in montanen Lagen auf mineralreicher Rinde, v.a. Zitterpappel, Esche, an lichtreichen, kühlen bis kalten, auch nebelreichen Orten, subneutroph., anitroph. – s'bor-med·mo – (s.)selten (3); süSch, Saar, Eif, He, Do, Al, *FrJu*

Lecanora subintricata (Nyl.) Th.Fr.
In (hoch)montanen bis subalpinen Lagen auf Holz und alter Borke von Koniferen, selten von Laubbäumen, z.B. mit *L. pulicaris*, *L. varia*, z.–s.acidoph., z.skioph.–z.photoph., anitroph. – bor-mieur·h'mo(-smed·h'mo) – selten; Sch, O, BayW, Al

Lecanora subrugosa Nyl.
Bis in die hochmontane Stufe auf Rinde von Laubbäumen und Tanne in luftfeuchten Wäldern, besonders auf Esche in bachbegleitenden Eschenbeständen, auf Buche, Hainbuche, Eiche, m.acidoph., z.skioph.–m.photoph. – bor-med – z.selten(–m.häufig) (+); gebietsweise (++)

Lecanora sulphurea (Hoffm.) Ach. [Lecidea s. (Hoffm.) Wahlenb.]
V.a. in submontanen und montanen Lagen auf kalkfreiem, neutralem bis basischem oder m.gedüngtem oder leicht kalkhaltigem Silikatgestein, auch entkalktem Karbonatgestein und (selten) auf Mauern, bevorzugt auf kristallinen, z.harten Gesteinen, an besonnten, z.warmen Schräg- bis v.a. m.beregneten Vertikalflächen, auch parasitisch (z.B. auf *Tephromela atra, grumosa*), subneutroph.–m.acidoph., m.ombroph., xeroph., z.–s.photoph., m.nitroph. – mieur-med(mo) – (z.)selten (3); Sch, Vog, Ne, Ju, nöHü, nöPf, O, Sp, He, PfW, Pf, RhSch, Al

Lecanora swartzii (Ach.) Ach. [L. subradiosa auct.]
V.a. in der montanen und hochmontanen Stufe, aber auch wesentlich höher, in niederen und mittleren Höhenlagen ähnl. *L. subcarnea* (↑), *L. orosthea* (↑), doch häufiger auch noch an m.beregneten Flächen, an milden wie an kalten Orten – (arkt-)bor-med·mo – selten; Sch, Vog, Ju, PfW, O, RhSch, ThW, BayW

Lecanora symmicta (Ach.) Ach. [Lecidea s. (Ach.) Ach., Biatora s. (Ach.) Fr., incl. var. symmictera (Nyl.) Zahlbr.]
var. **symmicta**
Bis in die subalpine Stufe auf Rinde von Laub- und Nadelbäumen und auf Holz, z.euryöke Art, v.a. an sauren, nicht eutrophierten Substraten, an glatter bis flachrissiger Rinde, am Stamm und an Ästchen, gern auch an Sträuchern (z.B. Schlehe) und Zwergsträuchern (*Calluna*), (subneutroph.–)m.–z.(–s.)acidoph., z.hygroph.–z.xeroph., m.–s.photoph., a-/m.nitroph. – bor-med – m.häufig
var. **aitema** (Ach.) Th.Fr. [L. aitema (Ach.) Hepp]
In montanen und hochmontanen Lagen in Zwergstrauchheiden, v.a. an *Calluna*, an Ästen von Bäumen (z.B. *Sorbus*), an Holz – bor-mieur·mo – selten; Sch, Vog

Lecanora varia (Hoffm.) Ach.
Bis über die subalpine Stufe auf zähem, hartem Holz (entrindete Stümpfe, Stämme, Bretter, Pfähle) und auf saurer, nicht oder nur m.eutrophierter, meist glatter und rel. harter Rinde von Laub-, seltener Nadelbäumen, z.B. gern auf Eberesche, an lichtreichen, beregneten Standorten, in niederen Lagen heute selten geworden, (m.)z.–s.acidoph., (m.)z.–s.photoph., xeroph.–mesoph., a-/m.nitroph. – bor-med·mo – z.selten (3); v.a. Sch, Vog, Al, sonst selten bzw. (+++)

Lecidea Ach.

(Schlüssel incl. Biatora, Farnoldia, Fuscidea, Hypocenomyce, Lecidella, Lecidoma, Melanolecia, Micarea p.p., Miriquidica, Psora, Rimularia, Schaereria, Trapelia, Trapeliopsis, Tremolecia u.a.)

Zur Erleichterung der Bestimmung wurden die Arten aller genannten Gattungen in einem Schlüssel zusammengefaßt, der nach leicht erkennbaren ökologischen und morphologischen Merkmalen in Teilschlüssel gegliedert ist.

Übersicht der Teilschlüssel

1 Auf Erdboden, Rohhumus, Pflanzenresten, Moosen (auch Rindenmoosen) . . . . . **TS 1**
1* Auf Rinde, Holz oder Gestein 2
2 Auf Rinde, Holz . . . . . **TS 2**
2* Auf Gestein 3
3 Auf kalkreichem Gestein . . . . . **TS 3**
3* Auf Silikatgestein 4
4 Lager nicht erkennbar oder s.undeutlich . . . . . **TS 4**
4* Lager deutlich 5
5 Lager sorediös, mit abgegrenzten Soralen oder sorediös aufgelöst, oder mit Cephalodien . . . . . **TS 5**
5* Lager nicht sorediös, ohne Cephalodien 6
6 Lager weiß, grau bis schwärzlich, grünlich bis gelblich . . . . . **TS 6**
6* Lager braun, graubraun, ocker, rostfarben, braunrot, rostrot . . . . . **TS 7**

Anhang: Flechtenbewohnende Arten . . . . . **TS 8**

Lecidea TS 1: Flechten auf Erde, Rohhumus, Moosen, Pflanzenresten

1 Lager schuppig 2
1* Lager krustig 7
2 Schuppen h.rosarot, bräunlich rosarot, mitunter teilweise bereift, rundlich, meist ± konkav bis flach, mit hellem Rand, -3(5) mm, zerstreut bis gedrängt. Ap. schwarz, gewölbt, -1,5 mm. Sp. 11–18 × 5,5–8 µm. Ch–, s.selten Norstictin-S. . . . . . **Psora decipiens**
2* Schuppen nicht rot 3
3 Auf kalkreichem Boden, auf verwittertem Kalkgestein 4
3* Auf saurem Boden, Rohhumus, verwittertem Silikatgestein 5
4 Schuppen tiefbraun, kastanienbraun, selten mit leicht grünlichem Ton, blasig-hochgewölbt, -4 mm, Ap. flach bis gewölbt, schwarz, -1,5 mm. Epihym. braun, olivbraun oder grün, Sp. 12,5–20 × 3,5–5,5 oder 10–15,5 × 4,5–6,5 µm . . . . . ↑ **Toninia tristis**
4* Schuppen h.braun, braun, seltener d.braun bis olivbraun, gequollen ± grünlich, meist konkav bis flach, gedrängt oder dachziegelig, angedrückt, -3(5) mm. Ap. schwarz bis braunschwarz, flach bis gewölbt, berandet bis (bald) unberandet, -1,5 mm, R–. Epihym. braun, Hyp. blaß braun bis ± farblos. Sp. 10–14 × 6–8 µm. Pyknosp. 4–6 × 1,5 µm. Unterrinde aus oberflächenparallelen Hyphen. Ch– . . . . . **L. lurida**

(sterile Lager ähneln den Schuppen von *Catapyrenium rufescens*, diese hat Per. und eine paraplektenchym. Unterrinde!)

5 Schuppen h.graugrünlich, olivgrau, R–, mit gelappten, aufsteigenden, sorediös aufbrechenden Rändern, –3 mm, Sorale lippenförmig bis kopfig. Ap. braun bis d.grau, mit oft hellerem Rand, zuletzt gewölbt-randlos, –2,4 mm. Sp. 8–11 × 3,5–5,5 µm. Epihym. und Hyp. blaß bis gelbbräunlich. Auf Rohhumus . . . . **Trapeliopsis percrenata**

5* Schuppen nicht mit Soralen **6**

6 Schuppen C+ rot, K–, P–, weißlich bis h.grau, flach bis uneben, gekerbt, am Rand des Lagers angedeutet gelappt und dort oft auch gewölbt, –1,6 mm, oft mit Gruppen unregelmäßiger, isidienartiger Auswüchse, die nach dem Abfallen runde Narben zurücklassen. Ap. rosabraun bis grünlichgrau oder fast schwärzlich, oft leicht bereift, 1–2 mm, oft fehlend. Epihym. und Hyp. blaß bis gelbbräunlich. Sp. 8–14 × 4–5 µm. Gyrophor-S. . . . . . . **Trapeliopsis wallrothii**

6* Schuppen R–, graustichig rotbraun bis violettgrau, flach bis gewölbt, angedrückt, krustig zus.schließend. Ap. d.(rot)braun bis braunschwarz, flach bis leicht gewölbt, dicht angedrückt/eingesenkt, Rand verschwindend, –1,5(2) mm. Epihym. rotbraun, Hyp. farblos. Sp. 11–17 × 5–7 µm. Ch– . . . . **Lecidoma demissum**

7 Lager C+/KC+ (rosa)rot, P–. Gyrophor-S. **8**

7* Lager C– oder gelblich **12**

8 Lager mit zumindest vereinzelten orange- bis rostfarbenen Flecken, dort K+ purpurrot, ausgedehnt, h.grau, h.grünlichgrau, graugrün, eine zus.hängende, körnige bis warzige Kruste bildend (Körner um 0,05–0,2 mm), stellenweise mit grünlichweißen bis h.grünlichen, konvexen, bald zus.fließenden Soralen, P–. Soredien 18–25 µm. Ap. selten, grünlichgrau bis grauschwarz, mit meist hellerem welligem Rand, flach, angedrückt, –1(1,6) mm. Epihym. grün, Hyp. blaß gelblich. Sp. 10–12,5 × 3,5–6 µm. * . . . . . **Trapeliopsis pseudogranulosa**

8* Lager nicht stellenweise orange, K– **9**

9 Lager nicht sorediös, h.braun bis d.braun, seltener (Tiefschatten) grünlich, aus kugeligen bis meist verlängerten oder korallinischen Körnchen, Körnchen 25–150 (200) × 25–50 µm, C+ (zumindest im Quetschpräparat) rot. Ap., wenn vorhanden, zerstreut, –0,6 mm, gewöhnlich mit deutlichem, oft hellerem Rand, braun bis fast schwarz. Epihym. braun. Sp. 8–12 × 4–5 µm. * . . . . **Placynthiella icmalea**

9* Lager oft (nicht immer!) sorediös, h.grau, graugrün, grünlich, weißlich, auch leicht rosa, nicht braun, nicht aus verlängerten bis korallinischen Körnchen **10**

10 Ap. meist gewölbt, randlos, schwarz, selten grünschwarz, –0,6 mm (wenn geknäuelt, –1 mm). Lager feinkörnig, h.grau bis blaß grünlich, mit mehligen blaßgrünlichen, unregelmäßigen, bald flächig zus.fließenden Soralen, daher Lager oft von leprösem Aussehen. Sp. 9–12 × 4–5 µm. * . . . . **Trapeliopsis viridescens (TS 2/8)**

10* Ap. lange flach, zumindest jung deutlich berandet, blaß bis schwarz, matt **11**

11 Ap. graurosa bis rosarot, rotbraun, olivbräunlich, grüngrau bis fast mattschwarz, auch im selben Lager oft variierend, lange flach und berandet, zuletzt oft gewölbt, -1,5 mm. Sp. 8-15 × 4-6 µm. Hym. 70-80 µm. Lager weißlich, h.grau, aschgrau, stellenweise manchmal rosa getuscht, zus.hängend körnig bis uneben warzig, oft stellenweise sorediös. Sorale rel. unregelmäßig und Soredien gröber als bei *T. flexuosa*, weißlich, gelblich bis seltener graugrünlich. * . . . . **Trapeliopsis granulosa**

11* Ap. d.grünlichgrau bis (grün)schwarz, selten im Tiefschatten blaß gefärbt, -0,7 mm, flach bis schwach gewölbt. Sp. 7-9,5 × 2,5-4 µm. Hym. 40-50 µm. Lager grünlichgrau bis graugrün, seltener weißlich bis h.grau, zus.hängend körnig (0,08-0,25 mm), Körner am Rand des Lagers gewöhnlich vergrößert, areolenartig und verflacht (0,4 mm). Sorale erst getrennt, -0,4 mm, später manchmal zus.fließend, mehlig bis feinkörnig, graugrün bis d.grün (bläulichgrün). Meist auf Holz. * . . . . **Trapeliopsis flexuosa**

12 Sp. zu 12-16 im Schlauch, kugelig, 5-7 µm. Ap. d.braun bis schwarz, hochgewölbt, randlos, -0,5 mm, zerstreut. Hyp. braun, Epihym. (oft auch Hym.) braun bis rotbraun. Lager s.dünn, feucht schleimig und graugelblich bis olivgrün. Ch- . . . . **Steinia geophana**

12* Sp. zu 8 (selten weniger), nicht kugelig **13**

13 Hym. im oberen Teil leuchtend blaugrün. Ap. gewölbt-randlos, -1 mm. Hyp. K+ orange. Hochgebirgsarten **14**

13* Hym. oben bräunlich bis olivgrün **15**

14 Lager aus kleinen (0,1-0,2 mm dicken) Körnchen, z.dick, weißlich bis (d.)grau, oft braunstichig, P-, K± gelblich, C-, Mark KC+ orange. Ap. blauschwarz, blaugrau, halbkugelig. Sp. 12-18(25) × 5-7(9) µm. Hyp. farblos bis rotbraun. Sphaerophorin . . . . **L. caesioatra**
(**Micarea incrassata** Hedlund: Ap. ohne Blauton, Algen nur 4-7 µm anstelle von 6-12 µm, Hyp. d.rotbraun, K-, Sp. 12-17 × 4-5 µm. Lager Ch-, arkt-alp, Alpen)

14* Lager grob warzig-körnig, Areolen um 0,2-0,6 mm, weißlich bis h.grau, P+ rot, K-, C-, KC-. Ap. schwarz, unbereift. Sp. 8-15 × 3,5-5 µm. Hyp. meist fleckig bräunlich. Pannarin . . . . **L. limosa**

15 Sp. zumindest teilweise deutlich über 7 µm breit. Gewöhnlich auf nackter Erde **16**

15* Sp. bis 7 µm breit **18**

16 Mit *Nostoc*-Symbionten. Lager körnig, oliv, graubraun, blaugrau. Sp. 11-19 × 6-9,5 µm . . . . ↑ **Moelleropsis**

16* Mit Grünalgen **17**

17 Sp. 25-38 × 13-18 µm, farblos bis bräunlich. Ap. halbkugelig, unberandet, braun bis braunschwarz, -0,6 mm. Lager fein körnig, d.grün bis grünlichbraun, feucht ± gelatinös. R-. Exc. schwach entwickelt. Hym. 150-200 µm, farblos, vertikal braun gestreift. Hyp. blaß braun. Paraph. dick. Ch-
. . . . **Aphanopsis coenosa**

17* Sp. 16-32 × 6-14 µm, farblos. Ap. mit kräftigem Rand, d.braun bis schwarzbraun, -3 mm. Lager weißlich. R- (Ap. im Schnitt C+ rosarot)
. . . . **Trapelia geochroa**

18 Lager gelbbraun, braun bis schwarzbraun. Hyp. gelbbraun bis d.braun. Hym. farblos bis blaß rotbraun. Epihym. und Exc. rotbraun bis braun, Exc. paraplektenchym. Hymenialgelatine J+ grünblau. Ap. braun, rotbraun bis schwarz, auch rosa, matt. Sp. 9–14(17) × 4,5–7 µm (*Saccomorpha*) **19**

18* Lager weißlich, grau, graugrünlich (bei Hochgebirgsflechten auch rötlichgrau bis graustichig rotbraun oder braunstichig und fast schuppig vgl. 6), R– . **21**

19 Lager kleinwarzig bis grobkörnig, rötlich gelbbraun, feucht mit deutlich gelblichem Ton, Körner 100–300 µm dick. Ap. flach, später gewölbt, dünn berandet (erst spät auch randlos), braunschwarz, –0,6 mm. Sp. 10–14 × 4,5–6 µm. Ch– . . . . **Placynthiella oligotropha**

19* Lager s.feinkörnig, feinkörnig-isidiös bis fein korallinisch oder undeutlich, d.braun bis schwarzbraun, feucht braun, schwärzlich oder blaß grünlich, Körner meist unter 100 µm dick. Oft steril **20**

20 Lager besteht aus kugeligen bis verlängerten oder korallinischen Körnchen, Körnchen 25–150 (200) × 25–50 µm, h.braun bis d.braun oder grünlich, P–, K–, im Quetschpräparat/an abgeschabten Stellen C+/KC+ rot. Ap., wenn vorhanden, zerstreut, –0,6 mm, gewöhnlich mit deutlichem, oft hellerem Rand, braun bis fast schwarz, im Schatten auch fast rosabraun. Sp. 8–12 × 4–5 µm. Gyrophor-S. . . . . **Placynthiella icmalea**

20* Lager aus rundlichen (nie deutlich verlängerten) Körnern (Durchm. 25–100 µm), trocken oft sehr fein runzelig (50fache Vergrößerung), d.braun, selten d.grün, feucht leicht gelatinös, R–. Ap. zahlreich, –0,3(0,4) mm, oft zusammenfließend, rosabraun bis d.rotbraun (bis schwarzbraun), bald gewölbtrandlos. Sp. 9–14 (16,5) × (4)5–6(7) µm. Ch– . . . . . **Placynthiella uliginosa**

21 Hyp. braun, rotbraun bis schwarzbraun, darüber oft blaugrün bis braungrün (oft gefleckt). Ap. zumindest anfangs berandet. Exc. deutlich entwickelt. Ap. rotbraun bis schwarz (dann feucht (rötl.) braunschwarz), –0,8 mm. Epihym. h.braun bis rotbraun. Ch– **22**

21* Hyp. farblos bis gelblich oder h.bräunlich **24**

22 Lager dick, warzig-uneben, weißlich. Hym. ohne blaugrüne bis violette Körnchen. Paraph. oben keulig verdickt, –4(6) µm. Epihym. gelbbraun. Ap. d.braun bis braunschwarz, erst flach und dünn berandet, bald gewölbt und randlos, –1(1,5) mm. Sp. 9–16(18) × 4–6 µm. Über Moosen usw., v.a. auf kalkhaltigem Untergrund. Al . . . . **Mycobilimbia berengeriana**

22* Lager dünn, häutig oder dünn warzig, grau, braunstichig grau. Hym. und Hyp. oft mit bräunlichen, blaugrünen bis violetten Körnchen. Hyp./Exc. rotbraun bis schwarzbraun (oft gefleckt), Hyp./Subhym. auch grünlich. Paraph. oben kaum (–3 µm) verdickt **23**

23 Ap. anfangs konkav, dann lange flach bis m.gewölbt und mit wenig erhabenem, zuletzt schwindendem, gleichfarbenem oder dunklerem, oft glänzendem Rand, rotbraun, braun, d.braun bis fast schwarz (dann angefeuchtet rotstichig), –0,8(1) mm. Epihym. kaum gefärbt bis gelbbraun. Hyp. auch grünfleckig. Sp. 1zellig, selten 2zellig, (8)10–15 × 3,5–6 µm. Auf Rindenmoosen, selten Fels- und Bodenmoosen . . . . **Mycobilimbia sanguineoatra**

23* Ap. lange (erhaben) berandet, d.braun bis schwarz (dann feucht braunstichig),

-0,8(1,2) mm. Rand dünn, oft wellig. Epihym. rotbraun bis blaßbraun. Subhym. manchmal blaugrün. Sp. (1-)2zellig, selten 4zellig, 8,5-17(19) × 3,5-6(7). Auf Moosen über (meist kalkhaltigen) Felsen und basenreichen Böden . . . . **Mycobilimbia hypnorum**

24 Ap. gelbrot, gelbbraun, h.braun, gewölbt, randlos, -0,9 mm, schwach bis stark gewölbt. Exc. knorpelig, aus strahligen Hyphen. Hyp. blaß gelblich, Epihym. ± farblos. Sp. (10,5)12,5-20 × 4-6 µm, 1(2)zellig. Lager dünn, (grau)weißlich, grobkörnig, meist auf Moosen, Ch-. In alpinen Lagen, selten tiefer. Vog, Alpen . . . . **Biatora vernalis** (L.) Fr.

24* Ap. grauschwarz, d.braunschwarz, d.braun **25**

25 Lager dünn, undeutlich, membranartig bis feinkörnig, zus.hängend, schmutzig lehmfarben bis grünlichgrau, feucht etwas schleimig. Sorale (oft fehlend) blaß grünlich, bald unregelmäßig und zus.fließend. Ap. mattschwarz, grau- bis olivschwarz, d.grüngrau, flach, dicht angedrückt, anfangs meist mit dünnem hellem, nicht vorstehendem Rand, dann randlos, -1(1,5) mm. Epihym. meist grün bis oliv, K+ braun. Sp. 8-14 × 4,5-6 µm . . . . **Trapeliopsis gelatinosa** (S.ähnlich, aber Ap. blaß bis rotbraun, Epihym. farblos bis rotbraun, auf Lehmböden: **Trapeliopsis aeneofusca** (Flörke ex Flotow) Coppins & P.James)

25* Lager deutlich, areoliert bis fast schuppig, graustichig rotbraun bis violettgrau, graubraun, ohne Sorale. Ap. braunschwarz, d.rotbraun . . . . **Lecidoma demissum (6)**

Lecidea TS 2: Flechten auf Rinde und Holz

(Sterile sorediöse Arten ↑ auch Schlüssel Sterile Krustenflechten)

1 Lager schuppig . . . . ↑ **Hypocenomyce**

1* Lager nicht schuppig **2**

2 Lager/Mark C+/KC+ rot bis rosarot oder C+ orange/KC+ gelb bis orange. Zur Erzielung einer eindeutigeren Reaktion dickere Lager anschaben oder anschneiden **3**

2* Lager/Mark C- bis C+ gelblich **16**

3 Lager/Mark C+/KC+ rot oder rosarot **4**

3* Lager/Mark C+ orange oder KC+ orange **10**

4 Lager und Mark K+ gelb, P+ gelb. Epihym. grün, mit schwarzbrauner amorpher Substanz, die sich in K violett auflöst. Hyp. braun. Ap. schwarz, flach, berandet. Lager rein krustig, ohne Sorale oder mit diffusen Soralen, h.grau bis ocker, oft mit schwarzen Pykniden. Sp. 6-11,5 × 2,5-4,5 µm. Alectorial-S. u.a. . . . . ↑ **Hypocenomyce xanthococca**-Gruppe

4* Lager/Mark K-. Epihym. nicht K+ violett. Gyrophor-S. **5**

5 Lager P+ rot, aus winzigen, z.T. gekerbten Schüppchen (40×), mit s.vereinzelten, C+ roten Soralen. Ap. orange, rosabraun, braun. Argopsin *. S.selten an alten Stämmen in naturnahen Wäldern . . . . ↑ **Biatora fallax**

5* Lager P-, nicht aus solchen Schüppchen. Ohne Argopsin **6**

6 Lager h.braun bis d.braun oder selten (im Tiefschatten) grünlich, aus kugeligen bis meist verlängerten oder korallinischen Körnchen, Körnchen 25-150 (200) ×

25–50 µm, C+ (zumindest im Quetschpräparat) rot. Ap. meist zerstreut, –0,6 mm, gewöhnlich mit deutlichem, oft hellerem Rand, braun bis fast schwarz. Sp. 8–12 × 4–5 µm. Hyp. ± braun, Hym. J+ grünlichblau, Exc. paraplektenchymatisch, braun . . . . **Placynthiella icmalea**

6* Lager nicht braun, nicht aus verlängerten bis korallinischen Körnchen. Hyp. hell. Exc. nicht paraplektenchymatisch **7**

7 Ap. weißlich, beige, rosabraun, h.braun, m.gewölbt, mit zurückfliehendem, nicht erhabenem Rand, –0,9 mm. Epihym. ± farblos. Lager dünn, körnig bis warzig, mit diffusen, gelblichen bis grüngelblichen, in der Lagermitte oft zus.fließenden Soralen. Sp. (10)12–17 × 4–5,5(6) µm. Exc. und Hyp. chondroid. Auf Rinde und Rindenmoosen . . . . **Biatora chrysantha**

7* Ap. schwarz, grünschwarz, grauschwarz, braunschwarz, oliv, wenn rosa, rosabraun oder ziegelrot, dann lange flach und erhaben berandet. Hym. meist oliv bis grünlich **8**

8 Ap. randlos, meist gewölbt, schwarz, selten grünschwarz, –0,6 mm (oft geknäuelt, –1 mm). Lager feinkörnig, h.grau bis blaß grünlich, mit mehligen blaßgrünlichen, unregelmäßigen, bald flächig zus.fließenden Soralen, daher Lager oft von leprösem Aussehen. Sp. 9–12 × 4–5 µm. Hyp. blaß . . . . **Trapeliopsis viridescens**

8* Ap. zumindest jung deutlich berandet, lange flach, blaß bis schwarz, matt . **9**

9 Ap. graurosa bis ziegelrot, rotbraun, olivbräunlich, grüngrau bis fast mattschwarz, auch im selben Lager oft variierend, lange flach und berandet, zuletzt oft gewölbt, –1,5 mm. Sp. 8–15 × 4–6 µm. Hym. 70–80 µm. Lager weißlich, h.grau, aschgrau, stellenweise manchmal rosa getuscht, zus.hängend körnig bis warzig, oft stellenweise sorediös. Sorale rel. unregelmäßig und Soredien gröber als bei *Trapeliopsis flexuosa*, weißlich, gelblich bis seltener graugrünlich . . . . **Trapeliopsis granulosa**

9* Ap. d.grünlichgrau bis schwarz, selten im Tiefschatten blaß gefärbt, –0,7 mm, flach bis schwach gewölbt. Sp. 7–9,5 × 2,5–4 µm. Hym. 40–50 µm. Lager grünlichgrau bis graugrün, seltener weißlich bis h.grau, zus.hängend körnig (0,08–0,25 mm), am Rand Körner oft vergrößert und verflacht (–0,4 mm). Sorale erst getrennt, –0,4 mm, später manchmal zus.fließend, mehlig bis feinkörnig, graugrün bis d.grün (bläulichgrün). Meist auf Holz . . **Trapeliopsis flexuosa**

10 Ap. h.gelb, gelbgrünlich, h.gelbbraun, h.braun, rosabraun, später aber bisweilen dunkel, oliv, mißfarben bis schwärzlich, bald gewölbt-randlos, –0,8(1) mm. Epihym. gelblich, gelbbraun, bräunlich bis oliv, mit körniger, graugelber bis gelbbrauner Auflage, die sich mit K entfärbt und auflöst. Sp. schmal ellipsoid, 9–16 × 3,5–6 µm. Lager C+/KC+ orange, K–, P–, feinkörnig bis fast fehlend, seltener rissig bis rissig areoliert oder fast leprös, blaß grüngelb, fahlgelb, ohne begrenzte Sorale. Hym. 40–70 µm. Pyknosp. 18–25 × 0,5–1 µm. Mitunter Algen im Rand. Usnin-S., Zeorin, ±Xanthon, ±Thiophan-S. . . **Lecanora symmicta**

10* Ap. braunschwarz, rotschwarz, schwarz, blauschwarz, selten rotbraun, gelblich rotbraun. Epihym. ohne solche körnige Auflage. Sp. ellipsoid bis breit ellipsoid, wenn schmal ellipsoid, dann Ap. s.klein (–0,25 mm), rotbraun **11**

11 Epihym. K+ violettrot. Paraph. verklebt. Ap. gewölbt und randlos, d.rotbraun

bis fast schwarz (K+ rot), -1 mm. Epihym. gelbgrünlich bis bräunlich, Hyp. farblos, Sp. 7-11(13) × 5-8 µm. Lager grünlichgelb, blaß gelblich, bräunlichgelb, meist größtenteils feinkörnig-mehlig (Körnchen -150 µm), oft mit schwarzem Vorlager, K und P-/+ schwach gelblich, C+/KC+ orange. Thiophan-S., Arthothelin, ±Dichlornorlichexanthon . . . . **Pyrrhospora quernea**

11* Epihym. nicht K+ violettrot. Paraph. (zumindest in K) locker. Ap. anfangs flach und berandet **12**

12 Ap. s.klein, -0,25 mm, aber oft zu größeren Aggregaten zus.wachsend, rotbraun, gelblich braunrot, meist zahlreich und gedrängt, jung flach und berandet, später m.gewölbt, undeutlich berandet. Lager C-!, KC+ orange, K+ gelblich, P-, rissig areoliert, graugelblich, schmutzig weißlich. Epihym. rotbraun. Paraph. oben kopfig (-4 µm) und mit brauner Wand, einfach bis vereinzelt oben verzweigt, in K z.locker. Hym. um 60 µm, J+ tiefblau, Hyp. farblos bis gelblich, J+ blau. Sp. 8-12(15) × 4,5-5,5 µm. S.selten . . . . **L. exigua**

12* Ap. in der Regel über 0,4 mm, schwarz, seltener rot- bis braun- oder blauschwarz, nur im Tiefschatten auch ± rotbraun. Lager C+ orange bis gelb, KC+ gelb. Epihym. und Exc. außen blau bis grün, violett, schmutzig rötlich, selten rotbraun, oft wechselnd. Paraph. (beim Quetschen) z.leicht frei. Hyp. bräunlich bis farblos. Sp. 10-17 × 6-9 µm, selten kleiner *(Lecidella)* **13**

13 Lager ohne Sorale, glatt bis rissig areoliert, selten stellenweise mehlig-körnig, weißlich, olivgrün, graugrün bis gelblich. Ap. -1,2 mm. Arthothelin, Granulosin, ± 4,5-Dichlorlichexanthon oder Thiophan-S., Isoarthothelin, Capistraton . . . . ↑ **Lecidella elaeochroma**

13* Lager mit Soralen oder gänzlich körnig-sorediös **14**

14 Lager gänzlich körnig-sorediös (leprös) aufgelöst, gelblichweiß bis gelblichgrau, dünn bis dick, ± areoliert. Ap. -0,5 mm, ± eingesenkt, gewöhnlich vorhanden. Unbek. Xanthon (5/5/5). S.selten, auf bearbeitetem, ± eutrophiertem Holz . . . . ↑ **Lecidella pulveracea**

14* Lager mit getrennten, später auch zus.fließenden Soralen **15**

15 Lager grauweiß (bis blaß gelblich), mit kleinen gelblichen bis ockergelblichen, rundlichen bis unregelmäßigen, getrennten bis flächig zus.fließenden Soralen. Soredien 20-30 µm. Ap. -1(1,2) mm, zerstreut bis fehlend, oft bald gewölbt. Arthothelin, (±) Granulosin . . . . ↑ **Lecidella flavosorediata**

15* Lager graugrün bis gelb, mit gelben, nicht zus.fließenden Soralen. Ap. nicht selten. Sorale mit Lichexanthon. Arthothelin, Granulosin, ±4,5-Dichlorlichexanthon (Sorale C+ orange) oder Thiophan-S., Isoarthothelin, Capistraton (Sorale C-) . . . . **Lecidella elaeochroma** f. **soralifera**

16 Lager mit begrenzten, teilweise zus.fließenden Soralen **17**

16* Lager ohne Sorale, aber mitunter einheitlich mehlig-körnig **20**

17 Sorale gelblich, gelbgrünlich, P+ rot, zahlreich, anfangs rundlich, in der Lagermitte zus.fließend. Lager dünnkrustig, flachwarzig. Ap. h.rotbraun, rosabraun, h.braun, fast flach. bis z.gewölbt, Rand zurückfliehend, nicht erhaben, heller, verschwindend, -0,9 mm. Exc. und Hyp. chondroid (knorpelig). Sp. 10-15 × 4-6 µm. Argopsin . . . . ↑ **Biatora epixanthoidiza**

17* Sorale P-. Ap. anders gefärbt **18**

18 Ap. randlos, gewölbt, bleigrau, blaugrau, schwarzgrau, selten braunstichig (meist leicht bereift), -1(1,2) mm, gewöhnlich vorhanden, aber spärlich. Lager mit punktförmigen, rundlichen, weiß- bis grünlichgrauen oder braunstichigen Soralen, grau bis braungrau, dünn bis dicklich, ± areoliert. Vorlager bläulich-(schwarz) oder braun. Sorale K± schwach gelb, C–, UV + weiß (Sphaerophorin, ±Isosphaerin-S.). Sp. 9–15 × 4–7 µm. Epihym. blaß bis oliv oder grünblau, Hym. oft bläulichgrün oder bräunlich, Hyp. blaß oliv bis bräunlich. Paraph. stark verklebt . . . . **L. pullata**

18* Ap. z.lange flach und (oft etwas wellig) berandet, schwarz, braunschwarz, d.graubraun. Paraph. z.locker **19**

19 Sp. in der Mitte verengt, selten schwach gekrümmt oder ellipsoid, 7,5–11 × 3–4,5 µm. Ap. –1,2(1,5) mm, d.braun, d.graubraun bis schwarz, mit meist hellerem, oft verbogenem, deutlich vorstehendem Rand. Lager grau bis meist bräunlichgrau, selten grünlichgrau, Sorale weißlich, bräunlich, gelblich, bald zus.fließend. R–, UV+ weiß. Divaricat-S. . . . . **Fuscidea lightfootii**

19* Sp. ellipsoid, 10–17 × 6–9 µm. Ap. –1 mm, wie bei der Hauptart. Lager graugrün bis gelb, mit gelben, nicht zus.fließenden Soralen. Lager gewöhnlich C+ orange, bei geringer Flechtenstoffkonzentration Reaktion auch s.schwach bis ausbleibend . . . . **! Lecidella elaeochroma** f. **soralifera**

20 Sp. keulenförmig, tropfenförmig oder deutlich gebogen **21**

20* Sp. ellipsoid bis länglich, selten kugelig **22**

21 Sp. keulenförmig bis tropfenförmig, 3–6 × 1–2 µm. Ap. –0,3 mm, graubraun, oliv, blaugrau bis schwärzlich, gewölbt-randlos. Lager R– . . . . **↑Psilolechia clavulifera**

21* Sp. gewöhnlich deutlich (oft nierenförmig) gebogen, 8,5–12(14) × 4–6 µm. Epihym. und Exc. außen bräunlich, Hyp. hell. Paraph. beim Quetschen in K ± frei werdend. Ap. –1,5(1,8) mm, d.braun, braunschwarz, meist ± flach und erhaben berandet, Rand oft im Alter wellig verbogen. Lager h.grau bis bräunlich, deutlich rissig bis rissig areoliert, mit braunschwarzem Vorlager, P+ rot, K–/+ gelbbraun, C–. Fumarprotocetrar-S. . . . . **Fuscidea cyathoides**
(vgl. a. ↑ *Fuscidea lightfootii*, mit sorediösem Lager)

22 Sp. zu (8)12–16 . . . . **23**

22* Sp. zu 8 . . . . **24**

23 Ap. s.klein, –0,1 mm, schwärzlich, flach, angedrückt. Sp. zu 8–12, 5–7(9) × 2,5–4 µm. Epihym. schmutzig oliv. Hyp. farblos. Hym. 30–35 µm. An Holz . . . . **L. huxariensis**

23* Ap. deutlich größer, –0,7 mm, grau(braun), rotbraun bis (rot-)schwärzlich, flach bis gewölbt, mit dünnem, niedrigem, zuletzt verschwindendem Rand, etwas glänzend. Sp. zu 12–16, 7–12(14) × 3–4(6) µm. Epihym. farblos bis h.bräunlich, Paraph.enden meist verdickt. Hyp. oben (oft auch Hym. im unteren Teil) graubräunlich, Lager dünn, grauweiß bis grünlichgrau . . . . . **L. betulicola**
(wenn Lager weißlich, dünn zus.hängend bis zerstreut-körnig, (K–)/K+ gelb bis rot, Sp. 5,5–12 × 1,6–3,5 µm, Ap. grauoliv, vgl. *L. albolivida*, 28)

24 Hyp. braun, rotbraun, schwarzbraun (darüber manchmal auch grünlich) . **25**

24* Hyp. farblos, gelblich, blaß bräunlich, blaß oliv **29**

25 Ap. -0,3(0,4) mm, in dichten, traubenartigen Gruppen, ± flach, basal eingeschnürt, oft fast gestielt, d.rotbraun bis schwarz, mit s.dünnem, anfangs weißlichem, dann braunem Rand. Epihym. braun, gelbbraun, Hyp. d.braun. Lager körnig sorediös, grau, graubraun, oliv. Soredien 30–80 µm, R–, Mark UV + weiß. Sp. 7–12 × 3–4 µm, vereinzelt 2zellig. Perlatol-S. . . . . **L. botryosa**

25* Ap. nicht in dichten, traubenartigen Gruppen, nie fast gestielt. Lager nicht körnig sorediös **26**

26 Lager feinkörnig bis gewöhnlich fast isidiös aus verlängerten bis koralloiden Körnchen (25–150 (200) × 25–50 µm), braun bis schwarzbraun, selten grünlich, zumindest Quetschpräparat (Mikroskop) C+ rot. Ap. (rosa)braun, d.rotbraun, schwärzlich, berandet (Rand oft eingebogen), -0,6 mm. Exc. braun, paraplektenchymatisch. Sp. 8–12 × 4–5 µm. Gyrophor-S.
. . . . **Placynthiella icmalea (TS 1/20)**

26* Lager nicht aus kugeligen bis verlängerten oder korallinischen Körnchen, nicht braun. C–/C+ gelb. Ohne Gyrophor-S. **27**

27 Sp. (breit) ellipsoid, 10–17 × 6–9 µm, selten kleiner. Paraph. bei Druck (zumindest in K) leicht frei. Epihym. und Exc. außen blaugrün, grünlich, violett, rotbraun, oft wechselnd, Hyp. farblos bis bräunlich. Ap. schwarz, bisweilen d.braun oder d.rotstichig schwarz, mitunter auch mittelbraun, zumindest anfangs flach und dünn berandet, -1,2 mm. Lager C– bis C+ gelb, grau, weißlich, graugrünlich, gelblich, ungegliedert bis rissig, glatt bis körnig. Hym. mitunter inspers. Arthothelin, Granulosin, ± 4,5-Dichlorlichexanthon oder Thiophan-S., Isoarthothelin, Capistraton . . . . **Lecidella elaeochroma**
(wenn Ap. braunrot bis d.braun, stets leicht bereift und dadurch etwas bläulich, flach bis leicht gewölbt. Lager weißlich, mit körniger Oberfläche, C– ↑ *Lecidella laureri*)

27* Sp. schmal ellipsoid **28**

28 Sp. (8)10–15 × 3,5–6 µm, 1zellig, selten 2zellig. Ap. rotbraun, braun, d.braun bis fast schwarz (dann angefeuchtet rotstichig), -0,8(1) mm, anfangs konkav, dann lange flach bis m.gewölbt und mit wenig erhabenem, zuletzt schwindendem, gleichfarbenem oder dunklerem, oft glänzendem Rand. Epihym. kaum gefärbt, gelbbraun, selten rotbraun. Hyp./Subhym. auch grünfleckig. Hyp./Exc. rotbraun bis schwarzbraun (oft gefleckt). Lager dünn, häutig oder dünn warzig, grau, braunstichig grau. Auf Rindenmoosen
. . . . **Mycobilimbia sanguineoatra (TS 1/23)**

28* Sp. 7–11 × 2,5–3 µm, schmal ellipsoid bis fast spindelig. Ap. schwarz, flach, s.dünn berandet, zuletzt gewölbt-randlos, -0,5 mm. Epihym. braun, Paraph.enden keulig. Hym. 40–45 µm. Hyp. d.braun, Exc. innen blaß bis h.braun. Lager undeutlich . . . . **L. plebeja**
(ähnl. ist *Lecidea albolivida*: Lager weißlich, dünn zus.hängend bis aus zerstreuten Körnchen, bei deutlicher Entwicklung K+ gelb bis rot, Ap. grauoliv, mit dünnem, nicht vorstehendem schwärzlichem Rand. Hyp. d.braun. Exc. d.braun. Paraph. verklebt, oben verdickt. Epihym. farblos, gelblich, oliv. Sp. 5,5–12 × 1,6–3,5 µm, zu 8(12–16), Hym. 40–70 µm)

29 Sp. kugelig, 5–7 µm, Hyp. (fast) farblos **30**

29* Sp. schmal ellipsoid bis breit ellipsoid **31**

30 Lager R–, UV+ weiß, oft ganz feinkörnig sorediös (ähnl. *Lepraria incana*), selten mit zerstreuten Soralen. Ap. braun, rotbraun bis fast schwärzlich rotbraun, lange flach, mit dünnem, hellerem Rand, zuletzt m.gewölbt-randlos, -0,8(1) mm, selten. Epihym. rotbraun. Exc. h.braun. Paraph. einfach, oben kopfig verdickt, verklebt. Lager dünn, oft ausgedehnt, grauweiß, grünlichgrau, bläulichgrau, braungrau, mitunter mit blauem Vorlager. Soredien 20–60 µm. Divaricat-S. . . . . **L. nylanderi**

30* Lager K+ gelblich, P+ orangerot, warzig bis areoliert. Ap. lecanorin, h.braun, rötlichbraun, selten schwarzgrau, anfangs konkav, dann flach, seltener stärker gewölbt, -0,7 mm. Rand lagerfarben, heller als die Scheibe, später zurückgedrängt. Epihym. bei helleren Ap. mit feiner Kristallauflage, rotbraun, braun, schwarzbraun. Paraph. oben z.T. kopfig und braun pigmentiert. Lager warzig bis glatt, grauweiß bis graugrün. Fumarprotocetrar-S., Lobar-S. + unbekannter Stoff. Alpen, an Ästen . . . . **Lecanora boligera** (Norman ex Th.Fr.) Hedlund (s.ähnlich, mit ident. Ch, aber Sp. breit ellipsoid, Rand gewöhnlich nicht heller als Scheibe ↑ *L. fuscescens*)

31 Sp. ellipsoid bis breit ellipsoid, höchstens doppelt so lang wie breit, 10–16 × 6–9 µm (selten größer) **32**

31* Sp. schmal ellipsoid, gewöhnlich mehr als doppelt so lang wie breit. Paraph. meist verklebt. Ap. anfangs flach und berandet oder gewölbt-randlos . . . **35**

32 Ap. -0,25 mm, aber zu größeren Aggregaten zus.wachsend, meist zahlreich und gedrängt, rotbraun, gelblich braunrot, jung flach und berandet, später m.gewölbt, undeutlich berandet. Lager KC+ orange, K+ gelblich, C–, P–, rissig areoliert, graugelblich, schmutzig weißlich. Epihym. rotbraun. Paraph. oben kopfig (–4 µm) und mit brauner Wand, einfach bis vereinzelt oben verzweigt, in K z.locker. Hym. um 60 µm, J+ tiefblau, Hyp. farblos bis gelblich, J+ blau. Sp. 8,5–12 (15) × 4,5–6 µm. Selten . . . . **L. exigua**

32* Ap. größer, nicht zu solchen Aggregaten zus.wachsend. Lager KC– (wenn KC+ orange, dann Sp. größer) **33**

33 Sp. 7,5–9,5 × 4–6,5 µm, breit ellipsoid. Ap. -0,5 mm, h.braun, später d.braun (bis braunschwarz), anfangs konkav, dann flach (Rand scheibenfarben oder etwas dunkler, selten heller), zuletzt gewölbt-randlos. Rand ohne oder unten mit Algen. Epihym. graugrün, graubraun, d.braun. Hyp. farblos. Lager weißlichgrau bis gelbgrau, manchmal fast fehlend, K+ gelblich, P+ orangerot. Fumarprotocetrar-S., Lobar-S. V.a. an Alpenrosen-Ästen
. . . . **Lecanora fuscescens** (Sommerf.) Nyl.

33* Sp. deutlich größer, um 10–17(18) × 6–9(12) µm. Ap. -1,2 mm, schwarz, bisweilen d.braun oder d.rotstichig schwarz, zumindest anfangs flach und berandet. Paraph. bei Druck (zumindest in K) leicht frei. Epihym. und Exc. außen blaugrün, grünlich, violett, rotbraun, oft wechselnd, Hyp. farblos bis braun(-orange). *(Lecidella)* **34**

34 Lager gänzlich sorediös und weißlich, K+ gelb. Sp. 14,5–18 × 10–12 µm, oft schlecht entwickelt. Hyp. farblos. S.selten . . . . ↑ **Lecidella alba**

34* Lager nicht oder stellenweise sorediös, meist grünlichgrau, blaß grünlich, selten weißgrau, K± gelb . . . . ↑ **Lecidella elaeochroma (27)**
35 Epihym. blaß (farblos, gelblich, braungelblich). Ap. beige, h.gelb, gelbgrünlich, h.gelbbraun, rosabraun, teilweise im Alter auch braun oder oliv **36**
35* Epihym. rotbraun, braun, oliv, grünlich, bläulich **40**
36 Epihym. farblos, gelblich, gelbbraun bis oliv, mit körniger, gelber, goldgelber bis gelbbrauner Auflage, die sich in der Regel mit K entfärbt und auflöst. Ap. beige, h.gelb, gelbgrünlich, h.gelbbraun, rosabraun, teilweise im Alter auch braun oder oliv **37**
36* Epihym. ohne eine solche körnige Auflage, farblos bis gelblich. Ap. rosa, gelbrosa, gelbbraun oder braun, mit zurückfliehendem, nicht erhabenem Rand. Epihym. farblos bis gelblich oder blaß bräunlich. Hyp. knorpelig, farblos bis gelblich **39**
37 Häufige Art. Lager blaß grüngelb, fahlgelb, feinkörnig, seltener rissig bis rissig areoliert oder fast leprös, auch fast fehlend, C+/KC+ orange oder C–/KC–. Ap. farblich s.variabel, h.gelb, gelbgrünlich, h.gelbbraun, braun, oliv, gewölbt, anfangs mit dünnem, ganzem Rand, 0,4–1 mm. Hym. 40–70 µm. Sp. 9–16 × 3,5–6 µm. Epihym. gelblich, gelbbraun, bräunlich bis oliv. Pyknosp. 18–25 × 0,5–1 µm. Mitunter Algen im Rand. Usnin-S., Zeorin, ±Xanthon, ±Thiophan-S. . . . . **Lecanora symmicta**
37* Nicht genügend geklärte, im Gebiet ungenügend beachtete Arten auf Holz mit s.undeutlichem bis fehlendem Lager, KC– **38**
38 Sp. 9–12 × 3–4,5 µm, teils schwach 2zellig. Ap. –0,6 mm, blaßgelb, gelbbraun bis rotbraun, anfangs flach bis m.gewölbt und mit meist blassem Rand, später stark gewölbt-randlos. Hym. 40–50 µm. Lager schmutzig grau, dünn bis fast fehlend. Pyknosp. 4–6 µm lang . . . . **L. sapinea** Th. Fr. ex. Vainio [? L.exsequens Nyl.]*
38* Sp. 3–8 × 1,5–2 µm. Ap. –0,3 mm, wachsgelb bis bräunlichrosa, später oft mißfarben. Hym. 30–40 µm. Lager s.undeutlich. . . . . . . ! **L. symmictella** Nyl.
39 Lager aus winzigen, z.T. körnigen, z.T. gekerbten Schüppchen (Schnitt P+ rot). Ap. oft auffallend geknäuelt, gewölbt, rosagelb, h.braun bis d.braun. Sp. (10)11–14(17,5) × (3,5)4–5(6) µm. Argopsin, Gyrophor-S. . . . . . **Biatora fallax**
39* Lager dünnkrustig, grau, blaß grünlichgrau, R–. Ap. 0,3–0,7 mm, angedrückt, fast flach bis m.gewölbt, zuletzt stärker gewölbt, h.braun, gelbbraun, rosabraun, später (rot)braun, bisweilen zus.fließend. Sp. (9,5)11–18(22) × (3)3,5–4,5 µm, mitunter 2zellig. Paraph. oben wenig verdickt. Hyp. knorpelig. Ap.schnitt flüchtig C+ lachsrot. (Gyrophor-S. in Ap.) . . . . **Biatora helvola**
40 Hym. oben grünlich bis oliv, K+ violett, –35 µm. Ap. –0,3 mm, schwarz, von Anfang an gewölbt-randlos. Exc. s.schmal. Sp. 6,5–9,5 × 2–3,5 µm, 1(2)zellig. Lager undeutlich, oft mit gestielten oder eingesenkten schwarzen Pykn. . . . . **Micarea misella**
40* Hym. oben nicht K+ violett, allenfalls K+ grün. Exc. in der Regel gut entwickelt **41**
41 Ap. s.klein, –0,1 mm, schwärzlich, flach, angedrückt. Epihym. schmutzig oliv. Hyp. farblos. Sp. 5–7(9) × 2,5–4 µm. Lager s.undeutlich, auf Holz

. . . . **L. huxariensis**

41* Ap. größer **42**

42 Hym. zumindest teilweise blau bis blaugrün oder violett, oder Epihym. blaugrün bis schwärzlichgrün (in manchen Ap. Hym. und Epihym. auch bräunlich) **43**

42* Hym. oder Epihym. nicht blaugrün oder violett. Epihym. blaß bis bräunlich, rotbraun oder olivbraun **44**

43 Hym. meist ganz oder teilweise bläulich bis oliv, 70–140 µm. Ap. mit dünnem, niedergedrücktem, oft hellerem, zuletzt verschwindendem Rand, m.(-z.)gewölbt, schwarz, grau- bis bläulichschwarz oder bleigraubraun, unbereift, oft fast glänzend, angedrückt, -0,8 mm. Hyp. fast farblos bis bräunlich oder leicht violett. Paraph. verleimt. Sp. 9,5–15 × 3–4,5 µm. Lager dünn, grau(weiß) . . . . **Biatora ocelliformis**

43! Hym. oft schmutzig blaugrün, streifig violett oder bräunlich, -50 µm. Ap. randlos, fast flach bis meist gewölbt, meist leicht uneben-buckelig, schwarz bis braunschwarz, feucht blaustichig, oft bläulichgrau bereift, -0,6(0,8) mm. Epihym. bräunlich, blaugrün, olivschwärzlich, Hyp. farblos bis leicht bräunlich. Sp. 6–12(15) × 2,5–4(5) µm. Lager s.dünn, unauffällig . . . . **L. turgidula**

43* Hym. farblos, 40–70 µm. Epihym. oliv, mit auf- und eingelagerten, in K löslichen Körnchen . . . . ↑ **Lecanora symmicta**

44 Lager und Ap.rand K+ gelb bis orangerot (im Mikroskop rote Kristalle), P+ orange, körnig oder schollig, deutlich, weißgrau, weißlich, Ap. anfangs zimtbraun, mit blasserem, erhabenem Rand, flach, später braun bis braunschwarz, gewölbt, -0,8 mm. Ap.rand ohne Algen. Epihym. braun. Paraph. z.verleimt, oben kopfig. Sp. 7–12 × 3–4,5 µm. Norstictin-S. . . . . **Lecanora cadubriae**

44* Lager K- oder K+ gelblich, P- oder Lager undeutlich **45**

45 Hym. über 50 µm. Epihym. mit feinkörniger, in K löslicher Auflage, gelbbraun bis oliv. Ap. m.-s.gewölbt, braun, oliv bis schwarz (oft im selben Lager, mitunter auch am selben Ap.), anfangs berandet, -0,8 mm. Lager meist deutlich entwickelt, gelblichweiß, Sp. 10–17 × 3–5,5 µm . . . . **Lecanora symmicta** var. **aitema**

45* Hym. bis 50 µm **46**

46 Ap. schwärzlich bis braunschwarz, gewöhnlich leicht bläulich(grau) bereift, ± gewölbt-randlos mit oft unebener, höckeriger Oberfläche, -0,5 mm. Epihym. bräunlich bis olivschwärzlich, nie rotbraun. Hym. oft teilweise (streifig) gefärbt. Paraph. spärlich verzweigt und vernetzt. Hyp. farblos bis ± leicht gefärbt. Sp. 6–12(15) × 2,5–4(5) µm. Lager meist undeutlich, seltener weißlich, körnig . . . . **L. turgidula (43)**

46* Mit anderen Merkmalen. Epihym. rotbraun bis braun **47**

47 Exc. K+ gelbe Lösung, dann rote Nadeln. Lager oft äußerlich fehlend, oder nur mit kleinen vereinzelt entwickelten Areolengruppen, K+ gelb (Mikroskop rote Nadeln). Ap. -0,5 mm, jung (meist heller) berandet, bald ± gewölbt und unberandet, schwarzbraun bis schwärzlich, angefeuchtet deutlich rotbraun bis d.braun. Pyknosp. 4–5 µm lang, ellipsoid bis kurz zylindrisch . . . . **Lecanora phaeostigma** [*L. cadubriae* coll.]

47* Ohne eine solche Reaktion. Lager R–. Epihym. rotbraun, Paraph. oben kopfig, einfach, selten verzweigt. Exc. innen farblos **48**

48 Ap. z.lange flach, anfangs dünn (und oft etwas dunkler) berandet, dann gewölbt-randlos, -0,8(1) mm, d.rotbraun bis braunschwarz, feucht etwas durchscheinend. Exc. außen rotbraun, mit geschwollenen Hyphenenden. Epihym. K–. Paraph. oben -5 µm. Hyp. farblos. Sp. (8)9-16(18) × 3-4,5(5) µm, ellipsoid-spindelig. Lager undeutlich oder dünn, weißlich . . . . . . **L. erythrophaea**

48* Ap. s.bald z.gewölbt bis halbkugelig, oft zahlreich und dichtstehend, unbereift, -0,5(0,7) mm, braunschwarz, d.braun, selten d.rotbraun, anfangs flach, dünn berandet. Exc. außen blaß braun. Epihym. K± olivbraun. Paraph. oben -4 µm, in K gut sichtbar. Hyp. farblos oder im oberen Teil bräunlich. Sp. 8-12(14) × 3,5-4,5(5,5) µm, Inhalt oft bräunlich. Pyknosp. 14-18 µm, nadelförmig, gebogen. Lager undeutlich oder dünn, weißlich. . . . . **L. hypopta**

Lecidea TS 3: Arten auf Kalkgestein

1 Ap.scheiben zumindest feucht nicht ganz schwarz (dann meist rotbraunstichig schwarz), trocken schwarzbraun, schwarz, selten d.braun **2**

1* Ap.scheiben auch feucht schwarz, aber mitunter bereift **9**

2 Sp. länglich, 10-17(20) × 3-4,5 µm, (mindestens 3× so lang wie breit), meist 1zellig, z.T. angedeutet 2zellig, ohne Schleimhülle. Ap. d.braun bis schwarz, feucht braun bis rotbraun mit dunklerem Rand, flach bis bald stark gewölbt, randlos, -0,8 mm, manchmal zus.fließend. Epihym. blaßbraun bis farblos. Paraph. einfach, nur oben kurz verzweigt, oben nur wenig verdickt. Hyp. braunschwarz(violett), ebenso Exc., K+ purpurviolett. Lager undeutlich bis dünn, mehlig-schorfig, weißgelblich bis grünlich, Ch– . . . . **Catillaria picila**

2* Sp. anders, gewöhnlich mit ± schmaler (bei jungen Sp. meist gut, bei alten oft schlecht sichtbarer) Schleimhülle. Ap.scheiben trocken meist schwarzbraun bis schwarz, manchmal leicht bereift. Epihym. braun bis rotbraun **3**

3 Ap. elliptisch bis kantig, in Gruppen in Vertiefungen zus.stehend. Ascuswand J+ blau, seltener rotbraun. Hyp. farblos, J–. Sp. 13-17 × 6-8 µm. Exc. schwach entwickelt. Lager fehlend oder knorpelig bis kreidig und ± uneben. R– . . . . **Clauzadea cyclisca**

3* Ap. ± rund **4**

4 Sp. 8-11,5(14) × 3,5-6(8) µm. Ap. sitzend, flach, berandet, seltener gewölbt, schwarz, schwarzbraun, d.rotbraun, -0,8(1,2) mm, meist von s.unterschiedlicher Größe im selben Lager. Exc. gut entwickelt, (rot)braunschwarz, Hyp. rotbraun, selten h.braun, Epihym. orangebraun, rotbraun. Ascusgallerte meist J+ rot. Lager fehlend oder dünn, grau bis ocker. Habituell ähnl. *Lecidella stigmatea*. Ch– . . . . **Clauzadea monticola**

4* Sp. größer, im Mittel mindestens 6 µm breit, wenn schmäler, dann Ap. ± eingesenkt **5**

5 Hym. gewöhnlich mindestens 100 µm (Mittelwert über 120 µm). Gebirgsflechten, h'mo-alp. Lager in der Regel kräftig entwickelt **6**

5* Hym. -105 µm (Mittelwert unter 100 µm). Flechten niederer und höherer

Lagen. Lager undeutlich oder zus.hängend, weiß, R–. Ap. –0,8 mm, zumindest teilweise ± eingesenkt, in deutlichen bis flachen Gruben des Kalkgesteins, bis angedrückt sitzend, rotbraun bis schwarz **7**

6 Junge Ap. mit ganz flachem, s.breitem Rand und punktförmiger Scheibe. Hym. 130–190 µm. Lager schwach rissig, Mark R– . **Stenhammarella turgida (21)**

6* Junge Ap. mit kräftigem, vorstehendem Rand. Hym. 110–145 µm. Lager meist warzig areoliert, kreideweiß, ockerweiß, bläulichweiß, h.grau, kreidig-rauh, Mark P– oder P+ orange, K– oder K+ gelb. Ap. 0,5–1,3(2,0) mm, schwarz bis schwarzbraun, nicht (oder höchstens jung etwas) bereift, feucht d.rotbraun, flach bis gewölbt, dick berandet, jung am Rande der (zwischen den) Areolen ± eingesenkt, später verengt sitzend. Sp. (16)20–28(33) × 7–14 µm. Exc. s.dunkel. Hyp. braun, rotbraun. Stictin-S. oder Ch–. Auf (kalkhaltigem) Silikatgestein. Mark J– . . . . **Porpidia superba**

7 Lager kreidig und knorpelig-uneben bis faltig, dicklich, weinsteinartig, weißlich, blauweiß, schmutzig gelblich, feucht oft ± grünlich bis blaugrünlich, Vorlager weiß. Hyp. zumindest stellenweise J+ blau. Exc. gewöhnl. gut entwickelt, innen d.rotbraun. Ap. 0,5–0,9 mm, m.eingesenkt bis sitzend, Rand teils erhaben, teils flach. Hyp. h.braun. Sp. 13–16(22) × 5–7(8,5) µm . . . . **Clauzadea chondrodes**

7* Lager endolithisch oder s. dünn, weißlich. Exc. braun, schwach entwickelt. Hyp. fast farblos bis orangebraun, J–. Rand kaum vortretend. Ch–. Nahe verwandt **8**

8 Ap. eingesenkt, meist nicht oder s.wenig über die Gesteinsoberfläche ragend, meist flach, mit dünnem, bleibendem oder verschwindendem Rand, –0,8 mm, oft bereift. Epihym. gelbbraun bis braun. Sp. 10–16(19) × 6–8(9) µm. Lager endolithisch oder weißlich . . . . **Clauzadea immersa**

8* Ap. mäßig ins Gestein eingesenkt, flach bis leicht gewölbt, mit dünnem, meist bleibendem Rand, (braun)schwarz, gewöhnlich unbereift, –0,8 mm. Epihym. rotbraun. Sp. 16–23(27) × 6–10(12) µm, oft mit Öltröpfchen. Lager ± endolithisch . . . . **Clauzadea metzleri**

9 Paraph. schwach verklebt, bei Druck (zumindest in K) leicht frei. Hym. ohne oder mit Öltröpfchen und dann trüb **10**

9* Paraph. fest verklebt. Hym. nicht durch Öltröpfchen trüb **12**

10 Hym. durch kleine Öltröpfchen milchig trüb, Epihym. d.blaugrün bis graugrün. Sp. 11–19 × 6–10 µm. Ap. glänzend schwarz, flach bis m.gewölbt, wulstig berandet, –2(2,5) mm. Lager endolithisch bis dickkrustig, kreideweiß bis beige, zus.hängend bis rissig, selten areoliert. Zeorin, ±Atranorin, ±Lichexanthon. Vogelsitzplätze wie auch kaum gedüngte Orte, kalkreiche bis -arme Gesteine – arkt-alp, Al . . . . **Lecidella patavina** (Massal.) Knoph & Leuck. [*Lecidea rolleana* Magnusson, *L. spitsbergensis* (Lynge) Hertel & Leuck.]

10* Hym. durchsichtig, nicht trüb **11**

11 Häufige Flechte. Hyp. farblos bis (leicht) bräunlich. Exc. außen und Epihym. graubraun bis violett oder blaugrün, Exc. innen farblos. Sp. 10–16 × 6–9 µm. Ap. –1,2 mm, sitzend, flach, berandet, später gewölbt, mit verschwindendem Rand. Lager endolithisch bis deutlich entwickelt, grau, graubräunlich, weißlich, körnig bis rissig areoliert, K- oder K+ gelb. Zeorin, ±Atranorin, ±Lichexanthon . . . . **Lecidella stigmatea**

11* Hochgebirgsflechte. Hyp. olivbraun bis schwärzlich. Exc. außen schwärzlich, innen rötlich bis rosabraun. Epihym. blaugrün, Hym. grünlich. Paraph. z.T. oben stark angeschwollen. Sp. 6–11 × 4–6,5 µm. Ap. -0,5(0,8) mm. Lager endolithisch bis dünn, rissig-areoliert, weißlich, Ch–. Alpin, kalkreiche Gesteine, exponierte Standorte (v.a. Schräg- und Vertikalflächen) – arkt-alp, Al . . . . **Cephalophysis leucospila** (Ach.) Kilias & Scheideg. [*L. ultima* Th.Fr.]

12 Lager endolithisch, allenfalls das Gestein verfärbend. Hyp. und Exc. dunkel **13**

12* Lager deutlich, aber oft dünn **15**

13 Sp. (6,5)8,5–15 × 3,5–5,5 µm, länglich bis schmal ellipsoid. Ap. ± flach, mit erhabenem, schmalem Rand, Scheibe glatt. Hym. 40–70 µm. Epihym. leuchtend grün bis grünblau. Hyp. und Exc. schwarzbraun, K– . . . . **Carbonea vorticosa (TS 6/35)**

13* Sp. breiter, ellipsoid. Hym. mindestens 70 µm **14**

14 Ap. mit glatter oder gelegentlich genabelter Scheibe, flach bis m.gewölbt, (oft glänzend) schwarz oder bereift, wulstig berandet, -1(2) mm. Epihym. grün, braungrün bis schwarzbraun, oft im selben Ap. Exc. kohlig schwarz, kräftig entwickelt. Hyp. braun(rot)schwarz bis grünschwarz, Subhym. grünbraun bis blaugrün. Sp. 12–27(30) × 6–13(16) µm, mit dicker Schleimhülle. Hym. J+ blau . . . . **Farnoldia jurana**

14* Ap. jung flach und wulstig berandet, später gewölbt und mit grubig verunebneter bis gehirnartig zerfurchter Oberfläche, -2,5(3,5) mm, verengt aufsitzend. Epihym. leuchtend blaugrün, nie braun. Hyp. und Exc. rotbraun, K+ rotviolett verfärbend. Exc. s.dick. Sp. 11–21 × (5)6–9 µm, z.T. zitronenförmig, jung mit Schleimhülle. Alpin, v.a. reiner Kalkstein, Dolomit, an lichtoffenen Standorten – arkt-alp, Al, SJu . . . . **Farnoldia hypocrita** (Massal.) Fröberg [*Lecidea h.* Massal.]

15 Parasitisch auf *Aspicilia*. Lager h.blaugrau, kreidig . . . . . **L. tesselata (19)**

15* Nicht parasitisch **16**

16 Sp. bis 15 µm lang **17**

16* Sp. zumindest teilweise über 15 µm lang **21**

17 Ap. in der Mitte gewöhnlich mit regelmäßigem, großem Nabel, wulstig berandet, meist kantig, flach, später m.gewölbt, -1,4(2) mm. Epihym. grün (bis oliv und schwarzbraun), Hyp. farblos bis mittelbraun. Exc. innen hell. Sp. 10–13(15) × 5,5–7(8) µm. Lager kreideweiß, R–, Mark meist J+ violett. Alpin, v.a. auf mergeligen Kalken – arkt-alp, Al . . . . **L. umbonata** (Hepp) Mudd

17* Ap. nicht mit zentralem Nabel (wenn gelegentlich genabelt, dann mit anderen Merkmalen) **18**

18 Hyp. farblos bis h.ocker (nur in alten Ap. gelegentlich dunkler). Exc. innen farblos oder schwach gefärbt, nicht d.braun bis schwarz. Alpin, v.a. auf Steil- und Schrägflächen z.–m.kalkreicher Gesteine (Mergelkalke, Kalkschiefer, Kieselkalke) – arkt-alp, Al **19**

18* Hyp. braun, rotbraun, schwarzbraun. Paraph. stark verklebt. Lager K-/± gelblich, P-, C- **20**

19 Lager h.blaugrau, kreidig, im Zentrum s.dick, R-, Mark J+ violett. Vorlager h.grau. Ap. kaum über das Lager ragend, -1,8 mm. Epihym. grau- bis schwarzgrün. Sp. 8-11 × 4,5-6 µm . . . . **L. tesselata** var. **caesia** (Anzi) Arnold

19* Lager meist blaß zitrongelb bis (gelbstichig) kreideweiß, selten sattgelb, dick, oft geschädigt, K+ gelb, C-, P-, Mark J-. Vorlager weißlich. Ap. aufsitzend, bald gewölbt-randlos, -1,5 (2,5) mm. Epihym. gelb- bis schwarzgrün. Sp. 8-14 × 4,5-7,5 µm. Usnin-S., ±Atranorin . . . . **Lecanora marginata** (Schaerer) Hertel & Rambold [*Lecidea elata* Schaerer]

20 Epihym. leuchtend smaragdgrün. Sp. 7-13(15) × 3,5-5(6) µm. Lager meist rund, klein, weiß, Mark J-. Exc. kohlig. Hyp. braun bis rotbraun. Ap. angedrückt bis eingesenkt, flach bis m.gewölbt, berandet, unbereift, -1,3 mm. Alpin, meist an Horizontal- und Schrägflächen auf z.(m.)kalkreichen, oft m.gedüngten Gesteinen - mieur alp, Al . . . . **Carbonea atronivea** (Arnold) Hertel

20* Epihym. oliv bis grünschwarz. Sp. 11-17(20) × 5,5-7,5(9) µm, oft mit Öltröpfchen gefüllt. Lager kreidig weiß, ausgedehnt. Mark J+ blau. Exc. bald s.schmal, braun. Ap. mitunter schwach bereift, -2(2,5) mm . . . **Porpidia speirea (23)**

21 Junge Ap. mit ungewöhnlich breitem, völlig flachem Rand und punktförmig kleiner Scheibe. Hym. 130-190 µm. Lager kreideweiß, R-. Ap.rand wie bereift, Scheibe schwarz. Exc. kohlig schwarz, Hyp. h.braun bis braun, Epihym. olivlich ockerbraun. Sp. 20-35 × 11-19 µm, jung mit Schleimhülle . . . . **Stenhammarella turgida** (Ach.) Hertel

21* Junge Ap. ohne Rand oder mit wulstig erhabenem Rand, nicht mit auffallend kleiner Scheibe. Hym. 70-140 µm **22**

22 Mark J+ violett. Hym. 70-130 µm **23**

22* Mark J- **25**

23 Sp. im Mittel bis 8 µm breit, 11-17(20) × 5,5-7,5(9) µm. Exc. bald stark reduziert, braun. Epihym. schmutzig oliv bis grünschwarz. Ap. nicht oder jung bereift, -1,2(2,5) mm, ± eingesenkt, oft durch einen Ringriss vom Lager getrennt oder von einer Lagermanschette umgeben. Hym. um 70-105 µm. Lager weiß, rissig areoliert, fein rissig bis fast glatt, meist ausgedehnt. Confluentin-SSy. . . . . **Porpidia speirea** (*P. trullisata* ist nahe verwandt: Ap. stark bereift, -3,5 mm. Ch-, J-Reaktion oft rel. schwach. Hym. 85-130 µm)

23* Sp. im Mittel über 8 µm breit. Exc. kräftig entwickelt, ± einheitlich kohlig schwarzbraun, nicht kontinuierlich ins meist etwas hellere Hyp. übergehend, sondern abgesetzt. Ap. gewöhnlich wulstig berandet. R- **24**

24 Lager gut entwickelt, kreideweiß oder leicht gelbstichig weiß (oder braungrau), meist warzig areoliert. Ap. unbereift, oft etwas glänzend, -2 mm. Epihym. grün, schwarzgrün. Hyp. hellbraun bis d.braun. Hym. 80-120 µm. Sp. (15)17-23(30) × (7)10-14(16) µm, Länge zu Breite = 2:1. V.a. auf Mergelkalken, Kalksandsteinen - arkt-alp, Al . . . . **Farnoldia micropsis** (Massal.) Hertel [*Tremolecia nivalis* (Anzi) Hertel, *L. rhaetica* Hepp ex Th.Fr.]

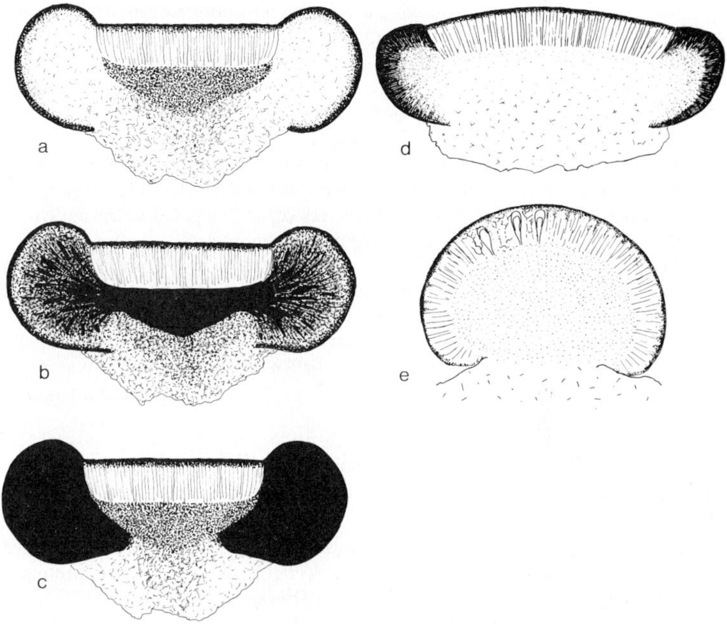

Abb. 42. Excipulum-Typen bei *Lecidea* s.l. a = *Lecidea*-Typ (mit dunklem Hypothecium). b = *Porpidia*-Typ. c = *Farnoldia*-Typ (mit dunklem Hyp.). d = *Lecidea*-Typ mit rel. breiter gefärbter Randzone des Excipulums und mit hellem Hyp. e = *Micarea*-Typ (mit hellem Hyp.) (a-c aus HERTEL 1971, Willdenowia 6).

(s.ähnlich **F. similigena** (Nyl.) Hertel [*L. subrhaetica* Arnold ex Lettau]: Sp. 10–22 × 4–6,5 µm, Länge zu Breite = ca. 3:1)

24* Lager undeutlich bis dünn, ockergelblich, gelbbraun, weißlich. Ap. bereift oder unbereift, -1(2) mm. Epihym. grün, braungrün bis schwarzbraun, oft im selben Ap. Hyp. braun(rot)schwarz bis grünschwarz (Subhym. oft grünbraun bis blaugrün). Hym. 70–130 µm. Sp. 12–27(30) × 6–13(16) µm . **Farnoldia jurana**

25 Exc. bald stark reduziert und schmal, braun. Sp. 10–16(20) × 5,5–7,5(9) µm. Hyp. schwarzbraun. Lager weiß bis grau, rissig bis warzig areoliert. Ap. stark bereift, 0,5–3,5 mm. Ch- (wenn Confluentin-SSy., vgl. *P. speirea*), Lager weiß, zus.hängend bis rissig. Mark gewöhnlich J+ schwach violett . . . . **Porpidia trullisata**

25* Exc. kräftig entwickelt **26**

26 Lager undeutlich bis dünn, ockergelblich, gelbbraun, weißlich. Ap. bereift oder unbereift, -1(2) mm. Epihym. grün, braungrün bis schwarzbraun, oft im selben Ap. Hyp. braun(rot)schwarz bis grünschwarz (Subhym. oft grünbraun bis blaugrün). Hym. 70–130 µm. Sp. 12–27(30) × 6–13(16) µm. Ch- . . . . **Farnoldia jurana**

26* Lager gewöhnlich kräftig entwickelt, Mark stets J-. Ap. -1,5(2) mm. Hym. 90–140 µm. Sp. 16–30(33) × 7–12(14) µm. Ch- oder Stictin-SSy. **27**

27 Ap. schwarz, stark bereift, feucht nicht braunstichig. Hyp. braun, schwarzbraun, reich an Kristallen (Pol). Lager kreidig weiß, zus.hängend bis rissig oder warzig areoliert. Exc. innen braun, mit breitem, rel. schwach pigmentiertem Außenbereich. Auf Kalkgestein und kalkhaltigem Silikatgestein. * . . . . **Porpidia zeoroides**

27* Ap. schwarz bis schwarzbraun, nicht (oder höchstens jung etwas) bereift, feucht meist d.rotbraun. Hyp. braun, rotbraun, nur selten mit Kristallen. Lager weiß, ockerweiß, bläulichweiß, h.grau, meist warzig areoliert, Areolen oft halbkugelig bis knollig. Exc. s.dunkel, ohne hellen Außenbereich. Auf (kalkhaltigem) Silikatgestein. * . . . . **Porpidia superba**

Lecidea TS 4: Arten auf Silikatgestein, mit kaum wahrnehmbarem Lager

1 Exc. oder Hyp. K+ blutrot bis purpurviolett (im mikroskop. Präparat ergibt sich nach Zufügen von K eine deutliche Farbveränderung oder eine blutrote absaugbare Lösung im Bereich des Exc.). Ap. schwarz, mitunter bereift **2**

1* Exc. oder Hyp. nicht K+ rot bis violett **5**

2 Sp. 15–25 × 7–11 µm. Hym. 90–110 µm. Epihym. bräunlich, Hyp. d.braun, Exc. braun bis schwarzbraun, K+ blutrot (Lösung). Ap. -2 mm, flach, bleibend wulstig berandet . . . . **Porpidia macrocarpa („nigrocruenta")**

2* Sp. bis 13 µm lang. Hym. -60 µm **3**

3 Hyp. braunrot bis tiefrot, K+ intensiver (violett)rot. Ap. -0,8(1,0) mm, meist stark gewölbt, s.undeutlich berandet bis bald randlos. Exc. außen grünschwarz bis schwärzlich blaugrün, innen hell, schmal. Paraph. verzweigt und anastomosierend. Hym. farblos bis rötlich. Sp. 8–12 × 2,7–3,8 µm, mitunter mit angedeutet 2teiligem Inhalt. Ch- . . . . **L. commaculans**

3* Hyp. nicht rot. Ap. lange berandet **4**

4 Hyp. tief braunschwarz. Hym. zart violett bis rötlich. Exc. außen purpurschwarz, innen meist leicht rötlich, K+ purpurviolett (Farbveränderung, keine absaugbare Lösung), C-. Ap. -1,5(2) mm, flach, mit bleibendem wulstigem, oft welligem Rand, oft in Gruppen. Sp. länglich, 7–13 × 2,5–3,5(4) µm. (Terpenoide) . . . . **L. sarcogynoides**

4* Hyp. fast farblos bis h.bräunlich. Hym. leicht blaugrünlich, Epihym. d.grün bis grünschwarz. Exc. K+ blutrote Lösung, C+ braunrot. Exc.rand goldbraun. Ap. -1,4(1,8) mm, flach, zuletzt auch s.gewölbt, mit oft wellig verbogenem Rand. Sp. ellipsoid, 6–11 × 3–4,5 µm. Atranorin, 2-Chlor-Emodin . . . **Adelolecia pilati**

5 Hym. durch feine Öltröpfchen milchig-trüb (inspers). Hyp. goldbraun, Epihym.

leuchtend grün. Paraph. z. locker. Sp. 8–15 × 4–8 µm. Ap. -0,7(0,9) mm, schwarz, glänzend, berandet. Lager weißlich, mitunter fast fehlend. S.selten
. . . . **Carbonea latypizodes**

5* Hym. nicht inspers **6**

6 Sp. zu 12–16 im Ascus, ± kugelig, 5–7 µm. Ap. stark gewölbt, randlos, (braun-)-schwarz. Hyp. braun . . . . **Steinia geophana (TS 1/12)**

6* Sp. zu 8, ellipsoid bis länglich, bei *Lecidella anomaloides* auch fast kugelig
. . . . **7**

7 Hyp. dunkel gefärbt, meist d.braun, schwarzbraun **8**

7* Hyp. farblos bis blaß bräunlich (höchstens alt etwas dunkler) **16**

8 Ap. von Anfang an gewölbt-randlos. Exc. reduziert oder aus paraphysenähnl. Hyphen. Sp. bis 10 × 4,5 µm . . . . **Micarea**

8* Ap. anfangs berandet. Exc. meist deutlich entwickelt **9**

9 Sp. über 5,5 µm breit, über 12 µm lang, ellipsoid, oft mit Schleimhülle. Paraph. verklebt. Hym. mindestens 60 µm hoch **10**

9* Sp. bis 5,5 µm breit und 16 µm lang **13**

10 Hym. und Hyp. meist mit blauvioletten bis schwärzlichen, K+ grünen Körnern. Exc. außen d.rotbraun, innen heller rotbraun bis fast farblos, Hyp. d.rotbraun. Epihym. farblos, gelblich bis blaß rotbraun. Hym. 60–80(90) µm. Ap. -0,6(0,8) mm, rotbraun bis braunschwarz, konkav bis leicht gewölbt. Sp. 11–17 × 6–7(9) µm. Lager s.dünn, ± glänzend, firnisartig bis rissig, grau bis graugrün
. . . . **L. ahlesii**

10* Hym. und Hyp. ohne solche Körnchen. Exc. d.braun bis schwarzbraun, ± kontinuierlich ins gleichfarbene oder dunklere Hyp. übergehend (*Porpidia*-Typ,). Epihym oliv, braun. Hym. (60)70–140 µm. Ap. anfangs ± flach, berandet, später oft gewölbt, schwarz bis braunschwarz, oft größer **11**

11 Epihym. leuchtend smaragdgrün. Ap. -1,5(2,5) mm, mit dickem, oft gekerbtem Rand, schwarz. Sp. (14)18–25(30) × (5,5)7–9(10) µm . . . **Porpidia hydrophila**

11* Epihym. grünbraun bis braun **12**

12 Ap. 1–3,8 mm (max. Durchmesser), schwarz bis braunschwarz. Maximale Breite des Randes (Aufsicht) 0,13–0,25 mm. Sp. (13)17–27(30) × (6)7–12 (14) µm. Hym. (70)80–120(130) µm . . . . **Porpidia macrocarpa**

12* Ap. 0,55–1,6 mm (max. Durchmesser), gewöhnlich schwarz. Maximale Breite des Randes 0,07–0,17 mm. Sp. (10)12–17(20) × (5)6–8(10) µm. Hym. 60–90 (110) µm . . . . **Porpidia crustulata**
(wenn Ap. mark J+ blau, Flechte höherer Lagen ↑ *L. lapicida*)

13 Mark der Ap. (unterer Ap.innenbereich) J–. Hyp. d.braun bis braunschwarz. Ap. schwarz **14**

13* Mark der Ap. J+ blau/violett **15**

14 Epihym. leuchtend smaragd- bis blaugrün. Sp. (6,5)8,5–15 × 3,5–5,5 µm. Hym. 40–70 µm. Ap. -1(1,5) mm, flach, mit scharfem, bleibendem Rand
. . . . **Carbonea vorticosa (TS 6/35)**

14* Epihym. olivbraun bis braunschwarz. Sp. 7–13 × 2,5–3,5 µm. Hym. -50 µm (mit hellem Subhym. -75 µm), zart violett oder rötlich. Ap. -1,5 mm, mit bleibendem, wulstigem, oft welligem Rand, oft dicht gedrängt, durch gegenseitigen

Druck verformt (vgl. a. *Micarea erratica*, TS 6/36) . . . **L. sarcogynoides (4)**

15 Sp. schmal ellipsoid, 8,5–10,2–12 × 2,8–3,8–4,2 µm. Hyp. braun bis d.braun, Hym. farblos bis leicht blaugrün, Epihym. meist schwärzlich blaugrün bis braungrün, Ap. –2 mm, flach bis m.gewölbt, mit regelmäßigem Rand. Exc. im Schnitt betrachtet mit halbkreisförmigem Umriß – (bor-)alp – Silikatalpen . . . . **L. promiscens** Nyl.
(ähnl. **L. auriculata** Th.Fr., aber Sp. 6,5–8,5–10 × 2,1–2,8–3,6 µm, Exc. im Schnitt betrachtet mit gekerbtem Umriß)

15* Sp. breiter, (8)10–16 × 4,5–8 µm. Hyp. h.braun bis braun . . . . **L. lapicida** var. l. **(16)**

16 Mark der Ap. (unterer Ap.innenbereich) J+ blau/violett, K± gelbliche Lösung. Sp. ellipsoid, (8)10–16 × (4)4,5–8 µm, oft mit bipolar verteiltem Inhalt. Ap. oft gedrängt in Gruppen und sich gegenseitig eckig verformend, flach bis m.gewölbt, meist bleibend berandet, –1,2(2) mm, schwarz. Epihym. grünschwarz, K+ grün(blau) . . . . **L. lapicida (TS 6/27)**

16* Mark der Ap. J– **17**

17 Sp. breit ellipsoid, höchstens doppelt so lang wie dick (5–10 µm dick), rel. dickwandig (Wand bei stärkerer Vergrößerung als doppelte Kontur sichtbar). Paraph. (beim Quetschen) zumindest in K leicht frei. Ap. flach bis (m.)gewölbt, lange berandet, schwarz (*Lecidella*) **18**

17* Sp. ellipsoid bis länglich, mindestens doppelt so lang wie dick, bis 5 (6) µm dick. Paraph. verklebt **19**

18 Exc. nur am Rande grünschwarz, braunschwarz, blaugrün usw., innen hell. Hym. 60–90 µm. Epihym. variabel, schmutzig rötlich bis bräunlich, violettbraun, blaugrün, Sp. 11–17(19) × 6–9(10) µm. Ap. –1,5 mm, meist matt . . . . **Lecidella stigmatea (TS 6/21)**

18* Exc. fast ganz oder größtenteils dunkel, braunschwarz. Hym. 40–60 µm. Epihym. schmutzig grün bis braungrün, seltener bräunlich. Sp. (7)8–15 × (5)6–9 µm, breit ellipsoid bis fast kugelig. Ap. –0,7(1) mm, bleibend berandet, Rand oft glänzend, wellig verbogen . . . . **Lecidella anomaloides**

19 Ap. s.klein, –0,35 mm, konkav bis flach, berandet, schwarz. Sp. 6–9 × 2–3 µm. Hym. –35 µm, Epihym. leuchtend (smaragd)grün, Exc. in der äußeren Hälfte grünschwarz . . . . **L. atomaria**

19* Ap. deutlich größer, meist –1 mm, bleibend flach und berandet. Hym. höher. Exc.rand braun- bis grünschwarz **20**

20 Sp. 8–11(13) × 2,5–5 µm. Hym. 35–50 µm, Epihym. intensiv grün bis grünschwarz. Ap. auch feucht schwarz (wenn Sp. noch schmaler, 12–14 × 2,5–3 µm, im Mittel 2,7 µm dick: **L. leptoboloides** Nyl., mieur·alp, Vog). Lager undeutlich . . . . **L. plana (TS 6/26)**

20* Sp. (9)10–14(15) × (4)4,5–6 µm. Hym. 50–70 µm. Epihym. bräunlich bis oliv. Scheiben der Ap. feucht fast stets braunstichig. Lager gewöhnlich vorhanden, aber dünn . . . . **L. lithophila (TS 6/32)**

Lecidea TS 5: Flechten auf Silikatgestein, sorediös oder mit braunen Cephalodien

1 Lager ganz oder stellenweise ocker oder rostfarben, C- **2**
1* Lager nicht ocker bis rostbraun **4**
2 Lager meist klein, ocker- bis rostbraun, areoliert, Areolen oft getrennt, flach bis meist stark gewölbt, meist mit einem rundlichen bis fast kopfigen, selten kraterförmigen schwärzlichen Soral. Mark um die Sorale K+ gelb, P+ orange, sonst K-, P-. Stictin-S. **Miriquidica atrofulva**
2* Lager gewönlich ausgedehnt, zus.hängend, rissig bis feinrissig areoliert, Oberfläche in der Regel eben. Sorale grau, d.grau, braungrau. Mark J- (wenn Mark J+ blau: seltene, rostig überlaufene Formen von *Porpidia tuberculosa*, 12) **3**
3 Lager stellenweise rostbraun bis ocker, sonst (v.a. randlich) grau (bläulichgrau), Sorale K+ gelb, P+ orange, rundlich, konkav oder über den Thallus ragend, deutlich (hell) berandet, (weiß)grau bis grau oder bräunlich, -0,8(1,2) mm breit. Ap. im Gebiet fehlend. Stictin-S. . . . . **Hymenelia ochrolemma**
3* Lager meist durchgehend rostfarben bis gelbbraun, rissig bis fast ungegliedert, mit glatter Oberfläche. Sorale gewöhnlich K-, P-, s.spärlich bis zahlreich, d.grau bis schwärzlich, über die Thallusoberfläche ragend. Ap. -1,5(3) mm, meist ± sitzend, schwarz, Scheibe meist bereift, Rand ± unbereift. Hyp. h.- bis d.braun. Sp. (14)18-23(26) × (6,5)8,5-10,5(12,5) µm. Confluentin-SSy., (±Stictin-S.) - arkt(mieur-alp) . . . . **Porpidia melinodes** (Körber) Gowan & Ahti
4 Lager oder Mark und gegebenenfalls Sorale C+ orange oder C+ rot **5**
4* Lager und Mark/Sorale C- **9**
5 Lager C+ orange, P-/K- oder P+/K+ gelb, körnig bis areoliert, gelblichweiß, gelblichgrau, h.grüngrau, mit meist zerstreuten, begrenzten hellen Soralen. Ap. schwarz, zerstreut, flach, berandet, später gewölbt-randlos, -1,5 mm. Hyp. braun bis rötlichbraun, Epihym. grün, blaugrün, schwarzgrün. Sp. 10-15(18) × 6-8(10) µm. Atranorin, Arthothelin, Thuringion . . . . **Lecidella scabra**
5* Lager/Mark (Sorale) C+ (rosa)rot, KC+ rot **6**
6 Mit warzigen, rauhen Cephalodien. Hyp. dunkel. Gyrophor-S. **7**
6* Ohne Cephalodien. Hyp. hell **8**
7 Ap. s.selten, zwischen den Areolen. Lager sorediös, beige, h.graurosa, rosastichig h.braun, h.braun, gelblichrosa, ± warzig areoliert, mit braunen bis d.braunroten, 0,5-1,4 mm großen Cephalodien. Areolen ± stark gewölbt, -1,2 mm, ohne oder mit (v.a. randlich aufbrechenden) Soralen, Soredien bräunlich bis weißlich. Vorlager schwarz. * . . . . **Amygdalaria panaeola**
7* Stets mit Ap., in die Thallusareolen eingesenkt bis zuletzt etwas vortretend, -1,5 mm, konkav bis flach, schwärzlich, Rand dünn bis kräftig, schwarz bis weiß bereift. Lager ohne Sorale, weißlich, rosaweißlich, beige, gelblichgrau, rissig areoliert bis selten areoliert (Areolen flach, seltener gewölbt), z.dick, K-, P-. Cephalodien lagerfarben bis später d.rotbraun. Hyp. braunschwarz, Epihym. braun. Sp. 18-40 × 10-16 µm. * . . . . **Amygdalaria pelobotryon**
8 Sorale P-, K-. Lager weißlich, creme, beige, blaß rosa, selten bräunlich, ohne

dunkles Vorlager, rissig bis rissig areoliert oder warzig, stellenweise sorediös aufbrechend. Gyrophor-S. (Lecanor-S.) . . . . ↑ **Trapelia**

8* Sorale P+ gelb, K+ gelb. Lager bräunlich grau, braun, warzig areoliert, meist mit schwärzlichem Vorlager, Areolen oft zerstreut, in weißliche, leicht gelblichgrüne bis bräunliche, im Herbar h.rosabräunliche Sorale aufbrechend. Meist in kleinen Lagern zwischen anderen Krustenflechten. Ap. s.selten. Alectorial-S. . . . . **Fuscidea praeruptorum**

9 Lager leuchtend zitron- bis grünlichgelb, völlig mehlig, R–. Ap. sattgelb, gewölbt-randlos, –0,6(0,8) mm. Sp. 4–7 × 1,5–2(2,5) µm. Rhizocarp-S. . . . . **Psilolechia lucida**

9* Lager anders gefärbt, weißlich, grau, graubraun, blaß graugrünlich. Sp. deutlich breiter (wenn s.schmal vgl. *Psilolechia clavulifera*) **10**

10 Lager blaß graugrünlich bis blaß gelblichgrün, fein rissig areoliert, Sorale nur anfangs begrenzt, am Rande der Areolen entstehend, v.a. Lagermitte bald völlig sorediös aufgelöst, Lagerrand meist soredienfrei bleibend, bisweilen mit weißlichem bis grauem Vorlager, P–, C–, KC+ gelb. Ap. selten, gewölbt-randlos, grauschwärzlich bis mißfarben graubräunlich, oft grau bereift. Sp. 8–11(16) × 3–5(7). Usnin-S., Zeorin, ±Skyrin . . . . **Lecanora orosthea**

10* Lager weiß bis grau, bräunlich, mit begrenzten Soralen, KC–. Ap., wenn vorhanden, schwarz, braunschwarz **11**

11 Mark J+ blau/violett, fast stets R– **12**

11* Mark J– **13**

12 Lager aus ± isolierten rundlichen bis länglichen oder gewundenen Areolengruppen auf ausgedehntem schwarzem Vorlager, mit je einem bis mehreren konkaven, oft zus.fließenden Soralen, steril, R–, an Steilflächen im Gebirge . . . . **Fuscidea maculosa (16)**

12* Lager nicht aus Areolengruppen auf ausgedehntem schwarzem Vorlager. Sorale rundlich bis unregelmäßig, konkav bis meist etwas über das Lager ragend, –1 mm, weißlich bis (blau)grau, selten d.grau. Lager rissig bis rissig areoliert, uneben, mitunter mit dunklem Vorlager, R–, s.selten Mark K+ gelb, P+ orange. Ap. –1,5(2,2) mm, flach bis gewölbt. Scheibe oft bereift, Rand wenig abgesetzt. Sp. (11)14–20(25) × (6)7–10(12) µm. Confluentin-SSy., s.selten mit Stictin-S. . . . . **Porpidia tuberculosa**

13 Sorale schwärzlich. Lager grau, grobrissig areoliert bis areoliert, Areolen flach bis m.gewölbt, z.T. in unregelmäßige, flache bis m.gewölbte Sorale aufbrechend. Mark K–, P–/P+ orange. Miriquidi-S., ±Psorom-S. In exponierten Gebirgslagen . . . . **Miriquidica nigroleprosa**

13* Sorale heller **14**

14 Mark UV–. Lager rissig. Gewöhnlich in niederen und mittleren Lagen. Mit Stictin-S. oder Glaucophaea-S. Sorale weißlich bis grünlichweiß oder grau. Ap. oft fehlend, schwarz, weiß bereift oder unbereift, mit braunem bis d.braunem Hyp. Epihym. braun bis olivbraun. Hym. um oder über 100 µm. Sp. über 12 × 6 µm groß **15**

14* Mark UV+ weiß. Lager deutlich areoliert bis warzig oder als kleine Inseln auf schwarzem Vorlager, bräunlich, graubraun, grau bis weißgrau, R–. Seltene montane Arten. Divaricat-S. Ap. oft fehlend, mit farblosem bis blassem Hyp. Hym. -110 µm, oft gegen Hyp. schwer abgrenzbar. Epihym. bräunlich. Sp. -12 (14) µm lang 16

15 Lager gewöhnlich s.dünnkrustig, rissig, weißlich bis h.grau. Sorale oft eingesenkt, selten über die Thallusoberfläche ragend, meist ohne differenzierten Rand, P+ orange, K+ gelblich, -0,5 mm. Ap. -1 mm, unbereift, meist flach, gequollen oft braunstichig. Sp. 12,5-20 × 6,5-10 µm. Hym. meist um 110-150 µm. Stictin-S. **Porpidia soredizodes**

15* Lager kräftig, meist s.ausgedehnt, weißgrau bis cremefarben, oft von dunkler Vorlagerlinie begrenzt, feinrissig bis rissig(-areoliert). Sorale oft unregelmäßig (oft an den Rissen) aufbrechend, vielfach spärlich (wenig an ap.reichen Stellen), P-, K-. Ap. -2(2,3) mm flach bis m.gewölbt, Scheibe bereift, Rand gewöhnlich unbereift. Hym. meist um 90-190 µm. Sp. 15-25 × 5-12 µm. Glaucophaea-S. . . . . **Porpidia glaucophaea**

16 Lager grauweiß, als kleine Areolen oder Areolengruppen inselartig getrennt auf schwarzem Vorlager, Areolen feinrissig, flach bis m.gewölbt, mit je einem bis mehreren konkaven Soralen. Ap. unbekannt. * . . . **Fuscidea maculosa**

16* Lager mausgrau bis graubraun, seltener grauweiß, rissig bis rissig areoliert. Areolen meist zus.schließend. Vorlager nicht ausgedehnt 17

17 Lager grau, graubraun, grauweiß, warzig areoliert bis rissig areoliert. Sorale -0,5(0,7) mm, weißlich bis bald bräunlich, bald zus.fließend. Ap. -1,0(1,2) mm, berandet, ± gewölbt, mitunter gruppiert. Sp. 9-12(14) × 3-4(5) µm. * . . . . **Fuscidea recensa**

17* Lager graubraun bis braungrau, rissig areoliert. Sorale s.spärlich und unregelmäßig zerstreut bis zahlreich, -0,5 mm, meist weißlich. Ap. -0,6 mm, eingesenkt, im Alter bisweilen konvex vortretend, mit breitem, abgerundeten Rand, der innen von einem hellen Ring umgeben ist. Sp. 8,5-10,5(11,5) × 4-6,5(7,5) µm. * . . . . **Fuscidea oculata**

Lecidea TS 6: Arten auf Silikatgestein, Lager weiß, grau bis schwärzlich, blaß grünlich bis gelblich

1 Mark J+ violett 2

1* Mark J- 7

2 Lager K+ gelb bis rot, mit Stictin-SSy., s.selten mit Confluentin-S.; Ap. meist flach. Sp. breit ellipsoid, meist 8,5-15 × (4,5)5-7(8) µm, mit angedeutet 2teiligem Inhalt. Hym. 50-80(90) µm. Epihym. schwarzgrün, schwärzlich blaugrün, seltener oliv. Hyp. farblos, blaß bräunlich bis braun 3

2* Lager K-, mit Confluentin-SSy., s.selten mit Stictin-SSy. 5

3 Parasitisch auf *Lecidea lapicida* (var. *pantherina*), kleine ± rundliche, oft gewölbte weißliche Lager bildend, K+ gelb, dann rot. Ap. -0,5(0,6) mm, Scheibe oft genabelt. Exc. braunschwarz. Epihym. braun bis olivbraun. Hyp. (d.)braun. Sp. 11-16 × 6,5-9 µm. Norstictin-S. . . . . **Cecidonia umbonella**

3* Nicht parasitisch. Lager oft groß 4

4 Lager K+ (orange bis) rot, gewöhnl. gut entwickelt, meist rissig areoliert, oft z.dick, mit meist flachen, eckigen, scharfkantigen Areolen, weiß, beige, h.grau. Ap. eingesenkt bis halbeingesenkt, mit dünnem bis undeutl. Rand, -1(1,5) mm, in der Regel flach, manchmal leicht bereift. Norstictin-S. . . . . **L. lapicida** var. **pantherina**

4* Lager K+ gelb, undeutlich bis deutlich und areoliert, gewöhnlich h.grau bis grau, oft stellenweise rostig überlaufen (Mark K+ gelb, mitunter auch mit auskristallisierenden roten Kristallen). Ap. in der Regel sitzend bis halb eingesenkt, mit meist erhabenem Rand, -1,5(2) mm, oft gehäuft. Stictin-SSy., ±Norstictin-S. . . . . **L. lapicida** var. **lapicida**

5 Sp. 11–17(20) × 5,5–7,5(9) µm. Exc. bald stark reduziert, braun. Epihym. schmutzig oliv bis grünschwarz. Ap. nicht oder jung bereift, -1,2(2,5) mm, ± eingesenkt, oft durch einen Ringriss vom Lager getrennt oder von einer Lagermanschette umgeben. Hym. um 70–105 µm. Hyp. schwarzbraun. Lager weiß, kreidig, rissig areoliert, fein rissig bis fast glatt, meist ausgedehnt. Auf kalkhaltigen Silikatgesteinen in hohen Lagen. * . . . . **Porpidia speirea** (*P. trullisata* ist nahe verwandt: Ap. stark bereift, wulstig berandet; in der Regel Ch–, J-Reaktion oft rel. schwach, Hym. 85–130 µm)

5* Sp. kleiner, -13,5 × 6 µm **6**

6 Hyp. d.braun, d.rotbraun. Ap. 0,7–1,5 (1,8) mm, anfangs eingesenkt, bald sitzend, einzeln bis s.oft gruppiert, flach bis gewölbt, berandet, zuletzt mit undeutl. Rand. Sp. 9–13,5 × 4–6 µm, Sp.wand dünn, -0,6 µm. Exc. außen meist blau- bis schwarzgrün, innen meist farblos, seltener braun bis braungrün. Epihym. braungrün, schwarzgrün, selten blaugrün. Lager (d.)grau bis bläulichgrau, fein rissig bis areoliert, Areolen meist flach. * . . . . . . **L. confluens**

6* Hyp. farblos bis h.braun. Ap. -1,3(1,5) mm, eingesenkt (bis halb eingesenkt), stets flach, meist kantig. Sp. 7,5–11 × 3,5–6(6,5) µm, Sp.wände dick (um 1–1,5 µm). Exc. außen blaugrün bis oliv, innen farblos. Epihym. oliv, schwarzgrün bis selten blaugrün. Lager blaugrau bis grauweiß, selten mit gelblichem Stich, rissig areoliert, Areolen flach. Parasitisch lebend (z.B. *Aspicilia*) oder autotroph. * . . . . **L. tesselata**

7 Lager bzw. Mark K+ rot oder orange **8**

7* Lager/Mark K+ gelb oder K– **9**

8 Lager weißgelb, gelb, blaß graugrün, K+ gelborange bis rot, KC+ rot, C–, Mark P+ gelb, aus unregelmäßigen, flachen bis gewölbten Areolen, im Herbar ocker, gelbbraun (bis rotbraun). Ap. -2(2,5) mm, randlos, Exc. stark reduziert. Epihym. blaugrün bis schwarzgrün. Paraph. dick, über 3 µm. Hyp. ± farblos. Sp. 7–15 × 3,5–6 µm. Alectorial-S., Protocetrar-S. Hochgebirgsflechte . . . . **Tephromela armeniaca**

8* Lager braungrau, Mark K+ gelb, später (stellenweise) rot, C–, P+ orange. Ap. mit rilliger Scheibe, meist eckig, berandet. Hyp. dunkel . . . . **L. scabridisca (TS 7/11)**

9 Lager C+/KC+ orange oder rosarot **10**

9* Lager C–/KC– oder KC+ gelb (wenn KC+ rot vgl. 8) **14**

10 Lager C+/KC+ orange. Ap. zumindest anfangs berandet, schwarz, flach bis

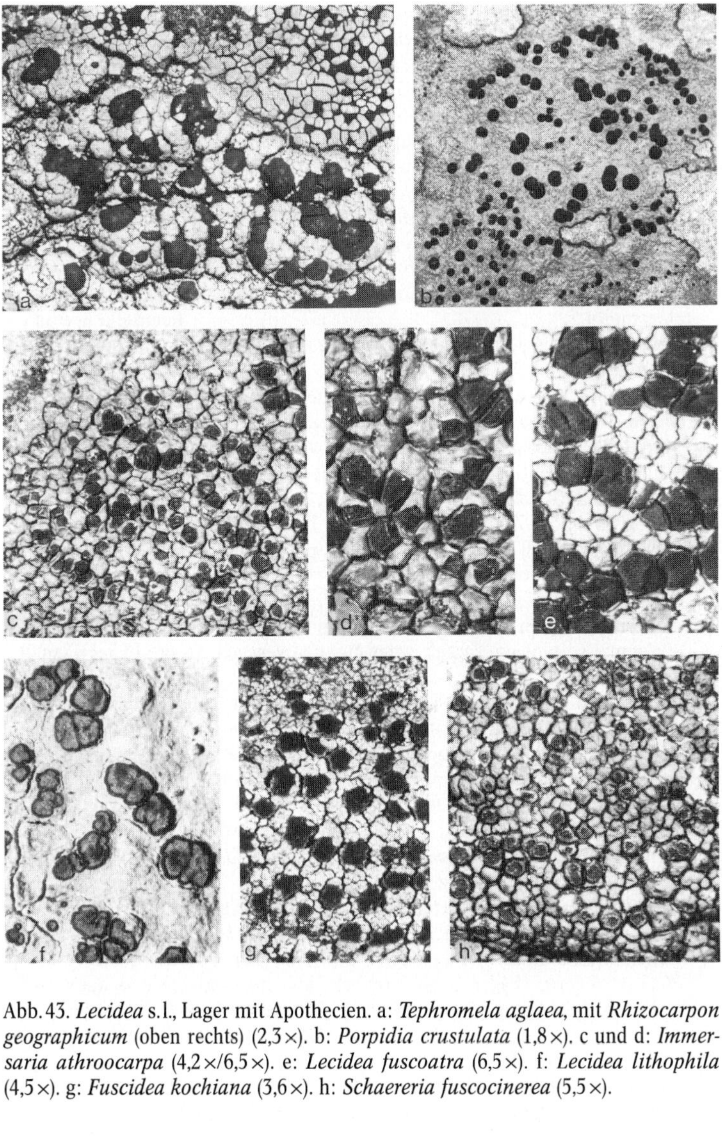

Abb. 43. *Lecidea* s.l., Lager mit Apothecien. a: *Tephromela aglaea*, mit *Rhizocarpon geographicum* (oben rechts) (2,3×). b: *Porpidia crustulata* (1,8×). c und d: *Immersaria athroocarpa* (4,2×/6,5×). e: *Lecidea fuscoatra* (6,5×). f: *Lecidea lithophila* (4,5×). g: *Fuscidea kochiana* (3,6×). h: *Schaereria fuscocinerea* (5,5×).

m.gewölbt (selten leicht bereift). Paraph. rel. locker, beim Quetschen frei werdend. Exc. deutlich entwickelt. Sp. ellipsoid. Thiophan-S. S.seltene Arten **11**

10* Lager C+/KC+ rosarot, P–, K–. Gyrophor-S. **12**

11 Lager graugelblich, gelblichweiß, cremefarben, auch gelbgrün, feinkörnig, dünn, K–, P–. Hyp. ± farblos. Epihym. olivgrau, braun bis grün. Sp. 9–13 × 5–6,5 µm. Ap. flach bis m. gewölbt, schwarz, mitunter bereift, dünn berandet, –0,4 mm. Arthothelin . . . . **Lecidella viridans**

11* Lager gelblichweiß, cremefarben, dünn bis dick, rissig bis areoliert, K–/K+ gelb, P–/P+ gelb. Hyp. gelblich bis rötlichbraun. Epihym. schwarzgrün, bläulichgrün, selten oliv. Sp. 11–16 × 6–8 µm. Ap. flach und deutlich berandet, zuletzt gewölbt und ± unberandet, schwarz, unbereift, –0,8(1,2) mm. Xanthone, ±Atranorin . . . . **Lecidella asema**-Gr.

12 Hyp. farblos bis leicht gefärbt. Ap. braun, rotbraun, braunschwarz, selten mattschwarz . . . . **↑ Trapelia**

12* Hyp. braunschwarz. Ap. ± schwarz, mitunter bereift **13**

13 Sp. 18–40 × 10–16 µm. Ap. in die Thallusareolen eingesenkt bis zuletzt etwas vortretend, –1,5 mm, konkav bis flach, schwärzlich. Hym. über 130 µm. Epihym. braun. Lager weißlich, rosaweißlich, beige, gelblichgrau, rissig areoliert bis selten areoliert, z.dick. * . . . . **Amygdalaria pelobotryon**

13* Sp. 8,5–17 × 3,5–7 µm. Ap. schwarz, oft leicht bereift erscheinend, flach bis gewölbt. Hym. –60 µm. Epihym. olivgrün, olivbraun, grünschwarz. Lager grauweiß bis blaß bräunlich, meist rissig areoliert, oft ausgedehnt. * Weitere Merkmale vgl. TS 7/17 . . . . **L. fuscoatra** f. **grisella**

14 Ap. von Anfang an unberandet und gewölbt bis halbkugelig oder fast kugelig, –0,4 mm. Exc. fehlend. Paraph. verzweigt und vernetzt. Sp. bis 10,5 × 4 µm. R– . . . . **Micarea**

14* Nicht mit dieser Merkmalskombination. Wenn Ap. bald gewölbt und unberandet, dann mit deutlich entwickeltem Exc. und meist größer **15**

15 Sp. gewöhnlich deutlich (± bohnenförmig) gebogen, 8,5–12(14) × 4–6 µm. Lager und Exc. (Schnitt) P+ rot. Epihym. und Exc. außen bräunlich, Hyp. hell. Paraph. beim Quetschen in K ± frei werdend. Ap. –1,5(1,8) mm, d.braun, braunschwarz, feucht braun, meist ± flach, mit wulstigem, oft etwas hellerem, im Alter oft welligem Rand. Lager h.grau bis bräunlich, deutlich rissig bis rissig areoliert, mit braunschwarzem Vorlager. Fumarprotocetrar-S. . **Fuscidea cyathoides**

15* Sp. nicht bohnenförmig gekrümmt. Lager/Mark P nicht rot **16**

16 Hym. durch feine Öltröpfchen trüb. Ap. flach, dünn berandet, –1(1,2) mm. Hyp. farblos bis blaßbraun. Paraph. zumindest in K beim Quetschen leicht frei. Sp. 8–15 × 4–8 µm. Lager weiß, areoliert bis angedeutet kleinschuppig, K+ (schwach) gelb. Epihym. blauschwarz. 2'-*O*-Methylperlatol-S., Atranorin . . . . **Carbonea latypizodes**

16* Hym. nicht durch Öltröpfchen trüb **17**

17 Hyp. farblos, blaß bräunlich, gelblich **18**

17* Hyp. kräftig gefärbt, rotbraun, braun, braunschwarz **33**

18 Lager K+ gelb **19**

18* Lager K- **22**
19 Lager h.gelblichgrau bis gelblich graugrün bis h.graugrün, rel. dick, rissig bis rissig areoliert, C-, P-, KC+ gelb. Ap. bleigrau, graugrün, mißfarben bräunlich, oliv, olivbraun bis (blau)schwarz, matt, ± bereift, feucht „glasig" mit Grünstich, anfangs eingesenkt, dann angedrückt sitzend, bald gewölbt-randlos, -1,5(1,8) mm. Exc. gut entwickelt. Epihym. oliv, grünlich, schmutzig bräunlich. Sp. 9-13(16) × 4-6 µm. Paraph. mäßig verklebt. Zeorin, ±Gangaleoidin, ± α-Collatol-S., ±Atranorin . . . . **Lecanora sulphurea**
19* Ap. schwarz **20**
20 Ap. randlos, -1,8(2,5) mm, flach bis z.gewölbt, meist glänzend schwarz, angedrückt. Lager weißlich, selten gelbstichig, dick, K+ gelb, C-, KC+ gelb, P-. Exc. stark reduziert. Epihym. blaugrün bis schwarzgrün. Hyp. ± farblos, unten zart bräunlich. Sp. 7,5-16 × 4,5-8,5 µm. Paraph. stark verklebt. Atranorin, Bourgean-S., ±Usnin-S. . . . . **Tephromela aglaea**
20* Ap. lange berandet, -1,5 mm, flach bis m.(z.)gewölbt. Hyp. farblos oder braun. Paraph. beim Quetschen rel. leicht frei, zumindest in K. Sp. (breit) ellipsoid, 5-9,5 µm dick (wenn Sp. 6-11(13) × 3-4,5(5) µm, Exc. K+ blutrot, Lager weißlich: *Adelolecia pilati* (TS 4/4 mit ausnahmsweise gut entwickeltem Lager) **21**
21 Hyp. farblos bis schwach bräunlich. Exc. nur am Rand dunkel (blauschwarz, grünschwarz), innen hell. Epihym. variabel, blaugrün, schmutzig rötlich bis bräunlich. Sp. 11-17 × 6-9,5 µm. Ap. -1,5 mm. Lager variabel, meist dünn, meist h.grau, grau, braungrau, K-/K+ gelb, KC-, P-/P+ gelb. Zeorin, ±Atranorin, ±Lichexanthon . . . . **Lecidella stigmatea**
21* Hyp. gelbbraun. Exc. innen rotbraun, außen blaugrünschwarz. Epihym. tiefgrün bis blaugrün. Lager KC+ gelb, P+ gelb. Atranorin, Diploicin, ±Thuringion . . . . ↑ **Lecidella carpathica**
22 Ap.scheibe und Ap.rand rein schwarz, aber mitunter bereift, angefeuchtet nicht heller **23**
22* Ap.scheibe oder/und Ap.rand zumindest in feuchtem Zustand nicht rein schwarz **28**
23 Lager bleichgelb bis leicht grünstichig, K- bis K+ leicht gelb, dünn, flach areoliert, parasitisch auf schwärzlicher Kruste von *Orphniospora mosigii*. Alpin. Ap. unbereift. Epihym. blaugrün, grün, schwarzgrün. Paraph. stark verklebt. Areolen 0,3-1 mm. Ap. -0,8 mm, eingesenkt bis angedrückt, flach, zumindest anfangs dünn berandet. Sp. 8-15 × 3,5-6,5 µm. Atranorin, Usnin-S., mieur-alp, Al (ähnl., aber autotroph: **Lecanora viridiatra** (Stenham.) Nyl. = *L. luteoatra* Nyl.) . . . . **Carbonea distans**
23* Lager weißgrau, grau, bräunlichgrau (Achtung: geschädigte, veralgte oder abgefressene, normal graue Lager können grünliche Färbung vortäuschen). Nicht parasitisch **24**
24 Paraph. zumindest in K beim Quetschen z.leicht frei werdend. Sp. 11-18 µm lang **25**
24* Paraph. z.stark verklebt **26**
25 Ap. sitzend, flach und berandet, zuletzt oft gewölbt und randlos, -1,2 mm. Sp.

breit ellipsoid, (6)7–9(9,5) µm breit. Schläuche keulig. Epihym. und Exc. am Rand z.variabel gefärbt . . . . ↑ **Lecidella stigmatea (21)**

25* Ap. eingesenkt (*Aspicilia*-artig) bis dicht angedrückt, flach, dünn und oft undeutlich berandet, –0,8(1) mm. Sp. ellipsoid, 6–7 µm breit. Schläuche subzylindrisch. Epihym. smaragdgrün bis grünbraun, auch violett (K+ grün). Exc. dünn, braun. Lager areoliert, Areolen flach bis m.gewölbt, grau, d.grau, graubraun . . . . **Schaereria fuscocinerea**

26 Sp. 8–11(13) × 2,5–5 µm. Hym. 35–50 µm hoch. Epihym. intensiv grün bis grünschwarz. Ap. flach, deutl. berandet, auch feucht schwarz, –1(1,5) mm. Lager dünn, zus.hängend bis rissig, grau. Plana-SSy. . . . . **L. plana**

26* Sp. breiter, 9–14 × 5–7 µm **27**

27 Ap.mark J+ blau. Exc. außen d.grün, schwarzgrün. Epihym. schwarzgrün, schwärzlich blaugrün. Paraph. selten verzweigt. Lagermark J+ violett, aber bei schwach entwickeltem Lager makroskopisch mitunter undeutlich
. . . . **L. lapicida (4)**

27* Ap.mark J–. Exc. grünlich oder braun bis olivbraun, innen heller. Epihym. oliv, olivgrün. Paraph. ± verzweigt und anastomosierend. Lager dünn bis z.dick, areoliert, warzig areoliert bis zerstreut warzig, grau bis d.grau oder braungrau, matt, P–, K–, C–, mitunter KC± schwach rosa. Ap. schwarz (feucht mitunter braunschwarz), flach und berandet oder auch später gewölbt-randlos, Rand oft etwas heller als Scheibe, –1(1,2) mm. Miriquidi-S.
. . . . **Miriquidica leucophaea** var. **griseoatra**

28 Sp. 15–25(32) × 6–11(14) µm. Ap. –2 mm, mit verengter Basis aufsitzend, d.braun bis schwarzbraun, konkav bis flach, mit hellerem, wulstigem Rand. Lager h.gelblichgrau bis h.ocker . . . . ↑ **Trapelia mooreana**

28* Sp. kleiner **29**

29 Lager ± h.gelblich bis h.graugrün, rel. dick, rissig bis rissig areoliert, P–. Ap. bleigrau, graugrün, oliv, schmutzig braun, olivbraun bis (blau)schwärzlich, ± bereift, anfangs eingesenkt, dann angedrückt sitzend, m.gewölbt, mit verschwindendem Rand, –1,5(1,8) mm. Epihym. oliv, grünlich, mit eingelagerten, in K löslichen Körnchen. Sp. 9–15 × 4–7 µm. Zeorin, ±Gangaleoidin, ± α-Collatol-S., ±Atranorin . . . . **Lecanora sulphurea**

29* Lager grau, braungrau (nur abgefressene oder abnormal veralgte Exemplare an schattigen Stellen grünlich). Ap. braun bis braunschwarz, zumindest feucht mit deutlichem Braunton. Ohne Zeorin **30**

30 Ap.rand undeutlich bis s.dünn, nicht erhaben. Exc. s.schmal entwickelt. Sp. 7,5–10,5 × 4–7 µm. Hym. s.hoch, schwer vom Hyp. abgrenzbar, basal oft mit zahlreichen alten gebräunten Sp. Ap. –1,5(2,5) mm, eingesenkt, bald länglich verformt und eckig, ± flach, braunschwarz, feucht (schwarz)braun, seltener auch trocken braun, mitunter wie leicht bereift. Lager grau bis braungrau, areoliert, rissig- oder warzig-areoliert, mit begrenzender Vorlagerlinie. Epihym. h.braun. Paraph. in K leicht frei. R–. Mark UV+ weiß. Divaricat-S.
. . . . **Fuscidea kochiana**

30* Ap.rand deutlich, Exc. kräftig entwickelt. Hyp. gut vom Hym. abgrenzbar . **31**

31 Sp. breit ellipsoid, 9–12(13) × 6,5–8,5(9) µm. Ap. –1,5(2) mm, mit wulstigem, oft stark wellig verbogenem, meist etwas hellerem (bräunlichem) Rand, aufsitzend, flach, braunschwarz bis fast schwarz, oft leicht bereift erscheinend, mehrere eng gruppiert und bis zu 3 mm große Aggregate bildend. Hym. -70(90) µm. Epihym. braun. Paraph. in K leicht frei. Lager dünn bis dicklich, meist uneben, grau bis graubraun. R–. Divaricat-S. nur in Ap. . . . . . . **Fuscidea austera**

31* Sp. ellipsoid, 9–14(15) × 4–6,5(7) µm. Ap. rand nicht stark wulstig und wellig. Hym. 50–70 µm. Lager R– **32**

32 Lager dünn, zusammenhängend bis rissig, grau, oft stellenweise rostig überlaufen, oft ausgedehnt, oft mit schwarzem Vorlager. Ap. braunschwarz bis schwarz, mitunter bereift, gequollen (rot)braun, ± flach, berandet, angedrückt sitzend, jung ± eingesenkt, –1,5(2) mm, einzeln oder in Gruppen und sich gegenseitig abplattend. Exc. außen grün- bis braunschwarz, innen farblos bis blaß bräunlich. Epihym. braun bis seltener oliv. Sp. (9)10–14(15) × (4)4,5–6,5 µm. 4-*O*-Demethylplana-S. oder Plana-S., ± 4-*O*-Demethylplana-S. . . . . **L. lithophila**

32* Lager dünn bis m.dick, areoliert, warzig areoliert bis zerstreut warzig, grauweiß, grau, beige, oft etwas glänzend. Ap. d.graubraun, rotbraun bis braunschwarz, flach und berandet oder auch später gewölbt-randlos, –1(1,2) mm, Rand mitunter etwas heller als Scheibe. Exc. außen braun, innen h.bräunlich (bis fast farblos), aus radial verlaufenden Hyphen. Epihym. braun, selten olivbraun. Sp. 9–14,5 × 4,5–6,5 µm. Miriquidi-S. . . . . **Miriquidica leucophaea** var. **leucophaea**

33 Sp. bis 5 µm dick **34**

33* Sp. dicker **37**

34 Ap. bald gewölbt und undeutlich berandet, –0,8(1) mm. Hyp. rotbraun bis tiefrot, K+ intensiver (violett)rot. Epihym. und äußerer Teil des Exc. grünschwarz bis schwärzl. blaugrün. Exc. K–. Hym. farblos bis rötlich. Paraph. verzweigt, z.T. vernetzt, mit gelatinöser Hülle. Sp. 8–12 × 2,7–3,8 µm. Lager s.variabel, schwach bis deutlich entwickelt, grau bis braun, R– . . . . **L. commaculans**

34* Ap. ± flach und lange berandet. Hyp. d.braun bis braunschwarz **35**

35 Epihym. leuchtend smaragd- bis blaugrün. Exc. durchgehend braunschwarz. Sp. (6,5)8,5–15 × 3,5–5,5 µm. Hym. 40–70 µm. Ap. –0,8(1,2) mm, flach, mit scharfem, erhabenem Rand, konkav bis flach. Lager dünn bis (im Gebiet meist) deutlich, rissig bis areoliert, weißlich bis grau. ±Pannarin . . . . **Carbonea vorticosa**

35* Epihym. nicht leuchtend smaragdgrün. Exc. nicht durchgehend braunschwarz. Lager meist zus.hängend bis rissig, schmutziggrau bis graubräunlich . . . **36**

36 Ap. –1,5(2) mm, flach, mit bleibendem, erhabenem, oft wellig verbogenem Rand, oft dicht gedrängt und durch gegenseitigen Druck verformt, angedrückt, oft bereift. Hym. zart violett bis kirschrot (bis braun oder fast farblos), Epihym. oliv. Paraph. einfach bis spärlich verzweigt. Sp. 7–13 × 2,5–3,5 µm. Exc. außen purpurschwarz, innen meist leicht rötlich, oft K+ purpurviolett (Farbveränderung, keine absaugbare Lösung) . . . . **L. sarcogynoides**

36* Ap. –0,4(0,7) mm, lange flach, dünn berandet, selten zuletzt gewölbt, unbereift. Hym. nicht violett bis kirschrot, bisweilen schmutzig, Epihym. schmutzig (blau)grünlich, grünlichbraun (schwärzlichbraun). Sp. 6–9(10) × 2,5–4(5) µm. Exc. außen bläulich, nicht K+ purpurviolett. Lager oft mit punktartigen schwarzen Pykn., Pyknosp. 3–4,5 × 1,5 µm . . . . **Micarea erratica**

37 Lager K+ gelb, P+ gelb bis orange. Paraph. locker oder verklebt **38**

37* Lager K–. Paraph. verklebt **39**

38 Paraph. locker, zumindest in K, einfach. Epihym. tiefgrün bis blaugrün. Hyp. gelbbraun bis rotbraun. Exc. innen rotbraun, außen blaugrünschwarz. Sp. 9–16 × 5–9 µm, dickwandig, ohne Schleimhülle. Ap. –1 mm. Lager warzig areoliert bis grobkörnig, meist gut entwickelt, weiß bis h.grau, K+ gelb, KC+ gelb, P+ gelb. Atranorin, Diploicin, ±Thuringion . . . . **Lecidella carpathica**

38* Paraph. stark verklebt, verzweigt und vernetzt. Hyp. d.braun bis schwarzbraun. Mark K+ gelb, P+ orange, Reaktion ± stark abgeschwächt auf Rinde „durchschlagend". Sp. jung meist mit erkennbarer Schleimhülle, mindestens 12 × 6 µm. Stictin-S. **48**

39 Hym. und Hyp. meist mit blauvioletten bis schwärzlichen, K+ grünen Körnern. Exc. außen d.rotbraun, innen heller rotbraun bis fast farblos, Hyp. d.rotbraun. Epihym. farblos, gelblich bis blaß rotbraun. Ap. –0,6(0,8) mm, rotbraun bis braunschwarz, konkav bis leicht gewölbt. Sp. 11–17 × 6–7(9) µm. Hym. 60–80(90) µm. Lager s.dünn, ± glänzend, firnisartig bis rissig, grau bis graugrün . . . . **L. ahlesii**

39* Hym. und Hyp. ohne solche Körner. Hyp. braun, d.braun bis braunschwarz. Ap. schwarz, selten braunschwarz, dann Epihym. gewöhnlich anders gefärbt . **40**

40 Sp. (6,5)8,5–15 × 3,5–5,5 µm. Paraph. einfach, verklebt. Hym. 40–70 µm. Epihym. leuchtend smaragd- bis blaugrün. Exc. durchgehend braunschwarz. Ap. –0,8(1,2) mm, flach, mit scharfem, erhabenem Rand, konkav bis flach, schwarz. Lager dünn bis (im Gebiet meist) deutlich, rissig bis areoliert, weißlich bis grau, R– oder P+ rot. ±Pannarin . . . . **Carbonea vorticosa**

40* Sp. in der Regel über 5,5 µm breit **41**

41 Sp. 9–11 × 6–8 µm, dickwandig. Hyp. braun, d.braun. Exc. außen braungrau, grüngrau, d.grau, innen h.- bis graubraun. Paraph. einfach bis selten verzweigt, (fast) nicht anastomosierend. Epihym. grünlich. Ap. –0,6(1) mm, flach bis m.gewölbt, (verengt) sitzend. Lager areoliert, grau, d.brau, mit schwarzem Vorlager. An exponierten Felsen über der Waldgrenze – mieur-smed, alp – Schneekoppe, Alpen . . . . **Orphniospora mosigii** (Körber) Hertel & Rambold [*Lecidea obscurissima* Nyl.]

41* Sp. größer, meist über 15 µm lang, oft zumindest an einem Ende angedeutet zugespitzt, mit ± deutlicher Schleimhülle. Hyp. d.braun bis schwarzbraun, in das braune bis d.braune (in dicken Schnitten ganz braunschwarze), selten innen helle Exc. einstrahlend. Hym. 60–150 µm. Paraph. stark verklebt, verzweigt und anastomosierend. Ap. meist über 0,5 mm, schwarz, selten braunschwarz, mitunter bereift. Lager R– (selten Mark K+ gelb, P+ orange) *(Porpidia)* **42**

42 Epihym. leuchtend smaragdgrün. Sp. (14)17–25 × (5,5)6–9(10) µm. Ap. –1,5 (2,5) mm, flach bis meist m. gewölbt, berandet. Lager dünnkrustig, schmutzig weißgrau, creme, oft rostfarben bis orange überlaufen, meist feinrissig

. . . . **Porpidia hydrophila**

42* Epihym. braun, schwarzbraun, oliv, seltener schmutzig grünlich **43**

43 Ap. zumindest gequollen nicht rein schwarz. Mark K–/K+gelb, P–/P+ orange. Stictin-S. **44**

43* Ap. auch gequollen schwarz, aber mitunter bereift **45**

44 Lager mit ± kreidig rauher Oberfläche, meist weiß, selten ockerweiß, bläulichweiß, h.grau, meist warzig areoliert, Areolen oft halbkugelig bis knollig, oft getrennt, auf (kalkhaltigem) Silikatgestein im Hochgebirge. Ap. zwischen den Areolen entstehend, schwarz bis d.braun, mit schwarzem Rand, nicht (oder höchstens jung etwas) bereift, feucht meist d.rotbraun, –2 mm. Hyp. braun, rotbraun, nur selten mit Kristallen. Sp. (16)20–28(33) × 7–12(14) µm. Exc. s.dunkel, ohne hellen Außenbereich. Epihym. gelbbraun bis braun. *

. . . . **Porpidia superba**

44* Lager nicht kreidig, weißlich, grau, olivgrau, dünn bis m.dick, zus.hängend bis rissig areoliert. Areolen nicht halbkugelig. Ap. schwarz bis d.braun. Exc. innen braun, mit breitem, nur rel. schwach pigmentiertem Außenbereich (dünne Schnitte!). Weit verbreitete Flechte **53**

45 Lager kreideweiß, kräftig entwickelt, mit kreidig rauher Oberfläche. Exc. bald stark reduziert oder kräftig entwickelt. Ap. stark bereift. Alpine Arten der Alpen auf leicht kalkhaltigem Silikatgestein **46**

45* Lager nicht kreideweiß mit kreidig rauher Oberfläche. Exc. kräftig entwickelt. Gewöhnlich auf kalkfreien Silikaten **47**

46 Exc. bald stark reduziert und schmal, braun. Sp. 10–16(20) × 5,5–7,5(9) µm. Ap. 0,5–3,5 mm. Hyp. schwarzbraun. Lager zus.hängend bis rissig. Mark im allgemeinen J+ schwach violett. Ch– (wenn Confluentin-S., vgl. *P. speirea*)

. . . . **Porpidia trullisata**

46* Exc. kräftig entwickelt, innen braun, mit breitem, rel. schwach pigmentiertem Außenbereich. Sp. (16)18–26(30) × 7,5–11,5(14) µm. Ap. –1,5(2) mm. Hyp. braun, schwarzbraun, reich an Kristallen (Pol). Lager zus.hängend bis rissig oder warzig areoliert. Epihym. olivstichig h.braun bis braun. Meist mit Stictin-SSy.

. . . . **Porpidia zeoroides**

47 Lagermark K+ gelb, P+ orange, Exc. K–/K+ gelb bis rot, nicht durchgehend braunschwarz (dünne Schnitte) **48**

47* Mark R– **49**

48 Ap. weitgehend eingesenkt bis dicht angedrückt, –1,5(2,2) mm, Scheibe dicht bereift, flach bis m.gewölbt. Lager groß, gut entwickelt, weißlich, h.grau, im Herbar auch gelbstichig, zus.hängend bis feinrissig, mitunter leicht ölig glänzend. Rand nackt. Sp. 18–27(32) × 7–12(14) µm. Hyp. schwarzbraun. Epihym. braun bis olivbraun. Exc. außen d.braun bis schwarz, innen z.hell, grau, bräunlichgrau, K+ gelb bis rot, Exc.hyphen 2–4 µm dick. Mark K+ gelb(-orange), P+ orange (Lager K– bis gelblich, P– bis blaß orange). Stictin-SSy.

. . . . **Porpidia albocaerulescens**

48* Ap. sitzend. Scheibe nackt oder (meist nur leicht) bereift. Exc.hyphen 3–8 µm dick **53**

49 Ap. in ± konzentrischen Ringen angeordnet . . . . . . ↑ **Porpidia crustulata**

49! Ap. sehr groß, über 1,6 mm . . . . ↑ **Porpidia macrocarpa**
49* Mit anderen Merkmalen **50**
50 Lager mit Confluentin-S. oder Methyl-2'-O-Methylmicrophyllinat, warzig bis rissig areoliert, rissig, nicht rostfarben überlaufen. Ap. eingesenkt bis angedrückt, später auch sitzend. Exc. d.braun, basal häufig reduziert, Exc.hyphen 3–5 µm dick. Epihym. braun(oliv) bis olivgrün. R–. S.schwierige Gruppe. *Porpidia cinereoatra* s.l. **51**
50* Lager ohne Confluentin-SSy., oft mit Stictin-SSy., oft dünn, gewöhnlich rissig, mitunter rostfarben überlaufen. Ap. meist sitzend, oft mit verengter Basis. Exc. innen h.- bis d.braun oder gelbbraun, Exc.hyphen (3)4–9 µm. Epihym. braun bis oliv. (Ascuswand in konz. J+ rotbraun) **53**
51 Mit Methyl-2'-O-Methylmicrophyllinat, 2'-O-Methylmicropyllin-S. Lager rissig- bis warzig-areoliert, grauweiß bis cremefarben, glatt, oft etwas glänzend. Areolen zus.schließend bis getrennt. Ap. angedrückt bis sitzend, -1(1,5) mm, schwarz, dick, aber wenig erhaben berandet, Epihym. grünbraun bis oliv. Sp. 14–20(25) × (5)7–9(11) µm. Hym. (80)90–115(130) µm. Asci außen J(konz.)+ orangebraun. Mark UV+ weiß . . . . **Porpidia contraponenda**
51* Mit Confluentin-SSy. Lager rel. dick, rissig, rissig- bis warzig-areoliert. Areolen zus.schließend. Ap.(rand) kaum über das Lager vorragend. Mark UV– . . **52**
52 Sp. 14–20(23) × 7–10 µm. Lager weißlich, creme, h.grau, rissig bis warzig areoliert, oft s.dick, Areolen oft stark gewölbt. Oft mit schwarzem Vorlager. Ap. schwarz, selten grau bereift, –1,6 mm, flach bis meist nur m.gewölbt, Rand z.dick. Hym. (75)90–125 µm. Asci außen J(konz.)+ blau bis bräunlichblau. * . . . . **Porpidia musiva**
52* Sp. 12–17(18) × 5,5–8(9) µm. Lager weißlich, h.grau, oft matt, rissig- bis warzig-areoliert, Areolen flach bis gewölbt. Ap. schwarz, gewöhnlich durch Bereifung grau, –1,3 mm, flach bis gewölbt, Rand meist erhaben. Hym. (75)90–105 µm. Asci außen J(konz.)+ orangebraun . . . . **Porpidia cinereoatra**
53 Ap. 1–3,8 mm (max. Durchmesser), unbereift oder leicht bereift, schwarz, selten braunschwarz. Maximale Breite des Randes (Aufsicht) 0,13–0,25 mm. Sp. 17–25(30) × 7–12(14) µm. Hyp. d.braun bis schwarzbraun. Lager s.variabel, dünn, selten z.dick, rissig bis seltener rissig areoliert, weißgrau, grau, grünlichgrau, oft bräunlich bis rotbraun getuscht. Exc. innen K– oder K+ rot, selten K+ gelb. Mark K–, P–, selten K+ gelblich, P+ orange. Chinoider Stoff oder Ch–, selten Stictin-SSy. . . . . **Porpidia macrocarpa**
53* Ap. 0,55–1,6 mm (max. Durchmesser), in der Regel bis 1 mm, lange flach bis m.gewölbt, mit dünnem, erhabenem Rand, unbereift, fast stets schwarz. Maximale Breite des Randes 0,07–0,17 mm. Sp. 12–20 × 6–10 µm. Lager s.dünn, zus.hängend bis schwach rissig, schmutzig weißlich bis grau, gewöhnlich nicht bräunlich bis rotbraun getuscht. Exc. innen K+ gelb, selten K–. Mark K–/K+ gelb, P–/P+ orange. Meist Stictin-SSy. . . . . **Porpidia crustulata**

Lecidea TS 7: Arten auf Silikatgestein, Lager braun, graubraun, gelbbraun, ocker, rostfarben, braunrot, rostrot

1 Lager (bisweilen nur teilweise) rostfarben, ocker, rot, C–, K–, oft auf eisenreichem Gestein 2
1* Lager h.- bis d.braun, rotbraun, graubraun 10
2 Sp. 5,5–8,5 × 2,5–3,5 µm. Lager aus ± isoliert stehenden, kleinschuppigen, gekerbten, -1,3 mm breiten Areolen, gelbbraun, glänzend. Ap. 0,2–1,3 mm, flach, dünn berandet, glänzend, randlich an den Schuppen, oft gedrängt. Hyp. farblos, Epihym. bläulichgrün, grün. Ch– . . . . **L. variegatula**
2* Sp. größer. Lager ocker, rostfarben, rot, nicht glänzend 3
3 Ap. konkav bis flach, berandet, ± eingesenkt, schwarz, -0,5(0,7) mm, einzeln oder in Gruppen. Hym. J+ orangegelb bis türkisblau. Lager rot bis rotbraun, auch rotschwärzlich oder ocker, dünn, rissig bis fein areoliert, meist klein. Epihym. meist grünlich, Hyp. d.braun, Exc. kohlig, Sp. 10–17 × 6–10 µm . . . . **Tremolecia atrata**
3* Ap. nicht konkav, größer. Hym. nicht J(konz.)+ deutlich orangegelb 4
4 Sp. (13)16–30 × (6)7–15 µm. Hyp. d.- bis schwarzbraun, in das braune bis schwarzbraune Exc. einstrahlend. Paraph. stark verklebt. Hym. über 75 µm. Ap. meist 1–2,5(3,5) mm, schwarz, mitunter bereift, meist flach bis m.gewölbt und berandet *(Porpidia)* 5
4* Sp. 8–15 × 4,5–7 µm. Hyp. farblos bis d.braun. Hym. -70 µm. Ap. meist -1,5 mm, einzeln oder in Gruppen und sich gegenseitig abplattend 7
5 Epihym. leuchtend smaragdgrün . . . . . . **Porpidia hydrophila (TS 6/42)**
5* Epihym. braun, oliv, d.braun 6
6 S.selten. Arktisch-alpin. Mit Confluentin-SSy. Exc.hyphen (Exc.rand, s.dünne Schnitte) 2–3 µm dick, mit s.dunkel pigmentierten Wänden. Lager gänzlich ockergelb, ocker, braunorange bis rostfarben ocker, leicht rissig bis rissig areoliert (feucht nicht rissig), oft leicht ölig schimmernd. Exc. K–. Ap. zuerst etwas eingesenkt, später angedrückt sitzend, mit meist blaugrau bereifter Scheibe und schwarzem, im Alter oft verfaltetem Rand, -1,5(2,5) mm. Sp. 14–24(26) × 6–11(12,5) µm . . . . **Porpidia flavicunda**
6* Verbreitet. Ch– oder selten Stictin-SSy., ohne Confluentin-SSy. Exc.hyphen 4,5–6,5 µm dick, mit engem (1,3–2,5 µm) Lumen und farbloser Wand; dunkles Pigment in den Hohlräumen zwischen den Hyphen. Lager gewöhnlich nur teilweise ocker bis rostbraun, sonst grau, meist zus.hängend bis rissig, nicht ölig schimmernd. Exc. K+ rot(fleckig) oder K–, selten gelb. Ap. mit verengter Basis sitzend, mit meist unbereifter, seltener schwach bereifter Scheibe, -2,5(3,5) mm. Sp. (13)17–27(30) × (5,5)7–12(14) µm . **Porpidia macrocarpa** (wenn Ap. deutl. kleiner, Sp. 12–20 × 6–10 µm, vgl. *P. crustulata*)
7 Mark J–. Ap. in gequollenem Zustand mit rotbraunem Stich, trocken meist ± mattschwarz, oft bereift, flach, deutlich berandet, angedrückt sitzend bis ± eingesenkt, -1,5(2,0) mm. Epihym. braun, d.braun, Hyp. meist ± farblos. Sp. (9)10–15 × (4)4,5–6,5 µm. Lager meist nur teilweise rostig, sonst grau, dünn, mit

schwarzem Vorlager, oft ein breiter äußerer Lagerbereich mit nur wenig Ap. 4-*O*-Demethylplana-S. . . . . **L. lithophila**

7* Mark J+ violett. Ap. schwarz, flach bis m.gewölbt, berandet. Epihym. intensiv grün, blaugrün, schwärzlichgrün **8**

8 Lager ganz ocker- bis rostrot, z.dick, warzig areoliert, matt, oft leicht rauh, Areolen gerundet, z.gewölbt. Hyp. h.- bis d.braun, darüber (zart) span- bis smaragdgrünes Subhym. Hym. farblos bis zart grünlich. Epihym. grün, blaugrün, grünschwarz. Exc. mit breitem braun- bis grünschwarzem Randsaum. Sp. 8–11 × 5–6 µm, ±Stictin-S., ±Norstictin-S., ±Porphyril-S. . . . . **L. silacea**

8* Lager meist nur teilweise rostfarben, sonst weißlich bis grau, rissig bis rissig areoliert. Areolen nicht gewölbt. Vorlager oft vorhanden, schwarz. Ap. oft gruppiert und dann ± eckig **9**

9 Lager weiß bis h.grau, selten grau, oft rostig überlaufen, meist dünn, K± gelb (selten rot), P– oder + gelblich, C– (bei dünnem Lager Reaktion im Exc./Ap.schnitt). Ap. bleibend berandet. Hyp. farblos bis mittelbraun oder zart grün, selten dunkler braun. Exc. mit schmalem, meist grünlichem Rand. Epihym. schwarzgrün. Sp. breit ellipsoid, 9–15 × 5–8,5 µm. Stictin-SSy. oder nur Norstictin-S. . . . . **L. lapicida (TS 6/4)**

9* Lager grau bis bleigrau, selten rostig überlaufen, oft rel. kräftig, R–. Ap. oft stark gewölbt, dann Rand s.dünn bis verschwindend. Hyp. d.braun, d.rotbraun. Exc. außen schwärzlich. Epihym. grün, oliv, braungrün, schwärzlich. Sp. schmal ellipsoid bis länglich, 9–13,5 × 4–6 µm. Confluentin-SSy. . . . **L. confluens**

10 Sp. kugelig, 7–10 µm, einreihig in (sub)zylindrischen Schläuchen. Ap. aufsitzend bis angedrückt, schwarz, flach, bleibend berandet, –1,2(1,5) mm. Epihym. ± smaragdgrün, Hyp. und Exc. d.braun. Paraph. meist einfach, in K locker. Lager z.dick, fast schuppig-areoliert, Areolen uneben, oft leicht vom Substrat ablösbar, gekerbt, grau- bis d.(rot)braun. K–, P–, Mark C± rosa. Gyrophor-S. . . . . **Schaereria cinereorufa**

10* Sp. nicht kugelig **11**

11 Ap. mit rilliger Scheibe, meist mit eckigem bzw. faltigem Umriß, berandet, flach, eingesenkt bis angedrückt, –0,6 mm. Hyp./Exc. d.braun, K+ blutrot durch Kristalle. Epihym. meist bräunlich. Sp. 10–13 × 6–8 µm. Paraph. verzweigt, anastomosierend. Lager warzig areoliert, matt, graubraun bis schmutzig braun, Mark K+ gelb, nach einiger Zeit zumindest stellenweise rot, P+ orange. Norstictin- oder Stictin-S. (Ap. rillig, aber Hyp./Exc. K–: **Rimularia gyrizans** (Nyl.) Hertel & Rambold) . . . . **L. scabridisca**

11* Ap. nicht rillig. Hyp./Exc. nicht K+ rot durch Kristalle **12**

12 Lager parasitisch, Inseln auf anderen Krustenflechten bildend bzw. andere Lager randlich angreifend, meist klein **13**

12* Lager nicht deutlich parasitisch **15**

13 Auf bzw. neben *Lecanora rupicola*, meist rundlich, klein (1,5 cm, selten größer), mittel- bis d.braun, glänzend, warzig areoliert. Ap. glänzend schwarz, zwischen den Areolen, –0,5 mm. Sp. 8,5–14 × 4,5–7 µm. Epihym. und Hyp. d.braun. ±Gyrophor-S. . . . . **Rimularia insularis**

13* Auf anderen Krusten **14**

14 Epihym. d.braun, Hyp. h.- bis d.braun. Ap. mattschwarz, angedrückt, deutlich berandet, flach bis m.gewölbt, selten, -0,6(0,9) mm. Sp. 10–16(20) × 5,5–8(10) µm. Lager dickkrustig, tief rissig areoliert, d.braun bis schwarzbraun, oft etwas rotstichig, mit feinwarzig-rauher (körniger) Oberfläche, parasitisch, meist unregelmäßige Lager auf/zwischen Krustenflechten bildend, K–/+ gelb bis rot, P–/+ gelb, C+ rosa/-. Gyrophor-S., ±Stictin-S., ±Norstictin-S. . . . . **Rimularia furvella**

14* Epihym. smaragdgrün, Hyp. (fast) farblos. Ap. erhaben berandet, stark glänzend schwarz, -0,6 (0,8) mm. Sp. (8)10–15 × 5–8 µm. Lager warzig areoliert, h.- bis mittelbraun, Areolen z.gewölbt, klein, oft glänzend, R–, meist Ch– . . . . **Carbonea assimilis**

15 Lager C+ rosarot, KC+ rot (zur deutlicheren Reaktion hilft oft Anschaben des Lagers). Gyrophor-S. **16**

15* Lager oder Mark C– bzw. gelblich **18**

16 Lager mit feinwarzig-rauher (körniger) Oberfläche, d.braun bis schwarzbraun, oft etwas rotstichig, dickkrustig, tief rissig areoliert, meist unregelmäßige Lager zwischen Krustenflechten bildend. Fast stets steril. Ap. -0,6(0,9) mm. Sp. 10–16(20) × 5,5–8(10) µm. * . . . . **Rimularia furvella (14)**

16* Lager nicht mit feinwarzig-rauher Oberfläche, oft mit Ap., K–, P– **17**

17 Paraph. verklebt. Ap. -2(3) mm, mattschwarz, auch leicht grau bereift, ± eingesenkt bis angedrückt sitzend, flach und erhaben berandet, später auch stark gewölbt-randlos. Hym. -60 µm. Hyp. braunschwarz. Epihym. schmutzig olivgrün, olivbraun, grünschwarz, K± oliv. Lager meist dicklich, areoliert, Areolen konkav bis m.gewölbt, glatt bis genarbt-uneben, mitunter getrennt, braun, h.graubraun, gelbbraun, rotbraun, oft glänzend, gequollen oft oliv. Sp. 8,5–17 × 3,5–7 µm. * . . . . **L. fuscoatra**

17* Paraph. beim Quetschen leicht frei. Ap. -0,8(1) mm, meist *Aspicilia*-artig eingesenkt, undeutlich berandet bis bald randlos, flach. Hym. über 90 µm. Hyp. oben hell, unten ± braun, aus senkrechten Hyphen. Epihym. smaragdgrün bis oliv, auch violett, K+ grün. Lager matt, graubraun, braun.* . . . . ↑ **Schaereria fuscocinerea (28)**

18 Mark J+ violett, K– bis K ± gelb, selten K+ rot **19**

18* Mark J–, K– oder K+ gelb **21**

19 Lager bräunlich grauweiß, K+ blutrot ↑ **L. lapicida** var. **pantherina (TS 6/4)**

19* Lager R–, ± glänzend **20**

20 Sp. 6–12 × 3–6 µm. Hym. 40–70 µm, Hyp. h.bräunlich, Epihym. grün(-schwarz) bis blaugrün. Ap. flach bis stärker gewölbt, zumindest anfangs deutlich berandet, grauschwarz bis schwarz, –1,6(3) mm. Lager dick, warzig areoliert, auch fast etwas schuppig, gelbbraun, kupferbraun bis d.rostbraun – arkt-alp, Al . . . . **L. atrobrunnea** (Lam. & DC.) Schaerer

20* Sp. 13–24 × 6,5–12 µm. Hym. 60–120 µm. Hyp. farblos, unten bräunlich, Epihym. h.braun bis schmutzig olivgrün. Ap. flach, meist deutlich dünn berandet, halb bis ganz eingesenkt bzw. zwischen den Areolen, oft eckig, schwarz, –1,2(1,8) mm. Lager meist graubraun, blaßbraun, auch gelb- bis d.braun, rissig areoliert, Areolen ± flach, auch konkav. Confluentin-S., 2'-*O*-Methylperlatol-S.

. . . . **Immersaria athroocarpa**

21 Hyp. d.braun bis schwarzbraun, Epihym. braun, olivbraun, olivgrün. Hym. -60 µm **22**

21* Hyp. farblos bis h.bräunlich **25**

22 Lager rissig-areoliert, Oberfläche der Areolen sehr feinkörnig-isidiös, d.braun bis braunschwarz . . . . **Rimularia furvella (14)**

22* Lageroberfläche nicht feinkörnig-isidiös **23**

23 Ap. flach bis m.gewölbt, bleibend erhaben berandet, meist glänzend schwarz, meist -0,5 mm. Lager aus s.kleinen, -0,5 mm breiten Areolen, stets an *Lecanora rupicola* coll. angrenzend, meist nur bis 1,5 cm im Durchmesser. Epihym. d.braun . . . . **Rimularia insularis (13)**

23* Areolen größer, Ap. meist größer **24**

24 Lager dick, grob warzig areoliert, Areolen knollig bis hochgewölbt, uneben, (rot)braun bis d.braun, meist etwas glänzend, oft auch ± getrennt, rel. locker am Substrat festgewachsen, meist klein. Exc. schwarz. Ap. bald gewölbt, Rand ± verschwindend, -1(1,2) mm. Sp. 7-12 × 4-6 µm. Epihym. braun, K-. Ch- . . . . **L. fuliginosa**

(wenn Sp. nur bis 3,8 µm breit, Hyp. braunrot bis tiefrot, K+ intensiver rot, vgl. *Lecidea commaculans* TS 6/34)

24* Lager m.dick bis dick, areoliert, Areolen konkav bis m.gewölbt, glatt bis genarbt-uneben, braun, h.graubraun, gelbbraun, rotbraun, oft glänzend. Exc. innen grau, außen schwarz, Ap. flach bis gewölbt, Rand meist erst im Alter ± verschwindend, mattschwarz, -2,5 (3) mm. Sp. 8,5-17 × 3,5-7 µm. Epihym. olivgrün, olivbraun, grünschwarz, in K oliv. (Gyrophor-S., Reaktion manchmal undeutlich) . . . . **L. fuscoatra**

25 Sp. 5,5-8,5 × 2,5-3,5 µm. Lager gelbbraun bis braun, glänzend, aus ± getrennten Areolen. Ap. randlich an den Areolen sitzend, oft zu mehreren, flach, dünn berandet, glänzend, -1(1,3) mm. Hyp. farblos, Epihym. bläulichgrün, grün . . . . **L. variegatula**

25* Sp. deutlich breiter **26**

26 Mark K+ gelb, P+ orange, C-. Lager glänzend gelbbraun bis d.braun, dick, warzig areoliert bis fast schuppig (Areolen bis hochgewölbt), ohne deutliches Vorlager. Ap. braunschwarz bis schwarz, gequollen mehr bräunlich als schwarz, flach und erhaben berandet, schließlich stark gewölbt, sitzend, -2(2,5) mm. Epihym. olivbraun, braun, grünlich. Sp. 10-18 × 4-6,5 µm. Hyp. farblos. Miriquidi-S., Stictin-S. **Miriquidica garovaglii**

26* Mark K- **27**

27 Epihym. braun. Hyp. farblos bis leicht bräunlich. Paraph. beim Quetschen in K ± frei. Sp. bohnenförmig gekrümmt oder gerade. Ap. oft über 0,6 mm. Lager meist graubraun . . . . **Fuscidea** sp. **(TS 6/30 + 31)**

27* Epihym. smaragdgrün, blaugrün, braungrün oder violett, dann K+ grün. Ap. -0,6(0,8) mm. Lager braun, graubraun **28**

28 Ap. deutlich erhaben und scharf berandet, glänzend schwarz, nicht eingesenkt. Paraph. stark verklebt, verzweigt, anastomosierend. Schläuche keulig. Lager h.- bis mittelbraun . . . . **Carbonea assimilis (14)**

28* Ap. *Aspicilia*-artig eingesenkt, ± flach, undeutlich bzw. dünn berandet. Paraph. in K leicht frei, Schläuche subzylindrisch. Sp. 11–17 × 6–7 µm. Paraph. beim Quetschen in K leicht frei, meist einfach. Lager graubraun bis (bräunlich) grau, rissig areoliert, Areolen flach bis m.gewölbt. Gryophor-S. . . . . **Schaereria fuscocinerea**

Anhang: Flechtenbewohnende Arten (Parasiten und Parasymbionten)

1 Lager entwickelt **2**
1* Ohne eigenes Lager. Ap. schwarz **10**
2 Fast stets steril. Lager braun bis schwarzbraun **3**
2* Gewöhnl. mit Ap. **4**
3 Lager dickkrustig, tief rissig areoliert, mit feinwarzig-rauher (körniger) Oberfläche, d.braun bis schwarzbraun, oft etwas rotstichig, meist unregelmäßige Lager zwischen Krustenflechten bildend. Gyrophor-S. . **Rimularia furvella**
3* Lager areoliert, Oberfläche nicht feinwarzig. Areolen ± rundlich, flach bis leicht konkav, (h.)braun, der meist etwas erhabene Rand heller (beige) und oft gekerbt, mitunter schuppig gegliedert (anfangs aus s.kleinen, blaß berandeten Teilareolen zus.gesetzt), mitunter auch stellenweise geschwärzt, auf schwarzem „Grundlager" sitzend, 0,3–1,5(2) mm. Miriquidi-S. . . **Miriquidica intrudens**
4 Auf *Lecanora rupicola*. Lager braun, meist klein. Ap. flach bis m.gewölbt, bleibend erhaben berandet, meist glänzend schwarz, meist –0,5 mm. Hyp. dunkel . . . . **Rimularia insularis**
4* Auf verschiedenen Krusten **5**
5 Lager braun, warzig areoliert. Ap. erhaben berandet, glänzend schwarz. Epihym. ± smaragd. Sp. 10–15 × 5–9,5 µm. Hyp. farblos . . **Carbonea assimilis**
5* Lager nicht braun **6**
6 Lager blaß gelblich bis blaß grünlich **7**
6* Lager weißlich, grau, d.grau, bräunlich grau. Ap. schwarz **8**
7 Auf *Tephromela*-Arten *(atra, grumosa)*, Ap. gewölbt, nicht rein schwarz, grau bereift . . . . **Lecanora sulphurea**
7* Auf *Orphniospora mosigii* in alpinen Lagen. Ap. flach, eingesenkt bis angedrückt, schwarz . . . . **Carbonea distans (TS 6/23)**
8 Lager grau, d.olivgrau, bräunlichgrau, s.variabel, körnig-warzig, areoliert oder rissig. Ap. ohne deutlichen Rand. Sp. 1-2zellig, (7)9–14(17) × (4)4,5–5,5(6) µm. Epihym. grünlich. Mark J–. Hyp. oft mit orangefarbenen Körnern (K+ violett) . . . . **Carbonea intrusa**
8* Lager heller, weißlich, grau, cremefarben. Sp. 1zellig. Mark J+ violett **9**
9 Lager weißlich, klein, meist nur –5 mm, inselartig, auf *Lecidea lapicida* (selten anderen *Lecidea* sp.) Hyp. h.braun bis braun, etc. . . **Cecidonia umbonella**
9* Lager grau, gelbstichig h.grau, meist über 1 cm, auf *Aspicilia*-Arten. Ap. eingesenkt bis dicht angedrückt, flach, bald randlos, –1,5 mm. Hyp. farblos bis zart h.ocker. Sp. 7–10 × 4–6 µm . . . . **L. tesselata**

10 Auf *Candelariella*-Arten . . . . **Carbonea vitellinaria**
10* Auf anderen Flechten **11**
11 Auf *Lecanora*-Arten. Hyp. gelbbraun bis schwarzbraun **12**
11* Auf anderen Flechten. Hyp. ohne oder mit orangefarbenen Körnern (dann in K+ violette Lösung), farblos bis dunkel . . . . ↑ **Carbonea intrusa**
12 Sp. 3–4,5 µm breit, Ap meist gewölbt, ± randlos. Hyp. d.braun . . . . **Carbonea aggregantula** (Müll.Arg.) Diederich & Triebel [*Lecidea a.* Müll. Arg., *Nesolechia a.* (Müll.Arg.) Rehm]
12* Sp. 4–6 µm breit. Ap. meist flach, deutl. berandet. Hyp. farblos bis d.braun . . . . **Carbonea supersparsa**

Lecidea s.str.

Lecidea confluens (Weber) Ach.
In hochmontanen bis alpinen, niederschlagsreichen Lagen, s.selten tiefer, auf meist kalkfreiem Silikatgestein an niedrigen Felsen/Blöcken an kalten, luftfeuchten, lange schneebedeckten Standorten, ähnl. *Rhizoc. alp.* (↑), jedoch ausgeprägt saure Gesteine meidend, subneutroph.–m.(z.)acidoph., (m.–)z.photoph., anitroph. – arkt-h'mo/alp – selten (3); süSch, Vog, Rhön, Meißner, Hz, Erz, BayW, Al

Lecidea fuscoatra (L.) Ach.
Bis in montane, selten hochmontane Lagen auf kalkfreiem Silikatgestein an beregneten, meist besonnten und warmen, windgeschützten bis m.(–z.)exponierten Standorten, v.a. auf mineralreichen oder staubimprägnierten oder leicht gedüngten Substraten, auch auf Mauern, Grabsteinen etc., m.–z.acidoph., z.–s.photoph., xeroph., m.nitroph. – s'bor-med – z.selten–m.häufig; v.a. Silikat-Mittelgebirge, sonst v.a. synanthrop; „var. *grisella* (Flörke ex Schaerer) Nyl." Modifikation auf kalkbeeinflußten Substraten, v.a. auf Mauern, Ziegeln in wärmeren, rel. niederschlagsarmen Lagen, subneutroph.

Lecidea lapicida (Ach.) Ach.
var. **lapicida**
In (hoch)montanen bis alpinen Lagen auf kalkfreiem (selten oberflächlich entkalktem), meist hartem Gestein an lichtreichen, m.–s.windexponierten, rasch schneefreien oder z.lange schneebedeckten Standorten, z.euryök, in kühl-feuchten Mulden (z.B. ähnl. *Rhizoc. alp.* ↑) wie an exponierten Felsen (ähnl. *Umbilicaria cyl.* ↑) oder als Pionier in offenen Blockschutthalden, m.–z.acidoph., ombroph., anitroph – arkt-alp – selten (3); v.a. süSch und Vog über 800 m, Ts, Rhön, Erz, BayW
var. **pantherina** Ach. [L. lactea Flörke ex Schaerer, L. pantherina (Ach.) Th.Fr., L. swartzioidea Nyl.]
Ähnl. var. *lapicida*, doch weiter herabsteigend und auch an nährstoffreicheren Stellen – arkt-h'mo/alp – selten (3); süSch, nöSch, Vog, Rhön, *Ts*, Eif, ThW, Erz, BayW, Al, s.selten synanthrop (Grabsteine)

Lecidea lithophila (Ach.) Ach.
In montanen bis hochmontanen, niederschlagsreichen Lagen auf kalkfreiem, meist saurem Silikatgestein an Blöcken und niedrigen Felsen, an luftfeuchten, vor schnel-

ler Austrocknung geschützten (oft lange taufeuchten), m.–z.lichtreichen Standorten, v.a. an Blöcken in Quellmooren, sumpfigen Wiesen, an Bächen, Wald- und Wegrändern (hier oft als Pionier auf frisch bloßgelegten Felsflächen), z.acidoph., z.hygroph., substrathygroph., ombroph., anitroph. – bor-mieur·mo(subatl)-smed·mo – z.selten; süSch und Vog m.häufig, nöSch, ThW, Erz, sonst selten: Ne, SFW, Pf, O, Sp, RhSch, He

Lecidea plana (Lahm) Nyl.
Auf kalkfreiem, aber bisweilen basischem, meist eisenreichem Silikatgestein (z.B. Basalt) in niederschlagsreichen, montanen (oft ozeanischen) Lagen an kühlen, vor schneller Austrocknung geschützten oder oft taufeuchten Standorten, besonders an Horizontal- und Schrägflächen niediger Felsen, in Blockmeeren, auf Abraum von Bergwerken, m.–z.acidoph., (substrathygroph.), m.–z.photoph., anitroph., etwas weniger hygroph. und acidoph. als *L. lithophila* (↑) – arkt-mieur· mo(subatl)(-smed) – selten (3); v.a. Rhön, Erz, sonst (s.)selten: Sch, Vog, O, nöPf, Ts, Eif

Lecidea sarcogynoides Körber
In kollinen und submontanen, wintermilden Lagen an meist z.warmen, z.lichtreichen Standorten auf meist kalkfreiem, aber oft mineralreichem Silikatgestein, v.a. an Blöcken, niedrigen Felsen, m.–z.acidoph., mesoph.(–m.)xeroph. – mieur·subatl-med – (s.)selten (1); O, ?Sp, Ne, Ts, MRh, Eif, NRh

Lecidea silacea Ach.
In hochmontanen und alpinen, selten montanen Lagen auf kalkfreiem schwermetallreichem Silikatgestein an z.lichtreichen Standorten, ähnl. *Acarospora sin.* (↑) und *Rhizocarpon oed.* (↑) – arkt-mieur·mo/alp(-med·alp) – s.selten (1); süSch (1×), ?Vog, BayW, Erz, Hz, Alpen

Lecidea tesselata Flörke
Im Gebiet in der montanen Stufe auf (s.)harten, meist kalkfreien, aber oft mineralreichen Silikatgesteinen (z.B. Porphyr) an besonnten, bisweilen m.gedüngten Standorten, parasitisch auf *Aspicilia* (meist *cinerea*), in der var. **caesia** (Anzi) Arnold in der alpinen Stufe auf z.kalkreichen (Mergelkalke) bis kalkarmen (Kieselkalke, Kalkschiefer) Gesteinen mit *Lecanora marginata* und *Lecidea umbonata*; var. **tesselata**: subneutroph., ombroph., xeroph., m.nitroph. – arkt-med(alp) – s.selten (R); süSch, Vog, Meißner (Al: var. *caesia*)

Lecidea s. l.

Lecidea ahlesii (Körber) Nyl.
In kollinen und submontanen Lagen auf Silikatgestein an schattigen, luftfeuchten Standorten, an Blöcken in Wäldern und an Bächen – mieur(subatl) – selten (?); *O*, süHü

Lecidea albolivida Lettau
Auf Nadelbaumrinde in montanen bis hochmontanen, niederschlagsreichen, ozeanischen Lagen – selten (?); süSch, Alpen

Lecidea atomaria Th.Fr.
In der kollinen und submontanen Stufe auf Silikatgestein, gewöhnlich an kleinen Steinen an lange taufeuchten oder vor schneller Austrocknung geschützten Orten, in Wäldern, an Wegrändern, in Magerwiesen, ähnl. *Porpidia crust.* (↑), *Micarea lith.* (↑) - mieur - selten (?); *O, Ne, Ml,* Th

Lecidea betulicola (Kullh.) H.Magn. [L. plusiospora Th.Fr. & Hulten]
In niederschlagsreichen, hochmontanen, selten montanen Lagen auf Laub- und Nadelbäumen mit saurer Rinde, v.a. an der Stammbasis, ähnl. *L. pullata* (↑) und *Biatora helv.* (↑) - s'bor-mieur·mo - s.selten *(0)*; süSch

Lecidea botryosa (Fr.) Th.Fr.
Auf (auch verbranntem) Holz und Borke von alten Kiefern - bor-smed(-med) - Eif, Hu

Lecidea caesioatra Schaerer [L. arctica Sommerf., Frutidella c. (Schaerer) Kalb]
Über der Waldgrenze an kalten, lange schneebedeckten, lichtreichen, aber absonnigen Orten auf Moosen (v.a. *Grimmia, Andreaea*) an Silikatgestein, meist in Bodennähe, oder auf Moosen über steinigen Böden - arkt-mieur·alp - s.selten (0); *süSch* (*Feldberg,* ?+), BayW

Lecidea commaculans Nyl.
Im Gebiet an lange taufeuchten Steinen in lichtreicher Lage auf Silikatgestein, mit *Micarea lignaria, Immersaria athrooc.* oder an stark verwitterten Felswänden, ähnl. *Adelolecia p.* - arkt-mieur·h'mo/alp - s.selten (1); O, süSch, BayW

Lecidea erythrophaea Flörke ex Sommerf.
[L. tenebricosa auct., Biatora e. (Flörke) Fr.]
V.a. in montan-hochmontanen Lagen auf Laubbaumrinde, v.a. an Ästen und glattrindigen Stämmen, v.a. an Esche, aber auch Holz und Koniferenrinde - bor-mieur·mo - selten; süSch, nöSch, Do, Av, *Vog, Pf*

Lecidea exigua Chaub. [Biatora e. (Chaub.) Fr.]
V.a. an glatter Rinde von Laubbäumen, am Stamm und Ästen, z.B. Esche, Hainbuche, in Wäldern in milden Lagen, z.B. Eichen-Hainbuchen-W., ähnl. *Pertusaria leioplaca* (↑), anitroph., wahrscheinlich durch Eutrophierung stark zurückgegangen bis verschwunden - mieur-smed, subatl - s.selten *(0)*; *nöRh, O, Ne, Ts*

Lecidea fuliginosa Taylor [Psora conglomerata (Massal.) Körber]
In montanen niederschlagsreichen Lagen auf meist hartem, oft mineralreichem Silikatgestein, v.a. auf rauhem Substrat und in Ritzen, an ± besonnten, windgeschützten bis m.exponierten Standorten, ähnl. *Parmelia disj.* (↑), *Buellia badia* (↑) - (bor-)mieur·subatl-smed - selten (3); süSch, nöSch, Vog, nöPf, MRh, Ts, Eif, ThW

Lecidea huxariensis (Beckh. ex Lahm) Zahlbr.
Auf trockenem, zähem Holz, z.B. Pfählen oder Geländern - mieur - selten (?); Ju, Th

Lecidea hypopta Ach. [Lecanora h. (Ach.) Vainio]
In montanen Lagen auf Holz, seltener auf saurer Rinde (besonders Koniferen), v.a. an luftfeuchten Orten - bor-mieur - Sch

Lecidea limosa Ach.
In subalpinen und alpinen, niederschlagsreichen Lagen auf nackter, frischer bis feuchter Erde und auf Pflanzenresten an z.schneereichen Orten, im Gebiet ähnl. *Lecidoma* (↑) - arkt-alp - s.selten (1): süSch (Feldberg), Al

Lecidea lurida Ach. [Psora l. (Ach.) DC.]
Bis in alpine Lagen an erdverkrusteten bzw. zerklüfteten Felspartien aus Kalkgestein, in erdgefüllten Spalten, ähnl. *Toninia cand.* (↑), ferner auf flachgründigen, steinigen, trockenen Kalkböden, z.B. in lückigen Magerrasen, hier wie *Psora decipiens* (↑), auch auf kalkhaltiges Silikatgestein übergehend - bor-med - z.selten; v.a. SJu, Ju, FrJu, Al, Th, selten süHü, Mn, Ne, Eif, Mos, *Rh-Mn-T, Lahn*, He, Vog, süSch u.a.

Lecidea nylanderi (Anzi) Th.Fr.
In kollinen bis montanen Lagen auf saurer, nährstoffarmer Borke, v.a. auf alten Kiefern in lichten Wäldern, ferner an Fichte, Birke usw., selten an Holz, z.-s.acidoph., anitroph. - s'bor-mieur - s.selten *(0)*; süSch, *Vog*

Lecidea plebeja Nyl.
Sub- bis hochmontan, auf zähmorschem Holz, seltener auf Koniferen-Rinde, z.ähnl. *Xylographa par.* (↑) - s'bor-mieur·mo - *süSch?, FrJu*

Lecidea pullata (Norman) Th.Fr. [Biatora p. Norman]
In hochmontanen (selten montanen), niederschlagsreichen Lagen bis zur Baumgrenze am Grunde von Nadelbäumen, seltener Laubbäumen mit meist glatter, m.harter Rinde (v.a. Eberesche, Buche), selten an Holz, gewöhnlich im Innern von Wäldern und an Waldrändern, an z.lange schneebedeckten Standorten, ähnl. *Parmeliopsis hyperopta* (↑), m.-s.acidoph., z.skioph.-m.photoph., z.-s.hygroph., anitroph. - bor-mieur·h'mo - selten (3); süSch über 800 m m.häufig, nöSch, Vog, ThW, Erz, BayW, Al

Lecidea scabridisca V.Wirth
In hochmontanen, s.niederschlagsreichen, ozeanischen Lagen auf saurem, hartem Silikatgestein an s.windexponierten, voll beregneten Standorten mit stark wechselnden hygrischen Bedingungen, z.B. ähnl. *Umbilicaria probosc.* (↑), *Ophioparma v.* (↑) - mieur·mo-med·mo - s.selten; Vog (lokal nicht selten)

Lecidea turgidula Fr. [Biatora t. (Fr.) Nyl.]
In (hoch)montanen bis subalpinen Lagen auf bloßem, zähmorschem Holz (v.a. entrindeten Stämmen/Stümpfen) und an Borke alter Nadelbaumstämme, ähnl. *Calicium trabinellum* (↑) - bor-mieur(h'mo)(-med·h'mo) - selten (3); süSch, nöSch, Vog, *PfW ?+*, O, *Ts*, ThW, BayW, Al

Lecidea variegatula Nyl. [L. microsporella Lettau, L. lipseri Klement]
Bis in montane Lagen auf kalkfreiem, saurem bis basischem Silikatgestein, Erst-

besiedler an Steinen, Blöcken, niedrigen Felsen, z.B. in Steinbrüchen, an m.-z.lichtreichen Standorten - mieur - selten *(R);* O, Saar, nöPf, Th, BayW

Lecidella Körber em. Hertel & Leuck.

1 Auf Gestein **2**
1! Auf Rinde **9**
1* In alpinen Lagen auf Moosen über basenreichem Untergrund. Lager weißlich, C+ orange, warzig. Epihym. braunschwarz bis blaugrün, Hyp. ± rotbraun. Sp. 7–16 × 7–8 µm. Ap. –1 mm, flach, dann gewölbt. Al
. . . . **L. wulfenii** (Hepp) Körber
2 Lager sorediös, gelblich weiß bis graugelb, h.grüngrau, rissig bis rissig areoliert, auch körnig, C+/KC+ orangerot, K+ gelb, P+ gelb, selten K–, P–. Sorale rundlich bis unregelmäßig, zerstreut bis zus.fließend, gelblichweiß bis blaß gelblichgrün, Soredien 20–40 µm. Ap. oft nur wenig zahlreich, sitzend, flach, berandet, später gewölbt-randlos, –1,6 mm. Epihym. grün, blaugrün, schwarzgrün, Hyp. braun bis rötlich braun. Exc. innen braun bis rötlich braun. Sp. 10–15(18) × 6–8(10) µm. Atranorin, Arthothelin, Thuringion . . . . **L. scabra**
2* Lager nicht sorediös **3**
3 Hym. inspers, d.h. ± dicht mit Öltröpfchen besetzt und trübe **4**
3* Hym. nicht inspers **5**
4 Exc. innen hell, am Rand grünlich bis bräunlich. Sp. 11–17(19) × 6–10 µm. Ap. –1,5(2,5) mm, glänzend schwarz, flach bis m.gewölbt, wulstig berandet. Hyp. farblos bis selten schwach bräunlich, meist dicht mit Kristallen erfüllt. Lager endolithisch bis dickkrustig, kreideweiß bis beige, zus.hängend bis rissig, selten areoliert, K– oder K+ gelb, P–/P+ gelb, C–. Hym. (v.a. gegen Exc.) durch kleine Öltröpfchen (auch Kristalle) milchig trüb. Exc. mit starken Kristallablagerungen, Epihym. d.blaugrün bis graugrün. Zeorin, ±Atranorin, ±Lichexanthon. Vogelsitzplätze wie auch kaum gedüngte Orte, kalkreiche bis -arme Gesteine - arkt-alp, Al . . . . **L. patavina** (Massal.) Knoph & Leuck.
[*Lecidea rolleana* Magnusson, *L. spitsbergensis* (Lynge) Hertel & Leuck.]
4* Exc. d.braun. Sp. 8–15 × 4–8 µm. Ap. –1(1,3) mm. Hyp. farblos, blaß braun, goldbraun. Lager z.dünn, rissig, warzig oder areoliert, weißlich. Epihym. blauschwarz bis grün. K+ gelb, C–, P–, Atranorin, 2'-*O*-Methylperlatol-S.
. . . . **Carbonea latypizodes**
5 Lager C+/KC+ orangerot **6**
5* Lager C– **7**
6 Hyp. farblos, selten im Alter schwach bräunlich, K–. Ap. –0,4 mm, oft leicht graugrün bereift, aufsitzend, flach bis m.gewölbt, schmal berandet bis ± randlos. Exc. nicht voller Kristalle (Epihym. mit Krist.). Lager dünn, areoliert, mit feinkörniger Oberfläche, gelblichweiß bis gelblichgrau, cremefarben, auch gelbgrün, K–, P–. Epihym. graugrün, grün bis braun. Sp. 9–13 × 5–6,5 µm. Thiophan-S., Arthothelin, ±Thuringion . . . . **L. viridans**
6* Hyp. einheitlich gelblich bis rötlichbraun, K+ intensiver gefärbt. Ap.

0,5–1(1,5) mm, flach und deutlich berandet, zuletzt gewölbt und ± unberandet, schwarz, unbereift. Exc. oft mit Kristalleinlagerungen (Kristalle in K löslich). Lager gelblichweiß, cremefarben, dünn bis dick, rissig bis areoliert, K–/K+ gelb, P–/P+gelb. Epihym. schwarzgrün, bläulichgrün, selten oliv. Sp. 11–16(20) × 6–8(9) µm. Xanthone, stets Thiophan-S., ±Atranorin . . . . . . **L. asema s.l**
(s.selten reagiert auch ↑ *L. carpathica* (8) C+ orange)

7 Exc. innen farblos, ohne Kristalle, außen graubraun, violett, blaugrün. Epihym. schwarzgrün, blaugrün, violett, olivbraun oder rotbraun. Ap. flach, berandet, später gewölbt und ± randlos. Sp. 11–17 × 6–9 µm. Lager in der Regel auf kalkhaltigen Gesteinen, undeutlich bis deutlich entwickelt, rissig bis areoliert oder körnig, weißlich, grau, graubräunlich, K– oder K+ gelb, P–/P+ gelb, C–. Zeorin, ±Atranorin, ±Lichexanthon . . . . **L. stigmatea**

7* Exc. innen braun, rotbraun, d.braun, ohne Kristalleinlagerungen. Auf kalkfreien bis leicht kalkhaltigen Silikatgesteinen 8

8 Lager deutlich entwickelt, weiß, gelblich weiß, h.grau, meist areoliert, K+ gelb, P+ gelb, C– (s.selten orangerot). Exc. außen meist blaugrünschwarz, innen braun bis rotbraun. Hyp. gelbbraun bis rotbraun. Epihym. tiefgrün bis blaugrün. Hym. 60–85 µm. Ap. –1(1,5) mm, Rand dünn, oft wellig, glänzend, später oft verschwindend. Sp. 9–16 × 5–9 µm. Diploicin, ±Atranorin, ±Thuringion . . . . **L. carpathica**

8* Lager undeutlich, grau bis grünlich, R–. Exc. fast ganz oder größtenteils d.braun. Hyp. farblos bis blaß bräunlich, alt auch rotbraun. Epihym. schmutzig grün bis braungrün. Hym. 40–60 µm. Ap. –0,7(1) mm, bleibend berandet. Rand oft wellig und glänzend. Sp. 7–15 × 5–9 µm, breit ellipsoid bis fast kugelig. Atranorin, ±Zeorin . . . . **L. anomaloides**

9 Lager nicht sorediös, s.variabel, undeutlich bis dünn und zus.hängend bis rissig oder rissig areoliert, glatt bis körnig, weißlich, olivgrün, graugrün bis gelblich, oft mit schwarzem Vorlager, oft durch Schneckenfraß beschädigt. Sp. 10–16 × 6–9 µm. Ap. schwarz bis braunschwarz, flach und berandet, später gewölbt-randlos, –1,2 mm. Hyp. bräunlich bis farblos. Epihym. und Exc. außen blaugrün bis grün, violett, schmutzig rötlich, rotbraun, oft wechselnd. Arthothelin, ±Thuringion, ±Thiophan-S., ±Granulosin, oder Capistraton, ±Aotearon, ±Thiophan-S., oder Lichexanthon, ± Diploicin . . . . **L. elaeochroma**
S.variabler Formenkreis. (Vermutlich taxonomisch nicht trennbar: *L. elaeochroma* s.str. mit meist kräftigem, weißlichem, grauem, gelblichem Lager, C+ orange; *„L. euphorea"* mit meist h.grauem bis graugrünlichem, meist dünnem Lager, C–; *„L. achristotera"* mit inspersem Hym., Lager weiß bis gelblich, C–/C+ orange).
(Wenn Ap. braunrot bis d.braun, stets leicht bereift und dadurch etwas bläulich, flach bis leicht gewölbt, –0,9 mm, Lager weißlich, mit körniger Oberfläche, C–, Hyp. rotbraun, Epihym. grünlich: **L. laureri**)

9* Lager sorediös 10

10 Lager gänzlich feinkörnig-sorediös aufgelöst bis sorediös-schorfig, weißlich bis leicht gelblich. S.seltene, wenig bekannte Flechten 11

10* Lager mit zumindest anfangs getrennten, später auch zus.fließenden Soralen

. . . . **12**

11 Lager gelblichweiß bis gelblichgrau, dünn bis dick, ± areoliert, C± orange. Ap. selten, ± eingesenkt, -0,5 mm, gewöhnlich vorhanden. Hyp. goldbraun. Hym. 80–110 µm. Sp. 8–12 × 4–5 (9) µm. Unbek. Xanthon (5/5/5). S.selten, auf bearbeitetem, ± eutrophiertem Holz . . . . **L. pulveracea**

11* Lager weißlich, C–, K+ gelb. Hyp. farblos. Hym. 60–70 µm. Sp. 14,5–18 × 10–12 µm, oft schlecht entwickelt. Atranorin, Capistraton, Aotearon . **L. alba**

12 Sorale ohne Lichexanthon, C+ orange, rundlich bis s.unregelmäßig, oft zus.fließend, gelblich bis ockergelblich, flach. Lager grauweiß bis leicht gelblich. Nichtsorediöse Teile oft kaum entwickelt. Ap. zerstreut bis fehlend, oft bald gewölbt. Sp. 10–14 × 6–8 µm. Epihym. oft h.violett. Arthothelin, ±Granulosin
. . . . **L. flavosorediata**
(hier schlüsseln vermutlich weitere Formen von *L. elaeochroma* s.l. aus)

12* Sorale mit Lichexanthon, C– oder C+ orange, begrenzt, rundlich, flach bis ± gewölbt, 0,5–1 mm. Lager meist dünn, wenig gegliedert, grau bis grünlich, C+ orange. Ap. meist vorhanden, wie bei der Hauptart. Entweder Arthothelin, Granulosin, ±4,5-Dichlornorlichexanthon oder Thiophan-S., Capistraton
. . . . **L. elaeochroma** f. **soralifera** (Erichsen) D. Hawksw.

Lecidella alba (Schleicher) Hertel [nomen illeg., non Lecidea a. Flörke]
Auf saurer Rinde von Laubbäumen – *O(-nöHü), nöRh*

Lecidella anomaloides (Massal.) Hertel & Kilias [L. umbrosa (Bagl. ex Massal.) Hertel, Lecidea goniophila auct.]
Bis in die alpine Stufe auf kalkfreiem, oft saurem, hartem Silikatgestein an m.beregneten bis z.regengeschützten Vertikalflächen und leichten Überhängen, meist an anstehendem Fels, selten an Naturstein-Trockenmauern, m.–z.acidoph., (z.skioph.–)m.(–z.)photoph., a-/m.nitroph. – bor-med – selten *(3)*; Sch, *O, SFW,* Saar, Hu, Eif, *BayW*

Lecidella asema (Nyl.) Knoph & Hertel [L. subincongrua (Nyl.) Hertel & Leuck.]
Auf basischen oder leicht kalkhaltigen Silikatgesteinen, z.ähnl. *L. carpathica* (↑) – selten

L. asema s.str.:
mit Asemon, Ap.–1,5 mm, an rel. warmen Standorten, mieur-med; BayW

L. effugiens (B.Nilson) Knoph & Hertel
mit Aotearon, Thiophan-S. Lager aus s.zerstreuten, kleinen Areolen, gelblichweiß, grauweiß. Ap. –0,7(1,3) mm. In montanen bis alpinen Lagen auf Silikatgestein, bor-med·alp; *BayW,* Alpen

L. elaeochromoides (Nyl.) Knoph & Hertel
mit Arthothelin, ±Thuringion. Ap. –0,8(1,2) mm. Bis in die alpine Stufe auf meist mineralreichem Silikatgestein, mieur-med; *FrJu, Al, Isar*

Lecidella carpathica Körber [Lecidea c. (Körber) Szat., L. latypea auct.]
V.a. bis in die montane, selten alpine Stufe, auf Silikatgestein, weitgehend be-

schränkt auf subneutrale Substrate (basische Silikate, staubimprägnierte oder s.leicht kalkhaltige Gesteine), im Gebiet fast ausschließlich synanthrop auf behauenem Gestein, vorwiegend Sandstein, Mauerkronen, Grenzsteinen, Ziegeln usw., Vertikalflächen und kalkreichere Stellen meidend (nicht auf Mörtel übergehend), subneutroph.–neutroph., ombroph., z.xeroph., z.–s.photoph., m.–z.nitroph. – arktmed – m.häufig, v.a. Rh, Hü, Ne, Mn, Pf, in waldreichen Gebieten selten

Lecidella elaeochroma (Ach.) Choisy [Lecidea e. (Ach.) Ach., L. olivacea (Hoffm.) Massal., L. parasema auct., L. limitata auct., Lecidella euphorea (Flörke) Hertel, Lecidea e. (Flörke) Nyl., ?L. glomerulosa (DC.) Steudel, Lecidella achristotera (Nyl.) Hertel & Leuckert]
Bis zur Baumgrenze auf Rinde von Laub-, seltener Nadelbäumen und auf Holz, euryöke Art, vorwiegend auf glatter und flachrissiger Rinde, auch auf Ästchen (Pionier), in schattigen Wäldern (hier oft durch Schneckenfraß geschädigt und mit bräunlichen Ap.) wie an freistehenden Bäumen, auch an staubimprägnierten, nährstoffreichen Standorten, subneutroph.–z.acidoph., ombroph., hygroph.–z.xeroph., a- bis z.nitroph. – bor(atl)-med – z.häufig

Lecidella flavosorediata (Vězda) Hertel & Leuck. [Lecidea f. Vězda]
In hochmontanen (selten montanen), niederschlagsreichen, ozeanischen Lagen auf Rinde von Laubbäumen und Tanne, ähnl. *Caloplaca herb.* (↑) – s'bor·atl-mieur·subatl-med(mo), oz – selten; Al, Av, Bo, O, Sch, Mos, Eif

Lecidella laureri (Hepp) Körber
An lichtreichen Standorten auf subneutraler, z.T. auch eutrophierter Rinde – mieurmed – selten, wenig beachtet, z.B. Ju

Lecidella pulveracea (Schaerer) Sydow
Auf altem Holz und auf Rinde von meist freistehenden Laubbäumen (v.a. Straßenbäumen) an ± eutrophierten Stellen, z.B. mit *Lecanora hagenii* (↑) – mieur – selten *(0)*; z.B. *O*

Lecidella scabra (Taylor) Hertel & Leuck. [Lecidea s. Taylor, L. protrusa Fr.]
Auf basischem und neutralem Silikatgestein, ähnl. *Pertusaria flavicans* (↑) – s'bor(subatl)-med – selten; süSch, Bo, Vog, *O,* Ts, MRh, Mos, Eif, Meißner, *FrJu, Fr,* BayW

Lecidella stigmatea (Ach.) Hertel & Leuck. [Lecidea s. Ach., L. vulgata Zahlbr.]
Variable und euryöke Art, bis in die alpine Stufe auf Karbonatgestein und auf kalkfreiem, staubimprägniertem oder gedüngtem oder basischem Silikatgestein, im Gebiet hauptsächlich auf anthropogenen Substraten (Mauern etc.), besonders auf Kunststein, Sandstein, Kalkstein, auch an gelegentlich überschwemmten Stellen an Bächen, Schwerpunkt an z.–s.lichtreichen, m.–z.gedüngten Habitaten, subneutroph.–basiph., ombroph., m.–s.nitroph. – arkt-med – z.häufig

Lecidella viridans (Flotow) Körber [Lecidea v. (Flotow) Lamy]
In kollinen und submontanen Lagen an besonnten bis halbschattigen, warmen Standorten auf basischem bis neutralem oder leicht kalkhaltigem Silikatgestein,

v.a. an Vertikalflächen, subneutroph., z.xeroph., photoph., thermoph. – mieur-smed – s.selten *(0)*; *O (Heidelberg)*, Mos, *Saar, FrJu*, Al

Lecidoma G.Schneider & Hertel

(Bestimmung ↑ Lecidea TS 1)

Lecidoma demissum (Rutström) G. Schneider & Hertel [Lepidoma d., Lecidea demissa (Rutström) Ach.]
In subalpinen und alpinen, niederschlagsreichen Lagen auf nackter, frischer bis feuchter Erde (sandig-lehmige bis modrig-torfige Böden, steinige Rohböden) an lange schneebedeckten Orten, z.B. in Lücken von Silikatmagerrasen, m.–z.acidoph., z.photoph., substrathygroph. – arkt-alp – s.selten (1); süSch (Muggenbrunn +, Feldberg), Vog, Al, BayW

Lempholemma Körber

1 Lager fest am Gestein angewachsen. Ap. mit bleibend punktförmiger oder zuletzt weit geöffneter Scheibe oder Flechte steril **2**
1* Lager auf Erde, Moosen (auch Gesteinsmoosen), entweder ± körnig oder membranartig, mit unregelmäßigen Falten und (oft warzigen) Rippen und am Rand unregelmäßig gelappt, d.oliv bis schwärzlich, –3(5) cm. Oberfläche glatt bis warzig. Ap. anfangs punktartig-kugelig, später weiter geöffnet, mit meist urnenförmig vertiefter rotbrauner Scheibe, –0,3 mm **5**
2 Lager aus strahlig ausgerichteten, –0,2 mm dicken, –5 mm langen stielrunden Läppchen, schwärzlich, angedrückt strauchig. Ap. s.selten. Pyknosp. 4–5 × 1–1,5 µm, spindelig . . . . **L. intricatum**
2* Lager kleinblättrig-schuppig, schuppig-warzig oder krustig **3**
3 Lager kleinblättrig-schuppig oder aus schuppig-warzigen bis kissenartigen kleinen Areolen, fest angewachsen, –1 cm **4**
3* Lager körnig oder membranartig, mit glatter bis körniger, oft faltiger Oberfläche und am Rand gelappt, oft über 1 cm groß. Ap. häufig. Auf Mörtel alter Mauern **5**
4 Lager blättrig, mit einem Nabel angewachsen, in der Mitte vertieft, oft grau bereift, –1 cm breit, Ränder oft nach unten eingebogen. Ap. zunächst punktartig, dann weiter geöffnet, mit urnenförmig eingesenkter Scheibe. Sp. spindelig, 15–27 × 7–10 µm . . . . **L. elveloideum**
4* Lager aus meist vereinzelten schuppen- oder kissenartigen Areolen mit knotig-warziger Oberfläche (aus winzigen gedrängten zylindrischen Läppchen aufgebaut), 1–3(5) mm breit. Ap. selten, s.klein, mit punktartiger Öffnung, eingesenkt. Sp. 7–9 × 5–7 µm . . . . **L. botryosum**
5 Sp. ± ellipsoid, 20–33 × 9–13 µm. Lager meist nur –2 cm . . **L. chalazanum**
5* Sp. breit ellipsoid bis fast kugelig, 9–17 × 7–13 µm. Lager oft über 2 cm breit . . . . **L. polyanthes**

Lempholemma botryosum (Massal.) Zahlbr. [Physma b. (Massal.) Zahlbr.]
Bis in hochmontane Lagen auf Kalkgestein, an besonnten Felsen an gelegentlich sickerfeuchten Flächen, auch an lange taufeuchten Blöcken und Steinen, basiph., (subhydroph.), z.-s.photoph. – s'bor-med – selten; Ju, SJu, FrJu, Al, sonst s.selten

Lempholemma chalazanum (Ach.) B. de Lesd. [Physma ch. (Ach.) Arnold]
In kollinen und submontanen, seltener montanen, sommerwarmen Lagen auf kalkreicher Feinerde, Erdmoosen, Kalkfelsmoosen, v.a. in lückigen Trockenrasen und in erdverkrusteten Mauerspalten und auf verwitterndem Mörtel, ähnl. *Toninia sed.* (↑) und *Heppia adgl.* (↑) – mieur-med – selten, leicht zu übersehen (3); Ne, HRh, süSch (Weinbaugebiete), Ju, SJu, Saar

Lempholemma elveloideum (Ach.) Zahlbr.
Bis in montane Lagen auf Kalkgestein an steilen, gelegentlich sickerfeuchten Felsen, gewöhnlich an nicht besonnten, aber ± lichtreichen Stellen – s'mieur-med – selten; *Ju*, SJu

Lempholemma intricatum (Arnold) Zahlbr.
Auf zeitweise sickerfeuchten Schräg- und Steilflächen von schwach kalkhaltigem Gestein, im Gebiet auf sickerfeuchtem, s.leicht kalkhaltigem Silikatgestein an m.lichtreichem, luftfeuchtem Standort, mit *Placynthium flab.* (↑) – bor·atl-mieur – s.selten; Vog

Lempholemma polyanthes (Bernh.) Malme
[L. myriococcum (Ach.) Th.Fr., L. compactum (Wallr.) Körber, ?L. fasciculare (Wulfen) Zahlbr., L. muelleri (Hepp) Zahlbr., L. chalazanodes (Nyl.) Zahlbr.]
Bis über die Waldgrenze auf Boden- und Kalkfelsmoosen, auf feuchter, kalkhaltiger Erde, in Felsspalten und in feuchten Ritzen und auf Mörtel alter Mauern, neben oder an zeitweise überfluteten Standorten in Bächen, an sickerfeuchten Flächen, an schattigen Orten, subneutroph.-m.basiph., substrathygroph. bis hydroph., m.photoph. – bor-med – z.selten, übersehen (3); Ju, SJu, Al, HRh, süSch, Ne, Hü

Lepraria Ach.

(Schlüssel incl. Leproloma, Chrysothrix)
Anmerk.: Die UV-Reaktionen sind teilweise nicht s.konstant. Gut trennbar ist mittels UV *Lepraria incana.*

1 Lager am Rand scharf begrenzt, zus.hängend, bei guter Entwicklung rundlich-rosettig, angedeutet gelappt oder mit radialen Falten **2**
1* Lager nicht rundlich-rosettig und gelappt oder mit radialen Falten **8**
2 Auf Kalkgestein **3**
2* Auf Silikatgestein, acidophilen Moosen, s.selten auf Borke **5**
3 Lager (Soredien) C+/KC+ tiefgelb, K± gelb, P+ gelb, UV+ violett, mit Atranorin, Sordidon, (±Eugenitol), ± deutlich rosettig-effiguriert, am Rand gelappt, grauweiß, grünstichig weiß, cremefarben, gelblichweiß, meist –3 cm, mit sorediöser Oberfläche, Soredien –200 µm . . . . **L. flavescens**

3* Lager C– **4**

4 Lager weißlich, cremefarben, grauweiß, blaß grünlichweiß, häutig-faltig, oft regelmäßig rundlich, oft mit radial ausgerichteten Rippen, fast etwas gelappt, v.a.in der Mitte oft aufbrechend. Habituell ähnl. *L. flavescens.* Atranorin, Protocetrar-S. . . . . **L. nivalis**

4* Lager grünlichweiß, blaugrünlich weiß, dickliche, zus.hängende, mitunter gelappte Lager bildend, z.T. sich lösend und leicht abbrechend. Atranorin, Stictin-S., Zeorin, ±Constictin-S., (±Norstictin-S.) u.a., UV+ rötlich violett . . . . **L. lobificans (30)**

5 Lager (zumindest jüngere Exemplare) scharf begrenzt, oft wulstig berandet (durch aufgebogenen Rand), oft wellig, zumindest am Rand blaß gelblich, schwammig-weich, aus dicht zus.schließenden soredienartigen, wattigen bis z.kompakten Körnchen von meist 70–200 µm Durchm., alt oft undifferenziert leprös, P+ rötlich orange, K± gelb, C–. Pannar-S., Roccell-S. . . . . **Leproloma membranaceum**

5* Lager rel. undeutlich berandet, am Rand nicht gelblich, nicht schwammig-weich, an beregneten Standorten auf Moosen, seltener direkt auf Silikatgestein, aus rel. kompakten Körnern, Ohne Pannar-S. **6**

6 KC+ rötlich orange, P+ zitrongelb, K–/K+ gelb, C–/C+ rötlich orange. Alectorial-SSy., Angardian-S.. Lager weiß bis weißgrau, in der Mitte oft dunkler, körnig, Soredien 80–200 µm . . . . **L. neglecta**

6* KC– oder KC+ gelb **7**

7 Mit Fumarprotocetrar-S., ±Atranorin, Angardian-S. oder Rangiform-S. Gewöhnlich P+ rotorange, selten P–/P+ gelb, K–/ K+ gelb, C–. Lager weiß bis weißgrau, in der Mitte oft dunkler, körnig, –3 cm. Soredien (50)80–200 µm . . . . **L. caesioalba**

7! Ohne Fumarprotocetrar-S., mit Atranorin, Porphyril-S., ±Fett-S. (z.B. Roccell-S., Angardian-S.), P– oder P+ zitrongelb. Soredien grob, 50–125 µm. Im Hochgebirge auf Moosen . . . . **L. cacuminum**

7* Mit Thamnol-S., Roccell-S., K+ gelb, P+ gelb. Lager weiß, h.grau, gut entwickelt mit grauem Vorlager. Soredien –300 µm . . . . **L. nylanderiana (29)**

8 Lager leuchtend gelb, goldgelb, zitrongelb **9**

8* Lager nicht auffallend gelb **13**

9 Am Stamm von Bäumen **10**

9* Auf Silikatfels, Erde, Moosen, Wurzeln **11**

10 Lager leuchtend gelb bis fast goldgelb, selten zitrongelb, steril. In den Rissen tiefrissiger Borke oder an nicht beregneten Flanken. Hyphen der Soredien produzieren keine Konidien. Calycin oder (und) Pinastrin-S. Algen kugelig (chlorococcoid) . . . . **Chrysothrix candelaris**

10* Lager zitrongelb bis gelbgrün (meist mit gestielten Ap.). In Rissen tiefrissiger Borke oder basal in Stammhöhlungen. Hyphen der Soredien produzieren Konidien. Vulpin-S., ±Rhizocarp-S. Mit *Stichococcus*-Algen . . . . **Chaenotheca furfuracea**

11 Lager leuchtend gelb (selten an der Oberfläche mit grünlichem Stich), meist dick (über 0,3 mm), pulverig, zus.hängend bis rissig-schollig. Calycin, Vulpin-S.

. . . . **Chrysothrix chlorina**
11* Lager zitrongelb bis schwefelgelb (im Tiefschatten stärker grünstichig) . . **12**
12 Mit *Stichococcus*-Algen (Algenzellen deutlich länger als dick). Vulpin-S., ±Rhizocarp-S. . . . . **Chaenotheca furfuracea**
12* Mit kugeligen Algenzellen (*Trebouxia*). Rhizocarp-S., etc. . . . . **Psilolechia lucida**
13 Lager mit *Trentepohlia*-Algen, meist dick (5 mm), polsterartig, schwammig-weich, Oberfläche oft mit senkrecht gestellten winzigen Läppchen, gerippt bis korallenartig gefurcht, grauviolett, graurosa, violettbraun, beige, graubraun, grau, mit Leprar-S., Roccell-S. UV–. An Überhängen von Silikatfelsen . . . . **↑ Lecanactis latebrarum**
(weitere sorediöse Art mit *Trentepohlia* ↑ *Lecanactis umbrina*)
13* Nicht mit *Trentepohlia*-Algen. Lager nicht polsterig **14**
14 Auf kalkigem Gestein, Kalkerde, Kalkmoosen **15**
14* Auf Rinde oder saurer Erde/Silikatgestein **19**
15 Lager intensiv bis matt grün, im Herbar ausblassend, ± rundlich, eine schwammig-pulverige Kruste bildend, oft dicklich und dann aus aufrechten, eng zus.stehenden Läppchen bestehend. Soredien bis ca. 100 µm, mit zahlreichen austretenden Hyphen, die über die Lageroberfläche verlaufen. UV–, K–, C–, P–. Lesdainin. S.selten . . . . **L. lesdainii**
15* Lager nicht deutlich grün, gewöhnlich P+ (gelb-)orange bis bräunlichrot. Nicht mit Lesdainin **16**
16 Mit Alectorial-S., (Barbatol-S.), Protocetrar-S. UV+ gelb bis ocker oder rosaviolett, C–, KC+ **flüchtig**! rötlich (unter Binokular beobachten, Lager mit Präpariernadel „anschaben"), mitunter auch KC–, K– oder K+ gelb, P+ gelb bis orange. Lager eine pulverige Kruste bildend, weißgrau mit meist gelblichem oder grünlichem Farbstich, Soredien –150(200) µm, aus Untereinheiten um 40 µm, mit austretenden Hyphen . . . . **L. eburnea**
16* Ohne Alectorial-SSy., nicht KC+ rötlich **17**
17 Lager in der Regel grünlichweiß, blaugrünlich weiß, dickliche, zus.hängende, mitunter gelappte Lager bildend. P+ orange, UV+ rötlich violett. Atranorin, Stictin-S., Zeorin, ±Constictin-S. u. a. . . . . **L. lobificans (29)**
17* Lager weißlich-cremefarben, oft leicht gelblich. Mit 4-Oxypannar-S.-2-methylester oder Pannar-S.-6-methylester oder Sordidon oder Protocetrar-S. **18**
18 Mit 4-Oxypannar-S.-2-methylester (±Pannar-S.). Lager gewöhnl. ausgedehnt, unbegrenzt, (weißlich bis meist) leicht gelblich. Soredien (80)100–200 µm, sehr locker-schwammig, diffus begrenzt. P+ bräunlichrot, C–/C+ gelb, K–/K+ gelb oder orange. Auf basenreichen Substraten, v. a. auf zerklüftetem Kalkfels. UV+ (meist) rotviolett . . . . **Leproloma diffusum**
18! Mit Pannar-S.-6-methylester, (±Pannar-S.). Lager oft deutlich begrenzt, P+ rötlich orange/P–. Soredien 80–160(200) µm, locker bis z.kompakt. UV+ (rosa-) violett. Auf Mauern, Kalkfels, mineralreichem Silikatfels . . . . **Leproloma vouauxii**
18* Mit Atranorin und entweder Sordidon oder Protocetrar-S. Lager gewöhnlich scharf begrenzt **3**

19 Lager mit leicht gelblichem Farbton, grünlichgelb. Entweder Usnin-S. oder Pannar-S., Pannar-S.-6-methylester, Alectorial-S. oder Roccell-S. **20**
19* Lager ohne gelblichen Farbton **24**
20 Lager P–. Mit Usnin-S. oder Roccell-S. und Jackin-S. **21**
20* Lager P+ (gelb)orange bis rötlich orange **22**
21 Mit Usnin-S., oft Zeorin, KC+ gelb oder orange . . . . **Lecanora**
21* Mit Jackin-S., ±Roccell-S., Atranorin, ±Zeorin. Lager blaß grün, graugrün, gelblichgrün, gelblich, selten blaugrün, K+ gelb(lich), KC–. Auf Rinde . . . . **L. jackii**
22 Lager weißlich-cremefarben, oft mit leicht gelblichem Ton. Zumindest Pannar-S. oder Pannar-S.-6-methylester vorhanden **23**
22* Lager blaß graugrün, blaß grünlich, grauweiß, gelblichweiß, diffus, unregelmäßig begrenzt, vollständig aus Soredien oder bei dicken Krusten angedeutet geschichtet mit weißlichem Mark. Soredien –120 µm, oft mit kurzen austretenden Hyphen. Alectorial-S., (Barbatol-S.), Protocetrar-S. . . . **L. eburnea**
23 Mit Pannar-S., Roccell-S. Lager weißlich bis gelblich, gewöhnlich deutlich begrenzt. P+ rötlich orange. Meist auf Silikatgestein, selten auf saurer Rinde vgl. *Leproloma membranaceum* (5)
23* Mit Pannar-S.-6-methylester, ±Pannar-S. u.a. UV+ (rosa-)violett. Soredien 80–160(200) µm, locker bis z.kompakt. P+ rötlich orange/P–. Auf basenreichen Rinden, auf Mauern, Kalkfels, mineralreichem Silikatfels . . . . **Leproloma vouauxii (18)**
24 Lager deutlich begrenzt, oft rundlich, auf Silikatgestein und Gesteinsmoosen **6**
24* Mit anderen Merkmalen, gewöhnlich nicht rundlich und zugleich auf Silikatgestein/Silikatmoosen **25**
25 Mit Alectorial-S., (Barbatol-S.), Protocetrar-S. UV+ rosaviolett bis gelb bis ocker, C–, KC+ **flüchtig**! rötlich (unter Binokular beobachten, Lager mit Präpariernadel „anschaben"), mitunter auch KC–, K– oder K+ gelb, P+ gelb bis orange. Lager eine pulverige Kruste bildend, weißgrau mit meist gelblichem oder grünlichem Farbstich, Soredien –150(200) µm, aus Untereinheiten um 40 µm, mit austretenden Hyphen . . . . **L. eburnea**
25* Ohne Alectorial-S., KC–/+gelblich **26**
26 UV+ intensiv weißlich bis bläulich. K– oder selten K+ gelblich, P– oder P+ gelblich. Mit Divaricat-S., Zeorin, selten Gyrophor-S., Atranorin. Lager weißlich, blaß grünlich (feucht meist weniger grünlich als *L. lobificans*), graugrünlich, blaustichig graugrün. Soredien kompakt, nicht schwammig, kaum mit austretenden Hyphen, 50–125 µm, aus Untereinheiten von 30–80 µm . . . . **L. incana**
26* Nicht UV+ intensiv weiß bis bläulich. Ohne Divaricat-S. **27**
27 Mit Atranorin und Fett-S. (Nephrosteran-S.). Soredien oft durch gerade und strahlig austretende Hyphen auffallend igelartig, –300 µm, aus –60 µm dicken Untereinheiten. UV+ rosaviolett bis gelb oder ocker. K+ gelb, C–, P+ gelb. Lager h.grau bis auffallend weißlich, auch bläulichgrün weißgrau, meist eine dickliche, zus.hängende, unregelmäßig begrenzte Kruste bildend **L. rigidula**

27* Ohne Nephrosteran-S. Soredien nicht auffallend igelartig **28**

28 Mit Jackin-S., ±Roccell-S., Atranorin. UV+ rosa(gelblich) bis ocker. Lager blaß grünlich, graugrün, gelblichgrün, bläulichgrün, diffus, unregelmäßig begrenzt, ungeschichtet, in dicken Lagern mit weißlichem Mark, K+ gelb(lich), P–, C–. Soredien –80 µm, aus –50 µm dicken Untereinheiten, oft mit kurzen austretenden Hyphen . . . . **L. jackii**

28* Nicht mit Jackin-S. **29**

29 Mit Thamnol-S., Roccell-S., K+ gelb, P+ gelb. Lager weiß, h.grau, dick, auch angedeutet gelappt und mit grauem Vorlager. Soredien –0,3 mm . . . . **L. nylanderiana**

29* Ohne diese Stoffe. Meist UV+ rötlich violett **30**

30 Mit Atranorin, Stictin-SSy., Zeorin u.a. UV+ rötlich violett. C–, K gewöhnlich + gelb, P+ orange. Lager blaß grünlich, grünlichweiß, weißlich (feucht oft bläulichgrün), meist locker-schwammig, eine pulverige Kruste bildend, Soredien –100(200) µm, mit heraustretenden Hyphen, aus Untereinheiten von 25–50 µm aufgebaut. Lager oft dicklich, mit weißem Mark. Auf Gestein, Rinde, Erde, Moosen . . . . **L. lobificans**
(Tønsberg unterscheidet *L. elobata* mit identischer Chemie, aber mit rein sorediösem, nie geschichtetem Lager (d.h. ohne weißes Mark) und kompakten Soredien ohne austretende Hyphen. Soredien –100 µm)

30* Mit Pannar-S.-6-methylester. Lager gewöhnlich dick, weißlich bis grünlich grau, oft gelbstichig, mit weißem Mark. Soredien grob, –150 µm, aus –100 µm dicken Untereinheiten . . . . **Leproloma vouauxii**

Lepraria cacuminum (Massal.) Lohtander [Leproloma c. (Massal.) Laundon, L. angardianum (Övstedal) Laundon]
In alpinen Lagen auf Moosen über Silikatgestein, z.B. in Blockmeeren, oder auf Erde in Krummseggenrasen, an mäßig exponierten Felsflächen – arkt-alp – s.selten; süSch, ferner Alpen

Lepraria caesioalba (B. de Lesd.) Laundon
In kollinen bis montanen Lagen an lichtreichen, meist besonnten Orten gewöhnlich auf Moosen, seltener direkt auf Gestein an voll beregneten Horizontal- und Schrägflächen von Silikatfelsen, besonders an lange taufeuchten, auch z.lange schneebedeckten, erdbodennahen Blöcken oder auch an zeitweise sickerfeuchten, erdimprägnierten Felsen, an s.niederschlagsreichen Orten auch z.windoffen wachsend, wärmeliebender als *L. neglecta* – s'bor-mieur – z.selten; v.a. Sch u. Vog, ferner O, RhSch, Pf, He, ThW, BayW, Fi

Lepraria eburnea Laundon
In kollinen bis montanen Lagen auf neutralen bis subneutralen (m.sauren) Unterlagen, auf Rinde, Moosen, Humus, Erde, Gestein, an lichtreichen bis z.lichtarmen, ± regengeschützten Standorten, besonders in Gebieten mit basenreichen Böden, v.a. auf Laubbäumen (v.a. Esche), an Mauern und Kalkfelsen (hier meist über Moosen), auch in Kalkmagerrasen, an Böschungen, an sauren Substraten meist bei entsprechend puffernder Staubimprägnierung, neutroph.–subneutroph. (m.acidoph.), ±

photoindiff., s.toxitol. – bor-med – m.häufig; v.a. Ju, SJu, FrJu, Ne, weiter z.B. He, Av, Bo, Do, Ml, Sch

Lepraria elobata Tønsberg
Ähnl. *Lepraria lobificans*, aber wohl kaum auf Kalkfels – verbreitet

Lepraria flavescens Clauz. & Roux
S.ähnlich *L. nivalis* (↑) – mieur-med·mo – z.selten; Ju, süHü, Ne

Lepraria incana (L.) Ach. [L. aeruginosa auct. p.p.]
Bis in montane Lagen auf saurer bzw. angesäuerter Rinde von Laub- und Nadelbäumen, meist an regengeschützten Stellen, an freistehenden Bäumen und im Waldesinnern, an Silikatfelsen, an Holz, auf Erde (Böschungen), Moosen, s.–e.toxitol., z.photoindiff., m.–e.acidoph., anitroph.–m.nitroph. – bor-mieur-smed – häufig, besonders in ± luftverunreinigten Gebieten, in Gebirgslagen selten

Lepraria jackii Tønsberg
V.a. in montanen Lagen auf saurer Rinde am Stamm von Bäumen, v.a. basal an Fichten in Wäldern und an Waldrändern, ferner an Erle, Birke u.a., m.–s.acidoph., (z.)m.photoph.–z.skioph. – bor-mieur(mo) – z.selten; z.B. Do, Sch, Ju, O, Av

Lepraria lesdainii (Hue) R.Harris
In kollinen bis montanen Lagen an z.lichtarmen, luftfeuchten, nicht oder kaum beregneten Standorten an Felsen aus Kalkgesteinen und kalkhaltigen Silikatgesteinen, auch auf Moose und Erde übergehend, auch in Mauerritzen, neutroph.–basiph., z.skioph.(–m.photoph.), anombroph. – mieur·subatl-med – selten; Ju, Ne, Eif, Lux

Lepraria lobificans Nyl. [L. aeruginosa auct. p.p.]
Bis in hochmontane Lagen auf saurer bis subneutraler Rinde von Laub- und Nadelbäumen, in SW-Dtschl. z.B. mit sehr hoher Stetigkeit an *Acer campestre*, an beregneten bis regengeschützten Flanken, besonders an der Stammbasis bis zum Mittelstamm, im Innern der Wälder wie an freistehenden Bäumen, auch auf beschatteten Felsen (Silikat-, selten Kalkgestein), Mauern, Holz (v.a. Stümpfe), auf Erde (Böschungen), Moosen, z.photoindiff. (Schwerpunkt m.photoph.), euryion, m.–s.hygroph., z.–s.toxitol. – bor-mieur(subatl)-med – s.häufig, häufigste *Lepraria*-Art, doch in niederen Lagen oft seltener als *L. incana*

Lepraria neglecta (Nyl.) Lettau
In montanen bis alpinen, niederschlagsreichen Lagen auf Silikatmoosen, seltener direkt auf Silikatgestein, v.a. an lichtreichen Orten an beregneten Horizontal- und Schräg-, seltener Vertikalflächen, m.–z.acidoph., substrathygroph., m.–s.photoph., a-/m.nitroph. – bor-mieur·mo – selten; Hz, HeBgl, BayW, süSch

Lepraria nivalis Laundon [L. crassissima auct.]
Bis in die alpine Stufe auf Karbonatgestein, v.a. Kalkstein, Dolomit, an z.–s.regengeschützten, aber oft zeitweise substratfeuchten, oft verwitterten und zerklüfteten Vertikalflächen und Überhängen, häufig auch auf feinporösen, leicht bergfeuchten

Felsen an schattigen, m.–s.luftfeuchten Standorten, basiph., m.photoph.–s.skioph., (substrathygroph.), a-/m.nitroph. - bor-med - selten; Ju, SJu, FrJu, Al

Lepraria nylanderiana Kümmerling & Leuck.
Auf Silikatfelsen an warmen Standorten, ähnl. *Leprocaulon micr.* (↑) - selten; Bo, Lahn, Eif

Lepraria rigidula (B. de Lesd.) Tønsberg
In kollinen bis alpinen Lagen auf nackter oder bemooster Rinde von Laub- und Nadelbäumen (besonders Eiche, Buche, Obstbäume), auf Holz, seltener auf bemoostem und nacktem Silikatgestein oder auf Erde, an beregneten bis z.regengeschützten, z.lichtarmen bis z.lichtreichen Standorten, (subneutroph.)m.–z.(s.)acidoph., euryök – s'bor-med – m.häufig, z.B. RhSch, Sch, O, Sp, SFW, Ju, Bo, Do, Av, Al, BayW

Leprocaulon Nyl.

Leprocaulon microscopicum (Vill.) Gams [Stereocaulon m. (Vill.) Frey, S. nanum (Ach.) Ach., S. quisquiliare (Leers) Hoffm.]
Bis in montane Lagen in Spalten, Nischen und auf Absätzen an ± regengeschützten Stellen (Überhängen) von Silikatfelsen und Natursteinmauern, v.a. auf staubimprägniertem Substrat, dünner Erdauflage oder auf Moosen, oft auf SiO_2-armem Silikatgestein, an ± windgeschützten, z.warmen, m.–s.lichtreichen Standorten, subneutroph.–m.(z.)acidoph., m.xeroph. - s'bor-smed, subatl - selten (3); v.a. Sch, Vog, RhSch (Eif, Mos, Hu, Ts, MRh), selten(er) Pf, O, Sp, Lahn, He, ThW, BayW

Leproloma Nyl. ex Crombie

(Bestimmung ↑ Lepraria)

Leproloma diffusum Laundon
An zerklüftetem Kalkgestein/Dolomit in Nischen und Ritzen, oft in Erdbodennähe, auch zus. mit Moosen/über Moosen, meist an lichtreichen Standorten in Trockenrasen, an größeren Felsen - (bor-)mieur-med - selten; Ju, SJu, FrJu, Bo, He

Leproloma membranaceum (Dickson) Vainio [Lepraria membranacea (Dickson) Vainio, Crocynia m. (Dickson) Zahlbr., Psoroma lanuginosum Müll.Arg.]
Bis in (hoch)montane Lagen auf gewöhnlich kalkfreiem Silikatgestein an m.beregneten bis regengeschützten Vertikalflächen, seltener Schrägflächen, direkt auf Gestein oder auf Moosen, auf trockenen sowie zeitweise leicht sickerfeuchten oder bergfeuchten Substraten, oft auf reliefreichen (z.B. grob kristallinem Gestein) oder zerklüfteten Flächen, gelegentlich auch auf Borke von Laubbäumen, v.a. in niederschlagsreichen Gebieten, m.–z. acidoph., z.skioph.–z.photoph., a-(–m.)nitroph. - bor-med - z.selten; v.a. Sch, Vog, Pf, RhSch, Erz, selten(er) O, Sp, He, etc.

Leproloma vouauxii (Hue) Laundon [Crocynia arctica Lynge]
V.a. vom Tiefland bis in montane Lagen auf basenreichen Rinden an nicht beregneten bis schwach beregneten Flanken, besonders an freistehenden Bäumen, oft in Obstgärten auf Apfel- und Birnbaum, an Straßenbäumen (Esche), meist in luftfeuchten Tälern oder an absonnigen Abhängen, oft an beschatteten Mauern, besonders in Mörtelfugen, seltener an Felsen, zumindest an Mauern s.toxitol., z.skioph.-z.photoph., aerohygroph., a-/m.nitroph. - (arkt-)bor-smed - m.häufig

Leptogium (Ach.) Gray

1 Lager unterseits dicht samtig mit kurzen weißlichen Haaren bedeckt, oberseits schwarz bis grauschwarz, dicht mit feinen kugeligen bis zylindrischen (korallinischen) Isidien bedeckt (wie berußt erscheinend), großlappig, -5(8) cm. Lappen 0,5-2 cm breit, abgerundet. Ap. s.selten (Abb. 35e) . . . . **L. saturninum**

1* Lager unterseits ohne dichte weißliche Behaarung **2**

2 Lager oft mehrere cm im Durchmesser erreichend, mit deutlichen, auch ohne Lupe sichtbaren, (1)1,5-3(8) mm breiten Lappen, paraplektenchymatisch berindet (Schnitt), im Innern meist aus locker angeordneten Hyphen **3**

2* Lager klein, meist nur wenige mm im Durchmesser erreichend, dünnkrustig, körnig, schuppig, s.kleinlappig, korallinisch oder kleinstrauchig; Läppchen höchstens 10 mm lang und 0,6 mm breit, flächig bis ± zylindrisch, mit bloßem Auge kaum erkennbar, Lagerinneres aus dichtem Hyphengeflecht bis durchweg paraplektenchymatisch (Schnitt!). **9**

3 Lappen derb, *Collema*-artig, zäh, knorpelig. Lager mit s.dünner (meist nur bis 4 µm dicker), kleinzelliger, einschichtiger, oft schwer erkennbarer und (v.a. unterseits) stellenweise fehlender Rinde, angedrückt rosettig, aus z.dicht stehenden, an den Rändern aufsteigenden, oft wellig-krausen, 2-5 mm langen, 1-3 mm breiten Lappen, oft mit winzigen isidienartigen Warzen besetzt, d.braun, oliv bis grünschwarz, unterseits heller, oft stellenweise grün, 1-8 cm. Ap. selten, -1 mm, Scheibe konkav bis flach, Rand anfangs dick, später dünner. Sp. 20-35 × 8-14 µm, mauerförmig . . . . **L. plicatile**

3* Lappen dünn, membranartig. Lager mit z.großzelliger, einschichtiger, beiderseits durchgehend entwickelter Rinde, „Zellen" um 5-12 µm im Durchm. . . **4**

4 Lappen an den Rändern nach unten eingerollt und dadurch stellenweise ± röhrig, meist schwärzlich oliv, oberseits glatt, seltener runzelig, mehrfach geteilt, 1-3 cm lang, -5 mm breit. Ap. s.selten . . . . **L. corniculatum**

4* Lappen nicht ± röhrig eingerollt, selten schwärzlich oliv **5**

5 Lager h.bleigrau bis blaugrau, auf der Oberfläche mit zahlreichen flachen bis zylindrischen Isidien, am Rand allenfalls spärlich isidiös. Lappen meist 4-8 mm breit, ± flach, gerundet, ganzrandig bis spärlich eingeschnitten, nicht runzelig oder gerippt, s.dünn, unterseits glatt, heller, mitunter etwas gelblich. Ap. s.selten. Sp. 18-23(25) × 7-9(10) µm, schwach mauerförmig . . **L. cyanescens**

5* Lager bleigrau bis d.braun, wenn isidiös, dann Isidien stark konzentriert an den

Lappenrändern und zylindrisch, Lappen 1–3(5) mm breit, aufsteigend bis aufrecht oder überlappend, meist dichtstehend **6**

6 Läppchen ± ganzrandig bis spärlich geteilt, nicht isidiös oder s.selten mit s.spärlichen isidienartigen Auswüchsen **7**

6* Läppchen am Rand zerfranst bis vielfach eingeschnitten, ohne oder mit dichtem Isidienbesatz **8**

7 Oberfläche glatt bis kaum runzelig. Läppchen 1–3 mm lang, –1(2) mm breit, am Rand gekerbt oder gespalten, oft dachziegelig. Ap. –0,5(0,8) mm, z.selten. Habituell ähnl. einem kleinen *L. gelatinosum*. Sp. 20–32 × 9–13 µm . . . . **L. intermedium**

7* Oberfläche runzelig bis faltig-rippig. Läppchen deutlich größer, ganzrandig bis spärlich geteilt, mit runzeliger bis faltig-rippiger Oberfläche, aufsteigend bis fast aufrecht, d.braun, rotbraun, nur selten (im Tiefschatten) grau. Lager oft dichtlappige Teppiche/Kissen bildend. Ap. häufig, –1(2 mm), Scheibe konkav bis flach, Rand erhaben. Sp. 24–48 × 8–17 µm, mauerförmig . . **L. gelatinosum**

8 Lappen am Rand stark gegliedert, zerfranst-gezähnt, mit einfachen bis stark strauchig verzweigten, zumindest in den Endabschnitten zylindrischen, isidienartigen Fortsätzen (im Extremfall daher Lappenränder stark kraus wirkend), blaugrau bis braun, runzelig bis glatt, mitunter auch auf der Fläche mit zylindrischen Isidien, kurz bis gestreckt (bis um 15 mm lang), unterseits meist blaugrau mit längs verlaufenden Rippen, gegen die Anheftungsstellen oft spinnwebig-haarig. Lager dichtlappige Teppiche/Kissen bildend bis s.lockerrasig. Ap. selten, Rand meist isidiös. Sp. 34–48 × 10–16 µm, mauerförmig . . . . **L. lichenoides**

8* Lappenränder nicht mit zylindrischen, verzweigten Auswüchsen. Läppchen ± reich eingeschnitten und handartig geteilt bis zerfranst (bis ganzrandig), die Abschnitte aber stets flach, randlich nie fast strauchig aufgeteilt. Nicht immer sicher von *L. lichenoides* zu trennen . . . . **L. gelatinosum (7)**

9 Lager mit dem Substrat (Kalkgestein) bis zum Rand eng verwachsen, placodioid, im Innern ± areoliert (Areolen meist –0,4 mm), gegen die Peripherie strahliggelappt mit verlängerten, ± geteilten, m.gewölbten, kaum getrennten, –0,5 mm breiten Läppchen, berindet, bis ca. 1 cm breit, d.olivbraun bis braun-schwarz. Ap. s.selten . . . . **L. diffractum**

(ähnl. und mitunter formal bei *Leptogium* ausschlüsselnd ist *Collema parvum*: Lager schwarz, selten braunschwarz, ± isidiös. Oft mit rindenähnl. Schicht, aber nie mit deutlich zelliger Rindenschicht, randliche Hyphenzellen nie dunkler gefärbt als die darunter liegenden; bei *L. diffractum* ist die Rinde deutlich, meist bräunlich gefärbt, die Lagerläppchen sind meist runzelig, nie isidiös)

9* Lager anders **10**

10 Lager unauffällig, dünnkrustig bis körnig, anliegend, Ap. ± häufig **11**

10* Lager deutlich, kleinlappig bis strauchig **12**

11 Lager körnig, dünnkrustig, meist schwach entwickelt (ähnl. *Moelleropsis*), aus verklumpten oder auch locker aneinander liegenden Körnchen, meist auf Erde. Körnchen um 0,2 mm, oft verlängert, ganz oder gekerbt bis angedeutet lappig, blaugrau bis graugrünlich, olivbraun bis braunschwarz. Ap. –0,8 mm, bald flach (bis m.gewölbt), mit Lagerrand und schmalem Eigenrand, ± eingesenkt bis angedrückt. Sp. 14–33 × 7–15 µm, mit 0–1 Längsseptum . . . . . **L. byssinum**

11* Lager körnig-kleinschuppig bis angedeutet lappig, braunschwarz, auf Kalkfels und Mauern. Ap. mit vorstehendem Eigenrand, sitzend. Sp. 24–32 × 13–16 µm, mit 1–2 Längssepten . . . . **! L. biatorinum**

12 Lagerläppchen bzw. -ästchen ± aufrecht, kleinstrauchig oder koralloid . . **13**

12* Lagerläppchen dem Substrat anliegend oder aufsteigend zylindrisch oder gefingert **15**

13 Lagerläppchen bald weitgehend von aufrecht stehenden, glänzend-glatten, zylindrischen, verzweigten, korallenartigen, –0,8 mm langen, (in der Mitte) 40–70 µm dicken, dicht rasig gedrängten Ästchen bedeckt und kaum mehr sichtbar (s.schmal, verflacht, verzweigt), oft glänzend, meist d.braun. Ap. s.selten. Lager meist auf Borke . . . . **L. teretiusculum**

13* Lagerläppchen aufsteigend bis aufrecht, runzelig bis gefurcht, strauchig verzweigt. Lager auf Erde oder Gestein **14**

14 Läppchen 3–7 mm hoch, ± glänzend, durchgehend deutlich berindet. Ap. fast endständig, –1,5 mm. Sp. 25–33 × 10–14 µm. Abschnitte ± zylindrisch, gegen die Enden oft verschmälert, runzelig bis fein längsgestreift, oft mit ± kugeligen Isidien, oft gegabelt. Auf Erde, zwischen Moosen und auf Gestein. Lager an trockenen Standorten . . . . **! L. schraderi**
(zu *L. plicatile* vermittelt *L. turgidum* (Ach.) Crombie mit mehr gedunsenen (am Ende oft verbreiterten), –1 mm dicken, aufsteigenden bis anliegenden, oft dicht körnig-isidiösen, an der Lagerperipherie konkaven Lappen; kleine Exemplare von *L. plicatile* unterscheiden sich durch die unvollständig entwickelte, unterbrochene Rinde)

14* Läppchen 2–5 mm hoch, ± matt, undeutlich und nicht durchgehend berindet. Lager vorwiegend an feuchten Standorten . . . . **L. plicatile (3)**

15 Lager aus zylindrischen bis fast fädigen, 0,1–0,2 mm dicken, verzweigten, oft radiär angeordneten, anliegenden (bis schwach aufsteigenden) Abschnitten, fast *Pseudephebe pub.* ähnlich, um 1–4 mm hoch, –10 mm breit, auf Kalkgestein. Ap. –0,4 mm, spärlich. Sp. 15–27 × 7–11 µm . . . . **L. massiliense**

15* Lager handartig bis geweihartig geteilt, auf Erde, Moos, Rinde. Ap. z.häufig **16**

16 Ap. –0,5(1) mm im Durchmesser, mit glattem Rand, meist ± kugelig. Lager klein, oft nur –2 mm, nicht rasig bis polsterig, grau bis fast grünlich. Lappen –0,3 mm breit, gewöhnlich jeweils zu einer kleinen Rosette um ein oder wenige Ap. gruppiert. Sp. 20–30 × 6–12 µm. Gewöhnlich auf Borke alter Bäume, altem Holz, Pflanzenresten . . . . **! L. subtile**

16* Ap. oft über 1 mm (–4 mm), oft mit behaartem Rand, oft auch mit Lagerläppchen besetzt. Lager größer, Lappen –1(2) mm lang, aber zumindest teilweise auffallend stark fingerig bis geweihartig vielteilig mit s.schmalen linearen Abschnitten (um 0,1–0,2 mm) bis m.geschlitzt, ± aufsteigend bis aufrecht oder ± aufliegend, zu dichten Matten gedrängt, gelegentlich an den Lappenrändern mit Gruppen zylindrisch-koralloider Isidien. Sp. 24–36 × 9–14 µm . . . . **L. tenuissimum**

Leptogium biatorinum (Nyl.) Leighton [L. pusillum Nyl.]
Auf nackten, tonigen bis sandigen, basenreichen Böden als kurzlebiger Pionier (ähnl. *L. byssinum* ↑), auch an Mauern und Kalkfels - (bor-)mieur-smed - selten *(0)*; *Rh, Ju*

Leptogium byssinum (Hoffm.) Zwackh ex Nyl.
Auf nackten, sandigen bis tonigen, meist kalkhaltigen Böden an offenen Böschungen, Weg-, Wald-, Wiesen- u. Ackerrändern, Erdhaufen, auch auf flachgründigen steinigen Böden, auf Feinerdinseln, selten auf Kalkgestein (Steine) an ± feuchten Stellen, subneutroph.-m.basiph., substrathygroph., kurzlebige Pionierflechte vergänglicher Standorte - bor-smed - s.selten gefunden, doch leicht zu übersehen *(0)*; *Ju, O, FrJu*

Leptogium corniculatum (Hoffm.) Minks [L. palmatum (Hudson) Mont.]
Bis in die montane Stufe in ozeanischen, wintermilden Lagen auf bemoostem Silikatfels an gewöhnlich schattigen, substratfrischen Standorten, subneutroph. - mieur-med, atl - s.selten; Eif, *Vog, Hessen (Gießen)*

Leptogium cyanescens (Rabenh.) Körber
In sub- bis hochmontanen, niederschlagsreichen, ozeanischen Lagen an substratfrischen bis -feuchten, schattigen Standorten, v.a. auf bemoostem oder nacktem (oft neutralem bis basischem) Silikatfels, über und zwischen Moosen gegen die Stammbasis von alten Bäumen, selten auf bemoostem Kalkgestein, ähnl. *Collema flacc.* (↑), doch stärker an wintermilde Lagen gebunden, subneutroph. - (s')bor·subatl-med-(mo), (oz) - selten (1); Sch, SJu, *Ts, O, NRh*

Leptogium diffractum Krempelh. ex Körber [L. placodiellum Nyl.]
V.a. in montanen Lagen auf nacktem, hartem Kalkgestein, an Steinen in Lesesteinhaufen, Kalktrockenmauern und an Felsen, an lichtreichen, beregneten, auch kurzzeitig sickerfeuchten Standorten (z.B. ähnl. *Collema fuscov.* ↑), basiph., m.-s.photoph., anitroph. - mieur-med - selten (3); Ju, Ne, SJu, FrJu

Leptogium gelatinosum (With.) Laundon
[L. sinuatum (Hudson) Massal., L. scotinum (Ach.) Fr.]
Bis über die Waldgrenze über und zwischen Moosen auf Karbonat-, selten schwach kalkhaltigem oder basischem Silikatgestein (sickerfeuchte Flächen), v.a. an erdimprägnierten Stellen, oft an alten Mauern von Burgruinen usw. (auch auf Mörtel), selten auch auf steinigem Boden, meist an m.(-z.)lichtreichen, substratfrischen oder sporadisch sickerfeuchten Standorten, subneutroph.-m.basiph. - bor-med·mo - selten; süSch, Vog, Ne, SFW, Ju, SJu, Bo, *O*, Mn, MRh, Ts, Saar, Eif, Th, Al

Leptogium intermedium (Arnold) Arnold [L. minutissimum auct.]
Ähnl. *L. tenuissimum* (↑), auf kalkhaltigen Böden, Kalkgestein (meist auf Steinen), auf Moosen und der Rinde alter Bäume, subneutroph. - bor-med - selten (2); Hü-süSch, *Ju, O, SFW,* SJu-HRh, *Ml*

Leptogium lichenoides (L.) Zahlbr. [L. lacerum (Retz.) S.Gray]
Bis über die Waldgrenze, euryöke Art, var. *lichenoides* an mehr schattigen, luftfeuchten Stellen auf und zwischen Moosen auf Karbonatfels und Mauern sowie an

Stämmen alter bemooster Laubbäume, seltener auf bemoostem (basischem oder leicht kalkhaltigem) Silikatgestein, etwa die Amplitude von *Collema flaccidum* (↑) und *C. auriforme* (↑) umfassend; var. *pulvinatum* (Hoffm.) Zahlbr. v.a. an oft besonnten Standorten auf Kalkgestein, v.a. auf nacktem oder erdverkrustetem sowie bemoostem Gestein, auf Kalkerde (Trockenrasen); subneutroph.–m.basiph., z.skioph.–s.photoph., substrathygroph. – arkt-med – z.selten bis m.häufig; besonders Kalkgebiete, sonst (z.)selten

Leptogium massiliense Nyl.
Nacktes Kalkgestein, an Steinen und Felsen, z.ähnl. *L. diffractum* – s'mieur-med – selten (R); Ju (Schörzingen)

Leptogium plicatile (Ach.) Leighton [?L. turgidum (Ach.) Crombie]
Bis in die hochmontane Stufe auf nacktem oder bemoostem Kalkgestein, auch auf basischem Silikatgestein, an sporadisch sickerfeuchten Stellen auf Felsen sowie auf Mauern, selten auf kalkreichem, flachgründigem Boden, basiph.–subneutroph., m.–z.photoph., substrathygroph. – s'bor-med – (z.)selten (3); süHü, SJu, HRh, Bo, Ju, Ne, Mn, süSch, *O*, Sp, RhSch, He, Th

Leptogium saturninum (Dickson) Nyl. [Mallotium tomentosum (Dickson) S.Gray]
Ähnl. *Collema nigr.* (↑) – bor·subatl-mieur·subatl-med(mo), (oz) – selten (1); süSch, *nöSch ?+*, Vog, HRh+, Ju, Bo, Al, *O+, Ts+, Vgb+, Rhön, Eif+*

Leptogium schraderi (Bernh.) Nyl.
V.a. Pionier auf Steinen in Steinhaufen, Geröllhalden, an zeitweise taufeuchten Orten, auch auf bemoosten Felsen und über Moosen auf Kalkerde – mieur-med – selten (die meisten Angaben unsicher); süHü, Ne, Ju, SJu, *Mn, FrJu,* Mos, Eif, Bit

Leptogium subtile (Schrader) Torss.
Auf subneutraler Borke v.a. an der Basis alter Laubbäume, meist an toten oder absterbenden Stämmen, auch an altem Holz, besonders an Nußbaum, Weide, selten auf Erde, Pflanzenresten – bor-mieur – selten; Funde unsicher: süSch, *Ju, Ne, Th, Ml*

Leptogium tenuissimum (Dickson) Körber
Bis in die hochmontane Stufe auf frischem bis feuchtem, nacktem bis spärlich bemoostem, sandig-lehmigem, meist rel. nährstoffarmem, aber basenreichem Boden, v.a. an offenen Böschungen, Weg- und Waldrändern, selten an der Basis von Laubbäumen auf rissiger, subneutraler (auch bemooster) Borke von erhöhter Wasserkapazität (z.B. Pappel, Nußbaum), selten an Kalkgestein (v.a. niedrige, lange taufeuchte Felsen und Steine), Pionierflechte, subneutroph.(–m.basiph.), (z.)m.skioph.–z.photoph., substrathygroph. – bor-med(mo) – selten (2); süSch, O, Mn, Eif, Mos, Saar, *Ne, Ju, SJu*

Leptogium teretiusculum (Wallr.) Arnold [L. microscopicum Nyl.]
Bis in montane Lagen, v.a. an alten Laubbaumstämmen auf rissiger, subneutraler, auch bemooster Borke von erhöhter Wasserkapazität, s.selten auf basenreichem Boden (↑ *L. tenuissimum*) – bor-med – selten (2); Ne, süHü, süSch, *Ju, SJu, FrJu,* Fr, Al, Eif

Lichenothelia D.Hawksw.

Lichenothelia scopularia (Nyl.) D. Hawksw. [Microthelia aterrima (Krempelh. ex Anzi) Zahlbr.]
In submontanen bis alpinen Lagen auf s.harten, mineralreichen Silikatgesteinen oder auf von Natur aus sauren, aber durch Tropfwassereinfluß von Blattwerk umstehender Bäume (z.B. Bergahorn) sekundär mineralreichen Silikaten, an Felsen und v.a. auf Blöcken in Schutthalden, Pionier auf glatten, nach Regen rasch abtrocknenden Flächen, subneutroph., z.xeroph., m.–s.photoph. – bor-mieur – selten; süSch, O, Ts, Vog

Lichinella Nyl.

(Bestimmung ↑ Polychidium)

Lichinella stipatula Nyl.
Auf basischen Silikatgesteinen an besonnten, sporadisch leicht sickerfeuchten Felsen in warmen Lagen, z.B. ähnl. *Peltula euploca* (↑) – s'mieur-med – s.selten (1); Bo, süSch, Lahn

Lithographa Nyl.

(Schlüssel incl. Ptychographa)

1 Auf Silikatgestein. Lager kräftig entwickelt, areoliert, grauweiß bis h.bräunlichgrau, oft mit schwarzem Vorlager, K+ gelb, dann rot, P+ orange, C–. Ap. kräftig, länglich, -1,2(1,5) mm lang, -0,4 mm breit, gerade oder gekrümmt. Scheibe eng ritzenförmig, Rand dick. Sp. 9–12(15) × 5–8 µm. Hyp. schwarzbraun, darüber farbloses Subhym. Norstictin-S. . . . . **L. tesserata**

1* Auf Holz. Lager undeutlich, aus winzigen zerstreuten braunen Körnchen. Ap. -0,8 × 0,4 mm, zuerst länglich, dann ± rundlich bis eckig, mit anfangs ritzenförmiger, dann ausgebreiteter oder rilliger Scheibe, mit deutlichem, scharfem, oft eingebogenem Rand, Sp. 5–8 × 3–4 µm. Hyp. d.braun. Ch– . . . . **Ptychographa flexella**

Lithographa tesserata (DC.) Nyl.
In montanen bis subalpinen (alpinen), niederschlagsreichen, ozeanisch getönten Lagen auf basischem und neutralem, mitunter auch leicht kalkhaltigem Silikatgestein, z.B. Basalt, feldspatreichen Graniten (Substratansprüche ähnl. *Lecanactis dill.* ↑), an lange taufeuchten oder sickerfeuchten, nährstoffarmen Flächen an kühlen, gleichmäßig s.luftfeuchten, wenig besonnten Standorten (oft Nordlage), oft in Blockmeeren, subneutroph., anitroph. – bor·atl-s'bor-mieur·mo(-smed· mo), (subatl) – s.selten (R); süSch (2×), Rhön, Hz, Meißner, Al

Lobaria (Schreber) Hoffm.

1 Lager blaß gelblich, graugelblich, blaß gelbgrünlich grau, feucht bleigrau (mit Blaualgen), Oberseite matt, flachgrubig, am Rand und v.a. auf den „Rippen" mit rundlichen grauen Soralen, unterseits ± filzig bis dicht kurzhaarig-samtig, mit großen, erhabenen, kahlen hellen Stellen. Lappen breit abgerundet, 1–3 cm. Mark P+ orange, K+ gelb, C–. Ap. s.selten. Usnin-S., Scrobiculin, ±Norstictin-S. . . . . **L. scrobiculata**

1* Lager nicht mit blaß gelblichem Ton, feucht nicht grau, sondern grünlich, oliv oder wenig verändert. Hauptalge eine Grünalge **2**

2 Lager grubig-netzrippig, randlich oder auf den erhabenen Netzrippen mit gelblichweißen Soralen oder meist schuppigen Isidien, oliv bis braun, Schattenformen auch h.(gelb)braun, feucht grün bis oliv, oft ± glänzend, tief geteilt, unterseits h.- bis schwarzbraun, filzig-kurzhaarig bis fast kahl, filzfreie Stellen oft weißlich. Mark P+ rot, K+ gelborange, C–. Ap. heute meist s.selten, –4 mm, rotbraun (wenn glänzend schwarz: dann Gallen des Pilzes *Lichenomyces lichenum*). Lappen 1–3 cm breit, Enden wie gestutzt. Bis weit über 20 cm große Flechte, doch heute oft nur in Kümmerformen. Norstictin-S., Stictin-S. (Abb. 19a) . . . . **L. pulmonaria**

2* Lager ohne Sorale, ohne Isidien **3**

3 Lagerlappen oberseits deutlich grubig-netzrippig, an *L. pulmonaria* erinnernd, oliv bis braun, im Tiefschatten auch grau, oft glänzend, unterseits h.- bis schwarzbraun, kurzhaarig, mit weißlichen filzfreien Stellen. Mark P–, K± gelb, C–. Ap. selten, –3,5 mm. Auf Erde, Moosen, gewöhnlich über der Waldgrenze. Tenuiorin . . . . **L. linita**

3* Lagerlappen oberseits glatt bis querrunzelig, weißlich oder graubräunlich bis grauoliv, an den Enden gerundet, unterseits dicht kurzhaarig, h.braun bis bräunlichweiß, (fast) ohne kahle Stellen. Oft mit Ap. oder schwarzen strauchigen Auswüchsen. Oft mit schwarzen Pykn. Mark P–, K+ gelb/K–, C–. ±Scrobiculin **4**

4 Lager derb, dick, lederig, grauweißlich (im Herbar leicht braunstichig), feucht grünlich, oft über 10 cm groß, in der Mitte oft mit großen schwarzen, dicht strauchig verzweigten, ± kuppelförmigen Auswüchsen (Cephalodien). Pykn. in vorstehenden Warzen. Lappen bis ca. 1(1,5) cm breit, gegen die Lagermitte übereinanderwachsend und ± verschmolzen. Ap. z.selten, (rot)braun . . . . **L. amplissima**

4* Lager dünn, eng anliegend, graubräunlich, grauoliv, feucht grün, oft glatt und ± glänzend, –10 cm, ohne schwärzliche Auswüchse, stets mit Ap. Ap. –3 mm, rosa- bis orangerot. Lappen 3–10 mm breit . . . . **L. virens**

Lobaria amplissima (Scop.) Forss. [Dendriscocaulon umhausense (Auersw.) Degel. = Blaualgen-Photosymbiodem]
In der montanen und hochmontanen Stufe in s.niederschlagsreichen, milden bis kühlen ozeanischen Lagen (Niederschlag meist über 1500 mm), auf alten Laubbäu-

men, v.a. Bergahorn und Buche, im Innern ungestörter, naturnaher oder natürlicher Wälder (Buchen-Tannen-W., Aceri-Fagetum), besonders an dicken Ästen im Kronenraum, auch in licht- und z.windoffener, nebelreicher Lage am Stamm alter Bäume im Bereich von Magerrasen, lichtarme Orte meidend, bevorzugt an Stellen mit z.oft wechselnden Feuchtebedingungen, oft über Moosen, s.empfindlich gegenüber forstlicher Nutzung und anderen Standortsveränderungen, in den letzten 20 Jahren stark dezimiert, Bestand in äußerst kritischem Stadium, m.acidoph.–subneutroph., m.–z.photoph., substrathygroph., s.ombroph., s.hygroph., a-/m.nitroph. – bor·atl-mieur·subatl-med·mo, oz – s.selten (1); süSch, Vog; +: *nöSch, PfW (Bitsch), O, Sp, Rhön, Eif, WeBgl*

Lobaria linita (Ach.) Rabenh.
Gewöhnlich über der Waldgrenze in Zwergstrauchheiden auf frischen, sauer-humosen Böden und über Moosen oder zwischen Silikatblöcken, s.selten am Fuß bemooster Bäume, m.–z.(s.)acidoph., hygroph., substrathygroph., m.–z.photoph. – arkt-mieur·alp – s.selten (0); *nöSch (Kaltenbronn 1823), WeBgl, Rothaargeb., Obay,* Al

Lobaria pulmonaria (L.) Hoffm., Lungenflechte
V.a. in montanen und hochmontanen, niederschlagsreichen, milden bis kühlen (selten kalten) Lagen, selten in der submontanen, früher auch in der kollinen Stufe, auf Rinde v.a. von Laubbäumen und auf Silikatgestein, oft über Moosen, an s.-e. luftfeuchten, in tiefen Lagen z.lichtarmen, in hohen Lagen auch an z.lichtreichen Standorten, oft auf Substraten mit erhöhter Wasserkapazität (aber nicht an lichtarmen, s.luftfeuchten Orten), bevorzugt in ungestörten Wäldern, in tiefen Lagen in engen Tälern (Talsohle, Hangfuß) v.a. an Esche, Eiche, Bergahorn in Eschen-, Eichen-Buchen-, Linden-Ahorn-W. (Carici-, Aceri-Fraxinetum, Luzulo-Fagetum), in hohen Lagen besonders auf Buche und Bergahorn in Buchen-Tannen-W., Aceri-Fagetum sowie an alten freistehenden Bäumen in Magerrasen; früher in der Homöopathie gegen Husten etc. verwendet; durch Forstwirtschaft und Luftverunreinigung stark gefährdet, subneutroph.–z.acidoph., s.(–e.)hygroph., substrathygroph., a-(–m.)nitroph. – bor-med·mo – selten (2); süSch, Vog und Al über 800 m, selten tiefer, Ju, BayW, sonst s.selten und meist kümmerlich entwickelt (nöSch, Ba, SFW, O+, Sp, Rhön (+?), Eif, Mos); früher weit verbreitet, heute in N-, NW-, Mittel-Dtschl.+ (ausgen. Schlesw.-Holst.)

Lobaria scrobiculata (Scop.) DC. [L. verrucosa (Hudson) Hoffm.]
In montanen und hochmontanen, niederschlags- und nebelreichen, ozeanischen, milden bis kühlen (bis kalten) Lagen, ähnl. *L. pulmonaria* (↑), aber in niederen Lagen viel seltener oder fehlend und auch in hohen Lagen kaum an freistehenden Bäumen, v.a. am Stamm- und an der Stammbasis älterer Laubbäume (Buche, Bergahorn), in tieferen Lagen v.a. an Silikatfels (Schräg-, Vertikalflächen), v.a. in lichten Buchen-Tannen-W., Eichen-W., s.empfindlich gegenüber forstlichen Eingriffen; m.–z.acidoph., (z.skioph.–)m.–z.photoph., s.–e.hygroph., substrathygroph., anitroph. – bor-med·mo – s.selten (1); süSch, nöSch (ob noch?), Vog, *Saar+, Pf+, O+, Sp+, Ts+*, He (z.B. Rhön+, *Meißner*), *WeBgl,* Obay

Lobaria virens (With.) Laundon [L. laetevirens Zahlbr.]
In milden ozeanischen Lagen an s.–e.luftfeuchten, schattigen Orten auf alten Laubbäumen (Esche, Linde, Eiche) oder auf (meist über einer Moosdecke) Silikatfels, m.acidoph., substrathygroph. – s'bor·atl-med·subatl, oz – s.selten, in D +; *O (Tromm, Waldmichelbach), Ts, nöPf, He (Habichtswald)*

Lobothallia (Clauz. & Roux) Haf.

(Bestimmung ↑ Aspicilia, Lecanora)

Lobothallia radiosa (Hoffm.) Haf. [Aspicilia r. (Hoffm.) Poelt & Leuckert, Lecanora r. (Hoffm.) Schaerer, L. subcircinata Nyl.]
Gewöhnlich bis in montane Lagen auf Kalkgestein, v.a. reinen Kalken, bevorzugt an voll besonnten, trocken-warmen Standorten, z.B. in Trockenrasen, auf eutrophierten Felskuppen, leicht staubimprägnierten erdbodennahen Flächen, Mauerkronen, gelegentlich auf kalkreichem Kunststein (Terrazzo), auf Beton und Mörtel selten, basiph., xeroph., z.–s.photoph., z.nitroph. – (s'bor-)mieur-med – in den Kalkgebieten m.häufig (v.a. SJu, Ju, FrJu, Ne, Th), sonst selten und synanthrop

Lopadium Körber

Lopadium disciforme (Flotow) Kullhem [L.pezizoideum (Ach.) Körber p.p.]
In der montanen und hochmontanen Stufe in naturnahen Wäldern an (meist älteren) Laub- und Nadelbäumen am Mittelstamm und Stammgrund, direkt auf Rinde und über Moosen, z.ähnl. *Menegazzia* (↑) – bor-mieur·mo – selten (2); süSch (über 800 m), nöSch, *Vog, O*+, ThW, Al

Loxospora Massal.

(Bestimmung ↑ Haematomma)

Loxospora cismonica (Beltr.) Haf. [Haematomma cismonicum Beltr.]
In hochmontanen, s.niederschlagsreichen bzw. s.–e.luftfeuchten, kühlozeanischen, nebelreichen Lagen, deutlich bevorzugt an Tanne in naturnahen Tannen-W., an meist z.lichtarmen Standorten in Bachnähe, in kaltluftstauenden Mulden, ähnl. *Stenocybe major*, m.–z.acidoph., z.skioph.–m.photoph., anitroph., ozeanisch – mieur·h'mo – s.selten (1); Vog, süSch, BayW, Al, *Ml*

Loxospora elatina (Ach.) Massal. [Haematomma elatinum (Ach.) Massal.]
In hochmontanen, seltener montanen, niederschlagsreichen Lagen auf Nadel-, s.selten Laubbäumen, überwiegend an Tanne in Tannen-Buchen- und Tannen-Fichten-W., besonders in naturnahen, aber auch in stärker forstlich veränderten

Beständen, an luftfeuchten, z.lichtarmen–m.(z.)lichtreichen, kühlen Standorten, an weit weniger stark luftfeuchte Standorte übergehend als *L. cismonica*, z.–s.acidoph., anitroph. - s'bor-mieur·h'mo, (oz) - selten; Sch, Vog, SFW, ThW, BayW, ferner Al

Macentina Vězda

Macentina stigonemoides A. Orange
Auf sehr basenreichen Rinden, meist in Kontakt zu bemoosten Partien, hauptsächlich an Schwarzem Holunder, seltener an Feldahorn, an luftfeuchten, meist schattigen Standorten, in Wäldern, bachbegleitenden Gehölzen, subneutroph.–neutroph., m.photoph. - mieur·subatl-smed - z.selten; z.B. Sch, Ne, SFW

Maronea Massal.

Maronea constans (Nyl.) Hepp
In kollinen und submontanen, meist wintermilden und z.sommerwarmen Lagen am Stamm und Ästen von frei oder licht stehenden Laubbäumen und Tanne, auch in Obstgärten, an Bäumen an Landstraßen, in s.lichten Wäldern, v.a. auf m.–z.mineralreicher, glatter oder flachrissiger Rinde von Kirsche, Eiche, Erle, Buche, m.(–z.) acidoph., z.photoph. - mieur(subatl)-smed - s.selten (0); süSch, Ju, SJu, *nöSch, Vog, PfW, nöRh, O, SFW-Ne*

Massalongia Körber

Massalongia carnosa (Dickson) Körber
Von der submontanen Stufe bis über die Waldgrenze auf anstehendem Silikatfels, gewöhnlich an sporadisch sickerfeuchten, oft leicht erdinkrustierten Schräg- und Vertikalflächen, ausgeprägt saure Silikatgesteine meidend, v.a. auf Flächen, die an basenreiche Böden grenzen, oft im Bereich von Zwergstrauchheiden und Magerrasen an besonnten bis (v.a. in niederen Lagen) schattigen Orten, m.acidoph., m.nitroph. - arkt-mieur·mo(-med·mo) - selten (2); süSch, *nöSch*, Bo, Vog, *nöPf+, Ts+, O+, BayW, Rothaargeb.*

Megalaria Haf.

(Bestimmung ↑ Catillaria)

Megalaria grossa (Pers. ex Nyl.) Haf. [Catinaria g. (Pers. ex Nyl.) Vainio, Catillaria leucoplaca auct.]
In kollinen bis montanen, ozeanischen Lagen auf glatter bis flachrissiger, z.mineralreicher Rinde von Laubbäumen, klimatische Bedingungen ähnl. wie bei *Degelia*

plumbea (↑), *Nephroma laev.* (↑), selten auch an Tanne - s'bor·atl-med - s.selten (1); Vog, Ba (Wutach), HRh (Lörrach, +), *O (Heidelb. +), MRh (Lorch +), Eif*

Megalaria laureri (Hepp ex Th.Fr.) Haf. [Catinaria l. (Hepp ex Th.Fr.) Degel., Catillaria l. Hepp ex Th.Fr.]
Bis in montane Lagen in naturnahen luftfeuchten, lichten Wäldern am Stamm alter Buchen und Eichen, ähnl. *Megalaria grossa* (↑) - mieur·subatl-med·mo, oz - s.selten (0); süSch, *PfW (Bitsch)*, Lux

Megalaria pulverea (Borrer) Haf. & Schreiner [Catinaria p. (Borrer) Vězda & Poelt, Catillaria p. (Borrer) Lettau]
In montanen, niederschlagsreichen Lagen an kühl-ozeanischen Standorten auf der Rinde von Laubbäumen, selten Tanne, in naturnahen Wäldern. In den klimatischen Ansprüchen ähnl. *Lobaria pulm.* (↑), m.acidoph., s.(e.)hygroph., m.photoph. (–z.skioph.), anitroph. - mieur·subatl-med·mo, oz - s. selten (2); Al, *Vog*, Sch, SFW, *O+*

Megalospora Meyen

Megalospora pachycarpa (Del. ex Duby) Oliv. [Bombyliospora p. (Del.) De Not., B. incana A.L.Sm.]
In montanen und hochmontanen, s.niederschlagsreichen Lagen am Stamm meist alter Laubbäume (überwiegend Buche) und von Tanne, meist an dicker, glatter bis flachrissiger Rinde, gelegentlich auf Rindenmoosen, in alten, naturnahen Buchen-Tannen-W. an s.luftfeuchten, ausgeprägt ozeanischen, m.lichtreichen Standorten, m.acidoph., anitroph., s.empfindlich gegen forstliche Standortsveränderungen - mieur·subatl-med·mo, oz - s.selten (0); süSch (Gersbach, +?), Vog +?, Al, Ml

Megaspora (Clauz. & Roux) Haf. & V.Wirth

Megaspora verrucosa (Ach.) Haf. & V.Wirth [Aspicilia v. (Ach.) Körber, A. mutabilis (Ach.) Körber]
V.a. über der Waldgrenze in Lücken von Zwergstrauchheiden, Krummseggen-Rasen, Schneetälchen-Ges. usw., auf abgestorbenen und lebenden Pflanzenteilen v.a. auf kalkhaltigem Boden, lange Schneebedeckung tolerierend, hinsichtlich der klimatischen Faktoren euryök, optimal wohl an z.lichtreichen Orten; selten in die montane oder kolline Stufe herabsteigend und dann in Spalten kalkhaltiger Felsen und in Lücken von Kalktrockenrasen, an der Basis und am Mittelstamm älterer Laubbäume (z.B. Nußbaum, Esche, Eiche) auf rissiger, auch vermorschender, auch staubimprägnierter Borke, neutroph.–subneutroph., photoph. - arkt-mieur(alp)-med·alp - selten (2); Ju, SJu, FrJu, Al, süSch, süHü, Vog, nöPf, Bit, Eif, *O, Rh-Mn-T, MRh*, Mn, He, Th

Melaspilea Nyl.

1 Auf Silikatgestein. Ap. -0,3(0,4) mm, rundlich bis elliptisch, flach, ± berandet. Hyp. braun, Hym. blaß braun. Sp. 11–15 × 4,5–5,5 µm, farblos, später blaß braun und warzig, länglich bis sohlenförmig. Lager kaum entwickelt, meist feinkörnig. Ch- . . . . **M. granitophila**

1* Auf Rinde. Saprophytische Pilze, auch mit Algen assoziiert. Ch- 2

2 Ap. rundlich bis elliptisch, -0,5 mm, gewöhnlich gehäuft zu (-2 mm breiten) Gruppen von 8–12. Hyp. gelbbraun. Sp. mit 2 ungleich großen Zellen, lange farblos, 10–17 × 5–7 µm. Lager weißgrau . . . . **M. gibberulosa**

2* Ap. rund, einzeln, -0,2 mm, selten in Gruppen. Hyp. farblos bis d.braun. Sp. mit meist etwas ungleichen Zellen, farblos bis bräunlich, 14–22 × 7–9 µm. Lager undeutlich . . . . **M. proximella**

Melaspilea gibberulosa (Ach.) Zwackh
Bis in die montane (selten hochmontane) Stufe am Stamm von Laubbäumen und Tanne, meist an Eiche, seltener Esche, Buche, Hainbuche, meist in luftfeuchten Eichen-Hainbuchen-W., m.–z.acidoph., z.anombroph.–m.ombroph., hygroph., z.skioph., anitroph. – mieur-smed – selten (3); süHü, HRh, *nöSch*, Ju, O, Sp, *Ts*, *Rh-Mn-T*

Melaspilea granitophila (Th.Fr.) Coppins [Arthonia g. Th.Fr., M. subarenacea J.Nowak & Kiszka]
In montanen und hochmontanen Lagen auf kalkfreiem Silikatgestein an Steilflächen und Überhängen, ähnl. *Micarea lutulata* (↑) – (s')bor-mieur·mo – selten *(R)*; süSch, Vog

Melaspilea proximella Nyl. ex Norrlin
Bis zur Baumgrenze auf der Rinde von Laub- und Nadelbäumen, z.euryök, übersehen – bor-med – selten (?); süSch, Hü, *Sp*

Menegazzia Massal.

(Bestimmung ↑ Hypogymnia)

Menegazzia terebrata (Hoffm.) Massal. [M. pertusa (Schrank) B.Stein, Parmelia p. (Schrank) Schaerer]
In montanen und hochmontanen (selten submontanen), niederschlagsreichen Lagen in naturnahen Buchen-, Buchen-Tannen-und Tannen-Fichten-W. am Stamm meist älterer Buchen und Tannen, selten auch an Eiche, Bergahorn usw., v.a. auf glatter Rinde an kühl-ozeanischen, s.–e.luftfeuchten, nebelreichen, windgeschützten Orten, in niederen Lagen meist in Eichen-Buchen-W., m.–z.acidoph., m.(–z.)ombroph., m.photoph.(–z.skioph.), anitroph. – s'bor·atl-mieur·subatl-smed·mo, (oz) – selten (3); v.a. süSch, nöSch, Vog, Al (v.a. über 800 m), BayW, sonst s.selten und (1–2): PfW, O, Sp, SFW, Ju, Do-Av, Bo, *Ne*, *nöRh+*

Metamelanea Henssen

(Bestimmung ↑ Porocyphus)

Metamelanea umbonata Henssen
In hochmontanen bis alpinen Lagen auf kalkhaltigem oder basischem Silikatgestein an zeitweise leicht sickerfeuchten Flächen, ähnl. *Koerberiella w.* (↑) - mieur·alp - s.selten (R); süSch (Feldberg)

Micarea Fr.

1 Flechte mit auffallenden, gestielten Pykniden (± zylindrische Auswüchse), oft steril **2**

1* Flechte nicht mit gestielten Pykn. **6**

2 Pykniden(träger) braun, rosabraun, graubraun, sehr fein dicht behaart (starke Lupe), 0,1–1,0 mm hoch, 0,07–0,14 mm dick, zylindrisch, unverzweigt. Pyknosp. 4–6 × 1,3–1,7 µm. Lager olivgrün, feinkörnig (Körnchen 20–40 µm im Durchm.). Lagerkörnchen in der Mitte mit gelbbraunem bis orangebraunem Pigment, in K+ purpurviolett (Quetschpräparat). Ap. meist spärlich, blaß bis graubraun (braun), -0,5 mm. Epihym. (wenn gefärbt) K+ violett. Sp. 1-, selten 2zellig, 6,5–12 × 2,5–4 µm. R–, Ch– oder nicht identifizierte Substanz **M. hedlundii**

2* Pykn.(träger) nicht fein behaart, Lager nicht aus derartig pigmentierten Körnchen bestehend **3**

3 Pykn.träger blaß durchscheinend bis rötl.braun (oft gefleckt), bis 250 µm hoch, einfach oder verzweigt. Pyknosp. 3,5–4,5 × 1,2–1,6 µm, oft mit 2 Tropfen, in der Mitte leicht verschmälert. Ap. rotbraun, orangebraun, gewölbt, -0,3(0,35) mm, mitunter tuberkulat. Hym. oben rotbraun, K–. Sp. 1zellig, 9–15 × 2,5–4(4,5) µm. Lager undeutlich, Ch– . . . . **M. anterior**

3* Pykn.(träger) schwarz oder grau **4**

4 Mit lang zylindrischen, wenigstens z.T. verzweigten, 50–400 µm hohen, 40–90 µm dicken Pykn. Pykn.wand (Quetschpräp.) K– bzw. grünlich. Lager diffus, schorfig bis feinkörnig, blaßgrünl. bis d.grün oder schwärzlich. Pyknosp. 3,5–5 × 1–1,5 µm. Ap. selten, halbkugelig bis ± kugelig, schwarz. Sp. 1–2(4)zellig, 8–13 × 2,3–3,7 µm. Hyp. d.rotbraun. Ch– . . . . **M. botryoides**

4* Pykn.(träger) unverzweigt. Wand K+ violett. Hym. oben grünlich, K+ violett, C+ violett **5**

5 Lager gewöhnlich deutlich entwickelt, h.- bis d.grau, grünl.grau. Pykn. schwarz oder grau, -0,15 mm breit, in das Lager eingesenkt bis deutlich vortretend, oft von einem auffallend vortretenden zylindrischen, weißen Pfropfen (Pyknosp. masse) gekrönt. Pyknosp. 4zellig, 12–24 × 1 µm oder 1zellig, 3–5 × 1,2–1,8 µm oder 5–7 × 0,7–0,8 µm. Schnitt durch Thallus C+ rosa bzw. orangerot, K–, P–. Gyrophor-S. . . . . **M. denigrata**

5* Lager gewöhnlich im Substrat (Holz), daher undeutlich, R–. Pykn. schwarz, sitzend oder meist deutlich gestielt, 0,07–0,32 mm hoch. Pyknosp. 3,5–5 × 1–1,5

oder 3,8–6 × 0,6–0,8 µm . . . . **M. misella**
6 Flechte steril, auffallend körnig bis körnig-isidiös oder mit Pykn. oder pykn.-ähnlichen Strukturen **7**
6* Flechte mit Apothecien **12**
7 Flechte mit Pyknosp. bildenden Strukturen von apothecienähnlicher bis napfförmiger Gestalt oder mit schwarzen bis grauen Pykn. **9**
7* Flechten ohne solche Strukturen/Pykn. Lager fein- oder grobkörnig. Algenzellen micareoid, 4–7 µm dick **8**
8 Lager aus feinen h.- bis d.grünen Körnchen von 12–40(60) µm Durchm. zus.gesetzt, dem Lager einen feinisidiösen Habitus gebend oder eine dickliche körnige Kruste bildend, feucht ± gelatinös, R– (aber die äußeren Hyphen der Körnchen oft mit K+ violetter Substanz bedeckt, Mikroskop) . ↑**M. prasina**
8* Lager grau, aus 100–400 µm dicken Körnern zus.gesetzt, oft eine dicke, rissig aufbrechende Kruste bildend, unregelmäßig sorediös aufbrechend, C+ rot, P+ rot, K–, Gyrophor-S., Argopsin . . . . **M. leprosula**
9 Pykn. grau bis schwarz, eingesenkt bis deutlich vortretend, oft von weißem Pfropfem (Pyknosp.masse) gekrönt, höchstens 0,16 mm breit. Meist an zähmorschem Holz . . . . **M. denigrata (5)**
9* Pykn. oder pykn.ähnliche Gebilde wächsern bis h.grünlich, apothecienähnlich gewölbt oder in der Mitte napfförmig vertieft, –0,3 mm breit. Lager graugrün bis blaßgrünlich oder bleigrau **10**
10 Pyknosp. 6,5–9,5 × 2,3–3 µm. Pyknosp.produzierende Gebilde apothecienähnl. gewölbt, in der Mitte nicht vertieft, weiß, cremefarben, h.ocker. Lager graugrün, Ch– . . . . ↑**M. adnata**
10* Pyknosp. über 20 µm lang. Pykn. ± eingesenkt, mit blasser bis h.grünlicher, breiter, meist napfförmig vertiefter Mündungsregion. Lager, wenn gut entwickelt, und Pykn. C+ rot, K–, P–. Gyrophor-S., Hiascin-S. **11**
11 Pyknosp. 50–110 × 1 µm, 10–18zellig . . . . **M. cinerea**
11* Pyknosp. 20–50 × 1–1,5 µm, oft undeutl. 2–6zellig, stark gekrümmt bis S-förmig gewunden . . . . **M. peliocarpa**
12 Sp. 1- oder 2zellig **13**
12* Sp. 4- oder mehrzellig **30**
13 Hyp. d.rotbraun, d.olivgrün, d.blaugrün bis fast schwarz **14**
13* Hyp. hell, farblos bis h.bräunlich oder h.grünlich **17**
14 Ap. deutlich berandet, 0,2–0,5(0,7) mm, flach, später auch ± gewölbt-randlos, schwarz. Exc. deutlich entwickelt, außen blauschwarz. Hyp. d.braun bis schwarzbraun. Sp. 6–9 × 3–4 µm, 1zellig. Lager dünn, ± glatt, feinrissig oder warzig, häufig mit zahlreichen schwarzen Pykn. Pyknosp. 3–4,5 × 1,5 µm, ± zylindr., oft etwas gekrümmt. R– . . . . **M. erratica**
14* Ap. ohne sichtbaren Rand. Exc. fehlend. Ch– **15**
15 Hyp. d.rotbraun, K– oder K+ stärker rötlich. Hym. farblos bis leicht grünlich oder blaugrün, –40 µm. Ap. graubraun, braun, d.braun bis schwärzlich, feucht schwärzlich, –0,4 mm, geknäuelt –0,8 mm. Sp. 6–9 × 2–3(3,5) µm, 1zellig. Lager dünn bis mäßig dick, graugrün, grüngrau, mitunter rostfarben, glatt bis schorfig-körnig . . . . **M. lutulata**

15* Hyp. oben mit grünlichem Farbton, K- bis K+ grün **16**

16 Sp. 7–10 × (2,5)3–4,5 µm, ± ellipsoid. 1zellig (s.selten 2zellig). Hym. 40–60 µm, ± blaugrün. Hyp. d.blaugrün oder olivschwarz, K- bis K+ grün, unten ± d.purpurbraun (K+ stärker purpur). Ap. -0,5 mm, geknäuelt -1,2 mm, schwarz, bläulichschwarz. Lager dünn bis m.dick, schorfig-glatt bis rissig areoliert oder selten körnig bis warzig, grau, blaugrau . . . . **M. sylvicola**

16* Sp. 5,5–8 × 1,5–2,5 µm, 1-2zellig, ± länglich-eiförmig bis länglich-ellipsoid. Hym. bis 40 µm. Hyp. blaugrün schwarz bis olivschwarz, K+ intensiver blaugrün. Hym. blaßgrün bis blaugrün. Ap. schwarz, blauschwarz, -0,3 mm (geknäuelt -0,5 mm). Lager blaß gelbbraun bis grünlich(weiß), meist schorfigkörnig . . . . **M. tuberculata**

17 Epihym. grünlich bis oliv, K+ violett. Auf Holz oder Rinde, ausnahmsweise Gestein **18**

17* Hym. nicht K+ violett (s.selten Hyp. mit orangefarbenen Flecken, die in K purpurn reagieren) **20**

18 Ap. wachsähnlich weiß bis bleigrau, lilagrau, bräunlichgrau, selten schwärzlich. Sp. 1-2(4)zellig, 8–15 × 2,5–4,5 µm. Lager blaß grün bis d.grün, feinkörnigfeinisidiös oder dickkörnig, feucht ± gelatinös, Lager R- (aber äußere Hyphen der Körner mit grünlichem, K+ und C+ violettem Pigment beschichtet, Mikroskop). Hauptsächl. auf Rinde, morschem Holz, Torf . . . . **M. prasina**

18* Ap. schwarz bis grau. Lager h.- bis d.grau oder im Substrat (endoxyl), Lagerschnitte (bei guter Entwicklung) C+ orangerot, K-, P-. Fast stets auf Holz **19**

19 Lager meist im Innern des Substrates. Pykn. eingesenkt oder gestielt, schwarz, Pyknosp. 3,5–5 × 1–1,5 µm oder 3,8–6 × 0,6–0,8 µm. Sp. 6,5–9,5 × 2–3(3,5) µm, 1-, selten 2zellig. Ap. schwarz, -0,3 mm. Hym.oben (grünl. Pigment) C+ violett . . . . **M. misella**

19* Lager h.- bis d.grau, selten endoxyl, oft mit auffallenden, eingesenkten bis hervortretenden Pykn. mit oft vortretendem weißem Pyknosp.pfropf. Pyknosp. 5–7,5 × 0,7–0,8 µm. Sp. meist 2zellig, oft gekrümmt, 7–16 × 2–3,5 µm. Ap. schwarz bis d.grau, selten heller, -0,5 mm, Schnitt oben (grünl. Pigment) C+ violett, Hym. meist C+ orangerot. Gyrophor-S. . . . . **M. denigrata**

20 Sp. alle 1zellig **21**

20* Sp. wenigstens zum Teil 2zellig **24**

21 Sp. sehr klein und schmal, 4–7 × 1–2 µm, tropfenförmig bis länglich eiförmig. Ap. blaugrau bis d.braun oder schwärzlich, mitunter weißlich berandet, -0,3 mm, ± halbkugelig. Hym. -35 µm, blaß gelblichgrün bis blaugrün. Hyp. farblos bis blaß grünlich. Lager weißlich bis blaßgrünlich, körnig bis schorfig. R-, Ch- . . . . **Psilolechia clavulifera**

(wenn Lager C+ rot vgl. *Psilolechia leprosa*)

21* Sp. über 6 × 2 µm groß **22**

22 Lager gewöhnlich grün, olivgrün, graugrün, feucht frischgrün, aus feinen Körnchen, mitunter sehr fein isidiös wirkend, oder auch krustig-schorfig, feucht ± gelatinös werdend. Ap. wachsähnl. weiß bis bleigrau, rosagrau, bräunlichgrau bis selten schwärzlich, 0,1–0,4 mm. Sp. 8–15 × 2,5–4,5 µm. V.a. auf Rinde, morschem Holz, Torf, an ± beregneten Stellen. R-, versch. Chemotypen

. . . . **M. prasina**

22* Lager nicht so. Sp. 6,5–10 × 2,5–4 µm. Auf Gestein, selten auf Wurzeln oder harte Erdkrusten übergehend. Ap. teilweise über 0,3 mm. Ch– **23**

23 Hym. farblos bis oben meist strohgelblich, Hyp. strohgelb bis h.orangebraun. Ap. -0,4 mm, nie geknäuelt, blaß bis kräftig gelborange, rotbraun. Algenzellen 4–7 µm dick (micareoid). Lager oft undeutlich, selten aus getrennten Areolen, weißlich . . . . **M. lithinella**

23* Hym. blaßgrün, oliv, blaugrün oder farblos, Hyp. farblos oder oben blaßgrün. Ap. -0,3 mm, wenn geknäuelt -0,7 mm, halbkugelig bis fast kugelig, bläulichgrau bis schwarz, in Schattenformen (mißfarben) braun. Algenzellen 5–12 µm dick, nicht micareoid. Lager dünn und rissig bis schorfig-körnig, graugrün bis graubraun oder rostfarben . . . . **M. bauschiana**

24 Sp. s.schmal, 6–8,5 × 1,5–2,5 µm, meist 2zellig. Ap. -0,25 mm, h.- bis d.rotbraun, halbkugelig bis fast kugelig. Hyp. (blaß) orangebraun. Hym. oft mit braunen Streifen, -35 µm. Lager blaßgrün bis ockergrün, schorfig-mehlig bis schorfig-körnig. Ch– . . . . **M. myriocarpa**

24* Sp. größer **25**

25 Ap. im Schnitt (Epihym., Hym., Hyp.) farblos **26**

25* Ap. im Schnitt stellenweise gefärbt **27**

26 Lager feinisidiös oder aus kugeligen, -50 µm großen Körnern. Ap. nicht berandet, 0,1–0,4 mm . . . . ↑ **M. prasina**

26* Lager dünn, glatt bis schorfig-körnig, graugrün, oft von wächsernem Aussehen. Ap. gelbbraun bis blaß (rot)braun, anfangs fast flach und oft mit weißlichem Rand, angedrückt, 0,2–0,5 mm, später m.gewölbt und zus.fließend zu -2 mm großen Komplexen. Sp. ellipsoid, eiförmig bis länglich, (1-)2zellig, 9–16 × 3–5 µm. Lager oft mit konvexen, hellen, apothecienähnlichen Gebilden (Sporodochien), -0,25 mm, mit Makrokonidien, 6–10 × 2–3 µm. Ch– . . . **M. adnata**

27 Ap. bleigrau, braungrau, wächsern weißlich, selten d.braun bis schwarz (dann Epihym. deutlich K+ violett), -0,4 mm. Lager meist graugrün, olivgrün, meist feinkörnig, feucht gelatinös, grün. Sp. 8–15 × 2,5–4,5 µm. Meist auf Rinde, morschem Holz, Torf . . . . ↑ **M. prasina**

27* Ap. d.braun bis schwarz. Ch– **28**

28 Auf Holz und Borke. Sp. 10–15(19) × 2–3,5 µm, 1–2(4)zellig. Lager grünlichweiß bis weißgrau. Hym. oben braun, braunes Pigment auf dem Hym. löst sich in K. Ap. d.braun bis braunschwarz, stark gewölbt bis ± kugelig, -0,3 mm, geknäuelt -0,8 mm . . . . **M. elachista**

28* Auf Gestein. Ap. schwarz. Sp. 1–2zellig. Exc. deutlich entwickelt, aber Ap. ohne erhabenen Rand **29**

29 Epihym. braun. Sp. 8–12 × 4–5 µm. Lager d.graubraun, warzig areoliert. Ap. mäßig, später stark gewölbt, -0,6 mm, geknäuelt -1 mm. Exc. gut entwickelt. Hyp. farblos. Hym. 35–40 µm. Paraph. oben etwas verdickt. Algen micareoid (4–7 µm dick) . . . . **M. subnigrata**

29* Epihym. grünlich. Sp. (7)9–14(17) × 4–6 µm. Lager d.olivgrau bis d.bräunlichgrau, s.variabel (körnig, areoliert, rissig), meist kleine Lager auf/zwischen anderen Flechten bildend. Exc. m.entwickelt. Hyp. farblos bis bräunlich, mitunter mit orangen Flecken (K+ purpurrot). Algen nicht micareoid, Zellen 7-21 µm im Durchm. Hym. 40-50 µm. Paraph. oben nicht verdickt. Ähnl. *Scoliciosporum umbrinum* . . . . **Carbonea intrusa**

30 Hym. v.a. im oberen Teil K+ violett. Hyp. farblos. Auf Rinde **31**

30* Hym. nicht K+ violett **33**

31 Ap. -0,5 mm breit. Algenzellen 4-7 µm dick. Ap.schnitt und/oder Lager C+ orangerot (Gyrophor-S.). Epihym. ohne Körner. Lager K-, P- **32**

31* Ap. gewöhnlich 0,5-1 mm breit, grau bis schwarz, oft bereift, feucht oft etwas blaustichig. Algenzellen 8-14 µm. Epihym. grünlich, oft mit in K löslichen Körnern, C+ kurzzeitig violett, dann meist ± rotbraun. Lager meist dünn, weißlich, grau, grünlich oder kaum sichtbar, R-. Sp. 4-8zellig, 17-26 × 1,5-2,5 µm, stäbchenförmig . . . . **Bacidia beckhausii**

32 Sp. spindelförmig, oft gekrümmt, 10-17 × 2,5-3 µm, (2-)4(5)zellig. Ap. grauschwarz bis schwarz, nur Schattenformen heller, oft zus.fließend, jung manchmal mit undeutl. Rand, -0,3 mm. Lager dünn, meist warzig, graugrün bis grünlichweiß . . . . **M. nitschkeana**

32* Sp. stäbchen- bis fast nadelförmig, 13-26 × 1,5-2,5 µm, 1-4(7)zellig. Ap. grau bis bräunlichschwarz, Schattenformen heller. Lager aus konvexen Areolen, weißlich bis grau . . . . **M. globulosella**

33 Sp. stark spiralig gekrümmt . . . . ↑ **Scoliciosporum**

33* Sp. anders **34**

34 Hyp. dunkel, meist d.purpurbraun, K+ grün oder intensiver purpur. Hym. grau- bis grünblau. Sp. (2-)4(6)zellig, 12-21 × 4-5,5 µm, mit stumpfen Enden. Ap. schwarz, -0,4 mm, gewölbt bis fast kugelig. Lager gelbbraun, grünlich bis d.graugrün, C-/C+ rot, K-, P-. ±Gyrophor-S. . . . . **M. melaena**

34* Hyp. farblos bis leicht grünlich oder bräunlich **35**

35 Ap. rein schwarz (selten blauschwarz) **36**

35* Ap. nicht rein schwarz **37**

36 Lager C+ rot, P+ rot, K-, fast stets steril, aschgrau, blaugrau, ± körnig, oft z. dick, stellenweise sorediös aufbrechend und wie abgenutzt wirkend. Sp. (2-)4zellig, 14-26 × 4-5,5 µm. Gyrophor-S., Argopsin . . . . **M. leprosula (8)**

36* Lager C-, P+ rot, K-, hellgrau bis grüngrau, nicht sorediös aufbrechend, körnig oder aus gewölbten bis kugeligen Areolen, auch undeutlich. Ap. fast kugelig, oft geknäuelt, manchmal kurz gestielt (f. *gomphillacea* (Nyl.) Hedl.), -0,6 (0,9) mm. Hym. (oben) meist grünlich. Sp. 4-8zellig, 16-36 × 4-6(7) µm, spindelig. Argopsin . . . . **M. lignaria** var. **lignaria** (wenn Lager C+ rot, P-, weißlich mit leicht gelblichem Stich: **M. lignaria** var. **endoleuca** (Leighton) Coppins)

37 Ap. braun, rotbraun, rotschwarz, braunschwarz, -0,3 mm. Sp. (4-)8zellig, 20-40 × 3-5 µm. Lager R-, graugrün, grün, körnig . . . . ↑ **Scoliciosporum**

37* Ap. blaß bleigrau bis grauschwarz (Schattenformen fast weißlich), oft mit angedeutetem blassem, nicht erhabenem Rand. Ap.schnitt C+ rot. Lager bei guter Entwicklung C+ rot, K-, P-, grünlich-weiß, grauweiß, blaugrau, grüngrau, oft aus (m.)gewölbten Areolen. Pykn. rel. auffallend, -0,3 mm, ins Lager eingesenkt, mit oft weit geöffneter (kraterartiger) Mündung, weißlich oder grünlich. Gyrophor-S., Hiascin-S. **38**

38 Sp. 4-, selten bis 6zellig, 15–23 × 3–5 µm, oft etwas gebogen. Makrokon. 21–45 × 1–1,5 µm, gebogen bis S-artig gewunden. Hym. 40–55 µm, oben gewöhnl. oliv- bis blaugrün. Lager mitunter kaum entwickelt. * . . . . . **M. peliocarpa**

38* Sp. (4)6–8zellig, 23–34 × 4–6 µm. Makrokon. 50–110 × 1 µm, nicht auffallend gebogen oder stark gewunden. Hym. 55–70 µm, farblos bis oben oliv bis blaugrün. * . . . . **M. cinerea**

Micarea adnata Coppins
In kollinen bis montanen Lagen in ± schattigen Wäldern auf z.–s.vermorschten Baumstümpfen (v.a. Eiche) und an der beregneten Basis v.a. von Nadelbäumen auf schwammiger Borke, hauptsächlich in wintermilden bzw. in ozeanischen Lagen, gegen Osten seltener, z.acidoph., ombroph., z.skioph. – mieur·subatl-med – z.selten; Sch (v.a. nöSch), Pf, Rh, Ne, Ju

Micarea anterior (Nyl.) Hedl.
In hochmontanen Lagen in Fichten-W. und sich an der Waldgrenze auflösenden Fichtenbeständen an morschem Holz an lichten bis z.lichtarmen Standorten, z.B. mit *Parmeliopsis hyp.* (↑) – s'bor(-mieur·h'mo) – s.selten (1); süSch

Micarea bauschiana (Körber) V.Wirth & Vězda
In kollinen bis montanen Lagen auf Silikatgestein, selten auf Wurzeln oder auf Erde übergehend, v.a. auf in den Boden ± eingesenkten Steinen (besonders an Böschungen), an Überhängen und Vertikalflächen von Felsen, bevorzugt auf Sandgesteinen, meist in Wäldern, an Waldwegen, entweder auf substratfrischem, porösem Substrat oder an luftfeuchtem Standort, m.–z.acidoph., aerohygroph., m.photoph.–s.skioph., ombroph.–anombroph. – mieur(·subatl) – selten; O, Sp, nöHü, Ne (Keuper-Sandstein-Gebiete), Sch, Vog, Saar

Micarea botryoides (Nyl.) Coppins
In kollinen bis (sub)montanen Lagen auf toten und absterbenden Moosen, auf Steinen, Felsen, Wurzeln, Baumbasen, konsolidierten Böden, gewöhnlich an Steilflächen und an/unter Überhängen an luftfeuchten Orten, m.–s.acidoph., aerohygroph., m.photoph.–s.skioph. – (s'bor-)mieur·subatl – selten; Sch, O, PfW, Lux, RhSch, Rothaargeb., Hz etc.

Micarea cinerea (Schaerer) Hedl.
V.a. in der montanen und hochmontanen Stufe auf sauren Borken, seltener auf Holz, besonders an beregneten Stellen am Fuß von Nadelbäumen in kühl-feuchten, naturnahen Misch- und Nadelwäldern, auch an bodennahen Silikatblöcken, z.–e.acidoph., z.–s.skioph., z.ombroph., anitroph. – s'bor·atl-mieur·subatl, (oz) – selten (2); Sch (v.a. nöSch), *O*, ThW

Micarea denigrata (Fr.) Hedl. [M. hemipoliella (Nyl.) Vězda]
Bis zur Baumgrenze auf altem, zähmorschem, oberflächlich noch hartem Holz an entrindeten Stämmen und Baumstümpfen, hauptsächl. sekundär an Holzpfählen, Bretterzäunen und dergleichen, selten auch auf saurer Borke (besonders Nadelbäume), anthropogen stark gefördert, v.a. an lichtreichen Standorten, z.–s.acidoph.,

z.photoindiff., xeroph.–m.hygroph., anitroph.–m.nitroph. – bor-med – m.häufig, durch das ganze Gebiet, in trocken-warmen Lagen seltener

Micarea elachista (Körber) Coppins & R.Sant. [M. glomerella (Nyl.) Hedl., Catillaria g. (Nyl.) Th.Fr.]
In kollinen und submontanen Lagen auf Holz (selten Borke) entrindeter Stämme und Stümpfen alter Bäume, besonders von *Castanea*, seltener z.B. Kiefer, Eiche, an m.–z.lichtreichen Standorten, z.–s.acidoph., xeroph.–m.hygroph., anitroph. – s'bor-smed – s.selten (?); *O*, süHü-süSch, Obay

Micarea erratica (Körber) Hertel, Ramb. & Pietschm. [Lecidea e. Körber]
Bis in montane Lagen auf kalkfreien, oft harten Silikatgesteinen, besonders auf in den Erdboden ± eingesenkten Steinen, seltener auf glatten, frisch freigelegten Felsflächen, Pionierflechte, an m.–z.lichtreichen, meist beschatteten, länger taufeuchten Orten, an Wegrändern, in Kiesgruben, an Böschungen, Steinhaufen, Geröll, z.ähnl. *Porpidia crust.*, m.–z.acidoph. – (bor-)s'bor-mieur·subatl – selten, vielfach übersehen; süHü, süSch, süRh, O, Ne, Ts, Eif, ThW, Th, Erz

Micarea globulosella (Nyl.) Coppins [Lecidea g. Nyl.]
In montan-hochmontanen kühlen, niederschlagsreichen Lagen in naturnahen Wäldern hauptsächlich auf der Borke von Nadelbäumen, m.–s.acidoph., hygroph., anitroph. – s'bor-mieur(zentr·mo)-smed – s.selten; *Al*

Micarea hedlundii Coppins
In montanen Lagen im Innern feuchter, schattiger Wälder, z.B. in Schluchten, an den Flanken schwammig-morscher Stümpfe von Bäumen, besonders in naturnahen Wäldern, z.B. Tannen-W., Buchen-Tannen-W., m.–z.acidoph., z.(–s.)skioph., s.hygroph., anitroph. – s'bor-mieur, (oz) – s.selten *(1)*; SFW, ferner Alpen

Micarea leprosula (Th.Fr.) Coppins & A.Fletcher [Bacidia l. (Th.Fr.) Lettau]
In sub- bis hochmontanen, niederschlagsreichen Lagen auf absterbenden Moosen (*Andreaea, Rhacomitrium, Gymnomitrium*) über Silikatfels, seltener auf humoser Feinerde, an m.–z.lichtreichen, oft taufeuchten Standorten, an niedrigen Felsen, Felsabsätzen, in Blockmeeren, m.–s.acidoph., z.photoph. – s'bor-mieur·mo – selten (3); Sch, Vog, O, RhSch, Lahn, Rhön, Meißner

Micarea lignaria (Ach.) Hedl. [Bacidia l. (Ach.) Lettau, Lecidea milliaria Fr., Micarea gomphillacea (Nyl.) Vězda]
V.a. in submontanen bis alpinen, m.–s.niederschlagsreichen Lagen auf Moosen (v.a. Gesteinsmoosen, z.B. *Rhacomitrium, Andreaea*), Pflanzenresten, nährstoffarmen Mineralböden, Humus, auf z.–s.morschem, die Feuchtigkeit haltendem Holz, seltener direkt auf kalkfreiem, meist porösem Silikatgestein (v.a. Sandgesteine), dann meist an schattigen und substratfeuchten Stellen, v.a. an kühl-feuchten, beregneten Standorten, oft in Blockhalden, an schattigen Felswänden, z.–s.acidoph., z.substrathygroph., anitroph. – bor-med·mo – z.selten; Sch, Vog, Rhön, PfW, Al, RhSch, selten bis s.selten in ThW, Vgb, Ts, O, SFW, Sb, He

Micarea lithinella (Nyl.) Hedl.
In der kollinen bis submontanen Stufe auf kalkfreiem Silikatgestein, besonders

Sandgesteinen, v.a. an in den Boden eingesenkten Steinen in Laubwäldern an klimatisch milden luftfeuchten Standorten, m.-z.acidoph., hygroph., m.photoph.-z. skioph. - mieur(zentr) - s. selten; süHü-süSch, *O*

Micarea lutulata (Nyl.) Coppins [M. umbrosa Vězda & V.Wirth]
Ähnl. *M. sylvicola*, doch mehr beschränkt auf Überhänge wie *Psilolechia lucida* (↑), oft auf plattig verwitternden oder auch auf eisenreichen Gesteinen, gewöhnlich auf anstehendem Fels - s'bor-mieur - selten; Sch, Eif

Micarea melaena (Nyl.) Hedl. [Bacidia m. (Nyl.) Zahlbr.]
Bevorzugt in montanen bis subalpinen, humiden bzw. niederschlagsreichen Lagen v.a. auf altem, s.morschem, schwammigem Holz von Baumstümpfen, auf Torf, Rohhumus, absterbenden Moosen und am Grunde alter Bäume, häufig in Mooren, z.-e.acidoph., substrathygroph., anitroph., z.photoindiff. - bor-mieur(-med·mo) - selten (3); Sch, Vog, Av, Al, sonst s.selten, z.B. ThW

Micarea misella (Nyl.) Hedl. [Lecidea asserculorum sensu Th.Fr., L. globularis (Nyl.) Lamy]
Hauptsächlich in sub- bis hochmontanen Lagen auf Holz, v.a. auf entrindeten (auch schwammig morschen) Holzstümpfen in lichten Wäldern, an Waldrändern und auf Schlägen, s.selten auf Moosen, Porlingen, Flechten, z.-s.acidoph., anitroph. - bor-smed·mo(-med·mo) - z.selten (3); Sch, Hü, Ne, Ju, O, Mn, Saar, RhSch, ThW, *Ju*, *Al*

Micarea myriocarpa V.Wirth & Vězda ex Coppins
In montanen Lagen auf freiliegenden Wurzeln unter überhängenden Bäumen und an regengeschützten Stellen an der Flanke von Stümpfen und alten Bäumen (Nadelbäumen), anderenorts auch auf Steinen und auf Moosen, anombroph., s.hygroph., z.-s.skioph. - mieur·subatl - s.selten *(1)*; nöSch

Micarea nitschkeana (Lahm ex Rabenh.) Harm.
Bis in die montane Stufe auf saurer Rinde von Nadel- und Laubbäumen, v.a. auf Kiefer und Fichte, oft auf dünnen Ästchen, im Waldesinnern, auch in forstlich stärker beeinflußten Wäldern (Fichtenkulturen), auch auf den Stämmchen von Zwergsträuchern, z.B. *Calluna*, m.-s.acidoph., z.skioph.-z.photoph. - (s'bor-)mieur(-smed·mo) - selten *(2)*; Sch, Vog, Eif, O, *Ju*, Rh, Th, Erz

Micarea peliocarpa (Anzi) Coppins & R.Sant. [M. violacea (Nyl.) Hedl.]
Bis in die montane Stufe, substratvage Art, auf Borke, v.a. basal an Bäumen (ähnl. *M. cinerea* ↑), auf z.-s.morschem Holz, auf (meist körnig-porösem oder lange taufeuchtem) Silikatgestein (Sandstein), v.a. auf in den Boden ± eingesenkten Steinen, auch auf Moose und Pflanzenreste oder Erdboden übergehend, meist im Waldesinnern, z.-s.acidoph., z.-s.hygroph., ombroph., anitroph. - s'bor(atl)-med·mo, subatl - selten; Sch, Vog, O, Sp, RhSch, Sb, SFW, Do, BayW, Hz, *Al*

Micarea prasina Fr. [Catillaria p. (Fr.) Th.Fr., C. sordidescens (Nyl.) Vainio, C. micrococca (Körber) Th.Fr.]
Bis in die montane, seltener hochmontane Stufe, meist in Wäldern, auf Rinde an Stämmen und vor allem an der Stammbasis von Laub- und Nadelbäumen, oft in Borkenrissen oder an vermorschenden Stellen, oft auf morschen Baumstümpfen,

auch als Pionier an jungen Fichtenstämmchen in dichten Forsten, gelegentlich auch auf Sandstein, rel. euryök, v.a. an luftfeuchten oder/und substratfrischen, m.lichtreichen bis s.lichtarmen, windgeschützten Standorten in Wäldern, ± ombroph., ± substrathygroph., m.photoph.–s.skioph. – bor-med(·mo) – z.häufig, in trocken-warmen Gebieten selten

Micarea subnigrata (Nyl.) Coppins & Kilias
In niederschlagsreichen montanen Lagen auf Silikatgestein an m.–z.lichtreichen, absonnigen, beregneten Standorten, z.B. an niedrigen, lange taufeuchten Felsen, m.–z.acidoph., ombroph. – mieur(atl) – s.selten (R); süSch, Vog

Micarea sylvicola (Flotow) Vězda & V.Wirth [Lecidea s. Flotow]
Vorwiegend in montanen und hochmontanen, niederschlagsreichen Lagen auf kalkfreien (oft mineralreichen metamorphen oder magmatischen) Silikatgesteinen an schattigen, z.–s.luftfeuchten Standorten, auf kleinen Steinen am Erdboden oder an anstehendem Fels besonders an Vertikal- und Überhangflächen, gewöhnlich im Waldesinnern oder in Schluchten und engen Tälern, z.konkurrenzschwacher Pionier, m.–z.acidoph., z.–s.skioph., anitroph. – bor-mieur(·mo) – selten; Sch, Vog, O, Hu, Ts, Eif, ThW, Erz, BayW

Micarea tuberculata (Sommerf.) R.Anderson [Lecidea t. Sommerf.]
Auf Vertikal- und Überhangflächen von Silikatfelsen, ökol. ähnl. *M. sylvicola* und *M. bauschiana* – bor-mieur·mo – s.selten; süSch, Eif

Microcalicium Vainio em. Tibell

(Bestimmung ↑ Calicium, Cyphelium)

Microcalicium arenarium (Hampe ex Massal.) Tibell [Calicium a. (Massal.) Hampe ex Körber, Coniocybopsis arenaria (Massal.) Vainio]
Parasitisch auf *Psilolechia lucida* (↑) und ökolog. sich ähnlich verhaltenden leprösen Krusten und Algenüberzügen, besonders an den stark schattigen Standorten dieser Flechte – s'bor-mieur(-med·mo) – selten; Sch u. Vog zerstr.; süHü-HRh, O, Sp, Ts, Eif, Th, Erz, Hz

Microcalicium disseminatum (Ach.) Vainio [M. subpedicellatum (Schaerer) Tibell]
In hochmontanen und montanen Lagen an regengeschützten Stellen am Stamm alter Fichten und Tannen, ähnl. *Chaenotheca subroscida* (↑), auf Grünalgenkrusten oder auf *Calicium-* und *Chaenotheca*-Arten, z.B. *Calicium viride, Chaenotheca chrysocephala* (↑) – bor-mieur·mo – s.selten (3); Sch, SFW, Ju, Sb, *O*

Miriquidica Hertel & Rambold

(Bestimmung ↑ Lecidea s.l.)

Miriquidica atrofulva (Sommerf.) Schwab & Rambold [Lecidea a. Sommerf.]
Auf kalkfreiem, schwermetallreichem Silikatgestein in montanen bis alpinen Lagen, ähnl. *Rhizocarpon oed.* (↑) - arkt-mieur·mo/alp - s.selten (R); süSch, Vog, Alpen

Miriquidica deusta (Stenh.) Hertel & Rambold [Lecidea deustata Zahlbr.]
In kollinen und submontanen Lagen an lichtoffenen Silikatfelsen, ähnl. z.B. *Rhizocarpon virid.* - (s')bor-med - selten; MRh-Ts, Eif

Miriquidica garovaglii (Schaerer) Hertel & Rambold [Lecidea g. Schaerer, Lecidea aenea (Fr.) Nyl.]
In hochmontanen und alpinen, niederschlagsreichen Lagen auf mineralreichen Silikatgesteinen an recht windexponierten Standorten, auch an leicht kalkhaltigen Gesteinen, subneutroph.–m.acidoph., ombroph., z.–s.photoph., anitroph. - arkt-mieur·h'mo/alp-smed·alp - s.selten (1); süSch, Vog, Rhön*, Al, BayW, Erz

Miriquidica intrudens (H.Magn.) Hertel & Rambold [Lecanora i. H.Magn.]
In alpinen und hochmontanen, selten montanen Lagen auf kalkfreien Silikatgesteinen, parasitisch auf Krustenflechten, v.a. gelben *Rhizocarpon*-Arten, an lichtreichen, meist besonnten, beregneten Flächen, ähnl. *Protoparmelia badia* (↑) - mieur·h'mo/alp - selten (3); süSch, Vog, RhSch, Rhön

Miriquidica leucophaea (Flörke ex Rabenh.) Hertel & Rambold [Lecidea l. (Flörke ex Rabenh.) Nyl.]
var. **leucophaea**
In montanen bis alpinen Lagen auf kalkfreien Silikatgesteinen, v.a. an kühlfeuchten (auch lange taufeuchten), schattigen, windgeschützten bis m. windoffenen, vor schneller Austrocknung geschützten Standorten, z.lange Schneebedeckung tolerierend, z.acidoph., z.hygroph., ombroph., m.–z.photoph., anitroph. - bor-mieur·h'mo - selten (3); süSch, Vog, Eif, Rhön, ThW, Erz, Fi, BayW
var. **griseoatra** (Flotow) V.Wirth [Miriquidica g. (Flotow) Hertel & Rambold, Lecidea g. (Flotow) Schaerer]
In hochmontan-alpinen Lagen an wind- und lichtoffenen Standorten, ähnl. *M. nigroleprosa* (↑) - bor-mieur·h'mo - süSch, Vog, BayW

Miriquidica nigroleprosa (Vainio) Hertel & Rambold [Lecidea n. (Vainio) H.Magn.]
In hochmontanen und alpinen, (s.)niederschlagsreichen Lagen an kalkfreiem Silikatgestein an z.(–s.)wind- und lichtoffenen, voll beregneten Flächen, im Gebiet an Felsen in Gipfelnähe, an Graten, z.B. ähnl. *Ophioparma vent.* (↑), *Pseudephebe pub.* (↑), Amplitude mit *Rhizocarpon alp.* überschneidend, aber lange schneebedeckte Orte meidend - arkt-mieur·alp(-med·alp) - selten (3); Vog, süSch, s.selten nöSch, Rhön, BayW, Fi, Hz

Moelleropsis Gyelnik

(Bestimmung ↑ Pannaria)

Moelleropsis humida (Kullhem) Coppins & P.M.Jørg. [Lecidea h. (Kullhem) Th.Fr.]
Ähnl. *M. nebulosa* (↑) – mieur – selten, doch leicht zu übersehen; *Do*

Moelleropsis nebulosa (Hoffm.) Gyelník [Pannaria n. (Hoffm.) Nyl.]
In kollinen und submontanen, selten montanen Lagen auf basenreichen Sand- und sandigen Lehmböden, v.a. an offenen Wegböschungen, Grabenrändern, alten Sand- und Kiesgruben, in Steinbrüchen, seltener auf Waldboden, Pionier auf nackter Erde, meist an frischen, schattigen, längere Zeit offen gehaltenen Stellen, subneutroph.–m.acidoph., substrathygroph. – mieur-med – s.selten *(0)*; süHü(-süSch), HeBgl, *Ne, Ju, Vog, PfW,* Ts, *Rh-Mn-T, süRhön, Fr*

Multiclavula R.H.Petersen

Multiclavula vernalis (Schwein.) R.H.Petersen
Auf Torf und sauren Böden, im Gebiet an Torfstichwänden, s.acidoph., z.photoph., substrathygroph., anitroph. – bor- mieur – s.selten (1); Do

Mycobilimbia Rehm

(Bestimmung ↑ Bacidia, Lecidea TS 1/2, Biatora)

Mycobilimbia accedens (Arnold) V.Wirth & Haf. ex Haf. [Bacidia a. (Arnold) Lettau]
V.a. in höheren Lagen, meist über der Waldgrenze, aber auch in Trockenrasen der kollinen Stufe, ähnl. *M. sabuletorum*, aber anthropogene Substrate ± meidend, m.nitroph. – selten (?); Ne, Th

Mycobilimbia berengeriana (Massal.) Haf. & V.Wirth [Lecidea b. (Massal.) Nyl.]
In hochmontanen und alpinen Lagen auf Moosen an Kalkfelsen an schattigen, luftfeuchten Standorten, basiph., m.photoph. – arkt-alp – Al

Mycobilimbia carneoalbida (Müll.Arg.) [Biatora c. (Müll.Arg.) Coppins, Bacidia c. (Müll.Arg.) Coppins, B. sphaeroides auct. p.p.]
In (hoch)montanen, s.niederschlagsreichen, ozeanischen Lagen auf alten Laubbäumen (v.a. Bergahorn und Buche), auf rissiger, oft schwammiger, vermorschender Borke und auf Moosen im unteren und mittleren Stammbereich, besonders an kühl-luftfeuchten Standorten in alten, naturnahen Wäldern, z.B. Buchen-Tannen-W., Bergahorn-Beständen, subneutroph.–m.acidoph., substrathygroph., m.ombroph., s.hygroph., anitroph.(–m.nitroph.) – mieur-med – s.selten (1); süSch, BayW

Mycobilimbia epixanthoides (Nyl.) [Biatora e. (Nyl.) Diederich, Bacidia e. (Nyl.) Lettau]
In montanen und hochmontanen Lagen auf Moosen am Stamm von Laubbäumen und Tanne in Wäldern, v.a. Buchen- und Tannen-W. sowie in bachbegleitenden Eschen-Beständen, m.acidoph., m.photoph.-z.skioph., m.ombroph., anitroph. - s'bor-mieur - selten-z.selten *(3)*; z.B. Sch, Ju

Mycobilimbia fusca (Massal.) Haf. & V.Wirth [M. tetramera (De Not.) Clauz., Diederich & Roux, Bacidia f. (Massal.) Du Rietz, M. obscurata (Sommerf.) Rehm]
In hochmontanen bis subalpinen, selten montanen Lagen, meist in s.niederschlagsreichen Gebieten in naturnahen Wäldern am Grunde von alten Bäumen auf Moosen, auch direkt auf rissiger Borke, auf Pflanzenresten (z.B. abgestorbenen Polsterpflanzen und Zwergsträuchern), auf Moosen über Erde oder Fels, auch auf vermoderndem Holz, subneutroph.-z.acidoph., m.-z.photoph., a-(-m.)nitroph. - bor-mieur·mo-smed·mo - selten (2); süSch, SJu, Al

Mycobilimbia hypnorum (Libert) Kalb & Haf. [Lecidea h. Libert, ?Lecidea atrofusca (Hepp) Mudd]
In montanen bis alpinen Lagen auf Moosen und Pflanzenresten an Kalkfelsen und über basenreichen Böden, selten auf Moosen an der Stammbasis von Bäumen, subneutroph.-m.basiph., m.-s.photoph. - arkt-mieur·mo/alp-med·mo/alp - s.selten (2); süSch, Vog, *SFW, SJu*, Ju, *FrJu, Westf*, Alpen

Mycobilimbia lobulata (Sommerf.) Haf. [Toninia l. (Sommerf.) Lynge, T. syncomista (Flörke) Th.Fr.]
In hochmontanen und alpinen, selten montanen Lagen auf kalkhaltigen, flachgründigen bzw. steinigen Böden oder auf Moosen über kalkreichen Substraten - arkt-alp/pralp - s.selten (1); Ju (Ostalb 2×), Th (1×), Al

Mycobilimbia microcarpa (Th.Fr.) Brunnbauer [Bacidia m. (Th.Fr.) Lettau]
Meist in hochmontanen bis alpinen Lagen auf absterbenden Moosen und Pflanzenresten über ± kalkreichem Boden oder auf Kalkgestein bewohnenden Moosen, in lückigen Halbtrocken- und Trockenrasen vereinzelt in tiefe Lagen herabsteigend, m.basiph., z.photoph. - bor-mieur-smed(alp) - selten, vermutlich v.a. Al, Ju, SJu, FrJu, Einzelfunde süHü, Eif, He, Th

Mycobilimbia sabuletorum (Schreber) Haf. [Bacidia s. (Schreber) Lettau, B. hypnophila (Turner ex Ach.) Zahlbr.]
Bis in die alpine Stufe, fast stets auf Moosen und Moosresten, selten auf anderen Pflanzenresten, in der Regel über kalkreichem, flachgründigem Boden, in Spalten von Kalkfelsen, auch am bemoosten Stammgrund von Bäumen und über kalkarmen Substraten, oft synanthrop, v.a. über Mörtel von Mauern, meist an nährstoffreichen, oft staubbeeinflußten Orten, subneutroph.-m.basiph., z. photoindiff., m.-z.nitroph. - bor-med - in den Kalkgebieten m.häufig-z.selten, sonst (z.)selten

Mycobilimbia sanguineoatra ad int. [Lecidea s. auct.]
In montanen und hochmontanen, niederschlagsreichen Lagen in lichten Berg-

wäldern basal an bemoosten alten Laubbäumen, v.a. Buche, Bergahorn, auch auf rissige Borke übergehend, seltener auf bemoostem Gestein oder auf Detritus über oder direkt auf Erde, subneutroph., m.–z.photoph., anitroph. – selten (2); Sch, ThW, Al

Mycobilimbia sphaeroides (Dickson) [Biatora sph. (Dickson) Körber, B. pilularis (Körber) Hepp, Catillaria sph. (Massal.) Schuler]
In submontanen und montanen, selten (früher) in kollinen Lagen, auf alten Laubbäumen, auf rissiger, oft schwammiger, vermorschender Borke und auf Moosen im unteren und mittleren Stammbereich (v.a. Esche), besonders an kühl-luftfeuchten bzw. niederschlagsreichen, z.ozeanischen Standorten in lichten Wäldern, z.B. Buchen-Tannen-W., auch auf bemoosten Kalk- und Silikatfelsen, subneutroph.–m.acidoph., z.substrathygroph., m.ombroph., s.hygroph., anitroph.(–m.nitroph.) – bor-smed·mo – s.selten (1); süSch, SFW, *O*, He

Mycoblastus Norman

1 Steril, sorediös **2**
1* In der Regel mit Ap., selten sorediös **3**
2 Sorale weißlich, grünlich, grünlich-, bläulich- bis bräunlichgrau, konkav bis gewölbt, später zus.fließend. Sorale/Lager P+ rot, K+ gelb, C–/+ gelblich. Kruste weißlich bis h.grau, warzig areoliert bis warzig-uneben und rissig, mit schwärzlichem Vorlager. Atranorin, Fumarprotocetrar-S., (Protocetrar-S.). Oft mit oberflächlich an Ap. erinnernden Fruchtkörpern eines Gallertpilzes *(Tremella lichenicola)* . . . . **M. fucatus**
2* Sorale h.gelb bis h.gelbgrün, später oft groß und zus.fließend, Sorale/Lager P–, K± gelb, C–/+ gelblich. Kruste flachwarzig bis filmartig, grau, oft ausgedehnt, mit grauem bis schwarzem Vorlager. Atranorin, Plana-S., Sorale: Usnin-S. . . . . **M. alpinus**
3 Sp. zu 2 (selten zu 1 oder 3) im Schlauch, 25–70 (100) × 15–42 µm. Hyp. farblos bis h.braun. Epihym. blauschwarz. Ap. –1,5 mm, stark gewölbt. Lager dünn, uneben, h.grau, selten sorediös, K–/±gelblich, P–, C–. ±Atranorin, Plana-S. . . . . **M. affinis**
3* Sp. einzeln (selten zu 3), 65–100 × 32–50 µm. Hyp. und Ap.mark blutrot (auch ohne Lupe beim Ankratzen des Lagers zu sehen). Ap. –2 mm. Lager z.dick, unregelmäßig warzig, grau, grünlichgrau, mitunter stellenweise (gelblichgrau) sorediös, K+ (schmutzig) gelb, P+ gelb/P–, C–. Atranorin, Caperat-S. . . . . **M. sanguinarius**

Mycoblastus affinis (Schaerer) Schauer
In hochmontanen Lagen auf alten Nadelbäumen und Birke unter ähnlichen klimatischen Bedingungen wie rindenbewohnende *Sphaerophorus glob.* (†) und *Arthonia leucop.* (†), aber ombrophiler als letztere – bor-mieur·h'mo, (oz) – s.selten *(2)*; süSch, BayW

Mycoblastus alpinus (Fr.) Th. Fr. ex Hellbom
In (hoch)montanen Tannen- und Fichtenwäldern auf der Rinde älterer Koniferen, an luftfeuchten Standorten, ähnl. *M. sanguinarius* (↑) - bor-mieur·h'mo (oz) - s.selten *(2)*; nöSch

Mycoblastus fucatus (Stirton) Zahlbr. [M. sterilis Coppins & James]
V.a. in sub- bis hochmontanen, humiden Lagen, besonders an glattrindigen Laubbäumen wie Buche, Hainbuche, in Buchen-, Eichen-Hainbuchen-, Buchen-Tannen-W., bachbegleitenden Erlen-Beständen etc., seit zwei Jahrzehnten stark zunehmend und sich ausbreitend, in den meisten Gebieten wohl Apophyt, durch mäßige Ansäuerung der Rinde gefördert, oft mit *Ropalospora viridis*, z.toxitol., z.–s.acidoph., m.photoph. - bor-mieur - gebietsweise m.häufig, in trocken-warmen Gebieten selten; v.a. in den Mittelgebirgen

Mycoblastus sanguinarius (L.) Norman
In hochmontanen, selten montanen, niederschlagsreichen Lagen, in den klimatischen Ansprüchen ähnl. *Thelotrema* (↑) und *Loxospora el.* (↑), gewöhnlich am Stamm älterer Fichten und Tannen, selten an Holz, z.–s.acidoph., s.hygroph., m.ombroph., anitroph. - bor-mieur·mo/h'mo - selten (3); Sch, Vog, BayW, sonst s.selten (Rhön 1×), Hu, ThW, Erz, *Pf+, Sp+, Ts+, Rh-Mn-T+, Eif?+*

Mycocalicium Vainio

(Bestimmung ↑ Chaenothecopsis)

Mycocalicium subtile (Pers.) Szat. [M. parietinum (Ach. ex Schaerer) D.Hawksw.]
Hochmontan-montan, auf altem, zähmorschem bis z.morschem Holz entrindeter Stümpfe und Stämme, selten auf Borke alter Bäume, v.a. Koniferen, z.–s.acidoph., hygroph., (z.)anombroph., z.photoindiff., anitroph., meist ohne Begleiter - bor-med - selten (3); Sch, Vog, Ne, SFW, Ju, Do, Al, ThW

Mycomicrothelia Keissler

Die Angaben von rindenbewohnenden *Microthelia*-Arten, heute *Mycomicrothelia*- und *Peridiothelia*-Arten, sind sehr unsicher und zu überprüfen.
Microthelia atomaria auct. p.p. = *Mycomicrothelia melanospora* (Hepp) D.Hawksw. wächst auf *Mespilus germanica*; eine sichere Probe aus Baden-Württemberg wurde nicht gesehen; die Angaben beziehen sich wohl auf andere Arten. *Microthelia micula* auct. = *Peridiothelia fuliguncta* (Norman) D.Hawksw. ist durch -0,3 mm breite Per., 16–24 × 7,5–11 µm große, am Septum etwas eingeschnürte Sp. mit ± gleich großen oder etwas ungleichen Zellen und zellig gegliederte, verzweigte und anastomosierende, bleibende, 2–3 µm dicke Paraph. charakterisiert. *Mycomicrothelia wallrothii* (Hepp) D.Hawksw. unterscheidet sich durch 12–18(20) × 6–8,5 µm, median nicht eingeschnürte Sp., 1–2 µm dicke Paraph. und das Vorkommen auf *Betula*, s.selten *Populus*. Per. von einem elliptischen Hof umgeben.

zu **Peridiothelia** D.Hawksw.:

Peridiothelia fuliguncta (Norman) D. Hawksw. [Microthelia micula auct.]
Bis in (hoch)montane Lagen am Stamm und besonders Stammgrund alter Laubbäume, oft an etwas morscher Borke, v.a. an Linde, Eiche, Kirsche, meist an freistehenden Bäumen in Parks, an Straßen, z.acidoph., z.xeroph.–mesoph., m.nitroph., toxitol. – s'bor-smed(-med) – z.selten, aber oft übersehen, durch das ganze Gebiet

Mycoporum Flotow ex Nyl.

1 Sp. 12–18 × 4,5–8 µm, mit 3–5 Querwänden, 1–4 Querzellen mit je 1 Längswand. Fruchtkörper mit (1)2–5 Kammern, die sich mit Poren oder Rissen öffnen, unregelmäßig bis kurz strichförmig, -0,4 × 0,2 mm. Lager undeutlich . . . . **M. quercus**

1* Sp. größer **2**

2 Fruchtkörper fast kreisrund, -1,2 mm, mit mehreren Kammern (Abb. 21), die sich zuletzt mit kleinem Porus öffnen. Sp. 22–40 × 8–12 µm, zuletzt mit 8 Querwänden und 1 durchlaufenden Längswand. Lager deutlich, körnig-schorfig, gelbweiß, mit *Trentepohlia* . . . . **M. elabens**

2* Fruchtkörper rund bis fleckenförmig, -0,3(0,7) mm. Sp. 27–38 × 11–14 µm, mit 6–8 Quer- und zahlreichen Längswänden nebeneinander. Lager undeutlich . . . . **M. fuscocinereum**

Mycoporum elabens Flotow ex Nyl. [Dermatina e. (Flotow ex Nyl.) Zahlbr.]
In montanen, selten submontanen, niederschlagsreichen Lagen an klimatisch milden bis z.kalten, oft nebelreichen Standorten mit günstigen, aber oft wechselnden Feuchtebedingungen, auf z.(–s.)saurer Borke von Laub- (meist Birke, Erle) und Nadelbäumen (meist *Pinus*) in lichten Wäldern, z.B. Moorrandwäldern, Birken-Ebereschen-Beständen an Blockmeeren usw., z.acidoph., m.photoph.–z.skioph., anitroph. – mieur-pralp – s.selten (0); *O (Heidelb.), Vog (Docelles), PfW (Bitsch), Av-Do (Wurzach, Eisenharz), Ml,* Obay

Mycoporum fuscocinereum (Körber) Nyl. [Dermatina fuscocinerea (Körber) Zahlbr.]
In kollinen und submontanen Lagen in Buchen- und Eichen-Hainbuchen-W. an glatter Rinde von Buche und Hainbuche, vermutl. m.acidoph., m.photoph.–z.skioph., z.–s.hygroph., anitroph. – mieur – s.selten (0); *O (Heidelb.)*

Mycoporum quercus (Massal.) Müll.Arg. [Dermatina q. (Massal.) Zahlbr.]
In kollinen, seltener submontanen Lagen auf glatter Rinde von Ästen und jungen Stämmchen von Eiche sowie selten an Hasel, meist an Waldrändern und in Gebüschen sowie an licht stehenden Bäumen, Pionier, meist ohne Begleiter, m.acidoph., z.photoph., anitroph., – mieur-smed – vermutl. selten *(2)*; z.B. süHü-HRh, süSch, O, ThW, in stark kultivierten sowie luftverschmutzten Gebieten ± fehlend

Nephroma Ach.

T1: Peltidactylin, T2: Dolichorrhizin, T4: Hopan-7ß,22-diol, T5: Hopan-15α, 22-diol, T6: Hopan-6α,7ß,22-triol.

1 Lager auf der Oberfläche und v.a. am Rand mit blaugrauen, rundlichen, oft saumartig zus.fließenden Soralen, braun bis braungrau, unterseits kahl oder stellenweise spärlich kurzhaarig. Ap. s.selten. Mark K–/K+ gelblich. T2, Zeorin, T5 . . . . **N. parile**
1* Lager nicht sorediös, aber mitunter mit verflachten Isidien bzw. s.kleinen Läppchen an Rissen oder an den Lappenrändern, d.braun, braungrau (auch fast grau), unterseits blaß ocker bis d.braun. Ap. oft vorhanden 2
2 Mark gelblich, K+ rosa bis rot. Lager unterseits gewöhnlich kahl. Anthrachinone, T6 . . . . **N. laevigatum**
2* Mark weißlich, K– oder K+ gelblich 3
3 Unterseite kahl, selten s.schwach behaart. Lager ohne Isidien, selten mit Regenerationsläppchen entlang von Rissen. Rand nicht gezähnt. T2, Zeorin, T5 . . . . **N. bellum**
3* Unterseite locker bis dicht kurzhaarig-samtig. Lager oft mit Isidien oder am Rande deutlich gezähnt. Ap.rückseite runzelig bzw. grubig-netzrippig. Mark R– 4
4 Unterseite ohne Papillen, locker bis dicht kurzhaarig. Ap.rand und oft auch der Rand der Lappen gezähnt. Rückseite der Ap. kahl. Lager meist nur –4 cm. ±T1, T4 . . . . **N. helveticum**
4* Unterseite mit zerstreuten weißlichen Papillen, dicht kurzhaarig. Lager z.derb, am Rand oft mit verflachten Isidien. Ap.rand nicht gezähnt. Rückseite der Ap. gewöhnlich mit feinen hellen Haaren (Lupe). Ch– (Abb. 19b) . . . . **N. resupinatum**

Nephroma bellum (Sprengel) Tuck. [N. laevigatum auct.]
In montanen und hochmontanen, ozeanischen, milden bis kühlen, (z.–)s.niederschlagsreichen, s.–e.luftfeuchten Lagen an Laubbäumen mit meist z.mineralreicher Rinde, v.a. an Bergahorn, Buche, Esche, Weide, besonders an bemoosten Stammpartien in Wäldern (Schlucht-W., Buchen-Tannen-W., Aceri-Fagetum), in s.humiden Lagen auch z.lichtoffen, s.empfindlich gegenüber forstlichen Eingriffen, subneutroph.–z.acidoph., z.skioph.–z.photoph., z.–s.ombroph., anitroph. – bor(·subatl)-mieur·subatl-med·mo – s.selten (1); süSch, Vog, *nöSch*+, *O*+, *Ju*+, ThW+, Al

Nephroma helveticum Ach.
In hochmontanen und montanen, niederschlagsreichen Lagen an e.luftfeuchten, nebelreichen, kühlen bis kalten Orten in naturnahen Tannen-Fichten- und Buchen-Tannen-W., im Gebiet v.a. an dünnen Zweigen von Tanne, m.–z.acidoph., m.photoph.–z.skioph., anitroph., z.B. mit *Sticta s.* (†) – bor(subko)-mieur·mo – s.selten (0); *nöSch* (Alpirsbach)

Nephroma laevigatum Ach. (non auct.) [N. lusitanicum Schaerer]
Im Gebiet ähnl. *N. bellum* (↑), gewöhnlich mit *Lobaria pulm.*, im Vergleich zu dieser auf mild-ozeanische Standorte beschränkt, in hohen Lagen ähnl. *Lobaria ampl.* (↑), an der Ostgrenze der Verbreitung – (s')bor·atl-mieur·atl-med(subatl), oz – s.selten (1); süSch, nöSch-Ne, HRh, Vog, Ba, Ne, Ju, SFW, ferner *Hz*+, NW-Dtschl. +

Nephroma parile (Ach.) Ach.
In montanen und hochmontanen, vereinzelt submontanen, niederschlagsreichen Lagen auf Laub-, selten Nadelbäumen und auf Silikatfels, ähnl. *Peltigera coll.* (↑) – bor-med·mo, (oz) – selten (2); süSch und Vog über 600 m z.selten, Al, SJu, sonst s.selten (nöSch, SFW, Eif, süHü+, HRh, ThW+, *O*+, *Sp*+, *Rhön*+, *Rh-Mn-T*+, *Ts-MRh*+, *Pf*+)

Nephroma resupinatum (L.) Ach.
In montanen und v.a. hochmontanen, (z.–)s.niederschlagsreichen, ozeanischen Lagen an der Rinde meist alter Laubbäume, v.a. Buche, Bergahorn, meist über und zwischen Moosen im unteren Stammbereich, auf Borke erhöhter Wasserkapazität, an s.humiden Orten auch an Ästen, bevorzugt in lichten naturnahen Buchen-(Tannen-)W., in s.niederschlagsreichen Hochlagen auch an freistehenden Bäumen (↑ *Lobaria ampl.*), empfindlich gegenüber forstlicher Bewirtschaftung, m.acidoph., s.hygroph., z.ombroph., substrathygroph., a-/m.nitroph. – bor-med·mo, (oz) – selten (2); süSch und Vog z.selten über 800 m, Al, sonst s.selten (nöSch, *Ne*+; *Ju*+, *Pf*+, *Sp*+, *Vgb*+, *Rhön*+, *Ts-MRh*+, *Eif*+, ThW+)

Normandina Nyl.

(Bestimmung ↑ Omphalina, Thelidium)

Normandina acroglypta (Keissler) Aptroot [N. erichsenii (Keissler) Aptroot, Lauderlindsaya acroglypta (Norman) R. Sant.]
In kollinen und submontanen Lagen auf basenreichen Rinden von Laubbäumen in Wäldern, auch auf rindenbewohnenden Moosen, ähnl. *Acrocordia gemmata, Arthonia cinnabarina* – s'bor·atl-mieur – s.selten (1); süSch

Normandina pulchella (Borrer) Nyl.
Bis in die hochmontane Stufe mit Schwerpunkt in submontanen bis montanen, m.–s.niederschlagsreichen, milden Lagen, v.a. auf Moosen (z.B. *Frullania*) auf der Borke von Laubbäumen, oft auch direkt auf Rinde, selten auf Silikatfels, meist an z.lichtreichen, z.luftfeuchten Standorten, aber auch in z.niederschlagsarmen Gegenden (unter 800 mm); in niederen Lagen an voll beregneten Baumflanken (schiefe Stämme), v.a. in Obstgärten auf Apfelbaum, in lichten Hainsimsen-Eichen-Buchen-W., Flaumeichen-W., Eschen-W., feuchten Eichen-Hainbuchen-W., meist an Eiche und Esche, in höheren Lagen v.a. in Buchen-(Tannen-)W. auf Buche, Bergahorn; kontinental getönte Gebiete deutlich meidend, auch noch in an Flechten z.verarmten Bereichen; subneutroph.–m.acidoph., substrathygroph., z.ombroph., a-(m.)nitroph.,

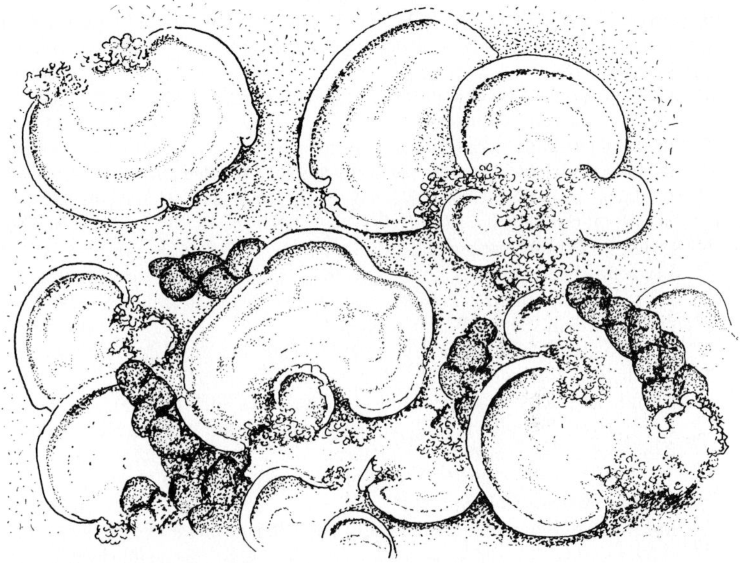

Abb. 44. *Normandina pulchella* (22×).

m.toxitol. - s'bor-med, subatl, (oz) - z.selten; außer in trocken-warmen Lagen in Baden-Württ. verbreitet, v.a. Sch, SFW, Ne, selten in PfW, RhSch

Ochrolechia Massal.

1 Lager sorediös oder mit feinen, sorediös aufbrechenden Isidien 2
1* Lager nicht sorediös oder feinisidiös, fast stets mit Ap. 7
2 Lager/Sorale C– bis C+ gelblich, KC–, K–, P–, mit Variolar-S. (in Ap. auch Gyrophor-S.), mit scharf begrenzten Soralen oder diffus sorediös. Auf Rinde 3
2* Lager/Sorale C+/KC+ rot, K- (bzw. undeutl. gelblich), mit Gyrophor-S., ohne Variolar-S. 5
3 Lager mit scharf begrenzten, regelmäßig rundlichen, –1 mm breiten, konkaven bis flachen, selten gewölbten Soralen, cremefarben, gelblichweiß, gelblichgrau, grauweiß, ± glatt bis runzelig. Ap. z.häufig, rosabraun, dick berandet, Scheibe flach bis konkav, –3 mm. Lichesterin-S. *. Montane Art . . **O. alboflavescens**
3* Lager wenigstens teilweise mit unregelmäßig begrenzten, diffus zus.fließenden Soralen, die aus kleinen Warzen aufbrechen, h.grau, grauweiß bis cremefarben, runzelig bis glatt, mitunter mit weißem Vorlager. Sorale weißlich, cremefarben,

gelblichweiß, grünlichweiß. Ap. s.selten. Mitunter schwierig zu trennen . . . **4**

4 Lager ohne Lichesterin-S., mit teils scharf begrenzten, teils diffus zus.fließenden Soralen, selten zuletzt einheitlich sorediös. V.a. in niederen bis mittleren Lagen. * . . . . **O. turneri**

4* Lager mit Lichesterin-S., dünn, bald großflächig mehlig bis körnig sorediös. V.a. montan, auf sauren Rinden. * . . . . **O. microstictoides**

5 Lager in der Mitte durchgehend feinisidiös, h.grau, grünlichgrau bis weißlich, P–. Isidien zart, bald in weiß- bis grünlichgraue Soredien aufbrechend, kugelig bis meist zylindrisch (bis koralloid), –0,1(0,2) mm dick. Ohne gut begrenzte Sorale, oft mit hellem Vorlager. UV+ blauweiß. * . . . . **O. subviridis**

5* Lager mit deutlichen Soralen **6**

6 Lager mit Lichexanthon, dünn, glatt, weißlich. Sorale UV+ orange, flach bis leicht konkav, rundlich, weißlich, cremefarben bis leicht grünlich, 0,3–0,7 mm breit, Soredien –70 µm, P–. Ap. s.selten. * . . . . **O. arborea**

6* Lager ohne Lichexanthon, UV–/± weiß, dünn bis dicklich, uneben-warzig, weißlich bis grau oder leicht gelblich, s.variabel. Sorale meist gewölbt und über 0,6 mm, rundlich bis unregelmäßig, meist etwas gelblich, auch beige, P–, selten P+ braunrot. Soredien bis 100 µm. Ap. braunrosa, mit dickem, oft sorediösem Rand und ± flacher Scheibe, z.oft fehlend oder schlecht entwickelt. Sp. 30–45 × 13–22 µm (2 Chemorassen: A: Gyrophor-S., (Lecanor-S.); B: zusätzlich 3 Substanzen „Androgyna-unbekannt“ . . . . **O. androgyna**
(im Hochgebirge in exponierten Lagen über Moosen und Pflanzenresten, diffus warzig-körnig bis körnig-sorediös, einheitlich grau- bis gelblichweiß, ohne begrenzte, gelbliche Sorale, Soredien P+ blaß orangerot, Ap. 2–4 mm, *: **O. inaequatula** (Nyl.) Zahlbr.)

7 Lager über Moosen und Pflanzenresten in alpinen Lagen, weißlich, C± gelblich, K–, P–, mit Variolar- und Murol-S. Ap. dicht weiß bereift. Sp. 45–75 × 30–50 µm . . . . **O. upsaliensis**

7* Lager auf Rinde oder Silikatgestein, K– (oder ± gelblich), P– **8**

8 Lager auf Rinde, C–/C+ gelblich, KC–, mit Variolar-S., weißlich bis h.grau, meist z.glatt **9**

8* Lager auf Silikatgestein und Gesteins-/Erdmoosen. Ap.scheibe C+/KC+ rot **10**

9 Ap.scheibe nicht C+/KC+ rot, Ap. ohne Gyrophor-S. (mitunter mit Alectoron-S.), meist nicht dicht gedrängt und zahlreich, –2 mm. Sp. 40–70 × 28–38 µm . . . . **O. szatalaensis**

9* Ap.scheibe C+/KC+ rot, mit Gyrophor-S. Ap. meist zahlreich und dicht gedrängt, –3(4) mm. Sp. 40–70 × 25–30 µm . . . . **O. pallescens**

10 Lager/Mark C–/C+ gelblich, KC–, K–, m. dick, weißlich bis (h.)grau. Ap. dichtstehend, –2(3) mm. Scheibe grau bis ocker, selten rosa, weiß bereift. Sp. 45–70 × 25–38 µm. Variolar-S., Gyrophor-S. nur in Ap. . . . . **O. parella**

10* Lager/Mark C+/KC+ rot, K± gelblich, meist s.dick (mehrere mm), oft teilweise vom Substrat plattig ablösbar, uneben runzelig-warzig. Ap. vereinzelt oder in Gruppen, –7 mm. Scheibe rosabraun, unbereift oder selten leicht bereift. Sp. 35–70 × 20–40 µm. Ohne Variolar-S., Gyrophor-S. auch im Lager . **O. tartarea**

Ochrolechia alboflavescens (Wulfen) Zahlbr.
In hochmontan-subalpinen, seltener montanen Lagen auf Nadelbäumen, besonders Fichte, seltener Kiefer, s.selten an Laubbäumen, v.a. in lichten Wäldern in der Nähe der Waldgrenze an kalten, niederschlagsreichen, oft m.–z. windoffenen Standorten, z.–s.acidoph., hygroph., z.–m.photoph., anitroph. – s'bor-h'mo, (subko) – selten (3); Sch, Av, Al

Ochrolechia androgyna (Hoffm.) Arnold
V.a. in montanen und hochmontanen, niederschlagsreichen Lagen auf saurer Rinde von Laub- und Nadelbäumen, meist in Wäldern, ferner an beregneten (Vertikal-)-Flächen von Silikatfelsen (oft auf Moosen), an z.lichtarmen bis z.lichtreichen Orten, optimal in s.luftfeuchten, kühlen bis kalten Fichten(-Tannen)-W. und Buchen-Tannen-W. v.a. an Fichte, Tanne, Buche, in submontanen Lagen z.B. in Erlen-Säumen, Eichen-Buchen-W., m.–s.acidoph., hygroph., anitroph. – bor-med·mo – z.selten (+); Sch, Vog und Al über 800 m z.häufig, sonst z.–s.selten (z.B. Pf, RhSch, O, Sp, He, ThW, SFW, Ju, Ne, Bo). Chemosippe A in kollinen und submontanen Lagen, Chemosippe B in kollinen bis hochmontanen Lagen.

Ochrolechia arborea (Kreyer) Almborn
V.a. in montanen und submontanen, m.–s.niederschlagsreichen Lagen auf glatter bis rissiger, z.–m.mineralreicher Rinde von Laubbäumen an lichtreichem Standort, z.B. an freistehenden Bäumen an Wegen, in Obstgärten, in bachbegleitenden Beständen, im Gebiet v.a. an Eberesche, Kirsche, Birnbaum, stärkere Eutrophierung meidend, m.–z.acidoph., a-/m.nitroph. – s'bor-med – z.selten; zerstreut, v.a. im Gebiet Sch-Ju-Av-Al

Ochrolechia microstictoides Räsänen
In montanen und hochmontanen Lagen an Stämmen von Nadelbäumen, seltener Laubbäumen mit saurer Rinde, meist in Wäldern, auch noch in rel. artenarmen Fichtenforsten, ähnl. *Pseudevernia* (↑), aber nicht an Zweigen, auch an entrindeten Stämmen, an m.beregneten bis z.regengeschützten Orten, z.–s.acidoph., z.–s.hygroph., z.skioph.–m.photoph., anitroph. – bor-smed·mo(-med·mo) – z.selten; Sch (über 700 m z.häufig), Vog, SFW, O, Al, Av, Do, Ju, PfW, Hu, Mos, Eif, He

Ochrolechia pallescens (L.) Massal.
In montanen und seltener hochmontanen, niederschlagsreichen, ozeanischen Lagen, selten tiefer, auf m.–z.basenreicher Rinde älterer Bäume (v.a. Buche, Bergahorn) in lichten Bergwäldern (Buchen-Tannen-W., Aceri-Fagetum, Buchen-Linden-Bergw.), in s.humiden Bereichen auch an freistehenden Bäumen (Weidebuchen), kalte Lagen meidend, ähnl. *Parmelia past.* (↑), empfindlich gegen forstliche Nutzung, m.acidoph., z.ombroph. – bor·subatl-med(mo), oz – selten (2); süSch (kaum unter 800 m), Vog, Al, sonst s.selten (1), Eif, Ju, *nöSch (?+)*, süRh+, *Bo+*, *Do+*, *O+*, *Sp+*, *Ts+*, ThW

Ochrolechia parella (L.) Massal.
In kollinen bis montanen, klimatisch warmen bis milden Lagen auf mineralreichem (bzw. leicht eutrophiertem), auch leicht kalkhaltigem Silikatgestein (v.a. Basalt, Lava, Schiefer, Sandstein) an lichtreichen Standorten, in kontinental getönten

Klimagebieten fehlend, subneutroph.–m.acidoph., mesoph., ombroph., m.–z.(s.)photoph., (a-)m.nitroph. – bor·atl-mieur· subatl-med – selten (1)*; v.a. RhSch, Pf, ferner He (z.B. Vgb, Rhön), Sp, *O*, Vog, s.selten Ne

Ochrolechia subviridis (Høeg) Erichsen [O. gallica Verseghy]
In wintermilden, kollinen bis submontanen, m.–z.niederschlagsreichen Lagen auf nicht eutrophierter Laubbaumrinde, v.a. an älteren Eichen in lichten Eichen(-Buchen)-W., vorwiegend an tiefrissiger Borke, klimatisch ähnl. *Parmelia rev.* (↑), m.–z.acidoph., m.ombroph., anitroph. – mieur·subatl-med·mo, (oz) – selten (2); O, Sch, Rh, SFW, Vog, Bit-Mos, Eif, Th

Ochrolechia szatalaensis Vers.
In der montanen und hochmontanen Stufe auf meist glatter Rinde, oft auf Ästen, meist an Tanne, Buche, Eiche (und Fichtenästchen) in Buchen(-Tannen)-, Fichten-Tannen-W. und *Quercus petraea*-Best. an nebelreichen kühlen Standorten, z.B. in engen Tälern, klimat. Ansprüche ähnl. *Evernia div.* (↑), m.–z.acidoph., m.(z)photoph., ombroph., anitroph. – bor-mieur·pralp-med·mo – s.selten (1); süSch, Al

Ochrolechia tartarea (L.) Massal., Weinsteinflechte
In s.niederschlagsreichen, ozeanischen, hochmontanen Lagen auf kalkfreiem Silikatgestein, oft über dünnen Humusauflagen, an lichtreichen, aber oft schattigen, häufige intensive Befeuchtung der Lager gewährleistenden Standorten, z.B. an rel. geschützten Stellen exponierter Felsen, z.–s.acidoph., s.ombroph., hygroph., (m.)z.photoph. Früher zur Farbstoffherstellung (Orseille, Lackmus) verwendet – bor·subatl-mieur·subatl(-smed), oz – s.selten (R); Vog, süSch (1 aktuelles Vorkommen), *nöSch+*, Hz, Alpen

Ochrolechia turneri (Sm.) Hasselrot [Pertusaria leprarioides auct.]
Bis in die montane Stufe v.a. an rissiger Borke von Laubbäumen an z.lichtreichen Standorten, z.B. an Waldrändern, an Feld- und Straßenbäumen, v.a. an Linde, Eiche, oft an m.(–z.)eutrophierten Standorten, z.–m.acidoph., mesoph., z.photoph. – s'bor-smed – z.selten(–m.häufig), in niederschlagsarmen und ± luftverunreinigten Gebieten seltener

Ochrolechia upsaliensis (L.) Massal.
In alpinen Windheiden über kalkreichen Böden, ähnl. *Megaspora verr.* (↑) – arkt-alp – s.selten; *Vog (Hohneck)*, Al

Omphalina Quélet

(Schlüssel incl. Normandina)

1 Lager aus dichtstehenden d.grünen Kügelchen („*Botrydina*“), dazwischen mitunter bis 2 cm hohe Hutpilz-Fruchtkörper, Hut –1,5 cm breit, cremefarben bis h.bräunlich. Lamellen herablaufend. Sp. 7–11 × 5–8 µm . . . **O. umbellifera**
(wenn Hut lebhaft gelb bis orange, Sp. nur 3,5–4,5 µm breit: **O. alpina** (Britzelm.) Bresinsky & Stangl, Al)

1* Lager aus rundlichen bis muschelförmigen, flachen bis randlich aufgebogenen Schuppen 2

2 Auf Rinde, Rindenmoosen, selten Felsmoosen. Schüppchen rundlich bis nierenförmig, h.grau bis blaugrau, v.a. am Rand sorediös aufbrechend, am Rand nach oben eingerollt, heller und wie erhaben gesäumt, auf der Fläche mitunter leicht konzentrisch gewellt, 1–2 mm, zerstreut bis gedrängt . . . . **Normandina pulchella**

2* V.a. auf Torf, Rohhumus, bemoostem Fels. Schuppen rundlich bis nierenförmig oder blättrig zus.fließend, feucht tief lauchgrün, trocken blaß grüngrau, nicht sorediös, -3(5 mm). An den Schuppen bisweilen Hutpilz-Fruchtkörper, -3 cm hoch, Stiel anfangs leicht lila, dann weißlich, Hut cremefarben bis leicht bräunlichgelb, -1,5 cm breit, Lamellen kaum herablaufend. Sp. 6–7,5 × 3–3,5 µm . . . . **O. hudsoniana**

Omphalina hudsoniana (Jenn.) Bigelow
[O. luteolilacina (Favre) Henderson, Coriscium viride (Ach.) Vainio]
In hochmontanen und alpinen, z.–s.niederschlagsreichen Lagen auf fast dauernd feuchten Moosen bzw. Detritus über Silikatfelsen oder Torfböden oder direkt auf feuchtem Torf, Rohhumus oder feuchtem vermoderndem Holz an schattigen, luftfeuchten, kühlen Standorten, v.a. an felsigen, lange schneebedeckten Nordhängen und in Hochmooren, z.–e.acidoph., substrathygroph., (z.skioph.)m.–z.photoph., anitroph. - arkt-mieur·h'mo/alp - s.selten; Sch, Av, Vog, BayW, Rhön, Erz, Hz, Al

Omphalina umbellifera (L.; Fr.) Quélet
[O. ericetorum (Fr.) M.Lange ex Bigelow, Botrydina vulgaris Bréb.]
V.a. in sub- bis hochmontanen, niederschlagsreichen Lagen an kühl-feuchten Standorten auf fast ständig feuchten Moosen und (v.a. Moos-)Detritus über sandigen, sandig-lehmigen oder torfigen Böden sowie Moosdecken über Silikatgestein, v.a. in Blockmeeren, an feuchten Felsen, in Zwergstrauchheiden, Torfstichen, entwässerten Hochmooren, z.–e.acidoph., substrathygroph., z.–s.hygroph., z. skioph.–z.photoph., anitroph. - bor-smed·mo - selten (3); Sch, Vog, SFW, Rhön, PfW, RhSch, O, Av, Al, sonst s.selten

Opegrapha Ach.

(Schlüssel incl. Enterographa)
Bestimmungshinweis: Die Ap.größe wird oft in Länge und Breite angegeben; Beispiel: 2 × 0,3 mm. Sporenmaße incl. Schleimhülle, soweit vorhanden. Die Bestimmung der calciphilen Arten ist derzeit noch schwierig und problematisch.

1 Auf Gestein 2
1* Auf Rinde, Holz, s.selten auf Pflanzenstengeln 14
2 Auf Silikatgestein 3
2* Auf Kalkgestein, Mörtel 8
3 Ap.scheiben meist grau bis bläulich bereift. Ap. rundlich, selten elliptisch,

sitzend, flach, berandet. Exc. deutlich entwickelt, d.braun. Hyp. d.braun. Lager C+ rot oder P+ gelborange . . . . ↑ **Lecanactis**

3* Ap.scheiben unbereift, wenn bereift, dann Ap. langgestreckt **4**

4 Sp. 4zellig, breit spindelig, 17–26 × 4–6 µm. Ap. 0,7–1,6 mm, rundlich bis eckig, aufsitzend, unten eingeschnürt. Scheibe faltig-rillig. Im Ap.schnitt meist 3 bis 5 Hym.teile sichtbar (Abb. 45). Ap.gehäuse (Exc.) kräftig entwickelt, kohlig, v.a. basal dick. Hym. J+ orangerot, Subhym. J+ blau. Lager frisch rotbraun bis fast ziegelrot, im Herbar meist gelbbraun bis braun, schorfig bis oberflächlich mehlig, stellenweise sorediös, KC+/C+ (flüchtig) rotorange oder selten KC–/C–; sorediöse Stellen orange bis rötlich, im Herbar grauweiß bis gelblich, UV+ h.gelb bis weiß. Gyrophor-S. oder Schizopelt-S. oder beides . **O. gyrocarpa** (wenn steril, C+ rot: Lecanor-S., Erythrin, vgl. *Lecanactis* und *Dirina*)

4* Sp. (4)6–9zellig. Lager R– **5**

5 Lager mit begrenzten rundlichen, –0,5 mm großen, grauweißen Flecksoralen, Lager braun bis d.braun, im Herbar nicht ausbleichend, meist mit deutlichem schwarzem Vorlager (oft größere Flächen einnehmend und Vorlager „landkartenartig“ vernetzt). Ap. rundlich, fast perithecienartig, mit anfangs punktförmig vertiefter Scheibe, Scheibe mitunter in der Mitte genabelt. Exc. nur seitlich schwarz, basal offen, hell (Abb. 45). Sp. meist (5–)6(8)zellig, spindelförmig, 24–36 × 3,5–5,5 µm. besonders steril häufig mit begrenzten helleren Soralen. Confluentin-S. . . . . **Enterographa zonata**

5* Lager ohne Sorale. Ap. zumindest teilweise deutlich gestreckt, einfach, selten verästelt. **6**

6 Exc. reduziert, bräunlich, nicht kohlig, unten offen. Lager braun, graubraun (im Herbar auch etwas gelbstichig), feinrissig, mit z.glatter Oberfläche, mit schwarzem Vorlager. Ap. bis 1,0 × 0,15 mm. Sp. 6–9(10)zellig, 22–30 × 4–5 µm. Confluentin-S. . . . . **Enterographa hutchinsiae**

6* Exc. kräftig entwickelt, kohlig, basal geschlossen. Hym./Subhym. J+ orangerot. Ch– **7**

7 Ap. meist langgestreckt und schmal, bis 1,0 (2,0) × 0,2 mm, oft wellig verbogen, mit enger ritzenförmiger Scheibe, mitunter verzweigt. Exc.schnitt K± grünlich. Sp. 20–35 × 2,5–4 µm, mittlere Zellen ± gleichgroß. Lager meist s.dünn und undeutlich, filmartig . . . . **O. lithyrga**

7* Ap. kräftiger, bis 2(2,4) × 0,25–0,5 mm, mit schließlich ausgebreiteter flacher Scheibe, mitunter bläulich bis grünlich bereift. Exc.schnitt K–. Sp. (16)20–37 × (4,5)5,5–6,5(8) µm, mit etwas vergrößerter Mittelzelle. Lager meist wenig entwickelt, körnig, s.veränderlich . . . . **O. varia**

8 Sp. 5–7zellig, mit vergrößerter Mittelzelle, selten 4zellig. Hym. J+ orangerot. Ch– **9**

8* Sp. 4-, selten vereinzelt 5zellig **10**

9 Ap. bis 1 × 0,5 mm, rundlich bis elliptisch, mit flacher, grau bereifter oder schwarzer, zart berandeter Scheibe, mitunter zu mehreren gedrängt. Sp. 17–25 × 5–7 µm, 5–6(7)zellig. Lager kalkweiß, oft dürftig entwickelt . . . . **O. variaeformis**

9* Ap. bis 1,5(2,4) × 0,4(0,5) mm, kräftig, meist langgestreckt, rel. selten verzweigt,

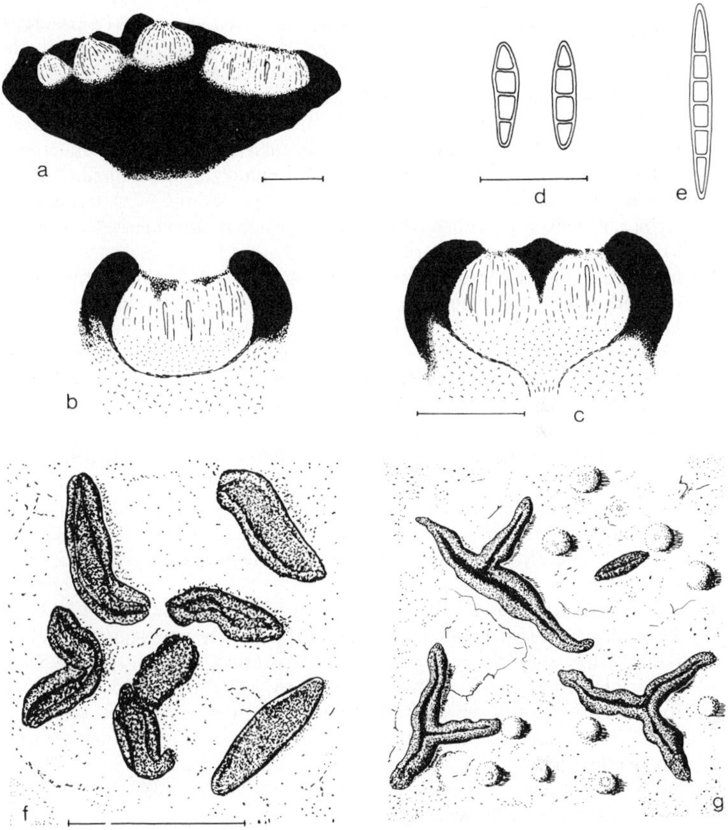

Abb. 45. *Opegrapha.* a: Schnitt durch einen Fruchtkörper von *O. gyrocarpa.* b und c: Schnitt durch Fruchtkörper von *Enterographa zonata* (Meßstrich je 200 µm). d: Sporen von *O. gyrocarpa.* e: Spore von *E. zonata* (Meßstrich je 20 µm). f = *O. varia var. varia,* Lager mit Fruchtkörpern, Aufsicht. g = *O. vermicellifera,* Lager mit Fruchtkörpern und Pykniden, Aufsicht (Meßstrich je 1 mm) (a-e aus WIRTH 1970, Herzogia 1).

mit anfangs ritzenförmiger, später flacher, mitunter weißlich, bläulich oder gelbgrünlich bereifter Scheibe. Sp. 20–37 × 5–8,5 µm, 5–7(9)zellig. Lager meist kaum entwickelt . . . . **O. varia (mougeotii)**
(es ist derzeit unklar, wie *O. mougeotii* von *O. varia* überzeugend getrennt werden kann)

10 Lager C+ rot, K–, P–. Lecanor-S., Erythrin . . . . ↑ **Lecanactis**
10* Lager C– **11**
11 Hym. und Subhym. J+ orangerot. Ap. rundlich bis gestreckt oder eckig, auch unregelmäßig knotig-faltig, selten angedeutet verzweigt, mit enger Scheibe, 0,5–1(1,5) × 0,4–0,6 mm, oft mit 2 Hym. Hym. 90–120 µm. Exc. K–, Epihym. braun, K–. Sp. 16–27(33) × 4–7(8) µm, zum einen Ende meist deutlich verschmälert, mit Schleimhülle. Lager frisch oft ± orange, rosa oder undeutlich, im Herbar ausgeblaßt. Ch– . . . . **O. dolomitica**
11* Hym. ganz oder nur im oberen Teil J+ blau. Sp. meist asymmetrisch (keulig) **12**
12 Hym. ganz J+ blau. Exc. basal geschlossen und auch hier kohlig-schwarz, basal oft mächtig entwickelt. Ap. langgestreckt, (0,4)0,8–1,5(2,5) × 0,15–0,3 mm, einfach bis kurz verzweigt oder sternförmig. Exc. K+ olivgrün. Epihym. braun, K+ grünlich. Sp. (11)14–21 × (3)4–5(6) µm. Schleimhülle meist undeutlich. Lager meist weißlich bis undeutlich (frisch auch rosa), J+ blau. Ch– . **O. calcarea**
12* Hym. J+ oben blau, basal orangerot, Subhym. J+ blau **13**
13 Exc. basal geschlossen (braunschwarz bis braun) oder offen (± farblos), K– oder K+ braunrot. Ap. bis 0,6 × 0,3 mm, meist elliptisch, gerade oder gekrümmt, einfach bis verästelt, auch rundlich, oft zu mehreren und „sternförmige" Gruppen bildend, oft parasitisch auf endolithischen *Verrucaria*-Arten, ohne eigenes Lager oder Lager undeutlich. Sp. 13–25 × 4,5–6,5 µm, Schleimhülle oft s.deutlich und dick, im Alter ± bräunlich und feinwarzig. Pyknosp. 3,5–5 × 0,8–1,2 µm. Ch– . . . . **O. rupestris**
13* Exc. basal geschlossen, K+ rote Lösung. Ap. gestreckt, bis 1,2(1,6) × 0,25–0,4 mm, einfach, seltener verzweigt, Ap.rand oft braunorange bereift, Reif K+ rot. Lager weißlich, grau, bräunlich, nicht parasitisch. Sp. 13–18 × 3–4,5 µm, Schleimhülle undeutlich. Sp. nicht pigmentiert. Pyknosp. 12–23 × 0,8–1,5 µm, manchmal septiert (wenn Ap. weiß bereift, K–, Exc. K–, Pyknosp. unseptiert, Ap.–0,7(1) × 0,2 mm: *O. demutata*) . . . . ↑ **O. ochrocheila**
14 Ap. deutlich bereift **15**
14* Ap. unbereift **18**
15 Reif grüngelb. Ap. elliptisch bis länglich . . . . **O. varia (25)**
15! Reif braun, K+ rot . . . . ↑ **O. ochrocheila (22)**
15* Reif weiß. Lager R– **16**
16 Sp. (7)8–10(12)zellig, 21–35 × 3,5–4,5 µm. Ap. rundlich bis breit elliptisch (z.T. auch länglich), unverzweigt, mit flacher, breiter, bläulichweiß bereifter Scheibe, 0,5–1,5 × 0,3–0,6 mm. Lager gelblichweiß, deutlich entwickelt, glatt, Mark UV+ gelbgrünlich-bläulich . . . . **Lecanactis lyncea**
16* Sp. bis 7zellig **17**
17 Ap. elliptisch bis länglich, 0,7–2,5 × 0,2–0,5 mm, nur gelegentlich bereift. Sp. (4)5–7zellig, (16)20–37 × (4,5)5,5–6,5(8) µm, mit etwas vergrößerter Mittelzelle, im Alter auch leicht bräunlich. Ch– . . . . **O. varia**
17* Ap. rund, –0,5 mm, ± eingesenkt, zahlreich, Scheibe stets bereift, Rand bereift oder unbereift. Sp. 4(–7)zellig, 16–28 × 2,5–3,5 µm. Lager, weiß, ohne Pykn. (wenn mit Pykn. vgl. *Arthonia byssacea, cinereopruinosa, pruinata*, Ap. jedoch

unberandet), UV+ blauweiß. Confluentin-S., 2'-*O*-Methylmicrophyllin-S. . . . . **Lecanactis amylacea**

18 Exc. reduziert, braun, nicht kohlig, unten offen. Mit Confluentin-S. . . . . **Enterographa hutchinsiae (6)**

18* Exc. deutlich entwickelt, unten geschlossen, daher im Schnitt ein ± U-förmiges Gehäuse bildend. Ohne Confluentin-S. **19**

19 Sp. meist bis zu 7zellig **20**

19* Sp. 9–16zellig, selten mit nur 7–8 Zellen, mit s.deutlicher dicker Schleimhülle, incl.Schleimhülle 25–60 × 6–9 µm. Ap. kurz elliptisch bis länglich, einfach bis selten dreiästig, mit s.enger, ritzenartiger Scheibe, -1 × 0,3 mm, eingesenkt bis sitzend. Lager braun, braunrot, ziegelrot, ocker, oliv (bis braungrau), im Herbar grau bis gelblich ausbleichend. Ch– . . . . **O. viridis**

20 Sp. 4zellig **21**

20* Sp. 5–7(8)zellig. Hym. J+ rot. Ch– **25**

21 Ap. 1,5–3 × 0,5–1 mm, s.kräftig, elliptisch bis schmal elliptisch, ± stark gewölbt, mit meist ritzenartiger Scheibe, Ränder oft längsgestreift, Gehäuse kohlig. Sp. bräunlich, 18–32 × 5–10 µm. Pilz, ohne Lager, auf Laubbaumrinde, z.B. alten Eichen . . . . Arten der Gattung **Hysterium**

21* Ap. viel zarter und schmäler **22**

22 Pyknosp. 12–23 × 0,8–1,5 µm, ± gerade, mitunter 2–4zellig. Hym. oben J+ blau, sonst J+ rot (Subhym. J+ bläulich). Ap. gestreckt, -2 × 0,3 mm, unverzweigt bis verzweigt, Sp. 13–20 × 3,5–5,5 µm. Lager grau, weißlich, s.dünn oder undeutlich, K-/K+ purpur . . . . **O. ochrocheila**

22* Pyknosp. kürzer. Ch– **23**

23 Lager braun, graubraun, rotbraun, im Herbar auch ausgebleicht, oft mit punktartigen helleren Flecken, mitunter mit schwarzem Vorlager. Ap. ± eingesenkt bis angedrückt, meist kurz elliptisch bis länglich, einfach bis verzweigt, nicht verbunden, bis 1(1,3) × 0,3 mm. Sp. 15–23(27) × 3–4,5(5) µm, oft etwas gebogen. Hym. J+ rot (nur Subhym. J+ bläulich). Pyknosp. gerade bis gekrümmt, 4–8 × 1–2 µm . . . . **O. rufescens**

23* Lager weißlich, glatt. Sporen 3,5–6 µm breit **24**

24 Sp. 16–26 × (4)5–7(8) µm, meist mit dünner, deutl. Schleimhülle, 4(-5)zellig. Ap.scheibe anfangs eng, dann erweitert. Ap. meist einfach, bis 1 × 0,3 mm. Exc. K-. Epihym. braun, K-/K+ rotbraun. Hym. J+ rot. Im Gebiet auf dünnen Stengeln krautiger Pflanzen, gewöhnlich auf Rinde. Lager J-. Pyknosp. 4–6 × 0,5–1 µm . . . . **O. varia** var. **herbarum**

24* Sp. 13–18(21) × 3,5–4,5(5,5) µm, schmal ellipsoid bis keulig, Schleimhülle meist undeutl. und s.dünn. Ap. einfach bis verästelt und sternförmig(-vernetzt), angedrückt sitzend, mit enger, schwarzer bis schwarzbrauner Scheibe. Exc. K+ grünlich, Epihym. braun bis oliv, K+ grünlich. Hym. J+ h.blau. Lager J± blau. Pyknosp. 4–6 × 1 µm . . . . **O. atra**

25 Sp. um (16,5)18–26(30) × (4,5)5–6,5(8) µm, mit gerundeten Enden und oft deutlich vergrößerter Mittelzelle, oft angedeutet keulig. Ap.scheibe ritzenförmig bis ausgebreitet, mitunter grüngelb oder grau bereift, Ap. oft sitzend, elliptisch bis länglich, bis 1,5(2,5) × 0,4(0,5) mm, einfach, selten gegabelt.

Pyknosp. 4–6 × 0,5–1,5 µm. Lager graubraun, grau, weißlich, ocker, oliv oder kaum erkennbar . . . . **O. varia** s.l.

25* Sp. schmäler, 2,5–3,5(4) µm breit, Ap.scheibe bleibend ritzenförmig. Exc. K+ rotbraun (*O. vulgata*-Gruppe) **26**

26 Lager weißlich bis h.grau, deutlich entwickelt, meist reich mit vorstehenden, halbkugeligen bis kurz zylindrischen, weiß bereiften, -0,25 mm breiten Pykn.-warzen. Pyknosp. 4–7 × 1–1,5 µm, gerade bis leicht gekrümmt. Ap. bei reicher Pykn.entwicklung meist spärlich bis fehlend, meist gegabelt bis mehrästig oder sternartig, bis 2 × 0,3 mm. Sp. 15–32 × 2,5–3,5(4) µm. Hym. J ± gelblich . . . . **O. vermicellifera**

26* Lager ohne deutlich vortretende Pykn.warzen, Pykn. braun bis schwarz, meist im Randbereich des Lagers, mitunter fehlend, -0,2 mm. Pyknosp. deutlich gekrümmt oder gerade. Ap. bis 2 × 0,25 mm, zahlreich. Sp. 18–30 × 2,5–3 µm. Hym. J+ rot. Lager grau, graubraun, weißlich, selten rosa, dünn **27**

27 Pyknosp. 3–7 × 1–1,5 µm oder 6–8,5 × 0,7–1,0 µm, deutlich gekrümmt. Sp.(5)6-8(9)zellig, 20–30 × 2,5–4 µm. Ap. meist einfach und einzeln, seltener verzweigt bis sternförmig, bis 1,5 × 0,2 mm, mit ritzenförmiger, im Alter auch etwas verbreiterter Scheibe. Exc. K± grünlich . . . . . **O. vulgata** var. **subsiderella**

27* Pyknosp. (4)6–20 × 0,6–1,5 µm, deutlich gekrümmt, oft zu Knäueln verwickelt, oder gerade, 3–5 × 1–1,5 µm. Ap. einfach bis gegabelt, einzeln bis vernetzt, bis 2 × 0,25 mm, meist mit bleibend ritzenförmiger Scheibe. Sp. 5–8(9)zellig, (16)18–34 × 2,5–4 µm. Exc. K– . . . . **O. vulgata** var. **vulgata**

Opegrapha atra Pers.
Bis in die montane Stufe (selten höher), besonders auf glatter und flachrissiger Rinde von Laubbäumen (v.a. Esche, Buche, Hainbuche), s.selten an Tanne, gewöhnlich im Innern von Wäldern (v.a. Carpinion), ähnl. *Pertus. leiopl.* (↑), kalte Orte meidend, m.acidoph., z.skioph.–m.photoph., ombroph., z.–s.hygroph., anitroph. – s'bor-med, (subatl) – m.–z.häufig, rel. selten in waldarmen und trockenen Gebieten

Opegrapha calcarea Sm., non auct. [O.chevallierii Leighton, ?O. trifurcata Hepp]
In kollinen, wintermilden Lagen an schattigen, luftfeuchten Standorten auf kalkreichem bis kalkarmem Gestein (v.a. Vertikalflächen), auch an anthropogenen Substraten, v.a. auf Mörtel, Ziegel und vermauerten Silikat-Steinen an Mauern und alten Gebäuden (Kirchen, Friedhöfe), subneutroph.–m.basiph., skioph. – mieur·atl-med – s.selten; Ju, *O (Heidelberg)*

Opegrapha demutata Nyl. [zu O. ochrocheila?]
In kollinen, wintermilden Lagen auf alten schattigen, gemörtelten Mauern aus Silikatgestein/Ziegeln, subneutroph.–neutroph – mieur·atl – s.selten *(0)*; *O*

Opegrapha dolomitica (Arnold) Körber
V.a. auf sandig-rauhem, etwas bergfeuchtem Dolomitfels an z.regengeschützten Vertikal- und Überhangflächen, selten an kalkreichem Gestein, ähnl. *Petractis hyp.* (↑) – bor-med·mo – s.selten; SJu, Ju, FrJu, Al

Opegrapha gyrocarpa Flotow
In montanen und hochmontanen, niederschlagsreichen Lagen auf kalkfreiem Silikatgestein, ähnl. *Enterogr. zonata* (↑), doch mit etwas engerer Standortamplitude (noch ausgeprägter auf sehr luftfeuchte und kühle Standorte beschränkt), auch an bergfeuchten Flächen - bor-mieur·subatl(-med·mo), (oz) - selten; Sch, Vog, O, Rhön, Meißner, BayW, Fi

Opegrapha lithyrga Ach. [zu O. vulgata var. vulgata?]
Ähnl. *Enterogr. zonata* (↑), doch öfter an kurzzeitig leicht substratfeuchten Stellen (z.B. Kluft-, Tropfwasser) - mieur·subatl-med - selten; Sch u. Vog selten, sonst s.selten: *Bo*, O, *MRh*, *Ts*, Eif, Mos

Opegrapha ochrocheila Nyl. [O. rubescens Sandst., veris. O. demutata Nyl.]
In milden kollinen Lagen an luftfeuchten Habitaten an basenreicher Laubbaumrinde, z.B. Pappel, selten auf kalkbeeinflußtem Gestein (z.B. Mauern), subneutroph.–neutroph., m.photoph., anitroph. - mieur-smed, subatl - s.selten *(2)*; süHü, Ne, *O*

Opegrapha rufescens Pers. [O. herpetica (Ach.) Ach.]
Bis in die montane Stufe auf meist glatter oder flachrissiger basenreicher Laubbaumrinde, v.a. Esche, Hainbuche, Ahorn, selten auch auf Tanne, v.a. in frischen Eichen-Hainb.-W., Aceri-Fraxinetum, Pruno-Fraxinetum, Schwerpunkt dem Standort von *Arthonia cinnabarina* (↑) entsprechend, aber auch noch an lichtärmeren Standorten, in kontinentalen Klimabereichen ± fehlend, subneutroph.–m.acidoph., z.skioph.–m.photoph., m.–z.ombroph., z.–s.hygroph. - s'bor-mieur· subatl-smed·mo(-med·mo) - z.selten (3); zerstreut, aber in luftverunreinigten, trockenen und laubwaldarmen Gebieten ± fehlend, empfindlich gegen Eutrophierung

Opegrapha rupestris Pers. [O. centrifuga Massal., Leciographa c. (Massal.) Rehm, O. persoonii (Ach.) Ach., O. parasitica (Massal.) Oliv., O. saxatilis DC.]
Bis in die alpine Stufe auf Karbonatgesteinen, meist Kalkstein, z. euryök, an besonnten, trocken-warmen wie schattig-feuchten Standorten, häufig parasitisch auf endolithischen *Verrucaria*-Arten, *Verrucaria nigresc.* und (seltener) anderen Krusten - mieur-med - z.selten; Kalkgebiete, v.a. SJu-Ju-FrJu, Ne, ferner Th, He

Opegrapha varia Pers. [O. lichenoides Pers., ?O. mougeotii Massal.]
var. **varia**
Auf subneutraler bis m.saurer, oft rel. weicher Rinde von Laubbäumen (selten Tanne), v.a. in Wäldern an Ahorn, Linde, Esche, an m.lichtreichen bis z.lichtarmen, m.beregneten bis z.regengeschützten, luftfeuchten Standorten, v.a. in Eichen-Hainbuchen-W., Aceri-Fraxinetum, Aceri-Tilietum, ferner in alten Obstgärten an Apfelbäumen, oft mit *Bacidia rubella*, auch in Kontakt zum Opegraphetum verm., selten („*O. mougeotii*") auf Karbonatgestein, auf kalkstaubimprägniertem oder kalkhaltigem Silikatgestein (oft Sandstein), auf Mörtel und Dachziegeln, an Felsen und Mauern, subneutroph.–m.acidoph., m.(z.)photoph., a-/m.nitroph. - (s'bor-)mieur-med - z.selten (+), verbreitet, aber in kollinen Lagen und im Westen seltener
var. **herbarum** (Mont.) Källsten ined. [Opegrapha h. Mont.]
In kollinen, wintermilden Lagen an ozeanisch getönten Standorten, gewöhnl. an

Holz und Rinde, im Gebiet an abgestorbenen Pflanzenstengeln gefunden - mieur-atl(-med) - s.selten; *O (Heidelb.)*

Opegrapha variaeformis Anzi
In kollinen, wintermilden Lagen auf Kalkgestein und auf kalkimprägniertem Silikatgestein (z.B. an Mauern) - (s'mieur-)smed-med - s.selten *(0)*; *nöRh, O*

Opegrapha vermicellifera (Kunze) Laundon [O. fuscella (Fr.) Almb., O. hapaleoides Nyl.]
In kollinen und submontanen, s.selten montanen, niederschlagsarmen bis niederschlagsreichen, meist z.sommerwarmen Lagen auf Laubbäumen, v.a. gegen die Stammbasis an regengeschützten Flächen, oft auf weichen, auch etwas schwammigen (morschen) Rinden, v.a. an Esche, Stiel-Eiche, Ahorn, Ulme, Hainbuche, gewöhnlich in Tälern und Schluchten in Auwäldern, Schlucht-W., Kleeb-W. (frisches Stellario-Carpinetum, Pruno-Fraxinetum, Carici-Fraxinetum, Aceri-Fraxinetum, Aceri-Tilietum), an beschatteten, m.warmen (bis kühlen, nie spätfrostgefährdeten), luftfeuchten Standorten, subneutroph.–m.acidoph., z.–s.hygroph., z.anombroph.–m.ombroph., z.skioph., anitroph.(–m.nitroph.) - mieur-subatl-med - z.selten–m.häufig, v.a. in den größeren Flußtälern und Nebentälern

Opegrapha viridis (Pers. ex Ach.) Behlen & Desberger
Bis in die montane Stufe auf meist glatter bis flachrissiger Rinde von Laubbäumen und Tanne an m.beregneten Flächen von Mittelstamm und Stammbasis, in schattigen Laub- und Mischwäldern, Standortamplitude von *Arthonia cinn.* und *Porina aenea* umfassend, aber weniger toxitolerant als letztere, v.a. an Hainbuche, Esche, Bergahorn, seltener Eiche, Buche u.a., subneutroph.–m.acidoph., m.–z.skioph., anitroph., m.toxitol. - mieur-subatl-med(-mo) - m.häufig, in niederschlagsarmen Gebieten selten, außerhalb Süddeutschlands stärker zurückgehend

Opegrapha vulgata Ach.
var. **vulgata** [O. cinerea Chev.]
In ozeanischen, niederschlagsreichen Lagen v.a. auf Tanne und auf ± glatter, saurer, seltener subneutraler Rinde von Laubbäumen, in kühlen, luftfeuchten Buchen-Tannen-W., z.acidoph., z.skioph., s.hygroph., anitroph. - s'bor-subatl-med - z.selten; v.a. Sch, süHü-süRh, HRh, O, Eif
var. **subsiderella** Nyl. [O. niveoatra (Borrer) Laundon, O. subsiderella (Nyl.) Arnold]
Bis in die hochmontane Stufe, in m.–s.niederschlagsreichen Lagen auf basenreicher, m.saurer bis subneutraler, nicht bis m.eutrophierter Rinde von Laubbäumen, auch an Tanne, in schattigen, ± gleichmäßig luftfeuchten Wäldern, Eichen-Hainbuchen-W., Schlucht-W. (hier oft auf Bergahorn), Buchen-Tannen-W.; m.–s.acidoph., s.skioph.–m.photoph., (z.–)s.hygroph., anombroph.–m.ombroph. - mieur-subatl-med - z.selten; v.a. Sch, Vog, SFW, Ne, HRh, RhSch

Ophioparma Norman

(Bestimmung ↑ Haematomma)

Ophioparma ventosa (L.) Norman [Haematomma ventosum (L.) Massal.]
In hochmontanen bis alpinen, niederschlagsreichen Lagen auf kalkfreiem Silikatgestein (v.a. Metamorphite und Magmatite) an Standorten mit häufig und stark wechselnden Feuchtebedingungen, an voll beregneten Schräg- und Vertikalflächen an z.–s.windexponierten Felsen, an größeren Felsgruppen und in lichtoffenen Blockhalden weit in Tallagen herabsteigend (500 m), m.–z.acidoph., z.–s.photoph., a-(–m.)nitroph. - arkt-bor-mieur·h'mo/alp-med·alp - selten (3); Sch, Vog, Rhön, ThW, Erz, BayW, Hz, Al

Pachyphiale Lönnr.

1 Sp. 15–35 × 3–5 µm, mit 3–7 Quersepten, zu meist 16–32 im Schlauch. Ap. rotbraun, konkav bis flach, z.dick berandet, zahlreich, –0,5 mm. Lager s.dünn. Habituell ähnl. *Gyalecta truncigena* . . . . **P. fagicola**

1* Sp. 35–80 × 3–5 µm, mit 7–15 Septen, gerade bis gekrümmt, zu meist 8–32. Ap. rotbraun bis rosabraun, konkav, dick berandet, –0,6 mm. Lager s.dünn . . . . **P. carneola**

Pachyphiale carneola (Ach.) Arnold [P. cornea (With.) Poetsch, incl. P. arbuti (Bagl.) Arnold]
V.a. in submontanen und montanen, niederschlagsreichen ozeanischen Lagen am Stamm von Laubbäumen (meist Buche und Eiche), selten an Tanne, in naturnahen Wäldern, v.a. Buchen- und Buchen-Tannen-W., gern auf flachrissiger Rinde (v.a. in Rissen), klimatisch ähnl. Standorte wie *Lobaria pulm.* (↑) besiedelnd, m.acidoph., s.hygroph., anitroph., nicht toxitol. - s'bor-med(mo), (oz) - selten (1); süSch, *nöSch, Rh, Ju, SFW, O, Ts,* ThW

Pachyphiale fagicola (Hepp) Zwackh
Bis in die montane Stufe am Stamm von Laub-, selten Nadelbäumen, in freier Lage (z.B. Gärten, Streuobst) und in Wäldern, v.a. auf subneutraler, flachrissiger Rinde, z.B. an Esche, Nußbaum, Ulme, Spitzahorn, subneutroph.(–m.acidoph.), z.(–s.)hygroph., a-/m.nitroph. - bor-mieur - selten (2) - süSch, HRh, Ju, *SFW, FrJu, nöSch, nöRh,* O, Mos, ThW

Pannaria Del.

(Schlüssel incl. Degelia, Massalongia, Moelleropsis, Parmeliella)

1 Lager laubflechtenähnlich, ± einblättrig bis am Rand tief gelappt, oft rosettig 2

1* Lager krustig, ± körnig oder schuppig(-kleinblättrig), am Rande nicht (oder nur angedeutet) gelappt, meist nicht rosettig 4

2 Ap. äußerst selten. Lager v.a. an den Lappenrändern mit groben blaugrauen Soredien/Isidien, bläulich- bis seltener bräunlichgrau, am Rand tief eingeschnitten, mit verlängerten, an den Rändern oft etwas aufgebogenen Lappen. Gewöhnlich ohne sichtbares dunkles Vorlager. Habituell ähnl. z.B. *Physconia* (Abb. 19d) . . . . **P. conoplea**

2* Mit rosaroten bis (rot-)braunen Ap. Ohne randständige Soredien/Isidien. Lager blaugrau, bleigrau oder leicht bräunlich. Extrem ozeanische Arten **3**

3 Ap. mit ganzem hellerem (± rötlichem) Eigenrand, ohne Lagerrand, -1 mm. Lappen bis zum Lagerrand weitgehend verschmolzen, daher Lager fast placodioid, längs fein gerippt, mit blauschwärzlichem bis blaugrauem feinfaserigem Vorlager. Lager -6 cm, im Zentrum oft körnig-warzig. Sp. 17-25 × 7-10 µm. Auf Rinde und Moosen . . . . **Degelia plumbea**

3* Ap. mit dickem, oft körnigem Lagerrand, -1,5 mm. Lager -3 cm, mit deutlichen, nicht verschmolzenen Randlappen mit aufgebogenen hellen Rändern, im Zentrum ± areoliert. Vorlager meist nicht sichtbar, blauschwarz. Sp. 15-19 × 9-10 µm, mit Epispor bis 24 × 12 µm . . . . **P. rubiginosa**

4 Lager auf Kalkgestein, braunschwarz bis d.braungrau, meist mit blauschwarzem bis blaugrünlichem Vorlager, Ap., wenn vorhanden, schwarz. Nicht mit *Nostoc*. Vgl. *Placynthium*

4* Nicht auf Kalkgestein **5**

5 Lager auf Rinde und Rindenmoosen. Ch- **6**

5* Lager auf Gestein, Fels- und Erdmoosen, auf Erde **8**

6 Ap. z.selten, -1 mm, mit hellerem Eigenrand. Lager mit kleinen stiftförmigen Isidien besetzt, grau bis bräunlich, aus kleinen gekerbten bis zerschlitzten (mitunter überlappenden) Schüppchen, randlich mitunter mit angedeutet verlängerten und kaum über 1 mm großen „Läppchen", auf schwarzem, oft dominierendem Vorlager, daher Flechte bei oberflächlicher Betrachtung ohne Lupe oft dunkel erscheinend (Abb. 19f) . . . . **Parmeliella triptophylla**

6* Lager stets mit Ap., ohne Isidien **7**

7 Ap. mit körnigem bis gekerbtem Lagerrand, gewöhnlich dichtstehend . . . . **P. pezizoides (14)**

7* Ap. mit (hellerem) Eigenrand, braunrosa bis d.rot, Lager ähnl. *P. leucophaea*, aus gekerbten, h.- bis d.grauen Schüppchen . . . . **P. saubinetii**

8 Lager steril, R- **9**

8* Lager mit Ap., Ch- **12**

9 Lagerschuppen nicht sorediös oder isidiös, verflacht, ± stark gekerbt, dicklich, 0,5-1,5 × 0,2-0,8 mm, s.dicht gedrängt bis dachziegelig und zu einer areolierten Kruste zus.schließend, grau, braun, d.grau, oft mit schwarzem Vorlager . . . . **P. leucophaea**

9* Lagerschuppen am Rand isidiös bis angedeutet sorediös **10**

10 Lager auf auffallendem, blauschwarzem bis schwarzem Vorlager, kleinschuppig, Schuppen gekerbt, mit zylindrischen Isidien . . . . **Parmeliella triptophylla (6)**

10* Ohne schwärzliches Vorlager **11**

11 Lagerschuppen kaum verlängert, -2(3) mm lang, -1,5 mm breit, dachziegelig stehend, dicht gedrängt, oft dicke Krusten bildend, braun bis braunschwärzlich oder grau, an den Rändern meist weißlich, gekerbt und oft mit zylindrischen bis fast körnigen Auswüchsen, unterseits ± wollig. Mit Steroiden. Alpin . . . . **P. praetermissa**

11* Schuppen verlängert, -6(10) mm lang, -2 mm breit, keine Krusten bildend, (rot)braun, unterseits hell (± bräunlichweiß), dicht bis ± lockerrasig stehend, meist aufsteigend-überlappend, schmallappig geteilt, mit stark gekerbtem, mit winzigen Blättchen besetzten bis isidiösem Rand (Isidien körnig bis grob sorediendartig, auch zylindrisch). Ap. selten, -2 mm, ± rotbraun, verengt sitzend, flach, s.dünn berandet, dann gewölbt-randlos. Ch- . . **Massalongia carnosa**

12 Ap. (zumindest anfangs) mit deutlichem Lagerrand (lecanorin) **13**

12* Ap. ohne Lagerrand, oft mit (oft heller als die Scheibe gefärbtem) Eigenrand (biatorin) **15**

13 Lager grobkörnig bis körnig-koralloid, Körnchen -0,1 mm, zu einer gefelderten Kruste zus.schließend, blau- bis aschgrau. Ap. braun bis rotbraun, flach, später gewölbt, mit körnigem Lagerrand, -1mm. Sp. 13–17(19) × 6–8 µm, oft mit einem großen Öltropfen. Auf nackter Erde . . . . . . **Moelleropsis nebulosa**

13* Lager kleinschuppig. Schuppen (mitunter z.undeutlich) verflacht **14**

14 Ap. braun bis rotbraun, mit bleibendem, gekerbtem bis körnigem Lagerrand, flach, eingesenkt bis angedrückt, -1,5 (2) mm. Sp. 19–25 × 8–10 µm, incl. warzigem Epispor 25–30 × 9–12 µm. Lagerschüppchen -0,7 mm, gekerbt, s.dicht gedrängt, krustig zus.schließend, grau bis braun, feucht d.grünbläulich bis schwärzlich (wenn feucht grün, trocken ockergelblich, mit Grünalgen, vgl. *Psoroma*). Abb. 19e . . . . **P. pezizoides**

14* Ap. d.rotbraun, d.braun bis schwarz, nur am Anfang lecanorin, später biatorin, anfangs flach, bald gewölbt, mit verschwindendem Rand, -1 mm. Sp. 14–18 × 5–7 µm. Lagerschüppchen -1,5 mm, geteilt bis gekerbt, s.dicht gedrängt, grau, braun, schwärzlich . . . . **P. leucophaea (9)**

15 Lager feinkörnig, ähnl. *Placynthiella icmalea*, oliv bis graubraun, ephemer auf sauren Böden. Ap. -0,5 mm, rotbraun, gewölbt, unberandet. Sp. 14–19 × 7–9,5 µm . . . . **Moelleropsis humida**

15* Lager nicht feinkörnig, nicht ephemer, mit schwarzem Vorlager, meist auf Silikatgestein. Ap. -1(1,2) mm. Sp.innenwand uneben **16**

16 Lager mit kleinen stiftförmigen Isidien, kleinschuppig, d.grau, bräunlich, schwärzlichbraun. Schuppen gekerbt bis gelappt oder zerschlitzt, meist dachziegelig, -1,5 mm. Ap. braunrot, mit allmählich verschwindendem Eigenrand. Sp. 10–17 × 5–8 µm . . . . **Parmeliella triptophylla**

16* Lager ohne Isidien, kleinschuppig-derb, oft eine rissig-areolierte Kruste bildend, grau, braun, schwärzlich. Ap. d.braun bis schwärzlich, mit kaum hellerem, bald verschwindendem Lagerrand, meist bald gewölbt. Sp. 14–18 × 5–7 µm . . . . **P. leucophaea (9)**

Pannaria conoplea (Ach.) Bory [P. pityrea auct.]
In (sub)montanen und hochmontanen, ozeanischen Lagen auf meist bemooster Rinde von Laubbäumen, ähnl. *Nephroma par.* (†), *Lobaria ampl.* (†), auch auf

(bemoostem) Silikatgestein, in niederen Lagen v.a. an Eiche, z.B. mit *Caloplaca herb.* oder *Parmotrema chin.* (↑) - bor·atl-mieur·subatl-med·mo, oz - (s.) selten (1); süSch, *nöSch*, Vog, SJu, Al, *Sp, O, Vgb, nöPf, Ts, He*, ThW,

Pannaria leucophaea (Vahl) P.M.Jørg. [P. microphylla „(Sw.)" Delise]
In der kollinen und montanen Stufe auf neutralem und basischem bzw. oft leicht erdverkrustetem Silikatgestein an sporadisch (kurzzeitig) sickerfeuchten, z.besonnten bis schattigen, oft rel. warmen Standorten, z.B. mit *Collema flacc.*, subneutroph. - bor-smed(-med·mo) - selten (2); süSch, nöSch, Vog, *SFW*, HRh, *Bo, O, nöPf, Ts, süRhön, Fr*, ThW, Erz, *Al*

Pannaria pezizoides (Weber) Trevisan
In subalpinen und alpinen, niederschlagsreichen Lagen, selten in der montanen Stufe oder tiefer, auf nackter, feuchter, saurer Erde, auf Humus, Pflanzenresten, erdverkrustetem oder bemoostem, feuchtem Gestein und am Grund bemooster Bäume an meist absonnigen, z.lichtreichen bis z.lichtarmen Standorten, in niederen Lagen z.B. in alten aufgelassenen Steinbrüchen und Sandgruben, z.–m.acidoph., substrathygroph., hygroph. - arkt-bor-mieur(h'mo/alp)-alp - selten (2); süSch, nöSch, Vog, Sb, Av, Al, *SJu, Ju, nöPf, PfW, Ts*, Rhön, ThW

Pannaria praetermissa Nyl. [Parmeliella p. (Nyl.) P.James, Parmeliella lepidiota (Sommerf.) Vainio]
In lückigen Zwergstrauchheiden auf/zwischen Moosen auf humosem, basenreichem, meist kalkhaltigem Boden, gewöhnlich über der Waldgrenze an lichtreichen Orten, auch in feinerdereichen Felsspalten und -vorsprüngen, subneutroph. - arkt-alp - s.selten (R); süSch (2×), Al

Pannaria rubiginosa (Ach.) Bory
Hochozeanische Flechte an klimatisch ausgeglichenen, milden Standorten, z.B. ähnl. *Degelia pl.* (↑) - s'bor·atl-mieur(atl)-med·mo(subatl), oz - Nordalpen s.selten

Pannaria saubinetii (Mont.) Nyl. [Parmeliella s. (Mont.) Zahlbr.]
In wintermilden kollinen Lagen an der Basis alter Laubbäume, v.a. Eiche, wohl auch an Gestein - mieur·subatl-med - *Nancy, ?Heidelberg*, ThW (Annatal)

Parmelia Ach.

(Schlüssel incl. Parmotrema)

Parmelia ist in den letzten Jahren wiederholt in mehrere Gattungen aufgegliedert worden. Allmählich zeichnet sich eine Stabilisierung der Neugliederung ab. Jedoch stehen sehr gut begründeten Einheiten, wie *Parmotrema*, schwach differenzierte gegenüber. Hier wird die Gattung noch in einem sehr konservativen Sinne gefaßt. Lediglich *Parmotrema* ist gesondert behandelt.
Bestimmungshinweis: Die Angabe der Farbe der Unterseite gilt nicht für die jungen Randpartien, die oft heller sind als die übrigen Bereiche; bei schwarzer Unterseite sind die Randpartien oft braun.

Übersicht der Teilschlüssel

1 Lager h.braun bis schwarzbraun, rotbraun, olivbraun
. . . . **Teilschlüssel 1 (Melanelia und Neofuscelia)**

1* Lager nicht braun . . . . **Teilschlüssel 2**

TS 1: Braune Arten

1 Lager aus zahlreichen s.kleinen, kurzen, -1,5(2) mm breiten, dichtstehenden, (± dachziegelig) übereinanderwachsenden Läppchen, braun, olivbraun, rotbraun, d.braun. Randlappen meist vergrößert. Mark K–, C–, KC–. Ap. z. selten . . . 2

1* Lager nicht aus s.kleinen, übereinanderwachsenden Läppchen 4

2 Mark P+ rot oder orange, K– oder K+ orange, Rinde K± gelb. Lager graubraun bis braun, mit feinen, strichförmigen weißlichen Pseudocyph. Unterseite schwarz, mit zahlreichen Rhizinen. Auf Silikatgestein
. . . . **P. omphalodes s.l. (TS 2/13*)**

2* Mark und Rinde R–. Lager ohne weißl. Pseudocyph. 3

3 Auf Silikatgestein. Läppchen flach bis leicht gewölbt, -1 mm breit, oft zu z.dicken bis fast polsterigen, im Alter gefelderten Lagern angeordnet, unterseits h.braun bis dunkel. Perlatol-S., Stenospor-S. . . . . **P. panniformis**

3* Fast ausschließlich auf Rinde. Läppchen ± flach, zerschlitzt, -1,5 mm breit, glänzend, unterseits h.braun. Ch– . . . . **P. laciniatula**

4 Lager ohne Isidien und Sorale. Oft mit Ap. Mark P– oder P+ gelb bis orangerot 5

4* Lager mit Isidien, Isidienknäueln oder/und Soralen. Mark P– 13

5 Auf Silikatgestein 6

5* Auf Rinde 10

6 Lagerlappen an den Rändern nach unten eingebogen, oben ± verflacht, -2 mm breit, (d.)braun bis braunschwarz, ± glänzend, knorpelig derb, oft auffallend linear (bandartig), aber vielfach verzweigt, oft durcheinanderwachsend, an den Enden manchmal eingekrümmt. Oberfläche mit schwärzlichen Punkten (Pykn.) und mit kleinen undeutlichen punktartigen Pseudocyph. Ap. -3(6) mm, ± flach, Rand gekerbt. Mark K–/K+ orange, P–/P+ orangerot, C–. Ch– oder Fumarprotocetrar-S., ±Protocetrar-S. . . . . **P. stygia**

6* Lagerlappen ± flach, an den Rändern nicht herabgebogen 7

7 Lagerlappen linear, ca. 1(1,5) mm breit, an beiden Seitenrändern aufgebogen (schwach rinnig) und mit vorstehenden Warzen (Pykn.) besetzt, d.braun bis braunschwarz. Mark K+ gelb(-rot), P+ gelb, C–. Stictin-S., Norstictin-S.
. . . . ↑ **Cetraria hepatizon**

7* Lagerlappen nicht rinnig und mit solchen Pykn.warzen besetzt 8

8 Lager mit weißlichen, strichförmigen (oft netzig verbundenen) Pseudocyph., braungrau bis braunschwarz, nicht gelblichbraun oder rotbraun. Mark P+ orange oder rot, K+ gelb, dann rot oder K–. Mit Atranorin etc.
. . . . **P. omphalodes (TS 2/13*)**

8* Lager ohne Pseudocyph., glatt bis etwas runzelig-grubig, meist glänzend, v.a. im Alter querrunzelig und -rissig, braun, gelb-, rot- bis d.braun, unterseits schwarz, meist rosettig wachsend. Lappen meist 2–3 mm breit, z.anliegend, zus.schließend. Mark P–, K–, C–/C+ rosa. Ap.rand glatt. Ap. häufig. ±Gyrophor-S. (*P. pulla* s.l.) **9**

9 Mark KC+ rot oder KC–, mit Divaricat-S. oder Stenospor-S.*, Lager oft rel. dunkel gefärbt . . . . **P. pulla** var. **pulla**

9* Mark KC+ rot oder rotorange, mit Glomellifer-S., Glomell-S., Perlatol-S.*. Lager meist gelbbraun, heller braun, oft deutlich gefleckt . . . . **P. pulla** var. **delisei**

10 Mark C+ karminrot/KC+ rot, K–, P–. Großlappige, kräftige Art mit meist aufsteigenden, –5(7) mm breiten Lappenrändern, ähnl. *P. acetabulum*, aber braun, an den jungen Lappen und den Ap.rändern mit vielen, s.feinen, hellen Härchen besetzt (Lupe). Lecanor-S. . . . . **P. glabra**

10* Mark C–/KC–, K– (wenn K+ rot, vgl. *P. acetabulum*). Ohne helle Härchen an jungen Lappen und Ap.rändern **11**

11 Lager mit z.gleichmäßig verteilten, niedrigen, ± konischen, m.–z.dicht stehenden, an der Spitze vertieften bzw. durchbohrten, –0,1 mm breiten Wärzchen, die auch auf dem Ap.rand entstehen (dadurch warzig), rotbraun, olivbraun, (d.)braun. Lappen –3(4) mm. Ch– . . . . **P. exasperata**

11* Lager völlig ohne Warzen. Fast nur auf Birke, Weide. Mit Fumarprotocetrar-S., Mark P+ orangerot (wenn P–, Lager nicht flach, sondern fast polsterig vgl. *Cetraria sepincola*). Olivbraun bis d.braun, unterseits d.braun bis schwarz **12**

12 Lager ± glatt, glänzend, meist ohne Pseudocyph., dicht und bis fast zum Rand mit Ap. bedeckt. Ap.rand kaum gekerbt, oft verschwindend. Sp. 10–15 × 6–7 µm . . . . **P. septentrionalis**

12* Lager matt bis leicht glänzend, oberseits ± verunebnet, Lappenenden mit Pseudocyph. Ap. meist nicht dichtstehend, mit gekerbtem Rand, Sp. 12–15 × 7–9 µm . . . . **P. olivacea**

13 Mark bzw. abgeschabte Stellen C– **14**

13* Mark bzw. abgeschabte Stellen C+ rosarot oder karminrot **20**

14 Lager auf Silikatgestein. Mit Soralen oder groben, pustelartigen bis verlängerten, in Knäueln zus.stehenden Isidien. Unterseits braunschwarz bis schwarz. Mit Fl.stoffen. Mark K–, P–, UV+ weiß **15**

14* Lager auf Rinde und Holz, nur ausnahmsweise auf Gestein (meist unter Bäumen). Lager rein isidiös. Isidien ± gleichmäßig verteilt, nicht in Knäueln, keulig, spatelförmig oder zylindrisch. Ch– **18**

15 Lager mit groben, pustelartigen bis verlängerten, in Knäueln zus.stehenden Isidien, meist z.groß, oft über 4 cm, in der Mitte gewöhnlich (quer-)runzelig bis querrissig. Lappen in der Regel 1,5–3 mm breit, gelbbraun, h.- bis d.braun. Mark KC+ rot oder KC– **16**

15* Lager mit warzigen, basal oft etwas verengten Auswüchsen, die sich zu körnigen bis isidiösen, dunklen oder weißlichen, kopfig vorragenden Soralen entwickeln. Lappen meist bis 1(1,5) mm breit, gewölbt bis (v.a. an den Enden) verflacht, d.olivbraun, d.- bis schwarzbraun, nicht querrunzelig. Mark KC–, selten KC+ rot. Mit Perlatol-S., Stenospor-S. **17**

16 Lager mittel-, oliv- bis gelbbraun, selten d.braun (dann am Rand heller), derb. Lappen 150–340 µm dick, 1–3(5) mm breit. Isidien 0,1–0,5 mm dick, z.weich und hohl, in groben Gruppen. Mark C– oder C+ langsam gelb, KC+ rot bis rotorange. Glomellifer-S., Glomell-S., Perlatol-S., ±Gyrophor-S. . . **P. loxodes**

16* Lager meist (rot- bis) d.braun. Lappen meist um 100–150, max. –180 µm dick, 1–2(3) mm breit. Isidien 0,1–0;2 mm breit, starr bis z.weich, selten hohl. Mark C+/KC+ rosa(rot) oder C–/KC–. Divaricat-S., ±Gyrophor-S., selten Stenospor-S. . . . . **P. verruculifera**

17 Lappen gewöhnlich z.matt. Sorale an den Enden der Hauptlappen oder kleiner, oft aufgerichteter Seitenlappen entstehend (durch Auflösen der Rinde), ± kopfig, nie zus.fließend, Lappen ± linear, meist an den Enden nicht verbreitert. Schwierig ansprechbare, seltene Art. * . . . . **P. sorediata**

17* Lappen an den Enden glänzend und meist etwas verbreitert. Sorale an den Rändern und auf der Fläche der Lappen entstehend, oft basal verengt aufsitzend, ± kopfig, mitunter oben verflacht bis kraterförmig. An den Lappenrändern oft mit undeutlichen Pseudocyph. ±Gyrophor-S. * . . . . **P. disjuncta**

18 Lager mit niedrigen, konischen, an der Spitze vertieften Wärzchen, gewöhnlich mit Ap., Ap.rand stark warzig. Unterseite in der Mitte schwärzlich, randlich oft z.hell . . . . **P. exasperata**

18* Lager mit verlängerten, zylindrischen bis spatelförmigen Isidien. Unterseite gewöhnlich braunstichig weißlich bis h.braun. Ap. gewöhnlich fehlend . . **19**

19 Isidien dicklich, nach oben hin keulig verdickt oder spatelig verbreitert und abgeplattet, stark glänzend, schräg stehend bis aufgerichtet, innen meist hohl, meist 140–250 µm dick (Abb. 4e). Lager glänzend, Lappen am Rand oft aufsteigend, braun, rotbraun, olivbraun. Ap.rand nicht isidiös . . . **P. exasperatula**

19* Isidien zylindrisch, in der Lagermitte s.dichtstehend, oft verzweigt, –1 mm hoch und 50–140(180) µm dick, nicht hohl (Abb. 4f). Lager meist größtenteils matt, anliegend, braun, olivbraun. Ap.rand dicht isidiös . . . . **P. elegantula**

20 Lager v.a. gegen die Ränder bereift und mit s.feinen Härchen besetzt (starke Lupe), auf der Fläche und an den aufsteigenden Rändern der Lappen sorediös aufbrechend, ohne Isidien, h.- bis mittelbraun, gelbbraun, rotbraun, seltener d.braun, meist matt, in der Mitte meist runzelig. Unterseite d.braun bis schwarz. Mark und Sorale C+ karminrot, KC+ rot, K–, P–, UV–. Lappen –3 mm breit. Lecanor-S. Meist auf Rinde/Rindenmoosen . . . . **P. subargentifera**

20* Lager nicht oder nur ausnahmsweise bereift, ohne feinste Härchen. Mark P– **21**

21 Gewöhnlich auf Rinde, s.selten auf Gestein. Lager mit schlanken zylindrischen Isidien oder fleckförmigen Soralen. Mark C+ karminrot/KC+ rot. Mit Lecanor-S. **22**

21* Auf Silikatgestein. Lager nur mit Isidien, groben Isidiengruppen oder Soralen **23**

22 Isidien dünn zylindrisch, meist 0,07–0,12 mm dick, oft verzweigt, ± regelmäßig angeordnet. Lager oliv, olivbraun, feucht oft grünlich (Schattenexempl.) und Isidien meist s.zart und rel. locker (var. *glabratula*) oder braun, d.braun, dann Isidien meist dichtstehend, davon die Lagermitte s.dunkel (schwarzbraun), wie samtig (var. *fuliginosa*), unterseits (mit Ausnahme des Randes) schwarz. Mark K- oder K+ violett. Meist 2–4 cm. ±Rhodophyscin * . . . . **P. glabratula**

22* Lager mit Soralen oder zarten Isidien oder meist beidem, oliv, olivbraun, braun, rötlichbraun, in der Mitte meist runzelig. Isidien s.zart. -0,25 mm lang, 0,02–0,06 mm breit, selten verzweigt, aus Soredien hervorgehend, nach dem Abschaben gelbliche Stellen hinterlassend. Sorale punktförmig, auf der Fläche entstehend, in der Mitte bisweilen zus.fließend, weiß bis gelblich. Unterseite braun bis schwarz. Mark K-. ±Subauriferin * . . . . **P. subaurifera**

23 Isidien dünn, zylindrisch, meist 0,07–0,12 mm dick, oft verzweigt, ± gleichmäßig verteilt (nicht knäuelig gehäuft). Lager meist 2–4 cm breit, oliv, olivbraun, feucht oft grünlich (Schattenexempl.) und Isidien meist s.zart und rel. locker (var. *glabratula*) oder braun, d.braun, dann Isidien meist dichtstehend, davon die Lagermitte s.dunkel (schwarzbraun), wie samtig (var. *fuliginosa*). Mark K- oder K+ violett, C+ karminrot, KC+ rot. Lecanor-S., ±Rhodophyscin . . . . **P. glabratula**

23* Mit Soralen oder deutlich gröberen Isidien(gruppen) oder warzigen isidiösen Auswüchsen. Nicht mit Lecanor-S., Mark K–, UV+ weiß **24**

24 Arktisch-alpine Flechte über der Waldgrenze. Lappen mit deutlichen hellen bis dunklen Pseudocyph. auf der Fläche, 1–3 mm breit, mit punktförmigen bis kopfigen, körnigen bis isidiösen, hellen bis d.braunen Soralen, olivbraun, braun, rotbraun, d.braun. An *P. disjuncta* erinnernd, aber stets C+ rosa und mit Pseudocyph. auf der Fläche, nie mit schwärzlichen Soralen. Gyrophor-S. + unbek. Stoffe – arkt-alp – Alpen . . . **P. tominii** Oxner [*P. substygia* Räsänen]

24* Weit verbreitet. Lappen ohne Pseudocyph. oder Pseudocyph. undeutlich und nur im Randbereich. Mark UV+ weiß. Mit Perlatol-S. oder Divaricat-S.; Chemorassen mit Gyrophor-S. **25**

25 Lappen 0,5–1(1,5) mm breit, gewölbt bis (v.a. an den Enden) verflacht, braun, d.olivbraun, d.- bis schwarzbraun, gewöhnlich nicht querrunzelig, an den Enden glänzend und meist etwas verbreitert. Sorale an den Rändern und auf der Fläche der Lappen entstehend, oft basal verengt aufsitzend, ± kopfig, mitunter oben verflacht bis kraterförmig, schwärzlich bis hell, oft isidiös. An den Lappenrändern oft mit undeutlichen Pseudocyph. Perlatol-S., Stenospor-S. . . . . **P. disjuncta**

25* Lappen 1–3 mm breit, gegen die Lagermitte gewöhnlich runzelig bis rissig, meist d.braun. Isidien pustelartig bis verlängert, nicht gleichmäßig verteilt, sondern in Knäueln zus.stehend, 0,1–0,2 mm breit, starr bis z.weich. Lager meist z.groß, oft über 4 cm. Mark K–, C+/KC+ rosa. Divaricat-S. **P. verruculifera** (s.selten reagiert das Mark der verwandten, meist gelb- bis mittelbraunen *P. loxodes* C+ rosarot (Gyrophor-S.), vgl. Alternative 16)

TS 2: Nicht-braune Arten

1 Lager mit grünlichem bis gelblichem Farbton (*Usnea*-Grün) oder düster olivgrün, bläulichgrün. Ohne Atranorin (ausgenommen die arktische *P. centrifuga* und selten *Parmeliopsis ambigua*) **2**

1* Lager ± grau bis weißlich. Rinde K+ gelb (bis mitunter rötlich). Mit Atranorin 12
2 Lager düster grün, d.graugrün, bläulichgrün, spangrün, braungrün, d.oliv, feucht ± grün, auf Rinde 3
2* Lager gelbgrün, gelblich, blaß graugrün (*Usnea*-Grün). Usnin-S. 4
3 Lager zart, dünn, fein isidiös, olivgrün bis braunoliv. Ap. meist flach, meist fehlend. Mark C+ karminrot, K- oder K+ violett, P- . . . . . **P. glabratula (TS 1/23)**
3* Lager derb, breitlappig, meist 4–15 cm groß, ohne Isidien, olivgrün, d.grün, düster graugrün, spangrün, oft bereift, mitunter fast bläulich. Lappen -1,5 cm breit, Enden aufsteigend, breit gerundet. Unterseite h.braun. Ap. schüsselförmig, groß, bis über 1 cm. Mark K+ rot, C-, P+ orange. Norstictin-S. . . . . . **P. acetabulum**
4 Lager ohne Isidien und Sorale, auf Silikatgestein und mageren Böden . . . 5
4* Lager mit Isidien oder Soralen, auf Rinde, Gestein, Moosen 6
5 Arktisch-boreale Flechte in kalten Lagen des Bayerischen Waldes, des Harzes. Lager rosettig, dicht anliegend, im Innern oft absterbend, alt konzentrische Ringe bildend, mit schmalen, 1–2 mm breiten Lappen, weißlichgelb bis gelbgrünl., matt, runzelig. Mark P-, K-, C-, KC+ rot. Alectoron-S., Atranorin, Usnin-S. Auf Silikatfels, arkt-bor(-mieur·alp) . . . . . **P. centrifuga** (L.) Ach.
5* Verbreitet. Lager ± ausgedehnt, meist nicht rosettig, nicht im Innern absterbend, oft h.grüngelb bis gelblich graugrün, Lappen glatt, derb, meist glänzend, oft unregelmäßig übereinanderwachsend, schmal bis breit, oberseits oft stellenweise mit schwarzen Punkten (Pykn.), unterseits schwarz bis braun. Ap. oft fehlend. Mark P+ orange, K+ bald rot, C-, KC-. S.variabel. Mit Vorsicht von junger *P. conspersa* zu trennen. Salazin-S., ±Lobar-S., Usnin-S. (Wenn Mark P+ orangerot, K- bis bräunlich, Fumarprotocetrar-S.; Usnin-S.: **P. protomatrae** Gyelnik, z.B. Vog, Mos, MRh) . . . . . **P. somloensis**
6 Lager mit zylindrischen, oft verzweigten Isidien (mitunter spärlich), h.grüngelb bis gelblich graugrün, ± rosettig. Ap. häufig, -1 cm, (d.)braun. Unterseite meist schwärzlich. Lappen meist 0,5–3 mm breit, an den Enden oft breiter. Mark K+ gelb(orange), P+ orange, C-. Stictin-S., ±Norstictin-S., Usnin-S. Auf Silikatgestein . . . . . **P. conspersa**
(wenn Isidien nicht länglich, sondern warzig bis ± eiförmig, Mark K+ rot, Salazin-S., Norstictin-S., Usnin-S.: **P. tinctina** Maheu & Gillet, z.B. MRh)
6* Lager mit hellen Soralen, fast stets steril 7
7 Mit weißen halbkugeligen Soralen an den Lappenenden. Lappen ± linear, -2(3) mm breit, locker gabelig verzweigt (mit auffallend gerundeten Achseln), glatt, ± glänzend, weißlich graugrün bis graugelb, unterseits schwarz. Rhizinen (wiederholt) gabelig verzweigt, am Rand oft etwas vorstehend. Rinde K+ gelb, Mark/Sorale K+ gelb, dann rot. Salazin-S., Usnin-S., (Norstictin-S.). Auf Rinde . . . . . **P. sinuosa**
7* Sorale nicht auf Lappenenden beschränkt, stets flächenständige vorhanden. Mark K- bis K+ gelb(orange). Rhizinen einfach. Lager oft rosettig wachsend 8

8 Lager groß und breitlappig (Lappen meist 3–10 mm breit, aneinanderschließend oder überlappend), ± runzelig, unterseits schwarz, mit rhizinenfreier brauner Randzone, mit Soralen an den Lappenrändern und/oder auf der Oberfläche. Mark K– **9**

8* Lager schmallappig (Lappen –1(2) mm breit), kaum über 4 cm groß, unterseits bis zum Rand mit Rhizinen. Mark K–, K+ gelb(orange) **10**

9 Mark/Sorale C+ karminrot, KC+ rot, P–. Lager netzgrubig uneben bis runzelig, mit fleck- bis strichförmigen (bis netzig verbundenen) weißlichen Pseudocyph. v.a. auf den Runzelleisten. Auf der Oberfläche und (v.a. in der Mitte) an den Rändern mit Flecksoralen, an den Rändern mitunter zu Bortensoralen zus.fließend. Lecanor-S., Usnin-S. . . . . **P. flaventior**

9* Mark/Sorale C–, KC± rot, P+ orangerot. Lager gegen die Mitte wellig runzelig, ohne oder mit undeutlichen Pseudocyph. Oberfläche mit punktförmigen, bald unregelmäßig zus.fließenden körnigen Soralen. Protocetrar-S., Caperat-S., Usnin-S. . . . . **P. caperata**
(die ähnliche süd- und westeuropäische *P. soredians* Nyl. reagiert im Mark K+ rot)

10 Lager dicht dem Substrat angedrückt, ± flach, mit in der Mitte zus.fließenden (flachen bis m.gewölbten, –1(1,2) mm breiten) Flecksoralen, Mark R–. Unterseite braunschwarz. Lappen 0,5–1(1,3) mm breit. Meist auf Rinde und Holz, selten an schattigem Gestein. Divaricat-S., Usnin-S., selten Atranorin
. . . . ↑ **Parmeliopsis ambigua**

10* Lager mit anderen Merkmalen, auf Gestein, Mark entweder KC+ rot oder P+ orange **11**

11 Lappen gewölbt bis fast stielrundlich, meist 0,3–0,6 mm breit, an den Enden auch verflacht und oft ± eingebogen, ± höckerig, matt, mit halbkugelig bis fast kugelig vorstehenden, meist über 1 mm großen Soralen ± in der Mitte des Lagers (an kurzen Seitenlappen). Unterseite braun. Mark/Sorale K–, KC+ rot, C–, P– oder P+ rostrot. Alectoron-S., ±Protocetrar-S., ±α-Collatol-S., Usnin-S. (Abb. 46e) . . . . **P. incurva**

11* Lappen ± verflacht, dem Fels angedrückt, dünn, meist 0,3–0,8 mm breit, strahlig ausgerichtet oder durcheinanderwachsend, mit kleinen fleckförmigen, flachen bis gewölbten, nicht stark vorstehenden Soralen. Unterseite schwarz. Mark/Sorale K+ gelb(orange), KC–, C–, P+ orange, UV–. Lager klein, –2 cm breit. Stictin-S., Usnin-S. . . . . **P. mougeotii**

12 Ohne Isidien und Sorale **13**

12* Mit Isidien oder Soralen **16**

13 Auf Rinde. Mark C+ karminrot, KC+ rot, P–, K–. Lager weiß bis grauweiß, glatt, ohne Pseudocyph. mit flachen Lappen, rosettig, unterseits schwarz, fast immer mit Ap. Atranorin, Lecanor-S. **15**

13* Auf Silikatgestein. Mark C–, P+ orange oder rot. Lager grau, braungrau, auch (an offenen Standorten) braun bis braunschwarz oder blaugrau bereift, mit weißlichen, strichförmigen bis netzig verbundenen Pseudocyph., sonst glatt, etwas glänzend. Lappen flach bis konkav. Ap. selten.: **P. omphalodes** . . . **14**

14 Mark K–. Lappen vorwiegend relativ schmal, oft gewölbt, Pseudocyph.netz oft

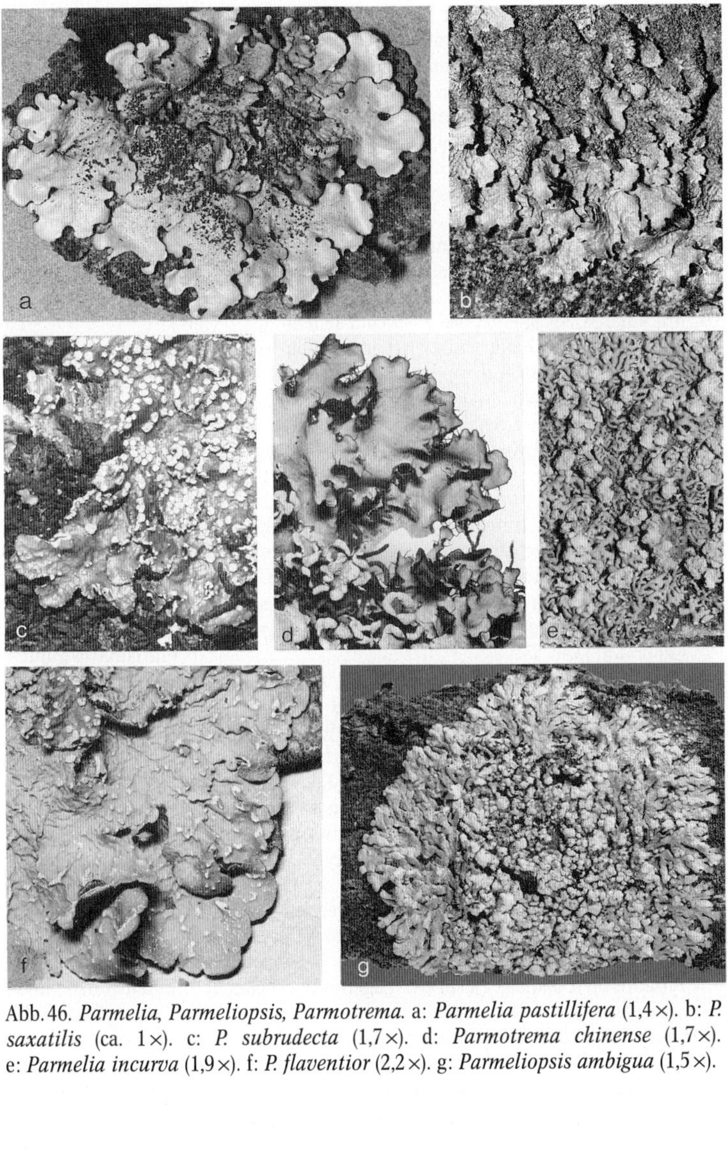

Abb. 46. *Parmelia, Parmeliopsis, Parmotrema.* a: *Parmelia pastillifera* (1,4×). b: *P. saxatilis* (ca. 1×). c: *P. subrudecta* (1,7×). d: *Parmotrema chinense* (1,7×). e: *Parmelia incurva* (1,9×). f: *P. flaventior* (2,2×). g: *Parmeliopsis ambigua* (1,5×).

rel. undeutlich. Lager meist braun. Atranorin, Protocetrar-S., Lobar-S., ±Protolichesterin-S. u. akzessor. Stoffe . . . . **ssp. discordans**

14* Mark K+ rot. Lappen schmal bis breit, meist konkav, Pseudocyph. auf der gesamten Oberfläche und an den Rändern, gut entwickelt, mitunter Lager auch in kleine dachziegelige, aufsteigende Läppchen geteilt. Atranorin, Salazin-S., ±Lobar-S., ±Protolichesterin-S. u. akzessor. Stoffe . . . . . . **ssp. omphalodes**

15 Ap.rand unterseits meist mit Rhizinen. Lager rel. locker anliegend, rel. kräftig und groß, Achseln der Verzweigungen auffallend rund ausgeschnitten. * . . . . **P. quercina** var. **carporrhizans**

15* Ap.rand unterseits meist ohne Rhizinen. Lager rel. dicht anliegend. Achseln nicht auffallend rund ausgeschnitten. * . . . . **P. quercina** var. **quercina**

16 Mit Isidien. Ap. z.selten **17**

16* Mit Soralen. Ap. s.selten (bei *P. sulcata* selten) **22**

17 Lagerlappen am Rand und zwischen/auf den Isidien mit schwarzen borstenförmigen Wimpern (Cilien), breit (–1,2 cm), v.a. im Innern des Lagers oft mit aufsteigenden, wellig-krausen Rändern, Isidien zylindrisch, auf der Fläche und an den Rändern, oft gehäuft. Unterseits schwarz, Randzone braun, rhizinenfrei, aufgebogen. Mark K+/P+ gelborange, C–. Atranorin, Stictin-SSy. . . . . **Parmotrema crinitum**

17* Lagerlappen und Isidien ohne schwarze Cilien **18**

18 Lagerlappen unterseits nur mit spärlichen Rhizinen, unterseits braun bis schwarz, bei manchen Formen auch (teilweise) weiß, breit, an den Enden und Rändern ± stark aufsteigend, oft nur an der Basis festgewachsen und ± strauchig, an den Rändern korallinisch-isidiös und oft kraus, oberseits grau, bläulichgrau, feucht grünlich, meist 0,5–1,3 cm breit. Mark R–. Atranorin, Caperat-S. (Abb. 53c) . . . . **Platismatia glauca**

18* Lagerlappen unterseits bis zum Rand mit zahlreichen Rhizinen, schwarz, randlich braun. Mark K+ rot oder C+ rot **19**

19 Oberseite mit ± zarten, weißlichen, strichförmigen bis netzig verbundenen, leicht erhabenen Pseudocyph., daher leicht grubig, grau, bisweilen mit bräunlichem oder bläulichem Stich. Mark C–, K+ gelb, dann rot, P+ orange. Isidien zylindrisch bis korallinisch oder eiförmig, zerstreut bis dicht gedrängt. Lappen an den Rändern oft aufsteigend. Atranorin, Salazin-S. **20**

19* Oberseite glatt, ohne weißliche Pseudocyph., randlich weiß bis grauweiß, im Innern durch dichtstehende graue bis schwarze Isidien dunkler. Mark C+ karminrot, K–, P–. Große, rosettig wachsende Arten mit ± flachen Randlappen. Meist auf Rinde, auch auf Gestein. Atranorin, Lecanor-S. **21**

20 Lagerlappen nicht auffallend verlängert. Lager oft ± rosettig, mit zahlreichen zylindrischen Isidien, v.a. in der Lagermitte. ±Lobar-S. *, selten Norstictin-S., Lichesterin-S. . . . . **P. saxatilis**

20* Lager mit auffallend verlängerten, oft ± verdrehten, locker anliegenden bis abgehobenen, bandförmigen Lappen, nicht rosettig, recht ähnl. *P. sulcata*. Isidien kurz, ± eiförmig, stellenweise dicht polsterig, oft sorediös aufbrechend. Zusätzlich mit punktförmigen Soralen. Salazin-S., ±Norstictin-S. * . . . . **P. submontana**

21 Isidien schwarz (bis d.braun), mindestens teilweise oben verbreitert (Abb. 4d, 46a), knopfartig verflacht oder oben etwas konkav, beim Ausbrechen s.kleine grubige Narben hinterlassend. Lappen meist dicht anliegend, oft leicht glänzend. * . . . . **P. pastillifera**

21* Isidien grau bis d.grau, braun, manchmal schwärzlich, an der Spitze nicht flach bzw. vertieft, beim Ausbrechen in der Regel keine Gruben hinterlassend. Lappen matt, weniger eng anliegend als bei *P. pastill.* * . . . . . . **P. tiliacea**

22 Lager unterseits bis zum Rand mit Rhizinen **23**

22* Lagerunterseite am Rand mit einer ± breiten rhizinenfreien Zone. Lager mit breiten, abgerundeten, aufsteigenden Lappen **31**

23 Lager ohne typische Pseudocyph., weißgrau bis blaugrau **24**

23* Lager mit weißlichen, punkt- oder strichförmigen Pseudocyph. auf der Oberfläche **27**

24 Mark R– (allenfalls K+ leicht gelblich infolge verfließender Rindenreaktion). Lager breitlappig, an den Enden und Rändern bald stark aufsteigend, grau, unterseits am Rand braun, sonst schwarz, in manchen Formen weiß, an den Rändern isidiös oder sorediös gesäumt, oft kraus, s.variabel. Rhizinen spärlich . . . . **Platismatia glauca (18)**

24* Mark C+ rot oder orange, K–, P–. Atranorin. Seltene ozean. Flechten . . . **25**

25 Sorale halbkugelig, an den Lappenenden. Lappen linear bandförmig, –3(5) mm. Achseln zwischen den Verzweigungen auffallend rund. Mark/Sorale C+ orange, K–, P–. Barbat-/Obtusat-SSy. * . . . . **P. laevigata**

25* Sorale auf der Oberfläche, meist nahe, seltener an den Enden, unregelmäßig aufbrechend, Soredien grob, z.T. aus kleinen Pusteln aufbrechend. Lappen grau, an den Enden oft eingerollt, mit meist schmalbuchtig-ovalen Achseln, 2–5(7) mm breit. Selten mit einzelnen Rand-Cilien. Mark C+ rosarot. Gyrophor-S. (wenn Lappen oft auch längs zur Längsachse eingerollt, ohne typische Sorale, aber Oberrinde sich stellenweise abschälend, Rhizinen reich dichotom verzweigt, Lecanor-S. und Evern-S. *: **P. taylorensis** Mitch., Nordalpen) **26**

26 Sorale blaß grünlich, grau bis bräunlich. Lappen ± matt (an den Enden oft glänzend) . . . . **P. revoluta** var. **revoluta**

26* Sorale schwärzlich werdend. Lappen ± glänzend, schmal, bis meist 2 mm, gesteinsbewohnend, dem Substrat z.dicht anliegend, soraletragende Abschnitte aufsteigend. Achseln mehr gerundet als bei var. *revoluta* . . . . **P. revoluta** var. **britannica**

27 Oberseite mit strichförmigen oder zarten vernetzten Pseudocyph. Mark K+ gelb, dann rotorange bis rot, P+ orange, C–. Atranorin, Salazin-S. **28**

27* Oberseite mit punktförmigen Pseudocyph., die in rundliche Sorale aufbrechen. Mark K–, P–, C+ rot. Atranorin (Abb. 46c) **30**

28 „Pseudocyph."netz s.zart und eng, nur unter der Lupe sichtbar. Lappen sehr breit (0,5–1,5 cm), an den Rändern mit Halbkopfsoralen, die bortenartig zus.fließen können, spärlich mit schwarzen Cilien besetzt. In Mitteleuropa ausgestorben. * . . . . **P. reticulata**

28* Pseudocyph.netz gröber; ohne Halbkopfsorale. Lappen meist 2–5(8) mm breit **29**

29 Lager mit verlängerten, oft eingerollten, s.locker anliegenden bis ± abgehobenen Lappen, mit punktförmigen Soralen und eiförmigen, oft polsterig gedrängten sorediösen Isidien. * . . . . **P. submontana (20)**
29* Lager an den Pseudocyph. und oft an den Lappenrändern zu strichförmigen Soralen aufbrechend, Sorale mehlig, nicht isidiös. Lappen oft verlängert, aber kaum eingerollt. * . . . . **P. sulcata**
30 Lager unterseits fast weißlich, h.- bis mittelbraun, selten schwärzlich, oft glänzend, oberseits weißgrau bis hell bläulichgrau, bisweilen leicht bräunlich überlaufen. Lappen randlich meist aufsteigend, mit fleckförmigen Soralen auf der Oberfläche und bisweilen mit Bortensoralen am Rand, –5(8) mm breit, aneinanderschließend oder überlappend. Mark C+ karminrot. Lecanor-S. * . . . . **P. subrudecta**
30* Wie vorige, doch Unterseite schwärzlich. Mark C+ rosarot. Gyrophor-S. * . . . . **P. borreri** (Sm.) Turner
31 Oberseite ohne Pseudocyph. Lager mit Halbkopfsoralen, die zu Bortensoralen zus.fließen können, Rand mit zerstreuten, z.langen schwarzen Cilien, Mark C–. Atranorin 33
31* Oberseite mit feinen punktförmigen Pseudocyph. Lager mit Bortensoralen, ohne schwarze Wimpern, Mark K–, P–, UV+ weiß. Atranorin. **Cetrelia olivetorum** s.l. 32
32 Mark C–, KC–/+ rosa, P–. Perlatol-S., Imbricar-S. * . . . . . . **C. cetrarioides**
32! Mark C/KC+ rot. Olivetor-S. * . . . . **C. olivetorum**
32* Mark C–, KC+ rosa. α-Collatol-S., Alectoron-S. * . . . . **C. chicitae**
33 Mark K+ gelb, dann orange bis rot, P+/KC+ orange, UV–. Sorale meist zus.fließend. Salazin-S. * . . . . **Parmotrema stuppeum**
33! Mark K+ gelb, P+ orange, KC+ gelborange, UV–. Sorale meist nicht zu Bortensoralen zus.fließend, sondern meist ± kopfig. Stictin-S. u.a. * . . . . **Parmotrema chinense**
33* Mark K–, P–, KC+ rosarot, UV+ (blau)weiß. Alectoron-S., α-Collatol-S. * . . . . **Parmotrema arnoldii**

Parmelia acetabulum (Necker) Duby [Pleurosticta a. (Necker) Elix & Lumbsch, Melanelia a. (Necker) Essl.]
Bis in montane Lagen auf subneutraler bis m.saurer, meist rissiger Laubbaumrinde, besonders an freistehenden Bäumen, in Wäldern selten (Wipfel), bevorzugt auf nährstoffreichem Substrat, z.starken Staubanflug tolerierend; heute in niederen Lagen vielfach in Kümmerformen, optimal v.a. in z.niederschlagsreichen Gebieten; neutroph.–m.acidoph., z.–s.photoph., m.–z.nitroph. – (s'bor-)mieur-med – z.selten–m.häufig (3), stellenweise selten

Parmelia caperata (L.) Ach. [Flavoparmelia c. (L.) Hale]
Bis in montane Lagen an Laub-, selten Nadelbäumen, besonders in lichten Wäldern (v.a. Eichen-Hainbuchen-W.), an Waldrändern und freistehenden Bäumen, bevorzugt Eiche, Esche, Hainbuche, Linde, ferner an Obstbäumen (v.a. Apfel), auch auf Silikat-

gestein, stärker eutrophierte (Straßen-)Bäume und kalte Orte meidend, m.–z.acidoph., z.photoph., a-(–m.)nitroph., empfindlich gegenüber sauren und eutrophierenden Luftverunreinigungen sowie Pestiziden, oft mit beschädigten Lagern, in neuester Zeit gebietsweise sich erholend – mieur(subatl)-med – m.häufig (3) (SW-Dtschl.); gebietsweise selten geworden (nördlich des Mains) bis verschwunden

Parmelia conspersa (Ehrh. ex Ach.) Ach. [Xanthoparmelia c. (Ehrh. ex Ach.) Hale]
Bis in hochmontane Lagen, in den Alpen vereinzelt wesentlich höher, auf Silikatgestein an besonnten, meist ± nährstoffreichen Standorten, auch an m.gedüngten Vogelsitzplätzen, v.a. auf Horizontal- und Schrägflächen, gelegentlich auch hemerochor in Kalkgebieten (z.B. Dachziegel, Grabsteine, Mauerkronen), subneutroph.–z.acidoph., z.–s.photoph., m.–z.nitroph., etwas wärmeliebend – bor-med – Sch, Vog, Eif m.häufig, sonst meist z.selten, Kalkgebiete selten–s.selten

Parmelia disjuncta Erichsen [Melanelia d. (Erichsen) Essl.]
In submontanen und montanen, seltener hochmontanen Lagen auf kalkfreiem Silikatgestein an (meist steilen) Schräg- und an beregneten Vertikalflächen, an z.–s.lichtoffenen, oft rel. warmen Standorten, z.acidoph., z.–m.ombroph. – (arkt-)bor-mieur(-smed) – z.selten; süSch, Vog, sonst selten: nöSch, O, Pf, Ts, Eif, Erz, BayW

Parmelia elegantula (Zahlbr.) Szat. [Melanelia e. (Zahlbr.) Essl.]
Bis zur montanen Stufe auf der Rinde (Stamm) von Laubbäumen, fast immer an freistehenden Bäumen (Straßen, Parks), meist an Ahorn, Esche, Linde, oft in Obstgärten/-wiesen, in den letzten Jahrzehnten Ausbreitung in niederen Lagen, oft in Siedlungsgebieten, gegen Luftverschmutzung rel. resistente Blattflechte, m.–z. acidoph., m.(–z.)nitroph. – mieur-med – z.selten, durch das ganze Gebiet

Parmelia exasperata De Not. [Melanelia e. (De Not.) Essl., P. aspidota (Ach.) Poetsch, P. aspera Massal.]
Ähnl. *Physcia aipolia* (↑), noch stärker konzentriert auf Äste, offenbar sehr empfindlich gegen Eutrophierung und saure Luftverunreinigungen – bor-med, (subko) – selten (2); v.a. süSch, Vog, ferner z.B. Eif, Ju, Ne, Al, sonst s.selten geworden (z.B. Th) oder heute ± fehlend

Parmelia exasperatula Nyl. [Melanelia e. (Nyl.) Essl.]
Bis in hochmontane Lagen, z.euryöke Flechte, an Laub- und (dann meist an Zweigen) Nadelbäumen, v.a. an freistehenden Bäumen an Straßen und um Siedlungen, häufig auf Apfelbaum in Obstgärten, auf m.nährstoffreichen Substraten, m.–z.starke Eutrophierung tolerierend, (subneutroph.)m.–z.acidoph., z.–s.photoph. – bor-med – m.–z.häufig

Parmelia flaventior Stirton [P. kernstockii (Lynge) Zahlbr., P. andreana Müll.Arg., Flavopunctelia f. (Stirton) Hale]
In der kollinen und submontanen Stufe, selten höher, besonders in sommerwarmen, niederschlagsarmen bis m.niederschlagsreichen Gebieten, an Stämmen von Laub-, selten Nadelbäumen an lichtreichen Standorten (Alleen, Siedlungen), nicht im Waldinneren, meist auf m.basen- u. m.–z.nährstoffreichem Substrat, toxitoleranter als *P. caperata*, in den letzten Jahrzehnten mit deutlicher Ausbreitungstendenz,

(m.–)z.acidoph., mesoph.–z.xeroph., z.–s.photoph. – zentr – z.selten; Ne zerstr., Hü, Mn, Rh, Bo, Ju, Do, Sch (Tieflagen), sonst selten (Mos) bis fehlend

Parmelia glabra (Schaerer) Nyl. [Melanelia g. (Schaerer) Essl.]
In montanen und hochmontanen, niederschlagsreichen, ozeanischen, milden bis kühlen Lagen an lichtreichen Standorten auf der Rinde von freistehenden Laubbäumen und in lichten naturnahen Wäldern (hier oft in Baumkronen), besonders auf rel. mineralreichen, aber nicht oder nur mäßig eutrophierten Rinden, v.a. Esche, Ahorn, subneutroph.–m.acidoph. – mieur·pralp-med·mo – s.selten, im Gebiet an der NW-Grenze der Verbreitung (2); Ne, Ju, nöSch (je 1×), SJu, Av, Al (zerstr.)

Parmelia glabratula (Lamy) Nyl. [Melanelia g. (Lamy) Essl., P. laetevirens (Flotow) Rosend., P. fuliginosa (Fr.) Nyl.]
Bis in hochmontane Lagen, zumeist auf Rinde, daneben oft auf Silikatgestein und Holz, auf Moose übergehend, z.euryök, meist an m.–z.lichtreichen Standorten, an z.beregneten Steilflächen von Felsen, an Waldbäumen und an freistehenden Bäumen, an Holzbrettern, auf m.–s.sauren, nährstoffarmen bis m.nährstoffreichen Substraten – bor-med – häufig

Parmelia incurva (Pers.) Fr. [Arctoparmelia i. (Pers.) Hale]
In hochmontanen (selten in rauhen montanen) Lagen auf kalkfreiem, meist hartem saurem Silikatgestein, konzentriert in kühlen bis kalten Gipfellagen, an z.–m. windoffenen, m.lange schneebedeckten Felsen und in Blockmeeren, z.acidoph., stark ombroph., z.photoph., a-(–m.)nitroph. – bor(-mieur) – s.selten (1); Vog, nöSch, Fi, Erz, BayW, Rothaargeb., *WeBgl*, Hz

Parmelia laciniatula (Flagey ex Oliv.) Zahlbr. [Melanelia l. (Flagey ex Oliv.) Essl.]
In kollinen bis montanen Lagen am Stamm von Laub-, s.selten Nadelbäumen, v.a. Esche, Ahorn, bevorzugt an Straßenbäumen, an z.niederschlagsreichen, z.licht- und ± nährstoffreichen Standorten (z.B. Staubanflug), v.a. an Ahorn, Roßkastanie, Esche, m.acidoph.(–subneutroph.), z.photoph., m.–z.nitroph., oft mit *P. exasperatula* – mieur(subatl)-med·mo – z.selten (3); v.a. im Westen des Gebietes (Vog, Saar, Hu, Pf), selten z.B. Sch, BayW

Parmelia laevigata (Sm.) Ach. [Hypotrachyna l. (Sm.) Hale]
In montanen und hochmontanen, s.niederschlagsreichen Lagen, ähnl. *Parmotrema arnoldii* (↑), an s.ozeanischen Orten, in Westeuropa in niederen Lagen – mieur·atl/pralp-smed·mo, oz – s.selten (1); süSch (Feldberg), *Vog*, nöPf

Parmelia loxodes Nyl. [Neofuscelia l. (Nyl.) Essl., P. isidiotyla Nyl.]
Bis in die montane Stufe, darüber seltener, an besonnten Orten, an m.(–z.)eutrophiertem Silikatgestein, ähnl. *P. conspersa* (↑) – s'bor-med – (z.)selten; Silikatgebiete (Sch, Eif, Hu, Pf, MRh), sonst s.selten

Parmelia mougeotii Schaerer ex D.Dietr. [Xanthoparmelia m. (Schaerer ex D.Dietr.) Hale]
In der kollinen und montanen Stufe auf hartem, kalkfreiem Silikatgestein, oft auf Porphyr, Granit, an z.beregneten Vertikal-, seltener Schrägflächen, an z.–s.lichtreichen, oft recht warmen Standorten, v.a. an warmen Talhängen, Pionierflechte,

m.–z.acidoph., a-/m.nitroph. – mieur·subatl-med(mo) – selten (3); Sch, Vog, Saar, Pf, Hu, Ts, Mos, Eif, O, Sp, ThW, Erz

Parmelia olivacea (L.) Ach. s.str. [Melanelia o. (L.) Essl.]
In montanen und hochmontanen, z.niederschlagsreichen Lagen an zeitweise s.kalten, spätfrostgefährdeten Standorten mit später Vegetationsentwicklung, in kaltluftstauenden Mulden, in Hoch- und Übergangsmooren, in Blockmeeren, auf glatter, saurer Rinde, fast nur auf Zweigen von Moorbirke, z.–s.acidoph., z.–s.photoph., anitroph. – bor(-mieur·ko) – s.selten (1); süSch (Lenzkirch), Ju (Irndorf)

Parmelia omphalodes (L.) Ach.
ssp. **omphalodes**
In submontanen bis alpinen Lagen an kalkfreiem Silikatgestein, vorwiegend an beregneten Steilflächen an m.–z.lichtreichen, windgeschützten bis z.windoffenen Standorten, besonders in niederschlagsreichen Gebieten oder kühlen, luftfeuchten Tälern, gern auf rauhen Gesteinsoberflächen, bisweilen auf Moose übergehend oder auf dünner Humusauflage, m.–s.acidoph., z.–s.ombroph., m.substrathygroph. – arkt-smed·mo/alp – z.selten; Sch und Vog zerstr., sonst (Eif, Hu, MRh, Ts, Rhön, ThW, O, Sp, Al) selten
ssp. **discordans** (Nyl.) Skult
Auf stärker exponierte Stellen in hochmontanen und alpinen Lagen beschränkt – selten; Sch, *Ts*

Parmelia panniformis (Nyl.) Vainio [Melanelia p. (Nyl.) Essl.]
V.a. submontan und montan verbreitet, auf kalkfreiem Silikatgestein, besonders an z.beregneten Vertikalflächen an z.lichtreichem Standort, z.acidoph., z.ombroph., a-/m.nitroph., meist mit Pertusarien – bor-mieur·mo(-smed·mo) – selten; Sch und Vog z.selten, Saar, nöPf, Mos, Ts, Rhön, Th, Erz, BayW

Parmelia pastillifera (Harm.) Schubert & Klem. [Parmelina p. (Harm.) Hale, P. scortea var. p. Harm.]
In niederschlagsreichen, z.ozeanischen, montanen, seltener submontanen Lagen, auf Rinde von Laubbäumen, besonders Buche, Eiche, Esche, in lichten Wäldern und an freistehenden Bäumen, selten auf mineralreichem Silikatgestein, gegenüber *P. tiliacea* auf nährstoffärmeren Substraten, Staubanflug meidend, häufiger auch an glatten Rinden, hygrisch viel anspruchsvoller, m.acidoph.(–subneutroph.), z.photoph., z.(–s.)ombroph., a-/m.nitroph. – mieur·subatl(pralp)-med·mo, (oz) – z.selten (3); Sch, Vog, SJu, selten Eif, Mos, Hu, MRh, Saar, O, Ju, SFW, Bo-Av

Parmelia pulla Ach. [Neofuscelia p. (Ach.) Essl., P. prolixa (Ach.) Carroll]
var. **pulla**
In kollinen und submontanen, seltener in montanen Lagen auf saurem und basischem Silikatgestein an besonnten, oft windgeschützten Standorten, v.a. auf Horizontal- und Schrägflächen, gern auf mineralreichem Substrat, doch stärkere Düngung meidend, auch auf Ziegeln und bearbeitetem Sandstein, subneutroph.–z.acidoph., m.–z.thermoph. – s'bor-med – z.selten; Vog, Sch, O, Pf, RhSch, ThW, Th, sonst selten–s.selten
var. **delisei** (Duby) H.Magn. [P. delisei (Duby) Nyl., Neofuscelia d. (Duby) Essl.]

Ähnl. var. *pulla* (↑) - mieur-med - selten; z.B. süSch

Parmelia quercina (Willd.) Vainio [Parmelina q. (Willd.) Hale]
var. **quercina**
In submontanen bis hochmontanen, niederschlagsreichen, wintermilden Lagen an freistehenden Bäumen und in lichten Wäldern, in niederen Lagen v.a. auf Eiche, in höheren v.a. auf Ahorn, Buche, Esche, bevorzugt in der Krone auf dünnen bis mittelstarken Ästen, z.–s.photoph., subneutroph.–m.acidoph., a-(–m.)nitroph. - (s')mieur·subatl(pralp)-med - (s.)selten (1); heute nur noch wenige aktuelle Funde (süSch; Al z.selten), im Gebiet nach Norden und Osten ausklingend, vielleicht noch Ju, SJu, Bo, früher zerstr. (*nöSch,* Hü, *Rh, Ne,* Bo, Do, Ju, *O, Rh-Mn-T,* Eif, Th)
var. **carporrhizans** (Taylor) V.Wirth [P. carp. Taylor, Parmelina c. (Taylor) Poelt & Vězda]
Z.ähnl. *P. glabra* (↑) und *P. pastillif.* (↑) - mieur·pralp-med(mo), oz - s.selten (++); süSch?, Al (z.selten)

Parmelia reticulata Taylor [Rimelia r. (Taylor) Hale & Fletcher, Parmotrema reticulatum (Taylor) Choisy]
An klimatisch s.milden, rel. niederschlagsreichen bzw. luftfeuchten, nebelreichen Standorten der kollinen Stufe an der Rinde von Laubbäumen, auf Moosen auf Silikatfels, in lichten Eichen-Buchen-Wäldern, m.(–z.)acidoph. - mieur·atl-med·subatl - s.selten (0); *O (Heidelberg), PfW (Bitsch)*

Parmelia revoluta Flörke [Hypotrachyna r. (Flörke) Hale]
In kollinen bis montanen, niederschlagsreichen, wintermilden Lagen an Laub-, s.selten Nadelbäumen, besonders Eiche, Erle, Esche, in lichten Wäldern und bachbegleitenden Baumbeständen, v.a. in Hainsimsen-Eichen-Buchen-W., Buchen (-Tannen)-W., Erlen-Eschen-Beständen, auch auf Silikatfels, m.–z.acidoph., m.–z.photoph., a-(m.)nitroph. (var. **britannica** (Hawksw. & James) V.Wirth auf Silikat an meist etwas substratfeuchten, m.nährstoffreichen Orten, süSch, Vog) - mieur·subatl-med - selten (3); v.a. Westhänge von Sch, Vog, SJu, ferner Pf, Eif, O, Sp, *MRh-Ts,* Rh-Mn-T, SFW, Ne, Bo, Do, Av, Al, *Ml*

Parmelia saxatilis (L.) Ach.
Meist in sub- bis hochmontanen Lagen, in der kollinen Stufe spärlich (hier wohl zunehmend), z.euryök, auf Silikatgestein und sauren Rinden (Laub- und Nadelb.) und auf Moosen, an beregneten Flächen, Düngung meidend, optimal an niederschlagsreichen Standorten, z.–s.acidoph., m.–z. photoph., z.–s.ombroph., a-/m.nitroph. - arkt-mieur-med·mo - Sch u. Vog häufig, sonst z.selten bis selten, in niederen, niederschlagsarmen Lagen v.a. im Kronenbereich der Bäume

Parmelia septentrionalis (Lynge) Ahti [Melanelia s. (Lynge) Essl.]
Ähnl. *P. olivacea* (↑); öfter auch an *Salix aurita,* (subneutroph.)m.–z.acidoph. - bor(-mieur·mo) - s.selten (1); süSch

Parmelia sinuosa (Sm.) Ach. [Hypotrachyna s. (Sm.) Hale]
In montanen und hochmontanen, z.–s.niederschlagsreichen, luftfeuchten, kühlozeanischen Lagen, an Orten mit häufiger Nebelbildung, auch gelegentlichem

Kaltluftstau, besonders in Tälern in unmittelbarer Bachnähe, v.a. an (absterbenden) Ästen von Tanne und Fichte, z.(-s.)acidoph., m.-z.photoph., s.-e.hygroph., s.ombroph., psychroph., anitroph., s.gefährdete Art - mieur(atl/pralp)-smed·mo - s.selten (0); *süSch (Gebiet Schramberg-Dunningen), Do (Wurzach)*, Al (+++), Vog (+++)

Parmelia somloensis Gyelnik [Xanthoparmelia s. (Gyelnik) Hale, P. taractica auct., P. stenophylla auct.]
Kollin-montan, an besonnten, warmen, nach Regen rasch austrocknenden Standorten auf saurem und basischem Silikatgestein, v.a. auf Horizontalflächen und reliefreichem, zerklüftetem Substrat locker aufliegend, auf dünner Humus- oder Streuschicht über felsigem Untergrund und steinigem Boden, subneutroph.-z.acidoph., xeroph., z.-s.photoph., z.thermoph., a-/m.nitroph. - (s')bor-med, (subko) - z.selten; Sch, Vog, O, Pf, RhSch, Lahn, He (z.B. Rhön), ThW, Ries

Parmelia sorediata (Ach.) Th.Fr. [Melanelia s. (Ach.) Goward & Ahti, P. sorediosa Almb.]
In montanen Lagen auf Silikatgestein, an beregneten, oft tropfwasserfeuchten Vertikalflächen an m.-z.lichtreichen Standorten, z.acidoph., z.ombroph - bor-mieur·mo - s.selten; ?süSch, ?Eif, Erz

Parmelia stygia (L.) Ach. [Melanelia s. (L.) Essl.]
In hochmontanen Lagen und darüber (an größeren Felsen und in Blockmeeren gelegentlich tiefer), auf meist saurem Silikatgestein auf Horizontal- und Schrägflächen, an m.-s.windoffenen, z.-s.lichtreichen, niederschlagsreichen Standorten, z.acidoph., a-/m.nitroph. - arkt-h'mo/alp - selten (3); süSch, Vog, s.selten auch nöSch, Rhön, Ts, nöPf (Donnersberg), Th, ThW, ferner Erz, BayW, Hz

Parmelia subargentifera Nyl. [Melanelia s. (Nyl.) Essl., P. verruculifera auct., non Nyl.]
Bis in die montane Stufe auf mineralreicher, oft durch Staubanflug eutrophierter, meist rissiger Borke, auch auf Moose übergehend, v.a. an älteren Straßenbäumen (gern Linde, Esche, Ahorn), bevorzugt am Mittelstamm und an der Basis, subneutroph.-m.basiph., z.-s.photoph., (a-)m.(z.)nitroph. - s'bor-mieur(subko)-med - z.selten (3), in den Kalkgebieten m.häufig; v.a. Ju, SJu; in den waldreichen Silikatgebirgen sowie in W-, N- u. O-Dtschl. selten/s.selten und stark zurückgehend

Parmelia subaurifera Nyl. [Melanelia s. (Nyl.) Essl.]
In sub- bis hochmontanen Lagen, selten tiefer, auf glatten Rinden v.a. von Laubbäumen an m.-z.lichtreichen Standorten, an freistehenden Bäumen, in bachbegleitenden Beständen, selten in lichten Wäldern, z.B. an Weide, subneutroph.-m.acidoph., a-(m.)nitroph. - bor-smed - z.selten (3); v.a. in den Gebirgen, selten in trocken-warmen Gebieten

Parmelia submontana Nádv. ex Hale [P. contorta Bory, P. bohemica Nádv.]
In montanen und hochmontanen, niederschlagsreichen Lagen auf Laubbäumen (freistehend oder in Wäldern), auf Rinde und Rindenmoosen, am Mittelstamm und Stammgrund, gern an Ahorn, Esche, an z.lichtreichen, ozeanisch getönten, milden

bis kühlen Standorten, m.acidoph., z.–s.hygroph., a-/m.nitroph. – mieur·pralp-med·mo, (oz) – selten (3); Sch, Vog, Hu, O, SFW, Ju, Do, Bo, Al, BayW

Parmelia subrudecta Nyl. [P. dubia (Wulfen) Schaerer, Punctelia s. (Nyl.) Krog]
In der kollinen, seltener in der montanen Stufe (bis ca. 1000 m), ähnl. *P. caperata* (↑), doch toxitoleranter und stärkere Ansäuerung des Substrates ertragend – mieur-med, (subatl) – m.häufig (S-Dtschl.), im Norden seltener

Parmelia sulcata Taylor
Bis in hochmontane Lagen auf Rinde v.a. von Laubbäumen, von z.breiter ökol. Amplitude, Schwerpunkt an z.lichtreichen, m.nährstoffreichen, subneutralen bis m.(z.)sauren Standorten, eine der häufigsten und toxitolerantesten epiphytischen Blattflechten – arkt-med – häufig–s.häufig

Parmelia tiliacea (Hoffm.) Ach. [P. scortea (Ach.) Ach., Parmelina t. (Hoffm.) Hale]
Von Tieflagen bis in die (hoch)montane Stufe an lichtreichen Standorten, v.a. an freistehenden Laubbäumen (besonders Esche, Linde, Ahorn, Apfelbaum), in höheren Lagen oft auch an Buche, bevorzugt an m. nährstoffreichen Rinden (Staubanflug usw.), auch auf Silikatgestein (basisches Silikatg., eutrophierte Flächen, Vogelblöcke), optimal und fruchtend heute nur in höheren, niederschlagsreichen Gebieten, in niederen Lagen (+), subneutroph.–m.(z.)acidoph., z.–s.photoph. – (s'bor-)-mieur-med – (z.selten–)m.häufig; süSch, Vog, SJu und Ju z.häufig, sonst meist z.selten, in Mittel-, O- u. N-Dtschl. ± selten–s.selten

Parmelia verruculifera Nyl. [Neofuscelia v. (Nyl.) Essl., P. glomellifera (Nyl.) Nyl.]
Von der kollinen bis in die montane Stufe auf Silikatgestein, ähnl. *P. loxodes* (↑), aber viel häufiger auf bearbeitetem Gestein (Mauerkronen, Grabsteine etc.) in Siedlungen, oft auch auf Steinen und Blöcken an warmen Hängen, auf Vogelsitzplätzen meist fehlend, m.–z.nitroph., oft synanthrop, gebietsweise hemerochor und eingebürgert – mieur-med – z.selten; v.a. Sch, Vog, Ne, O, Pf, RhSch, He, Th

Parmeliella Müll.Arg.

(Bestimmung ↑ Pannaria)

Parmeliella triptophylla (Ach.) Müll.Arg. [P. corallinoides auct.]
In der montanen und hochmontanen Stufe in niederschlagsreichen (meist über 1400 mm), ozeanisch getönten Lagen auf m.–z.mineralreichen Laubbaumrinden mit erhöhter Wasserkapazität und über Rindenmoosen, v.a. basal am Stamm und an alten Bäumen von Bergahorn und Buche, in lichten Wäldern, bei hohem Niederschlag auch an freistehenden Bäumen, m.acidoph.–subneutroph., m.photoph., s.(–e.)hygroph., substrathygroph., anitroph. – bor-med·mo, oz – selten (2); süSch v.a. über 900 m, nöSch, Vog, Al, *O+*, *Sp* (ob noch?), *Pf+*, Ba (Wutach)

Parmeliopsis Nyl.

(Schlüssel incl. Imshaugia)

1 Lager gelbgrünlich (*Usnea*-grün), unterseits braunschwarz, dicht anliegend, meist strahlig-rosettig, in der Mitte mit zahlreichen, oft zus.fließenden Flecksoralen, Lappen schmal-lineal, -1 mm, ± flach, dünn. Ap. z.selten, ± flach, braun. Mark R-, UV+ weiß. Usnin-S., Divaricat-S., ±Atranorin ..... **P. ambigua**
1* Lager grauweiß, h.grau, braunstichig grau **2**
2 Lager unterseits braunschwarz (am Rand heller), dicht anliegend, strahlig-rosettig (wie *P. ambigua*), in der Mitte mit Flecksoralen. Lappen schmal lineal, -1 mm breit. Ap. m.häufig, flach, braun. Mark R-, UV+ weiß, Rinde K+ (schwach) gelb. Atranorin, Divaricat-S. .... **P. hyperopta**
2* Lager unterseits h.braun bis weißlich, m.dicht anliegend, rosettig, v.a. im Innern mit körnigen bis zylindrischen Isidien besetzt, ohne Lupe wie sorediös wirkend. Lappen nicht schmal lineal, 1–3 mm breit, am Rand oft etwas aufgebogen. Ap. s.selten, rotbraun. Mark K+ tief gelb, P+ gelborange, C-. Atranorin, Thamnol-S. .... **Imshaugia aleurites**

Parmeliopsis ambigua (Wulfen) Nyl. [Foraminella a. (Wulfen) F. Meyer]
V.a. in montanen bis subalpinen Lagen, doch z.oft in niedere Lagen herabsteigend und sich hier (forstlich und durch saure Immissionen begünstigt) v.a. auf Kiefer, Lärche, Buche ausbreitend, im Gebirge ökol. wie *P. hyperopta* (↑). doch an trockenere Standorte vordringend, in niederen Lagen meist mit *Hypocenomyce scal.* (↑) oder (an Buche) *Lecanora conizaeoides, L. pulicaris,* eine der resistentesten Laubflechten gegen SO_2-Immissionen, m.–s.acidoph., m.–s.hygroph., z.skioph.–z.photoph., anitroph. - bor-smed·h'mo(-med·mo) - m.häufig; v.a. Sch, Vog, Al, sonst m.häufig–z.selten, in Kalk- und Trockengebieten z.T. selten

Parmeliopsis hyperopta (Ach.) Arnold [Foraminella h. (Ach.) F. Meyer]
In hochmontanen und subalpinen, selten montanen, niederschlagsreichen Lagen an kühlen bis kalten, lange schneebedeckten Standorten auf saurer Rinde am Grunde von Bäumen, v.a. Nadelbäumen, seltener an Laubbäumen (z.B. *Sorbus*, Buche), an Ästchen von Zwergsträuchern, auf Holz von Stümpfen, v.a. in lichten Wäldern, Mooren, an Waldrändern, freistehenden Bäumen, m.–s.acidoph., z.skioph.–z.photoph., z.–s.hygroph., anitroph. - bor-mieur·h'mo(-smed·h'mo) - selten; Sch, Vog, BayW, Al, Av, ThW, Erz, sonst s.selten, heute in Zusammenhang mit der Einwirkung saurer Immissionen gelegentlich spontan in tieferen Lagen auftretend

Parmotrema Massal.

(Bestimmung ↑ Parmelia)

Parmotrema arnoldii (Du Rietz) Hale [Parmelia a. Du Rietz]
In submontanen und montanen, niederschlagsreichen Lagen, an kühlen bis kalten,

luftfeuchten, ozeanischen Standorten, meist an Lokalitäten mit häufiger Nebelbildung, v.a. im Innern lichter Wälder (Hainsimsen-Eichen-Buchen-W., Tannen-Fichten-W.), meist an rissiger Borke von Eichen und abgestorbenen Ästchen von Tannen und Fichten, z.acidoph., s.–e.hygroph., m.–z.photoph., anitroph. - mieur·atl/pralp(-med·mo), oz - s.selten (1); süSch, Vog, *Ju (Schörzingen)*, Al

Parmotrema chinense (Osbeck) Hale & Ahti [Parmelia coniocarpa Laurer, P. perlata Ach., P. trichotera Hue]
In kollinen und submontanen (selten in montanen) Lagen in lichten Laubwäldern, besonders Hainsimsen-Eichen-Buchen-W., an milden, z.niederschlagsreichen, ozeanischen Orten, gern an warmen Talhängen an Eichen, m.–z.acidoph., z.photoph., m.thermoph., anitroph. - mieur·subatl-med(mo/subatl) - selten (2); zerstr. am Westabfall von Sch u. Vog, SJu; selten und meist stark gefährdet oder ausgestorben in süHü, SFW, Bo, Do, *Ju, Ne*, O, Sp, Rh, *Rh-Mn-T, Ts*, Th/ThW

Parmotrema crinitum (Ach.) Choisy [Parmelia crinita Ach.]
In submontanen und montanen, rel. niederschlagsreichen, klimatisch milden Lagen, an ozeanischen Orten mit häufiger Nebelbildung, in lichten Wäldern (z.B. Hainsimsen-Eichen-Buchen-W.) an alten Laubbäumen, auch auf bemoostem Gestein, m.–z.acidoph., z.photoph., anitroph. - mieur·subatl-med·mo, oz - s.selten (1): süSch, *nöSch (Baden-Baden), O+ (Heidelb.), MRh+ (Lorch)*, Eif (Ahrtal)

Parmotrema stuppeum (Taylor) Hale [Parmelia stuppea Taylor, P. maxima Hue]
Bis in submontane Lagen in lichten Laubwäldern, v.a. an alten Bäumen, besonders Eiche, ähnl. *P. chinense* (↑), doch noch wärmeliebender - mieur·subatl/(pralp)-med·subatl - s.selten (2); süSch, süRh, Vog, Ne, *Ju, Ts, Rh-Mn-T*

Peccania Massal.

(Bestimmung ↑ Polychidium)

Peccania coralloides (Massal.) Massal.
Auf zeitweise leicht sickerfeuchtem Kalkgestein, ähnl. *Synalissa* (↑) und *Thyrea* (↑), in montanen bis alpinen Lagen - mieur-med - s.selten (R); Ju, *Ne*, ferner SJu, FrJu

Peltigera Willd.

Trotz der beträchtlichen Größe der Lager sind einige der *Peltigera*-Arten schwer zu bestimmen und erst nach intensivem Studium einigermaßen sicher anzusprechen. Die Variabilität ist bei einigen Arten erheblich und kann nicht im Schlüssel zum Ausdruck kommen. Isidien kommen s.selten auch bei normalerweise isidienlosen Arten an Rissen vor. Anwendung von Reagenzien diagnostisch unbedeutend (P–, K–). T4: Hopan-7ß,22-ol, T6: Hopan-6α, 7ß,22-triol. Vgl. Abb. 18 und 47.

1 Lager feucht rein grün. Algenschicht aus Grünalgen aufgebaut. Mit Cephalodien. Tenuiorin, Methyl-Gyrophorat, ±Gyrophor-S. 2
1* Lager feucht nicht rein grün, sondern meist d.grau bis fast schwarz oder tief blaugrün. Algenschicht aus Blaualgen aufgebaut 4
2 Lager klein, bis ca. 2 cm, ± rundlich oder muschelförmig, einblättrig, grünlichgrau, im Herbar ± braun, unterseits mit ausgeprägten, fächerförmig angeordneten Adern. Cephalodien unterseits an Adern sitzend. Ap. horizontal, flach, rund, d.braun bis schwärzlich, fast stets vorhanden. Terpenoide, Phlebin-S. * . . . . **P. venosa**
2* Lager groß, Lappen 2–4(5) cm breit, h.grau bis leicht bräunlich, oft mit welligen Rändern, oberseits mit zahlreichen kleinen, warzigen, dunklen Cephalodien besetzt. Ap. aufsteigend, nicht flach, z.selten 3
3 Unterseite ohne oder mit wenigen undeutlichen Adern, daher gleichmäßig schwammig-filzig, (fast) ohne Rhizinen, randlich hell, sonst ± einheitlich braunschwarz. Ap. unterseits durchgehend berindet. Zeorin, Phlebin-S. * . . . . **P. aphthosa**
3* Unterseite mit deutlichen, randlich hellen, sonst dunklen Adern und Rhizinen. Ap. unterseits nur stellenweise warzig berindet. Versch. Triterpene * . . . . **P. leucophlebia**
4 Lager mit Soralen 5
4* Lager ohne Sorale 6
5 Lager an den welligen Rändern von ausgedehnten h.grauen bis blaugrauen Bortensoralen gesäumt, Soredien oft ± isidiös. Lappen 1–2 cm breit, ± verlängert, h.grau, blaugrau, selten bräunlich, oberseits gegen die Enden oft etwas rauh, unterseits mit niedrigen bräunlichen Adern oder fast gleichförmig filzig (ganz ohne Adern, Unterseits nicht filzig: *Nephroma parile*). Ap. selten. Tenuiorin, Methyl-Gyrophorat, Zeorin, ±Peltidactylin, T6, u.a. . . . . . **P. collina**
5* Lager auf der Oberfläche mit meist rundlichen, später zusammenfließenden, weißlichen Flecksoralen. Lappen rundlich, oft muschelförmig mit aufgebogenen Rändern (später Sorale verschwindend und an zahlreichen aufsteigenden, verlängerten Lappen fruchtend), oberseits grau bis braun (s.feinfilzig), unterseits weißlich, mit erhabenen, weißlichen bis blaß bräunlichen Netzadern. Ch–, selten Methyl-Gyrophorat . . . . **P. didactyla**
6 Oberseite glatt, meist glänzend, kahl, auch gegen die Lappenränder nie angedrückt feinfilzig (Lupe!) 7
6* Oberseite zumindest gegen die Lappenränder hin s.feinfilzig (angedrückter, verfilzter „Haar"belag), daher nicht glänzend 13
7 Lager unterseits auch in der Mitte cremeweiß, Adern weißlich bis blaß gelbbräunlich. Rhizinen erhaben, weißlich bis bräunlich, überwiegend einfach oder spärlich verzweigt und ± glatt. Oberseite blaugrau, selten bräunlich, glänzend. Lappen am Rand oft mit Isidien oder Läppchen. Ap. rund, meist an zurückgebogenen Lappen. Ch– . . . . **P. degenii**
7* Lager unterseits nicht durchgehend weißlich. Isidien selten. Mit Tenuiorin, Methyl-Gyrophorat, ±Gyrophor-S. 8
8 Mit flachen, kreisrunden, oft horizontal bis schräg stehenden Ap.scheiben.

Blaugrau bis (grau)braun. Unterseite mit dichtem Netzwerk von leicht erhabenen, breiten dunklen Adern, dazwischen weiße ovale Flecken. Zeorin, T4 * u.a. . . . . **P. horizontalis**
(wenn unterseits ohne Adern, dunkel, mit kleinen weißen Flecken, oberseits mit abplatzenden Schizidien: **P. elisabethae** Gyelnik)

8* Ohne Ap. oder Ap.scheiben nicht flach, sondern ± sattelförmig eingebogen, an schmalen, meist aufsteigenden bis senkrecht stehenden Lappen **9**

9 Unterseite zumindest in sehr breitem Randbereich hell ockerfarben, nur in der Mitte des Lagers dunkler, mit breiten, flachen, undeutlichen, ockerfarbenen Adern, Rhizinen oft spärlich. Oberseite matt bis schwach glänzend. Lager rel. schlaff (wenn dicklich und starr vgl. *P. neckeri*). Lappen an den Enden und Rändern aufsteigend, überlappend, meist –2 cm breit, meist grau, auch leicht bräunlich, feucht meist d.grün. Ap. an kurzen Lappen, nur bis 4 mm lang, (h.)braun, h.rotbraun. Peltidactylin, Dolichorrhizin, ±Zeorin * . **P. hymenina**

9* Unterseite nicht ockerfarben, Oberseite stark glänzend (allenfalls gegen die Ränder bereift), grau bis braun **10**

10 Rhizinen v.a. in der Mitte des Lagers bis 7–10 mm lang, kräftig, wenig verzweigt, dunkel. Adern flach und breit, deutlich. Lappen 2–3 cm breit. Peltidactylin, Dolichorrhizin, Zeorin * . . . . **P. neopolydactyla**

10* Rhizinen kürzer, meist unter 5 mm lang **11**

11 Unterseite mit wenigen breiten dunklen Adern und weißen Zwischenräumen oder fast aderlos und ± durchgehend filzig, gegen die Mitte braunschwarz, am Rand ± hell. Oberseite v.a. an den Lappenenden oft etwas bereift. Lager dicklich und starr, häufig mit wulstigen Rissen. Ap. d.braun bis schwarz, bis 4 mm lang, an z.kurzen Lappen sitzend (die verwandte *P. hymenina* hat weichere, schlaffe Thalli und eine viel hellere, oft ockerfarbene Unterseite). Dolichorrhizin, T4, Zeorin * . . . . **P. neckeri**

11* Unterseite mit engmaschigem Netzwerk von flachen braunen bis d.braunen Adern, dazwischen ± ovale weiße Flecken. Oberseite an den Lappenenden nicht bereift, selten mit wulstigen Rissen **12**

12 Mit (sattelförmig eingebogenen) Apothecien. Rhizinen gebündelt. Adern bis fast zum Rand dunkel, jung oft zus.fließend. Lager meist starr und derb, Lappen an den Rändern oft wellig-kraus. Dolichorrhizin, Zeorin * . . . **P. polydactylon**

12* Ohne Ap.: Trennung von *P. horizontalis* und *P. polydactylon* schwer, nur mit Erfahrung bei gut entwickelten Lagern möglich. *P. polydactylon* (↑): Adern meist bis zum Rand dunkel, Lappen oft an den Rändern aufgebogen wellig-kraus, *P. horizontalis* (↑): Unterseite am Rand incl. Adern weiß, sonst Adern dunkel. Rand gewöhnlich nicht wellig-kraus

13 Lager mit schild- bis blättchenartigen Isidien (= Phyllidien). Ch– **14**

13* Lager ohne Isidien **16**

14 Isidien körnig bis soredienartig, auf die meist aufgebogenen Lappenränder beschränkt und diese dicht bortenartig säumend. Lappen schmal, 1–1,5 cm . . . . **P. collina (5)**

14* Isidien schildförmig bis läppchenartig **15**

15 Lager klein, meist nur bis 2(3) cm, rundlich-muschelförmig, auf der Fläche mit

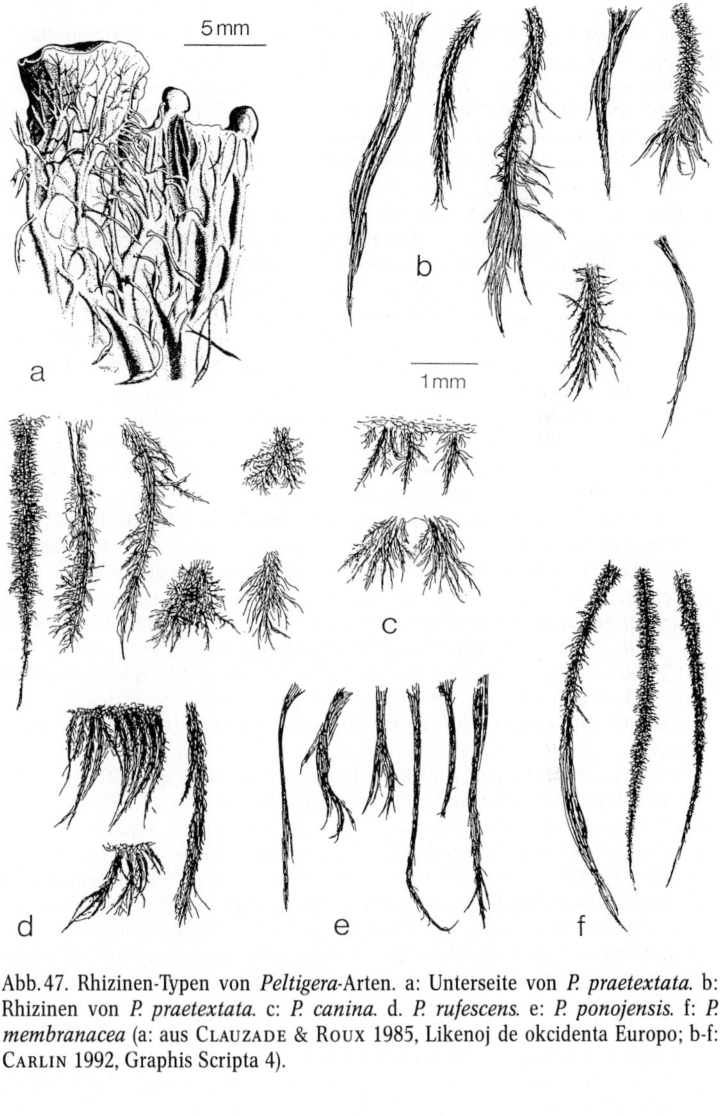

Abb. 47. Rhizinen-Typen von *Peltigera*-Arten. a: Unterseite von *P. praetextata*. b: Rhizinen von *P. praetextata*. c: *P. canina*. d. *P. rufescens*. e: *P. ponojensis*. f: *P. membranacea* (a: aus Clauzade & Roux 1985, Likenoj de okcidenta Europo; b-f: Carlin 1992, Graphis Scripta 4).

schildförmigen, niederliegenden Isidien, dadurch rauh erscheinend, ± d.braun. Ap. s.selten. S.seltene Art . . . . **P. lepidophora**

15* Lager meist erheblich größer, an den Rändern und an Rissen auf der Fläche mit horizontal bis aufrecht stehenden, flachen, schuppigen bis geteilten, mitunter sehr dicht stehenden Isidien, grau bis braun. Unterseits in breiter Randzone hell, mit überwiegend wenig oder nicht verzweigten, braun werdenden Rhizinen und schmalen, deutlich vorstehenden, hellen bis (v.a. zur Lagermitte hin) dunklen Adern. Ap. m.häufig . . . . **P. praetextata (21)**

16 Unterseite ± einheitlich schwammig-filzig, fast ohne Rhizinen, ohne oder seltener mit wenigen undeutlichen breiten Adern, braun. Oberseite matt (meist braun bis düster grüngrau), mit feinem aufrechtem Haarbesatz (Lupe). Lager derb, starr, feucht d.olivgrün bis grünbraun, oft rel. klein. Lappen 1–3 cm breit, abgerundet, mit welligen, aufgebogenen Rändern. Tenuiorin, Methyl-Gyrophorat, ±Gyrophor-S., unbekannte Terpenoide . . . . **P. malacea**

16* Lagerunterseite mit deutlichen Adern. Haarbesatz (meist nur randlich) filzartig angedrückt (Lupe!). Ch– (selten Methyl-Gyrophorat bei *P. didactyla*) **17**

17 Lager klein, meist nur bis 3 cm, anfangs rundlich-muschelförmig und mit Soralen, mit aufsteigenden Rändern, dann Sorale verschwindend und an zahlreichen ± senkrechten, verlängerten, oft nebeneinanderstehenden Lappen fruchtend. Oberseits meist aschgrau, feinfilzig, unterseits weißlich, mit deutlich erhabenen weißlichen bis blaß bräunlichen, vernetzten Adern und meist einfachen Rhizinen . . . . **P. didactyla**

17* Lager gewöhnlich größer. Adern und Rhizinen weißlich bis dunkel **18**

18 Lappen rel. schmal und lang, meist unter 1,5 cm breit, äußerste Ränder kraus aufgebogen. Lager brüchig, starr, bereift oder unbereift, gewöhnlich auf basenreichen Böden (wenn unbereift, auf saurem Substrat vgl. auch 21*) **19**

18* Lappen gewöhnlich über 1,5 cm breit, oft aufsteigend, aber am Saum meist kurz herabgebogen, an den Enden breit gerundet bis gestutzt, radial bis unregelmäßig ausgerichtet. Lager groß, meist breitlappig, brüchig bis schlaff, grau bis braun, unbereift, aber zumindest im Randbereich dünn bis dicht feinfilzig. *P. canina* und *P. membranacea* sind erst nach guter Kenntnis der Variabilität von *P. praetextata* sicher anzusprechen **20**

19 Oberseite in der Mitte filzig oder verkahlend. Unterseite weißlich, mit erhabenen blassen Adern und hellen, fast unverzweigten Rhizinen. Ap. oft groß und flach, bis 1 cm breit . . . . **P. ponojensis**

19* Oberseite mit dichtem angedrücktem Filz, in der Mitte oft stark und oft fleckig bereift. Rhizinen (außer am Rand) dunkel, dicht verzweigt und büschelig zus.fließend. Lappen mitunter mit sprossenden kleinen Läppchen. Ap. meist sattelförmig eingekrümmt, oft mit gekerbten Rändern, an zurückgebogenen Lappen. Flechte mit Schwerpunkt an trocken-warmen Standorten
. . . . **P. rufescens**

20 Rhizinen (5–8 mm) lang und dünn, einfach, flaschenputzerartig, rechtwinklig abstehend behaart, z.T. auch abstehend samtig, ziemlich einheitlich (im Gegensatz zu *P. canina*), rel. spärlich, weiß, allenfalls etwas dunkler als die Adern. Unterseite weitgehend weißlich, mit rel. weitmaschigen, erhabenen und abstehend samtig behaarten Adern. Adern weißlich bis leicht ocker, manchmal in der Lagermitte dunkler, samtartig behaart. Oberseite oft mit leicht aufgewölbten Längswülsten entsprechend den Zwischenräumen der Adern. Lappen meist breit gerundet, selten langgestreckt. Ränder ± wellig, abwärts gebogen. Gewöhnlich ohne Isidien. Lager rel. dünn . . . . **P. membranacea**

20* Rhizinen nicht einheitlich flaschenputzerartig, meist bis 6 mm, hell oder schwärzlich **21**

21 Rhizinen vielförmig, auch am selben Thallus s.unterschiedlich, rel. dichtstehend, aber oft unregelmäßig verteilt, oft gebündelt-büschelig und durch rechtwinklig bis schräg abgehende Kurzzweige zottig, oft (v.a. am Lagerrand) in einer Reihe miteinander verwachsend („zus.fließend"), einige oft lang und dünn, weißlich. Oberseite matt, oft zum größeren Teil feinfilzig, oft mit leichten Längswülsten, die den Zwischenräumen im Adernetz der Unterseite entsprechen. Unterseite immer weißlich. Adern meist zumindest in der Lagermitte rel. verflacht und glatt (manchmal aber auch samtig), in der Mitte des Lagers gebräunt, mit rel. engen Zwischenräumen, nicht abstehend behaart. Ränder wellig, abwärts gebogen. Ohne Isidien. Lager rel. derb, farblich und habituell ähnl. *P. membranacea* . . . . **P. canina**

21* Rhizinen einfach bis wenig verzweigt, seltener stellenweise mit schrägen Seitenborsten oder an den Enden stärker aufgefasert, manchmal basal samtig, weißlich, gegen die Lagermitte dunkel. Oberseite ganz glatt bis genarbt, gewöhnlich ohne Längswülste, etwas glänzend. Unterseite im Randbereich weißlich, gegen die Mitte oft dunkel. Ränder aufwärts oder abwärts gebogen. Bei sorgfältigem Absuchen der Ränder und Risse meist einige flache, meist aufsteigende Isidien zu entdecken. Habituell ähnl. *P. membranacea*, d.h. Lappen breit gerundet, oft überlappend, gegen den Rand aufsteigend, aber äußerster Saum herabgebogen, oder rel. schmallappig, Lappen langgestreckt, meist radial ausgerichtet . . . . **P. praetextata**

Peltigera aphthosa (L.) Willd.
In subalpinen und alpinen Lagen auf Moosen, Rohhumus oder feuchtem humosem Boden in moosreichen, frischen Zwergstrauchheiden und lichten Wäldern zwischen Blöcken an kühlen bis kalten, luftfeuchten Standorten, s.acidoph.–subneutroph. – (arkt-)-bor-mieur·alp – s.selten (1); süSch (1×), Alpen

Peltigera canina (L.) Willd. – Hundsflechte
Bis zur Waldgrenze, selten höher, meist über Moosdecken oder humosen Auflagen auf Erde, Silikat- und Karbonatfels, Baumstämmen und Stümpfen, gewöhnlich in Wäldern an m.lichtreichen bis z.lichtarmen, m.–s.luftfeuchten, substratfrischen Standorten, auf basenreichen, sandigen bis reinen Lehmböden, z.B. auch auf Rendzinen, auch in Magerrasen, m.acidoph.–neutroph. – bor-smed(-med) – selten (3), z.B. Sch, Ju, Ne, Ts, Pf, Eif, *Do*

Peltigera collina (Ach.) Schrader [P. scutata (Dickson) Duby]
In montanen und hochmontanen, meist s.niederschlagsreichen, ozeanischen Lagen auf Laubbäumen (v.a. Buche, Bergahorn, Esche), besonders in Bergahorn-Buchen-

W., seltener auf bemoostem Silikatgestein, ähnl. *Nephroma resupin.* (†) - bor-mieur(subatl)-med·mo, (oz) - selten (-s.selten) (2); süSch, nöSch, Vog, SJu, Ju (1×), Sb (1×), Sp+, Vgb+, Ts+, ThW, Al

Peltigera degenii Gyelnik [P. nitens (Anders) Gyelnik]
V.a. in montanen und hochmontanen, niederschlagsreichen Lagen auf frischen, humosen, basenreichen Böden in Laub- und Mischwäldern, an Böschungen, auf bemoosten Felsblöcken und an der Basis von Bäumen an schattigen Standorten, m.acidoph.-subneutroph., hygroph., substrathygroph. - bor-mieur·mo(-smed·mo) - selten-s.selten (3); Sch, Ju, O, Eif, ThW, Av, Al

Peltigera didactyla (With.) Laundon [P. spuria (Ach.) DC., P. erumpens (Taylor) Elenkin, P. leptoderma auct.]
Bis über die Waldgrenze an lichtreichen Standorten auf sandigen bis lehmigen, oft steinigen, humusarmen Mineralböden sowie auf erdverkrusteten oder bemoosten Silikatfelsen, meist an gestörten, nährstoffreichen Stellen, Wegrändern, offenen Böschungen, Mauern, auf Feuerstellen, fruchtende Lager v.a. auf verdichteten Böden und an Feuerstellen, ephemerer Pionier, oft mit Moosen verges., z.acidoph.-subneutroph., m.-s.photoph., m.-z.nitroph. - arkt-med - z.selten, in Kalkgebieten und reliefarmen Gebieten selten

Peltigera horizontalis (Hudson) Baumg.
Bis in hochmontane Lagen, auf frischen, humosen, oft basenreichen Böden, auf bemoostem Gestein, bemoosten bzw. morschen Stümpfen, an der bemoosten Basis von Laubbäumen, an substratfrischen, schattigen, luftfeuchten Standorten, in niederschlagsreichen Gebieten, am häufigsten in feuchten Tälern, in Wäldern und Zwergstrauchheiden, z.acidoph.-subneutroph., (m.)z.-s.hygroph. - (s')bor-smed(·mo)(-med·mo) - z.selten (3), im ganzen Gebiet, doch v.a. in höheren Lagen

Peltigera hymenina (Ach.) Delise [P. lactucifolia auct.]
Auf steinigen Kalk- und Dolomitböden sowie basenreichen, sandigen bis steinigen Silikatböden, oft zusammen mit Moosen, auch auf (bemoosten) Felsen aus Karbonatgestein und mineralreichem Silikatgestein (z.B. Schiefer), selten an der Basis von Bäumen, meist an schattigen, aber rel. lichtreichen Standorten - bor·atl-smed - selten (3); Sch, SFW, Ju, Do, Lahn, Rh-Mn-T, Eif, Th, *SJu*

Peltigera lepidophora (Nyl. ex Vainio) Bitter
In hochmontanen bis alpinen Lagen, selten tiefer, auf basenreichen Rohböden, an Böschungen, auf Schutthalden, auf erdverkrusteten oder bemoosten Felsen (oft Kalkgestein), Pionier, subneutroph.-m.basiph. - arkt-mieur(alp) - s.selten (R); Ju

Peltigera leucophlebia (Nyl.) Gyelnik [P. variolosa (Massal.) Gyelnik]
V.a. von der montanen Stufe bis über die Waldgrenze, doch auch (v.a. früher) bis in die planare Stufe, gewöhnl. an substratfrischen bis -feuchten, schattigen Standorten meist zwischen oder auf Moosen über basenreichen Mineralböden, auf (oft sickerfeuchten) Felsen (Silikat- und Karbonatgestein), meist in Schluchten, engen Tälern, an Nordhängen, früher mitunter auch an Hohlwegen und Böschungen, m.acidoph.-subneutroph., hygroph., substrathygroph.-subhydroph., z.skioph.-z.photoph. - arkt-

mieur(-med·mo) – selten (2), nur Alpen häufiger; früher durch das ganze Gebiet zerstreut, heute wohl nur noch vereinzelt süSch, Ba, Sb, Vog, SJu, Ju, FrJu, Pf, Ts, Eif, Th, Al

Peltigera malacea (Ach.) Funck
In (sub)montanen bis subalpinen Lagen, v.a. in sauren Magerrasen und in Zwergstrauchheiden sowie an erdverkrusteten Felsen, ähnl. *Cladonia cervicornis* var. *vert.* (↑), durch Meliorierungen stark zurückgehend – arkt-smed·mo – selten (2); süSch, Vog, *nöSch*(+?), Ba(+?), nöPf, *nöRh+*, *Rh-Mn-T+*, O+?, Sp+?, RhSch, ThW, Th

Peltigera membranacea (Ach.) Nyl.
V.a. an schattigen bemoosten Felsen und Blöcken, meist in Wäldern, vorwiegend über Kalkgesteinen oder mineralreichen Silikatgesteinen, subneutroph.–neutroph., z.skioph.–m.(z.)photoph. – (s'-)bor-smed(-med) – selten (3); Ju, Sch, *Ne,* Eif

Peltigera neckeri Hepp ex Müll. Arg. [P. polydactyloides auct.]
Ähnl. *P. polydactylon* (↑) – arkt-med – selten; Sch, Ju, RhSch, sonst s.selten (z.B. SFW, Ne, Mn, Saar)

Peltigera neopolydactyla (Gyelnik) Gyelnik
In hochmontanen Lagen in lichten Wäldern und in felsreichen Zwergstrauchheiden – bor-h'mo – s.selten (1); süSch, *BayW* Alpen

Peltigera polydactylon (Necker) Hoffm.
Bis zur Waldgrenze, selten darüber, v.a. in niederschlagsreichen Lagen, kaum in der kollinen Stufe, euryöke Flechte, auf nackten wie bemoosten, oft basenreichen, steinigen und sandig-lehmigen Böden und bemoosten Felsen, selten an der Basis von Bäumen und an bemoosten Baumstümpfen, an schattigen wie an besonnten und z.trockenen Standorten, meist in Zwergstrauchheiden, an Wegrändern, Böschungen, Blockschutthalden, Natursteinmauern, (z.)m.acidoph.–subneutroph., z.photoindiff. – arkt-mieur-med·mo – z.selten (3); v.a. Sch, SJu-Ju, Al, RhSch, sonst selten bis (v.a. in reliefarmen Gebieten) fehlend

Peltigera ponojensis Gyelnik
Wohl ähnl. wie *P. canina* – bor-med·mo – s.selten (?); Sch, Mos, Hu, *Av*

Peltigera praetextata (Flörke ex Sommerf.) Zopf [P. subcanina Gyelnik] – Schuppen-Hundsflechte
Z.ähnlich *P. horizontalis* (↑), v.a. in Wäldern am bemoosten Stamm von Bäumen, auf bemoosten Felsblöcken, seltener auf Erde, nur in niederschlagsreichen Gebieten an sonnigen Standorten – bor-med – z.selten–m.häufig; verbreitet, aber in reliefarmen und intensiv forstwirtschaftlich und ackerbaulich genutzten Gebieten selten bis fehlend, wohl nur m.toxitolerant

Peltigera rufescens (Weiss) Humb.
Bis weit über die Waldgrenze an lichtreichen, meist trocken-warmen Standorten v.a. auf steinigen Kalk- und Dolomitböden sowie basenreichen Silikatböden, in lückigen Kalktrocken- und Halbtrockenrasen, auf Mauern, Steinriegeln, Lesesteinhaufen,

erdverkrusteten bzw. bemoosten Karbonat-, selten Silikatfelsen, an bemoosten Blockschutthalden, auch an etwas gestörten Standorten, subneutroph.-m.basiph., m.-s.photoph., s.xeroph.-z.hygroph. - arkt-med - m.häufig in Kalkgebieten, RhSch zerstreut, sonst selten bis fehlend

Peltigera venosa (L.) Hoffm. - Aderflechte
Von hochmontanen bis alpinen Lagen, selten tiefer, auf frischer, gern sandig-lehmiger Erde, an Erdanrissen und Böschungen an kühlen bis kalten, meist strahlungsgeschützten, luftfeuchten Standorten, früher bis in die Tieflagen, m.acidoph.-subneutroph., z.skioph.-m.(z.)photoph., hygroph., substrathygroph., Pionier auf nackter Erde, mit Moosen - arkt-h'mo/alp - Alpen, sonst s.selten bzw. weitgehend +, früher im außeralp. Deutschl. verbreitet, in letzter Zeit nur noch süSch (ob +?)

Peltula Nyl.

Peltula euploca (Ach.) Poelt [P. guepinii (Delise) Gyelnik, Heppia e. (Ach.) Vainio]
In kollinen und submontanen Lagen auf basischen oder leicht kalkhaltigen Silikatgesteinen (Schiefer, mineralreiche Gneise, Basalt etc.) auf zeitweise sickerfeuchten Flächen anstehender Felsen an warmen bis s.warmen Standorten, subneutroph., m.-s.photoph., subhydroph., xeroph., thermoph. - s'mieur-med - s.selten (1); süSch (1×, früher auch *Kleinlaufenburg* +), Bo (1×), BayW

Pertusaria DC.

Geschlüsselt sind auch Arten anderer Gattungen, soweit sie mit *Pertusaria*-Arten habituelle Ähnlichkeiten aufweisen.

1 Hochgebirgsflechten auf Moosen, Pflanzenresten, Erdboden **2**
1* Flechten mit anderen Merkmalen **10**
2 Mit Fruchtkörpern **3**
2* Steril **6**
3 Lager K+ gelb, dann rasch blutrot, C-, P+ gelb, grau- bis gelbweißlich, zus.hängend, von fast kugeligen, -1(1,5) mm breiten Fruchtwarzen bedeckt, Ap. perithecienartig mit punktförmiger schwarzer Scheibe. Sp. 50-170 × 25-60 µm, meist zu 4. Norstictin-S., ±Stictin-S. . . . . **P. glomerata**
3* Lager K- oder K+ gelb, höchstens allmählich rotbraun. Ap. zuletzt mit weit geöffneten Scheiben **4**
4 Sp. 120-220 × 35-90 µm, einzeln in den Schläuchen, Wand meist 12-20 µm dick. Ap.scheibe braun bis braunschwarz, -2(2,5) mm. Lager weißlich bis grau, glatt bis wellig-faltig, mitunter mit spärlichen, isidienähnlichen Auswüchsen, C+ rot, KC+ rot, K+ gelb(lich), P+ gelblich, dann orange. Gyrophor-S., (Stictin-S.) (andernorts auch Xanthon) . . . . **P. bryontha**
4* Sp. kleiner, zu 4-8 in den Schläuchen, Wand -2,5 µm dick. Lager weißgrau . **5**

5 Lager dicht mit 1-3 mm langen, -0,4 mm dicken, leicht abbrechenden Isidien bedeckt, K+ gelb (schließlich rotbraun), P+ gelb, dann orangerot, C-/KC- bis + rötlich. Sp. zu (6-)8, 15-31 × 8-16 µm. Ap. -2(2,5) mm, Scheibe schwarz, selten d.braun. Epihym. K+ violett. Fumarprotocetrar-S., (Gyrophor-S.), arkt-alp, Alpen . . . . **P. oculata** (Dickson) Th.Fr.
5* Lager unregelmäßig warzig, meist zus.hängend, ohne Isidien, R-. Sp. zu 4-8, 30-60 × 16-42 µm. Ap. -1,5 mm. Ap.scheibe schwärzlich, anfangs punktförmig, später erweitert, -1 mm. Epihym. K+ bräunlich. Ch- **Megaspora verrucosa**
6 Lager C-, mit langen Isidien bedeckt . . . . **P. oculata (5)**
6* Lager C+ rot, KC+ rot 7
7 Lager ohne deutliche Sorale, glatt bis wellig-faltig, mitunter mit vereinzelten isidienartigen Auswüchsen, K+ gelb, P+ gelblich (bis orange). Gyrophor-S., Stictin-S. . . . . **P. bryontha (4)**
7* Lager mit Soralen. Ohne Stictin-S. 8
8 Lager und Sorale P+ gelborange, K+ gelb. Lager aus ± dichtgedrängten, halb- bis fast kugeligen, -0,2 mm breiten Wärzchen, die vereinzelt schließlich zu weißlichen bis leicht ockerfarbenen Soralen aufbrechen. Ap. s.selten, mit d.roter Scheibe, Sp. zu 2, 22-40 × 15-20 µm. Alectorial-SSy., ±Xanthone. Auf Moosen, Pflanzenresten, Flechten über sauren Böden/Silikatfelsen, arkt-mieur-alp, Alpen . . . . **P. geminipara** (Th. Fr.) C. Knight ex Brodo
8* Lager P- oder nur Sorale P+ blaß orange. Gyrophor-S. 9
9 Lager mit gelblichgrünen bis graugrünen, -2(3) mm großen Soralen, K- bis leicht gelblich, P-, selten Sorale P+ rotbraun. * . . ↑ **Ochrolechia androgyna**
9* Lager grob sorediös aufbrechend, diffus warzig-körnig, einheitlich grauweiß, P+ orange. * . . . . ↑ **Ochrolechia inaequatula**
10 Lager mit Isidien oder Soralen oder unregelmäßig sorediös aufbrechend, fast stets ohne Ap. 11
10* Lager ohne Isidien, Sorale oder sorediöse Bereiche, gewöhnlich mit Ap. . 45
11 Lager mit ± halbkugeligen, zylindrischen bis keuligen Isidien (ohne Lupe mitunter grobkörnig-sorediös erscheinend), selten zusätzlich sorediös. Lager leicht rissig bis rissig-areoliert 12
11* Lager mit Soralen oder flächig sorediös 17
12 Auf Rinde (s.selten auf Gestein). Lager dicht mit kleinen, -0,2 mm dicken, halbkugeligen, eiförmigen bis kurz zylindrischen Isidien bedeckt, zus.hängend, aber ± rissig. Isidien hinterlassen nach Abfallen kleine Narben, so daß mitunter unberindete, „erodierte", ohne Lupe fast sorediös wirkende Bereiche entstehen können. Gelegentlich (bei ungehindertem Wachstum) mit einfachem bis gezontem Vorlager 13
12* Auf Gestein (s.selten auf Rinde), Isidien zylindrisch bis oben etwas verdickt 15
13 Lager K+ gelb, dann rasch rot, grauweiß, h.grau, seltener h.bräunlichgrau oder grünlichgrau. Isidien -0,2 mm dick und 0,5(1) mm hoch, halbkugelig bis zylindrisch, aber in offenen Lagen auch oben verdickt und d.grau bis bräunlich. Selten (nach Abfall der Isidien) stellenweise „sorediös" erodiert. Norstictin-S. . . . . **P. coccodes**

13* Lager K- oder K+ gelb (mitunter allmählich schmutzig rotbraun). Isidien -0,1 mm dick **14**

14 Lager gelbgrau, blaßgelb, blaß grünl.gelb, C+/KC+ orange, K-/K+ gelblich, (Mark) P- oder P+ ocker, dann orangerot. Isidien von ± gleicher Farbe wie das Lager, mitunter sorediös aufbrechend. 3 Chemorassen: Thiophanin-S., ±Norstictin-S.; dito + Stictin-S. oder dito + 2'-*O*-Methylperlatol-S., ±Confluentin-S. . . . . **P. flavida**

14* Lager h.grau bis h.graugrünlich, auch mit leicht gelblichem Ton, C-, K+ gelb, allmählich auch schmutzig rotbraun, KC+ gelb, (Mark) P+ gelb, dann ± orangerot. Isidien an der Spitze oft dunkler (± bräunlich). Coronaton, Stictin-S. . . . . **P. coronata**

15 Lager K+ gelb, dann rasch blutrot, C-, P+ gelb. Lager kräftig, weißgrau, h.grau, aber oft mit leicht bräunlichem Stich, meist runzelig oder warzig. Isidien meist zahlreich, halbkugelig bis meist zylindrisch, auch verzweigt, zumindest oben deutlich gebräunt oder braungrau, oft nach oben etwas verdickt, -0,3(0,4) mm dick, 0,8(1) mm lang, mitunter gruppiert. Norstictin-S. . . . **P. pseudocorallina** (in Einzelfällen schwierig von gelegentlich auf Gestein übergehender *P. coccodes* zu unterscheiden; Verhältnis ungeklärt)

15* Lager K- oder K+ gelb (später auch schmutzig rotbraun). Lager weißlich bis grau, zus.hängend, ± rissig, glatt bis meist warzig-uneben. Isidien ± zylindrisch, mitunter verzweigt, oben nicht deutlich verdickt, ohne Braunton, oft ausgedehnt **16**

16 Lager K+ gelb (auch allmähl. schmutzig rotbraun), C-, KC+ gelb, P+ gelb, dann rot, oft z. dick und dann rissig-schollig, meist grauweiß, Isidien meist dicht und unregelmäßig stehend, nach oben hin oft leicht verjüngt, 0,15-0,25(0,3) mm dick, -0,8(1,5) mm lang. Thamnol-S. (Abb. 48a) . . . . **P. corallina**

16* Lager R-, Mark J+ rosa bis rosabraun, rissig bis rissig areoliert, weißgrau bis grau. Isidien m.-z.dicht stehend, -0,4(0,6) mm dick, -0,6(1,2) mm hoch. Fett-S. . . . . **P. isidioides**

17 Auf Gestein **18**

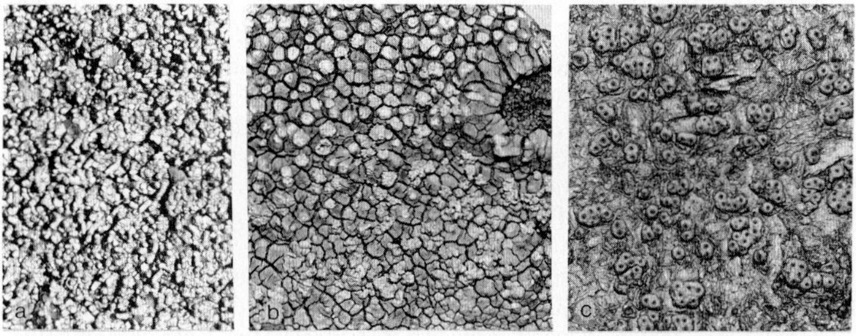

Abb. 48. *Pertusaria.* a: *P. corallina*, mit dichtgedrängten Isidien (3×). b: *P. lactea*, mit Soralen (1,7×). c: *P. pertusa*, mit Fruchtwarzen (1,6×).

17* Auf Rinde oder auf Holz **25**

18 Lager weiß bis h.grau, K+ gelb, dann blutrot (bei s.schattig gewachsenen Arten zögernd reagierend), C–, P+ gelb, dann gelborange. Norstictin-S. **19**

18* Lager K– bis K+ gelb, höchstens allmählich schmutzig rotbraun **20**

19 Lager dünn, ungegliedert bis leicht rissig, ± eben, stellenweise unregelmäßig flächig sorediös, grau bis h.grau, in den sorediösen Teilen weißlich. * . . . . **Phlyctis argena**

19* Lager m.dick, uneben-warzig, rissig- bis warzig-areoliert, grau, bräunlichgrau, mit rundlichen weißen, –1,2 mm breiten Soralen. * . . . . **P. excludens**

20 Lager h.gelb, h.gelbgrau, gelbgrünlichgrau, KC+ orange, C+ gelborange, K+ gelblich, P+ ocker, dann orangerot, dicklich, meist rissig- oder warzig-areoliert, mit spärlichen bis zahlreichen, rundlichen bis unregelmäßigen, mitunter auch zus.fließenden helleren Soralen. Areolen oft unregelmäßig. Thiophanin-S., Stictin-S. (Spuren von Norstictin-S.) . . . . **P. flavicans**
(s.ähnlich ist *P. amarescens* Nyl. auf leicht kalkhaltigen Silikaten: Lager blaßgelblich, dünn, fein rissig bis rissig-areoliert, Areolen flach, aber oft etwas kreidig rauh, unregelmäßig und schließlich flächig sorediös aufbrechend: Alpen, Vog, süSch?)

20* Lager gewöhnlich weißlich bis grau, ohne Gelbton. Nicht KC+ orange, aber mitunter rosarot oder gelb. Mit begrenzten, rundlichen bis unregelmäßigen Soralen. Ohne Thiophanin-S. **21**

21 Sorale KC+ violett, K–, C–, P– oder P+ orangerot, hochgewölbt, rundlich, weiß, –2 mm breit, mit bitterem Geschmack. Lager dünn, ± grau. Picrolichenin-S., mitunter Protocetrar-S. . . . . **P. amara**

21* Sorale nicht KC+ violett **22**

22 Sorale C+ rot, KC+ rot, K–, P– **23**

22* Sorale und Lager C–, KC– oder + gelb, später auch rötlich oder bräunlich. Lager h.grau bis grau, Sorale weiß, P+ gelb oder rotorange **24**

23 Lager rissig bis rissig-areoliert, oft z.dick, weiß, grauweiß. Oberfläche der Areolen ± glatt, flach bis leicht gewölbt, matt, (v.a. Mark) C+ rot. Sorale meist flach bis etwas gewölbt, –1,5 mm, weiß. Lecanor-S., ±(Variolar-S.). Abb. 48b . . . . **P. lactea**

23* Lager meist zus.hängend bis rissig, dünn bis dicklich, weißlich bis grau, oft mit unebener Oberfläche, (v.a. nach Ankratzen) C+ rot. Sorale flach bis gewölbt, leicht gelblich bis grünlichgrau. Gyrophor-S., ± weitere Substanzen . . . . † **Ochrolechia androgyna**

24 Sorale K+ gelb, dann rötlich, P+ rotorange bis rot, anfangs rundlich, etwas vorstehend, flach bis m.gewölbt, –1 mm, später oft zu größeren, unregelmäßig begrenzten Komplexen zus.fließend, zerstreut bis zahlreich. Soredien grob, meist 80–200 µm. Lager z.dünn, rissig bis rissig areoliert, mitunter mit d.grauer Vorlagerlinie vor weißlichem Lagersaum. Areolen meist –1,2 mm. Fumarprotocetrar-S., (Protocetrar-S.), ±Succinprotocetrar-S. . . . . **P. aspergilla**

24* Sorale K+ gelb, P+ gelb, dann rot, aus Warzen hervorbrechend, meist gewölbt, kaum zus.fließend. Ähnl. voriger. Protocetrar-S. . . . . **P. leucosora**

25 Lager K+ gelb, dann rot (bei s.schattig gewachsenen Lagern zögernd reagie-

rend), C–, P+ gelb, dann gelborange. Norstictin-S. **26**
25* Lager K– oder K+ gelb bis orange oder bräunlich **27**
26 Lager fein isidiös, bei oberflächlicher Betrachtung und kümmerlicher Entwicklung der Isidien körnig-sorediös erscheinend, aber auch mitunter stellenweise „sorediös"-erodiert nach Abfall der Isidien. * . . . . **P. coccodes (13)**
26* Lager ohne Isidien, weißgrau bis grau, zus.hängend, ± eben, stellenweise unregelmäßig weißlich sorediös aufbrechend und oft großflächig sorediös. * . . . . **Phlyctis argena**
27 Gewöhnlich auf Holz lebend. Lager undeutlich (meist im Substratinnern), nur Sorale auffallend, C– **28**
27* Gewöhnlich auf Rinde lebend **30**
28 Sorale weißlich, gelbweißlich, grauweißlich, K± schmutzig bräunlichrot bis K–, P+ (gelb bis) rot, meist flach, -1 mm. Fumarprotocetrar-S., (Protocetrar-S.), selten Spuren von Gyrophor-S. . . . . **P. pupillaris**
28* Sorale oft dunkler. Ohne Fumarprotocetrar-S. **29**
29 Sorale braun, d.grau, graubläulich, abgeschabt weißlich, K+ gelb, P+ orange, rundlich bis elliptisch, -1 mm. Lager im Substratinnern. Stictin-SSy, ±Norstictin-S. . . . . **Xylographa vitiligo**
29* Sorale grüngrau, grau, blaugrau, grauweiß, grüngelblich, grünlichweiß, K± orange bis rotbraun, P+ gelb bis gelborange, –0,4(0,8) mm, mitunter zus.fließend. Lager oft auch auf dem Substrat entwickelt. Atranorin, Norstictin-S. . . . . **Buellia griseovirens**
30 Lager gelb, gelbgrau, graugrünlich gelb, C+ orange, KC+ orange, mit dichtstehenden feinen, halbkugeligen bis zylindrischen Isidien, die gelegentlich z.T. sorediös aufbrechen, mitunter mit ± grauem Vorlager . . . . . **P. flavida (14)**
(gelbliche, C+ orange Arten ohne Isidien vgl. Schlüssel für sterile Flechten)
30* Lager weißlich bis grau, blaß grünlichgrau **31**
31 Lager, v.a. Sorale C+/KC+ rot, K–, P– oder bräunlich **32**
31* Lager/Sorale C– oder C+ gelblich **35**
32 Lager in der Mitte durchgehend feinisidiös, h.grau, grünlichgrau bis weißlich. Isidien zart, bald in weiß- bis grünlichgraue Soredien aufbrechend, kugelig bis meist zylindrisch (bis koralloid), –0,1(0,2) mm dick. Ohne gut begrenzte Sorale, oft mit weißem Vorlager. UV+ blauweiß. Gyrophor-S. . . . . **Ochrolechia subviridis**
32* Lager mit deutlichen Soralen **33**
33 Lager mit Lichexanthon, dünn, glatt, weißlich. Sorale UV+ orange, flach bis leicht konkav, rundlich, weißlich, cremefarben bis leicht grünlich, 0,3–0,7 mm breit, Soredien –70 µm. Ap. s.selten . . . . **Ochrolechia arborea**
33* Lager ohne Lichexanthon, UV–/± weiß. Sorale ± flach bis gewölbt **34**
34 Mit Lecanor-S., C+ (karmin)rote Reaktion v.a. im Mark/in den Soralen. Sorale weißlich, gewölbt (bis halbkugelig), –1,3(1,8) mm breit, auch zus.fließend. Lager mit weißlichem, glänzendem, oft gezontem Vorlager, glatt bis uneben-warzig, gegen den Rand meist ohne Risse, gegen die Lagermitte rissig, silbergrau, grauweiß, grau. Sehr oft mit *Pertusaria coccodes* oder *P. flavida* vergesellschaftet . . . . **P. hemisphaerica**

34* Mit Gyrophor-S., C+ (rosa- bis orange-)rote Reaktion in den Soralen/in (weniger auf) der Rinde. Sorale etwas gelblich, beige, grünlichweiß, graugrünlich, –2 mm, mitunter zus.fließend. Lager ohne oder mit weißlichem Vorlager, mit flachen bis gewölbten Soralen (Lager dünn, glatt bis warzig-uneben, h.grau, gelblich h.grau, Sorale oft gelblich, nur mit Gyrophor-S.: Typ A, oder Lager dick, uneben-warzig bis knollig, Sorale ähnlich wie das Lager gefärbt, graugelblich, grau-beige, mit 2 zusätzl. Fett-Sn.: Typ B). **Ochrolechia androgyna**

35 Lager KC+ violett, grau, mit meist gewölbten bis halbkugeligen, seltener fast flachen weißen Soralen. Vorlager s.selten gezont. Picrolichenin-S., ±Protocetrar-S., ±Atranorin . . . . **P. amara**

35* Lager nicht KC+ violett **36**

36 Lager/Sorale K– und P– **37**

36* Lager und/oder Sorale K+ gelb bis orange(rotbraun) oder P+ gelb bis rot **40**

37 Lager mit scharf begrenzten, rundlichen bis seltener elliptischen, konkaven bis flachen, seltener gewölbten, nur vereinzelt zus.fließenden Soralen . . . . . **38** (vgl. a. *P. ophthalmiza* mit soralähnl. Fruchtwarzen)

37* Lager wenigstens teilweise mit unregelmäßig begrenzten, diffus zus.fließenden Soralen, die aus kleinen Warzen aufbrechen, h.grau, grauweiß bis cremefarben, runzelig bis glatt, mitunter mit weißem Vorlager. Sorale weißlich, cremefarben, gelblichweiß, grünlichweiß. Soredien 50–90(120) µm. Ap. s.selten. Variolar-S. (wenn mit Fett-Sn. vgl. *P. albescens*). Mitunter schwierig zu trennen **39**

38 Montane Art. Lager cremefarben, gelblichweiß bis grauweiß, ± glatt, Vorlager undeutlich. Sorale –1(2) mm breit, rundlich bis elliptisch, oft von einem „Rand" umgeben, weißlich, leicht gelblich, konkav bis flach, seltener gewölbt. Soredien –150 µm. Ap. z.häufig, rosabraun, dick berandet, Scheibe flach bis konkav, –3 mm. Variolar-S., Lichesterin-S. . . . . **Ochrolechia alboflavescens**

38* Verbreitet. Lager grau, oft ausgedehnt, oft mit deutlichem, (weißlich-grüngrau) gezontem Vorlager, deutlich dunkler als Sorale. Sorale –2,5(4) mm breit, rundlich, konkav bis (m.)gewölbt, berandet. Soredien grob, –200(300) µm. Steril. Fett-Sn. (stets allo-Pertusar-S.) . . . . **P. albescens** (wenn Lager höckerig-uneben, auf den Höckern mit unscharf begrenzten körnigen, z.T. zus.fließenden kleinen Soralen: var. **corallina**)

39 Lager ohne Lichesterin-S., mit teils scharf begrenzten, teils diffus zus.fließenden Soralen, selten zuletzt einheitlich sorediös. V.a. in niederen bis mittleren Lagen . . . . **Ochrolechia turneri**

39* Lager mit Lichesterin-S., dünn, bald großflächig mehlig bis körnig sorediös. V.a. montan, auf sauren Rinden . . . . **Ochrolechia microstictoides**

40 Lager und/oder Sorale P– bis P+ gelb **41**

40* Lager und/oder Sorale P+ gelborange, orangerot bis rostrot **42**

41 Lager weiß bis weißgrau, zus.hängend, glatt bis warzig, mit begrenzten, ± runden, konkaven bis flachen Soralen, P–, K+ gelb. Sorale frisch h.grünlichgrau bis cremefarben, im Herbar weißlich, K+ gelb, C± gelblich, in der Lagermitte oft zus.fließend. Soredien –40 µm. Ap. s.selten, ähnl. *Lecanora allophana*. Atranorin u.a. (anderes Stoffspektrum als bei *L. allophana*; wenn identisch (mit Atranorin, 2 Triterpene 6/5/6, 6/3/5: *L. allophana* f. *sorediata*

(Schaerer) Vainio) . . . . **Lecanora impudens**

41* Lager h.grau, dünn. Sorale -0,4(0,8) mm, meist flach oder etwas konkav, oft etwas vortretend, nicht selten durch einen ± ausgefransten „Lagerkragen“ gesäumt, grünl.weiß, grüngelblich, grau, grüngrau, graublau, K+ orange bis rotbraun, aber manchmal recht undeutlich . . . . **Buellia griseovirens (44)**

42 In den „Soralen“ sind Fruchtkörper enthalten, K+ gelb, P+ gelb, dann rot oder K+ gelb, dann rötlich, P+ orangerot. Siehe *P. trachythallina* und *P. multipuncta*

42* Sorale ohne Fruchtkörper **43**

43 Ohne Atranorin. Nicht-sorediöse Teile des Lagers gewöhnlich undeutlich, ± im Substrat. Ohne deutl. Vorlager. Sorale weißlich, leicht gelb- oder grauweißlich, ± flach, K± schmutzig bräunlichrot bis K–, P+ (gelb bis) rot, –0,7 mm. Fumarprotocetrar-S., (Protocetrar-S.), selten (Gyrophor-S.). UV–/schwach blauweißlich . . . . **P. pupillaris**

43* Mit Atranorin. Lager/Sorale K+ gelb, orange bis rotbraun, meist über dem Substrat entwickelt **44**

44 Lager h.grau bis grau, mit oder ohne d.braune bis braunschwarze Vorlagerlinie, uneben warzig oder etwas rissig, mit anfangs kleinen begrenzten (0,15-0,5 mm breiten), ± konkaven, später größeren und oft zus.fließenden blaß grünlichen, weißlichen, bläulich- bis bräunl.grauen Soralen, K+ gelb. Atranorin, Fumarprotocetrar-S. Lager mitunter mit unregelmäßigen apothecienähnlichen schwarzen, –0,8 mm breiten Strukturen von gallertiger Konsistenz (= *Tremella lichenicola* Diederich) . . . . **Mycoblastus fucatus**

44* Lager h.grau, dünn, auch im Substrat. Sorale –0,4(0,6) mm, meist flach oder etwas konkav, oft etwas vortretend, grünl.weiß, grüngelblich, grau, grüngrau, graublau, K+ orange bis rotbraun, aber manchmal recht undeutlich, C–, P+ gelb bis gelborange. Atranorin, Norstictin-S. . . . . . . **Buellia griseovirens** (ähnl., aber mit Atranorin, Placodiol-S., K+ gelb, P± gelb: *Buellia arborea*)

45 Auf Silikatgestein. K+ gelb, KC+ gelb, P+ ocker bis orangerot, C– **46**

45* Auf Rinde, mitunter auf Moose übergehend **47**

46 Ap.warzen kaum vorragend, mit 1 bis mehreren Ap. Scheibe ± erweitert, –0,4(0,6) mm, schwarz, oft grau bereift, flach, oft mit unregelmäßigem Umriß, ähnl. einer *Aspicilia*. Sp. um 25–42 × 12–24 µm. Lager grau, d.grau bis graubraun, rissig areoliert. Stictin-SSy. (±Norstictin-S.) . . **P. chiodectonoides**

46* Ap.warzen stark vorstehend, unregelmäßig knollig, mitunter basal verengt, –2,5 mm breit, meist mit mehreren Ap. mit punktförmiger dunkler Mündung. Sp. 140–240(300) × 40–85 µm. Lager grau, grünlichgrau, glatt bis runzelig, rissig bis stellenweise rissig-areoliert, ± glänzend. Stictin-SSy., Coronaton, (±Norstictin-S.) . . . . **P. pertusa** (var. **rupestris**)

47 Ap. einzeln in sorallähnlichen rundlichen, –1,5 mm breiten Warzen, mit ± breiten Scheiben, z.T. fast *Lecanora*-artig. Scheibe ± flach, unter sorediösem Belag oder weiß/grau bereift. Lager grau bis weißlich, glatt bis uneben warzig, ± rissig. C– **48**

47* Ap. in mäßig gewölbten bis knollig vorstehenden Lagerwarzen eingesenkt, nicht in soralähnl. Gebilden, nicht mit bereiften Scheiben. Lager grau . . **50**

48 Lager(mark) und sorala̋hnl. Ap.warzen R–. Ap. –1(1,2) mm, zu 1–2. Sp. einzeln, (90)130–150(170) × 50–70 µm. Mit 4 Fett-Sn. . . . . **P. ophthalmiza**
48* Lager(mark) und soralähnl. Ap.warzen K+ und P+ gelb oder rot **49**
49 Lager K+ gelb, dann rötlich, P+ orangerot, mit Physodal-S., (Protocetrar-S.). Sp. einzeln, 90–190 × 30–70 µm. Ap.scheiben ca. –0,5(1) mm, schwärzlich, seltener blaß, ± bereift . . . . **P. multipuncta**
49! Lager K+ gelb, dann blutrot, P+ gelb, mit Norstictin-S. Sp. einzeln, 70–150 µm. Ap.scheiben schwärzlich. An ozeanischen Standorten in Wäldern. Nordalpen . . . . **P. waghornei** Hulten
49* Lager K+ gelb, P+ gelb, dann rot, mit Thamnol-S. Sp. zu 2, aber oft nicht entwickelt, 50–160 × 20–55 µm. Ap.scheiben –2 mm, rosa, bereift . . . . **P. trachythallina**
50 Sp. zu 8, nicht über 130 × 50 µm. Rel. seltene Arten **51**
50* Sp. zu weniger als 8 . . . . **54**
51 Ap. anfangs punktförmig, älter mit deutlich erweiterter, ± wulstig umrandeter, rundlicher bis unregelmäßiger, schwärzlicher, –1(1,5) mm breiter Scheibe, zu meist 1–3 in knollig vortretenden, –2 mm breiten Warzen, auch fast *Lecanora*-artig. Lager gelbgrau, grau, grünl.grau, C+ gelb, KC+ kräftig gelb bis orange, P–, K– (Reaktionen aber mitunter ausbleibend), stellenweise rissig, ± glatt. Thiophanin-S., ±Gyrophor-S. Sp. 60–110(130) × 25–50 µm, mit mehrschichtiger Wand . . . . **P. hymenea**
51* Ap. nur mit punktförmiger dunkler Scheibe, in ± gewölbte Warzen eingeschlossen. Lager(mark) C–, P+ ocker, dann rötlich, K/KC+ gelb (Reaktionen oft schwach!), dünn, ungegliedert bis leicht rissig, grau, grünl.grau, selten gelblichgrau. Mit Coronaton, Stictin-S. **52**
52 Sp. 20–45 × 12–25(30) µm. Epihymenium K+ violett. Ap.warzen –1 mm, mit meist 1(2–3) Ap. * . . . . **P. sommerfeltii**
52* Sp. zumindest zum Teil größer, ca. 30–75 × 15–40 µm. Epihym. K– **53**
53 Ap.warzen –2,5 mm, meist m.gewölbt (unten verbreitert), mit 1–8 Ap. * . . . . **P. alpina**
53* Ap.warzen zumindest alt knollig, mit steilen Flanken bis unten verengt, –2 mm, mit meist 3–6 Ap. * . . . . **P. constricta**
54 Sp zu 4, selten 6, gewöhnlich 40–80(115) × 20–40(50) µm, mit glatter, –5 µm dicker Wand. Ap.warzen –1,5(2,5) mm, mit meist 1(2) punktförmigen Ap.öffnungen, m.gewölbt bis gelegentlich halbkugelig, gewöhnlich nicht gedrängt stehend. Lager teilweise unterrindig bis deutlich oberrindig, aber meist dünn, glatt, ungegliedert bis stellenweise etwas rissig, grau, grünl.grau, gelblichgrau, grauweiß. Lager(mark) P+ ocker, dann rötl. (Reaktion nur bei gut entwickeltem Lager deutlich, sonst schwach bis P–), K± gelb, C–. Coronaton, Stictin-SSy., (±Norstictin-S.) . . . . **P. leioplaca**
54* Sp. zu 2 . . . . **55**
55 Ap.warzen knollig vorstehend, unten nicht verbreitert, mit steilen Flanken (oft verengt), oft s.dicht stehend, oft oben abgeplattet, –1,5(2,5) mm breit, mit meist mehreren (bis über 10) Ap.öffnungen. Sp. 140–240(300) × 40–85 µm, Wand 7–15 µm dick. Lager oberrindig, deutlich entwickelt, grau bis grüngrau, Mark P

+ ocker, dann rötlich, K+ gelb, C–. Coronaton und Stictin-SSy. (Abb. 48c) . . . . **P. pertusa**

55* Ap.warzen meist mäßig gewölbt, mit abgeflachtem Scheitel, meist mit 1–2(4) Ap. Lager P+ ocker, dann orangerot. Sp. bis 175 µm groß. Stictin-SSy., ±Norstictin **56**

56 Lager mit Thiophanin-S., Stictin-S. *, KC+ gelb, dann orange, s.dünn. Sp. 70–175 × 25–63 µm . . . . **P. heterochroa**

56* Lager mit unbekanntem Xanthon, Stictin-S. *, KC+ gelb bis gelborange. Sp. 40–175 × 25–50 µm . . . . **P. pustulata**

Pertusaria albescens (Hudson) Choisy & Werner [P. discoidea (Pers.) Malme, P. globulifera (Turner) Massal.]
var. **albescens**
Bis in die (hoch)montane Stufe auf (z.)m.saurer bis subneutraler, nicht bis z.eutrophierter Rinde von Laub-, selten Nadelbäumen, selten auf Gestein (meist anthropogene Substrate), auch auf Moose übergehend, an freistehenden Bäumen und in lichten Wäldern – (s')bor-med – z.häufig
var. **corallina** auct.
V.a. auf eutrophierter Borke von Laubbäumen, v.a. basal am Stamm

Pertusaria alpina Hepp ex Ahles
In montanen und hochmontanen Lagen auf glatter, nicht eutrophierter Rinde von Laubbäumen, v.a. an Ästen und jungen Stämmen an s.luftfeuchten, m.–z.lichtreichen Standorten, v.a. an Buche, Erle, Esche, Bergahorn, z.B. in Buchen-, Buchen-Tannen-W. und in bachbegleitenden Grauerlen-Beständen -bor-med·mo – selten *(2)*; süSch, *Vog, Fi,* ThW, Al, *Obay*

Pertusaria amara (Ach.) Nyl.
Bis in hochmontane Lagen an Laub- und Nadelbäumen, z. euryök, bevorzugt an m.–z.lichtreichen, z.sauren, luftfeuchten, nicht (bis m.) eutrophierten, m.beregneten bis z.regengeschützten Habitaten, m.–s.acidoph., z.skioph.–z.photoph. – (s')bor-med – z.häufig, in stärker luftverunreinigten und landwirtschaftlich genutzten Gebieten deutlich zurückgehend

Pertusaria aspergilla (Ach.) Laundon
(P. dealbescens auct., P. leucosora auct.)
Bis in montane Lagen auf kalkfreiem Silikatgestein an m.–z.beregneten Steil- und Vertikalflächen an milden bis kühlen, m.–z.lichtreichen Orten, m.–z.acidoph., m.ombroph., anitroph. – (s'bor-)mieur·subatl-med·mo – selten; Sch, Vog u. RhSch z.selten, Pf, O, Rhön, ThW, *Fr, BayW*

Pertusaria bryontha (Ach.) Nyl.
Über Moosen und Pflanzenresten über basen-, meist kalkreichen Böden in der alpinen Stufe – arkt-alp – selten; Al

Pertusaria chiodectonoides Bagl. ex Massal. [P. inquinata (Ach.) Th.Fr.]
V.a. in montanen Lagen auf basischem und neutralem, gewöhnl. kalkfreiem Silikatgestein, z.B. Serpentinit, Melaphyr, Basalt, auch an leicht eutrophierten Standorten,

subneutroph., (z.skioph.–)m.–z.(s.)photoph. – bor-med·mo – s.selten (0); süSch, *Vog, Fr*, BayW

Pertusaria coccodes (Ach.) Nyl. [P. phymatodes (Ach.) Erichsen]
Bis in die (hoch)montane Stufe auf glatter bis rissiger Rinde von Laubbäumen, selten Tanne, an freistehenden Bäumen und in lichten Wäldern (hier v.a. an Eiche in Eichen-Hainbuchen-, Buchen(-Tannen)-W.), (subneutroph.)m.–z.acidoph., (mesoph.–) z.hygroph., m.–z.photoph., a-/m.nitroph. – (s')bormieur(-subatl)-med – z.selten–m.häufig (+)

Pertusaria constricta Erichsen
In montanen und hochmontanen Buchen- und Buchen-Tannen-W. in niederschlagsreichen, ozeanischen Lagen, v.a. an glatter Rinde von Rotbuchen, m.acidoph., (z.–)s.hygroph., z.ombroph., m.photoph., anitroph. – mieur·pralp-med·mo – selten (2); süSch, *nöSch*, Al

Pertusaria corallina (L.) Arnold [P. subdubia Nyl.]
Von der (sub)montanen bis in die alpine Stufe, Schwerpunkt in montan-hochmontanen, niederschlagsreichen Lagen, auf gewöhnlich kalkfreiem Silikatgestein an luftfeuchten, lichtreichen, kühl-ozeanischen, auch an z.windoffenen, häufige Quellung der Flechtenlager gewährleistenden Standorten, meist an steilen Schräg- und beregneten Vertikalflächen, in Blockmeeren mitunter in Massenbeständen, m.–z.acidoph., z.–s.hygroph., z.–s. ombroph., anitroph.; eine der wichtigsten Färberflechten (Persio, Orseille) – (s')bor-mieur·mo-med·mo(alp) – z.selten; Sch, Vog, Pf, RhSch, He, ThW, Erz, BayW, selten O, Sp

Pertusaria coronata (Ach.) Th.Fr.
V.a. auf m.saurer Rinde von Laubbäumen, ähnl. *P. flavida* (↑), auch ähnl. *P. coccodes*, aber die eutrophierten Habitate meidend – s'bor(subatl)-med – z.selten (3), verbreitet, ausgenommen stärker luftverunreinigte und laubwaldarme Gebiete

Pertusaria excludens Nyl.
Ähnl. *P. flavicans* (↑) - mieur(subatl)-med – s.selten (R); süSch (Zastler)

Pertusaria flavicans Lamy
V.a. in submontanen, milden bis warmen, z.ozeanischen Lagen an m.beregneten, z.lichtreichen Steil- und Vertikalflächen auf gewöhnlich kalkfreiem, aber mineralreichem Silikatgestein, besonders an süd- und westexponierten Talhängen in felsdurchsetzten Eichen-Buchen-W., m.–z.acidoph., m.–z.hygroph., m.thermoph., anitroph. – mieur·subatl-med – selten; süSch, Vog, Pf, Mos, Ts, MRh, *O, SFW*, ?Sb

Pertusaria flavida (DC.) Laundon [P. lutescens Hoffm.) Lamy]
Bis in (hoch-)montane Lagen mit Schwerpunkt in der submontanen und montanen Stufe in m.–z.ozeanisch getönten Gebieten, am Stamm von Laubbäumen, selten Tanne; in rel. niederschlagsarmen Gebieten im Innern von Eichen-Hainbuchen-W. an rissiger Borke von Eiche, in höheren, feuchten Lagen v.a. an Buche in ± lichten Buchen(-Tannen)-W. sowie an freistehenden Bäumen, m.acidoph., (m.)z.–s.hygroph., m.–z.ombroph., anitroph. – (s'bor-)mieur·subatl-med·mo, (oz) – z.selten (3); v.a. Sch, Vog, PfW, O, Sp, SFW, Fr, He, ThW, selten im Südosten/Osten (z.B. BayW)

Pertusaria glomerata (Ach.) Schaerer
In der subalpinen und alpinen Stufe auf humosen, basenreichen Böden und auf abgestorbenen Pflanzen, v.a. an lange schneebedeckten Standorten, in Schneetälchen-Ges. – arkt-alp – s.selten (0); süSch (Feldberg), Al

Pertusaria hemisphaerica (Flörke) Erichsen
Auf Laubbäumen und Tanne, sehr ähnl. *P. flavida* (↑) – s'bor-mieur·subatl-med – z.selten (3); wie *P. flavida* verbreitet

Pertusaria heterochroa (Müll.Arg.) Erichsen
In der kollinen Stufe in milden bzw. warmen Lagen an lichten Standorten auf Laubbäumen mit basenreicher Rinde, im Gebiet an Nußbaum gefunden, subneutroph. – s'mieur-med, subatl – s.selten (0); *süHü (Kaiserstuhl)*

Pertusaria hymenea (Ach.) Schaerer [P. wulfenii DC.]
In montanen, niederschlagsreichen, ozeanischen, selten submontanen Lagen in lichten, luftfeuchten Buchen(-Tannen)- und Bergahorn-W. (Aceri-Fagetum), v.a. an glatter Rinde an Stämmen von Buche und Bergahorn, an milden bis kühlen Standorten, m.acidoph., (z.skioph.–)m.photoph., s.hygroph., z.ombroph., anitroph. – mieur(atl)-med·subatl – selten (2); Sch, Vog, süHü, SFW, O, Saar, He, ThW, Erz?+

Pertusaria isidioides (Schaerer) Arnold
In hochmontanen bis alpinen Lagen meist auf basischem oder leicht kalkhaltigem Silikatgestein an niederschlagsreichen, luftfeuchten, meist z.lichtreichen, absonnigen Standorten, in kühlen Blockmeeren, an beregneten Felsflächen, m.acidoph.–subneutroph., hygroph., anitroph. – mieur·h'mo/alp – s.selten (R); Rhön, Ts, süSch (Belchen), BayW, Alpen

Pertusaria lactea (L.) Arnold
V.a. in submontanen und montanen, milden bis kühlen, oft z.ozeanischen Lagen auf meist kalkfreiem Silikatgestein, insbesondere an beregneten Steil- und Vertikalflächen an m.–z.lichtreichen, absonnigen, luftfeuchten Orten, m.–z.acidoph., m.–z.ombroph., anitroph. – bor-smed·mo – z.selten; Sch, Vog, Pf, Hu, Ts, Eif, Rhön, ThW, sonst s.selten

Pertusaria leioplaca DC. [P. leucostoma Massal.]
Bis in montane Lagen an glatter bis flachrissiger Rinde von Baumstämmen, v.a. an Buche, Hainbuche, Esche in Wäldern, Erstbesiedler zus. mit *Graphis scripta* (↑) an jungen Bäumen, an stärker rissig werdender Rinde verschwindend, m.acidoph., z.–s.hygroph., m.–z.ombroph., z.skioph.–m.photoph., anitroph., heute in niederen Lagen oft veralgt und von Schnecken abgefressen – s'bor-med(mo) – m.–z.häufig

Pertusaria leucosora Nyl.
In kollinen und submontanen (montanen) Lagen auf mineralreichen Silikatgesteinen, ökol. ähnl. *Lecidella carp.* – mieur-med – selten (R); Pf, Ne, Eif

Pertusaria multipuncta (Turner) Nyl. [P. leptospora Nitschke ex Lahm]
Im Gebiet in montanen Lagen, in Nordwest- und Westdeutschland in der Tiefebene und in der kollinen Stufe, an glatter Rinde von Laubbäumen (gewöhnl. Buche und

Hainbuche) in naturnahen Wäldern, im Gebiet in kühl-luftfeuchten Buchen-Tannen-W., m.acidoph., ombroph., s.hygroph., z.skioph. - mieur·(atl)-med· mo, oz - s.selten (1); süSch, NW-Dtschl.

Pertusaria ophthalmiza (Nyl.) Nyl. [P. multipuncta auct.]
In der montanen und hochmontanen Stufe an Nadelbäumen, v.a. am Stamm von Tanne und an Ästchen von Tanne und Fichte in Buchen-Tannen- und Tannen-Fichten-W. in engen Tälern, in kaltluftstauenden Senken, in kühl-feuchten naturnahen Waldungen, klimatische Ansprüche ähnl. *Evernia divaricata* (↑), m.–z.acidoph., z.skioph.–m.photoph., s.–e.hygroph., anitroph. - bor-mieur, oz - s.selten (1); Sch, Al, *Ml*, BayW, Obay

Pertusaria pertusa (Weigel) Tuck. [P. rupestris (DC.) Schaerer]
Z. ähnl. *P. flavida* (↑), in niederen Lagen aber häufiger auch auf glatten Rinden von Buche und Hainbuche, in hochmontanen Lagen ± fehlend, mitunter auch (var. *rupestris* (DC.) DT. & Sarnth.) an Vertikalflächen und schwachen, beregneten Überhängen auf Silikatgestein (hier ähnl. *Fuscidea cyathoides* ↑) - (s'bor-)mieur(·subatl)-med(mo) - z.selten; v.a. Sch, Vog, PfW, O, Sp, SFW, He, im Südosten fast fehlend

Pertusaria pseudocorallina (Liljeblad) Arnold
In der sub- bis zur hochmontanen Stufe auf Silikatgestein an Schräg- und beregneten Vertikalflächen, meist an rel. warmen, lichtreichen Standorten an besonnten Hängen in niederschlagsreichen Lagen, selten in kühl-feuchten Blockmeeren, m.acidoph., a-/m.nitroph. - mieur(subatl)-med(mo) - selten; süSch und Vog z.selten, sonst s.selten (PfW, *O*, Rhön, *Fi*).

Pertusaria pupillaris (Nyl.) Th.Fr.
Vorwiegend in montanen Lagen auf zähmorschem Holz von Stümpfen und Stämmen an lichtreichen Standorten, in niederen Lagen v.a. an glatter Rinde von Laubbäumen in lichten Wäldern in Talauen - s'bor-smed - z.selten; Sch, Ju, Bo, süHü, Ne

Pertusaria pustulata (Ach.) Duby
In kollinen und submontanen, klimatisch milden bis z.warmen Lagen an glatter und flachrissiger Rinde von Laubbäumen, v.a. an Hainbuche und Buche, seltener Eiche, Esche, etc., in luftfeuchten Eichen-Hainbuchen- und Buchen-W. (z.B. Stellario-Carpinetum) oder Carici-Fraxinetum, v.a. in feuchten Tälern, m.acidoph., z.skioph.–m.photoph., ombroph., anitroph. - (s')mieur(atl)-med·subatl - (z.)selten (2); Sch (bis ca. 600 m), Vog, Ne, Ju, Hü, O, Rh, HRh, Bo, *Ml*

Pertusaria sommerfeltii (Sommerf.) Fr.
Hochmontan bis alpin, auf Zwergsträuchern, Laub- und Nadelbäumen, v.a. an glatter Rinde, in den Alpen gewöhnl. in Zwergstrauchheiden an m.–z.lichtreichen, z.lange schneebedeckten Orten - bor-mieur·subalp/alp - s.selten *(0)*; Vog, süSch (Feldberg), Al

Pertusaria trachythallina Erichsen [P. laevigata (Nyl.) Arnold]
In kollinen und submontanen, selten montanen Lagen in lichten Hainsimsen-

Buchen-Eichen-W., Buchen-W. und Eichen-Hainbuchen-W. auf glatter Rinde von Buchen und Eichen (hier v.a. auf Ästen) oder anderen Bäumen mit m.saurer Rinde, an milden, s.luftfeuchten, oft nebelreichen, m.–z.lichtreichen Standorten, m.acidoph., anitroph. - mieur-med, subatl, (oz) - selten (2); süSch, Ne, *nöRh, Rh-Mn-T, O, FrJu, Obay, Vog, Ml*

Petractis Fr.

(Bestimmung ↑ Gyalecta)

Petractis clausa (Hoffm.) Krempelh.
Bis in die alpine Stufe auf kalkreichem Gestein (meist reinen Kalken) v.a. an Schräg- und beregneten Vertikalflächen an schattig-luftfeuchten, mitunter auch leicht substratfeuchten (Tau) Standorten, in niederen Lagen besonders in Schluchten, Tälern, an Nordhängen, basiph., z.hygroph., a-(-m.) nitroph. - mieur-med·mo - z.selten; SJu, Ju, FrJu, Al, sonst s.selten (süHü, Ne, ?O, Saar, *nöRh, Rh-Mn-T*)

Petractis hypoleuca (Ach.) Vězda [Gyalecta h. (Ach.) Zahlbr.]
In der submontanen und v.a. montanen Stufe (in den Alpen auch höher) an z.regengeschützten Vertikal- und Überhangflächen auf Karbonatgestein, besonders auf rauhen bzw. porösen und etwas bergfeuchten Substraten, z.B. Dolomit, seltener Kalkstein, an z.(–s.)luftfeuchten, z.lichtarmen Standorten in Schluchten, Wäldern, basiph., anitroph. - mieur(pralp)-med·pralp - s.selten; SJu, Ju, FrJu, Ne, *Al*

Phaeocalicium A.Schmidt

(Bestimmung ↑ Stenocybe)

Phaeocalicium compressulum (Nyl. ex Vainio) A.Schmidt [Calicium praecedens auct.medieur., non Nyl.]
In montanen bis subalpinen Lagen an lebenden und toten Zweigen von Grünerle in Grünerlen-Gebüschen und bachbegleitenden Hochstaudenfluren an meist m.–z. lichtreichen, oft nordexponierten Orten, m.acidoph., hygroph., anitroph. - mieur·pralp - s.selten *(1)*; süSch, *Do*, Al

Phaeocalicium populneum (Brond. ex Duby) A.Schmidt [Calicium p. Brond. ex Duby]
Bis in montane Lagen an glattrindigen, meist toten Zweigen, seltener an Stämmen von Pappeln an z.lichtreichen Standorten in feuchten, kühlen Tälern, subneutroph.–neutroph., anitroph. - bor-mieur - selten (3); SFW, Ne, Sch, *Vog*, SJu, *PfW, Rh*

Phaeophyscia Moberg

(Bestimmung ↑ Physcia)

Phaeophyscia chloantha (Ach.) Moberg [Ph. luganensis (Mereschk.) Moberg, Physcia l. Mereschk., Ph. pragensis Nádv.]
In kollinen und submontanen, warmen Lagen auf Laubbäumen, v.a. auf subneutraler bis m.saurer, nährstoffreicher Borke, selten auf Gestein übergehend (z.B. Mauern), m.–z.photoph. – s'mieur-med – s.selten, auch übersehen? *(1)*; süRh, *Ne*, Av

Phaeophyscia ciliata (Hoffm.) Moberg [Physcia c. (Hoffm.) Du Rietz]
In montanen und hochmontanen, niederschlagsreichen Lagen, im Tiefland heute fehlend, an freistehenden Laubbäumen und in lichten Bergwäldern, bevorzugt auf glatter und flachrissiger, subneutraler, nicht oder nur schwach eutrophierter Rinde, v.a. auf Espe, Nußbaum, Esche, (m.acidoph.–)subneutroph., a-/m.(z.)nitroph. – bor-med·mo – s.selten (1); Ju-Ne, früher Ju. Ne zerstreut, ferner in Hü, O, *Pf, Vog* usw.

Phaeophyscia constipata (Norrlin & Nyl.) Moberg [Physcia c. Norrlin & Nyl.]
In (sub)montanen Lagen an lichtoffenen, besonnten, sommerwarmen, winterkalten, z.T. z.windoffenen Standorten, v.a. auf Felsköpfen und -nasen zwischen und über Moosen und s.flachgründigem Boden über Kalk- und Dolomitfels, meist mit *Physconia musc., Megaspora verr.*, neutroph.–basiph., s.photoph., xeroph. – arkt-bor(·alp)-mieur·ko; reliktisch – s.selten: FrJu (2)

Phaeophyscia endococcina (Körber) Moberg [Physcia e. (Körber) Th.Fr., Ph. lithotodes Nyl.]
V.a. in der montanen und hochmontanen Stufe auf Silikatgestein in der amphibischen Zone klarer Gebirgsbäche, auch an gelegentlich sickerfeuchten Felsflächen, an schattig-luftfeuchten Orten auch ohne sekundäre Wasserzufuhr, oft auf Moose übergehend, subneutroph., z.skioph.–z.photoph., hydroph., a-/m.nitroph.; Formen mit orangem Mark nur in hochmontanen Lagen und höher – arkt-med·mo – z.selten (2); süSch, Vog, Al

Phaeophyscia endophoenicea (Harm.) Moberg [Physcia e. (Harm.) Santha]
In kollinen bis montanen, niederschlagsarmen bis niederschlagsreichen, milden Lagen an Laubbäumen, ähnl. *Bacidia rubella* (↑), auch *Normandina* (↑), meist auf Moosen wie *Leucodon, Antitrichia, Pterigynandrum*, v.a. auf Ahorn-Arten, Esche, in hohen Lagen auch auf alten Buchen, subneutroph., m.skioph.–z.photoph., z.ozeanisch – mieur·subatl-med·mo – z.selten (3); süSch, Vog, Ju, SJu, Ne, Bo, Al, sonst selten (z.B. nöSch, SFW, Mn, Rh, Rh-Mn-T)

Phaeophyscia nigricans (Flörke) Moberg [Physcia n. (Flörke) Stizenb.]
Vorwiegend in kollinen und submontanen Lagen, aber bis zur Waldgrenze aufsteigend, Schwerpunkt auf eutrophierten, kalkhaltigen Gesteinssubstraten an anthropogenen Standorten, ähnl. *Caloplaca teich.* (↑) und *Lecanora albescens*, auch am staubimprägnierten Stamm(grund) von freistehenden Laubbäumen, neutroph.–basiph., z.–s.nitroph. – bor-med – z.häufig in Kalkgebieten und Tieflagen, sonst meist z.selten, gebietsweise hemerochor, Sch bis 1400 m

Phaeophyscia orbicularis (Necker) Moberg [Physcia o. (Necker) Poetsch]
S.variable, s.euryöke, s.eutrophierungstolerante Art, eine der toxitolerantesten Blattflechten, epiphytisch besonders am Stamm und Stammgrund, bei fehlender Eutrophierung auf subneutrale Laubbaumrinden beschränkt, epilithisch auf kalkhaltigem Gestein, v.a. an anthropogenen Standorten (Mauern, Dachziegel etc.), Schwerpunkt an z.lichtreichen, z.–s.eutrophierten Stellen, m.acidoph.–m.basiph. – bor-med – häufig–s.häufig

Phaeophyscia sciastra (Ach.) Moberg [Physcia s. (Ach.) Du Rietz]
Besonders in montanen und hochmontanen Lagen auf gewöhnlich m.–z.eutrophierten Substraten, auf kalkhaltigem, selten kalkfreiem Gestein, auf bearbeitetem Holz (alte Zäune, Schindeln etc.) sowie auf gestein- und holzbewohnenden Moosen, auf Silikatgestein v.a. an gelegentlich leicht sickerfeuchten, leicht kalkbeeinflußten Flächen, auch auf spritzwasserfeuchten Blöcken an Bächen sowie auf Vogelsitzplätzen, subneutroph.–m.basiph., z.–s.photoph., m.–z.nitroph. – arkt-med – z.selten, v.a. Ju, SJu, FrJu

Phaeophyscia strigosa (Poelt & Busch.) Golubkova [Physcia s. Poelt & Busch.]
In niederschlagsarmen Lagen an besonnten Felsen auf staubimprägniertem Kalkstein und kalkhaltigem/mineralreichem Silikatgestein, v.a. an m.beregneten Steilflächen; subneutroph.–m.basiph., z.–s.photoph., m.–z.nitroph. – s'mieur-med – s.selten (R); Ne

Phlyctis (Wallr.) Flotow

1 Lager weißgrau bis grau, stellenweise schwach rissig, unregelmäßig weißlich (bis grünweißlich) mehlig-sorediös aufbrechend, schließlich (v.a. in der Mitte) großflächig sorediös, K+ gelb, dann rot (Reaktion bei Schattenexemplaren mitunter schwach), C-, P+ orangerot. Ap. selten, -0,4 mm, schwarz, weiß bereift, körnig-sorediös berandet. Sp. einzeln, ohne helle Spitzchen, 60–150 × 25–50 µm. Norstictin-S. . . . . **Ph. argena**

1* Lager weiß bis weißgrau, etwas rissig, stets mit Ap. in rundlichen bis unregelmäßigen, -1 mm breiten soralähnlichen Aufbrüchen. Ap. -0,5 mm, eingesenkt bis vertieft, dunkel, aber von groben weißlichen Thalluskörnchen bedeckt. Lager sonst ohne Sorale. Sp. zu 2(4), 42–90(115) × 14–35(45) µm, an den Enden mit je 1 hellem Spitzchen, mauerförmig-vielzellig (Abb. 12i). R und Ch wie vorige . . . . **Ph. agelaea**

Phlyctis agelaea (Ach.) Flotow
Bis in submontane, seltener montane Lagen in wintermilden, z.sommerwarmen bis kühlen ozeanischen Bereichen, niederschlagsarme und kontinental getönte Gebiete meidend, auf meist flachrissiger, z.weicher, basenreicher, nicht eutrophierter Rinde von Laubbäumen (v.a. Esche, Spitzahorn) in Eschen(-Erlen)-W. (Alno-Padion), bachbegleitenden Eschen-Säumen, frischen Eichen-Hainbuchen-W. sowie in Ges. des Tilio-Acerion an luftfeuchten, milden Standorten, v.a. in Tälern, m.acidoph.–subneu-

troph., m.photoph., m.-z.ombroph. - mieur·subatl-med - z.selten-selten (3); süSch, Vog, PfW, süRh, HRh, SJu, Ne, Hü, Bo, SFW, O, Sp, Eif, Th, Al

Phlyctis argena (Sprengel) Flotow
Bis in die hochmontane Stufe; euryöke Art, am Stamm von Laub- und Nadelbäumen, selten an Vertikalflächen auf Silikatgestein, Schwerpunkt an m.-z.lichtreichen, nicht bis m.eutrophierten Standorten, an freistehenden Bäumen wie in Wäldern, m.-z.(s.)acidoph., m.ombroph.-z.anombroph., (mesoph.-)hygroph. - s'bor-med - häufig

Phylliscum Nyl.

(Schlüssel incl. Anema, Gonohymenia, Thyrea)

1 Lager blättrig, Lappen aufrecht oder ± aufstrebend **2**
1* Lager schuppig, knollig, rosettig-kleinlappig **4**
2 Lager olivbräunlich schwarz, meist blaugrau bereift. Ap. unauffällig, eingesenkt, mit ± punktförmiger Öffnung, knötchenartig, aus Pyknidien entstehend. Lager -2 cm im Durchmesser, blättrig. Lappen 1-3 mm breit, meist unregelmäßig zerschlitzt, mitunter isidiös. Sp. 10–12 × 6–7 µm . . **Thyrea confusa**
2* Lager schwarz, unbereift. Ap.: im Lager eingelagerte Teilhymenien, die als gallenartige Thallusanschwellungen erkennbar sind (Thallinocarpien). Hym. ± von Algen bedeckt **3**
3 Lager -2 cm breit, oft polsterförmig. Lagerlappen an den Enden muschel- oder kapuzenförmig, ± kantig, an der Lagerperipherie ± anliegend. Ap. s.selten . . . . **Gonohymenia nigritella**
3* Lager kleiner (-10 mm Durchmesser). Lagerlappen an den Enden flach und abgerundet . . . . **Gonohymenia schleicheri**
4 Ap. mit punktförmiger Öffnung, in halbkugelige, -0,4 mm breite, per.artige Vorwölbungen eingesenkt, zu 5-15 pro Schuppe. Schuppen nabelartig festgeheftet, mit freien Rändern, -5(8) mm, schwarz, am Rand lappig(-gekerbt). Oberfläche furchig gegliedert. Sp. zu (8-)16(24), 7-10 × 4-5 µm. Pyknosp. nadelförmig. Lager dem Substrat anliegend. Algen groß, meist zu 1-2 in den Gallerthüllen . . . . **Phylliscum demangeonii**
4* Ap. zumindest zuletzt mit offener Scheibe. Sp. zu 8. Pyknosp. kurz walzenförmig. Lager genabelt oder schollig-warzig **5**
5 Lager schollig-warzig, ± dicke, unregelmäßig geformte Areolen bildend, schwarz, meist blaugrau bereift, an das Substrat angepreßt. Ap. eingesenkt, anfangs mit punktförmiger Öffnung, d.rotbraun, mit vorspringendem Lagerrand, -0,5(0,8) mm. Sp. 11-14 × 7-11 µm . . . . **Anema decipiens**
5* Lager mit einem Nabel festgeheftet, daher Schuppen schildförmig, nur selten grau bereift. Ap. -0,7 mm **6**
6 Lager schildförmig-rosettig, am Rand deutlich gelappt, meist glänzend schwarz, mit kugelig-isidienartiger Oberflächenstruktur. Sp. kugelig bis fast ellipsoid, 11-18 × 8-15 µm . . . . **Anema tumidulum**

6* Lager rundlich, kaum gelappt, matt schwarz, zentral kleinfeldrig. Sp. ellipsoid, 8–15 × 6–10 µm . . . . **Anema notarisii** (Massal.) Forss.

Phylliscum demangeonii (Moug. & Mont.) Nyl.
In montanen und hochmontanen, s.niederschlagsreichen Lagen auf kalkfreiem, kristallinem, oft feldspatreichem, auch rel. basischem Silikatgestein an sporadisch sickerfeuchten, meist besonnten und rel. warmen, schnell abtrocknenden, selten nur m.lichtreichen Flächen, schwächer hydrophytisch als die meisten cyanophilen Flechten der Sickerwasserstreifen, z.B. *Ephebe*, m.acidoph.(–subneutroph.), m.–z.photoph., z.B. mit (schwach entwickelter) *Ephebe*, oft kleine Gruben und Klüfte im Mikrorelief ausnutzend – bor-mieur·mo – s.selten (2); süSch, Vog

Physcia (Schreber) Michaux

(Schlüssel incl. Anaptychia, Heterodermia, Hyperphyscia, Phaeophyscia, Physconia)

Reaktionen: nur mit K bedeutend, C–. Alle *Physcia*-Arten haben Atranorin, der Gehalt wird nicht wiederholt erwähnt. Vgl. Abb. 49 bis 52.

1 Lager weiß bis h.grau, angefeuchtet kaum verändert, K+ gelb. Unterseite hell gefärbt (Ausnahme ↑ *Heterodermia obscurata*), Unterrinde paraplektenchym. oder prosoplektenchym. Atranorin **2**

1* Lager h.grau bis d.grau oder braun, angefeuchtet (eine Minute quellen lassen!) grünlich, Rinde und Mark K– (bzw. grün), selten (an gelblichen bis orangen Stellen) Mark K+ rot. Unterseite dunkel oder hell, Unterrinde paraplektenchymatisch. Gewöhnlich ohne Atranorin (*Anaptychia cil.* gelegentlich mit Atranorin) **17**

2 Lager ohne Sorale und Isidien, fast stets mit Ap. **3**

2* Lager mit Soralen oder Isidien. Ap. oft fehlend **7**

3 Auf Silikatgestein. Sp.oberfläche warzig. Lager dicht weiß bereift, kreidig weiß bis grauweiß (nicht weiß gepunktet), strahlig-rosettig, Lappen ± gewölbt, oft überlappend, –2,5 (3) mm breit, an den Enden etwas nach unten eingebogen. Ap. zahlreich, verengt sitzend, mit nach innen gebogenem Rand, meist bereift . . . . **Ph. magnussonii**

3* Lager auf Rinde, nur ausnahmsweise auf Gestein. Sp.oberfläche nicht warzig **4**

4 Lappen an den Rändern und/oder an den Enden mit einzelnen deutlichen Borsten (Cilien) (nicht mit von der Unterseite vorragenden Rhizinen verwechseln), meist ± aufsteigend, nie dicht anliegend, –1,5 (2) mm breit. S.seltene Arten milder Klimalagen **5**

4* Lappen an den Enden ohne Borsten, 1–2 mm breit, flach bis mäßig gewölbt, weißlich bis grauweiß. Lager strahlig-rosettig, ± anliegend, recht oft mit schwarzen punktförmigen Pykn. **6**

5 Lappen mehrere cm lang und s.schmal (1–2 mm), lineal, am Rand mit –1 cm

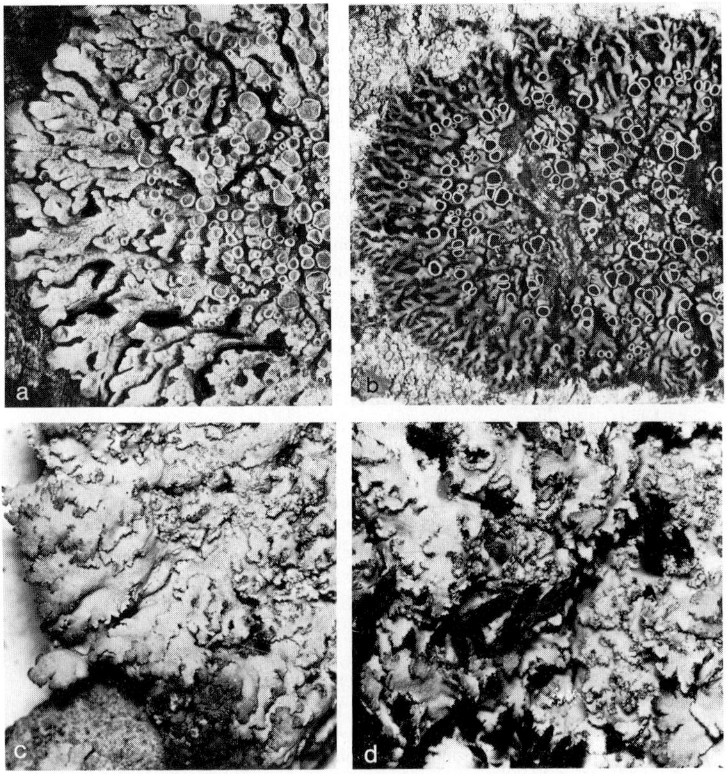

Abb. 49. *Physcia*. a: *Ph. aipolia* (2×). b: *Ph. ciliata* (1,5×). c und d: *Ph. dimidiata* (4,3×) (aus Moberg 1977, Symb. Bot. Upsal. 12, 1).

langen grauen bis schwärzlichen Wimpern, s.locker angeordnet, spärlich verzweigt, cremeweiß, unterseits leicht rinnig. Mark P+ gelb, K+ gelb, dann rot, C–. Im Gebiet steril. Zeorin, Salazin-S. In Mitteleuropa ausgestorben . . . . **Heterodermia leucomelos**

5* Lappen rel. kurz, z.dicht stehend, ± weiß gefleckt, an den Enden mit -3 mm langen hellen, an der Spitze dunkleren Borsten. Lager ähnl. einer *Ph. tenella* ohne Sorale, meist rundlich rosettig. Ap. meist zahlreich, -3 mm, leicht bereift. Mark P–, K–, C– . . . . **Ph. semipinnata**

6 Mark K+ deutlich gelb. Lager oberseits deutlich weiß punktiert (vor allem feucht gut sichtbar). Ap. meist bereift. Zeorin . . . . **Ph. aipolia**

6* Mark K–. Lager oberseits gewöhnlich nicht oder nur undeutlich weiß punktiert. Ap. meist unbereift. Ohne Zeorin . . . . **Ph. stellaris**

7 Lappenenden mit einzelnen hellen, an den Spitzen gewöhnlich dunkleren Borsten (Cilien), unterseits mit Lippen-/Helm-Soralen, meist etwas aufsteigend. Lager weiß bis h.grau, rosettig bis unregelmäßig **8**

7* Lappen ohne Cilien (Achtung: nicht mit vorstehenden Rhizinen verwechseln) **10**

8 Lappenenden helm- bzw. kuppelförmig aufgewölbt (in den Kuppeln sorediös). Lager rosettig oder rasig(-dachziegelig), Lappen –1 mm breit, mitunter leicht weiß gepunktet. Ap. fast gestielt, z.selten, meist unbereift . **Ph. adscendens**

8* Lappenenden flach oder lippenförmig aufgebogen **9**

9 Mark K–. Lager ähnl. *Ph. adscendens*, aber mit flachen bis lippenförmig aufgebogenen Enden (und Lippensoralen), grauweiß bis grau, mitunter leicht weiß gepunktet. Einzellager bis 2 cm, aber oft rasig zus.fließend. Ap. häufiger als bei *Ph. adscendens*. Verbreitet . . . . **Ph. tenella**

9* Mark K+ gelb. Lager größer, weiß bis elfenbeinfarben, Lappen angedeutet fiederig verzweigt, Borsten spärlich, wenig auffallend, Lippen- bzw. Randsorale an den Enden kurzer Seitenlappen. Zeorin. S.seltene Flechte niederschlagsreicher, ungestörter Standorte . . . . **Heterodermia speciosa**
(**Heterodermia obscurata**: Lager grau, unterseits matt-filzig, da nicht berindet, weiß bis gegen die Mitte schwärzlich, mitunter stellenweise orange und hier K+ rot. Borsten schwärzlich. Nordalpen)

10 Lager mit Lippensoralen an der Unterseite der Lappenenden **11**

10* Lager mit flächen- oder randständigen Soralen oder flächenständigen körnigen Isidien **14**

11 Unterrinde paraplektenchymatisch, d.h. aus ± isodiametrischen (im Schnitt ± rundlichen bis ± quadratischen) Zellen aufgebaut (Abb. 5). Lager oft nicht rosettig, nicht weiß gepunktet. Seltene Arten. Mark K–. Nur Atranorin . . **12**

11* Unterrinde prosoplektenchymatisch, d.h. nicht aus rundlichen bis quadratischen Zellen aufgebaut, sondern aus parallel verlaufenden Hyphen bzw. verlängerten Hyphenzellen, dadurch im Bau von der Oberrinde deutlich unterschieden (Abb. 50). Lager meist strahlig rosettig. Atranorin, ± Zeorin . . . **13**

12 Lappen oft ± röhrig eingebogen, an den Enden verbreitert, aufgerichtet und lippenförmig aufgewölbt, an der hohlen Unterseite mit mehligem, oft weit gegen die Lagermitte ausgedehntem Soral, ohne Randsorale, Lager ähnl. *Ph. adscendens/tenella*, oft rasenbildend, weich . . . . **Ph. vitii**

12* Lappen meist ± anliegend, –1,2(1,5) mm breit, leicht gewölbt bis verflacht, an den Enden gekerbt, rel. derb und starr, an den Rändern oft wie zerfressen, körnig bis körnig-sorediös (Randsorale), in der Mitte älterer Lager auch mit Lippensoralen. Sorale körnig . . . . **Ph. tribacia**

13 Mark K+ gelb. Lager bläulichgrau bis grau, gegen den Rand heller, weiß gepunktet. Lappen ± flach, riemenförmig, meist –2 mm breit. Sorale v.a. an den Enden kurzer Seitenlappen, lippenförmig, im Alter auch fast endständig-kopfig, vereinzelt auch flächenständig. Zeorin. Vielleicht modifikative Ausbildung von *Ph. caesia* . . . . **Ph. wainioi**

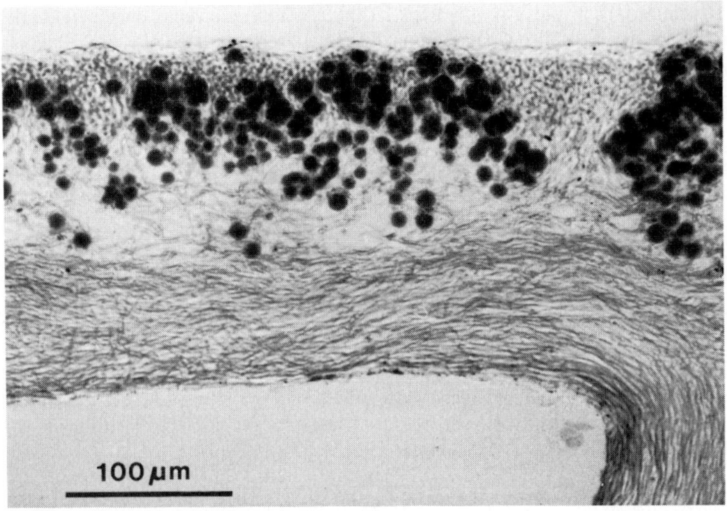

Abb. 50. *Physcia tenella.* Schnitt durch das Lager mit prosoplektenchymatischer Unterrinde (aus MOBERG 1977, Symb. Bot. Upsal. 12, 1).

13* Mark K–. Lager h.grau bis (d.)grau, rosettig-strahlig, mit getrennten oder aneinanderschließenden Lappen. Lappen meist ± gewölbt, –1,5 (2) mm breit, an den Enden verbreitert, Lippensorale endständig an den Haupt- und Seitenlappen, oft aufgebogen. Ohne Zeorin . . . . **Ph. dubia**
(Vorsicht: Die meist ± rasig wachsende *Physcia tenella* hat in belasteten Gebieten oft kaum Cilien und schlüsselt dann hier aus)

14 Mitte des Lagers meist dicht mit sorediös aufbrechenden kurzen Isidien bedeckt, oft flächig sorediös werdend. Lager weiß bis weißgrau, rosettig. Lappen dicht anliegend, flach bis leicht gewölbt, dünn, –0,6 mm breit, fächerartig verzweigt. Rinde und Mark K+ gelb. 2 Terpenoide . . . . **Ph. clementei**
(Vorsicht: ähnlich ist *Imshaugia aleurites*, die auf sauren Substraten wächst. Lager P+ kräftig gelb bis orange, nicht P–/P+ gelblich)

14* Nicht mit flächenständigen, sorediös aufbrechenden Isidien **15**

15 Lager mit halbkugeligen, flächenständigen oder an den Enden kleiner Seitenlappen stehenden, weiß- bis blaugrauen, –2 mm breiten Soralen, weißgrau bis grau, auch etwas blaustichig, weiß gepunktet, rosettig-strahlig, Lappen gewölbt bis (v.a. an den Enden) verflacht, –1(1,5) mm breit. Mark K+ gelb. Zeorin
. . . . **Ph. caesia**

15* Lager mit körnig-sorediösen Rändern, ohne halbkugelige Sorale, nicht weiß gepunktet. Lappen –3 mm breit. Mark K–. Ohne Zeorin **16**

16 Unterrinde prosoplektenchymatisch (Abb. 50). Lager grauweiß, dicht bereift mit kleinsten Kriställchen (starke Lupe). Lappen breit und flach bis leicht konkav, an den Enden gekerbt, am Rand grobkörnig sorediös und oft wellig, Sorale im Zentrum auf die Fläche übergreifend . . . . **Ph. dimidiata**

16* Unterrinde paraplektenchymatisch (Abb. 5). Lager weißlich, cremefarben, grauweiß, unbereift oder gegen die Enden fein bereift. Lappen leicht gewölbt bis verflacht, am Rand körnig-sorediös und wie zerfressen, oft auch mit Lippensoralen an kurzen Seitenzweigen . . . . **Ph. tribacia (12)**

17 Ohne Isidien und Sorale **18**

17* Mit Isidien oder Soralen, Ap. selten (außer *Phaeoph. orbic.*) **23**

18 Lager auf Silikatgestein und Silikatmoosen an meist nassen Standorten, –3 cm breit, meist rundlich, dicht anliegend. Lappen schmal, –0,6 mm breit, flach bis gewölbt, graubraun bis braun. Mark weiß oder orangerot. Unterseite schwarz. Ap. häufig, –1(1,5) mm, Lagerrand oft gekerbt oder kleinlappig. Skyrin, Zeorin . . . . **Phaeoph. endococcina**

18! Lager auf Moosen und abgestorbenen Pflanzenteilen über basenreichen Böden, auf Erde oder kalkhaltigem Gestein. Lappen locker aufliegend bis ± aufsteigend **19**

18* Auf Rinde oder Rindenmoosen, selten auf Gestein **21**

19 Rhizinen größtenteils ± rechtwinklig auffasernd (die randlichen z. T. ± einfach), schwarz. Lager h.- bis d.braun, oft weiß bereift, groß, unterseits (mit Ausnahme der braunen Enden) schwarz. Lappen 0,5–3 mm breit, flach bis konkav, unregelmäßig geteilt und angeordnet. Ap. –5 mm, z.selten, Rand oft zu Läppchen auswachsend. Ch– . . . . **Physconia muscigena**

19* Rhizinen einfach oder gegabelt, hell bis dunkel. Lager grau, grüngrau, graubraun, unterseits hell **20**

20 Lager derb, grau bis braungrau, oft bereift, gegen die Enden meist fein samtig behaart (Lupe), aus langen schmalen, linealen, verzweigten, (0,5)1–2 mm breiten Lappen mit langen, lagerfarbenen bis dunklen Borsten. Oft mit verengt sitzenden Ap. . . . . **Anaptychia ciliaris (21)**

20* Lager s.zerbrechlich, graugrünlich bis graubraun, unbereift, kahl, unterseits hell, selten dunkel. Lappen –0,4 mm breit, mit spärlichen, hauptsächlich am Rand stehenden weißlichen bis schwärzlichen, nicht auffasernden Rhizinen/Borsten, mehrfach geteilt. Ober- und Unterrinde paraplektenchym. Ap. s.selten. Ch– . . . . **Phaeoph. constipata**

21 Lager mit langen lagerfarbenen bis dunkleren randständigen Borsten (Cilien), unterseits hell, ohne Rhizinen, derb, aus locker aufliegenden, ± langen, schmalen, linealen, getrennten, aber übereinanderwachsenden, verzweigten Lappen, grau bis bräunlich, gegen die Enden meist samtig behaart (Lupe). Seitenränder nach unten eingebogen, dadurch Unterseite rinnig. Ap. verengt sitzend bis etwas gestielt, meist bereift, mit eingebogenem Rand. ±Atranorin, (Zeorin), ±Norstictin-S. . . . . **Anaptychia ciliaris** s.l.

21* Ohne Borsten. Unterseite schwarz, nur an den wachsenen Rändern hell, mit dichtstehenden schwarzen Rhizinen. Lager grau, graubraun bis d.braun, meist rosettig. Ch– **22**

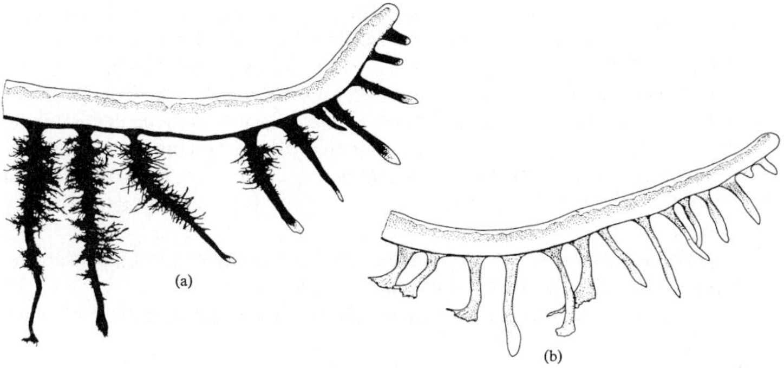

Abb. 51. Rechtwinklig auffasernde, flaschenputzerartige Rhizinen von *Physconia distorta* (a), einfache Rhizinen von *Ph. grisea* (b) (aus PURVIS et al. 1992, Lichen Flora of Great Britain and Ireland).

22 Lager unbereift, bis 3(4) cm, mit strahligen, flachen, meist kaum übereinanderwachsenden Lappen. Rhizinen einfach, oft an den Lappenrändern vorragend und einen schwarzen Saum bildend. Ap. zahlreich, unbereift, -2(2,5) mm, Ap.rand auf der Unterseite meist mit einem Kranz von rhizinenähnlichen Wimpern. Sp. 20–26 × 8–12 µm . . . . **Phaeoph. ciliata**

22* Lager oft weiß bereift, unter dem Reif graubraun bis d.braun, groß, oft über 3 cm, mit strahligen, meist überlappenden, -2 mm breiten Lappen. Rhizinen überwiegend rechtwinklig auffasernd (Abb. 51a), manchmal an den Lappenrändern einen schwarzen Saum bildend. Ap. oft bereift, Rand ohne Wimpern, mitunter mit kleinen Läppchen besetzt, -4 mm . . . . . **Physconia distorta**

23 Rhizinen überwiegend ± rechtwinklig aufgefasert (am Thallusrand oft nur einfach), schwarz. Lager gewöhnlich stellenweise bereift, derb **24**

23* Rhizinen einfach. Lager unbereift oder bereift **26**

24 Lappen kurz, oft dachziegelig stehend und teilweise aufsteigend, teilweise mit grauem bis blaugrauem Lippensoral, braun, d.braun, häufig mit violettem Stich, vor allem gegen die Enden bereift, unterseits an den Enden weißlich, sonst dunkel. Lager meist nicht rosettig, z.variabel. Ch–
. . . . **Physconia perisidiosa**

24* Lappen meist z.langgestreckt, anliegend, dicht verzweigt, Verzweigungen oft kurz und dann Lappen mit „welligem" Umriß, -2,5(3) mm breit, mit ± ausgedehnten Randsoralen besetzt, graubraun bis braun, ± weißlich bereift . . . **25**

25 Mark gelblich bis gelb, K+ intensiv gelb. Sorale ± gelblich, seltener weißlich, selten sorediös-isidiös. Oberrinde paraplektenchymatisch (zellig). Secalon-S.
. . . . **Physconia enteroxantha**

25* Mark weiß, R–. Sorale weißlich bis grau. Oberrinde skleroplektenchymatisch (aus dicht verbackenen, verquollenen Hyphen mit engen Lumina). Lappen oft länger gestreckt als bei *Ph. enteroxantha.* S.selten. Ch–. In Bergwäldern (BayW, Alpen), auch auf Gestein . . . . **Physconia detersa** (Nyl.) Poelt

26 Lager fleckig weiß bereift (v.a. Lappenenden), grau, graubraun, derb, unterseits hell, -6(8) cm Durchmesser erreichend. Lappen -2,5 mm breit, an den Rändern, später auch auf der Fläche isidiös-sorediös. Rhizinen einfach bis gabelig, weißlich bis grau. R–, Scabrosin-4-acetat etc. . . . . **Physconia grisea**

26* Lager nicht bereift, unterseits schwarz oder hell. Lappen schmal, -1,5(2) mm breit **27**

27 Lagerlappen oberseits mit Flecksoralen oder an den Enden mit Lippensoralen. Lager R–, Mark R–, nur wenn rotfleckig, K+ rot **29**

27* Lagerlappen ohne solche Sorale, an den Rändern gewöhnlich isidiös bis isidiös-sorediös. Ch– **28**

28 Lagerläppchen s.klein und s.schmal, aufsteigend, mitunter fast kleinstrauchig, zerschlitzt, mit körnig-isidiösen (bis körnig-sorediösen) Rändern, oft in ausgedehnten Rasen durcheinanderwachsend, grau(braun) bis braun, meist 0,1–0,3 mm breit, unterseits h.grau, weißlich, h.bräunlich, mit spärlichen Rhizinen. An eutrophierten Standorten, v.a. auf Mörtel, Gestein, selten an der Basis von Bäumen . . . . **Phaeoph. nigricans**

28* Lagerlappen größer, anliegend, meist strahlig-rosettig angeordnet, -0,5 mm breit, d.grau, d.graubraun, schwarzbraun, an den Rändern, später auch auf der Fläche mit dichtstehenden dunklen Isidien, unterseits schwarz (nur an den wachsenden Rändern heller), mit zahlreichen Rhizinen. Lager -4(5) cm breit. Ap. z.selten . . . . **Phaeoph. sciastra**

29 Lager s.dünn und s.dicht an das Substrat angepreßt (gewöhnlich nicht unzerstört abpräparierbar), innen fast krustig, rundlich, -1,5(2) cm breit, h.- bis d.graubraun bis graugrünlich, mit h.grauen bis grüngrauen Flecksoralen vor allem im Zentrum, unterseits h.bräunlich bis schwärzlich. Lappen schmal, -0,5 mm. Rhizinen undeutlich. Pyknosp. fädig, (10)15–20 × 1 µm. Ch– . . . . **Hyperph. adglutinata**

29* Lager anders, nicht krustenartig dicht an die Unterlage angepreßt, -2,5(3) cm. Rhizinen deutlich. Pyknosp. unter 8 µm lang **30**

30 Unterseite und Rhizinen hell. Lager h.grünlichgrau, an den Enden oft auch leicht bräunlich, im Herbar auch gelbstichig. Lappen angedrückt bis aufsteigend (aber Ränder herabgebogen), oft mit Lippensoralen. Achseln zwischen den Lappen oft gerundet. Etwas an *Ph. endophoenicea* erinnernd. Ch– . . . . **Phaeoph. chloantha**

30* Unterseite und Rhizinen schwärzlich, nur an den wachsenden Rändern hell **31**

31 Lager oberseits v.a. gegen die Lappenenden mit farblosen Härchen besetzt, grüngrau, grau bis leicht braunstichig grau. Lappen flach bis schwach gewölbt, mit ausgedehnten ± grauen Randsoralen besonders zum Lagerzentrum hin, 0,8–1,2(2) mm breit. Lager -2 cm. Ch– . . . . **Phaeoph. strigosa** (ähnl. ist **Phaeoph. cernohorskyi** (Nádv.) Essl., aber mit Lippensoralen, Lappen oft schmaler, gewöhnlich auf Rinde)

31* Lager ohne Härchen **32**

32 Lager mit lippenförmig aufgebogenen, weißlichen, gelblichen oder ± orangefarbenen Soralen an den Lappenenden (mitunter auch mit einzelnen flächenständigen Soralen), h.grau bis braungrau, unregelmäßig bis rosettig, ± anliegend. Mark gewöhnlich stellenweise orange. Lappen -1,5(2) mm breit. Mit Skyrin . . . . **Phaeoph. endophoenicea**

32* Lager mit flächen- bis randständigen weißlichen bis d.grauen (selten gelblichen), rundlichen, konkaven bis kopfigen Soralen, die stellenweise flächig zus.fließen, h.grau bis d.grau oder seltener braun, gelegentlich gelbstichig und mit gelbfleckigem Mark (dann K+ rot), s.variabel. Lappen strahlig-rosettig oder unregelmäßig angeordnet, -1,2 mm breit, flach bis gewölbt. Ap. nicht selten. Meist ohne Skyrin . . . . **Phaeoph. orbicularis**

Physcia adscendens (Fr.) Oliv.
V.a. bis in montane Lagen, seltener bis zur Waldgrenze, an lichtreichen und meist m.-z.nährstoffreichen, eutrophierten Standorten, v.a. an freistehenden Laubbäumen, z.selten auch auf kalkhaltigem Gestein, so auf anthropogenen Substraten (Mauern etc.) und auf Vogelfelsen, Steilflächen von Felsen, auch an Holz, z.toxitolerante, in blattflechtenarme Gebiete vordringende Art; m.acidoph.-m.basiph., (a-)m.-s.nitroph., z.-s.photoph. - bor-med - häufig

Physcia aipolia (Ehrh. ex Humb.) Fürnr.
Bis in montane, selten hochmontane Lagen auf subneutraler, mineralreicher, aber oft nicht oder m.eutrophierter, glatter und flachrissiger Rinde von Laubbäumen in lichter Lage, v.a. an Straßen und Feldrändern, besonders auf Esche, Weide, Pappel, Nußbaum, Holunder, oft auch an Zweigen, m.toxitolerant, m.acidoph.-subneutroph.,

Abb. 52. *Physcia adscendens* mit kuppelförmig gewölbten Lappenenden (a) und *Ph. tenella* mit verflachten Lappenenden (b) (ca. 5 × bzw. 3,2 ×).

z.–s.photoph., a-/m.(–z.)nitroph. – bor-med(mo) – z.selten (3); Sch, Vog, Ju, SJu zerstr., sonst selten, gebietsweise heute fehlend

Physcia caesia (Hoffm.) Fürnr.
Bis zur alpinen Stufe auf subneutralen bis basischen, meist stickstoffreichen Substraten, besonders auf Kalkgestein und kalkhaltigem Kunststein, häufig an z.–s.eutrophierten Standorten, z.B. auf Mauern (bes. Mauerkronen), Dachziegeln, Grenzsteinen, auch basal an stark staubimprägnierten Straßenbäumen und Holz (mit *Ph. dubia*), an naturnahen Standorten v.a. auf Kalkfelsen an m.–s.gedüngten Stellen (Vogelsitzplätze), selten auf kalkfreiem, dann stark gedüngtem Silikatfels, soziol. vager Düngungszeiger, subneutroph.–basiph., z.–s.photoph., z.xeroph., m.–s.nitroph. – arkt-med – m.häufig, in Silikatgebieten seltener

Physcia clementei (Turner) Maas Geest.
Ähnl. *Hyperphyscia adglut.* (↑) – mieur·atl-med·subatl – s.selten; westl. Vog

Physcia dimidiata (Arnold) Nyl.
In kollinen bis montanen (in den Alpen auch in höheren) Lagen an z.regengeschützten Vertikal- und leichten Überhangflächen auf meist etwas kalkhaltigem Silikatgestein (selten Kalkgestein) sowie an alten Mauern (z.B. Burgen, Brücken), selten am Stamm und Stammgrund älterer Laubbäume mit nährstoffreicher, subneutraler bis m.basischer, oft tiefrissiger Borke, an warmen, z.lichtreichen Standorten, subneutroph.–m.basiph., z.xeroph., m.–z.nitroph. – (s'bor-)mieur(ko)-med – selten (3); Sch (bis 1250 m), Vog, Pf, Hu, Eif, MRh, Ts, O, Sp (Maintal), Mn, Ne, Bo, He, Th

Physcia dubia (Hoffm.) Lettau [Ph. teretiuscula (Ach.) Lynge]
Variable, s.düngungstolerante Art nährstoffreicher Habitate, bis zur alpinen Stufe, am häufigsten auf anthropogenen Gesteinssubstraten, bei stärkerer Eutrophierung z.substratvag und auf Gestein jeder Art, besonders auf Silikatgestein, Beton, Dachziegeln, seltener auf kalkreichem Gestein, ferner an der staubimprägnierten Basis freistehender Laubbäume; an naturnahen Standorten z.selten, besonders auf Vogelfelsen, ferner an wenig eutrophierten Stellen an gelegentlich sickerfeuchten, ± regengeschützten Vertikalflächen auf mineralreichem, kalkhaltigem oder basischem Silikatgestein, Schwerpunkt an z.–s.lichtreichen, subneutralen, z.–s.stickstoffreichen Orten – arkt-smed – m.häufig

Physcia magnussonii Frey
In sub- bis hochmontanen (subalpinen) Lagen auf leicht kalkhaltigem bzw. gedüngtem Silikatgestein an z.regengeschützten Überhangflächen an meist sommerwarmen, windgeschützten, z.lichtreichen Felspartien, meist an Spalten oder zerklüfteten, gelegentlich kurzzeitig sickerfeuchten Stellen, subneutroph.–m.acidoph., z. anombroph., m.–z.nitroph. – arkt-alp/dealp – s.selten (3); süSch, Vog, BayW

Physcia semipinnata (J.F.Gmelin) Moberg [Ph. leptalea (Ach.) DC.]
Auf der Rinde von Laubbäumen in niederen, milden Lagen, ähnl. *Hyperphyscia adglut., Physcia adscendens* (↑) – mieur-med – selten, übersehen?; Rh

Physcia stellaris (L.) Nyl.
Bis zur hochmontanen Stufe auf Laubbäumen auf m.sauren bis subneutralen, meist

glatten bis flachrissigen Rinden, häufig auch an Ästen, an lichtreichen Standorten (meist einzeln stehende Bäume, Waldränder), auf nicht bis z.eutrophierten Substraten, m.acidoph.-subneutroph. - bor-med(mo) - m.häufig (3), doch in relativ stark luftverschmutzten, kalkarmen Gebieten selten bis fehlend

Physcia tenella (Scop.) DC.
Oft mit *Ph. adscendens* vergesellschaftet und von ähnl. Ökologie und Soziologie, doch seltener auf Gestein, Schwerpunkt an etwas weniger eutrophierten, etwas saureren Standorten, etwas toxitoleranter - (arkt-)bor-med - z.häufig, weit verbreitet, vermutlich früher seltener

Physcia tribacia (Ach.) Nyl.
In kollinen und submontanen, klimatisch milden bis warmen Lagen, ähnl. *Ph. dimidiata* (↑), aber noch wärmeliebender und auf wintermilde Orte beschränkt - mieur(subatl)-med - selten (1); süSch, Vog, Pf, Mos, Eif, Ts, O, Ne, Bo, süHü, *Rh*

Physcia vitii Nádv.
In montanen, niederschlagsreichen, klimatisch milden bis kühlen Lagen an m.-z.lichtreichen Standorten auf m.saurer bis subneutraler Rinde von Laubbäumen, an Straßenbäumen, Waldrändern, in bachbegleitenden Beständen, auf rel. mineralreichen, aber meist kaum eutrophierten Rinden - s'mieur-smed - s.selten, aber wohl auch übersehen (2); Av, Al

Physcia wainioi Räsänen
V.a. in der montanen Stufe auf basischem/neutralem oder leicht kalkhaltigem Silikatgestein (z.B. auf Basalt), oft an gelegentlich leicht sickerfeuchten, staubimprägnierten oder durch Vögel leicht gedüngten Flächen, doch typische Vogelsitzplätze meidend, fast nur auf Naturstein, meist an z.warmen Standorten, subneutroph.(-m.acidoph.), z.-s.photoph., z.xeroph., m.-z.nitroph. - selten; Sch, Vog, Pf, O, Sp, Rhön, Mos, Eif, ThW

Physconia Poelt

(Bestimmung ↑ Physcia)

Physconia distorta (With.) Laundon [Ph. pulverulenta auct., Physcia p. auct.]
Bis in (hoch-)montane Lagen auf subneutraler Rinde meist freistehender Laubbäume, oft auf nährstoffreichen Substraten (Staubanflug), z.ähnl. *Parmelia acetabulum* (↑); Verbreitungsschwerpunkt in den Kalkgebieten - (s')bor-smed-med - z.selten (-m. häufig) (3), am häufigsten in Ju, SJu, FrJu; im mittleren und nördl. Dtschl. (z.B. He, Th, WeBgl) deutlich seltener bis stellenweise ausgestorben

Physconia enteroxantha (Nyl.) Poelt [Physcia e. Nyl.]
Bis in (hoch)montane Lagen an freistehenden Laubbäumen im Stammbereich auf mineralreichen bzw. staubimprägnierten, meist rissigen Rinden, besonders auf Esche, Linde, Nußbaum, Pappel, Ahorn, an Straßen- und Feldbäumen, v.a. in m.niederschlagsreichen Gebieten, ozeanische Lagen eher meidend, subneutroph.-

m.acidoph., z.(-s.) photoph., m.-z.nitroph. - bor-med(mo) - (z.selten-)m.häufig, v.a. in der Kalkgebieten, im mittl. und nördl. Dtschl. selten bis fehlend

Physconia grisea (Lam.) Poelt [Physcia g. (Lam.) Zahlbr.]
In kollinen und submontanen, rel. niederschlagsarmen, warmen Lagen am Stamm freistehender Laubbäume (Straßen, Felder), fast stets an z.-s.eutrophierten Rinden, v.a. Pappel, Linde, Roßkastanie, Nußbaum, Ahorn und anderen Baumarten mit normal m.saurer bis subneutraler Rinde, eutrophierungsresistenteste Art der Gattung, weit in epiphytenarme Gebiete bzw. Siedlungen eindringend (Kalkgebiete), auch auf eutrophiertem Gestein, subneutroph., z.-s.photoph., z.-s.xeroph., z.nitroph., z.toxitol. - mieur-med - m.(-z.)häufig, kaum über 700 m aufsteigend, in Silikatgebieten rel. selten

Physconia muscigena (Ach.) Poelt [Physcia m. (Ach.) Nyl.]
In montanen Lagen und darüber, auf Moosen, abgestorbenen Pflanzenteilen und auf steinigen, flachgründigen, meist kalkhaltigen oder entkalkten Böden, im Gebiet v.a. über kalkhaltigem Fels, sonst meist in Magerrasen, bevorzugt an s.lichtoffenen, oft z.windoffenen, subneutralen bis basischen Standorten - arkt-alp/dealp - s.selten (1); Vog (Roßberg), Ries, FrJu

Physconia perisidiosa (Erichsen) Moberg [Physcia farrea auct.]
V.a. in montanen (bis hochmontanen) Lagen an freistehenden Laubbäumen auf rissiger Borke oder über Moosen, z.selten in die kolline Stufe herabsteigend (hier besonders in Obstgärten, v.a. Birnbaum), trocken-warme Gebiete ± meidend, z.ähnl. *Ph. enteroxantha* (↑), aber auch an weniger eutrophierten, saureren Borken und an feuchteren Standorten, m.(-z.)acidoph., z.photoph., m.(z.)nitroph. - (arkt-)bor-mieur-med(mo) - z.selten; v.a. Sch, Vog, Ju, Ne, Av; sonst selten, z.B. Mn, Pf, Hü

Placidiopsis Beltram.

(Schlüssel incl. Placopyrenium)

1 Direkt auf Gestein wachsend **2**

1* Auf Erde, selten Erd- und Gesteinsmoosen. Lager olivgrau, olivbraun, braun, an den Rändern heller, feucht olivgrün, unterseits in der Mitte d.braun. Schuppen zerstreut bis meist gedrängt, auch dachziegelig, an den Rändern frei bis etwas aufsteigend, 1–2 mm groß. Per. ± eingesenkt, zu 1–5 pro Schuppe. Sp. (12)15–21 × 5,5–7,5 µm . . . . **P. cartilaginea**

2 Sp. 12–17 × 4,5–6,5 µm. Lager h.- bis rosabräunlich, ± dicht grauweiß bereift, schollig areoliert, am Rand effiguriert und Areolen verlängert, gewunden und verzweigt, dunkel gesäumt. Per. meist zu 5–10 pro Areole . . . . **Placopyrenium tatrense**

2* Sp. 12–20 × 4–6 µm, 1zellig oder mit Pseudoseptum. Lager bräunlichgrau, leicht bereift, schuppig. Schuppen -0,7 mm, zerstreut oder zu 0,5 cm breiten Gruppen zus.schließend . . . . **Verrucaria botellispora**

Placidiopsis cartilaginea (Nyl.) Vainio [P. custnani (Massal.) Körber]
Auf kalkreichen, steinigen Böden auf Feinerde, auf Löß, z.T. über Moosen, auch auf Kalkfelsmoosen, ähnl. *Catapyrenium squamul.* und *C. cinereum* (↑) - mieur(subatl)-med - s.selten *(0)*; He (Meißner-Vorland), *nöHü (Schriesheim), süRh*, SJu, *FrJu, Al*

Placocarpus Trevisan

(Bestimmung ↑ Verrucaria)

Placocarpus schaereri (Fr.) O.Breuß [Verrucaria sch. (Fr.) Nyl., Dermatocarpon monstrosum (Schaerer) Vainio]
In kollinen und sommerwarmen montanen Lagen auf Kalkstein, selten auf dolomitischen Gesteinen, an besonnten, relativ warmen, beregneten, nährstoffreichen Schräg- und Horizontalflächen niedriger Felsen, auf Felskuppen, wie v.a. auf Vogelsitzplätzen im Bereich von Kalkmagerrasen, Jugendparasit auf *Lecanora muralis*, basiph., s.photoph., m.-z.nitroph. - s'mieur-med - selten; Ju, Ries, FrJu, Mn, SJu, nöPf, BayW

Placopsis (Nyl.) Lindsay

1 Lager mit braunen bis rötlichen, farblich deutlich abgehobenen Cephalodien, weißlich, selten bräunlich, 1–5 cm, Sorale fleckförmig, später konkav, grünlich-weiß, grauweiß . . . . **P. gelida**
1* Lager ohne Cephalodien, meist beige, graurosa, -2(2,5) cm. Sorale meist grau, bräunlichgrau . . . . **P. lambii**

Placopsis gelida (L.) Lindsay
In montan-hochmontanen, ozeanischen, niederschlagsreichen Lagen auf mineralreichem Silikatgestein, an niedrigen Felsen, Blöcken und Steinen (Erstbesiedler) an z.geschützten, hygrisch günstigen, m.(z.)lange schneebedeckten, lange taufeuchten bzw. vor schneller Austrocknung geschützten Standorten, v.a. an Horizontal- und Schrägflächen; m.acidoph., substrathygroph., z.hygroph. - arkt-mieur·subatl, oz - s.selten (R); süSch (z.B. Feldberg-Gebiet), Vog

Placopsis lambii Hertel & V.Wirth
In montanen, milden, ozeanisch getönten Lagen auf Steinen und niedrigen Felsblöcken aus mineralreichem (neutralem), oft eisenschüssigem Silikatgestein, z.B. Schiefer, an m.-z.lichtoffenen, lange taufeuchten oder sporadisch sickerfeuchten, vor schneller Austrocknung geschützten Standorten, klimat. Ansprüche ähnl. *Lecidea lithoph.* (↑), m.acidoph., substrathygroph. - mieur·subatl - selten (2); Sch, Vog, He (Rhön, Vgb, Meißner), RhSch

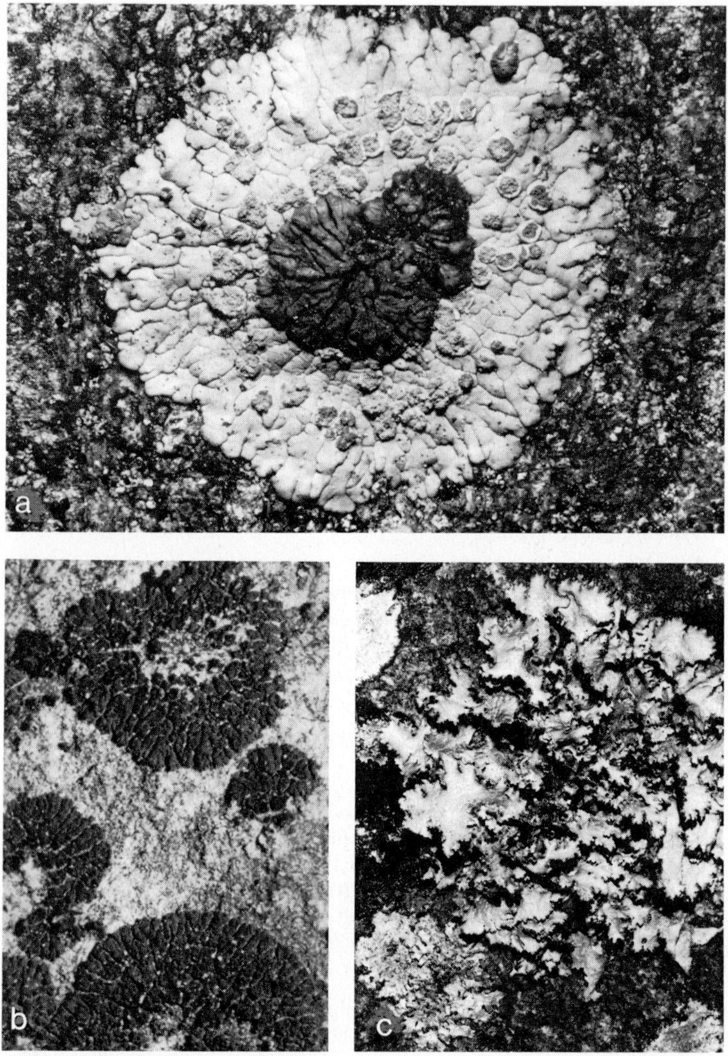

Abb. 53. a: *Placopsis gelida* (ca. 3,5×). b: *Placynthium subradiatum* (5,3×). c: *Platismatia glauca* (ca. 0,6×) (a aus Wirth 1983, Stuttgarter Beitr. Naturk. C, 12).

Placopyrenium O.Breuß

(Bestimmung ↑ Placidiopsis)

Placopyrenium tatrense (Vězda) O.Breuß [Placidiopsis tatrensis Vězda]
In hochmontanen, niederschlagsreichen Lagen auf leicht kalkhaltigem Silikatgestein an (s.)sporadisch (kurzzeitig) sickerfeuchten, z.regengeschützten, m.lichtreichen Vertikalflächen und Überhängen, subneutroph. - mieur·alp - s.selten (1); süSch (1×), Vog

Placynthiella Elenkin (Saccomorpha Elenkin)

(Bestimmung ↑ auch Lecidea TS1/TS2)

1 Lager s.feinkörnig, feinkörnig-isidiös bis fein korallinisch oder undeutlich und angedeutet gelatinös, d.braun bis schwarzbraun, rotbraun, selten oliv, feucht braun, schwärzlich oder blaß grünlich, Körner meist unter 100 µm dick . . 2
1* Lager kleinwarzig bis grobkörnig, rötlich gelbbraun, feucht mit deutlich gelblichem Ton, Körner 100–300 µm dick, R–. Ap. flach, später gewölbt, dünn und lange berandet, braunschwarz, -0,6 mm. Sp. 10–14 × 4,5–6 µm. Ch– . . . . **P. oligotropha**
2 Lager isidiös-feinkörnig, d.h. aus feinen kugeligen bis meist verlängerten oder korallinischen Körnchen, Körnchen 25–150(200) × 25–50 µm dick, h.braun bis d.braun oder grünlich, P–, K–, an abgeschabten Stellen, zumindest aber im Quetschpräparat C+/KC+ rot. Ap., wenn vorhanden, meist zerstreut, -0,6 mm, gewöhnlich mit deutlichem, oft hellerem Rand, braun bis fast schwarz, im Schatten auch fast rosabraun. Sp. 8–12 × 4–5 µm. Gyrophor-S., ± 5-*O*-Methylhiascin-S. . . . . **P. icmalea**
2* Lager aus rundlichen (nie deutlich verlängerten) Körnern (Durchm. 25–100 µm), trocken oft sehr fein runzelig (50fache Vergrößerung), d.braun, selten d.grün, feucht leicht gelatinös, R–. Ap. zahlreich, -0,3(0,4) mm, oft zus.fließend, rosabraun bis d.rotbraun (bis schwarzbraun), bald gewölbt-randlos. Sp. 9–14(16,5) × (4)5–6(7) µm. Ch– . . . . **P. uliginosa**

Placynthiella icmalea (Ach.) Coppins & P. James, [Saccomorpha i. (Ach.) Clauz. & Roux, Lecidea uliginosa (Schrader) Ach. s.l.]
V.a. bis in die montane Stufe auf sauren, meist nährstoffarmen, sandigen bis lehmigen, humosen bis humusarmen Böden, v.a. an Wegrändern, offenen Böschungen, felsigen Blößen, auf Torf und Rohhumus, an altem, m.–s.morschem Holz von Stümpfen etc., oft auf Hirnschnitten von Pfählen und Hölzern von Zäunen (hier fast stets mit *Trapel. flexuosa*, gelegentlich auf saurer/versauerter Borke von Bäumen oder auf rauhem, porösem Silikatgestein, (m.)z.–s.acidoph., z.skioph.–s.photoph., a-(m.)nitroph. - bor-med - häufig

Placynthiella oligotropha (Laundon) Coppins & P. James [Saccomorpha o. (Laundon) Clauz & Roux, Lecidea o. Laundon]
Bis in hochmontane Lagen auf nährstoffarmen, sauren, frischen Böden, z.B. auf sandigen, humosen Lehmböden an Wegböschungen, in Lücken von Silikatmagerrasen, ferner auf Torfböden (in entwässerten Hochmooren), auf schwammigen Rohhumus- und Moderauflagen auf Silikatfelsen, z.–e.acidoph., substrathygroph., m.–s.photoph., anitroph. – bor-mieur – selten; im Verbreitungsbereich metamorpher und magmatischer Silikatgesteine, des Buntsandsteines und Keupers, Moore; Sch, SFW, O, Rh, RhSch, He, BayW u.a.

Placynthiella uliginosa (Schrader) Coppins & P. James, [Saccomorpha u. (Schrader) Haf., Lecidea u. (Schrader) Ach.]
Bis über die Waldgrenze auf sehr sauren Böden, Rohhumus, Torf, an Wegrainen, Böschungen, in Hochmooren, in Lücken von Silikatmagerrasen und Zwergstrauchheiden, seltener auf stark vermorschtem Holz, meist in humiden Lagen, z.–e. acidoph., m.–s.photoph., anitroph. – arkt-med·mo – z.selten; v.a. Sch, Vog, Bo, Av, Al

Placynthium (Ach.) S.Gray

1 Auf Silikatgestein **2**
1* Auf Kalkgestein **5**
2 Lager mit grünlichem bis bläulichem, oft faserigem oder gestreiftem Vorlager, schwarzbraun bis d.braun, rissig-areoliert bis randlich angedeutet schuppig, Areolen am Rand gekerbt bis fingerartig gegliedert, meist dicht mit körnigen bis korallinischen Isidien bedeckt, oft mit Ap. . . . . **P. nigrum** coll. **(10)**
2* Lager ohne derartiges auffallendes Vorlager. Gebirgsflechten **3**
3 Am Rand meist mit deutlich verlängerten/vergrößerten Läppchen. Gebirgsflechten, oft steril **4**
3* Ohne solche verlängerten Läppchen (nicht effiguriert). Mit Ap. Sp. 19–35(46) × 3,5–6 µm, 4–5zellig. Lager dicht körnig-papillös, ähnl. (↑) *P. nigrum*, meist –2 cm groß. Auf gelegentlich überspültem Silikatgestein, arkt-alp
. . . . **P. dolichoterum** (Nyl.) Trevisan
4 Lager schwärzlich, schwarzbraun, olivschwarz, dicht papillös-körnig bis isidiös, dick, tiefrissig areoliert, meist mit zylindrischen, –0,2 mm breiten Randläppchen, ohne Vorlager . . . . **P. asperellum**
4* Lager h.oliv, h.grau, beige-grau, braun, mit flachen, glatten, dicht angedrückten, am Rand fächerig verzweigten, –3 mm langen und –0,5 (außen –1) mm breiten Randlappen, im Zentrum oft dicht mit flachen Läppchen bedeckt
. . . . **P. flabellosum**
5 Lager mit ± drehrunden, feinen, 0,1–0,2 mm dicken, –3 mm langen, verzweigten, getrennten, locker anliegenden bis aufsteigenden Randläppchen, meist –2 cm breit, ohne Vorlager, meist steril **6**
5* Lager nicht mit dünnen, drehrunden, getrennten Randläppchen **7**
6 Lager unterseits blaß, locker anliegend, mit radiär ausgerichteten Randläpp-

chen und Ringe bildend oder unregelmäßig wachsend, mit zylindrischen Isidien, braun, schwärzlich, gelegentlich bereift . . . . **P. stenophyllum** var. **isidiatum**

6* Lager unterseits dunkel, mit deutlich radiär ausgerichteten Randläppchen, nicht isidiös, aber oft mit kleinen Sekundärläppchen, (braun)grau bis schwärzlich. Alpen, vielleicht Ju . . . . **P. filiforme** (Garov.) Choisy

7 Lager ± bereift, dadurch bläulich bis weißgrau **8**

7* Lager nicht oder s.schwach bereift **10**

8 Lager in der Mitte bald absterbend, ausfallend und dann kreisförmig bis sichelig . . . . **P. subradiatum (10)**

8* Lager in der Mitte nicht ausfallend **9**

9 Sp. 23–53 × 4–6 µm, mit 3–7 Septen. Lager (bis über 1 mm) dick, areoliert, in der Mitte ± körnig-schorfig, nicht absterbend, nicht oder nur schwach effiguriert, mit 0,1–0,3 mm breiten Läppchen, nicht papillös-korallinisch. Vorlager fehlend . . . . **P. garovaglii**

9* Sp. bis 25 µm lang, 2zellig. Lager meist mit deutlichen verlängerten Randareolen, dicht papillös bis korallinisch, dick, rissig, meist ohne Vorlager, Randläppchen fast zylindrisch, wenig verzweigt . . . . **P. hungaricum**

10 Lager –2 cm, innen bald absterbend und ausfallend, dadurch oft kreisförmig bis sichelig, mit 2 mm langen, –0,2 mm breiten, flachen bis gewölbten Randläppchen, d.braun, d.olivbraun, Oberfläche nicht dicht papillös-korallinisch, Isidien fehlend oder s.spärlich. Ohne Vorlager. Ap. s.selten . . . . . . **P. subradiatum**

10* Lager bis über 10 cm breit, innen nicht ausfallend, areoliert bis angedeutet schuppig, mit blaugrünem bis blauschwarzem, oft faserigem Vorlager. Areolen gekerbt bis randlich fingerartig gegliedert, durch Isidien ± dicht korallinisch-papillös, schwärzlich bis d.braun. Ap. –1 mm, flach, berandet, später gewölbt. Epihym. braunviolett bis blaugrün. Sp. 8–25 × 4–6 µm, 2–4zellig . **P. nigrum** (unterschieden wird bisweilen **P. tantaleum** (Hepp) Hue mit 5,5–9 µm breiten, nur (1–)2zelligen Sporen, mehr auf Silikatgestein)

Placynthium asperellum (Ach.) Trevisan [P. aspratile (Ach.) Henssen]
In der subalpinen und alpinen Stufe auf mineralreichem oder leicht kalkhaltigem Silikatgestein, an sickerfeuchten, niedrigen Felsen an lange schneebedeckten, kühlschattigen, niederschlagsreichen, z.ozeanischen Standorten – arkt-alp – s.selten (R); süSch

Placynthium flabellosum (Tuck.) Zahlbr.
[P. adglutinatum (Anzi) Trevisan, Anziella adglutinata (Anzi) Gyelnik]
In hochmontanen, ozeanischen Lagen auf meist mineralreichem Silikatgestein an zeitweise bis langzeitig sickerfeuchten Flächen oder an sporadisch überschwemmten Blöcken an kalten Bächen, subneutroph., m.photoph.–z.skioph. – (s')bor(atl)-mieur·h'mo – s.selten (1); süSch, Vog, BayW

Placynthium garovaglii (Massal.) Malme [P. caesitium (Nyl.) Hue]
In sub- bis hochmontanen Lagen auf kalkreichem Gestein an z.regengeschützten, meist nur selten bzw. kurzzeitig sickerfeuchten, besonnten Vertikalflächen und

Überhängen, z.B. mit *Thyrea conf.* (↑), aber Schwerpunkt an trockeneren Stellen, basiph., xeroph., (subhydroph.), z.photoph. – mieur-med – selten; SJu-Ju-FrJu, *Ne*

Placynthium hungaricum Gyelnik
Auf Steil- und Vertikalflächen von Kalkfelsen, ähnl. *P. garovaglii* und *P. subradiatum* (↑) – mieur(pralp) – selten; SJu, Ju

Placynthium nigrum (Hudson) S.Gray [incl. P. tremniacum (Massal.) Jatta]
Bis in hochmontane (alpine) Lagen auf leicht kalkhaltigem bis s.kalkreichem Gestein an häufig befeuchteten oder vor rascher Austrocknung geschützten Flächen, so an Sickerwasserflächen, häufig taufeuchten Steinen, Fußflächen von Felsen, z.euryök, an besonnten bis z.lichtarmen, nicht bis z.eutrophierten Standorten, auch auf kalkstaubinkrustierten Kieselsteinen, vereinzelt auch synanthrop an Mauern, auf Mörtel, Beton, basiph., subhydroph.–substrathygroph., mesoph.–z.xeroph. – bor-med – gebietsweise z.häufig (Ju, SJu, FrJu), Ne, Mn, sonst z.selten

Placynthium stenophyllum (Tuck.) Fink var. **isidiatum** Henssen
In montanen Lagen auf kalkreichem Gestein an besonnten, sporadisch sickerfeuchten Felsen, ähnl. *Thyrea conf.* (↑) – bor-mieur – s.selten (1); Ju

Placynthium subradiatum (Nyl.) Arnold [Wilmsia radiosa (Anzi) Körber]
Bis in die alpine Stufe auf kalkreichem Gestein an besonnten, sporadisch sickerfeuchten (Sub-)Vertikalflächen, basiph., m.anombroph.–ombroph., z.–s.photoph. – bor-med – selten; Ju, SJu, FrJu, Al, süHü (Istein)

Platismatia W.Culb. & C.Culb.

(Bestimmung ↑ Cetraria, Parmelia)

Platismatia glauca (L.) W.Culb. & C.Culb. [Cetraria g. (L.) Ach.]
Bis zur Baumgrenze auf saurer Rinde von Laub- und Nadelbäumen sowie auf saurem Silikatgestein, ähnl. *Pseudevernia* (↑) und *Parmelia saxatilis* (↑) – bor-mieur-med·mo – m.häufig; in niederen und trockenen Lagen selten und v.a. in den Baumkronen, in den Gebirgen gebietsweise s.häufig und besonders an Ästen zusammen mit *Pseudevernia furfuracea* Massenvegetation bildend

Pleopsidium Körber

1 Ap. bleibend ± flach und berandet, halb eingesenkt. Lageroberfläche oft fein runzelig (Lupe). Lager deutlicher effiguriert als bei *P. chlorophanum*, oft über 2 cm groß. Sp. 4–5 × 1,7–2 µm . . . . **P. flavum**

1* Ap. bald ± gewölbt-randlos. Oberfläche der ± gewölbten Areolen glatt. Lager meist -2 cm. Sp. 3–4 × 1,5–1,7 µm . . . . **P. chlorophanum**

Pleopsidium chlorophanum (Wahlenb.) Zopf [Acarospora chlorophana (Wahlenb.) Massal.]
In hochmontanen bis alpinen, niederschlagsreichen Lagen an ± regengeschützten, meist absonnigen Vertikal- und Überhangflächen auf saurem, bisweilen glimmer- und eisenreichem (rostig verfärbtem) Silikatgestein, meist an m.windoffenen Stellen, s.selten adventiv auf anthropogenen Substraten und unter abweichenden klimat. Bedingungen, z.B. auf Grabsteinen, Aussichtstürmen, z.–s.acidoph., m.–z. photoph., anitroph. – arkt-alp – s.selten; süSch (Feldberg), Fi, Vgt, Erz, BayW, ferner adventiv: z.B. Ulmer Münster, Mn, He; verbreitet in Zentralalpen

Pleopsidium flavum (Bellardi) Körber [Acarospora oxytona (Ach.) Massal.]
In alpinen, meist kontinentalen Lagen an Vertikal- und Überhangflächen auf saurem, meist hartem, glattem Silikatgestein an lichtreichen, aber oft absonnigen Stellen, auch dealpin (z.B. mit *Rhizoplaca chrysoleuca*) in xerothermen Gebieten in niedriger Meereshöhe (z.B. Wachau), s.selten adventiv auf anthropogenem Substrat – arkt-alp/pralp, (subko) – s.selten (1); Ne (an einem Wegekreuz), ferner verbreitet: Zentralalpen

Polyblastia Massal.

Über Ausbildung des Involucrellums ↑ *Verrucaria.*

1 Lager auf Erde, grau, staubig-körnig. Per. halbkugelig vortretend, 0,35–0,5 mm. Sp. 38–50 × 16–24 µm, vielzellig, farblos bis gelblich . . . . **P. philaea**
1* Auf Gestein **2**
2 Auf Silikatgestein **3**
2* Auf Kalkgestein **4**
3 Sp. 40–80(90) × 20–40 µm, erst farblos, dann bräunlich bis d.braun, s.vielzellig. Per.scheitel 0,5–0,8 mm, halbkugelig vorstehend, größtenteils vom Lager bedeckt, Invol. halbiert. Lager deutlich, dünn, glatt, ± rissig, graubraun, oliv bis d.braun, feucht deutlich dunkler, auf feuchtem Silikatgestein . . . **P. cruenta**
3* Sp. 22–45(55) × 14–22(30) µm, bleibend farblos bis leicht gelblich. Per.scheitel 0,4–0,6(0,7) mm, halbkugelig vortretend, Invol. halbiert, dick. Lager dünn, matt, grau, graubräunlich, s.fein rissig areoliert, mitunter mit schwarzem Vorlager, auf meist trockenem Gestein (v.a. Sandgestein) . . . . **P. cupularis**
4 Sp. klein, bis ca. 20 µm lang, wenigzellig. Per. s.klein, –0,25 mm **5**
4* Sp. über 20 µm lang **7**
5 Parasitisch auf dem Lager von *Protoblastenia*-Arten mit orangefarbenen Ap., ohne eigenes Lager. Sp. 4zellig, meist kreuzförmig geteilt, selten 6zellig, zumindest jung (im Schlauch) mit Schleimhof, farblos, alt braun, 10–20 × 7–14 µm. SJu, Ju
. . . . **Merismatium discrepans** (Lahm) Triebel [*Polyblastia d.* Lahm]
5* Nicht parasitisch. Sp. farblos, 4–6zellig. Invol. halbiert, Per. halb eingesenkt. *P. plicata* s.l. **6**

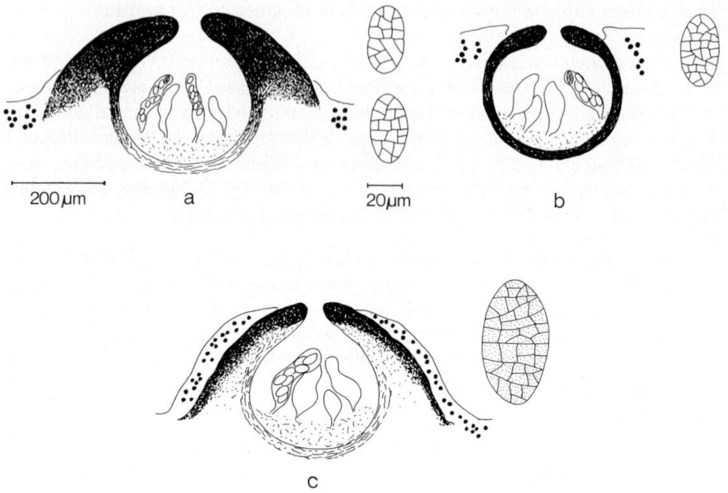

Abb. 54. Perithecien (schematische Schnitte) und Sporen von *Polyblastia*. a: *P. cupularis*, mit apikal entwickeltem Involucrellum. b: *P. albida*, ohne deutliches Involucrellum. c = *P. cruenta*, mit halbiertem (bis über die Mitte reichendem Involucrellum). Nach SWINSCOW 1971, Lichenologist 5, verändert.

6 Lager z.kräftig, zus.hängend, runzelig bis körnig, grauweiß. Per. s.zahlreich. Sp. 10–12 × 6–8 µm. Hyphen der Algenschicht ± senkrecht angeordnet. *SJu, FrJu* . . . . **P. plicata** (Massal.) Lönnr.

6* Lager dünn, undifferenziert, matt, grau bis rötlichgrau. Sp. 9–15 × 6–9 µm. Hyphen der Algenschicht nicht senkrecht. Meist über der Waldgrenze, arkt-alp, *Al*, ob Ju? . . . . **P. singularis** (Krempelh.) Arnold (= ?*P. plicata*)

7 Per. halbkugelig vorstehend, zumindest zuletzt nur am Grunde eingesenkt. Invol. dick, ± halbiert. Sp. mauerförmig vielzellig **8**

7* Per. völlig in Gruben eingesenkt oder nur leicht mit dem Scheitel vortretend, nach dem Ausfallen deutliche Gruben hinterlassend, ohne Invol. **10**

8 Sp. gewöhnlich 60–90 × (25)35–50 µm, anfangs farblos, bald braun. Per. 0,6–1(1,2) mm, halbkugelig bis fast kugelig vorstehend. Lager weißlich, oft etwas rötlich, meist rel. dick, schorfig, warzig, rissig, auch undeutlich . . . . **P. theleodes**

8* Sp. (20)25–40(55) × (12)14–24(30) µm, farblos bis gelblich. Per. –0,8 mm, halbkugelig bis konisch vortretend. Lager dünn bis undeutlich, meist grauweiß bis bräunlichgrau **9**

9 Per.scheitel 0,2–0,4 mm. Per. ± sitzend. Bau ähnlich *P. cupularis*. Al, SJu . . . . **P. microcarpa** (Arnold) Lettau

9* Per.scheitel 0,4–0,7 mm. Mündung zuletzt oft weit offen. Lager manchmal mit schwärzlichen Vorlagerlinien. Z.variabel . . . . **P. cupularis (3)**
10 Sp. jung (im Schlauch) von 2–5 µm dickem Schleimhof umgeben, bald oliv- bis d.braun, 6–9zellig, schwach mauerförmig, 20–32 × (8)10–16 µm. Per. -0,25 mm, mit ± kugeligem, schwärzlichem Exc. Lager undeutlich, weiß, grau, bräunlich, ± endolithisch, Oberfläche oft s.fein „zerfressen"-rauh. Auf Kalkstein, Dolomit, ähnl. *Hymenelia coerulea* (†), bor-mieur-mo, SJu, FrJu, Al, wohl auch Ju . . . . **P. deminuta** Arnold
10* Sp. ohne Schleimhof, farblos bis leicht gelblich **11**
11 Sp. bis 12zellig, mit einzelnen Längswänden **12**
11* Sp. zumindest teilweise mit mehr als 12 Zellen, mauerförmig-vielzellig . . **13**
12 Sp. mit meist 3(4, selten -5) Querwänden und mit insgesamt 0–1(2) Längswänden (1 pro Querfächer), (2)4–7(8)zellig, 25–50 × 10–18(25) µm. Per. 0,4–0,6 mm, Scheitel um 0,3 mm. Lager ± endolithisch, grauweißlich bis gut entwickelt und glatt bis runzelig. Z.Zt. erscheint es nicht sinnvoll, in mehrere weitere beschriebene Arten zu differenzieren . . . . **P. sepulta**
12* Sp. mit 3–7 Quer- und 1–4(6) Längswänden, (3)6–12zellig, 30–60 × 12–25 µm. Per. 0,4–0,6 mm. Lager endolithisch, grauweiß . . . . . **P. dermatodes** Massal.
13 Sp. bis ca. 35 µm lang **14**
13* Sp. deutlich länger **16**
14 Per. (0,4)0,5–0,6 mm. Gehäuse kugelig bis breit eiförmig, kräftig, schwarz. Sp. um 18–32 × 12–16 µm. Lager blaugrau, (unter der Lupe) s.fein schwarz punktiert, s.dünn, mehlig. Auf Kalkstein. *Ju* (Schaffhausen) . . . . **P. cinerea** Jatta
14* Per. kleiner, bis 0,4 mm, Scheitel -0,3 mm. Gehäuse schwarz(-braun), manchmal im unteren Teil heller, ± kugelig. Schwierig abgrenzbare, z.T. kaum bekannte Sippen **15**
15 Lager bräunlich, s.dünn. Per. 0,2–0,3 mm breit, Sp. 30–45 × 16–22 µm. V.a. an Kalkstein. *FrJu, Al* . . . . **P. abscondita** (Nyl.) Arnold
15* Lager weißlich(grau), mehlig bis ± glatt oder ± endolithisch. Per. 0,2–0,4 (0,5) mm, zahlreich. Sp. (21)30–52 × 12–28 µm, s.vielzellig . . . . **P. albida** s.l.
16 Sp. schwach mauerförmig, bis 15zellig, die meisten jedoch mit deutlich weniger Zellen, (30)40–60 × 12–25 µm. Per. 0,4–0,6 mm. . . . . . . **P. dermatodes (12)**
16* Sp. vielzellig mauerförmig, (21)30–52 × 12–28 µm. Per. 0,2–0,4(0,5) mm . . . . **P. albida** s.l. **(15)**

Polyblastia albida Arnold [incl. P. amota Arnold = Amphoroblastia a. (Arnold) Servít, ?P. obsoleta Arnold]
V.a. von der montanen bis zur alpinen Stufe auf (hartem) Dolomit und Kalkstein an schattigen, meist leicht feuchten (z.B. bergfeuchten) Felsen, meist in Schluchten, Tälern, Wäldern, basiph., m.photoph.-s.skioph., substrathygroph.(-subhydroph.), hygroph., anitroph., meist mit *Thelidium*-Arten oder mit *Petractis hyp.* (†), aber von breiterer ökol. Amplitude – arkt-med – Ju, SJu, FrJu, Rhön, Al

Polyblastia cruenta (Körber) P.James & Swinscow [P. henscheliana (Körber) Lönnr.]

In subalpinen und alpinen Lagen auf Silikatgestein an langzeitig überfluteten Blöcken in schnellfließenden kalten Bächen, ähnl. *Ionaspis odora* (↑) – arkt-mieur·alp – s.selten (2); süSch (Feldberg-Gebiet), BayW

Polyblastia cupularis Massal. [P. intercedens (Nyl.) Lönnr.]
V. a. in (hoch)montanen und alpinen Lagen, seltener tiefer, meist auf hartem Kalkstein, seltener Dolomit oder m.kalkreichen bis kalkarmen Gesteinen, an beschatteten Felsen, basiph.–subneutroph., z.skioph.–m.(z.)photoph., anitroph. – bor-med, alp/pralp – Ju, SJu (zerstr.), *Bo*, Al, *Ml*

Polyblastia philaea Zsch.
In der kollinen Stufe auf kalkreichen Lehmböden und Löß, Pionier, ähnl. *Thrombium epigaeum* – mieur – süHü

Polyblastia sepulta Massal. [Amphoroblastia s. (Massal.) Servít, incl. P. bavarica (Dalla Torre & Sarnth.) Zsch. = Amphoroblastia b. (Dalla Torre & Sarnth.) Servít, incl. P. quinqueseptata (Hepp) Zsch.]
Z.ähnl. *P. albida* (↑), oft an aus dem Boden ragenden Steinen an lange feucht (z.B. Tau) bleibenden Orten, an schattigen Felswänden – bor-med(alp) – Ju, SJu, FrJu, Al, *Ne*

Polyblastia theleodes (Sommerf.) Th.Fr.
In hochmontanen und alpinen Lagen, selten tiefer, auf kalkarmem und basischem Silikatgestein, Kalksandstein, sandigem Dolomit, an kühlem bis kaltem, schattigem, oft leicht substratfeuchtem Standort, subneutroph.–m.basiph., hygroph., m.photoph.–z.skioph., anitroph. – arkt-mieur·alp/pralp – s.selten (0); *Ju*

Polychidium (Ach.) S.Gray

(Schlüssel incl. Ephebe, Lichinella, Peccania, Spilonema, Synalissa, Thermutis)

Die geschlüsselten Arten: Ch–. An Meeresküsten kommen vor an zeitweise überspülten Felsen: **Lichina confinis** (O.F.Müller) Agardh: Lager schwarz, dicht zwergstrauchig, –3(5) mm hoch, mit stielrunden Ästen, mit *Calothrix*-Algen. Ap. endständig, in ± kugelige Anschwellungen eingesenkt, mit punktförmiger Scheibe. Sp. 12–18 × 10–15 µm, in Europa weit verbreitet; **L. pygmaea** (Lightf.) Agardh: Lager locker zwergstrauchig, –15 mm hoch, Äste abgeflacht, Sp. 22–29 × 11–16 µm, westeuropäische Küsten.

1 Auf Kalkgestein oder auf Moosen an Kalkgestein **2**
1* Auf Silikatgestein oder auf Silikatmoosen **6**
2 Sp. mehrzellig. Lager mit locker aufliegenden bis aufsteigenden, braunen bis schwarzbraunen, ± zylindrischen, oft radial angeordneten Abschnitten . . . **3**
2* Sp. 1zellig. Hyphen locker verlaufend. Keine Rinde, kein Paraplektenchym entwickelt **4**
3 Lagerabschnitte am Grunde blaugrün gefärbt, zentral paraplektenchymatisch; s'mieur-med – Nicht sicher im Gebiet

. . . . **Placynthium filiforme** (Garov.) Choisy

3* Lagerabschnitte am Grund nicht blaugrün, berindet, zentral nicht paraplektenchymatisch. Sp. mauerförmig . ↑ **Leptogium massiliense** und **L. schraderi**

4 Lager s.feinfädig, kleine schwarze bis braunschwarze, samtig-filzige Polster bis wattige Räschen bildend, Fäden bis 12 µm dick, mit einem zentralen schwach lichenisierten *Scytonema*-Faden . . . . **Thermutis (8)**

4* Lager aus derberen, gedrängten, verzweigten, aufrechten Ästen von über 150 µm Dicke aufgebaut, polsterig, oft fast korallenartig, meist -8 mm hoch. Äste auf gleicher Höhe endend, Spitzen meist um 0,2–0,4 mm dick. Mit 1zelligen, einzelnen oder in ineinandergeschachtelten Gallerthüllen vereinigten Algen (*Gloeocapsa*) **5**

5 Ap. -1,5(2) mm, bald mit deutlich sichtbarer Scheibe, diese anfangs eingesenkt, von dickem Rand umgeben, dann flach werdend. Sp. ± kugelig, um 8 µm. Algen im Randbereich des Lagers mit braungelber Gallerthülle. Lager schwarz, oft blaugrau bereift, ± korallenartig aus gedrängten, stielrunden bis abgeflachten, meist 0,2–1(3) mm breiten Ästen, -8(10) mm hoch . . . **Peccania coralloides**

5* Ap. -0,6(0,8) mm, in die Enden der Äste eingesenkt, Scheibe meistens ± punktförmig, später auch erweitert. Algen im Randbereich des Lagers mit rötlicher, seltener (d.)violetter Gallerthülle. Sp. zu 8–24, 7–12 × 6–9 µm. Lager schwarz, s.selten bereift, polsterig, aus gedrängten, stielrunden bis schwach keuligen, knorpelig zähen, 0,15–0,4 mm (wenn verflacht auch -0,8 mm) dicken Ästen, -5 mm hoch. . . . . **Synalissa symphorea**

6 Äste mit deutlicher Rinde aus polygonalen Zellen, -130(200) µm dick, die verjüngten Spitzen glänzend. Lager mit *Nostoc* (Algen oft in Gruppen, kaum in Ketten), d.braun, kleinstrauchig, dicht verästelt, -1,5 cm hohe lockere Polster bildend. Ap. z.selten, rotbraun, mit konkaver bis flacher Scheibe und ± vorstehendem, hellerem Eigenrand, -1,2(1,5) mm. Sp. 2zellig, spindelig oder ellipsoid, 15–25 × 4,5–11 µm. Auf bemoostem Gestein (*Nostoc*-Algen haben auch einige angedeutet kleinstrauchige *Leptogium*-Arten ↑)
. . . . **Polychidium muscicola**

6* Äste ohne deutliche Rinde. Lager nicht mit *Nostoc*, nicht glänzend braun . 7

7 Lagerfäden bis um 50 µm dick, meist nur -3 mm lang 8

7* Lagerfäden über 50 µm dick **10**

8 Lagerfäden aus einem nur aus 1 Zellreihe bestehenden Algenfaden aufgebaut *(Scytonema)*, in dessen Gallertscheide die schwer erkennbaren Hyphen verlaufen (daher Verwechslungsgefahr mit Algen, wenn steril), -2,5 mm lang, ± stark verzweigt. Lager kleine, schwärzliche, samtig-filzige Polster bis wattige Räschen aus ± aufrechten, -12 µm dicken Fäden bildend, -1 cm breit. Ap. selten, d.braun, konkav, mit dickem Eigenrand, -0,5 mm. Sp. 9–15 × 5–7 µm. Epihym. bräunlich . . . . **Thermutis velutina**

8* Lagerfäden aus mehrreihig angeordneten Algenzellen *(Stigonema)*, um die die Hyphen ein lockeres bis paraplektenchymatisches Geflecht bilden, schwärzlich. Ap. -0,5(1) mm, schwarz, gewölbt, randlos. Sp. oft schlecht entwickelt, 7–9 × 2,5–3,5 µm. Hym. grünlich bis violett. Epihym. d.blaugrün bis d.violett . . . **9**

9 Lager rel. lockerrasig, aus ± verflochtenen, niederliegenden Fäden, teppich-,

nicht polsterartig, Fäden v.a. basal verzweigt, -4 mm lang, an der Basis mit blaugrünen Rhizinenhyphen. Ap. m.selten, -1 mm, an der Lageroberfläche sitzend. Hyp. farblos, Hym. 55-60 µm . . . . **Spilonema paradoxum**

9* Lager dichte schwärzliche Polster aus aufrechten Fäden bildend, Fäden dicht stehend, straff, -6 mm lang, bis zu 3/4 der Länge mit blaugrünen Rhizinen bedeckt, daher weit hinauf blaugrün gefärbt. Ap. in die Polster eingesenkt und ± versteckt, später die Polstermitte bedeckend, -0,5 mm. Hyp. ± violett, Hym. 45-55 µm . . . . **Spilonema revertens**

10 Algen 1zellig, einzeln oder zu 2-4 in Gallerthüllen vereinigt (nie zu Fäden), 5-13 × 5-11 µm groß. Lagerfäden schwärzlich, 40-180 µm dick, Äste aufrecht, mehrfach geteilt. Lager s.kleinstrauchig, fast areoliert, -5 mm hoch. Ap. selten, -0,3 mm, rotbraun . . . . **Lichinella stipatula**

10* Algen in mehreren Zellreihen angeordnet (*Stigonema*, Zellen braungrün, 9-20 × 3-11 µm). Lager meist niederliegend und dichte, strähnige Teppiche bildend, -4 cm groß, Fäden grünschwarz bis schwarz, an der Basis -200 µm dick, -1,5 cm lang, z.verzweigt, rel. schlaff, ± runzelig. Lager oft zu größeren Flächen zus.schließend. Ap. s.selten, s.klein, fast kugelig. Sp. 1zellig . **Ephebe lanata**

Polychidium muscicola (Sw.) S.Gray
V.a. in montan-hochmontanen, niederschlagsreichen Lagen auf/zwischen Moosen an Silikatgestein, s.selten Kalkgestein oder auf sandig-lehmigen Böden, ähnl. *Massalongia* (↑), gelegentlich basal an alten Bäumen - (arkt-)bor-med·(h)mo - selten (2); süSch, *nöSch*, Vog, *nöPf, Ts*, Eif, Erz, *BayW*

Polysporina Vězda

(Bestimmung ↑ Sarcogyne)

Polysporina lapponica (Ach. ex Schaerer) Degel. [P. dubia (H.Magn.) Vězda, Sarcogyne d. H.Magn., S. canasiacensis (Hue) H.Magn.]
Bis in montane Lagen, selten höher, auf Silikatgestein, auf (Pionier-)Krustenflechten, besonders *Acarospora*-Arten lebend, überwiegend auf anthropogenen Substraten (Grabsteine, Mauerkronen), hier oft mit *Candelariella vit.* (↑) oder *Buellia aethalea*, subneutroph.-m.(z.)acidoph., z.-s.photoph. - bor-med - m.häufig, v.a. hemerochor

Polysporina simplex (Davies) Vězda [Sarcogyne s. (Davies) Nyl.]
Bis in montane Lagen, selten höher, auf kalkfreiem Silikatgestein, vorwiegend an losen Steinen, seltener an Natursteinmauern, an lückig besiedelten Felsflächen (Ritzen), auch auf behauenem Gestein, konkurrenzschwacher Pionier, an Böschungen, in lichten Wäldern, subneutroph.-z.acidoph., m.-s.photoph. - arkt-med - z.selten; Sch, Vog, O, Sp, RhSch, Pf, Erz

Porina Müll.Arg.

(Schlüssel incl. Strigula)

1 Auf nacktem Gestein **2**
1* Auf Rinde oder Moosen **6**
2 Auf Kalkgestein. Lager zusammenhängend, matt, rosa, rosagrau, braun, olivgrau, ± endolithisch bis epilithisch und rissig, im Herbar bzw. im Alter grau bis braungelblich. Per. meist halbkugelig bis fast kugelig vorstehend, -0,3 mm, Invol. purpurschwarz, violettschwarz, lilabraun, braun, K+ stellenweise bläulich, oben auch braunorange, K+ orange, basal offen, Gehäuse meist auch basal durch dünne braune Exc.linie geschlossen. Sp. mit 3, selten bis 7 Septen, 16–30(33) × 3,5–7 µm . . . . **P. linearis/byssophila**
2* Auf Silikatgestein **3**
3 Per. gelb-, braun- bis olivrötlich, gelbbraun bis braun, zumindest feucht mit rötlichem Farbton, von einer dünnen Lagerschicht bedeckt, halbkugelig bis m.gewölbt vorstehend, (0,3)0,4–0,6 mm breit. Lager dünn, ergossen bis stellenweise rissig **4**
3* Per. schwarz, zumindest im oberen Teil nackt, halb eingesenkt bis sitzend (fast kugelig vorstehend) **5**
4 Sp. mit 3 (s.selten 4–6) Septen, 18–30(40) × 4–8 µm. Lager gelb-, rot- bis olivbraun . . . . **P. lectissima**
4* Sp. mit (6–)7 Septen, 30–50(70) × 6–15 µm. Lager gelblich, blaß oliv, graugrün . . . . **P. ahlesiana**
5 Sp. mit 3 Septen, 15–25(32) × 4–6 µm. Per. -0,3 mm, zahlreich. Lager oliv, graubraun, graugrün, schwärzlich, dünn bis undeutlich . . . . . **P. chlorotica**
5* Sp. mit (5–)6(7) Septen (selten mit 1 Längsseptum), (20)30–45 × 5–6 µm. Per. -0,6(0,7) mm, zerstreut stehend. Lager oliv bis grau, feucht dunkler, zus.hängend bis feinrissig (var. *grandis*: Per. -0,8 mm, Sp. -10 µm breit) **P. guentheri**
6 Per. rötlich(gelb) bis rotbraun, von dünner Lagerschicht bedeckt, -0,25 mm, m.gewölbt. Sp. mit 3 Septen, 16–23 × 3–6 µm. Lager d.olivbraun, grünlichgrau, grau, auch undeutlich, ± zus.hängend . . . . **P. leptalea**
6* Per. schwarz bis d.grau **7**
7 Sp. mit 3 Septen **8**
7* Sp. mit 5–7 Septen **9**
8 Asci oben verdickt, Verdickung innen mit Grube. Paraph. ± verzweigt. Per. -0,5 mm. Sp. 15–21 × 3–6 µm. Lager weiß bis undeutlich . . **Strigula affinis**
8* Asci gleichmäßig dünnwandig. Paraph. nicht oder selten verzweigt. Per. -0,3 mm. Sp. 13–24 × 4–5 µm. Lager rotbraun, d.braun, oliv oder fast schwärzlich, dünn, oberrindig . . . . **P. aenea**
9 Sp. 20–27 × 3–5 µm, mit 6–7 Septen. Per. meist elliptisch bis länglich, -0,6 mm. Lager s.dünn, weißlich. Oft (nur) mit Stylosporen in perithecienartigen Behältern, Stylosp. 5–7septiert, 20–30 × 3–4,5 µm, an den Enden abgerundet . . . . **Strigula glabra**
9* Sp. 25–35 × 5–8 µm, mit (5–)7(9) Septen. Per. rundlich, -0,45 mm, halb einge-

senkt, oft nur m.gewölbt, anfangs mit dünner grauer Lagerschicht bedeckt, später schwarz. Lager aschgrau bis h.grau, dünn . . . . **Strigula stigmatella**

Porina aenea (Wallr.) Zahlbr. [P. carpinea (Pers. ex Ach.) Zahlbr., P. chlorotica var. c. (Ach.) Keissler]
Vor allem kollin-submontan, selten in milden Lagen der montanen Stufe, auf glatter Rinde von Laubbäumen (selten Tanne), am häufigsten im unteren Stammbereich von Esche und Hainbuche im Innern von Wäldern, v.a. in Auwäldern und Schluchtwäldern (z.B. Stellario-Carpinetum, Pruno-Fraxinetum, Aceri-Fraxinetum), an z.(–s.) lichtarmen, luftfeuchten, milden Standorten, (subneutroph.–)m.acidoph., anitroph., z.toxitol. – (s'bor-)mieur(subatl)-med(mo) – z.häufig, nur in trocken-warmen Gebieten seltener

Porina ahlesiana (Körber) Zahlbr.
[P. septemseptata (Hepp ex Zwackh) Swinscow]
In kollinen und submontanen, klimatisch milden Lagen an spritzwasserfeuchtem bzw. zeitweise überschwemmtem Silikatgestein an Bächen und Flüssen an schattigem, luftfeuchtem, ozeanischem Standort, subneutroph., hydroph., m.photoph.–z.skioph., anitroph. – mieur (atl) – s.selten (0); *nöSch (Würm)*

Porina chlorotica (Ach.) Müll.Arg.
V.a. in kollinen und submontanen Lagen auf Silikatgestein, auf bodennahen Felsflächen und auf Steinen, meist im Waldesinnern an z.(–s.)lichtarmen, luftfeuchten, geschützten, durch Regen oder Tau lange feucht bleibenden Flächen, oft an Böschungen, auch an gelegentlich überschwemmten Standorten, so an Bächen, z.–m. acidoph., substrathygroph. – s'bor·subatl-med·mo – z.selten; Sch, Hü, Vog, O, Sp, Ts, Pf, Mos, Eif, He, ThW, Erz

Porina guentheri (Flotow) Zahlbr.
In der montanen und hochmontanen Stufe auf gewöhnlich kalkfreiem Silikatgestein an langzeitig feuchten oder zeitweise überschwemmten Felsen in Bächen, ähnl. *Polyblastia cruenta* (↑), auch an s.schattigen, nicht sekundär befeuchteten Felsen, z.B. wie *P. lectissima* (↑) – (s'bor-)mieur-(s)med·mo, subatl – s.selten (R); süSch (auch var. **grandis** (Körber) Swinscow)

Porina lectissima (Fr.) Zahlbr.
Bis in hochmontane Lagen an kalkfreiem bis leicht kalkhaltigem Silikatgestein an zeitweise überschwemmten Stellen in klaren, kühlen Bächen, an langzeitig feuchten Felsflächen, an luftfeuchten, z.–s.lichtarmen, selten lichtreichen Standorten, subneutroph.–m.acidoph., hydroph., anitroph. – s'bor·subatl-smed·mo – z.selten (3); Sch, Vog, O, Ts, ThW, BayW

Porina leptalea (Durieu & Mont.) A.L.Sm.
In kollinen und submontanen Lagen an glattrindigen Laubbäumen, selten Koniferen, in Wäldern in geschützten, klimatisch milden, z.ozeanischen Tallagen, v.a. an Hainbuche, Esche, Buche, z.ähnl. *P. aenea* und oft mit dieser vergesellschaftet, aber weniger toxitolerant und noch mehr auf milde Lagen beschränkt, subneutroph.–

m.acidoph., z.skioph., (s.)hygroph., m.ombroph., anitroph. – mieur·subatl(-med) – selten; Rh, Hü, Sch, Bo, Ne, SFW, O, Eif

Porina linearis (Leighton) Zahlbr. [P. persicina (Körber) Zahlbr., ? P. byssophila (Körber ex Hepp) Zahlbr.]
Bis in die alpine Stufe auf kalkreichem bis kalkarmem, ± hartem Gestein, an beregneten, meist schattigen Orten, die Standortsamplitude von *Acrocordia con.* (↑) und *Verrucaria parm.* (↑) umfassend – mieur-med – selten; SJu, Ju, FrJu, Al, süHü

Porocyphus Körber

(Schlüssel incl. Euopsis, Metamelanea, Psorotichia, Pyrenopsis, Thelygnia)

Anmerkung: Alle Arten des Schlüssels Ch–.

1 Lager braun, grau, grauschwarz, aus kleinen, verflachten, gekerbten Schüppchen, geschichtet, mit paraplektenchymat. Oberrinde, dicht gedrängt bis dachziegelig, auf blauschwarzem Vorlager. Mit *Nostoc*-Algen, in z.T. stark geknäuelten Ketten oder einzeln. Ap. –1 mm, rotbraun bis braunschwarz, anfangs mit Lagerrand, bald gewölbt und randlos. Sp. 14–18 × 5–7,5 µm
. . . . **Pannaria leucophaea**

1* Lager körnig, krustig, koralloid, angedeutet schuppig, aber nie aus gekerbten Schuppen, ungeschichtet **2**

2 Lager feucht deutlich rötlich: braunrot bis d.weinrot. Algenzellen mit rötlicher Gallerthülle (im Randbereich des Lagers) **3**

2* Lager feucht grau-, grün-, braun- bis tiefschwarz, nie rötlich. Algengallerte ± farblos bis gelbbraun, nie rötlich **5**

3 Ap. –0,6(1) mm, flach bis m.gewölbt, gelbrot bis rotbraun, ± glänzend, mit meist körnigem Lagerrand, sitzend. Lager trocken d.weinrot bis d.rotbraun, areoliert, Areolen meist körnig-feinwarzig rauh. Sp. 11–16 × 6–7 µm. Hym. 70–80 µm, J–, Ascus-Innenwand J+ blau, Tholus J– . . . . **Euopsis pulvinata**
(ähnl. **Euopsis granatina** (Sommerf.) Nyl.: Lager mit Blau- und Grünalgen, Sp. 9–12 x 4–6 µm; auf Silikatgestein, arkt-alp, z.B. Alpen)

3* Ap. jung mit deutlich vertiefter, punktartiger Scheibe, daher anfangs fast perithecienartig. Lager trocken rötlich- oder braunschwarz. Hym. J+ blaugrün bis rotbraun, Tholus J+ blau **4**

4 Lager rissig areoliert bis fast schollig, rötlich- oder braunschwarz. Areolen flach, eckig, mit z.glatter Oberfläche. Ap. meist einzeln, selten zu 2 oder mehr, jung eingesenkt und mit porenartiger Mündung, später etwas weiter geöffnet und von einem leicht erhabenen Lagerwall umgeben (pseudoangiocarp). Sp. ellipsoid, (9)12–15(18) × (5)6–8(11) µm. Algenzellen (3)5–6(11) µm.
. . . . **Pyrenopsis subareolata**

4* Lager granuliert, z.T. aus zerstreuten oder ± genäherten rötlich- oder braunschwarzen Klümpchen, z.T. areoliert, Areolen ± rundlich, mit körniger Oberfläche. Ap. jung kaum vom Lager unterscheidbar, später mit eingesenkter braunroter Scheibe und z.dickem, körnigem Lagerrand. Sp. ellipsoid, (5)7-8(11) × 5-6 µm . . . . **Pyrenopsis sanguinea**

5 Ap. mit nabelartiger oder gerillter Scheibe **6**

5* Ap. nicht mit nabelartiger oder gerillter Scheibe **7**

6 Epihym. d.grün. Ap. ±0,3(-0,6) mm, Scheibe vertieft, anfangs punktartig und konkav, dann konvex, durch deutlichen schmalen Lagerrand scharf abgegrenzt. Sp. 7-12 × 5,5-9 µm. Lager schwärzlich, ± glänzend, schollig, oft nabelartig festgeheftet, Schollen -2 mm, mit körniger Oberfläche . . **Thelignya lignyota**

6* Epihym. braun. Ap. -0,6 mm, schwärzlich, eingesenkt oder angedrückt. Scheibe nicht vertieft, Lagerrand breit (Ap. durch die breit gerundeten Ränder im trockenen Zustand perithecienartig wirkend, in feuchtem Zustand weit geöffnet). Sp. 11-13,5 × 8-9,5 µm. Hyp. bräunlich. Lager schwärzlich, rissig areoliert, Areolen ± glatt, aus dichtstehenden, vertikalen Abschnitten von 12-35 µm Breite zusammengesetzt, die aus dicht gepackten Algenkolonien mit wenig Pilzhyphen bestehen. Algen mit brauner Gallerthülle . . . . **Metamelanea umbonata**

7 Lager unauffällig, feinkörnig, dünn, aschgrau, grauschwarz bis schwarz, meist deutlich abgegrenzt. Ap. ± 0,1(-0,4) mm, anfangs perithecienartig, dann mit eingesenkter d.brauner, feucht ockerfarbener Scheibe. Sp. 8-14 × 4-10 µm. Auf kalkreichem Gestein, oft auf endolithischen Krustenflechten lebend . . . . **Psorotichia montinii**

7* Lager deutlich entwickelt, körnig bis koralloid, ± areoliert **8**

8 Sp. kugelig, 10-13 µm und ellipsoid 9-14(16) × 8-11 µm. Lager schwarz (auch bräunlich- bis grünlich-schwarz), körnig-warzig areoliert, Areolen 0,5-1 mm. Ap. 0,2-0,4 mm, vorstehend, mit versenkter d.brauner Scheibe, jung perithecienartig . . . . **Psorotichia frustulosa**

8* Sp. nur ellipsoid **9**

9 Paraph. dünnfädig, verzweigt und vernetzt oder einfach und mit kopfigen Enden und vakuolisierten Zellen. Ap. meist stark gewölbt bis kugelig. Eigenrand des Ap. deutlich entwickelt. Die in mittlerer Hym.höhe gemessene Lagerranddicke verhält sich zur Hym.höhe wie ca. 1:4. Epihym. braun. Hym. 90-130 µm, farblos, J+ gelb, grünblau, weinrot. Sp. 11-17 × 6-13 µm. Algen fädig (oft schwer erkennbar), Heterocysten vorhanden (oft erst nach längerem Suchen auffindbar). Auf feuchtem Gestein, oft Silikatgestein *(Porocyphus)* **10**

9* Paraph. einfach bis oben spärlich verzweigt, nicht verdickt. Ap. schüsselförmig. Die in mittlerer Hym.höhe gemessene Lagerranddicke verhält sich zur Hym-.höhe wie ca. 1:1,5. Ohne Heterocysten. Auf Kalk **11**

10 Lager schollig, oft tief rissig areoliert, mit körniger bis korallinischer, seltener fast glatter Oberfläche, schwärzlich, Areolen -2,5 mm breit. Ap. -0,3 mm, zuerst perithecienartig, dann mit schwarzem oder d.braunem Rand und dunkler Scheibe . . . . **P. coccodes**

10* Lager körnig, (rissig-)areoliert oder angedeutet schuppig, mit körniger, seltener glatter Oberfläche, grünschwarz bis schwarz, Areolen -1,5 mm. Ap. -0,5 mm, mit breitem gelblich- bis d.braunem, ± glänzendem Rand und rötlichbrauner Scheibe . . . . **P. rehmicus**

11 Eigenrand des Ap. schmal, nach der Oberfläche zu verbreitert. Lager graugrün bis schwärzlich, körnig bis ergossen, selten bereift, areoliert. Areolen bis ± 1 mm, oft mit etwas körniger Oberfläche. Ap. -0,7 mm, mit hellocker, braungrünem bis schwärzlichem Rand und brauner flacher Scheibe, breit aufsitzend. Sp. 12–20 × 6–10 µm . . . . **Psorotichia schaereri**

11* Eigenrand des Ap. kaum sichtbar **12**

12 Lager schwarz bis braunschwarz, unbereift, körnig areoliert. Areolen -0,7 mm, unregelmäßig geformt, mit feinkörnig rauher Oberfläche. Ap. -0,3 mm, jung oft fast kugelig, später ± schüsselförmig mit dunklem Rand, Scheibe wie das Lager gefärbt oder rotbraun, schwach eingesenkt. Ökol. ähnl. *Ps. schaereri* . . . . **Psorotichia murorum** Massal.

12* Lager blauschwarz, blaugrau bereift, areoliert bis rissig areoliert. Areolen -0,5 mm, kantig, flach schollig. Ap. -0,4 mm, krug- bis schüsselförmig, aufsitzend, Rand schwarz, mit d.brauner vertiefter Scheibe. Sp. 11–15 × 5–8 µm . . . . **Psorotichia diffracta**

Porocyphus coccodes (Flotow) Körber
[P. areolatus (Flotow) Körber, P. furfurellus (Nyl.) Forss.]
In kollinen bis hochmontanen Lagen auf kalkfreiem bis leicht kalkhaltigem Silikatgestein an oft austrocknenden Sickerwasserstreifen, selten an gelegentlich überschwemmten Stellen an Flüssen, Bächen, an m.–s.lichtreichen, oft besonnten Orten, subneutroph. – (s')bor-smed(-med) – s.selten (2); süSch, *O (Heidelb.),* Saar

Porocyphus rehmicus (Massal.) Zahlbr. [P. riparius (Arnold) Körber]
Bis in montane Lagen auf kalkhaltigem oder kalkstaubimprägniertem Silikat- und Kalkgestein, an sporadisch sickerfeuchten, oft austrocknenden Flächen oder gelegentlich überschwemmten Blöcken am Ufer von Flüssen, oft an nährstoffreichen Stellen, auch auf Mauern (oft Sandstein), subneutroph.–basiph., m.–s.photoph., m.nitroph. – mieur – s.selten *(0)*; *O, Fr, FrJu,* BayW, Al

Porpidia Körber (Huilia, Haplocarpon)

(Bestimmung ↑ Lecidea)

Gattung mit vielen recht schwer zu bestimmenden, z.T. schwach voneinander abgegrenzten Arten.

Porpidia albocaerulescens (Wulfen) Hertel & Knoph [Lecidea a. (Wulfen) Ach.]
In kollinen und submontanen, wintermilden Lagen auf kalkfreiem Silikatgestein an schattigen Felsen und Blöcken, an luft-, auch leicht substratfeuchten Standorten, meist in Laubwäldern, geschützten Tälern; m.–z.acidoph., m.photoph., anitroph. – mieur·subatl – selten (2); Sch, Ne (Sb), SFW, O, *Sp, Ts, MRh,* Av

Porpidia cinereoatra (Ach.) Hertel & Knoph [Lecidea c. Ach.]
An niedrigen Felsen und größeren Steinen an kühl-luftfeuchten oder lange tau-

feuchten Standorten, v.a. auf mineralreichem Silikatgestein, z.B. in Blockhalden, Steinhaufen, z.B. ähnl. *Lecidea plana* (↑) - bor-mieur - selten; Sch, Vog, RhSch

Porpidia contraponenda (Arnold) Knoph & Hertel
In montanen und hochmontanen Lagen auf Silikatgestein an Basalflächen von Felsen und an Steinen in Zwergstrauchheiden, Magerrasen, lichten Wäldern, an Wegrändern, meist an lange taufeucht bleibenden, teilweise auch lange schneebedeckten Stellen - bor-mieur·mo - selten; süSch

Porpidia crustulata (Ach.) Hertel & Knoph [Lecidea c. (Ach.) Sprengel]
Bis über die Waldgrenze auf kalkfreiem Silikatgestein, vorwiegend auf in den Erdboden ± eingesenkten und auf dem Boden liegenden Steinen, meist an Wegrändern, Böschungen, in Wäldern, an schattigen bzw. länger taufeuchten oder luftfeuchten Orten, in niederschlagsreichen Lagen auch an lichtoffenen Stellen, m.-z.(s.)acidoph., substrathygroph., z.skioph.-z.photoph. - bor-med(mo) - m.häufig, in Kalkgebieten ± fehlend

Porpidia glaucophaea (Körber) Hertel & Knoph [Lecidea g. Körber]
In sub- bis hochmontanen Lagen auf kalkfreiem (bis s.schwach kalkhaltigem), meist metamorphem/magmat. Silikatgestein an beschatteten, zeitweise sicker- oder tropfwasserfeuchten Flächen, besonders in Wäldern, Tälern, subneutroph., subhydroph., z.skioph.-m.photoph. - bor-mieur - selten (3); v.a. süSch, seltener nöSch, Vog, nöPf, Hu, Ts, We, ThW

Porpidia hydrophila (Fr.) Hertel & Schwab [Lecidea h. Fr.]
In submontanen, seltener montanen Lagen auf Silikatgestein an zeitweise überfluteten Blöcken in klaren Bächen, ähnl. *Hymenelia lacustris* (↑), aber nur in klimatisch milden Lagen - s'bor-mieur·(sub)atl - s.selten (+++); Eif

Porpidia macrocarpa (DC.) Hertel & Schwab [Lecidea m. (DC.) Steudel, L. nigrocruenta Anzi, L. phylliscina Nyl.]
Bis über die Waldgrenze auf kalkfreiem Silikatgestein, v.a. auf niedrigen Felsen an schattigen, beregneten, oft auch lange taufeuchten Flächen, aber auch an besonnten Orten, auch auf eisenreichem Substrat, m.-z.acidoph., m.-z.photoph., anitroph. - (s')bor-med - m.häufig in Silikatgebieten, sonst ± fehlend

Porpidia musiva (Körber) Hertel & Knoph [Lecidea m. Körber]
V.a. an lange taufeuchten, bodennahen Felsflächen und größeren Steinen auf Silikatgestein, an gewöhnlich lichtreichen (selten voll besonnten) Standorten, z.B. in Borstgrasrasen, Zwergstrauchheiden, z.B. mit *Trapelia*-Arten oder *P. macrocarpa*, m.-z.acidoph., m.-z.photoph. - bor-med·mo - z.selten; Sch, O, RhSch

Porpidia soredizodes (Lamy ex Nyl.) Laundon [Lecidea s. (Lamy ex Nyl.) Sandst.]
Bis in montane Lagen, selten höher, an Steinen und Felsen an schattigen Standorten, meist in Wäldern, schattigen Tälern, m.acidoph.-subneutroph., z.skioph.-m.photoph., hygroph. - bor-med - selten?, übersehen; z.B. Sch, Saar, Hu, Eif

Porpidia speirea (Ach.) Krempelh. [Lecidea s. (Ach.) Ach.]
In hochmontanen bis alpinen, selten montanen Lagen auf schwach kalkhaltigen

oder seltener ±kalkfreien basischen Silikatgesteinen sowie auch auf oberflächlich entkalkten Karbonatgesteinen, hauptsächlich auf Kalkschiefer, Hornfels, meist an beschatteten Schräg- und (beregneten) Vertikalflächen an kühlen bis kalten, luftfeuchten (hygrisch/thermisch m.wechselnden) Standorten, auch an sickerfeuchten Flächen, subneutroph.-m.basiph., m.(-z.)photoph., anitroph. - arkt-bor-alp (subatl) - s.selten; ?süSch, Vog, Meißner, Al (m.häufig)

Porpidia superba (Körber) Hertel & Knoph [Lecidea s. Körber, L. macrocarpa var. s. (Körber) Th.Fr.]
In hochmontanen bis alpinen, niederschlagsreichen Lagen auf s.schwach kalkhaltigem bis kalkfreiem und rel. SiO_2-armem Silikatgestein an beschatteten, zeitweise leicht überrieselten Flächen, subneutroph.-neutroph., m.photoph., anitroph. - arkt-alp - Al

Porpidia tuberculosa (Sm.) Hertel & Knoph [Lecidea tumida Massal., L. sorediza Nyl.]
Bis in hochmontane Lagen auf Silikatgestein an z.lichtarmen bis m.(z)lichtreichen, meist absonnigen, lange taufeuchten oder rel.gleichmäßig luftfeuchten Standorten an bodennahen, beregneten Flächen, oft in Wäldern, Blockmeeren, Steinhaufen, ähnl. *Rhizoc. obsc.* (↑), auch auf anthropogenen Substraten, subneutroph.-z.acidoph. - (arkt)bor-smed - z.selten; Sch, Vog, Pf, RhSch, O, Sp, He (z.B. Rhön), ThW, sonst selten

Protoblastenia (Zahlbr.) J.Steiner

1 Lager schuppig, Schuppen h.grünlichgrau, h.grau bis oliv, unterseits und am Rand weißlich, konkav bis gewölbt, meist verbogen, 2–5 mm breit, zus.schließend bis einander überwachsend. Ap. ± gewölbt, orangebraun bis rostfarben orange, -2 mm. Sp. 10–14 × 5–7 µm. Atranorin; in Ap. Emodin, Parietin . . . . **Psora testacea**

1* Lager einförmig krustig bis undeutlich und endolithisch **2**

2 Auf Holz und Rinde. Ap. im Gebiet s.selten, braunrot bis schwarzrot, -1 mm, stark gewölbt, randlos. Lager fast völlig mehlig- bis körnig-sorediös, gelbgrünlich, gelblich oder fast ocker, oft mit schwarzem Vorlager. C+/KC+ orange, K-, P-. Epihym. mit Körnchen, in K+ purpur. Sp. 7–14 × 5–8 µm. Isoarthothelin, Thiophan-S., ±Dichlornorlichexanthon . . . . **Pyrrhospora quernea**

2* Auf kalkhaltigem Gestein **3**

3 Sp. kugelig, 6–9 µm. Ap. ± rot, -1,5(2) mm, stark gewölbt. Lager endolithisch. Hyp. farblos bis orangebraun . . . . **P. cyclospora**

3* Sp. ellipsoid. Ap. orange, rotorange, braun, oliv **4**

4 Lager epilithisch, zus.hängend dünnkrustig bis warzig-areoliert **5**

4* Lager endolithisch, meist nur als heller Fleck angedeutet (Vorsicht: abgefressene epilithische Lager können bei oberflächlicher Betrachtung endolithisch wirken). Hyp. farblos bis gelblich **6**

5 Lager warzig areoliert, weißlich, seltener ± undeutlich. Ap. orangeocker, orange, dann oft schmutzig orange, braun, oliv, braunschwarz und stark gewölbt.

Hyp. braun bis h.orangebraun. Sp. 7–10 × 3–5 µm, bor-mieur·h'mo, Alpen, WeBgl . . . . **P. siebenhaariana** (Körber) J.Steiner

5* Lager einförmig krustig ergossen bis meist rissig(-areoliert), graugrünlich, oliv, gelblichgrau, mitunter abgefressen und undeutlich oder weißlich. Ap. orange, orangebraun bis rotorange, –1 mm, ± sitzend (nicht in Gesteinsgruben), m.–z.gewölbt, Hyp. farblos bis gelblich. Sp. 8–17 × 5–8 µm . . . **P. rupestris**

6 Ap. sitzend, ± stark hervortretend, bald stark gewölbt, orange, orangerot, braunorange, auch olivgelb bis olivbraun, braun, –1,6(2) mm. Lager weißlich bis h.grau, oft feinmehlig erscheinend. Sp. 8–15 × 5–8 µm . . . . . . **P. calva**

6* Ap. in das Gestein eingesenkt, nach dem Ausfallen Gruben hinterlassend, ± flach bis m.gewölbt, meist h.orangegelb bis h.orange. Sp. 9–13 × 4,5–6 µm . . . . **P. incrustans**

Protoblastenia calva (Dickson) Zahlbr.
Vorwiegend in der montanen und hochmontanen Stufe auf meist kalkreichem, kompaktem Karbonatgestein, v.a. an schattigen, luftfeuchten, auch s.leicht substratfeuchten Stellen, besonders Vertikalflächen, Schwerpunkt ähnl. *Hymenelia coer.* (↑), *Verr. dufourii* (↑), basiph., hygroph., m.photoph.–z.skioph., ombroph., anitroph. – bor-med(mo) – selten; SJu, Ju (s.selten), Al

Protoblastenia cyclospora (Hepp ex Körber) Poelt [P. globulificans (Nyl.) Zahlbr.]
An zeitweise warmen, lichtreichen Überhängen und Steilflächen von Kalkfelsen in montanen Lagen, basiph., z.photoph., m.nitroph. – mieur·mo – s.selten (R); Ju, Alpen

Protoblastenia incrustans (DC.) J.Steiner
V.a. von der montanen bis zur alpinen Stufe auf meist ± reinen Kalken, auf beregneten, meist absonnigen, m.–z.lichtreichen Flächen, ähnl. *Clauzadea immersa* (↑), *Bagliettoa parmig./bald.* – arkt-med·mo – selten; SJu-Ju-FrJu, Al; Eif

Protoblastenia rupestris (Scop.) J.Steiner
Bis ins Hochgebirge auf kalkreichem bis kalkarmem Gestein, v.a. auf Kalkstein, tonreichen Kalken, Kalksandstein, z.euryök, Schwerpunkt an beregneten, absonnigen Standorten, v.a. an bodennahen Flächen oder an schattigen Felsen, oft an leicht substratfeuchten, sickerfeuchten oder lange taufeuchten Stellen, häufig auf Steinen an Wegen, in Lesesteinhaufen, in lückiger Vegetation, auch auf leicht erdverkrustetem Gestein, auch z.B. an Grabeinfassungen, Mauern und auf diesen Substraten in Städte eindringend, in Silikatgebieten synanthrop, basiph., z.photoindiff., ombroph., a-/z.nitroph. – bor-med – m.häufig, in Kalkgebieten stellenweise häufig

Protoparmelia Choisy

(Bestimmung ↑ Lecanora TS 2)

Protoparmelia atriseda (Fr.) R.Sant. & V.Wirth [Lecanora a. (Fr.) Nyl., L. nephaea auct.]

In montanen und hochmontanen Lagen auf kalkfreiem, hartem Silikatgestein an besonnten, beregneten, oft auch z.windoffenen Standorten, parasitisch auf gelben *Rhizocarpon*-Arten, später autotroph, z.B. mit *Umbilicaria torref., U. cylindr., Rhizocarpon lecan.*, z.(m.)acidoph., a-(m.)nitroph. - (s'bor-)mieur(-med) - selten (3); Sch, Vog, Ts, Eif, Rhön, Fi, ThW

Protoparmelia badia (Hoffm.) Haf. [Lecanora b. (Hoffm.) Ach.]
In montanen bis alpinen Lagen auf gewöhnlich kalkfreiem Silikatgestein an beregneten, meist windoffenen, lichtreichen Standorten, ähnl. *Umbilicaria cylindr.* (↑), z.euryök, auch an geschützten, z.lange schneebedeckten Stellen (ähnl. *Rhizocarpon alp.*), gelegentl. synanthrop - arkt-med·mo - (z.)selten (3); v.a. süSch, Vog, sonst selten–s.selten: nöSch, O, PfW, Hu, Eif, Ts, He (Vgb, Rhön, Meißner), ThW; ferner BayW, Erz, Hz, Al

Protoparmelia cupreobadia (Nyl.) Poelt [Lecanora c. Nyl.]
In alpinen Lagen, selten tiefer, auf meist mineralreichem Silikatgestein - mieur·alp(-smed·alp) - s.selten (0); süSch +?, Alpen

Protoparmelia nephaea (Sommerf.) R.Sant. [Lecanora n. Sommerf., non auct.]
In alpinen, niederschlagsreichen Lagen an m.(–z.) regengeschützten Überhang- und Vertikalflächen auf saurem, oft glimmer- und eisensulfidreichem Silikatgestein, ähnl. *Pleopsidium chloroph.*, im Gebiet Glazialrelikt auf hohen Mittelgebirgsgipfeln, z.–s.acidoph., m.–z.photoph., anitroph. - arkt(-alp) - s.selten (R); süSch, BayW, Alpen

Protoparmelia picea auct., non (Dickson) Haf. [Lecanora p. auct.]
In montanen bis seltener hoch- oder submontanen, niederschlagsreichen, ozeanischen oder zumindest rel. wintermilden Lagen auf harten bis s.harten, kalkfreien Silikatgesteinen an m.–s.windoffenen, lichtreichen Standorten, z.B. mit *Umbilicaria torrefacta* (↑), *Fuscidea koch.*, z.–s.acidoph., s.ombroph., anitroph. - mieur(atl)-smed·subatl - selten (R); Vog (lokal häufig), PfW, Hu, Rhön, nöSch (s.selten), Fi

Protothelenella Räsänen

(Schlüssel incl. Chromatochlamys und Thelenella)

1 Auf Silikatgestein. Per. -0,4 mm, schwärzlich, zu über der Hälfte in das Lager eingesenkt. Lager dünn, schorfig, warzig-körnig oder rissig-areoliert, h.grau, graugrünlich bis graubräunlich, gelblichgrau, feucht meist frisch grün. Sp. 16–32 × 8–15 µm . . . . **P. corrosa**

1* Auf Rinde oder Moosen **2**

2 Auf Rinde. Per. -0,5 mm, ins Lager eingesenkt, warzenähnl. vorstehend, wie bei *Pertusaria leioplaca*. Sp. 25–42 × 11–17 µm, zu 4–8 (mauerförmig). Lager undeutlich bis häutig oder rissig, frisch rosabraun, rotbraun, gelblich, im Herbar ausgebleicht . . . . **Thelenella modesta**

2* Auf (absterbenden) Rinden-, Fels- und Erdmoosen, Erde, anderen Flechten . 3
3 Sp. zu 2–4, 60–110 × (16)20–27 µm, stark mauerförmig, farblos, im Alter gelbbraun. Per. -0,5(0,6) mm, ± eingesenkt. Lager grauweißlich bis graubräunlich, dünn, häutig . . . . **Chromatochlamys muscorum**
3* Sp. zu 8, kleiner. Lager in frischem (feuchtem) Zustand grünlich und etwas gallertig, trocken grauweißlich bis graubräunlich, undeutlich, häutig bis feinkörnig 4
4 Sp. 22–33 × 7–10 µm, schwach mauerförmig. Per. sitzend, -0,3 mm . . . . **P. sphinctrinoidella**
4* Sp. 40–50 × 10–15 µm, deutlich mauerförmig. Per. eingesenkt, -0,6 mm . . . . **P. sphinctrinoides**

Protothelenella corrosa (Körber) Mayrhofer & Poelt [Microglaena c. (Körber) Arnold]
An niedrigen Felsblöcken bzw. erdbodennahen Felsflächen an meist absonnigen, luftfeuchten, lange taufeuchten Stellen, ähnl. *Lecidea lithophila* (↑), doch Schwerpunkt an noch feuchteren Stellen, oft auf mineralreichem Silikatgestein, m.–z.acidoph., s.substrathygroph., (z.)s.hygroph., m.photoph.–z.skioph. – bor-mieur – selten (3); Sch, Vog, Rhön, *0, FrJu,* Erz, BayW-Opf, *Hz, Westf*

Protothelenella sphinctrinoidella (Nyl.) Mayrhofer & Poelt [Microglaena s. (Nyl.) Arnold]
In subalpinen und alpinen, s.niederschlagsreichen Lagen auf erdbewohnenden, absterbenden Moosen, seltener Flechten, selten direkt auf Erde, oft an Weganrissen und ähnlichen offenen Stellen an absonnigen, lange taufeuchten Standorten, m.–z.acidoph., hygroph. – arkt-mieur· alp(-smed·alp) – s.selten; Al

Protothelenella sphinctrinoides (Nyl.) Mayrhofer & Poelt [Microglaena s. (Nyl.) Lönnr.]
In alpinen und subalpinen, s.niederschlagsreichen Lagen auf absterbenden Moosen (v.a. Lebermoosen) über feuchten Silikatfelsen und frischer Erde, z.B. an offenen Weganrissen und ähnlichen erodierten Stellen, selten direkt auf nackter Erde, an kaum besonnten, m.–z.lichtreichen, oft lange schneebedeckten, s.luftfeuchten bzw. lange taufeuchten Standorten, z.acidoph., s.substrathygroph., anitroph. – arkt-mieur· alp – s.selten (2); Vog, süSch

Pseudephebe Choisy

(Bestimmung ↑ Bryoria)

Pseudephebe minuscula (Nyl. ex Arnold) Brodo & D. Hawksw. [Parmelia m. (Arnold) Nyl., Alectoria m. (Arnold) Degel.]
Ähnl. *P. pubescens, Parmelia stygia* (↑), doch auf die extremen, stark windexponierten Orte beschränkt, fast nur in der alpinen Stufe, auch auf oberflächlich entkalkten Kalkgesteinen, subneutroph.–z.acidoph. – arkt-alp – s.selten (1); süSch (etwas unsichere Kümmerformen), ferner Al

Pseudephebe pubescens (L.) Choisy [Parmelia p. (L.) Vainio, Alectoria p. (L.) R.Howe]
In hochmontanen bis alpinen, seltener montanen, niederschlagsreichen Lagen an z.-s.windexponierten, z.-s.lichtreichen, nur kurzzeitig schneebedeckten Orten mit z.wechselnden Feuchtebedingungen, auf kalkfreiem, meist hartem Silikatgestein (Horizontal- und Schrägflächen), mäßige Düngung tolerierend, hygrisch anspruchsvoller als *P. minuscula*, z.-m.acidoph., photoph., a-/m.nitroph. - arkt-(mo)alp - selten (2); süSch, *nöSch+*, Vog, BayW, Erz, Hz, Al

Pseudevernia Zopf

Pseudevernia furfuracea (L.) Zopf [Parmelia f. (L.) Ach.]
Bis in die subalpine Stufe auf saurer Rinde von Laub- und Nadelbäumen am Stamm und v.a. an den Ästen, an freistehenden Bäumen wie in Wäldern, ferner auf Holz und (in niederschlagsreichen Lagen) auf Silikatgestein (ähnl. *Parmelia omphal.* ↑), optimal an z.windoffenen, niederschlags- und nebelreichen Orten und dann oft massenhaft an Nadelbäumen, Buche, Eberesche, Eiche, in niederen Lagen oft reduziert entwickelt und weitgehend auf Baumwipfel in Wäldern beschränkt, stärkere Eutrophierung meidend, aber mäßige Belastung mit sauren Immissionen tolerierend und auf ursprünglich basenreiche Rinden übergehend, z.B. auf Pappel, Apfelbaum, (m.)z.-s.acidoph., m.-s.photoph., (m.)z.-s.hygroph., a-(-m.)nitroph. - bor-med·mo - m.häufig, in höheren Lagen häufig, in stärker luftverunreinigten und trocken-warmen Gebieten selten; zwei chem. Rassen: Olivetor-S., Mark C+ rot: var. **ceratea** (Ach.) D. Hawksw.; Physod-S. (C-): var. **furfuracea**

Psilolechia Massal.

(Bestimmung ↑ auch Lecidea, sterile Flechten)

1 Lager gelb, grüngelb, völlig mehlig. Ap. tiefgelb, gewölbt-randlos, -0,6(0,8) mm. Sp. 4-7 × 1,5-2(2,5) µm. Rhizocarp-S. u.a. Mit *Trebouxia*-ähnl. Algen (vgl. *Chaenotheca furf.* mit *Stichococcus*) . . . . **P. lucida**
1* Lager weißlich bis grünlich. Ap. nicht gelb 2
2 Lager R-, weißlich bis grünlich, schorfig-körnig bis körnig-areoliert, Körnchen länglich oder unregelmäßig geformt, 14-33 × 7-14 µm, oft zus.wachsend, mit *Stichococcus* (Unterschied zur ähnl. *Micarea bauschiana*!). Ap. gewölbt bis halbkugelig, oft mit weißem, spinnwebigem Rand an der Basis, auch fast kugelig, -0,3 mm, grauschwarz mit blauem Farbstich, in Schattenformen blaß, blaugrau, graubraun. Hym. blaß grünlich bis blaugrünlich. Sp. oft tropfenförmig, 4-7 × 1,2-2 µm. Hyp. farblos oder leicht grünlich/blaugrünlich. Meist Ch- . . . . **P. clavulifera**
2* Lager C+ rot, leprös, -1,5 mm dick, grünlichweiß, weiß. Körnchen um 17-30(40) µm. Photobiont-Zellen 6-9 µm, kugelig, oder 6-12 × 7-8,5 µm. Ap.

gewölbt bis fast kugelig, 0,1–0,5 mm, oft geknäuelt, –1,6 mm, blaß fleischfarben, rosa, d.braun, mitunter mit Violettstich. Hym. farblos bis gelblich. Sp. tropfen- bis länglich-eiförmig, 4,5–6,5(7) × 1,3–1,8 µm. Hyp. hell. Gyrophor-S. (Lecanor-S., Porphyril-S.) . . . . **P. leprosa**

Psilolechia clavulifera (Nyl.) Coppins [Lecidea c. Nyl., Micarea c. (Nyl.) Coppins & P.James]
Auf Steinen, Wurzeln, Erde an/unter Überhängen, an überhängenden Flanken von Stämmen, ähnl. *Chaenotheca furf.* und *P. lucida* – s'bor-mieur – selten?; süSch, *O*

Psilolechia leprosa Coppins & Purvis
An ± regengeschützten Vertikal- und Überhangflächen besonders auf kupferreichen Felsen, aber auch an Mauern – bor-med – im Gebiet zu erwarten

Psilolechia lucida (Ach.) Choisy [Lecidea l. (Ach.) Ach.]
In kollinen bis montanen Lagen an regengeschützten Stellen auf kalkfreiem Silikatgestein (geschützte Vertikalflächen, Überhänge, Nischen), selten auch an Borke und Erde in Wurzelhöhlungen, oft als Erstbesiedler an Felsen, an Waldwegen, auch an leicht bergfeuchten Flächen, an z.–s.luftfeuchten, z.lichtarmen–m.lichtreichen Standorten, meist in kühlen (selten kalten) Tälern, m.–z.acidoph., anitroph. – (s')bor-mieur·subatl-smed(-med) – z.selten; Silikatgebirge teilweise m.häufig bis ca. 800 m (selten höher), ferner synanthrop v.a. an Grabsteinen

Psora Hoffm.

(Bestimmung ↑ Lecidea TS 1)

Psora decipiens (Hedwig) Hoffm. [Lecidea d. (Hedwig) Ach.]
Bis in alpine Lagen auf kalkhaltigen Böden und calciphilen Moosen an besonnten, rasch trocknenden Standorten, in niederen Lagen wie *Fulgensia f.* (↑), in hohen Lagen ähnl. *Toninia sed.* (↑) – arkt-med – selten (2); Mn, Hü, Rh, Ne, Ju, Ries, FrJu, *Lahn, Rh-Mn-T,* Saar, Bit, Eif, He, Th, Al

Psora testacea Hoffm. [Protoblastenia t. (Hoffm.) Clauz. & Rondon, Chrysopsora t. (Hoffm.) Choisy, Lecidea t. (Hoffm.) Ach.]
Bis in montane Lagen auf meist kalkreichem, verwittertem, spaltenreichem Gestein, z.B. entlang von Klüften, an Schräg- bis leichten Überhangflächen, oft an gelegentlich etwas sickerfeuchten Stellen, an lichtreichen, besonnten bis halbschattigen Standorten, basiph., m.–s.photoph., m.nitroph. – mieur-med – selten; SJu-Ju-FrJu

Psoroma Michaux

Psoroma hypnorum (Vahl) S.Gray
In subalpinen und alpinen, niederschlagsreichen Lagen auf sauren, frischen bis durchfeuchteten Böden, auf nackter Erde, Pflanzenresten, Moosen, Torfböden, fein-

erdereichen Steinböden an lange schneebedeckten Stellen, z.-e.acidoph., substrathygroph., m.-z.photoph. - arkt-alp - Al, *Ts, Th,* Erz, sonstige Angaben zweifelhaft, wie Pf, Eif, Sch

Psorotichia Massal.

(Bestimmung ↑ Porocyphus)

Psorotichia diffracta (Nyl.) Forss. [Collemopsis d. Nyl.]
Auf Kalkgestein an lichtreichen, meist besonnten, gelegentlich sickerfeuchten Felsen, z.B. ähnl. *Thyrea conf.* (↑), *Anema decipiens* (↑) - s'mieur-med - selten; Ju

Psorotichia frustulosa Anzi
Auf Kalkgestein oder basischem Silikatgestein an warmen, besonnten, gelegentlich sickerfeuchten Felsen, z.-s.photoph., neutroph.-basiph. - (s'mieur-)smed-med - s.selten (1); Bo

Psorotichia montinii (Massal.) Forss.
Auf Kalkgestein, wohl ähnl. *Thyrea conf.* (↑) - s'mieur-med - s.selten?; süHü (Istein)

Psorotichia schaereri (Massal.) Arnold [Collemopsis sch. (Massal.) Crombie]
Bis in hochmontane (subalpine) Lagen auf Kalk- und kalkhaltigem Silikatgestein (v.a. Sandstein) an zeitweise sickerfeuchten (auch überschwemmten), besonnten Felsflächen, auch auf kleinen Kalksteinen am Boden und auf Lesesteinhaufen, auch auf Mauern (auf Mörtel übergehend) - bor-med - z.selten; SJu, Ju, FrJu, Ne, süHü, O, Eif

Ptychographa Nyl.

(Bestimmung ↑ Lithographa)

Ptychographa flexella (Ach.) Coppins [Lithographa f. (Ach.) Zahlbr.]
In hochmontanen, selten montanen niederschlagsreichen Lagen bis zur Baumgrenze an altem zähmorschem Holz (v.a. Flanken von Baumstümpfen), ähnl. *Xylographa paral.* (↑) - bor-mieur·h'mo(-smed·h'mo) - selten (2); süSch, Vog, ThW, *Al*

Pycnothelia (Ach.) Duf.

(Bestimmung ↑ Cladonia)

Pycnothelia papillaria Duf. [Cladonia p. auct.]
Bis in alpine Lagen auf m.nährstoffreichen, sauren Böden, an offenen Stellen in Magerrasen und an felsigen Abhängen, auch an Wegrändern, ähnl. *Dibaeis baeomyces* (↑), *Cladonia cervicornis* var. *verticillata* (↑) - bor-mieur(-smed) - selten (2);

süSch, *nöSch*, Vog, PfW, nöPf, nöRh, *Rh-Mn-T*, MRh, Ts, Sp, O, süRhön, Fr, *SFW*, *süHü*, Sb, Av, Al, Eif

Pyrenopsis Nyl.

(Bestimmung ↑ Porocyphus)

Pyrenopsis sanguinea Anzi
Ähnl. *P. subareolata* - selten; süSch

Pyrenopsis subareolata Nyl. [P. rhodosticta auct. p.p.]
V.a. in montanen, niederschlagsreichen Lagen auf gewöhnlich kalkfreiem Silikatgestein, an häufig bzw. langzeitig feuchten, meist besonnten, zeitweise warmen Sickerwasserflächen und an gelegentlich überschwemmten Blöcken, etwas stärker hydroph. als *Ephebe*, m.-z.acidoph., subhydroph., z.-s.photoph. - s'bor-med - selten (2); süSch, Vog

Pyrenula Massal.

(Schlüssel incl. Eopyrenula)
Alle behandelten Arten P–, C–

1 Sp. nicht mit linsenförmigen Fächern, von Anfang an mit deutlichen Querwänden, 4–6(8)zellig, gewöhnlich 1reihig in den Schläuchen, 16–26(32) × 6–10 µm, die beiden mittleren Zellen am dunkelsten. Per. -0,35 mm. Pyknosp. 6,5–9,5 × 3–4 µm und 6–10 × 0,5–0,7 µm. Lager runzelig (bis glatt), weißlich. Ch– . . . . **Eopyrenula leucoplaca**

1* Sp. mit linsenförmigen bis rhombischen Fächern **2**

2 Braunschwarzes Gehäuse unten offen, mit seitlich ± abstehendem Invol. Sp. 10–17 × 4–6 µm, oft erst spät braun. Per. -0,3 mm. „Lager" undeutlich, ± grau, ohne Algen, mit Pykn., Pyknosp. 20 × 0,5 µm. (Pilz) . . . . . **P. coryli** Massal.

2* Braunschwarzes Gehäuse ringsum geschlossen. Invol. seitlich höchstens schwach abstehend **3**

3 Gehäuse K–. Lager weißlich, silberweiß, ohne Pseudocyph. (helle Punkte). Sp. (12)14–26 × 7–11 µm. Per. -0,4 mm. Lager glatt, oft mit Pykn. zwischen den Per., K+ gelb. Pyknosp. 10 × 1 µm . . . . **P. laevigata**

3* Gehäuse (und ins Hym. überfließend) K+ rot. Lager oliv, braun, gelbbraun, meist leicht ölig schimmernd, oft mit punktförmigen hellen Pseudocyph., K+ schmutzig gelb bis braunrot, C–, P–. Per. braunschwarz bis schwarz, aber jung oft noch vom Lager teilweise bedeckt. Sp. (15)17–23(28) × 6–9(11) µm 4

4 Per. -1,5 mm, halbkugelig vorstehend, anfangs ± vom Lager bedeckt, später frei, Mündung schwarz. Lager ölglänzend glatt, zus.hängend, alt auch rissig, oliv bis düster braun oder gelbbraun. Sp. meist nur bis 8 µm breit . . . . . **P. nitida**

4* Per. -0,3(0,4) mm, Mündung flach, oft rel. hell. Flechte ähnl. *P. nitida*, aber Per. nicht so stark vorstehend, scharf vom Lager abgesetzt. Lager meist z.hell bleibend, gelbbraun, h.olivbraun, olivgrünlich, meist glänzend. Pseudocyph. meist deutlicher und regelmäßiger entwickelt als bei *P. nitida* . **P. nitidella**

. **Pyrenula laevigata** (Pers.) Arnold
Bis zur montanen Stufe bevorzugt auf glatter Rinde geringer Wasserkapazität, v.a. Hainbuche, Buche, Hasel, ähnl. *P. nitida* (↑) - mieur(-subatl) - selten *(1)*; v.a. süHü-HRh, ferner süSch, SJu, Ju, *Vog*, Eif, Th, O, *Ne, Bo, SFW, Av,* Al

Pyrenula nitida (Weigel) Ach.
Bis in die montane Stufe auf m.saurer, glatter Rinde von Laubbäumen, besonders im unteren Stammbereich, in niederen Lagen überwiegend an Hainbuche in frischen Eichen-Hainbuchen-W., in höheren Lagen an Buche in Buchen- und Buchen-Tannen-W., ferner selten an Ahorn, s.selten an anderen Laubbäumen und Tanne, an rel. gleichmäßig luftfeuchten, z.lichtarmen Orten, an kalten Orten fehlend, (subneutroph.-)m.acidoph., z.ombroph., anitroph. - mieur-med·mo - m.häufig; gebietsweise selten, so in trocken-warmen Lagen und laubholzarmen Waldgebieten

Pyrenula nitidella (Flörke ex Schaerer) Müll.Arg.
V.a. in kollinen und submontanen (selten sehr milden montanen) Lagen auf glatter und flachrissiger Rinde am Stamm v.a. von Hainbuche und Esche in frischen Eichen-Hainbuchen- und Eschen-W. (Carici-, Pruno-Fraxinetum), im Unterschied zu *P. nitida* viel mehr konzentriert auf klimatisch milde Standorte, häufiger auch auf z.basenreicher Rinde, weniger konzentriert an der Stammbasis, kaum an Buche, subneutroph.-m.acidoph. - mieur-smed(-med) - selten (3); in niederen Lagen durch das ganze Gebiet, in trocken-warmen Lagen und stärker luftverunreinigten Gebieten sowie im N und NW (Pf, RhSch, nöRh, Rh-Mn-T etc.) selten bzw. fehlend

Pyrrhospora Körber

(Bestimmung ↑ Protoblastenia, Lecidea TS 2)

Pyrrhospora quernea (Dickson) Körber [Lecidea qu. (Dickson) Ach.]
In kollinen bis montanen, wintermilden Lagen am Stamm älterer Bäume mit nicht/mäßig eutrophierter Borke, z.B. an Eiche, Tanne, Buche, Ulme, v.a. an regengeschützten Stellen an der Basis, m.-z.acidoph., m.-z.photoph. - mieur(atl)-med - Eif, Mos, Bit, Ne, übersehen

Racodium Pers.: Fr.

(Bestimmung ↑ Cystocoleus)

Racodium rupestre Pers.
Bis in hochmontane Lagen an regengeschützten Vertikal- und Überhangflächen von

Silikatfelsen, an kühlen, s.–e.luftfeuchten, s.schattigen, windgeschützten Standorten, ähnl. *Cystocoleus* (†), etwas hygrophytischer, daher in niederen Lagen seltener als diese - bor·atl-s'bor-mieur - selten; v.a. Sch, PfW; ferner Vog, O, He (Rhön, Vgb, Meißner), Eif, Mfr, Erz

Ramalina Ach.

Anmerkung: Alle Arten mit Usninsäure, aber oft in geringer Konzentration.

1 Auf Silikatgestein, –3 cm lang/hoch. Ap. s.selten. R– **2**

1* Auf Rinde (selten Holz) **3**

2 Sorale endständig, fast kugelig, auffällig vorragend. Lager ± rasig, Abschnitte verflacht, aufrecht, starr, meist wenig geteilt, 1–3 mm breit, gelblich bis h.graugrünlich. Ohne Evern-S. . . . . **R. capitata**

2* Sorale rand-, flächen- und endständig, wenn letzteres, dann nicht ± kugelig. Lager abstehend bis hängend, Lagerabschnitte meist stark geteilt. ±Evern-S. . . . . **R. pollinaria**

3 Lager ähnl. einer *Alectoria/Bryoria* locker fädig hängend, aus feinen, drehrunden, locker bis reich verzweigten Fäden, mit hakenartig zurückgekrümmten Ästchen mit leicht kopfig verdickten Enden, die zu punktartig kleinen, kugeligen Soralen aufbrechen können. Stenospor-S. (wenn ohne zurückgebogene Seitenfäden, meist ohne Sorale, mit ±Alectoron-S., Squamat-S. ↑ *Alectoria sarmentosa*) . . . . **R. thrausta**

3* Lager nicht aus dünnen Fäden mit zurückgekrümmten Ästchen mit verdickten Enden **4**

4 Lager ohne Sorale, gewöhnlich mit Ap., Ap.scheiben gelblich bis beige. Sp. gekrümmt **5**

4* Lager mit Soralen, gewöhnlich ohne Ap. **8**

5 Auf küstennahen Felsen (*R. siliquosa*-Gruppe) **6**

5* An anderen Habitaten, gewöhnl. auf Rinde **7**

6 Hauptäste flachgedrückt, oft mit gerippter Oberfläche. ±Protocetrar-S., ±Salazin-S., ±Hypoprotocetrar-S. . . . . **R. siliquosa** (Hudson) A.L.Sm.

6* Hauptäste meist ± stielrund, mit glatter Oberfläche. ±Stictin-S., ±Norstictin-S. . . . . **R. cuspidata** (Ach.) Nyl.

7 Lager ± gedrungen, abstehend bis aufrecht, kaum länger als breit, oft von ± kugelig-halbkugeliger Form, reich verzweigt, die meisten Äste ungefähr gleich lang, mit endständigen, meist in Aufblähungen eingesenkten Ap., Lagerabschnitte 1–6 mm breit, bis 6 cm lang, ± hohl mit spinnwebigem Mark, meist grubig verunebnet, ohne Pseudocyph. Sp. bohnenförmig bis selten ellipsoid. Evern-S. . . . . **R. fastigiata**
(wenn in feuchten Bergwäldern der Alpen, weißlich bis strohgelblich, Hauptäste nur 2–3 mm breit, auch feucht starr, Sp. gerade bis leicht gebogen: **R. elegans** (Bagl. & Car.) Jatta)

7* Lager gut entwickelt länger als breit und hängend. Ap. flächen- oder randständig, selten fast endständig. Lagerabschnitte bandförmig, 2–25 mm breit, 2–20 cm lang, schwach rinnig bis flach, meist stark grubig bzw. mit Runzeln und Leisten versehen, starr, mit (bisweilen undeutlichen) Pseudocyph. Bei schlechter Entwicklung nur aus einem bis wenigen rel. kurzen Abschnitten mit oft knotiger Oberfläche bestehend. Sp. bohnenförmig. Ohne Evern-S. . . . . **R. fraxinea**
(wenn Lagerabschnitte schmal, rinnig, mit ± glatter, glänzender Oberfläche, mit oder ohne Sekika-S., Sp. gerade: **R. calicaris** (L.) Fr., in küstennahen Gebieten)

8 Sorale fast nur endständig, entweder punktförmig klein und kugelig oder an der Unterseite helmartig aufgewölbter Lappenenden. In Bergwäldern oder an einzeln stehenden Bäumen in feuchten Lagen **9**

8* Sorale rand- oder/und flächenständig, vereinzelt zusätzlich endständig . . **11**

9 Sorale punktförmig, klein, ± kugelig, hauptsächlich an den Enden feiner drehrunder Verzweigungen. Lager buschig, vielfach und fein verzweigt. R–. Sekika-SSy. Alpen . . . . **R. roesleri**

9* Sorale groß, an der Unterseite (oft aufgewölbter) Enden. Lagerabschnitte spärlich verzweigt, ± hohl, Mark R– **10**

10 Thallus 1–3 cm lang/hoch, Lappen zart, schmal, blaß strohgelblich (bis blaß graugrün), feucht fast durchscheinend. Sorale meist helmförmig. Evern-S. Boreal-montan . . . . **R. obtusata**

10* Thallus 2–5 cm lang/hoch. Lappen graugrün, derb, basal auch z. breit und keilförmig zur Ansatzstelle verschmälert, feucht nicht durchscheinend. Sorale mitunter auch rand-/flächenständig. Evern-S. . . . . **R. baltica**

11 Sorale fast nur randständig, ± oval, ± flach. Lager ± reich verzweigt, Abschnitte schmal (0,5–2 mm), -6(10 cm) lang. Mark P– oder P+ orange, K– oder K+ gelb, dann rot. Soredien mehlig. Protocetrar-S. oder Salazin-S., ±Norstictin-S. oder Hypoprotocetrar-S. oder ohne weitere Inhaltsstoffe. Formenreich, in luftverunreinigten Gebieten in gedrungenen abstehenden Lagern . . . . **R. farinacea**

11* Sorale flächen- und endständig, teilweise auch randständig. Lager bis 4 cm, selten länger. R– **12**

12 Lagerabschnitte s.schmal, ± zylindrisch, v.a. an den Enden mit punktförmigen kugeligen Soralen. Lager fädig, reich verzweigt. Sekika-SSy. . . . **R. roesleri**

12* Lagerabschnitte s.variabel, bis mehrere mm breit (gesteinsbewohnende Formen schmal), rel. schlaff-biegsam bis starr, gegen die Enden oft verbreitert und stark zerschlitzt, oft mit zahlreichen knotigen Fortsätzen. An Steilflächen von Gestein oft zarte, schmallappige Formen, auf Rinde meist derbe, breitlappige Formen. Sorale oft dicht stehend und zus.fließend (im Extrem größere Lagerabschnitte ganz sorediös), manchmal auch endständig und lippenförmig. Soredien körnig bis mehlig. Evern-S. Manchmal schwer ansprechbar . . . . **R. pollinaria** *

Ramalina baltica Lettau
In kühlen, (sub)montanen Lagen an Laubbäumen an luftfeuchten bzw. niederschlagsreichen Standorten – mieur· subatl – s.selten (1); Sp

Ramalina capitata (Ach.) Nyl. [R. polymorpha (Lilj.) Ach. var. c. (Ach.) Clauz.]
Teils in hochmontanen Lagen, teils (z.B. RhSch, Fr, Opf) wesentlich tiefer, auf den Kuppen von stark gedüngten Vogelsitzplätzen auf Silikatgestein an z.–s.windoffenen, s.lichtreichen Standorten, mitunter synanthrop auf Dachfirsten von Heuschobern und dergleichen, m.acidoph., s.nitroph. – arkt-mieur(·mo/alp)-med·mo/alp – selten bis s.selten (1); Vog (Kammlagen), süSch (Urberg), nöPf, Mos, Rh-Mn-T*, Fr, Opf, Erz, Hz, Av, Al

Ramalina farinacea (L.) Ach.
Bis zur Waldgrenze an Stämmen und Zweigen von Laub- und Nadelbäumen; in niederen (und v.a. trocken-warmen) Lagen vorwiegend an Waldrändern, in Wäldern und in Tälern, sonst auch an freistehenden Bäumen (Alleen) häufig, optimal in kühlen, niederschlags- und nebelreichen Lagen, subneutroph.–z.acidoph., z.–s.hygroph., a-/m.nitroph. – bor-med – m.häufig; Vog u. Sch z.häufig, sonst zerstr. bis selten, in niederschlagsarmen Gebieten spärlich

Ramalina fastigiata (Pers.) Ach. [R. populina (Hoffm.) Vainio]
V.a. in submontanen und montanen Lagen an freistehenden Laubbäumen, an z.basenreicher, oft leicht staubimprägnierter Rinde an dickeren Ästen und im mittleren und oberen Stammbereich, v.a. an Esche, Ahorn, an Weg- und Straßenbäumen mit angrenzendem Grünland in schwach besiedelten Gebieten, optimal in niederschlagsreichen Lagen an licht- und windoffenen Standorten mit oft wechselnden Feuchtebedingungen, in Süddeutschland deutlich zurückgehend und seltener als *R. fraxinea*, im Norden umgekehrt, früher auch in niederschlagsarmen Lagen und zerstreut durchs ganze Gebiet, m.acidoph.–subneutroph., z.–s.photoph., m.–z. anemoph., a-/m.nitroph. – (s'bor-)mieur-med – selten (3); Ju-Bo-Do-Av, FrJu, SJu, süSch, s.selten in nöSch, SFW, nöHü, Ts, *O*

Ramalina fraxinea (L.) Ach.
An freistehenden Laubbäumen mit subneutraler (bis m.saurer) Rinde, ähnl. *R. fastigiata* (↑), aber häufiger, in niederen Lagen oft nur in zwergigen Formen – s'bor-med – z.selten (3); v.a. SJu-Ju-FrJu, Bo, Av, süSch, selten SFW, Ne, Do, sonst s.selten bis +, früher weit verbreitet

Ramalina obtusata (Arnold) Bitter
Ähnl. *R. thrausta* (↑), an Zweigen und Stämmen an kühl-ozeanischen Standorten – bor-mieur·h'mo – s.selten *(0)*; in süSch, Ju, *Ne*, Bo verschollen, Alpennordrand selten

Ramalina pollinaria (Westr.) Ach.
V.a. bis in montane Lagen am Stamm von Laubbäumen, besonders auf tiefrissiger Borke am Mittelstamm und gegen die Basis, auf nährstoffarmen bis z.nährstoffreichen Substraten (Staubanflug), an Straßen (v.a. Linde, Ahorn, Esche), in Wiesen und an Waldrändern (hier v.a. Eiche), auch an Vertikal- und Überhangflächen von

Silikat- und Dolomitfelsen, ökol. z.ausgreifend, Schwerpunkt an (m.-) z.lichtreichen, m.–z.windoffenen Standorten mit z.wechselnden Feuchtebedingungen, m.–z. acidoph., (a-)/m.nitroph., m.hygroph., m.ombroph. - bor-med - z.selten (3), gebietsweise (v.a. in belasteten oder nadelwaldreichen Gebieten) selten bis fehlend

Ramalina roesleri (Hochst. ex Schaerer) Hue
In montanen und hochmontanen Lagen an s–e.luftfeuchten Orten, besonders an Zweigen, ähnl. *R. thrausta* (↑) und *Evernia divaricata*, aber hygrisch noch anspruchsvoller, an den noch existierenden mitteleuropäischen Fundorten (Alpen) v.a. in Nähe von Wildbächen und Wasserfällen - bor-mieur·pralp-med - s.selten (0); *nöSch (Freudenstadt* +), Al (Ostrachtal)

Ramalina thrausta (Ach.) Nyl. [R. crinalis (Ach.) Gyelnik]
In montanen und hochmontanen, z.–s.niederschlagsreichen Lagen an s.–e.luftfeuchten, kühlen bis kalten Standorten an Nadel- und Laubbäumen, besonders an Zweigen, im Gebiet v.a. an Tanne in Tannen-Fichten-W. (z.B. Vaccinio-Abietetum), bevorzugt in engen Tälern, kaltluftstauenden Mulden, an Wasserfällen, m.–z.acidoph., z.skioph.–z.photoph., anitroph. - bor-smed·h'mo - s.selten (1); süSch, nöSch, Vog, Ju, Ne, ThW, Al

Rhizocarpon Ramond ex DC.

Anmerkung: Der Gehalt an Stictin-S. bei den nichtgelben Arten schwankt oft stark, entsprechend fallen die Reaktionen unterschiedlich aus. Sehr viele Arten haben Rassen mit und ohne Stictin-S. Als diagnostisches Merkmal ist dieser Inhaltsstoff bei vielen Arten daher recht unbedeutend. Die Reaktion P+ rot im Mark ist nur makroskopisch zu beobachten. Die Reaktionen P+ gelb und K+ gelb im Mark sind oft schwach und besser im (Quetsch-)Präparat zu erkennen. Es darf nicht abgesaugt werden, bevor die Reaktion eintritt. Nicht zuviel Reagens hinzugeben, sonst schwindet die Reaktion rasch wieder. Rhizocarp-S. haben alle gelben bis gelbgrünen Arten; darauf wird im Schlüssel nicht wiederholt hingewiesen.

1 Lager gelb, zitrongelb, gelbgrün, grün, selten fahlgelb. Sp. bald graugrün bis d.braun. Rhizocarp-S. **2**
1* Lager grau bis braun, rostrot oder weißlich **15**
2 Lager sorediös, areoliert, Mark J+ blau. Ap. selten, um 1 mm **3**
2* Lager ohne Sorale **4**
3 Areolen hochgewölbt, rundlich, in der Mitte sorediös aufbrechend, kräftig gelb (bis grünlichgelb), zerstreut auf schwarzem Vorlager. Mark P+ gelb. Ap. selten. Sp. schwach mauerförmig. Psorom-S. . . . . **Rh. ridescens**
3* Areolen m.gewölbt, in der Mitte mit großem Flecksoral oder ganz sorediös aufbrechend, graugrünlich bis gelblichgrün, gedrängt oder zerstreut. Mark P–/P+ gelb. Barbat- oder Psorom-S. Ökol. ähnl. *Lecanora subaurea*, bor-mieur, Erz . . . . **Rh. sorediosum** Runem.
4 Sp. 2zellig, d.braun (Abb. 55e). Mark J–. Vorlager deutlich, schwarz **5**

4* Sp. 4zellig bis mauerförmig (Abb. 55a-c, g) **6**

5 Sp. 11–18 × 6–8 µm. Epihym. braunschwarz, blauschwarz, grünbraun. Ap. –2 mm, mit feinwarziger, meist bleibend berandeter Scheibe. Mark K+ gelb, dann rot, P+ orange. Norstictin-S. (selten K+ gelb, P+ rot: Stictin-S.) . . . . **Rh. superficiale**
(wenn Lager klein, –1 cm, Sp. 9–18 × 5–10 µm, parasitisch auf *Sporastatia testudinea*, Alpen: **Rh. pusillum** Runem.)

5* Sp. 20–35 × 10–16 µm. Epihym. h.- bis d.braun. Ap. –1,5 mm, unberandet. Areolen meist s.breit (–2,5 mm), zus.schließend, rissig unterteilt. Lager meist ausgedehnt, blaß grüngelb bis weißlichgelb. Mark K–, P+ gelb. Psorom-S. . . . . **Rh. alpicola**

6 Lagermark J– oder J+ fahlblau, R–. Epihym. braunschwarz, mit ± deutlicher schwarzer körniger Auflage, K+ purpur. Ap. meist stark gewölbt-randlos, –1(1,4) mm. Lager gelbgrün bis grün, aus rundlichen, m.–z.gewölbten, gedrängten Areolen, parasitisch auf Krustenflechten, inselförmig bis im Alter ausgedehnt und ± selbständig. Sp. 15–28 × 7–14 µm. ±Stictin-S. . . . . **Rh. viridiatrum**

6* Mark J+ kräftig blau. Epihym. braun, rotbraun, ohne körnige schwärzliche Auflage **7**

7 Vorlager weißlich, blaugrau, dick. Lager zumindest teilweise weißlichgelb und mehlig bereift. Ap. nicht oder ± dünn berandet, –1(1,2) mm, Epihym. rotbraun, K+ rot. Sp. 23–38 × 13–20 µm, wenigzellig . . . . **Rh. atroflavescens**

7* Vorlager kaum erkennbar oder schwarz, nicht weißlich, Lager gewöhnlich nicht weißlichgelb **8**

8 Ap. meist deutlich vorragend, m.–s.gewölbt, mit glatter bis stark rillig-warziger Scheibe und dickem bis dünnem Rand, ± freistehend, –0,7 mm. Sp. meist mit 3 Querwänden und 1 Längswand (selten 6–7zellig), 14–23 × 8–14 µm. Lager fahlgelb, über 1 cm groß, Areolen gewölbt. Mark K–, P+ gelb. Epihym. K– oder K+ rot. Psorom-S., ±Gyrophor-S. An Vertikalflächen und Überhängen in alpinen Lagen . . . . **Rh. carpaticum**

8* Ap. leicht konkav bis schwach gewölbt. Scheibe nicht rillig-warzig **9**

9 Reife Sp. nur mit Quersepten oder zusätzlich mit nur 1–2 Längssepten. Ap. ± eingesenkt, –0,5(0,8) mm. Einzellager gewöhnlich –1 cm groß, inselartig (parasitisch) auf Krustenflechten, Areolen –0,6 mm. Epihym. K+ rot. Mark P+ gelb. S.seltene Arten hoher Lagen **10**

9* Reife Sp. mauerförmig. Flechte nicht parasitisch **11**

10 Ap. von den Areolen zur Hälfte bis 2/3 des Umfangs kragenartig umfaßt. Lager kräftig gelb, Areolen eckig bis abgerundet. Sp. querseptiert 4zellig, selten mit 1 Längswand, 17–26 × 6,5–9,5 µm . . . . **Rh. furax**

10* Ap. von den benachbarten Areolen nicht oder nur wenig kragenartig umgeben, meist eckig. Lager fahlgelb bis gelbgrünlich. Sp. oft kreuzförmig geteilt, in Aufsicht 2–6zellig, 14–23 × 10–16 µm . . . . **Rh. rapax**

11 Ap. zum großen Teil von den Areolen sichelförmig (bis vollständig, „kragenartig“) umgeben, rundlich. Epihym. bräunlich, olivbraun, K–/K+ grünlich. Mark P+ gelb bis orange. *Rh. lecanorinum* s.l. **12**

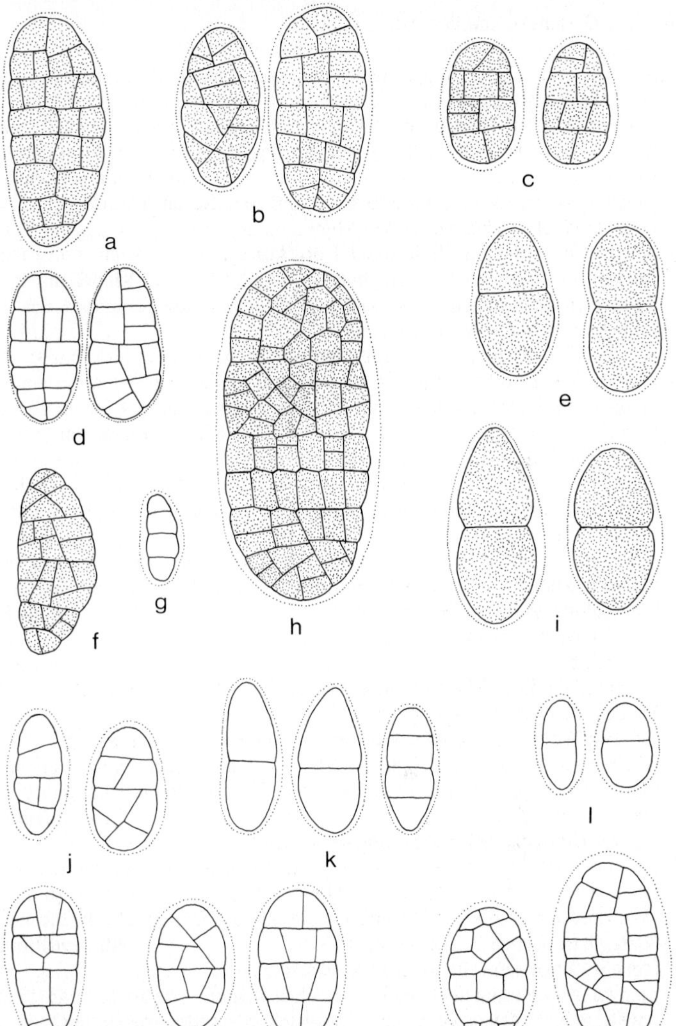

Abb. 55. *Rhizocarpon*, Sporen. a: *Rh. lecanorinum.* b: *Rh. geographicum.* c: *Rh. viridiatrum.* d: *Rh. obscuratum.* e: *Rh. alpicola.* f: *Rh. grande.* g: *Rh. oederi.* h: *Rh. disporum.* i: *Rh. badioatrum.* j: *Rh. distinctum.* k: *Rh. polycarpum.* l: *Rh. hochstetteri.* m: *Rh. plicatile.* n: *Rh. umbilicatum.* o: *Rh. petraeum*, Meßstrich 20 µm (nach FEUERER 1979, Ber.Bayer.Bot.Ges. 49).

11* Ap. nicht von sichelförmigen Areolen umgeben. Epihym. K+ rot oder K–. Mark P–, P+ gelb bis orange **13**

12 Areolen zerstreut auf schwarzem Vorlager, hochgewölbt, gelb, Mark P+ gelb, K–. Ap. s.dick berandet, Scheibe konkav. Sp. 28–54 × 15–25 µm. Psorom-S. süSch . . . . **Rh. drepanodes** Feuerer

12* Areolen nicht zerstreut, zumindest zu größeren Gruppen aneinanderschließend, gewölbt, seltener verflacht, gelbgrün bis gelb, Mark P+ orange oder gelb, K+ gelb oder K–. Ap. flach, ohne deutlichen Rand. Sp. 29–40 × 13–18 µm. Psorom-S. oder Stictin-S., ±Gyrophor-S. . . . . **Rh. lecanorinum**

13 Epihym. braun bis olivgrün, K– oder K+ grünlich . **Rh. geographicum (14)**

13* Epihym. ± rotbraun, K+ deutlich rot **14**

14 Sp. 30–52 × 16–22 µm, im Mittel über 40 µm lang, in Aufsicht meist über 20zellig. Ap. ± eckig, –0,8 mm, flach bis leicht konkav. Lager meist klein, mit kleinen, 0,5–1,2 mm breiten gelben Areolen, Mark P–. (selten Stictin-S., dann P+ gelb). Al . . . . **Rh. macrosporum** Räsänen

14* Sp. 24–40(45) × 11–16(20) µm, im Mittel deutlich unter 40 µm lang, meist unter 20zellig. Ap. eckig bis rundlich, –0,8 mm, flach bis leicht gewölbt. Lager klein bis ausgedehnt, gelb bis gelbgrün. Mark P–/P+ gelb(orange), K–, C–/C± rötlich. Psorom-S. oder Barbat-S., ±Gyrophor-S. S.formenreich . **Rh. geographicum**

15 Lager rostbraun bis rostrot, rissig areoliert. Ap. –0,6 mm, Scheibe rillig oder genabelt. Epihym. grün- bis blauschwarz, oliv. Sp. 12–18 × 3–7 µm, 4zellig bis schwach mauerförmig, farblos . . . . **Rh. oederi**

15* Lager nicht rostfarben **16**

16 Sp. 2zellig (Abb. 55e, i, l) **17**

16* Sp. mit mehr als 2 Zellen, oft mauerförmig **24**

17 Sp. gefärbt. Lager K– **18**

17* Sp. lange farblos (höchstens abgestorbene, ± kollabierte leicht gefärbt) . . **21**

18 Lager parasitisch auf gelblichen *Pertusaria*-Arten, braun, warzig areoliert, meist klein. Ap. –0,6 mm, flach und berandet, zuletzt gewölbt-randlos. Sp. 20–25 × 9–12 µm . . . . **Rh. epispilum**

18* Lager nicht parasitisch, braun, braungrau, grau **19**

19 Mark J+ blau. Sp. 10–16 × 5–8 µm (wenn Sp. größer vgl. *Rh. polycarpum*). Lager rissig areoliert, meist klein, d.braun, d.graubraun. Areolen –0,3 mm. Ap. –0,5 mm, flach, deutlich berandet bis randlos. Epihym. braunschwarz bis braun, K–/K+ leicht rötlich. Ch- oder Stictin-S. . . . . **Rh. simillimum**

19* Mark J–. Sp. größer. Ap. –1(1,5) mm, ± flach **20**

20 Epihym. rotbraun bis d.braun, K+ rot, ohne Kristalle. Sp. 26–36 × 13–16 µm. Lager areoliert, braun, d.braun, rot- bis leicht lilabraun. Areolen hochgewölbt bis flach, auch getrennt, –1(1,8) mm. Ap. randlos, seltener dünn berandet. Mark K–/P– oder K+/P+ gelb. ±Stictin-S., ±Norstictin-S. . . . . . **Rh. badioatrum**

20* Epihym. olivgrün, olivbraun, nicht K+ rot, mit Kristallen (Polarisationsmikroskop), die sich in K auflösen. Sp. 21–30 × 9–15 µm. Lager areoliert, d.braun, braun, grau. Areolen flach bis m.gewölbt. Ap. bleibend berandet. Mark K+/P+ gelb. Stictin-S. . . . . **Rh. jemtlandicum**

21 Mark J+ blau. Epihym. rotbraun bis d.braun, gewöhnlich K+ purpurrot, aber auch K–. Lager (d.)braun, lila- bis rotbraun, graubraun (bis h.grau), rissig areoliert, Areolen -0,6 mm. Ap. -0,8(1) mm, meist flach und dünn berandet. Sp. 17–27(30) × 8–11(13) µm, im Alter auch 3–4zellig, selten schwach mauerförmig (Abb. 55k). Mark K–/P– oder K+/P+ gelb. ±Stictin-S. . . . . . **Rh. polycarpum**

21* Mark J–. Epihym. nicht K+ purpurrot **22**

22 An m.-z.kalkreichen Gesteinen im Hochgebirge. Lager weiß bis bläulichweiß, bereift, rissig areoliert bis stellenweise ± ungegliedert. Ap. -1,8 mm, dick berandet. Epihym. grün, mit in K sich lösenden Kriställchen. Sp. 13–20 × 6–10 µm. Mark K–/P–, K+/P+ gelb. ±Stictin-S. Alpen . . . . **Rh. caeruleoalbum** (Krempelh.) Zahlbr.

22* An kalkfreiem Gestein, mit deutlichem schwarzem Vorlager **23**

23 Mark K–, P–, selten K+/P+ gelb. Lager meistens rissig, seltener (rissig) areoliert, graubraun, rotbraun, d.braun. Ap. -1(1,2) mm, flach bis leicht gewölbt, deutlich berandet, später gewölbt-randlos. Epihym. grünlich, grau- bis rotbraun. Sp. (10)15–28 × (6)8–13 µm. ±Stictin-S. . . . . **Rh. hochstetteri**

23* Lager/Mark K+ gelb, dann rot (im Quetschpräparat rote Nadeln), Lager meistens warzig, weißgrau bis grau, auch braunstichig, meist mit Vorlager. Ap. -0,8(1) mm, meist flach, dünn berandet. Epihym. braun- bis grünschwarz, olivgrün, K–/K+ grünlich. Sp. 15–24 × 6–9 µm. Norstictin-S. . . . . **Rh. cinereovirens**

24 Sp. gefärbt **25**

24* Sp. farblos (allenfalls abgestorbene, kollabierte leicht gefärbt) **28**

25 Sp. zu 1–2 im Schlauch. Lager grau, graubraun, d.braun, rotbraun, meist warzig areoliert, mitunter teilweise bereift. Ap. -0,9 mm, erst flach und berandet, zuletzt gewölbt-randlos. Epihym. rotbraun bis braunschwarz, K+ purpurrot **26**

25* Sp. zu 8 . . . . **27**

26 Sp. einzeln, 48–78 × 18–33 µm. Ch–, selten Stictin-S., Norstictin-S. . . . . **Rh. disporum**

26* Sp. zu 2, s.selten auch nur einzeln, 42–68 × 18–28 µm. Mark K–/P– oder K+/P+ gelb. Ch- oder Stictin-S., ±Norstictin-S., ±Rhizocarp-S. (in wechselnder Komb.) . . . . **Rh. geminatum**

27 Lager aus ± schildförmig rundlichen, leicht konkaven bis flachen Areolen mit freien Rändern, rotbraun, braun, selten schwärzlich braun, Areolen -0,8 mm, wie die Ap. zerstreut auf kräftig entwickeltem schwarzem Vorlager. Rinde der Areolen mit 20–30 µm dicker Epinekralschicht. Mark J–, selten J+ fahlblau, K–. Ap. -0,8 mm, meist flach, seltener gewölbt, mit verengter Basis aufsitzend. Epihym. braun bis braunschwarz, K+ rötlich bis K–. Sp. 28–38 × 14–21 µm, s.lange hell bleibend. Mit unbekanntem Inhaltsstoff . . . . . . **Rh. leptolepis**

27* Lager warzig areoliert, grau bis braun, selten weißgrau, Areolen m.–s.gewölbt, nicht schildförmig rundlich und isoliert, -1,4(2) mm, zus.hängend bis z.T. zerstreut. Epinekralschicht über der Rinde der Areolen bis 10 µm. Mark J+ (schwach) blau, selten J–, K+ gelb/K–. Ap. -1,2(1,5) mm, flach bis gewölbt; meist randlos. Epihym. rotbraun bis braunschwarz, wie Exc. K+ purpurrot. Sp. 24–48 × 11–18 µm, bald gefärbt. Gyrophor-S., (±)Stictin-S., auch ±Norstictin-S.

. . . . **Rh. grande**
(ähnlich sind: **Rh. renneri** Poelt: parasitisch auf *Dimelaena oreina*, meist an lichtoffenen Vertikalflächen, (arkt-)mieur-alp, Alpen; **Rh. eupetraeum** (Nyl.) Arnold: Lager grau, Areolen -1 mm, Ap. -1 mm. Mark K+ rot. Sp. 19-34 × 12-16 µm, Norstictin-S., arkt-alp, Fi)

28 Sp. wenigzellig, mit 4-8 (selten -10) Zellen und höchstens 1 Längswand pro Querabschnitt. Epihym. meistens K+ purpurrot **29**

28* Sp. vielzellig, deutlich mauerförmig, mindestens 1 Querabschnitt mit 2 oder mehr Längswänden **32**

29 Sp. überwiegend 2zellig. Epihym. rotbraun bis braun, meist K+ purpurrot. Mark J+ meist blau. Hym. 60-80 µm . . . . **Rh. polycarpum (21)**

29* Sp. mit mehr Zellen. Hym. 70-130 µm **30**

30 Lageroberfläche feinisidiös-körnig rauh, an erodierten Stellen sorediös erscheinend. Lager rissig areoliert, (d.)braun, braungrau, grau. Ap. spärlich, oft rillig oder genabelt, -1 mm. Epihym. braun bis schwarzbraun, K-. Sp. 14-22 × 8-12 µm, 4-8zellig. Mark K+/P+ gelb. Stictin-S. oder Norstictin-S.
. . . . **Rh. furfurosum**

30* Lageroberfläche nicht feinisidiös rauh bis sorediös **31**

31 Epihym. oliv, grüngrau, olivbraun, braun, nicht K+ purpurrot. Sp. nur jung wenigzellig, 20-33 × 9-15 µm. Lager grau, graubraun, d.braun, Mark K-/K+ gelb, P-/P+ gelb . . . . **Rh. obscuratum (37)**

31* Epihym. braunschwarz, (wie Exc.) meist K+ rot. Sp. meist 4-8zellig, 16-27 × 8-13 µm. Lager grau bis braun und rötl.braun, areoliert bis rissig areoliert, Areolen -0,5 mm, flach bis m.gewölbt. Ap. meist flach bis m.gewölbt, unberandet, seltener berandet, -0,6 mm. Mark K+/P+ gelb. Stictin-S., ±Norstictin-S.
. . . . **Rh. distinctum**

32 Auf kalkhaltigem Gestein oder basischem Silikatgestein. Lager weiß, bläulichweiß oder h.grau, rissig areoliert, Mark gewöhnlich K+/P+ gelb. Ap.rand oft bereift. Exc. mit Ausnahme des obersten Randbereichs farblos, mitunter mit Algen. Epihym. grüngrau, oliv, braun oder grünlich schwarz, mit in K löslichen Kristallen. Stictin-S. **33**

32* Auf kalkfreiem Gestein. Lager gewöhnlich grau bis braun, selten h.grau. Epihym. gewöhnlich ohne Kristalle **34**

33 Sp. 18-28 × 10-16 µm. Ap. wenig bis deutlich über die Thallusoberfläche ragend, -2 mm breit, dick berandet, Rand oft bereift, seltener auch die Scheibe. Lager kreideweiß, selten h.grau bis bläulich grau. Auf reinen Kalken, selten auf schwach kalkhaltigen Gesteinen. * . . . . **Rh. umbilicatum**

33* Sp. 20-50 × 13-24 µm. Ap. meist nicht über die Thallusoberfläche ragend, -0,9 mm, schwarz, meist mit bleibendem Rand, zerstreut oder oft in konzentrischen Ringen. Rand schwach bereift oder unbereift. Lager weiß, seltener h.grau bis grau. Auf schwach kalkhaltigen bis m.kalkreichen Gesteinen, auf basischen Silikatgesteinen. * . . . . **Rh. petraeum**

34 Lageroberfläche feinisidiös rauh bis sorediös, braun . ↑ **Rh. furfurosum (30)**

34* Lager glatt, rissig bis warzig areoliert **35**

35 Asci mit 1-2(4) Sp., Sp. 25-50(60) × 13-28 µm, farblos, im Alter schwach grünlich. Epihym. olivgrün bis braun. Lager areoliert. Areolen zerstreut bis zus.stoßend, flach, rundlich, braun, auf schwarzem Vorlager. Ap. ± rund, flach bis m.gewölbt, bleibend berandet. Ch-. . . . . **Rh. subgeminatum**

35* Asci mit 8 Sp. Epihym. oliv, braun, grau, d.braun. Ap. rund, Scheibe schwach konkav bis m.gewölbt, oft mit Nabel **36**

36 Lager, zumindest Mark K+ gelb, dann rot, P+ gelb. Lager warzig areoliert, weißgrau bis blaß bräunlich. Ap. -0,8 mm, flach bis leicht gewölbt, rund. Epihym. braun, K-. Sp. 24-32 × 10-14 µm. Norstictin-S. . . . . . . **Rh. plicatile**

36* Mark nicht K+ rot **37**

37 Sp. 30-42 × 14-18 µm. Hym. 120-200 µm. Exc. neben dem Hym. über (40) 50 µm dick. Lager rissig (bis rissig gefeldert), mit rel. glatter Oberfläche, braun, rotbraun, graubraun, grau, mitunter auch ocker. Mark R-. Ap. 0,8-1,6 mm breit, deutlich über das Lager hinausragend, flach, selten gewölbt, rund, mit meist dickem (manchmal farblich abweichendem) Rand. Scheibe glatt. Ch- . . . . **Rh. lavatum**

37* Sp. 20-33 × 9-15 µm. Hym. 70-130 µm. Exc. meist schmal bis fehlend, im Mittel um 20 µm dick, aber auch -80 µm. Lager rissig gefeldert bis warzig areoliert, grau, braungrau, braun, rotbraun, Mark K- oder K+ gelb. Ap. -0,8(1) mm, meist angedrückt sitzend und nicht oder wenig über den Thallus vorragend, konkav bis flach, seltener gewölbt, dünn berandet. Scheibe rauh. ±Stictin-S., selten zusätzlich Norstictin-S. . . . . **Rh. obscuratum**

Rhizocarpon alpicola (Anzi) Rabenh.
In hochmontanen bis alpinen, s.niederschlagsreichen Lagen auf kalkfreien Silikatgesteinen, an niedrigen Blöcken bzw. Fußflächen von Felsen an kalten, z.lange schneebedeckten (über 2 Monate) und häufig taufeuchten, m.-z.windoffenen, lichtreichen, aber meist absonnigen Standorten mit häufig wechselnden Feuchtebedingungen, meist an Horizontal- und Schrägflächen, oft in Blockmeeren, m.-z. acidoph., m.-z.photoph., anitroph. - bor-mieur·alp - selten (R)*; Vog (über 1100 m zerstr.), Sch (s.selten), BayW, ThW, Erz, Hz

Rhizocarpon atroflavescens Lynge [Rh. pulverulentum (Schaerer) Räsänen]
In subalpinen und alpinen Lagen auf m.kalkreichen bis kalkarmen Gesteinen, v.a. Kieselkalken, Kalkschiefer, Kalksandstein, auch auf fast kalkfreien basischen Silikaten, z.B. Hornfelsen, meist an m.-z.lichtreichen, m.beregneten Vertikalflächen, (sub)neutroph.-m.basiph. - arkt-alp - s.selten; Vog, Al

Rhizocarpon badioatrum (Flörke ex Sprengel) Th.Fr.
In montanen bis alpinen Lagen auf kalkfreien Silikatgesteinen, an kühl-feuchten, m.lichtreichen Standorten (ähnl. *Rh. alpicola* ↑) wie an besonnten Flächen, hier z.B. an sporadisch sickerfeuchten bzw. gedüngten Stellen, ähnl. *Umbilicaria deusta* (↑), gewöhnlich an niedrigen Felsen, m.-z.acidoph., a-/m. nitroph. - arkt-bor-mo/alp - selten; Sch, Vog, *Ts*, Rhön, Meißner, Al

Rhizocarpon carpaticum Runem.
In subalpinen und alpinen Lagen an ± regengeschützten Überhängen auf kalkfreien

Silikatgesteinen an kalten, nebelreichen Orten, m.acidoph., anombroph., meist in artenarmen Beständen – (arkt-)mieur·alp-med·alp – s.selten; süSch, BayW

Rhizocarpon cinereovirens (Müll.Arg.) Vainio
In montanen Lagen an lange taufeuchten Blöcken, z.B. in Blockmeeren, oder an bodennahen Felsflächen an kühl-feuchten Standorten, z.B. ähnl. *Lecidea lithoph.* (↑), *Rh. hochstetteri* – bor-mieur – (s.)selten *(0)*; Sch, ThW, Th, Fi

Rhizocarpon disporum (Naeg. ex Hepp) Müll.Arg.
In kollinen (und submontanen), warmen, meist z.niederschlagsarmen Lagen auf neutralen und basischen, kalkfreien bis leicht kalkhaltigen Silikatgesteinen (z.B. Schiefer, Serpentin, Basalt) an rasch abtrocknenden Horizontal- bis m.beregneten Vertikalflächen, oft an leicht staubimprägnierten, m.nährstoffreichen, besonnten Stellen, subneutroph.–neutroph., z.–s.photoph., thermoph., z.–s.xeroph. – (bor-)mieur-med – selten (R); Eif, Mos, MRh, *Ts*, Bo

Rhizocarpon distinctum Th.Fr.
Bis zur subalpinen Stufe auf Silikatgestein, z.euryök, bevorzugt an z.–s.lichtreichen Standorten, an meist m.–z.nährstoffreichen (staubimprägnierten, gedüngten) Stellen oder auf mineralreichem Silikatgestein, häufig auf anthropogene Substrate übergehend (z.B. Naturstein-Mauerkronen, ungemörtelte Natursteinmauern, Grabsteine, Dachziegel), oft mit *Lecanora rupicola, Candelariella vitellina*, an natürlichen Habitaten oft mit *Candelariella cor.*, subneutroph.–m.(z.)acidoph., a-/z.nitroph. – bor-smed(-med·mo) – z.selten–m.häufig, in Kalkgebieten ± selten und synanthrop, Vorkommen auf anthropogenen Substraten abnehmend

Rhizocarpon epispilum (Nyl.) Zahlbr.
Parasitisch auf *Pertusaria flavicans* (↑) auf Silikatgestein an z.regengeschützten, besonnten, warmen Vertikalflächen m.(–z.)acidoph., thermoph., a-(m.)nitroph. – smed-med – s.selten (R); süSch (Höllental), s.isoliertes, weit nach Norden vorgeschobenes Vorkommen

Rhizocarpon furax Poelt & V.Wirth
In subalpinen und alpinen, s.niederschlagsreichen Lagen auf Silikatgestein an beregneten, licht- und windoffenen Steilflächen, z.B. mit *Schaereria fusc., Ophioparma vent.* (↑), z.acidoph., anitroph. – mieur· alp – s.selten (R); süSch

Rhizocarpon furfurosum H.Magn. & Poelt
Auf schwermetallhaltigen Gesteinen, ähnl. *Acarospora sin.* (↑) – mieur(-med) – s.selten (R); süSch, Erz, Hz

Rhizocarpon geminatum Körber [Rh. disporum auct.]
Bis über die Baumgrenze auf gewöhnlich mineralreichen bzw. leicht kalkhaltigen Silikatgesteinen (v.a. Magmatite und Metamorphite), v.a. an m.–z.warmen, z.besonnten Vertikalflächen, oft an sporadisch leicht sickerfeuchten sowie an etwas staubimprägnierten Stellen, auch auf Blockschutthalden als Pionier, selten auf anthropogenen Substraten, an weniger warmen Orten als *Rh. disporum*, bis in kühle, s.niederschlagsreiche Lagen, subneutroph.–m.acidoph., m.–s.photoph., a-/m.nitroph. – arkt-med – selten (3); süSch, Vog, nöPf, Eif, *Ts*, Rhön, Th, Bo sowie synanthrop

Rhizocarpon geographicum (L.) DC. [Rh. riparium Räs.] - Landkartenflechte
Bis in die alpine Stufe auf Silikatgestein, in niederen Lagen rel.selten, euryök, bevorzugt auf sauren Silikaten an z.–s.lichtreichen, beregneten Standorten; an z.–s.schattigen Stellen, auf regengeschützten sowie periodisch sickerfeuchten und auf nährstoffreichen Flächen ± fehlend, auf basischen Silikaten spärlich, weiche poröse Gesteine meidend; auch synanthrop auf älteren Dachziegeln und behauenem Gestein (z.B. Mauerkronen, alte Grabsteine), m.–s.acidoph., ombroph., a-/m.nitroph. - arkt-med - m.häufig; in felsreichen Silikatgebieten häufig bis stellenweise Massenflechte, in Kalkgebieten seltener Apophyt (++).

Rhizocarpon grande (Flörke) Arnold
In submontanen und montanen Lagen auf Silikatgestein, ähnl. *Rh. viridiatrum* (↑) und *Rh. lecanorinum* (↑) an lichtreichen, meist warmen, rasch abtrocknenden Silikatfelsen - (arkt-)bor-med - selten; süSch, O, *FrJu*

Rhizocarpon hochstetteri (Körber) Vainio
Besonders in sub- bis hochmontanen, niederschlagsreichen Lagen auf Silikatgestein, meist auf eisenreichen Metamorphiten und Magmatiten, gewöhnlich auf zeitweise tropfwasser- oder rieselfeuchten Felsflächen oder lange taufeuchten Blökken an absonnigen, m.lichtreichen, kühlen, meist z.–s.luftfeuchten Standorten, z.B. auch in Blockmeeren, ähnl. *Porpidia glauc.* (↑) oder *Lecidea lith.* (↑), (subneutroph.-) m.–z.acidoph., (z.)m.photoph.(–z.skioph.), a-(m.)nitroph. - arkt-smed·mo(-med·mo) - selten; süSch, Vog, Opf, BayW

Rhizocarpon jemtlandicum (Malme) Malme
In montanen Lagen an Vertikalflächen von Silikatfelsen (v.a. mineralreiche Gesteine) an z.lichtreichen Standorten - arkt-mieur(alp) - s.selten (R); süSch (1×)

Rhizocarpon lavatum (Fr.) Hazsl.
In montanen bis alpinen Lagen auf Silikatgestein an überrieselten Flächen von Felsen (ähnl. *Porpidia glauc.* (↑) und *Dermatoc. lur.* (↑)) und (± amphibisch) an Bächen, auch in kühl-luftfeuchten Blockmeeren, oft auch (v.a. in alpinen Lagen) auf absonnigen erdbodennahen, lange taufeuchten, lange schneebedeckten Flächen, an Steinen - arkt-mieur·mo/alp(-smed·mo/alp) - selten; Sch, Vog, Eif, Rhön, Meißner, Erz, Hz, Alpen

Rhizocarpon lecanorinum Anders
Besonders in sub- bis hochmontanen Lagen auf sauren bis basischen Silikatgesteinen, z.euryök, an warmen wie (seltener) an z.kühlen, meist z.–s.lichtreichen, beregneten Standorten, auch an sporadisch leicht sickerfeuchten Flächen und eisenschüssigen Substraten, an nährstoffarmen wie v.a. an m.nährstoffreichen Stellen, m.–z.acidoph., z.xeroph.–mesoph. - (s')bor-med·mo - z.selten; v.a. Sch, Vog, nöPf, Eif, Ts, Lahn, He, ThW, Erz, selten synanthrop

Rhizocarpon leptolepis Anzi
In alpin-subalpinen Lagen auf harten, SiO_2-reichen bis kalkbeeinflußten Silikatgesteinen, gewöhnlich an riesel- oder tropfwasserfeuchten Steilflächen an schattigen,

kühl-feuchten Standorten, subneutroph.–m.acidoph., m.hydroph., hygroph., anitroph. – bor-mieur·subalp – s.selten (1); süSch (Belchen), BayW, Erz

Rhizocarpon obscuratum (Ach.) Massal.
V.a. bis zur hochmontanen Stufe auf Silikatgestein, besonders an luftfeuchten Standorten an bodennahen und beschatteten Felsflächen, Blöcken und Steinen, auch an Schattenseiten von Natursteinmauern und Grabsteinen, ähnl. *Porpidia tub.* (↑), *Lecidea lithophila* (↑), subneutroph.–z.(s.)acidoph. – (arkt-)bor-med·mo – z.selten; in Silikatgebieten z.selten–m.häufig, in Kalkgebieten fehlend bzw. synanthrop

Rhizocarpon oederi (Weber) Körber
Auf schwermetallreichen Silikatgesteinen, ähnl. *Acarospora sin.* (↑), aber stärker hygroph., daher meist an oft lange taufeuchten oder z.luftfeuchten sowie sporadisch schwach sickerfeuchten Orten – bor-mieur – selten–s.selten (2); süSch, Vog, Eif, BayW, Erz, Hz

Rhizocarpon petraeum (Wulfen) Massal. [Rh. concentricum auct.]
Vom Tiefland bis in alpine Lagen auf m.kalkreichen Gesteinen bis (fast) kalkfreien basischen Silikatgesteinen, oft auf leicht kalkhaltigem Sandstein (Keuper), auf Hornfels, Kieselkalk usw., (v.a. früher) auch auf Dachziegeln, bevorzugt auf niedrigen Felsen und Steinen (über basen- bzw. kalkreichem Boden auch auf saurem Silikat), subneutroph., m.–z.photoph., a-/m.nitroph. – bor-med(mo) – selten (2); z.B. Ne, Bo, Sch, *Rh, Hü,* Eif, *Ts, MRh, Lahn,* Th, Erz, *Do,* Al

Rhizocarpon plicatile (Leighton) A.L.Sm. [Rh. rubescens Th.Fr.]
In montanen Lagen auf Silikatgestein an meist m.–z.lichtreichen, absonnigen, luftfeuchten Standorten, ähnl. *Rh. obscuratum* (↑), *Rh. hochstetteri* (↑), aber kaum auf überrieselten Flächen – s'bor-mieur·subatl(-smed) – selten; Sch, Vog, *O, Ts, Opf, BayW*

Rhizocarpon polycarpum (Hepp) Th.Fr.
V.a. in montan-hochmontanen Lagen (bis in die alpine Stufe) auf Silikatgestein, bevorzugt an schattig-luftfeuchten Orten, meist an Vertikalflächen oder als Pionier auf Steinen und Blöcken (hier ähnl. z.B. *Lecidea lith.* und *Rh. obscuratum* ↑), rel. selten auf anthropogenem Substrat, subneutroph.–z.(s.)acidoph., s.skioph.–z.photoph., hygroph. – arkt-med·mo – z.selten; v.a. Sch u. Vog, selten RhSch, He, ThW, O, *Ju,* Al

Rhizocarpon rapax V.Wirth & Poelt
In subalpinen und alpinen, s.niederschlagsreichen Lagen auf kalkfreien Silikatgesteinen, parasitisch auf *Lecidea*-Arten, im Gebiet auf *L. scabridisca* (↑) – alp – s.selten; Vog, Alpen

Rhizocarpon ridescens (Nyl.) Zahlbr.
In montanen bis alpinen Lagen auf schwermetallreichen Silikatgesteinen, ähnl. *Lecanora epanora* (↑), *Lecidea silacea* – mieur·alp/pralp – s.selten (1); süSch, Alpen

Rhizocarpon simillimum (Anzi) Lettau
In submontanen und montanen Lagen auf Silikatgestein an Vertikalflächen - s'bor-mieur-med·mo - selten, sicher auch übersehen (?); süSch (Höllental), BayW, Erz

Rhizocarpon subgeminatum Eitner
In montanen Lagen auf saurem Silikatgestein an lichtoffenen Standorten, an sporadisch leicht sickerfeuchten, z.nährstoffreichen Flächen - mieur - s.selten (R); nöSch, Erz, *Vog*

Rhizocarpon superficiale (Schaerer) Malme
Gewöhnlich in der alpinen Stufe, im Gebiet an s.windoffener, für die Höhenlage (800 m) klimatisch sehr rauher Lokalität, an Steilflächen auf Phonolith - arkt-alp - s.selten; Rhön (Milseburg*), Alpen

Rhizocarpon umbilicatum (Ram.) Flagey [Rh. pseudospeireum (Th.Fr.) Lynge]
In alpinen und subalpinen, niederschlagsreichen Lagen auf s.–m.kalkreichen, selten kalkarmen Gesteinen, besonders an kalten, schattigen Steil- und Vertikalflächen, selten an Blöcken und Steinen, z.ähnl. *Porpidia speirea* (↑), basiph., m.–z.photoph., anitroph. - arkt-alp - Al, SJu, s.selten süSch (R) und *Do* (dealpin)

Rhizocarpon viridiatrum (Wulfen) Körber
In submontanen und montanen Lagen auf kalkfreien Silikatgesteinen parasitisch auf *Aspicilia*-, selten anderen Arten, an ± besonnten, rel. warmen und meist nicht windexponierten Standorten an beregneten Flächen, an Steinen, in Blockschutthalden, an Felsen, m.–z.acidoph., z.xeroph., z.–s.photoph., a-(m.)nitroph. - (bor-)-mieur-med - selten; Sch, Vog, Bo, Pf, *O*, Sp, HeBgl, RhSch

Rimularia Nyl.

1 Lager parasitisch auf anderen Flechten. Mit Gyrophor-S. **2**
1* Lager nicht parasitisch **3**
2 Auf *Lecanora rupicola* und nahe verwandten Arten, glänzend braun, d.braun, seltener gelbbraun, warzig areoliert, Oberfläche glatt. Ap. –0,6 mm, rund bis eckig, deutlich schmal berandet, schwarz. Hym. 50–70 µm, Sp. 8–14 × 4,5–7 µm . . . . **R. insularis**
2* Auf verschiedenen Krustenflechten, areoliert, mit rauher, körniger (fast isidiöser) Oberfläche, d.braun, schwarzbraun, d.rotbraun. Ap. selten, –1,2 mm. Hym. 40–75 µm. Sp. 10–20 × 5–10 µm . . . . **R. furvella**
3 Lager mit isidienartigen, stiftförmigen bis halbkugeligen Auswüchsen, oft auch mit weißlichen, abgegrenzten Soralen auf oder anstelle der Auswüchse. C+ rot (Gyrophor-S.). Ap. mit Lagerrand und zuerst punktförmiger, später breiter, oft warzig unebener Scheibe. Sp. 11–30 × 7–14 µm **4**
3* Lager ohne isidienartige Auswüchse, ohne abgegrenzte Sorale (allenfalls Oberfläche stellenweise körnig sorediös). Meist C+ rot (±Gyrophor-S.) **5**
4 Lager areoliert, Areolen gewölbt, selten flach, zus.schließend oder ± getrennt auf schwarzem Vorlager, (kakao)braun, rosabraun, graubraun, gelbbraun, isi-

dienartige Auswüchse 0,15–0,25 mm breit, –0,5 mm hoch, an der Spitze meist heller, an Stelle dieser Auswüchse oft mit –0,5 mm breiten Soralen. Ap. –1,2 mm, wulstig berandet. Sp. 15–25(30) × 10–13(14) µm . . . . **R. gibbosa**

4* Lager rissig areoliert, braun, graubraun, dünnkrustig, meist ohne auffälliges Vorlager zwischen den Areolen. Isidienartige Auswüchse 0,05–0,15 mm, bis 0,2 mm hoch, stiftförmig bis halbkugelig. Ap. s.selten, ähnl. *R. badioatra* . . . . **R. intercedens**

5 Ap. mit Lagerrand, eingesenkt, faltig-rillig, –0,25(0,4) mm, schwarz. Sp. 11–22 × 7–13 µm. Lager rissig areoliert, braun, graubraun, dünnkrustig, meist ohne auffälliges Vorlager zwischen den Areolen, etwa vom Habitus von *Buellia aethalea*. Selten zusätzlich mit Norstictin-S. . . . . **R. badioatra**

5* Ap. ohne Lagerrand, lecidein. Oberfläche des Lagers fein körnig-isidiös (bis sorediös), braun, d.braun, schwarzbraun, meist C+ rot (Gyrophor-S., ± Norstictin-S.) . . . . **R. furvella (2)**

Rimularia badioatra (Hepp ex Krempelh.) Hertel & Rambold [Aspicilia b. Hepp ex Krempelh., Lecidea corrugatula Arnold]
In submontanen bis hochmontanen Lagen vor allem auf harten, oft basischen, neutralen oder schwach kalkhaltigen, Silikatgesteinen, z.B. Basalt, mineralreichen Gneisen, an m.–z.lichtreichen Standorten, oft an Vertikalflächen, subneutroph.–m.acidoph., anitroph. – mieur – s.selten; süSch?, *0, Al, Solling*

Rimularia furvella (Nyl. ex Mudd) Hertel & Rambold [Lecidea f. Nyl. ex Mudd]
In montanen bis alpinen Lagen auf kalkfreiem Silikatgestein parasitisch auf Krustenflechten, v.a. *Rhizocarpon geogr.*, an lichtreichen, windexponierten, beregneten Standorten, ähnl. *Schaereria fuscocin.* (↑), *Umbilicaria polyph.* und *U. deusta* – bor-mieur·h'mo(-smed· h'mo) – selten (3); süSch u. Vog, sonst s.selten (nöSch, Rhön, Eif, Hu, Erz)

Rimularia gibbosa (Ach.) Coppins, Hertel & Rambold [Mosigia g. (Ach.) Fr. ex Massal., Lecanora bockii (Fr.) Rabenh.]
In montanen und hochmontanen, niederschlagsreichen, ozeanischen Lagen auf kalkfreien, aber meist mineralreichen bis basischen Silikatgesteinen an steilen Schräg- und rel. stark beregneten Vertikalflächen, auch an tropfwasserfeuchten Stellen unter Überhängen, an (m.–)z.(s.)lichtreichen, häufige Wasserversorgung gewährleistenden Stellen, m.(–z.)acidoph., z.hygroph., anitroph. – mieur·mo, subatl – selten (3); Sch, Vog, Rhön?, Erz, BayW, Th

Rimularia insularis (Nyl.) Rambold & Hertel [Lecidea i. Nyl., L. intumescens (Flörke ex Flotow) Nyl.]
Vor allem in montanen und hochmontanen, niederschlagsreichen Lagen auf kalkfreiem, mineralreichem oder leicht gedüngtem, meist kristallinem Silikatgestein an lichtreichen Standorten, parasit. auf *Lecanora rupicola* (↑), nicht die ganze Standortamplitude des Wirtes umfassend, stärker gedüngte und niederschlagsarme Standorte meidend, kaum synanthrop – (s')bor-mieur·subatl-med – selten (3); süSch, Vog, s.selten Ts, Rhön, Eif

Rimularia intercedens (H.Magn.) Coppins [Mosigia i. (H.Magn.) R.Sant.]
In montanen Lagen an ± beregneten, z.lichtreichen Steilflächen von Felsen aus harten Silikatgesteinen, m.-z.acidoph., anitroph. - mieur - s.selten (R); Sch, Erz

Rinodina (Ach.) S.Gray

(Schlüssel incl. Dimelaena, Phaeorrhiza, Rinodinella)

1 Lager auf Moosen, Pflanzenresten, Erde, Humus **2**
1! Lager auf Holz oder Rinde **10**
1* Lager auf Gestein **23**
2 Sp. 4zellig, mit s.ungleichmäßig verdickter Wand, 25–35 × 10–15 µm. Ap. -1 mm, d.braun bis braunschwarz, angedrückt bis breit aufsitzend, flach bis gewölbt, mit graubraunem Lagerrand. Lager undeutlich bis deutlich, dann h.grauweiß bis braun, areoliert bis schuppig (s.variabel). Ch- . . **R. conradii**
2* Sp. 2zellig. Arkt.-alpine Arten **3**
3 Lager lappig-blättrig, unterseits mit d.braunen Rhizohyphen festgeheftet, braun, an schattigen Stellen blaß gelblich bis ocker, gelegentlich bereift. Ap. zunächst eingesenkt, kryptolecanorin, dann aufsitzend, lecanorin. Sp. 18–22 × 8–10 µm, mit ziemlich einheitlich dünnen Wänden. Variolar-S., Triterpene . . . . **Phaeorrhiza nimbosa** (Fr.) Mayrhofer & Poelt
3* Lager nicht lappig-blättrig, ohne braune Rhizohyphen **4**
4 Ap.rand mit deutlicher Rinde **5**
4* Ap.rand ohne deutliche Rinde **6**
5 Sp. 16–24 × 7–10 µm. Ap. 0,2–0,7 mm, flach bis leicht konvex, d.braun bis d.graubraun. Ap.rinde J–, selten J+ grau bis blaugrau. ±Zeorin, ±Pannarin . . . . **R. olivaceobrunnea**
5* Sp. 24–34 × 9–14 µm. Ap. 1–1,7 mm, konkav bis flach, schwarz. Ap.rinde J+ lila bis blaugrau, selten nur grau. Sphaerophorin, ±Variolar-S. . . . . **R. turfacea** (Wahlenb.) Körber
6 Hyp. höchstens 60 µm tief **7**
6* Hyp. mindestens 80 µm tief **8**
7 Sp. 16–24 × 7–10 µm. Mark ohne Oxalat-Kristalle . . . . vgl. **R. olivaceobrunnea (5)**
7* Sp. 25–36 × 8–13 µm. Mark (besonders äußere Bereiche) mit Oxalat-Kristallen. Ap. 0,5–1(3) mm, bereift, alt bisweilen unbereift und schwärzlich, konkav bis flach. Lager weißlich. ±Variolar-S., ±Zeorin . . **R. roscida** (Sommerf.) Arnold
8 Lager K–. Mark ohne Kristalle. Ap. 0,4–1,5 mm, bald gewölbt **9**
8* Lager K+ gelb. Mark mit in K löslichen Kristallen. Lager weißlich, h.braun bis braun. Ap. d.braun, schwarzbraun, 0,4–1,5 mm. Atranorin, ±Variolar-S. . . . . **R. mniaraea** var. **mniaraeiza** (Nyl.) H.Magn.
9 Mark einheitlich hyalin. Sp. 20–34 × 10–15 µm. Lager h.braun, graubraun, braun bis rotbraun. Ap. d.braun. Variolar-S. **R. mniaraea** (Ach.) Körber var. **mniaraea**

9* Mark im untersten Bereich orange (K+ violettrot). Sp. 21–34 × 10–15 µm. Lager braun bis rotbraun. Ap. d.braun, zimtbraun, rotbraun. Unbekanntes Anthrachinon, ±Variolar-S. . . . . **R. mniaraea** var. **cinnamomea** Th.Fr.

10 Lager mit Flecksoralen. Soredien 15–40 µm. Ap. selten **11**

10* Lager ohne begrenzte Sorale **12**

11 Lager aus zerstreuten, selten zus.schließenden Areolen, braungrau, braunweiß, Areolen flach bis leicht gewölbt, 0,1–0,5 mm, fast minutiös schuppig. Sorale -0,4 mm, zerstreut, manchmal zus.fließend, gewölbt, weißlich, blaßgrünlich, grünl.gelb. K–, C–, KC–, P+ orange, UV+ orange. Ap. -0,4 mm, d.braun. Sp. 15–20 × 7–10 µm, vom Physcia-Typ (Abb. 56a). Pannarin, unbekannte Substanz . . . . **R. efflorescens**

11* Lager areoliert, auf braunem, um die Areolen sichtbarem Vorlager, blaßgrünlich, h.grau, graubräunlich, Areolen -0,2 mm, rundlich, flach bis gewölbt, schließlich ganz sorediös aufgelöst. Sorale zahlreich, blaugrau, ± gewölbt. K+ gelb, C–, KC–, P+ gelblich. Ap. braun. Sp. 20–30 × 12–18 µm, vom Pachysporaria-Typ (Abb. 56e). Atranorin, Zeorin, Terpenoid . . . **R. griseosoralifera**

12 Epihym. blaugrün, blaugrau, grau, K+ violett. Ap. -0,7 mm, mit bleibendem, dickem Lagerrand, meist spärlich und zerstreut, ± flach, schwarz. Sp. 15–22 × 7–10 µm, jung vom Pachysporaria-Typ und reif vom Mischoblastia-Typ, gelblich braun, Torus fehlend, Septum in der Regel nicht sichtbar. Lager grau, d.grau, bläulichschwarz bis schwarz, rissig-schollig, körnig, warzig, blastidiat. Ch– . . . . **R. colobina**
(s. ähnlich ist **R. pityrea** Ropin & Mayrhofer, Sp. deutlich feinwarzig, mit Gallerthülle; fast stets steril, oft auf Gestein, z.B. Beton, z.B. Ne)

12* Epihym. gelblich braun, braun, rotbraun, graubraun **13**

13 Sp. zu 16 im Schlauch, 12–16 × 6–8 µm, vom Physcia-Typ. Ap. -0,4 mm, rotbraun, flach bis gewölbt. Lager s.dünn, weißlichgrau bis h.grau, rissig areoliert. Ch– . . . . **R. polyspora**

13* Sp. zu 8 im Schlauch **14**

14 Sp. 4zellig, mit s.ungleichmäßig verdickter Wand, 25–35 × 10–15 µm . . . . vgl. **R. conradii (2)**

14* Sp 2zellig, kleiner **15**

15 Lager K+ gelb, C–, KC–. Mit Atranorin. Sp. vom Physcia-Typ (Abb. 56a). Ap. gewöhnlich schwarz, mit lagerfarbenem Rand **16**

15* Lager K– **17**

16 Ap.rinde deutlich entwickelt (Schnitt median führen!), J+ h.blau. Ap. -0,7 mm, sitzend, mit deutlichem Lagerrand. Sp. 18–24 × 8–12 µm. Lager weiß, schmutzig gelblichweiß bis beige, K+ gelb, P+ gelb. Chloratranorin, (Zeorin) * . . . . **R. capensis**

16* Ap.rinde undeutlich, J–. Ap. -0,5(0,7) mm, eingesenkt bis angedrückt, mit bald zurückgedrängtem Lagerrand. Sp. 15–21 × 7–9 µm. Lager weiß bis schmutzig weiß, häufig schwarz gepunktet, K+ gelblich, P+ gelblich. * . . . **R. exigua**

17 Ap.rinde deutlich entwickelt und aus großlumigen, ±kugeligen, dünnwandigen Zellen (5–9 µm im Durchmesser) aufgebaut (Schnitt median führen!), J–. Ap. -0,7 mm, d.braun bis schwarz, Sp. 18–22 × 9–11 µm, vom Physcia-Typ mit

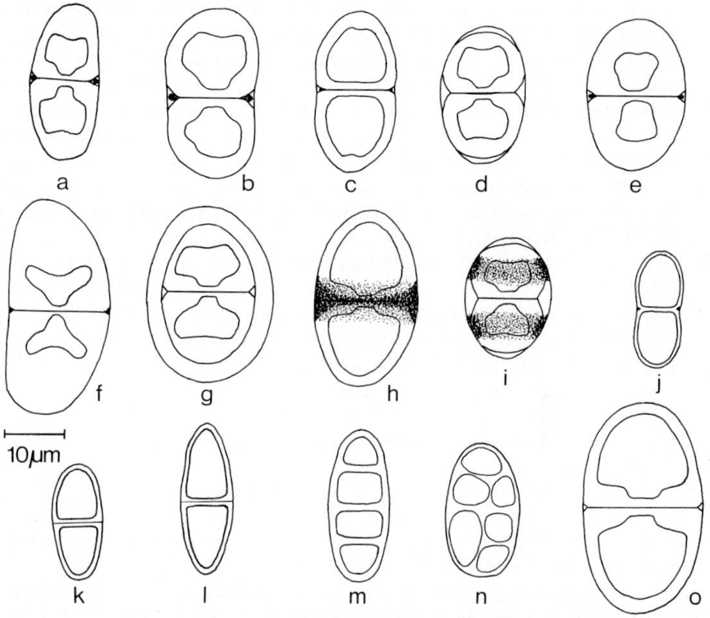

Abb. 56. Sporen von *Rinodina* und verwandten Gattungen. a: *Physcia stellaris* (ähnl. *Rinodina confragosa, Physcia*-Typ). b: *Rinodina milvina* (*Milvina*-Typ). c: *Phaeorrhiza nimbosa.* d: *Rinodina gennarii* (*Dirinaria*-Typ). e: *R. atrocinerea.* f: *R. oxydata.* g: *R. calcarea* bzw. *tunicata.* h: *R. bischoffii.* i: *R. lecanorina.* j = *Rinodinella controversa.* k = *Amandinea punctata.* l = *Buellia disciformis.* m = *B. venusta.* n = *B. alboatra.* o = *Physconia* (b-j, o nach Hafellner et al. 1979, Herzogia 5).

Übergängen zum Physconia-Typ, mit deutlichem Ornament (bei 400×). Lager h.grau, bräunlich grau bis grau, rissig areoliert, Areolen mit knotig-körniger Oberfläche. Ch– . . . . **R. albana**

17* Ap.rinde undeutlich oder anders **18**

18 Sp. reif einheitlich dünnwandig, lediglich im Bereich der Scheidewand leicht verdickt, 12–17 × 5–7 µm, meist leicht gekrümmt. Ap. -0,5 mm, d.braun bis schwarz, flach bis gewölbt, angedrückt bis sitzend, Epihym. d.braun, Ap.rinde undeutlich, J–. Lager dünn, h.grau, grau bis schwärzlich, feinkörnig, warzig bis undeutlich. Ch– . . . . **R. pyrina**

18* Sp.wand ungleichmäßig stark verdickt (v.a. im Bereich der Scheidewand, meist auch apikal, z.B. ähnl. Physcia-Typ) **19**

19 Sp. reif in der Mitte leicht verengt und nur mit schwachen, unregelmäßigen Verdickungen, 15–18 × 7–9 µm, vom Physconia-Typ. Ap. –0,5 mm, d.braun bis schwarz, ± eingesenkt bis angedrückt, flach, in der Lagermitte meist gehäuft und dicht gedrängt, Ap.rinde deutlich entwickelt, J+ h.blau, Epihym. rotbraun. Lager h.grau, rotbraun bis d.braun, mit deutlichem, schwarzbraunem Vorlager. Ch– . . . . **R. sophodes**

19* Sp. in der Mitte nicht verengt **20**

20 Sp. vom Physcia-Typ **21**

20* Sp. vom Physconia-Typ, aber in bestimmten Entwicklungsstadien mitunter Physcia-ähnlich. Lager R– **22**

21 Lager mit Atranorin. Atranorinkristalle im Ap.rand in polarisiertem Licht sichtbar . . . . vgl. **R. exigua (16)**

21* Ohne Atranorin. Keine Atranorinkristalle in polarisiertem Licht sichtbar. Ap. –0,5 mm, d.braun bis schwarz, mit lagerfarbenem, nicht berindetem Rand, eingesenkt bis aufsitzend, Epihym. gelb- bis rotbraun, Sp. 17–21 × 7–8 µm. Lager schmutzig weiß, grau, graubraun bis braun, rissig areoliert. Ch– . . . . **R. septentrionalis** Malme [R. glauca Ropin] [wenn an *Rhododendron* und Grünerle im Hochgebirge, Lager braun, gelbbraun, graubraun, graugrün, blastidiat. Sp. 16–19 × 7–9 µm: **R. malangica** (Norman) Arnold [= *R. rhododendri* Hepp ex H.Magn.])

22 Sp. 17–22 × 8–11 µm. Ap. –0,5 mm, d.braun bis schwarz, flach, konvex oder konkav, sitzend, mit deutlichem Lagerrand, Ap.rinde schwach entwickelt, J– oder J+ h.blau. Epihym. rotbraun. Lager h.braun, rötlichbraun bis d.braun, meist nicht zus.hängend, klumpig, knollig oder knotig. Zeorin . . **R. archaea**

22* Sp. 12–16 × 6–8 µm. Ap. –0,4 mm, d.braun bis schwarz, flach bis konvex, sitzend, mit deutlichem, später zurücktretendem Lagerrand, Ap.rinde schwach entwickelt, J+ h.blau. Epihym. rotbraun. Lager dünn, weiß, gelblich weiß, rotbraun bis graubraun, meist nicht zus.hängend oder reduziert auf wenige Areolen zwischen den Ap. ±Zeorin . . . . **R. orculata**

23 Lager auf Silikatgestein **24**

23* Lager auf kalkreichem Gestein sowie Beton, Mörtel **38**

24 Lager blaß gelbgrün bis gelblichweiß, innen areoliert, am Rande mit vergrößerten Areolen, daher deutlich rosettig-strahlig effiguriert, Areolen flach, eckig. Ap. 0,4–1,2 mm, schwarz, eingesenkt bis angedrückt. Sp. 9–13(15) × 5–7,5 µm, einheitlich dünnwandig. Im Gebiet Usnin-S., Fumarprotocetrar-S., ±Protocetrar-S., (Mark P+ orangerot, C–), (im Harz: Usnin-S., Gyrophor-S.) . . . . **Dimelaena oreina**

24* Lager nicht so gefärbt, am Rande nicht rosettig-strahlig effiguriert **25**

25 Lager mit grünweißlichen (bis gelbweißlichen), –0,5 mm breiten Flecksoralen, grau bis grünlichgrau, warzig-areoliert, Areolen auf schwarzem Vorlager. Lager K+ gelb, Sorale C+ rot. Ap. selten, –1 mm, sitzend, mit schwarzer, feucht brauner Scheibe und vorstehendem Lagerrand. Sp. 15–20 × 10–13 µm, mit s.dicken Wänden und eckigen, unregelmäßigen Innenräumen (Pachysporaria-Typ, Abb. 56e). Atranorin, Gyrophor-S. . . . . **R. aspersa**

25* Lager ohne Sorale **26**

26 Ap.rand deutlich anders gefärbt als das Lager, ähnl. gefärbt wie die Scheibe (lecidein, *Buellia*-artig, oder biatorin aussehend, mit vereinzelten Algen im Exc.). Lager K+ gelb (mitunter nur schwach), C–, P+ gelblich. Atranorin . **27**
26* Ap.rand ähnlich wie das Lager gefärbt (lecanorin) **28**
27 Sp. 11–16 × 5,5–9 µm, ähnlich dem Physcia-Typ, mit apikal weniger stark verdickter Wand. Ap. -0,3 mm, braunschwarz bis schwarz, bald gewölbt, sitzend, mit bleibendem bis verschwindendem, selten jung mit angedeutetem lagerfarbenem Rand. Hym. 50–80 µm. Lager weißgrau, grau, ocker, areoliert, meist auf schwarzem Vorlager. * . . . . **R. occulta**
27* Sp. 19–25 × 9–14 µm, mit s.stark verdickten Wänden und ± herzförmigen Lumina (Mischoblastia-Typ, Abb. 56f). Ap. -0,8 mm, schwarzbraun bis schwarz, meist flach, ± eingesenkt bis vorstehend, biatorin bis lecidein (*Buellia*-artig), seltener (v. a. jung) mit thallusfarbenem Rand. Hym. 70–115 µm. Lager weißlich, grau, braun, ocker, meist dünn, kontinuierlich bis rissig oder auch flachwarzig, oft mit schwarzem Vorlager. * . . . . **R. oxydata**
28 Lager K+ gelb, P+ gelb. Atranorin **29**
28* Lager K– **32**
29 Sp. vom Physcia-Typ (Abb. 56a). Lager C–. Ap. -1,5 mm, schwarz, breit bis verengt aufsitzend, mit vorstehendem Rand, Sp. 17–27 × 8–13 µm. Lager weiß bis h.grau, im Herbar leicht gelblich, rissig- bis warzig areoliert (bis manchmal schuppig), oft auf schwarzem Vorlager. ±Chloratranorin, ±Zeorin. * . . . . **R. confragosa**
29* Sp. anders **30**
30 Lager C+ rot (oft rasch vergänglich!). Sp. mit kleinen ± rundlichen Lumina (Pachysporaria-Typ, Abb. 56e), 15–21 × 8,5–13 µm. Ap. -1 mm, ± eingesenkt bis später breit aufsitzend, d.braun bis schwarzbraun. Hym. 75–140 µm. Lager h.grau, grau, braungrau, areoliert, mit schwarzem, oft auch zwischen den Areolen sichtbarem Vorlager. Gyrophor-S. * . . . . **R. atrocinerea**
30* Lager C– oder C+ schwach gelb **31**
31 Sp. mit s.stark verdickten Wänden und ± herzförmigen Lumina (Mischoblastia-Typ), 19–25 × 9–14 µm. Lager C–. * . . . . **R. oxydata (27)**
31* Sp. mit zunächst herzförmigen Innenräumen, apikal stark verdickt (Mischoblastia-Typ, Abb. 56f), später mit Übergängen zum Pachysporaria-Typ, 15–21 × 7,5–11,5 µm. Ap. -0,6 mm, eingesenkt (kryptolecanorin) bis leicht vorstehend, d.braun bis schwarz. Hym. 70–100 µm. Lager h.grau, grau bis graubraun, areoliert, manchmal auf schwarzem Vorlager, K+ gelb, C+ (schwach) gelb, P+ gelb. Confluentin-SSy., ±(unbekanntes p-Depsid vom Orcin Typ) * . . . . **R. trachytica**
32 Sp. vom Pachysporaria- (Abb. 56e) oder Mischoblastia-Typ (Abb. 56f) oder intermediär **33**
32* Sp. anders **35**
33 Sp. vom Mischoblastia-Typ (Abb. 56f), 22–31 × 11–17 µm. Ap. -0,8 mm, eingesenkt bis wenig vorstehend, braunschwarz, flach. Hym. 90–120 µm. Lager h.grau, h.braun, graubraun, areoliert, auf breitem, gefranstem Vorlager. An Gewässern, teilweise überflutet. Ch– . . . . **R. fimbriata**

33* Sp. zwischen dem Mischoblastia- und Pachysporaria-Typ vermittelnd oder vom Pachysporaria-Typ. Nicht an teilweise überfluteten Standorten vorkommend **34**

34 Sp. zwischen dem Mischoblastia- und Pachysporaria-Typ vermittelnd, Torus fehlend, in K im Bereich des Septums etwas angeschwollen, 20–32 × 11–19 µm. Ap. –1 mm, etwas eingesenkt bis angedrückt, mit ganzem, teilweise leicht gekerbtem Lagerrand, d.braun bis braunschwarz, flach bis leicht gewölbt. Hym. 90–130 µm. Lager d.grau, ocker, braun bis d.braun, krustig bis leicht schuppig, rissig-areoliert bis warzig, mit körniger bis warziger Oberfläche. Ch– . . . . **R. teichophila**

34* Sp. vom Pachysporaria-Typ (jung mit dem Physcia-Typ ähnlichen Verdickungen), mit deutlichem Torus, in K im Bereich des Septums nicht angeschwollen, 17–24 × 8–14 µm. Ap. –0,9 mm, breit aufsitzend, mit wulstigem Lagerrand, d.braun bis schwarz, flach bis konvex. Hym. 90–120 µm. Lager h.grau, graubraun bis braun, warzig bis warzig-areoliert. K–, C+ blaßrot, KC+ blaßrot, P–. Zeorin, ±5-*O*-Methylhiascin-S., ±Lecanor-S. . . . . **R. tephraspis**

35 Sp. reif in der Mitte leicht verengt, vom Milvina-Typ (Abb. 56b), 16–22 × 8–12 µm. Ap. –1 mm, eingesenkt bis aufsitzend, oft dicht stehend und sich gegenseitig abplattend, schwarz. Lager dicklich, grau, braun bis d.braun, areoliert. Ch– . . . . **R. milvina**

35* Sp. reif nicht in der Mitte leicht verengt, apikale Verdickungen dem Physcia-Typ (Abb. 56a) entsprechend oder mit relativ schwachen apikalen Verdickungen (zwischen Physcia- und Physconia-Typ vermittelnd) **36**

36 Sp. in K im Bereich des Septums etwas angeschwollen, Torus fehlend, vom Dirinaria-Typ (Abb. 56d), 11–17 × 6–9 µm. Ap. –0,8 mm, ± eingesenkt bis breit aufsitzend, flach bis gewölbt, braun, d.braun bis schwarzbraun, mit bleibendem bis zurückgedrängtem Lagerrand. Lager dünn, weißlich, h.grau, h.braun bis oliv, rissig areoliert. Ch– . . . . **R. gennarii**

36* Sp. in K im Bereich des Septums nicht angeschwollen, Torus deutlich entwickelt, vom Physcia-Typ (Abb. 56a) oder zwischen dem Physcia- und dem Physconia-Typ vermittelnd. Ap. –0,5 mm **37**

37 Sp. vom Physcia-Typ, 15–20 × 7,5–10,5 µm. Ap. leicht eingesenkt bis breit aufsitzend, flach, schwarz. Lager h.grau bis grau, warzig bis rissig areoliert. Ch–. Flechte trocken-warmer Standorte . . . . **R. venostana**

37* Sp. zwischen dem Physcia- und dem Physconia-Typ vermittelnd, 13–18 × 6–9 µm. Ap. breit bis verengt aufsitzend, mit ganzem bis zurückgedrängtem Lagerrand, flach bis konvex, d.braun bis schwarz. Lager h.braun bis d.braun, rissig bis rissig areoliert, ±Zeorin. Atlantische Flechte . . . . . **R. interpolata**

38 Sp. schmal ellipsoid bis zylindrisch, 12–18 × 4,5–7 µm, lange fast farblos, später h.braun, mit einheitlich dünner Wand (Wand um 0,5 µm). Ch– **39**

38* Sp. breit ellipsoid, bald deutlich gefärbt **40**

39 Lager deutlich epilithisch, graubraun bis d.braun, areoliert, am Rande oft schwach effiguriert. Ap. –1 mm, eingesenkt bis breit aufsitzend, lecanorin, d.braun . . . . **Rinodinella controversa** (Massal.) Mayrhofer & Poelt

39* Lager endolithisch bis dünn epilithisch, dann weißlich bis h.grau, Ap. –0,5 mm, biatorin aussehend, doch meist mit einzelnen Algengruppen im Exc., braun . . . . **Rinodinella dubyanoides**

40 Hym. durch feine Öltröpfchen trübe (inspers) **41**

40* Hym. klar, ohne Öltröpfchen **42**

41 Epihym. graubraun, K+ purpur bis violett. Sp. ohne Wandverdickungen, vom Buellia-Typ (Abb. 56k), 15–19 × 8–11 µm. Ap. -0,7 mm, zerstreut, sitzend, flach, schwarzbraun. Lager grau bis braun, ausgedehnt, aus rundlichen bis eckigen Schuppen. Ch– . . . . **R. zwackhiana**

41* Epihym. rotbraun bis braun, nicht K+ purpur bis violett. Sp. mit auffälligem dunklem Querband auf der Höhe des Septums, vom Bischoffii-Typ (Abb. 56h), 15–21 × 9–13 µm. Ap. -1 mm, mit (später oft zurücktretendem) Lagerrand und deutlichem Eigenrand, flach bis gewölbt, d.braun bis schwarz. Lager undeutlich bis dünn, weißlich, grau, graubraun. Ch– . . . . **R. bischoffii** (wenn Lager deutlich epilithisch, dick, graubraun bis d.braun. Ap. mit wulstförmigen Lagerrand, konkav bis flach, schwarz. Epihym. d.braun. Alpine Lagen: **R. castanomelodes** Mayrhofer & Poelt)

42 Sp. mit dunklem Querband auf der Höhe des Septums (wie bei *R. bischoffii*, aber oft weniger deutlich), vom Bischoffii-Typ (Abb. 56h), 15–20 × 9–13 µm. Ap. -0,7(1) mm, in kleine Gruben des (Kalk-)Substrates eingesenkt, ohne (oder mit s.früh zurücktretendem) Lagerrand. Lager endolithisch bis undeutlich, weißlich bis h.grau. Ch– . . . . **R. immersa**

42* Sp. anders. Ap. nicht oder nur wenig in das (Kalk-)Substrat eingesenkt . . **43**

43 Ap. ohne oder mit s.früh zurücktretendem Lagerrand, mit schwärzlichem Eigenrand (mitunter einzelne Algengruppen in Exc. eindringend), -0,6 mm, ± flach, sitzend, braun bis schwarzbraun. Lager endolithisch, seltener dünn epilithisch, dann weißlich bis h.grau. Ch– . . . . **R. dubyana**

43* Ap. mit deutlichem Lagerrand. Lager epilithisch **44**

44 Sp. während einer kurzen Entwicklungsphase mit dunklem Querband in der Mitte jeder Zelle, vom Bicincta-Typ (Abb. 56i) **45**

44* Sp. ohne dunkle Querbänder **46**

45 Sp. 11–13–15 × 6,5–9–11 µm. Hym. 70–90 µm. Hyp. 70–90 µm. Ap. 0,3–0,6 mm, angedrückt, Scheibe oft bereift, schwarz, leicht konkav bis flach. Lager dünn, klein, ocker, areoliert. Zeorin . . . . **R. luridata**

45* Sp. 12–16–20 × 7,5–10–12 µm. Hym. 80–150 µm. Hyp. 80–150 µm. Ap. 0,5–1 mm, eingesenkt bis angedrückt, Scheibe unbereift, schwarz, flach. Lager dick, ausgedehnt, kräftig entwickelt, grau, d.grau, seltener braun, areoliert. Zeorin . . . . **R. lecanorina** (wenn Hym. inspers, Lager dick, d.braun bis schwarzbraun, Ap. -1 mm, konkav bis flach, angedrückt, mit vorstehendem Lagerrand und deutlichem Eigenrand, mieur·alp: **R. castanomela** (Nyl.) Arnold)

46 Sp. 11–17 × 6–9 µm, vom Dirinaria-Typ (Abb. 56d, ähnlich Physcia-Typ, aber in K im Septum-Bereich anschwellend). Meist auf anthropogenem Substrat (Mörtel, Beton) . . . . vgl. **R. gennarii (36)**

46* Sp. größer und nicht vom Dirinaria-Typ **47**

47 Sp. zwischen dem Mischoblastia- und Pachysporaria-Typ vermittelnd, 20–32 ×

11–19 µm. Auf leicht kalkhaltigem Substrat . . . . . vgl. **R. teichophila (34)**

47* Sp. vom Tunicata-Typ (Abb. 56g, Außenwand und dicke äußere Gallertschicht vermitteln den Eindruck einer zusätzlichen dicken Wand um die „eigentliche" Spore, nicht in jedem Sp.entwicklungsstadium gut sichtbar), 16–25 × 10–16 µm. Ap. -1 mm, eingesenkt bis aufsitzend, oft z. spärlich, schwarzbraun bis schwarz, ± flach, mit bleibendem, oft etwas warzigem Lagerrand. Lager kräftig entwickelt, grau bis graubraun, rissig areoliert, Areolen oft unregelmäßig warzig. Ch– . . . . **R. calcarea**

Rinodina albana (Massal.) Massal.
In montanen und hochmontanen, niederschlagsreichen Lagen auf der glatten und flachrissigen Rinde von Laubbäumen, an Ästen und am Stamm, in lichten Bergwäldern und an freistehenden Bäumen, ähnl. *R. sophodes*, neutroph.–subneutroph. – mieur-med – s.selten (1); süSch, Alpen

Rinodina archaea (Ach.) Arnold [R. trevisanii (Hepp) Körber]
Besonders in montanen und hochmontanen, niederschlagsreichen Lagen auf der Rinde von Laubbäumen (v.a. Bergahorn, Eberesche), bevorzugt am Stamm und an der Stammbasis, oft an etwas nährstoffreicheren Stellen, (bes. bei Eutrophierung) auch an Nadelbäumen und Holz (z.B. Zäune), subneutroph.–z.acidoph., photoph., m.–z.hygroph., m.–z.nitroph., z.B. mit *Caloplaca cerina, Lecidella elaeochr.* – bor-mieur(?-med) – selten (3); süSch, Lux, *Vog,* Ne, *SFW,* ThW, *Av,* Al

Rinodina aspersa (Borrer) Laundon [R. fatiscens (Th.Fr.) Vainio]
In kollinen und submontanen, wintermilden Gebieten auf kalkfreiem, hartem Silikatgestein an m.–z.lichtreichen, meist absonnigen, nebelreichen, s.luftfeuchten, kühl-ozeanischen Standorten, gewöhnlich in Blockhalden und an Steinen, m.–z.acidoph., anitroph. – mieur-smed – (s.)selten (3); süSch, *O, Ts, Opf,* ThW

Rinodina atrocinerea (Hooker) Körber
In kollin-submontanen, seltener montanen, wintermilden, m.–s.niederschlagsreichen Lagen auf kalkfreiem, z.hartem Silikatgestein (meist Granit, Porphyr) an Schräg- und Vertikalflächen an lichtreichen, kühlen bis z.warmen Standorten, ähnl. *Rhizocarpon virid., Parmelia mougeotii* (↑) – s'bor·atl-mieur·subatl-med· subatl – selten; Sch, Vog, nöPf, O, *Rh-Mn-T,* Eif

Rinodina bischoffii (Hepp) Massal.
Bis in alpine Lagen auf Karbonatgestein, besonders auf Kalkstein und Dolomit, v.a. als Pionier auf Steinen und niedrigen Felsen, auch an Mauern, Dachziegeln usw., an beregneten Flächen, basiph., xeroph., photoph., (a-)m.nitroph. – arkt-med – m.häufig; Kalkgebiete (v.a. Ju, SJu, FrJu, Mn, Ne, Th) und Gebiete mit kalkhaltigen Alluvionen, sonst s.selten

Rinodina calcarea (Arnold) Arnold
Auf Kalkgestein, ähnl. *Placocarpus schaer.* (↑), *Buellia venusta* (↑) – mieur-med – z.selten; SJu-Ju-FrJu, süHü, HRh, Ne, Mn

Rinodina capensis Hampe [R. corticola (Arnold) Arnold]
In montanen und hochmontanen, niederschlagsreichen Lagen auf der glatten Rinde von Laub- und Nadelbäumen (v.a. Tanne, Buche), besonders auf Zweigen, v.a. an kühl-feuchten, ozeanischen Standorten in lichten Tannen-Buchen-W., in Talauen mit bachbegleitenden Beständen (z.B. Grauerle), subneutroph.–m.acidoph., s.hygroph., m.–z.photoph., anitroph., z.B. ähnl. *Caloplaca herbidella* (↑) – mieur·mo-med·mo, (oz) – s.selten *(0)*; süSch, nöSch, *Fr,* ThW, Al

Rinodina colobina (Ach.) Th.Fr.
In kollinen bis montanen, meist niederschlagsarmen bis m.niederschlagsreichen, rel. warmen Lagen auf staubimprägnierter, subneutraler Borke an der Basis von Stämmen von freistehenden Laubbäumen (Straßenbäumen), besonders an Pappel und Nußbaum, z.B. mit *Phaeophyscia nigr., Xanthoria fallax* (↑) – s'bor-med – selten–s.selten (2); Ne, SFW, Ju, süRh, *nöRh,* süSch, Vog, *O, Rh-Mn-T,* Th, *Av, Al*

Rinodina confragosa (Ach.) Körber [R. caesiella (Floerke ex Sprengel) Körber, R. crassescens (Nyl.) Arnold]
Bis in hochmontane Lagen auf kalkfreiem bis schwach kalkhaltigem Silikatgestein, saure Silikate meidend, v.a. an m.–z.regengeschützten, oft rel. warmen Vertikal- und Überhangflächen, subneutroph.–m.acidoph., z.photoph., (a-)m.nitroph., z.B. mit *Lecanora swartzii, L. demissa* oder *Ramalina poll.* – bor-med·mo – selten (3); Sch, Vog, Saar, Pf, Eif, Ts, *O, Fr, Opf,* ThW, BayW, *Al*

Rinodina conradii Körber
In montanen bis alpinen, meist niederschlagsreichen Lagen, v.a. früher auch tiefer, über Moosen an der Basis alter, licht stehender Laubbäume, meist Buche, ähnl. *Chromatochlamys musc.* (↑), aber auch auf Holz oder auf Pflanzenresten, dann ähnl. *R. olivaceobr.* – bor-mieur – selten (1); süSch (über 600 m), Vog, SJu, sonst s.selten (*Ju, nöRh,* Mos, *We*)

Rinodina dubyana (Hepp) J.Steiner [Buellia d. (Hepp) Rabenh.]
Bis in montane Lagen auf kalkreichem Karbonatgestein, z.B. ähnl. *Caloplaca cirrochroa* (↑), v.a. an rel. warmen, ± nährstoffreichen Schräg- bis m.beregneten Vertikalflächen, kaum an Steinen – (s')mieur-med – selten; SJu-Ju-FrJu, Th, süHü, *Ml*

Rinodina efflorescens Malme [R. hueiana (Harm.) Migula]
In kollinen und montanen Lagen auf Laubbäumen (Stamm und Ästen) in lichten Wäldern, an Waldrändern, z.B. in feuchten Tälern, v.a. auf Eiche, auch auf epiphytischen Parmelien, m.–z.acidoph., m.photoph., anitroph. – bor-mieur·subatl-smed – selten; Ne, Sch, Ju, Lux, übersehen

Rinodina exigua (Ach.) S.Gray
V.a. in kollinen und montanen, selten hochmontanen Lagen auf der Rinde von ± freistehenden Laub-, selten Nadelbäumen und auf Holz, besonders an staubimprägnierten bzw. nährstoffreichen Substraten (Straßenbäume), oft auf von Natur aus sauren Rinden, v.a. am Stamm von Linde, Eiche, m.–z.acidoph, z.xeroph., z.photoph., m.(–z.)nitroph. – bor-med – selten–z.selten (3); im ganzen Gebiet

Rinodina fimbriata Körber
In kollinen und montanen Lagen auf zeitweise überfluteten Silikatblöcken an Bächen mit klarem Wasser, subneutroph., z.photoph., hydroph. – (s'bor-)mieur·sub-atl-smed – s.selten *(0)*; Eif, süSch, *HeBgl (Höxter)*

Rinodina gennarii Bagl. [R. subexigua (Nyl.) Oliv., R. salina Degel., R. demissa auct.]
Vorwiegend bis in submontane, selten bis in montane Lagen auf kalkarmem Kunststein, Ziegeln, kalkbeeinflußtem oder gedüngtem bzw. neutralem/basischem Silikatgestein, Schwerpunkt auf anthropogenen Substraten (Mauern, Grabeinfassungen), ähnl. z.B. *Lecidella carp.* (↑), subneutroph.–neutroph. – s'bor-med – z.selten–m.häufig

Rinodina griseosoralifera Coppins
Bis in montane Lagen auf nährstoffreicher, zumindest subneutraler Rinde von Laubbäumen an lichten Standorten, z.B. ähnl. *Anaptychia ciliaris, Physconia dist., Candelariella refl.* – mieur(?-smed) – selten?; Bo, Ju

Rinodina immersa (Körber) Zahlbr.
Bis in alpine Lagen auf Kalkstein und Dolomit an lichtreichen, halbschattigen bis voll besonnten, nicht (bis mäßig) eutrophierten, beregneten Orten, an Steil- und Vertikalflächen, auch an kleinen Steinen in Lesesteinhaufen/-riegeln (z.B. wie *R. bischoffii* ↑), basiph., z.photoph. – s'bor-med – z.selten; SJu-Ju-FrJu, süHü, Th, selten Ne, Mn, HRh, Saar (Muschelkalkgeb.)

Rinodina interpolata (Stirton) Sheard
In kollinen, wintermilden Lagen auf kalkfreiem Silikatgestein, an m.beregneten bis z.regengeschützten Vertikalflächen und Überhängen, im Gebiet ähnl. *Lecanora gang.* (↑) und in Ges. von *Lecanora swartzii, Ramal. poll.* – bor·subatl-mieur·subatl – s.selten; PfW

Rinodina lecanorina (Massal.) Massal. [R. ocellata (Hoffm.) Arnold]
Bis in montane Lagen auf kalkreichem Gestein, ähnl. *Buellia venusta* (↑) – mieur-med – selten (3); SJu-Ju-FrJu zerstr., Ne, ThW, Lahn

Rinodina luridata (Körber) Mayrhofer, Scheideg. & Sheard [Buellia l. Körber]
In montanen bis alpinen Lagen auf kalkreichem Gestein an lichtoffenen Standorten, ähnl. *Aspicilia calc.* (↑) – mieur-med – selten *(0)*; *Ju-FrJu*, Th, *Westf*, Alpen

Rinodina milvina (Wahlenb.) Th.Fr.
V.a. in subalpinen und alpinen Lagen auf meist neutralem oder basischem oder schwach kalkhaltigem hartem Silikatgestein (z.B. Kalkschiefer, Hornfels), besonders an niedrigen Felsen, an nährstoffreichen Flächen oder rieselfeuchten bzw. selten überschwemmten Stellen an Gebirgsbächen, subneutroph., photoph., a-/m.nitroph. – arkt-med·alp/h'mo – Alpen, ?süSch

Rinodina occulta (Körber) Sheard [Buellia o. Körber]
In kollinen und submontanen, seltener montanen klimatisch milden Lagen auf hartem, kalkfreiem, meist saurem Silikatgestein an z.regengeschützten Vertikal-

und Überhangflächen an luftfeuchten, m.lichtreichen Standorten, z.acidoph., z.hygroph., anitroph. - mieur·subatl-med - selten; süSch, *nöSch, O, Ts, PfW*

Rinodina olivaceobrunnea Dodge & Baker [R. archaeoides H.Magn.]
In alpinen und subalpinen Lagen über schwachwüchsigen Moosen (z.B. *Grimmia*) meist auf Silikatfels, ähnl. *Caloplaca tirol.* (↑) - arkt-alp - s.selten (1); süSch

Rinodina orculata Poelt & M.Steiner [R. trevisanii auct.]
In hochmontanen und subalpinen Lagen auf Nadelbäumen (Stamm und Äste), selten auf Laubbäumen mit saurer Rinde oder an Holz, z.acidoph. - mieur(subko) - s.selten (?); süSch, Al

Rinodina oxydata (Massal.) Massal. [R. discolor (Hepp) Arnold]
In sub- bis hochmontanen Lagen auf Silikatgestein, meist auf harten, glatten, subneutralen bis m.sauren, auch gelegentlich sickerfeuchten bzw. selten überschwemmten Substraten (oberste amphibische Zone an Bächen), oft an mit Nährstoffen angereicherten Stellen, subneutroph.–m.acidoph., m.–z.photoph., m.subhydroph., a-/m.nitroph. - (s'bor-)mieur-smed - selten (3); Sch, *Vog*, süHü (Kaiserst.), HRh, Bo, O, Saar, Eif, *MRh*, Ts, Hu, ThW

Rinodina polyspora Th.Fr.
Bis in (hoch)montane Lagen auf glatter, subneutraler Laubbaumrinde (Esche, *Sorbus*, Hainbuche), v.a. an Stämmen junger Bäume und an Ästen, in lichten Wäldern und Gebüschen, z.B. ähnl. *R. sophodes* (↑) - mieur - selten *(0)*; *Ju, FrJu, Fr, O, Do*

Rinodina pyrina (Ach.) Arnold
Bis in hochmontane Lagen auf glatter und flachrissiger Rinde von Laubbäumen, selten auf Holz, bevorzugt auf Esche, Holunder, Espe, v.a. an Ästen, ähnl. *Lecania cyrtella* (↑), (m.acidoph.–)subneutroph., z.photoph. - (bor-)s'bor-mieur(subko)-med·mo - z.selten, in luftverunreinigten Gebieten fehlend (3); z.B. Sch, Vog, Ne, Ju, süHü, Eif

Rinodina sophodes (Ach.) Massal.
V.a. in montan-hochmontanen, niederschlagsreichen Lagen auf glatter, nicht eutrophierter (aber rel. mineralreicher) Rinde von Laubbäumen, Pionier, fast nur auf Ästen und jungen Stämmen, v.a. an *Sorbus*, Esche, Vogelkirsche, Buche, an frei oder licht stehenden Bäumen bzw. im Kronenraum, subneutroph.–m.acidoph., photoph., a-(m.)nitroph. - s'bor-med·mo - z.selten-selten (2); v.a. süSch, Vog, SJu, Al, sonst selten (süHü, Ju, *O, Ts*, Mos, *FrJu*, ThW)

Rinodina teichophila (Nyl.) Arnold [R. arenaria (Hepp) Arnold]
In kollinen und submontanen Lagen auf schwach kalkhaltigem oder kalk- bzw. staubimprägniertem, ± eutrophiertem Silikatgestein (v.a. auf Sandstein, z.B. Lettenkohle- und Schilfsandstein), meist auf Mauerkronen etc., ähnl. *Caloplaca teichol.* (↑), aber kaum auf Mörtel und anderem Kunststein - mieur· subatl-med - selten (3); SFW, Ne, Hü, HRh, O, Eif, nöPf, *Rh-Mn-T, Fr, Av, Westf*

Rinodina tephraspis (Tuck.) Herre [R. badiella (Nyl.) Th.Fr.]
Auf zeitweise feuchten Silikatfelsen oder bodennahen Felsblöcken an luftfeuchten Standorten, gelegentlich auch auf anthropogenen Substraten (Mauern), oft mit Blaualgenflechten, subneutroph., m.–z.photoph. – bor-mieur – s.selten (1); süSch, *SFW*, O, *Ne*, *FJu*

Rinodina trachytica (Massal.) Bagl. & Carestia
Auf basischen und neutralen Silikatgesteinen, z.B. Magmatiten, an warmen Standorten – s'mieur-med – s.selten; *nöPf*

Rinodina venostana Busch. & Mayrhofer
In kollinen, niederschlagsarmen Lagen auf schwach kalkhaltigen bzw. basischen und neutralen Silikatgesteinen an warmen, besonnten, oft staubimprägnierten Felsflächen, auch an anthropogenen Standorten (Mauerkronen) – s'mieur-med – s.selten *(0)*; süHü

Rinodina zwackhiana (Krempelh.) Körber
In kollinen und submontanen Lagen an warmen, z.regengeschützten Steilflächen von Kalkfelsen und an Flanken von Mauern, basiph., photoph., thermoph., nitroph. – s'mieur-smed – s.selten *(0)*; *O*

Rinodinella Mayrhofer & Poelt

(Bestimmung ↑ Rinodina)

Rinodinella dubyanoides (Hepp) Mayrhofer & Poelt [Buellia d. (Hepp) Müll.Arg., Rinodina d. (Hepp) Arnold]
Bis in submontane Lagen auf z.harten, kompakten, kalkreichen Gesteinen an trocken-warmen, beregneten Schräg- und Vertikalflächen, ähnl. *Verrucaria marm.* (↑), basiph., s.photoph., a-/m.nitroph. – s'mieur-med – s.selten; süHü, süRh, SJu

Ropalospora Massal.

(Bestimmung ↑ Fuscidea)

Ropalospora viridis Tønsberg [Fuscidea v. (Tønsberg) Tønsberg]
Bis in montane Lagen auf ± glatter Rinde von Laubbäumen (v.a. Hainbuche, Esche) und Tanne in Wäldern und in bachbegleitenden Baumbeständen, v.a. an niederschlagsreichen und kühl-feuchten Standorten, in humiden Lagen sich deutlich ausbreitend, ähnl. *Mycoblastus fucatus* (↑), aber stärker hygrophytisch, m.–z.acidoph., m.photoph.–z.skioph. – s'bor-mieur-subatl – z.selten; v.a. Sch, Vog, SFW, O, Sp, PfW, RhSch, Av

Sagiolechia Massal.

(Bestimmung ↑ Gyalecta)

Sagiolechia protuberans (Ach.) Massal.
Von der montanen bis in die alpine Stufe, selten tiefer, auf kalkreichen Gesteinen an schattig-feuchten Orten, an Vertikalflächen ähnl. *Petractis hypoleuca* (↑) und *Acrocordia conoidea* (↑) – arkt-med·mo – selten, wohl meist steril und übersehen; SJu-Ju-FrJu, Al

Sarcogyne Flotow

(Schlüssel incl. Polysporina)

Alle geschlüsselten Arten Ch–.
Polysporina: Oberfläche des Hymeniums und Außenschichten des Exc. kohlig hart, Paraph. verzweigt, vernetzt, oben nicht verdickt, undeutlich septiert. Scheibe genabelt, warzig bis rillig – Sarcogyne: Oberfläche des Hym. nicht kohlig hart.

1 An Kalkgestein. Hym. oben rötl.braun bis d.braun. Paraph. gewöhnlich nicht oder nur vereinzelt verzweigt. Ap. bereift oder unbereift, Scheibe ungenabelt, nicht rillig **2**

1* An (gewöhnlich kalkfreiem) Silikatgestein. Scheibe ungenabelt oder genabelt-rillig **5**

2 Sp. überwiegend mindestens doppelt so lang wie breit, länglich(-ellipsoid) bis zylindrisch, 3–6 × 1,5–2 µm. Ap. rotbraun bis schwärzlich, meist bläulichweiß bereift, feucht rotbraun bis d.rot, selten schwarz bleibend, sitzend bis ins Gestein eingesenkt, flach, –1(1,8) mm, z.variabel. Lager meist undeutlich . . . . **S. regularis**

2* Sp. überwiegend weniger als doppelt so lang wie breit, kugelig bis breit ellipsoid, 3,5–5 × 2–3,5 µm. In hohen Lagen, Alpen **3**

3 Ap. meist tief konkav, schwarz, ganz eingesenkt, oft eckig, –0,8 mm. Lager dick, kreidig weiß . . . . **S. cretacea** Poelt

3* Ap. nicht tief konkav, dicht bläulichweiß bereift, –1 mm **4**

4 Epilithisches Lager fehlend . . . . **S. fallax** H.Magn.

4* Lager deutlich, kreideweiß . . . . **S. distinguenda** Th.Fr.

5 Ap. (auch feucht) ganz schwarz, kohlig-hart, 0,3–0,6(1) mm, Scheibe uneben, rillig, in der Mitte genabelt, Rand oft wulstig, verbogen und gekerbt. Hym. oben (im Bereich des Nabels) d.braun, schwarzbraun, Paraph. verzweigt und vernetzt **6**

5* Ap. d.rotbraun bis rotschwarz, feucht d.rot, mit schwarzem erhabenem Rand, meist über 0,5 mm, nicht selten durch gegenseitigen Druck eckig. Scheibe nicht warzig oder rillig, nur gelegentlich genabelt. Hym. oben gelb- bis rotbraun, Paraph. überwiegend einfach. Sp. 3,5–6 × 1–1,5 µm. Lager undeutlich **7**

6 Ap. auf parasitiertem Fremdlager oder braunem Eigenlager, schwach bis deutlich berandet. Sp. 4–5,5 × 2–3 µm. Fremdlager meist rissig areoliert oder schuppig, C– oder C+ rot. ±Gyrophor-S. . . . . **Polysporina lapponica**

6* Lager undeutlich oder s.dünn und schorfig, grau, Flechte nicht parasitisch. Ap. oft wulstig berandet. Sp. 3–5 × 1,5 µm . . . . **Polysporina simplex**

7 Ap. 1–3 mm, mit dickem, vorstehendem, unregelmäßig rissigem bis grobwarzigem, zuletzt dünnem Rand, einzeln oder zu 2–6 gedrängt und sich gegenseitig abplattend, ansonsten s.zerstreut stehend, rund bis oft unregelmäßig eckig-faltig, mitunter mit Nabel, verengt sitzend, 0,3–0,7(1) mm hoch, oft entlang von feinen Ritzen sitzend. Hym. 85–115 µm. Kohliges Exc. seitl. 35–75 µm dick (zentraler Schnitt). Hyp. meist bräunlich . . . . **S. clavus**

7* Ap. 0,5–1 mm, mit ganzem glattem, oft verbogenem Rand, einzeln, zahlreich bis zerstreut, –0,3 mm dick. Scheibe flach bis m.gewölbt, nicht genabelt. Hym. 60–95 µm. Kohliges Exc. seitl. 18–30(45) µm dick. Hyp. ± farblos bis blaß bräunlich . . . . **S. privigna**

Sarcogyne clavus (DC.) Krempelh.
Bis in hochmontane Lagen auf meist mineralreichem Silikatgestein, besonders auf Graniten und Metamorphiten, oft auch an schwach eutrophierten Stellen, in Ritzen mit gelegentlich austretendem Sickerwasser, besonders an Vertikalflächen, auch unter Überhängen, mitunter an behauenem Gestein (Trockenmauern), subneutroph.–m.acidoph., xeroph., m.–z.photoph., a-/m.nitroph., Pionier, oft ohne Begleiter – s'bor-med – selten; Sch (bis 1200 m), O, Ts

Sarcogyne privigna (Ach.) Massal.
Bis in montane Lagen auf kalkfreiem, aber meist mineralreichem oder leicht staubimprägniertem, oder an leicht kalkhaltigem Silikatgestein, v.a. an porösen bzw. rauhen Gesteinen, z.B. Sandstein, Granit, auch entkalktem Dolomit, v.a. an Vertikalflächen, oft an behauenem Gestein (Trockenmauern), Pionier, z.B. mit *Lecidella stigmatea, Lecanora mur.*, subneutroph., z.xeroph., m.–s.photoph., m.nitroph. – s'bor-smed·mo(-med·mo) – selten (3); Ne, SFW, Sch, O, Sp, Mn, Ts, Mos, Eif

Sarcogyne regularis Körber [S. pruinosa auct.]
Bis in alpine Lagen auf kalkarmem bis v.a. auf kalkreichem Gestein, auf kleinen Steinen wie auf Felsen und auf Mauern, auch auf Mörtel, Kunststein, Löß sowie kalkimprägniertem Silikatgestein (z.B. Sandstein-Mauern), z.euryök, aber m.konkurrenzkräftig, Pionier, v.a. an lichtreichen, trockenen (aber beregneten) Standorten, basiph. – arkt-med – m.häufig, in Silikatgebieten hemerochor

Sarcopyrenia Nyl.

Sarcopyrenia gibba (Nyl.) Nyl.
Bis in submontane, seltener montane Lagen auf m.–s.kalkreichem Gestein, Flechten befallend und abtötend, besonders an anthropogenen, ± nährstoffreichen Standorten, v.a. Mauern, oft auf Kunststein (Beton, Mörtel), ähnl. *Caloplaca teich.* (↑), selten an naturnahen Habitaten, hier ähnl. *Candelariella med.* (↑) auf Vogelsitz-

plätzen, basiph., z.–s.photoph., xeroph., m.–z.(s.)nitroph. – mieur(subatl)-med – z.selten; im ganzen Gebiet

Neben *S. gibba* mit 26–44 × 2,5–5 µm großen, an den Enden keulig verdickten Sp. ist in Deutschland (Westf.) **S. beckhausiana** (Lahm) Aguirre, Nav.-Ros. & Hladun [Leptorhaphis b. Lahm] mit 45 × 1–1,5 µm großen, fädigen Sp. nachgewiesen.

Sarcosagium Massal.

(Bestimmung ↑ Biatorella)

Sarcosagium campestre (Fr.) Poetsch & Schiederm. [Biatorella campestris (Fr.) Almq.]

Bis in alpine Lagen auf meist kalkhaltigen, sandigen, steinigen bis reinen Lehmböden, auf Löß, auf abgestorbenen Moosen und Pflanzenresten, faulem Holz, an alten Feuerstellen, an Böschungen, in Lücken von Trockenrasen, meist an ephemeren Standorten, m.basiph.–subneutroph., z. skioph.–z.photoph. – bor-smed – s.selten–selten, wohl auch übersehen *(0)*; *Ju*, Lux, He (Meißner-Vorland)

Sarea Fr.

(Bestimmung ↑ Biatorella)

Sarea difformis (Fr.) Fr. [Biatorella d. (Fr.) Vainio, Tromera d. (Fr.) Rehm]

V.a. in montanen und hochmontanen Lagen im Innern von Tannen-Buchen- und Tannen-Fichten-W. auf altem, verwittertem Harz am Stamm besonders von Fichte und Tanne – bor-mieur·mo – z.selten; Ju, Sch, *Ne (Trillfingen)*

Sarea resinae (Fr.: Fr.) Kuntze [Biatorella r. (Fr.) Th.Fr., Tromera r. (Fr.) Körber]

Bis in hochmontane Lagen auf nicht zu altem, oberflächlich verfestigtem und ± angewittertem, innen oft noch zähem Harz am Stamm von Nadelbäumen, besonders Kiefer und Lärche, meist in kieferreichen (Tannen-)Fichten- und Moor-W. – bor-smed·mo – selten; Sch, O, Sp, Saar, PfW, Ts, Eif, *We*

Schaereria Körber

(Bestimmung ↑ Lecidea)

Schaereria cinereorufa (Schaerer) Th.Fr. [Lecidea c. Schaerer]

In (hoch)montanen bis subalpinen, niederschlagsreichen Lagen auf mineralreichem Silikatgestein, v.a. Gneis, Schiefer, gewöhnlich auf rauhen, beregneten Schräg- und Vertikalflächen, meist an Blöcken bzw. bodennahen, mitunter auch sporadisch leicht sickerfeuchten Felsflächen, an lichtreichen, aber oft wenig besonnten, hygrisch günstigen Standorten, m.acidoph., hygroph., (substrathygroph.), (m.–)z.photoph., anitroph. – bor-mieur·mo – selten (3); süSch, Vog, Rhön, BayW, Eif

Schaereria fuscocinerea (Nyl.) Clauz. & Roux [Sch. tenebrosa (Flotow) Hertel & Poelt, Lecidea t. Flotow]
In hochmontanen und subalpinen, seltener alpinen oder montanen, niederschlagsreichen Lagen auf hartem kalkfreiem Silikatgestein an z.-s.windexponierten, lichtreichen Standorten, ähnl. *Umbilicaria polyph.* (↑), *Ophioparma* (↑), m.-z.acidoph., z.-s.photoph., a-(m.)nitroph. - (arkt-)bor-h'mo/alp - selten (3); süSch u. Vog über 900 m z.selten, nöSch, Rhön, Saar, Hu, Ts, Eif, ThW, Erz, BayW, Hz, WeBgl, Rothaargeb., Al

Schismatomma Flotow & Körber ex Massal.

1 Lager auf Silikatgestein, (schokoladen)braun, mit ± sorediöser Oberfläche und dort oft ockerfarben (abgeschabt ± weißlich), im Herbar bald ockergelb, R-, UV+ gelblich (frisch blauweiß), oft ausgedehnt, bis 1 mm dick, matt, etwas schwammig-weich. Vorlager d.braun bis schwarz. Ap. selten, schwarzbraun, -1,5 mm, rund bis im Umriß gelappt, mit ± gut entwickeltem welligem Lagerrand, aufsitzend, unbereift. Epihym. braun, Sp. spindelförmig, 4zellig, leicht gebogen, 18-35 × 3-5 µm. Schizopelt-S. u.a. . . . . **Lecanactis umbrina**
(vgl. a. *Opegrapha gyrocarpa*)
1* Lager auf Rinde. Roccell-S. **2**
2 Lager steril, h.bräunlichgrau, rosagrau, lilagrau, mit -0,8 mm breiten, z.T. zus.fließenden Soralen, ± rissig, R-, UV-. Selten Atranorin. An alten Laubbäumen . . . . **Sch. decolorans**
2* Lager mit -0,8 mm großen Ap. Sp. spindelförmig(-nadelförmig). Nahe verwandte Arten **3**
3 Ap. rundlich bis kurz elliptisch, flach, unbereift bis jung leicht bereift, Lagerrand gleichhoch wie die Scheibe oder etwas wulstig, dick, im Alter oft verschwindend. Sp. 4zellig, 25-42 × 2,5-4 µm. Lager frisch rosaweißlich, im Herbar grauweiß, dünn bis stellenweise z.dick, auch stellenweise leprös-sorediös . . . . **Sch. pericleum**
3* Ap. elliptisch bis langgestreckt mit ritzenförmiger Scheibe und spitzen Enden, einfach, verzweigt oder sternförmig, eingesenkt. Sp. 4zellig, 24-36 × 2-3,5 µm. Lager dünn, nicht sorediös-leprös . . . . **Sch. graphidioides**

Schismatomma decolorans (Turner & Borrer ex Sm.) Clauz. & Vězda [Arthonia d. (Turner & Borrer ex Sm.) Erichsen]
In kollin-submontanen, rel. wintermilden Gebieten fast nur auf alten Eichen-Stämmen, v.a. am Stammgrund, ähnl. *Lecanactis am.* und *Arthonia byssacea*, aber deutlich toleranter gegen Eutrophierung, oft in Kontakt zu *Ramalina poll.* (↑), m.acidoph., m.photoph.-z.skioph., a-/m.nitroph. - mieur·subatl-med - selten (3); Ne, Hü, Rh, Bo, Do, Ju, SFW, Sp, Mos, Lux, Th

Schismatomma graphidioides (Leighton) Zahlbr. [Enterographa rimata (Nyl.) Zwackh]

In kollinen und submontanen wintermilden Lagen in luftfeuchten Laubwäldern (z.B. Eichen-Hainbuchen-W.) an glatter bis flachrissiger, subneutraler bis m.saurer Rinde, v.a. auf *Fagus, Sorbus auc.*, selten *Fraxinus*; m.photoph.–z.skioph., s.hygroph., anitroph. – mieur·atl-med·subatl – s.selten (0); *O, Sch*

Schismatomma pericleum (Ach.) Branth & Rostrup [Sch. abietinum (Humb.) Almq.]
In montanen und hochmontanen, meist niederschlagsreichen Lagen auf der Rinde von Fichte und Tanne in Fichten- und Fichten-Tannen-W., in tieferen Lagen auf Eiche, an regengeschützten Stammflächen an s.luftfeuchten, oft zeitweise rel. trockenen, kühlen bis kalten Standorten, ähnl. *Calicium vir.* (↑), aber stenök, z.–s.acidoph., z.skioph., anitroph. – bor-mieur·mo (-smed·mo) – selten (2); Sch, Sb, Ju(*-Ne*), *SFW, nöRh, O,* ThW, *Al*

Sclerophora Chevall.

(Bestimmung ↑ Chaenotheca)

Sclerophora farinacea (Chevall.) Chevall. [Coniocybe f. (Chevall.) Nyl.]
Ähnl. *S. nivea* (↑) – mieur – s.selten (0); *Ba*

Sclerophora nivea (Hoffm.) Tibell [Coniocybe n. (Hoffm.) Arnold, C. pallida (Pers.) Fr.]
In kollinen und submontanen, seltener montanen Lagen auf tiefrissiger, mineralreicher, noch kaum vermorschter Borke alter Laubbäume, fast nur an Ulme, Esche, Ahorn, Sommerlinde, besonders in Linden-Ahorn-W., Eschen-Beständen, in Parks, an Einzelbäumen, an klimatisch milden, meist m.(–z.)lichtreichen Orten, subneutroph., (z.)anombroph., hygroph. – (s'bor-)mieur-med·mo – selten (2); v.a. Ju, sonst s.selten: Ne, süSch, SJu, Bo, *nöRh, O, Rh-Mn-T,* Th

Sclerophora peronella (Ach.) Tibell [Coniocybe p. (Ach.) Tibell, C. hyalinella Nyl.]
V.a. in montanen (bis hochmontanen), oft ozeanischen, niederschlagsreichen Lagen auf rissiger, oft schon vermorschender Borke alter Laubbäume (selten Tanne), auch an entrindeten Stämmen im Bereich alter naturnaher Wälder, m.acidoph., s.hygroph., anombroph., m.photoph.–z.skioph., anitroph., meist ohne Begleiter – (s'bor-)-mieur(-med·mo) – s.selten (1); süSch, *SFW,* ThW

Scoliciosporum Massal.

1 Ap. weißlich bis bräunlich, dicht weiß bereift, 0,1–0,4 mm, mit rasch verschwindendem Rand. Sp. fädig, im Ascus spiralig verdreht, frei S-förmig gewunden bis selten ± gerade, 4–6zellig, Querwände kaum erkennbar, 21–32 × 1–1,5 µm. Exc. deutl. entwickelt. Epihym. mit körniger, ± gelbbrauner Schicht. Pykn. häufig, schwarz, -0,1 mm. Lager weißlichgrün, körnig . **S. pruinosum**
1* Ap. dunkel, rotbraun bis schwarz **2**

2 Sp. fast gerade oder leicht gebogen, 20–38 × 3–5 µm, meist 8zellig, lang spindelförmig. Epihym. rotbraun, braun, mitunter oliv(braun). Ap. -0,4 mm, d.braunrot, d.braun bis schwarz, oft glänzend, ± stark gewölbt, einzeln oder in kleinen Gruppen. Lager dünn bis dick, feinkörnig, mitunter fast sorediös wirkend, aus Goniocysten, grau- bis d.grün, ähnl. epiphytischen Algenüberzügen . . . . **S. chlorococcum**

2* Sp. zumindest zum Teil stark gebogen bis S-förmig **3**

3 Lager graugelblich, graugrünlich, braungrünlich, stellenweise zu (zus.fließenden) unregelmäßigen Flecksoralen aufbrechend, Soredien (grün)gelblich, KC± schwach rot (Quetschpräp.). Sp. und Ap. wie bei *S. umbrinum.* (Gyrophor-S.) . . . . **S. sarothamni**
(wenn durchgehend sorediös, Ap. h.- bis d.braun, flach bis leicht gewölbt, -0,3 mm, Sp. spindelf. bis leicht gekrümmt, -4zellig, 12–22 × 2,5–3,5 µm: **S. gallurae** Vězda & Poelt)

3* Lager nicht gelblich sorediös aufbrechend **4**

4 Epihym. und Exc. rötlich, rotbraun, K+ purpur. Paraph. einfach bis gabelig verzweigt, verklebt. Ap. -0,5 mm, schwarz, flach, zuletzt auch gewölbt, mit dünnem, bleibendem oder zuletzt verschwindendem Rand. Sp. 26–43 × 2–3,5 µm, 4–6(8)zellig. Lager weißlich. Auf Laubbaumrinde. ?süSch . . . . **Bacidia hegetschweileri** (Hepp) Vainio

4* Epihym. blaugrün, oliv bis braungelblich. Paraph. stark verzweigt und netzig verbunden **5**

5 Ap. -0,3 mm, flach, berandet, später halbkugelig-randlos, schwarz. Sp. (4)6–8zellig, gebogen bis leicht gedreht, 15–40 × 1,5–3 µm. Lager graugrünlich bis grünlich. Auf Rinde. Ob im Gebiet? . . . **S. perpusillum** Lahm ex Körber

5* Ap. 0,3–0,5(0,8) mm, m.–s.gewölbt, (fast) randlos, sitzend, braunrot, braunschwarz (bis schwarz), oft glänzend. Sp. 4(8)zellig, S-förmig, zumindest im Ascus spiralig verdreht, (15)20–40 × 1,5–3 µm. Lager uneben warzig bis körnig oder areoliert, d.grau bis d.graugrün. Auf Gestein, Holz, Rinde **S. umbrinum**

Scoliciosporum chlorococcum (Graewe ex Stenh.) Vězda [Bacidia chlorococca (Stenh.) Lettau]
Bis zur Waldgrenze auf saurer Rinde, am Stamm und häufig auch an Ästen, in Wäldern (v.a. an Buche) wie an freistehenden Bäumen (v.a. an Feldbäumen, in Obstgärten), auffallend häufig in luftverunreinigten Gebieten, auch noch an Orten mit stark dezimierter Flechtenflora, s.toxitolerant (oft einzige Art neben *Lecanora coniz.*), rel. starke Eutrophierung tolerierend (Anflug von Düngemitteln), als eine der wenigen Arten gleichzeitige starke Ansäuerung und Eutrophierung der Rinde überstehend, gewöhnlich zus. mit coccalen Grünalgenüberzügen, m.–e.acidoph., (z.skioph.)m.–z.(s.)photoph., a-/z.nitroph. – bor-med – häufig, sich ausbreitend

Scoliciosporum pruinosum (P.James) Vězda
In milden Lagen in Laubwäldern, z.B. Eichen-Hainbuchen-W., Auewäldern, am Stamm von Laubbäumen, z.B. Hainbuche, m.acidoph., z.skioph. – mieur-subatl-med – selten; Sch, Rh

Scoliciosporum sarothamni (Vainio) Vězda [Bacidia s. Vainio]
Bis in hochmontane Lagen auf saurer Rinde von Bäumen, Büschen und Zwergsträuchern, z.ähnl. *S. chlorococcum* (↑), stärker eutrophierte Standorte meidend – (s'bor-)mieur – selten; z.B. süSch, Ju, Ne

Scoliciosporum umbrinum (Ach.) Arnold [Bacidia umbrina (Ach.) Bausch, B. turgida (Körber) Hellbom]
Bis in subalpine Lagen, auf Silikatgestein, Rinde, Holz, auf s.saurem bis subneutralem Substrat, s.euryök, aber z.konkurrenzschwach, daher an entsprechenden ökol. Nischen, Pionierflechte auf frischen, harten Felsflächen, auf schwermetallhaltigen Gesteinen, an Überhängen, synanthrop an Grabsteinen, Mauerkronen etc., bis ins Innere der Städte, auch an gelegentlich überschwemmten Stellen an Bächen, rel. selten an Rinde (v.a. in stärker luftverunreinigten Gebieten), an Bretterzäunen, Pfosten, z.photoindiff., s.toxitol. – bor-med – z.häufig, gewöhnlich synanthrop

Solenopsora Massal.

Solenopsora candicans (Dickson) J.Steiner
In kollinen und submontanen, sommerwarmen Lagen auf Karbonatgestein, v.a. auf körnig-rauhen Substraten, wie Dolomit, Kalksandstein, an besonnten, warmen Felskuppen und niedrigen Felsen in (Halb-)Trockenrasen, m.basiph., z.–s.photoph., z.xeroph., m.nitroph. – mieur-subatl-med – s.selten; Mos, Bit, Saar, Eif, Mn?, FrJu, He

Solorina Ach.

1 Lagerunterseite orangerot, geadert, K+ purpur. Oberseite grau- bis braunoliv, R–. Ap. 2–10 mm, ± rund, eingesenkt, aber nicht vertieft sitzend, d.braun. Solorina-S. Hochgebirgsflechte, in Schneetälchen, arkt-alp, Al
. . . . **S. crocea** (L.) Ach.

1* Lagerunterseite weißlich bis bräunlich, Oberseite h.grau (bis leicht bräunlichgrau), feucht rein grün, glatt, unterseits filzig, nicht oder undeutlich geadert, meist um 2–5 cm groß. Ap. in Vertiefungen eingesenkt, d.braun bis fast schwarz, 2–6 mm. Sp. zu 4, 30–60 × 18–28 µm. Ch–. Abb. 58e . . **S. saccata**
(wenn graues Lager nur um die Ap. (ringförmig) normal entwickelt, sonst weitgehend schuppig- bis koralloid-warzig und schwammig, grauschwarz: **S. spongiosa** (Ach.) Anzi; wenn Sp. zu 2 oder 1 im Schlauch, Lager oft ringartig reduziert: **S. bispora** Nyl.; beide arkt-alp, Al)

Solorina saccata (L.) Ach.
Bis in alpine Lagen auf kalkhaltiger, humoser, nährstoffreicher Erde und auf erdbewohnenden Moosen, meist im Bereich von Felspartien, oft in Felsspalten, mitunter auf poröses oder verwittertes Karbonatgestein übergehend, auf Löß, selten

an alten Mauern (z.B. Burgen), meist an schattigen, substratfrischen Standorten, subneutroph.-m.basiph., m.photoph.(-z.skioph.), substrathygroph. - arkt-smed·mo(-med·mo) - selten; SJu-Ju-FrJu u. Al zerstr., sonst (s.)selten; Av, Ne, HRh, süHü, Bo, *PfW, Rh-Mn-T, Lahn, Rhön, We,* He, Th, Eif; synanthrop: süSch, *nöSch+*, nöRh+, Sp

Solorinella Anzi

Solorinella asteriscus Anzi
In kollinen, warmen, niederschlagsarmen Lagen (Weinbaugebiete) auf Löß und Lößböden, selten auf lößfreier, kalkhaltiger Feinerde, in Vegetationslücken von Trockenrasen, auf Weinbergterrassen, Pionier auf oberflächlich verfestigten Erdanrissen, an s.warmen, trockenen, oft z.nährstoffreichen Standorten; basiph., xeroph., s.photoph. - mieur·ko(-smed) - s.selten (1); süHü (Kaiserstuhl, *Lahr* +), nöHü, *O-nöHü+*, Meißner-Vorland

Sphaerophorus Pers.

1 Lagerabschnitte, v.a. gegen die Enden, verflacht, weißgrau bis graugrünlich, „unterseits" weißlich. Lager locker verzweigt, mit ± durchgehenden Hauptstämmchen und schwächeren Ästen, meist bis um 5 cm hoch, nach 2 Seiten fiederig verzweigt. Mark J–, K+ gelb, P+ orange, C–. Sphaerophorin, Stictin-S. . . . . **S. melanocarpus**

1* Lagerabschnitte stielrund bis leicht abgeflacht **2**

2 Mark J+ blau (manchmal schwach), Lager meist reich und locker strauchig verzweigt, mit ± durchgehenden Hauptstämmchen und schwächeren Ästen, bis um 5(7) cm hoch, weißgrau bis h.bräunlich, Spitzen oft heller, abgestumpft. Mark P–/K– oder ± gelblich, C–. Sphaerophorin, Squamat-S., ±Thamnol-S., ±Hypothamnol-S. (Abb. 59a) . . . . **S. globosus**

2* Mark J–. Lageräste s.dicht stehend, ± dichte Polster bildend, ± gabelig verzweigt, ohne deutliche Hauptstämmchen (Äste nicht deutlich dünner), weißgrau bis bräunlich, meist –3 cm hoch. Mark R–. Sphaerophorin, ±Squamat-S., ±Hypothamnol-S. . . . . **S. fragilis**

Sphaerophorus fragilis (L.) Pers.
In hochmontanen bis alpinen, meist s.niederschlagsreichen Lagen auf Silikatgestein an voll beregneten Flächen, meist an z.exponierten Felspartien, z.B. ähnl. *Cornicularia norm.* (↑), aber auch an windgeschützten, feuchten Habitaten an Steilflächen mit *Parmelia omph.* (Standortsüberschneidung mit *S. globosus*), selten in der montanen Stufe (z.B. in kühl-feuchten Blockmeeren), subneutroph.–z.acidoph., z.–s.photoph., a-/m.nitroph. - arkt-alp - s.selten (2); Vog, süSch, *Ts*, Rhön, BayW, ThW, Erz, *Rothaargeb., WeBgl,* Hz

Sphaerophorus globosus (Hudson) Vainio [S. coralloides Pers.]
In montanen und hochmontanen, ozeanischen, meist s.niederschlagsreichen, zumindest nebelreichen Lagen auf Felsen aus Silikatgestein, meist an voll beregneten Schräg- und Vertikalflächen zusammen mit Blattflechten und Moosen (z.B. ähnl. *Parmelia omph.* (↑) und *Bryoria bicolor* (↑), ferner am Stamm alter Laub- und Nadelbäume, besonders Buche und Tanne in natürlichen Buchen-Tannen- und Tannen-Fichten-W. (ähnl. *Bryoria bicolor*), an kühlen, aber nicht ausgeprägt kaltluftstauenden oder winterkalten Standorten, m.–s.acidoph., (z.)m.photoph.–z. skioph., s.–e.hygroph., anitroph. – (arkt·atl-)bor·subatl-mieur· subatl-med·mo, oz – selten (2); Sch, Vog, PfW, Hu, Eif, *Ts*+, Rhön, ThW, Erz, Hz, *WeBgl,* Al

Sphaerophorus melanocarpus (Sw.) DC. [S. compressus Ach.]
In montanen, niederschlagsreichen Lagen an kühlen, e.luftfeuchten, z.wintermilden, ozeanischen Standorten auf reich bemoosten, substratfrischen (oft bergfeuchten) Flächen auf kalkfreiem Silikatfels (Sandstein) in Tannen-W., z.B. mit *Sphenolobus minutus* vergesellschaftet, z.–s.acidoph., z.skioph.–m.photoph., s.–e.hygroph., substrathygroph., anitroph. – mieur·atl-med·mo, oz – s.selten (0); nöSch (*Alpirsbach,* Reinerzau), *Vog,* PfW, Lux, *WeBgl, Hz,* Sächs.Schweiz

Sphinctrina Fr.

1 Sp. ellipsoid, zugespitzt, 10,5–15 × 6,5–8,5 µm. Ap. -0,4 mm hoch, oft ± eingesenkt. Köpfchen -0,35 mm breit, schwärzlich bis d.braun. Stiel kurz bis fehlend . . . . **S. tubiformis**
1* Sp. (fast) kugelig bis eckig 2
2 Sp. deutlich warzig, kugelig, reif 7,5–9,5 × 6,5–8,5 µm. Ap. -0,4 mm hoch, Köpfchen -0,25 mm breit, glänzend schwarz. Stiel deutlich, kurz. Exc. K–. Abb. 57a . . . . **S. anglica**
2* Sp. undeutlich warzig, reif 5,5–7,5 × 4,5–6,5 µm. Ap. -0,4 mm hoch, Köpfchen -0,4 mm breit, schwarz bis d.braun. Stiel kurz oder fehlend. Exc. (Schnitt) K+ rot. Abb. 57b . . . . **S. turbinata**

Sphinctrina anglica Nyl. [S. microcephala (Sm.) Körber, S. pinicola Körber]
Auf Nadelbaumrinde (v.a. Kiefer) und Holz, selten Eiche, fraglich ob lichenisiert und mit eigenem Lager oder lichenicol – s'bor-mieur – selten (1); Sch, *O, SFW, Ml*

Sphinctrina tubiformis Massal. [S. microcephala Nyl.]
Nicht lichenisiert, parasit./parasymbiont. auf rindenbewohnenden Pertusarien, v.a. auf *P. leioplaca* (↑), auch ähnl. *S. turbinata* (↑), besonders in wenig gestörten, nicht eutrophierten Wäldern, anitroph. – mieur·subatl-med·mo – selten *(0)*; *Sch,* Hü, *O, Sp, Rh-Mn-T*

Sphinctrina turbinata (Pers.: Fr.) De Not. [S. gelasinata (With.) Zahlbr.]
Nicht lichenisiert, parasit./parasymbiont. v.a. auf *Pertusaria pertusa* (↑), seltener anderen *Pertusaria*-Arten des Pertusarietum hem., bis in montane Lagen, v.a. auf

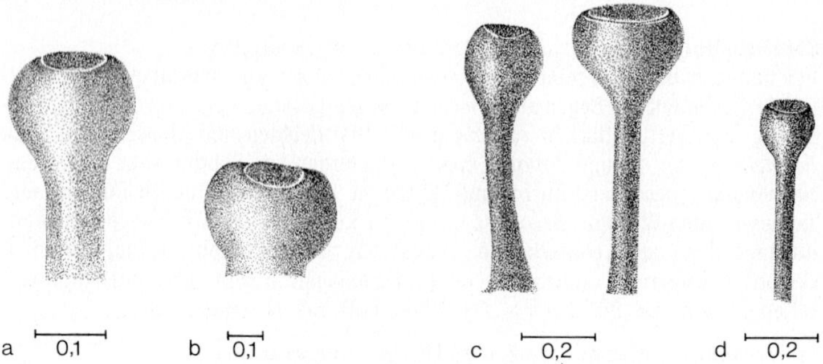

Abb. 57. Fruchtkörper von *Sphinctrina* und *Stenocybe*. a: *Sphinctrina anglica*. b: *S. turbinata*. c: *Stenocybe major*. d: *S. pullatula*. Angaben in mm.

alten Buchen, Eichen, Hainbuchen; s.empfindlich gegen Eutrophierung - s'bor-med·mo - selten (2); *O*, Sp, *nöRh*, Sb, *Bo, SJu*, süHü-HRh, *SFW*, Mos

Spilonema Bornet

(Bestimmung ↑ Polychidium)

Spilonema paradoxum Bornet
Auf Silikatgestein an besonnten, zeitweise sickerfeuchten Flächen, m.acidoph.-subneutroph., photoph., m.nitroph. - bor-med - s.selten, vermutlich süSch

Spilonema revertens Nyl.
Auf neutralem und basischem oder leicht kalkhaltigem Silikatgestein, z.B. auf Basalt, an lichtreichen, zeitweise sickerfeuchten Flächen, im Gebiet ähnl. *Peltula* (↑), auch in der Nähe von Bächen, in alpinen Lagen auch an kleinen lange taufeuchten Steinen - subneutroph., photoph., subhydroph., m.nitroph. - bor-smed - s.selten (1); Bo, *Fi*, BayW

Sporastatia Massal.

1 Lager gelbbraun, braun (bis schwärzlich), oft mit etwas verlängerten Randareolen, oft glänzend, auf schwarzem Vorlager. Ap. uneben-rillig
. . . . **S. testudinea** (Ach.) Massal.

1* Lager h.grau, bläulichgrau, gegen den Rand auch gelblichgrau, meist ohne verlängerte Randareolen, Vorlager deutlich bis undeutlich
. . . . **S. polyspora** (Nyl.) Grumm. [*S. cinerea* (Schaerer) Körber]

Squamarina Poelt

1 Lager deutlich rosettig, am Rand deutlich gelappt, im Innern areoliert-schuppig, Lappen mit aufgebogenen Rändern, weißlich, grünlichweiß, blaß bräunlichgrün, unterseits weiß. Mark/Lager P-, K-, C-. Ap. -1,5(2,5) mm, meist h.braun, ± flach, mit weißem, zuletzt verschwindendem Rand. Sp. 9-12 × 4-5 µm. Usnin-S. . . . . **S. lentigera**

1* Lager höchstens jung rosettig. Mark P- oder P+ gelb. Ap. gewöhnl. größer . 2

2 Ap. -10 mm, meist ockergelb, konkav bis flach, oft nur undeutlich berandet. Lager schuppig. Schuppen 2-5 mm groß, (1 mm) dick, konkav, starr, weißl.grün bis ockeroliv, weiß berandet, zerstreut bis gedrängt. Sp. 11,5-18,5 × 5-7 µm. Mark P+ gelb, K-, C-. Psorom-S., Isousnin-S. . . . . **S. gypsacea**

2* Ap. -4 mm, braun bis rotbraun, flach bis gewölbt, mit zuletzt verschwindendem Rand. Lager schuppig, Schuppen -0,5 mm dick, gewölbt bis konkav oder unregelmäßig, grünlich bis grünweiß, bereift oder reiflos, meist unregelmäßig bis dachziegelig stehend, am Lagerrand oft vergrößert. Sp. 10-15 × 4-6 µm. Lager P-, K-, C-, Mark P- oder P+ gelb. Usnin-S., ±Psorom-S. . . . . **S. cartilaginea**

Squamarina cartilaginea (With.) P.James [S. crassa (Hudson) Poelt, Lecanora c. (Hudson) Ach.]
In sommerwarmen, meist niederschlagsarmen, kollinen bis montanen Lagen auf angewittertem bis stark zerklüftetem kalkreichem Gestein, seltener auf kalkreichen Steinböden und flachgründigen, steinigen bis sandigen, humosen Lehmböden, dann meist in Lücken von Trockenrasen (hier Standortamplitude mit *S. lentigera* überschneidend), an warmen, besonnten, trockenen Standorten, basiph., (z.)s.photoph., (a-)m.nitroph. - mieur-subatl-med - selten (3); Ju, SJu, FrJu, Mn, s.selten süHü, Bo, Saar, nöPf, Eif, *Rh+, nöHü, Lahn,* He (z.B. Meißner-Vorland)

Squamarina gypsacea (Sm.) Poelt [Lecanora g. (Sm.) Th.Fr.]
In alpinen Lagen, selten tiefer, auf ± verwittertem, kalkreichem Gestein, in Felsspalten an lichtreichen, aber meist absonnigen Standorten, oft mit *Lecidea lurida* - mieur-med, alp/pralp - Al, SJu, ?Ju

Squamarina lentigera (Weber) Poelt [Lecanora l. (Weber) Ach.]
In kollinen und submontanen, sommerwarmen, niederschlagsarmen Lagen auf kalkreicher Feinerde, auf Gipsböden, auch auf Moose übergehend, in Lücken von Trockenrasen, ähnl. *Fulgensia fulgens* (↑) - (arkt-atl-)mieur-med - selten (1); Mn, sonst s.selten: süHü, nöHü, HRh, süRh, *Ne, Ju, FrJu, nöRh+, Rh-Mn-T, Lahn,* He, Bit, Eif, Th, *Do*

Staurothele Norman

Hymenialalgen 1-2zellig, um (3)4-8(12) × 2-4 µm oder kugelig-vieleckig, um 2-4(5) µm.

1 Auf kalkfreiem Silikatgestein. Sp. zu 2 im Ascus 2
1* Auf Kalkgestein. Sp. zu 1–8 im Ascus 4
2 Hym.algen länglich bis stäbchenförmig, 5–12 × 2–4 µm. Flechte hoher Lagen. Vgl. *S. areolata* (6)
2* Hym.algen ± kugelig(-stumpfeckig), 2–4(5) µm 3
3 Per. in halbkugelige, 0,3–0,6 mm breite Lagerwarzen eingesenkt. Lager d.(rot-)braun, schwarzbraun, d.grünbraun, meist dünn-ergossen, ± (fein)rissig, sonst glatt, oft glänzend. Sp. 30–50 × 13–22 µm, zuletzt braun. Abb. 7a . . . . **S. fissa**
3* Per.warzen –0,3 mm. Lager warzig areoliert, dicklich, graubraun, kastanienbraun bis (selten) d.braun, matt, oft h.grau bestäubt, s.variabel, fruchtende Areolen deutlich größer als sterile. Sp. 33–48 × 12–22 µm, obere Sp. breiter und oft länger als untere, zuletzt h.braun. Abb. 58 d . . . . **S. frustulenta**
4 Sp. zu 1, 2 oder 4 im Ascus, farblos bis d.braun 5
4* Sp. zu 6–8 im Ascus, farblos oder zuletzt braungelblich bis (gold-)rötlich . . 9
5 Lager kräftig, rissig, rissig areoliert, warzig areoliert, auch fast schollig areoliert. Per. um 0,3 mm, weitgehend in ± halbkugelige Lagerwarzen/Areolen eingesenkt, mit dem Scheitel vorragend, manchmal vom Lager umwallt und wie berandet. Sp. zu 2, 30–50 × 12–24 µm, zuletzt meist braun. Exc. farblos bis h.braun. Invol. schwach entwickelt, d.braun bis schwarz 6
5* Lager undeutlich, s.dünn bis endolithisch. Hym.algen ± kugelig(-polyedrisch), 2–5 µm 7
6 Hym.algen länglich-stäbchenförmig, 5–12(18) × (2)3–4(5) µm. Lager uneben, (d.)braun bis schwarzbraun, im Herbar mitunter h.grau bereift. Kalkhaltiges Gestein an gedüngten Stellen in hohen Lagen; bor-alp, z.B. Al . . . . **S. areolata** (Ach.) Lettau [*S. clopima* auct.]
6* Hym. algen ± kugelig(-polyedrisch), 2–5 µm. Lager grau- bis kastanienbraun, selten d.braun, meist h.grau bereift . . . . **S. frustulenta (3)**
7 Per. halbkugelig bis kegelig vortretend, nach dem Ausfallen keine tiefen Gruben im Gestein hinterlassend, um 0,5 mm breit, mit deutlichem Invol. Sp. zu 2, 30–50 × 12–24 µm, zuletzt d.braun. Lager schorfig-staubig, grau, bräunlichgrau . . . . **S. rufa**
7* Per. ins Gestein eingesenkt, nicht oder leicht vortretend, nach dem Ausfallen deutliche Gruben hinterlassend, –0,4 mm, ohne Invol. 8
8 Sp. farblos, zuletzt blaß braungelblich bis rötlich, einzeln, selten zu 2, 55–88 × 18–28 µm (wenn zu 2, dann auch kleiner, bis 40 × 15 µm herab). Exc. (braun-)schwarz . . . . **S. guestphalica**
8* Sp. bald d.braun, zu 2 oder 4, 30–52 × 15–25 µm. Per. –0,2(0,4) mm, zahlreich, weitgehend vom Lager bedeckt. Exc. innen hell, außen d.braun bis schwarz. Lager grauweiß bis bräunlich, endolithisch oder als dünne mehlige Schicht; bor-mieur·h'mo, SJu, Alpen, Th, ?Ju . . . . **S. rupifraga** (Massal.) Arnold
9 Per. ins Gestein eingesenkt, nach dem Ausfallen deutliche Gruben hinterlassend, ohne Invol. Lager undeutlich, meist bläulichgrau bis h.grau, ± endolithisch. Sp. 25–50 × 12–24 µm, farblos bis gelblich oder leicht rötlich/bräunlich. Nahe verwandte Sippen **10**

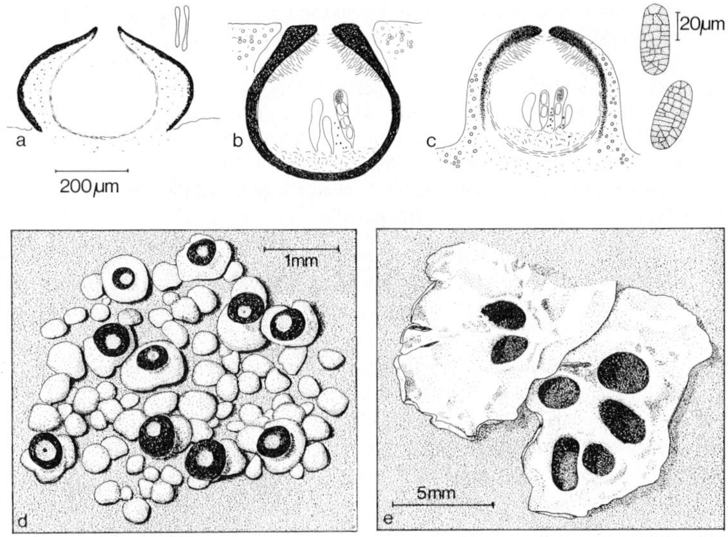

Abb. 58. a: *Sarcopyrenia gibba*, Perithecium und Sporen. b: *Staurothele caesia*, Perithecium. c: *Staurothele fissa*, Perithecium (mit halbiertem Invol.) und Sporen. d = *Staurothele frustulenta*, Lagerareolen mit Perithecien. e = *Solorina saccata*. Lager mit eingesenkten Apothecien.

9* Per. halbkugelig vortretend, nach dem Ausfallen keine deutlichen oder nur flache Gruben hinterlassend, mit Invol. Sp. farblos bis blaß rötlich oder gelblich. Nahe verwandte Sippen. Trennung problematisch **11**

10 Hym.algen länglich (4–6 × 1–2 µm). Per. -0,35 mm. Sp. 25–40 × 12–20 µm, farblos, dann gelblich bis braun . . . . **! S. bacilligera**

10* Hym.algen kugelig(-polyedrisch), 2,5–5 µm. Per. (0,3–)0,5(0,7) mm. Sp. (25) 30–40(48) × 15–23(25) µm, farblos, dann oft rötlich oder braungelblich. Abb. 58b . . . . **! S. caesia**

11 Lager epilithisch, gewöhnlich kräftig entwickelt, areoliert bis kleinkörnig, braungelb bis d.braun, grünlichgrau, Areolen runzelig. Per. halb in das Lager (kaum ins Substrat) eingesenkt, -0,5(0,6) mm, Mündung meist braun erscheinend. Hym.algen gewöhnlich länglich, 2–7 × 1,5–3 µm, aber gelegentlich auch ± kugelig. Sp. bis 8:4-teilig (bis 7 Querwände und, pro Quer„etage", bis 3 Längswände), um 22–38 × 12–20 µm . . . . **! S. rugulosa**

11* Lager dünn, undeutlich bis feinkörnig. Hym.algen kugelig(-polyedrisch), oft auch längliche untermischt **12**

12 Lager weißlichgrau, schorfig, oder undeutlich. Per. 0,5–1 mm, oft s.rauh, mitunter ± bereift, halb eingesenkt und ± flache Gruben hinterlassend. Mündung meist nicht braun erscheinend. Sp. bis 8:4-teilig, (20)28–47 × 14–22 µm .... **! S. hymenogonia**

12* Lager schwärzlich, fein runzelig oder feinkörnig. Per. -0,5 mm, ± aufsitzend, unbereift. Sp. bis 10:5-teilig, (30)35–45 × 15–22 µm .... **! S. succedens**

Staurothele bacilligera (Arnold) Arnold
In montanen und alpinen Lagen auf Karbonatgestein (v.a. Kalkstein, Dolomit) an lichtoffenen Standorten – mieur – SJu, Ju, *FrJu*

Staurothele caesia (Arnold) Arnold
V.a. in submontanen und montanen Lagen auf kalkreichen Gesteinen (Kalkstein, Dolomit) an lichtoffenen Stellen, basiph., photoph., xeroph. – mieur – Ju, süHü, SJu, *FrJu*, Eif

Staurothele fissa (Taylor) Zwackh [S. hazslinszkyi (Körber) Blomb. & Forss.]
In montanen bis alpinen, meist niederschlagsreichen Lagen auf gewöhnlich kalkfreien Silikatgesteinen an oft überschwemmten oder langzeitig spritzwasserfeuchten Stellen an klaren Bächen, ähnl. *Hymenelia lac.* (↑), wohl an durchschnittlich etwas länger nassen Standorten als diese, auch an schattigen, sickerfeuchten Felsen, subneutroph. – (arkt-)bor-smed·mo (-med·mo) – selten (3); süSch, Vog, Eif, *O+*

Staurothele frustulenta Vainio [S. catalepta auct., non (Ach.) Blomb. & Forss., ? S. ambrosiana (Massal.) Zsch., ? S. clopima auct.]
Bis in alpine Lagen auf Karbonatgesteinen sowie auf leicht kalkhaltigen (bzw. kalkstaubimprägnierten) Silikatgesteinen an meist nährstoffreichen, gedüngten, staubimprägnierten Standorten, v.a. auf anthropogenen Substraten (Mörtel von Mauern usw.), hier ähnl. *Candelariella medians* (↑), *Calopl. sax.*, auch an gelegentlich überschwemmten Stellen an Flüssen, basiph.–neutroph., photoph., z.–s.nitroph. – bor-smed – z.selten durch das Gebiet

Staurothele guestphalica (Lahm ex Körber) Arnold
In der kollinen und montanen Stufe auf Kalkgesteinen (Kalkstein, Kalkmergel), z.B. auf Steinen und niedrigen Blöcken in Halbtrockenrasen, Lesesteinhaufen – (s'bor-)mieur – SJu, Ju, *FrJu*, Eif, Th

Staurothele hymenogonia (Nyl.) Th.Fr. [S. ventosa (Massal.) Sydow]
Bis in alpine Lagen auf Kalkgestein, oft auf porösem, körnigem, auch nur m.kalkreichem Substrat, wie kalkhaltigem Sandstein, sandigem Dolomit, auch auf Mörtel, m.–z.photoph., basiph. –(bor-)mieur(-med) – Ne, Saar, Al, SJu

Staurothele rufa (Massal.) Zsch.
Bis über die Waldgrenze auf kalkreichen Gesteinen, auf Felsen, Steinen, auch auf Mauern – mieur-med, alp/pralp – süHü-HRh, Ju

Staurothele rugulosa (Massal.) Arnold
Bis in montane Lagen auf Karbonatgestein, oft auf Substraten mit körnig-rauher Oberfläche, auf schwach kalkhaltigem Sandstein wie auf Kalkstein und Dolomit, oft

an anthropogenen Substraten wie Mauern (auch auf Mörtel, Ziegel), neutroph.-basiph., m.-s.photoph. - mieur-med - selten (3); *süHü, Rh,* O, nöHü, nöPf, Ne, Al

Staurothele succedens (Rehm ex Arnold) Arnold
Montan-hochmontan, auf schwach kalkhaltigen bis kalkreichen Gesteinen an langzeitig sickerfeuchten, lange taufeuchten oder überrieselten Flächen, zumindest aber an s.luftfeuchten Orten, oft an Bächen, in Schluchten, subneutroph.-basiph., z. skioph.-m.photoph. - bor-mieur - SJu, Eif, Al

Steinia Körber

(Bestimmung ↑ Lecidea TS 1)

Steinia geophana (Nyl.) B.Stein [Lecidea g. Nyl.]
Bis in montane Lagen auf frischen, sandigen, kalkarmen bzw. oberflächlich entkalkten Lehm- und Sandböden, an Wegrändern, an frischen Erdrainen, in Vegetationslücken, an gestörten bzw. ephemeren Standorten, selten auf faulen Baumstümpfen oder an kleinen Steinen, m.acidoph.-subneutroph., substrathygroph., m.-z.photoph. - bor-mieur - selten; Ne, ThW

Stenhammarella Hertel

(Bestimmung ↑ Lecidea)

Stenocybe (Nyl.) Körber

(Schlüssel incl. Phaeocalicium)

Phaeocalicium: ohne Lager, nicht lichenisiert. Asci zylindrisch, an der Spitze stark und einheitlich verdickt. Sp. (d.)braun, 1reihig im Ascus, 1-2zellig. Exc. gut entwickelt.

1 Sp. reif 4zellig, gewöhnlich über 13 µm lang. Ap.köpfchen im Umriß schmal becherförmig bis keulig (Abb. 57c, d) 2
1* Sp. 1-2zellig, bis 13 µm lang, (d.)braun. Ap.köpfchen (kugelig-) kreiselförmig 3
2 Am Stamm alter Tannen, oft mit *Loxospora*-Arten und (scheinbar) auf diesen wachsend. Ap. 0,8-1,6 mm hoch. Stiel -0,1 mm, Köpfchen -0,4(0,5) mm. Sp. 20-32 × 7-10 µm, d.braun . . . . **S. major**
2* An Erlenzweigen *(Alnus)*. Ap. -0,6(0,8) mm hoch. Stiel -0,07 mm. Köpfchen -0,15 mm, jung kugelig. Sp. (10)14-21 × (3,5)4-5(6) µm, blaß graubraun, lange 1-2zellig, später 4zellig . . . . **S. pullatula**
3 An Pappeln *(Populus)*. Ap. -0,6 mm hoch, Köpfchen nicht zus.gedrückt, kreisel-

bis linsenförmig, schwarz. Sp. reif 2zellig, mit oft s.dünnem Septum, oft noch 1zellig, 10–13 × 4–6 µm. Stiel schwarz- bis olivbraun . . . . **Phaeocalicium populneum**

3* An Erlen 4

4 An Grünerlenästchen *(Alnus viridis)*, ohne eigenes Lager. Ap. -0,5 mm hoch, Köpfchen ± konisch, aber reif zus.gedrückt. Sp. reif 1zellig, 9–14 × 4–5,5 µm . . . . **Phaeocalicium compressulum**

4* An Schwarzerle, Grauerle. Köpfchen im Umriß schmal becherförmig-keulig, nicht zus.gedrückt. Sp. 10–15 × 3,5–6 µm . . . . **S. pullatula**

Stenocybe major Nyl. ex Körber [S. euspora (Nyl.) Anzi]
In montanen und hochmontanen, s.niederschlagsreichen Lagen in naturnahen Tannen-Buchen- und Tannen-Fichten-W. am Stamm alter Tannen, oft auf/neben *Loxospora elat.* (↑), an kühlen bis kalten (Kaltluftstau), s.–e.luftfeuchten, windgeschützten Orten, z.–s.anombroph. - zentr·mo - s.selten (2); Sch, Vog, BayW, Al, über 900 m

Stenocybe pullatula (Ach.) B.Stein [S. byssacea (Fr.) Körber]
Bis in die montane Stufe auf dünnen, meist absterbenden und toten Zweigen von Erle (im Gebiet fast nur Schwarzerle) in bachbegleitenden Erlen- und Erlen-Eschen-Beständen, meist an Uferbäumen in Kontakt zu Wiesen in kühl-luftfeuchten Tälern, in stark ackerbaulich genutzten Gebieten kaum vorhanden, Eutrophierung (Staubanflug) meidend (Konkurrenz durch Grünalgen), z.acidoph., mesoph.–s.hygroph., z.photoindiff., anitroph. - bor-mieur(-smed) - z.selten; verbreitet mit Ausnahme luftverschmutzter und stark ackerbaulich genutzter Gebiete, Schwerpunkt Sch, O, Sp, SFW, Do-Av

Stereocaulon Hoffm.

Hinweis: Reaktionen an den Phyllocladien vornehmen, mit P oft relativ schwach.

1 Grundständiges Lager (Primärthallus) bleibend, schuppig, warzig-körnig oder areoliert. Podetien klein, oft fehlend 2

1* Grundständiges Lager verschwindend. Podetien auffällig 5

2 Lager areoliert, auf Gestein. Areolen anliegend, mit dunklerer (± oliver) Mitte und leicht erhabenen weißlichen Rändern. Ohne Cephalodien. Zwischen den Areolen meist schwärzliche Blaualgen. Ohne Podetien. Ap. schwarz, sitzend, berandet, -1,5 mm. Sp. 4-6zellig, 25–40 × 6–7 µm. P± gelb. Lobar-S. . . . . **S. leucophaeopsis**

2* Grundständiges Lager anders, nicht mit Areolen mit dunklerer Mitte. Podetien vorhanden oder nicht entwickelt 3

3 Grundständiges Lager aus aufsteigenden bis aufrechten, muschelförmigen bzw. zum freien Ende hin verbreiterten, auf der Unterseite sorediösen, -1(2) mm großen Schuppen, die schließlich auch in einer Ebene verzweigt sein können. Podetien bis 10(15) mm, oft schlecht entwickelt, wesentlich kürzer oder fehlend,

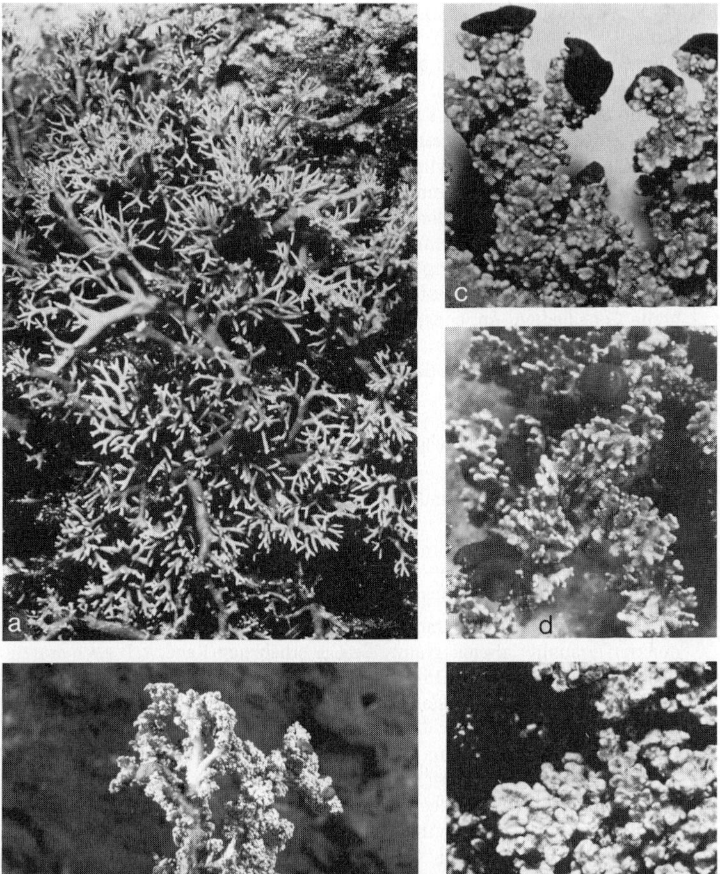

Abb. 59: *Sphaerophorus* und *Stereocaulon*. a: *Sphaerophorus globosus*, Lager (ca. 1×). b: *Stereocaulon alpinum*, Podetium (1,5×). c und d: *S. dactylophyllum*, Podetien mit Apothecien bzw. Phyllocladien (8×/7×). e: *S. vesuvianum*, Phyllocladien (7×) (b aus Henssen & Jahns 1974, Lichenes, Thieme).

mit unterseits sorediösen, –2 mm großen Schuppen. P± gelblich. Lobar-S. . . . . **S. nanodes**

3* Grundständiges Lager nicht aus solchen unterseits sorediösen, aufsteigenden Schuppen **4**

4 Auf Gestein festgewachsen. Podetien mit endständigem kugeligem Soral, stiftartig, gewöhnlich unverzweigt, um 3–5 mm hoch, ± zerstreut stehend, mit spärlichen warzigen bis zylindrischen Phyllocladien. Grundständiges Lager warzig (Phyllocladien bis 3 mm). P± gelblich. Lobar-S. . . . . **S. pileatum**

4* Auf sandigen bis kiesigen Böden. Podetien nicht mit endständigem kugeligem Soral, gewöhnlich fehlend, einfach bis spärlich verzweigt, –1(1,5) cm, ± warzig. Grundständiges Lager warzig-körnig bis krustig, selten aus kurzzylindrischen Phyllocladien, dazwischen halbkugelige, rotbraune bis schwärzliche, 0,5–1 mm breite Cephalodien. Ap. endständig auf den Podetien oder dem Lager aufsitzend. P± gelblich. ± Lobar-S. **S. condensatum**

5 Phyllocladien P+ orange. Stictin-S., ±Norstictin-S. Ap. endständig an kurzen Seitenästen **6**

5* Phyllocladien P± gelb. Ohne Stictin-S. **8**

6 Podetien am Stämmchen (v.a. Unterseite) deutlich schwammig-filzig, niederliegend bis aufrecht, mit unterscheidbarer Ober- und Unterseite. Phyllocladien warzig bis meist verflacht und schuppig, rundlich, ± dichtstehend, einander oft überlappend. Ap. klein, –0,6 mm. Filz grau. Cephalodien undeutlich, im Filz versteckt, mit *Nostoc*. Auf Erde und Gestein. * . . . . **S. tomentosum**

6* Podetien ohne deutlichen Filz, an Gestein festgewachsen, aufrecht oder niederliegend-aufsteigend. Cephalodien selten, rauh bis warzig, mit *Stigonema* . . **7**

7 Phyllocladien wenigstens zum Teil rundlich-schildförmig und in der Mitte dunkler (grauoliv) als am grauweißen, ± erhabenen Rand, z.T. auch warzig. Podetien s.variabel, meist 15–40 mm hoch, verzweigt bis unverzweigt, kompakte Polster oder lockere Rasen bildend, ± dicht schuppig bis warzig bekleidet, v.a. im Spitzenbereich der Podetien mitunter sorediös aufbrechend. Im Gebiet Ap. oft fehlend, –1 mm. * (Abb. 59e) . . . . **S. vesuvianum**

7* Phyllocladien nicht schildartig-rund, sondern fingerartig geteilt bis zylindrisch oder korallenartig ästig oder verflacht und stark gekerbt. Ohne Sorale. Ap. häufig, braunschwarz bis rotbraun, anfangs flach und heller berandet, später gewölbt-randlos, –1,3(2) mm. * (Abb. 59c, d) . . . . **S. dactylophyllum**

8 Mit endständigen kugeligen Soralen auf –5 mm hohen, meist unverzweigten, stiftförmigen Podetien . . . . **S. pileatum (4)**

8* Podetien anders, gewöhnlich nicht sorediös **9**

9 Podetienstämmchen ohne deutlich unterscheidbare Ober- und Unterseite, allseits verzweigt, filzig. Phyllocladien warzig-körnig **10**

9* Podetienstämmchen mit deutlich unterscheidbarer Ober- und Unterseite, niederliegend bis aufrecht. Phyllocladien größtenteils schuppig-verflacht oder fingerartig-zerteilt bzw. gekerbt. Ap. selten, endständig. Lobar-S. **11**

10 Cephalodien deutlich, zahlreich, braunschwärzlich, rauh, mit *Stigonema*-Algen. Podetien aufrecht bis niederliegend, dicht körnig-warzig, Körner traubig gehäuft. Ap. selten, –2 mm. Lobar-S. (selten nur Atranorin). Ausgestorben

. . . . **S. paschale**

10* Cephalodien klein, spärlich, graugrün bis braun, deutlich kugelig, mit *Nostoc*. Podetien aufrecht, -3 cm hoch. Ap. endständig, meist 1-2 mm breit. Filz grau, ± zus.hängend-schwammig. Phyllocladien kleinwarzig, zerstreut, im Filz halb versteckt, -0,2 mm im Durchmesser. ±Lobar-S. . . . . **S. incrustatum**

11 Podetien unterseits nicht oder s.schwach filzig. Cephalodien undeutlich, selten, mit *Stigonema* **12**

11* Podetienstämmchen unterseits deutlich filzig **13**

12 Podetienstämmchen schlank, zart, unterseits nicht oder s.schwach filzig, meist reich von der Basis aus verzweigt. Phyllocladien verflacht, fingerartig geteilt, weißlich bis aschgrau, an den Astspitzen oft gedrängt. Lager dichtpolsterig-gewölbt bis lockerrasig. Meist locker an Felsen festgewachsen. *
. . . . **S. evolutum**

12* Podetien gedrungen, an jungen Ästen unterseits graufilzig, ältere Stämmchen kahl, im zentralen Teil des Lagers unterseits geschwärzt. Lager meist auffallend flachpolsterig. * . . . . **S. saxatile (13)**

13 Filz weißlich, cremefarben, rosa bis grau. Phyllocladien grauweiß, anfangs warzig, später schollig bis schuppig, am Rand gekerbt bis fingerförmig zerteilt. Podetien niederliegend und flachpolsterige Lager bildend bis seltener aufrecht, Stämmchen meist weißlich. Cephalodien spärlich, klein, unauffällig, blaugrünlich, mit *Nostoc*, im Filz versteckt. Auf kiesigen, steinigen Böden. * (Abb. 59b) . . . . **S. alpinum**

13* Filz aschgrau, meist nur an jungen Ästen vorhanden. Phyllocladien meist grau, an den Ästen dicht krustig gedrängt, flach bis gewölbt, tief gekerbt bis fingerartig (korallenartig) geteilt. Lager flache, z.T. ausgedehnte, unterseits im Zentrum weithin geschwärzte Polster bildend. Cephalodien selten, mit *Stigonema*. Auf Felsen und kiesigen Böden. * . . . . **S. saxatile**

Stereocaulon alpinum Laurer
In subalpinen und alpinen Lagen, selten tiefer (langzeitig offene Böden, z.B. auf Bergwerkshalden), gewöhnlich auf Moränenböden und Alluvionen an lange schneebedeckten Stellen, im Gebiet ähnl. *S. tomentosum* - arkt-mieur·alp - s.selten (1); *nöSch (Bulach, +)*; süSch (1×)

Stereocaulon condensatum Hoffm.
V.a. in niederen Lagen auf sauren, durchlässigen, offenen, s.nährstoffarmen, humusarmen, sandigen, grusigen und kiesigen Böden, auf Sanddünen, an flachgründig-felsigen Stellen, oft an gestörten, sich konsolidierenden Orten, z.B. Bergwerkshalden, in Heiden, Pionierflechte auf sterilen Böden, z.B. ähnl. *Dibaeis baeomyces* (↑) - bor-mieur - s.selten *(0)*; süSch, Pf, *Rh-Mn-T, Ts, Vgb, We,* Eif, *Mfr,* Erz, *BayW*

Stereocaulon dactylophyllum Flörke [S. coralloides Fr.]
In montanen und hochmontanen Lagen auf kalkfreien Silikatgesteinen, ähnl. *Lecidea lith.* (↑), jedoch ohne stark ausgeprägten Pioniercharakter - bor-mieur - selten (3); süSch und Vog z.selten, sonst (s.)selten: nöSch, O, PfW, *Sp,* Ts, We, Eif, He (Vgb, Rhön, Meißner), ThW, Erz, BayW, Al

Stereocaulon evolutum Graewe
In hochmontanen bis alpinen, niederschlagsreichen Lagen, selten in der montanen Stufe, auf kalkfreien Silikatgesteinen, v.a. an schattigen, auch erdinkrustierten und bemoosten Flächen, ähnl. *Cladonia macrophylla* (↑) z.acidoph., m.–z.(s.)photoph. – bor·atl-mieur(atl)-med(atl) – s.selten (R); süSch, nöSch, Vog

Stereocaulon incrustatum Flörke
Auf mageren Sand- und Kiesböden, ähnl. *S. tomentosum* (↑) – bor-mieur, ko – s.selten; Rhön, Pf, *Ts*, süSch?, Fi

Stereocaulon leucophaeopsis (Nyl.) P.James & Purvis [Toninia l. (Nyl.) Th.Fr.]
Auf schwermetallreichen, v.a. nickelreichen Silikatgesteinen, besonders auf kleinen Blöcken und Steinen, z.B. im Bereich von Erzbergwerken; im Gebiet nur ein vom Hauptareal weit entferntes Vorkommen auf nickelreichen Abraumsteinen an oft taufeuchten Steinen; z.acidoph., substrathygroph., e.schwermetallresistent – bor·atl/subatl(-mieur·mo) – s.selten (1); süSch

Stereocaulon nanodes Tuck. [S. tyroliense (Nyl.) Lettau]
Bis in alpine Lagen auf kalkfreien, meist harten, eisenreichen Gesteinen, oft an mineralreichem bzw. basischem Silikatgestein, oft an Extremstandorten (hoher Schwermetallgehalt, Erzschlacken, Abraum, Eisenbahnschotter, an lange schneebedeckten Stellen usw.), klimatisch wenig spezifisch, doch häufig an länger taufeuchten Orten, Pionier, synanthrop, subneutroph.–s.acidoph., m.–s.photoph., e. schwermetallresistent – bor-mieur – selten, aber sich ausbreitend und übersehen; z.B. Sch, O, Rh, Rhön, Eif, BayW

Stereocaulon paschale (L.) Hoffm.
Im Gebiet wohl ähnl. *S. tometosum* (↑) – bor(-mieur) – früher selten, heute +; von süSch, Pf, Sp, Rh-Mn-T, Vgb, Rhön, Eif, Erz, Av angegeben; die meisten Angaben sind falsch

Stereocaulon pileatum Ach. [S. saxonicum Bachm.]
Vorwiegend in der montanen Stufe auf kalkfreien, aber meist mineralreichen bzw. basischen, auch eisenreichen Silikatgesteinen, an großen Steinen, bodennahen, meist nur m.geneigten, häufig taufeuchten und schwach sickerfeuchten Felsflächen, auch auf Schlacken und Abraum von Erzbergwerken, ferner auf Dachziegeln, meist an strahlungsexponierten Orten, toxitoleranter Pionier, subneutroph.–s.acidoph., z.–s.photoph. – (s')bor-mieur – selten; süSch, Vog, Eif, Rhön, Pf, O, Sp, Ne, SFW, ThW, Erz, BayW, auf Dachziegeln weiter verbreitet und sich ausbreitend

Stereocaulon saxatile H.Magn.
Ähnl. *S. vesuvianum* (↑), oft mit diesem vergesellschaftet – bor-mieur, subatl – s.selten; Rhön

Stereocaulon tomentosum Fr.
Bis in montane Lagen, selten höher, auf sauren, meist humus- und nährstoffarmen Sand- und Steinböden sowie auf sandigen Lehmböden, auf feinerdereichen Schotterflächen, meist festgewachsen auf Steinen oder Kies, v.a. auf ebenem und wenig geneigtem Gelände, im Gebiet offenbar s.konkurrenzschwach gegenüber höheren

Pflanzen, gewöhnlich an früher gestörten, zögernd sich konsolidierenden Standorten, wie an ehemaligen Erzbergwerken, Kiesgruben, an offenen Stellen in Heiden, an Wegen, z.-s.acidoph., z.-s.photoph. - bor-mieur - selten (1), heute fast überall ausgestorben; süSch, *nöSch*, Vog, *Pf*, *Ts*, Eif, *Rh-Mn-T*, *Sp*, *Ne*, *Ju*, *Do*, *Bo*, *Fr*, ThW, Erz, *BayW*, *Av*

Stereocaulon vesuvianum Pers. [S. denudatum Flörke]
In der montanen und hochmontanen Stufe in meist niederschlagsreichen Lagen v.a. auf basischen Silikatgesteinen (v.a. Basalt) in Blockmeeren an kühlen bis kalten, lange taufeuchten, aber auch zeitweise besonnten und s.warmen Stellen, lokal mitunter s.zahlreich, m.acidoph.-subneutroph., e.schwermetallresistent, m.-s.photoph., a-(m.)nitroph. - arkt-med·mo - selten, v.a. in den herzynischen Gebirgen, (R); v.a. Rhön; Vog (selten), *Ts*, süSch (s.selten), Meißner, ThW, Opf, BayW, Fi, Erz

Sticta (Schreber) Ach.

1 Lager mit graublauen Rand- und Oberflächensoralen, graubraun **S. limbata**
1* Lager ohne Sorale, mit flächenständigen Isidien, braun bis d.braun, mitunter schwierig unterscheidbar **2**
2 Lager matt oder leicht glänzend, ohne leistenartige Erhöhungen oder mit leichten, netzig verbundenen „Leisten", Isidien gewöhnlich über die ganze Fläche verteilt, zahlreich, oft z.groß. Lager breitlappig, Lappen kaum geteilt, meist breit gerundet. Ap. s.selten . . . . **S. fuliginosa**
2* Lager oberseits ± glänzend, Isidien s.klein, deutlich konzentriert auf leicht erhabenen, netzartig verbundenen „Leisten". Lager z.reich geteilt, meist ausgedehnter als bei *S. fuliginosa*. Lappen ± aufsteigend. Ap. unbekannt (Abb. 19c) . . . . **S. sylvatica**

Sticta fuliginosa (Hoffm.) Ach.
Ähnl. *S. sylvatica*, aber mehr auf Gestein, auch häufiger auf Nadelbäume (z.B. Zweige) übergehend, in niederen Lagen ausgeprägt substrathygroph. (über Moosen oder an schattig-sickerfeuchten Flächen) - mieur-med·mo, subatl, oz - s.selten (1); süSch, Vog, Eif, sonst +: *nöSch*, *PfW*, *MRh-Ts*, süHü, *Ju*, *O*, *Sp*, *He* usw.

Sticta limbata (Sm.) Ach.
Ähnl. *Nephroma laev.* (↑); gewöhnlich zus. mit Moosen bzw. über Moosen - mieur-med, atl - s.selten, +?; Vog, *WeBgl*

Sticta sylvatica (Hudson) Ach.
In niederschlagsreichen, ozeanischen Lagen auf Rinde und Silikatgestein an kühlfeuchten, nebelreichen Standorten, meist am Stamm alter Laubbäume auf dicker Borke mit hoher Wasserkapazität, oft auf Moosen, an e.luftfeuchten, schattigen Stellen auch auf Nadelbäume (und dann oft auf dünne Zweige) übergehend, in tieferen Lagen bemoostes, oft etwas feuchtes Gestein bevorzugend, etwas stärker (substrat-/aero-)hygroph. als *Lobaria pulm.* (↑) - mieur-med(mo), subatl, oz - selten

(1); süSch, Vog, Al (s.selten), SJu, sonst +: HRh, Eif, *Ju, nöSch, O, Sp, Vgb, He (z.B. Rhön, Meißner), süRhön, Rh-Mn-T, Pf, Ts, ThW*

Strangospora Körber

(Bestimmung ↑ Biatorella)

Strangospora deplanata (Almq.) Clauz. & Roux [Biatorella d. Almq.]
In kollinen und submontanen Lagen auf Laubbaumrinde, v.a. an *Populus tremula*, subneutroph. – s'bor-mieur(-smed) – s.selten (?); *Fr*, Mos, *Ml*

Strangospora moriformis (Ach.) B.Stein [Biatorella m. (Ach.) Th.Fr.]
Bis in die hochmontane Stufe v.a. auf zähmorschem, hartem, meist bearbeitetem Holz, ähnl. *S. pinicola* – bor-mieur – selten; Ju, Ne, O, Mos, Saar-Pf, Eif, Erz

Strangospora ochrophora (Nyl.) R.Anderson [Biatorella o. (Nyl.) Arnold]
In kollinen und (sub)montanen Lagen auf subneutralen Rinden, v.a. an Holunder, Pappel, Weide, in lichten Wäldern und Gebüschen, subneutroph. – bor-med – selten (?); nöRh, O

Strangospora pinicola (Massal.) Körber [Biatorella p. (Massal.) Anzi]
V.a. in kollinen und submontanen, seltener montanen Lagen auf zähem, hartem Holz, an Brettern, Pfosten usw., häufig auch an meist saurer Rinde von freistehenden Laub- (v.a. Pappel) und seltener Nadelbäumen (Kiefer), oft in der Nähe von Siedlungen, an Straßen, meist an leicht eutrophiertem (Staub) Substrat, m.(–z.)acidoph., z.–s.photoph., m.(–z.)nitroph., z.toxitol., oft nur mit wenigen Begleitern (z.B. *Lecanora varia, L. conizaeoides, L. pulicaris*) – mieur – m.häufig–z.selten; durch das ganze Gebiet, in Reinluftgebieten seltener als in m.belasteten

Strigula Fr.

(Bestimmung ↑ Porina)

Strigula affinis (Massal.) R.Harris [Porina a. (Massal.) Zahlbr., Arthopyrenia a. (Massal.) Boistel]
In kollin-submontanen, rel. warmen Lagen an glattrindigen Laubbäumen, v.a. Nußbaum, an z.trocken-warmen, lichtreichen Orten, subneutroph. – mieur-med – selten *(0)*; Hü, süRh, O, Eif, Th

Strigula glabra (Massal.) V.Wirth [Arthopyrenia g. (Massal.) J.Nowak & Tobol., Porina g. (Massal.) Zahlbr.]
Bis in montane Lagen auf glattrindigen Laubbäumen in schattigen, frischen Wäldern (feuchten Eichen-Hainbuchen-W., Schlucht-W.) in feuchten, milden bis kühlen Tälern, v.a. auf Hainbuche, Esche, Spitzahorn, Buche, m.acidoph.(–subneutroph.), z.skioph., anitroph., z.B. mit *Porina aenea* – mieur-smed – selten (?); süHü, süSch, SJu, Av, wohl auch Ne, Ju

Strigula stigmatella (Ach.) R.Harris [Porina faginea (Schaerer) Arnold]
V.a. in montanen und hochmontanen Lagen im Innern naturnaher Wälder auf Moosen oder direkt auf Rinde an der Basis bis zum Mittelstamm älterer Laubbäume, v.a. Buche, Bergahorn, auch auf bemoostem Silikatgestein, m.acidoph., s.hygroph., z.skioph., substrathygroph. - mieur-smed·mo, (oz) - selten (2); süSch, Vog, Ju, SJu, Ts, Th, *O, Bo, Au,* Al, BayW

Strigula sychnogonoides (Nitschke) R.Harris [Geisleria s. Nitschke]
In niederen Lagen auf nackten, humusfreien sandig-lehmigen bis lehmigen Böden, Pionierflechte an offenen, aufgelassenen Flächen in Lehmgruben und an ähnlichen Standorten (z.B. Böschungen), ähnl. *Thrombium ep.*, auch an Torfwänden, auf Holz und Silikatgestein (Kiesel) übergehend, oft mit *Saccomorpha ulig.*, m.acidoph.-subneutroph., photoph. - mieur - s.selten; N-Dtschl., *Ml, Do*

Synalissa Fr.

(Bestimmung ↑ Polychidium)

Synalissa symphorea (Ach.) Nyl. [S. ramulosa auct.]
Bis in subalpine Lagen auf Karbonatgestein, meist Kalkstein, selten auf kalkhaltigem Silikatgestein, an zeitweise sickerfeuchten, besonnten bis halbschattigen, z.warmen, meist steilen, oft zerklüfteten Schräg- und Vertikalflächen, erdinkrustierten Stellen, oft auf *Lecidea lurida* (↑), ähnl. *Collema crist.* (↑), basiph., photoph., subhydroph., m.(z.)nitroph. - (s'bor-)mieur-med·mo - z.selten; v.a. SJu, Ju, FrJu, Th, sonst (s.)selten; süHü, süSch, HRh+, Ne, Saar, Eif; Al

Teloschistes Norman

Teloschistes chrysophthalmus (L.) Th.Fr.
In kollinen, (z.)warmen, niederschlagsarmen bis m.niederschlagsreichen Lagen auf Sträuchern und Laubbäumen (oft an Ästen) an lichtreichen Standorten, z.B. in Obstgärten, Schlehen-Gebüsch, v.a. an *Prunus*, Apfelbaum, Nußbaum, Pappel, auch Holz, auf subneutralem, oft leicht kalkstaubimprägniertem Substrat, stärkere Düngung, Anwendung von Pestiziden, saure Luftverunreinigungen nicht tolerierend, schon gegen Ende des 19.Jahrh. ausgestorben, subneutroph., z.xeroph., a-/m.nitroph. - mieur·atl(subatl)-med - s.selten (0); v.a. *nöRh, Rh-Mn-T* (bis Randgeb. *Sp*); *nöHü, süHü, HRh, Ne, Pf, Eif*

Tephromela Choisy

1 Lager sorediös, weißlich bis grau, oft steril. Ap. lecanorin, selten. Hym. fast gänzlich rotviolett 2

1* Lager nicht servediös, gewöhnl. fertil. Scheibe ± glänzend schwarz 3

2 Mark KC+ rot, Lager am Rand rissig areoliert bis warzig areoliert, nicht sorediös, in der Mitte großflächig sorediös, K+ gelb, P–. Soredien weißlich bis blaugrau. Atranorin, α-Collatol-S., Alectoron-S. Soredien weiß bis vereinzelt grau, meist 80–200 µm . . . . **T. pertusarioides**

2* Mark KC–. Lager oft bis zum Rand körnig sorediös, K± gelb, P–. Soredien blaugrau, 50–100 µm. Atranorin, Protolichesterin-S., (α-Collatol-S.) . . . . **T. grumosa**

3 Ap. mit wulstig erhabenem Lagerrand, –2(2,5) mm, flach (bis konkav). Lager warzig areoliert, z.dick, mit schwarzem Vorlager, K+ gelb, C–, P–. Areolen oft uneben-runzelig. Hym. gänzlich gefärbt, ± rotbraun bis purpurviolett, im unteren Teil oft mehr ockerbraun. Sp. 10–15 × 5–8 µm. Atranorin, ±α-Collatol-S., ± Alectoron-S. . . . . **T. atra**

3* Ap. ohne Lagerrand, ohne Eigenrand. Nur Epihym. gefärbt, nicht purpurn. Exc. reduziert. Hyp. ± farblos, unten leicht ocker/bräunlich. Lager areoliert, Areolen –2 mm 4

4 Lager weißlich, oft etwas gelbstichig, im Herbar nachdunkelnd, graugelb, dick, K+ gelb, C–, KC+ gelb, P–. Areolen flach bis gewölbt. Ap. angedrückt bis eingesenkt, flach bis z.gewölbt, –1,8(2,5) mm. Exc. stark reduziert. Epihym. blaugrün bis schwarzgrün. Sp. 7,5–16 × 4,5–8,5 µm. Paraph. stark verklebt. Atranorin, ±Usnin-S., Bourgean-S. (Abb. 43a) . . . . **T. aglaea**

4* Lager gelblich, gelblichgrün, graugrünlich, im Herbar ocker bis rotbraun, matt oder glänzend, mit deutlichem schwarzem Vorlager, K± gelb bis orange, P+ gelb, C–, KC+ rot. Ap. ± eingesenkt, flach, später gewölbt und vortretend, –2(4) mm. Epihym. blaugrün bis schwärzlichgrün, auch stellenweise bräunlich. Sp. 8–12 × 3–5 µm. Alectorial-S., ±Protocetrar-S. . . . . **T. armeniaca**

Tephromela aglaea (Sommerf.) Hertel & Rambold [Lecidea a. Sommerf.]
In hochmontanen bis alpinen, niederschlagsreichen Lagen (über 900 m) auf kalkfreien, meist harten Silikatgesteinen an z.lichtreichen, häufige und m.–z.lang andauernde Quellung der Lager gewährleistenden Standorten, v.a. an stark beregneten Schräg- und Vertikalflächen von Blöcken und Felsen, ähnl. *Umbilicaria torref.* (†), *U. polyph.* (†), m.–z.lange Schneebedeckung tolerierend, m.–z.acidoph., z.(–s.)photoph., anitroph. – arkt-mieur·h'mo/alp-smed· alp – selten (2); süSch, Vog, Rhön, BayW, Hz, *Rothaargeb.*

Tephromela armeniaca (DC.) Hertel & Rambold [Lecidea a. (DC.) Fr.]
In alpinen, s.niederschlagsreichen Lagen an s.windexponierten Orten auf Silikatgestein, m.–z.acidoph., anitroph. – arkt-alp – s.selten; Vog, BayW

Tephromela atra (Hudson) Haf. [Lecanora a. (Hudson) Ach.]
Bis in die alpine Stufe auf Silikatgestein, selten auch auf oberflächlich entkalkten Karbonatgesteinen, auch auf gemauerten Silikatsteinen und anderen anthropogenen Substraten (z.B. Grabsteinen), vereinzelt (früher häufiger) auch auf glatter und flachrissiger Rinde von Laubbäumen, z.euryök, optimal an lichtreichen, m.nährstoffreichen Standorten, gern an Subvertikal- und Vertikalflächen, ausgeprägt saure

Silikate meidend, subneutroph.-m.acidoph., ombroph., m.-s.photoph., (a-)m.nitroph. - arkt-med - z.selten (3); Sch und Vog m.häufig, sonst selten, z.B. Eif, Hu, Pf, Rhön, O, Sp, SFW, Ne

Tephromela grumosa (Pers.) Haf. & Roux [Lecanora g. (Pers.) Du Rietz]
Auf Silikatgestein, v.a. an Vertikalflächen, ähnl. *Lecanora sulph.* (↑), aber häufiger auf anthropogenen Substraten (v.a. Grabsteinen) - s'bor-med - z.selten; Sch, Vog, Pf, Ts, MRh, Lahn, Eif, Rhön, O, Sp, SFW, Ne

Tephromela pertusarioides (Degel.) Haf. & Roux [Lecanora p. Degel.]
Z.ähnl. *Ophioparma vent.* (↑), doch deren extrem licht- und windoffene Standorte meidend, ähnl. auch *Fuscidea koch.* (↑) - mieur-smed·alp - s.selten (R); Vog, süSch

Thamnolia Ach. ex Schaerer

Entweder Lager nach längerem Liegen mit rosafarbenem Stich, K+ gelb, P+ orange, UV–, mit Thamnol-S. (var. *vermicularis*, z.B. Al) oder Lager im Herbar nicht leicht rosa, K+ h.gelb, P+ tiefgelb, UV+, mit Baeomyces-S., Squamat-S. (var. *subuliformis* (Ehrh.) Schaerer)

Thamnolia vermicularis (Sw.) Schaerer
Ähnl. *Alectoria ochr.* (↑), in alpinen Windheiden, s.selten auf exponierten Mittelgebirgsgipfeln auf Felsen und in Blockmeeren auf Silikatgestein - arkt-alp - s.selten; Rhön + (Milseburg), BayW*, Hz (alle var. *subul.*), Al (var. *vermic.*)

Thelenella Nyl.

(Bestimmung ↑ Protothelenella)

Thelenella modesta (Nyl.) Nyl. [Microglaena m. (Nyl.) A.L.Sm.]
In kollinen bis submontanen, wintermilden und z.sommerwarmen Lagen auf subneutralen bis m.sauren, meist glatten Rinden, v.a. an Nußbaum, Pappel, Esche, an z.lichtreichen Standorten, vermutlich s.empfindl. gegen Luftverunreinigungen - (s'bor·atl-)mieur·subatl-med - s.selten (0); süHü, *FrJu, Westf.*

Thelidium Massal.

1 Auf Rinde, Rindenmoosen. Sp. 6–8zellig, spindelförmig, 20–30 × 5–8 µm. Lager s. kleinschuppig-warzig, d.graugrün. Per. –0,5 mm, halbkugelig vorragend . . . . **Normandina acroglypta**

1! Auf Erde, feuchtem Holz. Per. aufsitzend und fast kugelig vorstehend bis halbeingesenkt, -0,25 mm. Per.wand einfach, ohne Invol., schwärzlich, am Grunde braun bis fast farblos. Sp. 4zellig, 26–36 × 10–14 µm. Lager dünn, graugrünlich bis braun . . . . **Th. zwackhii**

1* Auf Gestein **2**

2 Auf Silikatgestein **3**

2* Auf Kalkgestein **6**

3 Sp. 4zellig, 26–36 × 10–14 µm . . . . **Th. zwackhii (1)**

3* Sp. 2zellig. Auf (meist feuchtem) Silikatgestein. Per. halbkugelig vortretend, Invol. meist deutlich entwickelt **4**

4 Per.scheitel 0,4–0,7 mm, teils vom Lager bedeckt. Invol. kräftig, -100 µm dick, ± halbiert. Sp. 24–46 × 13–21 µm. Lager deutlich, braun, grau- bis schwärzlichbraun, grau, zus.hängend oder feinrissig . . . . **Th. aeneovinosum**

4* Per. kleiner. Sp. bis 30 × 14 µm **5**

5 Per. -0,4 mm. Per.bau wie bei voriger. Sp. 20–30 × 11–14 µm. Lager dünn, glatt, oliv- bis graubräunlich . . . . **Th. submethorium**

5* Per. -0,3 mm. Exc. braunschwarz, unten heller bis fast farblos. Sp. 20–28 × 9–11 µm. Lager dünn, olivbraun . . . . **Th. rehmii**

6 Per. weitgehend in das Gestein eingesenkt, zuerst nur punktartig sichtbar, später Scheitel etwas stärker entblößt, nach dem Ausfallen deutliche Gruben hinterlassend. Invol. nicht oder kaum entwickelt, Exc. weitgehend d.braun(-schwarz), unten auch heller. Lager meist z.undeutlich **7**

6* Per. hervortretend, nur basal eingesenkt, keine deutlichen oder nur flache Gruben hinterlassend **9**

7 Sp. 4(-6)zellig (s.selten mit 1 Längswand), 30–50(60) × 12–18(20) µm, im Alter oft zerknittert. Per. 0,3–0,6 mm, Scheitel -0,3 mm, durch einen feinen Ringspalt vom Gestein getrennt. Lager grauweißlich, graugrünlich oder undeutlich, endolithisch bis hemiendolithisch . . . . **Th. incavatum**

7* Sp. meist 2-, selten 4zellig. Lager meist hemiendolithisch. Nahe verwandte Sippen, Abgrenzung z.T. s.schwierig und ungeklärt (*Th. decipiens* s.l.) . . . **8**

8 Per. 0,5-0,6 mm, Scheitel -0,3 mm, häufig in vorspringende Lagererhebungen eingesenkt. Lager meist epilithisch, ölig glänzend . . **Th. dionantense (11)**

8* Per. 0,2–0,4(0,5) mm, völlig eingesenkt bis Scheitel etwas vorragend, nicht in deutlich vorspringenden Lagerwarzen, 0,4–0,5 mm hoch, Scheitel -0,25 mm, meist durch einen feinen Ringspalt vom Gestein getrennt. Sp. (15)20–36(42) × (7)10–17 µm. Lager dünn bis undeutlich, meist hemiendolithisch, schmutzig gelblichweiß, h.grau, graugrünlich, bräunlich, glatt bis s.feinrissig, mit oder ohne dunkles Vorlager . . . . **Th. decipiens**

9 Sp. (30)35–50(65) × (12)14–20(22) µm, (2–)4(6)zellig. Per. 0,3–0,6(0,8) mm, mit nur oben (apikal) bis zur Hälfte entwickeltem, s.dickem (dem Exc. anliegenden) Invol., basal in das Gestein eingesenkt, Scheitel -0,5 mm, ± stark vorgewölbt, oberer Teil abgeflacht, Mündung oft in einer Vertiefung, Flanken mitunter auch wie bereift. Lager dünn, undeutlich oder weißlich, grau, gelblich, selten bräunlich, glatt bis s.feinrissig oder fein angerauht, oft begrenzt oder aufgeteilt durch schwarze Vorlagerlinien . . . . **Th. papulare**

9* Sp. bis 36 × 15 µm **10**

10 Per. 0,5–1 mm, deutlich (± halbkugelig) vorragend, Scheitel um 0,3–0,6 mm. Sp. 2zellig **11**

10* Per. kleiner, -0,4 mm, Scheitel -0,25 mm **12**

11 Per. -0,7(1) mm, mit apikalem bis ± zur Per.hälfte reichendem, s.dickem (unten oft etwas abstehendem) Invol., Scheitel -0,6 mm. Sp. 19–32 × 9–14 µm. Lager dünn, unauffällig, körnig bis fast mehlig oder krustig-zus.hängend, weißlich, grau, bräunlichgrau . . . . **Th. pyrenophorum**

11* Per. -0,6 mm, ohne Invol., in das Lager und teilweise das Gestein ± eingesenkt, oft in vorspringenden Warzen. Scheitel um 0,3 mm. Sp. 22–36 × 11–15 µm. Lager größtenteils epilithisch, ölig schimmernd, runzelig, h.graugrünlich bis weißlich, oft von feinen schwarzen Pünktchen übersät. SJu . . . . **Th. dionantense** (Hue) Zsch.

12 Sp. (2–)4zellig, 26–36 × 10–14 µm. Per. -0,25 mm, ohne Invol. Lager unauffällig, graugrünlich bis braun . . . . **Th. zwackhii (1)**

12* Sp. gewöhnlich bis 26 µm lang **13**

13 Per. -0,4 mm, mit bis zur Mitte und tiefer reichendem Invol., halbkugelig vortretend, Scheitel um 0,2 mm, ± deutlich vom Lager überzogen. Sp. 2zellig (selten einzelne 4zellig), 16–22(34) × 7–12(14) µm. Lager schmutzig braunoliv, feucht olivschwärzlich, dünn, etwas rissig . . . . **Th. olivaceum**

13* Per. nicht mit ± halbiertem Invol., -0,25 mm. Unterschiede der Sippen noch zu klären. *Th. minutulum* s.l. **14**

14 Per. halbkugelig bis fast kugelig aufsitzend, nackt oder ± deutlich vom Lager überzogen. Sp. 2zellig, 15–26(29) × 6–10(12) µm. Gehäuse oben bis über die Mitte olivschwarz, unten blaß. Lager bräunlichgrau, braun, graugrün, dünn, epilithisch, mitunter rissig . . . . **Th. minutulum**

14* Per. halbkugelig vorstehend, nicht vom Lager überzogen. Sp. 2(4)zellig, 22–30 × 6–10 µm. Lager graugrünlich, dünn bis s.undeutlich . . . . . . **Th. parvulum**

Thelidium aeneovinosum (Anzi) Arnold [Involucrothele aeneovinosa (Anzi) Servít]
Auf Silikatgesteinen in subalpinen und alpinen Lagen, ausnahmsweise in der hochmontanen Stufe, an zeitweise überfluteten oder langzeitig spritzwasserfeuchten Flächen an Blöcken in kalten, klaren Bächen, an meist beschatteten Standorten, subneutroph./m.acidoph., hydroph., m.–z.photoph., anitroph. – arkt-h'mo/alp – s.selten (3); süSch

Thelidium decipiens (Nyl.) Krempelh. [Th. absconditum (Hepp) Rabenh., Th. immersum (Leighton) Mudd, Th. amylaceum auct.]
V.a. in montanen bis alpinen, kühlen Lagen auf Karbonatgesteinen, v.a. Kalk, Dolomit, von z.weiter Standortsamplitude, auf Steinen wie an exponierten Felsen, in Wäldern und an z.lichtoffenen Orten, meist an z.lichtarmen bis lichtreichen, schattigen, nährstoffarmen, mitunter auch etwas feuchten Schräg- und Vertikalflächen, basiph., m.–z.hygroph., a-(m.)nitroph. – bor-med, mo/alp – selten; SJu-Ju-FrJu (zerstr.), Th, süHü, Ne, HRh, Al, Rhön, Eif, *Lahn*

Thelidium incavatum Mudd [Amphoroblastia i. (Mudd) Servít]
In submontanen bis alpinen Lagen auf Karbonatgesteinen (z.B. Kalk, Dolomit, Kalksandstein), oft an aus der Erde vorragenden Steinen, Standortsbereich mit dem von *Th. decipiens* stark überlappend (↑) - bor-med - SJu, Ju, FrJu, Th, süHü, *Mos*, Eif, He

Thelidium minutulum Körber [Th. mesotropum (Nyl.) A.L.Sm., Th. hospitum Arnold, ?Th. acrotellum Arnold]
Auf Karbonatgesteinen bis in die alpine Stufe, meist an schattigen, luftfeuchten Standorten, z.B. an kleinen Steinen am Boden, auch an Ziegeln und basischen Silikatgesteinen - mieur-smed - SJu-Ju-FrJu, süHü, *Rh-Mn-T*, Al

Thelidium olivaceum (Fr.) Körber
Bis über die Waldgrenze, auf kalkreichen Gesteinen - mieur-med·mo - *SJu, Ju, FrJu*, süHü

Thelidium papulare (Fr.) Arnold [Polyblastia p. (Fr.) Servít]
V.a. in montanen bis alpinen Lagen, selten bis in die kolline Stufe, auf kalkreichen Gesteinen und Dolomit, selten auf kalkhaltigem Sandstein oder Schiefer oder basischen Silikaten, v.a. an steilen Schräg- und Vertikalflächen an meist schattigen, mitunter leicht substratfeuchten Standorten, basiph., z.skioph.–z.photoph., m.–z.hygroph., a-/m. nitroph. - arkt-med·mo - z.selten; SJu, Ju, FrJu, Ne, Rhön, *Mos, Lahn*, Eif, Al

Thelidium parvulum Arnold
Auf schwach kalkhaltigen bis kalkreichen, meist körnigen Gesteinen (sandiger Dolomit, Kalksandstein usw.) - *FrJu, ?Ju*, Th

Thelidium pyrenophorum (Ach.) Mudd [Involucrothele p. (Ach.) Servít, Th. auruntii (Massal.) Krempelh.]
In montanen bis alpinen Lagen, selten tiefer, auf Karbonatgesteinen, v.a. Kalk und Dolomit und kalkreichen Sandgesteinen, v.a. an m.–z.lichtreichen, meist beschatteten Felswänden in luftfeuchter Lage, basiph., m.–z.hygroph., anitroph. - bor-smed, mo/alp - *SJu, Ju*, Th, Al

Thelidium rehmii Zsch. [Involucrothele r. (Zsch.) Servít]
Bis in montane Lagen auf feuchtem, porösem Sandstein an schattigem, z.luftfeuchtem Standort, m.acidoph. - (bor-)mieur - süSch, O, *Fr*

Thelidium submethorium (Vainio) Zsch.
In montanen Lagen auf Silikatgestein, auf langzeitig oder dauernd überschwemmten Steinen und Blöcken in kühlen Bächen, ähnl. *Verrucaria kernst.* (↑) - süSch

Thelidium zwackhii (Hepp) Massal. [Th. fueistingii auct.]
Bis in montane Lagen auf feuchten, sandig-lehmigen bis lehmigen Böden an Erdanrissen, Wegrändern, Böschungen (ähnl. *Thrombium epig.* ↑), auf faulenden Stümpfen sowie auf kleinen Steinen, v.a. auf Kalkgestein und kalkhaltigem Sandstein, auch auf silikatischen Steinen auf basenreichen Böden; Pionier, (m.aci-

doph.)subneutroph.-m.basiph., substrathygroph., a-/m.nitroph. - (s'bor-)mieur - sü-Hü, Ne, O, Eif, Al

Thelignya Massal.

(Bestimmung ↑ Porocyphus)

Thelignya lignyota (Wahlenb.) P.M.Jørg. & Henssen [Psorotichia ocellata (Th.Fr.) Forss., Porocyphus ocellatus (Th.Fr.) Henssen, P. dispersus E.Dahl]
In kalten, sauerstoffreichen Gebirgsbächen an häufig überspülten Blöcken/Felsen aus (mineralreichem) Silikatgestein, ähnl. *Ionaspis odora* und *Placynthium flab.* (↑) - arkt-alp - s.selten (R); süSch

Thelocarpon Nyl. ex Hue

Hinweis: alle Arten R–.

1 Paraph. fehlen. Ap. (fast) kugelig, -0,2 mm, ± aufsitzend. Hymenialgallerte J+ gelb bis rötlich **2**
1* Paraph. vorhanden. Ap. kugelig, ei- oder linsenförmig **3**
2 Asci J+ fahlblau. Sp. 3-4(5) × 1-1,5 µm. Auf Erde, Silikat, Holz, mieur (Lux) . . . . **Th. intermediellum** Nyl.
2* Asci J-. Ap. -0,2 mm, Sp. kugelig, 3,5-5 µm . . . . **Th. coccosporum**
3 Paraph. unverzweigt oder selten verzweigt. Ap. eiförmig-konisch bis kugelig. Gehäuse ohne Algen **4**
3* Paraph. verzweigt. Ap. linsenförmig bis kugelig. Zumindest Ascusspitzen J+ fahlblau **5**
4 Ap. -0,3(0,4) mm dick, -0,4(0,5) mm hoch. Sp. 6-13 × 2,5-6 µm, gewöhnlich scheinbar 2zellig. Asci J+ blau, Hym.gallerte J- . . . . **Th. superellum**
4* Ap. -0,15 mm dick, -0,2 mm hoch. Sp. 4-6 × 1,7-2 µm (bei einer alpinen Varietät bis 12 × 3 µm). Asci J-, Hym.gallerte J+ rot . . . . . . **Th. epibolum**
5 Ap. linsenförmig bis kugelig, Scheibe bald weit geöffnet, konkav. Gehäuse ohne Algen, h.zitrongelb, -0,35 mm. Sp. 4-6(7) × 1,5-2 µm. Auf *Baeomyces rufus* oder Holz . . . . **Th. lichenicola**
5* Ap. kugelig, mit punktförmiger Öffnung. Gehäuse mit Algen, zitrongelb bis grünlichgelb, -0,4 mm dick, -0,25 mm hoch. Sp. 2-4(6) × 1,2-2 µm . . . . **Th. laureri**

Thelocarpon coccosporum Lettau
Bisher nur einmal gefunden, vermutlich subneutroph. - (0); süSch: Zastlertal, auf Ziegel

Thelocarpon epibolum Nyl.
In sub- bis hochmontanen Lagen auf absterbenden Flechtenlagern (z.B. *Peltigera*), verrottendem, schwammigem Holz, absterbenden Moosen, Algenüberzügen, Torf,

gewöhnlich an substratfrischen, z.B. häufig taufeuchten Substraten bzw. an luftfeuchten und niederschlagsreichen Orten, ephemere Art, acidoph., z.skioph.–z.photoph., anitroph. – bor-mieur – selten; z.B. Sch, Ju, Ne

Thelocarpon laureri (Flotow) Nyl. [Th. prasinellum Nyl., Th. epilithellum Nyl.]
In kollinen bis montanen Lagen an m.–z.lichtreichen, oft hygrisch günstigen (luftfeuchten, lange taufeuchten), erdbodennahen, oft ephemeren Standorten, s.substratvag, auf Erde (z.B. frischen Lehmböden), auf neutralem und basischem Silikatgestein, v.a. Basalt (meist auf Steinen und Blöcken), ferner auf Ziegeln, altem bearbeitetem Holz, Baumstümpfen, auch Moosen, oft an z.nährstoffreichen Stellen, subneutroph.–m.acidoph., z.hygroph., Pionier, in Krustenflechteninitialstadien – (s'bor-)mieur – z.selten; z.B. süSch, Rhön, Sp, O, süHü, Ne, Rh-Mn-T, RhSch, BayW

Thelocarpon lichenicola (Fuckel) Poelt & Haf. [Ahlesia l. Fuckel]
Auf *Baeomyces rufus* in kühl-feuchten Lagen, z.B. an frischen Wegböschungen an länger taufeuchten Stellen – (s'bor-)mieur – s.selten; O

Thelocarpon superellum Nyl. [Th. herteri Lahm]
In submontanen und montanen Lagen auf Torfböden, humusreichen Sand- und sandigen Lehmböden, auf verrottendem Holz, z.–e.acidoph., m.–z.substrathygroph. – s'bor-mieur(pralp) – selten (0); *Do*

Thelomma Massal.

(Bestimmung ↑ sterile Krustenflechten)

Thelomma ocellatum (Körber) Tibell [Cyphelium o. (Körber) Trevisan]
V.a. in hochmontanen und subalpinen Lagen, aber auch in die submontane Stufe herabsteigend, auf zähmorschem Koniferenholz, meist an Pfählen, Geländern, Schindeln, oft synanthrop, besonders im Bereich von Weiden, Almen, acidoph., ombroph., z.–s.photoph., m.nitroph. – s'bor-mieur·subalp/pralp – selten (3); Al, Av, Ju, Do, SFW, Sch, O, Ts, Rhön u.a.

Thelopsis Nyl.

Thelopsis rubella Nyl.
In montanen bis hochmontanen, niederschlagsreichen Lagen am Stamm älterer Laubbäume, besonders an der Stammbasis auf rissiger Rinde mit erhöhter Wasserkapazität, v.a. an Buche, Eiche, in lichten naturnahen Bergwäldern (Buchen-Tannen-W.) an s.luftfeuchten, m.lichtreichen, absonnigen Standorten, subneutroph.–m.acidoph., z.B. mit *Bacidia phacodes, Gyalecta flot.* – mieur-med, subatl, (oz) – s.selten (2); *nöRh+ (Karlsruhe)*, O (Heidelb.), *SFW+*, süSch, Ju, BayW

Thelotrema Ach.

Thelotrema lepadinum (Ach.) Ach.
In montanen und hochmontanen, niederschlagsreichen Lagen in naturnahen Tannen-Buchen- und Tannen-Fichten-W. am Stamm meist alter Buchen und Tannen, selten an anderen Laubbäumen, an kühl-ozeanischen bis kalten (Kaltluftstau), s.luftfeuchten, nebelreichen, windgeschützten Standorten; in z.(m.)niederschlagsreichen Lagen stets in engen Tälern neben Bächen; m.–z.acidoph., z.anombroph.–m.(z.)ombroph., z.skioph., anitroph. – s'bor·subatl-med·mo, (oz) – selten (3); Sch, Vog u. Al über 900 m zerstr., sonst s.selten, oft (+++): Lux, *Ts*+, *PfW*, O, Sp, SFW, Ju, ThW, Erz, Av

Thermutis Fr.

(Bestimmung ↑ Polychidium)

Thermutis velutina (Ach.) Flotow
Bis in subalpine Lagen auf basischem oder recht mineralreichem Silikatgestein oder kalkhaltigem Gestein an meist besonnten, warmen, sporadisch sickerfeuchten, schnell abtrocknenden Flächen, m.basiph.–subneutroph. – bor-mieur – s.selten (1); süSch, *Lahn, Eif*

Thrombium Wallr.

Thrombium epigaeum (Pers.) Wallr.
Bis in alpine Lagen auf gewöhnlich kalkhaltigen, frischen, sandig-lehmigen bis lehmigen, meist humusarmen Böden, auf Löß, an offenen (gestörten) Stellen an Wegrändern, Böschungen, Gräben, in Trockenrasen usw., Flechte ephemerer Standorte, m.basiph.–subneutroph. – bor-med – selten, übersehen (3); süHü, Ne, Sch (Lehmgebiete), Hu, He, Erz, *Vog, Rh, O, Ju, Rh-Mn-T, Lahn, Al*

Thyrea Massal.

(Bestimmung ↑ Phylliscum)

Thyrea confusa Henssen [Th. pulvinata auct.]
In kollinen bis submontanen, niederschlagsarmen bis m.niederschlagsreichen Lagen auf Karbonatgestein, selten an kalkhaltigem Silikat (hier ähnl. *Peltula*), auf sporadisch sickerfeuchten, besonnten, warmen, beregneten bis z.regengeschützten Schrägflächen und unter Überhängen, basiph., z.xeroph., subhydroph., z.–s.photoph., thermoph., ähnl. *Anema decipiens* – mieur-med – selten (3); Ju z.selten, SJu, FrJu, sonst s.selten und wohl +: süHü, *Ne, HRh*

Toninia Massal.

Anmerkung: Viele *Toninia*-Arten leben juvenil auf Blaualgenflechten, z.B. *Toninia candida, taurica, toniniana.*

1 Auf Holz, Rinde. Lager meist steril, aus olivgrauen, graugrünen bis braunen, gewölbten bis uneben-deformierten, stellenweise verflachten Schuppen. Ap. zuletzt mit welligem Rand. Sp. 2-, selten 4zellig, 6,5–14 × 2–4 µm . . . . **Hypocenomyce caradocensis**
1* Auf Gestein, Erde, Moosen **2**
2 Sp. nur 2-, selten auch 1zellig **3**
2* Sp. reif mindestens 4zellig **17**
3 Auf Silikatgestein in alpiner Stufe. Lagerschuppen aschgrau, gewölbt, zu dichten Polstern vereinigt. Ap. –1,5 mm, zuletzt gewölbt-randlos, meist gehäuft, Epihym. d.grün, Hyp. hell, Sp. 9–17 × 3,5–6 µm. Vertikal- u. Überhangflächen – arkt-alp – Alpen, BayW . . . . . . **Psorinia conglomerata** (Ach.) G.Schneider [*Toninia c.* (Ach.) Boistel]
3* Auf Kalkgestein, kalkreicher Erde, calciph. Moosen **4**
4 Lager krustig, areoliert bis angedeutet schuppig oder endolithisch. Sp. 2zellig. Fast stets Ch– **5**
4* Lager deutlich schuppig. Schuppen flach bis gewölbt oder blasig angeschwollen bis fast zylindrisch. Sp. 1–2zellig **7**
5 Hyp. farblos bis leicht gelblich. Epihym. grau, graubraun bis violett, K+ violett. Ap. –0,8 mm. Lager krustig, areoliert bis schollig, höchstens angedeutet schuppig, oft von schwärzlichen Blaualgen überkrustet, d.braun, feucht rotbraun. Hym. 50–55 µm. Sp. 8–12(16) × 3–5 µm. Ch– . . . . **T. pennina**
5* Hyp. rotbraun bis braunviolett (selten auch braunschwarz bis grünlich). Epihym. olivbraun bis d.grün, K– **6**
6 Lager gewöhnlich endolithisch, selten dünnkrustig. Ap. 0,3–0,5(0,8) mm, flach und berandet, später gewölbt und ± randlos. Sp. 10,5–13,5 × 3,5–7 µm. Ch– . . . . **T. athallina**
6* Lager meist deutlich entwickelt, rissig bis schollig areoliert oder warzig areoliert, Areolen flach bis gewölbt oder uneben, (gelbl.)grau bis graugrün, braun, rostbraun. Ap. 0,2–0,8 mm, flach bis m.gewölbt, undeutlich berandet. Sp. 11–16,5 × 4–7 µm. Hym. 50–75 µm. Ch– oder ±(Terpenoide) . . . **T. philippea**
7 Epihym. braun, oliv, grün, K– **8**
7* Epihym. grau, graubraun, K+ violett. Schuppen gewölbt bis blasig oder verflacht **10**
8 Lager blaß rosa, schuppig, ± rosettig, Schuppen flach bis gewölbt, regelmäßig fein rissig, dadurch fein warzig. Ap. –1,5 mm, ± flach und berandet, ± dicht bereift. Hyp. braun. Sp. 9,5–17 × 3,5–5 µm. Ch– . . . . **T. toniniana**
8* Lager nicht blaß rosa **9**
9 Schuppen d.- bis kastanienbraun, unbereift, meist glatt, blasig-hochgewölbt, meist dicht zus.schließend. Ap. bis ca. 1,5 mm, flach bis m.gewölbt, unbereift. Hyp. blaß braun bis mittelbraun. Sp. 1–2zellig, 12,5–20 × 3,5–5,5 µm, Epihym.

braun, olivbraun (oder 1zellig, 10–15,5 × 4,5–6,5 µm, Epihym. grün), ellipsoid bis spindelförmig. Terpenoide . . . . **T. tristis**

9* Schuppen weißlich, gewölbt bis verflacht, oft getrennt, mit matter, feinrissiger, gefelderter Oberfläche, K–/K± gelb. Ap. –1,5 mm, unbereift, am Rande der Schuppen stehend, flach bis gewölbt. Hyp. ± braun, Epihym braun bis oliv. Sp. meist 1zellig, länglich eiförmig, 10–18 × 3,2–5,0 µm. Atranorin . **T. tumidula**

10 Schuppen mit kleinen punktförmigen bis kurz strichförmigen Pseudocyphellen, d.grünlichgrau bis d.braun, meist leicht bereift, stark konvex bis blasig und säulenförmig. Ap. z.selten, –5 mm, flach bis leicht gewölbt, im Alter oft unberandet, meist unbereift Hyp. h.braun bis farblos. Sp. 11,5–18,5 × 3,5–5 µm, breit spindelig. Ch–, selten (Fett-S.) . . . . **T. physaroides**

10* Lager ohne Pseudocyphellen. Ap. ± flach **11**

11 Lager gänzlich unbereift (doch Ap. oft bereift). Ch–, selten ein Depsid . . . **12**

11* Lager teilweise oder ganz bereift **13**

12 Hyp. blaß braun bis farblos. Lagerschuppen d.olivbraun (feucht deutlich grünlich), glänzend, an der Oberfläche rissig, zus.hängend bis dachziegelig, m.gewölbt bis hochgewölbt oder mitunter auch verflacht, Polster bildend. Ap. –3 mm, bereift (selten unbereift), berandet, Rand unbereift. Sp. 16,5–24,5 × 3–4,5 µm . . . . **T. taurica**

12* Hyp. braun bis d.rotbraun. Lagerschuppen d.olivgrün bis d.braun, matt bis schwach glänzend, ohne Risse, flach, schwach bis stark gewölbt und blasig, zerstreut bis zus.hängend und dachziegelig. Ap. –3 mm, unbereift, berandet, später unberandet . . . . ↑ **Toninia sedifolia**
(vgl. auch unbereifte Formen von *T. opuntioides*)

13 Hyp. h.braun bis farblos. Schuppen –6 mm, gewölbt bis blasig, später verflacht, dicht weiß bereift, oft zu einem unregelmäßig rosettigen Lager zus.tretend. Reif körnig. Ap. –4 mm, dauernd berandet. Ch–, selten (Terpenoid). Alpin
. . . . **T. rosulata** (Anzi) Oliv.
(wenn mit Pseudocyph., meist schwach bereift: *T. physaroides*)

13* Hyp. braun bis d.rotbraun **14**

14 Schuppen oberseits durchgehend bereift. Sp. spindelig, 15–26 × 3–4 (4,5) µm. (*T. candida* s.l.) **15**

14* Schuppen oberseits teilweise unbereift (Unterseite blaßbraun bis weiß. Hyp. mittel- bis d.rotbraun. Sp. spindelig) **16**

15 Lager rosettig, d.h. Schuppen zus.hängend und am Lagerrand vergrößert und verlängert. Reif rel. fein, mehlig. Ap. –2 mm, berandet, dicht bereift. Ch– oder Fett-S. . . . . **T. candida**

15* Lager aus zerstreuten bis zus.hängenden, mehr oder weniger rundlichen bis rundlich-eckigen, nicht verlängerten Schuppen (höchstens angedeutet rosettig). Reif rel. grob, körnig. Ap. –1,5 mm, leicht bis dicht bereift. Ch– oder mit Terpenoiden . . . . **T. diffracta**

16 Schuppen blasig gedunsen, –4 mm, meist teilweise aufrecht stehend, verflacht und ± dachziegelig, meist mit flachen Rissen, d.olivbraun bis d.rotbraun, meist schwach bis m.bereift, v.a. an den Rändern. Ap. –4 mm, unbereift bis m.bereift. Sp. 16–24 × 3,5–4 µm. Terpenoid (Rf 5/1/5) . . . . **T. opuntioides**

16* Schuppen schwach gewölbt bis blasig gedunsen, gewöhnlich nicht aufrecht, -3 mm, zerstreut bis zus.schließend oder unregelmäßig dachziegelig, olivgrün bis d.braun, schwach bis dicht bereift, meist glatt. Ap. -3 mm, berandet, alt oft unberandet, unbereift bis dicht bereift. Sp. 12–24 × 3–5 µm. Ch- oder Depsid (Rf 3-4/5-6/6), selten Fett-Sn. . . . . **T. sedifolia**

17 Ohne eigenes Lager. Ap. auf Krustenflechten sitzend, unbereift, flach bis schwach gewölbt, berandet, -0,6 mm. Epihym. olivgrün bis d.grün, K-, Hyp. rotbraun. Sp. 2–4zellig, 9,5–16 × 4–4,5 µm . . . . **T. subfuscae**

17* Mit eigenem Lager **18**

18 Auf schwermetallhaltigem (Cu, Ni) Silikatgestein, daher in Bergwerksgebieten vorkommend. Lager areoliert bis angedeutet kleinschuppig, Areolen weißlich, in der Mitte ± oliv und meist eingedrückt, -1 mm, gelegentlich sorediös. Ap. flach, berandet, -1,5 mm. Hyp. d.braun. Sp. 4–6zellig, 25–40 × 6–7 µm. Atranorin, Lobar-S. **Stereocaulon leucophaeopsis**

18* Auf Moosen, Erde, Kalkgestein. Atranorin und Lobar-S. fehlend **19**

19 Auf acidophilen Erd- und Gesteinsmoosen und sauren Böden. Lager schuppig, Schuppen oft dicht zus.schließend, schwach konkav bis schwach gewölbt, mittel- bis d.braun, matt. Ap. -1,5 mm, bald gewölbt und ± randlos. Hyp. farblos bis blaß braun, Epihym. olivgrün bis grün. Sp. nadelförmig, 23–42 × 2,5–4,5 µm, 4–8zellig. Ch- . . . . **T. squalida**

19* Auf Kalkfels, kalkhaltigem Gestein (auch Mauern), kalkreichem Boden. Sp. bis 4zellig **20**

20 Epihym. grau bis bräunlich, K+ violett. Hyp. farblos bis blaß braun **21**

20* Epihym. braun, oliv, grün, grünschwarz, K-. Hyp. d.braun bis rotbraun (purpur) **22**

21 Lager krustig, areoliert bis schollig, höchstens angedeutet schuppig, d.braun, oft von Blaualgen überkrustet, unbereift. Ap. -0,8 mm. Sp. 8–12(16) × 3–5 µm, 2–4zellig . . . . **T. pennina (5)**

21* Lager schuppig, rosettig, dicht weiß (körnig) bereift. Randschuppen ± flach, zentrale Schuppen gewölbt bis blasig. Ap. -2 mm, ± flach, berandet, m. bis dicht bereift. Sp. 23,5–33 × 3–4 µm, schmal spindelig bis nadelförmig, hauptsächl. 4zellig. Ch-, selten (Terpenoide) . . . . **T. alutacea**

22 Paraph. oben kaum verdickt (2,5 µm), ohne pigmentierte gelatinöse Kappe, verklebt. Sp. 15–26(30) × 3–5(6) µm. Epihym. oliv, grün, grüngrau. Lager dicht kleinschuppig (bis grobkörnig), z.dick. Schuppen 0,2–1 mm, grauweiß bis blaugrau oder bräunlich, mit helleren Rändern, krustig zus.schließend, gekerbt. Ap. -0,6(0,8) mm, bald gewölbt, oft gedrängt. Zeorin . . . **Mycobilimbia lobulata**

22* Paraph. oben deutlich verdickt, mit pigmentierter gelatinöser Kappe, mäßig verklebt. Lagerschuppen bzw. -areolen oft nicht zus.schließend, größer. Ch- **23**

23 Epihym. d.olivgrün bis grün. Schuppen -4 mm, h.grau bis d.braun, oft grünstichig, oft mit unregelmäßigen helleren Flecken, unbereift bis bereift, jung parasitisch auf Krustenflechten. Ap. -1,5 mm, ± flach, berandet, auch schwach bereift. Sp. stäbchenförmig, selten ellipsoid, 12–23 × 4–5,5 µm . **T. aromatica**

23* Epihym. d.braun, manchmal grünstichig. Schuppen -2 mm, flach bis schwach gewölbt, d.braun bis d.grau, mitunter teilweise bereift, ohne Flecken, parasitisch auf Blaualgenflechten, v.a. *Placynthium (nigrum)*. Ap. -1 mm, flach, berandet, manchmal schwach bereift. Sp. ellipsoid bis stäbchenförmig, 10,5-19 × 3,5-5 µm . . . . **T. verrucarioides**

Toninia alutacea (Anzi) Jatta [T. intermedia (Massal. ex Arnold) Oliv.]
Ähnl. *T. candida*, doch mehr in hohen Lagen - arkt-alp - s.selten (0); *Ju (Lemberg)*, Al

Toninia aromatica (Sm.) Massal. s.l. [T. fusispora (Hepp ex Körber) Th.Fr.]
Bis in montane Lagen an m.-z.lichtreichen Standorten auf kalkhaltigen Substraten, v.a. auf altem Mörtel an Mauern, auf gesteinsbewohnenden Moosen, auf Kalkfelsen an leicht erdverkrusteten bzw. staubimprägnierten Stellen, oft an m.-z.stickstoffreichen Stellen, auch auf kalkhaltigen Sandböden, basiph., m.-z.photoph. - (arkt-)-bor-med - selten (3); Einzelfunde in süSch, Ne, Rh, Mos, He, Th, *Ju, O, Mn, Bo*

Toninia athallina (Hepp) Timdal [Catillaria a. (Hepp) Hellbom, Kiliasia a. (Hepp) Haf.]
Bis in die alpine Stufe auf kalkreichen Gesteinen, ähnl. *Rinodina imm.* (↑), meist an Schräg- und Vertikalflächen von Felsen, Pionier auf Steinen, basiph., z.photoph. - (bor-)mieur-med - z.selten; SJu, Ju, FrJu, süHü, Eif, Al

Toninia candida (Weber) Th.Fr.
Bis in alpine Lagen auf kalkreichen bis schwach kalkhaltigen Gesteinen, besonders in Spalten, Vertiefungen, an verwitterten Stellen, meist an Steil- und Vertikalflächen, oft auf gelegentlich leicht sickerfeuchten Substraten (mit Blaualgenflechten), basiph., z.-s.photoph., z.xeroph., (subhydroph.) - mieur-med-mo - selten; SJu, Ju, FrJu, Th, Al zerstr., sonst (s.)selten (Mn, Ne, Bo, süHü, Vog, Eif)

Toninia diffracta (Massal.) Zahlbr.
Bis in alpine Lagen auf Neigungs- und Steilflächen von Kalkfelsen, v.a. an zerklüfteten Stellen (ähnl. *T. candida*), auch auf kalkreichen Böden (ähnl. *T. sedif.*), basiph., z.-s.photoph. - mieur-med - selten; Ju, SJu, FrJu

Toninia opuntioides (Vill.) Timdal
Bis in alpine Lagen an zerklüfteten Kalkfelswänden (ähnl. *T. candida*), seltener auf steinigen Kalkrohböden oder basenreichen Lehmböden und Löß, oft zusammen mit Moosen, jung mit Blaualgen assoziiert, an lichtreichen bis halbschattigen Standorten; neutroph.-basiph., z.-s.photoph. - (s'bor)s'mieur-med - selten (3); Ju, Mn

Toninia pennina (Schaerer) Gyelnik [Catillaria scotina (Körber) Hertel & Kilias]
In submontanen und montanen Lagen v.a. auf Dolomit, vorwiegend Steil- und Vertikalflächen an lichtreichen Standorten - mieur-med (ko) - s.selten (R); Ne, *FrJu, Ml*

Toninia philippea (Mont.) Timdal [Catillaria ph. (Mont.) Massal., Kiliasia ph. (Mont.) Haf., Kiliasia riparia (Müll.Arg.) Haf.]
Bis in alpine Lagen auf meist m.-s.kalkreichen Gesteinen, an lichtreichen Stand-

orten, z.B. in Halbtrockenrasen - (bor-)mieur-med - s.selten (2); *süHü, Ne,* Ju, Eif, *Mn, Fr,* Th, Al

Toninia physaroides (Opiz) Zahlbr.
Von kollinen Lagen bis über die Waldgrenze auf Feinerde von steinigen Kalkrohböden, auf basenreichen Sand- und Lehmböden, meist zwischen und auf Moosen, selten auf erdverkrustetem Fels, an besonnten Standorten, jung mit Blaualgenflechten assoziiert, basiph., photoph., ähnl. *Toninia sedif.* - mieur-med - z.selten (3); Hü, Ju, Mn

Toninia sedifolia (Scop.) Timdal [T. caeruleonigricans auct.]
Im Gebiet vor allem in kollinen und montanen Lagen, aber bis in die alpine Stufe steigend, auf kalkhaltigem Boden und erdgefüllten Spalten von Kalkfelsen, v.a. in Lücken von Kalktrockenrasen (Bromion) auf flachgründigen, steinigen Böden, auch auf Löß, vielfach auf calciphilen Erdmoosen, selten in Spalten kalkhaltigen Silikatgesteins, auch als Pionier an Wegrändern, an z.–s.lichtreichen, oft warmen Standorten, basiph., z.xeroph. - (arkt-)bor-med - z.selten (3); SJu, Ju, FrJu, Mn (2) zerstr., Al, sonst selten und (2): Hü, süRh, Bo, Do, *Av,* Ne, *O,* Pf, Vog, *Rh-Mn-T,* Mos, Bit, Eif, He, Th

Toninia squalida (Ach.) Massal.
In montanen und hochmontanen(-alpinen) Lagen auf sauer-humosen, sandigen oder steinigen Böden, im Bereich flachgründiger Magerrasen (Nardo-Callunetea) sowie auf erdverkrustetem Silikatgestein an gelegentlich sickerfeuchten, von ± nährstoffreichem, bisweilen auch etwas kalkhaltigem Wasser überrieselten Flächen, an z.–s.lichtreichen Standorten, m.acidoph.–subneutroph., m.nitroph. - bor-mieur·mo/alp-med·mo/alp - selten (2); süSch, Vog, ThW, *BayW*

Toninia subfuscae (Arnold) Timdal [Celidium s. Arnold]
Auf gesteinsbewohnenden subneutrophytischen bis basiphytischen Krustenflechten an lichtreichen Standorten - bor-med - s.selten *(0)*; *O (Heidelb.,* an Mauern)

Toninia taurica (Szat.) Oxner [T. clemes H.Baumg. ined.]
Im Gebiet in montanen Lagen an Steilflächen zerklüfteten Kalkgesteins, ähnl. *Toninia candida* (↑) - (s')mieur-med - selten (3); Ju, SJu

Toninia toniniana (Massal.) Zahlbr.
In kollinen und submontanen (montanen) Lagen auf kalkreichen Gesteinen, v.a. an Steilflächen in Spalten und Klüften, basiph., z.–s.photoph., z.thermoph., z.xeroph., m.ombroph., anitroph. - s'mieur-med - s.selten (3); süHü (Kaiserstuhl: 1×), Ju, FrJu

Toninia tristis (Th.Fr.) Th.Fr. [T. tabacina auct.]
Von der kollinen bis in die alpine Stufe auf kalkreichen Substraten, insbesondere auf stark verwittertem, zerklüftetem Kalkfels und auf kalkreichen, steinigen, flachgründigen Böden an z.–s.lichtreichen, besonnten Standorten, basiph., im Gebiet z.B. mit *Toninia candida, T. sedifolia* - (bor-)mieur-med - s.selten (1); Ju (Überkingen), *Ne,* Th

Toninia tumidula (Sm.) Zahlbr.
In submontanen und montanen Lagen, auf kalkhaltigem Gestein an Vertikal- und Schrägflächen in Klüften, ähnl. *Psora testacea* (↑) - s'mieur-med - selten (3); Ju

Toninia verrucarioides (Nyl.) Timdal [T. kolax Poelt]
V.a. in montanen bis alpinen Lagen auf kalkhaltigem Gestein parasitisch auf Blaualgenflechten, v.a. *Placynthium*-Arten (v.a. *P. nigrum* ↑) - (arkt-)bor-med - selten (3); Ju, FrJu, Al, süRhön

Trapelia Choisy

(Bestimmung und Einführung incl. Trapeliopsis)

1 Lager C+/KC+ rot, P–. Gyrophor-S. **2**
1* Lager C–/KC– **12**
2 Lager stellenweise sorediös **3**
2* Lager nicht sorediös, auf Gestein oder Erde **10**
3 Lager stellenweise orange, dort K+ rot, sonst blaß grünlich, h.grau, grünlichgrau, K–, ausgedehnt, grobkörnig, mit grünlichweißen, teilweise auch orange gefärbten, erst gewölbten, dann fleckenweise zus.fließenden Soralen, P–. Sorедien fein, -25 µm. Ap. selten, angedrückt, flach, wellig berandet, grüngrau bis grauschwarz, -1(1,6) mm. Epihym. grünlich. Sp. 10-12,5 × 3,5-6 µm. Anthrachinon * . . . . **Trapeliopsis pseudogranulosa**
3* Lager nicht fleckenweise orange. K–/K+ leicht gelblich **4**
4 Lager weißlich bis meist leicht rosaweiß, deutlich begrenzt, oft schwach effiguriert, rissig, meist flach, dick und zus.hängend, mit zahlreichen kleinen gelblichweißen bis blaß grünlichen Soralen v.a. an den Rissen oder Areolenrändern. Ap. s.selten (ähnl. *T. involuta*). Auf Gestein. * . . . . . **T. placodioides**
4* Lager nicht schwach effiguriert, nicht flach und zus.hängend, sondern warzig areoliert bis körnig **5**
5 Lager auf Gestein **6**
5* Lager auf Holz, Rinde, Erde **7**
6 Lager unauffällig, aus ± zerstreuten, ± ocker getuschten, blaß grünlichen, meist gewölbten, -0,3(0,4) mm großen Areolen. Sorale -0,4 mm, konkav bis gewölbt. Ap. nicht selten, -0,5 mm, rosa bis rotbraun, mit etwas hellerem Eigenrand. Sp. um 11-14 × 5-6,5 µm. * . . . . **T. obtegens**
6* Lager meist ausgedehnt, oft auf Sandgestein, aus körnig-warzigen kleinen Areolen. Ap. rosa bis schwarz, oft über 0,5 mm breit **9**
7 Ap. randlos, schwarz bis grünschwarz, meist gewölbt, -0,6 mm oder geknäuelt, -1 mm. Lager zus.hängend feinkörnig (Körnchen - 0,1 mm), grünlich (zumindest feucht) bis h.grau, meist großflächig blaßgrün sorediös. Exc. ± fehlend. Sp. 9-12 × 4-5 µm. Auf morschem Holz. * . . . . . **Trapeliopsis viridescens**
7* Lager mit anderen Merkmalen, nicht großflächig einheitlich sorediös. Ap. fehlend oder lange flach, zumindest jung deutlich berandet, blaß bis schwarz, matt **8**

8 Lager aus unauffälligen, ± zerstreuten, grünlichen bis bräunlichen, -0,15 mm breiten Areolen mit punktförmigen, gewölbten, blaß bräunlichen bis grünbräunlichen Soralen. Ap. s.selten, -0,2 mm, rosabraun, blaß berandet. Sp. 11–14 × 5–6,5 µm. * . . . . **T. corticola** Coppins & P.James

8* Lager ± ausgedehnt und zus.hängend, aus über 0,1 mm großen, warzigen bis körnig-warzigen Areolen. Ap. nicht selten, wesentlich größer **9**

9 Ap. graurosa bis ziegelrot, rotbraun, olivbräunlich, grüngrau bis fast mattschwarz, auch im selben Lager oft variierend, lange flach und berandet, zuletzt oft gewölbt, -1,5 mm. Sp. 8–15 × 4–6 µm. Hym. 70–80 µm. Lager weißlich, h.grau, aschgrau, stellenweise manchmal rosa getuscht, zus.hängend körnig bis warzig, oft stellenweise sorediös. Sorale rel. unregelmäßig und Soredien gröber als bei *T. flexuosa*, weißlich, gelblich bis seltener graugrünlich. Auf Erde, Humus, Pflanzenresten, selten Holz, Gestein. * . . . **Trapeliopsis granulosa**

9* Ap. d.grünlichgrau bis (grün)schwarz, selten im Tiefschatten blaß gefärbt, flach bis schwach gewölbt, -0,7 mm. Sp. 7–9,5 × 2,5–4 µm. Hym. 40–50 µm. Lager grünlichgrau bis graugrün, seltener weißlich bis h.grau, zus.hängend körnig (0,08–0,25 mm), am Rand Körner oft vergrößert und verflacht (-0,4 mm). Sorale erst getrennt, -0,4 mm, später manchmal zus.fließend, mehlig bis feinkörnig, graugrün bis d.grün (bläulichgrün). Meist auf Holz, seltener Rinde, selten Gestein. * . . . . **Trapeliopsis flexuosa**

10 Lager rein krustig, ± rissig, nicht schuppig, nicht am Rand effiguriert, gewöhnlich dünn, weißlich, h.grau, grünlichgrau, rosaweiß. Ap. -0,8 mm, rosa bis rotbraun, d.- bis schwärzlichbraun (feucht meist deutlich rötlich), flach bis gewölbt, nur Jugendstadien mit angedeutetem Eigenrand, anfangs von einem feinen weißen, oft unregelmäßig gezähnten Lagerrand umgeben, flach bis gewölbt. Sp. 14–26 × 7–13 µm. * . . . . **T. coarctata**

10* Lager angedeutet bis deutlich schuppig oder aus gekerbten bis angedeutet lappigen, zerstreuten bis stellenweise überlappenden Areolen **11**

11 Gewöhnlich auf Erde und Rohhumus. Lager schuppig. Schuppen flach bis uneben, gekerbt, am Rand des Lagers angedeutet gelappt und dort oft auch gewölbt, weißlich bis h.grau, -1,6 mm, oft mit Gruppen unregelmäßiger, isidienartiger Auswüchse, die nach dem Abfallen runde konkave Narben zurücklassen. Ap. 1–2 mm, oft fehlend, rosabraun bis grünlichgrau oder fast schwärzlich, oft leicht bereift. Sp. 8–14 × 4–5 µm. Epihym. und Hyp. blaß bis gelbbräunlich. * . . . . **Trapeliopsis wallrothii**
(wenn Lager warzig bis körnig, Ap. oft heller, vgl. nicht sorediöse Formen von *T. granulosa* ↑ 9)

11* Gewöhnlich auf Gestein, selten auf Erde über steinigem Boden. Lager areoliert. Areolen getrennt bis überlappend, am Rand oft gekerbt bis angedeutet lappig, flach bis gewölbt, ohne Isidien, beige, leicht braun- oder graustichig weißlich, am Lagerrand oft größer, -0,4 mm. Ap. -0,8 mm, z.häufig, rosa bis rotbraun, mit lagerfarbenem oder oft hellerem Eigenrand, mitunter anfangs mit dünnem Lagerrand. Sp. 15–25 × 7–13 µm. Epihym. h.- bis d.braun. * . . . **T. involuta**

12 Sp. 15–32 × 6–14 µm. Ap. groß, bis über 2 mm, Scheibe d.braun bis schwarzbraun, konkav bis flach, Rand wulstig, oft verbogen, meist heller gefärbt. Lager krustig, warzig. Ap. im Schnitt und Pykn. C+ rosa (Gyrophor-S.). Auf Gestein und nackter Erde **13**

12* Sp. kleiner. Alle Teile C–. Auf Rohhumus, morschem Holz, Erde **14**

13 Lager auf Gestein, beige, h.gelblich bis h.ocker. Ap. –1,5(2) mm, mit stark verengter Basis aufsitzend . . . . **T. mooreana**

13* Lager auf Erde, weißlich, aus blasig-halbkugeligen, ± hohlen, aufbrechenden, dicht gedrängten Areolen. Ap. –3 mm, an der Basis verengt. Unsicher von *T. mooreana* geschieden . . . . **T. geochroa**

14 Lager schuppig. Schuppen h.graugrünlich, olivgrau, C–, K–, P–, mit gelappten, aufsteigenden, sorediös aufbrechenden Rändern, –3 mm, Sorale lippenförmig bis kopfig. Ap. braun bis d.grau, mit oft hellerem Rand, zuletzt gewölbt-randlos, 1–2,4 mm. Epihym. und Hyp. blaß bis gelbbräunlich. Sp. 8–11 × 3,5–5,5 µm . . . . **Trapeliopsis percrenata**

14* Lager membranartig dünn bis s.fein körnig, feucht gelatinös, d.grünbraun, grüngrau, lehmfarben, oft mit blaß grünlichen, bald unregelmäßigen und zus.fließenden Soralen. Ap. –1(1,5) mm, angedrückt, unberandet oder blaß und nicht erhaben berandet, grauschwarz, grau, grünlichgrau. Epihym. grün, K± braun. Sp. 8–14 × 4,5–6 µm . . . . **Trapeliopsis gelatinosa**

Trapelia coarctata (Sm.) Choisy [Lecidea c. (Sm.) Nyl., Lecanora c. (Sm.) Ach.]
Vorwiegend von der kollinen bis in die montane Stufe auf kalkfreiem Silikatgestein, fast stets auf Steinen und erdbodennahen Felsflächen, an lange taufeuchten bzw. strahlungsgeschützten Stellen, ähnl. *Porpidia crustulata* (↑) – bor-med·mo – m.häufig, lokal z.häufig, v.a. im Bereich des Grundgebirges, Keupers und Buntsandsteins, in Kalkgebieten selten (synanthrop) bis fehlend

Trapelia geochroa (Körber) Hertel [Biatora g. Körber]
In subalpinen und alpinen, s.niederschlagsreichen Lagen auf frischer bis feuchter, nackter Erde an Stellen mit z.langer Schneebedeckung (Schneeanwehungen, Lawinenbahnen), z.B. in lückigen Magerrasen, sekundär auch an Wegrändern, m.–s.acidoph., substrathygroph., z.photoph. – mieur·h'mo – s.selten (1); süSch (Feldberg-Gebiet)

Trapelia involuta (Taylor) Hertel [Lecidea ornata (Sommerf.) Hue]
Bis in hochmontane Lagen auf kalkfreiem, oft mineralreichem Silikatgestein, oft auf etwas stärker angewitterten, rauhen Substraten, auf Steinen und bodennahen, häufig taufeuchten oder auch sporadisch sickerfeuchten Felsflächen, auch an etwas staubimprägnierten Stellen, auch auf Mauerkronen aus Naturstein, Dachziegeln, Piniercharakter nicht so ausgeprägt wie bei *T. coarctata*, häufiger auch an lichtreichen, oft auch besonnten und warmen Standorten, subneutroph.–z.acidoph., (substrathygroph.), m.–s.photoph. – (bor-)s'bor-med, subatl – z.selten; Sch, Vog, PfW, O zerstr.; SFW, Sp, He (z.B. Rhön), RhSch usw. sowie synanthrop

Trapelia mooreana (Carroll) P.James [T. torellii (Anzi) Hertel, Lecidea lopadioides (Th.Fr.) Grumm., L. brujeriana (Schaerer ex D.Dietr.) Leighton]
In montanen bis subalpinen, s.niederschlagsreichen Lagen auf kalkfreiem, meist

stärker verwittertem, glimmerreichem Silikatgestein, an Steinen oder bodennahen Felsflächen an bodenfeuchten oder lange taufeuchten, m.–z.(s.)lichtreichen Stellen, meist an feuchten Böschungen und Wegrändern, Pionier, z.acidoph., substrathygroph. – mieur·subatl, oz; (s.)selten (2); süSch (über 1200 m), nöSch, Vog

Trapelia obtegens (Th.Fr.) Hertel [Lecidea o. (Th.Fr.) Vainio]
Vor allem an kleinen Silikat-Steinen, ähnl. *T. coarctata* und *T. involuta* – (s'bor-)-mieur-smed – z.selten; z.B. Sch, Vog, HRh, O

Trapelia placodioides Coppins & P.James [T. obtegens auct.]
V.a. an Silikat-Steinen, ähnl. *T. coarctata*, aber Pioniercharakter weniger ausgeprägt, mehr an größeren Steinen und Blöcken an luft- und taufeuchten Orten, auch an Bächen, ähnl. *Lecidea lithophila* (↑), auch synanthrop (Mauern, Dachziegel), an m.–z.lichtreichen, meist z.absonnigen Stellen – s'bor-mieur – z.selten; v.a. Grundgebirge, Keuperland, Buntsandsteingebiete (Sch, O, Sp, SFW, RhSch, Pf)

Trapeliopsis Hertel & G. Schneider

(Einführung und Bestimmung ↑ Trapelia)

Trapeliopsis flexuosa (Fr.) Coppins & P.James [Lecidea aeruginosa Borrer]
Bis zur Baumgrenze auf Holz, an Pfählen, Brettern, Stümpfen, v.a. an Hirnschnitten, an saurer Borke (v.a. Koniferen), meist an m.–s.lichtreichen, luftfeuchten bis trockenen Orten, meist mit *Placynthiella icmalea*, z.–s.acidoph. – bor-med – m.–z.häufig

Trapeliopsis gelatinosa (Flörke) Coppins & P.James [Lecidea g. Flörke]
Bis in (hoch)montane Lagen auf nackten sandig-lehmigen, meist humusarmen Böden an schattigen Standorten, v.a. in Wäldern, z.B. an Wegrändern, an Tierbauten, auch auf Wurzeln, Pionierflechte von geringer Konkurrenzkraft, m.–s.acidoph., substrathygroph., m.photoph.–z.skioph. – s'bor-mieur – selten (3); Sch, *Vog*, Saar, Pf, O, *Sp*, SFW, RhSch

Trapeliopsis granulosa (Hoffm.) Lumbsch [Lecidea g. (Hoffm.) Ach.]
Bis über die Waldgrenze auf nackten sauren, sandigen bis lehmigen Böden, auf Pflanzenresten und Erdmoosen, Rohhumus, Torf, sowie selten an z.–s.morschem, aufgebrochenem Holz (Stümpfe) oder an absonnigen Felsflächen (v.a. Sandstein), meist in Lücken von Zwergstrauchheiden, in Hochmooren (Torfstiche), in lichten Wäldern, an felsigen Blößen und in Blockmeeren, z.–e.acidoph., z.photoindiff., substrathygroph., anitroph. – arkt-smed·mo(-med·mo) – z.selten, v.a. Sch, Vog, RhSch, sonst selten, Kalkgebiete ± fehlend

Trapeliopsis percrenata (Nyl.) G.Schneider [Lecidea p. Nyl.]
In montanen, kühlen Lagen über Rohhumus und Streu auf frischen, s.nährstoffarmen, s.sauren Sand- oder auf Torfböden sowie an der Basis s.morscher Baumstümpfe, z.B. in lichtem Kiefern-Fichten-W., s.–e.acidoph., substrathygroph., z.B. mit Laub- und Lebermoosen – zentr – s.selten (0); süSch: Sulzbach bei Schramberg

Trapeliopsis pseudogranulosa Coppins & P.James
Auf sterilen, nährstoffarmen, sauren Böden, auf Pflanzenresten, absterbenden Moosen, s.morschen Stümpfen und Stämmen in meist niederschlagsreichen Lagen an geschützten Orten, besonders in Wäldern, häufig an Böschungen, bemoosten Blökken, selten auch auf porösem Gestein, z.–e.acidoph., z.skioph.–m.photoph., substrathygroph., anitroph. - bor-smed - z.selten, in Silikatgebieten regional m.häufig; v.a. Sch, Vog, O, Sp, RhSch

Trapeliopsis viridescens (Schrader) Coppins & P.James [Lecidea v. (Schrader) Ach.]
In montanen, selten hochmontanen, oft niederschlagsreichen Lagen auf stark vermorschtem, schwammigem, stark wasserspeicherndem Holz, an Stümpfen und liegenden Stämmen, ausnahmsweise auf Detritus, meist im Innern von Wäldern, nicht synanthrop, z.–s.acidoph., hygroph., substrathygroph., z.skioph.–m.photoph., anitroph., meist mit Moosen - mieur-smed - selten (2); süSch, *nöSch, Vog, SFW, O,* Do, *Av, Al*

Trapeliopsis wallrothii (Flörke) Hertel & G.Schneider [Lecidea w. Flörke ex Sprengel]
In kollinen und submontanen, m.niederschlagsreichen bis z.niederschlagsarmen, warmen, wintermilden Lagen auf nährstoffarmen, kalkarmen, aber oft z.basenreichen, steinigen oder grusigen Böden, oft zwischen oder auf verwitterten Felsen aus mineralreichem Silikatgestein, auf Moose übergehend (z.B. *Hedwigia*), an lichtreichen, warmen, z.trockenen Standorten, m.–z.acidoph. - mieur-subatl-med - s.selten *(0)**; *O (Schriesheim)*, MRh-Ts, Eif, nöPf, Vog

Tremolecia Choisy

(Bestimmung ↑ Lecidea)

Tremolecia atrata (Ach.) Hertel [Lecidea a. (Ach.) Wahlenb., L. dicksonii auct.]
In montanen bis alpinen Lagen auf kalkfreien, meist harten, magmatischen und metamorphen, v.a. eisenreichen Silikatgesteinen, an niedrigen Felsen, an Blöcken, Steinen, oft an häufig taufeuchten bzw. z.luftfeuchten, z.–s.lichtreichen Standorten, in s.niederschlagsreichen Lagen auch an windexponierten Stellen, Pionier, (m.)z.–s.acidoph. - arkt-mieur-mo/alp-med-alp - selten; Vog und süSch zerstr., Rhön, Erz, BayW, Al

Umbilicaria Hoffm.

(Schlüssel incl. Lasallia)

Bestimmungshinweis: Der Gyrophor-S.-Gehalt ist sehr unterschiedlich, die entsprechende C+/KC+ Rot-Reaktion fällt mitunter schwach aus. Vgl. Abb. 60

1 Lager mit vielen ovalen, blasigen Pusteln besetzt, denen auf der Unterseite grubige Eintiefungen entsprechen, grau bis braun, stellenweise mit knäuelig zus.stehenden, schwarzen, korallinischen Isidien, unterseits schwärzlich. Ap. z.selten. Meist 2–10 cm. Gyrophor-S. . . . . **Lasallia pustulata**

1* Lager ohne auffallende Pusteln **2**

2 Lager dicht mit feinen, zylindrischen bis flachen Isidien bedeckt (dadurch flockig-rußig bestreut erscheinend), randlich meist etwas nach unten gekrümmt, d.braun, unterseits braunschwarz, kahl, leicht uneben, –3 cm, meist in dichten Beständen. Ap. s.selten. Gyrophor-S. . . . . **U. deusta**

2* Lager nicht isidiös **3**

3 Lager am Rand dicht bis spärlich mit meist verflachten schwarzen Borsten besetzt, unterseits h.bräunlich bis weißrosa; oberseits ± grau, z.derb, in der Mitte bisweilen wulstig-faltig. Ap. häufig, anfangs aufsitzend, später fast gestielt, mit rilliger Scheibe . . . . **U. cylindrica**
(wenn Unterseite schwarzbraun bis grau, ± bereift vgl. *U. proboscidea*)

3* Lager am Rand ohne schwarze Borsten **4**

4 Lager am Rande oft fein durchlöchert, unterseits mit starren, zerfransten, oft wie zerfressen wirkenden, radial ausgerichteten, vernetzten „Leisten“ oder „Bälkchen“, dazwischen grob warzig bis körnig, beige, h.rosabraun bis braun, oberseits von engen Furchen durchzogen (areoliert), sonst glatt. Ap. häufig, rillig, eingesenkt bis angedrückt. Stictin-S. oder Gyrophor-S. . **U. torrefacta**

4* Lager am Rand gewöhnlich nicht fein siebartig durchlöchert, unterseits nicht mit derartigen Leisten, oberseits nicht durch enge Furchen gegliedert **5**

5 Rhizinen auf der Lagerunterseite fehlend oder spärlich. Lager –3(5) cm . . . **6**

5* Rhizinen zahlreich **14**

6 Lager zumindest in der Mitte h.- bis d.grau gefärbt **7**

6* Lager mittelbraun, d.braun, braunschwarz. Gyrophor-S. **12**

7 Lager unterseits regelmäßig kleinwarzig areoliert, d.grau bis schwärzlich, selten bräunlich, ohne oder seltener mit s.spärlichen Rhizinen, oberseits gleichmäßig h.grau, in der Mitte oft buckelig, gegen den Rand oft ± mehlig-sorediös und nach unten gebogen, einblättrig. Ap. s.selten, Scheibe mit konzentrischen oder unregelmäßigen Rillen. Gyrophor-S. . . . . **U. grisea**

7* Lager unterseits glatt bis uneben oder um den Nabel herum warzig, nicht regelmäßig warzig areoliert, oberseits am Rand nicht sorediös **8**

8 Ap. häufig, mit auffallend gerillter Scheibe **9**

8* Ap. fast stets fehlend, wenn vorhanden, dann Scheibe eben oder mit einem zentralen Nabel, Lager meist –5 cm **10**

9 Lager unterseits blaß rosa, blaß bräunlich, oberseits ± grau, wulstig uneben bis glatt, am Rand oft mit vereinzelten Borsten, Ap. sitzend, später basal stark verengt bis fast gestielt, mit rilliger Scheibe. Mark C/KC–. ±Norstictin-S. . . . . **U. cylindrica (3)**

9* Lager dünn, zerbrechlich, unterseits schwarzbraun bis d.grau, ± h.grau bereift, um den Nabel oft hell(braun), Rhizinen spärlich bis fehlend; oberseits d.graubraun bis schwärzlich, in der Mitte weißgrau und aufgetrieben und mit welligen, vernetzten, nach außen undeutlicher werdenden Rippen, randlich oft zackig-zerfranst, ohne Borsten, Ap. dicht aufsitzend. Mark C/KC+ rot. Gyrophor-S., ±Norstictin-S. . . . . **U. proboscidea**

10 Unterseite hell, rosa, blaßbräunlich, nicht geschwärzt, ohne Brutkörner . . . . vgl. **U. cylindrica (3)**

10* Unterseite stellenweise, meist um den Nabel, (rußig) schwarz, mit 1–2(3)zelligen Brutkörnern **11**

11 Lager oberseits rissig areoliert, in der Mitte grobrissig gefeldert, unterseits teils (um den Nabel) rußig schwarz (mit 1–2zelligen schwarzen Brutkörnern), teils (besonders gegen den Rand) braun oder grau, derb, meist bis 5 cm. Norstictin-S. . . . . **U. leiocarpa**
(wenn Oberseite durch stark vorstehende vernetzte Rippen gegliedert, Ap.-scheibe mit Nabel, Alpen: **U. decussata** (Vill.) Zahlbr.)

11* Lager oberseits nicht deutlich (d.h. mit bloßem Auge erkennbar) rissig gefeldert, doch ± radialrissig und ± radialfaltig, am Rand oft zerschlitzt bis stark zerteilt, manchmal schwarz gesäumt, unterseits größtenteils rußig schwarz (mit 1–2zelligen Brutkörpern). Gyrophor-S. . . . . **U. subglabra**
(wenn Lager unterseits nur um den Nabel schwarz und rissig areoliert, sonst hell, oberseits in der Mitte graugrünlich bis graubraun, gegen den Rand schwärzlich, Ap. flach, mieur-alp, Al: **U. laevis** (Schaerer) Frey)

12 Lager einblättrig, d.braun, kupferbraun, graubraun, dünn, oft runzelig-faltig oder warzig, unterseits glatt bis häufig mit flachen Eindellungen, h.- bis d.grau(braun). Ap. häufig, rillig, eingesenkt bis angedrückt. Rhizinen fehlend oder s.spärlich. Gyrophor-S. . . . . **U. hyperborea**

12* Lager ein- bis vielteilig, vom Rand her zerschlitzt, unterseits größtenteils rußig schwarz, eben, nicht grubig. Ap. s.selten. Gyrophor-S. **13**

13 Lager oberseits glatt, braun. * . . . . **U. polyphylla**

13* Lager oberseits v.a. in der Mitte runzelig-faltig bis grubig gerippt, oft graubraun und matt. * . . . . **U. nylanderiana**

14 Lagerrand mit starren schwärzlichen Wimpern. Unterseite hell, rosa(weißlich) bis h.bräunlich. Ap. häufig, rillig. Mark C–/KC–. Ohne Gyrophor-S. . . . . **U. cylindrica (3)**

14* Lager anders. Mark C+/KC+ rot. Gyrophor-S. **15**

15 Lager oberseits gegen den Rand zu leicht mehlig sorediös, weißgrau, oft braunstichig, papierartig bis schlaff ledern, unterseits h.- bis mittelbraun, seltener d.braun, mit ± zahlreichen hellen bis dunklen, oft verzweigten Rhizinen. Meist bis 4, selten über 5 cm. Ap. gewöhnlich fehlend. * . . **U. hirsuta**
(vgl. auch die ähnl. *U. grisea*, diese aber fast stets ohne Rhizinen, unterseits feinwarzig)

15* Lager anders, Rinde am Rand nicht mehlig aufgelöst **16**

16 Lager unterseits h.rosabräunlich bis mittelbraun, mit hellen bis dunklen Rhizinen, oberseits weißgrau, meist mit bräunlichem oder violettem Stich (v.a. zum Rand hin), am Rand meist leicht herabgebogen, meist 3–8 cm breit. Ap. gewöhnlich vorhanden, jung eingesenkt und genabelt. * . . . . **U. crustulosa**

16* Lager unterseits schwarz bis braunschwarz **17**

17 Lager weißgrau bis grau, oft violettrötlich bis bräunlich überlaufen, groß,

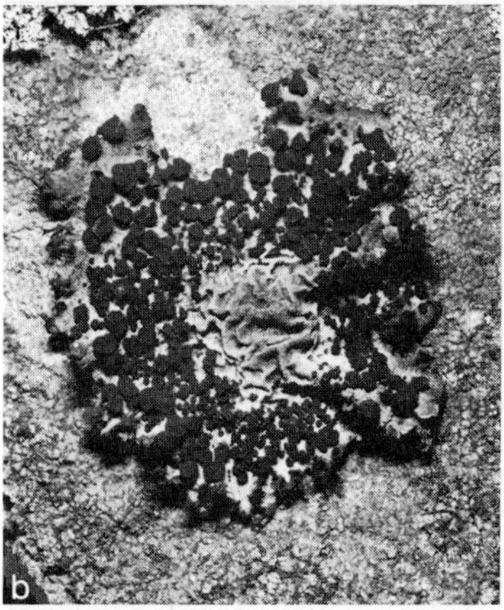

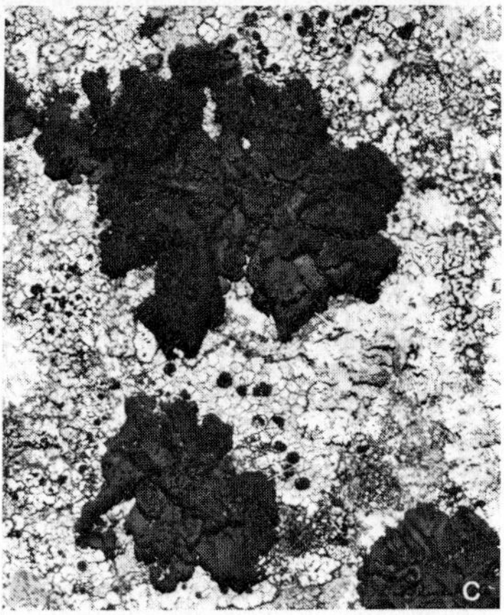

Abb. 60 A. *Umbilicaria.* a: *U. proboscidea* (links oben), *U. cylindrica* (links unten), *U. grisea* (Mitte o.), *U. subglabra* (Mitte u.), *U. crustulosa* (rechts), je 0,8× b: *U. cylindrica* (1,1×). c: *U. deusta* (1×).

Abb. 60 B. (rechte Seite) *Umbilicaria.* a: *U. polyrrhiza* (1×). b: *U. torrefacta* (1×). c: *U. polyphylla* (1×). d: *U. cylindrica*, Apothecien (4,3×). e: *U. hyperborea* (13×). f: *U. torrefacta*, Unterseite (1,9×).

4–14 cm, dick lederig, starr, unterseits durch Brutkörner schwarz bis schwarzbraun erscheinend, Rhizinen ebenso gefärbt, zahlreich, fädig. Ap. rillig. * . . . . **U. vellea**

17* Lager braun, d.graubraun, violettbraun, oberseits glatt, unterseits schwarz, warzig areoliert, mit schwarzen Rhizinen **18**

18 Lager d.braun bis kupferfarben, matt glänzend, am Rand meist wellig-kraus. Rhizinen fädig, dichtstehend, am Lagerrand und an Rissen nach oben gerichtet. Ap. z.selten, angepreßt, ohne Eigenrand, im Alter mit gedrängten, radialen Leisten. * . . . . **U. polyrrhiza**

18* Lager d.grau(braun) bis violettstichig d.braun, unterseits v.a. mit unregelmäßigen, verlängerten, rauhen Papillen, kaum mit typischen fädigen Rhizinen. Ap. z.selten, im Alter stark rillig. * . . . . **U. cinereorufescens**

Umbilicaria cinereorufescens (Schaerer) Frey
In der subalpinen und alpinen Stufe an Vertikalflächen z.(–s.)lichtreicher, z.–s.windoffener Felsen auf kalkfreiem, hartem Silikatgestein, an Lokalitäten mit hohem

Niederschlag und häufigem Nebelzug, m.–z.acidoph., a-/m.nitroph., z.ombroph. – bor(mo/alp)-alp – s.selten (R); süSch

Umbilicaria crustulosa (Ach.) Frey
In hochmontanen bis alpinen Lagen auf Schräg- und Vertikalflächen gewöhnlich kalkfreier Silikatgesteine, an m.–z.lichtreichen, m.windoffenen bis windgeschützten Standorten, gewöhnlich an sporadisch sickerfeuchten und daher (m.)nährstoffreichen Substraten, z.–m.acidoph., z.ombroph., (subhydroph.) – arkt-alp/pralp – selten–s.selten (1): süSch, Vog, BayW

Umbilicaria cylindrica (L.) Del. ex Duby
In niederschlagsreichen montanen bis v.a. alpinen Lagen an z.–s.windexponierten, z.–s.lichtreichen, nicht oder m.gedüngten Standorten mit stark wechselnden thermisch-hygrischen Bedingungen, v.a. an nur kurzzeitig schneebedeckten Horizontal- und Schrägflächen von Felsen und Blöcken aus meist kalkfreiem Silikatgestein, z.acidoph., a-/m.(–z)nitroph. – arkt-mieur·mo/alp-med·alp – z.selten (3); süSch, Vog; selten nöSch, Rhön; s.selten *Eif+*, *Ts*, Erz, BayW, Al (an Grabsteinen: Ju, Bo)

Umbilicaria deusta (L.) Baumg.
In montanen bis alpinen Lagen an meist nur m.windexponierten, oft geschützten, m.–s.lichtreichen Standorten, bevorzugt auf niedrigen Blöcken auf bodennahen, rauhen, rel. lange nach Regen oder Taufall feucht bleibenden, auch sporadisch sickerfeuchten, oft lange (mehrere Monate) schneebedeckten Flächen, an exponierteren Felsen meist an Sickerwasserstreifen, Substrat durch Sickerwasser oder Staubanflug (m.)nährstoffreich, v.a. an Blöcken in Heiden, Magerrasen (Nardion), (z.)m.acidoph., ± substrathygroph. – (arkt-)bor-mieur·mo/alp-med·alp – z.selten (3); süSch m.häufig; Vog zerstreut; sonst selten: nöSch, Rhön, Ts, Eif-Lux, ThW, Fi, Erz, BayW; Al

Umbilicaria grisea Hoffm. [U. murina (Ach.) DC.]
In milden bis warmen, kollinen bis submontanen Lagen v.a. an m.beregneten Vertikalflächen von Felsen aus kalkfreiem Silikatgestein an m.–z.lichtreichen Standorten; Substrat bisweilen sickerfeucht oder m.gedüngt (Staubimprägnation, Düngung durch Vögel); m.(–z.)acidoph., m.–z.thermoph. – mieur·subatl-med·mo – selten (R); nöSch (v.a. Baden-Baden), Vog, Pf, O, Rh-Mn-T, Ts, MRh, Mos, Eif

Umbilicaria hirsuta (Sw. ex Westr.) Hoffm.
In kollinen bis subalpinen, seltener alpinen Lagen auf kalkfreiem Silikatgestein, v.a. an Vertikal- und Steilflächen an m.–s.lichtreichen, oft m.–z.regengeschützten Standorten, gern an leicht staubimprägniertem, zerklüftetem, gelegentlich sickerfeuchtem, auch auf z.gedüngtem Substrat (Vogelsitzplätze), windgeschützte und z.warme Flächen bevorzugend, z.acidoph.–subneutroph., bei entsprechendem Nährstoffreichtum in zahlreiche Gesellschaften eindringend, oft bestandbildend – arkt-med·mo – z.selten; Sch, Vog, selten in O, Pf, Saar, Hu, Ts-MRh, Rhön, Eif, Erz

Umbilicaria hyperborea (Ach.) Hoffm.
Ähnl. *U. torref.*, nur in niederschlagsreichen, klimatisch rauhen, hochmontanen bis

alpinen Lagen, v.a. an Horizontal- und Schrägflächen - arkt-mieur·mo/alp - s.selten; Vog, ferner Fi, Erz, BayW, Hz

Umbilicaria leiocarpa DC.
Gewöhnlich über der Waldgrenze an beregneten Vertikalflächen auf kalkfreiem Silikatgestein, an z.–s.lichtreichen, z.–s.windexponierten, schneefreien Standorten, z.acidoph. - bor-alp - s.selten (1); süSch

Umbilicaria nylanderiana (Zahlbr.) H.Magn.
Gewöhnlich in alpinen, s.selten in hochmontanen Lagen an meist s.lichtoffenen, m.–z.gedüngten Horizontal- und Schrägflächen auf kalkfreiem Silikatgestein, besonders unterhalb der Kuppen von Vogelsitzplätzen, doch die stark gedüngten Stellen und die eigentlichen Vogelblock-Ges. meidend, z.–m.acidoph. - bor-alp - s.selten (2); süSch, BayW, Erz

Umbilicaria polyphylla (L.) Baumg.
Von montanen bis subalpinen, seltener alpinen Lagen auf gewöhnlich saurem Silikatgestein, an voll beregneten Flächen, in niederen Lagen mehr an geschützten, z.luftfeuchten, m.–z.lichtreichen Standorten, in hohen, niederschlagsreichen Lagen mehr an licht- und windoffenen Stellen, tiefer herabsteigend und hygrophytischer als *U. cylindrica*, m.–s.acidoph., a-(m.)nitroph., m.–s.photoph. - bor-mieur·mo-alp - z.selten (3); Sch, Vog, Pf, sonst selten: Saar, Hu, MRh-Ts, Eif,O, Rhön, ThW, Erz, BayW (selten Apophyt: Do, Ju)

Umbilicaria polyrrhiza (L.) Fr.
In montanen und hochmontanen, gewöhnlich ozeanischen, niederschlagsreichen Lagen an Schräg- und voll beregneten Vertikalflächen auf kalkfreiem Silikatgestein, an windgeschützten bis (bei hohem Niederschlag) z.windexponierten, m.–s.lichtreichen Standorten, z.–m.acidoph., a-(–m.)nitroph. - (bor·atl-)s'bor-med·mo, subatl, (oz) - s.selten (2); nöSch, süSch, Vog, östl.PfW, Eif (Monschau), *WeBgl, Hz*

Umbilicaria proboscidea (L.) Schrader
In der hochmontanen und alpinen Stufe an s.niederschlagsreichen Lokalitäten auf kalkfreiem Silikatgestein, v.a. mit *U. cylindrica*, von engerer ökol. Amplitude als diese, nur an klimatisch rauhen Orten - arkt-bor-mieur· alp(-smed·alp) - s.selten (0); *süSch? (Belchen?), nöSch (Kniebis +)*, Vog, BayW, Hz

Umbilicaria subglabra (Nyl.) Harm.
Von der montanen bis zur subalpinen, seltener alpinen Stufe auf kalkfreiem Silikatgestein, z.ähnl. *U. polyphylla*, z.–m.acidoph., m.(–z.)nitroph. - mieur·mo/alp-med·alp - selten (2); süSch, Vog, Ts, Rhön*

Umbilicaria torrefacta (Lightf.) Schrader [U. erosa (Weber) Hoffm.]
Vorwiegend in hochmontanen, niederschlagsreichen Lagen auf kalkfreiem Silikatgestein an z.licht- und z.windoffenen, nährstoffarmen, voll beregneten Standorten, häufig in kühlen Blockmeeren mit stärker wechselnden Feuchtebedingungen, hygrisch anspruchsvoller als *U. cylindrica*, m.lange Schneebedeckung tolerierend,

an größeren Felsen vorwiegend an Steilflächen, z.acidoph. – bor-mieur·mo/h'mo-med·alp – selten (2); süSch, nöSch, Vog, Ts, Rhön*, ThW, Erz, BayW, Hz

Umbilicaria vellea (L.) Hoffm.
Von (hoch)montanen bis alpinen Lagen an meist z.lichtreichen, oft z.windgeschützten Standorten auf ± mineralreichen Substraten, meist an sporadisch sickerfeuchten oder tropfwasserfeuchten Vertikal- und Steilflächen anstehender Silikatfelsen, Schneebedeckung meidend, z.–m.acidoph., meist mit *U. hirsuta* – arkt-bor-med·alp – selten (2); süSch, Vog, Eif (Monschau), Rhön*, Fi, *Rothaargeb.*

Usnea Dill. ex Adanson

Hinweis: Manche Artengruppen sind noch ungeklärt, mitunter ist eine chemische Untersuchung unumgänglich. Jungpflanzen können oft kaum sicher angesprochen werden. Primäräste: Äste erster Ordnung, vom basal festgehefteten Haupttrieb abgehend. Sekundäräste: von Primärästen abgehend. Hauptäste: Primär- und Sekundäräste.

1 Lager s.lang fadenartig herabhängend, gewöhnlich 50–200 cm lang, nicht oder nur in großen Abständen verzweigt, mit zahlreichen Fibrillen. Rinde des Hauptfadens abbröckelnd. Mark J+ blau. Nur noch in den Alpen . . . . **U. longissima**

1* Lager wesentlich kürzer, nicht aus einem (fast) unverzweigten Faden bestehend. Hauptstrang berindet. Mark meist J– **2**

2 Lager zumindest an den älteren Teilen des Thallus rötlichbraun gefärbt (rotes Pigment in der Rinde), die jüngeren Teile oft graugelblich (Vorsicht: abgestorbene, lange Zeit am Boden gelegene Exemplare anderer Arten können sich stellenweise rötlich färben). Lager (kurz) hängend bis aufrecht, mit zahlreichen Fibrillen und zu Soralen aufbrechenden Warzen, auf den Hauptästen mit Papillen. Mark P+ orange, K+ gelb (bis rot), C–. Stictin-SSy., ±Norstictin-S. . . . . **U. rubicunda**

2* Lager nicht mit rötlich gefärbten Teilen **3**

3 Mark und Zentralstrang blaß rosa (manchmal kaum gefärbt), C+ gelborange, CK(!)+ gelborange. Lager grünlichgrau bis bläulich graugrün, starr und derb, die Hauptstränge bis fast zu den Enden gleichdick (2 mm), etwas runzelig, oft kantig, knorpelig berindet, mit zahlreichen, –0,5 mm breiten, weißlichen (entrindeten) Warzen besetzt, –15 cm (früher –30 cm) lang. Fibrillen fädig, meist spärlich. Ap. selten. Mark K–, P–. Diffracta-S., (Barbat-S.) . . . . . **U. ceratina**

3* Mark und Zentralstrang nicht rosa, C– **4**

4 Lager ohne Warzen, Papillen, Sorale, Isidien, (fast) ohne Fibrillen, glatt berindet, aber auffallend gegliedert oder kantig und grubig. S.seltene, im Gebiet ausgestorbene Arten **5**

4* Lager anders, stets mit Warzen, Papillen, Soralen oder Fibrillen **6**

5 Ältere Teile des Lager auffallend in ± angeschwollene Abschnitte und breite Kerben gegliedert, in denen der Zentralstrang sichtbar wird, fast ohne Fibrillen, lang bartförmig, basal kaum verzweigt, die Hauptäste 2–4 mm dick, mit vereinzelten Gruben und Pseudocyph., sonst glatt. Mark s.locker, K–, P+ rot. Fumarprotocetrar-S., ±Protocetrar-S. . . . . **U. articulata**

5* Lager nicht auffallend gegliedert, deutlich kantig und grubig, aber sonst völlig glatt berindet, ohne Fibrillen, s.weich und schlaff, bartförmig hängend, Mark locker . . . . **U. cavernosa**

6 Lager aufrecht, abstehend buschig oder kurz hängend, meist kaum länger als breit, Hauptäste divergierend (auseinanderstrebend) **7**

6* Lager hängend, oft bartförmig, Hauptäste ± parallel, gewöhnlich deutlich länger als breit (bei jungen Exemplaren und bei schlechter Entwicklung nicht gut erkennbar) **22**

7 Lager ohne Sorale und Isidien, gewöhnlich mit zahlreichen Ap. **8**

7* Lager mit Soralen oder Isidien **9**

8 Ap.scheibe P+ gelb (Ap.rand: P+ rot), KC+ rosa (diese Reaktion zur Sicherheit an mehreren Ap. prüfen). Äste regelmäßig zylindrisch, allmählich verjüngt, ohne grubige Vertiefungen. Papillen niedrig, warzig, zahlreich. Fibrillen zahlreich, gerade bis gekrümmt. Lager –5 (10) cm groß, dicht buschig, an der Basis geschwärzt und nie deutlich verengt. Rinde ca. (7)9–12(17)% der Astdicke (an den dicksten Stellen der Primäräste messen). Ap. häufig, an den Enden der dickeren Äste, konkav bis flach. Sp. 8,5–11 × 5,5–7 µm. K+ gelb, P+ gelborange, oder K–, P–. Thamnol-S., ±Squamat-S., ±Diffracta-S., ±Bourgean-S. oder Squamat-S. allein. In Ap. Alectorial-S. Junge Thalli kaum von *U. subfloridana* unterscheidbar . . . . **U. florida**

8* Ap.scheibe P– (Ap.rand oft P+ rot), KC–. Äste unregelmäßig zylindrisch, über fast die gesamte Länge von gleichem Durchmesser. Lager ohne oder mit Gruben, an der Basis mitunter deutlich verengt. Papillen warzig bis zylindrisch. Rinde ca.(2)5–7,5(9)% der Astdicke. Sp. 7–8,5 × 5–6,5 µm. ±Salazin-S., ±Protocetrar-S. . . . . **U. rigida s.l.**

9 Mark und Sorale P+ rostrot, K–. Mit Fumarprotocetrar-S., ±Protocetrar-S. Basis nicht geschwärzt. Sorale auffallend, jung vorstehend-halbkugelig, später ausgehöhlt, oft breiter als das Ästchen, nicht isidiös. Hauptäste z.T. an der Ansatzstelle verengt. Fibrillen zahlreich. Lager klein, –3 cm, ± aufrecht, buschig, blaß graugelb, im Herbar d.braun, glänzend, ohne deutliche Papillen und Isidien. Rinde dünn (5–8%), Mark s.locker, Zentralstrang dünn . . . . . . **U. glabrata**

9* Mark nicht in dieser Kombination mit P und K reagierend. Nicht mit Fumarprotocetrar-S. **10**

10 Reife Sorale punktförmig, kleiner als der halbe Durchmesser der dicksten Äste mit Soralen, zahlreich, meist isidiös (zumindest jung) **11**

10* Reife Sorale recht groß, größer als der halbe Durchmesser der dicksten Äste mit Soralen, oft nicht auffallend zahlreich, isidiös oder nicht isidiös **15**

11 Hauptäste (Primär- und Sekundäräste) stumpfkantig, z.T. auch deformiert, mit Gruben in der Rinde, Oberfläche oft mit leistenartigen Erhebungen. Basis nicht geschwärzt. Ohne echte Papillen. Einige Äste oft dicht mit kurzen dicken dornenähnlichen Isidien. Fibrillen spärlich oder fehlend. Sorale gewöhnlich dicht mit Isidien bedeckt („dorniges“ Aussehen), vor allem an den Endzweigen.

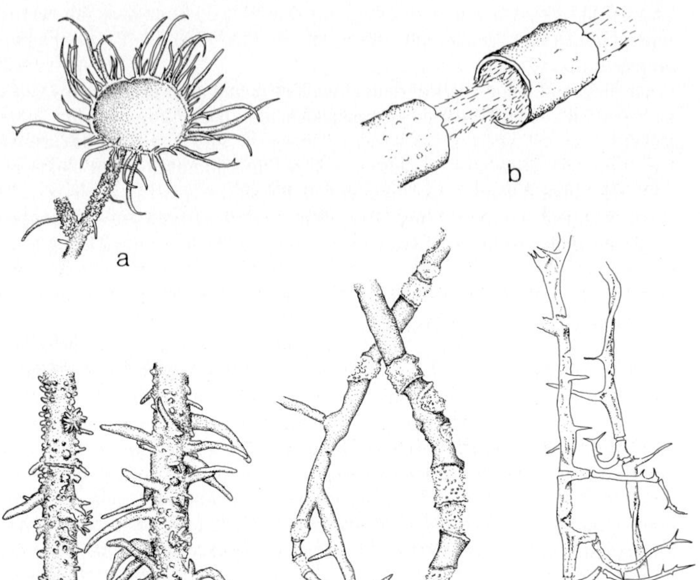

Abb. 61. *Usnea* und *Evernia.* a: Bewimpertes Apothecium von *U. florida* (3×). b: Lagerabschnitt mit aufgerissener Rinde und dehnbarem Zentralstrang. c: *U. filipendula*, Sekundäräste mit Isidiengruppen und Fibrillen (15×). d: *U. fulvoreagens*, Endzweige mit grubigen Soralen (15×). e: *U. articulata*, Hauptäste (3×). f: *Evernia divaricata*, Endzweige (3×).

Lager –5 cm, selten länger, abstehend, graugrün bis grüngelb, feucht s.schlaff, Mark z.schlaff, K–, P– (±Fett-S.) oder K+ rot, P+ orange (±Fett-S. und Norstictin-S.). . . . . **U. hirta**

11* Hauptäste stielrund (zylindrisch), nicht grubig oder mit Leisten. Basis geschwärzt oder nicht geschwärzt. Mit Papillen **12**

12 Hauptäste an der Basis deutlich eingeschnürt bis spindelförmig verschmälert und/oder Astsegmente geschwollen. Verzweigung anisotom-dichotom. Sorale, zumindest jung, ± dicht mit Isidien bedeckt, nie grubig, nie ringförmig die Äste umgebend, meist an den Endzweigen und an den Fibrillen gehäuft, s.klein (0,2 mm), aber oft zus.fließend und wie ein großes Soral wirkend. Rinde glänzend. Mark ca. 1/3 Durchmesser, Zentralstrang 1/4. Lager aufrecht, mit vereinzelten bis zahlreichen meist gekrümmten Seitenästen, graugrün (im Herbar d.braun), basal selten geschwärzt. Mark K+ gelb, dann blutrot oder K+ gelb bis rotorange, P+ gelborange bis orangerot (Stictin-SSy., Norstictin-S., ± Salazin-S.). S.selten . . . . **U. cornuta**

12* Hauptäste an der Basis nicht deutlich eingeschnürt oder verschmälert. Astsegmente zylindrisch, nie geschwollen. Verzweigung isotom-dichotom. Sorale vortretend bis grubig, mit oder ohne Isidien. Lager –6 cm, ± glänzend **13**

13 Sorale nur in jungem Zustand isidiös, reif gewöhnlich ohne Isidien, flach bis leicht tuberkulat, oder leicht konkav, regelmäßig rundlich. Basalteil gewöhnlich mit Längsrissen. Fibrillen spärlich, an den Basalteilen. Norstictin-S., ±Salazin-S. oder Stictin-SSy., Norstictin-S. . . . . **U. glabrescens (20)**

13* Die meisten Sorale (jung oder reif) dicht isidiös. Basalteile ohne Längsrisse. Nie mit Norstictin-S. oder Stictin-SSy. **14**

14 Endzweige meist anisotom-dichotom verzweigt, verlängert, nicht allmählich verjüngt, sondern fast über die ganze Länge hin gleichmäßig dick, verbogen und mitunter andere Äste „kreuzend“, von fädig-verdrehtem Aspekt. Papillen warzig bis zylindrisch. Basis geschwärzt oder hell. Mark K+ rot, P+ orange, C– (Salazin-S., ±Barbat-S.) oder K+ gelb, P+ gelb, C/KC+ rot (Alectorial-S.) . . . . **U. diplotypus**

14* Endzweige meist isotom-dichotom, allmählich verjüngt, nicht verbogen, alle etwa auf derselben Höhe endend, nicht fädig-verdreht. Papillen warzig (halbkugelig), nie zylindrisch. Basis deutlich geschwärzt. Hauptäste dicht papillös, Endäste glatt mit spärlichen Papillen und mit teilweise isidiösen Soralen. Fibrillen ± zahlreich. Lager –8(12) cm, aufrecht bis abstehend oder kurz hängend, dicht buschig. Mark K+ gelb, P+ gelborange, C–, UV– (Thamnol-S.) oder R–, UV+ weiß (Squamat-S.) . . . . **U. subfloridana**

15 Hauptäste an der Basis deutlich eingeschnürt bis spindelförmig verschmälert und/oder Astsegmente geschwollen. Sorale, zumindest jung, ± dicht mit Isidien bedeckt, nie grubig, nie ringförmig die Äste umgebend. Rinde glänzend. Papillen zahlreich, regelmäßig angeordnet. Sorale nie gehäuft, sondern zerstreut, selten zus.fließend, rund, flach bis konkav, in reifem Zustand groß. Lager kurz hängend bis aufrecht, rel. schlaff, s.blaß grau bis grün, feucht oft ± durchscheinend, basal geschwärzt, –5 cm. Mark K+ gelb bis rot, P+ rot (Stictin-S., ±Norstictin-S.). Westeuropa. Ob im Gebiet ?

. . . . **U. fragilescens** Hav. ex Lynge

15* Hauptäste an der Basis nicht eingeschnürt bis spindelförmig verschmälert **16**

16 Sorale gewöhnlich zumindest teilweise mit Isidien bedeckt („dorniges" Aussehen der Sorale, Isidien von älteren Herbarexemplaren jedoch oft abgefallen), auch ± tuberkulat, klein bis mittelgroß. Papillen gewöhnlich zahlreich . . **17**

16* Sorale nie Isidien entwickelnd, eben bis deutlich grubig, wenn reif, groß und auffallend **20**

17 Mark K+ gelb, P+ gelborange, C–, UV– (Thamnol-S.) oder sehr selten R–, UV+ weiß (Squamat-S.). Endäste meist isotom-dichotom, allmählich verjüngt, alle etwa auf derselben Höhe endend. Hauptäste dicht papillös, Endäste glatt mit spärlichen Papillen und mit warzigen, teilweise isidiösen Soralen. Papillen warzig, nie zylindrisch. Fibrillen ± zahlreich. Lager –8(12) cm, aufrecht bis abstehend oder kurz hängend, dicht buschig . . . . **U. subfloridana**

17* Mark K– oder K+ gelb, dann orangerot oder rot. Nicht mit Thamnol-S. oder Squamat-S. **18**

18 Mit Norstictin-S. oder Psorom-S. Sorale regelmäßig geformt, reif rundlich, jung mitunter mit Isidien. Basalabschnitt mit feinen Längsrissen (50fache Vergrößerung!) . . . . **U. glabrescens (20)**

18* Mit Salazin-S. oder Barbat-SSy. Sorale unregelmäßig geformt, nicht deutlich rund. Basalabschnitt ohne oder mit feinen Längsrissen **19**

19 Basalabschnitt mit feinen aber deutlichen Längsrissen (50fach), mit wenigen Ringrissen (2 bis 5 Risse auf 5 mm). Reife Sorale gewöhnlich in Längsrichtung gestreckt. Barbat-SSy, ±Salazin-S., ±Protocetrar-S. oder Salazin-S. – Rinde: ± Atranorin . . . . **U. wasmuthii**

19* Basalabschnitt ohne Längsrisse, mit zahlreichen Ringrissen (6–9 auf 5 mm). Reife Sorale nicht deutlich in Längsrichtung gestreckt. Äste allmählich verjüngt. Papillen und Fibrillen spärlich. Sorale v.a. an den Enden, zuerst etwas warzig vorstehend, dann gleich hoch wie die Oberfläche, flach bis leicht konkav, zuletzt breiter als die Hälfte der Astdicke. Isidien auf jungen Soralen vorhanden. Mark kompakt, dünn, Rinde dick. Lager aufrecht buschig bis kurz hängend, –10 cm, reich verzweigt, auffallend starr, blaß grünlich, gelb- bis grüngrau (olivbraun im Herbar), Hauptstamm unten geschwärzt, mit zahlreichen Ringrissen. Salazin-S. . . . . **U. madeirensis**

20 Reife Sorale tief ausgehöhlt, konkav, oft zus.fließend, die Rinde unregelmäßig zerreißend und bis zum Zentralstrang reichend und diesen entblößend (an den feinen Ästen), z.T. dicker als die Äste, aus niedrigen Wärzchen entstehend. Fibrillen gewöhnlich am ganzen Thallus zahlreich. Basalteile ohne Längsrisse (50fach!). Lager –10 cm **21**

20* Sorale nicht tief ausgehölt, flach bis leicht tuberkulat, oder leicht konkav, regelmäßig rundlich, die Rinde nicht unregelmäßig aufreißend, nicht bis zur Zentralachse reichend, zerstreut. Fibrillen spärlich, an den Basalteilen. Astenden fast ohne Fibrillen, glatt, ohne Papillen. Hauptäste dicht papillös, mit Fibrillen, –1,5 mm, Sekundäräste oft „verlängert", ± hängend. Lager –12 cm, graugrün, gelbgrün. Salazin-S. und Norstictin-S. oder Stictin-SSy., Norstictin-S. . . . . **U. glabrescens**

21 Verzweigung istom-dichotom. Mark dünn, 13–22%. Fibrillen meist regelmäßig verteilt, fischgräten-artig. Stictin-SSy., Norstictin-S., ±Diffracta-S. oder nur Diffracta-S. . . . . **U. fulvoreagens**

21* Verzweigung deutlich anisotom-dichotom. Mark dicker (21–30%). Fibrillen unregelmäßig verteilt. Salazin-S. oder Caperat-S. oder Psorom-S. **U. lapponica**

22 Mark wenigstens an einigen Stellen leicht rosa, CK! + gelborange. Lager mit breiten und groben, teilweise entrindeten sorälähnlichen Warzen auf recht dicken, knorpelig berindeten Ästen, grüngrau, graugrün. . . . **U. ceratina (3)**

22* Mark weiß, nicht CK+ gelborange. Nicht mit solchen entrindeten Warzen **23**

23 Mit Alectorial-S., Barbat-S. (Mark P+ gelb, K+ gelb, C+ rot, KC+ rot). Endäste verlängert, fädig, über die ganze Länge annähernd gleichdick, verdreht und einander kreuzend, meist anisotom-dichotom verzweigt, ohne oder mit spärlichen Fibrillen und Papillen. Hauptäste dicht papillös, z.T. mit entrindeten Warzen. Sorale isidiös. Papillen warzig oder zylindrisch. Basis hell oder geschwärzt . . . . **U. diplotypus** agg.

23* Nicht mit Alectorial-S., Mark C– **24**

24 Ohne Sorale oder isidiöse Sorale. Oft mit Ap. **25**

24* Mit Soralen, isidiösen Soralen oder Isidiengruppen **28**

25 Gewöhnlich fast jeder Hauptast mit Ap., Ap. (fast) endständig, Scheibe P– (Ap.rand oft P+ rot). Papillen warzig bis zylindrisch. Fibrillen spärlich oder locker verteilt. Lager z.starr und derb, ohne oder mit Gruben, an der Basis mitunter deutlich verengt. Rinde ca.(2)5–7,5(9)% der Astdicke. Sp. 7–8,5 × 5–6,5 µm. ±Salazin-S., ±Protocetrar-S. . . . . **U. rigida** s.l.

25* Gewöhnlich nicht fast jeder Hauptast mit Ap. Ap. seiten- bis fast endständig **26**

26 Fibrillen zahlreich, regelmäßig über die ganze Länge der Hauptäste verteilt (fischgrätenartig), oft isidiös. Mark K+ orange bis rot, P+ orange. Hauptäste bei älteren Exemplaren parallel. Salazin-S. . . . . **U. filipendula** s.l.

26* Fibrillen fehlend bis s.spärlich **27**

27 Lager glatt oder mit einzelnen Gruben, ohne Papillen oder mit s.spärlichen Papillen, z.schlaff. Äste allmählich verjüngt, Lager im basalen Bereich ringrissig . . . . **U. barbata** (L.) Weber ex Wigg. s.l. (incl. *U. scrobiculata, U. prostrata, U. pendulina, U. caucasica*)

27* Lager runzelig-rauh, Hauptäste sehr dicht papillös bis grobwarzig, Papillen und Warzen allmählich aufbrechend-erodierend. Äste bisweilen etwas kantig. Fibrillen fehlend oder spärlich, kurz. Lager gelbgrün bis grün, im Herbar oft bräunlichgelb, matt, derb. Ap. selten, nicht endständig. ±Salazin-S. . . . . **! U. scabrata**-Gruppe

28 Fibrillen zahlreich, regelmäßig über die ganze Länge der Hauptäste verteilt (fischgrätenartig). Mark K+ orange bis rot, P+ orange. Sorale auf Warzen entstehend, fein isidiös bis grob dornig oder körnig-mehlig. Lager –20(30) cm (aber in weniger luftfeuchten Lagen oft nur wenige cm), z.schlaff, meist schmal bartförmig mit wenigen langen Hauptästen, v.a. die ± parallelen Sekundäräste mit zahlreichen, –1 cm langen rechtwinklig abgehenden Fibrillen, graugrün. Hauptäste meist dicht papillös, oft ringrissig, mitunter reich isidiös. Salazin-S.

. . . . **U. filipendula** s.l.

28* Fibrillen spärlich bis fehlend **29**

29 Äste über die ganze Länge mit groben Warzen versehen, die häufig isidiös werden, ohne typische Sorale. Hauptäste auffallend parallel, mit sehr vielen Papillen/Warzen. Oberfläche sehr rauh. ±Salazin-S. . . . **U. scabrata-Gruppe**

29* Äste ohne solche groben Warzen, Hauptäste nicht auffallend parallel . . . **30**

30 Sorale punktförmig, kleiner als der halbe Durchmesser der dicksten Äste mit Soralen, zahlreich, auch wenn reif reichlich isidiös. Endäste verlängert, fädig, über die ganze Länge annähernd gleichdick, verdreht und einander kreuzend, meist anisotom-dichotom verzweigt, ohne oder mit spärlichen Fibrillen und Papillen. Hauptäste dicht papillös, z.T. mit entrindeten Warzen. Papillen warzig oder zylindrisch. Basis hell oder geschwärzt. Mark K+ rot, P+ orange, C– (Salazin-S., ±Barbat-S.) . . . . **U. diplotypus** agg.

30* Reife Sorale z.groß, größer als der halbe Durchmesser der dicksten Äste mit Soralen, reif flach oder leicht konkav, reif nie isidiös (nur sehr junge Sorale mitunter isidiös). Hauptäste mit zahlreichen langen Seitenästen, dicht papillös, mit Fibrillen, Endäste glatt, weitgehend ohne Fibrillen. Zentralstrang durch Sorale nicht entblößt. Mit Norstictin- oder Psorom-S. . . **U. glabrescens (20)**

Usnea articulata (L.) Hoffm.
In kollinen und submontanen, wintermilden, rel. sommerkühlen, ozeanischen Lagen, vorwiegend an Zweigen von alten Laubbäumen (v.a. Buchen) in s.luftfeuchten, lichten Wäldern, s.empfindlich gegenüber Standortsveränderungen, m.acidoph. – s'mieur·atl-med·subatl, oz – s.selten (0); *Westfalen*, weitere Angaben fraglich (z.B. *Wetterau, Sp*)

Usnea cavernosa Tuck.
In hochmontanen, s.niederschlagsreichen bzw. s.nebelreichen Lagen, ähnl. *Evernia div.* (↑), an Nadelbäumen, v.a. Fichte, in naturnahen Fichten-Tannen-W. – bor-mieur·mo-smed·mo – s.selten (0); süSch, Al

Usnea ceratina Ach.
In montanen, meist z.–s.niederschlagsreichen Lagen, seltener auch in der submontanen Stufe, an kühl-ozeanischen, s.–e.luftfeuchten, nebelreichen Standorten, in niederen Lagen in kaltluftstauenden Tälern, v.a. an Zweigen von Tanne und Buche in Buchen-Tannen-W., m.–z.acidoph., m.–z.(s.)photoph., anitroph. – mieur·subatl-med·mo – s.selten (1); süSch, nöSch, Vog, Ju, HRh, *Do*, SFW, Sb, PfW, O+, Sp, Ts+, Eif, ferner Al

Usnea cornuta Körber [U. inflata (Duby) Motyka]
In kollin-submontanen, wintermilden Lagen auf saurem Silikatgestein, v.a. Sandstein, an m.–z.lichtreichem, z.luftfeuchtem Standort – mieur·subatl – s.selten (1); PfW, nöSch

Usnea diplotypus Vainio
In montanen Lagen auf Laub- und Nadelbäumen in Wäldern, auch auf Silikatgestein, ähnl. *U. fulvoreagens* – mieur(-med·mo) – selten (2); Sch, Ju, Do, Eif

Usnea filipendula Stirton s.str. [U. dasypoga (Ach.) Shirley, U. flagellata Mot. sowie vermutlich zahlreiche weitere beschriebene „Arten“, s.u.]
Optimal in hochmontanen und montanen, niederschlagsreichen Lagen, an kühlfeuchten Orten bis in die kolline Stufe herab (enge Täler, kaltluftstauende Orte, ausgedehnte Wälder), auf z.–s.saurer Rinde von Laub- und Nadelbäumen, v.a. in geschlossenen Wäldern, besonders in niederschlagsreichen Gebieten auch an freistehenden Bäumen, häufigste, ökol. am stärksten ausgreifende Art der Gattung, besonders in naturnahen Tannen-Fichten- und Fichten-W. üppig entwickelt, am Stamm und (häufiger) im Kronenbereich, an m.kühlen bis kalten, windgeschützten bis z.windexponierten, nebelreichen Standorten, durch forstliche Maßnahmen zurückgehend, (m.)z.–s.acidoph., (z.skioph.)m.–z.(s.)photoph., (z.)s.–e.hygroph., anitroph. - bor-med·mo - z.selten, lokal häufig (3); Sch, Vog und Al über 900 m z.häufig, auch heute stellenweise noch Massenvegetation bildend; SFW, Ju, Av, Bo z.selten; Ne, O, Sp, Pf, Hu selten (meist nur kleine Exemplare); sonst s.selten
Zum *U. filipendula*-Komplex wohl auch: *U. capillaris* Mot., *U. meylanii* Mot., *U. muricata* Mot., *U. sublaxa* Vainio, *U. fibrillosa* Mot., *U. subscabrata* (Vainio) Mot.

Usnea florida (L.) Weber ex. Wigg.
V.a. in montanen und submontanen (selten hochmontanen), m.–s.niederschlagsreichen Lagen, in niederschlagsärmeren Gebieten an rel. nebelreichen Orten, besonders auf m.–z.saurer Rinde in der Krone von Laubbäumen (gern an Eberesche, Eiche, Bergahorn, auch Buche), selten Nadelbäumen (v.a. Tanne, Lärche), vorwiegend an ± horizontalen, auch morschen Ästen, an z.–s.lichtreichen Standorten, in niederen Lagen überwiegend an Eiche in Eichen-Buchen-W. (Luzulo-Fagetum) in Tälern, in höheren Lagen oft an freistehenden Bäumen, an Waldrändern, in lichten Tannen-Buchen-W., an m.–z.windoffenen Standorten mit häufig wechselnden Feuchtebedingungen, m.–z.acidoph., (z.–)s.hygroph., anitroph. - mieur-smed·mo - z.selten–selten (3); süSch u. Vog zerstr.; nöSch (Täler), Eif, Al, Av-Bo, sonst selten–s.selten (z.B. O, PfW, Ju, Sb, oberer Ne); Rh, Mn, Rh-Mn-T (fast) fehlend

Usnea fulvoreagens (Räsänen) Räsänen
In (sub-)montanen und hochmontanen, m.–s.niederschlagsreichen, gewöhnlich ± kontinental getönten Lagen, an kühlen bis kalten, spätfrostgefährdeten, nebelreichen, s.–e.luftfeuchten, z.–m.lichtreichen, z.windgeschützten Standorten v.a. an Ästen von Tanne und Fichte, seltener von Laubbäumen (v.a. Buche, Birke), an Waldrändern und in Wäldern (Tannen-Fichten-W.), gern in kaltluftstauenden Tälern in der Talsohle und im unteren Hangbereich, m.–s.acidoph., anitroph., meist mit *Evernia div.* - bor-smed(-med·mo) - z.selten (2); Sch, Ne (v.a. Ba), Ju; selten: Vog, O, Av, Do

Usnea glabrata (Ach.) Vainio
Ähnl. *Lobaria pulmonaria, Usnea glabrescens* - mieur-med·mo - selten; Sch, SFW, Ju, Do, *Ne*

Usnea glabrescens (Nyl. ex Vainio) Vainio [U. compacta (Räsänen) Mot., U. laricina Vainio]
In montanen und hochmontanen(-subalpinen), ± kontinental getönten Lagen, z.B.

in kaltluftstauenden Mulden, v.a. an freistehenden Nadelbäumen, an Holzpfählen usw., gegenüber *U. fulvoreagens* an windoffeneren Standorten, z.–s.acidoph., anitroph. – bor-mieur·mo – selten; Sch, Ju, Ne, Av, ferner Al

Usnea hirta (L.) Weber ex Wigg. [U. glaucescens Vainio, U. foveata Vainio]
Von der kollinen bis in die hochmontane (subalpine) Stufe an (m.–)z.(–s.)lichtreichen, m.–z. windoffenen, oft austrocknenden Standorten, bevorzugt in winterkalten, klimatisch kontinental getönten Gebieten mit später Vegetationsentwicklung, ozeanische Gebiete meidend, an Nadelbäumen und Laubbäumen mit saurer Borke (z.B. Birke, Eberesche, Eiche) und an hartem Holz, an freistehenden Bäumen (oft auch am Stamm) sowie an Waldbäumen (v.a. an Zweigen), am wenigsten an niederschlagsreiche bzw. luftfeuchte Habitate angewiesene heimische Art der Gattung, so auch noch in niederschlagsarmen Lagen, rel. wenig empfindlich gegenüber Umweltveränderungen; z.–s.acidoph., z.–s.(e.)hygroph., a-(–m.)nitroph. – bor-mieur(-med·mo) – z.selten (3); fast durch das ganze Gebiet, besonders Ost-Sch, Ju, Av, in trocken-warmen Gegenden ± fehlend

Usnea lapponica Vainio [U. arnoldii Mot., U. laricina auct., U. monstruosa Mot., U. sorediifera sensu Mot.]
In montanen und hochmontanen Lagen an kühlen bis kalten, spätfrostgefährdeten, nebelreichen, z.–m.lichtreichen Standorten v.a. an Ästen von Tanne und Fichte, ähnlich *U. fulvoreagens*, an etwas kontinentaler getönten Standorten – bor-smed(-med·mo) – Eif, Alpen

Usnea longissima Ach.
In montanen und hochmontanen, z.–s.niederschlagsreichen Lagen in großflächig geschlossenen, natürlichen (und s.naturnahen) Tannen-Fichten- und Tannen-Buchen-W. mit alten Bäumen, an Zweigen von Fichte, Tanne, Buche, an kühl-ozeanischen bis kalten, s.nebelreichen, e.luftfeuchten, vor direkter Besonnung geschützten Standorten, auf Standortsveränderungen extrem empfindlich reagierende Art, z.ähnl. *Evernia div.* (†) – bor-mieur·mo-med·mo, subko – früher selten, heute 0; süSch, nöSch, Vog, Al

Usnea madeirensis Motyka
In milden bis kühlen ozeanischen, niederschlagsreichen montanen Lagen an nebelreichen Standorten in Tannen(-Buchen)-Wäldern – mieur(atl)-med·subatl, oz – s.selten *(0)*; Sch

Usnea rigida s.l. [incl. U. glauca Mot.]

U. faginea Mot.
Ähnl. *U. florida* (†), doch in submontanen Lagen ± fehlend, häufiger bis in die hochmontane Stufe, hier ähnl. z.B. *U. subfloridana* besonders an Buche – mieur – selten (2); süSch über 700 m zerstr., nöSch selten, Ju, Do, Vog, Al

U. rigida (Ach.) Mot. [U. neglecta Mot., incl. U. hapalotera (Harm.) Mot., U. protea Mot., U. montana Mot.]
Z. ähnl. *U. florida*, doch kaum in der submontanen Stufe, öfter an Nadelbäumen,

gern in Buchen-Tannen-W. - mieur(subatl)(-med) - selten (2); Sch u. Vog über 700 m, O, Ts, Ju, Ne, Do

Usnea rubicunda Stirton [U. rubiginea (Michx.) Massal.]
In kollinen und submontanen, wintermilden, z.sommerwarmen, ozeanisch getönten Lagen an luftfeuchten, milden Standorten auf Laubbäumen und Tanne, z.B. in Buchen- und Buchen-Tannen-W. - mieur·atl-med - s.selten (0); HRh (Dossenbach), Vog

Usnea scabrata Nyl. [U. sylvatica Mot.]
In hochmontanen, selten montanen, niederschlagsreichen Lagen v.a. in naturnahen, lichten Fichten- und Fichten-Tannen-W., seltener Tannen-Buchen-W., v.a. an Ästen von Fichten, an kühlen bis kalten, z.nebelreichen Standorten, in niederen Lagen an kaltluftstauenden Lokalitäten, z.(-s.)acidoph., z.photoph., anitroph. - bor-mieur·mo - selten (2); Sch, Vog, Ju (s.selten), *O+*

Usnea subfloridana Stirton [U. comosa auct.]
In sub- bis hochmontanen, niederschlags-, v.a. aber nebelreichen Lagen, in kühlfeuchten Tallagen oder ausgedehnten Wäldern gelegentlich bis in die kolline Stufe herab, in Wäldern und an freistehenden Bäumen, v.a. im Kronenbereich von Laubbäumen, ausgeprägt kalte Orte und s.saure Rinden meidend, m.acidoph.-subneutroph., (m.)z.-s.photoph., anitroph. - (s')bor-mieur(-med· mo) - z.selten (3); Sch, Vog, sonst selten (z.B. PfW, Eif, Ju, Ne, Bo)

Usnea wasmuthii Räsänen
V.a. im Kronenbereich von Laubbäumen, ähnl. *U. subfloridana*, aber wohl kaum in hochmontanen Lagen - mieur-smed·mo(-med·mo), (oz) - selten (2); Ju, Ne, O, Sch, Eif

Verrucaria Schrader

(mit Bagliettoa, Schlüssel incl. Placocarpus)

Bestimmungshinweise:
Die Gattung *Verrucaria* gilt als eine der schwierigsten Flechtengattungen überhaupt. Ungenügende Geländestudien und ein quantitativ ganz unzureichendes Untersuchungsmaterial - viele Beschreibungen gründen sich auf die Analyse eines oder weniger Stücke und geben so nur einen kleinen Ausschnitt der Variationsbreite wieder - haben zur Beschreibung einer Vielzahl von Species geführt, von denen zahlreiche keinen Artrang verdienen. Angesichts der nicht befriedigenden Bearbeitung und Kenntnis vieler Arten muß auch die Bestimmung oft fraglich bleiben. Etliche kaum bekannte und gesammelte Arten bleiben hier unberücksichtigt.

Das krustige Lager kann weitgehend über dem Gestein entwickelt sein (epilithisch), dringt aber bei den meisten kalkbewohnenden Arten mehr oder weniger weit in das Substrat ein, mit Teilen des Markes oder sogar der Algenschicht (Lager hemiendolithisch), oder das Lager befindet sich völlig im Gestein (endolithisch). Bei epilithischem Thallus sind Rinde und Algenschicht oft mehr oder weniger paraplektenchymatisch gebaut. Über der Rinde befindet sich oft eine deutliche, farblose, amorphe Deckschicht. Bei einigen Arten, v.a. bei Wasserflechten, bei der *V. fuscella-* und *V. nigrescens*-Gruppe, ist unter der Algenschicht eine braunschwärzliche Basalschicht entwickelt, die teilweise, oft in Form von leisten- oder säulenförmigen Ausläufern, bis über die Algenschicht, manchmal bis zur Oberfläche vordringt. Sie ruft dann die Punktierung des Lagers (bei manchen Wasserflechten) oder die schwärzliche Fleckung oder Umrandung von Lagerareolen hervor (*V. fuscella*-Gruppe). Die Basalschicht kann auch durch Schneckenfraß teilweise bloßgelegt werden (was zu starker „Variabilität" im Aussehen der Flechten führt). Bei zahlreichen Arten liegen die Algenzellen in unregelmäßigen bis regelmäßigen senkrechten Reihen.

Bei endolithischer Entwicklung der Algen- und Rindenschicht geht der ± durchgehende plektenchymatische Zusammenhalt verloren. „Zellig" sind dann nur noch kleine Teilbereiche entwickelt (meist über den Algenhaufen oder kleine Nester in der Rindenschicht). Die Algen sind zu Gruppen gehäuft. Die Perithecien sind bei endolithischer Thallusbildung mehr oder weniger in das Gestein eingesenkt und hinterlassen nach dem Absterben und Ausfallen deutliche Gruben.

Der Perithecienbau spielt bei der Bestimmung eine große Rolle. Der von oben sichtbare Teil des Peritheciums wird hier Scheitel genannt; der Scheitel ist von der Perithecienmündung durchbohrt. Das Gehäuse oder die Wandung des Peritheciums kann einfach, d.h. aus strukturell einheitlicher bzw. sich allmählich verändernder Hülle aufgebaut sein (Excipulum, „Innengehäuse"). Dieses Excipulum ist oben, im Bereich des Scheitels, gewöhnlich dunkel gefärbt, basal oft blaß, mitunter ringsum dunkel; um die Mündung ist es oft etwas verdickt. Dem Excipulum ist häufig außen/oben eine zweite, strukturell verschiedene, gewöhnlich dunkelbraune bis schwarzbraune Hülle, das Involucrellum („Außengehäuse") aufgelagert. Das Involucrellum ist nur oben um die Mündung herum entwickelt oder reicht mehr oder weniger weit hinunter, bis zur Hälfte oder tiefer, oder ist vollständig, ringsherum ausgebildet. Es liegt dicht an oder steht teilweise seitlich ab. Bei einigen Arten steht es waagerecht von der Spitze des Peritheciums ab und bildet eine Art Deckel (Gattung *Bagliettoa*).

Die Verhältnisse sind sauber nur bei dünnen Schnitten zu sehen, oft reicht aber auch ein Grobverfahren, indem man an der Flechte (in situ) das Perithecium längs halbiert und unter dem Binokular im Auflicht studiert.

Exc. ∅ bedeutet ∅ von Exc. incl. Kern.

Übersicht der Teilschlüssel:

TS 1: An überschwemmten oder langzeitig feuchten Standorten

TS 2: Nicht an solchen Standorten

Verrucaria TS 1: An überschwemmten oder langzeitig feuchten Standorten

Fast alle Arten sind Silikatbewohner. Die Algenschicht ist oft paraplektenchymatisch (nur bei schwacher Thallusentwicklung ist dieses Merkmal schwach ausgeprägt). Bei vielen Arten ist das Lager in feuchtem Zustand grünlich bis grün-

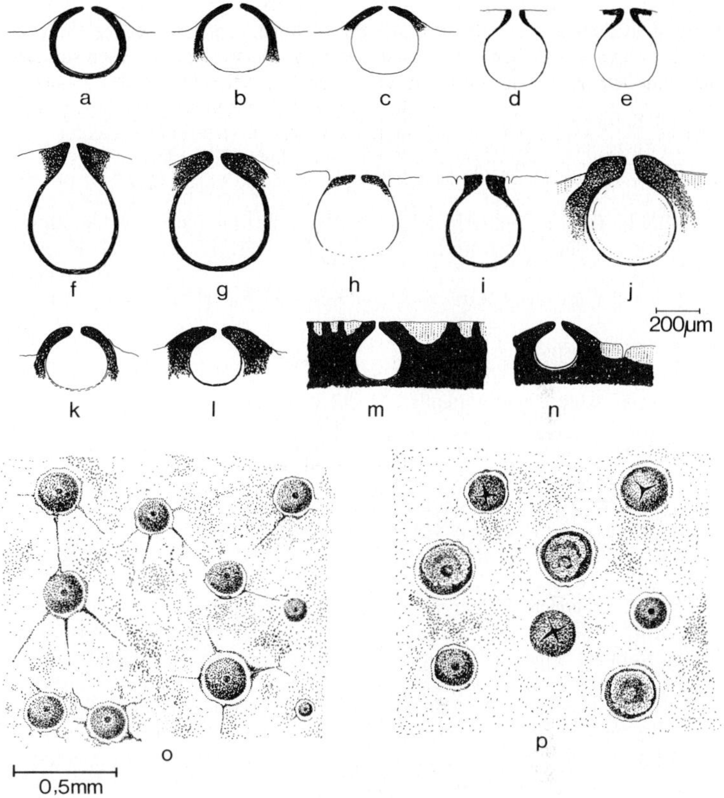

Abb. 62. *Verrucaria*. a-e: Involucrellum-Typen (Längsschnitte durch Perithecien, schematisch). a: Per. mit vollständigem, kugeligem Invol. bzw. mit ringsum dunklem Gehäuse. b: Invol. ± halbiert (bis über die Mitte reichend). c: Invol. apikal entwickelt. d: ohne Invol. e: Invol. deckel- bzw. schildförmig. f-g: Längsschnitte durch Perithecien. f-g: *V. foveolata*. h: *V. marmorea*. i: *V. calciseda*. j: *V. macrostoma*. k: *V. muralis*. l: *V. dufourii*. m = *V. subfuscella* (*V. fuscella* s.l.). n = *V. nigrescens*. o-p = Aufsicht auf das Lager mit Perithecien. o = *V. calciseda*. p = *Baglietttoa parmigera* (h, j, l, n nach Servít 1954, Lichenes familiae Verrucariacearum).

schwärzlich und subgelatinös (es läßt sich filmartig in dünner Schicht in größeren Stücken abschaben und ist leicht durchscheinend; bei den anderen Arten bröckelt das Lager beim Abschaben in kleinen Stücken ab). Manche Proben lassen sich z.Zt. nicht eindeutig zuordnen.

1 Auf Kalkgestein. Lager graugrünlich, braungrün, bräunlich, feucht grün bis schwarzgrün, nicht rissig bis stellenweise rissig, glatt. Per. -0,3(0,4) mm, in 0,3–0,7 mm breite Warzen eingesenkt, mit 0,1–0,2 mm breitem, nacktem Scheitel. Gehäuse im oberen Bereich dunkel. Mitunter schwarze Basalschicht entwickelt. Algen in senkrechten Reihen. Algenschicht mitunter von der schwarzen Basalschicht unterbrochen. Sp. 20–30 × 11–13(16) µm, Inhalt oft grobkörnig . . . . **V. elaeomelaena**
(selten kommt auch ↑ *Verrucaria praetermissa* auf Kalkgestein vor, Sp. 7–10 µm dick)

1* Auf Silikatgestein **2**

2 Sp. klein, bis 14 µm lang, breit ellipsoid bis fast kugelig. Fast ständig submers lebende Arten. Lager zumindest feucht dunkelgrün bis schwärzlich, subgelatinös, zus.hängend oder stellenweise fein rissig, glatt oder mit s.feinen Papillen (20–40 µm breit, Lupe!), dadurch mitunter wie fein punktiert. Algen in regelmäßigen senkrechten Reihen **3**

2* Sp. größer. Meist nicht ständig submers lebend. Lager ohne feine Papillen, Algen meist nur in unregelmäßigen Reihen **5**

3 Sp. 6–9(11) × (4)5–7 µm. Lager schwarz, d.oliv, grün, dünn, nicht rissig, glatt, ohne Papillen. Per. 0,2–0,3 mm, eingesenkt, weitgehend vom Lager bedeckt, nur Mündungsbereich sichtbar. Invol. zur unteren Per.hälfte herabreichend, meist seitlich abstehend . . . . **V. aquatilis**

3* Sp. 9–14 × 5–9 µm. Kein unten seitlich abstehendes Invol. entwickelt **4**

4 Lager schwarz bis grünschwarz, oft ausgedehnt und kräftig, mit zahlreichen winzigen Papillen (Lupe!). Per. zerstreut, eingesenkt in s.flach gewölbte, meist 0,5–0,7 mm breite Lagerwarzen. Gehäuse ringsum schwärzlich, unten in die durchgehende schwarze Basalschicht übergehend. Basalschicht säulenförmig die Algenschicht durchbrechend (Papillen). Sp. 12–14 × 7–9 µm . . **V. scabra**

4* Lager grün, graugrün, feucht meist schwarzgrün (im Herbar ± braun), meist mit winzigen schwarzen Pünktchen (um 30 µm), meist klein. Per. s.zahlreich, -0,2 mm, Scheitel 0,05–0,15 mm, nicht/kaum vorragend. Gehäuse oben verdickt und schwärzlich, unten braun bis hell. Im gesamten Thallus sind schwärzliche, unregelmäßige Klumpen/Säulen verteilt (Pünktchen der Oberfläche), eine durchgehende schwarze Basalschicht fehlend oder dünn. Sp. 9–12(14) × 5–8(10) µm . . . . **V. rheitrophila**

5 Lager deutlich rissig bis rissig areoliert, feucht nicht grün, nicht subgelatinös. Invol. dick, nicht deutlich seitlich abstehend und ins Lager einwachsend. Flechte der oberen amphibischen, nicht langzeitig überschwemmten Zone . **6**

5* Lager filmartig zus.hängend oder meist nur stellenweise feinrissig, feucht oft grünlich oder grünschwärzlich. Meist in der unteren amphibischen, z.lange überschwemmten Zone oder an schattig-feuchten Standorten **7**

6 Lager hell, bräunlichweiß, beige, rosabeige, leicht rosabräunlich, grauweißlich, h.braun, oft ausgedehnt, meist rissig, Oberfläche glatt. Areolen 0,3–0,6 mm, mit 1–3 Per. Per. 0,25–0,3(0,4) mm, Scheitel 0,1–0,25 mm. Invol. bis zur unteren Per.hälfte reichend, d.braun bis schwarz. Sp. 20–27 × 7–11 µm. Algenzellen z.T. s.groß, 6–25 × 6–15 µm. Schwarze Basalschicht entwickelt . **V. praetermissa**

6* Lager braun, d.braun, rotbraun, schwarzbraun, braungrau, grau, rissig bis fast areoliert. Areolen –0,4 mm. Per. –0,3(0,4) mm, seitlich vom Lager bedeckt, nackter Scheitel –0,15 mm. Invol. bis etwa zur Hälfte oder weiter herabreichend. Sp. 18–25(30) × 8–12(15) µm. Schwarze Basalschicht entwickelt oder fehlend . . . . **V. aethiobola**

7 Sp. um 24–38 × 10–20 µm. Per. incl. Invol. 0,4–0,6 mm, in leicht erhabene bis halbkugelige Lagerwarzen eingesenkt, nur Bereich um Ostiolum frei. Invol. zur unteren Per.hälfte herabreichend, unten deutlich abstehend. Exc. –0,3 mm ⌀. Lager dünn, glatt, nicht oder kaum rissig, d.braun bis d.grau, mitunter grünstichig, mit oder ohne schwarze Basalschicht, (im Schnitt) ohne schwarze Rippen/Säulen, Algenschicht ± paraplektenchymatisch . . . . **V. margacea**

7* Sp. im Mittel bis 25 µm lang, 11 µm breit **8**

8 Invol. vom Exc. abspreizend und sich seitlich ins Lager ausdehnend, kräftig entwickelt. Lager grünlich bis schwarzgrün, meist nicht rissig. Per. in flache Lagerwarzen eingesenkt, 0,3–0,6 mm. Exc. farblos bis blaß bräunlich; zwischen Exc. und Invol. mitunter ein braunes paraplektenchymatisches Geflecht entwickelt. Sp. 18–25 × 7–10 µm. Oft mit deutlich entwickelter schwärzlicher Basalschicht, diese beim schrägen Anschneiden des Lagers gut sichtbar, auch mit schwarzen isolierten Bereichen im Lager und auch äußerlich sichtbar . . . . **V. hydrela***

8* Invol. sich nicht deutlich seitlich ins Lager ausdehnend **9**

9 Lager hell, bräunlichweiß, grauweiß, schwach rosa, beige, feucht in der Regel wenig verändert. Invol. dick . . . . **V. praetermissa (6)**

9* Lager olivgrau, grünlichbraun, h.graubraun, h.braun bis braun, mitunter mit schwarzen Flecken, am Lagerrand oft mit hellerem Saum, auch mit schwarzem Vorlager, feucht grün, oliv, grünschwarz, oft ausgedehnt, glatt bis fast glänzend. Per. in ± flachgewölbte Lagerwarzen eingesenkt und nur mit der Spitze (Mündung) sichtbar, –0,3 mm, jung ganz eingesenkt und nicht vortretend. Algen häufig in regelmäßigen Reihen angeordnet. Per.gehäuse weit herab dunkel, meist in schwarze Basalschicht übergehend, Invol. und Exc. undeutlich getrennt. Sp. schmal ellipsoid, 18–25(29) × 7–10(12) µm . . . . **V. funckii**

Verrucaria TS 2: Nicht an langzeitig feuchtem oder zeitweise überschwemmtem Gestein

1 Lager auf Erde, graugrünlich, feinkörnig(-feinwarzig), aus Goniocysten aufgebaut. Per. –0,3 mm, halbeingesenkt, Innenbereich J+ rot. Exc. d.braun bis rötlich, basal oft heller, ohne Invol. Sp. 19–27(29) × 5–7(8) µm, mitunter mit kleinem gelatinösem Fortsatz, überreif auch 1(–3)septiert . . . . **V. bryoctona**

1* Nicht auf Erde **2**

2 Lager deutlich rissig bis areoliert, weitgehend epilithisch, nie s.dünn oder undeutlich oder zus.hängend-ungegliedert 3
2* Lager nicht deutlich rissig bis areoliert, sondern dünn und zus.hängend-ungegliedert oder völlig im Innern des Gesteins **21**
3 Lager parasitisch auf Krustenflechten 4
3* Lager nicht parasitisch 5
4 Lager auf *Caloplaca*-Arten, in erster Linie auf *C. granulosa*, rissig bis areoliert oder angedeutet kleinschuppig, grau, grünlichgrau, graubraun. Per. fast völlig eingesenkt; Invol. fehlend. Exc. bis 0,2 mm breit, farblos. Sp. 12–17(21) × 5–7,5 µm . . . . **V. granulosaria**
4! Lager auf *Verrucaria nigrescens*, regelmäßig areoliert, Areolen klein, 0,15–0,5 mm, eckig, flach, scharfkantig, schwarz gesäumt, h.grau, braungrau. Per.scheitel 0,1–0,25 mm, verflacht. Invol. gut entwickelt, bis zur Basis des Per. reichend. Exc. -0,22 mm, schwarz, Kern J+ rot. Sp. 10–20 × 4–9 µm . . . . **V. fuscella**
(oft auch auf *V. nigrescens* wächst ↑ *V. subfuscella*)
4* Lager auf verschiedenen Krusten, schuppig, ähnlich einer *Acarospora*-Art, -2 cm breit, d.braun bis braunschwarz. Sp. (9)11–18 × 6–9(11) µm . . . . vgl. **V. compacta (10)**
5 Per. fast alle deutlich am Rand der Areolen sitzend 6
5* Per. überwiegend inmitten der Areolen (wenn randlich, dann Lager braun) . 7
6 Per. mit deutlich vorstehendem, konischem, oben abgeflachtem Scheitel, meist 1–2 pro Areole. Lager kräftig, tief rissig areoliert bis areoliert. Areolen in der Regel nicht schwarz berandet, eckig, flach bis m.gewölbt, -0,8(1) mm, h.grau, grau, graubraun, braun, mitunter auch dunkler, mit oder ohne dunkles Vorlager. Schwarzes Basallager vorhanden. Oberfläche runzelig. Scheitel 0,2–0,3 mm. Gehäuse bald fast ringsum dunkel. Sp. 14–20 × 5–9 µm. Algen 5–20 µm . . . . **V. lecideoides**
(!**V. beltraminiana** (Massal.) Trevisan hat kleinere, -0,5 mm breite, im allgemeinen hellere Areolen. Ohne Vorlager. Ohne schwarzes Basallager. z.B. Ne, Hü, oft auf Natursteinmauern aus Kalkstein)
6* Per. völlig eingesenkt, mit dem Scheitel nicht vorragend, meist zu 1–2 pro Areole. Areolen schwarz gesäumt, -0,5 mm breit, nicht auffallend runzelig . . . . **V. fuscella (4)**
7 Areolen schwarz gesäumt, oft von zarten dunklen Linien durchlaufen, oft wie gescheckt, grauweiß bis d.grau, graubraun, olivgrau, teilweise unregelmäßig eckig, -1(2) mm, mit unebenen Rändern, im Schnitt meist zum großen Teil schwärzlich (durch schwarze Basalschicht, die zapfen- und leistenartig in die Algenschicht und teilweise bis an die Oberfläche vorspringt, bei horizontalen, oberflächennahen Schnitten als Flecken und Linien erscheinend). Lager areoliert bis fast schuppig, dick. Mit dunklem Vorlager. Per. völlig eingesenkt, mit dem Scheitel nicht vorragend, meist zu 2–5 pro Areole, zumindest unten von der schwarzen Basalschicht umgeben, oben kaum von der Algenschicht getrennt. Scheitel um -0,2 mm. Gehäuse ringsum dunkel. Sp. 10–18(23) × 4–7(8) µm (Abb. 62h) . . . . **!V. subfuscella**

(Achtung! Formen, deren Areolen durch zarte dunkle Linien - oft netzig - untergliedert oder gescheckt sind, sind oft Schnecken-Fraßformen von *V. nigrescens*; wenn Areolen kleiner, Rand nicht uneben, Fläche nie durch durchlaufende Linien gescheckt, mit gut entwickeltem Invol.: *V. fuscella*)

7* Areolen einheitlich gefärbt, nicht schwarz gesäumt oder schwarzfleckig oder mit dunklen Linien **8**

8 Lager braun, gelb-, rot-, d.braun bis (braun)schwarz **9**

8* Lager anders gefärbt **14**

9 Lagerareolen am Rand sorediös, braun, gelbbraun, seltener dunkler braun, ähnlich *V. macrostoma:* **V. macrostoma** f. **furfuracea** B. de Lesd. (ähnlich ist **V. tectorum**: Areolen in kleine 0,05–0,3 mm große Unterareolen unterteilt, an deren Grenzen die Sorale aufbrechen; Sorale gelblich, -0,2 mm lang, 0,05 mm breit; Lager dick, im Schnitt mit 2–3 Algenschichten, die durch braunes Plektenchym getrennt sind; selten hat auch *V. nigrescens* sorediös aufbrechende Areolenränder, diese Sippe unterscheidet sich durch schwarzes Vorlager und kleinere Areolen)

9* Lager nicht sorediös **10**

10 Sp. (9)11–18 × 6–9(11) µm. Lager areoliert bis meist fast schuppig und dann fast ähnlich einer *Acarospora*, -2 cm breit. Areolen 0,6–3 mm, d.braun bis braunschwarz, mit unebener Oberfläche, durch 0,1–0,3 mm breite Risse getrennt, leicht abfallend. Ohne schwarze Basalschicht. Per. eingesenkt, -0,4 mm breit, Scheitel kaum sichtbar. Invol. nur am Scheitel entwickelt. Kern J+ rot . . . . **V. compacta**

10* Sp. im Mittel über 18 µm. Lager nicht schuppig **11**

11 Per. einfach strukturiert, ohne deutliches Invol. Exc. d.braun bis schwarz . **12**

11* Per. mit Invol. **13**

12 Sp. (20)23–35(40) × (10)13–17(22) µm. Per. 1/2 bis fast völlig eingesenkt, Scheitel groß, 0,3–0,6(0,8) mm, flach bis leicht gewölbt. Kern -0,6(0,7) mm, meist etwas verlängert bis birnenförmig. Lager grünlichgrau, braungrau, h.braun bis selten d.braun, feucht ± grün, rissig bis areoliert, auch körnig bis schorfig. Areolen 0,2–1 mm, eckig, glatt bis uneben . . . . **V. viridula**

12* Sp. 18–23 × 8–12(14) µm. Per. völlig eingesenkt, Scheitel -0,3 mm, gewölbt, braun bis schwarz. Kern 0,3–0,4 mm, kugelig. Lager blaß gelbbraun, grau, graubraun, braun, areoliert. Areolen 0,3–1,2 mm, flach bis gewölbt, rundlich bis eckig . . . . **V. ochrostoma** (Leighton) Trevisan

13 Lager d.braun bis schwärzlich, seltener mittelbraun, oft mit schwarzem, auch zwischen den Areolen sichtbarem Vorlager (im Areolenschnitt oft mit schwarzer Basalschicht), z.dünn bis m.dick, -0,4 mm, selten dicker, feinrissig, rissig areoliert oder warzig, Areolen 0,2–1 mm, flach bis schwach gewölbt. Per. meist überwiegend vom Lager bedeckt, m.-z.vortretend, Scheitel -0,2 mm. Gehäuse/Invol. dunkel, in schwärzliche Basalschicht übergehend. Invol. -0,4 mm. Kern -0,25 mm. Sp. 17–27 × 9–13 µm. S.formenreich . . . . **V. nigrescens***

13* Lager gelbbraun, braun, haselnußbraun, schmutzig lehmbraun, ohne schwarzes Vorlager (im Schnitt ohne deutliche schwarze Basalschicht), oft über 0,4 mm dick. Areolen 0,4–1,5(2) mm, flach bis leicht gewölbt, glatt bis leicht runzelig uneben, oft etwas glänzend, an den Rändern mitunter (bei Eutrophierung) etwas körnig, durch rel. breite Risse getrennt, die meisten Areolen steril. Per. meist zu 1–2 pro Areole, weitgehend eingesenkt, mit gewölbtem, 0,25–0,4(0,5) mm breitem Scheitel vortretend, –0,6 mm, in der oberen Hälfte mit kräftigem, z.T. auch tiefer reichendem Invol. Kern ± kugelig, zur Mündung konisch ausgezogen, –0,4 mm. Sp. meist (17)22–32(36) × (10)12–17(20) µm. Algen in ± senkrechten Reihen angeordnet . . . . **V. macrostoma**

14 Areolen s.dick (1,5 mm), s.groß, 2–7 mm breit, grauweiß bis h.blaugrau, dicht bereift, flach, scharfkantig, etwas verengt sitzend, die freien Teile der Unterseite paraplektenchymatisch berindet. Lager tiefrissig areoliert bis schollig, jung parasitisch auf *Lecanora muralis*, daher fast immer auf oder neben dieser Flechte. Per. weitgehend eingesenkt, Scheitel –0,2 mm. Exc. nur oben dunkel, sonst ± farblos. Sp. 15–25(30) × 7–10 µm, oft schlecht entwickelt . . . . **Placocarpus schaereri**

14* Areolen nicht so dick und groß, nicht auf *L. muralis* **15**

15 Sp. im Mittel unter 23 µm. Exc. ± kugelig **16**

15* Sp. größer **19**

16 Lager bräunlichgrau, leicht bereift, schuppig. Schuppen –0,7 mm, zerstreut oder zu 0,5 cm breiten Gruppen zus.schließend. Sp. 12–20 × 4–6 µm, 1zellig oder mit Pseudoseptum . . . . **V. botellispora**

16* Lager nicht schuppig **17**

17 Gehäuse unten meist blaß, mitunter ringsum dunkel. Per. halb bis 3/4 eingesenkt, nach dem Ausfallen mitunter Gruben hinterlassend, Scheitel 0,2–0,4(0,5) mm, ± halbkugelig vorragend, grauschwarz bis schwarz. Invol. bis zur Hälfte und deutlich tiefer reichend, kräftig (um die Per.mitte bis um 50 µm dick). Kern ± kugelig. Lager grauweißlich, graubräunlich, schmutzig grau, auch mit leichtem rötlichen Stich, dünn, zus.hängend, auch rissig oder rissig areoliert, mitunter undeutlich. Sp. um (15)19–25(30) × (8)10–13(16) µm. Abb. 62k . . . . **V. muralis**

17* Gehäuse ringsum dunkel. Per. gänzlich eingesenkt. Lager s.deutlich entwickelt, auffallend. Sp. gewöhnlich bis 23 µm. Kern ± kugelig **18**

18 Sp. 14–20(22) × (4)5–8 µm. Lager s.feinrissig (bis s.feinrissig areoliert), bläulich- bis bleigrau, auch leicht bräunlichgrau, stets deutlich, oft m.dick und zum Lagerrand abrupt begrenzt, nicht allmählich dünner, oft mit schwarzem Vorlager. Oberfläche s.fein rauh, matt, eben. Per. etwas vorragend bis völlig eingesenkt, –0,3 mm, Scheitel 0,15–0,2 mm. Exc. ringsum dunkel (zumindest im Alter), selten basal hell, –0,2(0,25) mm ⌀. Invol. tief herabreichend, dicht anliegend, um die Mündung s.dick . . . . **V. caerulea**

18* Sp. breiter, 18–23 × 8–12(14) µm. Lager rissig areoliert, nicht s.feinrissig, blaß gelbbraun, grau, graubraun, braun, areoliert. Areolen 0,3–1,2 mm, flach bis gewölbt, rundlich bis eckig. Per. völlig eingesenkt, –0,4 mm. Scheitel –0,3 mm, gewölbt, braun bis schwarz. Exc. ringsum schwarz bis d.braun, ohne Invol., –0,4 mm ⌀ . . . . **V. ochrostoma**

19 Kern ± kugelig. Gehäuse unten meist blaß, mitunter ringsum dunkel. Sp. um (15)19–25(33) × (8)10–13(18) µm. Invol. bis zur Hälfte und deutlich tiefer reichend, kräftig (um die Per.mitte bis um 50 µm dick). Per. halb bis 3/4 eingesenkt, nach dem Ausfallen mitunter Gruben hinterlassend, Scheitel 0,2–0,4(0,5) mm, ± halbkugelig, grauschwarz bis schwarz. Lager grauweißlich, graubräunlich, schmutzig grau, auch mit leichtem rötlichen Stich, dünn, zus.hängend, auch rissig oder rissig areoliert, mitunter undeutlich . **V. muralis**

19* Kern/Exc. birnenförmig, d.h. Per. höher als breit. Invol. nur um das Ostiolum entwickelt oder Gehäuse oben verdickt und kein Invol. unterscheidbar . . **20**

20 Exc. zumindest in der unteren Hälfte hell. Lager grau, grauweiß, dünn. Per. fast völlig eingesenkt, 0,2–0,4 mm. Invol. nur um das Ostiolum entwickelt. Algenschicht nicht völlig paraplektenchymatisch. Sp. 23–30 × 13–18 µm . . . . **! V. ruderum***

20* Exc. ringsum dunkel. Lager grünlichgrau, braungrau, grau, h.braun, feucht ± grün, rissig bis areoliert, auch körnig bis schorfig. Per. 1/3 bis fast völlig eingesenkt, -0,5(0,6) mm, meist etwas verlängert bis birnenförmig. Invol. nur um die Mündung bzw. im oberen Drittel entwickelt bzw. Gehäuse nur in diesem Bereich stärker verdickt. Areolen 0,2–1,2(1,5) mm, eckig, glatt bis uneben. Rinde und Algenschicht paraplektenchymatisch. Sp. (20)23–35(40) × (10)13–17(22) µm . . . . **V. viridula**

21 Lager auffallend rosa- bis weinrot (mitunter nur in der direkten Umgebung der Per.), endolithisch. Per.scheitel -0,3 mm, oft mit einigen radialen Rillen, Gehäuse -0,4 mm, nur um den Scheitel dunkel, ohne Invol., nach dem Ausfallen Gruben im Gestein hinterlassend. Sp. (15)20–30 × 10–15 µm, oft schlecht entwickelt . . . . **V. marmorea**

21* Lager nicht rot (s.leicht rosa getönt kann mitunter *B. parmigera* sein) . . . **22**

22 Sp. groß, meist 23–35 × 13–20 µm. Kern J+ rot **23**

22* Sp. meist kleiner, bis 25 × 13 µm. Kern J+ blau(grün) oder rot **25**

23 Per.gehäuse seitlich durch kräftiges, bis zur Mitte oder tiefer reichendes Invol. verdickt, unten blaß bis selten dunkel. Per. halbkugelig vortretend, nackt oder mit Lager überzogen, oder fast ganz eingesenkt, Gruben im Gestein hinterlassend oder Gruben fehlend. Scheitel 0,2–0,4 mm. Sp. bis 28 × 15 µm . . . . **V. muralis (19)**
(vgl. auch *V. ruderum* (20), Sp. 23–30 × 13–18 µm)

23* Per.gehäuse ringsum schwärzlich, ± einheitlich dick, nur um die Mündung verdickt, ohne deutliches Invol. Per. nach Ausfallen deutliche Gruben hinterlassend. Lager mit fein rauher, poröser bis fast mehliger Oberfläche, auch wie feinst punktiert erscheinend; nahe verwandt (*V. hochstetteri* s.l.) **24**

24 Per. ganz eingesenkt, oft vom Lager (Gestein) wulstig umwallt bzw. in warzenartige Erhebungen eingesenkt, Scheitel um 0,2–0,4 mm, nicht über das Lager/Substrat erhaben. Gehäuse/Exc. meist ± birnenförmig, 0,5–0,8 mm. Sp. 21–38(40) × 13–21(24) µm. Lager weißlich bis weißgrau, auch leicht rötlich, leicht bräunlichgrau, leicht weißlich, ± endolithisch . . . . . **V. hochstetteri**

24* Per. ca. 3/4 bis 1/2 eingesenkt mit über das Substrat ragendem, an der Seite vom Lager bedeckten, 0,25–0,35 mm breitem, gewölbtem Scheitel. Gehäuse ± kugelig bis birnenförmig, -0,5 mm. Sp. 21–36 × 12–18(20) µm. Lager grau, grau-bräunlich, -violett, -weißlich, auch leicht rötlich . . . . **V. foveolata**

25 Per. (in der Mehrzahl) völlig eingesenkt, mit nicht oder nur leicht vorragendem Scheitel, -0,3 mm, nach dem Ausfallen tiefe Gruben hinterlassend. Invol. deckelförmig über dem Per. aufsitzend oder fehlend. Scheitel mit oder ohne radiale Rillen. Hym. J+ blau(grün), oder anfangs blau, dann rot. Sp. (12)15–23(28) × 6–13(15) µm. Nur auf kalkreichem Gestein, nicht auf Beton, Mörtel **26**

25* Per. nicht völlig eingesenkt, mit dem Scheitel deutlich über das Substrat ragend, deutliche bis keine Gruben hinterlassend. Invol. nie deckelförmig. Scheitel ohne radiale Rillen. Hym. J+ rot **31**

26 Per.gehäuse oben ohne deckelförmiges Invol., einfach, ringsum schwarz, -0,4 mm breit, Wand oben etwas verdickt. Scheitel ohne Rillen, etwas gewölbt und mitunter etwas vorstehend, 0,25–0,3 mm. Lager weiß, Oberfläche glatt (nicht rauh), oft mit feinen, geraden Rissen, die radiär von den Per. ausgehen (und manchmal mehrere von ihnen verbinden), oft mit schwarzem Vorlager. Kern ± kugelig, J+ blau, teilweise auch rot. Sp. 13–28 × 7–15 µm. Abb. 62i, o . . . . **V. calciseda**

26* Per.gehäuse oben mit deckelförmigem Invol. Per.scheitel in Aufsicht oft mit radialen Rillen. Im Lager keine vom Per. ausgehenden Risse. Kern J+ blau bis blaugrün. Abb. 62e, p **27**

27 Lager bläulichgrün, grünlich, mausgrau, oft etwas glasig oder ölig schimmernd, oft wie s.fein gehämmert wirkend, aber auch weißlich ausbleichend und matt. Gehäuse (Exc.) nur oben schwärzlich, sonst bräunlich bis fast farblos, kugelig, reif flaschenförmig. Scheitel (Invol.) in guter Ausbildung mit radialen Rillen, -0,2 mm, schmaler als Exc. ⌀ (0,3 mm), flach oder gewölbt. Oft ohne Sp. oder Sp. schlecht entwickelt (15–27 × 7–12 µm) . . . . **Bagliettoa parmigerella**

27* Lager weiß (grauweiß, leicht grünlichweiß), ungegliedert, glatt, mitunter von ± farbloser Furche oder schwärzlichem Vorlager begrenzt. Scheitel (Invol.) bei reifen Per. in der Aufsicht mit 4–5 radialen Rillen, beim Ausfallen oft einen schwärzlichen Ring hinterlassend, flach oder leicht gewölbt und Rand oft schwach nach unten gebogen. Exc. 0,2–0,3 mm ⌀, Sp. oft nicht entwickelt . **28**

28 Per.scheitel (Invol.) groß, 0,3–0,4 mm, an den Rändern flach bis leicht aufwärts gebogen, nie herabgebogen, in der Mitte leicht gewölbt und die Lageroberfläche ± überragend, mit deutlichen Rillen, gewöhnl. breiter als Exc. Exc. -0,35 mm ⌀, hell bis dunkel. Lager weiß bis h.grau. Sp. 17–20(35) × 10–13 µm, 1- bis selten 2zellig . . . . **Bagliettoa limborioides**

28* Per.scheitel (Invol.) kleiner, 0,15–0,3 mm, flach bis gewölbt, nicht selten auch Ränder nach unten gebogen, das Lager nicht überragend **29**

29 Per.gehäuse (fast) fehlend, völlig farblos, nur Invol. dunkel. Sp. (10)13–26 × (5)8–15 µm . . . . **Bagliettoa steineri**

29* Per.gehäuse wenigstens oben dunkel **30**

30 Per.gehäuse (Exc.) gegen die Basis hell bis d.braun, oben dunkel, -0,4 mm, kugelig bis birnenförmig oder feigenförmig. Invol. höchstens so breit wie das Gehäuse, oft leicht gewölbt. Sp. 14–21 × 6–10 µm . . . **Bagliettoa baldensis**

30* Per.gehäuse (Exc.) ringsum schwarz, oft unregelmäßig zus.gedrückt, z.B. feigenförmig. Invol. breiter als das Gehäuse. Sp. 10–25 × 5–14 µm . . . . **Bagliettoa parmigera**

31 Lager braun. Sp. (12)14–19(22) × 6–9(10) µm. Gehäuse mit bis zur Hälfte oder tiefer reichendem Invol. **32**
31* Lager weißlich, grau, graugrünlich bis -bräunlich **34**
32 Auf Silikatgestein. Per. halbkugelig vorstehend, 0,2–0,3 mm, ± nackt, vgl. *V. nigrescens* s.l., *V. dolosa*
32* Auf Kalkgestein, Lager meist klein, Per. s.klein, Scheitel -0,2 mm **33**
33 Per. s.zahlreich und gedrängt, 1/2 bis 1/3 eingesenkt, Scheitel um die Mündung eingedrückt bzw. abgeplattet. Kern ± kugelig. Invol. kräftig, schwarz, bis etwa zur Hälfte des Per. reichend, Exc. farblos bis braun. Lager h.braun, kastanienbraun, olivbraun, oft leicht glänzend, glatt, knorpelig, nicht rissig bis feinrissig . . . . **V. pinguicula**
33* Per. m.zahlreich, halbkugelig vortretend, Scheitel um die Mündung nicht eingedrückt. Lager schwarzbraun, d.braun bis olivbraun, dünn, z.glatt bis rauh, zus.hängend, selten rissig areoliert . . . . **! V. maculiformis***
34 Per. groß (Scheitel um 0,3–0,5(0,6) mm), nach dem Ausfallen Gruben hinterlassend. Invol. kräftig, bis zur Hälfte und tiefer reichend **35**
34* Per. klein (Scheitel um 0,2–0,3 mm), Gruben nach dem Ausfallen hinterlassend oder nicht **36**
35 Sp. überwiegend um (15)19–25(30) × (8)10–13(16) µm. Scheitel um 0,3–0,4 mm, selten größer, m.abgeplattet. Invol. auf halber Höhe des Per. um 50 µm dick . . . . **V. muralis (19)**
35* Sp. im Mittel schmäler, (12)14–20(25) × 5–9(10) µm. Per.scheitel um 0,4–0,6 mm, oft stark abgeplattet bis schwach kraterartig. Invol. bis fast zur Basis reichend, auf halber Höhe über 100(–200) µm dick. Exc. farblos bis blaß braun, nur 0,2–0,35 mm. Lager ± endolithisch, weiß- bis bläulichgrau, schmutzig h.grau, mit s.vielen winzigen, bräunlichen Fleckchen, rauh bis porös, oft mit schwarzem Vorlager oder durch eine Rille begrenzt. Sp. mitunter 2zellig. Abb. 621 . . . . **V. dufourii**
36 Lager durchlaufen und durchkreuzt von d.braunen, rel. breiten Linien (meist Doppellinien!), zus.hängend, farblich deutlich vom Gesteinsuntergrund abweichend, weißlichgrau, h.bräunlichgrau, matt, mit s.fein rauher Oberfläche, mit zahllosen kleinsten (100 µm großen) Fleckchen. Per. nach Ausfallen Gruben hinterlassend, Scheitel 0,2–0,3 mm. Invol. bis ca. zur Hälfte des Per. reichend, Exc. farblos bis h.braun. Sp. 12–20 × 6–9 µm . . . . **V. cyanea**
36* Lager nicht von d.braunen Doppellinien durchlaufen, aber mitunter mit einfacher schwarzer Vorlagerlinie **37**
37 Sp. meist um 8–13(16) µm breit, 15–25(30) µm lang. Per.scheitel 0,2–0,4 mm, Invol. kräftig, Gehäuse unten blaß bis braun . . . . **V. muralis (19)**
37* Sp. im Mittel schmäler **38**
38 Per. sitzend bis halb eingesenkt, halbkugelig vorragend, keine Gruben im Gestein nach dem Ausfallen hinterlassend. Scheitel um 0,2 mm. Invol. zur unteren Hälfte herabreichend (bis zum Grund), schwarz, Exc. farblos bis blaß braun. Lager s.dünn, graugrün bis weißlich oder graubräunlich, feucht grün, geglättet bis fast fehlend, auch körnig, auf Silikat- und Kalkgestein. Sp. (13)15–19(22) × 5–8(10) µm . . . . **V. dolosa***

38* Per. meist ± halb eingesenkt. Gruben ausgefallener Per. vorhanden oder nicht. Exc. ∅ –0,2 mm. Lager feucht nicht grün. Auf Kalkgestein **39**

39 Lager endolithisch bis s.dünn epilithisch, blaßgrau, grau bis grau- oder olivbräunlich, geglättet bis schwach rissig. Per. s.klein, z.zahlreich. Scheitel 0,15–0,2 mm, größtenteils abgeplattet. Invol. bis zur Basis reichend. Exc. schwarz, undeutlich vom Invol. getrennt. Sp. 16–23 × 6–9 µm . . **V. murina**

39! Lager mehlig-staubig bis kleinfelderig-rissig (Areolen um 0,35 mm), matt, grauweiß, h.graublau. Per. m.zahlreich. Scheitel –0,2(0,25) mm. Invol. bis zur Hälfte (oder fast zur Basis) reichend. Exc. basal hell. Sp. 14–20 × 6–9 µm . . . . **V. amylacea**

39* Lager dünn, ± endolithisch, stellenweise auch etwas rissig, grauweiß bis graubräunlich. Per. z.zahlreich. Scheitel 0,2–0,3 mm, halbkugelig. Invol. bis zur Hälfte reichend. Exc. farblos bis braun. Sp. 18–21(23) × 7–8(10) µm, mitunter mit mehreren Quersepten . . . . **V. anceps**

Bagliettoa Massal.

Bagliettoa baldensis (Massal.) Vězda [Verrucaria b. Massal.]
Gewöhnlich bis in montane Lagen auf kalkreichem Gestein, v.a. dichtem Kalkstein, an nährstoffarmen, schattigen bis halbschattigen (seltener besonnten), ± beregneten Standorten, aber eutrophierte Orte meidend, etwa ökol. Amplituden von *Protoblastenia incrustans* und *Acrocordia con.* umfassend – mieur-med – SJu-Ju-FrJu, Rhön, sicher weiter verbreitet

Bagliettoa limborioides Massal. [B./Verrucaria sphinctrina auct.]
In montanen und hochmontanen Lagen auf kompaktem Kalkstein an absonnigen Steilflächen – s'mieur-med – selten; Ju

Bagliettoa parmigera (J.Steiner) Vězda & Poelt [Verrucaria p. J.Steiner, Protobagliettoa p. (J.Steiner) Servít]
Gewöhnlich bis in montane Lagen auf kalkreichem Gestein, v.a. dichtem Kalkstein, an nährstoffarmen, schattigen bis halbschattigen (seltener besonnten), ± beregneten, auch leicht substratfeuchten Standorten, eutrophierte Orte meidend, etwa ökol. Amplituden von *V. marmorea* und *Acrocordia con.* (↑) umfassend; basiph., xeroph.–z.hygroph. – mieur-med – z.selten; SJu-Ju-FrJu, süHü, Mn

Bagliettoa parmigerella (Zahlbr.) Vězda & Poelt [Verrucaria sphinctrinella Zsch., V. pinguis B.Steiner]
Bis in montane Lagen auf kalkreichem Gestein, v.a. Kalkstein, Dolomit, an m.–z.lichtreichen, beschatteten, beregneten, nährstoffarmen Standorten, v.a. an Steil- und Vertikalflächen, basiph., mesoph.–z.hygroph., a-(m.)nitroph. – s'mieur-med – SJu-Ju-FrJu, süHü

Bagliettoa steineri (Kušan) Vězda [Verrucaria st. Kušan, Protobagliettoa st. (Kušan) Servít)]
Ökol. wie *B. baldensis* (↑) – mieur-med – z.selten, Kalkgebiete stellenweise m.häufig; Ju, SJu, FrJu

Verrucaria Schrader

Verrucaria aethiobola Wahlenb. [V. cataleptoides (Nyl.) Nyl., V. laevata Ach., non Körber, non auct.]
In der montanen und hochmontanen Stufe auf gewöhnlich hartem, glattem Silikatgestein an klaren, kalten, sauerstoffreichen Bächen amphibisch an zeitweise bis nur bei Hochwasser überschwemmten Flächen, subneutroph., z.hydroph., m.–z.photoph., anitroph. – arkt-mieur-smed·mo – selten; süSch, Vog, Eif

Verrucaria amylacea Massal.
Auf Kalkgestein, Dolomit, wohl z.ähnl. *Dirina stenh.* (↑) und *Caloplaca cirr.* (↑) – mieur-smed – selten; Ju, FrJu

Verrucaria anceps Krempelh. [Polyblastia a. (Krempelh.) Servít]
Auf Kalkgestein und Dolomit, wohl v.a. an schattigen Stellen – Al, FrJu, Ml

Verrucaria aquatilis Mudd
Ähnl. *V. rheitrophila* (↑), vorwiegend in kollinen bis montanen Lagen – mieur·subatl(-med) – selten; süSch, O, Rhön, Vgb, Ts, Eif

Verrucaria botellispora Breuß [Placidiopsis muelleri Servít]
Auf ± neutralem Silikatgestein an schattigen Vertikalflächen in warmen Lagen, subneutroph.–m.acidoph. – mieur – s.selten; Eif

Verrucaria bryoctona (Th.Fr.) A.Orange [V. psammophila Erichsen]
Auf basenreichen Sand- und sandigen Lehmböden in ephemeren Pioniergesellschaften zusammen mit Moosen, an frischen Böschungen, Wegrainen etc., ähnl. *Thrombium* (↑) – bor-mieur·subatl – selten; Ne

Verrucaria caerulea DC. [V. plumbea Ach.]
In montanen bis alpinen Lagen, selten tiefer, auf kalkreichem Gestein, v.a. Kalkstein, seltener dolomitischen Gesteinen, v.a. an beregneten Vertikal- und an Schrägflächen an m.–z.lichtreichen, gewöhnlich beschatteten, nicht eutrophierten Standorten mit m.wechselnden hygrisch-thermischen Bedingungen, basiph., mesoph.(–z.hygroph.), a-(–m.)nitroph. – (bor-)mieur·mo-med·mo – selten; SJu-Ju-FrJu (z.T. m.häufig), süHü, Ne, Eif, Al

Verrucaria calciseda DC. [Amphoridium calcisedum (DC.) Servít]
Bis in montane Lagen, selten höher, v.a. an lichtreichen, gewöhnlich besonnten Standorten auf kalkreichen, weichen bis harten Gesteinen, v.a. auf Kalkstein, selten Dolomit, auf Felsen und Steinen an Orten mit z.stark wechselnden hygrisch-thermischen Bedingungen, stärkere Düngung meidend, im Gebiet z.B. ähnl. *Aspicilia calc.*, basiph., ombroph., xeroph., z.–s.photoph., thermoph., a-/m.nitroph. – s'bor-med – in den Kalkgebieten m.–z.häufig, v.a. SJu-Ju-FrJu, Ne, Mn

Verrucaria compacta (Massal.) Jatta [Dermatocarpon compactum (Massal.) Blomb. & Forss.]
Bis in alpine Lagen auf Kalkgestein an meist besonnten, m.–z.(s.)nährstoffreichen Standorten, an Horizontal- bis Vertikalflächen, oft auf anderen Flechten, ähnl.

Lecidea lurida (↑), auch auf Mauern (ähnl. *Caloplaca teich.* ↑), basiph., xeroph., z.–s.photoph. – mieur(mo)-med(mo) – selten; Mn, Th, Ju, FrJu, nöHü (Nahe)

Verrucaria cyanea Massal. [V. limitata Krempelh.]
An Steilflächen von Felsen, meist an sehr kalkreichen Kalkgesteinen, ähnl. *Acrocordia con.* (↑) – bor-med·mo – (z.)selten; SJu-Ju-FrJu, Eif, Al

Verrucaria dolosa Hepp [?V. floerkeana Dalla Torre & Sarnth.]
V.a. auf kleinen Steinen und Blöcken aus Kalk- und Silikatgestein (in letzterem Fall oft an Steinen über basenreichem Boden), z.B. an Kiesgruben, Wegen, v.a. an schattig-feuchten Stellen, so in Wäldern, basiph.–subneutroph., Pionierflechte – (bor-)mieur-med – z.selten; Ju, SJu, Ne, süHü, süSch, HRh, Rh, O, Eif

Verrucaria dufourii DC.
Montan bis alpin, selten tiefer, auf rel. harten kalkreichen Gesteinen, ähnl. *Hymenelia coer., Farnoldia jur.* (↑) – bor-med·mo/alp – selten; SJu, Ju, FrJu, Al, Eif, Lahn, ?süHü

Verrucaria elaeomelaena (Massal.) Arnold
Bis in die alpine Stufe auf Kalkgestein submers in m.kühlen bis kalten Bächen und Flüssen, nur s.kurzzeitig auftauchend oder amphibisch an s.schattigen Stellen, basiph., z.photoindiff., a-(m.)nitroph. – bor-med – selten (2); SJu, Ju, FrJu, Ne, SFW, O, HRh, Al

Verrucaria foveolata (Flörke) Massal. [V. dolomitica (Massal.) Krempelh., Amphoridium dolomiticum Massal., V. veronensis Massal.]
Bis in die alpine Stufe auf kalkreichem Gestein, oft auf Dolomit, z.euryöke Art, an nährstoffarmen, lichtarmen bis -reichen Orten, an kleinen Steinen (Pionier) wie an großen Felsen, fast die ganze Standortsamplitude von *V. calciseda* und *V. hochstetteri* umfassend, basiph. – bor-med·mo – z.selten; Ju, FrJu, süHü, Ne, O, Av, Al

Verrucaria funckii (Sprengel) Zahlbr. [V. silicea Servít, V. denudata auct. p.p.]
Z.ähnl. *V. rheitrophila* (↑) – bor-mieur – (z.)selten; Sch, Vog, O, Sp, Ts, Vgb, Rhön, Eif

Verrucaria fuscella (Turner) Winch. [V. polysticta Borrer, V. nigricans Nyl.]
Bis zur Waldgrenze auf Kalkgestein, v.a. an Steil- und Vertikalflächen, selten auch auf schwach kalkhaltigem Silikatgestein (an alten Mauern), häufig parasitisch auf *V. nigrescens*, an lichtreichen, nicht bis m.eutrophierten Standorten, basiph.–neutroph., z.photoindiff., xeroph.–mesoph. – bor-med – z.selten(–m.häufig), v.a. Kalkgebiete, z.B. Ju, FrJu, Ne, Eif, Vog, Sch

Verrucaria granulosaria Clauz. & Zehetl.
Parasitisch auf *Caloplaca granulosa* (↑) – mieur-med – selten (R); Ju

Verrucaria hochstetteri Fr. [? V. foveolata, ? incl. V. mastoidea (Massal.) Trevis., V. arnoldii Steiner, ? V. hiascens (Ach.)Hepp]
Von der montanen bis zur alpinen Stufe, aber auch tiefer, auf nicht eutrophierten kalkreichen Gesteinen, ferner oft auf Dolomit, vorwiegend an beschatteten, luftfeuchten, auch bergfeuchten Standorten, ökol. Amplitude von *V. dufourii, V. caeru-*

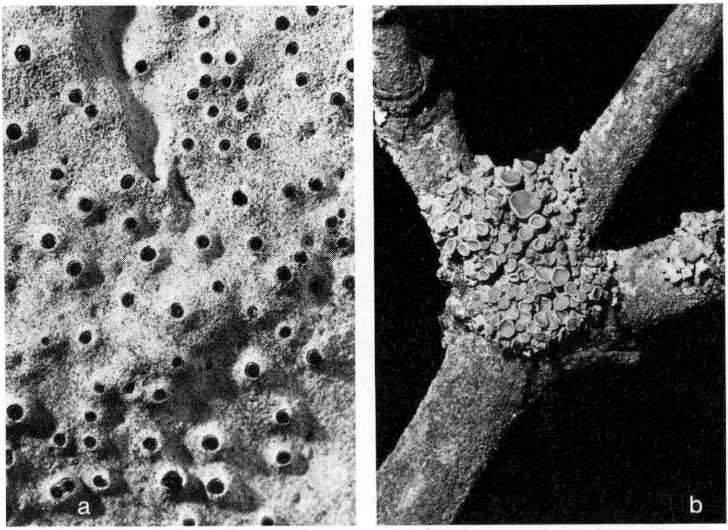

Abb. 63. a: *Verrucaria hochstetteri.* Per. in das Gestein eingesenkt (4,5×). b: *Xanthoria polycarpa* (2,2×).

lea und *Thelidium dec.* umfassend (↑) - bor-med·mo/alp - z.selten; SJu-Ju-FrJu, Al, süHü, Eif

Verrucaria hydrela Ach. [Verrucaria laevata auct., V. denudata auct. p.p.]
Vorwiegend in der sub- bis hochmontanen Stufe auf Silikatgestein an schattigen, luftfeuchten Standorten, an lange feucht bleibenden Steinen und Blöcken (z.B. an Waldwegen), an feuchten Felsen im Waldesschatten oder amphibisch an Blöcken in Bächen, subneutroph.-m.acidoph., subhydroph.-z.hydroph., z.skioph.-m.(z.)photoph., anitroph. - bor-mieur(-med) - selten (3); Sch, O, Sp, Ts, Vgb, Rhön, Eif, FrJu

Verrucaria lecideoides Trevisan [? V. beltraminiana (Massal.) Trevisan]
Ähnl. *Placocarpus schaereri* (↑), aber ökol. Amplitude breiter, auch an nährstoffarme Orte übergehend - s'mieur-med - selten; SJu-Ju-FrJu, Mn

Verrucaria macrostoma Dufour ex DC. [? V. apatela (Massal.) Trevisan]
V.a. an staubimprägnierten Mauern (wie *Caloplaca teich.*), auch an Kalkgestein-Felsen, v.a. an z.regengeschützten Vertikal- und Überhangflächen und an Vogelsitzplätzen, z.B. ähnl. *Caloplaca cirr.* und *Calopl. decipiens* (↑) - mieur-med - z.selten(-m.häufig); v.a. Ne, Hü, Mn, Ju, Al

Verrucaria maculiformis Krempelh.
Ähnl. *Clauzadea metzleri* (†), v.a. an Steinen, Geröll, gern unter Gebüsch, basiph., oft mit *V. muralis* und *V. nigrescens* – mieur-smed – z.B. süHü, Rh, Ne, FrJu, Al

Verrucaria margacea (Wahlenb.) Wahlenb. [V. applanata Zwackh]
In montanen bis alpinen Lagen auf Silikatgestein submers oder in der unteren (langzeitig überschwemmten) amphibischen Zone in schnellfließenden, klaren, kalten Bächen, subneutroph.–m. acidoph., anitroph. – bor-mieur·h'mo/alp – s.selten; süSch, Vog

Verrucaria marmorea (Scop.) Arnold
In kollinen und submontanen Lagen auf ± harten, ± kompakten, sauberen, kalkreichen Kalkgesteinen, kaum auf körnig-rauhen Gesteinen (z.B. manche Dolomite), an rel. warmen, halbschattigen bis z. (nie voll) besonnten Orten, oft an Steilflächen, basiph., z.xeroph., z.photoph., anitroph. – s'mieur-med – selten; SJu, Ju, O

Verrucaria muralis Ach. [V. rupestris Schrader, non (Scop.) Wigg., V. submuralis Nyl., V. confluens Massal.]
Bis in die alpine Stufe auf Kalkgestein aller Art, ferner auf kalkimprägniertem Silikatgestein, besonders Sandstein, auch auf Mörtel, Ziegel, Beton, Löß, auf Mauern, auf anstehendem Fels wie an kleinen Steinen als Pionier (Wege, Kiesgruben; über basenreichem Boden auch an kalkfreiem Silikat), an klimatisch s.unterschiedlichen, beregneten Standorten, basiph.–(sub)neutroph., m.–s.photoph., a-/z.nitroph. – (arkt-)bor-med – z.häufig, in Silikatgebieten vorwiegend synanthrop

Verrucaria murina Leighton [V. myriocarpa Hepp ex Lönnr.]
Auf Kalkstein, Dolomit, bis in alpine Lagen – mieur-smed – z.B. SJu, FrJu, Al

Verrucaria nigrescens Pers.
S.euryöke Art, auf Karbonatgestein aller Art, auf Mörtel, Beton, Ziegel, Asbestzement etc., auf kalkimprägniertem oder -haltigem Silikatgestein, z.photoindiff., optimal an z.–s.lichtreichen, beregneten, m.(–z.)nährstoffreichen Orten, basiph.–neutroph., xeroph.–mesoph., (a-)m.–z.nitroph. – bor-med – s.häufig, in Silikatgebieten gewöhnlich synanthrop

Verrucaria pinguicula Massal.
Ähnl. *V. caerulea* – mieur-med – SJu, FrJu, Al

Verrucaria praetermissa (Trevisan) Anzi [V. laevata Körber, non Ach.]
V.a. in submontanen und montanen, z.ozeanischen oder wintermilden Lagen auf (mineralreichem) Silikatgestein an zeitweise überschwemmten bzw. häufig spritzwasserfeuchten, oft etwas nährstoffreichen Stellen (Vogelsitzplätze) v.a. an Bächen, subneutroph., hydroph., (m.)z.–s.photoph., a-/m.(z.)nitroph. – mieur·subatl – selten (2); süSch, *nöSch*, Vog, O, Eif

Verrucaria rheitrophila Zsch. [V. kernstockii Zsch., V. minutipuncta Erichsen]
Bis in hochmontane Lagen auf Silikatgestein submers in kühlen und kalten Bächen, v.a. in kleinen, gleichmäßig Wasser führenden Quellbächen, im Tiefschatten wie an besonnten Stellen, höchstens kurzzeitig auftauchend (oder amphibisch an s.schatti-

gen Orten), subneutroph.-m.acidoph., anitroph. - mieur·subatl - selten (3); süSch, Vog, Ts, Vgb, Eif

Verrucaria ruderum DC. [Amphoridium r. (DC.) Servít]
Auf Kalkgestein, Beton, Mörtel - s'mieur-med - nöHü(-O), Eif

Verrucaria scabra Vězda
Auf Silikatgestein in schnellfließenden, kühlen, klaren Gebirgsbächen submers bzw. an dauernd spritzwasserfeuchten Stellen, subneutroph., m.-z. photoph., anitroph. - mieur·mo - s.selten (1); süSch

Verrucaria subfuscella Nyl. [V. glaucina auct. p.p.]
Bis in alpine Lagen auf kalkhaltigen Gesteinen, euryöke Flechte m.-z.nährstoffreicher Standorte, vorwiegend an absonnigen Stellen auf Kalkgestein, selten auf kalkbeeinflußtem oder basischem Silikatgestein (hier ähnl. *Dermatocarpon min.* und *Caloplaca obliterans* ↑), auch auf Mörtel und Ziegeln, basiph.-neutroph., z.photoindiff. - bor-med - z.selten(-m.häufig), v.a. Kalkgebiete, z.B. Ju, FrJu, SJu, Ne, selten z.B. Sch, Vog

Verrucaria tectorum (Massal.) Körber
Ähnlich *V. macrostoma*, aber fast nur an Steil- und Vertikalflächen an eutrophierten Standorten, auf Kalkgesteinen und Mörtel, oft an Mauern, Höhlungen - mieur-med - z.selten; Hü, Ne, Ju, Sch usw.

Verrucaria viridula (Schrader) Ach. [Amphoridium viridulum (Schrader) Servít, Verrucaria griseorubens Migula, V. obductilis (Nyl.) Zsch.]
V.a. in kollinen und submontanen Lagen, euryöke Art auf Kalkgestein, Mörtel, Silikatgestein (v.a. staubimprägniertem Sandstein), an Mauern, Ziegeln (hier z. ähnl. *Caloplaca teich.* ↑), an Steinen und Felsen, oft auch als Pionier - mieur-med - verbreitet, v.a. Ne, Rh, Hü, FrJu, Eif

Vezdaea Tsch.-Woess & Poelt

1 Sp. nadelförmig, 8–12zellig, 60–85 × 2–2,5 µm. Ap. -0,4 mm, grauweiß bis rosabraun, matt, wie behaart. Auf Erde. N-Dtschl. . . . . **V. acicularis** Coppins
1* Sp. wesentlich kürzer, nicht nadelförmig **2**
2 Sp. 10–15,5 × 2,5–4 µm, 1-2zellig. Ap. verengt sitzend bis gestielt, gewölbt bis kugelig, -1 mm, rosa- bis rotbraun. Lager feinkörnig, d.grün. Auf metallreichen Böden . . . . **V. leprosa** (P. James) Vězda
2* Sp. größer. Ap. angedrückt sitzend, grau, braun, rotbraun, rosa **3**
3 Sp. 15–19 × 5–7 µm, 2(4)zellig, bei Vollreife oft feinwarzig. Ap. 0,3–1 mm, gewölbt, jung kurz feinhaarig. Paraph. anastomosierend, die Asci umklammernd. Lager körnig bis sorediös, Körnchen mit kurzen konischen Fortsätzen. Habituell an *Mycobilimbia sabuletorum* erinnernd . . . . **V. aestivalis**
3* Sp. 15–22 × 7–11 µm, 1zellig, glatt. Ap. -0,35 mm, halbkugelig. Paraph. anastomosierend, die Asci umklammernd. Körnchen mit kurzen stacheligen

Fortsätzen (wenn Sp. etwas größer, warzig, Stacheln lang: **V. rheocarpa** Poelt & Döbbeler) . . . . **V. retigera**

Vezdaea aestivalis (Ohl.) Tsch.-Woess & Poelt [Pachyascus byssaceus (Vězda) Vězda]
Auf Moosen an Laubbäumen mit basenreicher Borke (v.a. Esche), auf Moosen und Pflanzenresten an Kalkfelsen, alten Mauern und auf basenreichen Böden (in Gräben, Steinbrüchen), an schattigen, luftfeuchten Standorten, v.a. in engen Tälern; subneutroph., substrathygroph., z.-s.hygroph. - mieur - selten; SFW, Isar-Inn, Alpen

Vezdaea retigera Poelt & Döbbeler
Auf Moosen, (absterbenden) Flechten (v.a. *Peltigera*) und Pflanzenresten, an alten Mauern, auf steinigen Böden, morschem Holz, an schattigen, luftfeuchten Standorten - mieur - selten; Ne, Av, Alpen

Vulpicida Mattson & Lai

(Bestimmung ↑ Cetraria)

Vulpicida pinastri (Scop.) Mattson & Lai [Cetraria p. (Scop.) S.F.Gray]
An Nadel-, selten Laubbäumen mit saurer Rinde, hauptsächlich an der Stammbasis, ferner an Holz, besonders an Stümpfen, ähnl. *Parmeliopsis hyp.* (↑), fast stets mit *Parmeliopsis amb.* - bor-smed·mo(-med·mo) - selten (3); Vog, süSch u. Al über 900 m m.häufig, nöSch, Al, SJu, sonst s.selten: Eif, Rhön, Ts, Sp, O, Ju, Av, *Vgb,* in niederen Lagen vereinzelt in Kümmerexemplaren spontan auftretend

Xanthoria (Fr.) Th.Fr.

1 Lager mit Soredien oder soredienähnlichen Gebilden (Blastidien), meist ohne Apothecien **2**
1* Lager ohne Soredien, meist mit Ap. **5**
2 Läppchen ohne Rhizinen, an der Basis direkt oder mit ganz kurzen Haftern festgewachsen, aufsteigend, zugespitzt oder abgestumpft, die unteren Abschnitte dorsiventral und auf der berindeten Unterseite Blastidien abgliedernd. End-Abschnitte oft gekerbt-gezähnt, teilweise in Struktur und Färbung radiär gebaut, auf allen Seiten Blastidien abgliedernd. Lager oft fast kleinstrauchig. Ap. in das Niveau der letzten Ästchen eingesenkt. Pyknosp. ellipsoid, fast stets vorhanden, 2,3–3 × 1–1,3 µm . . . . **X. candelaria**
2* Läppchen unterseits mit - manchmal nur wenigen - Rhizinen besetzt, stets dorsiventral gebaut, zumindest nahe der Basis anliegend. Pyknosp. ± stäbchenförmig **3**
3 Rhizinen fehlend oder nur an der Basis der meist bald (± lippenförmig) aufsteigenden Lappen spärlich vorhanden. Lager meist stark rotorange bis

braunrot. Lappen um 2 mm lang und 0,7(1) mm breit, zum größten Teil, ausgenommen einige randliche, aus ± anliegender Basis steil aufsteigend, an der Unterseite großflächig feine Blastidien abgebend. An alten Lappen Unterseite entblößt. Sp. breit ellipsoid, mit breit abgerundeten Enden und dicken Septen, 13,5–17,5 × 8–10,5 µm, Septum 4–6,5 µm . . . . **X. fulva**

3* Rhizinen zahlreich auf der ganzen Unterseite, auch an den aufsteigenden Lappen. Lappen anliegend bis aufsteigend, kaum aufrecht. Sp. beidendig ± verschmälert, 10,5–15(16) × 6–7(8) µm. Septum meist 3,5–5 µm **4**

4 Randlappen meist deutlich verlängert und weithin anliegend, an den Spitzen oft etwas nach unten gekrümmt, bis ca. 7 mm lang, 1,5 mm breit. Es bilden sich zunächst am Rand kurzer, aufsteigender bis stark aufgebogener Seitenloben, die sich meist muschelig aufwölben bis trichterig eindrehen, unterseits subapikal kurzzeitig Blastidien, später werden langzeitig aus dem (sich oft spaltenartig öffnenden) Mark schwefel- bis grünlichgelbe, farblich vom Lager unterschiedene Soredien gebildet. Ränder älterer Ap. mitunter zu Rindensoralen aufbrechend. Unter- und Oberrinde bleiben erhalten. Thallus gelborange . . . . **X. fallax**

4* Randlappen locker anliegend, bis 5 mm lang und 1–1,5 mm breit, höchstens die äußersten Spitzchen nach unten eingekrümmt. Seitenlappen und zentrale Lappen ± bogig (ähnl. *Physcia tenella*) aufsteigend, vor allem submarginal (in der Nähe des Randes) mit dichten Blastidien-Borten versehen, ohne Soredien . . . . **X. ulophyllodes**

5 Auf Gestein wachsend **6**

5* Auf Rinde, Holz **8**

6 Lagerlappen schmal und langgestreckt, durchgehend ± gleich breit (–1 mm), gewölbt bis fast stielrund, nur an den Enden verflacht, langgestreckt, strahligrosettig angeordnet. Lager meist 1–3 cm, tief geteilt, gewöhnlich regelmäßig rundlich, meist orange bis rot . . . . **X. elegans**

6* Lagerlappen breiter, ± flach oder unregelmäßig runzelig, einander ± überlappend. Nur jung unter 2 cm breit **7**

7 Lager meist rot-, braun- bis gelborange, im Zentrum mit warzig-knolligen bis kopfigen, auch verflachten Auswüchsen bis blasigen Auftreibungen, oft ohne Ap., wenn fruchtend, dann Ap. spärlich . . . . **X. calcicola**

7* Lager meist h.gelb bis orangegelb, meist z.reich mit Ap. bedeckt. Lappen ± flach bis konkav, ohne warzige, knollige Auswüchse . . . . **X. parietina**

8 Lager nur jung unter 1,5 cm breit, randlich in breiter Zone frei von Ap., flach bis konkav, meist 1–5 mm breit, h.gelb, orangegelb, gelborange. Ap. –4 mm, Scheibe gelborange bis braunorange . . . . **X. parietina**

8* Lager –1,5(2) cm, dicht (fast) bis zum Rand mit Ap. bedeckt, rundlich, im Alter polsterig. Lappen –1 mm breit, an den Enden geteilt-gekerbt, gelb, graugelb, Ap. –2 mm, Scheiben tief orange, braunorange. Abb. 63b . . . . . . **X. polycarpa**
(Verwechslung ist möglich mit der sehr seltenen *Caloplaca lobulata* mit kaum entwickeltem Lager aus winzigen Läppchen, im Gegensatz zu *X. polycarpa* unterseits unberindet und ohne Rhizinen, Ap. flach, nicht konkav wie bei *X. polycarpa*, Lager auch im Alter nie polsterförmig)

Xanthoria calcicola Oxner [X. aureola auct.]
In kollinen und submontanen, meist niederschlagsarmen, warmen Lagen v.a. auf schwach kalkhaltigem bis m.kalkreichem Gestein an staubimprägnierten oder ± gedüngten Stellen (bei stärkerer Düngung auch auf kalkfreies Substrat übergehend), v.a. auf künstlichen Substraten (Ziegel, Beton, Mörtel), auf Dächern, Mauern, an trocken-warmen Standorten, subneutroph.–m.basiph., s.photoph., m.–z.nitroph. – mieur·subatl-med – z.selten; v.a. Rh, HRh, Hü, Ne, Ju, Mn, Eif

Xanthoria candelaria (L.) Th.Fr.
Bis in alpine Lagen auf stickstoffreichen, z.–s.eutrophierten Substraten, gewöhnlich an Laub-, seltener Nadelbäumen und Holz, v.a. an der Basis bis zum Mittelstamm von Straßenbäumen, im Bereich von Wundflüssen (unterhalb von Astlöchern, an Narben), ferner auf Vogelsitzplätzen an Silikatgestein (mit *Ramalina cap.* ↑) und Dolomit, (z.)m.acidoph.–subneutroph., z.–s.photoph., z.–s.nitroph.(ammonoph.) – arkt-med – m.häufig

Xanthoria elegans (Link) Th.Fr. [Caloplaca e. (Link) Th.Fr.]
Bis in alpine Lagen auf schwach kalkhaltigem bis kalkreichem Gestein sowie auf basischem Silikatgestein, hauptsächlich an anthropogenen Standorten auf Beton, Ziegel, Mörtel, Asbestzement, Terrazzo, häufig auf Mauern, an naturnahen Standorten v.a. auf Vogelsitzplätzen und kaum beregneten Steil- und Überhangflächen, neutroph.–basiph., z.–s.photoph., m.–z.nitroph. – arkt-med – m.häufig, in Silikatgebieten rel. selten

Xanthoria fallax (Hepp) Arnold [X. substellaris (Ach.) Vainio]
In kollinen und submontanen, sommerwarmen Lagen an lichtreichen, m.beregneten Standorten auf subneutraler, oft etwas staubimprägnierter Rinde, v.a. auf Nußbaum, Linde, Spitzahorn, an Stammbasis und Mittelstamm oder an Steilflächen von schwach kalkhaltigem oder kalkfreiem, basischem Silikatgestein (z.B. Basalt, Phonolith), selten auf Karbonatgestein, subneutroph., z.photoph., m.ombroph.–z.anombroph. – mieur-med – selten; z.B. Hü, Ne, Ju, Mn, Pf, Eif, Mos, MRh, O, Sp, Sch, Bo

Xanthoria fulva (Hoffm.) Poelt & Petutschnig
Auf freistehenden Laubbäumen (v.a. Straßenbäumen), hauptsächlich auf Bergahorn, m.acidoph.–subneutroph. – bor-med – z.selten; Sch, Ju, Bo, Av, Do

Xanthoria parietina (L.) Th. Fr.
Bis in hochmontane Lagen auf subneutraler, ± nährstoffreicher Rinde an lichtreichen Habitaten, ähnl. *Parmelia acet.* (↑), aber resistenter gegen saure Luftverunreinigung, ferner auf kalkhaltigem, meist staubimprägniertem oder gedüngtem Gestein, v.a. auf anthropogenen Substraten auf Mauern, Dächern, Waschbetonplatten etc., subneutroph.–m.basiph., z.–s.photoph., (a-)m.–z.nitroph., z.toxitol. – bor-med – z.häufig

Xanthoria polycarpa (Hoffm.) Rieber
Bis in hochmontane Lagen, auf subneutraler bis m.saurer Rinde von Laubbäumen und Sträuchern, besonders auf dünnen Ästchen (v.a. Holunder, Schlehe, Esche,

Weißdorn, *Sorbus*) und dann auf ± mineralreicher, aber oft nicht eutrophierter Rinde, seltener an staubimprägnierten Stämmen und Holz, an z.–s.lichtreichen, oft windoffenen Standorten, subneutroph.(–m.acidoph.), (a-)m.nitroph. - mieur - z.selten(–m.häufig), durch das ganze Gebiet, v.a. Ju, Ne, Mn

Xanthoria ulophyllodes Räsänen
An freistehenden Laubbäumen auf subneutraler, oft leicht staubimprägnierter Rinde, vor allem an Straßenbäumen, subneutroph., z.photoph., a-/m.nitroph. - mieur-smed, (pralp) - selten (3); Av

Xylographa (Fr.) Fr.

1 Lager mit zahlreichen rundlichen, -0,8 mm breiten, weißlichen, grauen, bräunlichen bis grünbläulichen, K+ gelben Soralen, sonst undeutlich, ähnl. *Buellia griseovirens*. Ap. fehlend bis zahlreich, rötl.braun, ± konkav, schmal berandet, -1 mm lang, -0,25 mm breit. Sp. 8–12 × 4–6 µm. Stictin-S. . . . . . . **X. vitiligo**
1* Lager ohne Sorale. Ap. stets vorhanden, unberandet, flach bis schwach gewölbt 2
2 Auf Rinde. Lager oberrindig, aber dünn, weißlich bis grau. Ap. rundlich bis länglich, schwarz, -1 mm lang, -0,25 mm breit. Sp. 10–15 × 7–8 µm, (breit) ellipsoid . . . . **X. minutula**
2* Auf Holz. Lager undeutlich, im Holzinneren. Ap. ± rundlich, länglich bis sternförmig, -2 × 0,3 mm, braun bis braunschwarz. Sp. 11–17 × 5–7 µm, ellipsoid bis schmal ellipsoid. Stictin-SSy., Norstictin-S. . . . . . . **X. parallela**

Xylographa minutula Körber
In hochmontanen Lagen, selten tiefer, auf Rinde am Grunde von Nadelbäumen (v.a. Fichte), oft auf Wurzeln, an m.beregneten, im Winter ± lange schneebedeckten Standorten, z.–s.acidoph. - bor-mieur - s.selten (?übersehen); süSch, *Al*

Xylographa parallela (Ach.) Behlen & Desb. [X. abietina (Pers.) Zahlbr.]
In montanen bis subalpinen Lagen auf zähmorschem, z.hartem Holz, v.a. an den Flanken entrindeter Nadelbaum-Stümpfe, an m.–z.beregneten, meist m.–z.lichtreichen, im Winter z.lange schneebedeckten bis schneefreien Standorten, z.–s.acidoph., mesoph.–z.hygroph., anitroph. – bor-smed·h'mo – selten; Sch u. Vog über 800 m m.häufig, *Do*, Av, Al, Ju, *SWF*, Eif

Xylographa vitiligo (Ach.) Laundon [X. spilomatica (Anzi) Th.Fr.]
V.a. in hochmontanen Lagen auf zähmorschem, z.hartem Holz, ähnl. *X. parallela*, aber mehr auf luftfeuchte, z.lange schneebedeckte Standorte beschränkt, z.hygroph. – bor-smed·h'mo – selten; süSch, Vog, Al

Literaturverzeichnis

Hier können nur einige wenige allgemeine Bestimmungswerke genannt werden. Ausführliche Literaturhinweise finden sich in WIRTH (1995).

JAHNS, H.M. (1980); Farne, Moose, Flechten. 256 S.; BLV, München
KIRSCHBAUM, U. & WIRTH, V. (1995): Flechten erkennen - Luftgüte bestimmen. 128 S.; Ulmer, Stuttgart.
MOBERG, R. & HOLMASEN, I. (1992): Flechten von Nord- und Mitteleuropa. Ein Bestimmungsbuch. 237 S.; Fischer, Stuttgart.
POELT, J. (1969): Bestimmungsschlüssel europäischer Flechten. 71 + 757 S.; Cramer, Lehre/Vaduz.
POELT, J. & VĚZDA, A. (1977): Bestimmungsschlüssel europäischer Flechten. Ergänzungsheft I. Bibl. Lichenologica 9. 258 S.; Cramer, Vaduz.
POELT, J. & VĚZDA, A. (1981): Bestimmungsschlüssel europäischer Flechten. Ergänzungsheft II. Bibl. Lichenologica 16. 390 S.; Cramer, Vaduz.
PURVIS, O.W., COPPINS, B.J., HAWKSWORTH, D.L., JAMES, P.W. & MOORE, D.M. (1992): The Lichen Flora of Great Britain and Ireland. 710 p.; Natural Hist. Mus. Publ., London.
WIRTH, V. (1995): Die Flechten Baden-Württembergs. 2. Aufl. Teil 1 und Teil 2, 1006 S.; Ulmer, Stuttgart.

Neukombinationen

Miriquidica leucophaea (Flörke ex Rabenh.) Hertel & Rambold var. **griseoatra** (Flotow) V.Wirth comb. nova - Basionym: *Lecidea panaeola* (*contigua*) var. *griseoatra* Flotow, Botan. Zeit. 675 (1828).

Normandina acroglypta (Norman) Aptroot comb. nova - Basionym: *Thelidium acroglyptum* Norman in Th.Fr., Bot. Notiser 1867: 154 (1868).

Abbildungen

K. Ammann: 33b, 53a.
W. Glöckner: 2d, e, 6d-g, 17d, 18a-b, 19c, 40d.
M. Jahns: 3b, d, 17e-f, 19e, 22, 50, 59d-e, 60B f
S. Leidenroth: 4, 5, 7b.
H. Lumpe: 2f, 16, 18d, f, 19a-b, 28a-b, 30d, 32, 33d, 35a-b, 46g, 60B a-c, 63a.
Alle anderen Abbildungen stammen aus dem Archiv des Verfassers.

Register

111 Seitenzahlen in Normalschrift verweisen auf Schlüssel.
111 Halbfette Seitenzahlen bei Gattungen: Beschreibung der Gattung im Hauptteil, gewöhnlich mit Schlüssel; ist die Gattung an anderer Stelle geschlüsselt, ist die entsprechende Seitenzahl zusätzlich angeführt und mit Sternchen versehen (000*).
111 Halbfette Seitenzahlen bei Arten: ökologisch-chorologische Beschreibung.
111^{+} Seitenzahlen mit $^{+}$-Zeichen verweisen auf Abbildungen.
111 Kursive Seitenzahlen verweisen auf Synonyme.
111* Sternchen stehen bei Gattungen, deren Arten bei einer anderen Gattung oder in den Hauptschlüsseln geschlüsselt sind.
f Auch auf der folgenden Seite.
ff Auch auf den folgenden Seiten (bei diesem Zeichen muß eventuell auch eine Seite übersprungen werden).